LEHRBUCH
DER
FARBENCHEMIE

EINSCHLIESSLICH DER

GEWINNUNG UND VERARBEITUNG DES TEERS
SOWIE DER METHODEN ZUR DARSTELLUNG
DER VOR- UND ZWISCHENPRODUKTE

VON

DR. HANS TH. BUCHERER

ORDENTLICHER PROFESSOR A. D. DER TECHNISCHEN HOCHSCHULE DRESDEN
PRIVATDOZENT AN DER TECHNISCHEN HOCHSCHULE BERLIN

ZWEITE, NEUBEARBEITETE AUFLAGE

Springer-Verlag Berlin Heidelberg GmbH
1921

ISBN 978-3-662-33512-3   ISBN 978-3-662-33910-7 (eBook)
DOI 10.1007/978-3-662-33910-7

Druck
der Spamerschen
Buchdruckerei in Leipzig

Meiner lieben Frau

Vorwort zur ersten Auflage.

Über die Bedeutung der Farben und der Farbstoffe, sowohl in ästhetischer und künstlerischer, als auch in volkswirtschaftlicher Beziehung, ist an dieser Stelle wohl kaum ein Wort zu verlieren. Es könnte angezeigt erscheinen, im Rahmen eines ausführlicheren Werkes bei der Besprechung der Farben und Farbstoffe nicht nur — wie dies in den nachfolgenden Abschnitten der Fall sein wird — die organischen, sondern auch die anorganischen Produkte einer eingehenden Besprechung zu würdigen. Wenn im vorliegenden Falle davon abgesehen wurde, so waren dafür zwei Gründe maßgebend. Die anorganischen Farbstoffe, auch Mineral- oder Erdfarben genannt, gehören auf der einen Seite einem wesentlich anderen Gebiete der Chemie an, wie ja schon· der Name besagt; auf der anderen Seite aber hat auch die Technik, wennschon vielleicht nur zufällig, bisher in der Regel eine ziemlich scharfe Grenze zwischen beiden Gebieten gezogen, und da ich hier einen abschließenden Überblick über einen ganz bestimmten Zweig der organisch-chemischen Technik, bei der Steinkohle beginnend und mit den Farbstoffen abschließend, zu geben bemüht gewesen bin, so erschien es zulässig, ein Gebiet von dieser Betrachtung auszuschließen, das auch wirtschaftlich in gar keinem oder nur in losem Zusammenhang mit dem eigentlichen Gegenstande steht.

Es ist mein Bestreben gewesen, bei den Darlegungen über das von mir zu behandelnde Wissensgebiet vor allem die technischen Beziehungen in den Vordergrund zu stellen, und ich habe daher den tatsächlichen Verhältnissen entsprechend keine Bedenken getragen, außer den Farbstoffen selbst auch ihre Vor- und Zwischenprodukte in den Kreis der Betrachtung zu ziehen, ja darüber hinaus einem Industriezweige meine Aufmerksamkeit zu widmen, der für den größten und wichtigsten Teil der organischen Farbstoffe eine wesentliche Grundlage bildet, der Industrie des Teers. Man wird zwar bei näherem Zusehen erkennen, daß die wirtschaftlichen Verhältnisse im letzten Jahrzehnt eine nicht unerhebliche Verschiebung erfahren haben, insofern als der Teer durchaus nicht mehr in der ausschließlichen Weise wie früher als Quelle für die Rohmaterialien in Betracht kommt, sondern daß er einen großen Teil seiner Bedeutung den Kokereigasen hat abtreten müssen. Aber dies gilt doch immer nur für einen Teil der Teerprodukte, und zwar namentlich für die leichter siedenden, wie Benzol und seine Homologen, während das Naphtalin, insbesondere aber das Anthracen, nach wie vor technisch nur aus dem Teer selbst gewonnen werden können.

Bei der Wichtigkeit, die den Quellen der heute zu so großer wirtschaftlicher Bedeutung gelangten Teerfarbenindustrie zukommt, dürfte es daher gerechtfertigt erscheinen, wenn der Gewinnung und Verarbeitung des Teers ein wesentlich breiterer Raum gewährt wurde, als dies sonst in den Lehrbüchern der Farbenchemie zu geschehen pflegt.

Eine systematische Darstellung der wichtigsten Methoden, welche die Überführung der aus dem Teer gewonnenen Rohprodukte in die Zwischenprodukte bezwecken, dürfte bis heute nur in unzureichendem Maße versucht worden sein, und es schien mir daher geboten, auch diese Reaktionen, wie geschehen, ausführlich, wenn auch nicht erschöpfend zu besprechen.

Was die synthetischen Farbstoffe selbst anlangt, so lag mir weniger daran, die große Schar der einzelnen Individuen dem Leser vorzuführen, als vielmehr ihn an einzelnen Beispielen die wichtigsten Methoden zu ihrer Darstellung kennen zu lehren. — Bei der zunehmenden Bedeutung, welche die theoretischen Untersuchungen, insbesondere über den Zusammenhang zwischen Farbe und Konstitution, in den letzten Jahren erlangt haben, glaubte ich, wenngleich nicht allzu ausführlich, auch diesem Gegenstand ein Kapitel widmen zu müssen, welches den Leser wenigstens mit den wichtigsten Problemen vertraut macht, ihm einen gewissen Überblick und zugleich die Möglichkeit gewährt, nach Bedarf sich an Hand der darüber vorhandenen Literatur in Spezialstudien zu vertiefen.

Leider kann ich mir nicht versagen, an dieser Stelle zu bemerken, daß auf diesem Gebiete vielfach eine gewisse Verwirrung entstanden ist dadurch, daß einzelne Forscher nicht in ausreichendem Maße den Ergebnissen früherer Untersuchungen Rechnung getragen, sondern vielfach, unbekümmert um die älteren Veröffentlichungen, zu Theorien und Hypothesen ihre Zuflucht genommen haben, deren Berechtigung zweifelhaft erscheinen muß, insbesondere deshalb, weil sie doch wohl ein tieferes Eindringen in solche Wissensgebiete voraussetzen, deren Erkenntnis uns zurzeit noch fast völlig verschlossen ist. Daß Theorien und Hypothesen sich als fruchtbar erweisen und anregend wirken können, auch wenn sie falsch sind, soll nicht bestritten werden; aber daß Hypothesen, für die der Boden noch nicht vorbereitet ist, auch schädigend wirken und den Zugang zur wahren Erkenntnis versperren können, ist ebenso sicher, und dieses Kennzeichen scheint mir für die eine oder andere der neuen Hypothesen bis zu einem gewissen Grade zuzutreffen. Auch heute noch muß, wie zur Zeit eines Bacon von Verulam, der Naturforscher sich der Tatsache bewußt bleiben, daß eine durch exakte experimentelle Forschungen gezügelte Phantasie in der Regel mehr zum Fortschritt naturwissenschaftlicher Erkenntnis beitragen wird als eine nur von geistreichen Ideen getragene kühne Hypothese. Im übrigen soll gern anerkannt werden, daß auf dem in Rede stehenden Gebiet chemischer Forschung mit einem Eifer und einem Erfolge gearbeitet worden ist, der unserer Wissenschaft und ihren Förderern nur zur Ehre gereichen kann.

Was die natürlichen Farbstoffe anbelangt, so haben diejenigen von ihnen, deren synthetische und technische Darstellung im Laufe der Jahre gelungen ist, ihre Besprechung bei den „Teerfarbstoffen" gefunden. Von den übrigen wurden insbesondere diejenigen berücksichtigt, welche in färberischer oder auch in rein chemischer Beziehung ein besonderes Interesse verdienen. Dies gilt natürlich vor allem für die Farbstoffe, deren Konstitution dank den glänzenden Untersuchungen hervorragender Forscher nach jahrelanger Arbeit zweifelsfrei ermittelt worden ist.

Ich bin mir der Tatsache sehr wohl bewußt, daß man über die Anordnung des Stoffes und über die Ausführlichkeit, mit welcher die einzelnen Gegenstände behandelt worden sind, vielleicht mit guten Gründen streiten kann, nehme auch nicht in Anspruch, in allen Dingen das Richtige getroffen zu haben, hoffe indessen, daß es mir gelungen ist, ein einigermaßen abgerundetes Bild von einem Gebiet gewerblicher Betätigung und chemischer Forschung zu geben, das wohl zu den reizvollsten gehört unter denen, die sich der wissenschaftlichen Betrachtung darbieten.

Berlin, im Herbst 1913.

Der Verfasser.

Vorwort zur zweiten Auflage.

Da die in der ersten Auflage zur Durchführung gelangte systematische Gliederung des Stoffes den Beifall der Fachgenossen gefunden hat, so glaubte ich bei der zweiten Auflage von grundsätzlichen Änderungen absehen zu dürfen. Dagegen habe ich, von dem Wunsch geleitet, das Verständnis des bisweilen etwas spröden Stoffes durch Klarheit des Ausdrucks und Deutlichkeit der Formelbilder nach Möglichkeit zu erleichtern, sämtliche Teile des Werkes einer sehr sorgfältigen Überarbeitung unterzogen. Neu eingefügt wurde der Abschnitt über einige Anthocyanine bzw. Anthocyanidine (die Farbstoffe der Blüten und Beerenfrüchte), nachdem inzwischen die Untersuchungen über diese, weniger durch ihre technische Bedeutung hervorragende, als vielmehr durch den wissenschaftlichen Zusammenhang mit den Flavon- und

Flavonol-Farbstoffen bemerkenswerte und durch ihre wunderbare
natürliche Farbenwirkung ausgezeichnete Gruppe von Verbindungen
vorläufig zum Abschluß gelangt sind.

Um mehrfach geäußerten Wünschen Rechnung zu tragen, habe ich
im Anhang ein Literaturverzeichnis folgen lassen, das, wenn es auch
nicht als erschöpfend gelten kann, so doch in zahlreichen Fällen will-
kommen sein wird. Ich werde bemüht bleiben, dieses Verzeichnis
sowohl aus der früheren wie auch aus der zukünftigen Literatur
dauernd zu ergänzen, und alle Fachgenossen, die mich bei diesem
Bestreben durch Hinweise auf besonders wichtige eigene und fremde
Arbeiten über einen für dieses Lehrbuch in Betracht kommenden
Gegenstand zu unterstützen die Güte haben wollen, werden mich zu
besonderem Dank verpflichten.

Charlottenburg, den 17. November 1920.

Der Verfasser.

Inhalt.

I. Kapitel.

Der Steinkohlenteer, seine Gewinnung und Verarbeitung.

II. Kapitel.

Die Zwischenprodukte der Teerfarbenfabrikation.

III. Kapitel.

Die Farbstoffe.

I. Kapitel.

Der Steinkohlenteer,
seine Gewinnung und Verarbeitung.

1. Geschichtliches.

Schon der Umstand, daß unter allen Farben die Teerfarbstoffe oder Steinkohlenteerfarben die größte und technisch bei weitem wichtigste Gruppe bilden, läßt erkennen, welche Bedeutung dem Teer bei der Betrachtung des hier zu besprechenden Gebietes der chemischen Technik zukommt. Der Begriff „Teer" ist allerdings so vielseitig, daß es notwendig erscheint festzustellen, welche Art von Teer als Ausgangsmaterial für die Teerfarben in Betracht zu ziehen ist. Was ist „Teer?"

Unter „Teer" in weiterem Sinne versteht man in der Regel mehr oder minder schwer bewegliche Flüssigkeiten von tiefdunkler, meist schwarzer Farbe, wie sie als Abfallstoffe bei verschiedenen chemischen Prozessen erhalten werden. Gewöhnlich, jedoch nicht immer — eine Ausnahme bildet z. B. der sog. Säureteer — handelt es sich dabei um Abfallprodukte eines chemischen Zersetzungsvorganges, den man als „trockene Destillation" organischer Substanzen bezeichnet.

Die verschiedenen Arten Teer weichen aber nicht nur hinsichtlich ihres Ursprungs, sondern auch, als Folge davon, hinsichtlich ihrer Zusammensetzung und ihrer Eigenschaften sehr wesentlich voneinander ab.

Die trockene Destillation des Holzes z. B. bewegt sich in wesentlich anderen Bahnen als die der Steinkohle, und der Holzteer besitzt infolgedessen ganz andere Eigenschaften wie der Steinkohlenteer, obwohl beide ihre Zugehörigkeit zur Klasse der organischen Körper nicht verleugnen, und obwohl einzelne chemische Verbindungen in beiden Teerarten anzutreffen sind. Ähnliches gilt für den Braunkohlenteer, der nach Zusammensetzung und Eigenschaften leicht vom Holz- oder Steinkohlenteer zu unterscheiden ist. Der Holz- und Braunkohlenteer.

Für die technische Darstellung der Teerfarben kommt im wesentlichen, und zwar wegen seines Reichtums an Verbindungen der aromatischen Reihe, der Steinkohlenteer in Betracht, was jedoch nicht ausschließt, daß auch einzelne Bestandteile des Buchen- oder Birkenholzteers hier und da in der Teerfarbenindustrie Verwendung finden. Der Steinkohlenteer.

Während die trockene Destillation des Holzes behufs Gewinnung der Holzkohle, die Köhlerei, ein seit Jahrhunderten und auch heute noch, wenngleich in veränderter Form und teilweise auch zu anderen Zwecken (vor allem wegen der Gewinnung der wertvollen Nebenprodukte Holzgeist und Holzkalk), in großem Maßstabe ausgeübter Prozeß ist, hat die trockene Destillation der Steinkohle eine wesentlich kürzere Geschichte aufzuweisen.

Der erste Anstoß zur trockenen Destillation der Steinkohle wurde wohl gegeben durch die Verteuerung des Holzes und der Holzkohle, welch letztere in großen Mengen für metallurgische Zwecke Verwendung fand und noch findet.

Daß neben dem Hauptprodukt der trockenen Destillation von Steinkohle, dem Koks, auch noch andere Produkte entstanden, nämlich T e e r und G a s, konnte sich der aufmerksamen Betrachtung des Destillationsvorganges schwerlich entziehen; aber eine Möglichkeit, diese Abfallstoffe gewinnbringend zu verwerten, vermochte zunächst nicht gefunden zu werden, insbesondere da der Steinkohlenteer hinsichtlich seiner Beschaffenheit dem Holzteer nicht gleichwertig zu sein schien. Und obwohl andererseits auch die Verwertung der bei der trockenen Destillation abfallenden G a s e scheinbar sehr nahe lag, so hat es doch vieler Jahrzehnte bedurft, ehe in England (durch M u r d o c h) und in Frankreich (durch L e b o n s Holzgas) ein hinreichend starker Anstoß erfolgte, der im weiteren Verlauf zur Entwicklung der blühenden und wichtigen Leuchtgasindustrie führte. Für diese war das Gas Hauptprodukt, und, soweit Steinkohle als Ausgangsmaterial diente, der Koks Nebenprodukt. Für beide Industrien aber, die sich mit der Destillation der Steinkohle befaßten, die Kokerei und die Leuchtgasfabrikation, blieb der Teer nach wie vor ein lästiger Abfall, dessen Beseitigung erhebliche Schwierigkeiten verursachte. Zwar hatte man im Laufe der Zeit verschiedene Arten der Verwendung des Steinkohlenteers kennen gelernt (R u n g e und B r ö n n e r; Trennung der verschiedenen Bestandteile durch fraktionierte Destillation), aber ohne daß es gelang, ihn dadurch zu einem wirklich wertvollen Nebenprodukt zu machen.

Jedoch die kräftige Entwicklung der organischen Chemie um die Mitte des vorigen Jahrhunderts hatte zur Folge, daß man den leicht zugänglichen und billig zu habenden Teer einer näheren chemischen Untersuchung unterwarf und einzelne seiner Bestandteile genauer kennen lernte. Diese aus rein wissenschaftlichen Gründen vorgenommenen Untersuchungen kamen später der im Jahre 1856 einsetzenden Entwicklung der Teerfarbenindustrie zugute und machten auch aus dem Teer alsbald ein sehr geschätztes Ausgangsmaterial für die Darstellung von Benzol, Toluol und anderen für die neue Industrie notwendigen organischen Verbindungen.

Jahrzehnte hindurch war die Leuchtgasindustrie die einzige oder wenigstens ergiebigste Quelle der wichtigsten Rohmaterialien für die Teerfarbenindustrie, bis dann später — durch andere Verhältnisse bedingt —, und zwar noch vor der Jahrhundertwende, ein sehr tiefgreifender Umschwung stattgefunden hat. Nicht nur die Leuchtgasfabriken, in denen die Steinkohlen des Gases wegen der trockenen Destillation unterliegen, sondern auch die Kokereien, für die der Koks das Hauptprodukt bildet, erkannten die großen Vorteile, die in der Gewinnung der Nebenprodukte lagen; und nachdem das Vorurteil beseitigt war, das sich der gleichzeitigen Gewinnung der Nebenprodukte neben dem Koks so lange entgegengestemmt hatte (siehe S. 6), ist man vor allem in Deutschland bei der Darstellung des Kokses für metallurgische Zwecke, insbesondere für die Eisenindustrie, in sehr weitem Umfange dazu übergegangen, auch die Abfälle von Teer und Gas zu verwerten. Welche Wichtigkeit vor allem den Kokereigasen als Quelle für aromatische Kohlenwasserstoffe zukommt, soll weiter unten noch des Näheren dargelegt werden.

Die oben angedeutete Änderung in den Gewinnungsmethoden war um so bedeutungsvoller, als infolge der glänzenden Entwicklung der deutschen Eisenindustrie die Menge Steinkohle, die auf Koks destilliert wird, bei weitem diejenige übertrifft, die für die Erzeugung von Leuchtgas in Betracht kommt.

Die Gewinnung der Kokereigase.

Es werden von den deutschen Destillationskokereien so große Mengen Benzol- und Toluol-haltiger Gase nicht nur erzeugt, sondern auch auf jene Kohlenwasserstoffe verarbeitet, daß die Gasanstalten heutigentags als Quelle der Rohmaterialien für die Teerfarbenindustrie an Bedeutung sehr viel verloren haben. Die in früherer Zeit geäußerten Befürchtungen, es könnte, bei dem fortgesetzt steigenden Bedarf der Teerfarbenindustrie, dieser an den erforderlichen Mengen Benzol und Toluol fehlen, haben sich infolgedessen als durchaus gegenstandslos erwiesen, wenigstens zunächst, d. h. bis zum Ausbruch des Weltkrieges. Die augenblickliche Rohstoffknappheit stellt wohl einen Ausnahmezustand dar, der, wie man hoffen darf, in Zukunft wieder normalen Verhältnissen weichen wird.

Die Leuchtgasindustrie hatte sich zuerst in England und Frankreich entwickelt und wurde dann auch nach Deutschland verpflanzt. Man hat damals einen Teil des lästigen Gasteers unter den Koksöfen verbrannt, d. h. man hat den Teer einfach mit dem Koks vermischt, der zur Beheizung der Retorten diente. Das war ein Auskunftsmittel, das mancherlei Schwierigkeiten in sich barg, andererseits natürlich eine sehr wenig lohnende Ausnutzung des Teers darstellte. Man hat daher schon sehr früh sich besonnen, wie man diesen Teer in anderer Weise nutzbringend verwenden könne, und hat ihn benutzt zum Imprägnieren von Holzschwellen, zum Anstreichen von Metallgegenständen und zur Herstellung von Dachpappen. Aber in allen diesen Fällen war der rohe Teer als solcher nicht unmittelbar verwendbar, schon wegen seines Wassergehaltes. Es bedurfte also, um ein wirklich brauchbares Produkt zum Anstreichen, Imprägnieren und zur Dachpappenfabrikation zu gewinnen, einer nochmaligen Destillation. Diese Destil-

Frühere Schwierigkeiten bei der Teerverwertung.

lation, die bezweckte, den Teer vom Wasser zu befreien, wurde anfänglich vielfach auf primitive Weise in offenen Gefäßen vorgenommen. Dies war nicht nur mit großer Feuersgefahr verbunden, sondern es gingen bei der Entfernung des Wassers auch die leicht siedenden organischen Bestandteile des Teers verloren, die man gewinnen konnte, wenn man, wie dies später geschah, in geschlossenen Gefäßen destillierte. Man erhielt alsdann außer dem ammoniakhaltigen Wasser die leicht flüchtigen Bestandteile des Steinkohlenteers, wie Benzol, Toluol, Xylol usw., die man einerseits in Lampen als Brennöl benutzte, ferner als Ersatz z. B. für Terpentinöl zum Auflösen von Kautschuk (Solvent-Naphta) und besonders in Deutschland — diese Benutzung ist verknüpft mit dem Namen Brönner — als Fleckenwasser, während heute die sog. „chemische Wäsche" darauf beruht, daß man die zu waschenden Gegenstände (Kleidungsstücke u. dgl.) mit Petrolnaphta (Benzin) behandelt. Im Gegensatz zum „Petrolbenzin" wird das analoge Produkt, das man aus Steinkohlenteer gewinnt, „Steinkohlenbenzin" genannt.

Rütgers. Brönner hat außer dem Fleckenwasser auch sog. „Kreosot" hergestellt, das zum Imprägnieren von Eisenbahnschwellen benutzt wurde. Aber erst Julius Rütgers ist derjenige gewesen, der die Teerdestillation sozusagen zum Range einer Großindustrie erhoben hat. Rütgers hat zunächst den Teer aus den Berliner Gasanstalten verarbeitet, hauptsächlich wohl, um das Öl zum Imprägnieren der Schwellen zu gewinnen. Er hat dann später auch anderwärts Teer verarbeitet. Außer in Berlin wurden in Schlesien, in Schwientochlowitz, ferner in Niederau und vor allem in Westfalen, in Rauxel, derartige Anlagen von ihm errichtet, die sich mit der Destillation des Teers beschäftigten, und die ihm das Rohmaterial lieferten für die Holzimprägnierungsanstalten, die er nicht nur in Deutschland, sondern auch im Ausland in großer Zahl gegründet hat.

Teer als Ausgangsstoff f. künstliche Farbstoffe. Alle diese Verwendungsarten des Steinkohlenteers jedoch würden ihn nicht zu einem so wichtigen Nebenprodukt gemacht haben, wenn nicht, wie erwähnt, andere Umstände eingetreten wären, die ihn als ein höchst begehrenswertes Ausgangsmaterial erscheinen ließen. Nachdem man einmal gelernt hatte, den Teer zu destillieren, um die zu jener Zeit als lästig empfundenen leichtflüchtigen Bestandteile zu entfernen, hat man sich auch in wissenschaftlicher Beziehung mehr mit ihm beschäftigt. Insbesondere war es A. v. Hofmann, der sich um die Darstellung der reinen Produkte des Teers bemüht und ein Verfahren angegeben hat, um Benzol zu gewinnen. Es waren zwar damals, als Hofmann und Mansfield sich mit diesen Fragen beschäftigten, mehr wissenschaftliche Gesichtspunkte, die diese Versuche leiteten; es hat aber der Zufall dazu geführt, diese Versuche zur Grundlage einer großen Industrie werden zu lassen.

Perkins Mauveïn. Die organische Chemie in den 50er Jahren des vergangenen Jahrhunderts kannte noch nicht den Kekuléschen Benzolring, und man hatte von der Möglichkeit der Synthese organischer Verbindungen sehr abenteuerliche Begriffe. Auf Grund der damaligen Anschauungen konnte daher bei W. H. Perkin, einem Schüler Hofmanns, der Gedanke entstehen, Chinin, das damals schon in der Heilkunde eine Rolle spielte, auf künstlichem Wege herzustellen, und zwar wurde Perkin von dem Gedanken geleitet, es bedürfe nur der Herstellung eines Körpers von der gleichen elementaren Zusammensetzung, um damit zu einer Verbindung von den gleichen therapeutischen Eigenschaften zu gelangen.

Dieser verwegene Gedanke Perkins, Chinin darzustellen durch Oxydation des Toluidins, hat 1856 die Teerfarbenindustrie ins Leben gerufen, wenigstens hat er den unmittelbaren Anstoß dazu gegeben.

Zwar hat der falsche Gedanke, daß es möglich sei, aus Toluidin Chinin zu erzeugen, nicht zum Ziele geführt, aber man kann wohl sagen zu einer viel wichtigeren Entdeckung, nämlich des ersten, auch technisch dargestellten Anilinfarbstoffes, des Perkinschen Mauveïns.

Der Umstand, daß man schon vorher aus rein wissenschaftlichen Gründen sich mit der Erforschung der leichten Teerdestillate beschäftigt hatte, war geeignet, der neuen Industrie die Wege zu ebnen, obgleich hier erwähnt werden muß, daß die Schwierigkeiten, die sich der Ausgestaltung der technischen Verfahren entgegenstellten, ungeheure waren, so groß auch von Anbeginn an die Erfolge gewesen sind, deren Perkin sich erfreuen durfte. Diese Schwierigkeiten waren um so größer, als damals ein Teil des Rüstzeugs der organischen Chemie fehlte, das uns heute, insbesondere auf Grund der Kekuléschen Benzolformel, zur Verfügung steht. Es fehlte auch, ganz abgesehen von der erforderlichen Apparatur, die erst noch ersonnen werden mußte, die Ausarbeitung der technischen Methoden des Nitrierens, Reduzierens, Sulfonierens u. dgl.

Aber die Erkenntnis, daß es möglich war, auf chemischem Wege Verbindungen herzustellen, die gegenüber den natürlichen Erzeugnissen mit einer ganz erheblich größeren Farbkraft begabt waren, hat anspornend auf alle Chemiker gewirkt, und die bald nachfolgende Entdeckung des Fuchsins (durch Verguin, 1858) hat die Entwicklung der jungen Industrie beschleunigt.

Nachdem man erkannt hatte, daß man vom Benzol — sei es reines, sei es rohes, toluolhaltiges Benzol — durch Nitrierung und Reduktion zu Körpern von basischen Eigenschaften (den sog. aromatischen Aminen) gelangt, die für die Farbstoffdarstellung brauchbar sind, wurde der Teer ein sehr geschätzter Artikel, und da der Gehalt des Teers an diesen leichten, für die Herstellung von Farbstoffen geeigneten Bestandteilen verhältnismäßig sehr gering ist (vgl. S. 26ff.), so waren große Mengen von Teer erforderlich, um der aufblühenden Industrie das nötige Rohmaterial zu verschaffen.

Während also früher die leichtflüchtigen Anteile des Steinkohlenteers entfernt wurden, weil sie nicht brauchbar waren, wurde nunmehr der Teer destilliert, weniger der schweren Bestandteile wegen (wie Imprägnierungsöl oder Pech), sondern um gerade die leichtest flüchtigen Anteile, Benzol, Toluol, Xylol usw. zu gewinnen.

Englands Übergewicht. Auf Grund der Tatsache, daß England in der Mitte der 50er Jahre, was die Erzeugung von Leuchtgas aus Kohlen anlangt, an der Spitze aller Länder stand, und daß dort auch die erste grundlegende Erfindung auf dem Gebiete der Teerfarbenindustrie gemacht wurde, hatte England natürlich ein großes Übergewicht erlangt, und zwar auch soweit es sich um die Lieferung der Rohstoffe für die Teerfarbenfabrikation handelte. England hat auch in unserer deutschen Leuchtgasindustrie jahrzehntelang ein gewisses Übergewicht behauptet, selbst noch zu einer Zeit, als die Teerfarbenindustrie Deutschlands diejenige Englands schon überflügelt hatte.

Deutschlands Rohstoffversorgung. In der deutschen Rohstoffversorgung ist erst ein Umschwung eingetreten infolge der Erkenntnis, daß der größte Teil des Benzols nicht im Teer, sondern in den gasförmigen Nebenprodukten steckt. Solange man von dem Gedanken beherrscht war, daß es unmöglich sei, einen guten Hochofenkoks zu erzeugen unter gleichzeitiger Gewinnung der Nebenprodukte, war Deutschland nicht imstande, lediglich aus den zu Zwecken der Leuchtgasbereitung destillierten Kohlen genügende Mengen von Teer und Teerprodukten zu gewinnen, sondern man sah sich in dieser Hinsicht auf den Bezug aus England angewiesen. Aber unter dem Druck der Verhältnisse, infolge der dringenden Nachfrage, hat sich gezeigt, daß es sehr wohl möglich ist, einen guten Hochofenkoks zu erzeugen und dabei die wertvollen Nebenprodukte zu gewinnen. Dieser Erkenntnis hat man alsbald Rechnung getragen durch die technische Ausgestaltung der Verfahren zur Gewinnung von Benzol aus den Gasen der Destillationskokereien. Diese Neuerungen liegen ungefähr 25 Jahre zurück und haben viel dazu beigetragen, Deutschland von England unabhängig zu machen. Es seien einige Zahlen angeführt, die erkennen lassen, inwiefern das Bild eine Umkehrung erfahren hat, nämlich das Bild der Aus- und Einfuhr von Teer und Teerprodukten nach und von Deutschland. Im Jahre 1910 betrug die Einfuhr von Teer nach Deutschland 21 252 t, die Ausfuhr aus Deutschland hingegen 42 318 t. Im Jahre 1911 hat sich das Verhältnis weiter zugunsten Deutschlands verschoben, indem die Einfuhr herabging auf 18 966 t, die Ausfuhr aber stieg auf 54 664 t. Auch die Ausfuhr an sog. primären Teerprodukten aus Deutschland hat bereits im Jahre 1906 erstmals mit 108 500 t die Einfuhr übertroffen; im Jahre 1910 hat sie bereits etwa 315 000 t betragen; das ist mehr als das Dreifache der Einfuhr.

Während also Deutschland, entsprechend dem sehr beträchtlichen Bedarf seiner großen Teerfarbenindustrie, in früheren Jahrzehnten darauf angewiesen war, ganz erhebliche Mengen von Teer und Teerprodukten aus dem Auslande einzuführen, tritt die Einführung solcher Produkte gegenüber der Ausfuhr heute zurück. 1913 überwog ganz beträchtlich die **Ausfuhr** von Teer und Teerprodukten aus Deutschland, wobei zu beachten ist, daß der **Gasteer** und die aus dem Gasteer gewonnenen Produkte ihrer Menge nach weit zurückstehen hinter dem Kokereiteer und denjenigen Produkten, die aus den **Kokereigasen** und dem **Kokereiteer** gewonnen werden. Das ist um so erklärlicher, als die Gaserzeugung in Deutschland viel weniger zentralisiert ist als in England. Wir haben bis vor kurzem Gasfabriken in kleinen Städten gehabt, deren Erzeugung an Teer so gering war, daß eine Destillation dieses Teers an Ort und Stelle gar nicht in Betracht kam; und der Versand des Teers aus einer einzelnen kleinen Gasanstalt war meist zu teuer, um sich zu lohnen. Der Teer hatte vor dem Weltkriege in Deutschland zeitweilig einen Durchschnittspreis von etwa 2—3 Mark für 100 kg, und es war daher im allgemeinen nicht möglich, Teer auf weitere Entfernungen zu verschicken. Auch dieser Umstand ist maßgebend gewesen für den geringen Anteil, den der Gasteer im Gegensatz zum Kokereiteer an der deutschen Ausfuhr gehabt hat.

2. Statistisches.

Um einen weiteren Überblick über die Zusammenhänge zu ermöglichen, die zwischen der Industrie des Steinkohlenteers und anderen Gebieten der Großindustrie bestehen, seien einige statistische Zahlen aus der Zeit vor dem Kriege angeführt, und zwar zunächst über die jährliche Gesamt-Steinkohlenförderung der Erde kurz vor dem Kriege: *(Die Steinkohlenförderung.)*

Asien	41,5 Mill. t.
Australien	12,3 „ „
Afrika, besonders Südafrika	5,5 „ „
Vereinigte Staaten (1913)	513 „ „
Großbritannien (1912)	264,5 „ „
Deutschland (1913)	190 „ „
Österreich-Ungarn (1912)	42 „ „
Frankreich (1912)	41 „ „
Rußland	24,6 „ „
Belgien (1912)	23,9 „ „

Insgesamt hat vor dem Kriege (1913) die Weltförderung an Steinkohlen über 1,3 Milliarden t[1]) betragen.

---

[1]) Der ganze Vorrat der Erde an Kohlen wird auf 3000 Milliarden t geschätzt, so daß wir danach also bei der bisherigen Förderung noch 2500 Jahre auf Kohlen rechnen könnten. Nach anderen Angaben sollen die Vorräte sogar 7—8000 Milliarden t betragen. Allerdings werden die Schwierigkeiten der Förderung bei zunehmender Tiefe immer größer werden. Die Kohlen sind zudem sehr ungleichmäßig unter der Erdoberfläche verteilt. Aber der Vorrat, den wir in Deutschland haben (ca. 410 Milliarden t Steinkohlen und ca. 13 Milliarden t Braunkohle) reicht schätzungsweise 3000 Jahre, während derjenige von England nur 700 Jahre

Die elementare Zusammensetzung der verschiedenen Kohlensorten.

Ehe angegeben wird, wieviel von diesen Kohlen zur Verkokung gelangt ist, seien ganz kurz einige Zahlen über die elementare Zusammensetzung der verschiedenen Kohlensorten mitgeteilt, um einige Bemerkungen anzuknüpfen über die Bedingungen, unter denen verkokt werden kann und muß.

Man unterscheidet verschiedene Arten von Kohlen, und von diesen seien einige, die besonders interessant erscheinen, angeführt. Es sind dies Flammkohle, Gaskohle, Kokskohle, Magerkohle und Anthrazit. Ihre elementare Zusammensetzung wird wie folgt angegeben:

	C	H	O
Flammkohle	81	5	14
Gaskohle	84	5	11
Kokskohle	87	5	8
Magerkohle	91	4,5	4,5
Anthrazit	96	2	2

Hierbei ist der Gehalt an Asche und Schwefel nicht berücksichtigt, der praktisch von größter Bedeutung und daher sonst immer in Betracht zu ziehen ist.

Heizwert der verschiedenen Kohlenarten.

Die theoretischen Wärmeeinheiten, die bei der Verbrennung erzeugt werden, sind bei den verschiedenen Kohlen folgende:

Flammkohle	7,700 Kalorien
Gaskohle	8,000 ,,
Kokskohle	8,400 ,,
Magerkohle	8,750 ,,
Anthrazit	8,360 ,,

Daß bei Anthrazit die Anzahl der erzeugten Kalorien ein wenig sinkt und demnach der Energiegehalt des Anthrazits trotz höheren Kohlenstoffgehaltes wieder etwas geringer ist, wird dadurch verständlich, daß Anthrazit arm ist an Wasserstoff.

Der Feuchtigkeitsgehalt der Kohlen.

Der mittlere Feuchtigkeitsgehalt (die sog. „Grubenfeuchtigkeit") ist bei den verschiedenen Kohlenarten folgender:

Flammkohle	3,5
Gaskohle	2
Kokskohle	1,5
Magerkohle	1
Anthrazit	0,5

Es ist natürlich ein Umstand, der auch auf die Beschaffenheit des Teers und überhaupt auf den ganzen Verlauf der Verkokung Einfluß ausübt, ob die Kohle feucht ist oder nicht. In der Regel soll die Kohle,

---

ausreicht und selbst der nordamerikanische nur auf eine Dauer von 1700 Jahre geschätzt wird; er würde danach in England und in den Vereinigten Staaten schneller erschöpft sein als in Deutschland. Wie man aus obigen Zahlen ersieht, erzeugte Deutschland vor dem Kriege (außer etwa 90 Mill. t Braunkohle) ungefähr den 7. Teil sämtlicher Steinkohle.

die verkokt wird, mit einem Feuchtigkeitsgehalt von 10% den Koksöfen zugeführt werden.

Die Koksausbeute beträgt angeblich bei:

Die Koks-
ausbeute.

Flammkohle 61,5%
Gaskohle 65%
Kokskohle 72,5%
Magerkohle 79%
Anthrazit 94,3%

Anthrazit kommt für die Koksbereitung nicht in Betracht, weil er
nicht zusammenbackt, sondern einen pulverigen Koks liefert, der für
den Hochofenbetrieb unbrauchbar ist. Für die Herstellung von Hochofenkoks können nur solche Kohlensorten verwandt werden, die ein
normales Verhalten bei der trockenen Destillation aufweisen, d. h. zu-
sammenbacken und eine Ausbeute von etwa 72,5% Koks liefern (siehe
oben Kokskohlen).

Die frühere Vorstellung, die Kohle bestände zum größten Teil aus
elementarem Kohlenstoff, trifft nicht zu. Die Kohle enthält fast gar
keinen freien Kohlenstoff, sondern sie ist ein Gemisch chemischer
Verbindungen von vermutlich sehr großem Molekulargewicht. Es ist
u. a. die Vermutung ausgesprochen worden, daß Reten ein wesentlicher Bestandteil der Kohle sei, weil man bei der Extraktion der
Kohle Reten:

Die chemi-
sche Zu-
sammen-
setzung der
Steinkohle.

$$\begin{array}{c}CH_3 \\ CH_3\end{array}\!\!\!>\!CH \cdots \quad CH_3$$

gefunden hat. Franz Fischer nimmt mit Burgess und Wheeler
an, daß die Steinkohle sich aus zwei grundsätzlich verschiedenen Bestandteilen zusammensetzt. Der eine ist das Umwandlungsprodukt
der früheren Cellulose und Ligninsubstanz, die bei der Kohlendestil-
lation Methan und Wasserstoff liefern. Der andere, erheblich geringere
Bestandteil, der vermutlich aus früheren Harz- und Gummiarten sowie
aus Wachsen und Fetten entstanden ist und sozusagen als Verklebungs-
mittel für die Hauptbestandteile dient, kann als der eigentliche Teer-
bildner angesehen werden. Daneben existieren in der Kohle noch zahlreiche andere Substanzen, deren chemische Natur aber noch nicht
aufgeklärt ist. Durch mehrmalige Extraktion der Steinkohle mit
Benzol unter Druck bei Temperaturen von etwa 270—280° erhielten
F. Fischer und W. Gluud über 6% (vom Gewichte der Steinkohle)
an organischer Substanz von petroleumähnlichem Geruch, eine Ausbeute, die derjenigen an Teer, wie sie bei der trockenen Destillation
erzielt wird, gleichkommt.

Von ganz besonderem Interesse sind ferner aber die Ergebnisse,
die Fischer und Gluud durch Tieftemperaturverkokung, d. h. durch

„Urteer" bei Tief-temperatur-Verkokung.

Verkokung der Steinkohle bei niedriger Temperatur (zwischen 350 und 500° statt der Temperaturen von 1050 bis 1250°, wie sie in den Koksöfen üblich sind) erzielten. Hierbei lassen sich je nach der Kohlensorte usw. 3—30% Teer, sog. „Tieftemperaturteer" oder „Urteer" erhalten, dessen Zusammensetzung wesentlich von derjenigen des gewöhnlichen Steinkohlenteers abweicht. Benzol und seine Homologen entstehen entweder gar nicht oder nur in ganz verschwindenden Mengen. An deren Stelle treten Benzine (Petroläther, Leicht- und Schwerbenzine) und Paraffine (0,4—1,5% des Teers). Damit wird nach Fischer und Gluud die Möglichkeit erschlossen, Erdöl-Kohlenwasserstoffe in großem Maßstabe auch aus der Steinkohle zu gewinnen, wie dies für die Braunkohle bereits bekannt war. Die Ausbeute an den zwischen 20 und 200° siedenden Kohlenwasserstoffen beträgt schätzungsweise 1% vom Gewicht der Kohle.

Die Zusammensetzung des Kokses.

Was den Koks betrifft, so ist seine chemische Natur gleichfalls noch nicht mit Sicherheit bekannt. Koks besteht zwar allem Anschein nach zum größten Teil aus elementarem Kohlenstoff, aber es sind in ihm außerdem noch andere, bisher unbekannte schwefel- und stickstoffhaltige Verbindungen vorhanden.

Die mittlere Zusammensetzung der wasser- und aschefreien Substanz wird bei Koks aus Ruhrkohle wie folgt angegeben:

$$C \quad \ldots \ldots \quad 92,93 - 93,82\%$$
$$H \quad \ldots \ldots \quad 0,77 - \ 1,22\%$$
$$O \quad \ldots \ldots \quad 2,46 - \ 3,60\%$$
$$N \quad \ldots \ldots \quad 1,53 - \ 1,70\%$$
$$S \quad \ldots \ldots \quad 0,96 - \ 1,36\%$$

Auch im Teer ist freier Kohlenstoff reichlich vorhanden; doch schwankt der Gehalt daran innerhalb sehr weiter Grenzen, je nach der Herkunft des Teers (Gasteer oder Kokereiteer).

Im Jahre 1910 wurden in Deutschland 34,8 Mill. t Kohle verkokt. Daraus wurden erzeugt:

Koks	25,7 Mill. t
Teer	822 000 t
Benzol[1])	87 214 t
Schwefelsaures Ammoniak	313 195 t

Die wirtschaftliche Bedeutung des Ammonsulfats.

Von großer, man kann fast sagen ausschlaggebender Bedeutung für die Nebenproduktengewinnung ist in wirtschaftlicher Beziehung das wertvolle Ammonsulfat, $(NH_4)_2SO_4$. Was den Preis des Ammonsulfats mit ca. 20% N anlangt, so kosteten 100 kg vor dem Kriege durchschnittlich 25—27 Mark. 100 kg Natronsalpeter mit ca. 15% N kosteten etwa 20 Mark. Im allgemeinen richtet sich der Preis

---

[1]) Die gesamte deutsche Benzolerzeugung betrug nach den darüber vorliegenden Angaben:

1890	1896	1900	1904	1908
4000 t	7000 t	28 000 t	40 000 t	90 000 t

des Stickstoffes im Ammoniak nach dem Preis des Salpeters[1]). Für den deutschen Landwirt ist es, von gewissen Ausnahmen abgesehen, ziemlich gleichgültig, ob er den Stickstoff in Form von Ammoniak oder Nitrat seinen Feldern zuführt, und er bezahlt daher beide Düngemittel vor allem nach dem Gehalt an Stickstoff. Die obigen 313 195 t Ammonsulfat im Werte von etwa 80 Millionen Mark stellen ein Erträgnis von mehr als 2 Mark auf die Tonne destillierter Kohle dar.

Bemerkt sei, daß auch die Ausfuhr von Ammonsulfat aus England nach Deutschland früher sehr bedeutend war; sie wird aber voraussichtlich mit der Zeit aufhören, nachdem sie schon in den letzten Jahren vor dem Kriege erheblich abgenommen hatte. An Ammonsulfat erzeugten im Jahre 1900:

Deutschland	104 000 t
Vereinigte Staaten	58 000 t
Großbritannien	217 000 t

In den Jahren 1909—1911 war die Erzeugung in:

Deutschland	323 000 t	373 000 t	418 000 t
den Vereinigten Staaten	90 000 t	116 000 t	115 000 t
Großbritannien	348 000 t	369 000 t	378 500 t

Die Erzeugung von Ammonsulfat.

Von den 378 500 t, die 1911 in Großbritannien gewonnen wurden, stammen aus Gaswerken 169 500 t, aus Kokereien und Generatoren 129 000 t, aus Schieferschwelereien 60 000 t, aus Hochöfen 20 000 t. Die Gewinnung von Ammoniak beim Hochofenbetrieb ist ein Problem, das insbesondere in Schottland, wo die Hochöfen nicht mit Koks, sondern mit einer geeigneten, nicht schmelzenden und nicht zerspringenden Kohle (sog. „Splintkohle") betrieben werden, zu lösen versucht worden ist und angeblich auch gelöst wurde. Die Gewinnung von Ammonsulfat betrug in Deutschland im Jahre 1909: aus Gaswerken 40 000 t, aus Kokereien 278 000 t.

Die Welterzeugung von Ammonsulfat betrug:

1909:	978 000 t
1910:	1 111 800 t
1911:	1 181 000 t
1912:	1 300 000 t
1913:	1 610 000 t[2]).

Angeblich betrug in Deutschland die Jahreserzeugung von Ammonsulfat allein nach dem Haber-Boschschen Verfahren 1917/18 etwa 300 000 t, während zur gleichen Zeit etwa 400 000 t Kalkstickstoff erzeugt wurden.

Neuere Methoden der Ammoniak-Gewinnung.

---

[1]) Im Jahre 1911 hatte sich das Verhältnis ein wenig zu Gunsten des Ammonsulfats verschoben. 1 kg Ammonsulfat-Stickstoff kostete M. 1,36; 1 kg Salpeter-Stickstoff kostete hingegen nur M. 1,21.

[2]) Darunter bereits 30 000 t $(NH_4)_2SO_4$ nach dem Verfahren der Badischen Anilin- und Soda-Fabrik.

Noch wesentlich günstiger lagen nach Angaben von B u e b die Verhältnisse im Oktober 1918. Zu jener Zeit betrug die Erzeugung von gebundenem Reinstickstoff in Deutschland mehr als 25 000 t im Monat, gleich 300 000 t auf das Jahr berechnet, entsprechend einer Ammonsulfaterzeugung (mit 20% N) von 1 500 000 t.

Durch den unglücklichen Ausgang des Krieges und die Revolution trat ein erheblicher Rückschlag ein. Erst gegen Ende 1919 macht sich allmählich wieder ein Aufstieg bemerkbar. Bei Höchstleistung würde die Erzeugung von gebundenem Stickstoff im Jahre 1920 betragen haben, ausgedrückt in Reinstickstoff:

$$
\begin{array}{l}
300\,000 \text{ t nach dem } \mathbf{H\,a\,b\,e\,r}\text{ - }\mathbf{B\,o\,s\,c\,h}\text{ - Verfahren}\\
100\,000 \text{ t } \quad ,, \qquad ,, \quad \text{ Kalkstickstoff-Verfahren}\\
\underline{100\,000 \text{ t aus Gasanstalten und Kokereien}}\\
500\,000 \text{ t Reinstickstoff} = 2\,500\,000 \text{ t } (NH_4)_2SO_4,
\end{array}
$$

während der Gesamtverbrauch Deutschlands an Reinstickstoff in Landwirtschaft und Industrie vor dem Kriege etwa 250 000 t betragen hat.

Von den vielen Millionen Tonnen der deutschen Kohlenförderung des Jahres 1910 sind doch nur etwa 35 Millionen verkokt worden, während alle übrigen einen anderen Weg gingen. Der gesamte Stickstoff aus den übrigen etwa 170 Millionen Tonnen (Stein- und Braunkohlen) ging infolgedessen verloren. Wenn man einen anderen Weg einschlüge, etwa die Vergasung der Kohlen in Generatoren, so würde man noch weitere ungemessene Mengen gewinnen können, mindestens 1 700 000 t (entsprechend einer Ausbeute von 10 kg Ammonsulfat aus 1 t Kohle) im Werte von mehr als 400 Millionen Mark. Tatsächlich soll die Ausbeute bei der Vergasung sogar bis zu 40 kg betragen.

In England hat man Versuche gemacht mit Generatoren und dabei (im Jahre 1909) 26 000 t Ammonsulfat gewonnen. Nach dem M o n d schen Verfahren soll man aus 1 t trockenem Torf (neben 3200—3500 cbm Heizgas von je 1100—1200 Cal.) gleichfalls etwa 40—55 kg Ammonsulfat gewinnen. Ein Lebertorf mit 2,8% N soll sogar 110 kg Ammonsulfat auf 1 t Trockensubstanz, entsprechend ungefähr 80% der Theorie, ergeben haben.

Welche Steigerung übrigens die Erzeugung von Ammonsulfat in Deutschland erfahren hat, ersieht man aus einem Vergleich zwischen den Zahlen des Jahres 1900 und der Jahre 1909—1918.

Die Erzeugung von Kokereiteer.

Die Erzeugung von K o k e r e i t e e r betrug in Deutschland 1897: 53 000 t; 1900: 300 000 t; 1907: 600 000 t; 1908: 625 000 t; 1909: 640 000 t. Sie ist im Jahre 1910 auf etwa 822 000 t angewachsen, und da z. B. im Jahre 1908 aus den Gasanstalten etwa 350 000 t Teer gewonnen wurden, so dürfte die Erzeugung von Teer in Deutschland im Jahre 1913 wohl auf mindestens etwa 1 200 000 t geschätzt werden.

Ganz kurz seien die Zahlen angeführt, die erkennen lassen, inwieweit die Kokereien **mit** oder **ohne Gewinnung der Nebenprodukte** gearbeitet haben, und zwar beziehen sich diese Zahlen auf das Jahr 1910. Vorhanden waren:

Die Nebenproduktengewinnung in Deutschland.

Koksöfen mit Gewinnung der Nebenprodukte	18 883
Koksöfen ohne Gewinnung der Nebenprodukte	6 821

In Betrieb waren:

Koksöfen mit Gewinnung der Nebenprodukte	16 333
Koksöfen ohne Gewinnung der Nebenprodukte	4 602

Man ersieht hieraus, daß in der Zeit vor dem Kriege in Deutschland etwa vier Fünftel = 80% dieser 35 Mill. t Kohlen unter gleichzeitiger Gewinnung der Nebenprodukte verkokt wurden, während etwa ein Fünftel ohne Gewinnung der Nebenprodukte destilliert wird. Folgende kleine Tabelle gibt Aufschluß darüber, wie sich im 1. Jahrzehnt dieses Jahrhunderts die Verhältnisse, auch im Auslande, verschoben haben. Es wurden verkokt von den in Kokereien verarbeiteten Steinkohlen mit Gewinnung der Nebenprodukte in den Jahren:

	1900	1909	1910
In Deutschland	30%	82%	—
In Großbritannien	10%	18%	—
In den Vereinigten Staaten .	5%	16%	17,12%

Was die Verhältnisse in **England** anbelangt, so seien hier einige Zahlen mitgeteilt:

Die englische Arbeitsweise.

England erzeugte im Jahre 1909 an Hochofenkoks etwa 18,9 Mill. t in etwa 25 164 Koksöfen, von denen 19 478 Bienenkorböfen, also **ohne** Gewinnung der Nebenprodukte waren.

Im Jahre 1909 wurden auf **Leuchtgas** verkokt 15,2 Mill. t Kohlen. Sie lieferten 750 000 t Teer. Im selben Jahre wurden verkokt in Öfen mit Gewinnung der Nebenprodukte 4 Mill. t Kohlen, die ergaben 150 000 t Teer. Außerdem wurden aus Hochöfen gewonnen 200 000 t Teer.

Das gibt für 1909 eine Gesamtausbeute an Teer von etwa 1 100 000 t.

Nach anderen Angaben gestaltete sich die Erzeugung von Teer in England vor dem Kriege folgendermaßen:

Aus Gasanstalten wurden gewonnen	830 000 t
Aus Kokereien	350 000 t
Aus Hochöfen	200 000 t
so daß nach dieser Angabe insgesamt	1 380 000 t Teer

gewonnen wurden.

Erwähnt sei, daß die Erzeugung von Gas in England im Jahre 1909 insgesamt 5348 Mill. cbm betrug. (einschließlich Wassergas).

Aus dem Vergleich der entsprechenden Zahlen für Deutschland geht hervor, daß der Unterschied zwischen beiden Ländern hinsichtlich der Teererzeugung heute nicht mehr erheblich ist. Hierbei muß man berücksichtigen, daß durch die Gewinnung der Kohlenwasserstoffe, die in den **Koksofengasen** enthalten sind, Mengen von Benzol, Toluol, Xylol usw. erzielt werden, die weit über die im **Teer** enthaltenen Anteile hinausgehen. Es wird weiter unten noch ausführlich gezeigt werden, daß jene Kokereigase an Benzol, Toluol und Xylol etwa das Zehn- bis Zwölffache dessen enthalten, was im Teer vorhanden ist. Ein Land, das also nicht nur Steinkohlenteer, sondern auch die Nebenprodukte aus den Kokereigasen gewinnt, wird eine weit größere Produktion an aromatischen Kohlenwasserstoffen erzielen, als ein Land, das sich mit der Verarbeitung des Teers begnügt.

Die Arbeitsweise in den Vereinigten Staaten.

Im Anschluß hieran sei darauf hingewiesen, daß **Amerika** ein Land ist, das in gewisser Beziehung sehr günstige Vorbedingungen für eine Teerindustrie bietet, weil Amerika die größte Eisen- und Stahlindustrie hat und infolgedessen gezwungen ist, in großem Umfange Kohlen zu verkoken, wobei beträchtliche Mengen von Teer und Kohlenwasserstoffen leicht zu erzeugen sind. Und zwar liegen die Verhältnisse um so günstiger für Amerika, weil die Eisen- und Stahlindustrie an einzelnen Plätzen sehr dicht zusammengedrängt ist. Allein im Bezirke Pittsburg z. B. werden jährlich etwa 6 Mill. t Roheisen erzeugt und entsprechende Mengen Kohlen verkokt, wodurch eine Zentralisation des Teers und Gases leicht zu verwirklichen ist. Als Beispiel sei angeführt, daß im Jahre 1912 die Nebenproduktenanlagen der Carnegie Stahlwerke in Clairton Pa. 4 100 000 t Steinkohle verarbeitet und daraus u. a. gewonnen haben:

2 700 000 t Hochofenkoks
250 000 t Kokslösche
43 000 t Ammonsulfat
150 000 t Teer
30 000 t leichte Öle.

Die amerikanische Teerfarbenindustrie und ihr Bedarf an Rohstoffen waren bis vor wenigen Jahren nur in sehr bescheidenem Maße entwickelt. Aber wir werden nachher sehen, daß die Verarbeitung der Kokereigase in der Weise geschieht, daß man **zunächst Ammoniak** und **dann** erst Benzol gewinnt. Das Verfahren würde sich also, weil die wichtige Ammoniakgewinnung **vor** der Benzolgewinnung liegt, sehr einfach gestalten. Infolgedessen war für die amerikanischen Kokereien ein Anreiz gegeben, die Destillationsgase wenigstens auf das wertvolle Ammoniak auszubeuten. Der Krieg hat dann diese Entwicklung in ungeahnter Weise beschleunigt, und die dadurch verwirklichte Möglichkeit, auch größere Mengen Benzol und Homologe aus diesen Gasen zu erzeugen, wird weiterhin Amerika in Stand setzen, seine Teerfarbenindustrie zu entwickeln, denn die wichtigsten materiellen Grundlagen sind gegeben: die Rohstoffe.

Vor dem Kriege war die Teererzeugung allerdings nicht sehr beträchtlich, insbesondere entfielen auf Gasanstalten 1905 nur **167 770 t**. Diese Zahl ist auch insofern interessant, als sie ohne weiteres erkennen läßt, eine wie geringe Rolle in den Vereinigten Staaten, im Verhältnis zu England und selbst Deutschland, das Leuchtgas für die Gewinnung von Teer und Teerprodukten spielt.

Daß Amerika im Verhältnis zu seiner Größe und der Zahl seiner Städte wenig Gasanstalten aufweist, liegt daran, daß man dort entweder das billige Naturgas zur Verfügung hat oder Elektrizität (aus Wasserkräften), die vielfach aus weiten Entfernungen in die Städte geleitet wird.

Außerdem verfügt man an den Stellen, wo sich die Eisenindustrie angesiedelt hat, und wo in großen Anlagen auf einem verhältnismäßig kleinen Fleck viele Millionen Tonnen Eisen, entsprechend etwa der Hälfte der ganzen englischen Jahreserzeugung, gewonnen und ungeheure Mengen von Kohlen verkokt werden, über einen solchen Überschuß an Gas, daß die Destillationskokereien große Mengen davon an andere Verbraucher, u. a. für Beleuchtungszwecke abgeben könnten.

Aus Kokereien wurden im Jahre 1905 nur 115 970 t, zusammen also 283 740 Mill. t Teer gewonnen. Im Jahre 1908 war diese Zahl schon gestiegen auf 455 700 t[1]).

Im Jahre 1910 hatten die Vereinigten Staaten infolge der raschen Entwicklung der amerikanischen Eisenindustrie eine Erzeugung von 38 Mill. t Koks zu verzeichnen, also eine Erzeugung, die beinahe das Doppelte derjenigen von England beträgt, während

> im Jahre 1885 nur   4 633 000 t Koks
> „   „   1895 „   12 096 000 t „
> „   „   1900 „   18 628 000 t „
> „   „   1905 „   29 240 000 t „

erzeugt wurden. Jene 38 Mill. t Koks des Jahres 1910 wurden erhalten aus ca. 57 Mill. t Kohle = 66% Ausbeute. Die Zahl ist bemerkenswert; sie ist nämlich niedriger als man normalerweise in deutschen Kokereien zu erzielen pflegt. Das hängt aber mit der amerikanischen Art der Verkokung zusammen. 82,88% des Kokses stammten nämlich aus sog. Bienenkorböfen, d. h. aus Öfen ohne Gewinnung der Nebenprodukte, und nur 17,12% aus Öfen mit Gewinnung der Nebenprodukte. Die Zahl 17,12% für das Jahr 1910

Die Erzeugung von Koks in den Vereinigten Staaten.

---

[1]) Nach anderen Angaben betrug die Teererzeugung in den Vereinigten Staaten:

> 1902: 230 000 t
> 1903: 269 000 t
> 1905: 355 000 t und zwar
>   195 000 t aus Gasanstalten
>   160 000 t aus Kokereien
> 1908: 600 000 t und zwar
>   300 000 t aus Gasanstalten
>   300 000 t aus Kokereien.

gegenüber der Zahl .16% für das Jahr 1909 bedeutet also für Amerika wieder einen kleinen Fortschritt in der Gewinnung der Nebenprodukte.

Die Öfen mit Gewinnung von Nebenprodukten hatten eine durchschnittliche Ausbeute an Koks von 75%. Die entsprechende Zahl für die Bienenkorböfen ist 64,6%. Im Jahre 1910 wurden also 82,88% der Kohlen mit 64,6% Ausbeute verkokt und 17,12% mit 75% Ausbeute.

Bei der Verkokung kommt es natürlich auch sehr auf die Kohle an (vgl. S. 9).

In Amerika wird vielfach die Kohle in der Form, wie sie aus den Bergwerken kommt, also ohne Aufbereitung, den Koksöfen zugeführt, und das erklärt natürlich auch die weniger guten Ausbeuten. Bei den Bienenkorböfen wird die erforderliche Hitze durch unmittelbare Verbrennung eines Teiles der Kohle selbst erzeugt, während die deutschen Koksöfen fast ausschließlich mittels des überschüssigen Gases geheizt werden, wobei das ganze Material verkokt wird, ohne daß die Kohle selbst Nebenarbeit zu leisten hat; die verrichtet das abfallende Gas.

Amerika vor dem Kriege (1910). Es seien einige Zahlen über den Wert der in Amerika im Jahre 1910 erzeugten Kokerei-Nebenprodukte angeführt:

Wert der Nebenprodukte 8,48 Mill. Dollar = etwa 34 Mill. Mark. Der Koks, der dabei gewonnen wurde, betrug etwa 6,42 Mill. t im Werte von 24,79 Mill. Dollar = etwa 100 Mill. Mark.

Es ist sehr beachtlich, daß der Wert der Nebenprodukte demnach 25% der Gesamtsumme ausmacht.

Diese Nebenprodukte im Werte von 34 Mill. Mark setzen sich zusammen aus: 1. Überschußgas (sog. „Surplus-Gas"), das ist Gas, das nicht für eigenen Bedarf verbrannt zu werden braucht, sondern abgegeben werden kann, im Werte von etwa 13 Mill. Mark; 2. Teer im Werte von etwa 6 Mill. Mark und 3. Ammoniak in verschiedenen Formen: als Sulfat, als wasserfreies und als wässeriges Ammoniak, im Werte von etwa 15 Mill. Mark.

Der Teer tritt, wie man sieht, gegenüber dem Ammoniak dem Werte nach sehr zurück, und darin liegt der Anreiz für Amerika, das bei der Verkokung abfallende Ammoniak, insbesondere für die Bedürfnisse seiner Landwirtschaft, zu gewinnen. Die Ammoniakgewinnung ist verhältnismäßig einfach und unabhängig von der Benzolgewinnung aus den Kokereigasen, die unterbleiben kann, falls sie nicht lohnend genug erscheint.

Amerika während des Krieges. Es bedarf keines Hinweises darauf, daß sich während des Krieges infolge des ungeheuren Bedarfes an Benzol und Toluol für die Zwecke der Munitionserzeugung (insbesondere Pikrinsäure und Trinitrotoluol) die Notwendigkeit ergab, die Gewinnung der Nebenprodukte in den kriegführenden Ländern mit allen Kräften auf das erreichbare Höchstmaß zu steigern. Es liegen Angaben vor, wonach Amerika im Jahre 1916, also noch vor seinem Eintritt in den Krieg gegen Deutschland, etwa 100 000 t Benzol und 25 000 t Toluol erzeugte. Von Toluol kostete 1 kg Anfang 1916 ca. 7 Mark, gegen Ende 1916 immer noch etwa 3 Mark. Im Jahre 1917 steigerte Amerika seine Erzeugung weiter auf 135 000 t Benzol und 32 000 t Toluol. Im Jahre 1918 soll die Erzeugung von Toluol angeblich sogar etwa 70 000 t betragen haben, vermutlich unter Hinzuziehung noch anderer Quellen außer der Steinkohlendestillation. Allerdings soll das Rittmannsche Verfahren zur Herstellung von Benzol und Toluol aus gecrackten Petroleumölen praktisch versagt haben. Das gecrackte Öl enthält angeblich 3% Benzol und 2,5% Toluol, die aber nicht in reinem Zustande erhalten werden konnten.

3. Überblick über die Gewinnung des Teers und der Kokereigase.

Nach diesem allgemeinen Überblick über die Verhältnisse in den wichtigsten Industrieländern und über die verschiedenen Möglichkeiten, Teer und Teerprodukte zu gewinnen, sei in kurzen Zügen angegeben, wie sich die Verkokung und die Gewinnung der Nebenprodukte gestaltet. *Die verschiedenen Verkokungsmethoden u. Ofensysteme.*

Wie schon oben bemerkt, hat man lange Zeit sich durch Vorurteile abhalten lassen, die Kohle zu verkoken unter gleichzeitiger Gewinnung der Nebenprodukte. Man hat dann aber zunächst in Frankreich den Versuch gemacht, die bei der Verkokung der Kohle abfallenden Nebenprodukte zu verwerten. Die Versuche haben sofort erkennen lassen, daß die bisherigen Vorurteile unzutreffend waren, und man ist dann in Deutschland gleichfalls zur Gewinnung der Nebenprodukte in großem Maßstabe übergegangen. Die zu diesem Zwecke erbauten Öfen knüpfen sich an verschiedene Namen, die hier nur kurz erwähnt sein mögen: Knab, Carvès und in Deutschland Hüssener, ferner Otto, Franz Brunck und Hoffmann. Otto und Hoffmann haben gemeinschaftlich, vom Coppéeschen Ofen ausgehend, einen in Deutschland bevorzugten Ofen konstruiert, den man den Hoffmann-Otto-Ofen nennt; auch Hilgenstock ist in diesem Zusammenhange zu erwähnen. In Amerika werden vielfach die Koppers-Öfen gebraucht, außerdem die von Semet und Solvay sowie von Didier.

In Deutschland wird die Kohle, die verkokt werden soll, sorgfältig aufbereitet, da sie im Bergwerk in einer zu wenig einheitlichen Form gewonnen wird, zum Teil in großen Brocken, zum Teil auch als grobes Pulver. In dieser Form ist die Kohle zur Erzeugung eines guten Kokses aber nicht brauchbar; sie wird, nachdem sie gefördert ist, zunächst durch eine Siebvorrichtung in größere und kleinere Stücke getrennt; die kleinen Stücke werden nochmals gesiebt, dann wird die Kohle gewaschen, um die ihr beigemischten mineralischen Bestandteile zu entfernen. Nachdem die Kohle auf diese Weise einerseits auf etwa gleiche Korngröße gebracht, andererseits von mineralischen Bestandteilen befreit ist, gelangt sie in Türme, in denen sie aufbewahrt und zugleich getrocknet wird, bis ihr Wassergehalt etwa 11—12% beträgt. Schließlich wird sie mit Stampfmaschinen in die Koksöfen eingestampft. Diese befinden sich, zu größeren Batterien vereinigt, dicht neben- *Die Aufbereitung der Kohle u. Gewinnung des Kokses.*

einander, und jeder Ofen wird, sobald der Koks gar ist, entleert, und zwar auf mechanischem Wege, mit Hilfe einer Koksausdrückmaschine Der glühende Koks gelangt auf eine große Plattform vor dem Ofer und wird dort sofort gelöscht; oder er wird auch in große Wagen hinein gestürzt, von den Öfen weggefahren und an anderer Stelle mit Wasser bespritzt, so daß das Löschen rasch von statten geht, damit nicht durch Verbrennung von Koks Materialverluste entstehen.

Die flüchtigen Produkte, Teer und Gas. Während der Destillation entweichen aus den Koksöfen durch besondere Kanäle die flüchtigen Produkte, Teer und Gas. Als „Teer" kondensieren sich in der Vorlage bei einer Temperatur von etwa 250° die höchst siedenden Bestandteile. Von der Vorlage gelangt der Teer dann in einen Sammelbehälter. Man beschickt die Vorlagen in der Regel mit einem abgekühlten Teer, den man vorher durch Destillation von den leichtest flüchtigen Teilen befreit hat, damit der Teer ein Lösungsmittel bilde für die aromatischen Kohlenwasserstoffe, die sich in ihm verdichten sollen zu Flüssigkeit.

Die Verarbeitung des Gases. Das Gas erleidet sehr mannigfaltige Schicksale, je nachdem, was man aus dem Gase gewinnen, und wozu man es verwenden will.

Das Gas macht zunächst von der Vorlage, in der man es mit Teer sozusagen gewaschen hat, einen mehr oder weniger großen Weg zu den Stellen, wo es weiter verarbeitet wird. Unterwegs ist Vorsorge getroffen, daß der bei weiterer Abkühlung sich kondensierende Teer Gelegenheit hat, sich abzuscheiden.

Die Kühlung des Gases. Das Gas wird anfänglich nur mit Luft gekühlt, da man erkannt hat, daß es zweckmäßig ist, die heißen Gase nicht sofort durch Wasser, sondern vorerst durch Luft allmählich zu kühlen. Das geschieht in den sog. Ring-Luftkühlern, Zylindern, die konzentrisch zueinander gebaut sind. Innen, d. h. zwischen den beiden konzentrischen Zylinderwänden, strömt das Gas, außen befindet sich die Luft. Dann erst wird das Gas durch Wasser gekühlt, und zwar sind hier Zylinder in Gebrauch, die parallel zur Achse von Wasserröhren durchsetzt sind, die sog. Röhren-Wasserkühler. Diese Kühlung wirkt natürlich viel intensiver als Luft und hat zur Folge, daß sich in diesen Zylindern der noch im Gase enthaltene Teer zum größten Teile kondensiert, mit ihm aber gleichzeitig auch Wasserdampf und vor allem Ammoniak, von dem etwa drei Viertel der Gesamtmenge bereits in diesen Kühlern zur Abscheidung gelangen.

Hinter die Wasserkühler wird eine Maschine eingeschaltet, die dazu dient, einerseits das Gas aus den Koksöfen abzusaugen, andererseits es weiter in die zur Gewinnung der Nebenprodukte erforderliche Apparatur zu drücken. Es ist dies der Kompressor.

Der Druck in der Gasleitung muß mittels derartiger Kompressoren sehr sorgfältig geregelt werden, damit nicht in den Koksöfen ein Unterdruck entsteht; es soll vielmehr in diesen Koksöfen ein ganz schwacher, durch die lebhafte Gasentwicklung bedingter Überdruck bestehen bleiben, so daß keine Luft von außen durch etwaige Risse und Spalten des Mauerwerks hineingesaugt wird. Andererseits müssen die Gase, behufs Überwindung des in den langen Leitungen herrschenden Widerstandes, durch die Maschine weiterbefördert werden, wodurch (infolge Kompression) eine gewisse Erwärmung der Gase eintritt. Diese Wärme wird durch einen sog. Schlußkühler wieder entfernt. Es folgt also auf die Wasserkühler der Kompressor, darauf der Schlußkühler und, um die letzten Anteile des Teers aus den Gasen zu entfernen, der Teerscheider nach Pélouze, dessen Wirksamkeit darauf zurückzuführen ist, daß die in den Gasen schwebenden feinsten Teernebel durch mehrmaligen Anprall an feste Flächen zur Tropfenbildung veranlaßt werden.

Es schließen sich nun an: die Absorption des Ammoniaks durch Wasser (siehe S. 22) und das Auswaschen der Kohlenwasserstoffe, wie Benzol, Toluol, Xylol usw., mittels des sog. Waschöles, einer Teerfraktion, die zwischen 200—300° bis zu etwa 90% übergehen soll. Dieses Waschöl übernimmt gegenüber dem Benzol usw. dieselbe Rolle wie das Wasser gegenüber dem Ammoniak, und es wird auch die Gewinnung des Benzols in skrubberartigen Apparaten vorgenommen, ähnlich denjenigen, die dazu dienen, das Ammoniak mittels Wasser aus dem Gas zu entfernen. Das Auswaschen des Benzols durch das Waschöl geschieht nach dem sog. Gegenstromprinzip, d. h. Waschöl und Gas strömen sich entgegen, indem der letzte Apparat mit frischem Waschöl beschickt wird, während die benzolreichsten Gase in den vordersten Waschapparat eintreten. Von dem letzten Wäscher, den die ausgewaschenen, von Benzol ziemlich vollkommen befreiten Gase verlassen, gelangt das Waschöl in den vorletzten, wo die Gase schon mehr Benzol enthalten, und wird alsdann, sich stetig an Benzol anreichernd, immer mehr nach vorn befördert, wo die Gase am reichhaltigsten an Benzol sind.

Es handelt sich nun darum, das Rohbenzol aus dem Waschöl wiederzugewinnen, und das geschieht in der Weise, daß man Kolonnenapparate anwendet, in denen das Rohbenzol durch Dampf ausgetrieben wird. Man benutzt zweckmäßig in bekannter Weise die Abwärme dieser Kolonnenapparate, um das mit Benzol beladene Waschöl vorzuwärmen, während in diesen Vorwärmern andererseits die abziehenden Kondensate gekühlt werden. Nachdem das Rohbenzol aus dem Waschöl ausgetrieben ist, wird es weiterhin fraktioniert, während das Waschöl, das nunmehr von seinem Gehalt an flüchtigen Kohlenwasserstoffen befreit ist, erneut zum Auswaschen des Gases benutzt wird. Allerdings tritt mit der Zeit eine Veränderung des Waschöles ein, so daß man es nicht unbegrenzt verwenden kann; denn die Gase enthalten außer den leichten Kohlenwasserstoffen immerhin auch schwere Anteile, die es notwendig machen, von Zeit zu Zeit eine Fraktionierung des Waschöles vorzunehmen.

Was die Zusammensetzung des „Rohbenzols" anlangt, wie es aus dem Waschöl gewonnen wird, so erhält man beispielsweise bei einer ganz rohen Fraktionierung, durch die es zunächst in 5 Teile zerlegt wird:

Benzol, roh	. . . .	59%	bis 100°
Toluol, „	. . . .	11%	von 100—120°
Xylol, „	. . . .	9%	„ 120—150°
sog. Solventnaphta	.	6%	„ 150—180°
und Rückstand	. .	15%.	

Die Verwendung des gewaschenen Gases. Das Gas selbst ist durch das Auswaschen mit Waschöl von denjenigen Kohlenwasserstoffen, die für die Teerfarbenfabrikation wichtig sind, ziemlich vollkommen befreit und wird nun wieder zu den Koksöfen zurückgeleitet in dem Betrage, als dies erforderlich ist. In der Regel ist bei weitem nicht die Gesamtmenge des Gases zur Beheizung der Koksöfen erforderlich; es ergibt sich im Gegenteil ein mehr oder weniger beträchtlicher Überschuß an Gas, und über diesen Überschuß an Gas sei an dieser Stelle noch einiges gesagt, weil dieses Überschußgas (Surplusgas), wie es scheint, in Zukunft eine sehr große Rolle spielen wird.

Um eine Vorstellung zu geben, um welche Mengen es sich hierbei handelt, sei eine kleine Übersicht angeführt, die erkennen läßt, wie sich der Heizwert der Kohle bei oder nach der Destillation verteilt, d. h. welche verschiedenen Produkte als Träger des Heizwertes in Erscheinung treten.

Bei einer Koksausbeute von	60%	70%	85%
finden sich vom Heizwert im Koks	60%	68%	80%
im Teer	9%	6%	3%
im Gas	27%	23%	16%
in sonst. Produkten u. vor allen Dingen als Verlust	4%	3%	1%

Die Beheizung der Koksöfen. Zum Beheizen der Koksöfen sind etwa 10% des Heizwertes der Kohle erforderlich. Für den Betrieb der Öfen aber kommt der wertvolle Koks nicht in Betracht, auch der Teer nicht, wohl aber das Gas, das wir bei modernen Anlagen in erster Linie in Betracht zu ziehen haben als Quelle für die Heizung der Öfen. In allen Fällen aber (siehe oben) beträgt der Heizwert der Gase mehr als 10%, so daß sich also gemäß Obigem je nach der Art der Kohle, die verkokt wurde, sehr beträchtliche Überschüsse ergeben, von 17, 13 und 6%.

Die Verkokung der Kohle durch trockene Destillation ist ein Vorgang, der weder als exotherm noch als endotherm zu bezeichnen ist; d. h. damit sich bei der Verkokung die verschiedenen Substanzen aus der Steinkohle bilden, ist keine Energiezufuhr erforderlich. Jedoch müssen wir Energie in Form von Wärme aufwenden, um die Kohle auf die Temperatur zu bringen, die zum Vergasen erforderlich ist, und zwar werden nach den darüber vorliegenden Angaben verbraucht: 3% zur Erzeugung des glühenden Kokses; 2,1% zum Erhitzen des Gases und des Teers; 1,8% gehen verloren durch die Abhitze; 6%

gehen durch den Schornstein, falls nicht, wie jetzt üblich, Regeneratoren vorhanden sind; 3,1% sind Strahlungsverluste.

Der für die Koksöfen erforderliche Aufwand von etwa 16% ohne und von 10—12% mit Regeneratoren ist verhältnismäßig gering und macht es verständlich, daß man in neuerer Zeit, nicht nur in den Vereinigten Staaten und England, sondern auch in Deutschland dazu übergegangen ist, die Städte, die in der Nähe großer Destillationskokereien liegen, mit dem verbleibenden Überschußgas zu versehen. Es ist berechnet worden, daß die Zahl der Kubikmeter Gas, die jedes Jahr in Deutschland für diesen Zweck zur Verfügung stehen, etwa 2400 Mill. beträgt. In Deutschland betrug im Jahre 1910 die gesamte Erzeugung von Leuchtgas gleichfalls etwa 2400 Mill. cbm. Wir könnten also, theoretisch gesprochen, um Kohlen zu sparen, unsere sämtlichen Gasanstalten stillegen und an Stelle des in ihnen erzeugten Gases diese 2400 Mill. cbm Überschußgas benutzen. Man ist stellenweise auch tatsächlich schon dazu übergegangen, besonders im Rheinland, und zwar scheint sich diese Verwendung sehr rasch zu steigern. Im Jahre 1908 waren es nur 12 Mill. cbm, die in der Gegend von Essen-Ruhr usw. abgegeben wurden, im Jahre 1909 waren es bereits 25 Mill. cbm.[1]

Im Jahre 1908 wurden allein im Oberbergamtsbezirk Dortmund insgesamt etwa 1800 Mill. cbm Überschußgas erzeugt und außerhalb des eigentlichen Kokereibetriebes verwendet, entweder zum Treiben von Gasmotoren oder zum Heizen von Dampfkesseln oder zum Beheizen von Teerblasen usw. Dieses Überschußgas stellt also ein höchst wertvolles Heiz- und Beleuchtungsmaterial dar, wird aber zurzeit immer noch nicht in einer seinem Energieinhalt entsprechenden wirtschaftlichen Weise verwendet.

Unter den sonstigen Vorschlägen, die gemacht wurden, um das Gas, selbst auf weite Entfernungen, nutzbar zu machen, hat man auch die Möglichkeit in Betracht gezogen, das Gas in Gasmaschinen zu verbrennen und die dadurch in der üblichen Weise gewinnbare elektrische Energie unter Hochspannung weiterzuschicken.[2]

Es bestehen also sehr weitgehende, aber wohlerwogene Pläne, um die Überschußgase in nutzbringender Weise zu verwerten. Im Auslande werden ebenfalls die wirtschaftlichen Verhältnisse, auch über

---

[1] Man hat auch vorgeschlagen, man solle die Stadt London in der Weise beleuchten und beheizen, daß man die Kohlen, statt sie nach London zu befördern und dort zu vergasen, an der etwa 250 km von London entfernten Stelle, wo sie gefördert werden, verkokt und das Überschußgas in vier Rohrleitungen unter hohem Druck nach London leitet. Der Vorschlag ist ernstlich gemacht und durchgerechnet worden, und der Versuch würde sich nach Ansicht der Sachverständigen auch lohnen. Der Selbstkostenpreis für 1 cbm des Gases sollte sich dabei auf 2—3 Pfg. stellen, und der Verkaufspreis würde 12—13 Pfg. betragen.

[2] Das Ideal von Siemens war, den Vergasungsprozeß der Kohlen in die Bergwerke hinein zu legen, die Kohlen also direkt an Ort und Stelle zu verarbeiten, die Abgase in der eben angegebenen Weise zu verwerten und den starken Auftrieb der spezifisch leichten Gase bei ihrer Versendung zu benutzen.

den Krieg hinaus, die Kokereien immer mehr dazu veranlassen, die Nebenprodukte zu gewinnen, wie es bisher schon in weitgehendem Maße in Deutschland geschah.

Die Wichtigkeit der Rohstoffversorgung.

Alle diese Dinge wurden angeführt, um zu zeigen, wie die Grundlagen der Teerfarbenfabrikation beschaffen sind, und wie eng scheinbar fernliegende Umstände diese Industrie berühren. Wer sich der Schwierigkeiten erinnert, die in früheren Jahren z. B. durch Mangel an Benzol entstanden sind, und sich die noch viel größere Notlage vergegenwärtigt, in der sich gerade jetzt die deutsche Teerfarbenindustrie infolge der Knappheit an den wichtigsten Teerprodukten befindet, der weiß, wie eng heute das Schicksal der Farbenindustrie mit den Kokereien und in letzter Linie also mit der Eisen- und Stahlindustrie verknüpft ist, nachdem die Leuchtgasindustrie als Quelle der Rohmaterialien an Bedeutung erheblich eingebüßt hat.

Es scheint um so mehr angezeigt, auf diese Beziehungen hinzuweisen, weil gewisse Erscheinungen des Wirtschaftslebens den Techniker zwingen, darauf bedacht zu sein, wie er sich billige Rohstoffe verschaffen kann. Er darf daher nicht nur fragen, wie und wo er seine Produkte absetzt, sondern auch ob er stets mit Sicherheit über die nötigen Ausgangsstoffe zu ihrer Erzeugung verfügt.

Die Gewinnung des Ammoniaks.

Noch einige Worte über das Schicksal des wertvollen Ammoniaks, das wir nur flüchtig berührt haben. Die Gewinnung des Ammoniaks aus den Kokereigasen, und zwar der übrigen 25% — nachdem bereits etwa 75% sich in den Röhrenwasserkühlern in Form von Ammoniakwasser abgeschieden haben (siehe S. 18) — geschieht in Wäschern, die mit Wasser berieselt werden. Es sind meist sog. Hordenwäscher, die dazu dienen, das Wasser, das von oben heruntertropft, möglichst vollkommen zu verteilen, während das Gas unten eintritt und nach oben streicht.

Man verwendet in der Regel drei Wäscher hintereinander, und man arbeitet auch hierbei wieder nach dem Gegenstromprinzip. Der letzte Wäscher wird mit frischem Wasser berieselt und nimmt die letzten Anteile des Ammoniakgases auf, der zweite Wäscher wird berieselt mit dem ammoniakhaltigen Wasser, das aus dem letzten Wäscher abgelaufen ist und gleichzeitig mit dem Wasser, das sich in den Wasserkühlern (siehe S. 18) niedergeschlagen hat und ebenfalls reichlich Ammoniak enthält. Das mit Ammoniak angereicherte Wasser, das aus dem zweiten Wäscher abläuft, wird nun auf den vordersten Wäscher geleitet. Dort tritt das ammoniakreiche Gas ein, so daß also der vorderste erste Wäscher das Ammoniak nur teilweise dem noch warmen Gas entnimmt, der zweite Wäscher wieder einen Teil und der dritte den Rest.

Die Verarbeitung des Ammoniakwassers.

Das so erhaltene Ammoniakwasser enthält außer etwa 1% Ammoniak auch noch flüchtige Säuren, die Ammoniaksalze zu bilden vermögen, vor allem Schwefelwasserstoff und Kohlensäure. Das Ammoniak des Gaswassers ist also nicht lediglich als freies Ammoniak, sondern zum Teil in Form von Ammoniaksalzen vorhanden. Aus diesem Ammoniakwasser wird das Ammoniak in Kolonnenapparaten mittels Dampf abgetrieben, wobei die flüchtigen Säuren gleichfalls mitwandern. Man setzt in diesen Apparaten deshalb nur soviel Kalkmilch zu, als erforderlich ist, um die im unteren Teil der Apparatur etwa noch vorhandenen Säuren zu binden und das „fixe" Ammoniak frei zu machen.

Die Kolonnenapparate beruhen im übrigen auf ähnlichen Grundsätzen wie die, nach denen man bei der Fraktionierung von Teerölen oder bei der Spiritusrektifikation verfährt.

4. Die Zusammensetzung der Nebenprodukte und ihre Abhängigkeit von der Verkokungsart.

Nach diesem allgemeinen Überblick über die Arbeitsweise, deren sich die Technik bei der Gewinnung der Nebenprodukte bedient, dürfte es von Interesse sein, über die Zusammensetzung der einzelnen flüssigen und gasförmigen Produkte einiges zu erfahren, sowie über die Abhängigkeit der bei der Verkokung erzielten Produkte von der Art der Verkokung.

Man kannte, wie schon erwähnt, lange Zeit hindurch nur die ganz roh betriebene Verkokung der Kohle für metallurgische Zwecke in Bienenkorböfen ohne Gewinnung der Nebenprodukte und sogar unmittelbar in den Hochöfen. Aber selbst die heutigen Koksöfen sind unter sich von sehr verschiedener Bauart, und die Produkte, die aus der Kohle gewonnen werden, sind nach Menge und Beschaffenheit außerordentlich abhängig von der Art, wie verkokt wird. Vor allem spielen die Temperaturen eine sehr große Rolle, außerdem aber auch die Eigenschaften der Kohle (vgl. S. 8 u. 23).

Was zunächst den Einfluß der Temperatur anlangt, so beginnt die Entgasung der Kohlen schon bei verhältnismäßig sehr niedrigen Temperaturen, etwa bei 2—300°, und sie ist beendigt bei Temperaturen von 3—400°, höchstens 500°. Aber um die Verkokung auch der innersten Teile innerhalb einer nicht zu langen Zeit zu vollenden, werden tatsächlich zum Schluß viel höhere Temperaturen angewendet, bis zu 1000, 1100, 1200° und darüber. Der Verlauf der Verkokung ist auch verschieden, je nachdem, ob sie in einem Kokereiofen oder in der Retorte einer Gasanstalt erfolgt. Im allgemeinen gehen die Gasanstalten in der Temperatur höher hinauf. Das hat aber einen erheblichen Einfluß auf die Zusammensetzung der Destillate. Die Steinkohle ist ein Stoff, der die Wärme schlecht leitet. Infolgedessen schreitet die Verkokung verhältnismäßig langsam von außen nach innen zum Kern der Füllung vor. Der Zustand, in dem sich die Kohle in den verschiedenen Ofenzonen befindet, ist daher außerordentlich verschieden: außen bereits weitgehende Verkokung, innen noch Kohle, die kaum anfängt, Gas zu liefern. Die Gase, die sich in den inneren

Der Einfluß der Temperatur.

Zonen entwickeln, müssen aber nach außen entweichen und dabei Schichten durchstreichen, die bereits auf hohe Temperaturen, 1000, 1100, 1200°, erhitzt sind. Diese Gase sind aber durchaus nicht unempfindlich gegen hohe Temperaturen. Es treten vielmehr starke örtliche Zersetzungen ein. Die Gase, die sich bei niedrigeren Temperaturen — etwa 350 bis 500° — bilden, enthalten, wie bereits auf S. 10 bemerkt, ganz vorwiegend Kohlenwasserstoffe der Fettreihe. Streichen diese durch die glühenden Koksschichten hindurch, so werden sie einer Zersetzung unterworfen, die eine Umwandlung der aliphatischen in aromatische Kohlenwasserstoffe bewirkt, wobei in reichlichen Mengen Wasserstoff frei wird, der eine sehr große Rolle in diesen Gasen spielt, weniger natürlich als ein Bestandteil, der dem Gase die Leuchtkraft, denn vielmehr als ein solcher, der dem Gase die Heizkraft verleiht.

Je nachdem also wie sich die Verkokung gestaltet, ob man rasch oder langsam die höheren Temperaturen erreicht, erhält man verschiedenes Gas, verschiedenen Teer, verschiedenen Koks. Würde man z. B. die Verkokung derart betreiben, daß man die Temperatur sehr langsam steigert, so würde man einen viel geringeren Teil der Gase zersetzen, sie also mehr in primärem Zustande erhalten, während, wenn man sehr rasch die äußere Schicht hohen Temperaturen aussetzt, man die Gase zwingt, gleichfalls diese Temperaturen anzunehmen und sich dem Zersetzungsprozeß zu unterwerfen.

Die Form der Öfen.

Auch die **Form der Öfen** übt einen großen Einfluß auf die Zusammensetzung der Gase aus. Während z. B. eine kugelförmige Gestalt der Öfen insofern ungünstig für die Gase sein würde, als diese gezwungen wären, die konzentrischen heißen Zonen auf ziemlich lange Strecken zu durchwandern, würde bei einem ganz flachen Ofen die Schicht, die die Gase zu durchstreichen haben, sehr dünn sein, also nicht ausreichen, um eine vollkommene pyrogene Zersetzung herbeizuführen.

Die Koksausbeute.

Außer Wasserstoff scheidet sich bei hohen Temperaturen auch Kohlenstoff ab. Man kann also auch die Koksausbeute innerhalb gewisser Grenzen regeln, indem man entweder durch hohe Temperaturen eine starke Zersetzung herbeiführt, oder durch vorsichtiges, langsames Heizen dem Gase Gelegenheit gibt, unzersetzt zu entweichen ohne Kohlenstoff abzuscheiden. Das Ergebnis der trockenen Destillation hängt also u. a. ab von der Höhe der Temperatur, von der Schnelligkeit der Temperatursteigerung, von der Form des Ofens, von dem Material der Kohle, wobei auch der Wassergehalt eine nicht unwichtige Rolle spielt, und schließlich auch von der Stellung der Retorte, ob senkrecht, schräg oder wagerecht.

Hinzuzufügen ist, daß auch das Schicksal des Ammoniaks sehr wesentlich von den eben genannten Faktoren abhängt. Die Entwicklung des Ammoniaks vollzieht sich zwischen 500 und 700°. Aber das Ammoniak ist ebenso wie die Kohlenwasserstoffe bei höheren Temperaturen der Zersetzung unterworfen; bei vollkommener Zerlegung des Ammoniaks bilden sich Stickstoff und Wasserstoff:

$$2\,NH_3 \rightleftarrows N_2 + 3\,H_2\,.$$

Die Zersetzung des Ammoniaks bei hohen Temperaturen.

Nachdem wir die Faktoren kennengelernt haben, die die Ausbeute und Beschaffenheit der bei der Verkokung von Kohle entstehenden Produkte beeinflussen, seien zunächst einige Zahlen angegeben, die erkennen lassen, daß bei der Destillation von Kohle, je nach deren Eigenschaften, sehr bemerkenswerte Unterschiede in der prozentischen Zusammensetzung der Endprodukte hervortreten.

Es ist Kohle in Koksöfen destilliert worden einerseits auf Zeche Matthias Stinnes, andererseits auf Zeche Deutschland.

Es wurden erhalten: Koks 75,43% und 85,38%. Ersteres ist eine normale, letzteres eine verhältnismäßig sehr hohe Ausbeute.

Die Zusammensetzung der Destillationsprodukte.

Flüchtige Bestandteile ergaben sich zu 24,57% im einen und zu 14,62% im anderen Falle.

Diese flüchtigen Bestandteile setzten sich zusammen aus:

1. Teer . . . . 2,49% bzw. 1,12%
2. Wasser . . . . 6,21% ,, 2,57%

[Die Zahlen 6,21% und 2,57% für Wasser deuten schon an, daß in dem einen Falle eine etwas feuchte Kohle und im anderen eine verhältnismäßig trockene Kohle angewendet wurde, die sich übrigens schon der Magerkohle (siehe S. 8) näherte]. Weiter ergab sich:

3. CO_2 . . . . 1,46% bzw. 0,67%
4. H_2S . . . . 0,31% ,, 0,2%
5. NH_3 (als 100 proz. Ammoniak berechnet) 0,386% ,, 0,341%
6. Rohbenzol . . . . 1,27% ,, 0,54%

7. Gas (hier ist offenbar Gas gemeint, das befreit ist einerseits von Ammoniak, CO_2 und H_2S, andererseits von Rohbenzol) 12,444% = 29,82 cbm bzw. 9,179% = 29,67 cbm.

Man sieht, die Volumina der Gase sind in beiden Fällen ungefähr gleich, dagegen sind sie ihrem absoluten Gewicht nach sehr verschieden, so daß sich ohne weiteres sehr verschiedene spezifische Gewichte ergeben.

Die beiden Gase setzen sich in der folgenden Weise zusammen:

Schwere Kohlenwasserstoffe (der Olefinreihe) . . . . Vol.-% 4,6 bzw. 1,7
Kohlenoxyd (CO) . . . . ,, 7,1 ,, 3,9
Wasserstoff (H_2) (entscheidend für das spezifische Gewicht) . . . . ,, 51,4 ,, 65,3
Methan (CH_4) . . . . ,, 34,7 ,, 26,8
Stickstoff (N_2) (derselbe stammt einerseits aus der Kohle, andererseits aus den geringen Mengen Luft, die teils in der Kohle enthalten sind, teils sich später den Kokereigasen beimischen; denn absolut dicht sind die Kammern und Leitungen nicht) . . . . ,, 2,2 ,, 2,3

Bezüglich einzelner in der Tabelle angeführten Bestandteile ist noch folgendes zu bemerken:

Der Teer ist bestimmt als Rohteer, der noch nicht destilliert ist, während das oben angeführte Rohbenzol offenbar dem Gase ent-stammt. Wenn man also die gesamte Gewinnung von Rohbenzol wissen will, so muß man auch den Gehalt des Teers an Rohbenzol noch berücksichtigen (siehe unten).

Das Wasser wird nicht als solches erhalten (siehe S. 18), sondern scheidet sich bei der Abkühlung der Gase in Form wässerigen Ammoniaks aus. Das Ammoniak ist aber zu seiner quantitativen Ermittlung sowohl aus diesem Gaswasser, als aus dem Gas (durch nachträgliches Auswaschen, siehe S. 22) bestimmt worden, also als Gesamtammoniak.

Die Ausbeute an Ammoniak beträgt 0,386% und 0,341%, also im Durchschnitt etwa 0,363%. Das entspricht einer Ausbeute von 1,45 kg schwefelsaurem Ammoniak aus 100 kg Kohle. Im Durchschnitt beträgt bei sorgfältiger Arbeit die Ausbeute an schwefelsaurem Ammoniak bei der trockenen Destillation der Steinkohle 1,2%. Die gewöhnliche Ausbeute ist vielfach aber geringer, etwa 1%. Da der Stickstoffgehalt der Kohle im Durchschnitt 1% beträgt, müßte man bei quantitativer Ausbeute etwa 4—5% Ammonsulfat erhalten (s. S. 12).

Mit „Rohbenzol" ist in obiger Tabelle ein Produkt gemeint, das außer Benzol u. a. auch noch Toluol, Xylol und Solventnaphta enthält.

Durch-schnittsaus-beuten. Nach allgemeiner Annahme ergeben sich etwa die folgenden Durchschnittswerte für die Ausbeuten an Koks, Teer und Ammonsulfat aus 100 kg Kohle:

Koks 70,0%
Teer 3,5%
Ammonsulfat 1,2%

Die durchschnittliche Ausbeute an Teer beträgt in Westfalen, wo ungefähr die Hälfte der gesamten deutschen Kohle verkokt wird, 2,8% bei Kokereien, während sie sich bei Gasanstalten, die eine andersartige Kohle verarbeiten (siehe S. 8), im Durchschnitt auf 5% beläuft.

Es seien nun noch einige Zahlen angeführt, die erkennen lassen, wie ungleich das Benzol verteilt ist einerseits im Teer, andererseits im Gas.

H. Bunte hat Versuche gemacht über die Gewinnung von Benzol, vor allem aus den Kokereigasen.

Benzol und Toluol in den Kokerei-gasen. 100 kg Kohle lieferten: Gas 30 cbm = 17,04 kg, Teer 5 kg, Gaswasser 11 kg.

In den 5 kg Teer waren enthalten: Benzol 50 g, Toluol 40 g, Summa 90 g. Dagegen in den 17,04 kg Gas: Benzol 938 g, Toluol 312 g, Summa 1250 g. Im ganzen wurden demnach erhalten aus 100 kg Kohle: 1,340 kg Benzol + Toluol, oder auf die Tonne Steinkohle berechnet: 13,4 kg.

Man sieht also, der Gehalt des Teers an Benzol + Toluol ist nicht einmal der 10. Teil von dem des Gases. Es sind das äußerst wichtige

Zahlen, die es verständlich machen, wie leicht man die Benzolausbeute steigern konnte, indem man den naheliegenden Schritt tat, das Benzol aus den Kokereigasen zu gewinnen.

Die von Bunte erhaltene Ausbeute an Benzol + Toluol von 1,34% ist allerdings besonders günstig. Sie setzt sich zusammen aus der Ausbeute an Benzol von 0,988% und an Toluol von 0,352%.

In den 5 kg Teer fanden sich ferner noch: Naphtalin 300 g = 6%, Phenol 70 g = 1,4%, Anthracen 20 g = 0,4%.

Von Interesse ist es übrigens festzustellen, zu welchen Zwecken das Benzol bisher verwendet wurde. Es ist das deshalb von Bedeutung, weil man aus den nachfolgenden Zahlen ersehen kann, daß die Teerfarbenfabriken schon in der Zeit vor dem Kriege nicht mehr die Hauptabnehmer des Benzols gewesen sind, wie dies früher der Fall war. Die Gefahr, daß Benzol als Rohstoff für die Farbstofferzeugung einmal knapp würde, war daher schon früher nicht ganz von der Hand zu weisen. Jedenfalls ist mit der Wahrscheinlichkeit zu rechnen, daß durch die Verwendung des Benzols zu Motorzwecken der Preis eine gewisse Höhe behalten wird. Die Verwendung des Benzols.

Im Jahre 1910 wurde Benzol geliefert an Teerfarbenfabriken im Betrage von 32 300 t; an Gasanstalten zum Karburieren von Gasen, die an sich nicht die genügende Leuchtkraft besitzen, 928 t; an Motorenbesitzer 33 322 t; für sonstige Zwecke 1240 t.

5. Die Teerdestillation und die Verarbeitung der Fraktionen (Leichtöl, Mittelöl, Schweröl, Anthrazenöl und Pech).

Als spezifisches Gewicht des Teers wird angegeben für Gasteer 1,2 und mehr, für Koksofenteer 1,15—1,2. Im allgemeinen ist also der Koksofenteer etwas dünner bzw. leichter wie der Gasteer. Das hängt, abgesehen von der Kohle, vor allem von der Art der Teergewinnung und dann vor allem auch davon ab, mit welchen Temperaturen man die Gase in den Vorlagen durch den Teer hindurchstreichen läßt. Je nach der höheren oder niederen Temperatur der Ofengase und weiterhin der Teervorlagen geht mehr oder weniger von den leichtflüchtigen Bestandteilen mit in das Gas über. Die Eigenschaften des Steinkohlenteers.

Die Menge der Destillate beträgt bei der normalen Verarbeitung von Gasteer etwa 32—35%, bei Koksofenteer 38—42%. Die Destillation des Teers.

Der Gasteer enthält demnach etwas weniger an brauchbaren flüchtigen Bestandteilen als der Koksofenteer; dafür enthält er in der Regel mehr freien Kohlenstoff.

Zum Verständnis der nachfolgenden Darlegungen sei verwiesen auf die Übersicht auf S. 28 (Schema I). In den Mittelpunkt dieses ganzen Schemas ist gestellt der Teer, der auf Grund einer großen Zahl von Einzeloperationen und unter Anwendung sehr verschiedenartiger sowohl mechanischer wie chemischer Mittel in die einzelnen, in mehr oder minder reinem Zustande zu gewinnenden Bestandteile zerlegt wird.

Schema I.

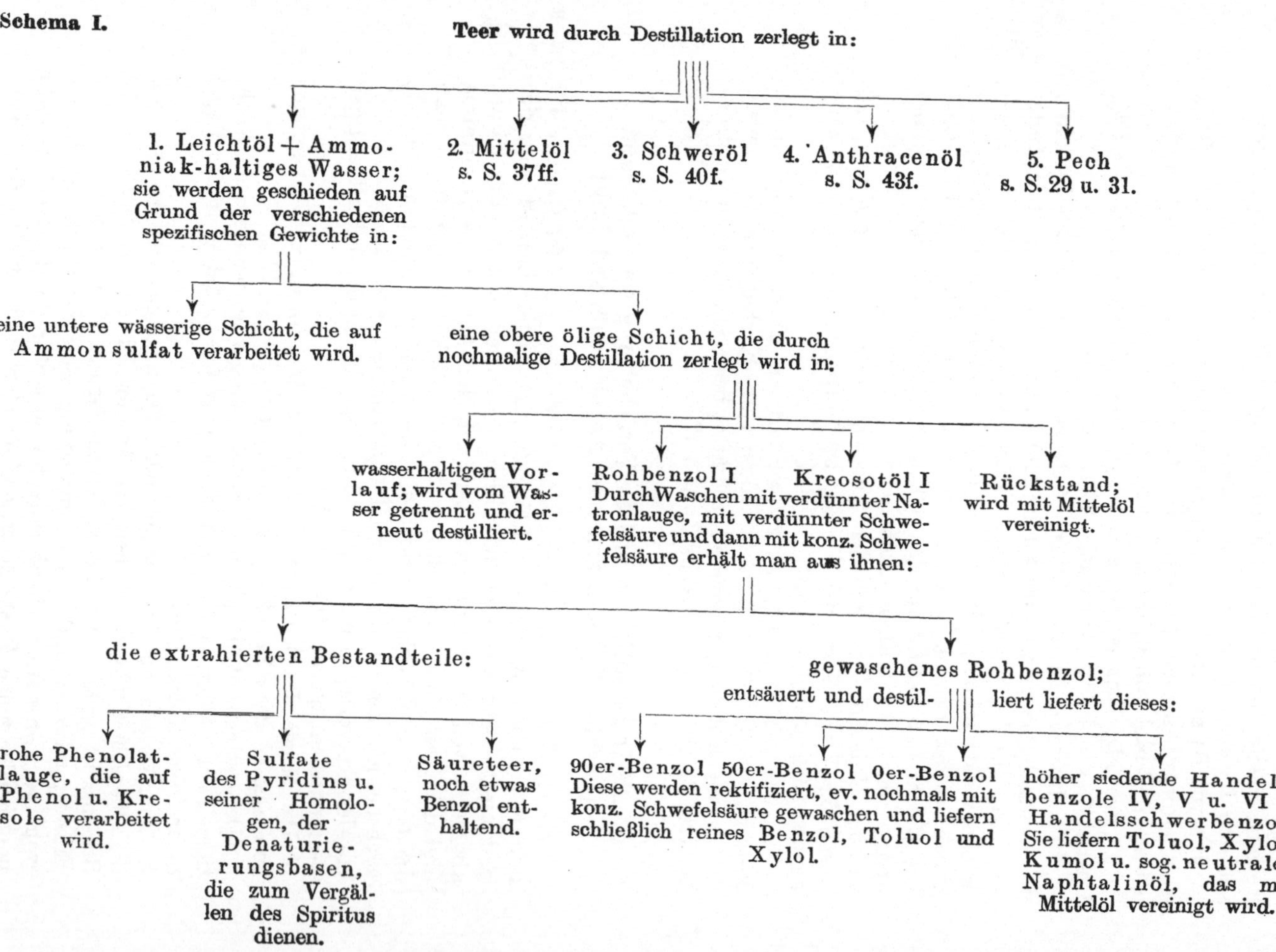

Teer wird durch Destillation zerlegt in:

1. Leichtöl + Ammoniak-haltiges Wasser; sie werden geschieden auf Grund der verschiedenen spezifischen Gewichte in:

2. Mittelöl s. S. 37 ff.

3. Schweröl s. S. 40 f.

4. Anthracenöl s. S. 43 f.

5. Pech s. S. 29 u. 31.

eine untere wässerige Schicht, die auf Ammonsulfat verarbeitet wird.

eine obere ölige Schicht, die durch nochmalige Destillation zerlegt wird in:

wasserhaltigen Vorlauf; wird vom Wasser getrennt und erneut destilliert.

Rohbenzol I Kreosotöl I Durch Waschen mit verdünnter Natronlauge, mit verdünnter Schwefelsäure und dann mit konz. Schwefelsäure erhält man aus ihnen:

Rückstand; wird mit Mittelöl vereinigt.

die extrahierten Bestandteile:

gewaschenes Rohbenzol; entsäuert und destilliert liefert dieses:

rohe Phenolatlauge, die auf Phenol u. Kresole verarbeitet wird.

Sulfate des Pyridins u. seiner Homologen, der Denaturierungsbasen, die zum Vergällen des Spiritus dienen.

Säureteer, noch etwas Benzol enthaltend.

90er-Benzol 50er-Benzol 0er-Benzol Diese werden rektifiziert, ev. nochmals mit konz. Schwefelsäure gewaschen und liefern schließlich reines Benzol, Toluol und Xylol.

höher siedende Handelsbenzole IV, V u. VI u. Handelsschwerbenzol. Sie liefern Toluol, Xylol, Kumol u. sog. neutrales Naphtalinöl, das mit Mittelöl vereinigt wird.

Als wichtigste Operation bei der Verarbeitung des Teers behufs Gewinnung dieser einzelnen Bestandteile kommt zunächst die .sog. fraktionierte Destillation in Betracht, die beruht auf der Verschiedenheit der Siedepunkte bzw. der Dampfdrucke der im Teer vorhandenen Bestandteile. Beim Erhitzen eines Gemisches von Verbindungen, die verschiedene Siedepunkte besitzen, gehen im allgemeinen bekanntlich die leichtest flüchtigen Bestandteile zuerst über. Es ist jedoch, selbst bei noch so langsamer Destillation nicht möglich, in einfachen Gefäßen durch bloßes vorsichtiges Erhitzen die vollkommene Zerlegung eines Gemisches in seine Bestandteile herbeizuführen. Dazu sind einerseits komplizierte Vorrichtungen nötig und andererseits, falls nicht besonders günstige Verhältnisse vorliegen, mehrmalige Destillationen.

Durch die fraktionierte Destillation zerlegt man den Teer, mehr oder minder willkürlich, zunächst in fünf Bestandteile, die ihrerseits aber immer noch sehr verwickelt zusammengesetzte Gemische darstellen: in das Leichtöl, das Mittelöl, das Schweröl, das Anthracenöl und das in der Retorte zurückbleibende Pech, dessen Menge (vgl. unten) etwa 55% beträgt. Man hat früher vielfach noch weiter destilliert, hat also auch die Anteile, wenigstens teilweise, noch abdestilliert, die im Pech enthalten sind; aber das führte zu einer sehr starken Verkokung des Rückstandes, der sich unter diesen Umständen nur sehr schwer aus den Teerblasen entfernen läßt. Heute wird in der Regel nur bis auf Pech destilliert, d. h. so lange, bis im Destillationsgefäß (Teerblase) ein Produkt zurückbleibt, das bei etwa 100° schmilzt oder fest wird, das sog. Hartpech, das nach beendigter Destillation noch flüssig genug ist, um durch einfache Öffnung des weiten Abflußhahnes mit Leichtigkeit aus der Blase entfernt werden zu können.

Bezüglich der oben geschilderten Aufarbeitung des Teeres, die jedoch durchaus nicht an ein bestimmtes Schema gebunden ist, sondern sich in weitgehendem Maße nach technischen und wirtschaftlichen Gesichtspunkten zu richten hat, ist noch folgendes zu bemerken: Das Wasser ist im rohen Teer enthalten einerseits als gesonderte Flüssigkeit, andererseits in gelöstem Zustande, und drittens ist ein Teil des Wassers auch chemisch gebunden. Die sehr wünschenswerte Trennung des als Flüssigkeit vorhandenen Wassers vor der Destillation ist auf mechanischem Wege nur bis zu einem sehr unvollkommenen Grade möglich. Man erreicht sie in roher Weise dadurch, daß man den Teer in Gruben leitet, die durch senkrechte Querwände in mehrere Abteilungen geteilt sind. Diese stehen durch Öffnungen, die sich unten in den Querwänden befinden, miteinander in Verbindung, so daß der Teer, der sich infolge seiner spezifischen Schwere unter dem Wasser befindet, von einer Abteilung zur anderen wandern kann, während das Wasser in den vorderen Abteilungen zurückbleibt.

Eine andere Methode besteht darin, daß man den Teer in großen schmiedeeisernen Behältern aufspeichert, wobei der Druck, den die

hohe Teerschicht ausübt, bewirkt, daß das Wasser in die Höhe steigt
so daß der Teer von diesen Behältern aus unmittelbar in die Teerblasen
geschickt werden kann.

Obwohl es auf diese Weise gelingt, einen großen Teil der wässerigen
Flüssigkeit vom Teer abzutrennen, so bleibt doch eine erhebliche Menge
des Wassers teils suspendiert, teils gelöst und teils chemisch gebunden
in dem zu verarbeitenden Teer zurück. Dieses Wasser bedingt ein
außerordentlich vorsichtiges Arbeiten bei der Destillation. Man hat
eine Reihe von Vorschlägen gemacht, wie man den großen Gefahren
die mit dem Wassergehalt des Teers verbunden sind, vorbeugen soll
Eine Hauptgefahr ergibt sich daraus, daß der Teer in dem Augenblick
in dem er anfängt zu sieden, sehr viel Gase und Dämpfe entwickelt,
sein Volumen infolgedessen ganz erheblich vergrößert und dadurch
zum Überschäumen des Blaseninhaltes Veranlassung gibt, mit allen
Unannehmlichkeiten und Gefahren, die mit diesem Überschäumen verknüpft sind. Derartige Vorgänge, wenn sie mit explosionsartiger
Heftigkeit eintreten, können leicht zu Bränden Veranlassung geben,
obwohl die Teerblasen auf Grund behördlicher Vorschrift stets durch
eine Mauer von den Räumen, in denen sich die Feuerungen befinden,
zu trennen sind.

Eine Methode der Teerverarbeitung sei hier besonders erwähnt,
die sich als sehr zweckmäßig erwiesen hat und die heute wohl am
meisten angewendet wird. Sie besteht darin, daß man der ersten
eigentlichen Fraktionierung des Teers eine Entwässerung in einer
besonderen Blase vorausschickt. Man bedient sich dazu einer kleineren
Blase, der fortwährend frischer wasserhaltiger Teer zugeführt wird,
während durch ein Ablaufrohr der entwässerte Teer abzieht. Dieser
wird in einem großen Behälter gesammelt, der gegen Abkühlung durch
Isolierung geschützt ist, und von dem aus der Teer erst in die eigentliche Teerblase gelangt. Die eben erwähnten kleineren Destillationsgefäße, die Entwässerungsblasen, sind vielfach versehen mit
einem Aufsatz, einer kleinen Kolonne mit 5—6 Abteilungen. In diesen
Aufsatz wird der wasserhaltige Teer eingelassen. Der kalte Teer strebt
zwar sofort nach unten, wird aber durch die emporströmenden Gase
vorgewärmt, und vor allem wird das in ihm enthaltene Wasser verdampft, ehe es Zeit hat, in die Blase zu gelangen. Die Temperatur der Blase hält man auf etwa 160°; diese Temperatur reicht
aus, um das Wasser ziemlich rasch zu verdampfen, so daß die
Gefahr des Überschäumens nahezu ausgeschlossen ist. Die Entwässerungsblase ist u. a. versehen mit einem Thermometer, einem Mano-
meter, einem Sicherheitsventil und wird mit direktem Feuer geheizt.

Das Destillat der Entwässerungsblase ist natürlich stark
wasserhaltig; der ölförmige Anteil steht dem Leichtöl nahe
und wird demgemäß in ähnlicher Weise weiter verarbeitet wie
dieses.

Als Durchschnittswerte für die Zusammensetzung des Rohteers Die Zusammensetzung der Teere verschiedener Herkunft.
werden die folgenden Zahlen angegeben. 100 kg Rohteer liefern bei
der Destillation:

Teerwasser (ammoniakhaltig) . . . . . 4 kg
Leichtöl . . . . 2 „
Mittelöl . . . . 10 „
Schweröl . . . . 12 „
Anthracenöl . . . . 15 „
Pech . . . . 55 „

Welchen Schwankungen übrigens die Zusammensetzung der Teere
verschiedener Herkunft unterliegt, geht aus folgender Übersicht hervor:
Gasteer lieferte bei der Destillation:

Herrührend aus:	Destillat	Pech	Wasser
1. Schlesien	41,3%	55,1%	3,0%
2. Sachsen	41,8 „	55,2 „	4,0 „
3. England	36,7 „	55,9 „	3,1 „
4. Saarbrücken	35,0 „	59,4 „	4,1 „
5. Ruhrbezirk	39,5 „	56,4 „	2,7 „

Das Pech ist natürlich von sehr verschiedener Beschaffenheit; seine
Bewertung hängt u. a. davon ab, ob es viel freien Kohlenstoff enthält
oder nicht.

Die Zusammensetzung der Destillate war die folgende bei Teer aus:

	Leichtöl	Mittelöl	Schweröl	Anthrazenöl
1. Schlesien . . .	2,1%	12,0%	9,2%	18,0%
2. Sachsen . . .	2,5 „	12,9 „	11,2 „	15,2 „
3. England . . .	3,3 „	9,4 „	7,0 „	17,0 „
4. Saarbrücken .	3,8 „	10,8 „	8,6 „	12,1 „
5. Ruhrbezirk . .	1,4 „	3,5 „	9,9 „	24,7 „

Man sieht, daß von einer bestimmten Zusammensetzung des
Teers gar nicht die Rede sein kann. Aber aus den angeführten Zahlen
geht hervor, daß, wenn auch gewisse Schwankungen vorhanden sind,
man doch von annähernden Durchschnittswerten reden kann,
wobei übrigens auch die Art der Teerdestillation großen Einfluß auf die Menge und Beschaffenheit der einzelnen Fraktionen ausübt.

Was das Leichtöl, den leichtest siedenden Anteil des Teers, an- Die Verarbeitung des Leichtöles.
belangt, so geht gleichzeitig mit ihm Wasser über, das reichlich Ammoniak enthält und außerdem, an dieses gebunden, Schwefelwasserstoff und Kohlensäure. Das Leichtöl wird vom ammoniakhaltigen
Wasser getrennt und nun nochmals destilliert. Dadurch wird es zerlegt in einen wasserhaltigen Vorlauf, Rohbenzol I, Kreosotöl I und
Rückstand.

Die Rohbenzole enthalten außer den Kohlenwasserstoffen u. a. saure
Bestandteile, die man als Karbolsäure, Kresole usw. bezeichnet. Diese
sauren Bestandteile werden mittels verdünnter Natronlauge (vom spez.

Die Gewin-
nung der
sauren Öle
(Phenol und
Kresole).

Gew. 1,1, enthaltend etwa 10% NaOH, so daß 1000 ccm Lauge etwa 250 g des sauren Öles binden) ausgewaschen unter Anwendung eines Überschusses an Natronlauge von etwa 10%. Diese Extraktion der sauren Öle geschieht in eisernen Gefäßen, die unten konisch zulaufen, und in denen an einer senkrechten Achse befestigte Rührer nach Art einer Schiffsschraube mit großer Geschwindigkeit umlaufen. Dadurch findet eine starke Durchwirbelung der Flüssigkeiten statt. Es mischt sich die Natronlauge sehr innig mit dem zu waschenden Öl, und infolgedessen ist in kurzer Zeit, nach $\frac{1}{4}$ oder $\frac{1}{2}$ Stunde, die Extraktion beendigt. Man läßt dann absitzen und trennt die unten befindliche wässerig-alkalische Lösung der Phenole, Kresole usw. ab. Man macht bei der alkalischen Wäsche in der Regel Gebrauch von der unter-schiedlichen Affinität der aromatischen Phenole gegenüber Natronlauge, indem man von der durch Vorversuche ermittelten Laugenmenge zunächst nur einen Teil, etwa 60%, auf das zu waschende Öl einwirken läßt. Hierbei wird vorwiegend das Phenol selbst an Natron gebunden; erst bei Wiederholung der Operation mit den übrigen 50% folgen die Kresole.

Die Ge-
winnung der
Pyridin-
basen.

Nach der Behandlung mit Natronlauge wird das Rohbenzol mit verdünnter Schwefelsäure vom spez. Gew. 1,3 gewaschen. Man verwendet vorzugsweise eine Schwefelsäure, die vorher bereits in konzentrierter Form zum Waschen des Benzols nach der Extraktion der sauren und basischen Anteile gedient hat. Die Schwefelsäure geht also den entgegengesetzten Weg wie die zu waschenden Öle. Die konzentrierte Schwefelsäure dient in ihrer ursprünglichen Beschaffenheit zum Waschen eines bereits von Phenolen und Pyridinbasen befreiten Rohbenzols, alsdann wird sie verdünnt und dient nunmehr in dieser veränderten, weniger reinen Form zum Extrahieren des Pyridins und seiner Homologen aus einer roheren, die basischen Bestandteile noch enthaltenden Fraktion.

Säureharze.

Beim Verdünnen der vorher bereits, in konzentrierter Form, zum Waschen benutzten Schwefelsäure scheidet sich das Harz, das in der konzentrierten Schwefelsäure gelöst ist, ab und wird abgetrennt. Da in diesem Benzol-Harz-Gemisch noch reichliche Mengen Benzol enthalten sind, so versetzt man es mit Kalkmilch und treibt das Benzol mit Wasserdampf ab, während das Harz ähnlich wie Asphalt Verwendung findet.

Das Waschen des von Phenol befreiten Rohbenzols mit verdünnter Schwefelsäure geschieht in ganz ähnlichen Gefäßen wie oben bei der Natronlaugenwäsche geschildert; nur sind sie in vorliegendem Falle verbleit, weil sonst die verdünnte Schwefelsäure das Eisen angreifen würde.

Läßt man auf das Waschen mit verdünnter Schwefelsäure zunächst eine Fraktionierung folgen (siehe S. 39), so muß zur Schonung der eisernen Destillationsgefäße das Öl, ehe es destilliert wird, mit Wasser und verdünnter Natronlauge neutral gewaschen werden.

Nunmehr folgt die Wäsche mit konzentrierter Schwefelsäure, und zwar nimmt man bei vorher nicht fraktionierten Ölen, die infolge der Einwirkung der verdünnten Schwefelsäure wasserhaltig geworden sind, zum Vortrocknen eine Schwefelsäure von etwa 60° Bé. Daran reiht sich das Waschen mit einer Schwefelsäure von 66° Bé. und schließlich eine sorgfältige Rektifikation des gewaschenen Benzols. *(Waschen mit konz. Schwefelsäure.)*

Der Destillationsapparat für Reinbenzol besitzt eine sehr wirksame Kolonne nach Art derer, wie sie bei der Spiritusrektifikation benutzt werden. Wenn es sich um die Erzeugung eines sehr reinen Benzols zu ganz besonderen Zwecken handelt, dann wird man, falls erforderlich, noch einmal eine Wäsche mit konzentrierter Schwefelsäure folgen lassen, eventuell kann man auch durch Gefrierenlassen und Abschleudern ein kristallisiertes Benzol gewinnen, das eine sehr weitgehende Reinheit besitzt. Aber selbst wenn es sich z. B. um die Darstellung von reinem Anilin handelt, wird die Kristallisation wegen ihrer Umständlichkeit in der Regel wohl nicht zur Anwendung gelangen. *(Reinbenzol.)*

Die konzentrierte Schwefelsäure bewirkt eine Verharzung der in den Ölen enthaltenen ungesättigten Verbindungen, und zwar vollzieht sich diese Verharzung bei der Rohbenzolwäsche insbesondere am Kumaron, einer sauerstoffhaltigen Verbindung von der Konstitution: *(Verharzung d. Kumarons und dgl.)*

$$\text{C}_6\text{H}_4\!\!\begin{array}{c}\text{O}\\ \diagdown\\ \diagup\end{array}\!\!\begin{array}{c}\text{CH}\\ \|\\ \text{CH}\end{array}$$

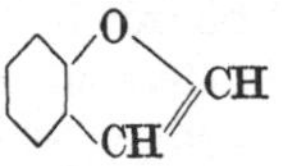

(siehe S. 59). Diese Verbindung erleidet unter der Einwirkung der konzentrierten Schwefelsäure eine Veränderung, offenbar eine Polymerisation, die durch die Äthylenbindung ermöglicht wird, und die sich vor allem durch eine wesentliche Erhöhung des Siedepunktes leicht zu erkennen gibt. Man gewinnt auf diese Weise, bei richtiger Bemessung der konzentrierten Schwefelsäure, aus dem Gemisch der ungesättigten Verbindungen das sog. Kumaronharz, das als billiger Ersatz für natürlich vorkommende Harze, wie Schellack usw., dienen kann.

Außerdem aber sind im Benzol noch andere ungesättigte Verbindungen enthalten, die unter der Einwirkung der Schwefelsäure in Schwefelsäureester überzugehen vermögen, in analoger Weise wie z. B. Äthylen selbst sich unter geeigneten Bedingungen in den Schwefelsäureester des Äthylalkohols überführen läßt:

$$\text{CH}_2 = \text{CH}_2 + \text{H}-\text{O}\cdot\text{SO}_3\text{H} \;\rightarrow\; \text{CH}_3-\text{CH}_2\cdot\text{O}\cdot\text{SO}_3\text{H}\,.$$

Derartige Ester lösen sich in der überschüssigen konzentrierten Schwefelsäure und werden so aus dem Benzol entfernt.

Eine wichtige Rolle spielen noch gewisse schwefelhaltige Verbindungen, die vor allem aus dem Rohbenzol zu entfernen sind, wie *(Schwefelhaltige Verunreinigungen.)*

$$(1)\;\begin{array}{c}\text{CH}=\text{CH}\\ |\qquad\quad\\ \text{CH}=\text{CH}\end{array}\!\!\!>\!\text{S}\qquad (2)\;\begin{array}{c}\text{CH}=\overset{\displaystyle\text{CH}_3}{\text{C}}\\ |\qquad\quad\\ \text{CH}=\text{CH}\end{array}\!\!\!>\!\text{S}\quad\text{oder}\quad\begin{array}{c}\overset{\displaystyle\text{CH}_3}{\text{C}}=\text{CH}\\ |\qquad\quad\\ \text{CH}=\text{CH}\end{array}\!\!\!>\!\text{S}\qquad 3)\;\begin{array}{c}\text{CH}_3-\text{C}=\text{CH}\\ |\qquad\quad\\ \text{CH}_3-\text{C}=\text{CH}\end{array}\!\!\!>\!\text{S}$$

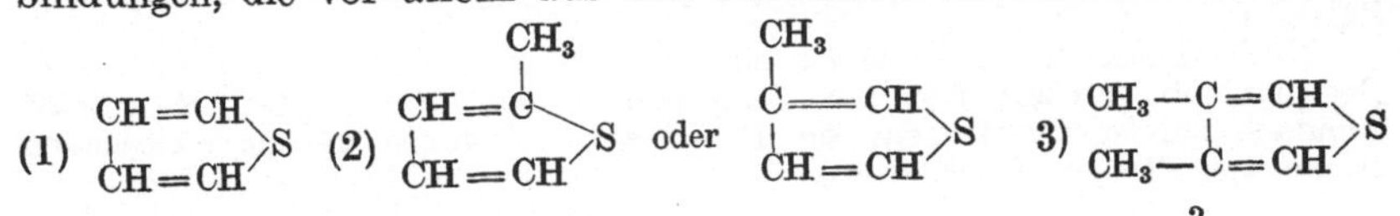

z. B. das Thiophen (1), die Thiotolene (2), die Thioxene (3) usw. (siehe S. 60f.), die unter der Einwirkung der konzentrierten Schwefelsäure gleichfalls der Verharzung anheimfallen und in den sog. Säureteer übergehen.

Man trennt das gewaschene Öl von der stark gefärbten Schwefelsäure, dem Säureteer, und destilliert nun, wenn man das gelöste Kumaronharz gewinnen will, dieses gewaschene Öl, nach dem Entsäuern mittels Wasser und Natronlauge in einer Blase, in der das Kumaronharz als schwerflüchtige Substanz zurückbleibt, während das leichte Benzol überdestilliert.

90er, 50er und Nuller-Benzol. Das gewaschene Rohbenzol gibt bei der Destillation zwei Fraktionen: Benzol und Rückstand. Das Benzol wird dann durch weitere Destillation zunächst wieder zerlegt in 90er-Benzol, 50er-Benzol und Nuller-Benzol[1]).

Das 90er-Benzol wird durch Destillation auf reines Benzol verarbeitet, das 50er-Benzol wird durch Fraktionierung zerlegt in reines Benzol, 90er-Benzol und Toluol; in ähnlicher Weise wird das Nuller-Benzol in seine Bestandteile, Benzol, Toluol, Xylol, Solventnaphta usw., geschieden.

Kreosotöl I. Das Kreosotöl I (siehe S. 31), das reich ist an sauren Ölen, wird in derselben Weise wie das Rohbenzol I mit Natronlauge gewaschen, um die sauren Bestandteile zu entfernen. Es wird dann mit verdünnter Schwefelsäure behandelt, behufs Gewinnung der Pyridinbasen, und schließlich mit konzentrierter Schwefelsäure gewaschen, um eine Verharzung der Verunreinigungen herbeizuführen, die in der konzentrierten Schwefelsäure als Säureteer gelöst bleiben.

Zur Charakteristik der verschiedenen benzolhaltigen Teerölfraktionen, die im Bedarfsfalle auch in einer ganz andern als der soeben angegebenen Weise verarbeitet werden können, sei kurz noch folgendes angeführt:

Leichtöl. Leichtöl; spez. Gew. 0,925; 90% desselben gehen über zwischen 90—205°. Durch Destillation erhält man aus ihm: 1. ein Leichtbenzol, spez. Gew. 0,88; 90% desselben gehen über zwischen 80 bis 140°; 2. ein Schwerbenzol, spez. Gew. 0,925; 90% desselben gehen über zwischen 120—190°; und 3. ein Karbolöl, spez. Gew. 1,0.

---

[1]) Unter 90er-Benzol versteht man ein Benzol, das bei der Destillation bis zur Temperatur 100° 90% Destillat liefert; destilliert man also 100 kg 90er-Benzol und treibt die Temperatur allmählich bis auf 100°, so gehen bis 100° 90 kg über. Das hierbei erhaltene Destillat ist natürlich noch nicht reines Benzol, sondern es enthält noch reichlich Toluol.

50er-Benzol heißt: das Benzol gibt, wenn man bis auf 100° erhitzt, 50% Destillat.

Nuller-Benzol (0er-Benzol) ist ein Benzol, das, bis auf 100° erhitzt, kein Destillat gibt, sondern erst bei Temperaturen über 100° siedet. Es enthält demnach nur geringe Mengen von Benzol selbst, dagegen die höher siedenden Homologen (Toluol, Xylole usw.).

Aus diesen verschiedenen Fraktionen: Leichtbenzol, Schwerbenzol, und aus Fraktionen, die dem Mittelöl entstammen, werden durch weitere Destillation verschiedene Arten Rohbenzol erhalten, die man bezeichnet als Rohbenzol I, Rohbenzol II, Rohbenzol III, Rohbenzol IV, mit den spezifischen Gewichten: 0,885; 0,876; 0,869; 0,88 und von denen übergehen 90% zwischen 80—110°, 90—125°, 100—135° und 110—160°.

Es ist selbstverständlich, daß die Arbeitsweise in weitgehendem Maße dem Verwendungszweck der Teeröle Rechnung trägt und daß daher diese Zahlen keine absolute Bedeutung haben, sondern nur Annäherungswerte darstellen, die u. a. auch von der Beschaffenheit des Teers abhängen. Infolgedessen werden sich auch die gleichnamigen Fraktionen, die man erhält, unterscheiden je nach dem Teer, der verwendet wurde.

Nachdem die Rohbenzole in der oben beschriebenen Weise mit Natronlauge und Schwefelsäure (verdünnter und konzentrierter) gewaschen und dann wieder destilliert sind, erhält man zum Schluß Zwischenprodukte, die man bezeichnet als:

Handelsbenzol I　　= 90er-Benzol (s. S. 34) mit dem spez. Gew. 0,882
　　　„　　　II　= 50er-　　„　　(s. S. 34)　„　　„　　„　　„　　0,876
　　　„　　　III = Nuller-　„　　(s. S. 34)　„　　„　　„　•　„　0,871
　　　„　　　IV　. . . . .　　„　　„　　„　　„　　0,875
　　　„　　　V　. . . . .　　„　　„　　„　　„　　0,878
　　　„　　　VI oder Solventnaphta　.　„　　„　　„　　„　　0,900
Handelsschwerbenzol . . . .　„　　„　　„　　„　　0,935

Die spezifischen Gewichte spielen bei diesen Ölen, ebenso wie bei den Petroleumdestillaten, eine sehr wichtige Rolle, sowohl bei der Gewinnung (Fraktionierung) als auch im Handel.

Unterwirft man die eben genannten Fraktionen der Destillation, so gehen 90% von der Gesamtmenge über:

bei Handelsbenzol I . . . . zwischen　80—100°
　„　　　　„　　　II . . . .　　„　　85—120°
　„　　　　„　　　III . . . .　　„　　100—120°
　„　　　　„　　　IV . . . .　　„　　120—145°
　„　　　　„　　　V . . . .　　„　　130—160°
　„　　　　„　　　VI . . . .　　„　　145—175°
　„　Handelsschwerbenzol . . . .　　„　　160—190°

Wir haben in den beiden Tabellen eine wichtige Charakteristik dieser verschiedenen Fraktionen nach spezifischen Gewichten und Siedegrenzen, letztere allerdings angegeben nur für 90% der Gesamtmenge. Selbstverständlich würden die oberen Grenzen, wenn vollkommen ausdestilliert würde, teilweise erheblich höher liegen als oben angeführt.

3*

Was die spezifischen Gewichte der reinen Bestandteile, die in den Handelsbenzolen enthalten sind, anlangt, so wird folgendes angegeben:

Benzol hat bei 0° . . . . das spezifische Gewicht 0,899
         bei 20° . . . . ,,   ,,   ,, 0,8799
Toluol hat bei 13,25° . . . . . . ,,   ,,   ,, 0,8708
Von den Xylolen hat o-Xylol bei 0° ,,   ,,   ,, 0,8932
         m-Xylol bei 0° ,,   ,,   ,, 0,8812
         p-Xylol bei 0° ,,   ,,   ,, 0,8801

Bemerkenswert ist, daß dem Toluol und selbst den Xylolen ein geringeres spezifisches Gewicht zukommt als dem Benzol. Dies macht es verständlich, daß gewisse höher siedende Fraktionen des Handelsbenzols ein geringeres spezifisches Gewicht besitzen, wie die niedriger siedenden; so haben z. B. die Handelsbenzole II, III, IV und V ein geringeres spezifisches Gewicht als das Handelsbenzol I (siehe oben).

Aus der nachstehenden Tabelle läßt sich erkennen, welche Komponenten und in welchen Mengen sie in diesen Handelsbenzolen enthalten sind. In Betracht kommen folgende:

H.-B.	I	II	III	IV	V	VI	S.B.[1]
Benzol	84%	43%	15%	0%	—%	—%	—%
Toluol	13 ,,	46 ,,	75 ,,	25 ,,	5 ,,	— ,,	— ,,
Xylol	3 ,,	11 ,,	10 ,,	70 ,,	70 ,,	35 ,,	5 ,,
Kumol	— ,,	— ,,	— ,,	5 ,,	25 ,,	60 ,,	80 ,,
Neutrales Naphtalinöl[2])	— ,,	— ,,	— ,,	— ,,	— ,,	5 ,,	15 ,,

Man sieht also, das Handelsbenzol III mit seinem spezifischen Gewicht 0,871 hat den höchsten Gehalt an Toluol. Da das reine Toluol in der Regel teurer ist wie reines Benzol, so wird das Handelsbenzol III meist einen höheren Wert besitzen wie das Handelsbenzol I.

Über die Art und Weise, wie man die Prüfung der Handelsbenzole und der anderen Teerdestillate vornimmt, werden einige genauere Angaben noch folgen, sofern es sich um die Untersuchung der in mehr oder minder reinem Zustande verkauften Bestandteile Benzol, Toluol, Naphtalin und Anthracen handelt (siehe S. 62 ff.). Was die anderen Fraktionen, die gewonnen und gehandelt werden, anlangt, so werden auch sie natürlich untersucht, vor allem werden die Siedegrenzen festgestellt. Das geschieht in Apparaten von ganz bestimmter Form und Größe, weil derartige Gemische je nach der Form und Größe des Gefäßes, aus dem sie destilliert werden, und ferner je nachdem wie rasch man destilliert oder wieviel Material man einfüllt, ganz verschiedene Ergebnisse liefern. Es kommt sogar darauf an, wie das Entbindungsrohr und der Kühler beschaffen sind, oder aus welchem Material das Gefäß besteht, aus dem destilliert wird, usw. Für alle diese Punkte sind ganz bestimmte Normen festgesetzt.

Prüfung der
Teer-
produkte.

---

[1]) S. B. = Handels-Schwerbenzol.
[2]) Neutrales Naphtalinöl ist eine Bezeichnung, die den Rückstand angeben soll.

Zur genaueren Charakteristik der Handelsbenzole I und II und des Xylols sei folgendes angegeben:

	Handelsbenzol I	II
Vorlauf bis 79°	1 %	0,3%
Benzol von 79—85°	78,8 „	18,3 „
Zwischenfraktion von 85—105°	10,0 „	47,5 „
Toluol von 105—115°·	8,0 „	23,7 „
Nachlauf (Xylol)	2,0 „	10,0 „
Verlust	0,2 „	0,1 „

Für Xylol setzte man folgendes fest:

	Roh-Xylol
Vorlauf bis 135°	1,3%
Rohes p-Xylol von 135—137°	15,0 „
„ m-Xylol von 137—140°	76,5 „
„ o-Xylol von 140—145°	5,0 „
Nachlauf	2,0 „
Verlust . . . . ·	0,2 „

Das m-Xylol ist dasjenige Isomere, das in größter Menge im Teer vorkommt; das o-Xylol hingegen ist, wie man sieht, in ziemlich geringen Mengen vorhanden und hat infolgedessen auch keinen wesentlichen Einfluß auf das spezifische Gewicht.

Angefügt sei die Tabelle zur Charakteristik des reinen Benzols und Toluols, wie es von der Technik verlangt wird:

Reinbenzol und Reintoluol.

Reines Benzol:

Vorlauf bis 79°	0,5%
Benzol zwischen 79—81°	98,0 „
Nachlauf	1,2 „
Verlust bei der Destillation	0,3 „

Reines Toluol:

Vorlauf bis 109°	0,3%
Toluol 109—110,5°	97,3 „
Nachlauf	2,2 „
Verlust	0,2 „

In der Tabelle auf S. 36 ist eine Zusammensetzung angegeben für das Handelsbenzol I, wonach dasselbe etwa 84% Benzol enthalten soll. Dieser Betrag kann etwas schwanken; z. B. Handelsbenzol I darf auch enthalten: 82% Benzol, 15% Toluol und 3% Xylol. Aber es ist bemerkenswerterweise sehr gut möglich, aus den Komponenten Benzol, Toluol und Xylol Mischungen herzustellen, die scheinbar den Prüfungsvorschriften entsprechen und dennoch die richtige Zusammensetzung nicht aufweisen. Da die drei Komponenten Benzol, Toluol, Xylol einen unterschiedlichen Preis besitzen, so kommt es natürlich sehr darauf an, welche Bestandteile man in dem Handelsbenzol vor sich hat. Es seien

Schema II.

Mittelöl.

Spezifisches Gewicht ca. 1,02; siedet zwischen 180—200°; enthält ca. 40% Naphtalin. Beim Erkalten scheidet es sich in:

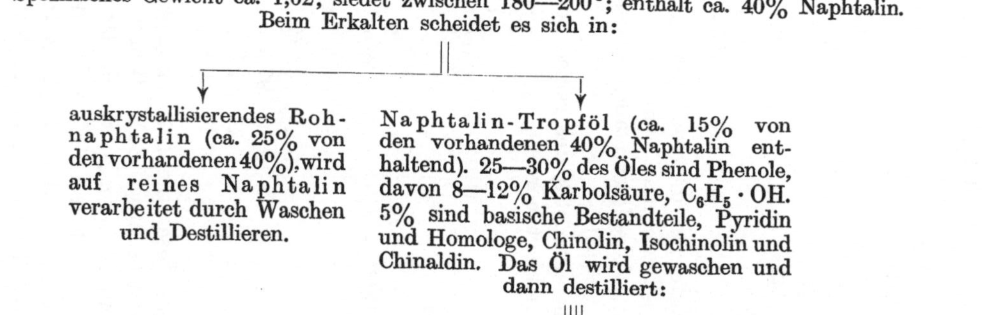

auskrystallisierendes Rohnaphtalin (ca. 25% von den vorhandenen 40%), wird auf reines Naphtalin verarbeitet durch Waschen und Destillieren.

Naphtalin-Tropföl (ca. 15% von den vorhandenen 40% Naphtalin enthaltend). 25—30% des Öles sind Phenole, davon 8—12% Karbolsäure, $C_6H_5 \cdot OH$. 5% sind basische Bestandteile, Pyridin und Homologe, Chinolin, Isochinolin und Chinaldin. Das Öl wird gewaschen und dann destilliert:

Vorlauf (Rohbenzol II); wird analog dem Rohbenzol I weiterbehandelt.

rohes Karbolöl (Kreosotöl II); wird auf Phenol und Kresole verarbeitet (s. S. 39 ff).

Naphtalinöl (Kreosot); beim Erkalten scheidet es sich in:

Rückstand geht zum Schweröl.

auskrystallisierendes Rohnaphtalin.

Tropföl, das als Desinfektionsmittel, als Karbolkalk u. als Holzimprägnierungsöl verwendet werden kann; wenn nochmals destilliert, liefert es die sog. „rohe Karbolsäure", die zwar kein Phenol, $C_6H_5 \cdot OH$, aber 30—40% saure Öle enthält.

hier drei Handelsbenzole angeführt, die scheinbar, d. h. in bezug auf die Siedegrenzen, den an sie gestellten Anforderungen entsprechen, aber doch nicht richtig zusammengesetzt sind; z. B. kann hier vorliegen:

$$\begin{cases} \text{Benzol } 82\% \\ \text{Toluol } 18\,,, \\ \text{Xylol } - \end{cases} \text{oder} \begin{cases} 92,2\% \\ - \\ 7,8\,,, \end{cases} \text{oder} \begin{cases} 90\% \\ 5\,,, \\ 5\,,, \end{cases} \text{statt} \begin{cases} 82\% \\ 15\,,, \\ 3\,,, \end{cases}$$

Das Mittelöl (siehe Schema II), vermischt mit den Rückständen der Leichtöldestillation, wird in ähnlicher Weise verarbeitet wie das Leichtöl. Es wird meist erst nach der Abscheidung des Naphtalins (siehe unten) fraktioniert und gibt, außer Vorlauf (Rohbenzol II) und Rückstand, Kreosotöl II (sog. rohes Karbolöl), und Naphtalinöl (oder Kreosot). Mittelöl.

Die Verarbeitung des Rohbenzols II gestaltet sich ebenfalls analog der des Rohbenzols I: Waschen der Reihe nach mit Natronlauge, mit verdünnter Schwefelsäure, mit konzentrierter Schwefelsäure, behufs Verharzung der ungesättigten Verbindungen, und schließlich Destillation.

Das gleiche gilt für das Kreosotöl. Die verschiedenen Fraktionen, die sich durch die Redestillation des Leichtöles und Mittelöles ergeben, werden also in ähnlicher Weise behandelt, insbesondere das Rohbenzol I und das Kreosotöl I aus dem Leichtöl, das Rohbenzol II und das Kreosotöl II aus dem Mittelöl.

Hierbei werden, wie schon angedeutet, die Destillationsprozesse von Zeit zu Zeit zwischen die Waschprozesse eingeschoben, und zwar empfiehlt sich die Einschaltung derartiger Destillationen zwischen dem Waschen mit verdünnter Schwefelsäure, die die Pyridinbasen entfernt, und dem Waschen mit der konzentrierten Schwefelsäure, die eine Verharzung herbeiführt, damit man nicht gezwungen ist, solche Anteile in umständlicher Weise mit der teuren Schwefelsäure zu waschen, für die eine vollkommene Reinigung, ihrer Verwendung nach, gar nicht in Betracht kommen kann. Denn die Wäsche mit konzentrierter Schwefelsäure hat vor allem den Zweck, die Reinigung derjenigen Teerbestandteile zu ermöglichen, die für die eigentliche Farbenfabrikation in Betracht kommen, vor allem also des Benzols und Toluols sowie der Xylole und des Naphtalins, weil bei diesen Verbindungen es tatsächlich auf eine Darstellung in möglichst reiner Form ankommt, während es z. B. ziemlich gleichgültig ist, ob in der Solventnaphta außer den rein aromatischen Kohlenwasserstoffen etwa noch hydroaromatische oder aliphatische Verbindungen vorhanden sind.

Das Mittelöl, das etwa zwischen 180—200° siedet, ist die Hauptquelle für das Naphtalin, von dem es etwa 40% enthält. Man läßt es je nach der Jahreszeit längere Zeit stehen, um dem Naphtalin Gelegenheit zur Ausscheidung zu geben (von den 40% ungefähr 25%). Man bringt alsdann das kristallinisch erstarrte Mittelöl auf Tropfbühnen, wo sich das noch flüssige Naphtalintropföl vom festen Roh- Naphtalin.

Schema III.

Schweröl.

Siedet zwischen 200—300°, spezifisches Gewicht ca. 1,04.
Bei längerem Stehen trennt es sich in:

einen festen Bestandteil (ca. 20%),   einen flüssigen Bestandteil (ca. 80%);
zweckmäßiger jedoch wird es durch Destillation zerlegt in:

Karbolöl, kann auf (Phenol und) Kresole verarbeitet werden.

Naphtalinöl I, siedet zwischen 180—230°, scheidet beim Abkühlen ziemlich reines **Naphtalin** ab; der flüssige Anteil wird gleichfalls als **Karbolöl** bezeichnet.

Naphtalinöl II, siedet zwischen 200—280°, enthält Methylnaphtaline und Acenaphten. Beim Erkalten werden etwa 40% fest. 60% bleiben flüssig; davon sind etwa 15% saurer, 2% basischer Natur. Durch Abnutschen erhält man also:

Rückstand, wird mit dem Anthracenöl vereinigt.

einen festen Rückstand, der z. B. auf **Acenaphten** verarbeitet werden kann.

Kreosotöl, das, mit filtriertem Anthracenöl gemischt, zur Holzimprägnierung dient, oder auch, mit Ätzkalk gemischt, den Karbolkalk liefert.

naphtalin trennt. Letzteres wird in besonders gebauten Pressen stark ausgepreßt und ist dann schon ziemlich rein; sein Schmelzpunkt liegt bei etwa 75° (reines Naphtalin schmilzt bei 80°). Es wird nun gleichfalls mit konzentrierter Schwefelsäure — und zwar, da es bei gewöhnlicher Temperatur fest ist, in der Wärme — gewaschen. Schließlich wird es destilliert. Hierbei erhält man: von 214—216° etwa 25%, bis 218° etwa 85% und bis 219° etwa 90% Destillat. (Reines Naphtalin siedet bei 218°.) Das so gereinigte Naphtalin wird schließlich in verschiedenen Formen gewonnen, z. B. in der Form von Schuppen (durch Sublimation), oder in Stücken, als Pulver und in Form von Kugeln. Das Naphtalin ist vor allem ein sehr wichtiges Ausgangsmaterial für die Teerfarbenfabrikation geworden. Es wird neuerdings jedoch noch für einige andere Zwecke verwendet, und zwar außer als Betriebsstoff (in einer weniger reinen Form) vor allem in Gestalt seines Tetrahydroderivates als Lösungsmittel (Tetralin). Das Naphtalin ist ziemlich leicht sulfonierbar mit Schwefelsäure. Hierauf muß beim Waschen (siehe oben) Rücksicht genommen werden. Man darf dabei nicht allzu starke Schwefelsäure anwenden und nicht bei zu hohen Temperaturen arbeiten.

Das **Naphtalintropföl** enthält an Naphtalin etwa 15% von den 40% des Mittelöls. 25—35% des Tropföles sind aromatische Phenole und davon etwa 8—12% Phenol selbst (Karbolsäure). Ferner sind in ihm enthalten etwa 5% basische Bestandteile, also Pyridin und seine Homologen, sowie Chinolin, Isochinolin und Chinaldin.

Das Naphtalintropföl wird nach Bedarf nochmals destilliert und gibt dabei, wie schon erwähnt, u. a. ein sog. **rohes Karbolöl** und außerdem **Naphtalinöl**. Das rohe Karbolöl wird durch Extraktion mit Natronlauge auf Phenol und Kresol verarbeitet; das Naphtalinöl scheidet bei längerem Stehen wieder Naphtalin aus, und durch dessen Abtrennung, behufs weiterer Reinigung durch Pressen, Waschen und Destillieren (siehe oben), erhält man das **Tropföl II**. Dieses wird entweder als Desinfektionsmittel benutzt, z. B. in Form von Karbolkalk, indem man es mit Ätzkalk vermischt, oder es wird auch zum Haltbarmachen von Holz verwendet, ist also ein sehr wertvolles Imprägnierungsöl. Wenn man das Tropföl noch einmal destilliert, anstatt es unmittelbar in rohem Zustande zu verwenden, dann gewinnt man die sog. „**Rohe Karbolsäure**", die zwar keine eigentliche Karbolsäure, $C_6H_5 \cdot OH$, enthält, wohl aber 30—40% saure Öle, d. h. Homologe des Phenols, wie Kresole, $CH_3 \cdot C_6H_4 \cdot OH$, und Xylenole, $(CH_3)_2C_6H_3 \cdot OH$.

Das **Schweröl** (siehe Schema III auf S. 40) wird, weil es für die Teerfarbenfabrikation weniger in Betracht kommt, in der Regel nicht seinem ganzen Betrage nach nochmals destilliert, sondern es dient, da es in reichlicher Menge phenolartige Körper enthält, teilweise auch als solches unmittelbar, ähnlich wie das Tropföl II (siehe oben) zum Imprägnieren von Holz.

Naphtalin-
tropföl.

Rohes Kar-
bolöl. Naph-
talinöl.

Tropföl II.

„Rohe Kar-
bolsäure".

Schweröl.

Brikettpech. Dachlack.

Das Schweröl findet außerdem zum Weichmachen des Hartpechs (siehe S. 29) Verwendung. Durch Zusatz von Schweröl zu diesem Hartpech (Schmelz- oder Erweichungspunkt etwa 100°) erhält man das sog. **Brikettpech**, das in großen Mengen zur Herstellung der Steinkohlenbriketts dient, indem man die ganz feine Kohle durch Zusatz von Brikettpech zu Briketts formt. Setzt man dem Hartpech leichter siedende Öle zu, so erhält man einen brauchbaren **Dachlack**, und wenn man noch leichtere Öle beimischt, so läßt sich ein Eisenlack herstellen, der zum Anstreichen eiserner Gegenstände dient, während der Dachlack insbesondere zur Herstellung von Dachpappe ausgedehnte Verwendung findet[1]).

Das Schweröl siedet zwischen 200 und 300° und scheidet beim Stehen eine kristallinische Substanz ab (etwa 20%), die sich vom Öl trennen läßt. Aber im allgemeinen hat es sich als zweckmäßig erwiesen, die Trennung von festen und flüssigen Teilen an dieser Stelle nicht vorzunehmen, sondern das Schweröl vorerst zu fraktionieren in

Karbolöl, Naphtalinöl I und II.

1. Karbolöl, 2. Naphtalinöl I, 3. Naphtalinöl II und 4. einen Rückstand, den man mit dem Anthracenöl vereinigt. Das **Karbolöl** ist reich an sauren Bestandteilen, die mit Natronlauge extrahiert und dann auf homologe Phenole (Kresole usw.) verarbeitet werden können. Das Naphtalinöl I liefert noch reichlich Naphtalin. Beim Stehenlassen scheidet sich dieses aus und ist nach dem Abpressen schon ziemlich rein, etwa so wie bei der Verarbeitung des Mittelöls. Der flüssige Anteil des Naphtalinöls I wird gleichfalls als **Karbolöl** bezeichnet; eventuell wird auch er einer nochmaligen Destillation unterworfen. Das Naphtalinöl I siedet zwischen 180—230°, das Naphtalinöl II hingegen zwischen 200 und 280°. Letzteres enthält neben Naphtalin vor allem schon die beiden Methylnaphtaline (Siedepunkt zwischen 240 und 243°) und vor allem das **Acenaphten** (Schmelzpunkt 95°,

Acenaphten.

Siedepunkt 277°), dem das Naphtalinöl II wohl hauptsächlich seine heutige Bedeutung verdankt (siehe S. 56). Es läßt sich trennen in

$$CH_2 - CH_2$$

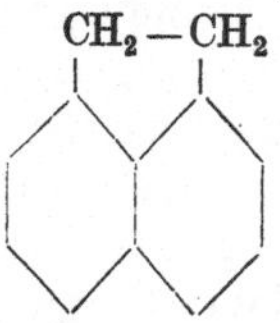

einen festen Bestandteil, der 40% ausmacht, und einen flüssigen Anteil von 60%, das sog. **Kreosotöl**, das zum Imprägnieren von Holz

Kreosotöl.

sehr wohl geeignet ist. Das Kreosotöl besteht zu etwa 25% aus sauren Ölen, ist also sehr reich an den Homologen des Phenols, und enthält

---

[1]) In einem großen Gefäß, das sich im Bedarfsfalle anwärmen läßt, befinden sich unter dem Flüssigkeitsspiegel Walzen, durch die die Pappe hindurchgeführt wird. Auf diesem Wege wird sie mit Teeröl durchtränkt, dann mit Sand bestreut, getrocknet und schließlich in der bekannten Form von Rollen in den Handel gebracht.

andererseits 3% Basen, höhere Homologe des Pyridins und andere
Basen, die dem Chinolin nahestehen (Isochinolin, Siedepunkt 240,5°;
Chinaldin, Siedepunkt 247°; Lepidin, Siedepunkt 257°). Der bei
weitem überwiegende Teil sind also auch hier die neutralen Öle. —
Dieses Gemisch kann außer zum Imprägnieren von Holz auch z. B.
auf Karbolkalk verarbeitet werden; Karbolkalk dient als eine Art
Streupulver, das man zur Desinfektion in Ställen und zu sonstigen
Zwecken benutzt, falls man eine Desinfektion in gröberer Form ausüben will. Der leitende Gedanke ist dabei wahrscheinlich der, daß
ein solches Kresolpulver durch die Einwirkung der Kohlensäure allmählich zerfallen wird in kohlensauren Kalk und in freies Kresol, das
dann als solches seine desinfizierende Kraft entfalten kann.

Das Anthracenöl (siehe Schema IV) wird in der Regel dadurch **Anthracenöl.**
gewonnen, daß man bei der ersten Destillation des Teers, sobald höhere
Temperaturen erforderlich sind, nicht nur mit Vakuum arbeitet, sondern
auch überhitzten Wasserdampf einbläst. Es dient vor allem als Quelle
für die Gewinnung des Anthracens und ist daher als Ausgangsmaterial
für die Farbstoffe der Alizarinreihe von sehr großer Bedeutung. Der
Gehalt des Anthracenöles an Anthracen ist verhältnismäßig gering. Er
beträgt etwa 2,5—3%. Anthracenöl siedet unter Atmosphärendruck
zwischen 280 und 400°; es besitzt das spezifische Gewicht 1,1 und
enthält nur ca. 6% saure Öle. Bei 60° ist es noch flüssig; wenn es
hingegen 5—8 Tage bei 15° steht, so scheidet sich eine undeutlich
kristallinische, gelblichgrüne Masse ab, die in Filterpressen gewonnen
werden kann und die man als Rohanthracen bezeichnet. Man erhält **Roh-**
auf diese Weise etwa 6—10% Rohanthracen mit einem Gehalt an **anthracen.**
Anthracen von etwa 30%. Wenn man dieses weiter preßt, in kalten
Pressen, oder schleudert, so werden noch weitere Mengen Öl abgetrennt,
und man erhält ein Rohanthracen von etwa 45%.

Das Öl, das man also eventuell in zwei Fraktionen abpreßt bzw.
schleudert, das sog. filtrierte Anthracenöl, dessen Menge 90—94%
beträgt und aus dem sich vielfach nachträglich von selbst noch einmal Rohanthracen abscheidet, das sich auf 45%ige Ware verarbeiten
läßt, kann entweder unmittelbar zum Anstreichen und Tränken von
Holz benutzt werden oder es wird noch einmal destilliert; man gewinnt dann einerseits einen Vorlauf — bis 300° —, der, wie das filtrierte
Anthracenöl, unmittelbare Verwendung findet, und andererseits einen
Rückstand, das sog. Rohanthracenöl II, das weiter zerlegt wird in
ein kristallinisch sich ausscheidendes, etwas minderwertiges Rohanthracen und filtriertes Anthracenöl II, das unter dem Namen
Karbolineum oder Avenarin zum Haltbarmachen des Holzes
dient.

Es sind eine Reihe von Vorschlägen gemacht worden, um die **Anthracen-**
schwierige Aufgabe der Reinigung des Rohanthracens zu lösen. Es **Reinigung.**
seien hier drei Verfahren erwähnt, die aus gewissen Gründen unser
Interesse in Anspruch nehmen, nämlich

Schema IV.

Anthracenöl.

Spezifisches Gewicht ca. 1,1; siedet bei 760 mm zwischen 280—400°; enthält ca. 6% saure Öle und 2,5—3% Anthracen. Wenn es 5—8 Tage bei 15° gestanden hat, so scheidet es sich bei der Filtration in:

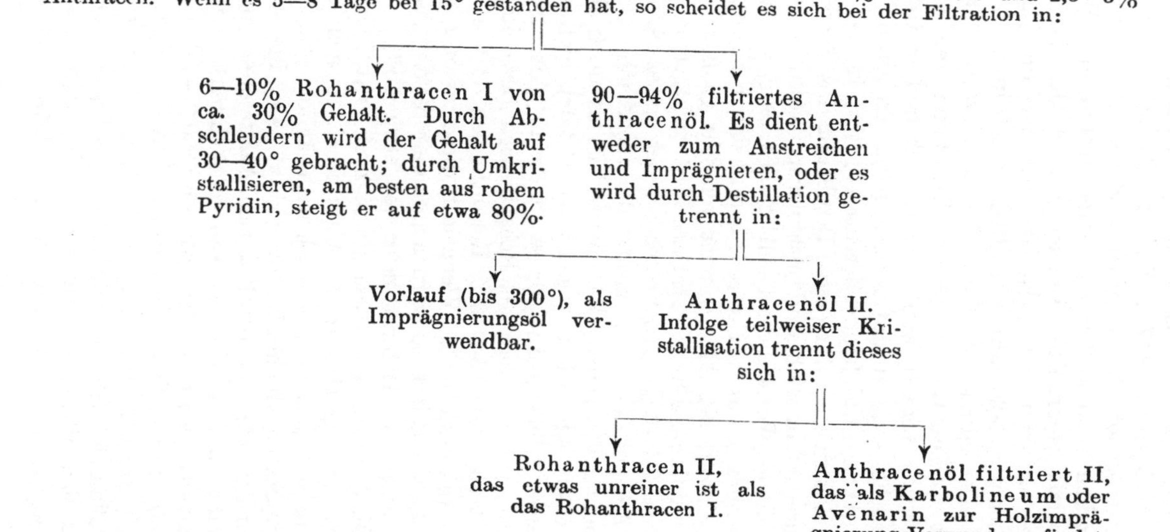

6—10% Rohanthracen I von ca. 30% Gehalt. Durch Abschleudern wird der Gehalt auf 30—40° gebracht; durch Umkristallisieren, am besten aus rohem Pyridin, steigt er auf etwa 80%.

90—94% filtriertes Anthracenöl. Es dient entweder zum Anstreichen und Imprägnieren, oder es wird durch Destillation getrennt in:

Vorlauf (bis 300°), als Imprägnierungsöl verwendbar.

Anthracenöl II. Infolge teilweiser Kristallisation trennt dieses sich in:

Rohanthracen II, das etwas unreiner ist als das Rohanthracen I.

Anthracenöl filtriert II, das als Karbolineum oder Avenarin zur Holzimprägnierung Verwendung findet.

1. die Abtrennung des im Rohanthracen vorhandenen Karbazols Karbazol.
in Form des Karbazolkaliums. Man verfährt hierbei in der Weise,
daß man das Rohanthracen mit Kaliumhydrat zusammen schmilzt.
Hierdurch wird entsprechend dem Schema:

$$\text{NH} + \text{KOH} \;\rightleftarrows\; \text{N} \cdot \text{K} + \text{H}_2\text{O}$$

das Karbazol an Kalium gebunden, während das Anthracen durch das
Kalium nicht angegriffen wird. Man trennt dann das Karbazolkalium
von dem darüber befindlichen geschmolzenen Anthracen ab. Das
Karbazolkalium wird durch Wasser in Karbazol und Kaliumhydrat
zerlegt (s..o.). Das ausgeschiedene Karbazol wird durch Filtration gewonnen. Die verdünnte Kalilauge regeneriert man durch Eindampfen,
um das Kalihydrat erneut in den Prozeß einzuführen.

Dieses Verfahren hat sich jedoch als zu umständlich und kost-
spielig herausgestellt und ist in der letzten Zeit wohl nicht mehr angewendet worden. Es kann aber sein, daß man, nachdem das Karbazol neuerdings eine gewisse Bedeutung erlangt hat (siehe S. 62),
nunmehr wieder daran denken darf, das Karbazol auf die eben geschilderte Weise zu gewinnen.

Ein anderer 2. Vorschlag ging dahin, das Anthracen mit flüssiger
Schwefliger Säure zu behandeln, um auf diese Weise die Verunreinigungen
zu entfernen.

3. Heute wird das Rohanthracen meist wohl in der Weise gereinigt, daß man es mit der $1\frac{1}{2}$fachen Menge Pyridin erhitzt, wodurch man die Verunreinigungen in Lösung bringt, während das Anthracen zum größten Teil ungelöst bleibt und sich beim Abkühlen zl.
vollkommen abscheidet. Nach dem Erkalten wird abgenutscht, wodurch man ein etwa 80%iges Anthracen erhält, während das Filtrat
nach dem Abdestillieren des Pyridins weiter verarbeitet werden kann,
eventuell auf Karbazol. Das 80%ige Anthracen kann zwar noch
weiter gereinigt werden, aber man benutzt es wohl meist in dieser
unreinen Form unmittelbar für die Darstellung von Alizarin, indem
man die Alizarin- bzw. die Anthrachinongewinnung so gestaltet, daß
dabei die Verunreinigungen des Anthracens in die Ablaugen gehen.

Es ist noch kurz zu betrachten (s. Schema V) das Schicksal der Karbolsäure-
durch Natronlauge ausgewaschenen sauren Öle, der Phenole, die als gewinnung.
karbolsaures Natron oder Natriumphenolat von den sog. Putzölen
abgetrennt werden. Die Phenolate lassen sich durch Säuren leicht zerlegen. Sogar durch Kohlensäure wird das karbolsaure Natron, da Karbolsäure eine sehr schwache Säure ist, fast vollkommen zerlegt in
rohe Karbolsäure und Natriumkarbonat. Das Natriumkarbonat wird
durch Kalkmilch wieder kaustiziert zu Natronhydrat. Die Kohlen-

Schema V.

Verarbeitung der **alkalischen rohen Karbolöllaugen.** Durch Abdestillieren von etwa $^1/_5$ der Lauge erhält man:

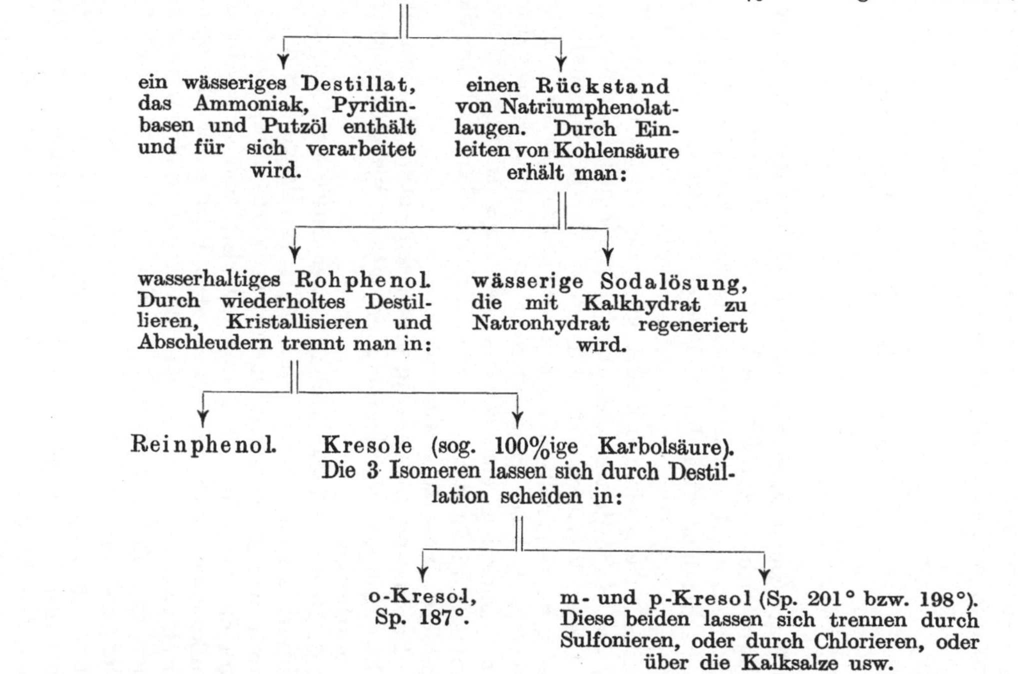

säure gewinnt man in üblicher Weise durch Erhitzen von Kalkstein auf höhere Temperatur, wobei der Prozeß bekanntlich unterstützt werden kann durch den Zusatz von Koks zum Kalkstein (im Verhältnis 1 : 4). Man erhält dadurch ein Gasgemisch mit etwa 40% CO_2, daneben allerdings etwas Kohlenoxyd, das aber unschädlich ist.

Infolge des Schwefelgehaltes des Kokses (durchschnittlich 0,8%) bildet sich auch etwas Schweflige Säure, die sich aber leicht entfernen läßt, und zwar geschieht dies in folgender Weise:

Man kühlt die Gase, die aus dem Kalkofen kommen, zunächst ab und läßt sie alsdann durch einen Turm streichen, der mit Kalkstein ausgestellt ist und mit Wasser berieselt wird. Die Schweflige Säure wird auf diese Weise in Form von Calciumsulfit gebunden. Die Gase treten mit einer Temperatur von 40—50° in die Phenolatlauge ein. Man schaltet mehrere Gefäße mit Lauge hintereinander, um eine möglichst vollständige Ausscheidung des Phenols unter gleichzeitiger Ausnutzung der Kohlensäure zu erzielen.

Das rohe karbolsaure Natron enthält außer den aromatischen Phenolen noch ungefähr 1% Putzöl gelöst, das als Neutralkörper nicht an Natronlauge gebunden ist, und das infolgedessen durch Destillation aus der wässerigen Phenolatlauge entfernt werden kann, gleichzeitig mit etwa vorhandenem Ammoniak oder Pyridinbasen. Man treibt daher **vor** dem Einleiten der Kohlensäure etwa $^1/_5$ des Volumens der Phenolatlauge mit Wasserdampf ab und scheidet dann erst die rohe Karbolsäure aus. Das abgeschiedene Phenol ist noch wasserhaltig und vor allem durch die Kresole verunreinigt. Sie wird daher zunächst durch Destillation zerlegt in wasserhaltige Karbolsäure und einen Rückstand, der hauptsächlich sich aus der sog. „100%igen Karbolsäure" zusammensetzt. Diese Bezeichnung ist aber insofern irreführend, als diese 100%ige Karbolsäure gar keine eigentliche Karbolsäure mehr enthält; sie ist vielmehr ein Gemisch der isomeren Kresole mit höheren Homologen, also gerade das Gegenteil von dem, was man erwarten sollte. Die Karbolsäure selbst muß nun durch die beiden Mittel Destillation und Kristallisation weiter gereinigt werden bis zu der Grenze, die man erreichen will. Das Phenol wird zu dem Zweck erst grob destilliert, um das Wasser zu entfernen. Durch diese Destillation wird ein Produkt gewonnen, das beim Abkühlen kristallisiert. Das Kristallisationsprodukt wird abgeschleudert, wodurch man Kristalle erhält, die eine größere Reinheit besitzen als das ursprüngliche Destillat. Diese Kristalle kann man wieder destillieren, das Destillat wieder kristallisieren und zum Schluß nochmals destillieren, und zwar geschieht das, um ein farbloses Phenol zu erhalten, in einer besonderen Blase, deren wichtigste Teile ebenso wie die Verbindungsröhren vielfach aus Silberblech hergestellt sind, da Phenol das Eisen etwas angreift, was leicht zu nachträglich auftretenden Färbungen des reinen Phenols Anlaß gibt. Es ist dies ein Übelstand, der schwer zu vermeiden ist. Auch unter der Einwirkung des Lichtes färbt sich Phenol schwach rosa. Man schreibt das, wohl nicht ganz zutreffend, den im Phenol enthaltenen Spuren von Ammoniak zu.

Die 3 isomeren Kresole.

Das bei dem eben geschilderten Reinigungsprozeß sich ergebende Kresolgemisch ist, wie man aus einem Vergleich der Siedepunkte (188°, 198° und 201°; nach anderen Angaben 188°, 200° und 199,5°) ersieht, schwer in die vollkommen getrennten Bestandteile zu zerlegen.

Abtrennung d. o-Kresols durch Destillation.

Das o-Kresol (Siedepunkt 188°) ist zwar ziemlich leicht abzutrennen; dagegen unterscheiden sich das m- und p-Kresol bezüglich ihrer Siedepunkte nur wenig, und es ist daher nicht möglich, auch nicht mittels der feinsten Fraktionierapparate, eine vollkommene Trennung der beiden Isomeren herbeizuführen. Man ist vielmehr gezwungen, chemische Mittel zur Trennung heranzuziehen. Von den vielen Vorschlägen seien hier drei angeführt, die wohl zum Ziele geführt haben.

Trennung des m- und p-Kresols 1. durch Sulfonierung.

1. Die Sulfonierung des m- und p-Kresolgemisches und die darauf folgende stufenweise Entsulfonierung (Raschig).

Bei der Sulfonierung des m-Kresols entsteht eine p-Sulfonsäure (1) und bei der Sulfonierung des p-Kresols eine o-Sulfonsäure (2). Diese

$$(1)\quad \text{[Strukturformel: } m\text{-Kresol} \rightarrow m\text{-Kresol-}SO_3H] \qquad (2)\quad \text{[Strukturformel: } p\text{-Kresol} \rightarrow p\text{-Kresol-}SO_3H]$$

beiden Säuren unterscheiden sich insofern, als die m-Kresolsulfonsäure leicht wieder die Sulfogruppe abspaltet, während unter denselben Bedingungen die p-Kresolsulfonsäure beständig ist. Wenn man also das m- und p-Kresolsulfonsäuregemisch auf höhere Temperaturen erhitzt, so gelingt es, das m-Kresol überzudestillieren, während zurückbleibt die p-Kresolsulfonsäure, die erst durch weitere Steigerung der Temperatur gleichfalls zerlegt wird, so daß man nunmehr das p-Kresol gewinnt.

2. Durch Chlorierung.

2. Eine andere, gleichfalls von Raschig angegebene Gewinnungsart besteht darin, daß man das Kresolgemisch chloriert, d. h. der Einwirkung des Chlors aussetzt, wobei das m-Kresol sich chloriert (3), während das

$$(3)\quad \text{[Strukturformel: } m\text{-Kresol} \rightarrow \text{Chlor-}m\text{-Kresol]}$$

p-Kresol sich zunächst nicht chloriert. Man leitet dementsprechend nur so viel Chlor ein, als dem m-Kresol entspricht, dessen Menge man vorher bestimmt hat. Man kann die beiden Verbindungen, das Chlor-m-Kresol und das p-Kresol nunmehr leicht trennen, da ihre physikalischen Eigenschaften erheblich voneinander verschieden sind. Das Chlor-m-Kresol gilt als ein wertvolles Antiseptikum.

3. Eine dritte, erst unlängst angegebene Methode zur Trennung der beiden Kresole beruht auf der unterschiedlichen Beständigkeit ihrer Kalksalze. Aus einem Gemisch der Kalksalze des m- und p-Kresols läßt sich durch Wasserdampf das freie m-Kresol abtreiben, während das p-Kresol als Kalksalz im Destillationsgefäß zurückbleibt.

3. Mittels
der Ca-Salze.

E3 sei hier noch hingewiesen auf einen technisch wichtigen Unterschied im Verhalten der beiden Kresole (m- und p-), der darin besteht, daß das m-Kresol sich dreifach nitriert zu einem Trinitro-m-Kresol (1), während, infolge der p-ständigen Methylgruppe das p-Kresol sich nur dinitriert zum Dinitro-p-Kresol (2).

Die Nitrie-
rung der
Kresole.

$$(1) \quad \underset{CH_3}{\overset{OH}{\bigodot}} \; \rightarrow \; O_2N-\underset{NO_2}{\overset{OH}{\underset{CH_3}{\bigodot}}}-NO_2 \qquad (2) \quad \underset{CH_3}{\overset{OH}{\bigodot}} \; \rightarrow \; O_2N-\underset{CH_3}{\overset{OH}{\bigodot}}-NO_2$$

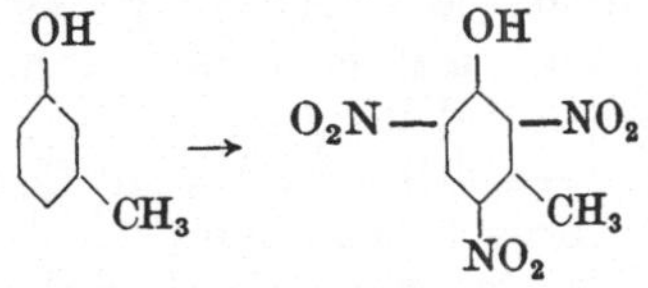

Selbstverständlich wird das rohe Gemisch der drei Kresole auch als solches, ohne daß man es trennt, in großen Mengen als Desinfektionsmittel, als Antiseptikum usw. benutzt. Leider ist die Löslichkeit der Kresole in Wasser noch geringer als die des Phenols, was ihre Anwendung in gewissem Grade beeinträchtigt. Man stellt aber durch Mischen der Kresole mit Seifen u. dgl. eine ganze Reihe von Präparaten: Lysol, Kreolin, Solveol, Solutol usw., her, in denen die Kresole, ohne daß sich dadurch Schwierigkeiten ergeben, zur Anwendung gebracht werden.

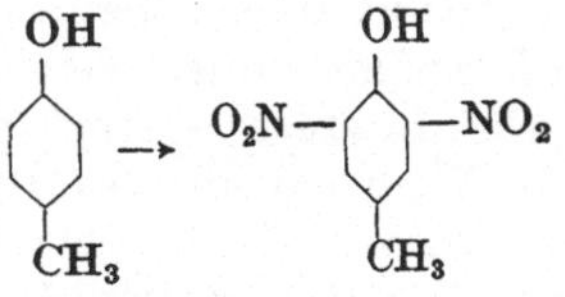

Die Verwen-
dung des
Rohkresols.

Was die weitere Verarbeitung der mit verdünnter Schwefelsäure extrahierten basischen Bestandteile der Teerölfraktionen anbelangt, so benutzt man, um das Pyridin und seine Homologen aus der Pyridinschwefelsäure freizumachen, nicht etwa teures Alkali oder Kalk, sondern man bedient sich dazu, um auch die Schwefelsäure zu verwerten, des Ammoniaks.

Die Pyridin-
basen.

Man geht in der Weise vor, daß man zunächst nur so viel Ammoniak einleitet, das nahezu Neutralisation erfolgt, d. h. daß die Reaktion der Flüssigkeit nur noch schwach sauer ist. Unter diesen Bedingungen scheidet sich schon ein Teil der gefärbten Verunreinigungen ab, die man beseitigt. Darauf wird in mehreren Gefäßen, die man, um Ammoniakverlusten vorzubeugen, hintereinander schaltet, das Pyridin durch Ammoniak in Freiheit gesetzt und das Ammoniak an Schwefelsäure gebunden. Auf diese Weise erhält man Ammoniumsulfat einerseits und das Pyridingemisch, das sog. Rohpyridin, andererseits, als ein dunkles, in Wasser mehr oder weniger unlösliches Öl. Pyridin ist zwar an sich in Wasser löslich, aber in Mischung mit seinen in Wasser mehr oder minder schwer löslichen Homologen, wie Pikolin, Lutidin, Kollidin usw., scheidet sich das Pyridin ziemlich vollkommen ab. Das Basengemisch wird fraktioniert; man erhält dadurch das reine Pyridin und daneben die sog. Denaturierungsbasen, d. i. das Gemisch der

Pyridinhomologen, das zum Vergällen von Alkohol in ausgedehntem Maße verwendet wird.

Die Chinolin-
basen.

Das Chinolin wird gewonnen aus den höher siedenden Teerfraktionen Wenn man z. B. die letzten Fraktionen des Mittelöls, also den Rück stand, oder das Schweröl mit verdünnter Schwefelsäure wäscht, so er hält man ein Gemisch der Sulfate des Chinolins, Isochinolins, Chi naldins, Lepidins usw.

6. Neuere Vorschläge zur Verarbeitung der Kokerei-Nebenpordukte.

Neuerungen
in der Teer-
und Am-
moniak-
gewinnung.

Zum Schluß dieser Betrachtungen über die Verarbeitung des Teers sei noch einiger neuer Verfahren gedacht, die im letzten Jahrzehnt technisches Interesse erlangt haben. Sie betreffen

1. die Verarbeitung des Teers nach wesentlich anderen Grund-sätzen, als wir sie bis jetzt kennengelernt haben, und

2. die Gewinnung des Ammoniaks der Kokereigase auf einem viel einfacheren Wege als dies bisher geschah. Die Versuche sind zwar in beiden Fällen noch nicht zum Abschluß gelangt, und es wird wohl auch heute noch vorwiegend so gearbeitet, wie hier geschildert. Es erscheint aber angemessen, wenigstens mit einigen Worten auf diese sehr beachtenswerten neueren Bestrebungen einzugehen.

Das Charakteristische der bisherigen Teerverarbeitung besteht darin, daß man den Teer zunächst sich vollkommen abkühlen läßt und dann erst durch langsames Erhitzen eine Fraktionierung seiner Bestandteile derart herbeiführt, daß man zunächst die leichtsiedenden und zum Schluß die schwersiedenden abtrennt.

Man kann aber auch, was aus Gründen der Wärmeersparnis viel für sich hat, den Prozeß umkehren, indem man unmittelbar den heißen Teer bzw. die heißen Gase durch fraktionierte Abkühlung in ihre Bestandteile zerlegt. Besonders W. Feld und K. Kubierschky haben sich mit der Lösung dieses schwierigen Problems beschäftigt und zweifellos auch schon gewisse Erfolge erzielt.

Die fraktio-
nierte Ab-
kühlung der
Kohlengase.

Das Verfahren der fraktionierten Abkühlung der Gase gestaltet sich, in rohen Umrissen gezeichnet, etwa folgendermaßen. Das Gas tritt, von den Koksöfen kommend, unten in den 1. Wäscher ein und wird in diesem ersten Gefäß mit schwerem Teeröl berieselt. Dadurch, daß das schwere Teeröl mit heißem Gas in Berührung tritt, werden diejenigen Bestandteile des Schweröls, die infolge ihres niedrigen Siede-punktes im heißen Gasstrom verdampfen, vom Gase mitgenommen und gelangen nun in das zweite Gefäß. Am Boden des ersten Gefäßes sammelt sich ein Öl, das von den niedrig siedenden Fraktionen befreit ist und nur noch die schwersten Bestandteile des Teers enthält, u. a. also auch Pech. Die Gase gelangen mit der Temperatur 100—180° nach Gefäß II, das mit leichtem Teeröl berieselt wird. Es geht unten ab ein schweres Teeröl, das man zum Berieseln des Wäschers I ge-brauchen kann. Die Gase gelangen weiter nach dem Apparat III, der mit Leichtöl beschickt wird. Die Temperatur beträgt hier 70—120°; unten geht ab ein leichtes Teeröl. Es bleiben nur die verhältnismäßig leicht siedenden Bestandteile in gasförmigem Zustande. Das Gas gelangt nun in den Wäscher IV mit einer Temperatur von 50—90°. Dieser vierte Wäscher dient vorwiegend zur Absorption des Benzols, das entsprechend seiner hohen Dampfspannung in sehr reichlichen Mengen im Gase enthalten ist und aus diesem nunmehr ziemlich vollkommen mittels eines schwereren Teeröles ausgewaschen wird. Man gewinnt auf diese Weise in Apparat IV ein Waschöl, das reichlich Benzol und Homologe enthält, und das durch Abtreiben vom Benzol wieder befreit wird, ähnlich wie bereits bei dem alten Verfahren auf S. 19 geschildert. · Außerdem berieselt man das vierte Gefäß mit dünnem Gaswasser, um das im Rohgas enthaltene Ammoniak zu gewinnen. Das letzte Waschgefäß V wird von oben mit Wasser berieselt, um die letzten Anteile des noch in dem Gase vorhandenen Ammoniaks auszuwaschen. Gleichzeitig führt man in halber Höhe des Gefäßes V dasselbe Gaswasser ein, das schon einmal das Gefäß IV passiert hat. Das Gas entweicht am Ende dieser Apparatur ziemlich frei von Ammoniak und Benzol, besitzt aber immer noch einen hohen Wert als Heizgas.

Was die Gewinnung des Ammoniaks aus Leucht- und Kokerei- Neue Methoden der Ammoniakgewinnung. rohgasen anlangt, so leiden die alten Verfahren an den verhältnismäßig großen Mengen Wasser, die zum Auswaschen des Ammoniaks erforderlich sind, und die man unter erheblichem Aufwand von Kosten für Dampf zu verarbeiten hat. Diese Arbeitsweise bringt außerdem auch den Übelstand mit sich, daß man nach Abtreibung des Ammoniaks beträchtliche Mengen kalkhaltiger Abwässer erhält, die für viele Fabriken eine sehr schwierige Frage darstellen. Man ist infolgedessen schon seit Jahrzehnten darauf bedacht gewesen, das Ammoniak aus den Kokereigasen auszuwaschen, ohne sich der Mitwirkung des Wassers zu bedienen.

Dieses Problem wurde neuerdings mehr oder minder vollkommen Auswaschen des Ammoniaks mittels 80%iger Schwefelsäure. dadurch gelöst, daß man die Gase zur Entfernung des Ammoniaks statt mit Wasser mit einer Schwefelsäure von etwa 80% (60° Bé) wäscht. Die Schwierigkeit, die bei diesem Verfahren darin besteht, daß es nicht möglich ist, ein handelsfähiges Ammonsulfat zu erzeugen, ohne den in den heißen Rohgasen in Form feinster Nebel suspendierten Teer vorher zu entfernen, hat sich überwinden lassen.

Bei der Lösung dieser Aufgabe spielt der beträchtliche Wassergehalt Verfahren v. Brunck und Otto. der Kokereigase (etwa 500 g in 1 cbm) eine wichtige Rolle insofern, als aus Gründen der Dampfersparnis eine Kondensation des Wasserdampfes im Schwefelsäurebade, in dem die Bindung des Ammoniaks vor sich gehen soll, vermieden werden muß. Um dies zu erreichen, hat man zwei Wege eingeschlagen: Die ältere Methode besteht darin, daß man die Kokereigase entweder nach O. Brunck mit Hilfe der Zentrifugalkraft oder nach Dr. Otto & Comp. durch eine intensive Waschung mit Teer oder Teerwasser im Teerstrahlapparat entteert, und zwar geschieht dies oberhalb des für die Kokereigase bei etwa 80°

liegenden Taupunktes, so daß beim Durchstreichen der ammoniak-haltigen noch heißen Gase durch 60gradige Schwefelsäure eine Ver-dichtung des Wasserdampfes nicht stattfinden kann, zumal die Reaktionswärme bei der Bildung des $(NH_4)_2SO_4$ ausreicht, um die Temperatur im Sättigungsbade aufrecht zu erhalten.

Verfahren v. Koppers. — Neuerdings ist mit Erfolg ein Mittelweg zwischen der zuletzt geschilderten unmittelbaren und der alten wässerigen Ammoniakgewinnungsmethode eingeschlagen worden, der eine bessere Teerscheidung und vor allem auch eine sicherere Betriebsführung ermöglichen soll. Die Gase werden zwar ähnlich wie früher auf eine Temperatur unterhalb des Taupunktes abgekühlt (etwa 30°), so daß außer dem Teer etwa 90% des im Rohgas enthaltenen Wassers, und mit ihm ein erheblicher Teil des Ammoniaks, sich niederschlägt. Das auf diese Weise gereinigte, etwa 4 g NH_3 im cbm enthaltende Gas wird nach Koppers vor der Einführung in das Säurebad in Wärmeaustauschapparaten wieder auf höhere Temperaturen (65—70°) erhitzt. Außerdem wird ihm das mit den Wasserdämpfen niedergeschlagene und in besonderen Hilfskolonnenapparaten abgetriebene Ammoniak wieder zugeführt. Erforderlichenfalls wird dieses den Kolonnen entstammende Ammoniak in einem Rückflußkühler nach Möglichkeit vom Wasser befreit, vielfach auch wegen seines schädlichen Gehaltes an CO_2 und H_2S in einer besonderen Leitung dem Wäscher zugeführt.

Verfahren v. W. Feld. — Von der gleichen Wichtigkeit wie das eben geschilderte Problem der wirtschaftlichen Ammoniakgewinnung unter möglichster Ersparnis von Wasser und Dampf ist eine andere Aufgabe, an deren Lösung seit Jahrzehnten, und wie es scheint, nicht ohne Erfolg, gearbeitet worden ist. Hier ist wohl in erster Linie der Name Walter Felds zu nennen.

Das Feldsche Verfahren bezweckt die Überführung des gleichzeitig mit dem Ammoniak aus den Kokereigasen ausgewaschenen H_2S in $(NH_4)_2SO_4$, und zwar ohne Benutzung eines anderen Oxydationsmittels als des zur Verbrennung des Schwefels zu SO_2 dienenden Luftsauerstoffs.

I. Als eigenartiger Katalysator wirkt hierbei das Ammoniumthiosulfat, $(NH_4)_2S_2O_3$, und die Sulfatbildung beruht in diesem Falle darauf, daß abwechselnd 3 Mol. SO_2 an 2 Mol. Ammoniumthiosulfat angelagert und durch 4 Mol. NH_3 in Form von 2 Mol. $(NH_4)_2SO_4+S$ wieder abgespalten werden, entsprechend dem Reaktionsschema (wenn man von allen Zwischenphasen absieht):

$$3\,SO_2 \rightarrow 2\,SO_3 + S \quad (1),$$

oder ausführlicher dargestellt:

$$2\text{ Ammoniumthiosulfat} + 3\,SO_2 \rightarrow \left\{ \begin{array}{l} 1 \text{ Ammoniumtrithionat} \\ +1 \text{ Ammoniumtetrathionat} \end{array} \right. \quad (2a)$$

$$+ 4\,NH_3 \rightarrow 2\,(NH_4)_2SO_4 + S + 2\text{ Ammoniumthiosulfat}. \quad (2b).$$

II. In Fällen, in denen die Zusammensetzung der Kokereigase in bezug auf NH_3 und H_2S nicht das für die Sulfatbildung günstigste Verhältnis 2 : 1, d. h. 2 NH_3 zu 1 H_2S, sondern einen Überschuß an H_2S aufweist, entsprechend einem durchschnittlichen Ausbringen von 2,4 kg NH_3 und 3,4 kg H_2S auf die Tonne Kohle, läßt sich die Regeneration des Ammoniumthiosulfats aus dem Tri- und Tetrathionat auch mittels H_2S herbeiführen, gemäß der Reaktionsgleichung:

$$\left\{ \begin{array}{l} \text{1 Ammoniumtrithionat} \\ +\text{1 Ammoniumtetrathionat} \end{array} \right\} + 6\,H_2S \rightarrow 2 \text{ Ammoniumthiosulfat} + 9\,S, \quad (3),$$

so daß die nach W. Felds Angabe unter gewöhnlichen Bedingungen nur schwer und unvollkommen vor sich gehende Reaktion:

$$SO_2 + 2\,H_2S \rightarrow 2\,H_2O + 3\,S \quad (4)$$

unter Mitwirkung des Katalysators Ammoniumthiosulfat glatt verläuft.

III. Wirken NH_3 und H_2S gleichzeitig, in Form von 2 $(NH_4)_2S$, auf 1 Tri- + 1 Tetrathionat ein, so findet gleichfalls die Regeneration des Ammoniumthiosulfats statt, jedoch unter Umwandlung der vorher angelagerten SO_2 in neues Thiosulfat + Schwefel, entsprechend dem summarischen Schema:

$$\left\{ \begin{array}{l} \text{1 Ammoniumtrithionat} \\ +\text{1 Ammoniumtetrathionat} \end{array} \right\} + 2\,(NH_4)_2S \rightarrow 2 \text{ Ammoniumthiosulfat}$$
$$+ [2 \text{ Ammoniumthiosulfat} + S] \quad (5),$$

so daß, von den Zwischenphasen abgesehen, sich der folgende, der Thiosulfatbildung entsprechende Vorgang verwirklicht findet:

$$2\,(NH_4)_2S + 3\,SO_2 \rightarrow 2\,(NH_4)_2S \cdot SO_3 + S \quad (6),$$

der der oben angeführten Reaktion:

$$3\,SO_2 \rightarrow 2\,SO_3 + S \quad (1)$$

vollkommen analog und, wie hier des näheren darzulegen sich erübrigt, auch ihrem Wesen nach nahe verwandt ist. Es mag genügen hier festzustellen, daß sowohl die Ammoniumthiosulfatbildung aus 2 $(NH_4)_2S + 3\,SO_2$ als auch die Tri- und Tetrathionatbildung aus 2 Thiosulfat + 3 SO_2 eine Verwirklichung der Reaktion

$$3\,SO_2 \rightarrow 2\,SO_3 + S \quad (1)$$

in sich schließt.

IV. Da ferner 1 Mol. Tetrathionat mit 2 Mol. Thiosulfat unter Bildung von 3 Mol. $(NH_4)_2SO_4 + 5\,S$ reagiert:

$$(NH_4)_2S_4O_6 + 2\,(NH_4)_2S_2O_3 \rightarrow 3\,(NH_4)_2SO_4 + 5\,S \quad (7) \text{ oder}$$
$$(NH_4)_2S_4O_6 + [2\,(NH_4)_2S_2O_3 + S] \rightarrow 3\,(NH_4)_2SO_4 + 6\,S \quad (8),$$

wobei $[2\,(NH_4)_2S_2O_3 + S]$ das aus 2 $(NH_4)_2S + 3\,SO_2$ entstehende Gemisch von 2 Mol. Thiosulfat + 1 Atom S darstellt (siehe oben Gl. 6), so erkennt man, daß auch dieser praktisch bedeutungsvolle Prozeß im Grunde genommen eine summarische Umwandlung von 6 SO_2 + 3 H_2S

in $3 SO_3 + 6 S$ darstellt, d. h. daß bei dieser Reaktion zwei wichtige Vorgänge gleichzeitig ihre Verwirklichung finden, nämlich:

(1) $3 SO_2 \rightarrow 2 SO_3 + S$ (1) und

(2) $SO_2 + 2 H_2S \rightarrow 3 S + 2 H_2O$ (4),   oder zusammengefaßt:

$$4 SO_2 + 2 H_2S \rightarrow 2 SO_3 + 4 S + 2 H_2O \text{ (9)   oder}$$
$$6 SO_2 + 3 H_2S \rightarrow 3 SO_3 + 6 S + 3 H_2O \text{ (10)}.$$

Diese technisch wie wissenschaftlich bedeutsame Reaktion (7) soll nach W. Felds Vorschlägen dann ihre Verwirklichung finden, wenn die Thionatlaugen durch abwechselnde Behandlung mit den Kokereigasen (s. die Gleichungen 2 b, 3 u. 5) und mit SO_2 (s. die Gleichungen 2 a u. 6), d. h. durch Aufnahme von NH_3, H_2S und SO_2, eine solche Konzentration an Ammonsalzen erlangt haben, daß ihre Verarbeitung auf Ammonsulfat angezeigt erscheint. In diesem Falle wird nach dem Aufsieden der gleichzeitig ausgeschiedene körnige Schwefel von der Ammonsulfatlauge getrennt und diese zur Gewinnung von kristallinischem Sulfat eingedampft.

Das Feldsche Verfahren gestattet also, gemäß der summarischen Gleichung:

$$6 NH_3 + 3 H_2S + 6 SO_2 \rightarrow 3 (NH_4)_2SO_4 + 6 S \quad (11)$$

die Überführung des in den Kokereigasen enthaltenen Ammoniaks in Ammonsulfat unter Benutzung des in den Gasen selbst in Form von H_2S enthaltenen Schwefels. Neben der Auswaschung des Ammoniaks und des H_2S und neben überschüssigem Schwefel in reiner körniger Formerzielt man also auch die zur Ammoniakbindung nötige Schwefelsäure, ein Umstand, der bei dem ungeheuren Verbrauch an dieser gegenwärtig teuren und kaum zu beschaffenden Säure — 500 000 t $(NH_4)_2SO_4$ erfordern etwa 350 000 t H_2SO_4 — volkswirtschaftlich von nicht zu unterschätzender Bedeutung ist. 350 000 t H_2SO_4 entsprechen übrigens etwa 120 000 t H_2S, die bei der Verkokung von etwa 40 Mill. t Steinkohlen aus den Kokereigasen erhältlich sind. Dabei hat sich nach Felds Angaben im praktischen Betriebe gezeigt, daß selbst sehr verdünnte Poly- (Tri- und Tetra-) Thionatlösungen das Ammoniak völlig aus den Gasen auszuwaschen vermögen.

Dagegen soll nach den über das Feldsche Verfahren vorliegenden Veröffentlichungen die Auswaschung des H_2S aus den Kokereigasen nicht vollkommen sein, so daß, falls H_2S-freie Gase (z. B. für Gaskraftmaschinen) benötigt werden, ein nicht unbeträchtlicher Rest von 25% des im Gase enthaltenen H_2S der üblichen Reinigung mittels Fe_2O_3 unterworfen werden muß:

$$F_2O_3 + 3 H_2S + 3 O \xrightarrow[\text{i. Ggw. v. } H_2O]{} F_2O_3 + 3 H_2O + 3 S.$$

Erwähnt sei, daß das Feldsche Ammoniumthiosulfat- bzw. Thionatverfahren hervorgegangen ist aus den Erfahrungen und Untersuchungen über das Verhalten der Thiosulfate des Zinks und Eisens gegenüber den Kokereigasen und SO_2. Von diesen älteren Verfahren hat das Eisen-Thionatverfahren sich nach Felds Angaben allerdings nur unter gewissen Voraussetzungen bezüglich der Zusammensetzung der Rohgase auch im Großbetrieb als durchführbar erwiesen, während das Ammonium-Thionatverfahren sich angeblich allen praktisch in Betracht kommenden Verhältnissen anpassen läßt.

7. Die wichtigsten Bestandteile des Steinkohlenteers.

Es sei an dieser Stelle eine Übersicht über die Bestandteile des Teers vorausgeschickt, jedoch nur über die Verbindungen, die, sei es aus technischen, sei es aus wissenschaftlichen Gründen, von Interesse sind.

1. Kohlenwasserstoffe.

Cyklopentadiën.

a) Cyklopentadiën, eine Flüssigkeit vom Siedepunkt 42,5°. Das Cyklopentadiën hat die Formel (1) und besitzt ein gewisses theoretisches Interesse (siehe S. 283). Der Körper geht sehr leicht durch Polymerisation über in das

Dicyklopentadiën.

b) Dicyklopentadiën, $C_{10}H_{16}$, mit dem Schmelzpunkt 40,5° und dem Siedepunkt 170°. Es kann wieder depolymerisiert werden zum Cyklopentadiën. Ein Körper, der dem Cyklopentadiën nahesteht, ist

Inden.

c) das Inden von der Zusammensetzung C_9H_8 und der Formel (2).

(1) 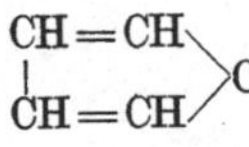

(2) 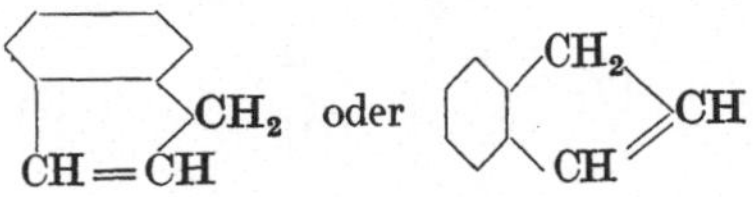

Es siedet bei 182° und erstarrt bei —2°; in größeren Mengen findet es sich in den Leichtölrückständen und infolge seiner Flüchtigkeit auch im Leuchtgas. Es ist übrigens, selbst gegen Licht, sehr empfindlich und vor allem sehr leicht polymerisierbar. Wir werden später einem wertvollen Säurefarbstoff begegnen (Chinolingelb S), der sich vom Inden zwar ableitet, aber nicht aus Inden hergestellt wird. Außerdem sind Indenabkömmlinge auch noch in anderer Richtung brauchbar, z. B. als Bestandteile von Küpenfarbstoffen.

Für die Teerfarbenindustrie sehr wichtige Kohlenwasserstoffe sind:

Benzol, Toluol, Xylole.

d) Benzol, C_6H_6 (1), Schmelzpunkt 7°, Siedepunkt 81,1°.

e) Toluol, C_7H_8 (2), flüssig, Siedepunkt 111°.

f) Die drei Xylole, C_8H_{10}, flüssig; Siedepunkt für o-Xylol (3) 143°, für m-Xylol (4) 139°, für p-Xylol (5) 137,5—138°.

(1) 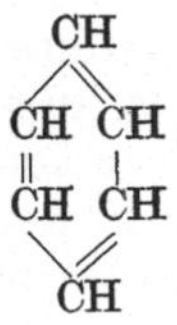

(2) 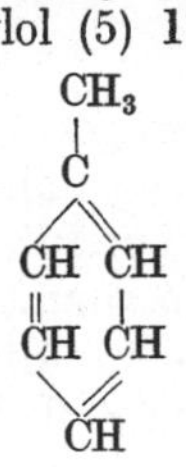

(3) 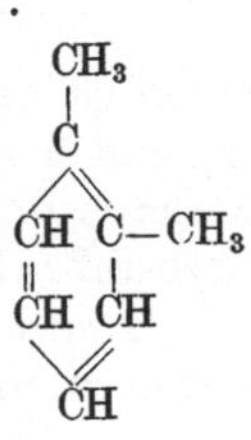

Die drei isomeren Xylole haben, wie man sieht, Siedepunkte, die sehr nahe beieinander liegen, und die es unmöglich machen, die Isomeren lediglich durch Destillation zu trennen; sie müssen daher gegebenenfalls mittels chemischer Mittel getrennt werden, z. B. auf dem Wege der partiellen Sulfonierung und nachfolgenden Entsulfonierung. Die Farbentechnik verzichtet jedoch in der Regel auf die Isolierung der einzelnen Isomeren, sondern zieht es vor, die aus dem Xylolgemisch erhältlichen Derivate — als solche kommen die Xylidine vor allem in Betracht — einer den jeweiligen Bedürfnissen angepaßten Trennung zu unterwerfen.

$$(4) \qquad (5) \qquad (6)$$

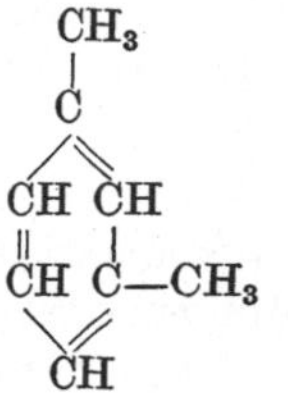

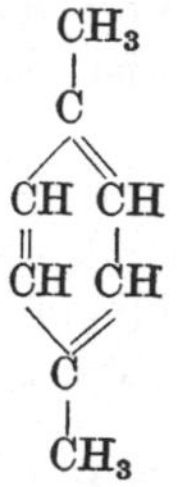

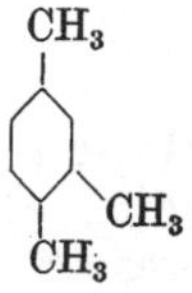

ψ-Cumol.   g) Cumol, C_9H_{12}. Das *ψ*-Cumol besitzt den Siedepunkt 168° und die Formel (6); es ist also unsymmetrisch gebaut.

$$(7) \qquad (8) \quad \alpha \quad \text{und} \quad \beta$$

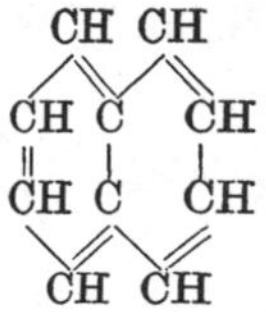

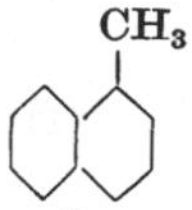

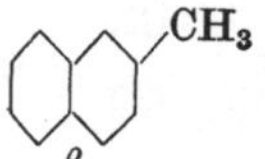

Naphtalin u. Methylnaphtaline.   h) Naphtalin, $C_{10}H_8$, entsprechend der Konstitutionsformel (7); Schmelzpunkt 80°, Siedepunkt 218°.

i) Von Interesse könnten vielleicht in Zukunft die beiden Methylnaphtaline (8 *α*) und (8 *β*) sein.

Acenaphten   k) Neuerdings hat ein Körper, der als Naphtalinderivat anzusehen ist, technisches Interesse erlangt, das Acenaphten, $C_{12}H_{10}$, von der Formel (1), dem Schmelzpunkt 90° und dem Siedepunkt 277,5°.

$$(1) \qquad \rightarrow \qquad (2)$$

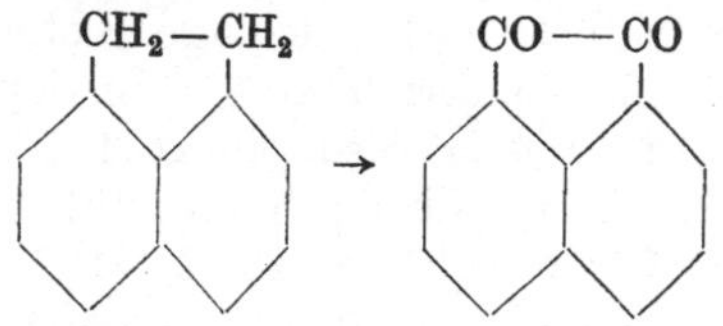

Acenaphten ist nur in ziemlich geringen Mengen im Teer vorhanden (siehe S. 42) und seine Gewinnung daher schwierig; durch Oxydation ist es in Acenaphtenchinon (2) überführbar, das als Ausgangsmaterial für Küpenfarbstoffe Bedeutung besitzt. Dieses Chinon kondensiert sich mit gewissen Komponenten, die für die Darstellung von Küpenfarbstoffen geeignet sind, in ähnlicher Weise wie das Isatin und liefert dabei höchst wertvolle rote Farbstoffe, z. B. Thioindigoscharlach 2G, derart, daß das Acenaphten heute ein sehr gesuchter Körper ist[1]).

l) Wegen seines theoretischen Interesses (siehe S. 264) wäre noch das Fluoren zu erwähnen, $C_{13}H_{10}$, von der Formel (3) mit dem Schmelzpunkt 113° und dem Siedepunkt 295°. *Fluoren*

$$(3) \qquad CH_2$$

Das Fluoren ist ein Abkömmling des Diphenyls und gleichzeitig des Diphenylmethans. Man kann es auch auf das Cyklopentadiën (siehe oben) zurückführen und hat dann die Reihe: Cyklopentadiën (a), Inden (b), Fluoren (c), entsprechend den Formeln (4):

$$(4) \quad \begin{array}{c} CH=CH \\ |\quad a \\ CH=CH \end{array}\!\!\!\!>\!CH_2, \quad \begin{array}{c} C=C \\ |\quad b \\ CH=CH \end{array}\!\!\!\!>\!CH_2 \quad und \quad \begin{array}{c} C=C \\ |\quad c \\ C=C \end{array}\!\!\!\!>\!CH_2$$

m) Einer der wichtigsten Kohlenwasserstoffe ist das **Anthracen**, $C_{14}H_{10}$ (1), Schmelzpunkt 213°, Siedepunkt 360°. Es dient, und zwar meist nach seiner Überführung in das entsprechende Chinon oder p-Diketon, das Anthrachinon (2), als Ausgangsmaterial für die große Klasse der Alizarinfarbstoffe. *Anthracen.*

n) Dem Anthracen nahe verwandt ist das isomere **Phenanthren** (3), das analog dem Anthracen dadurch entstanden gedacht werden kann, daß sich an das Naphtalin ein weiterer Benzolkern, aber an einer anderen Stelle als beim Anthracen, angegliedert hat. Schmelzpunkt 99°, Siedepunkt 340°. *Phenanthren.*

<hr>

Das Phenanthren, das, man kann sagen leider, bisher noch keine technische Verwendung gefunden hat, ist deshalb noch von besonderem Interesse, weil, wie neuere Untersuchungen ergeben haben, das Morphium und die diesem Heilmittel nahestehenden Alkaloide sich als Phenanthrenabkömmlinge erwiesen haben.

Des wissenschaftlichen Interesses halber seien noch einige vom Phenanthren sich ableitende Verbindungen angeführt; zunächst

Chrysen.   o) das Chrysen, $C_{18}H_{12}$, vom Schmelzpunkt 250° und Siedepunkt 436°. Entsprechend der Formel (4) leitet es sich vom Phenanthren (5) in der Weise ab, daß ein äußerer Benzol- durch einen Naphtalinkern ersetzt wird.

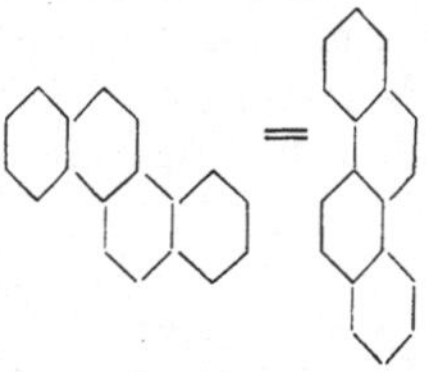

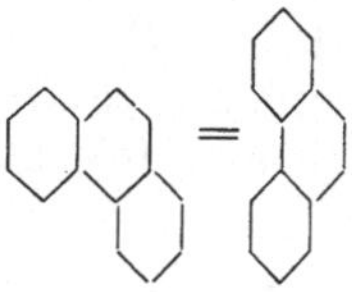

Reten.   p) das Reten, $C_{18}H_{18}$, mit dem Schmelzpunkt 98—99° und dem Siedepunkt 350°, das als angeblich wesentlicher Bestandteil der Steinkohle (vgl. S. 9) ein gewisses Interesse besitzt. Das Reten ist ein Methyl-Isopropylderivat des Phenanthrens, entsprechend der Formel (1). Dem Chrysen steht nahe

Picen.   q) das Picen, $C_{22}H_{18}$, das gleichfalls als Phenanthrenderivat erkannt wurde und das den Naphtalinkern an Stelle eines Benzolkernes nicht nur einmal, sondern zweimal enthält. Es hat den Schmelzpunkt 364° und den Siedepunkt 518—520°. Seine Konstitution entspricht der Formel (2).

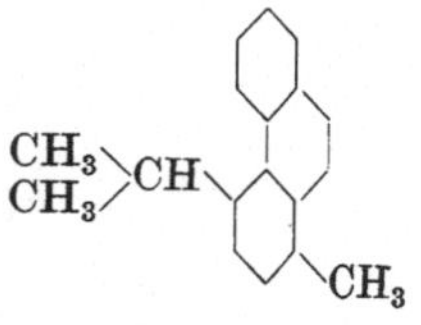

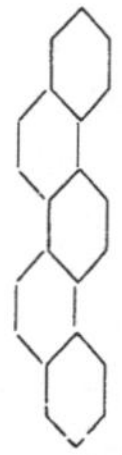

2. Sauerstoffhaltige Verbindungen.

An die Kohlenwasserstoffe schließen zunächst sich diejenigen Verbindungen an, die außer Kohlenstoff und Wasserstoff auch noch Sauerstoff enthalten. Die sauerstoffhaltigen Verbindungen sind zum Teil ausgesprochene Säuren — falls sie den Sauerstoff in Form offener Hydroxylgruppen enthalten — zum Teil neutral, wenn der Sauerstoff ringförmig gebunden ist.

α) Verbindungen von saurem Charakter.

Phenol und Kresole.   Erwähnt sei zunächst das Phenol, C_6H_6O, von der Konstitution (3) mit dem Schmelzpunkt 42° und dem Siedepunkt 184°.

Es schließen sich an die Homologen des Phenols, die **Kresole**, C_7H_8O. Für o-Kresol (4) wird angegeben: der Schmelzpunkt 32°, der Siedepunkt 187°; für m-Kresol (5) der Schmelzpunkt 4°, der Siedepunkt 198°; für p-Kresol (6) der Schmelzpunkt 36°, der Siedepunkt 201°.

(3) 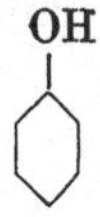   (4) 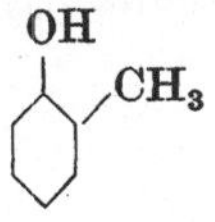   (5) 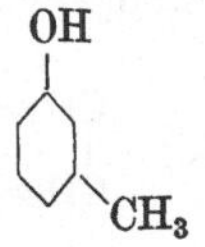   (6) 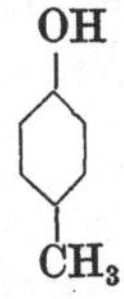   (7)

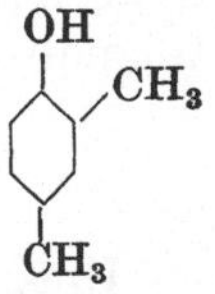

Man hat hier ähnliche, wenn auch nicht ganz gleiche Verhältnisse wie bei den drei isomeren Xylolen, da die Siedepunkte insbesondere des m- und p-Kresols so nahe beieinander liegen, daß eine Trennung sich nur durch Anwendung chemischer Mittel ermöglichen läßt (siehe S. 48 f). Neuerdings ist noch ein höheres Homologes, das **Xylenol** von der Konstitution (7), näher untersucht worden.   Xylenol.

β) Sauerstoffverbindungen, die neutral reagieren.

Hier ist von Interesse das **Kumaron**, d. i. diejenige Verbindung,   Kumaron. die bei der Teerölwäsche durch konzentrierte Schwefelsäure polymerisiert wird und dabei das wertvolle Kumaronharz liefert (siehe S. 33). Kumaron hat die Formel C_8H_6O, entsprechend der Konstitution (1), und steht, wie man sieht, dem Inden (2) nahe, insofern als die CH_2-Gruppe

(1) 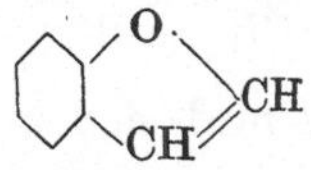   (2)

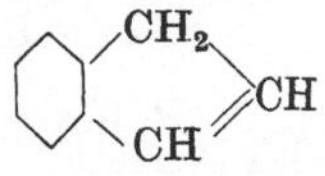

des Indens bei dem Kumaron durch 1 Atom Sauerstoff ersetzt ist. Das Kumaron besitzt ein gewisses, bisher allerdings nur theoretisches Interesse als Analogon des Thionaphtens (3) und Indols (4), die wegen ihrer nahen Beziehungen zu den indigoiden Küpenfarbstoffen von größter Wichtigkeit sind.

(3) 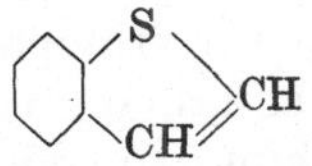   (4)

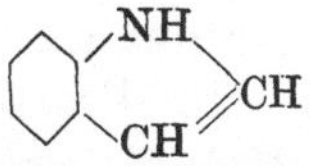

Von sonstigen **neutralen** sauerstoffhaltigen Verbindungen sei nur   Diphenylennoch das **Diphenylenoxyd** erwähnt, weil es, seiner Konstitution (5)   oxyd.

(5)

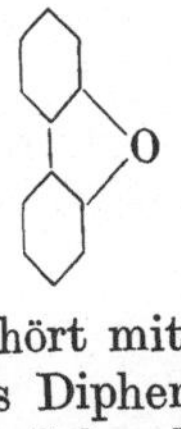

nach, sozusagen in eine Reihe gehört mit dem Karbazol (siehe unten) und Fluoren. Technisch hat das Diphenylenoxyd keine Bedeutung; es besitzt die Formel $C_{12}H_8O$, den Schmelzpunkt 81—85° (es ist offenbar noch nicht in ganz reinem Zustande dargestellt) und den Siedepunkt 275,5°.

3. Schwefelhaltige Verbindungen.

Man könnte auch hier unterscheiden zwischen sauren und neutralen Verbindungen; die ersteren, die den aromatischen Phenolen entsprechen, spielen aber in ihren einfachsten Vertretern, etwa $C_6H_5 \cdot SH$ (sog. Thiophenol), keine Rolle.

$$(6) \quad \begin{array}{c} CH = CH \\ | \qquad\quad | \\ CH = CH \end{array}\!\!\!\! \Big\rangle S$$

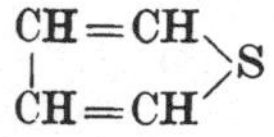

Thiophen. Unter den neutral reagierenden ist von besonderer Wichtigkeit das Thiophen, C_4H_4S, von der Konstitution (6), eine Verbindung, die einen schwefelhaltigen Fünferring darstellt.

Der Siedepunkt (84°) liegt dem des Benzols (81,1°) sehr nahe. Aus diesem Umstande leiten sich auch die großen Schwierigkeiten ab, die der Gewinnung von ganz reinem, Thiophen-freiem Benzol entgegenstehen. Durch konzentrierte Schwefelsäure wird Thiophen verharzt; über den Nachweis des Thiophens in Benzol siehe S. 65f. Bemerkenswert ist, daß sich auch dem Toluol nahestehende Homologe des Thio-
Thiotolene. phens im Teer vorfinden, die Thiotolene, C_5H_6S, die in zwei Iso-

$$(1) \quad \begin{array}{c} CH = C \\ | \qquad\quad \\ CH = CH \end{array}\!\!\!\!\Big\langle\!\!\!\!\begin{array}{c} CH_3 \\ \\ S \end{array} \quad \text{und} \quad \begin{array}{c} CH_3 \\ | \\ C == CH \\ | \qquad\quad | \\ CH = CH \end{array}\!\!\!\!\Big\rangle S$$

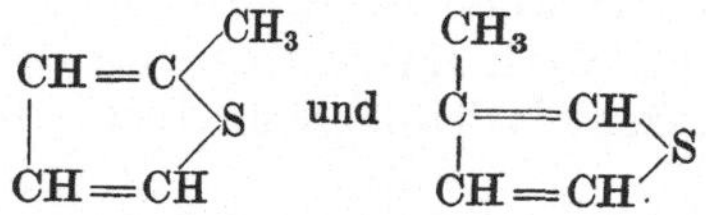

meren auftreten (1). Beide sind flüssig und sieden angeblich bei 113° (Toluol siedet bei 111°).

Thioxene. Im Teer finden sich von Homologen des Thiophens ferner noch die Thioxene von der Formel C_6H_8S, von denen es auch verschiedene Isomere gibt, Flüssigkeiten mit dem Siedepunkt 135—137°. Die Thioxene reichen also mit ihren Siedepunkten wieder an die analogen Xylole heran. Infolgedessen zeigen sich auch diese Kohlenwasserstoffe sehr häufig verunreinigt durch die Dimethylthiophene.

Thionaphten. Zum Schluß sei in diesem Zusammenhange noch ein Abkömmling des Thiophens erwähnt, das Benzothiophen oder Thionaphten, C_8H_6S (2), mit dem Schmelzpunkt 30—31° und dem Siedepunkt 220 bis 221°. Bemerkenswert ist, daß auch diese Schwefelverbindung einen Siedepunkt aufweist, der dem des analogen Kohlenwasserstoffs, des Naphtalins (218°), sehr nahe liegt.

Das Thionaphten hat zwar als solches kein unmittelbares technisches Interesse, wohl aber als Grundsubstanz des sog. 3-Oxythio-

$$(2) \qquad\qquad\qquad\qquad (3)$$

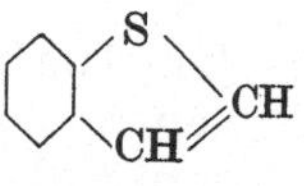

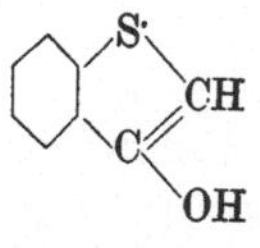

naphtens (3), das sich sehr leicht in indigoide Küpenfarbstoffe, die wichtigen Thioindigofarbstoffe, überführen läßt.

4. Stickstoffhaltige Verbindungen.

Man kann hierbei von denjenigen stickstoffhaltigen Verbindungen absehen, die zwar für die Technik eine sehr große Bedeutung haben, die im Teer selbst aber nur in ganz unerheblichen Mengen enthalten sind und auch deshalb eine sehr geringe Rolle spielen, weil man sie, wie z. B. das Anilin oder die Toluidine, Xylidine, Naphtylamine usw., nicht unmittelbar aus dem Teer gewinnt, sondern erst mittelbar, mit Hilfe später noch ausführlich zu besprechender chemischer Reaktionen aus N-freien Ausgangsstoffen, also auf synthetischem Wege.

Zunächst sei angeführt das Pyridin, C_5H_5N (4), eine Flüssigkeit Pyridin.

$$(4) \quad \begin{array}{c} CH \\ CH \quad CH \\ CH \quad CH \\ N \end{array}$$

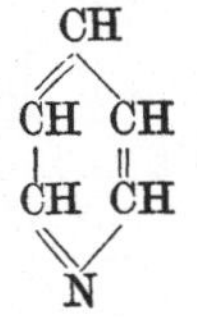

vom Siedepunkt 116,7°. Es sei bemerkt, daß Pyridin mit Wasser eine lockere chemische Verbindung (Hydrat?) gibt, von anderem Siedepunkt, und daß andererseits Pyridin auch mit Phenol angeblich eine Art chemische Verbindung liefert, die bei ziemlich hohen Temperaturen siedet, ein Umstand, der es erklärt, daß man das Pyridin bisweilen in Teerfraktionen vorfindet, in die es seinem niedrigen Siedepunkt nach gar nicht hineingehört.

Von den drei isomeren Methylpyridinen, dem α-, β- und γ-Pi- Pikoline.

$$(1) \quad \begin{array}{c} \bigcirc \\ N \end{array} - CH_3$$

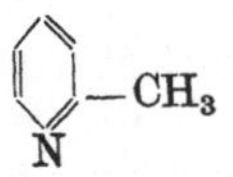

kolin, scheint das α-Pikolin (1) vom Siedepunkt 135° am reichlichsten im Teer vorzukommen.

Die Dimethylpyridine, die Lutidine, C_7H_9N, die gleichfalls in Lutidine. verschiedenen Isomeren auftreten, sind flüssig und sieden zwischen 143 und 170°.

Die Trimethylpyridine, $C_8H_{10}N$, nennt man Kollidine (von Col- Kollidine. lum, der Leim, weil sie aus leimhaltigen Substanzen erhalten wurden); sie sind Flüssigkeiten vom Siedepunkt 165—188°.

Von besonderem, allerdings vorwiegend theoretischem Interesse, als Chinolin. Grundsubstanz wichtiger Heil- und Farbstoffe, ist das Chinolin, C_9H_7N, von der Formel (2), eine Flüssigkeit vom Siedepunkt 239°.

$$(2) \quad \begin{array}{c} CH \quad N \\ CH \quad C \quad CH \\ CH \quad C \quad CH \\ CH \quad CH \end{array} \qquad (3) \quad \begin{array}{c} CH \quad CH \\ CH \quad C \quad N \\ CH \quad C \quad CH \\ CH \quad CH \end{array}$$

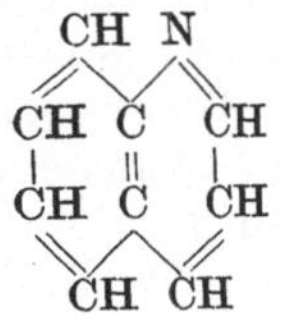

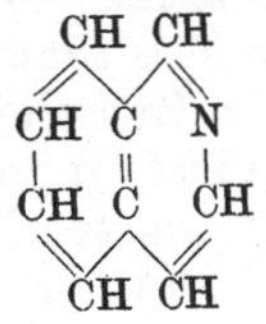

Isochinolin.   Mit ihm isomer ist das **Isochinolin** (3) vom Schmelzpunkt 28° und dem Siedepunkt 236°. Auch dieses ist als Grundsubstanz wichtiger Alkaloide (siehe auch Berberin) von Bedeutung.

Chinaldin.   Ein Homologes des Chinolins ist das **Chinaldin**, $C_{10}H_9N$, eine Flüssigkeit vom Siedepunkt 243° und der Konstitution (4), also ein α-Methylchinolin.

Karbazol.   Von den höher molekularen Stickstoffverbindungen ist bemerkenswert das **Karbazol**, $C_{12}N_9N$, vom Schmelzpunkt 238° und dem Siedepunkt 355°, das durch die Erfindung der wertvollen Hydronblaufarbstoffe und analoger Küpenfarbstoffe sehr wichtig geworden ist. Es hat die Konstitution (5), ist also ein Indol, an dessen Pyrrolring noch

(4) 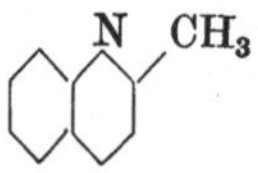   (5) 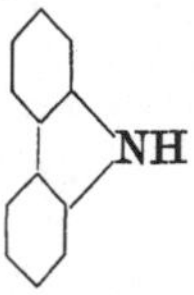   oder

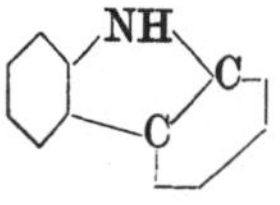

ein Benzolkern angegliedert ist. Auch die nähere Beziehung zum Phenanthren sowie zum Fluoren und Diphenylenoxyd ist leicht ersichtlich.

    Zum Schluß wäre noch, um die Reihe der Stickstoffbasen abzu-
Akridin. schließen, das **Akridin** (von acer = scharf, wegen seines Geschmacks), $C_{13}H_9N$ (1), vom Schmelzpunkt 107° und dem Siedepunkt über 360°,

(1) 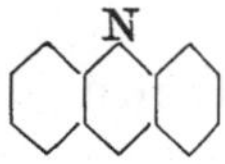   (2)

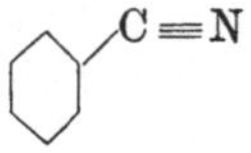

zu erwähnen. Es wird, da es bisher noch keine technische Verwendung gefunden hat, aus dem Teer nicht abgeschieden und hat daher als solches keine praktische Bedeutung, wohl aber ein gewisses theoretisches Interesse als ein mehreren Farbstoffen zugrunde liegendes Chromogen (siehe Akridinfarbstoffe).

Benzonitril.   Endlich sei noch ein neutraler Körper angeführt, der technisch aus dem Teer abgeschieden wird, das **Benzonitril**, C_7H_5N, eine Flüssigkeit vom Siedepunkt 193° und der Konstitution (2). Durch Verseifung zerfällt das Benzonitril in Benzoësäure und Ammoniak:

$$C_6H_5 \cdot CN + 2\,H_2O \rightarrow C_6H_5 \cdot COOH + NH_3\,.$$

8. Die Prüfung der Teerprodukte auf Reinheit.

Beschaffenheit der Ausgangsstoffe.   Wir haben bisher eine Reihe von chemischen Stoffen kennengelernt, die dem Teer entstammen und die als Ausgangsmaterialien bei der Darstellung von Zwischenprodukten der Teerfarbenfabrikation dienen. Zunächst seien hier einige allgemeine Bemerkungen über die Beschaffenheit von Ausgangsstoffen und Zwischenprodukten vorausgeschickt. Man kann bekanntlich in der chemischen Technik sehr verschiedene

Wege einschlagen, wenn man aus einem gegebenen Material ein anderes Erzeugnis herstellen will. Es gibt Fälle, in denen es sehr wünschenswert ist, ein absolut reines Material zu verwenden, es gibt aber auch Fälle, in denen man von einem mehr oder minder unreinen Material ausgehen und doch durch geeignete Verfahren zu einem für technische Zwecke genügend reinen Endprodukte gelangen kann. Es ist unter Umständen nicht leicht, ein absolut reines Produkt herzustellen; jedenfalls würde die Gewinnung eines wirklich 100%igen Materials manchmal mit unverhältnismäßig großen Schwierigkeiten und entsprechenden Kosten verbunden sein. Wir werden deshalb auch später bei der Farbstoffdarstellung sehen, daß man in den meisten Fällen unbedenklich davon absehen kann, einen absolut reinen, d. h. 100%igen Farbstoff zu erzeugen. Man wird sehr oft ganz unbedenklich sich ihrer in Form einer salzhaltigen Handelsware oder eines wasserhaltigen Teigs usw. bedienen. Ähnlich ist es mit den Zwischenprodukten. In zahlreichen Fällen wird man auch bei ihnen von der Verwendung eines ganz reinen Materials absehen und sich mit weniger reinen Produkten begnügen können. Immerhin jedoch wird es sehr wesentlich sein, ehe man ein Produkt weiter verarbeitet, sich zu vergewissern, in welchem Zustande der Reinheit es sich befindet, und welcher Art die es begleitenden Verunreinigungen sind; und zwar schon deshalb, weil die Art der Verarbeitung der Ausgangsstoffe unter Umständen wesentlich von ihrer Beschaffenheit abhängt. Infolgedessen haben sich gewisse Bestimmungsmethoden einer sehr ausgiebigen Bearbeitung erfreut, und es sird insbesondere auch gewisse Normen festgesetzt worden bezüglich der Art und Weise, wie man die Bestimmung der Teerprodukte vornehmen soll.

Um mit dem Benzol zu beginnen, so ist das Benzol ein einheitlicher chemischer Körper, mit ganz bestimmten Eigenschaften, z. B. bezüglich des Siedepunktes, des Schmelzpunktes und des spezifischen Gewichtes. Man kann von reinem Benzol des Handels verlangen, daß seine physikalischen Konstanten der Norm entsprechen; man wird es vor allem prüfen auf seinen Siedepunkt und seine Siedegrenzen (siehe S. 37). — Eine Verunreinigung, die man häufig in mehr oder minder hohem Betrag in den Benzolkohlenwasserstoffen vorfindet, sind die sog. „Paraffine", worunter man in diesem Falle nicht nur die eigentlichen Paraffine versteht, sondern alle im Benzol enthaltenen organischen Verbindungen, die nicht nitrierbar sind. Man prüft allerdings den Gehalt der Benzolkohlenwasserstoffe (Benzol, Toluol, Xylol usw.) in der Regel nicht mittels der Nitrierungsprobe, sondern man bestimmt diese Verunreinigungen dadurch, daß man die Kohlenwasserstoffe sulfoniert, und zwar unter ganz bestimmten Bedingungen mittels 20%igen Oleums (enthaltend 80% H_2SO_4 und 20% SO_3). Bei der Behandlung mit dieser rauchenden Schwefelsäure werden die aromatischen Kohlenwasserstoffe vollkommen sulfoniert, während die Paraffine als nicht sulfonierbare Öle zurückbleiben, deren Menge nach dem Verdünnen leicht bestimmt werden kann. Was den Gehalt an diesen Paraffinen anlangt, so hat man gewisse zulässige Grenzen festgesetzt, die hier kurz angeführt seien: Paraffine finden sich in den Xylolen bis zu 3%, im Benzol und Toluol normalerweise jedoch nur in Mengen bis zu $^1/_{10}-1\%$. Was die Siedepunkte der hier etwa in Betracht kommenden wirklichen Paraffine anlangt, so siedet normales Hexan bei 71°, Heptan bei 98,4°, Oktan bei 125,5°, Nonan bei 149,5°, Dekan bei 173°.

Die spezifischen Gewichte der Paraffine sind erheblich geringer als die der aromatischen Kohlenwasserstoffe von gleicher Kohlenstoffzahl. Bei 0° beträgt das spezifische Gewicht von: Heptan 0,7006; Oktan 0,7188; Nonan 0,733; Dekan 0,7456 (Benzol 0,899).

Wenn daher die spezifischen Gewichte der aromatischen Kohlenwasserstoffe nicht stimmen, so ist das ein sicheres Zeichen dafür, daß Fremdkörper vorhanden sind. Sind die spezifischen Gewichte geringer als der Norm entspricht, so sind wahrscheinlich Paraffine vorhanden; sind sie höher, so darf man die Anwesenheit von Schwefelkohlenstoff vermuten. Schwefelkohlenstoff, CS_2, siedet bei 47°. Er findet sich aber trotz der großen Siedepunktsdifferenz sehr leicht in den niederen Kohlenwasserstoffen der Benzolreihe und kann bestimmt werden mittels alkoholischen Kalis oder mittels Phenylhydrazins. Er reagiert ferner mit Ammoniak, und es ist daher von Schwalbe der Vorschlag gemacht worden, den Schwefelkohlenstoff betriebsmäßig durch feuchtes Ammoniak aus Benzol zu entfernen.

Von den früher erwähnten Handelsbenzolen darf das 90er-Benzol an Schwefelkohlenstoff zwischen 0,2—1% und das 50er-Benzol nicht über 0,5% enthalten. Die höher siedenden Handelsbenzole sollen frei sein von Schwefelkohlenstoff.

Die verschiedenen Reaktionen, um die es sich in den eben erwähnten Fällen handelt, sind die folgenden:

$$CS_2 + KOH + C_2H_5 \cdot OH \quad \rightarrow \quad C \overset{\displaystyle SK}{\underset{\displaystyle OC_2H_5}{=}}S \quad + H_2O\,.$$

Aus Schwefelkohlenstoff und alkoholischem Kali entsteht das sog. Kaliumäthylxanthogenat, das beim Umsetzen mit Kupfervitriol übergeht in ein gelbes Kupferxanthogenat (xanthós = gelb):

$$2\,K \cdot S \cdot CS \cdot OC_2H_5 + CuSO_4 \quad \rightarrow \quad Cu(S \cdot CS \cdot OC_2H_5)_2 + K_2SO_4\,.$$

Die quantitative Bestimmung des Schwefelkohlenstoffes gründet sich darauf, daß das Kaliumäthylxanthogenat mit Kupfervitriol nach der Tüpfelmethode titriert werden kann.

Die Bestimmung des Schwefelkohlenstoffes mittels Phenylhydrazins beruht auf folgender Reaktion:

$$C_6H_5 \cdot NH \cdot NH_2 + CS_2 \quad \rightarrow \quad C_6H_5 \cdot NH \cdot NH \cdot CS_2H =$$
$$C_6H_5 \cdot NH \cdot NH \cdot CS \cdot SH\,.$$

Es entsteht eine Phenylhydrazin-N-Thiokarbonsäure, die sog. Phenyl-
sulfokarbazinsäure, die der Phenylkarbazinsäure:

$$C_6H_5 \cdot NH \cdot NH \cdot CO \cdot OH$$

entspricht und die mit einem 2. Molekül $C_6H_5 \cdot NH \cdot NH_2$ das entsprechende Phenylhydrazinsalz bildet. Es reagiert also 1 Mol. CS_2 mit
2 Mol. $C_6H_5 \cdot NH \cdot NH_2$ zu phenylsulfokarbazinsaurem Phenylhydrazin:

$$S = C \Big\langle {\begin{array}{l} S - NH_2 \cdot NH \cdot C_6H_5 \\ \dot{H} \\ NH \cdot NH \cdot C_6H_5 \end{array}} \Big. .$$

Schließlich sei erwähnt die Reaktion zwischen Schwefelkohlenstoff *Rhodan-*
und Ammoniak. Es ist dies eine Reaktion, die der des Phenylhydrazins, *ammonium.*
das ja als substituiertes Ammoniak aufgefaßt werden kann, bis zu einem
gewissen Grade entspricht:

$$NH_3 + CS_2 \; \rightarrow \; N \equiv C \cdot SH + H_2S .$$

Es entsteht die Rhodanwasserstoffsäure, vielleicht über einen Zwischenkörper $NH_2 \cdot CS \cdot SH$ hinweg, der unter Abspaltung von H_2S zerfällt
nach dem Schema:

$$NH_2 \cdot CS \cdot SH \; \rightarrow \; N \equiv C \cdot SH + H_2S .$$

Die Rhodanwasserstoffsäure verbindet sich mit einem zweiten Molekül
Ammoniak zu Rhodanammonium, so daß die Gesamtreaktion zwischen
CS_2 und NH_3 verläuft nach dem Schema:

$$CS_2 + 4\,NH_3 \; \rightarrow \; N \equiv C \cdot S \cdot NH_4 + (NH_4)_2 S .$$

Zur analytischen Bestimmung des CS_2 wird man in der Regel das
Xanthogenatverfahren anwenden; im technischen Betrieb jedoch andererseits ein billiges Verfahren, das geeignet ist, das Benzol vollkommen
von seinen Begleitern zu befreien.

Ein anderer Körper, der vielfach noch im Benzol enthalten ist,
weil er sich gleichfalls nur schwer aus ihm entfernen läßt, ist das Thiophen *Thiophen.*
das bereits als Bestandteil des Steinkohlenteers erwähnt wurde (siehe
S. 60). Das Thiophen soll durch Behandlung mit konzentrierter Schwefelsäure, also durch die mehrfach geschilderte Wäsche entfernt werden
zugleich mit dem Kumaron, Inden, Cyklopentadiën usw. Das Thiophen
ist jedoch nur durch sehr sorgfältiges Waschen zu entfernen, und man
begegnet daher sehr häufig Benzolen, die, weil nicht genügend mit
Schwefelsäure gewaschen, noch Thiophen enthalten. Um in diesen
unreinen Benzolen das noch vorhandene Thiophen nachzuweisen,
bedient man sich der sog. Indopheninreaktion. Sie beruht auf der
Tatsache, daß Thiophen mit gewissen ringförmigen Ketonen, z. B. mit
Phenanthrenchinon, vor allem aber mit Isatin (1) in Gegenwart von
konzentrierter Schwefelsäure intensiv blau gefärbte Verbindungen liefert, für deren Konstitution Liebermann Formeln vorschlug.

Mit Quecksilberacetat, $Hg(O \cdot OC \cdot CH_3)_2$, bildet Thiophen eine Doppelverbindung der Formel $C_4H_2S \cdot Hg(OOC \cdot CH_3)Hg \cdot OH$, die durch Erhitzen mit Salzsäure wieder zerlegt wird in Thiophen und $HgCl_2$. Trotzdem scheint das Quecksilberacetat zur quantitativen Bestimmung des Thiophens nach Angabe von Schwalbe nicht geeignet zu sein.

Die Bromprobe. Eine weitere Probe, die man bei der Feststellung der Reinheit des Benzols anwendet, ist das Verhalten gegen Brom. Ungesättigte Verbindungen reagieren bekanntlich sehr leicht mit Brom, so daß, wenn man zu einer ungesättigten Verbindung Brom hinzugibt, das Brom unter Entfärbung verschwindet.

$$(1)\quad \begin{array}{c} \text{NH} \\ \diagup\ \diagdown \\ \quad \text{CO} \\ \diagdown\ \diagup \\ \text{CO} \end{array} \qquad (2)\quad \begin{array}{ccc} CH_2 = CH_2 & & CH_2 - CH_2 \\ + & \rightarrow & |\qquad| \\ Br \text{---} Br & & Br\quad Br \end{array}$$

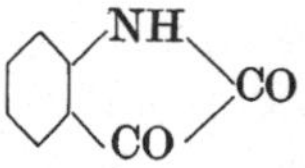

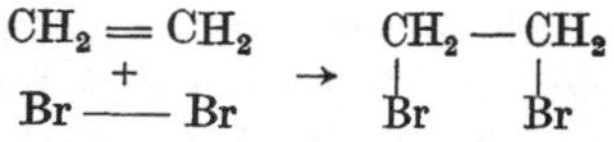

Als einfachstes Beispiel sei angeführt die Anlagerung von Brom an Äthylen (2).

Man kann also aus der Menge des Broms, das man einer Probe zusetzen muß, bis eine bleibende Färbung durch Brom auftritt, den Betrag an ungesättigten Verbindungen erkennen[1]).

Diese Titration mit Brom hat aber ihre Grenzen insofern, als die höheren Homologen, auch wenn sie keine ungesättigten, d. h. bromaddierenden Verbindungen enthalten, selbst mit Brom reagieren, so daß selbst reines Xylol oder reines Cumol usw. scheinbar ungesättigte Bestandteile enthält. Es liegt bei den höheren Homologen dann also eine Reaktion zwischen Brom und den aromatischen Kohlenwasserstoffen, nicht mit den ungesättigten Verbindungen, den Olefinen, vor.

Die Schwefelsäureprobe. Eine wichtige Probe zur Beurteilung des Reinheitszustandes der aromatischen Kohlenwasserstoffe ist die Behandlung mit konzentrierter Schwefelsäure. Wenn die Kohlenwasserstoffe nicht oder nur mangelhaft gewaschen worden sind, dann geben sie mit konzentrierter Schwefelsäure eine mehr oder minder intensive Färbung. Es ist dies eine sehr empfindliche Probe. Man vergleicht, um einen bestimmten objektiven Maßstab zu haben, die Färbung, die beim Schütteln mit konzentrierter Schwefelsäure auftritt, mit der Färbung einer Lösung von Kaliumbichromat in 50%iger Schwefelsäure.

Daß auch der Geruch und die Farbe für die Beurteilung der Reinheit des Benzols eine große Rolle spielen, ist selbstverständlich.

Naphtalin. Ähnliche Kriterien wie für das Benzol und seine Homologen gelten auch für das Naphtalin, wobei allerdings der unterschiedlichen Natur der beiden Kohlenwasserstoffe Rechnung getragen werden muß. Man

---

[1]) Man nimmt zur Titration eine Bromlauge, die folgende Zusammensetzung hat: $5\,KBr + KBrO_3 + 3H_2SO_4$, also eine Mischung aus Kaliumbromid, Kaliumbromat und Schwefelsäure. Die Schwefelsäure setzt die Bromwasserstoffsäure und die Bromsäure in Freiheit; alsdann entsteht freies Brom nach der Gleichung $HBrO_3 + 5\,HBr \rightarrow 6\,Br + 3\,H_2O$, und zwar werden die Mengenverhältnisse dieser Bromlösung so geregelt, daß 8 g Brom in 1 Liter enthalten sind.

nimmt beim Naphtalin nicht den Schmelzpunkt selbst, sondern den Erstarrungspunkt als maßgebend an[1].

Bei der Karbolsäure kommt folgendes in Betracht: Schmelzpunkt (42°) und Siedepunkt (184°); dann die Farbe (es soll farblos, nicht rötlich sein), der Geruch (es soll nicht nach S-haltigen Verbindungen riechen), die Löslichkeit in Wasser (1:15 bei 15°) und die Löslichkeit in 10%iger Natron- oder Kalilauge (es muß ein Teil Phenol in 4 Teilen 10%iger Natronlauge oder Kalilauge vollkommen löslich sein); auch auf Zusatz von Wasser darf keine Trübung eintreten. *Phenol und Kresole.*

Das Anthracen ist, wie bereits auf S. 45 erwähnt, eines von den wenigen Beispielen, bei denen die Technik sich damit begnügen kann und wohl aus Gründen der Zweckmäßigkeit begnügen muß, ein unreines Material weiter zu verarbeiten, indem es der Technik gelingt, durch eine eigenartige Gestaltung des Verfahrens aus dem unreinen Anthracen ein reines Anthrachinon zu gewinnen. Wird das Anthracen oxydiert zu Anthrachinon, so wird ein Teil der Nebenprodukte zerstört, d. h. verbrannt zu CO_2 und H_2O, ein anderer Teil wird mittels Schwefelsäure in wasserlösliche Sulfonsäuren übergeführt[2]. *Anthracen.*

---

[1] Man erwärmt also das Naphtalin so lange, bis es nahezu geschmolzen ist, steckt dann das Thermometer hinein und beobachtet, bei welcher Temperatur die Kristallisation beginnt. Selbst wenn das Naphtalin anfänglich unterkühlt ist, tritt später beim Kristallisieren eine Steigerung der Temperatur bis zum Erstarrungspunkt ein, so daß man eine ganz sichere Kontrolle hat. Bei Naphtalin spielt auch der Geruch eine große Rolle. Weiterhin soll Naphtalin, wenn es auf Papier liegend sich verflüchtigt, keine Flecken hinterlassen, weder farbige noch ölige. Ferner soll es nicht irgendwie gefärbt, sondern weiß sein; und bei der Behandlung mit konzentrierter Schwefelsäure darf es sich gleichfalls nicht färben.

[2] Zur quantitativen Bestimmung des Anthracengehaltes im Rohanthracen oxydiert man das Rohanthracen, in Eisessig gelöst, mit Chromsäure. Das entstandene Rohanthrachinon wird mit Wasser und Natronlauge ausgewaschen, um die Karbonsäuren, die sich als Nebenprodukte gebildet haben, zu entfernen. Dann wird das Anthrachinon sulfoniert mit einer 15% SO_3 enthaltenden Schwefelsäure; dadurch werden die oxydierten Verunreinigungen sulfoniert, während das Anthrachinon unangegriffen bleibt. Die wasserlöslichen Sulfonsäuren werden durch Auswaschen mit Wasser und Kalilauge entfernt, das Anthrachinon bleibt in ziemlich reiner Form zurück und kann nach der Sublimation quantitativ bestimmt werden.

II. Kapitel.

Die Zwischenprodukte der Teerfarbenfabrikation.

1. Theoretische Betrachtungen über den Benzolkern und über die Isomerieverhältnisse in der aromatischen Reihe.

Kekulés
Benzol-
formel.

Ehe wir mit der Schilderung der Reaktionen beginnen, die dazu dienen, die im Teer enthaltenen Ausgangsmaterialien in die Zwischenprodukte für die Farbenfabrikation überzuführen, seien einige Bemerkungen vorausgeschickt über den Benzolkern, die Substitution des Benzolkerns und die Isomerieverhältnisse.

In der Regel wird der Benzolkern in der Weise aufgefaßt, daß sechs Atome Kohlenstoff in Form eines Sechsecks miteinander verbunden sind, daß jedes Atom Kohlenstoff ein Atom Wasserstoff bei sich hat und daß zwischen den benachbarten Kohlenstoffatomen einfache Bindungen mit Doppelbindungen abwechseln (1). Diese Benzolformel

<table>
<tr><td>(1)</td><td>
H
.
C
H . C   C . H
   ‖ |
H . C   C . H
C
.
H
</td><td>(2)</td><td>
Cl
.
C
H . C   C . H
   ‖ |
H . C   C . H
C
.
H
</td></tr>
<tr><td>(3)</td><td>
Cl
.
C
H . C   C . Cl
   ‖ |
H . C   C . H
C
.
H
</td><td>(4)</td><td>
H
.
C
H . C   C . Cl
   ‖ |
H . C   C . Cl
C
.
H
</td></tr>
</table>

wurde seinerzeit von Kekulé aufgestellt. Wenn wir nun z. B. das Monochlorbenzol (2) ins Auge fassen, so werden wir erkennen, daß es nur ein derartiges Monochlorbenzol geben kann; es ist nämlich ganz gleichgültig, welches der sechs Atome Wasserstoff wir durch Chlor

ersetzen. Sobald wir dagegen zu den Disubstitutionsprodukten übergehen, z. B. zum o-Dichlorbenzol, so wird es scheinbar nach der Kekuléschen Formel einen Unterschied ausmachen, ob das Dichlorbenzol
die Formel (3) hat oder die Formel (4). In der Formel (3) befinden sich
die beiden Chloratome an zwei Kohlenstoffatomen, die doppelt miteinander verbunden sind; in Formel (4) hingegen haben wir als Chlor-
träger zwei Atome Kohlenstoff, die zwischen sich nur eine einfache Bindung aufweisen. Man stößt also, wenn man die Kekulésche Benzolformel zugrunde legt, auf gewisse Schwierigkeiten, indem es nicht
erklärlich erscheint, warum es tatsächlich, soweit wenigstens die bisherigen Erfahrungen reichen, nur ein o-Dichlorbenzol gibt, obwohl
man nach Kekulés Formel zwei Isomere zu erwarten hätte. Kekulé
hat sich nun geholfen, indem er sagte, das Dichlorbenzol ist eine Verbindung, in der Schwingungen stattfinden in der Weise, daß die doppelten Bindungen zwischen den Kohlenstoffatomen fortgesetzt ihre Lage
mit den einfachen Bindungen tauschen: (3) und (5), wobei leicht zu er-

(Randnotiz: o-Dichlor-benzol.)

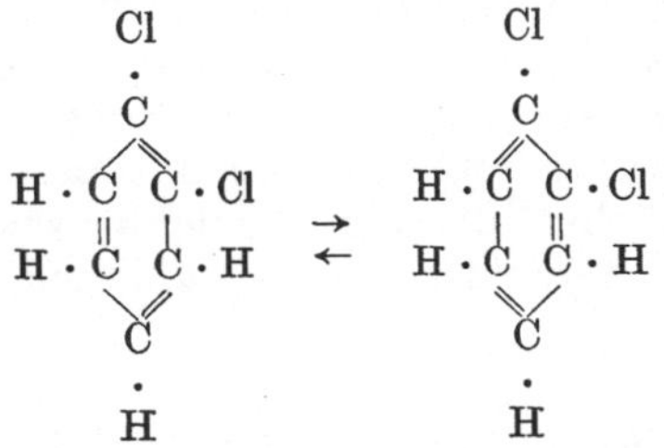

kennen ist, daß das aus dem Dichlorbenzol (3) durch einen solchen Bindungswechsel entstandene Dichlorbenzol (5) identisch ist mit Dichlorbenzol (4), das seinerseits beim nächsten Bindungsaustausch wieder in
Dichlorbenzol (3) übergeht. Es findet also ein fortwährendes oscillie-
rendes Schwingen der Bindungen statt, so daß die Dichlorbenzole (3),
(4) und (5) identisch sein müssen. Dies die Erklärung von Kekulé.
Man hat aber noch nach anderen Formeln für Benzol gesucht; z. B.
hat Claus eine Formel (6) aufgestellt, in der sog. diagonale Bindungen

(Randnotiz: Die Benzol-formeln von Claus, Ladenburg und Baeyer-Armstrong.)

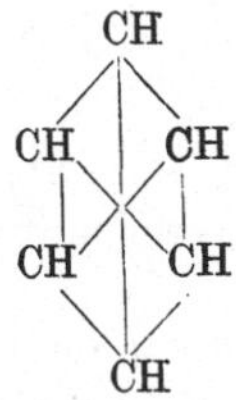

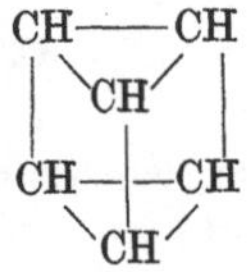

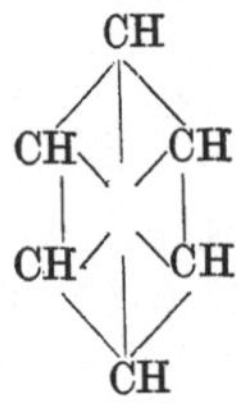

vorhanden sind, und die auch gewisse Beziehungen der p-ständigen
Kohlenstoffatome zueinander zu erklären scheint. — Eine andere
bemerkenswerte Formel ist die Prismenformel von Ladenburg (7).
Ferner hat man noch eine, an die Claussche erinnernde, zentrische
Formel (8) vorgeschlagen (Armstrong-Baeyer), indem man über

die Bindung der vierten Affinitäten der Kohlenstoffatome nichts Bestimmtes aussagt, sondern nur einen nach innen gerichteten Ausgleich der vierten Valenzen annimmt. Dies nur kurz, um die Schwierigkeiten ins Gedächtnis zu rufen, zu denen die Kekulésche Formel und das Benzolproblem überhaupt führen. Bei dem starken Wandel, den unsere Anschauungen in bezug auf Valenz und Bindungen sowie überhaupt in bezug auf den Bau von Molekül, Atom u. dgl., infolge der neueren physikalischen Forschungen und Entdeckungen, unterworfen sind, wird man die letzte Entscheidung derartiger Probleme vorläufig wohl zurückstellen müssen.

Die isomeren Dichlorbenzole.   Neben dem o-Dichlorbenzol läßt die Kekulésche Theorie aber noch zwei andere isomere Dichlorbenzole voraussehen, und diese sind tatsächlich auch erhalten worden; man kennt sie beide, nämlich das m- und das p-Dichlorbenzol (1) und (2). Weitere Dichlorbenzole sind nicht vorauszusehen, weil das Dichlorbenzol 1, 5 (3) als Spiegelbild identisch ist mit dem Dichlorbenzol 1, 3 (1) und das Spiegelbild 1, 6 (4) identisch mit dem obenerwähnten Dichlorbenzol 1, 2.

Die Trichlorbenzole.   Wenn man nun von den Dichlor- zu den Trichlorbenzolen übergeht, wenn man also drei unter sich gleiche Substituenten einführt statt zwei, so gelangt man zu folgenden Resultaten:

Wir wollen zunächst diejenigen Trichlorbenzole betrachten, die sich vom 1, 2- = 1, 6-Dichlorbenzol (4) ableiten. Wir haben dann zu-

(1) 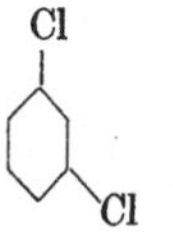   (2) 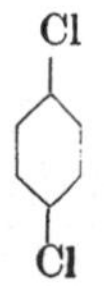   (3) 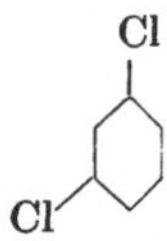   (4)

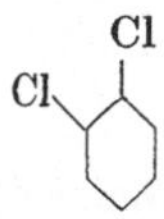

nächst das 1, 2, 3-Trichlorbenzol (5) und das 1, 2, 4-Trichlorbenzol (6). Das 1, 2, 5-Trichlorbenzol (7) ist gleich dem 1, 2, 4. Das 1, 2, 6-Trichlorbenzol ist zwar verschieden von den beiden letztgenannten (1, 2, 4 = 1, 2, 5); es ist aber identisch mit dem 1, 2, 3-Trichlorbenzol. Vom

(5) 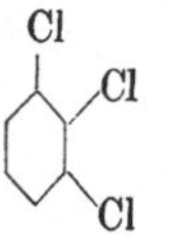   (6) 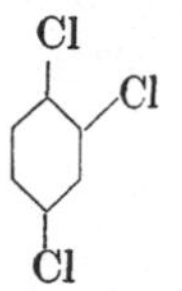   (7) 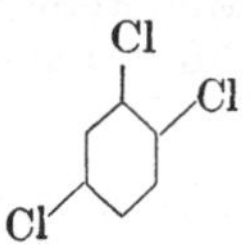   (8)

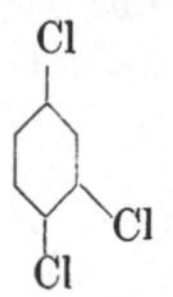

o-Dichlorbenzol leiten sich also, wie man sieht, nur zwei unterschiedliche Trichlorbenzole (5) und (6) ab.

Gehen wir zu den Trichlorbenzolen über, die sich von dem 1, 3-Dichlorbenzol ableiten, so haben wir das Trichlorbenzol 1, 2, 3, also dasselbe (5), wie oben aus 1, 2-Dichlorbenzol; wir haben dann ferner das 1, 3, 4 (8); dies ist jedoch dasselbe wie das 1, 2, 4 (6). Betrachten wir das 1, 3, 5-Trichlorbenzol (9), so sehen wir, daß wir erst in diesem ein neues, das dritte Trichlorbenzol, gewonnen haben. 1, 2, 3 ist das benachbarte oder vizinale, infolgedessen auch mit v bezeichnete Trichlorbenzol;

1, 2, 4 = 1, 2, 5 = 1, 3, 4 ist das unsymmetrische Trichlorbenzol (mit as bezeichnet), und 1, 3, 5 schließlich ist das symmetrische Trichlorbenzol (mit s bezeichnet). Geht man weiter zum 1, 3, 6-Trichlorbenzol, so sieht man, daß dieses wieder identisch ist mit dem 1, 2, 4-Derivat.

Vom p-Dichlorbenzol leitet sich ab zunächst das 1, 2, 4-Trichlorbenzol (10), das wir schon oben betrachtet haben als Abkömmling

(9) 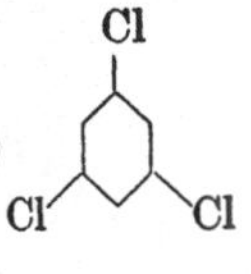   (10)

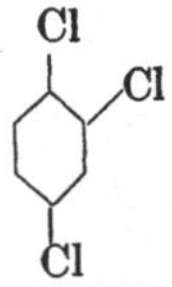

sowohl des o- wie des m-Dichlorbenzols; ferner das 1, 3, 4 (1), das dem 1, 2, 4 entspricht; das 1, 4, 5 (2) ist wieder gleich dem 1, 2, 4, und man sieht ferner, daß auch das letzte, das 1, 4, 6 (3) identisch ist mit dem 1, 2, 4. Man erkennt hieraus also, es gibt überhaupt nur drei Trichlorbenzole: das benachbarte, das unsymmetrische und das symmetrische.

Wesentlich anders ist die Sache, wenn man als dritten Substituenten einen solchen einführt, der vom Chlor verschieden ist, etwa Brom.

Die Isomerie der Brom-dichlorbenzole.

(1) 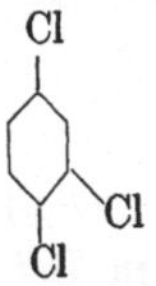   (2) 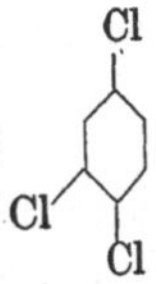   (3) 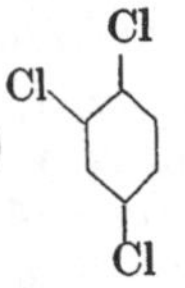   (4)

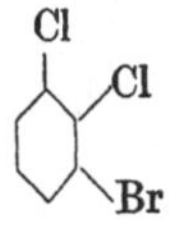

Betrachten wir die verschiedenen Bromdichlorbenzole, und zwar zunächst diejenigen Bromdichlorbenzole, die sich ableiten vom 1, 2-Dichlorbenzol. Wir haben zunächst das 1, 2, 3- (4), das 1, 2, 4- (5) und das 1, 2, 5-Bromdichlorbenzol (6), und es fragt sich, ist das 1, 2, 5 verschieden vom 1, 2, 4? Die Frage ist zu verneinen, und schließlich ist das 1, 2, 6 gleichfalls identisch mit dem 1, 2, 3. Wir betrachten nun

(5) 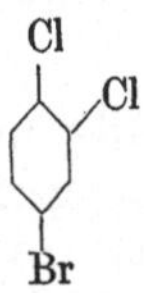   (6) 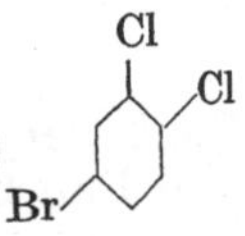   (7) 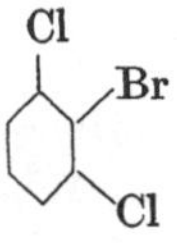   (8)

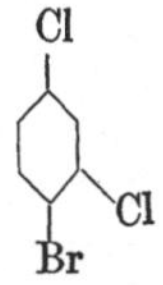

die Bromdichlorbenzole, die sich vom m-Dichlorbenzol ableiten. Da ist erstens das 1, 3, 2 (7), dann das 1, 3, 4 (8), die offensichtlich verschieden sind von dem 1, 3, 5 (9), und wir haben endlich das 1, 3, 6 (10), das aber, wie man sieht, identisch ist mit dem 1, 3, 4; es fällt also fort.

(9) 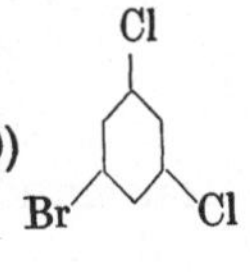   (10) 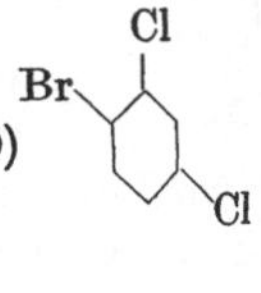   (11) 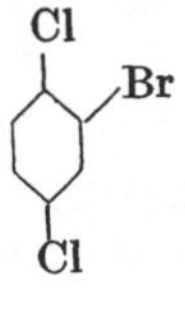   (12)

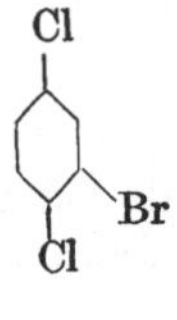

Betrachten wir schließlich diejenigen Bromdichlorbenzole, die sich ableiten vom p-Dichlorbenzol. Hier kommt zuerst in Betracht das 1, 4, 2 (11); das 1, 4, 3 (12) ist aber, wie man sieht, mit diesem identisch. 1, 4, 5 ist das Spiegelbild von 1, 4, 3 und ebenso 1, 4, 6 von 1, 4, 2. Es gibt also sechs verschiedene Bromdichlorbenzole, von denen zwei sich vom o-, drei vom m- und eins vom p-Dichlorbenzol

(13) I · II · III · IV · V · VI

Isomerie der Chlorbrom-jodbenzole. ableiten (13). Noch verwickelter gestalten sich die Verhältnisse, d. h. noch größer wird die Zahl der Isomeren, wenn wir drei verschiedene Substituenten in den Benzolkern eintreten lassen. Es sei nur noch kurz angedeutet, wie man vorzugehen hat, um die dabei möglichen Isomeren zu bestimmen.

Wir betrachten als Beispiel die Isomerieverhältnisse der sämtlichen, theoretisch möglichen Chlorbromjodbenzole. Hierbei ergibt sich, daß man die gleichen Ableitungen erhält, sei es, daß man ausgeht:

1. Von dem Chlorbrombenzol, und zwar:

    a) in der Stellung 1, 2;

    b) in der Stellung 1, 3;

    c) in der Stellung 1, 4 (1,5 ist identisch mit 1, 3 und ebenso 1, 6 mit 1, 2; diese beiden kommen also nicht weiter in Betracht); oder

2. von den Chlorjodbenzolen:

    a) 1, 2,

    b) 1, 3;

    c) 1, 4; oder

3. von den Bromjodbenzolen:

    a) 1, 2;

    b) 1. 3;

    c) 1, 4.

Es seien nun, zur näheren Feststellung der Isomeriefälle, unter den neun eben angeführten Möglichkeiten willkürlich herausgegriffen diejenigen Chlorjodbrombenzole, die sich — gemäß 2 b — ableiten vom 1, 3-Chlorjodbenzol (1). Das Brom kann an vier Stellen dieses Chlorjodbenzols eintreten, und man erhält die folgenden vier Bromchlorjodbenzole: 1, 3, 2;

(1) · (2)

1, 3, 4; 1, 3, 5 und 1, 3, 6 (2). Alle diese vier Isomeren sind voneinander verschieden; wir haben ein vizinales, ein symmetrisches und zwei asymmetrische Chlorjodbrombenzole; aber auch die beiden letzteren sind ganz wesentlich voneinander verschieden.

Es leiten sich also vom 1, 3-Chlorjodbenzol vier Chlorbromjodbenzole ab. Es fragt sich aber, wenn es sich wie hier um eine systematische Zusammenstellung handelt, ob man zu diesen vier Chlorbromjodbenzolen nicht auch gelangen kann, indem man z. B. ausgeht von den Chlorbrombenzolen und diese jodiert. Und in der Tat entsteht das 1, 3, 2-Chlorjodbrombenzol (3) auch, wenn man ausgeht, gemäß 1a, vom 1, 2-Chlorbrombenzol. In diesem Falle erhält man, wenn man das Jod eintreten läßt in die 3-Stellung, als erstes Derivat bereits die Verbindung (3); sie scheidet daher als nicht mehr neu aus. Betrachten

$$(3) \quad \underset{J}{\overset{Cl}{\underset{\qquad}{\big|}}} Br \qquad\qquad (4) \quad \underset{Br}{\overset{Cl}{\underset{\qquad}{\big|}}} J$$

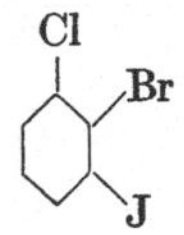

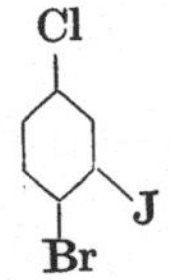

wir ferner das 1, 3, 4-Chlorjodbrombenzol (4). Auch diesem wird man bei der systematischen Ableitung schon vorher begegnet sein unter 1c, d. h. unter den Derivaten des 1, 4-Chlorbrombenzols; und zwar entsteht das vorgenannte 1, 3, 4-Chlorjodbrombenzol, falls Jod die 3-Stellung jenes 1, 4-Chlorbrombenzols besetzt. In ähnlicher Weise läßt sich zeigen, daß auch die beiden anderen Chlorjodbrombenzole 1, 3, 5 und 1, 3, 6 sich schon unter den Derivaten des 1, 3- bzw. 1, 2-Chlorbrombenzols befinden. Hieraus ergibt sich, daß aus 2b, d. h. vom 1, 3-Chlorjodbenzol, sich zwar durch Bromierung vier verschiedene Chlorjodbrombenzole ableiten, daß aber, wenn man sie vergleicht mit den verschiedenen schon vorher aus den Chlorbrombenzolen durch Jodierung erhaltenen Isomeren, alle diese vier Derivate, als nicht mehr neu, fortfallen. Dadurch wird, wie man sieht, die Zahl der Isomeriefälle wesentlich eingeschränkt.

Anderseits aber führt die systematische Durchprüfung der sämtlichen 9 oben erwähnten Möglichkeiten — in analoger Weise wie soeben bei 2b geschehen — zu der Erkenntnis, daß für die Synthese von trisubstituierten Benzolen aus den entsprechenden disubstituierten Benzolen, falls die drei Substituenten unter sich verschieden sind, 30 voneinander abweichende Wege offenstehen. Als Gesamtergebnis läßt sich auf dem eben angegebenen Wege folgendes feststellen: Die in den sechs Untergruppen 1a, 1b, 2a, 2b, 3a und 3b angeführten o- und m-disubstituierten Benzolabkömmlinge liefern, falls der neu eintretende Substituent von den beiden bereits vorhandenen Substituenten verschieden ist, zwar je vier und die in den drei Untergruppen 1c, 2c und 3c aufgeführten p-disubstituierten Benzolderivate unter den gleichen Voraussetzungen je zwei unter sich verschiedene Trisubstitutionsprodukte; jedoch ergibt ein näherer Vergleich, daß die sämtlichen 20 aus den Gruppen 2 und 3 (Chlorjod- und Bromjodbenzol) hervor-

gehenden Tri-Derivate mit den zehn aus Gruppe 1 (Chlorbrombenzol)
hervorgehenden Chlorbromjodbenzolen:

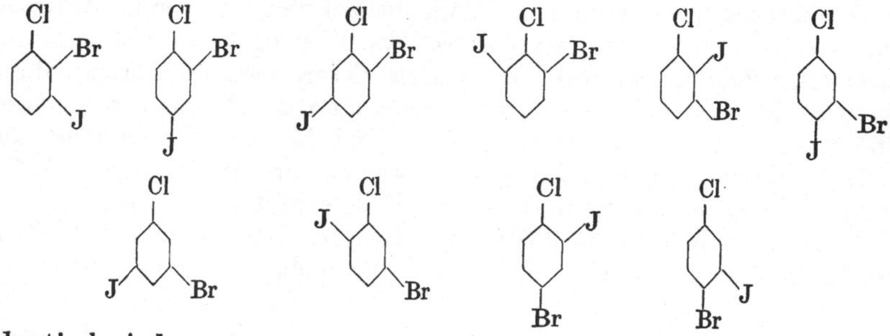

identisch sind.

Diese Beispiele dürften genügen, um zu zeigen, wie man in syste-
matischer Weise zu verfahren hat, um die Zahl der Möglichkeiten in
sicherer Weise zu bestimmen, vor allem aber auch um aus der großen
Zahl von Möglichkeiten im gegebenen Falle diejenige auszuwählen, die
auf die zweckmäßigste Weise zum Ziele führt.

2. Die Methoden zur Darstellung der Zwischenprodukte.

A) Die Halogenisierung.

*Die Halo-
gene.*   Es sollen hier im wesentlichen nur diejenigen Methoden Erwähnung
finden, die eine mehr oder minder große technische Bedeutung erlangt
haben, sei es, daß sie zur Darstellung technischer Produkte dienen
oder dienten, sei es, daß sie bei der Identifizierung u. dgl. eine Rolle
gespielt haben. Es werden also diejenigen Methoden der Halogenisierung, die lediglich ein rein wissenschaftliches Interesse haben
und praktisch niemals angewendet wurden, hier beiseite gelassen
werden.

Von den Halogenen scheidet das **Fluor** für die Farbentechnik
eigentlich vollkommen aus, denn es sind in der Technik organische Fluor-
derivate bislang nur hergestellt worden behufs Gewinnung von pharmaceu-
tischen Produkten. Von den übrigen drei Halogenen, Chlor, Brom und
Jod, gelangt das Jod seines hohen Preises wegen nur in sehr seltenen
Fällen zur Anwendung, während es ja andererseits als **Heilmittel** eine
sehr große Bedeutung hat und in seinen spezifischen Wirkungen durch
andere Halogene gar nicht zu ersetzen ist. Sofern es sich um die Darstellung von Zwischenprodukten für die Teerfarbenfabrikation handelt,
wird das Jod nur in ganz seltenen Ausnahmefällen angewendet. Wir
werden zwar sehen, daß einzelne Farbstoffe in Form ihrer Jodderivate
wegen der schönen Färbungen, die sie der Textilfaser verleihen, ein
gewisses technisches Interesse haben. Aber man darf wohl annehmen,
daß diese Farbstoffe gegenüber anderen neueren Farbstoffen heute
an Bedeutung ganz wesentlich verloren haben.

Es bleiben demnach von den Halogenen das Chlor und das Brom übrig, als diejenigen, die in größerem Maßstabe in der Teerfarbenindustrie benutzt werden. Freilich besteht auch zwischen diesen beiden Halogenen ein erheblicher Unterschied im Preis. Brom ist verhältnismäßig sehr teuer, Chlor verhältnismäßig sehr billig. Außerdem ist das Atomgewicht des Broms ein sehr großes, so daß man bei Bromierungen verhältnismäßig viel Material braucht; der Gebrauch von Brom und Bromderivaten wird daher in der Technik nach Möglichkeit eingeschränkt. Immerhin spielt die Anwendung von Bromderivaten, sowohl was einzelne Zwischenprodukte, als auch was die Verbesserung der Eigenschaften gewisser Farbstoffe durch Bromierung anlangt, eine bemerkenswerte Rolle. In neuerer Zeit hat sich nämlich besonders bei manchen Küpenfarbstoffen, wie z. B. bei Indigo und anderen, gezeigt, daß sich ihre Eigenschaften in auffälliger Weise verbessern lassen, namentlich die Echtheitseigenschaften, wenn man Halogene, zumal Brom, und zwar entweder erst nachträglich in diese Küpenfarbstoffe oder schon in die zugehörigen Zwischenprodukte einführt; in der Regel ist es bequemer, die Bromatome erst den fertigen Farbstoffen einzuverleiben. Die verschiedenen, meist durch nachträgliche Bromierung erhältlichen Brom-Indigofarbstoffe z. B. haben eine ganz hervorragende technische Bedeutung erlangt.

Das Chlor ist das billigste, am leichtesten zugängliche und daher für die Technik wichtigste Halogen, das im größten Maßstab verwendet wird. Es hat den Nachteil, daß es in der Regel am wenigsten reaktionsfähig ist, sowohl was seine Einführung in organische Reste als auch seine Umsetzung anlangt, wenn es sich darum handelt, Austauschreaktionen herbeizuführen. Man hat aber, um die Schwierigkeiten zu beheben, die sich aus der mäßigen Reaktionsfähigkeit des organisch gebundenen Chlors ergeben, katalytisch wirkende Mittel zur Beschleunigung der Reaktionen gesucht und besonders im Kupfer gefunden.

Was nun die Darstellung von Halogenderivaten und insbesondere von Chlorderivaten aromatischer Verbindungen anlangt, so stehen sehr verschiedene Wege offen, je nachdem ob es sich bei der Darstellung von Halogenderivaten einerseits darum handelt, Wasserstoff durch Halogen zu ersetzen, oder andererseits darum, bereits vorhandene Substituenten durch Halogen sozusagen zu verdrängen. Man kann grundsätzlich also unterscheiden:

1. Methoden, die bezwecken, Wasserstoff durch Halogen zu ersetzen und

2. Methoden, die bezwecken, andere in den Derivaten bereits vorhandene Substituenten durch Halogen zu verdrängen.

Die Mittel, die in den beiden Fällen anzuwenden sind, werden den eben genannten Zwecken entsprechend verschieden sein.

Substitution.   1. Will man Wasserstoff ersetzen, so hat man es zu tun mit der Methode der eigentlichen unmittelbaren Halogenisierung, die in der einfachsten Form angedeutet werden kann durch das Schema:

$$R \cdot H + Cl_2 \;\rightarrow\; R \cdot Cl + HCl.$$

In diesem Falle hat das Chlor unmittelbar dazu gedient, um den Wasserstoff der aromatischen Verbindung durch Chlor zu ersetzen, wobei sich, wie man sieht, neben der Halogenverbindung $R \cdot Cl$ für jedes in den Kern eingetretene Atom Chlor als Abfallprodukt ein Molekül Salzsäure ergibt. Dieser Umstand verdient insofern Beachtung, als gewisse Chlorierungsprozesse in der Technik in so großem Maßstabe betrieben werden, daß man daran denken konnte, die bei dem Chlorierungsprozeß erhältliche Salzsäure tatsächlich als Nebenprodukt zu gewinnen.

Sulfuryl-chlorid.   An Stelle des Chlors läßt sich auch Sulfurylchlorid, SO_2Cl_2, benutzen, das durch die Einwirkung von Chlor auf Schweflige Säure erhältlich ist: $SO_2 + Cl_2 \rightarrow SO_2Cl_2$. Bei der Ausführung des Chlorierungsprozesses mittels Sulfurylchlorid gestaltet sich die Reaktion gemäß folgendem Schema:

$$R \cdot H + SO_2Cl_2 \;\rightarrow\; R \cdot Cl + HCl + SO_2,$$

also ganz analog wie vorhin bei Anwendung von Cl_2, nur kommt hier außer HCl noch SO_2 als weiteres Nebenprodukt hinzu. Das SO_2 läßt sich aber leicht wieder zum Sulfurylchlorid chlorieren. Die Anwendung dieser Methode ist zwar, wie man sieht, etwas umständlicher; sie ist aber dann von Nutzen, wenn die unmittelbare Halogenisierung, d. h. Chlorierung mit Chlor selbst, nicht das gewünschte Ergebnis liefert. Das ist der Fall bei der Darstellung von p-Chlorphenol (1) und p-Chlor-α-Naphtol (2), die mit Chlor selbst sehr wenig glatt und einheitlich verläuft (siehe unten).

(1)   [OH … Cl]   (2)   [OH … Cl]

Gesetz-mäßigkeiten.   Der Eintritt des Halogens in aromatische Verbindungen vollzieht sich in einer ganz gesetzmäßigen Weise, d. h. die Stellung, die substituierendes Halogen einnimmt, ist durch gewisse Regeln festgelegt. Insbesondere wirkt bei der Chlorierung aromatischer Phenole oder Naphtole u. dgl. die Hydroxylgruppe platzanweisend. Würde man Benzol chlorieren wollen zum Monochlorbenzol, so hätte man es zu tun mit sechs Wasserstoffatomen, die alle unter sich gleich sind und daher in gleicher Weise für den Ersatz durch Chlor in Betracht kommen. Sobald aber eine OH-Gruppe im Benzol vorhanden ist, macht diese Hydroxylgruppe dem Halogen gegenüber in ganz eigenartiger Weise ihren Einfluß geltend, und zwar begibt sich das Halogen, unter diesem

„orientierenden" Einfluß der OH-Gruppe, teils in die o- (2- oder 6-)
und teils in die p- (4-)Stellung zur OH-Gruppe (3). Es kommen nur

diese drei Stellen in Betracht; ausgeschlossen sind zunächst die Stellungen 3 und 5 für das Halogen. Bei der Mono-Chlorierung des α-Naphtols
äußert sich die Platzanweisung der Hydroxylgruppe in der Weise, daß
der Kern, der die Hydroxylgruppe nicht enthält, von der Chlorierung
sozusagen ausgeschlossen ist. Es kommt für die Chlorierung demnach
nur der Kern in Betracht, in dem die OH-Gruppe sich befindet. Dieser
Kern wird also sozusagen aktiviert, und dieser Ausdruck ist um so mehr
berechtigt, als die Halogenisierung des Phenols und Naphtols durch
Chlor viel leichter erfolgt als die Halogenisierung des Benzols und des
Naphtalins. Sie erfolgt nämlich ohne Chlorüberträger schon in der
Kälte und in wässeriger Lösung. Es kommen bei dem α-Naphtol nur
die beiden Stellen 2 und 4 in Betracht. Es macht aber, wie schon oben
erwähnt, einen Unterschied aus, ob man mit Chlor halogenisiert oder
mit Sulfurylchlorid, insofern als freies Chlor sowohl das 1, 2- als auch
das 1, 4-Derivate liefert (1), während bei Anwendung von Sulfurylchlorid die Halogenisierung ziemlich einheitlich in der Richtung auf
das 1, 4-Derivat verläuft.

Es ist ferner sehr wichtig, zu unterscheiden zwischen einer „Chlo- Kern und
rierung im Kern" und einer „Chlorierung in der Seitenkette". Die Seitenkette.
Chlorierung in der Seitenkette spielt technisch vor allem beim Toluol
eine wichtige Rolle. Wenn man Toluol chloriert, kann man nach Belieben das Chlor in die Methylgruppe oder in den Kern einführen, und
zwar hängt das Ergebnis von den Reaktionsbedingungen ab. Wenn man
Toluol in der Siedehitze und im Sonnenlicht chloriert, so entsteht das
Benzylchlorid (4), $C_6H_5 \cdot CH_2 \cdot Cl$, bei weitergehender Einwirkung des
Chlors das Benzalchlorid, $C_6H_5 \cdot CHCl_2$, und schließlich das Benzotrichlorid, $C_6H_5 \cdot CCl_3$. Umgekehrt, wenn man Toluol nicht im Sonnenlicht, sondern im Dunkeln und bei niedriger Temperatur chloriert,
so findet eine Chlorierung im Kern statt, und zwar chloriert sich Toluol,
das hierbei etwas leichter reagiert als Benzol, teils zum o-Chlortoluol (2),
teils zum p-Chlortoluol (3). Man kann also bei Monochlorierung

einerseits das Benzylchlorid gewinnen und andererseits eine Mischung
aus o- und p-Chlortoluol.

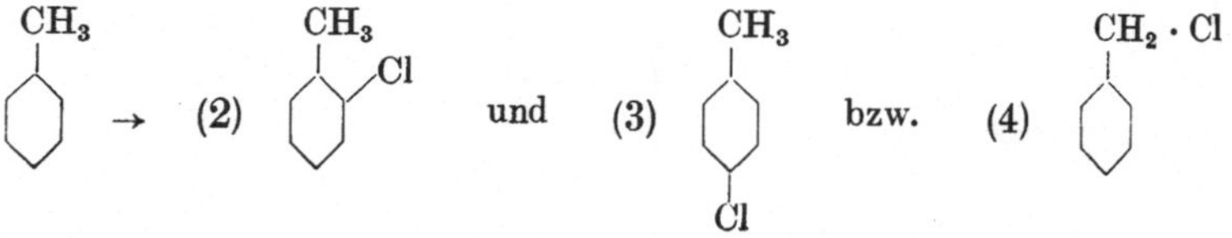

$$CH_3 \quad \rightarrow \quad (2) \quad CH_3\,Cl \qquad und \quad (3) \quad CH_3 \qquad bzw. \quad (4) \quad CH_2 \cdot Cl$$

Chlor-Anlagerungs-produkte.   Nun ist noch eine andere Möglichkeit bei der Chlorierung in Betracht
zu ziehen, die besonders bei den aromatischen Kohlenwasserstoffen
von Bedeutung ist, nämlich eine Einwirkung des Chlors, die darauf
beruht, daß das Chlor sich an den Kohlenwasserstoff anlagert. Wenn
man z. B. Benzol im Sonnenlicht mit Chlor behandelt, so geht das Benzol über in das Benzolhexachlorid, $C_6H_6Cl_6$, und ebenso mit Brom in
das Benzolhexabromid, $C_6H_6Br_6$, entsprechend den Formeln (5); ferner

$$(5) \qquad und$$

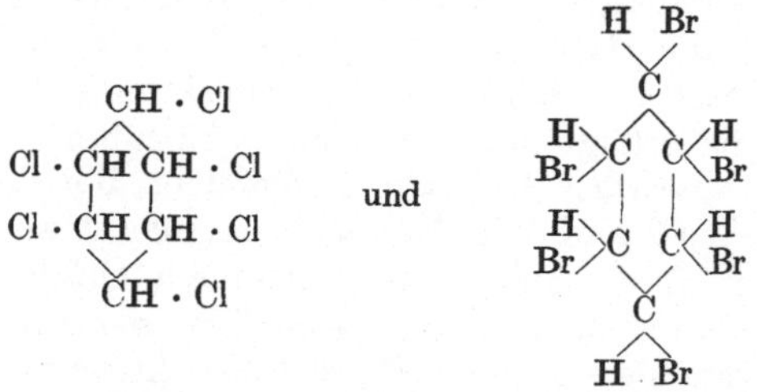

läßt sich Naphtalin, in Chloroform gelöst, durch Behandlung mit Chlor
überführen in ein Tetrachlorid (1), während Naphtalin, wenn man es
zum Sieden erhitzt und Chlor einleitet, übergeht in α-Chlornaphtalin (2).

$$(1) \qquad C_{10}H_8Cl_4 = \qquad\qquad (2)$$

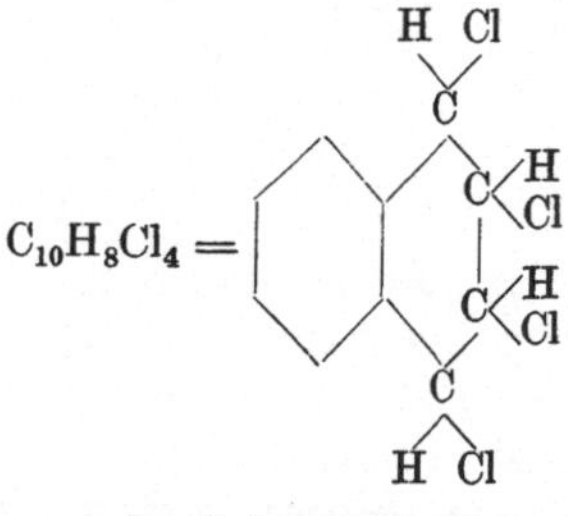

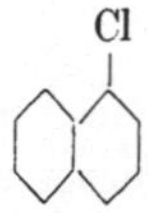

— Aus Phenanthren, in Schwefelkohlenstoff gelöst, entsteht durch Anlagerung von Brom das Phenanthrendibromid (3), das unter Abspaltung
von Bromwasserstoff übergeht in das 9(= 10)-Monobromphenanthren.
Der Nachweis, daß sich Halogen an dieser Stelle, d. h. an einem sog.

$$(3) \qquad \xrightarrow[-HBr]{} \qquad \rightarrow \qquad (4)$$

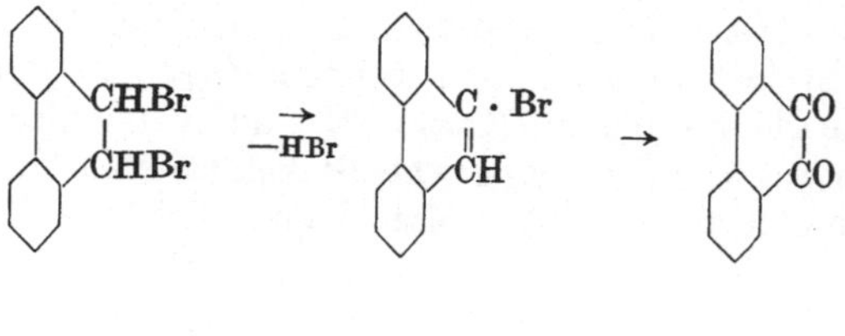

Brückenkohlenstoff, befindet, wurde dadurch erbracht, daß sich dieses Bromphenanthren durch Oxydation in Phenanthrenchinon (4) überführen ließ.

Bei der Chlorierung des Anthracens bildet sich, indem sich der mittlere Kern als der reaktionsfähigste erweist, ein Anlagerungsprodukt, das bei der Abspaltung von Salzsäure übergeht in ein Monochloranthracen, und zwar das Meso-Monochloranthracen (5), bei weiterem Chlorieren entsteht daraus das Mesodichloranthracen (6). Auffällig ist, daß

bei der Halogenisierung sich der mittlere Kern des Anthracens als der reaktionsfähigste erweist, während z. B. bei der Einwirkung von Schwefelsäure die Sulfogruppe nicht in diesen Kern eintritt, sondern in den bzw. die beiden äußeren.

Im allgemeinen spielen die Additionsprodukte, von denen einzelne oben angeführt wurden, in der Technik eine untergeordnete Rolle. Man kann zwar annehmen, daß der Substitution in vielen Fällen eine Anlagerung von Halogen vorhergeht. Die Anlagerungsprodukte sind also labile Zwischenprodukte, die unter Umständen schon während der Reaktion sehr leicht, unter Abspaltung von Halogenwasserstoffsäure, in die stabilen Substitutionsprodukte übergehen (1) in analoger Weise, wie dies oben am Beispiel des 9-Bromphenanthrens gezeigt wurde:

Betrachtet man die verschiedenen Benzolderivate mit je einem der Substituenten: NO_2, SO_3H, $COOH$, COH, Cl, NH_2, OCH_3, OH, so ist es von Interesse festzustellen, inwiefern diese Gruppen orientierend auf den Eintritt des Chlors in den Benzolkern wirken (vgl. S. 76f.). *Orientierung des Chlors durch einen vorhandenen Substituenten.*

Beim Nitrobenzol wandert Halogen in Gegenwart von Jod, $FeCl_3$ oder $SbCl_5$ vorwiegend in die m-Stellung (2), daneben entsteht etwas p-Chlornitrobenzol (3). Bei Monochlorbenzol tritt das zweite Chlor

vor allem in die p-Stellung, nebenbei aber auch in die o-Stellung (4).
Das gleiche Verhältnis der Isomeren haben wir bei Anilin, das ungefähr

$$(4)\qquad \text{[Chlorbenzol-Ring]} \;\rightarrow\; \text{[p-Dichlorbenzol-Ring]} \quad \text{und} \quad \text{[o-Dichlorbenzol-Ring]}$$

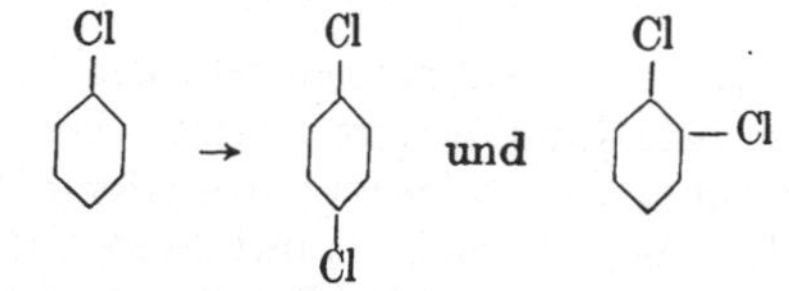

dieselbe Reaktionsfähigkeit besitzt wie Phenol. Wir erhalten p- und
o-Chloranilin (5). Bei der Chlorierung des Methoxybenzols, des sog.

$$(5)\qquad \text{[p-Chloranilin-Ring]} \quad \text{und} \quad \text{[o-Chloranilin-Ring]}$$

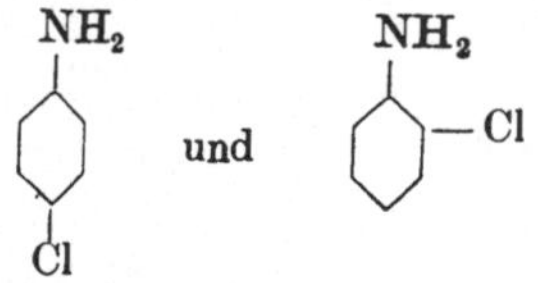

Anisols, überwiegt ebenfalls gegenüber der o- die p-Verbindung, und
gleiches gilt, wie schon erwähnt, für Phenol. Es läßt sich übrigens
eine allgemeingültige Regel für das Mengenverhältnis, in dem die
stellungsisomeren o- und p-Verbindungen nebeneinander entstehen,
nicht angeben. In den meisten Fällen hängt das in weitgehendem Maße
von den Reaktionsbedingungen (Temperatur, Medium, chlorierendes
Agens usw.) ab. Es wurde schon darauf hingewiesen, daß man die
Chlorierung des Phenols auch so leiten kann, daß nur p-Chlorphenol entsteht, wenn man nämlich mit Sulfurylchlorid chloriert. In den Fällen,
in denen an sich eine Chlorierung in o- und p-Stellung zur bereits vorhandenen platzanweisenden Gruppe stattfinden kann, tritt selbstverständlich eine Chlorierung n u r in o- oder n u r in p-Stellung dann ein, wenn
die eine der beiden Stellungen bereits durch einen anderweitigen Substituenten besetzt ist. Hierdurch ist ein Weg gewiesen, um einer Reaktion einen einheitlichen Verlauf zu geben: Indem man nämlich
vor dem eigentlichen Substituenten einen anderen, einen Hilfsubsti-
tuenten, in den aromatischen Kern einführt, um die Stelle zu besetzen,
die der eigentliche Substituent nicht besetzen soll, so daß dieser Substituent nur den einen, ihm zugedachten Platz leer findet. Nachdem
er diese Stelle besetzt hat, wird der Hilfssubstituent wieder entfernt,
und man erhält auf diese Weise ein einheitliches Reaktionsprodukt
von der gewünschten Konstitution. Wenn man z. B. α-Naphtol chlorieren will mit Hilfe von Chlor, so geht das Chlor, wie erwähnt, sowohl
in die o- als auch in die p-Stellung. Man kann aber zunächst aus dem
α-Naphtol ein Derivat herstellen mit einem anderen Substituenten in
o-Stellung, der diesen Platz besetzt hält, so daß das Chlor nur eine freie
p-Stellung vorfindet. Entfernt man also nach der Chlorierung diesen
Substituenten wieder aus der o-Stellung, so erhält man das einheitliche
p-Chlor-α-Naphtol (4). Dieses Verfahren setzt allerdings voraus, daß es
gelingt, die Hilfssubstitution so zu gestalten, daß der Hilfssubstituent
selbst, nur oder fast nur, in die für ihn gewünschte Stellung tritt. Es gibt

Einheitlicher
Reaktions-
verlauf.

derartige Substituenten. Man kann z. B. die 1-Naphtol-2-Karbonsäure (2) ziemlich einheitlich aus α-Naphtol gewinnen (1). Man chloriert zur 4, 1, 2-Chloroxynaphtoësäure (3) und entfernt nachträglich die Karboxylgruppe (durch Erhitzen auf höhere Temperaturen). Wir werden später

noch andere Gruppen kennenlernen, die leicht wieder aus dem Kern zu entfernen sind, z. B. die Sulfogruppen. Die SO_3H-Gruppe ist zwar im allgemeinen sehr beständig; sobald sie aber in Phenol- und α-Naphtolsulfonsäuren p- oder o-ständig zur Hydroxylgruppe steht, wird sie auffallend labil (vgl. Kresol, S. 48).

Zur Ergänzung dessen, was bereits oben ausgeführt wurde, sei hier bemerkt, daß die Leichtigkeit, mit der sich die Chlorierungen der einzelnen aromatischen Verbindungen vollziehen, sehr verschieden ist. Chlor greift z. B. Benzol in der Kälte, wenn es sich um die Darstellung von Monochlorbenzol handelt, ziemlich schwer an, und infolgedessen gibt man Substanzen zu, die als Katalysatoren wirken, z. B. Jod, Eisenchlorid, Aluminiumchlorid oder Antimonchlorid und Molybdänchlorid. Diese soeben genannten Substanzen wirken als Chlorüberträger, die den Eintritt des Chlors in das Benzol und seine Abkömmlinge, wie z. B. Toluol (diese Kohlenwasserstoffe sulfonieren sich auch ziemlich schwer) begünstigen, während Aminobenzol, Methoxybenzol und Oxybenzol sich erheblich leichter halogenisieren lassen. Der aktivierende Einfluß der OH-Gruppe zeigt sich bei Phenol darin, daß es schon durch wässeriges Brom sehr leicht in das Tribromphenol (1) übergeht, das geradezu zur quantitativen Bestimmung des Phenols dienen kann. Es wird aber auch hierbei nur die o- und p-Stellung besetzt, niemals die m-Stellung. Der Eintritt von Halogen in die m-Stellung würde ganz andere, d. h. erheblich gesteigerte Reaktionsbedingungen erfordern. Als Chlorierungsmittel kommen, außer dem freien Chlor selbst und dem SO_2Cl_2, auch noch Chlorschwefel, Cl_2S, und Phosphorpentachlorid, PCl_5, in Betracht.

Will man zwei Atome Chlor in den aromatischen Kern eintreten lassen, so muß man in der Regel die Reaktionsbedingungen steigern; das geschieht vor allem durch Steigerung der Temperatur. Chloriert man Benzol bei höheren Temperaturen (aber nicht bei Sonnenlicht), so erhält man Dichlorbenzol, und zwar vorwiegend p-Dichlorbenzol neben wenig o-Dichlorbenzol.

Bei der Chlorierung des Anilins (siehe oben) erweist sich der Substitutionsvorgang als in besonders weitgehendem Maße von den Reaktionsbedingungen abhängig. So macht es z. B. einen großen Unterschied aus, ob man in wässeriger Lösung chloriert, wobei sich die Chlorierung leicht bis zum Trichloranilin (2) treiben läßt, oder ob man die

Chlorierung in konzentrierter Schwefelsäure ausführt. Im letzteren
Falle hat man es mit einer Lösung von Anilin-Sulfat oder -Bisulfat in
Schwefelsäure zu tun. Im Anilinbisulfat aber hat die NH_2-Gruppe,

wie man annimmt, nicht mehr den basischen Charakter, den sie im
freien Anilin hat; jedenfalls ist die Beeinflussung des Benzolkerns durch
die Aminogruppe im schwefelsauren Anilin eine andere als im freien
Anilin. Infolge der Salzbildung mit der überschüssigen Schwefelsäure
wirkt die Aminogruppe, nach Anlagerung von H_2SO_4 (3), wie eine

$$(3) \quad R \cdot NH_2 + H_2SO_4 \rightarrow R \cdot NH_2 \overset{H}{\underset{OSO_3H}{\diagdown}}$$

saure Gruppe (SO_3H, NO_2, $COOH$), und demgemäß chloriert sich das
Anilin in konz. Schwefelsäure zum großen Teil in m-Stellung, zum
m-Chloranilin (4).

Man kann insofern also nicht schlechtweg sagen, daß die Aminoverbindungen nur in o- und p-Stellung chloriert werden, sondern unter
Umständen tritt Chlor auch in die m-Stellung zur Aminogruppe ein.
Ähnlich wie gegenüber Chlor verhalten sich die Anilinbisulfate, um dies
vorweg zu nehmen auch gegenüber Salpetersäure. Beim Nitrieren mittels
Salpeterschwefelsäure, d. i. eine Mischung aus Salpetersäure und kon-
zentrierter Schwefelsäure, erleidet die Orientierung der neu eintretenden
Nitrogruppe eine ganz ähnliche Verschiebung wie die des Chlors. Anilin
selbst wird vorwiegend nitriert in p-Stellung, nebenbei in o-Stellung.
Aber wenn man schwefelsaures Anilin, d. h. Anilin in konzentrierter
Schwefelsäure gelöst, nitriert, so entsteht dabei ein großer Teil von m-
Nitranilin.

Auch die Aldehydgruppe orientiert, ähnlich der Karboxylgruppe,
nach der m-Stellung. Freilich spielen auch hier die Reaktionsbedingungen eine wesentliche Rolle. In konzentrierter Schwefelsäure entsteht
z. B. aus Benzaldehyd vorwiegend m-Chlorbenzaldehyd, während die
Chlorierung in Gegenwart von Jod oder Antimonpentachlorid vorwiegend zu einem Dichlorbenzaldehyd der Konstitution (1) führt.

Läßt man nun z. B. auf m-Chlornitrobenzol (2) nochmals Chlor einwirken, so fragt es sich, wohin geht das zweite Atom Chlor im Nitrochlorbenzol? Die Nitrogruppe ist geneigt, das zweite Chlor gleichfalls in die m-Stellung, d. h. in die 5-Stellung zu treiben; dagegen das erste Chlor, das schon im Kern vorhanden ist, will es in die p- oder in die o-Stellung zu sich verweisen, d. h. in die 2-, 4- oder 6-Stellung. Die 2- und 6-Stellung sind aber o-Stellungen zur Nitrogruppe und die 4-Stellung ist eine p-Stellung zur Nitrogruppe. Man weiß aber, daß eine Nitrogruppe in 1 den Eintritt der Chloratome in die genannten Stellungen (2, 4 und 6) zu verhindern sucht. Hier ist also ein Widerstreit, der zur Folge hat, daß die Chlorierung nicht glatt und einheitlich verläuft. Theoretisch kommen daher vier unter sich verschiedene, isomere Nitrodichlorbenzole in Betracht: a) $NO_2 : Cl : Cl = 1 : 2 : 3$ (3), b) $NO_2 : Cl : Cl = 1 : 3 : 4$ (4), c) $NO_2 : Cl : Cl = 1 : 3 : 5$ (5), d) $NO_2 : Cl : Cl = 1 : 3 : 6$ (6), und es wird von den Reaktionsbedingungen abhängen,

Orientierung durch 2 Substituenten. m-Chlornitrobenzol.

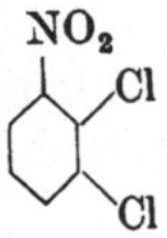

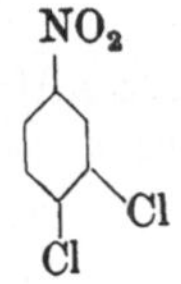

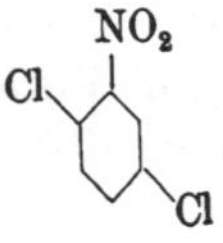

unter denen die Chlorierung ausgeführt wird, wieviel von den einzelnen Isomeren man erhält. Dasselbe gilt für die m-Chlorbenzolsulfonsäure, für die m-Chlorbenzoësäure und andere Verbindungen der m-Reihe, die eine saure Gruppe enthalten.

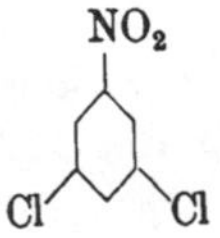

　　Etwas anders liegt die Sache beim Dichlorbenzol. Betrachten wir zunächst die isomere o-Verbindung (1). Tritt ein drittes Atom Chlor in dieses Molekül, so sind zwei Trichlorbenzole möglich: a) das 1, 2, 3-Trichlorbenzol (2) und b) das 1, 2, 4-Trichlorbenzol (3). Im erstgenannten Trichlorbenzol steht das dritte Chloratom in m-Stellung zum ersten und in o-Stellung zum zweiten Chloratom; im 1, 2, 4-Trichlorbenzol hingegen in p-Stellung zum ersten und in m-Stellung zum zweiten Chloratom. Das dritte Chloratom nimmt also bei beiden Tri-

Die isomeren Dichlorbenzole.

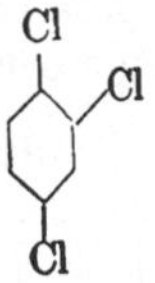

chlorbenzolen je eine begünstigte und weniger begünstigte Stellung ein, und daher werden unter Bevorzugung der sich gleichzeitig vom p-Dichlorbenzol ableitenden Verbindung (3) voraussichtlich beide Isomeren nebeneinander entstehen.

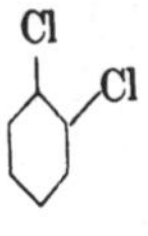

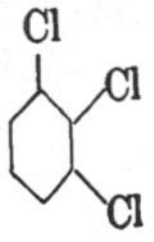

　　Geht man aus von m-Dichlorbenzol (4), so ergeben sich theoretisch drei Isomere (5): Das 1, 2, 3-, das 1, 2, 4- (= 1, 3, 4-) und das 1, 3, 5-Trichlorbenzol, von denen das 1, 2, 4-Derivat auch hier wieder am

6*

meisten begünstigt ist, weil das dritte Chloratom in die p-Stellung zum ersten und in die o-Stellung zum zweiten Chloratom tritt; am wenigsten begünstigt ist das 1, 3, 5-Trichlorbenzol, weil das dritte Chloratom zu beiden vorhandenen in die m-Stellung tritt; in der Mitte

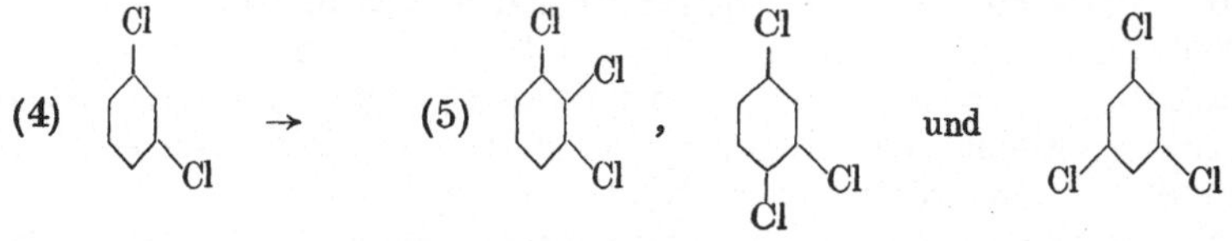

$$(4) \rightarrow (5) \quad , \quad \text{und}$$

zwischen beiden steht das „benachbarte" (1, 2, 3-) Trichlorbenzol, da beide Male die o-Stellung zu vorhandenem Chlor für das neueintretende Chloratom in Betracht kommt. Auf Grund dieser Betrachtungen kann man erwarten, daß bei der Chlorierung des m-Dichlorbenzols ganz vorwiegend das 1, 2, 4-, daneben in reichlicher Menge das 1, 2, 3- und in sehr untergeordnetem Maßstabe das 1, 3, 5-Trichlorbenzol entstehen wird.

Beim p-Dichlorbenzol (6) kommt nur eine Möglichkeit in Betracht, nämlich die Entstehung des 1, 2, 4-Trichlorbenzols (7). Auch hier ist

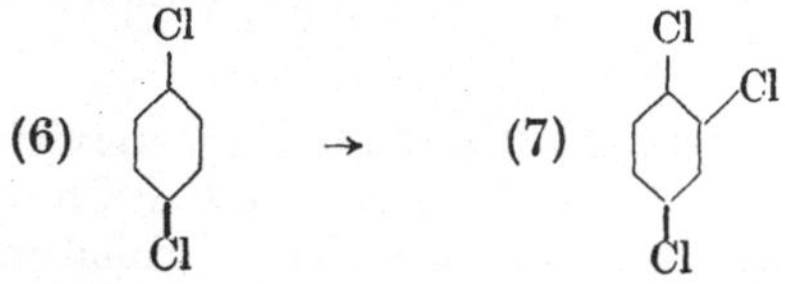

$$(6) \rightarrow (7)$$

ja ein gewisser Widerstand zu erwarten insofern, als das dritte Chloratom in die m-Stellung zu einem der vorhandenen Chloratome treten muß, aber das ist die einzige Konfiguration, die in Betracht kommt. Infolgedessen wird die Chlorierung des p-Dichlorbenzols ganz einheitlich zu diesem Trichlorbenzol führen; während bei der Chlorierung des o- und m-Dichlorbenzols immer eine Neigung, Isomere zu bilden, vorhanden sein wird, die zu einer gewissen Zersplitterung der Reaktion führt.

Sonstige Beispiele. Als weitere bemerkenswerte Beispiele von Halogenisierungen, aus denen gleichzeitig zu ersehen ist, bis zu welchem Grade die einzelnen Substituenten ihren orientierenden Einfluß geltend zu machen imstande sind, seien noch die folgenden fünf Fälle angeführt:

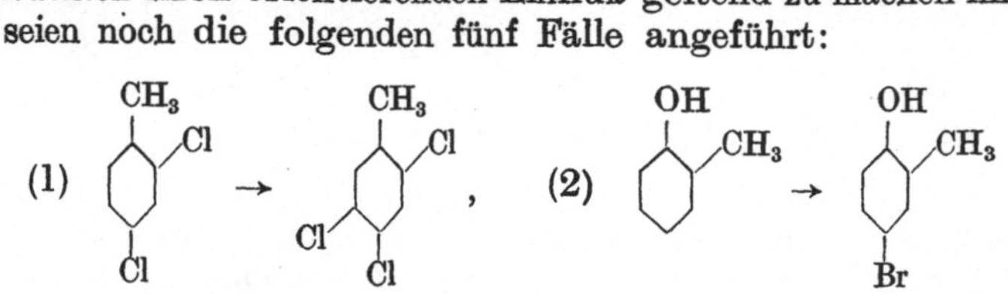

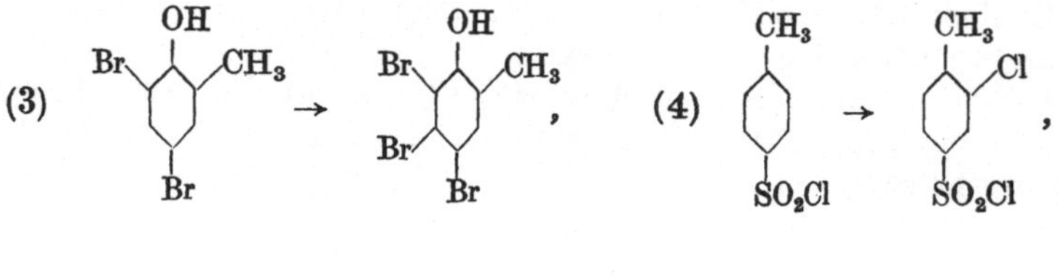

$$(1) \rightarrow \quad , \quad (2) \rightarrow$$

$$(3) \rightarrow \quad , \quad (4) \rightarrow \quad ,$$

(5) $\quad$ [Struktur: CH$_3$, NO$_2$] in Gegenwart eines Chlorüberträgers → [Struktur: CH$_3$, Cl, NO$_2$]

Im Gegensatz zum o- (und p-) Nitrotoluol wird m-Nitrotoluol von Chlor sehr schwer angegriffen. Aus Diphenyl (6) erhält man das p-Dibrom-Diphenyl (7):

(6) $\quad$ [Struktur Diphenyl] → Br—[Struktur]—[Struktur]—Br (7)

und in der Entstehung der m-Chlorbenzoësäure (9) aus Benzoësäure (8) zeigt sich der nach der m-Stellung treibende Einfluß der sauren Karboxylgruppe:

(8) $\quad$ [Struktur: COOH] → [Struktur: COOH, Cl] (9)

2 a. Was die auf S. 75 erwähnte Methode der Verdrängung bereits vorhandener Substituenten durch Halogen betrifft, so ist vor allem die Methode von theoretischer und technischer Wichtigkeit, die die Überführung der Amino- in Chlorderivate bezweckt; und zwar geschieht diese Überführung vermittels der Diazoniumverbindungen. Man erhält z. B. aus Anilin die entsprechende Diazoniumverbindung, indem man Salzsäure und Salpetrige Säure auf Anilin einwirken läßt (näheres siehe S. 227 ff.). Es entsteht alsdann das Benzoldiazoniumchlorid gemäß dem Reaktionsschema (3). [Das Benzoldiazoniumchlorid ist das Salz

Verdrängungsreaktionen. Die Aminogruppe.

$$(3) \quad C_6H_5 \cdot \overset{Cl \quad H}{\underset{H}{N}} - H + \overset{O}{\underset{HO}{N}} \rightarrow C_6H_5 \cdot \overset{Cl}{N} \equiv N + 2\,H_2O$$

einer sehr starken Base, des jedoch schon bei mäßigen Temperaturen höchst unbeständigen Benzoldiazoniumhydrats (1), dessen Hydroxylgruppe an einem 5-wertigen Stickstoffatom haftet, und dessen Stärke

$$(1) \quad C_6H_5 - \overset{OH}{N} \equiv N$$

etwa derjenigen der Alkalien entspricht. Wenn man eine derartige Diazoniumverbindung in Gegenwart von Salzsäure erhitzt, so tritt eine sehr lebhafte Zersetzung des Diazoniumchlorids ein. Dabei entsteht unter Abspaltung von Stickstoff das entsprechende Halogenderivat, und zwar befindet sich das Halogen an derselben Stelle des

Benzolkerns, an der vorher die Diazonium- bzw. die Aminogruppe ge-
sessen hat:

$$\underset{Cl}{\overset{C_6H_5}{>}}N \equiv N \rightarrow C_6H_5 + N \equiv N \quad \text{oder} \quad \underset{Cl}{\bigcirc}\!\!>\!\!N \equiv N \rightarrow \underset{Cl}{\bigcirc} + N \equiv N \ .$$

Das läßt sich leicht nachweisen, wenn man, statt vom Anilin,
ausgeht vom p-Chloranilin. Es muß, wenn die obige Behauptung
richtig ist, das gegen die NH_2-Gruppe ausgetauschte zweite Chloratom
in p-Stellung zum bereits im Benzolkern vorhandenen Chlor treten,
d. h. es muß das p-, nicht etwa das m- oder o-Dichlorbenzol entstehen.

Diese Chlorierungen verlaufen auf dem Wege über die Amino- bzw.
Diazoniumverbindung wohl in den seltensten Fällen ganz glatt, schon
deshalb nicht, weil ein Teil der Diazoniumverbindungen durch eine Art
Hydrolyse zerfällt, nicht in das entsprechende Halogenderivat und
Stickstoff, sondern über das entsprechende Diazoniumhydrat in Phenol
und Stickstoff:

$$\underset{Cl}{\overset{C_6H_5}{>}}N \equiv N \quad \underset{-HCl}{\overset{+H_2O}{\longrightarrow}} \quad \underset{H \cdot O}{\overset{C_6H_5}{>}}N \equiv N \quad \rightarrow \quad \underset{HO}{\overset{C_6H_5}{|}} + N \equiv N$$

Auf Grund des Massenwirkungsgesetzes erscheint es begreiflich,
daß man diesen Zerfall und die Entstehung des Phenols hindern
und einer Hydrolyse, bei der Salzsäure entsteht, dadurch ent-
gegenwirken kann, daß man die Diazoniumhalogenide in Gegenwart
reichlicher Mengen der entsprechenden Halogenwasserstoffsäure verkocht. Zu einer viel besseren Ausbeute an Halogenderivaten gelangt
man jedoch durch Verkochung der Diazoniumhalogenide in Gegenwart
von Kupferhalogenür. Man kann mittels dieser wichtigen sog. Sand-
meyerschen Methode die Ausbeuten an Halogenabkömmlingen aus
den entsprechenden Aminen bis auf 90—95% hinauftreiben, während
ohne Gegenwart von Kupferhalogenüren bei der „Umkochung"
der Diazoniumverbindungen in vielen Fällen große Anteile von harz-
artigen Nebenprodukten entstehen.

Sandmeyers Methode.

Es bilden sich in Gegenwart der Kupferoxydulsalze Doppelverbin-
dungen etwa derart, daß auf ein Molekül Diazoniumverbindung zwei
Atome Kupfer und zwei Atome Chlor kommen, entsprechend dem Symbol.

$$R \cdot N_2 \cdot Cl, \ Cu_2Cl_2 \ .$$

Die Zersetzung erfolgt in der Weise, daß das Halogensubstitutions-
produkt (neben Stickstoff) entsteht, während das Kupferhalogenür
regeneriert wird:

$$R \cdot N_2 \cdot Cl, \ Cu_2Cl_2 \ \rightarrow \ R \cdot Cl + N_2 + Cu_2Cl_2 \ .$$

Wie der günstige Einfluß des Kupferchlorürs auf den Zerfall des Diazoniumchlorids bei Anwendung der Sandmeyerschen Methode zu
erklären ist, steht noch nicht mit Sicherheit fest.

Sulfon-
säuren u. Sul-
fochloride.

2 b. Eine weitere Methode zur Darstellung von aromatischen Halogenverbindungen beruht einerseits auf der Reaktionsfähigkeit der aromatischen Sulfonsäuren gegenüber gewissen anorganischen Halogenverbindungen, insbesondere den Phosphorhalogeniden, wobei die organischen Sulfohalogenide der allgemeinen Formel

$$R \cdot SO_2 \cdot Hlg$$

entstehen, und anderseits auf dem eigenartigen Verhalten dieser Sulfohalogenide beim Erhitzen.

Was zunächst das Verhalten der aromatischen Sulfonsäuren gegen Phosphorhalogenide betrifft, so macht man davon wohl tatsächlich im großen Maßstabe keinen Gebrauch, schon weil die Phosphorhalogenverbindungen zu teuer sind. Dagegen hat diese Methode eine große Rolle gespielt in früherer Zeit, als es galt, die Konstitution der verschiedenen neu entdeckten, technisch wichtigen aromatischen Sulfonsäuren, besonders der Naphtalinreihe festzustellen. Die Einführung der Halogene an Stelle der Sulfogruppen verläuft, wie schon oben angedeutet, in zwei Phasen. Zunächst entsteht aus der Sulfonsäure und z. B. dem Phosphorpentachlorid das Sulfochlorid (daneben Phosphoroxychlorid und Salzsäure), entsprechend dem Reaktionsschema:

$$R \cdot SO_3H + PCl_5 \quad \rightarrow \quad R \cdot SO_2Cl + POCl_3 + HCl \,.$$

Diese Reaktion ist einer sehr weitgehenden Anwendung fähig, wenngleich sie, wie später gezeigt werden wird, nicht die einzige Methode darstellt, die für die Darstellung aromatischer Sulfochloride in Betracht kommt (siehe S. 149). Die Sulfohalogenide zerfallen nun weiterhin beim Erhitzen in Gegenwart von Phosphorverbindungen in das entsprechende Halogenderivat und Schweflige Säure, etwa gemäß der Gleichung:

$$R \cdot SO_2 \cdot Cl \quad \rightarrow \quad R \cdot Cl + SO_2 \,.$$

Dieser Reaktionsverlauf erinnert sehr an den Zerfall der Diazoniumhalogenide und beruht offenbar auf einem ähnlichen Mechanismus (1),

$$(1) \qquad \underset{Cl}{\diagdown}\!\!\diagup SO_2 \quad \rightarrow \quad \underset{Cl}{\diagdown}\!\!\diagup + SO_2 \,,$$

indem die beiden Valenzen des aromatischen Restes und des Halogens, die zur Sättigung der Valenzen des 6-wertigen Schwefels im Sulfohalogenid dienten, sich beim Zerfall des Sulfochlorids nun gegenseitig absättigen. Man kann die beiden eben geschilderten Vorgänge auch in eine Operation zusammenziehen und erhält dann unmittelbar aus der Sulfonsäure das entsprechende Halogenderivat. Diese Reaktion ist auch durchführbar an Disulfonsäuren. So erhält man z. B. aus der 1, 5-Naphtalindisulfonsäure das 1, 5-Dichlornaphtalin (2).

Kon-
stitutions-
nachweise.

Zur Erläuterung des Verfahrens, das beim Nachweis der Konstitution einzuschlagen ist, sei folgendes bemerkt: Hat man z. B. eine Naphtylaminsulfonsäure von der Konstitution 2, 8 (3) weiter sulfoniert und dadurch eine Disulfonsäure (4) erhalten, ohne mit Sicherheit an-

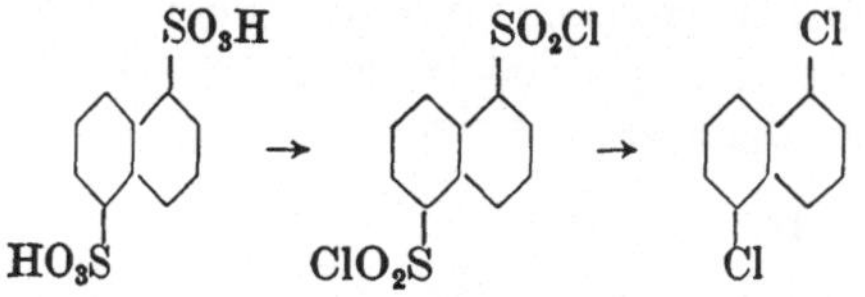

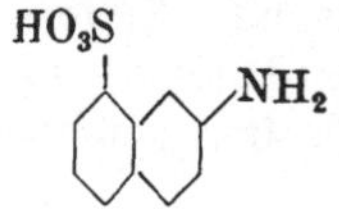

geben zu können, wo die neue Sulfogruppe eingetreten ist, dann würde man folgendermaßen verfahren:

Man würde zunächst die Aminogruppe in 2-Stellung eliminieren (siehe S. 220). Dadurch würde man eine Disulfonsäure (5) erhalten, die, mit PCl_5 behandelt, das 1, 3-Dichlornaphtalin (6) liefert. Das läßt aber mit Bestimmtheit darauf schließen, daß die beiden Sulfogruppen in m-Stellung zueinander gestanden haben. Infolgedessen kommt für die neu eingetretene Sulfogruppe nur die 6-Stellung in Betracht, und daraus

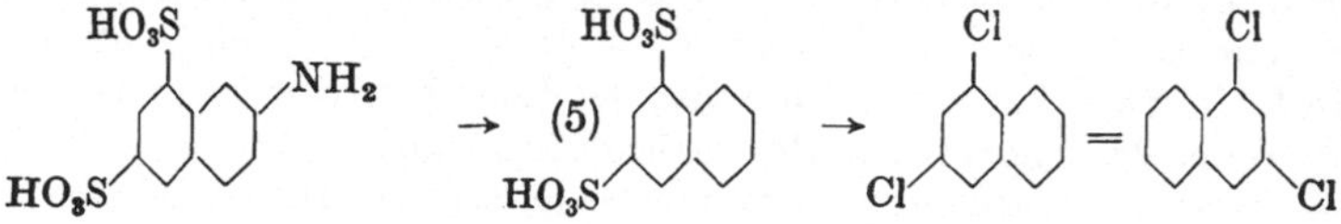

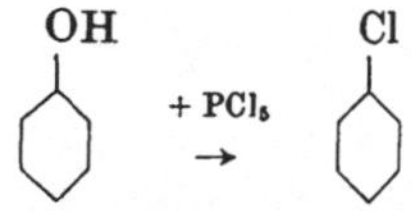

ergibt sich, daß bei der Sulfonierung der 2, 8-Naphtylaminsulfonsäure die 2, 6, 8-Naphtylamindisulfonsäure entstanden ist.

2c. Eine weitere Methode zur Herstellung der Halogenderivate, soweit es sich um ihre technische Darstellung handelt, beruht darauf, daß die Phenole unter der Einwirkung von Phosphorhalogenverbindungen in die entsprechenden aromatischen Halogenverbindungen übergehen.

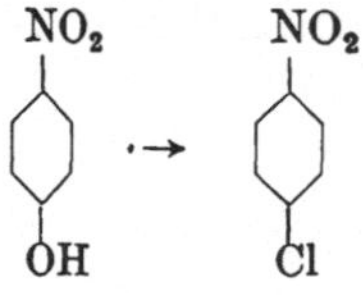

Der Übergang von Phenol in Chlorbenzol vollzieht sich, selbst unter Anwendung von Phosphorchlorid (7), ziemlich schwierig. Dagegen wird die Überführung von p-Nitrophenol in p-Nitrochlorbenzol (1) durch die Anwesenheit der Nitrogruppe unterstützt und geht daher glatter vonstatten. Viel leichter geht diese Reaktion bei aliphatisch-aromatischen Alkoholen vor sich, z. B. wenn es sich handelt um die Überführung des Benzylalkohols, $C_6H_5 \cdot CH_2 \cdot OH$, in die entsprechende Halogenverbindung: $C_6H_5 \cdot CH_2 \cdot OH \rightarrow C_6H_5 \cdot CH_2 \cdot Cl$.

Eine wichtige technische Anwendung hat diese Methode des Ersatzes von OH durch Chlor bei der Darstellung des Fluoresceïnchlorids aus Fluoresceïn gefunden (siehe Rhodaminfarbstoffe, insbesondere Violamine).

Verdrängung von Nitro-, Sulfo- und Karboxyl-Gruppen durch Halogen.

Die Verdrängung in aromatischen Kernen schon vorhandener Substituenten durch Halogen erstreckt sich nicht nur auf Sulfogruppen (siehe auch S. 160), sondern auch auf Karboxylgruppen und sogar auf die im allgemeinen recht fest sitzenden Nitrogruppen. Eine solche Verdrängung durch Halogen findet statt, entweder falls die verdrängte Gruppe sehr labil ist, oder falls die Halogenisierung unter gesteigerten Reaktionsbedingungen erfolgt. Dementsprechend läßt sich in vielen Fällen eine solche Verdrängung, wenn sie nicht erwünscht ist, durch vorsichtige Arbeitsweise verhindern. Es seien zunächst einige Beispiele von solchen Verdrängungsreaktionen, die vielfach gleichzeitig mit Substitution von Wasserstoff durch Halogen verknüpft sind, angeführt:

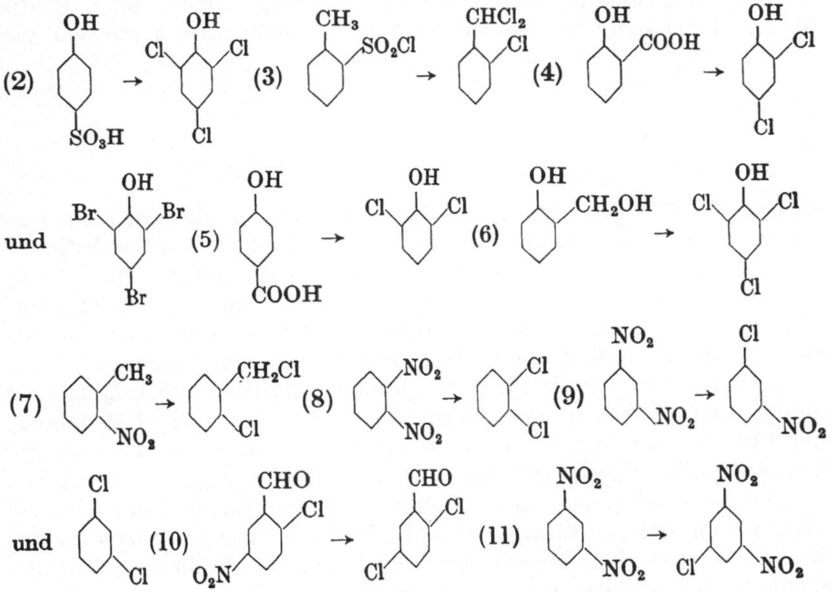

Läßt man aber auf m-Dinitrobenzol in Gegenwart eines Chlorüberträgers Chlor einwirken, so entsteht infolge der gemäßigten Einwirkung, im Gegensatz zu Beispiel (9), d. h. ohne Verdrängung der Nitrogruppe, das symmetrische 1, 3, 5-Dinitrochlorbenzol (11).

Verwendung der Halogenderivate als Zwischenkörper.

Betrachten wir nunmehr die Halogenverbindungen hinsichtlich ihrer Verwendung, vor allem als Zwischenkörper zur Herstellung von Farbstoffkomponenten. In dieser Beziehung sei zunächst die folgende, auf einer Art Hydrolyse beruhende Reaktion angeführt, die sich ausdrücken läßt durch das Symbol:

$$R \cdot Cl \xrightarrow[-HCl]{+H_2O} ROH,$$

Beweglichkeit des Halogens. d. h. die Herstellung von Phenolen aus den entsprechenden Halogenderivaten[1]). Im allgemeinen ist das Halogen ziemlich fest an den aromatischen Kern gebunden und daher nicht leicht austauschbar. Es kann aber die Reaktionsfähigkeit des Halogens gesteigert werden; man sagt alsdann, das Chloratom ist beweglich; z. B. wenn sich in o- oder p-Stellung (weniger in Betracht kommt die m-Stellung) zum Halogen entweder eine Sulfogruppe oder eine Nitrogruppe befindet[2]); ähnlichen Einfluß üben aus Halogene sowie Karboxyl- oder Aldehydgruppen. Es wird also durch die Gegenwart von sauren Gruppen oder Elementen, wie Chlor, Nitro-, Sulfo-, Karboxyl- und Aldehydgruppen in o- und p-Stellung zu dem auszutauschenden Halogen die Reaktionsfähigkeit der aromatischen Verbindungen wesentlich erhöht. Das kann so weit gehen, daß ein Chlorderivat infolge der großen Beweglichkeit des Chlors außerordentlich unbeständig wird; es sei z. B. das für die Darstellung von schwarzen Schwefelfarbstoffen heute sehr viel

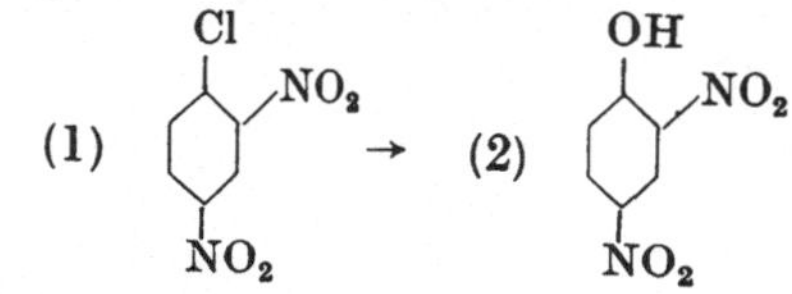

$$(1)\quad \underset{\text{NO}_2}{\overset{\text{Cl}}{\bigcirc}}\text{NO}_2 \quad\rightarrow\quad (2)\quad \underset{\text{NO}_2}{\overset{\text{OH}}{\bigcirc}}\text{NO}_2$$

benutzte 2, 4-Dinitrochlorbenzol (1) angeführt, in dem sich die eine Nitrogruppe in o- und die andere in p-Stellung zum Chlor befindet. **Ersatz von Cl durch OH.** Das hat zur Folge, daß dieses Chlorderivat schon in wässeriger Lösung durch Alkali oder Soda zersetzt wird, wobei es in das 2, 4-Dinitrophenol (2) übergeht, während das unsubstituierte Chlorbenzol selbst bei der Behandlung mit Alkali nicht in Phenol überzugehen vermag.

Ähnlich, wenn auch nicht in gleichem Maße, reaktionsfähig sind das p- und vor allem das o-Nitrochlorbenzol, die durch Natronlauge bei 130° in die entsprechenden Nitrophenole übergehen, während das isomere m-Nitrochlorbenzol unter denselben Bedingungen nicht reagiert.

Bei dieser Gelegenheit sei bezüglich der Pikrinsäuredarstellung darauf hingewiesen, daß heutzutage o- und p-Di- und Trinitrophenole in der Regel nicht aus dem entsprechenden Phenol durch Nitrierung dargestellt werden, sondern aus den entsprechenden Chlorderivaten durch Nitrierung und anschließenden Ersatz des Chlors durch ·OH, z. B. gemäß dem Schema (1):

$$(1)\quad \bigcirc \overset{+\,\text{Cl}_2}{\underset{-\,\text{HCl}}{\rightarrow}} \overset{\text{Cl}}{\bigcirc} \overset{+\,3\,\text{HNO}_3}{\underset{-\,3\,\text{H}_2\text{O}}{\rightarrow}} \text{O}_2\text{N}\underset{\text{NO}_2}{\overset{\text{Cl}}{\bigcirc}}\text{NO}_2 \overset{+\,\text{H}_2\text{O}}{\underset{-\,\text{HCl}}{\rightarrow}} \text{O}_2\text{N}\underset{\text{NO}_2}{\overset{\text{OH}}{\bigcirc}}\text{NO}_2 .$$

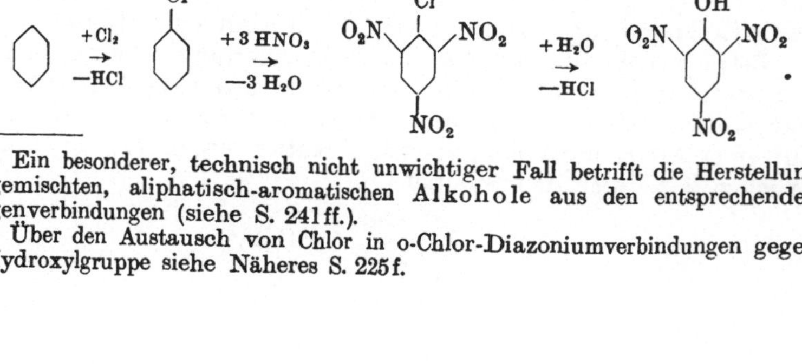

---

[1]) Ein besonderer, technisch nicht unwichtiger Fall betrifft die Herstellung der gemischten, aliphatisch-aromatischen Alkohole aus den entsprechenden Halogenverbindungen (siehe S. 241 ff.).

[2]) Über den Austausch von Chlor in o-Chlor-Diazoniumverbindungen gegen die Hydroxylgruppe siehe Näheres S. 225 f.

Für die letzte Phase genügt schon wässerige Sodalösung, um den Austausch von Cl durch OH herbeizuführen. Weitere bemerkenswerte Fälle eines leicht eintretenden Austausches von Halogen gegen OH sind die folgenden (2, 3 und 4):

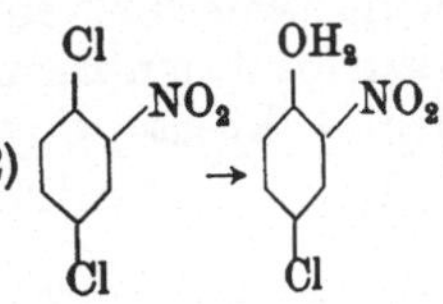

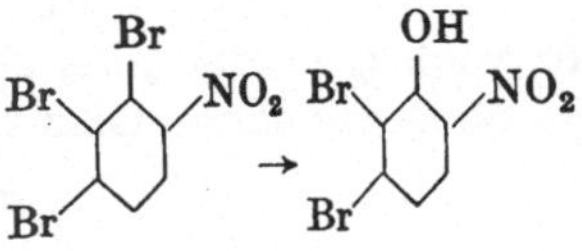

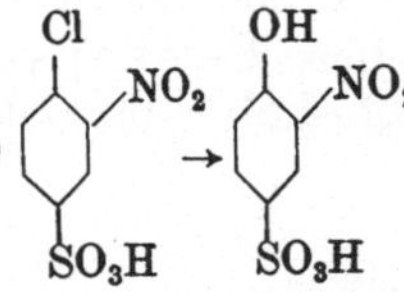

In denjenigen Fällen, in denen das Chlor (oder das Halogen überhaupt) trotz des Vorhandenseins o- oder p-ständiger negativer Gruppen nicht genügend beweglich ist, bedarf es natürlich, um einen derartigen Austausch gegen Hydroxyl herbeizuführen, stärkerer Mittel. Man bedient sich in solchen Fällen einer Art Alkalischmelze.

Dies ist z. B. der Fall bei den Reaktionen (5) und (6), die Temperaturen von 170—200° erfordern, oder bei der Reaktion (7), die erst bei etwa 200° vor sich geht. Verschmelzung der Halogenderivate.

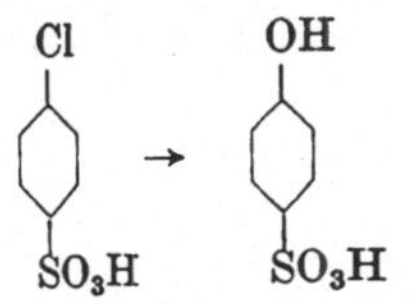

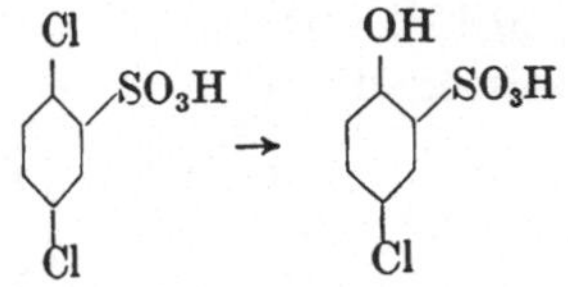

Bemerkenswert ist, daß in dem Dinitrochlor-Ψ-Cumol der Konstitution (8) das Chlor trotz der o-ständigen Nitrogruppe nicht durch

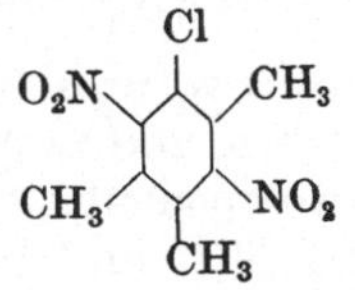

OH oder NH_2 (siehe unten) ausgetauscht wird. Offenbar spielen hier sterische Hinderungen eine Rolle.

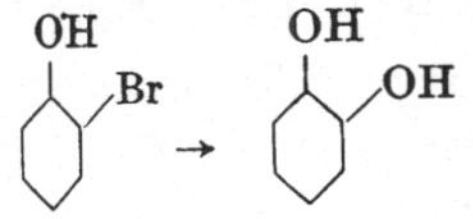

Man hat nicht nur in der Benzol-, sondern auch in der Naphtalinreihe Chlor gegen Hydroxyl ausgetauscht und Naphtolsulfonsäuren auf diese Weise hergestellt. Die wichtige 1, 4-Naphtolsulfonsäure läßt sich z. B. gewinnen aus der 1, 4-Chlornaphtalinsulfonsäure durch Schmelzen mit Alkali (1), und auch für mehrere andere Naphtolsulfonsäuren

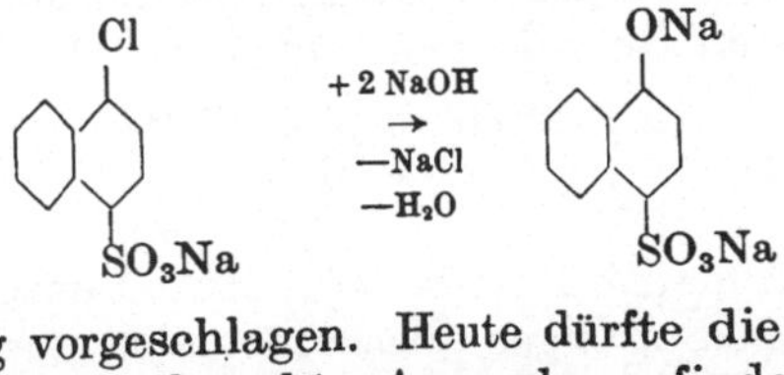

wurde dieser Weg vorgeschlagen. Heute dürfte die Methode in dieser Richtung nur noch beschränkte Anwendung finden, mehr vielleicht für die Darstellung von Phenolen der Benzolreihe (siehe oben Brenzkatechin aus o-Chlor- oder -Bromphenol).

Chlor in der Seitenkette. Benzylalkohol.   Wenn das Chlor nicht im aromatischen Kern selbst steht, sondern in der Seitenkette, so ist es im allgemeinen leichter ersetzbar durch OH, und von dieser Möglichkeit macht man auch weitgehenden Gebrauch. Diese Reaktion ist sehr wichtig insofern, als sie dazu dient, um Benzylalkohol, Benzaldehyd und Benzoësäure darzustellen. — Ebenso wie das

$$(2)\qquad C_6H_5{-}CH_2\cdot Cl \;\xrightarrow[-HCl]{+H_2O}\; C_6H_5{-}CH_2\cdot OH$$

ω-Monochlortoluol 1 Chlor gegen 1 Hydroxyl austauscht (2), so erfährt *Benzaldehyd.* das ω-Dichlortoluol, das sog. Benzalchlorid, den Austausch von zwei

$$(3)\qquad C_6H_5{-}CHCl_2 \;\xrightarrow[-2\,HCl]{+H_2O}\; C_6H_5{-}CHO$$

Chlor (3), und das Benzotrichlorid geht nach der gleichen Reaktion *Benzoësäure.* über in Benzoësäure (4):

$$(4)\qquad C_6H_5{-}CCl_3 \;\xrightarrow[-3\,HCl]{+2\,H_2O}\; C_6H_5{-}COOH \;.$$

Benzaldehyd entsteht nicht nur auf dem eben angegebenen Wege, sozusagen unmittelbar, aus Benzalchlorid, sondern man kann ihn auch erzeugen dadurch, daß man Benzylalkohol z. B. mittels Bleinitrats oxydiert:

$$R\cdot CH_2\cdot OH + O \;\rightarrow\; R\cdot CHO + H_2O\,.$$

Da Benzaldehyd und Benzoësäure für die Teerfarbenindustrie große Bedeutung haben, und zwar Benzaldehyd, ebenso wie seine Derivate, besonders als Komponente für die Erzeugung von Triphenylmethanfarbstoffen (siehe S. 301), und die Benzoësäure vor allem in Form des Benzoylchlorids, $C_6H_5\cdot CO\cdot Cl$, so haben wir in dem Ersatz des Halogens der Seitenkette durch OH eine sehr wichtige Reaktion vor uns. Der Ersatz von Cl durch OH tritt bei Benzylchlorid, Benzalchlorid und Benzotrichlorid ziemlich leicht ein, schon beim Erhitzen mit schwach alkalisch wirkenden, d. h. säurebindenden Mitteln; in der Technik bedient man sich zu diesem Zweck vielfach des Ätzkalks.

Bemerkenswert ist aber, daß auch konzentrierte Schwefelsäure ein wertvolles Mittel zur Überführung des Benzalchlorids und seiner Derivate in die entsprechenden Benzaldehyde darstellt. Die Reaktion (1) erfolgt

$$(1)\qquad C_6H_5{-}CHCl_2 \;\rightarrow\; C_6H_5{-}CHO$$

bereits beim Erwärmen auf etwa 60°. Aus Benzotrichlorid entsteht unter analogen Bedingungen Benzoësäureanhydrid, $C_6H_5\cdot CO\cdot O\cdot CO\cdot C_6H_5$.

Eine weitere, sehr wichtige Reaktion, die in neuerer Zeit sehr große Bedeutung gewonnen hat, ist der Austausch von Halogen gegen Aminogruppen bzw. durch Alkylido- oder Arylidogruppen. Diese Reaktion wäre auszudrücken durch das Schema:

$$R \cdot Cl + NH_3 \xrightarrow[-HCl]{} R \cdot NH_2$$

und

$$R \cdot Cl + H_2N \cdot R' \xrightarrow[-HCl]{} R \cdot NH \cdot R'.$$

Ersatz von Halogen durch Amino-, Alkylido- u. Arylidogruppen.

Ein tiefgreifender Unterschied besteht zwischen der Reaktion eines Alkylamins und eines aromatischen Amins nicht. Nur hat der Ersatz von Chlor durch Arylidogruppen, z. B — $NH \cdot C_6H_5$, im allgemeinen wohl größere technische Bedeutung als der Ersatz von Chlor durch den Alkylidorest, z. B. — $NH \cdot CH_3$. Bei dem Ersatz des Halogens durch Amino-, Alkylido- oder Arylidogruppen treten dieselben Erscheinungen auf wie beim Austausch von Chlor gegen OH. Das an aromatische Reste gebundene Halogen ist im allgemeinen schwer gegen Aminogruppen austauschbar; es kann aber die Austauschfähigkeit des „aromatischen" Halogens sehr erheblich gesteigert werden durch die Gegenwart von Chlor, Nitro-, Sulfo-, Aldehyd- und Karboxylgruppen. Wie also das 2, 4-Dinitrochlorbenzol durch Alkali sehr leicht in 2, 4-Dinitrophenol übergeführt wird, so läßt sich das Dinitrochlorbenzol ohne Schwierigkeit mit aromatischen Aminen umsetzen, derart daß z. B. aus Dinitrochlorbenzol + Anilin das sog. Dinitrodiphenylamin entsteht (1). Analog verlaufen die Reaktionen (2). Zu betonen ist

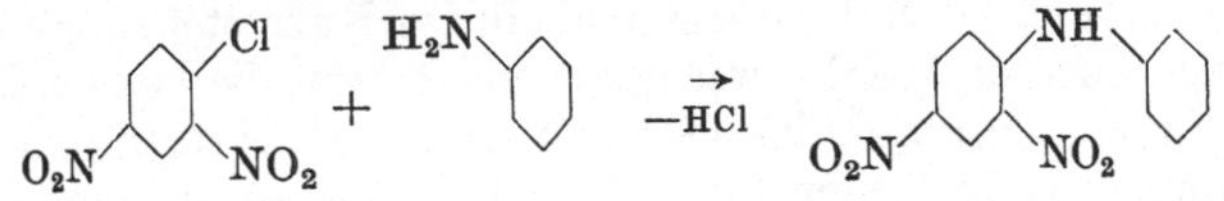

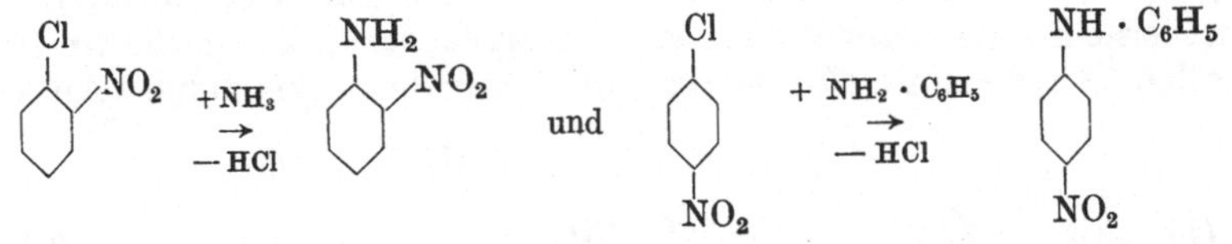

ausdrücklich die o- und die p-Stellung dieser sauren Gruppen; stehen derartige negative Gruppen in m-Stellung zum Halogen, so macht sich ein Einfluß auf die Beweglichkeit des Chlors nicht oder kaum geltend. Hieraus erklärt sich, daß beim Vorhandensein mehrerer Substituenten im Benzolkern der Austausch von Halogen gegen die Aminogruppe einen bestimmten, mit ziemlicher Sicherheit voraussehbaren Verlauf nimmt, wie es die folgenden Symbole andeuten:

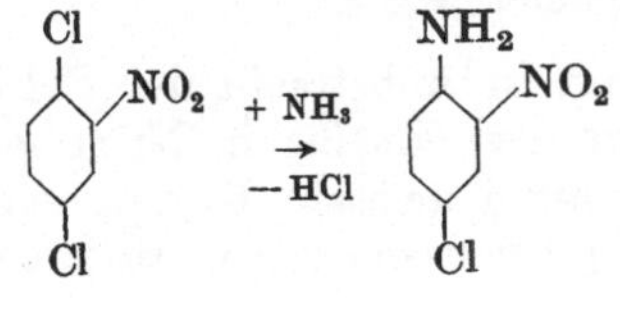

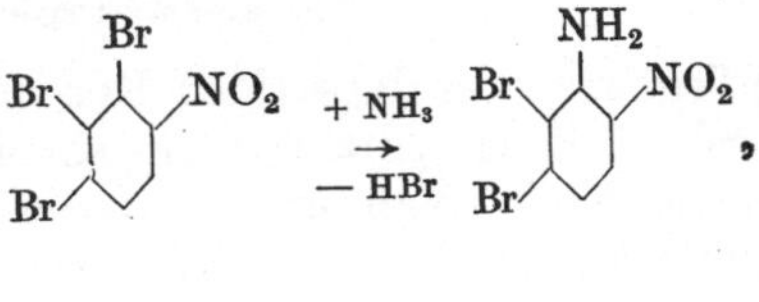

(5) 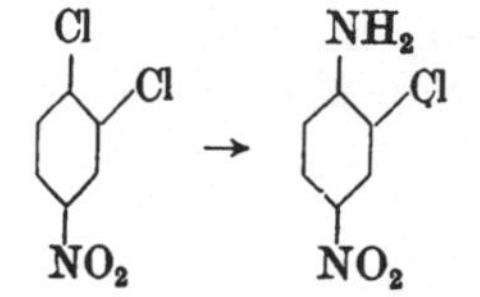

(6) 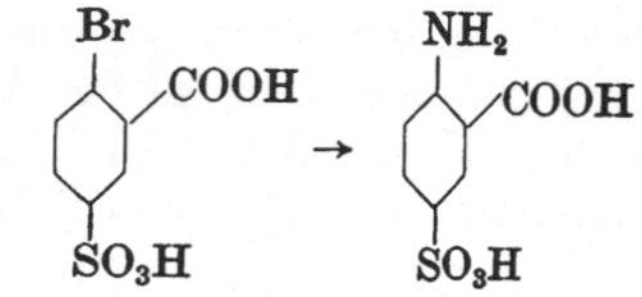

(7) 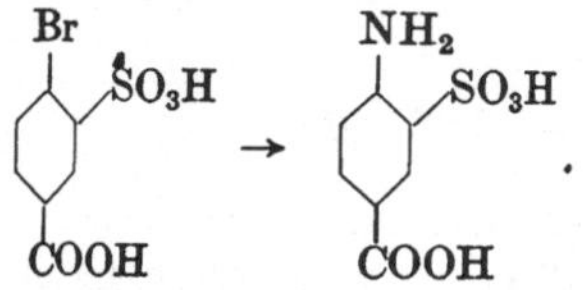

Mitwirkung von Katalysatoren. Es gibt nun eine Reihe von Fällen, in denen derartige aktivierende Gruppen im Kern zwar nicht vorhanden sind und dennoch eine Kondensation stattfinden soll. In solchen Fällen bedarf es der Anwendung eines Katalysators, um einen Austausch des Chlors gegen Amino- usw.-Gruppen herbeizuführen. Diese Reaktion hat neuerdings eine große Bedeutung gewonnen für die Herstellung von wertvollen Küpenfarbstoffen, insbesondere der Anthracenreihe. Man kann durch Anwendung dieser katalytischen Methode Farbstoffe von sehr großem Molekulargewicht aufbauen. Es lassen sich z. B. sehr leicht 2, 3 oder 4 Anthracenkerne miteinander verknüpfen, in ähnlicher Weise wie oben die beiden Benzolkerne des Dinitrodiphenylamins durch NH verknüpft wurden. Als Beispiel sei angeführt die Kondensation des 1, 5-Dibromanthrachinons mit zwei Mol. β-Aminoanthrachinon (1). Die Reaktionsfähigkeit der beiden Bromatome des 1, 5-Dibromanthrachinons ist, weil die Bromatome ohne weitere Substituenten allein im Kern stehen, an sich gering; allerdings wird sie wohl etwas gesteigert durch die beiden CO-Gruppen des Anthrachinonmoleküls. Jedenfalls aber bedarf es, um die Reaktionsgeschwindigkeit in einer für technische Zwecke ausreichenden Weise zu erhöhen, der Anwendung von Katalysatoren. Als solche finden vor allem Kupfer und Kupfersalze weitgehende Anwendung. Außerdem

(1) 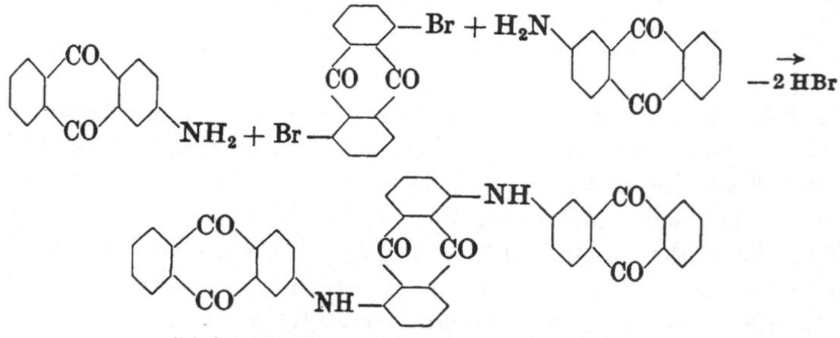

Di-β-Anthrachinonyl-1, 5-Diaminoanthrachinon.

pflegt man bei derartigen Kondensationen in Anbetracht der Schwerlöslichkeit der Anthrachinonabkömmlinge zweckmäßig in Nitrobenzol zu arbeiten. Man erhitzt die in Nitrobenzol gelösten Komponenten, unter Zufügung von metallischem Kupferpulver oder von Kupferacetat.

Das Acetat dient in der Regel gleichzeitig zum Abstumpfen der entstehenden Halogenwasserstoffsäuren; als Neutralisationsmittel können außer Acetaten auch Karbonate dienen.

Primäre aromatische Amine.

Bemerkt sei, daß man neuerdings versucht hat, auch einfache aromatische Amine aus den entsprechenden technisch leicht zugänglichen Halogenderivaten herzustellen, z. B. Anilin aus Chlorbenzol (1). Praktisch dürfte diese Methode auf solche einfache Fälle jedoch kaum An-

(1) 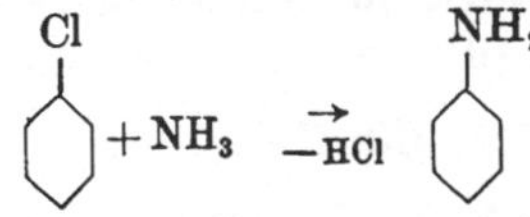

wendung finden. Aber etwas anders liegen die Verhältnisse schon beim p-Nitrochlorbenzol. Es erscheint nicht unmöglich, das p-Nitroanilin technisch mit Vorteil aus dem p-Nitrochlorbenzol zu gewinnen (2). Ähnlich verhält es sich mit der p-Chlorbenzolsulfonsäure. Diese würde sich in analoger Weise in die Sulfanilsäure überführen lassen, entsprechend der Gleichung (3). Ob derartige Verfahren technische Anwendung

(2) 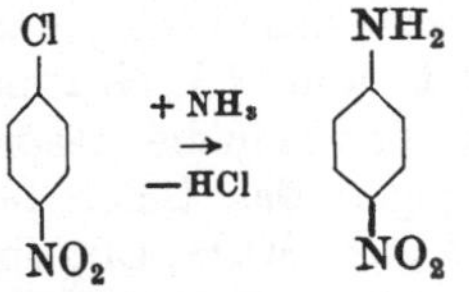

(3) 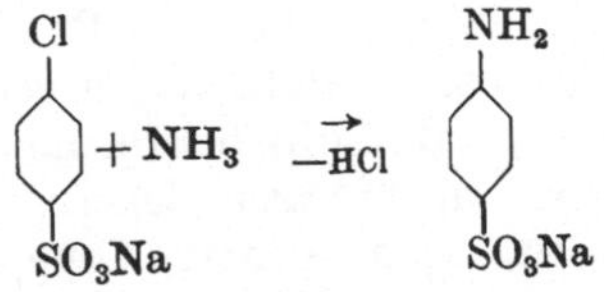

finden, hängt von mancherlei Umständen ab, und zwar durchaus nicht nur von rein chemischen Erwägungen. Vor allem spielt die Apparatur hierbei eine äußerst wichtige Rolle, ganz abgesehen von den Kosten der Rohmaterialien und Hilfsstoffe.

Chlor in der Seitenkette.

Benzylaniline.

Ganz anders wie die aromatischen verhalten sich die aliphatischen oder diejenigen aliphatisch-aromatischen Halogenverbindungen, bei denen das Halogen in der Seitenkette steht, wie z. B. beim Benzylchlorid; dieses unterliegt nicht nur erheblich leichter der Hydrolyse (siehe S. 241), sondern es reagiert auch viel leichter wie das kernsubstituierte Chlorbenzol mit Ammoniak oder Aminen. Aus diesem Grunde kann, ähnlich wie die Alkylhalogenide, auch das Benzylchlorid gegenüber den aromatischen Aminen als Alkylierungsmittel dienen. Aus 1 Mol. Benzylchlorid und 1 Mol. Anilin erhält man das Monobenzylanilin:

$$C_6H_5 \cdot CH_2 \cdot Cl + H_2N \cdot C_6H_5 \xrightarrow{-HCl} C_6H_5 \cdot CH_2 \cdot NH \cdot C_6H_5;$$

läßt man 2 Mol. Benzylchlorid auf 1 Mol. Anilin reagieren, so entsteht das Dibenzylanilin $C_6H_5 \cdot N(CH_2 \cdot C_6H_5)_2$, das als wertvolle Komponente für Triphenylmethan-, Thiazinfarbstoffe usw. von Interesse ist.

Phenylglycin-o-Karbonsäure.

Es sei hier noch eine katalytische Kondensation (1) angeführt, die vor einer Reihe von Jahren vorgeschlagen wurde behufs Herstellung der für die Synthese des Indigos damals sehr wichtigen Phenylglycin-o-Karbonsäure, und zwar aus o-Chlorbenzoësäure und Glycin, $H_2N \cdot CH_2 \cdot COOH$:

(1) 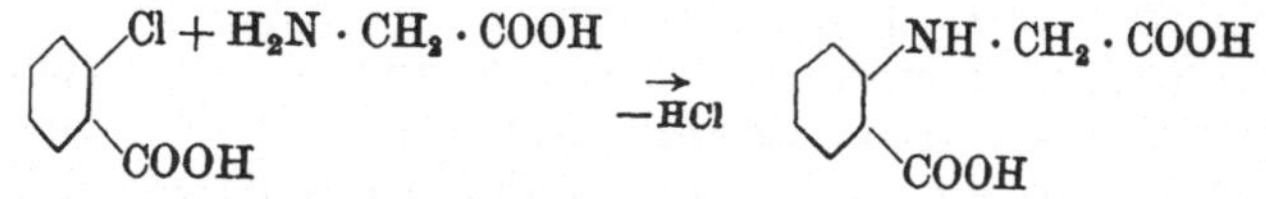 ... $Cl + H_2N \cdot CH_2 \cdot COOH$ ... $\xrightarrow{-HCl}$ ... $NH \cdot CH_2 \cdot COOH$ ... COOH ,

in Gegenwart von Kupfer oder von Kupfersalzen. Diese Reaktion hat nie technische Bedeutung erlangt, weil ihre Verwirklichung zu teuer ist gegenüber der älteren Methode, die zwar, entsprechend dem Schema (2), ein-

(2) 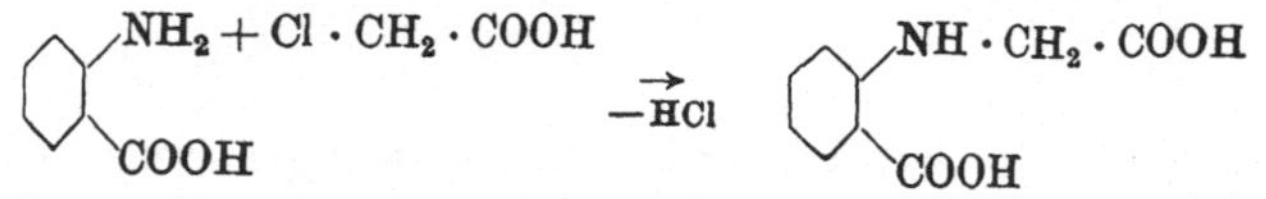 ... $NH_2 + Cl \cdot CH_2 \cdot COOH$ ... $\xrightarrow{-HCl}$ ... $NH \cdot CH_2 \cdot COOH$ ... COOH

facher und technisch leichter ausführbar, jedoch gleichfalls veraltet ist, da man statt der o-Karbonsäure heute das Phenylglycin selbst zur Synthese des Indigos benutzt.

Ersatz von Halogen durch die Sulfogruppe. Eine dritte allgemeinere Reaktion der aromatischen Halogenverbindungen betrifft den Austausch von Halogen durch die Sulfogruppe. Auch hier gilt bezüglich der Reaktionsfähigkeit das gleiche, was vorhin beim Austausch von Halogen gegen die OH- und NH_2-Gruppe gesagt wurde. Es würde Chlorbenzol nur sehr schwierig sich in die entsprechende Sulfonsäure überführen lassen; wenn dagegen das Chlor beweglich gemacht ist durch negative Gruppen (NO_2, COH, SO_3H, Cl), dann wird es befähigt, der Sulfogruppe zu weichen. Diese Reaktion hat u. a. Anwendung gefunden, wenn es sich darum handelt, die Sulfogruppe einzuführen in aromatische Aldehyde, also einen Chlorbenzaldehyd umzuwandeln in eine Benzaldehydsulfonsäure. Dies geschieht nach der allgemeinen Gleichung:

$$R \cdot Cl + Na_2SO_3 \ \rightarrow \ R \cdot SO_3Na + NaCl;$$

es entsteht also durch die Einwirkung von neutralem Sulfit auf den Halogenaldehyd die entsprechende Sulfonsäure des Aldehyds. Auf diese Weise erhält man z. B. aus dem o-Chlorbenzaldehyd (1) beim Erhitzen unter Druck die Benzaldehyd-o-Sulfonsäure (2) (Na-Salz). Analog reagiert der 2, 5-Dichlorbenzaldehyd (3); er liefert eine Chloraldehydsulfonsäure (4), indem eines der beiden Chloratome gegen den Rest SO_3Na

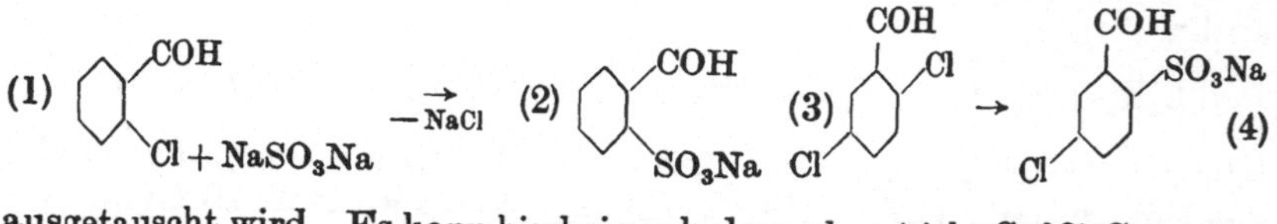

(1) ... COH ... $Cl + NaSO_3Na$ ... $\xrightarrow{-NaCl}$ (2) ... COH ... SO_3Na ... (3) ... COH, Cl, Cl ... $\rightarrow$ ... COH, SO_3Na, Cl (4)

ausgetauscht wird. Es kann hierbei nach dem oben (siehe S. 93) Gesagten keinem Zweifel unterliegen, welches der beiden Chloratome gegen die Sulfogruppe ausgetauscht wird. Das Chlor in 2 befindet sich in o-Stellung zur Aldehydgruppe, das Chloratom in 5 hingegen in m-Stellung. Das ersterwähnte Chloratom ist also das beweglichere, und infolgedessen wird es durch die Sulfogruppe ersetzt, während das Chlor in 5 seine Stellung beibehält. Als lehrreiche Beispiele seien noch die folgenden angeführt (3 bis 8):

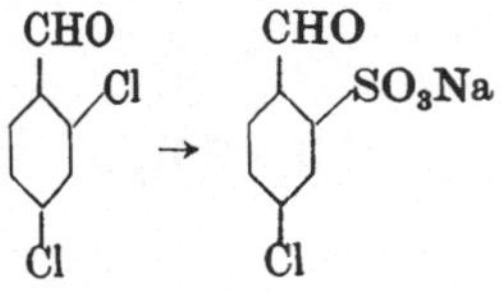

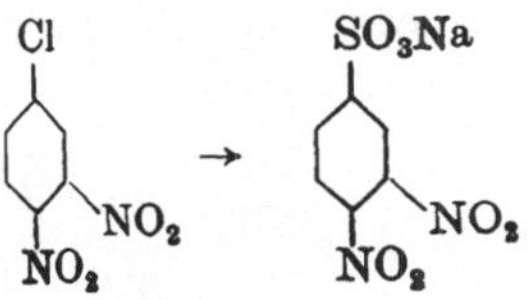

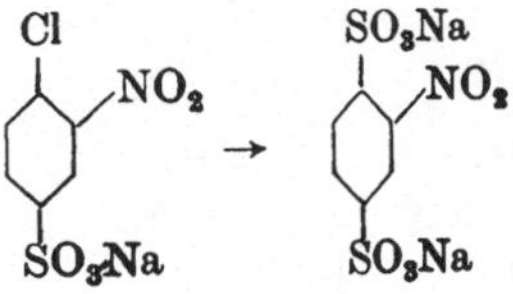

Wie das Beispiel (9) zeigt, wirkt selbst die acetylierte Aminogruppe aktivierend auf p-ständiges Halogen ein:

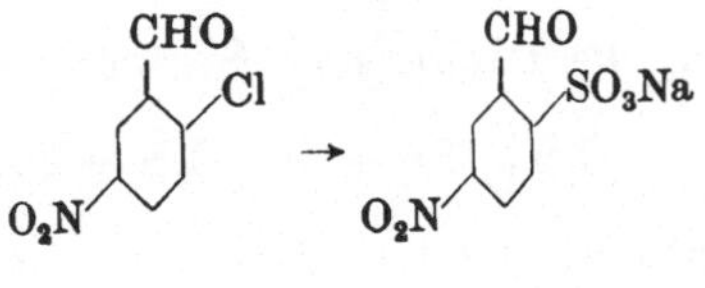

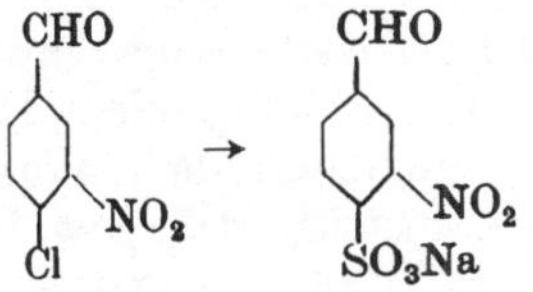

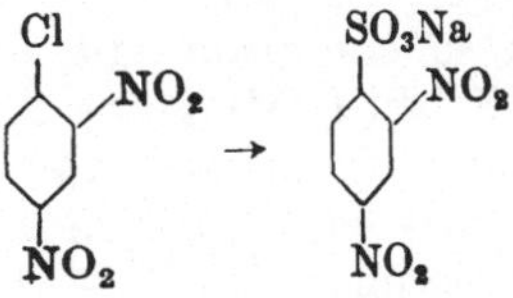

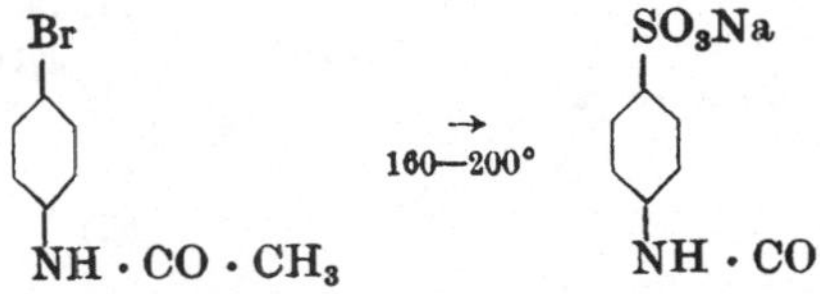

Während die rein aliphatischen Halogenide, wie auch das Benzylchlorid:

$$C_6H_5 \cdot CH_2 \cdot Cl \xrightarrow[-NaCl]{+\,Na_2SO_3} \cdot C_6H_5 \cdot CH_2 \cdot SO_2Na,$$

sich leicht in die entsprechenden Sulfonsäuren überführen lassen, ohne daß es der Gegenwart weiterer saurer Gruppen bedarf, erlangen die kernsubstituierten aromatischen Halogenderivate, falls nicht außerdem noch aktivierende saure Gruppen in o- oder p-Stellung vorhanden sind (s. o.), erst infolge der Anwesenheit von Katalysatoren eine Reaktionsfähigkeit, die der Reaktionsfähigkeit der aliphatischen Verbindungen entspricht.

Von untergeordneter Bedeutung, obwohl auch diese Reaktionen hier und da technische Anwendung finden, ist der Austausch von „beweglichem" Halogen gegen die Cyan- und Rhodangruppe, entsprechend den Symbolen:

$$R \cdot Br \xrightarrow[-KBr]{+KCN} R \cdot CN \quad \text{und} \quad R \cdot Br \xrightarrow[-KBr]{+K \cdot S \cdot CN} R \cdot S \cdot CN.$$

Andere Umsetzungen.

Auf die weitere Verwendung der aromatischen Halogenverbindungen, z. B. nach Grignard:

$$C_6H_5Br + Mg \rightarrow C_6H_5 \cdot Mg \cdot Br,$$

oder für die Fittigsche Synthese:

$$C_6H_5 \cdot Br + Br \cdot C_2H_5 + Na_2 \xrightarrow[-2\,NaBr]{} C_6H_5 \cdot C_2H_5,$$

kann hier nur andeutungsweise hingewiesen werden.

Ersatz von Halogen durch Wasserstoff.

Dagegen soll an dieser Stelle nicht unerwähnt bleiben, daß die vielfach so energisch auf den aromatischen Kern reagierenden und andere Substituenten aus ihren Stellungen verdrängenden **Halogene** doch auch ihrerseits unter gewissen Bedingungen dem **Wasserstoff** weichen müssen. Insofern ist also die Reaktion der gewöhnlichen Halogenisierung: $R \cdot H + Cl_2 \rightarrow R \cdot Cl + HCl$ teilweise umkehrbar zu: $R \cdot Cl + H_2 \rightarrow R \cdot H + HCl$. Als Beispiele seien die folgenden Fälle angeführt:

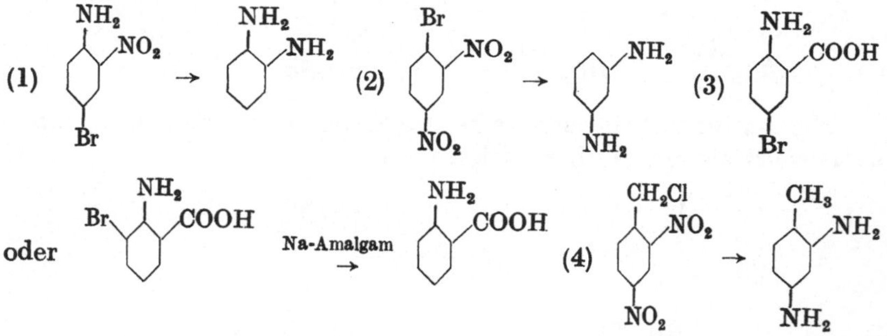

Die wichtigsten Reaktionen des vorstehenden Abschnittes lassen sich in folgendem Schema zusammenfassen:

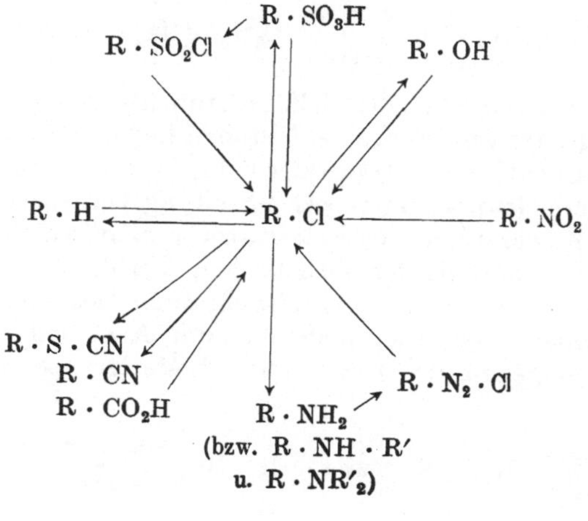

B) Die Sulfonierung.

Die Methode der Sulfonierung findet Anwendung einerseits auf Farb- $\quad$ Bedeutung d.
stoffe, andererseits auf Zwischenprodukte. Was die Sulfonierung der $\quad$ Sulfonierung.
Farbstoffe selbst anbelangt, so spielt sie in einzelnen Fällen eine nicht
unwichtige Rolle, da sie, ähnlich wie die Halogenisierung, die Eigenschaften der Farbstoffe (vor allem der sog. basischen Farbstoffe) in
auffallend günstiger Weise zu beeinflussen vermag. Da die nachträgliche
Einführung von Sulfogruppen in Farbstoffe, von Sonderfällen abgesehen, im allgemeinen keinerlei Bemerkenswertes bietet, so soll sie hier
nicht näher betrachtet werden, sondern ausschließlich die Sulfonierung
der Zwischenprodukte, für die diese Methode ihre größte Bedeutung hat.
Hierbei kann man, ähnlich wie bei den Halogenisierungen (siehe S. 67),
unterscheiden

1. Sulfonierungen, bei denen der Wasserstoff eines Radikals
durch die Sulfogruppe unmittelbar ersetzt wird, und

2. solche Reaktionen, bei denen nicht Wasserstoff, sondern ein
anderes Atom oder eine andere Atomgruppe durch den SO_3H-Rest
ersetzt wird.

Was die Sulfonierungen der ersten Art anlangt, so dienen als Mittel $\quad$ Sulfonie-
zur Verwirklichung dieser Reaktion: die wasserhaltige konzentrierte $\quad$ rungsmittel.
Schwefelsäure mit etwa 95% H_2SO_4, oder die 100%ige H_2SO_4 selbst, das
sog. Monohydrat, oder eine Mischung aus Monohydrat und SO_3, das sog.
„Oleum", von verschiedenem SO_3-Gehalt[1]). Als Sulfonierungsmittel
hat ferner die sog. Chlorsulfonsäure, $ClSO_3H$, vielfache Anwendung
gefunden; es ist das eine Verbindung, die z. B. aus $SO_3 + HCl$ entsteht:

$$O_2SO + HCl \;\rightarrow\; O_2S{<}^{OH}_{Cl} \;.$$

Die Einwirkung der Schwefelsäure auf aromatische Verbindungen $\quad$ Aromatische
verläuft im allgemeinen ganz erheblich glatter und leichter wie die $\quad$ Sulfon-
Einwirkung von Schwefelsäure auf gesättigte Verbindungen der Fett- $\quad$ säuren.
reihe. Sie vollzieht sich nach dem Schema:

$$R \cdot H + H_2SO_4 \;\xrightarrow[-H_2O]{}\; R \cdot SO_3H$$

und führt zu den aromatischen Sulfonsäuren. Wenn man die verschie- $\quad$ Unterschiede
densten aromatischen Körper der sog. Sulfonierung (auch Sulfurierung $\quad$ in der Sulfo-
oder Sulfierung genannt) unterwirft, so wird man sehen, daß sie sich $\quad$ nierbarkeit.

---

[1]) Man spricht in dieser Beziehung von 10er, 23er, 60er, 80er Oleum; es
sind das Mischungen aus H_2SO_4 und freiem SO_3, in den enthalten sind 10%,
23%, 60%, 80% usw. freies SO_3. Die Prozentzahlen geben also an, wieviel
Prozent freies SO_3 in diesen Gemischen zu finden sind. Diese Mischungen von
Monohydrat und SO_3 weisen bezüglich der Schmelzpunkte gewisse Eigentümlich-
keiten auf. Es gibt einzelne Oleummischungen, z. B. solche mit 30—55% oder
mit $>70\%$ SO_3, die bei niedrigen Temperaturen, etwa $+10°$, bereits fest sind,
derart, daß Schwierigkeiten beim Gebrauch eines solchen Oleums entstehen
können, da es vor seiner Verwendung wieder geschmolzen werden muß, während
z. B. das viel benutzte 23er Oleum erst bei $-4°$ erstarrt.

sehr unterschiedlich gegenüber der Schwefelsäure verhalten. Es gibt aromatische Verbindungen, die sich sehr leicht sulfonieren lassen, z. B. die Phenole und Naphtole, Resorzin usw. Phenol gibt mit $1^{1}/_{2}$ Mol. konzentrierter H_2SO_4 schon bei 15—20° etwa 40% o- und 60% p-Monosulfonsäure; Resorzin liefert mit 2 Mol. konzentrierter H_2SO_4 bei 60° angeblich sogar quantitativ eine Disulfonsäure. Es gibt andere aromatische Verbindungen, die sich ziemlich leicht sulfonieren lassen, z. B. Naphtalin; es gibt wieder andere, bei denen man schon gewisse Schwierigkeiten bei der Sulfonierung merkt; z. B. Benzol sulfoniert sich schon etwas schwerer wie Naphtalin. Es erfordert zur vollkommenen Monosulfonierung 2 Mol. konzentrierter H_2SO_4 bei etwa 80°; dann gibt es ferner solche, bei denen es einer noch höheren Temperatur bedarf, wie z. B. beim Nitrobenzol; und schließlich finden sich aromatische Verbindungen, die nur sehr schwer sulfoniert werden können, die sich mit konzentrierter Schwefelsäure oder mit Monohydrat überhaupt nicht einigermaßen glatt sulfonieren lassen, und zu deren Sulfonierung daher die Anwendung von Oleum bei höheren Temperaturen erforderlich ist. Dies gilt z. B. für m-Dinitrobenzol und Anthrachinon sowie für Benzoësäure, die sich mit rauchender Schwefelsäure bei 200° sulfoniert (1); ferner für die o- und p-Nitro- und -Amino-Phenole (2). In einzelnen Fällen, in denen man die Sulfonierung in eine bestimmte Richtung lenken will, wendet man die obenerwähnte sehr reaktionsfähige Chlorsulfonsäure an, z. B. wenn es sich um die Besetzung einer

$$(1) \qquad \underset{}{\overset{COOH}{\bigcirc}} \;\rightarrow\; \underset{SO_3H}{\overset{COOH}{\bigcirc}}$$

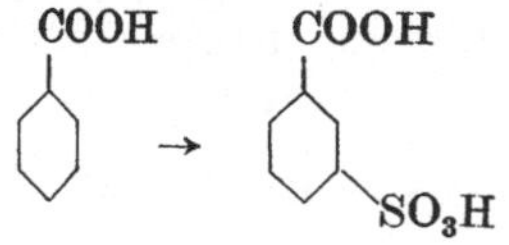

$$(2) \qquad \underset{}{\overset{OH}{\bigcirc}}NO_2 \;\xrightarrow{ClSO_3H}\; \underset{SO_3H}{\overset{OH}{\bigcirc}}NO_2 \quad oder \quad \underset{}{\overset{OH}{\bigcirc}}NH_2 \;\rightarrow\; \underset{SO_3H}{\overset{OH}{\bigcirc}}NH_2$$

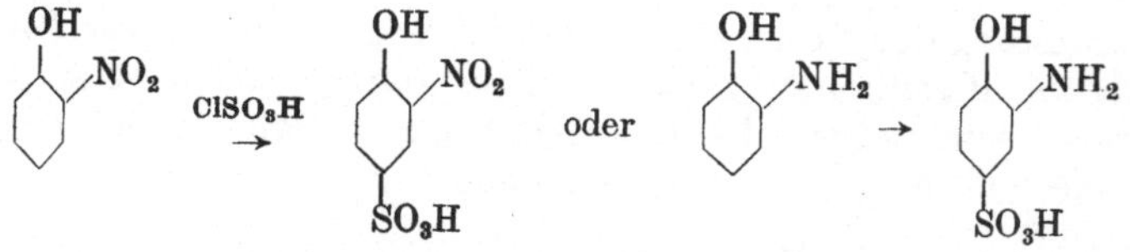

bestimmten Stellung im Molekül handelt und Schwefelsäure selbst dazu nicht geeignet ist, oder wenn man nicht die Sulfonsäure selbst, sondern das sog. Sulfochlorid, das Säurechlorid der Sulfonsäure, erhalten will:

$$(3) \quad R \cdot H + HOSO_2Cl \;\xrightarrow[-H_2O]{}\; R \cdot SO_2 \cdot Cl .$$

Ob bei der Einwirkung von $Cl \cdot SO_3H$ eine Sulfonsäure entsteht:

$$(4) \quad R \cdot H + Cl \cdot SO_3H \;\xrightarrow[-HCl]{}\; R \cdot SO_3H$$

oder, gemäß obigem Reaktionsschema (3), das entsprechende Sulfochlorid, hängt von den Reaktionsbedingungen ab (siehe Näheres S. 149).

Man ersieht aus obigem, daß die besonderen Umstände eines jeden einzelnen Falles darüber entscheiden, ob man 95%ige Schwefelsäure oder Monohydrat oder Oleum oder Chlorsulfonsäure anzuwenden hat. Es ist daher jedesmal vorher genau festzustellen, wie sich der zu sulfonierende Körper den verschiedenen Sulfonierungsagentien gegenüber verhält.

Es seien nunmehr einige Gesetzmäßigkeiten erwähnt, nach denen die Sulfonierungen stattfinden. Gegeben sei zunächst der einfachste Fall, daß an dem aromatischen Körper ein Substituent überhaupt noch nicht vorhanden ist, daß es sich also um einen einfachen Kohlenwasserstoff handelt, etwa um Benzol, Naphtalin oder Anthracen. *(Gesetzmäßigkeiten.)*

Was zunächst das Benzol anlangt, so sulfoniert sich dieses bereits, wie oben erwähnt, mit 95%iger Schwefelsäure, etwas leichter mit Monohydrat, und zwar bei verhältnismäßig niedrigen Temperaturen; hierbei tritt zunächst eine Sulfogruppe ein (1). Wenn man weiterhin auf diese *(Sulfonierung des Benzols.)*

$$\text{H} + \text{HOSO}_3\text{H} \quad \xrightarrow[-\text{H}_2\text{O}]{} \quad \text{SO}_3\text{H} \qquad (1)$$

Benzolmonosulfonsäure mit starker, zweckmäßig rauchender Schwefelsäure einwirkt, so tritt eine Gesetzmäßigkeit zutage, darin bestehend, daß die Sulfogruppe nicht willkürlich in irgendeine beliebige von den noch vorhandenen fünf Stellen eintritt; sondern die bereits im Kern enthaltene Sulfogruppe weist der zweiten, neu eintretenden Sulfogruppe ihren Platz an, und zwar derart, daß ganz vorwiegend die m-Disulfonsäure (2) entsteht. Daneben bildet sich, aber in geringer Menge, auch die entsprechende p-Disulfonsäure (4), und zwar wird deren Entstehung begünstigt durch höhere Temperaturen und länger dauernde Einwirkung. Würde man die m-Disulfonsäure noch weiter mit Oleum behandeln, so würde eine dritte Sulfogruppe eintreten, und zwar vorwiegend in

$$(1) \quad \underset{\text{H}}{\text{SO}_3\text{H}} + \text{H}_2\text{SO}_4 \xrightarrow[-\text{H}_2\text{O}]{} \quad (2) \quad \underset{\text{SO}_3\text{H}}{\text{SO}_3\text{H}} \xrightarrow{} \quad (3) \quad \underset{\text{HO}_3\text{S} \qquad \text{SO}_3\text{H}}{\text{SO}_3\text{H}} \quad (4) \quad \underset{\text{SO}_3\text{H}}{\text{SO}_3\text{H}}$$

die 5-Stellung. Man würde also die 1, 3, 5-Trisulfonsäure (3) erhalten. Es entstehen demnach hintereinander: die Benzolmonosulfonsäure, die Benzol-m-Disulfonsäure und die Benzol-1, 3, 5-Trisulfonsäure.

Aus der oben wiedergegebenen Sulfonierungsgleichung: *(Wirkung der Verdünnung des Sulfonierungsmittels.)*

$$\text{R} \cdot \text{H} + \text{H}_2\text{SO}_4 \xrightarrow[-\text{H}_2\text{O}]{} \text{R} \cdot \text{SO}_3\text{H}$$

geht hervor, daß bei der Einwirkung von Schwefelsäure auf einen aromatischen Kohlenwasserstoff die Sulfonierung sich unter Bildung von Wasser vollzieht, und das ist insofern sehr beachtenswert, als ja durch das Wasser eine Verdünnung der Schwefelsäure stattfindet. Läßt man z. B. Schwefelsäure von 95% H_2SO_4 auf Benzol einwirken, so entsteht bei der Sulfonierung von 1 Mol. Benzol 1 Mol. Wasser; gleichzeitig wird 1 Mol. H_2SO_4 verbraucht, verschwindet also aus dem Sulfonierungsgemisch. Dafür geht aber 1 Mol. Wasser in die übrigbleibende Schwefelsäure. Es findet also durch die Aufnahme des Reaktionswassers in die sog. „Sulfonierungsschmelze" eine nicht unerhebliche Verdünnung der Schwefelsäure statt[1]). Einige Prozente machen hier natürlich schon etwas aus, insofern als sie das Sulfonierungsvermögen der Schwefelsäure merklich herabsetzen.

Die Verdünnung der Schwefelsäure infolge der eingetretenen Sulfonierung wirkt nämlich nach zwei Richtungen:

1. Hat diese Verdünnung zur Folge, daß, wenn nicht ein genügend großer Überschuß an Schwefelsäure vorhanden ist, es überhaupt nicht zu einer weiteren Sulfonierung des Kohlenwasserstoffes kommt. Es wird also der Kohlenwasserstoff nicht vollkommen sulfoniert, sondern nur bis zu etwa 75 oder 80%. Obwohl also die 95%ige Schwefelsäure ursprünglich sehr wohl imstande ist, die Sulfonierung des aromatischen Körpers herbeizuführen, so wird durch die Verdünnung im Laufe der Sulfonierung die Schwefelsäure, wenn sie in unzureichenden Mengen angewandt wird, so schwach, daß die Sulfonierung zum Stillstand kommt. Während bei Anwendung von 5 Mol. Schwefelsäure (von 95%) auf 1 Mol. Benzol die Konzentration, wie oben berechnet (siehe Fußnote), von 95% auf etwa 90% zurückgeht, fällt sie bei 4 Mol. auf 88,4%, bei 3 Mol. auf 85,4% und bei 2 Mol. (d. h. bei Anwendung eines Überschusses von nur 1 Mol.) auf 77,6%. Die Folge einer zu weitgehenden Verdünnung ist daher, daß die letzten Anteile des aromatischen Kohlenwasserstoffes nicht mehr sulfoniert werden. Diesem vorzeitigen Aufhören der Sulfonierung kann man vorbeugen dadurch, daß man entweder entsprechende Überschüsse von Schwefelsäure anwendet, oder dafür sorgt, daß die ursprüngliche Konzentration wieder erreicht wird bzw. erhalten bleibt, und das geschieht durch Zufügen von Oleum. Es stehen also zwei Mittel zur Verfügung in Fällen, in denen die Durchführung der vollkommenen Sulfonierung Schwierigkeiten bereitet. Entweder man wendet beträchtliche Mengen einer dünneren Schwefelsäure an, oder man bedient sich einer beschränkten Menge dünnerer Schwefelsäure,

Unvoll
kommene
Sulfonierung.

---

[1]) H_2SO_4 von 95% enthält auf 98 g H_2SO_4 ca. 5,158 g H_2O. Wenn man daher 1 Mol. C_6H_6 mit 5 Mol. H_2SO_4 von 95% sulfoniert, so erhält man 1 Mol. $C_6H_5 \cdot SO_3H$ + 1 Mol. H_2O + 5,158 g H_2O + 4 Mol. H_2SO_4 von 95%. Es entsteht also bei obiger (quantitativ verlaufend gedachter) Sulfonierung ein Gemisch aus 158 g Benzolsulfonsäure, $C_6H_5 \cdot SO_3H$, +4×98 g H_2SO_4 + (5×5,158 + 18) g H_2O. Das Verhältnis von Schwefelsäure zu Wasser entspricht daher 392 zu 43,79. Demnach ist die Schwefelsäure durch die Sulfonierung des Benzols zur Monosulfonsäure in ihrem Gehalt heruntergegangen von 95% auf etwa 90%, wobei von der tatsächlichen weiteren Verdünnung durch die 158 g Benzolmonosulfonsäure gänzlich abgesehen ist. Man ersieht jedenfalls hieraus, daß die Schwefelsäure durch die Sulfonierung ganz beträchtlich verdünnt wird. Dies ist in erhöhtem Maße der Fall, wenn man die Sulfonierung nicht, wie oben angenommen, mit 5 Mol., sondern nur etwa mit 4, 3 oder gar 2 Mol. Schwefelsäure bewirkt, wie dies in vereinzelten Fällen in der Technik üblich ist.

hebt aber die durch die Sulfonierung bewirkte Verdünnung auf durch allmählichen Zusatz von rauchender Schwefelsäure. Man kann aber, wie ohne weiteres zu verstehen, auch so verfahren: Man wendet von vornherein eine Mischung aus einer dünneren Schwefelsäure, z. B. Monohydrat, und Oleum an, um auch zum Schluß noch eine solche Konzentration der Schwefelsäure zu haben, daß die Sulfonierung zu Ende gehen kann. Welche Möglichkeit man bevorzugt: Viel von der dünneren Schwefelsäure (etwa 6—7 Teile) oder eine Mischung aus wenig dünnerer Säure (etwa 4 Teile) + 1 Teil Oleum, wird in der Regel eine Preisfrage sein[1]).

2. Noch ein anderer Punkt ist hier zu berühren, nämlich inwiefern gerade die allmähliche Verdünnung der Schwefelsäure oder des sonstigen sulfonierenden Agens von Interesse und Bedeutung ist. Wie vorhin erwähnt, läßt sich Benzol sulfonieren nicht nur zur Mono-, sondern auch zur Di- und Trisulfonsäure. Es wird aber meist erwünscht sein, die Sulfonierung bei einem bestimmten Punkte, etwa bei der Monosulfonierung, aufzuhalten, und da kann sich der Umstand als sehr wesentlich herausstellen, daß durch die Sulfonierung, nachdem 1 Mol. Schwefelsäure in den Benzolkern eingetreten ist, die Schwefelsäure so verdünnt wird, daß die Gefahr der Disulfonsäurebildung verschwindet. Im allgemeinen wird die Herstellung einer Disulfonsäure mit Rücksicht auf die dazu erforderliche Endkonzentration mehr Schwefelsäure nötig machen, als für die Herstellung einer Monosulfonsäure gebraucht wird; eine Disulfonsäure bildet sich also schwerer wie eine Monosulfonsäure und eine Trisulfonsäure schwerer wie eine Disulfonsäure, so daß z. B. eine Schwefelsäure, deren Konzentration noch genügt für die Bildung der Monosulfonsäure, für die Bildung der Disulfonsäure bei weitem nicht mehr ausreicht. Durch diesen Umstand wird es ermöglicht, ziemlich genau die Grenze einzuhalten zwischen der vollkommenen Monosulfonierung und der eben beginnenden Disulfonierung, jedoch nur bei Beobachtung gewisser Vorsichtsmaßregeln.

Angenommen, es handle sich um folgendes Sulfonierungsgemisch: 100 g des aromatischen Körpers, der sulfoniert werden soll, 400 g Monohydrat, 100 g 23er Oleum. Es sei in der Weise gearbeitet worden, daß das Monohydrat-Oleumgemisch vorgelegt und der aromatische Körper in dieses Gemisch eingetragen wurde. Dadurch, daß die ersten 10 g eingetragen und sulfoniert wurden, entsteht die äquivalente Menge Wasser, entsprechend der Gleichung von S. 91. Das Reaktionswasser wird vom Oleum gebunden zu Schwefelsäure; dies hat eine weitere sehr erhebliche Erwärmung zur Folge. Wenn man also in der Weise anfangen wollte zu sulfonieren, daß man ohne Vorsichtsmaßregeln von den 100 g des aromatischen Körpers zunächst 10 g einträgt, so würde die Temperatur

Vermeidung
der Übersul-
fonierung.

---

[1]) Man wird also vorliegendenfalls zu prüfen haben, was das billigere ist, 1 Teil Oleum oder die 2—3 Teile Monohydrat, die man statt seiner mehr braucht, wobei u. U. auch der zur Neutralisation der Sulfonierungsschmelze erforderliche Kalk zu berücksichtigen ist.

beträchtlich steigen; und nun befände sich der verhältnismäßig geringe Betrag von 10 g Substanz einer großen Menge heißer, immer noch sehr starker Schwefelsäure gegenüber, die sogar noch SO_3 enthält. Es würde daher aus den ersten 10 g nicht nur eine Monosulfonsäure entstehen, sondern diese Säure würde sich teilweise zur Di- oder sogar Trisulfonsäure weiter sulfonieren. Man sieht also, man wird entweder zunächst nur mit Monohydrat sulfonieren, und erst wenn die 100 g Substanz eingetragen sind, wird man, um die Sulfonierung zu beenden, Oleum hinzufügen; oder man wird durch starke Abkühlung verhindern, daß das Sulfonierungsgemisch infolge der Bildungswärme des Wassers und infolge der Reaktion zwischen Oleum und Wasser eine höhere Temperatur annimmt als anfangs vorhanden war. Auf diese Weise wird es in der Regel gelingen, die Entstehung der Disulfonsäure hintanzuhalten, vorausgesetzt, daß nicht das Monohydrat-Oleumgemisch eine solche Anfangskonzentration besitzt, daß es, trotz starker Kühlung und trotz der Verdünnung infolge der Monosulfonsäurebildung aus den ersten 10 g Substanz, doch noch eine kräftige sulfonierende Wirkung auf die Monosulfonsäure auszuüben vermag. Der sicherste Weg ist daher meist der, daß man überhaupt nicht mit einem oleumhaltigen Gemisch anfängt in einem Falle, in dem der aromatische Körper sich verhältnismäßig leicht zur Disulfonsäure sulfoniert. Das wird der Fall sein bei Kohlenwasserstoffen selbst. Wenn aber der aromatische Körper schon mehrere Substituenten enthält und sich infolgedessen schwer sulfoniert, dann kann man unbedenklich die Oleummischung vorlegen und nötigenfalls kühlen. Aber selbst das ist nicht in allen Fällen erforderlich, und man kann dann ohne weiteres den aromatischen Körper nach und nach eintragen. Es kommt also sehr darauf an, wie sich der aromatische Körper gegenüber dem Sulfonierungsgemisch verhält. Ist Gefahr vorhanden, daß bei höherer Temperatur, besonders anfangs infolge des starken Überschusses an Sulfonierungsmittel, die Sulfonierung weiter geht als gewünscht, so muß man entweder stark kühlen, oder man wendet überhaupt nicht das normale Sulfonierungsgemisch an, sondern sozusagen als Ersatzmittel eine schwächere Schwefelsäure, die man vorlegt; man trägt dann zunächst die Gesamtmenge der zu sulfonierenden Substanz in die Schwefelsäure ein und führt die Sulfonierung zu Ende dadurch, daß man, wenn nötig unter gleichzeitiger Erwärmung, noch stärkere Schwefelsäure in Form von Oleum zugibt. Das ist jedenfalls der sicherste Weg. Man wird natürlich nicht eine zu dünne Schwefelsäure vorlegen dürfen; dies würde zuviel Oleum erfordern, um die nötige Konzentration der Schwefelsäure bis zum Schluß aufrechtzuerhalten. Man wird vielmehr mit der Konzentration der vorgelegten Schwefelsäure möglichst hoch hinauf und dafür mit der Temperatur während des Eintragens möglichst weit heruntergehen.

Wir fahren nunmehr fort in der Betrachtung der Gesetzmäßigkeiten bei der Substitution. Ähnlich einer im aromatischen Kern bereits vorhandenen Sulfogruppe, die die neu eintretende Sulfogruppe in die m-Stellung dirigiert (siehe S. 101), verhält sich auch die Nitrogruppe, ferner die Karboxylgruppe und die Aldehydgruppe; sie alle bewirken den Eintritt einer neu eintretenden Sulfogruppe in die m-Stellung; während die Hydroxylgruppe, die Aminogruppe oder Chlor und die Methylgruppe in die o- und p-Stellung dirigieren. Demgemäß entstehen z. B. bei der Sulfonierung von Nitrobenzol, das sich wesentlich schwerer sulfoniert als Benzol selbst, mit rauchender Schwefelsäure bei 60° etwa 90% Nitrobenzol-m-Sulfonsäure (1), und bei der Sulfonierung der Benzoësäure bildet sich fast ausschließlich die Benzoë-m-Monosulfon- Wirkung bereits vorhandener Substituenten.

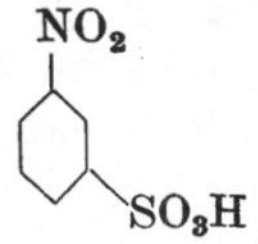

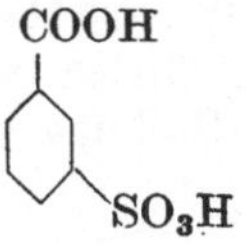

säure = m-Sulfobenzoësäure (2) (siehe oben); während bei Chlorbenzol und bei Toluol die Sulfogruppe vorwiegend in die p-Stellung tritt. Man begegnet hier also ganz ähnlichen Verhältnissen wie bei der Chlorierung.

Im einzelnen sei über die Sulfonierung der Benzolderivate noch folgendes mitgeteilt: Von den drei isomeren Xylolen sulfoniert sich am leichtesten das m-Xylol, und zwar entstehen mit konzentrierter H_2SO_4 bei zweistündigem Erhitzen auf 100° die beiden Sulfonsäuren (1), das o-Xylol sulfoniert sich etwas schwieriger zu (2); am schwierigsten wird p-Xylol sulfoniert zu (3).

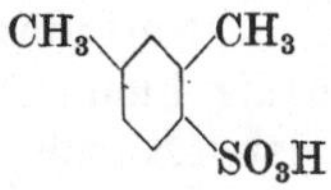

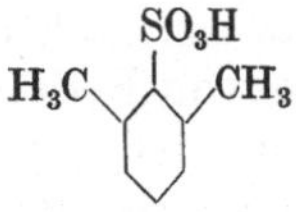

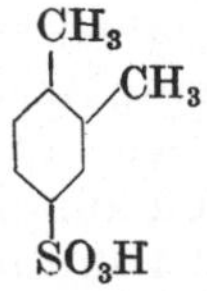

Von Interesse ist noch das Verhalten der Nitroverbindungen bei der Sulfonierung. Wie schon erwähnt, sulfoniert sich Nitrobenzol mit rauchender Schwefelsäure zur m-Sulfonsäure (4). Die gleiche Verbindung erhält man mit 1 Mol. Chlorsulfonsäure; wendet man mehr Chlorsulfonsäure an, so entsteht das Sulfochlorid (5). Beim Vergleich der isomeren Nitrotoluole beobachtet man, daß auch hier das o-Isomere, bei Anwendung rauchender Schwefelsäure, leichter reagiert. Man erhält hierbei Sulfonierung von Nitroverbindungen.

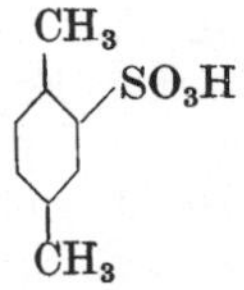

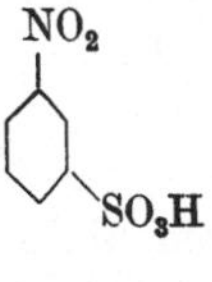

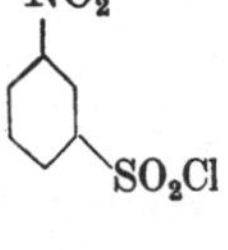

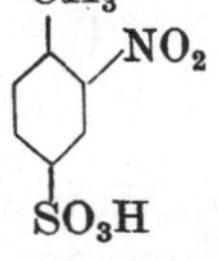

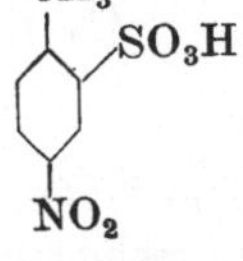

die Sulfonsäure (6) und aus dem p-Isomeren die Säure (7), eine Sulfonsäure, die für die Erzeugung gelber Baumwollfarbstoffe der Stilbenreihe von Wichtigkeit ist.

Von den drei isomeren Nitrochlorbenzolen reagiert gleichfalls die
o-Verbindung am leichtesten, die p-Verbindung am schwersten; man

$$(8) \qquad (9)$$

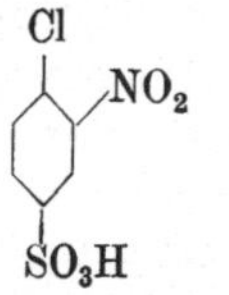

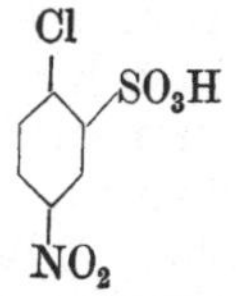

erhält aus ersterer die Säure (8), aus letzterer die Verbindung (9). Bei
m-Nitrochlorbenzol verläuft die Sulfonierung nicht einheitlich. Es entsteht die Säure (10) (also Platzanweisung durch die Nitrogruppe),
Sulfonierung von ar. Aldehyden. daneben (11), wobei Chlor entscheidet. Daß die Aldehydgruppe die
Sulfogruppe in die m-Stellung verweist, wurde bereits auf S. 105 erwähnt.

$$(10) \qquad (11) \qquad (12)$$

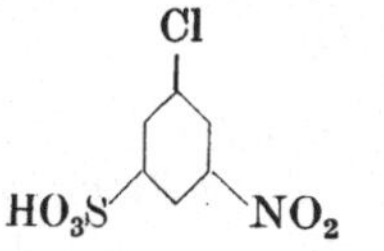

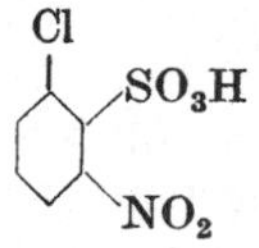

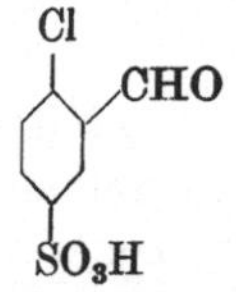

Unterwirft man ein Gemisch von o- und p-Chlorbenzaldehyd der Sulfonierung, so reagiert zunächst nur die o-Verbindung und liefert die Sulfonsäure (12), während das p-Isomere, ähnlich wie in den obenerwähnten
Fällen, unverändert bleibt.

Sulfonsäuren der Naphtalinreihe. Eine sehr wichtige Gruppe von Zwischenprodukten bilden die Sulfonsäuren der Naphtalinreihe. Diese haben eine hervorragende
Bedeutung erlangt für die Darstellung von Azofarbstoffen, jener sowohl
der Zahl wie dem jährlichen Verbrauch nach wohl wichtigsten Farbstoffklasse. Es gibt wenig Azofarbstoffe von Bedeutung, die nicht mindestens
einen Naphtalinkern enthalten; nur ein verhältnismäßig kleiner Teil
von ihnen baut sich ausschließlich aus Benzol- oder anderen Kernen auf.

Mono-sulfonsäuren. Das Naphtalin kann bekanntlich zwei isomere Monoderivate bilden,
die man durch $\alpha = 1$ und $\beta = 2$ unterscheidet. Naphtalin selbst sulfoniert sich ziemlich leicht, und dabei hängt es wieder von den Bedingungen ab, welche von den beiden isomeren Monosulfonsäuren des
Naphtalins entsteht. Im allgemeinen ist die Entstehung der α-Sulfon-
säure (1) bei niedrigen Temperaturen bevorzugt, während sich bei
höheren Temperaturen die Sulfonierung in β-Stellung (2) vollzieht.

$$(1) \qquad (2) \qquad (3)$$

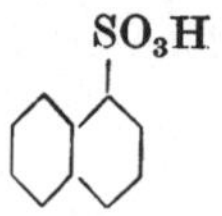

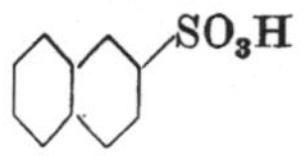

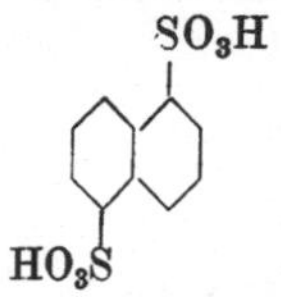

Die Sulfonierung verläuft aber bei niederen Temperaturen nicht ganz
ausschließlich im Sinne der Bildung von α- und bei höheren nicht ganz
ausschließlich im Sinne der Bildung von β-Sulfonsäure. Eine zu weitgehende Steigerung der Temperatur behufs Begünstigung der β-Säure
ist wegen der Gefahr einer Disulfonierung gleichfalls zu vermeiden.

Es fragt sich nun, welcher Art sind die **Disulfonsäuren**, die bei Disulfon-
säuren.
der weiteren Sulfonierung der **Monosulfonsäuren** entstehen? Betrachten wir zunächst die Naphtalin-α-Sulfonsäure. Es ist bemerkenswert, daß die weitere Sulfonierung dieser Säure unter keinen Bedingungen so verläuft, daß die zweite Sulfogruppe in den bereits sulfonierten Kern eintritt; sie tritt vielmehr nur in den „anderen", noch nicht
besetzten Kern ein. Aus der α-Monosulfonsäure entsteht zunächst
die 1, 5-Naphtalindisulfonsäure (3), bei höheren Temperaturen jedoch 1, 5-Disulfon-
säure.

(4) 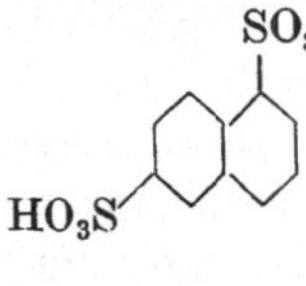　　　　　　　　　　　　(5)

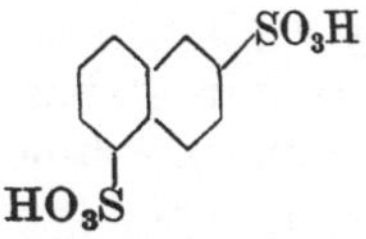

tritt die Sulfogruppe in die 6-Stellung, so daß man die 1, 6-Naphtalin- 1, 6-Disulfon-
säure.
disulfonsäure (4) erhält. Man kann demgemäß die α-Naphtalinmono-
sulfonsäure nach Belieben überführen in die 1, 5-Naphtalindisulfonsäure
(bei niederer Temperatur) oder in die 1, 6-Naphtalindisulfonsäure (bei
höherer Temperatur).

Auch bei der β-Sulfonsäure tritt bei weiterer Sulfonierung die Sulfogruppe in den noch nicht sulfonierten Kern. Bei niederer Temperatur
tritt sie ein in die 5-Stellung, so daß man eine 2, 5- = 1, 6-Naphtalin-
disulfonsäure (5) erhält; bei höherer Temperatur jedoch entsteht, indem
die zweite Sulfogruppe wieder eine β-, nämlich die 7-Stellung aufsucht,
die 2, 7-Naphtalindisulfonsäure (1). 2, 7-Disulfon-
säure.

Es macht sich nun eine wichtige Eigenschaft der Naphtalinsulfonsäuren
bemerkbar, nämlich die, daß sie unter gewissen Bedingungen, in der Regel
durch Steigerung der Temperatur, eine Umlagerung erfahren derart, daß
die stabilste Konfiguration entsteht. Die eben genannten isomeren Naphtalindisulfonsäuren sind daher durch nachträgliche Erhitzung der sog. Sulfonierungsschmelze auf höhere Temperatur (gegen 180°) mehr oder minder
vollkommen überführbar in die stabilste Naphtalindisulfonsäure, und das
ist nach den bisherigen Erfahrungen die 2,7-Disulfonsäure (1) — nach
andern, aber wohl irrtümlichen Angaben jedoch die 2, 6-Naphtalindisulfon- 2, 6-Disulfon-
säure.
säure (2), in der die β-ständigen Sulfogruppen die größtmögliche Entfer-

(1) 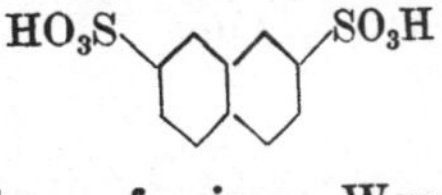　　　　　　　　　　　　(2)

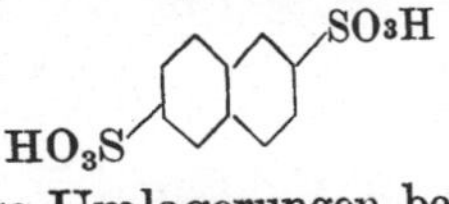

nung voneinander aufweisen. Worauf diese Umlagerungen beruhen, ist
nicht ganz leicht zu sagen. Man kann zur Erklärung annehmen, daß zunächst eine Art Hydrolyse der Naphtalindisulfonsäure stattfindet, nach
der Gleichung:

$$R \cdot SO_3H \quad \xrightarrow[+H_2O]{} \quad R \cdot H + H_2SO_4.$$

Daß die auf S. 101 betrachtete Sulfonierungsreaktion unter gewissen Umlagerung
und Hydro-
lyse.
Bedingungen umkehrbar ist, und daß man also eine aromatische Sulfon-
säure durch Hydrolyse überführen kann in den entsprechenden Kohlen-

wasserstoff plus Schwefelsäure, ist an zahlreichen Beispielen nachgewiesen worden (siehe S. 130 ff.). Die Hydrolyse der Sulfonsäuren bei höherer Temperatur ist demgemäß ein Vorgang, durch den im Laufe der Sulfonierung eine Erhöhung der Schwefelsäurekonzentration stattfindet (vgl. S. 102 f.), und nunmehr wird sich die konzentriertere Schwefelsäure sozusagen den Platz aussuchen, der ihr am meisten zusagt, d. h. an dem sie am festesten haftet, und das ist unter den gegebenen Bedingungen der Temperatur und Konzentration die 2, 7-Stellung. Die labile 2, 6-Säure würde nach der soeben ausgesprochenen Annahme durch Hydrolyse übergehen in die β-Monosulfonsäure, und diese würde sich sulfonieren zur stabilen 2, 7-Disulfonsäure. Diese erfährt dann, falls man die entsprechenden Reaktionsbedingungen einhält, keine Hydrolyse, während die drei isomeren (1, 5-, 1, 6- und 2, 6-) Disulfonsäuren unter den gleichen Reaktionsbedingungen so lange hydrolytisch gespalten, d. h. umgelagert werden, bis sie alle, mehr oder minder vollkommen, in die 2, 7-Disulfonsäure übergegangen sind.

Gleichgewicht.

Entsprechend dieser Auffassung ist anzunehmen, daß bei der Sulfonierung aromatischer Verbindungen mittels (konzentrierter oder rauchender) Schwefelsäure sich — ganz abweichend von der Nitrierung — der Gleichgewichtszustand verhältnismäßig langsam einstellt, insofern als die primär entstandenen Sulfonsäuren sofort nach ihrer Entstehung einer, gemäß obiger Annahme durch Hydrolyse bedingten, Umlagerung unterliegen, die zur Bildung der beständigeren Isomeren führt.

Diese inneren Vorgänge traten in sehr bezeichnender und vor allem auch praktisch bedeutungsvoller Weise dadurch zutage, daß das Ergebnis der Sulfonierung in der ganz überwiegenden Zahl der Fälle nicht allein von der Temperatur, der Konzentration der Schwefelsäure und dem Mengenverhältnis, sondern ganz wesentlich vor allem auch von der Zeitdauer des Sulfonierungsvorganges abhängt (vgl. auch S. 129 ff.).

Sulfonbildung.

Daß übrigens die Umlagerung aromatischer Sulfonsäuren in ihre Isomeren statt auf einfache Hydrolyse auch auf die hypothetische Zwischenstufe einer inneren Sulfonbildung (vgl. S. 149 f.) zurückgeführt werden könnte, entsprechend dem Schema:

$$\text{—SO}_3\text{H} \quad \xrightarrow[-\text{H}_2\text{O}]{} \quad \text{—SO}_2\text{—} \quad \xrightarrow[\;]{+\text{H}_2\text{O}} \quad \text{—SO}_3\text{H}$$

sei nur nebenbei erwähnt.

Naphtalinsulfonsäuren aus Naphtylaminsulfonsäuren.

Bemerkt sei ferner, daß man auch noch auf einem anderen eigenartigen Wege Naphtalinsulfonsäuren erhalten kann. Wenn man z. B. aus der 2-Naphtylamin-3, 6-Disulfonsäure (3) die Aminogruppe, auf dem Wege des Diazotierens und Verkochens mit Alkohol (siehe S. 220) entfernt:

$$(3) \quad \text{HO}_3\text{S}\text{—} \diagdown \diagdown \text{—}\overset{\text{NH}_2}{\diagup}\text{SO}_3\text{H} \quad \longrightarrow \quad \text{HO}_3\text{S}\text{—} \diagdown \diagdown \text{—SO}_3\text{H} \quad (4).$$

so gelangt man zu einer 3, 6- = 2, 7-Naphtalindisulfonsäure (4), die also in diesem Falle nicht durch unmittelbare Sulfonierung des Naphtalins entsteht, sondern auf einem Umwege, der allerdings auch eine erhöhte Gewähr für die Reinheit der 2, 7-Disulfonsäure in sich schließt.

Die Disulfonsäuren gehen bei der weiteren Sulfonierung über in Trisulfonsäuren, und zwar liefert die 1, 5-Naphtalindisulfonsäure eine 1, 3, 5- = 1, 5, 7-Naphtalintrisulfonsäure (1). Die 1, 6-Naphtalindisul-

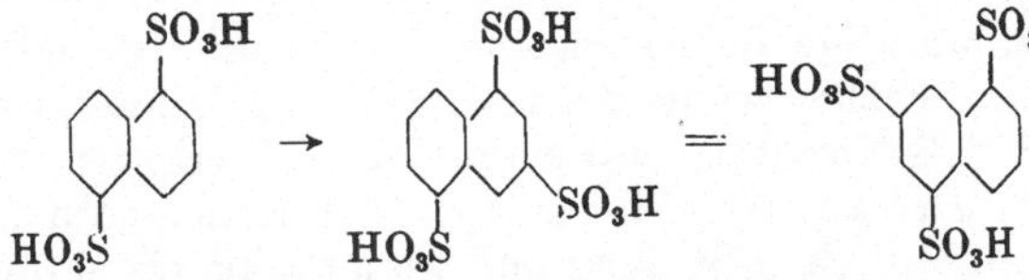

Trisulfonsäuren.
1, 3, 5- = 1, 5, 7-Trisulfonsäure.

$$SO_3H \quad SO_3H \quad HO_3S \quad SO_3H \qquad (1)$$

fonsäure sulfoniert sich zur 1, 3, 6-Naphtalintrisulfonsäure (2). Die symmetrisch gebaute 2, 6-Naphtalindisulfonsäure (3) muß sich in einer

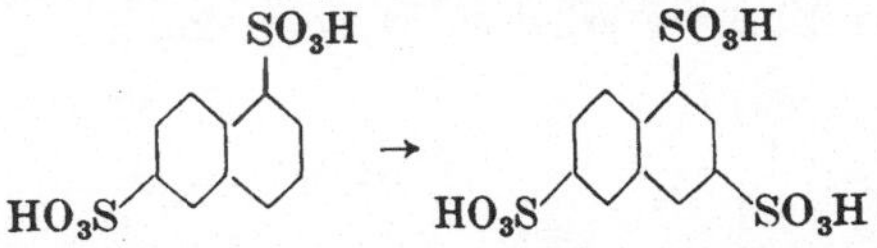

1, 3, 6-Trisulfonsäure.

$$SO_3H \quad SO_3H \qquad (2)$$

der beiden zur Sulfogruppe m-ständigen α-Stellungen sulfonieren[1]); es entsteht also die 2, 4, 6- = 1, 3, 7-Naphtalintrisulfonsäure (4).

1, 3, 7-Trisulfonsäure.

$$(3) \quad SO_3H \quad HO_3S \quad SO_3H \qquad (4)$$

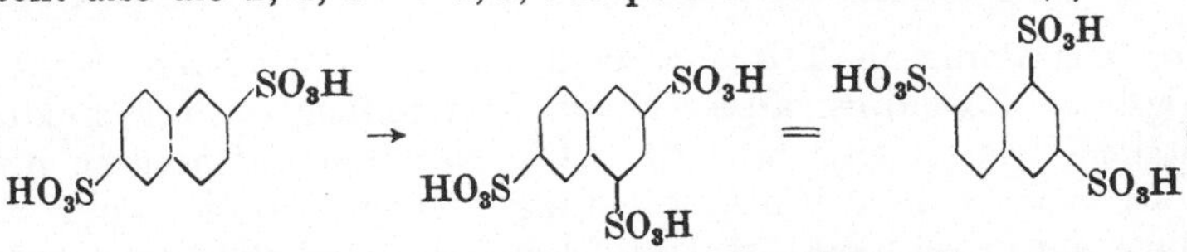

Und schließlich wird auch die 2, 7-Naphtalindisulfonsäure sich vor allem in einer α-Stellung sulfonieren. Die Stellungen 1 und 8 sind aber ausgeschlossen wegen der o-Stellung zu einer bereits vorhandenen Sulfogruppe (siehe Fußnote); die Stellungen 4 und 5 sind gleichwertig. Es entsteht also die 2, 4, 7- = 1, 3, 6-Naphtalintrisulfonsäure (2). Wir haben es infolgedessen nur mit drei Trisulfonsäuren zu tun, die unmittelbar und verhältnismäßig leicht durch Sulfonierung erhalten werden können; die 1, 3, 5-, die 1, 3, 6- und die 1, 3, 7-Säure.

Sulfoniert man weiter, so gelangt man zu den Tetrasulfonsäuren; und zwar liefert die 1, 3, 5-Naphtalintrisulfonsäure die 1, 3, 5, 7-Tetrasulfonsäure (5), indem die vierte Sulfogruppe in die m-Stellung zur Sulfo-

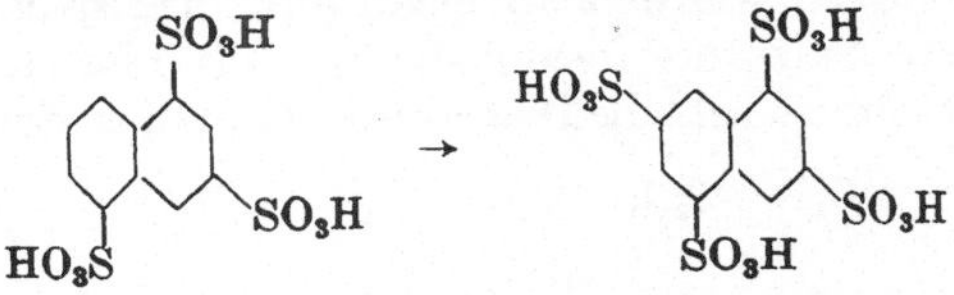

Tetrasulfonsäuren.
1, 3, 5, 7-Tetrasulfonsäure.

$$SO_3H \quad HO_3S \quad SO_3H \qquad (5)$$

---

[1]) Der Eintritt in die 1- oder 5-Stellung ist deshalb ausgeschlossen, weil Sulfogruppen nur unter ganz besonderen Umständen in o-Stellung zueinander treten; die Entstehung der 1, 2, 6- = 2, 5, 6-Säure kommt daher nicht in Betracht; die 2, 4, 6- und 2, 6, 8-Säure sind identisch miteinander und mit der 1, 3, 7-Säure.

gruppe in 5 tritt. Bei der 1, 3, 6-Naphtalintrisulfonsäure käme für die weitere Sulfonierung wohl vorwiegend die 8-Stellung in Betracht (2),

$$
\text{(1)} \qquad \qquad \rightarrow \qquad \qquad \text{(2)}
$$

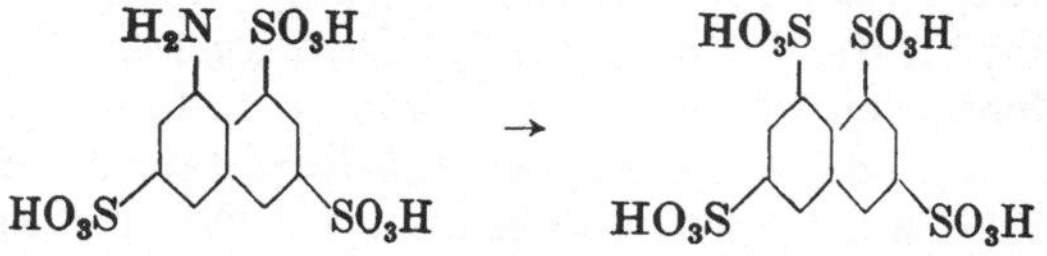

1, 3, 6, 8-Tetrasulfonsäure. obwohl die periständige Sulfogruppe in 1 den Eintritt erheblich erschweren dürfte. Bisher wurde die 1, 3, 6, 8-Naphtalintetrasulfonsäure (2) aus der 1, 3, 6-Naphtylamintrisulfonsäure (1) erhalten (vgl. S. 153, Methode von Leuckart). Bei der 1, 3, 7-Trisulfonsäure (3) ist die 5-Stellung bevorzugt als α-Stellung und gleichzeitig als m-Stellung zur Sulfogruppe in 7. Es entsteht also in diesem Falle ohne Schwierigkeit die 1, 3, 5, 7-Tetrasulfonsäure (4), die auch, wie oben erwähnt, aus der 1, 3, 5-Trisulfosäure erhalten werden kann.

$$
\text{(3)} \qquad \qquad \rightarrow \qquad \qquad \text{(4)}
$$

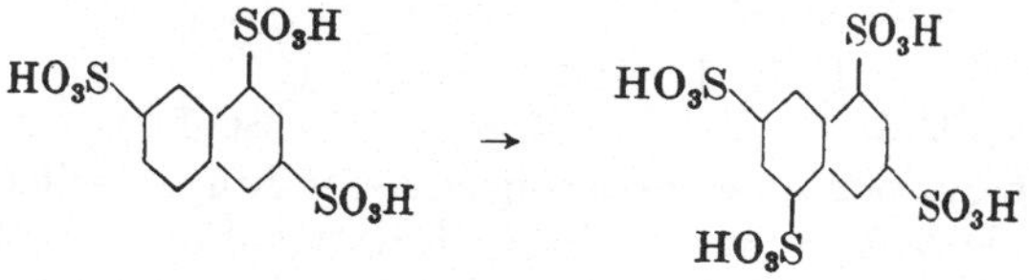

Von den isomeren Trisulfonsäuren ist die 1, 3, 6-Säure wohl die wichtigste als Ausgangsmaterial für die Darstellung von verschiedenen Naphtalinderivaten (siehe S. 112f.). Die Naphtalinsulfonsäuren haben auch als solche eine gewisse Bedeutung insofern, als sie, wenn auch allerdings nur in sehr beschränktem Umfang, unmittelbar zum Aufbau von Farbstoffen benutzt werden können, und zwar von einzelnen Triarylmethanfarbstoffen, die in der Weise erzeugt werden, daß man gewisse Zwischenprodukte, die sog. Benzhydrole, mit Naphtalinsulfonsäuren kondensiert und die so entstehenden Leukoprodukte alsdann durch Oxydation in die Farbstoffe überführt (siehe S. 301).

Diazonium-Naphtalin-sulfonate. Neuerdings hat man auch wieder versucht, die Naphtalinsulfonsäuren zur Herstellung haltbarer Diazoniumsalze zu verwenden. Die Diazoniumverbindungen werden im allgemeinen durch Säuren oder saure Salze beständig gemacht. Als Säuren lassen sich zu diesem Zweck die Naphtalinsulfonsäuren benutzen. Die Naphtalinsulfonsäuren sind ziemlich starke Säuren, was daraus hervorgeht, daß sie z. B. imstande sind, aus Kochsalz Salzsäure freizumachen. Mit Diazoniumsalzen des p-Nitranilins entstehen leicht die Diazoniumnaphtalinsulfonate, wie z. B.

$$
\underset{\text{N}}{O_2N-C_6H_4-N-O \cdot O_2S \cdot C_{10}H_7}
$$

von denen einzelne sehr schwer, einzelne (insbesondere die Polysulfonate) ziemlich leicht löslich sind, und die fast durchgehends durch große Beständigkeit ausgezeichnet sind.

Das über die Acidität Gesagte gilt zunächst für die einfachen Naph- *Acidität der Naphtalinsulfonsäuren.* talinsulfonsäuren, die also außer den Sulfogruppen keine weiteren Substituenten enthalten, dann aber vor allem auch für diejenigen Naphtalinsulfonsäuren, die noch sog. „saure" Substituenten enthalten, wie Nitro- und Hydroxylgruppen oder Chlor. Während also die Oxy-, Chlor- und Nitronaphtalinsulfonsäuren sehr starke Säuren sind, besitzen im Gegensatz dazu die Aminonaphtalinsulfonsäuren, insbesondere die Aminonaphtalinmonosulfonsäuren, wie z. B. die 1,4-Naphtylaminsulfonsäure (Naphthionsäure), (1), den Charakter schwacher Säuren,

$$NH_2$$

(1)

$$SO_3H$$

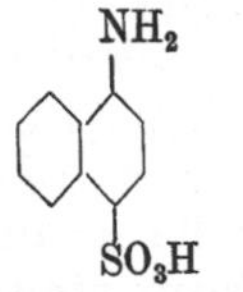

indem offenbar die Acidität der Sulfogruppe durch die basische Aminogruppe abgeschwächt wird. In einzelnen Fällen nimmt man die Bildung innerer Salze an. Die Naphtalinpolysulfonsäuren bilden, mit Kochsalz zusammengebracht, vielfach saure Salze, etwa wie die Disulfonsäure (2), während Naphtolsulfonsäuren derart auf Koch-

$$(2) \quad C_{10}H_6 {\Large\langle} {SO_3H \atop SO_3Na} \qquad (3) \quad C_{10}H_6 {\Large\langle} {OH \atop SO_3Na}$$

salz einwirken, daß sich naphtolsulfonsaures Natron bildet (3). Die freien Naphtolsulfonsäuren sind als solche, eben infolge ihrer starken Acidität, nur sehr schwer aus ihren Salzen in reinem Zustande zu isolieren.

Die Naphtalinsulfonsäuren können zwar, wie oben erwähnt, in ein- *Verwendung der Naphtalinsulfonsäuren.* zelnen Fällen unmittelbar zur Farbstoffsynthese Verwendnug finden, sind aber in einer sehr wesentlichen Beziehung nicht reaktionsfähig, insofern nämlich, als sie mit den Diazoniumverbindungen keine Azofarbstoffe zu bilden vermögen. Sie geben mit den Diazoniumverbindungen nur die oben schon angeführten Naphtalinsulfonate, deren Konstitution (siehe oben) wesentlich von dem Typus eines normalen Azofarbstoffs abweicht. Es handelt sich übrigens hierbei nur um eine sehr beschränkte Verwendung, die die Naphtalinsulfonsäuren in dieser einen Richtung finden könnten, während ihre Hauptbedeutung darin liegt, daß sie Vorprodukte darstellen, aus denen erst durch weitere chemische Umwandlungen die kombinationsfähigen Azokomponenten gebildet werden. Der Begriff „kombinationsfähige Azokomponente" spielt, wie wir später sehen werden, bei den Naphtalinderivaten die Hauptrolle.

Von den Reaktionen, die zur Umwandlung der Naphtalinsulfonsäuren in Azokomponenten dienen, sollen nur die allerwichtigsten: die Nitrierung, die Verschmelzung mit Alkali, eventuell noch die Chlorierung, an dieser Stelle eingehend erörtert werden.

Fangen wir mit der Naphtalin-α-Sulfonsäure an (1).

$$\text{(1)} \qquad \overset{\text{SO}_3\text{H}}{\text{[Naphtalin]}}$$

α-Naphtol. Wenn man die Naphtalin-α-Sulfonsäure mit Ätzalkali verschmilzt, so erhält man α-Naphtol. Den Prozeß der Verschmelzung, die sog. Alkalischmelze, werden wir später noch genauer zu betrachten haben. Es ist das der **eine** Weg, um α-Naphtol technisch herzustellen; einen anderen, der vom α-Naphtylamin ausgeht, werden wir in einem späteren Abschnitt (siehe S. 220f.) kennenlernen.

1,5- und 1,8-Nitronaphtalinsulfonsäure. Bei der Nitrierung der Naphtalin-α-Sulfonsäure entstehen zwei isomere Nitronaphtalinsulfonsäuren. Es tritt die Nitrogruppe teils in die 5-Stellung, teils in die 8-Stellung, und zwar etwa in dem Verhältnis, daß kaum ein Drittel an 1,5-Nitronaphtalinsulfonsäure (2) und reichlich zwei Drittel an 1,8-Nitronaphtalinsulfonsäure (3) entstehen. Die beiden

$$\text{(1)} \quad \overset{\text{SO}_3\text{H}}{\text{[Naphtalin]}} \quad \nearrow \quad \overset{\text{SO}_3\text{H}}{\underset{\text{O}_2\text{N}}{\text{[Naphtalin]}}} \quad \text{(2)}$$
$$\searrow \quad \underset{\text{O}_2\text{N} \;\; \text{SO}_3\text{H}}{\text{[Naphtalin]}} \quad \text{(3)}$$

1,5- und 1,8-Naphtylaminsulfonsäure. Nitronaphtalinsulfonsäuren werden durch Reduktion in die entsprechenden (1,5- und 1,8-) Naphtylaminsulfonsäuren (4 und 5) übergeführt. Der Prozeß der Reduktion von Nitroverbindungen wird später noch zu besprechen sein.

Daß die Nitrierung der α-Naphtalinsulfonsäure in zwei α-Stellungen erfolgt, entspricht einer Regel, wonach ganz allgemein bei der Nitrierung

$$\text{(4)} \quad \underset{\text{H}_2\text{N}}{\overset{\text{SO}_3\text{H}}{\text{[Naphtalin]}}} \quad \text{und} \quad \overset{\text{H}_2\text{N}\;\;\text{SO}_3\text{H}}{\text{[Naphtalin]}} \quad \text{(5)} = \quad \overset{\text{NH}_2}{\underset{\text{HO}_3\text{S}}{\text{[Naphtalin]}}} \quad \text{und} \quad \overset{\text{HO}_3\text{S}\;\;\text{NH}_2}{\text{[Naphtalin]}}$$

von Naphtalinsulfonsäuren[1]) die α-Stellung bevorzugt ist. Es ist dies freilich eine Regel, die nicht ohne Ausnahmen ist, wie wir später noch sehen werden (siehe S. 114).

1,6- und 1,7-Nitronaphtalinsulfonsäure. Bei der Nitrierung der Naphtalin-β-Sulfonsäure entstehen nun gleichfalls zwei isomere Nitronaphtalinmonosulfonsäuren: 1,6 (1) und 1,7 (2) und daneben in ganz geringer Menge auch noch die isomere 1,3-Nitronaphtalinsulfonsäure. Von den vier α-Stellungen der Naphtalin-

---

[1]) Über die Nitrierung von Phenolen der Naphtalinreihe, z. B. α-Naphtol, siehe S. 160.

β-Sulfonsäure, nämlich: 1, 4, 5 und 8, kommen für die Nitrierung **technisch** nur die beiden letzteren in Betracht; denn auch die 4-Stellung hat nur ganz untergeordnete Bedeutung. Man erhält somit als Hauptprodukt zwei isomere Nitronaphtalinsulfonsäuren, nämlich 1. die 1, 6- und 2. die 1, 7-Säure (1 und 2), und zwar hängt das Verhältnis, in dem

die beiden nebeneinander entstehen, von den Reaktionsbedingungen ab, insbesondere von der Temperatur. Gewöhnlich entsteht vorwiegend die 1, 7-Sulfonsäure; aber das Verhältnis kann durch geeignete Temperatur und Konzentration zugunsten der 1, 6-Sulfonsäure beeinflußt werden. Die 1, 6- und die 1, 7-Nitrosulfonsäure gehen durch Reduktion unter entsprechenden Reaktionsbedingungen in die 1, 6- und die 1, 7-Naphtylaminsulfonsäure, (3) und (4), über. Das hierbei entstehende

1, 6- und 1, 7-Naphtyla-minsulfon-säure (Clevesche Säuren).

technische Gemisch der beiden isomeren Naphtylaminsulfonsäuren 1, 6 und 1, 7 bezeichnet man als Clevesche Säuren. Sie können, wenn auch mit einigen Schwierigkeiten, auf Grund ihrer verschiedenen Löslichkeit in Wasser getrennt werden, wovon man aber, im Gegensatz zu den vorhin erwähnten Abkömmlingen der Naphtalin-α-Sulfonsäure (1, 5- und 1, 8-Naphtylaminsulfonsäure), in der Regel keinen Gebrauch macht, weil sie sich in ihren Farbstoffreaktionen sehr ähnlich verhalten. Sie sind außerordentlich wichtig, und zwar besteht ihre Hauptbedeutung darin, daß sie als sog. Zwischenkomponenten bei der Darstellung von wertvollen sekundären Dis- und Trisazofarbstoffen benutzt werden können. In der 1, 6- und der 1, 7-Sulfonsäure ist, wie man sieht, die p-Stellung zur Aminogruppe unbesetzt, und daher liefern diese α-Naphtylaminsulfonsäuren unter geeigneten Bedingungen p-Amino-Azofarbstoffe, die zwar als solche gewöhnlich keine unmittelbare färberische Bedeutung haben, die aber wertvolle Zwischenfarbstoffe darstellen, indem sie durch weitere Diazotierung übergeführt werden können in p-Diazo-Azoverbindungen und durch die anschließende Kupplung, z. B. mit Schäffer-Salz oder R-Salz u. dgl., in sekundäre Disazofarbstoffe oder weiterhin in Trisazofarbstoffe.

Unterwirft man die Naphtalin-β-Sulfonsäure der Alkalischmelze, *β-Naphtol.* so entsteht das β-Naphtol (5). Das β-Naphtol ist ein Körper von sehr großer technischer Bedeutung, eines der wichtigsten Naphtalinderivate, das wir haben, ja man darf vielleicht sagen, das wichtigste, das jedes Jahr in vielen Hunderttausenden von Kilogrammen erzeugt wird. β-Naphtol dient einerseits zur Darstellung von β-Naphtolsulfonsäuren, die dann weiter, entweder als solche oder in ihren Derivaten, für die Azofarbstoffbildung verwendet werden, oder β-Naphtol wird übergeführt in β-Naphtylamin (siehe S. 208), oder, und das ist wohl heute vielleicht seine Hauptverwendung, das β-Naphtol dient dazu, um Azofarbstoffe nachträglich auf der Faser zu entwickeln. Diese „Entwicklung", durch Kupplung einer Diazoniumverbindung oder eines diazotierten Farbstoffes mit β-Naphtol, wird nicht in den Farbenfabriken ausgeführt, sondern in den Färbereien. Der Färber führt, falls es sich z. B. um diazotierbare Farbstoffe handelt, selbst den Diazotierungsprozeß „auf der Faser" aus und kuppelt dann den „auf der Faser" diazotierten Farbstoff mit β-Naphtol. Diese Verwendung des β-Naphtols zum Entwickeln von Farbstoffen, insbesondere von Pararot, auf der Faser hat heute einen sehr großen Umfang angenommen.

Die Nitrierung des β-Naphtols spielt keine Rolle und wird technisch wohl auch nicht ausgeführt.

1,5-Naphtolsulfonsäure.   Die **1, 5-Naphtalindisulfonsäure** kommt in Betracht für die Prozesse der Verschmelzung und der Nitrierung. Wenn man die 1, 5-Naphtalindisulfonsäure bei niederen Temperaturen verschmilzt, so wird nur eine Sulfogruppe verschmolzen, und man erhält die 1, 5-Naphtolsulfonsäure (1). Verschmilzt man die 1, 5-Naphtalindisulfonsäure bei höheren Temperaturen und mit stärkerem Alkali, so werden beide Sulfogruppen verschmolzen, und es entsteht das 1, 5-Dioxynaphtalin (2). Beide Verbindungen finden als Azokomponenten Verwendungen.

1,5-Dioxynaphtalin.

$$\text{(1)} \qquad \text{(2)}$$

Wenn man die 1, 5-Naphtalindisulfonsäure nitriert, so entstehen zwei isomere Nitronaphtalindisulfonsäuren, die 1, 4, 8- und die 2, 4, 8-Säure, (3) und (4). Es macht sich also hier die oben angekündigte Aus

1, 4, 8- und 2, 4, 8-Nitronaphtalindisulfonsäure.

$$\text{(3)} \qquad \text{und} \qquad \text{(4)}$$

1, 4, 8-Säure   2, 4, 8-Säure

nahme bei der Nitrierung bemerkbar, indem sich außer der α-Nitronaphtalindisulfonsäure eine isomere β-Nitronaphtalindisulfonsäure bildet. Offenbar machen sich hier sterische Hinderungen geltend, vor allem die Abneigung der Nitrogruppe, in die p-Stellung zur einen und gleichzeitig in die peri-Stellung zur andern Sulfogruppe zu treten.

Die aus den beiden Nitronaphtalindisulfonsäuren durch Reduktion entstehenden Naphtylamindisulfonsäuren lassen sich leicht trennen und haben technische Bedeutung. Die 1, 4, 8-Naphtylamindisulfonsäure hat heute allerdings etwas von ihrer früheren Wichtigkeit verloren, wird aber immerhin noch in ziemlich erheblichem Maße benutzt als Zwischenprodukt zur Darstellung der 1, 8, 4-Aminonaphtolsulfonsäure (1). Diese 1, 8, 4-Säure entsteht aus der Disulfonsäure durch partielle Verschmelzung, wobei unter normalen Verhältnissen lediglich die Sulfogruppe in 8-Stellung verschmolzen wird. Die 2, 4, 8-Nitronaphtalindisulfonsäure bzw. die aus ihr durch Reduktion erhältliche Aminonaphtalinsulfonsäure findet nun eine ganz andersartige Verwendung. Sie läßt sich zwar gleichfalls verschmelzen zu einer Aminonaphtolsulfonsäure, sogar sehr leicht; die Verschmelzung verläuft hier aber anders. Es verschmilzt sich nämlich die andere Sulfogruppe in 4-Stellung, und man erhält demgemäß die 2, 4, 8-Aminonaphtolsulfonsäure (2). Diese hat aber praktisch keine Bedeutung.

1, 4, 8-Naph-
tylamin-
disulfon-
säure.

1, 8, 4-Ami-
nonaphtol-
sulfonsäure.

2, 4, 8-Naph-
tylamin-
disulfon-
säure.

2,4,8-Amino-
naphtolsul-
fonsäure.

HO₃S NH₂ → HO NH₂ (1) HO₃S NH₂ → HO₃S NH₂ OH (2)

1, 8, 4-Säure

Der große technische Wert der 2, 4, 8-Naphtylamindisulfonsäure selbst liegt darin, daß sie diazotiert und alsdann mit Azokomponenten gekuppelt werden kann. Sie spielt also zwar als brauchbare Diazokomponente eine wichtige Rolle[1]), nicht aber als Azokomponente.

Wenn die 1, 6-Naphtalindisulfonsäure verschmolzen wird, so entsteht, indem die α-Sulfogruppe in der 1-Stellung sich verschmilzt, die 1, 6-Naphtolsulfonsäure (3). Diese Säure hat aber keine Bedeutung,

1,6-Naphtol-
sulfonsäure.

SO₃H → OH (3) HO₃S HO₃S

und zwar deshalb, weil sie p-Azofarbstoffe gibt, die wertlos sind. Sehr wichtig dagegen ist die Nitrierung der 1, 6-Naphtalindisulfonsäure. Es sind in ihr zwar drei α-Stellungen frei (4, 5 und 8); aber die p-Stellung (zur Sulfogruppe) in 4 und die o-Stellung in 5 werden bekanntlich von der Nitrogruppe gemieden; die m-ständige 8-Stellung ist also bevorzugt. Aber selbst bei der Nitrierung der 1, 6-Naphtalindisulfonsäure

---

[1]) Die Säure wird C-Säure genannt, wohl weil die Firma Leopold Cassella & Co. sie sozusagen technisch „entdeckt" und benutzt hat zur Herstellung von Azofarbstoffen, nachdem sie längere Zeit hindurch als unerwünschtes Nebenprodukt stiefmütterlich behandelt worden ist.

macht sich das Widerstreben der Nitrogruppe gegen die peri-ständige
Sulfogruppe dadurch bemerkbar, daß, wenn auch in erheblich geringerem Grade als bei der 1, 5-Naphtalindisulfonsäure, die Nitrogruppe teilweise in die β-Stellung tritt, was die Entstehung einer isomeren 3, 1, 6- = 2, 4, 7-Nitronaphtalindisulfonsäure zur Folge hat.

1, 3, 8- und 2, 4, 7-Nitronaphtalindisulfonsäure. Man erhält demgemäß zwar ganz vorwiegend, aber nicht ausschließlich
die 1, 3, 8-Nitronaphtalindisulfonsäure (4), die durch Reduktion über-

$$\text{(SO}_3\text{H / HO}_3\text{S)} \rightarrow \text{(O}_2\text{N SO}_3\text{H / HO}_3\text{S)} = \text{(HO}_3\text{S NO}_2 \text{ / SO}_3\text{H)} \quad (4)$$

1, 3, 8-Naphtylamindisulfonsäure ε. geht in die 1, 3, 8-Naphtylamindisulfonsäure, auch ε-Säure genannt (1).
Diese hat nun wieder eine ganz andere Bedeutung wie die eben er-
wähnten isomeren Naphtylamindisulfonsäuren 1, 4, 8 und 2, 4, 8.
Sie wird nicht verschmolzen, denn bei der Verschmelzung würde ent-
1,8,3-Aminonaphtolsulfonsäure. stehen die 1, 8, 3-Aminonaphtolmonosulfonsäure (2), die aber keine
Bedeutung hat, und zwar hängt das mit ihren Eigenschaften zusam-
men: Sie gibt keine brauchbaren Azofarbstoffe. Die 1, 3, 8-Naphtyl-
1, 3, 8-Naphtoldisulfonsäure ε. amindisulfonsäure selbst wird auch weder als Azokomponente benutzt,
noch scheint sie als Diazokomponente Anwendung zu finden; sondern
ihre Bedeutung liegt vor allem darin, daß sie sich überführen läßt in
die entsprechende α-Naphtoldisulfonsäure ε. Die Aminogruppe in
1-Stellung wird hierbei also durch die OH-Gruppe ersetzt, und man
erhält die Säure (3), die verschiedene technisch wertvolle o-Azofarbstoffe liefert.

$$2) \; \text{(HO NH}_2 \text{ / SO}_3\text{H)} \quad \leftarrow \quad (1) \; \text{(HO}_3\text{S NH}_2 \text{ / SO}_3\text{H)} \quad \rightarrow \quad (3) \; \text{(HO}_3\text{S OH / SO}_3\text{H)}$$
ε-Säure

2, 6-Naphtolsulfonsäure. Wenden wir uns der 2, 6-Naphtalindisulfonsäure (4) zu, so haben
wir zunächst die Möglichkeit ihrer Verschmelzung zur entsprechenden
2, 6-Naphtolsulfonsäure (5) in Betracht zu ziehen. Diese Verschmelzung
hat aber technisch keine Bedeutung, weil man die wichtige 2, 6-Naph-
tolsulfonsäure auf billigere Weise erhalten kann, wie wir später noch sehen
werden. Auch ist die Darstellung der 2, 6-Naphtalindisulfonsäure in
reiner Form nicht einfach, was wohl verständlich ist, wenn man sich
vergegenwärtigt, daß man es in der Technik in der Regel nicht mit ganz
einheitlichen Naphtalin-Di- und -Trisulfonsäuren zu tun hat, sondern
daß infolge der schwierig einzuhaltenden Reaktionsbedingungen und
infolge des labilen Gleichgewichtes innerhalb des Sulfonierungsgemisches
(siehe S. 108) meist Säuren vorliegen mit geringer Beimischung von
Isomeren, die vielfach allerdings im Verlauf der weiteren Operationen
in den Mutterlaugen verschwinden können, freilich immer nur auf Kosten
der Ausbeute. Es hätte deshalb keinen Zweck, aus der 2, 6-Naphtalin-

disulfonsäure die sog. Schäffer-Säure darstellen zu wollen. Dagegen kann durch Verschmelzung mit starkem Alkali aus ihr das entsprechende 2, 6- Dioxynaphtalin (6) gewonnen werden, das für einzelne Zwecke, z. B.

(Randnote: 2, 6-Dioxy-naphtalin.)

$$(4) \qquad \rightarrow \qquad (5) \qquad\qquad (6)$$

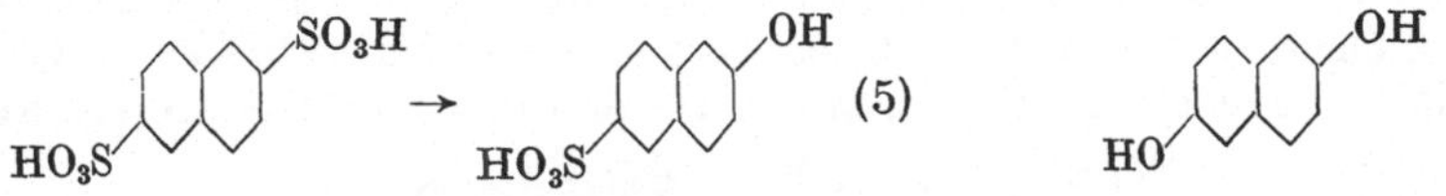

2, 6-Naphtolsulfonsäure Schäffer

für die Darstellung beizenfärbender Azofarbstoffe, technische Verwendung finden soll, und das natürlich auch aus der auf anderem Wege (siehe S. 135) zugänglichen 2, 6-Naphtolsulfonsäure durch Verschmelzen erhalten werden kann.

Von einiger Bedeutung ist allenfalls die Nitrierung der 2, 6-Naphtalindisulfonsäure. Man erhält hierbei eine 1, 3, 7-Nitronaphtalindisulfonsäure (1), die sich durch Reduktion in die entsprechende Aminonaphtalindisulfonsäure (2) überführen läßt. Es ist dies die eine von den sog. Freundschen Säuren; die andere ihr entsprechende Isomere ist

(Randnote: 1, 3, 7-Nitronaphtalindisulfonsäure.)

(Randnote: 1, 3, 6- und 1, 3, 7-Naphtylamindisulfonsäure.)

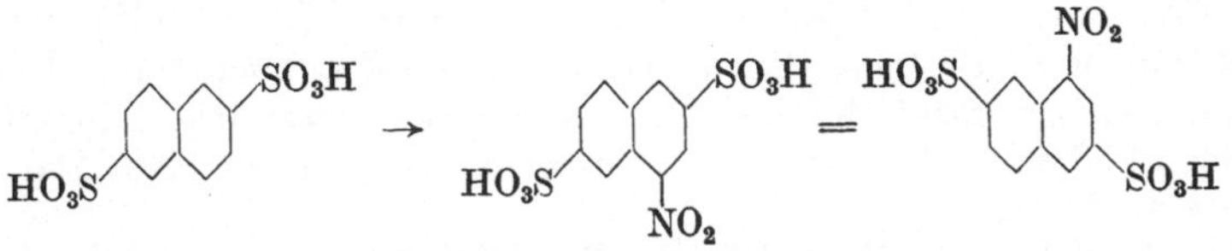

$$(2) \qquad\qquad (3)$$

die 1, 3, 6-Säure (3), von der weiter unten noch die Rede sein wird. Diese Freundschen Säuren haben eine ganz andere Aufgabe als die

beiden vorhin erwähnten Cleveschen Säuren, als deren Abkömmlinge sie anzusehen sind. Sie bilden nicht, wie die letzteren, p-Amino-, sondern o-Aminoazofarbstoffe, die aber keinen besonderen Wert zu haben scheinen. Die Bedeutung der Freundschen Säuren liegt vielmehr darin, daß man sie als Diazokomponenten verwenden kann. Sie werden demgemäß diazotiert und mit α-Naphtylamin oder dessen Sulfonsäuren (den Cleveschen Säuren) oder anderen geeigneten Azokomponenten zu p-Aminoazofarbstoffen gekuppelt, die als Zwischenprodukte (insbesondere für schwarze Wollfarbstoffe) dienen. Man erhält z. B. aus der 1, 3, 6-Säure und α-Naphtylamin ein solches Zwischenprodukt und aus ihm durch nochmalige Diazotierung und nachfolgende Kupplung mit einem zweiten Molekül α-Naphtylamin einen wertvollen sekundären Disazofarbstoff für Wolle. In derartigen sekundären Disazofarbstoffen dienen, wie man zu sagen pflegt, die Freundschen Säuren als Vorderkomponenten, die Cleveschen Säuren als Mittelkomponenten.

2,7-Naphtolsulfonsäure.   Wenden wir uns der letzten, der 2, 7-Naphtalindisulfonsäure, zu. Diese Naphtalindisulfonsäure geht durch Verschmelzung über in eine nicht unwichtige Naphtolsulfonsäure 2, 7 (4), die sich, im Gegensatz zur 2, 6-Naphtolsulfonsäure, durch Sulfonieren von β-Naphtol nicht in einheitlicher Form darstellen läßt (wenngleich sie dabei angeblich unter besonderen Bedingungen neben der isomeren 2, 6-Säure entsteht),

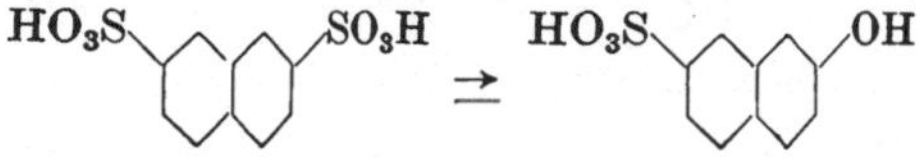

$$\text{HO}_3\text{S}\!-\!\!\bigcirc\!\!\bigcirc\!-\!\text{SO}_3\text{H} \quad \rightarrow \quad \text{HO}_3\text{S}\!-\!\!\bigcirc\!\!\bigcirc\!-\!\text{OH} \qquad (4)$$

und deren Natriumsalz als „Nanciersalz" in den Handel kommt. Dieses Nuanciersalz wird benutzt zum Nuancieren des roten Farbstoffes, der aus diazotiertem p-Nitranilin und β-Naphtol erhalten wird, des sog. **Pararots**. Das Pararot ist ein billiger Ersatz für das echte und schöne Türkischrot. Um dem Pararot den gewünschten Blaustich zu verleihen, mischt man dem β-Naphtol etwas von diesem „Nuanciersalz" bei und erhält daher neben dem β-Naphtolfarbstoff den entsprechenden Farbstoff der 2, 7-Naphtolsulfonsäure. Das Nuanciersalz darf allerdings nicht in zu großen Mengen angewendet werden, da sonst die Waschechtheit des auf der Faser erzeugten β-Naphtolfarbstoffes leidet, indem z. B. beim Seifen dieser Farbstoff anfängt zu „bluten". Die anderen isomeren Naphtolsulfonsäuren sind zwar fast alle billiger als die 2, 7-Naphtolsulfonsäure, aber zum Nuancieren des Pararots nicht brauchbar.

2, 7 - Dioxynaphtalin.   Verschmilzt man die 2, 7-Naphtalinsulfonsäure von vornherein mit starkem Alkali bei höherer Temperatur, so erhält man das 2, 7-Dioxynaphtalin (1). Es hat keine hervorragende Bedeutung und steht dem

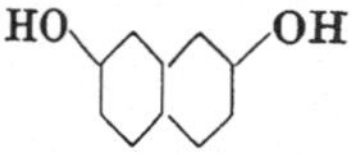

$$\text{HO}\!-\!\!\bigcirc\!\!\bigcirc\!-\!\text{OH} \qquad (1)$$

β-Naphtol in dieser Beziehung weit nach, wird aber einerseits z. B. zur Herstellung eines Nitrosofarbstoffes Dioxin benutzt und andererseits hier und da als Azokomponente oder zur Entwicklung von Oxazinfarbstoffen auf der Faser.

1, 3, 6-Nitro- und -Aminonaphtalindisulfonsäure.   Wichtiger ist die 2, 7-Naphtalindisulfonsäure als Zwischenprodukt für die 1, 3, 6-Trisulfonsäure, die wir nachher noch betrachten werden, und schließlich kommt für sie die Nitrierung in Betracht. Hierbei erhält man eine Nitrodisulfonsäure 1, 3, 6 (2), die durch Reduktion übergeht in die entsprechende Aminonaphtalindisulfonsäure (3). Sie ist die andere der

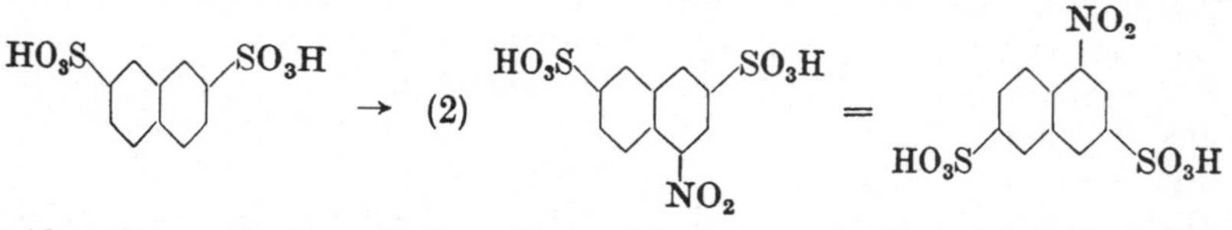

$$\text{HO}_3\text{S}\!-\!\!\bigcirc\!\!\bigcirc\!-\!\text{SO}_3\text{H} \quad \rightarrow \quad (2) \quad \text{HO}_3\text{S}\!-\!\!\bigcirc\!\!\bigcirc\!-\!\text{SO}_3\text{H} \;\underset{\text{NO}_2}{} \quad = \quad \underset{\text{NO}_2}{\overset{}{\bigcirc\!\!\bigcirc}}$$

beiden **Freund**schen Säuren, die vorhin schon erwähnt wurden. Technisch erhält man in der Regel ein Gemisch der 1, 3, 6- und 1, 3, 7-Säure, wenn man nicht besonders auf reine 2, 7-Säure hingearbeitet hat. Über die Verwendung der 1, 3, 6-Säure siehe Näheres bei der 1, 3, 7-Säure (S 123f.).

Von den isomeren Naphtalintrisulfonsäuren käme als erste in Betracht die 1, 3, 5- (= 1, 5, 7-) Naphtalintrisulfonsäure. Diese kann man verschmelzen zu einer Naphtoldisulfonsäure 1, 3, 5 (4), und bei gesteigerten Reaktionsbedingungen zu einer Dioxynaphtalinmonosulfonsäure 1, 5, 3 = 1, 5, 7 (5) Die beiden Säuren haben bisher jedoch

1, 3, 5-Naphtalintrisulfonsäure u. -Naphtoldisulfonsäure.

1, 5 -Dioxynaphtalin-3-sulfonsäure.

(3) NH_2 … HO_3S … SO_3H (4) OH … HO_3S … SO_3H (5) OH … HO … SO_3H

keine technische Verwendung gefunden. Die eigentliche Bedeutung dieser Naphtalintrisulfonsäure liegt vielmehr in ihrer Überführbarkeit in eine Nitronaphtalintrisulfonsäure, und zwar läßt sich auf Grund der oben mehrfach angeführten Gesetzmäßigkeiten voraussehen, in welchen Kern und in welche Stellung die Nitrogruppe wandern wird. Sie wird in die 8-Stellung gedrängt, weil die beiden Sulfogruppen in der 1- und 3-Stellung den Eintritt in die eine der beiden noch unbesetzten α-Stellungen, die 4-Stellung, verwehren. Allerdings ist dadurch die Nitrogruppe gezwungen, in die p-Stellung zu der in 5 befindlichen Sulfogruppe zu treten, was im allgemeinen eine Erschwerung bedeutet. Immerhin erhält man ziemlich einheitlich die 1, 4, 6, 8-Nitronaphtalintrisulfonsäure (1), die durch Reduktion übergeht in die entsprechende Aminonaphtalintrisulfonsäure (2). Diese dient ihrerseits wiederum als Zwischen-

1, 4, 6, 8-Nitro- und -Amino-Naphtalintrisulfonsäure.

(1) O_2N SO_3H … HO_3S … SO_3H = HO_3S NO_2 … HO_3S … SO_3H (2) HO_3S NH_2 … HO_3S … SO_3H

produkt zur Darstellung der 1, 8-Aminonaphtol-4, 6-Disulfonsäure (3), der K-Säure. Wir haben in der 1, 4, 6, 8-Naphtylamintrisulfonsäure drei verschiedene Sulfogruppen, die ja an sich alle drei der Einwirkung des schmelzenden Alkalis unterliegen können. Von den beiden α-ständigen Sulfogruppen in 4 und 8 ist aber die letztere, in Peristellung zur Aminogruppe, viel reaktionsfähiger wie die p-ständige Die Verhältnisse liegen hier ähnlich wie bei der 1, 4, 8-Naphtylamindisulfonsäure, von der sich, theoretisch betrachtet, die 1, 4, 6, 8-Naphtylamintrisulfonsäure ableitet, und die bei der Verschmelzung gleichfalls eine Periaminonaphtolsulfonsäure liefert (vgl. S. 223).

1, 8-Aminonaphtol-4,6-Disulfonsäure K.

Die oben erwähnte K-Säure, die von der Firma Kalle & Co., Biebrich, zuerst in technischem Maßstabe dargestellt wurde, dient in verschiedenen Fällen als Ersatz für die H-Säure, die isomere 1, 8, 3, 6-Aminonaphtoldisulfonsäure; und hat ähnliche Eigenschaften wie diese wichtige Azokomponente, die nachher noch betrachtet werden soll.

1, 3, 6-Naphtalintrisulfonsäure. u. -Naphtoldisulfonsäure.

Die 1, 3, 6-Naphtalintrisulfonsäure entsteht in der Regel dadurch, daß man die 2, 7-Disulfonsäure weiter sulfoniert (vgl. S. 118). Man kann die 1, 3, 6-Säure aber auch erhalten durch Sulfonierung der 1, 6-Säure (4). Die 1, 3, 6-Naphtalintrisulfonsäure ist eine außerordent-

(3)

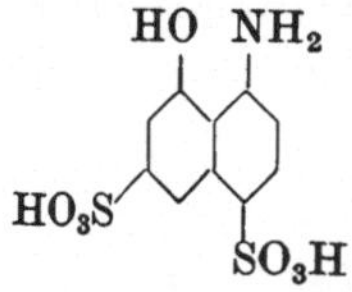

1, 8, 4, 6-Aminonaphtoldisulfonsäure, K-Säure.

(4) →

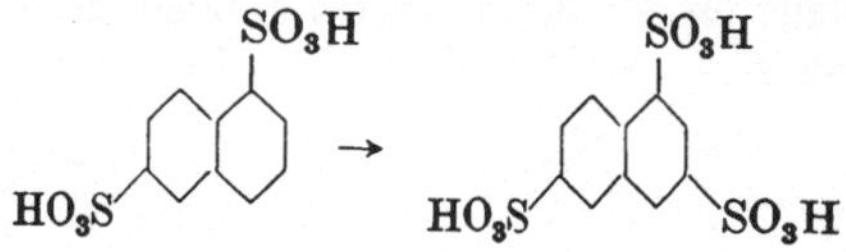

lich wichtige Säure. Durch Alkalischmelze geht sie über in die 1, 3, 6-Naphtoldisulfonsäure (1). Diese wird aber technisch in der Regel nicht in einheitlichem Zustande, sondern in Mischung mit der isomeren 1, 3, 7-Naphtoldisulfonsäure (2) erhalten, die in analoger Weise aus der ent-

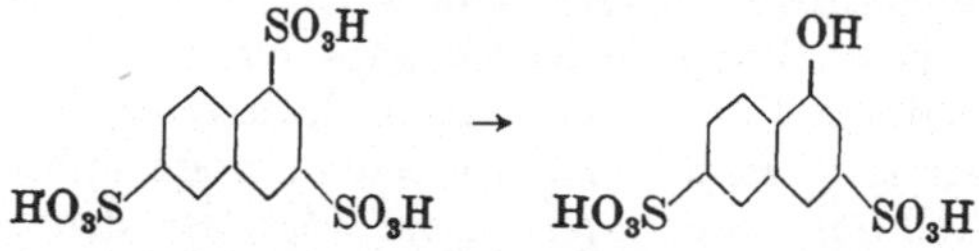

→ (1)

sprechenden 1, 3, 7-Naphtalintrisulfonsäure entsteht. Das Gemisch der beiden Säuren, das aber vorwiegend die 1, 3, 6-Säure enthält, nennt man die Rudolph-Gürckesche Säure oder Naphtoldisulfonsäure R.-G. Diese Rudolph-Gürckesche Säure ist eine ziemlich wichtige Azokomponente. Bei der Kupplung mit Diazokomponenten erhält

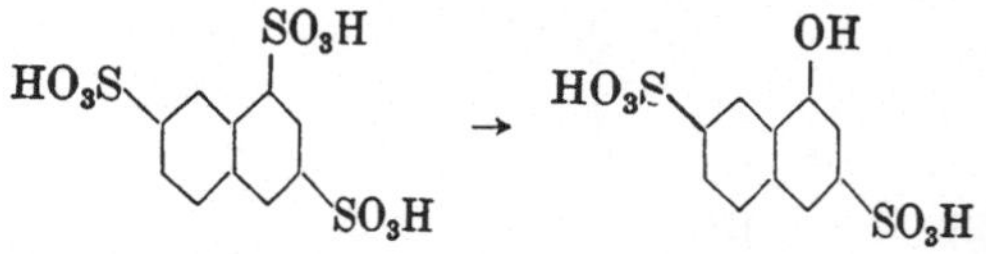

→ (2)

man Azofarbstoffe für Wolle, z. B. Ponceau und Bordeaux, die durch einen klaren Ton und leidliche Echtheit ausgezeichnet sind.

Doch damit ist die Bedeutung der 1, 3, 6-Naphtalintrisulfonsäure nicht erschöpft, sondern noch in einer anderen Richtung findet sie heute ausgedehnte Anwendung, und zwar in Form ihres Nitro- bzw. Amino-derivates. Durch Nitrieren entsteht nämlich die 1, 3, 6, 8-Nitronaphtalintrisulfonsäure (3), die durch Reduktion übergeht in die Amino-

1, 3, 6, 8-Nitro- und Aminonaphtalintrisulfonsäure.

1, 8-Aminonaphtol-3,6-Disulfonsäure, H.

(3) =

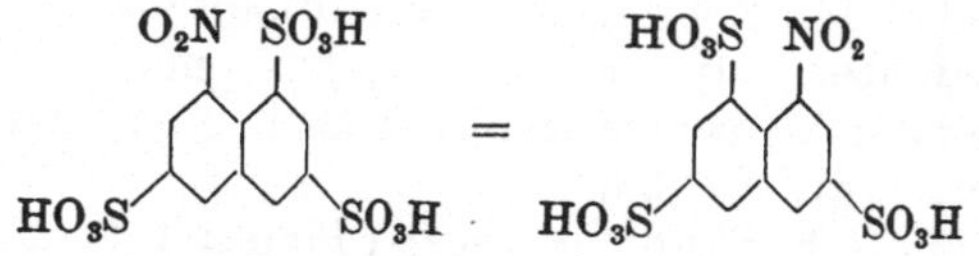

naphtalintrisulfonsäure 1, 3, 6, 8 (4). Diese wird nun in zweierlei Weise verarbeitet; einmal wird diese Aminonaphtalintrisulfonsäure verschmolzen zur entsprechenden Peri-Aminonaphtoldisulfonsäure, der sog. H-Säure (5), die, wie man sieht, sehr nahe verwandt ist mit der isomeren

(4) ... (5) ... (6)

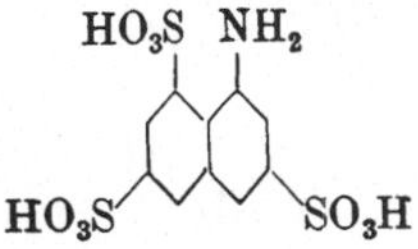

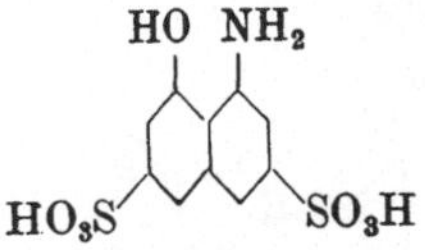

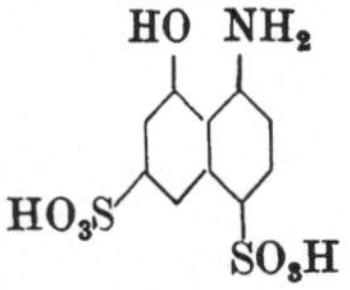

K-Säure (6). Die H-Säure ist vor allem eine außerordentlich wichtige Azokomponente; vereinzelt wird sie auch als Diazokomponente angewendet. Ihre Bedeutung liegt darin, daß sie, wie alle technisch wichtigen Peri-Aminonaphtolsulfonsäuren, Disazofarbstoffe liefert, indem je eine Azogruppe sowohl in die o-Stellung zur Aminogruppe als auch in die o-Stellung zur Hydroxylgruppe tritt.

Diese primären Disazofarbstoffe der H-Säure, deren Darstellung in der mannigfaltigsten Weise erfolgen kann, haben eine ganz hervorragende technische Bedeutung, einerseits für die Herstellung von Wollfarbstoffen, andererseits auch für die Herstellung von Baumwollfarbstoffen. Ähnlich der H-Säure verhält sich die K-Säure bei der Azofarbstoffbildung; die K-Säure ist aber vielleicht nicht ganz so leicht in reiner Form zu gewinnen, weil die Darstellung einer einheitlichen 1, 3, 5-Naphtalintrisulfonsäure im Vergleich zur isomeren 1, 3 6-Säure technisch etwas größere Schwierigkeiten zu bieten scheint. Man kann annehmen, daß heute, nachdem die Patente erloschen sind, die einst die H-Säure und die aus ihr darstellbaren Farbstoffe schützten, diese Azokomponente in ganz vorwiegender Menge dargestellt wird, wie denn überhaupt patentrechtliche Zusammenhänge in sehr weitgehendem Maße die Erzeugung auf dem Gebiete der Zwischenprodukte und Farbstoffe beeinflußt haben und noch beeinflussen. Dieser Einfluß hat aber dazu geführt, daß heute, nach dem Erlöschen der meisten jener grundlegenden Patente, ein Teil der Naphtalin- oder Benzolderivate seine frühere Bedeutung verloren hat. Infolgedessen liegen die Verhältnisse heute etwas einfacher wie früher, als es noch eine große Zahl von Naphtalinderivaten gab, die weniger wegen ihres besonderen technischen Wertes als vielmehr aus patentrechtlichen Gründen eine gewisse Bedeutung hatten. Nunmehr stellt man fast nur noch diejenigen Produkte dar, die wirklich als solche eine bleibende Bedeutung behalten haben, während die Ersatzprodukte mehr in den Hintergrund treten. Man kann daher bei der Schilderung des derzeitigen Standes der Technik absehen von einer ganzen Reihe von Naphtalinderivaten, die nur vorübergehend gebraucht wurden, um als Ersatz für irgendein durch Patent geschütztes und daher der Allgemeinheit unzugängliches Produkt zu dienen, und die heute wohl nur noch geschichtliches Interesse besitzen. In einzelnen Fällen ist aber z. B. die K-Säure überhaupt nicht durch H-Säure zu ersetzen.

Die H-Säure kann weiter übergeführt werden in eine sehr wichtige

1, 8-Dioxy-
naphtalin-
3,6-Disulfon-
säure =
Chromotrop-
säure.

Säure, nämlich die entsprechende Dioxysäure (1), und zwar durch Erhitzen mit Alkali. Es entsteht so die sog. **Chromotropsäure**, die aber in der

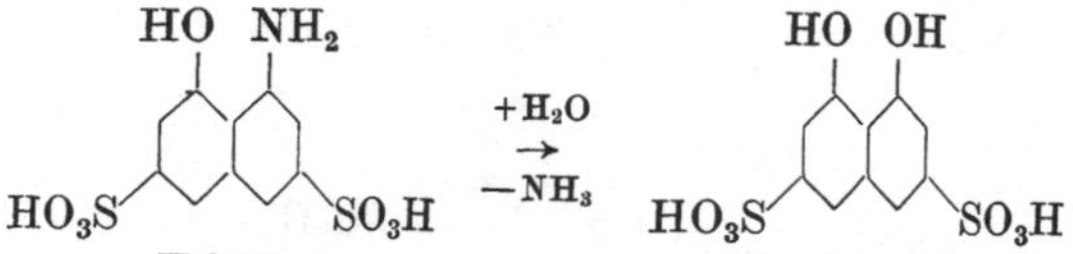

$$
\underset{\text{H-Säure}}{\text{HO}_3\text{S}\;\overset{\text{HO}\quad\text{NH}_2}{\bigcirc\!\bigcirc}\;\text{SO}_3\text{H}}
\quad\underset{-\text{NH}_3}{\overset{+\text{H}_2\text{O}}{\longrightarrow}}\quad
\underset{\text{Chromotropsäure}}{\text{HO}_3\text{S}\;\overset{\text{HO}\quad\text{OH}}{\bigcirc\!\bigcirc}\;\text{SO}_3\text{H}}
\quad(1)
$$

Regel nicht aus der H-Säure gewonnen wird; sondern man ersetzt schon in der Naphtylamintrisulfonsäure 1, 3, 6, 8 selbst (s. o.) die NH_2-Gruppe durch OH und verschmilzt alsdann die so entstandene Naphtoltrisulfonsäure (2) mittels Alkalis zur 1, 8-Dioxynaphtalin-3, 6-Disulfonsäure:

$$
\underset{\text{HO}_3\text{S}\quad\quad\text{SO}_3\text{H}}{\overset{\text{HO}_3\text{S}\quad\text{NH}_2}{\bigcirc\!\bigcirc}}
\quad\underset{-\text{NH}_3}{\overset{+\text{H}_2\text{O}}{\longrightarrow}}\;(2)\quad
\underset{\text{HO}_3\text{S}\quad\quad\text{SO}_3\text{H}}{\overset{\text{HO}_3\text{S}\quad\text{OH}}{\bigcirc\!\bigcirc}}
\quad\overset{\text{Verschmelzung}}{\longrightarrow}\quad
\underset{\text{HO}_3\text{S}\quad\quad\text{SO}_3\text{H}}{\overset{\text{HO}\quad\text{OH}}{\bigcirc\!\bigcirc}}
$$

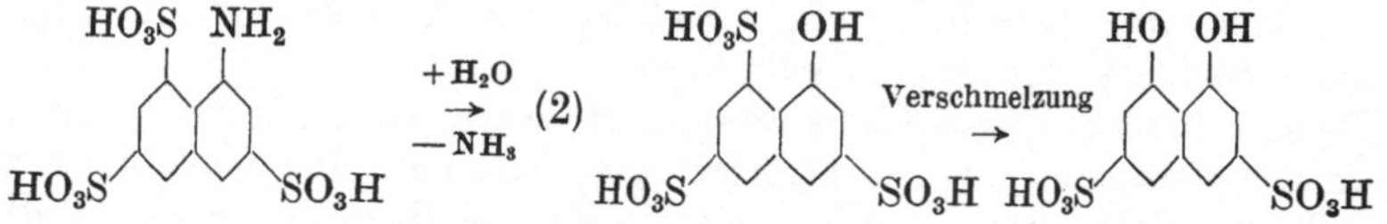

Dies ist der normale Weg, und zwar wird der Ersatz von NH_2 durch OH im vorliegenden Falle dadurch bewirkt, daß man diazotiert und umkocht, entsprechend der Reaktionsfolge:

$$
\text{R}\cdot\text{NH}_2 \rightarrow \text{R}\cdot\underset{\overset{|||}{\text{N}}}{\text{N}}\cdot\text{OH} \rightarrow \text{R}\cdot\text{OH}+\text{N}_2
$$

Diese bereits auf S. 86 kurz gestreifte Reaktion wird später noch ausführlicher betrachtet werden (siehe S. 217f.).

Die Chromotropsäure[1]) liefert Mono- und primäre Disazofarbstoffe; im vorliegenden Falle haben besonders die **Mo**noazofarbstoffe eine große Bedeutung, die derjenigen der **Dis**azofarbstoffe aus Chromotropsäure überlegen ist. Von der H-Säure hingegen sind es umgekehrt gerade die **Dis**azofarbstoffe, die auch heute noch von Wichtigkeit sind.

Man kann, wenn man Chromotropsäure mit einfachen Diazokomponenten, z. B. mit Anilin (diaz.), in Sodalösung kuppelt, einen roten Wollfarbstoff erzeugen, und wenn man die rotgefärbte Wolle mit Bichromat oder mit Chromisalzen nachbehandelt, so geht dieses Rot über in Blauschwarz. Es entstehen hierbei echte lackartige Verbindungen, und man kann daher diese Azofarbstoffe der Chromotropsäure als Beizenfarbstoffe ansehen. Man kann aber auch in der Weise verfahren, daß man die Wolle zunächst mit einem Metallsalz (meist Chromisalz) vorbeizt: man erhält alsdann nach dem Ausfärben mit einem geeigneten Monoazofarbstoff der Chromotropsäure, je nach der Beize, verschiedenfarbige Lacke. In der Regel geschieht die Herstellung des Farblackes in folgender Weise: Man färbt erst in saurem Bade den Farbstoff aus und

---

[1]) Die Chromotropsäure hat ihren Namen von dem griechischen Wort Chroma = die Farbe und trepein = wenden, ändern, weil insbesondere die Monoazofarbstoffe dieser Chromotropsäure unter der Einwirkung von Metallsalzen, vor allem der Chromisalze und der Chromate, ihre Farbe ändern (siehe oben).

behandelt ihn dann mit den geeigneten Mengen Bichromat und Schwefelsäure nach.

Übrigens haben diese Monoazofarbstoffe der Chromotropsäure noch in einer anderen Richtung große Bedeutung, nämlich als Egalisier-farbstoffe für Wolle. Unter einem Egalisierfarbstoff oder einem gut egalisierenden Farbstoff versteht man einen Farbstoff, der das Gewebe gleichmäßig färbt, auch dann, wenn das Gewebe vielleicht Verschieden-heiten an gewissen Stellen aufweist. Es gibt Farbstoffe, die durchaus nicht egal färben, die vielmehr fleckig färben, indem an einzelnen Stellen der Farbstoff sich stark anfärbt, an anderen weniger stark. Das rührt daher, daß die Wolle nicht von ganz gleichmäßiger Beschaffen-heit ist; sie kann durch verschiedene chemische und mechanische Operationen, denen sie vorher beim Spinnen und Weben oder z. B. bei ihrer Reinigung (in der Wollwäsche) unterworfen wurde, an einer Stelle anders beschaffen sein wie an anderen. Das macht sich bei solchen Farbstoffen, die nicht gut egalisieren, sehr unliebsam bemerk-bar durch Fleckenbildung infolge veränderter Aufnahmefähigkeit der Faser für die Farbstoffe. Die gut egalisierenden Farbstoffe aber zeigen in solchen Fällen keine Fleckenbildung, und man darf diese Erscheinung vor allem wohl darauf zurückführen, daß unter den Bedingungen des Färbeprozesses beim Färben mit Egalisierfarbstoffen ein labiles Gleich-gewicht besteht, gemäß dem sich der Farbstoff auf Flotte und Faser verteilt. Man kann wohl in Zusammenhang damit als Regel aufstellen, daß beim Färben mit gut egalisierenden Farbstoffen das Färbebad nicht vollkommen erschöpft wird.

Farbstoffe, die nicht egalisieren, haben in viel geringerem Grade die Fähigkeit, während des Färbens vom Gewebe wieder herunter-zugehen, um nach anderen Stellen zu wandern, an denen weniger Farb-stoff vorhanden ist. Ein gut egalisierender Farbstoff wird sich im Laufe des Färbeprozesses gleichmäßig auf das Gewebe verteilen und gegebenen-falls von den stärker gefärbten Stellen abwandern nach solchen, die schwächer gefärbt sind. Bei den nicht oder nur schlecht egalisierenden Farbstoffen ist das Gleichgewicht viel weniger labil. Egalisierfarbstoffe hingegen kann man während des Färbens, wenn man z. B. den Ton verstärken oder eine nachträgliche Änderung des Farbentons herbeizu-führen wünscht (nuancieren), selbst einer stark sauren Flotte hinzu-fügen, ohne fürchten zu müssen, daß einzelne Stellen des Gewebes, die zuerst mit dem Farbstoff in Berührung kommen, stärker angefärbt werden, und andere, die mit dem Farbstoff erst später in Berührung kommen, dafür um so magerer ausfallen. Daher sind solche Egalisier-farbstoffe außerordentlich geschätzt.

Wenden wir uns nunmehr der Betrachtung der 1, 3, 7-Naphtalin-trisulfonsäure zu.

Zunächst geht diese Säure durch Verschmelzung, analog den anderen Trisulfonsäuren, in eine Naphtoldisulfonsäure über, und zwar in die 1, 3, 7-Säure (1), die in Mischung mit der isomeren 1, 3, 6-Naphtoldisulfonsäure, wie bereits erwähnt, die Rudolph-Gürckesche Säure bildet. Andererseits liefert diese Naphtalintrisulfonsäure durch Nitrierung eine Nitroverbindung, die 1, 3, 5, 7-Nitronaphtalintrisulfonsäure (2). Durch Reduktion kann diese in eine Aminonaphtalintrisulfonsäure

1, 3, 5, 7-Nitro- und -Amino-Naphtalintrisulfonsäure.

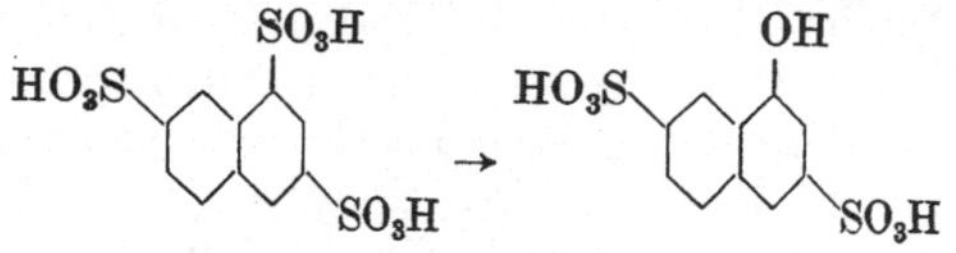

(1)

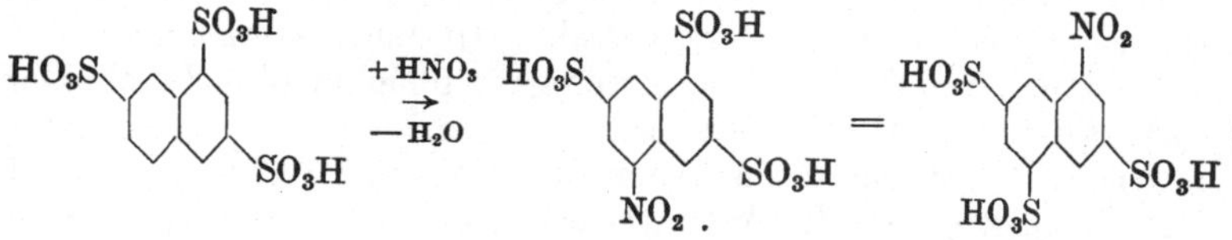

(2)

übergeführt werden, die jedoch, zumal sie bei der Verschmelzung mit Alkali keine peri-, sondern nur eine 1, 3-Aminonaphtoldisulfonsäure zu liefern vermag, technisch keine Bedeutung zu haben scheint, so daß die 1, 3, 7-Naphtalintrisulfonsäure zur Zeit nur als Beimischung zur isomeren 1, 3, 6-Säure und weiterhin, nach ihrer Verschmelzung, zur 1, 3, 7-Naphtoldisulfonsäure als Bestandteil der Rudolph-Gürckeschen Säure technisch in Betracht kommt. In reiner, isolierter Form dürfte weder die 1, 3, 7-Naphtoldisulfonsäure, noch die isomere 1, 3, 6-Naphtoldisulfonsäure für die Zwecke der Farbstoffdarstellung Verwendung finden.

1, 3, 5, 7-Naphtalintetrasulfonsäure- und -Naphtoltrisulfonsäure.

Was die 1, 3, 5, 7-Naphtalintetrasulfonsäure anlangt, so gibt sie beim Verschmelzen unter gemäßigten Bedingungen zunächst eine 1, 3, 5, 7-Naphtoltrisulfonsäure (1); beim weiteren Verschmelzen scheinen zwei isomere Dioxynaphtalindisulfonsäuren zu entstehen, und zwar

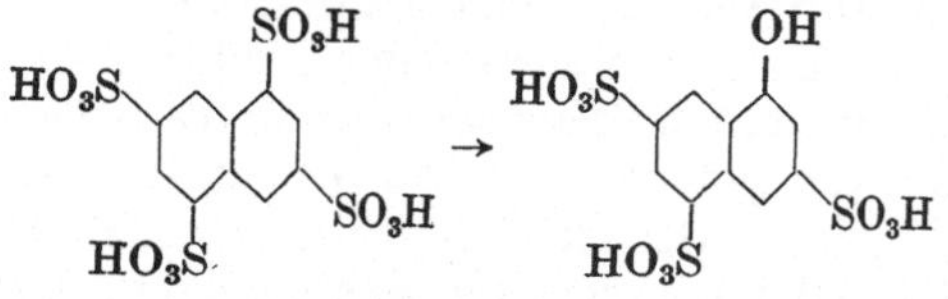

(1)

1, 5-Dioxynaphtalin-3, 7- u. 1, 3-Dioxynaphtalin-1, 5-Dioxynaphtalin-3, 7- u. 1, 3-5, 7-Disulfonsäure.

vorwiegend wohl eine 1, 5, 3, 7-Säure (2), die Rotsäure genannt wurde; daneben aber scheint sich die Tetrasulfonsäure noch zu einer 1, 3-Dioxynaphtalin-5, 7-Disulfonsäure (3) zu verschmelzen, die wegen des

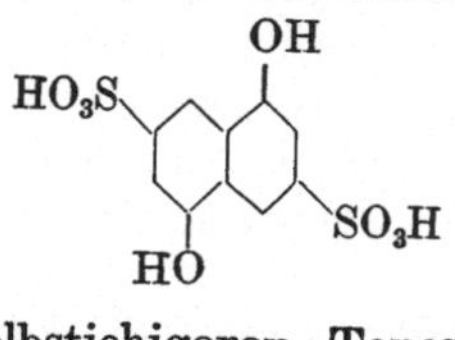

(2)

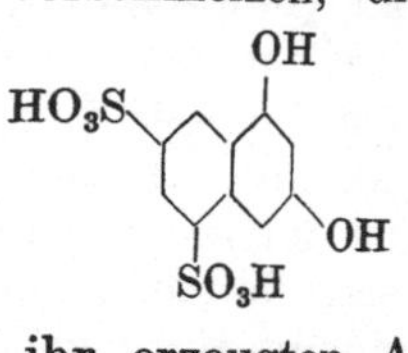

(3)

erheblich gelbstichigeren Tones der mit ihr erzeugten Azofarbstoffe Gelbsäure genannt wurde.

Die 1, 3-Dioxynaphtalindisulfonsäure (3) ist, wie man sieht, ein Abkömmling des 1, 3-Dioxynaphtalins oder Naphtoresorcins.

Siehe die Übersicht, Schema I, auf S. 125.

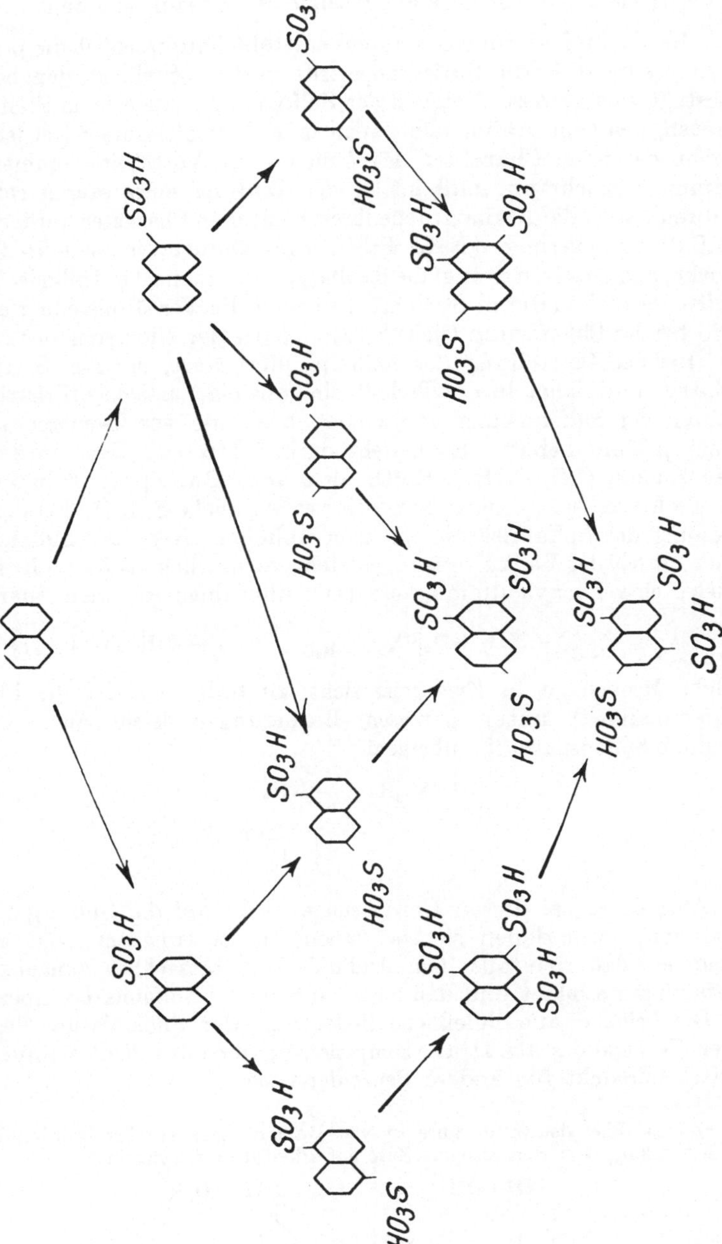
I. Schema der wichtigsten durch Sulfonierung des Naphtalins entstehenden Naphtalinsulfonsäuren.

C) Sulfonierung der Amine und Phenole der Benzol- und Naphtalinreihe.

Sulfonierung des Anilins.

Bei der Sulfonierung des Anilins entsteht hauptsächlich die p-Aminosulfonsäure, d. h. die Sulfogruppe tritt in die p-Stellung; daneben aber besteht eine gewisse Neigung der Sulfogruppe, auch in m-Stellung zu treten, weil beim Anilinsulfat, wenn es in Schwefelsäure gelöst ist, nicht mehr der reine Charakter des Amins zum Vorschein kommt. Man nimmt vielmehr an, daß infolge der Bildung eines sauren schwefelsauren Salzes die Aminogruppe ihren basischen Charakter verliert, oder daß die Gruppierung $-NH_2 \cdot H_2SO_4$ sogar ähnlich wie eine saure Gruppe wirkt; infolgedessen drängt die Bisulfatgruppe, zumal bei Anilinderivaten, teilweise auch in die m-Stellung. Es liegen die Verhältnisse hier ähnlich wie bei der Chlorierung (siehe S. 82) und bei der Nitrierung des Anilins.

Sulfanilsäure.

Bei der Darstellung der Anilin-p-Sulfonsäure, der sog. Sulfanilsäure, wird daher in der Technik ein ganz eigenartig modifiziertes Verfahren der Sulfonierung angewendet, das eine von Isomeren nahezu freie p-Säure liefert. Es besteht darin, daß man das saure Sulfat des Anilins, $C_6H_5 \cdot NH_2 - H_2SO_4$, dem sog. Backprozeß unterwirft, dem wir auch später noch begegnen werden (siehe S. 137). Bei der Darstellung der Sulfanilsäure, auf dem üblichen Wege der Sulfonierung oder mittels des Backprozesses, entsteht vermutlich als Zwischenprodukt eine Phenylsulfaminsäure (1). Allerdings ist, wenn man eine

Phenylsulfaminsäure.

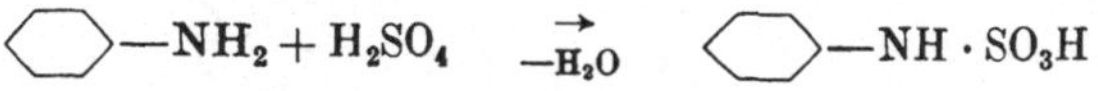

$$\bigcirc\!\!-NH_2 + H_2SO_4 \quad \xrightarrow[-H_2O]{} \quad \bigcirc\!\!-NH \cdot SO_3H \qquad (1)$$

solche Möglichkeit in Erwägung zieht, zu bedenken, daß die Phenylsulfaminsäure [1]) unter gewissen Bedingungen leicht auch in die Anilin-o-Sulfonsäure (2) übergeht.

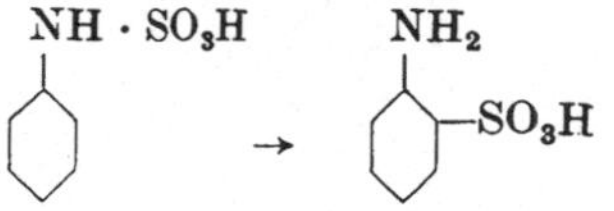

$$\bigcirc\!\!-NH \cdot SO_3H \quad \rightarrow \quad \bigcirc\!\!\underset{SO_3H}{\overset{NH_2}{}} \qquad (2)$$

Aber da es bei diesen Umlagerungen sehr auf die Bedingungen ankommt, unter denen sie stattfinden, so ist trotzdem nicht ausgeschlossen, daß sich aus dem Anilinbisulfat tatsächlich zunächst die Sulfaminsäure bildet und daß diese dann in die Sulfanilsäure übergeht.

Die beinahe ausschließliche Bedeutung der Sulfanilsäure liegt in ihrer Verwendung als Diazokomponente; nebenbei dient sie auch als Zwischenprodukt für andere Benzolderivate.

---

[1]) Diese Phenylsulfaminsäure ist von Bamberger erhalten worden durch die Einwirkung von Schwefliger Säure auf Phenylhydroxylamin:

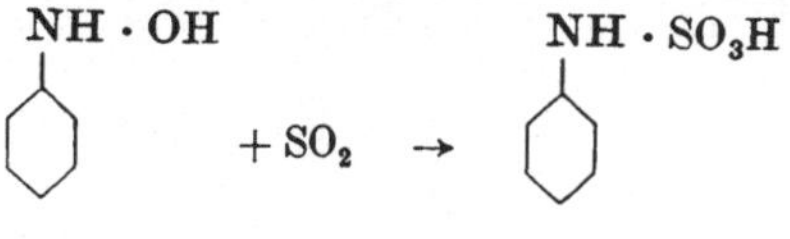

$$\bigcirc\!\!-NH \cdot OH \quad + SO_2 \quad \rightarrow \quad \bigcirc\!\!-NH \cdot SO_3H$$

Bei den Abkömmlingen des Anilins hängt das Ergebnis, ebenso wie bei Anilin selbst, wesentlich von den Reaktionsbedingungen ab. Dimethylanilin liefert, mit 30er Oleum bei 60° sulfoniert, vorwiegend (bis zu 60%) eine m-Sulfonsäure (4); ganz analoge Sulfonsäuren (5) erhält man aus den entsprechenden o-Toluidinabkömmlingen. Beim Backprozeß, d. h. beim Erhitzen mit 1 Mol. H_2SO_4 auf höhere Temperatur,

Sulfonierung des Dimethylanilins und der Toluidine.

$$(4) \qquad \underset{SO_3H}{\overset{N(CH_3)_2}{\bigcirc}} \qquad (5) \qquad CH_3\underset{SO_3H}{\overset{N(CH_3)_2}{\bigcirc}} \qquad und \qquad CH_3\underset{SO_3H}{\overset{N(C_2H_5)_2}{\bigcirc}}$$

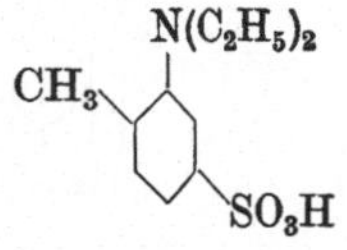

etwa gegen 200°, liefert jedoch Dimethylanilin ebenso wie Anilin fast ausschließlich die p-Sulfonsäure. Die Kernhomologen des Anilins verhalten sich folgendermaßen:

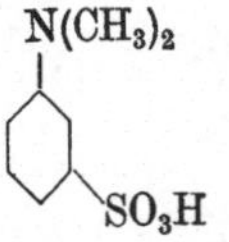

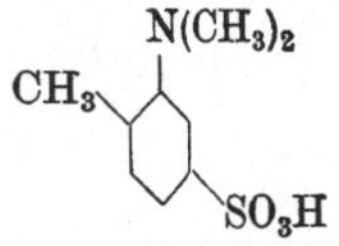

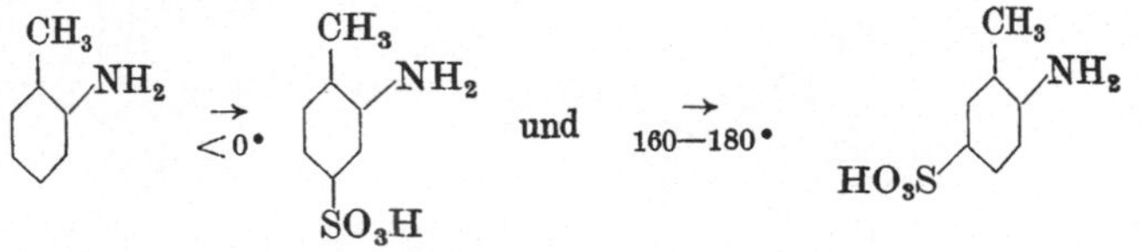

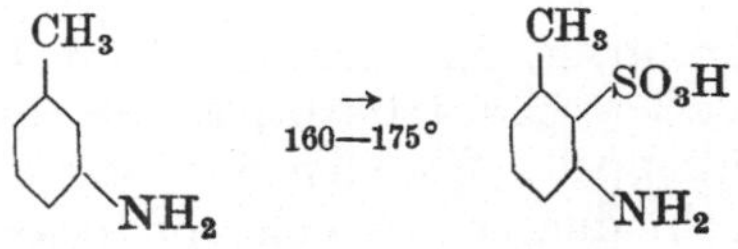

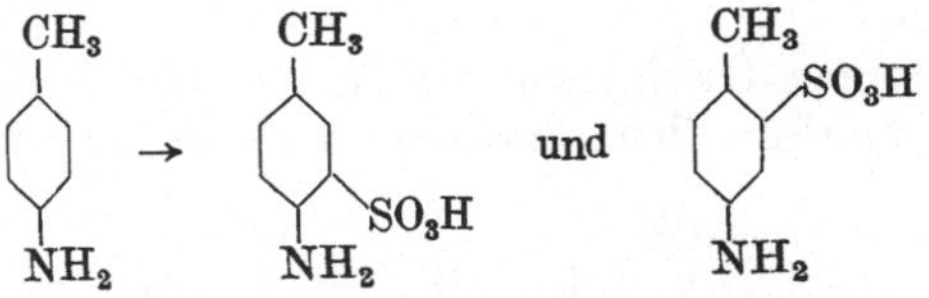

$$\overset{CH_3}{\underset{}{\bigcirc}}NH_2 \quad \overset{<0°}{\longrightarrow} \quad \overset{CH_3}{\underset{SO_3H}{\bigcirc}}NH_2 \qquad und \qquad \overset{160-180°}{\longrightarrow} \qquad HO_3S\overset{CH_3}{\underset{}{\bigcirc}}NH_2$$

$$\overset{CH_3}{\underset{NH_2}{\bigcirc}} \quad \overset{160-175°}{\longrightarrow} \quad \overset{CH_3}{\underset{NH_2}{\overset{SO_3H}{\bigcirc}}}$$

$$\underset{NH_2}{\overset{CH_3}{\bigcirc}} \quad \longrightarrow \quad \underset{NH_2}{\overset{CH_3}{\bigcirc}}SO_3H \qquad und \qquad \underset{NH_2}{\overset{CH_3}{\bigcirc}}SO_3H$$

und zwar sulfoniert sich p-Toluidin von den drei Isomeren am schwierigsten; ferner

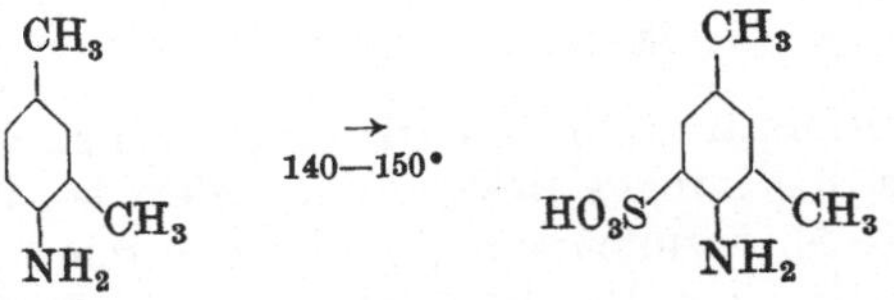

$$\underset{NH_2}{\overset{CH_3}{\bigcirc}}CH_3 \quad \overset{140-150°}{\longrightarrow} \quad HO_3S\underset{NH_2}{\overset{CH_3}{\bigcirc}}CH_3$$

(siehe auch S. 99).

Von den Diaminen läßt sich das m-Toluylendiamin sulfonieren zu Sulfonsäure (1).

Phenol sulfoniert sich sowohl zur o- (2) wie zur p-Sulfonsäure (3), wobei es vor allem von der Temperatur abhängt, ob man hauptsächlich die eine oder die andere Isomere erhält. Bei höheren Temperaturen entsteht vorwiegend die p-Sulfonsäure, die aus der o-Sulfonsäure auch durch Umlagerung, beim Erhitzen auf höhere Temperaturen, erhalten werden kann. Die Phenol-p-Sulfonsäure wird wohl fast nie als Azo-

Sulfonierung des Phenols.

Phenol-p-Sulfonsäure u. Derivate.

komponente benutzt. In der Regel dient sie als Zwischenprodukt zur
Darstellung von Nitrophenolen (Pikrinsäure), Chlorphenolsulfonsäuren,
Nitrochlorphenolsulfonsäuren, 2, 6-Dinitrophenolsulfonsäure usw.

(1) 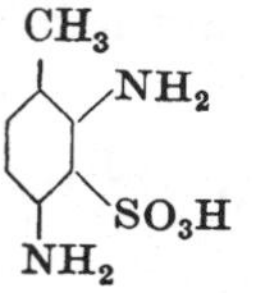   (2) 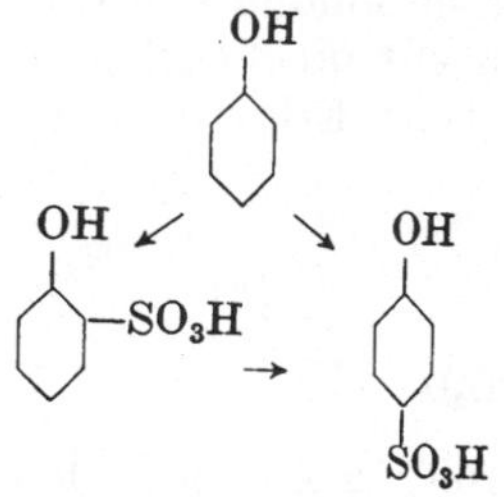   (3)

Die aus den o-Nitro- und o, o-Dinitro-Phenolsulfonsäuren erhältlichen o-Amino- und o, o-Diamino-Phenolsulfonsäuren, z. B. (4 u. 5)

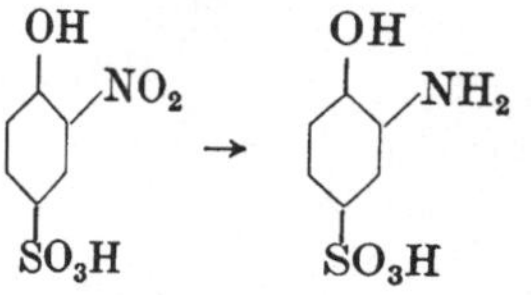

(4)   (5)

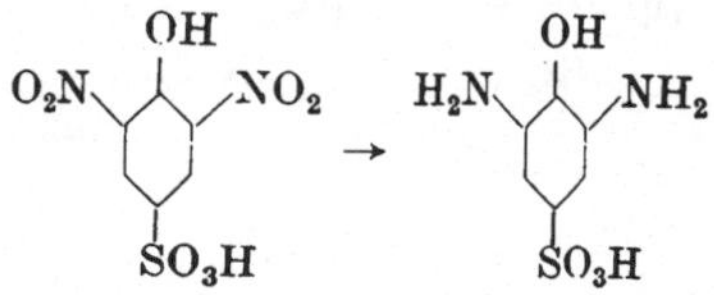

finden als Diazokomponenten Anwendung, d. h. die Aminoverbindungen werden diazotiert bzw. tetrazotiert und dann mit geeigneten
Azokomponenten gekuppelt. Über die besonderen Eigenschaften derartiger Diazoniumverbindungen, die sich vom o-Aminophenol ableiten,
s. Näheres S. 158.

Sulfonierung des Kresols, Guajakols, Brenzkatechins u. Resorcins. Was die sonstigen Oxybenzole betrifft, so verhält sich das o-Kresol
(1) dem Phenol analog: Beim Sulfonieren in der Wärme entsteht vor-

(1) 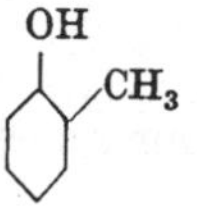   (2) 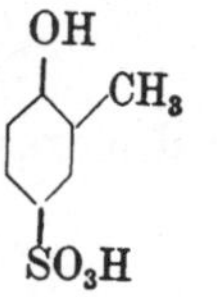   (3) 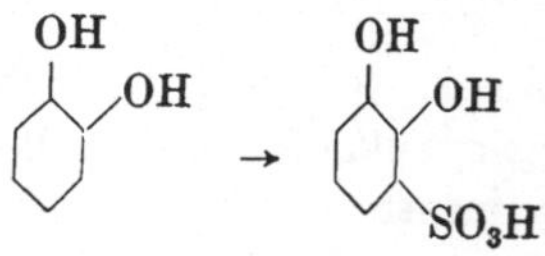   (4)

wiegend die p-Sulfonsäure (2). Brenzkatechin (3) sulfoniert sich merklich schwerer als das isomere Resorcin; es liefert bei 100° mit konzentrierter H_2SO_4 die Monosulfonsäure (4), und erst mit rauchender Schwefelsäure erhält man eine Disulfonsäure, während Resorcin, falls man

(5) 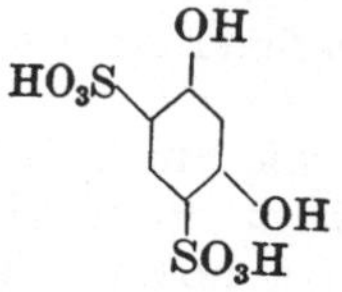   (6)

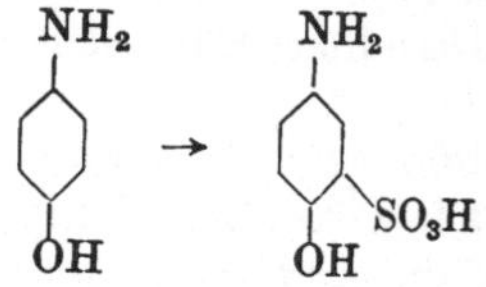

nicht besondere Vorsicht anwendet, schon mit konzentrierter Schwefelsäure als unmittelbares Hauptprodukt der Reaktion eine Disulfonsäure
(5) liefert.

Sulfonierung der o- und p-Aminophenole.

Auch bei den o- und p-Aminophenolen beobachtet man einen erheblichen Widerstand gegenüber dem Eintritt der Sulfogruppe.

(7) 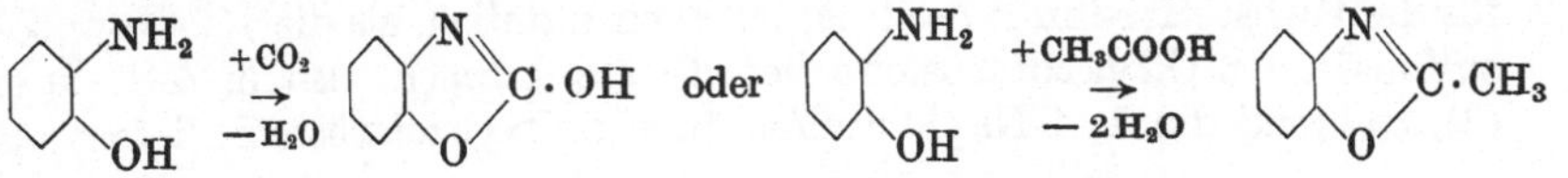

Bei beiden Isomeren wirkt die OH-Gruppe platzanweisend, d. h. die Sulfogruppe tritt in die o- oder p-Stellung zur OH-Gruppe (6 und 9). Bei den o-Aminophenolen kann man durch Oxazolbildung, z. B. gemäß Schema (7), bewirken, daß die Sulfogruppe in die p-Stellung zur Aminogruppe tritt, so daß man, nach Abspaltung des Kohlensäure-

(8) 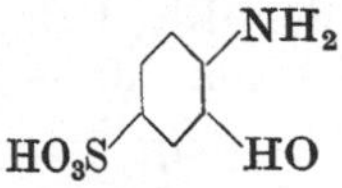 (9) 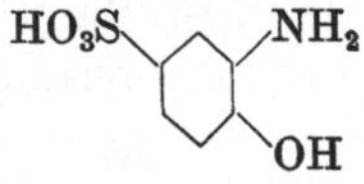

oder Essigsäurerestes, die isomere Monosulfonsäure (8), statt (9), erhält. Von den beiden Chlortoluolen sulfoniert sich die o-Verbindung leichter, und zwar zu (10), als die isomere p-Verbindung. m-Aminobenzoësäure und Salicylsäure liefern die Sulfonsäuren (11) und (12); in ersterem Falle

(10) 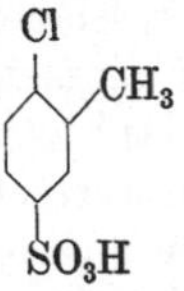 (11) 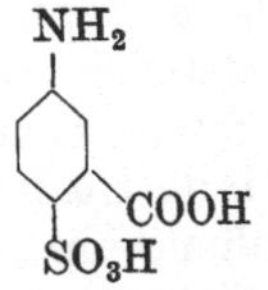 (12) 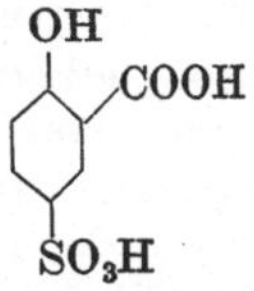

überwiegt also der Einfluß der Aminogruppe gegenüber der Carboxylgruppe, die die Sulfogruppe nach der 5-Stellung zu drängen sucht.

(1) 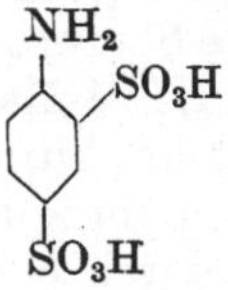 (2) 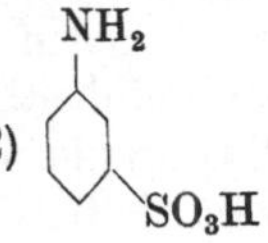 (3) 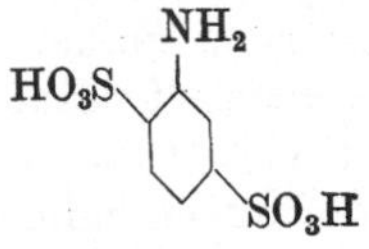 (4) 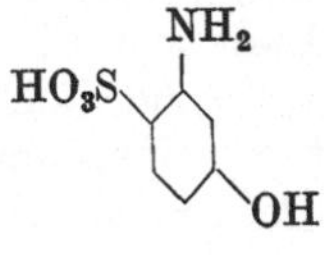

Anilin-o- und p-Sulfonsäure sulfonieren sich beide weiter zu derselben Disulfonsäure (1). Die Metanilsäure (2) liefert nach neueren Feststellungen die Disulfonsäure (3), aus der in der Alkalischmelze die wertvolle m-Aminophenolsulfonsäure III (4) hervorgeht.

Sulfonierung des α-Naphtols. 1, 2- u. 1,4-Naphtolsulfonsäure.

α-Naphtol läßt sich, ebenso wie Phenol, ziemlich leicht sulfonieren. Die Reaktion geht mit konzentrierter Schwefelsäure schon in der Kälte

(1) 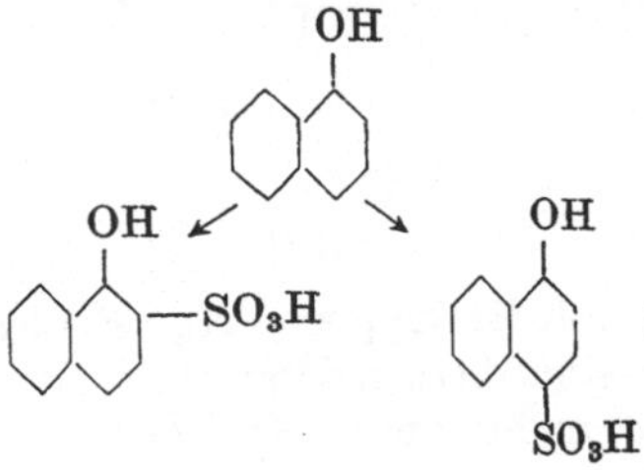 (2)

vor sich. Hierbei entstehen zunächst die α-Naphtolmonosulfonsäuren
1, 2 und 1, 4 (1 und 2), die aber eine sehr unterschiedliche Bedeutung
für die Farbstofftechnik besitzen, insofern nämlich, als die 1, 2-Naphtol-
sulfonsäure p-Oxyazofarbstoffe liefert; sie kuppelt also in 4-Stellung
(3), während die 1, 4-Naphtolsulfonsäure o-Oxyazofarbstoffe liefert (4),

$$(3) \qquad \text{Naphtol—SO}_3\text{H} \quad +\text{Cl}\cdot\text{N}_2\cdot\text{R} \xrightarrow{} -\text{HCl} \quad \text{Naphtol—SO}_3\text{H, N}_2\cdot\text{R}$$

indem sie in 2-Stellung kuppelt. In der Regel sind die p-Oxyazofarbstoffe wertlos; brauchbar sind meist nur die o-Oxyazofarbstoffe.

$$(4) \qquad \text{Naphtol—SO}_3\text{H} \quad +\text{Cl}\cdot\text{N}_2\cdot\text{R} \xrightarrow{} -\text{HCl} \quad \text{Naphtol—N}_2\cdot\text{R, SO}_3\text{H}$$

Da nun bei der Sulfonierung des α-Naphtols jene zwei isomeren Monosulfonsäuren nebeneinander entstehen, die sich auf einfachem Wege
nicht trennen lassen, und da ferner auch die 1, 2-Naphtolsulfonsäure
nicht umgelagert werden kann in die 1, 4-Naphtolsulfonsäure, etwa analog
wie wir dies bei der 1, 2-Phenolsulfonsäure gesehen haben, so ist dieser Weg
für die Darstellung einer einheitlichen 1, 4-Naphtolsulfonsäure technisch
nicht gangbar, und daher wird diese Säure auf einem ganz anderen Wege
dargestellt, den wir später noch betrachten werden (siehe S. 202 ff.).
Läßt man die Sulfonierung stärker wirken, so gehen beide Säuren, die
1, 2- und die 1, 4-Naphtolsulfonsäure, in eine einheitliche 1, 2, 4-Naph-
toldisulfonsäure über (1). Diese 1, 2, 4-Naphtoldisulfonsäure kuppelt
nicht mehr mit Diazoniumverbindungen, weil die für die Kupplung ausschließlich in Betracht kommenden Stellungen 2 und 4 durch Sulfogruppen besetzt sind, und weil zudem diese Sulfogruppen so fest im

1, 2, 4-Naph-
toldisulfon-
säure.

$$(1)$$

Kern haften, daß sie durch die Gruppe $-\text{N}_2\cdot\text{R}$ nicht verdrängt werden.
Auf der anderen Seite sind diese beiden Sulfogruppen jedoch nicht so
fest gebunden, daß sie nicht durch Hydrolyse, d. h. durch Erhitzen

mit mäßig verdünnten Säuren, leicht wieder entfernt werden könnten
(siehe auch S. 159f.). Selbst Wasser bei Siedehitze ist imstande, eine
derartige Spaltung, wenn auch unvollkommen, zu bewirken unter
Zurückbildung von α-Naphtol (2). Ferner werden die beiden Sulfogruppen

$$(2)\quad \text{[Naphtol-disulfonsäure]} \;\xrightarrow{+2\,H_2O}\; \text{[Naphtol]} + 2\,H_2SO_4$$

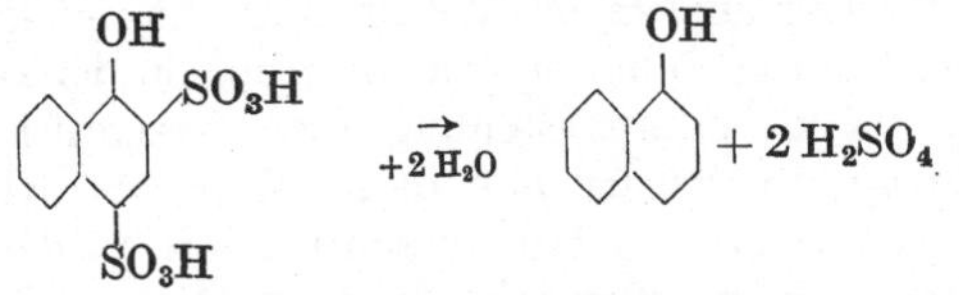

auch unter der Einwirkung der Salpetersäure leicht wieder entfernt;
hierbei werden die o- und die p-Stellung durch Nitrogruppen besetzt,
derart, daß 1, 2, 4-Dinitronaphtol entsteht (3), ein sog. Nitrofarbstoff,

$$(3)\quad \text{[Naphtol-disulfonsäure]} \;\xrightarrow{+2\,HNO_3}\; \text{[Dinitronaphtol]} + 2\,H_2SO_4$$

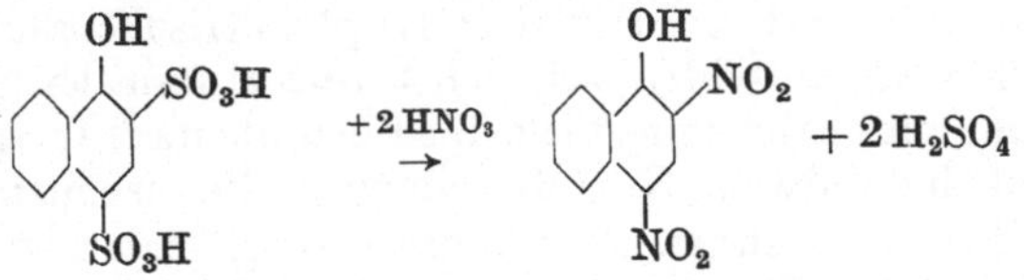

der als Martiusgelb in beschränktem Maße Anwendung findet zum
Färben von Spritlacken und Maccaroni.

Sulfoniert man die 1, 2, 4-Naphtoldisulfonsäure weiter, so tritt eine
dritte Sulfogruppe in das Naphtalinmolekül, diesmal jedoch in den
„anderen" Benzolkern, ein. Es bildet sich eine Naphtoltrisulfonsäure, und
zwar kommt es auf die Bedingungen an, ob man ziemlich einheitlich,
die 1, 2, 4, 7-Naphtoltrisulfonsäure erhält, oder ob daneben auch die
isomere 1, 2, 4, 6-Naphtoltrisulfonsäure entsteht (1). Wenn man bei
niedriger Temperatur sulfoniert, scheint in größeren Mengen auch
die letztgenannte Isomere zu entstehen. Die beiden Trisulfonsäuren
kuppeln mit Diazoniumverbindungen ebensowenig wie die vorher
genannte 1, 2, 4-Naphtoldisulfonsäure. Führt man eine derartige Trisulfonierung aus, so wird man trotzdem finden, daß das Reaktionsprodukt immer noch einen nachweisbaren Betrag kupplungsfähiger

1, 2, 4, 6- und
1, 2, 4, 7-
Naphtol-
trisulfon-
säure.

$$(1)\quad \text{[1, 2, 4-Naphtoldisulfonsäure]} \;\swarrow\;\searrow\; \text{[1, 2, 4, 6- und 1, 2, 4, 7-Naphtoltrisulfonsäure]}$$

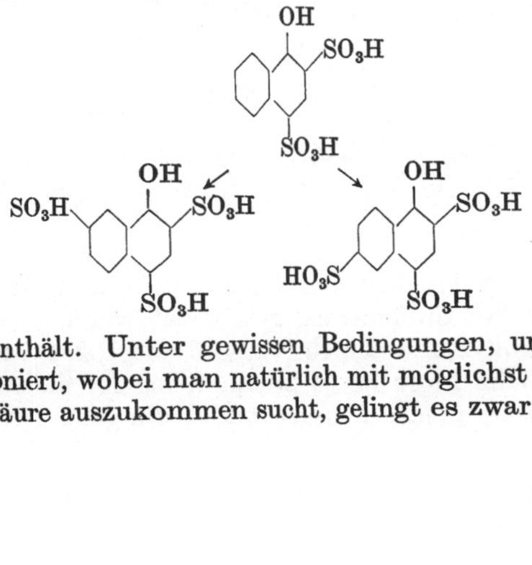

Bestandteile enthält. Unter gewissen Bedingungen, unter denen man
technisch sulfoniert, wobei man natürlich mit möglichst wenig (rauchender) Schwefelsäure auszukommen sucht, gelingt es zwar, das Naphtalin-

9*

molekül, das ursprünglich in Form des Naphtols vorhanden war, so zu sulfonieren, daß es auch im „anderen" Kern, also entweder in 6- oder in 7-Stellung, eine Sulfogruppe enthält. Aber da die Schwefelsäure beim Sulfonieren eine Verdünnung erfährt (siehe S. 102f.), so wird durch das gebildete Wasser eine Hydrolyse ermöglicht, infolge deren eine der weniger fest haftenden Sulfogruppen, nämlich in der 2- oder 4-Stellung, nicht aber in der 6- oder 7-Stellung (die wesentlich fester im Kern haften), nachträglich wieder aus dem Molekül entfernt wird. Das hat nun für den Zweck, der fast ausschließlich bei der Darstellung der Naphtoltrisulfonsäure in Betracht kommt (Darstellung von Naphtolgelb S, siehe S. 348), nichts zu besagen. Man darf sich jedoch nicht vorstellen, daß in dem Sulfonierungsgemisch, selbst wenn nachher sich zeigt, daß das α-Naphtol ausreichend, d. h. vor allem in 6- und 7-Stellung vollkommen sulfoniert ist, sich nur Naphtoltrisulfonsäuren befinden; diese Trisulfonsäuren bilden sich selbst unter normalen Sulfonierungsbedingungen nicht ganz einheitlich, insofern als nachträglich, wie erwähnt, leicht eine teilweise Hydrolyse eintritt, die zur Entstehung von isomeren Disulfonsäuren führt. Man könnte sogar, statt anzunehmen, daß der Prozeß durch die Phasen: Disulfonsäure → Trisulfonsäure → Disulfonsäure bedingt sei, in Anlehnung an die auf S. 107f. geschilderten Verhältnisse, von einer teilweisen unmittelbaren Umlagerung, z. B. der 1, 2, 4-Naphtoldisulfonsäure in die 1, 2, 7- und 1, 4, 7- (oder in die 1, 2, 6- und 1, 4, 6-Naphtoldisulfonsäure) reden (1). Erst infolge dieser Umlagerung treten dann also im Reaktionsprodukt wieder kupplungsfähige Substanzen, z. B. 1, 2, 7- oder 1, 4, 7-Naphtoldisulfonsäure, auf. Wenn man das Reaktionsprodukt mäßig verdünnt und dann erhitzt, so treten nur die beiden zur Hydroxylgruppe o- und p-ständigen und infolgedessen sehr labilen Sulfogruppen in 2- und 4-Stellung vollkommen aus, während die Sulfogruppe im „anderen" Kern, in der 6- oder 7-Stellung, unter diesen Bedingungen beständig ist. Man erhält daher ent-

1, 6- u. 1, 7-Naphtolsulfonsäure.

weder eine ziemlich einheitliche 1, 7-Naphtolsulfonsäure oder ein Ge-

(1)

misch der 1, 6- und 1, 7-Naphtolsulfonsäure, je nach den Bedingungen, unter denen bei der Sulfonierung gearbeitet wurde.

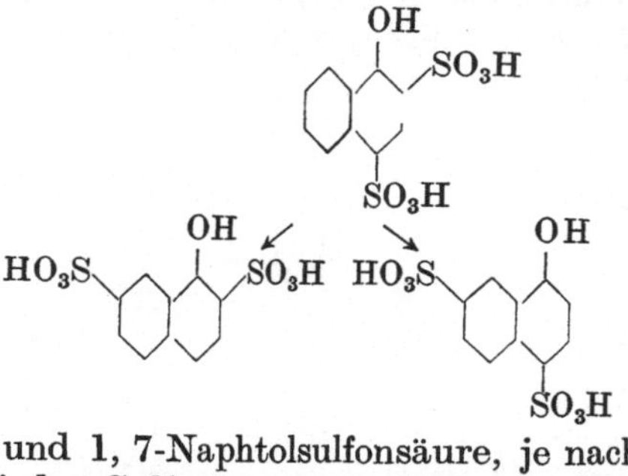

Da die Naphtoltrisulfonsäuren 1, 2, 4, 6 und 1, 2, 4, 7 mit Diazoniumverbindungen nicht kuppeln, so kommen sie für die Azofarbstoffdarstellung nicht in Betracht. Dagegen bildet die ganz vorwiegend (neben

geringen Mengen der Isomeren) entstehende 1, 2, 4, 7-Säure ein sehr
wichtiges Ausgangsmaterial für die Darstellung eines wertvollen Farbstoffes, des oben schon erwähnten Naphtolgelbs S (wohl zu unterscheiden
vom Martiusgelb, das auch kurzweg Naphtolgelb genannt wird; das S
deutet an, daß in dem Naphtolgelb noch eine Sulfogruppe enthalten ist,
und zwar befindet sich diese, wie aus obigem hervorgeht, in 7-, unter
Umständen teilweise auch in 6-Stellung). Das Naphtolgelb S entsteht
aus der Naphtoltrisulfonsäure, indem die Sulfogruppen in der 2- und
4-Stellung durch Nitrogruppen ersetzt werden. Verdrängt werden also
auch in diesem Falle nur die beiden Sulfogruppen, die in o- und p-
Stellung zur Hydroxylgruppe stehen und infolgedessen besonders
labil sind.

$$\text{OH} + \text{HO} \cdot \text{SO}_2 \cdot \text{OH} \xrightarrow[-\text{H}_2\text{O}]{} \text{O} \cdot \text{SO}_2 \cdot \text{OH} \rightarrow \underset{\text{OH}}{\overset{\text{SO}_3\text{H}}{\quad}} \qquad (2)$$

Das β-Naphtol liefert außerordentlich wichtige Naphtolsulfonsäuren.
Hier zeigt sich die ganze Mannigfaltigkeit des Naphtalins gegenüber
dem Benzol. Unter der Einwirkung von konzentrierter Schwefelsäure
auf β-Naphtol entsteht wahrscheinlich zunächst der β-Naphtylschwefel-
säureester, der aber sehr rasch sich umlagert in eine wirkliche Kernsulfonsäure, und zwar zunächst in die 2, 1-Naphtolsulfonsäure (2).
Aber auch diese 2, 1-Naphtolsulfonsäure ist unbeständig und lagert
sich sehr leicht um in die 2, 8-Naphtolsulfonsäure (Crocëinsäure oder
Bayersche Säure genannt). Das alles hat zur Voraussetzung, daß bei
niedrigen Temperaturen (nicht $>15°$) gearbeitet wird. Wenn man die Temperatur höher steigen läßt, so ist auch die 2, 8-Säure nicht beständig, sondern geht über in die 2, 6-Naphtolsulfonsäure (Schäffer-Säure). Die
Schäffer-Säure stellt also die beständigste β-Naphtolmonosulfonsäure
dar, die unmittelbar durch Sulfonierung des β-Naphtols erhalten werden
kann. Es ist infolgedessen auch ziemlich schwer, die 2, 1-Naphtolsulfon-
säure technisch auf diesem Wege darzustellen, und wenn man sie in
möglichst einheitlicher Form darstellen will, unvermischt mit 2, 8-
und 2, 6-Naphtolsulfonsäure, so empfiehlt es sich, nicht mit Schwefelsäure, sondern mit Chlorsulfonsäure zu arbeiten. (Vielleicht entsteht
auch hierbei zunächst der oben erwähnte Schwefelsäureester, der durch
Umlagern alsbald übergeht in die 2, 1-Naphtolsulfonsäure selbst). Man
kann auf diese Weise, wenn man auf β-Naphtol, das gelöst ist z. B. in
Schwefelkohlenstoff, Chlorsulfonsäure einwirken läßt, ziemlich glatt die
2, 1-Naphtolsulfonsäure gewinnen. Diese Sulfonsäure hat lange Zeit
hindurch keine technische Verwendung gefunden, man hat sie als solche
überhaupt kaum recht gekannt und hat sie vielfach auch verwechselt
mit dem oben erwähnten Schwefelsäureester des β-Naphtols, der sog.
β-Naphtylschwefelsäure. Als Azokomponente war sie ohne Bedeutung,
weil sie bei der Kupplung mit Diazoniumverbindungen, falls eine solche
überhaupt stattfindet, unter Eliminierung der Sulfogruppe dieselben

Farbstoffe ergibt wie β-Naphtol. (Man vergleiche hiermit das abweichende Verhalten der isomeren 1, 2-Säure und der 1, 2, 4-Disulfonsäure, welch letztere [siehe S. 130] überhaupt nicht kuppelt.)

Diazooxy-verbindung d. 2, 1-Naphtolsulfonsäure.

Man kann bei dieser Kupplungsreaktion der 2, 1-Säure eine interessante, sonst nur ganz ausnahmsweise faßbare Zwischenstufe gewinnen, indem nämlich unter gewissen Bedingungen eine Diazooxyverbindung entsteht. Hierbei tritt der Azorest nicht in den Kern, sondern in die Hydroxylgruppe, und erst dieser Zwischenkörper, entsprechend dem Typus $R \cdot O \cdot N = N \cdot R'$, der also den Diazoaminoverbindungen vom analogen Typus $R \cdot NH \cdot N = N \cdot R'$ nahesteht, liefert dann, indem die Sulfogruppe unter· dem Einfluß der abgeänderten Reaktionsbedingungen eliminiert wird und statt ihrer der Azorest durch Wanderung in den Kern gelangt, den gewöhnlichen normalen β-Naphtolfarbstoff (1). Dieses Verhalten der 2, 1-Säure ist deshalb bemerkens-

(1)

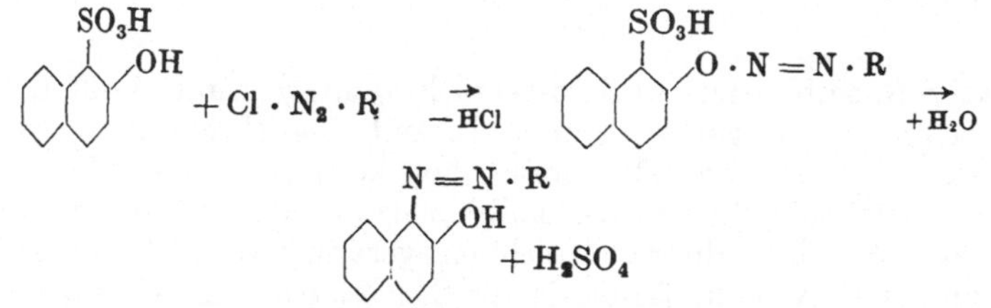

wert, weil die Diazooxyverbindungen bisher nur sehr schwer zugänglich waren, im Gegensatz zu den Diazoaminoverbindungen, die aus den einfachen Aminen der Benzolreihe (Anilin, o- und.p-Toluidin) sehr leicht zu erhalten sind.

2, 1-Naphtylaminsulfonsäure.

In neuerer Zeit hat die 2, 1-Naphtolsulfonsäure eine gewisse Bedeutung erlangt auf Grund der Tatsache, daß sie sich durch Amidierung in eine sehr wertvolle Aminosulfonsäure, die 2, 1-Naphtylaminsulfonsäure (1), überführen läßt, die diazotiert und mit β-Naphtol gekuppelt einen wichtigen Lackfarbstoff, das Litholrot, liefert. Die Amidierung erfolgt nach einem besonderen Verfahren (Sulfitverfahren), von dem später noch die Rede sein wird (siehe S. 191ff.). Die Sulfogruppe in 1 ist nämlich so labil, daß sie beim gewöhnlichen Prozeß der Amidierung, der höhere Temperaturen voraussetzt, zum großen Teil abgespalten wird, so daß man statt der Aminosulfonsäure beträchtliche Mengen β-Naphtylamin erhält. Nach dem Sulfitverfahren hingegen entsteht die 2, 1-Naphtylaminsulfonsäure ziemlich glatt.

2,8-Naphtolsulfonsäure (Croceïnsäure).

Die 2, 8-Säure (Croceïnsäure) ist gleichfalls eine von den wichtigeren Säuren. Bei der Kombination mit Diazoverbindungen kuppelt sie in der 1-Stellung und liefert also Azofarbstoffe von der allgemeinen Formel (2). Es macht sich aber bei der Kupplung dieser 2, 8-Sulfonsäure mit Diazoniumverbindungen ein gewisser Widerstand bemerkbar, der von der zur Azogruppe periständigen Sulfogruppe in der 8-Stellung herrührt, und man kann, wenn man die 2, 6- und die 2, 8-Sulfonsäure miteinander vergleicht, sehr leicht feststellen, welche Säure leicht und welche schwer kuppelt. Man erkennt die Gegenwart der 2, 6-Naphtolsulfonsäure z. B. in dem Sulfonierungsgemisch daran, daß sie mit der Diazoniumverbindung aus Anilin zuerst kuppelt, und zwar unter Erzeugung eines rotstichigen Farbstoffs, und erst wenn die 2, 6-Naphtolsulfonsäure als solche durch Kupplung aus dem Gemisch entfernt ist, tritt die Farbstoff-Kupplung der 2, 8-Sulfonsäure ein, wobei ein gelbstichiger und gleichzeitig löslicherer Farbstoff entsteht. Man kann auf diese Weise die 2, 6-Naphtolsulfonsäure aus einem Gemisch mittels einer Diazoniumverbindung entfernen, und dieses Verfahren läßt sich auch im großen anwenden für den wohl die Regel bildenden Fall, daß bei der Sulfonierung des β-Naphtols eine nicht ganz einheitliche 2, 8-Naphtolsulfonsäure entstanden ist. Die 2, 6-Naphtolsulfonsäure erhält man vorwiegend bei höherer Temperatur, die isomere 2, 8-Säure bei niederer Temperatur; letztere Säure geht aber bei längerer Einwirkung und höherer Temperatur in 2, 6-Naphtolsulfonsäure über. Die 2, 6-Naphtolsulfonsäure (Schäffer) ist also die leichtest zugängliche Monosulfonsäure, und sie hat infolgedessen auch eine große Bedeutung als Azokomponente erlangt. Läßt man die Einwirkung der Schwefelsäure auf β-Naphtol weitergehen, so entstehen aus dem Gemisch der beiden Monosulfonsäuren 2, 6 und 2, 8 ziemlich leicht zwei isomere Disulfonsäuren nebeneinander, die 2, 3, 6- und die 2, 6, 8-Säure, von denen die eine als R- und die andere als G-Säure bezeichnet wird (1); hierbei sulfoniert sich die 2, 6-Säure in der 3-Stellung und die 2, 8-Säure in der 6-Stellung. Bemerkt sei noch, daß die R-Säure das leicht zu erhaltende stabile Endprodukt der Disulfonierung des β-Naphtols ist, während das G-Salz ein labiles Zwischenprodukt darstellt, das durch verlängerte Einwirkung der Schwefelsäure bei erhöhter Temperatur in R-Säure übergeht. Es ist daher leichter, einheitliche R-Säure zu gewinnen, wie einheitliche G-Säure, und dieser Umstand sowie der rot- bzw. blaustichige Ton der R-Säurefarbstoffe bedingt die höhere technische Bewertung der R-Säure bzw. des R-Salzes. Die beiden Säuren unterscheiden sich, wie schon der Zusatz R und G (R von rot und G von gelb) andeuten soll, dadurch, daß das G-Salz mit einfachen Diazokomponenten, wie z. B. Anilin und Toluidin, gelbstichige Farbstoffe liefert, während R-Salz unter den gleichen Bedingungen analoge Farbstoffe liefert, die, abgesehen von ihrer geringeren Löslichkeit, meist durch einen erheblich rotstichigeren Ton ausgezeichnet sind. Was die Kupplungsfähigkeit der beiden isomeren Säuren anlangt, so machen sich analoge Unterschiede bemerkbar, wie sie bei der 2, 6- und 2, 8-Säure geschildert wurden, und zwar in noch erhöhtem Maße. Die 2, 6, 8-Säure kuppelt ziemlich schwer mit Diazoniumverbindungen, indem der reaktionshemmende Einfluß der Sulfogruppe in 8-Stellung in verstärktem Maße zutage tritt, während

II. Schema der wichtigsten durch Sulfonierung des α- und β-Naphtols entstehenden α- und β-Naphtolsulfonsäuren.

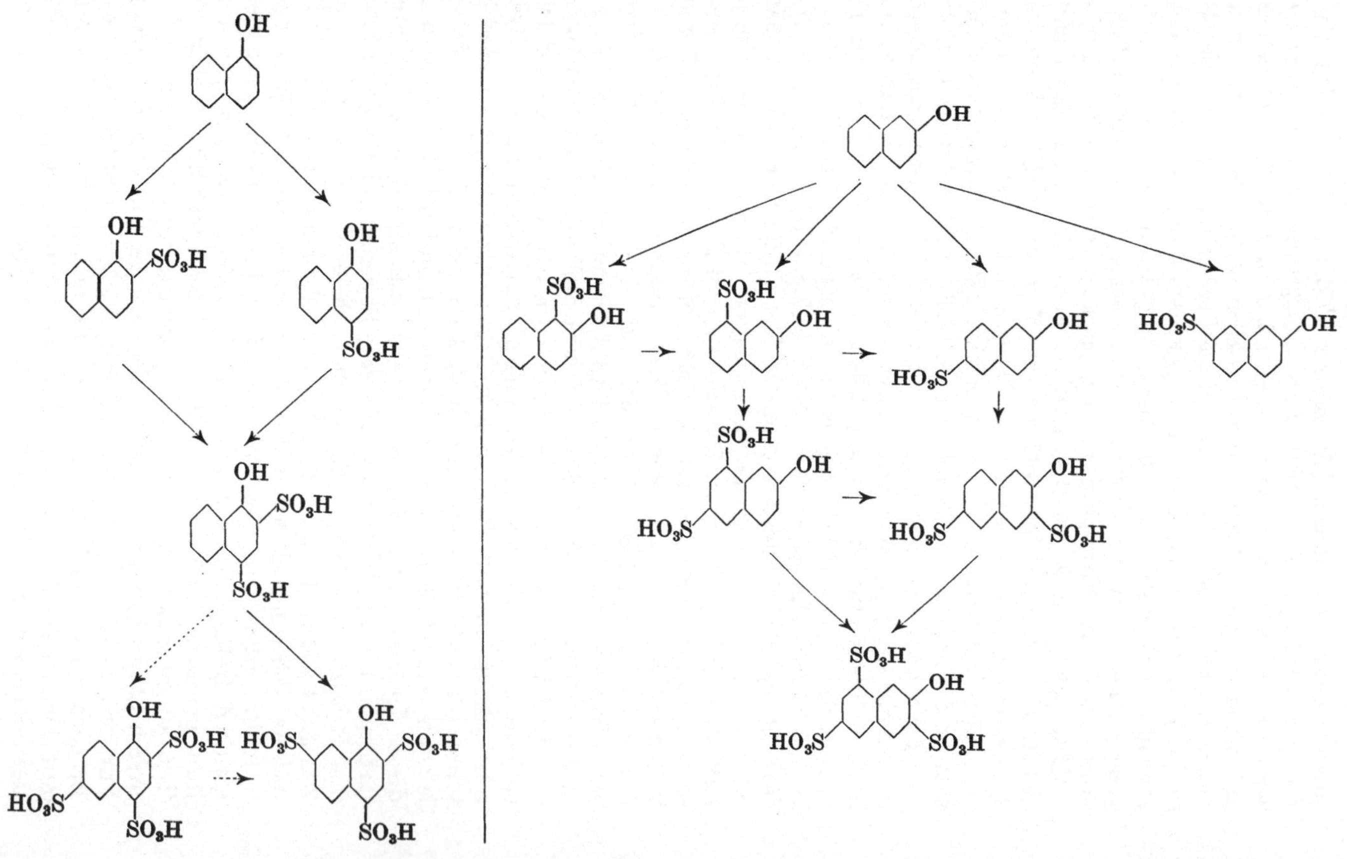

R-Salz sehr leicht kuppelt. Man kann auch hier, analog wie vorher bei der Crocëin- und Schäffer-Säure, aus Mischungen von G-Salz und R-Salz das R-Salz durch Vorfällung mittels einer Diazoniumverbindung als schwer löslichen Farbstoff, z. B. als Xylidin-diazo-R-Salz, entfernen, so daß eine ziemlich einheitliche 2, 6, 8-Naphtoldisulfonsäure zurückbleibt.

(1)   2, 3, 6-Säure = R-Säure   2, 6, 8-Säure = G-Säure   (2)

Beide Säuren gehen durch weitere Sulfonierung, wobei sich die G-Säure in 3-Stellung sulfoniert und die R-Säure in 8-Stellung, in dieselbe einheitliche 2, 3, 6, 8-Trisulfonsäure (2) über, deren technische Bedeutung allerdings weit hinter derjenigen der beiden Disulfonsäuren zurücksteht. (Siehe die Übersicht, Schema II, auf S. 136.)

2, 3, 6, 8-Naphtoltrisulfonsäure.

Wenden wir uns dem α- und β-Naphtylamin zu, so erkennen wir, daß die Naphtylamine erheblich schwerer reagieren, vor allem aber, daß sie sich keineswegs genau in denselben Stellungen sulfonieren, wie die entsprechenden Naphtole. Auffallenderweise tritt bei der Monosulfonierung des α-Naphtylamins mit konzentrierter Schwefelsäure die Sulfogruppe nicht ausschließlich in den durch die Aminogruppe sozusagen prädestinierten Kern und außerdem auch nicht in die 2-Stellung (vgl. α-Naphtol, S. 130). Es entsteht zwar vorwiegend die 1, 4-Naphtylaminsulfonsäure; aber daneben bildet sich auch 1, 5-Säure, und zwar dann, wenn man die Sulfonierung des Naphtylamins in der Weise ausführt, daß man α-Naphtylamin in konzentrierte Schwefelsäure einträgt und so lange auf 100—110° erhitzt, bis das Naphtylamin als solches verschwunden ist. Bei dieser Art der Sulfonierung des α-Naphtylamins (mit konzentrierter Schwefelsäure) entsteht neben der 1, 4- und 1, 5-Säure sogar etwas 1, 6-Säure. Da man technisch vielfach großes Interesse daran hat, 1, 4-Naphtylaminsulfonsäure (Naphthionsäure) in reiner Form herzustellen, so wendet man zu deren Gewinnung besser das Backverfahren an, wie bei Sulfanilsäure bereits erwähnt (siehe S. 126).

Sulfonierung des α-Naphtylamins.

1, 4-Naphtylaminsulfonsäure (Naphthionat).

Die 1, 4-Säure ist eine sehr wichtige Naphtylaminsulfonsäure, und zwar einerseits als Diazokomponente, andererseits als Azokomponente.

1, 4-Säure   1, 5-Säure   1, 6-Säure

1,5-Naphtylaminsulfonsäure.

Die 1, 5 - S ä u r e hat eine sehr beschränkte Bedeutung und tritt neben der 1, 4-Säure zurück. Wir haben gesehen (siehe S. 112), daß man die 1, 5-Säure auch auf anderem Wege gewinnen kann, nämlich neben der 1, 8-Säure dadurch, daß man Naphtalin-α-Monosulfonsäure nitriert und dann reduziert. Die beiden Isomeren lassen sich trennen infolge des Umstandes, daß die 1, 8-Naphtylaminsulfonsäure ein selbst in dünner Alkalilauge sehr schwer lösliches Natronsalz bildet, während das Natronsalz der 1, 5-Säure in derselben Alkalilauge leicht löslich ist. Es gibt noch einen dritten Weg, die 1, 5-Säure, und zwar in ziemlich einheitlicher Form, herzustellen, indem man nämlich α-Nitronaphtalin mit Chlorsulfonsäure sulfoniert zur 1, 5-Nitronaphtalinsulfonsäure und diese reduziert (1).

Die Technik hat also drei Wege, um 1, 5-Säure darzustellen; aber da man sie neben der 1, 8-Säure, die in ziemlich erheblichen Mengen

$$(1) \qquad + ClSO_3H \rightarrow \rightarrow$$

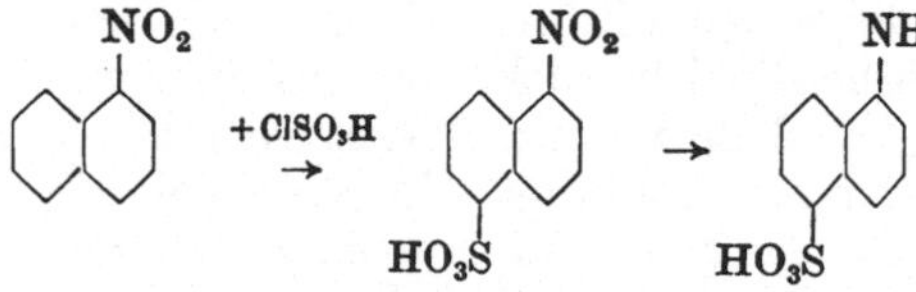

Verwendung findet, gewinnt, und da andererseits die 1, 5-Naphtylaminsulfonsäure keine so große Bedeutung hat wie z. B. die 1, 4-Naphtylaminsulfonsäure, so wird man im allgemeinen den Bedarf an 1, 5-Säure decken können durch den Abfall, der sich ergibt bei der Darstellung von 1, 8-Säure Zu bemerken ist, daß auch die 1, 4-Säure bei längerem Erhitzen mit konzentrierter Schwefelsäure auf 120—130° nicht beständig ist, sondern in 1, 5-Säure übergeht. Dieses Verfahren kommt jedoch für die Darstellung einer einheitlichen 1, 5-Säure deshalb nicht in Betracht, weil die 1, 5-Säure unter ähnlichen Bedingungen, unter denen

1, 6 - Naphtylaminsulfonsäure.

sie selbst aus der 1, 4-Säure entsteht, weiter in die 1, 6-Säure übergeht. Eine ähnliche Wanderung wurde bereits bei der 1, 2, 4-Naphtoldisulfonsäure (Umlagerung in die isomere 1, 2, 7- oder 1, 4, 7-Säure) und bei der 2, 1-Naphtolsulfonsäure (Umwandlung in 2, 8-Säure) erwähnt. Übrigens vermag das Natriumsalz der 1, 4-Säure, im Gegensatz zur freien Säure, sich in das Salz der 1, 2-Säure umzulagern Wenn man Naphthionat mit Naphtalin bis zum Siedepunkt des Naphtalins erhitzt,

1, 2 - Naphtylaminsulfonsäure.

also etwa auf 218°, so findet eine Wanderung der Sulfogruppe aus der 4-Stellung in die 2-Stellung statt, und es entsteht das Na-Salz der 1, 2-Naphtylaminmonosulfonsäure (1), die p-Aminoazofarbstoffe liefert und daher als mittlere Komponente bei der Darstellung von sekundären Disazofarbstoffen Verwendung findet.

$$\rightarrow \quad SO_3Na \qquad (1)$$

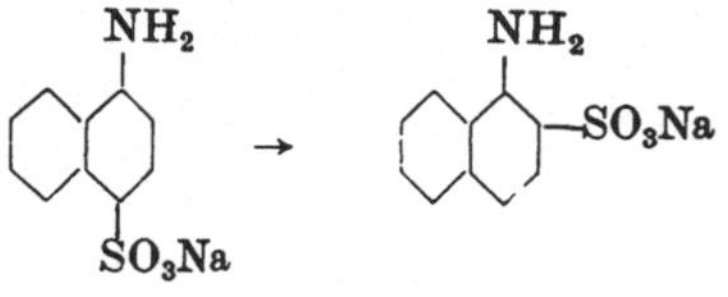

Bei der weiteren Sulfonierung der obenerwähnten α-Naphtylamin-
monosulfonsäuren ergeben sich die folgenden Disulfonsäuren: Aus der
1, 2-Naphtylaminsulfonsäure entsteht nicht, wie man im Hinblick auf
das Verhalten der 1,2-Naphtolsulfonsäure erwarten könnte, die 1, 2, 4-
Naphtylaminsulfonsäure, sondern die 1, 2, 5-Säure (2), die keine be-

1, 2, 5-Naph-
tylamin-
disulfon-
säure.

sondere Bedeutung hat; aus der 1, 4-Säure bilden sich zwei Disulfonsäuren, die 1, 4, 6- und die 1, 4, 7-Säure, die sog. Dahlschen Disulfonsäuren II und III (3), nicht aber merkwürdigerweise (s. o.) die 1, 2, 4-
Säure. Aus der 1, 5-Naphtylaminmonosulfonsäure erhält man einerseits

1, 4, 6- und
1, 4, 7-Naph-
tylamin-
disulfon-
säure.

Dahlsche Säure II

Dahlsche Säure III

die 1, 2, 5- und andererseits die 1, 5, 7-Disulfonsäure (1). Aus der
1, 6-Säure erhält man vorwiegend die 1, 4, 6-Säure (2). Es ergibt sich

hier also in der Reihe der α-Naphtylaminsulfonsäuren ein ganz anderes
Bild wie bei der Sulfonierung des α-Naphtols.

α-Naphtyla-
mintrisulfon-
säure.

Betrachten wir schließlich die Trisulfonsäuren, die hier entstehen, so bildet sich aus der 1, 2, 5- die 1, 2, 5, 7-Säure, die auch aus der 1, 5, 7-Säure erhalten werden kann (3); ferner liefert die 1, 4, 6-Säure die

$$NH_2 \quad SO_3H \qquad HO_3S \quad NH_2$$

und

$$(3) \quad HO_3S \qquad HO_3S \quad NH_2 \quad SO_3H \qquad SO_3H \qquad HO_3S$$

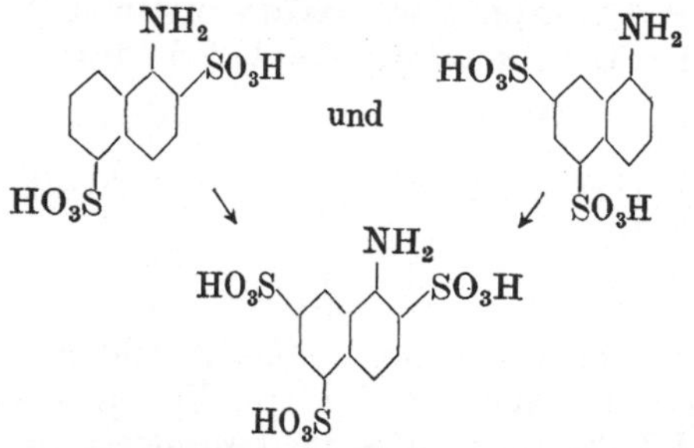

1, 2, 4, 6-Trisulfonsäure und in analoger Weise die 1, 4, 7-Säure die 1, 2, 4, 7-Trisulfonsäure (4) Man erhält also, bei der Trisulfonierung, zum Teil die den α-Naphtoltrisulfonsäuren entsprechenden Verbindungen.

$$(4) \quad NH_2 \; HO_3S \; SO_3H \;\rightarrow\; NH_2 \; SO_3H \; HO_3S \; SO_3H \quad \text{und} \quad HO_3S \; NH_2 \; SO_3H \;\rightarrow\; HO_3S \; NH_2 \; SO_3H \; SO_3H$$

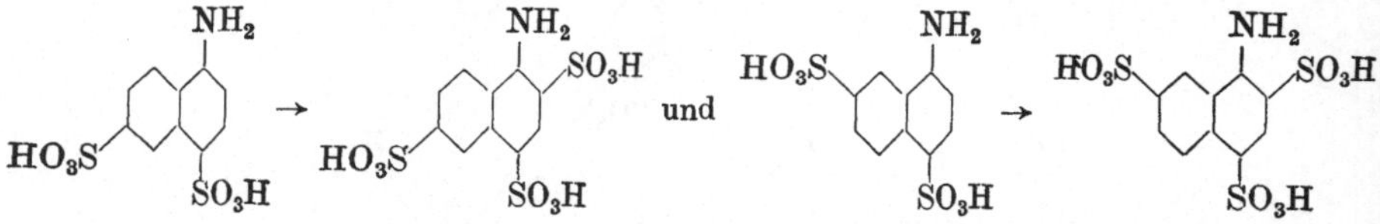

1, 5, 7-Naph-
tylamin-
disulfon-
säure.

Was die bisher angeführten, durch Sulfonierung des α-Naphtylamins erhältlichen Di- und Trisulfonsäuren anlangt, so sind sie nicht von besonderer Bedeutung, ausgenommen die beiden Dahlschen Säuren II und III und die 1, 5, 7-Naphtylamindisulfonsäure. Die Sulfonierung der 1, 5-Säure verläuft aber nicht ganz einheitlich; neben der 1, 5, 7-Säure entsteht die 1, 2, 5-Säure. Die 1, 2, 5-Säure tritt zwar zurück, ist technisch jedoch ohne Wert, während die 1, 5, 7-Säure eine, wenn auch beschränkte Anwendung findet. Man kann sie aber ziemlich einheitlich und frei von der isomeren 1, 2, 5-Säure auf einem etwas anderen Wege darstellen Zu diesem Zweck geht man aus entweder von der acylierten 1, 5-Säure, die sich einheitlich zur acylierten 1, 5, 7-Säure sulfoniert, oder man geht vom acylierten α-Naphtylamin aus, das sich unmittelbar zur acylierten 1, 5, 7-Disulfonsäure sulfonieren läßt, z. B. (1). Man hat also in der Acylierung ein Mittel, das in vielen Fällen erlaubt, der

$$NH \cdot CO \cdot CH_3 \qquad NH \cdot CO \cdot CH_3$$

oder

$$(1) \quad HO_3S \qquad NH \cdot CO \cdot CH_3 \quad HO_3S \qquad NH_2 \quad HO_3S \;\rightarrow\; HO_3S \quad SO_3H \qquad SO_3H$$

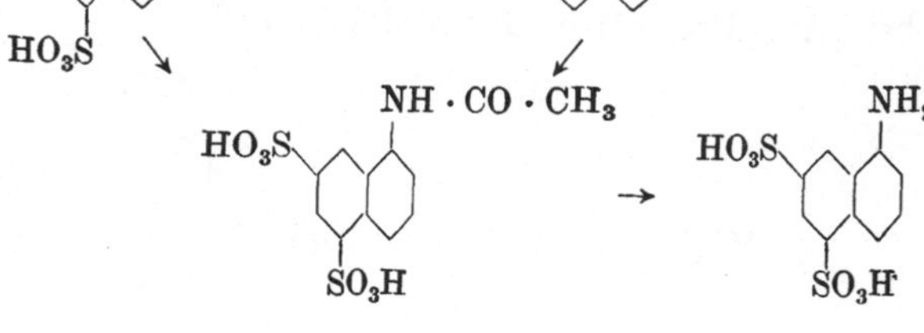

Sulfonierung andere Bahnen anzuweisen (vgl. auch S. 129). Ähnliches gilt, wie später noch gezeigt werden soll, auch für die Nitrierung.

Von dieser Möglichkeit macht man in der eben geschilderten Weise Gebrauch bei der Darstellung der 1, 5, 7-Säure, je nach den besonderen Verhältnissen: Steht 1, 5-Säure (z. B. als Abfall von der Darstellung der 1, 8-Säure) zur Verfügung, so wird man diese acylieren; hat man aber 1, 5-Säure nicht zur Verfügung, so wird man von α-Naphtylamin ausgehen und dieses nach der Acylierung unmittelbar disulfonieren. Als Acylreste kommen außer dem Phtalsäure- vor allem der Essigsäure- oder Ameisensäurerest in Betracht, also die Acetyl- oder Formylgruppe. Das Acet-α-Naphtalid (siehe oben) sulfoniert sich zunächst zur Acetyl-1, 5-Säure, und diese sulfoniert sich weiter zur Acetyl-1, 5, 7-Säure. Die Bedeutung der 1, 5, 7-Säure liegt in ihrer Überführbarkeit in die entsprechende 1, 5, 7-Aminonaphtolmonosulfonsäure auf dem Wege der Verschmelzung. Die Sulfogruppe in 5-Stellung wird verschmolzen, und es entsteht die Aminonaphtolmonosulfonsäure 1, 5, 7 (1), die man der Abkürzung halber als „M-Säure" bezeichnet, und die als Azokomponente zur Darstellung von Baumwollfarbstoffen dient.

Margin: Acylierte α-Naphtylaminsulfonsäuren.

Margin: 1, 5-Aminonaphtol-7-sulfonsäure.

Siehe Übersicht, Schema III, auf S. 143.

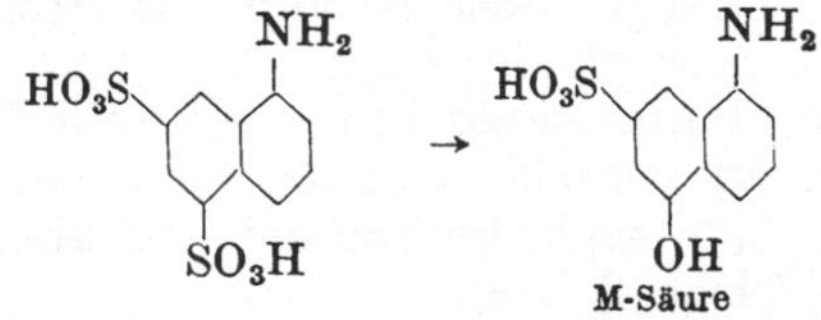

$$\text{HO}_3\text{S}\overset{\text{NH}_2}{\diagup} \quad \text{SO}_3\text{H} \quad \rightarrow \quad \text{HO}_3\text{S}\overset{\text{NH}_2}{\diagup} \quad \text{OH} \qquad (1)$$

M-Säure

Was die Sulfonierung des β-Naphtylamins anbetrifft, so verläuft auch sie ganz anders als bei der entsprechenden Hydroxylverbindung, dem β-Naphtol. Die Sulfonierung ist allerdings auch hier wesentlich abhängig von der Temperatur, bei der sulfoniert wird. Bei niedriger Temperatur entstehen die beiden isomeren Säuren 2, 5 und 2, 8, Dahlsche Säure I und Badische Säure genannt (2). Die beiden Säuren lassen

Margin: 2, 5- u. 2, 8-Naphtylaminsulfonsäure

$$(2) \qquad \overset{\text{NH}_2}{\diagdown} \qquad$$

$$\text{NH}_2 \qquad \text{und} \qquad \overset{\text{SO}_3\text{H}}{}\ \text{NH}_2$$

$$\text{HO}_3\text{S}$$

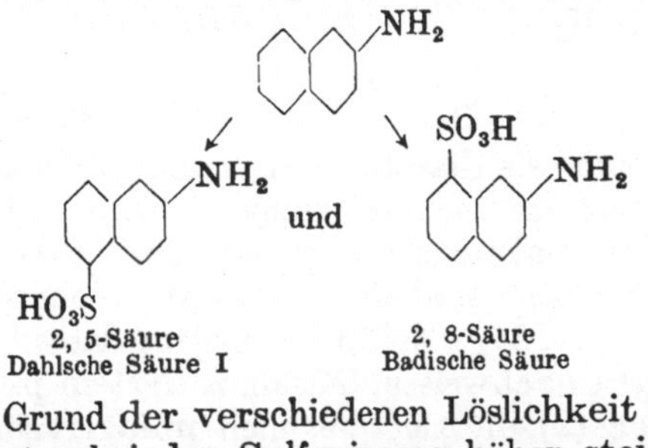

2, 5-Säure
Dahlsche Säure I

2, 8-Säure
Badische Säure

sich trennen auf Grund der verschiedenen Löslichkeit ihrer Salze. Läßt man die Temperatur bei der Sulfonierung höher steigen, so entstehen neben den beiden α-Sulfonsäuren auch β-Monosulfonsäuren, und zwar vorwiegend die 2, 6-Naphtylaminsulfonsäure (Brönner-Säure) (3), in geringeren Mengen die 2, 7-Säure (4), die man als δ-Säure bezeichnet.

2, 6 - Naphtylaminsulfonsäure (Brönner-Säure).

Man kann annehmen, daß die beiden β-Monosulfonsäuren sowohl unmittelbar durch Sulfonierung, als auch mittelbar durch Umlagerung

(3) 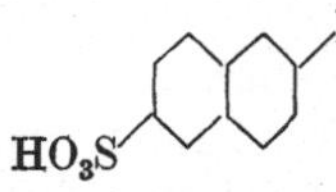   (4)

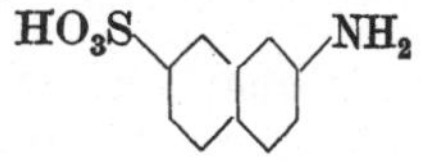

aus den beiden α-Monosulfonsäuren entstehen. Andererseits geht aber auch die 2, 6-Säure, wenn man sie auf höhere Temperaturen längere Zeit erhitzt, mehr oder minder vollkommen in die isomere 2, 7-Säure über.

Technische Verwendung der β-Naphtylaminsulfonsäuren.

Was nun den technischen Wert dieser Säuren anlangt, so sind von hervorragender Wichtigkeit die 2, 5- und die 2, 6-Säure. Die 2, 5-Säure zwar nicht als solche, sondern lediglich als Ausgangsmaterial für die Darstellung der 2, 5, 7-Naphtylamindisulfonsäure und -Aminonaphtolsulfonsäure (siehe unten). Die 2, 6-Säure (Brönner-Säure) ist wichtig zunächst als Diazokomponente; sie wird aber nicht nur diazotiert und mit Azokomponenten gekuppelt, sondern auch selbst als Azokomponente benutzt. Die Säure ist durch Sulfonierung des β-Naphtylamins unschwer zu erhalten; sie entsteht hierbei ziemlich frei von 2, 8- und 2, 5-Säure, und, wenn man die Operation nicht zu lange ausdehnt, auch von 2, 7-Säure. Man kann sie aber in reiner Form auch durch Amidieren der Schäffer-Säure erlangen (siehe S. 209) Es stehen also zwei Wege offen, die wohl ziemlich gleichwertig sind.

Die in einzelnen Fällen als Azokomponente für Baumwollfarbstoffe benutzte 2, 7-Naphtylaminsulfonsäure hat keine besondere Bedeutung, im Gegensatz zur 2, 7-Naphtolsulfonsäure, die als „Nuanciersalz" in Anwendung steht (siehe S. 118).

Die 2, 8-Säure fällt, wie oben erwähnt, bei der Darstellung der 2, 5-Säure als ein Nebenprodukt ab, dessen zweckmäßige Verwendung bisweilen Schwierigkeiten bereitet. Sie kann durch Sulfonierung in die 2, 6, 8-Naphtylamindisulfonsäure und weiterhin durch Verschmelzung in die 2, 8, 6-Aminonaphtolsulfonsäure (γ-Säure) übergeführt werden (1).

(1)

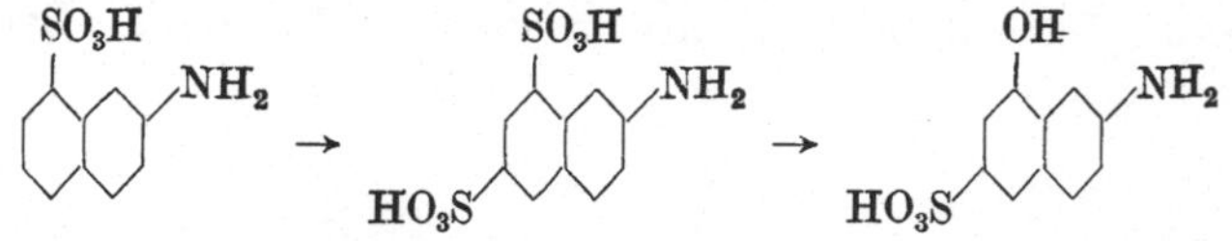

Außerdem kann man sie diazotieren und anderseits sogar mit energisch reagierenden Diazokomponenten kuppeln, wobei aber die Schwierigkeiten infolge des reaktionshemmenden Einflusses der periständigen Sulfogruppe noch größer sind als bei der entsprechenden β-Naphtol-8-sulfonsäure (siehe S. 134) Als Zwischenstufe lassen sich leicht Diazoaminoverbindungen nachweisen. Mit diazotiertem p-Nitranilin entsteht z. B. die Verbindung (2), die sich allmählich umlagert zum Azofarbstoff (3).

(2) 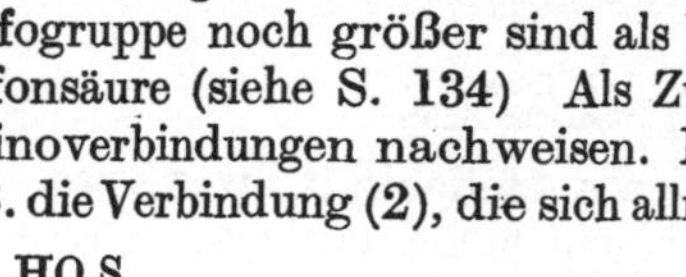   (3)

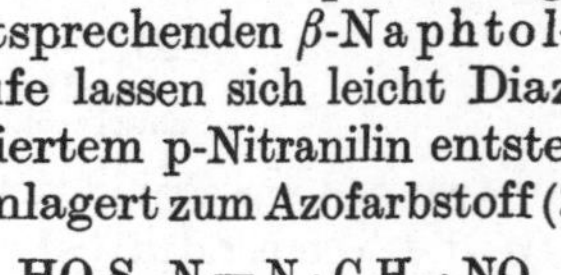

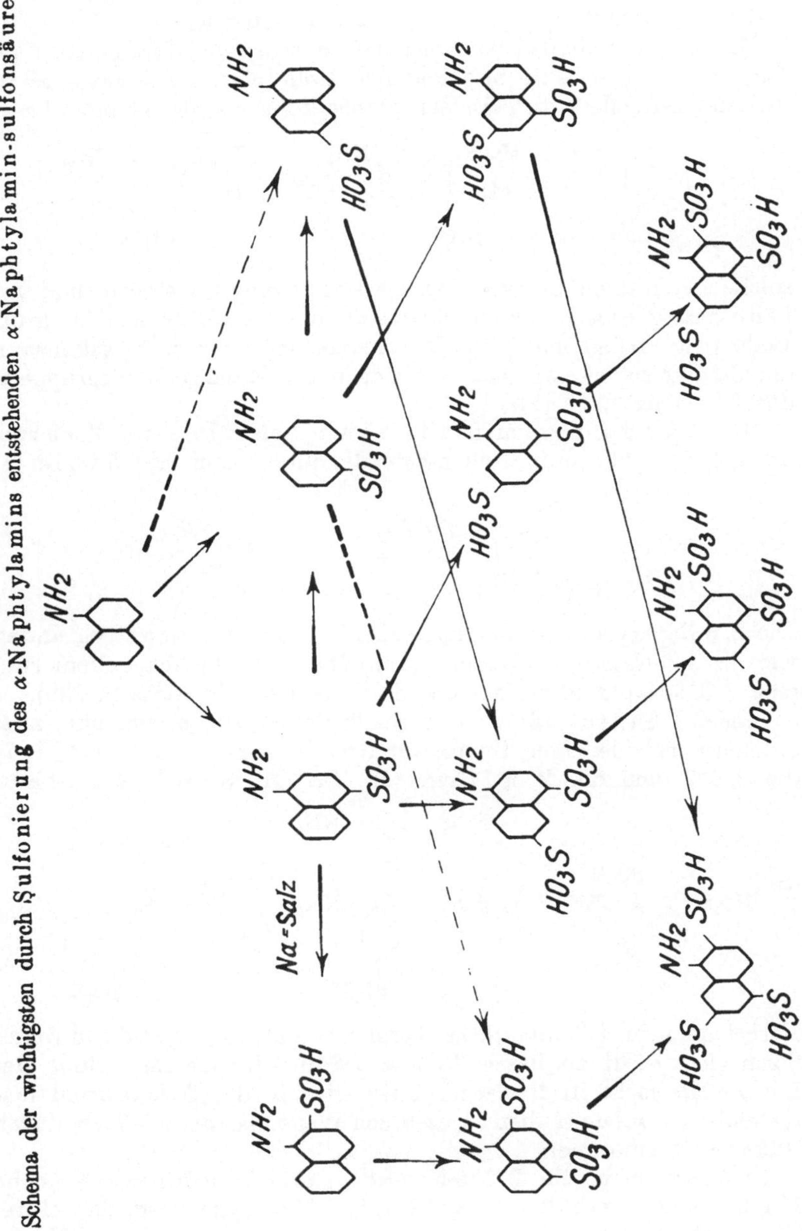

III. Schema der wichtigsten durch Sulfonierung des α-Naphtylamins entstehenden α-Naphtylamin-sulfonsäuren.

β-Naphtyla-
mindisulfon-
säuren.

2, 5, 7-Naph-
tylamin-
disulfon-
säure.

Betrachten wir die übrigen Disulfonsäuren, die aus den oben erwähnten β-Naphtylamin-Monosulfonsäuren entstehen.

Die 2, 5-Säure liefert vor allem die wichtige 2, 5, 7-Disulfonsäure (4). Diese Säure spielt eine hervorragende Rolle als Ausgangsmaterial für die entsprechende 2, 5, 7-Aminonaphtolsulfonsäure, die J-Säure, die als

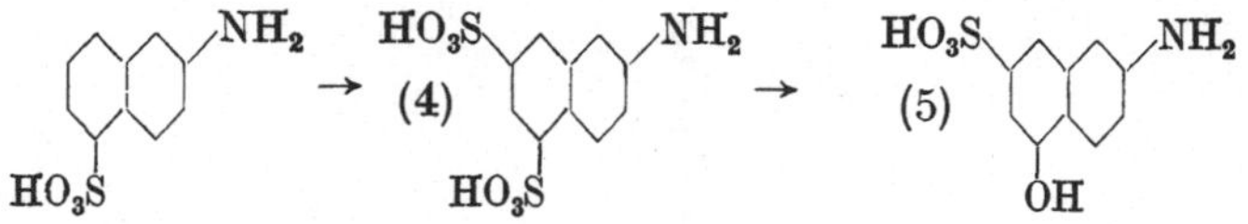

$$\text{(4)} \qquad \text{(5)}$$

solche und in ihren Derivaten für die Darstellung von schönen und verhältnismäßig echten Baumwollfarbstoffen eine außerordentlich große Bedeutung erlangt hat. Die Verschmelzung der 2, 5, 7-Disulfonsäure zur J-Säure findet, wie man sieht, an der α-ständigen Sulfogruppe in der 5-Stellung statt (5).

Die 2, 6-Naphtylaminsulfonsäure liefert bei der Sulfonierung die 2, 1, 6-Naphtylamindisulfonsäure, die ohne technischen Wert ist (1).

$$\text{(1)}$$

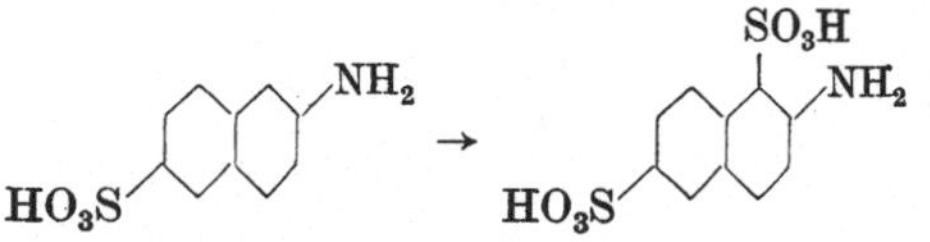

Die 2, 6-Naphtylaminsulfonsäure sulfoniert sich also wesentlich anders wie die 2, 6-Naphtolsulfonsäure (Schäffer), die bei der Sulfonierung eine 2, 3, 6-Naphtoldisulfonsäure, die R-Säure, gibt (siehe S. 135).

Die 2, 7-Säure läßt sich gleichfalls leicht sulfonieren, und zwar entstehen bei niedriger Temperatur drei isomere Säuren, die 2, 1, 7-, die 2, 4, 7- und die 2, 5, 7-Säure (2). Da die wertvolle 2, 5, 7-Säure

$$\text{(2)} \qquad \text{und}$$

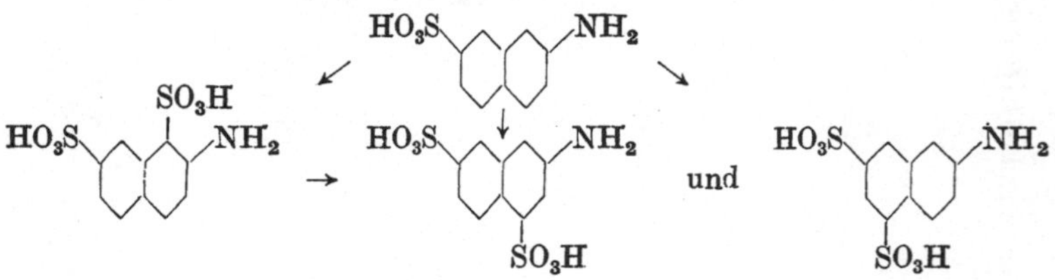

hierbei also nicht in einheitlicher Form entsteht, so kommt die in reiner Form nicht leicht zu beschaffende 2, 7-Säure für die Darstellung der 2, 5, 7-Säure nicht in Betracht. Diese wird in der Technik wohl fast ausschließlich auf dem oben angegebenen Wege über die 2, 5-Säure durch Sulfonierung gewonnen.

2, 1, 5, 7-
Naphtyla-
mintrisulfon-
säure.

Sulfoniert man die 2, 1, 5-Naphtylamindisulfonsäure (siehe S. 148) weiter, so erhält man eine 2, 1, 5, 7-Naphtyltamintrisulfonsäure. Die gleiche Säure entsteht aus der 2, 1, 7- und der 2, 5, 7-Naphtylamindisulfonsäure. Demnach liefern alle drei Isomeren eine einheitliche Trisulfonsäure, aus der durch Verschmelzung eine Aminonaphtol-

disulfonsäure 2, 5, 1, 7 entsteht (3), die sich von der J-Säure ableitet 2, 5, 1, 7-
und daher eine gewisse Bedeutung hat.

Aminonaph-
toldisulfon-
säure.

(3)

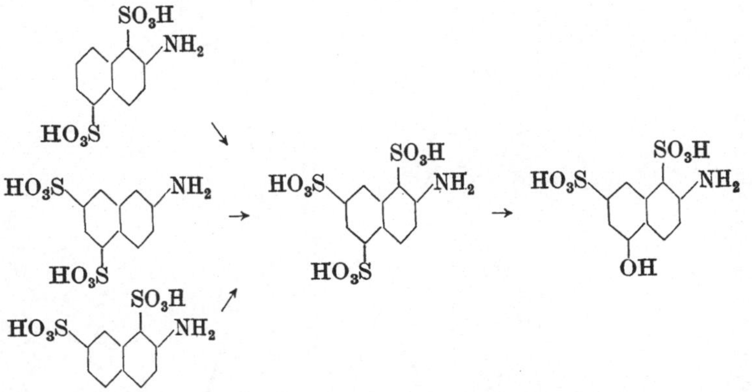

Beim Erhitzen mit verdünnter Säure spaltet die 2, 1, 5, 7-Trisulfon-
säure die Sulfogruppe in 1-Stellung ab, und man erhält die einheitliche
2, 5, 7-Disulfonsäure. Auf dem Wege über die 2, 1, 7-Säure und die
2, 1, 5, 7-Säure läßt sich, wenn man will, also auch die 2, 7-Säure in
eine einheitliche 2, 5, 7-Säure überführen. Technisch dürfte dieser Umweg kaum mit Vorteil gangbar sein.

Ähnlich den eben genannten Disulfonsäuren verhält sich die 2, 6, 8-
Naphtylamindisulfonsäure (siehe S. 142). Sie liefert bei der Sulfonierung eine Trisulfonsäure und durch deren Verschmelzung eine
Aminonaphtoldisulfonsäure, die als Derivat der γ-Säure von technischem
Wert ist (1). Im übrigen sind die beiden eben genannten Aminonaph-
toldisulfonsäuren den entsprechenden Monosulfonsäuren J und γ
an Bedeutung nicht gleich. Siehe Schema IV auf S. 146.

2, 3, 6, 8-
Naphtyla-
mintrisulfon-
säure u. 2, 8-
Aminonaph-
tol-3, 6-Di-
sulfonsäure.

(1)

Bisher sind in diesem Abschnitt nur diejenigen Naphtylamin- und
Naphtolsulfonsäuren betrachtet worden, die durch unmittelbare
Sulfonierung der beiden Naphtylamine und Naphtole erhältlich sind.

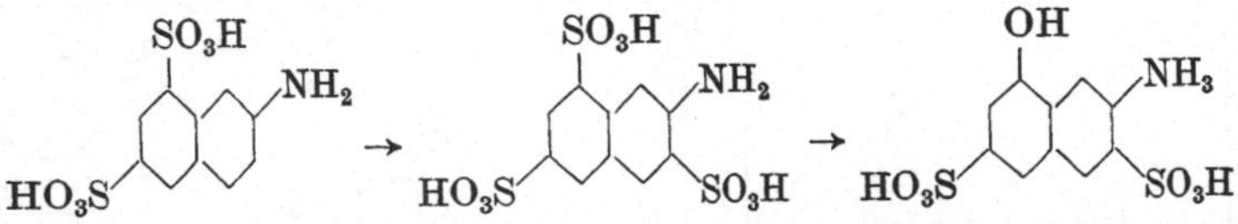

Sonstige Sul-
fonsäuren.

Die Zahl der übrigen noch zu betrachtenden Sulfonsäuren, die nur
auf Umwegen zugänglich sind, ist gering. Die 1, 2-Naphtolsulfonsäure,
die sich in einheitlicher Form z. B. aus der entsprechenden 1, 2-
Naphtylaminsulfonsäure durch Diazotieren und Umkochen (siehe
S. 217f.) erhalten läßt, ist, wie früher schon erwähnt, wertlos. Die
1, 3-Naphtolsulfonsäure kommt technisch nicht in Betracht, weil sie
zu schwer, etwa durch Verschmelzung der 1, 3-Naphtalindisulfonsäure,
zugänglich ist. Die 1, 4-Naphtolsulfonsäure wird in der Technik nicht
gewonnen durch Sulfonierung von α-Naphtol (siehe S. 129f.), sondern

1, 2-Naph-
tolsulfon-
säure.

1, 3-Naphtol-
sulfonsäure.

1, 4-Naphtol-
sulfonsäure.

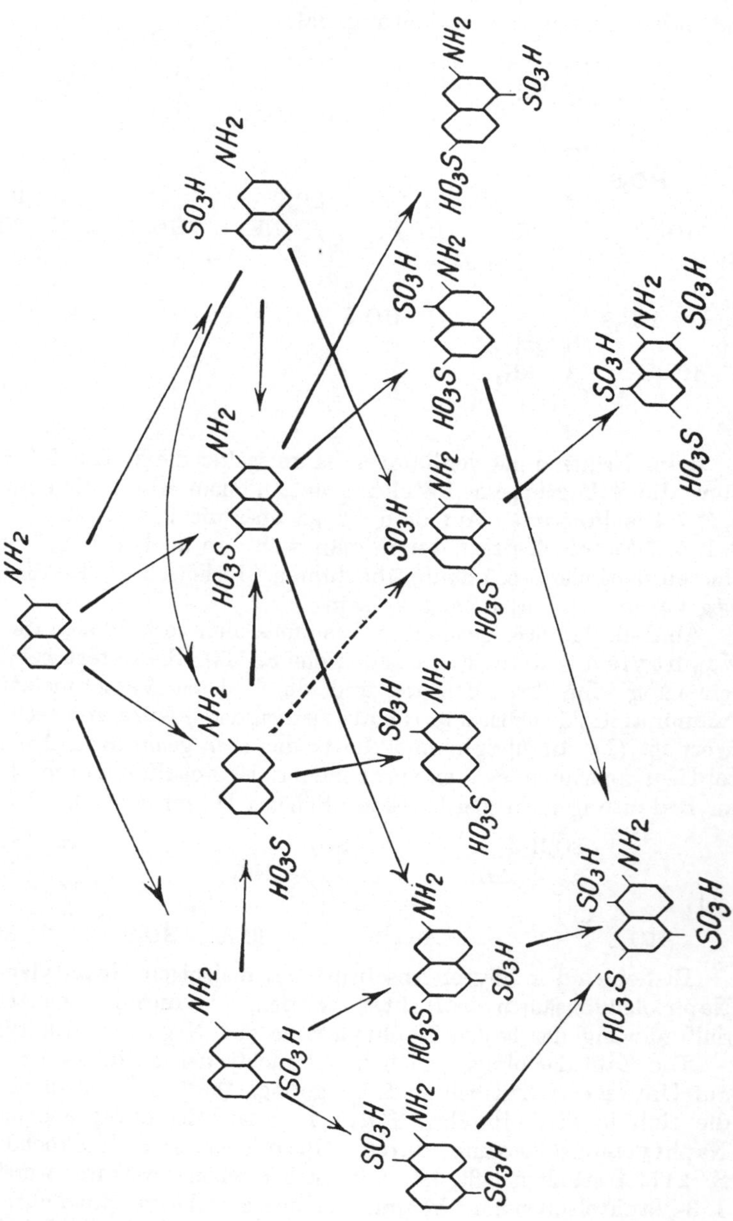

IV. Schema der wichtigsten durch Sulfonierung des β-Naphtylamins entstehenden β-Naphtylaminsulfonsäuren.

man stellt sie in neuerer Zeit ausschließlich dar aus der 1, 4-Naphtylaminsulfonsäure, und zwar stehen verschiedene Methoden zu dem Zweck zur Verfügung (siehe S. 215 ff.). Die 1, 5-Naphtolsulfonsäure kann erhalten werden durch Verschmelzung der entsprechenden Naphtalindisulfonsäure einerseits (siehe S. 114), andererseits aus der Naphtylaminsulfonsäure 1, 5 durch Diazotieren und Umkochen oder mittels der Sulfitreaktion (siehe S. 202 ff.).

1, 5 - Naphtolsulfonsäure.

Die 1, 6- und die 1, 7-Naphtolsulfonsäure sind ebenfalls nicht durch unmittelbare Sulfonierung des α-Naphtols zu erhalten; sie entstehen auf anderem Wege, vor allem durch Diazotieren und Umkochen der 1, 6- und der 1, 7-Naphtylaminsulfonsäure, oder durch die Alkalischmelze der entsprechenden Naphtalindisulfonsäuren oder durch Hydrolyse gewisser Naphtol- Di- und -Trisulfonsäuren (siehe S. 132) und sind bisher ohne technisches Interesse geblieben.

1, 6- u. 1, 7-Naphtolsulfonsäure.

Auch die 1, 8-Naphtolsulfonsäure entsteht nicht durch unmittelbare Sulfonierung; sie kann aber erhalten werden aus der Naphtylaminsulfonsäure 1, 8 durch die Sulfitmethode oder durch Diazotieren und Umkochen, wobei zunächst ein Anhydrid, das sog. Naphtsulton (2), sich bildet, das durch Verseifen leicht in die normale Naphtolsulfonsäure (3) übergeht.

1, 8-Naphtsulton- und Naphtolsulfonsäure.

$$(2) \quad \mathrm{O_2S-O} \qquad +\mathrm{H_2O} \;\rightarrow\; \qquad \mathrm{HO_3S\;\;OH} \quad (3)$$

Was die α-Naphtoldisulfonsäuren anlangt, so sind die 1, 2, 4-, die 1, 2, 6- und die 1, 2, 8-Säure ohne Wert. Das technische Gemisch der 1, 3, 6- und 1, 3, 7-Säure (von Rudolph und Gürcke, siehe S. 120), sowie die 1, 3, 8-Säure haben wir früher bereits kennengelernt (siehe ϵ-Säure, S. 116). Ein gewisses Interesse (als brauchbare Azokomponente für Wollfarbstoffe) bietet noch die 1, 4, 8-Naphtoldisulfonsäure (Schöllkopf-Säure), die durch Sulfonierung des 1, 8-Naphtsultons oder aus der 1, 4, 8-Naphtylamindisulfonsäure, durch Überführung der NH_2- in die OH-Gruppe, erhalten werden kann. Die übrigen bisher nicht genannten Naphtoldisulfonsäuren sind bedeutungslos.

1, 2, 4-Naphtoldisulfonsäure.

1, 4, 8-Naphtoldisulfonsäure.

Von den α-Naphtylaminsulfonsäuren, die nicht unmittelbar durch Sulfonierung entstehen, ist einzig die 1, 8-Säure (vgl. S. 112) hier nochmals zu erwähnen. Ihre heutige Bedeutung besitzt sie hauptsächlich als Ausgangsmaterial für die Darstellung von 1, 8-Arylidonaphtalinsulfonsäuren, die aus ihr bei der Einwirkung aromatischer Amine unter geeigneten Bedingungen entstehen, z. B. die 1, 8-Anilidosulfonsäure (1) oder die

1, 8-Arylidonaphtalinsulfonsäuren.

$$\mathrm{HO_3S\;\;NH_2} \qquad \begin{array}{c} +\mathrm{H_2N\cdot C_6H_5} \\ \rightarrow \\ -\mathrm{NH_3} \end{array} \qquad \mathrm{HO_3S\;\;NH\cdot C_6H_5} \quad (1)$$

entsprechende p-Toluidoverbindung, und die als Endkomponenten bei sekundären Disazofarbstoffen für Wolle eine ausgedehnte Anwendung finden. Die 1, 8-Säure ist früher verarbeitet worden auf 1, 4, 8-Naphtylamindisulfonsäure (2); man kann letztere aber auch erhalten (siehe S. 115), indem man, ausgehend von der 1, 5-Naphtalindisulfonsäure, diese nitriert und reduziert; dieser Weg scheint sich in der Technik als der bessere erwiesen zu haben.

Die übrigen Di- und Trisulfonsäuren des α-Naphtylamins können als technisch bedeutungslos hier unerwähnt bleiben.

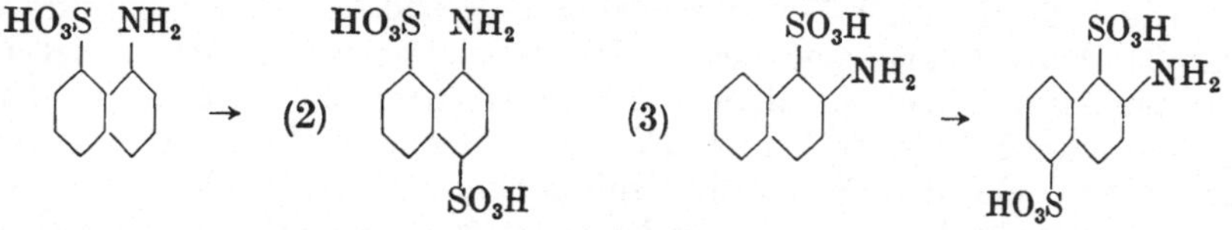

2, 1, 5-Naphtylamindisulfonsäure.

Von den Sulfonsäuren des β-Naphtylamins wäre hier noch eine anzuführen, die 2, 1, 5-Disulfonsäure, die durch Sulfonierung der 2, 1-Säure (3) erhalten werden (siehe S. 134) und gleichfalls als Ausgangsmaterial für J-Säure dienen kann. Durch Sulfonieren dieser Disulfonsäure erhält man die schon oben erwähnte 2, 1, 5, 7-Naphtylamintrisulfonsäure und aus dieser durch Abspaltung der Sulfogruppe in 1-Stellung die 2, 5, 7-Naphtylamindisulfonsäure als einheitliches Material (4), während bei der Sulfonierung der 2, 5-Naphtylaminsulfonsäure neben der 2, 5, 7-Säure etwas 2, 1, 5-Säure entsteht.

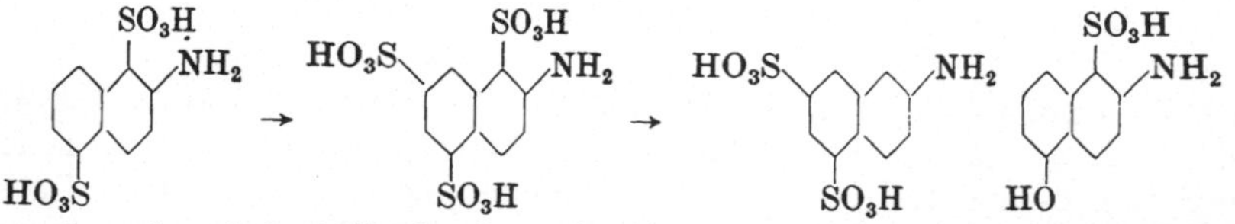

2,5,1-Aminonaphtolsulfonsäure.

Aus der 2, 1, 5-Naphtylamindisulfonsäure erhält man durch Verschmelzen die 2, 5, 1-Aminonaphtolsulfonsäure (5), die in ihren Eigenschaften der J-Säure nahesteht.

Außer den bisher genannten Fällen dürfte wohl kaum noch eine technisch wichtige Sulfonierung in Betracht kommen.

1, 8 - Naphtylendiamin u. 1, 8-Naphtylendiamin-4 (=5) -sulfonsäure.

Auf dem Gebiete der Dioxynaphtaline, Aminonaphtole und Naphtylendiamine sei ein Derivat erwähnt, das technisch besonderes Interesse verdient. Man hat versucht, das durch konzentrierte H_2SO_4 verhältnismäßig leicht oxydable 1, 8-Naphtylendiamin zu sulfonieren, und es gelang dabei, eine einheitliche 1, 8-Naphtylendiamin-4(= 5)-Monosulfonsäure zu erhalten (1), die aber auch noch auf anderem Wege zugänglich ist, nämlich auf dem Wege über die entsprechende Dinitrosäure (2), die ihrerseits durch weitere Nitrierung der 1, 5-Nitronaphtalinsulfonsäure dargestellt werden kann.

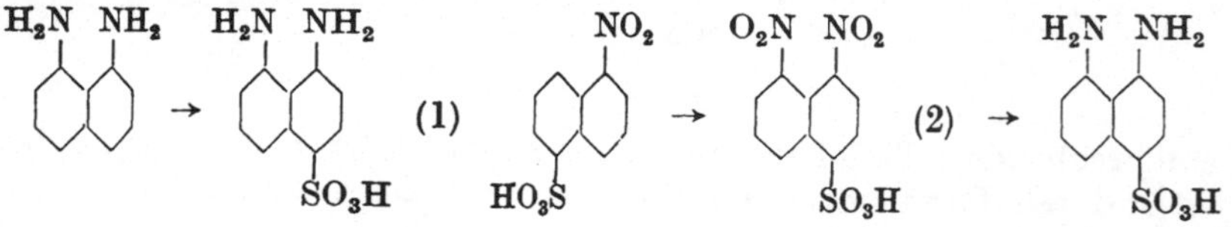

Das 1, 8-Naphtylendiamin wird erhalten durch Reduktion des 1, 8-Dinitronaphtalins, das in großen Mengen als Nebenprodukt bei der Fabrikation des Alizarinschwarz (aus 1, 5-Dinitronaphtalin, siehe S. 178!) abfällt. Es wird sich daher nach den Verhältnissen richten, ob man die 1, 8-Naphtylendiaminsulfonsäure aus Naphtylendiamin durch Sulfonierung oder aus der in selbständiger Weise zu gewinnenden Dinitronaphtalinmonosulfonsäure durch Reduktion darstellt.

Was die Verwendung der **Chlorsulfonsäure**, $ClSO_3H$, als Sulfonierungsmittel anlangt, so steht sie im allgemeinen der Schwefelsäure und dem Oleum an Bedeutung bei weitem nach; sie hat aber dennoch in einzelnen Fällen (vgl. auch z. B. die Sulfonierung des β-Naphtols zur 2, 1-Naphtolsulfonsäure, siehe S. 133, und des α-Nitronaphtalins zur 1, 5-Nitronaphtalinsulfonsäure, siehe S. 138), insbesondere bei der Sulfonierung des Toluols (für Saccharin), eine gewisse Bedeutung erlangt und kann nicht mit Vorteil für diese besonderen Zwecke durch Schwefelsäure oder Oleum ersetzt werden.

Chlorsulfonsäure.

Bei der Einwirkung von überschüssiger Chlorsulfonsäure (siehe S. 105) auf Toluol erhält man zwei isomere Sulfochloride, das o- und das p-Toluolsulfochlorid (3), von denen die o-Verbindung bei Temperaturen $< 5°$ bis zu etwa 60% entsteht und für die Darstellung des Saccharins (4)

o- und p-Toluolsulfochlorid.

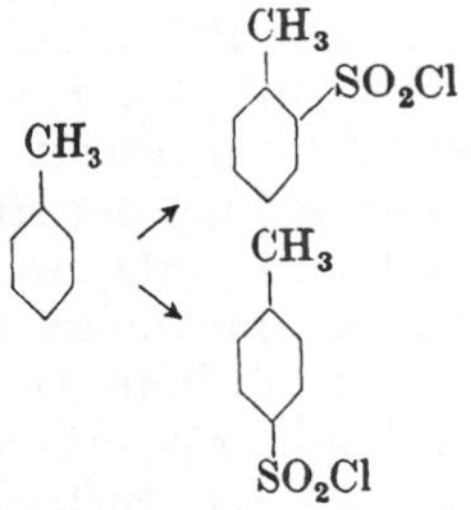

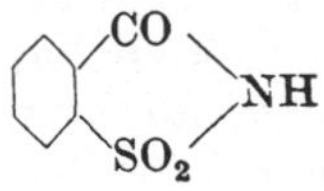

benutzt wird, während die p-Verbindung als Nebenprodukt abfällt. Wendet man zum Sulfonieren des Toluols rauchende Schwefelsäure an, so entsteht vorwiegend die p-Sulfonsäure.

Einer Nebenreaktion bei der Sulfonierung aromatischer Kohlenwasserstoffe und ihrer Derivate sei hier gedacht, die in einzelnen Fällen von praktischem Interesse ist, nämlich der **Sulfonbildung**, die meist zwar, wie z. B. bei der Sulfonierung des Benzols, sich nur mit wenigen Prozenten bemerkbar macht, anderseits aber auch, wie z. B. bei der Sulfonierung des Benzidins, sich zu einer technisch verwertbaren Reaktion ausgestalten läßt. Die Sulfonbildung entspricht dem Schema:

Sulfone.

$$2\,R \cdot H + H_2SO_4 \xrightarrow[-2\,H_2O]{} \frac{R}{R}{>}SO_2$$

Vermutlich entsteht als Zwischenprodukt der Sulfonbildung zunächst eine normale Sulfonsäure $R \cdot SO_3H$, die mit einem 2. Molekül der aromatischen Verbindung $R \cdot H$ unter nochmaligem Wasseraustritt sich zum Sulfon kondensiert:

$$R \cdot SO_3H + H \cdot R \quad \xrightarrow{-H_2O} \quad \underset{O}{\overset{R}{\diagdown}} \underset{\diagup}{\overset{\diagup}{S}} \underset{O}{\overset{R}{\diagup}} \cdot$$

Letztere Reaktion läßt sich durch die Verwendung von Phosphorpentoxyd, P_2O_5, als wasserentziehendem Mittel erheblich vervollkommnen. Über die hypothetische Rolle innerer Sulfone bei Umlagerungen von Sulfonsäuren (siehe S. 108).

Noch einige Worte über die **Aufarbeitung** der sog. „**Sulfonierungsschmelzen**". In der Technik wird die Aufarbeitung nicht stattfinden, ehe man sich sorgfältig davon überzeugt hat, ob die Sulfonierung vollendet ist; die Prüfung geschieht z. B. im Falle der Sulfonierung des α-Naphtylamins durch Übersättigung einer Probe mit Alkali und Ausäthern. Ist noch α-Naphtylamin im Äther nachzuweisen, so ist dies ein Zeichen dafür, daß die Sulfonierung noch nicht beendet ist. Im anderen Falle kann die Aufarbeitung erfolgen. Man verwendet hierbei Eis wegen der damit verknüpften Verteuerung des Verfahrens, natürlich nur in solchen Fällen, in denen infolge der bei der Vermischung mit Wasser entstehenden Erhitzung eine unliebsame Reaktion, etwa eine Abspaltung von Sulfogruppen oder dgl., eintreten könnte. Analog wie bei α-Naphtylamin verfährt man bei der Prüfung der Sulfonierung des α- oder β-Naphtols, d. h. man verdünnt eine Probe mit Wasser (in diesem Falle natürlich ohne Alkalizusatz), äthert aus und prüft den Rückstand. Man kann bei der Abscheidung der erzeugten Reaktionsprodukte in der verschiedensten Weise verfahren, entsprechend den Eigenschaften der bei der Sulfonierung entstandenen Sulfonsäuren. Es gibt Sulfonsäuren, die sich ziemlich leicht in fester Form ausscheiden lassen, sei es, auf Grund ihrer Unlöslichkeit oder Schwerlöslichkeit in kaltem Wasser, schon dadurch, daß man das Sulfonierungsgemisch lediglich in Wasser oder auf Eis gießt, sei es dadurch, daß man nach dem Eintragen der „Schmelze" in Wasser das Reaktionsprodukt in fester Form aussalzt. Es gibt wieder andere Sulfonsäuren, die sich nicht unmittelbar in einer für die Technik geeigneten Form gewinnen lassen, weder durch Aussalzen, noch durch Eingießen in Wasser. In solchen Fällen, in denen sich die Sulfonsäuren, infolge ihrer zu großen Löslichkeit in Wasser, nicht oder nicht vollkommen genug abscheiden lassen, ist man gezwungen, ein drittes Verfahren anzuwenden, das man als das sog. „**Kalken**" bezeichnet (siehe unten).

Beispiele: Hat man α-Naphtylamin mit konzentrierter Schwefelsäure sulfoniert, so erhält man vorwiegend (siehe S. 137f.) die 1, 4-Naphtylaminsulfonsäure, eventuell vermischt mit 1, 5- (unter Umständen auch mit 1, 6-) Naphtylaminsulfonsäure.

Man läßt in der Technik diese Schmelze, da in Wasser schwer lösliche Sulfonsäuren entstanden sind (von der Naphthionsäure z. B. löst sich 1 Teil bei 15° in der etwa 4500fachen Menge Wasser; in verdünnter

Schwefelsäure ist die Löslichkeit der Sulfonsäuren meist noch geringer), in der Regel in kaltes Wasser einlaufen und gewinnt die abgeschiedene Naphtylaminsulfonsäure durch Filtration unter Preisgabe der Mutterlaugen, aus denen die letzten Anteile zu gewinnen sich in der Regel nicht lohnt.

Nach der Sulfonierung des β-Naphtols zur Schäffer-Säure entsteht beim Eingießen in Wasser eine Lösung. Das gleiche ist der Fall bei dem α-Naphtol; aber man wird doch einen wesentlichen Unterschied zwischen den beiderseitigen Reaktionsprodukten bemerken. Wenn man eine Probe der Schäffer-Säurelösung mit Kochsalz versetzt, so wird dadurch alsbald eine Ausscheidung herbeigeführt werden. (Es kommt zwar auch hierbei auf die Sulfonierungsbedingungen an; hat man aber normalerweise bei höherer Temperatur — 90° bis 95° — sulfoniert, so wird fast ausschließlich die leicht aussalzbare Schäffer-Säure entstanden sein.) Sättigt man hingegen die Lösung des sulfonierten α-Naphtols mit Kochsalz, so tritt eine Ausscheidung nicht ein. Aussalzen.

Will man daher die α-Naphtolsulfonsäure bzw. ihre Salze oder die gleichfalls nicht oder nur unvollkommen aussalzbare 2, 8-Naphtolsulfonsäure (Croceïnsäure, siehe S. 134f.) in fester Form gewinnen, so ist man darauf angewiesen, das Sulfonierungsgemisch, nachdem es mit Wasser verdünnt ist, zu „kalken". Zu diesem Zweck wird es mit Kalkbrei versetzt, oder besser, man läßt es in Kalkmilch einlaufen; am Schluß soll die Reaktion deutlich alkalisch sein. In dem mit Wasser verdünnten Reaktionsgemisch waren vorhanden Naphtolsulfonsäure und überschüssige Schwefelsäure; erstere wird durch das Kalken übergeführt in β-naphtolsulfonsaurem Kalk und die Schwefelsäure in Kalciumsulfat oder Gips. Gips ist in Wasser schwer löslich und scheidet sich infolgedessen z. B. vollkommen aus. Der gelöste sulfonsaure Kalk wird zweckmäßig auf Nutschen abfiltriert und der zurückbleibende Gips mit heißem Wasser ausgewaschen, bis alle oder nahezu alle Naphtolsulfonsäure entfernt ist. Hierbei leistet die Methode der Kupplung mit Diazoniumverbindungen behufs Ermittlung der im Gips noch vorhandenen Naphtolsulfonsäure gute Dienste. In der vom Gips abfiltrierten Lösung befindet sich nun der sulfonsaure Kalk. Die Lösung wird eingedampft bis zu einer gewissen Konzentration; es scheidet sich dabei noch etwas Gips aus, von dem abfiltriert wird. Alsdann setzt man mit Soda um: Kalken.

$$\begin{matrix} R \cdot SO_3 \\ R \cdot SO_3 \end{matrix}\!\!\Big\rangle Ca + Na_2CO_3 \rightarrow 2\,R \cdot SO_3Na + CaCO_3,$$

da man das naphtolsulfonsaure Kalcium in der Regel nach dem Eindampfen nicht unmittelbar zur Farbstoffbildung benutzen kann. Und zwar deshalb nicht, weil sich bei der Kupplung des naphtolsulfonsauren Kalciums mit Diazoniumverbindungen behufs Farbstoffbildung beim Zusatz von Soda Kalciumkarbonat bilden würde, das den Farbstoff in einer für viele Zwecke unzulässigen Weise verunreinigt. Schon vorher muß also in solchen Fällen der Kalk sorgfältig entfernt werden. Das geschieht auf einfache Weise durch Soda. Man erhält dadurch (s. o.) eine Lösung des Natriumsalzes.

Außer der bisher ausführlich behandelten Methode der Sulfonierung aromatischer Verbindungen mittels konzentrierter Schwefelsäure bzw. Monohydrat, Oleum und Chlorsulfonsäure stehen der Technik noch weitere Methoden zur Herstellung von Sulfonsäuren zur Verfügung:

Ersatz von Chlor durch SO₃H. 1. Man kann unter gewissen Bedingungen Chlor durch die Sulfogruppe ersetzen (siehe S. 96 f.). Ein solcher Austausch setzt voraus, daß das Chlor im Radikal beweglich ist; dies ist der Fall, wenn das Chlor z. B. in einem **fetten**, und nicht in einem **aromatischen** Rest steht. Das Chlor in aromatischen Resten ist hingegen nur dann leicht austauschbar, wenn weitere o- oder p-ständige saure Substituenten im Kern enthalten sind. Erinnert sei z. B. an die chlorierten Aldehyde, die sich in die Aldehydsulfonsäuren überführen lassen (siehe S. 96). Auch die Umwandlung des bromierten Guajakols (1) gehört hierher.

$$(1)\quad \text{HO}\!-\!\underset{\text{Br}}{\overset{\text{OCH}_3}{\bigcirc}} \;\rightarrow\; \text{HO}\!-\!\underset{\text{SO}_3\text{H}}{\overset{\text{OCH}_3}{\bigcirc}} \qquad (2)\quad \underset{\text{SO}_3\text{H}}{\overset{\text{NH}_2}{\bigcirc}} \;\rightarrow\; \underset{\text{SO}_3\text{H}}{\overset{\text{SO}_3\text{H}}{\bigcirc}}$$

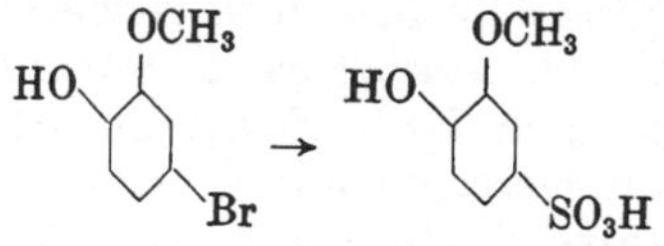

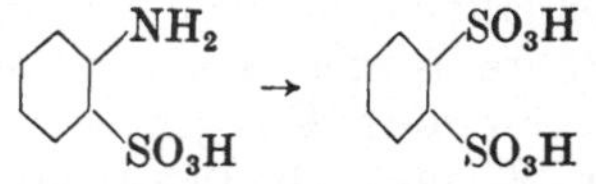

Ersatz von NH₂ durch SO₃H über die Sulfinsäuren. 2. Eine weitere Möglichkeit, Sulfogruppen in den aromatischen Kern einzuführen, ergibt sich daraus, daß man ein Amin über die Diazoniumverbindung überführen kann in eine **Sulfinsäure**, und daß diese durch Oxydation übergeht in eine Sulfonsäure. Dieses von Gattermann herrührende Verfahren besteht, z. B. auf Anilin angewendet, darin, daß man Anilin diazotiert und die „Diazolösung" einlaufen läßt in eine Lösung von Schwefliger Säure, die mit Kupfer oder Kupfersalzen versetzt ist. Die Reaktion verläuft nach folgendem Schema:

$$\text{R} \cdot \text{NH}_2 \;\rightarrow\; \text{R} \cdot \text{N}_2 \cdot \text{Cl} \;\rightarrow\; \text{R} \cdot \text{SO}_2\text{H} \;\rightarrow\; \text{R} \cdot \text{SO}_3\text{H}.$$

Das Verfahren wendet man trotz der meist guten Ausbeuten seiner Umständlichkeit wegen nur an, wenn man mit dem viel einfacheren Verfahren der unmittelbaren Sulfonierung nicht zum Ziel kommt. Eine unmittelbare Sulfonierung an bestimmten Stellen ist aber nur unter gewissen Voraussetzungen möglich. Mittels der Gattermannschen Reaktion hingegen kann man eine bestimmte Stellung der Sulfogruppen dadurch erzwingen, daß man an die Stelle einer Sulfogruppe zunächst eine Aminogruppe einführt. Es würde gemäß den oben mitgeteilten Gesetzmäßigkeiten z. B. nicht möglich sein, durch Sulfonierung von Benzolsulfonsäure eine einheitliche o-Disulfonsäure zu erhalten. Geht man aber aus von der Anilin-o-Sulfonsäure, so läßt sich nach dem Gattermannschen Verfahren die Benzol-o-Disulfonsäure ohne Schwierigkeit gewinnen (2). Dasselbe würde z. B. gelten für Amino-R-Salz, das man in die durch unmittelbare Sulfonierung des Naphtalins nicht erhältliche Naphtalintrisulfonsäure 2, 3, 6 würde überführen können

(1). Von dieser Methode macht man jedoch nur in seltenen Fällen Gebrauch.

$$(1)\qquad \text{HO}_3\text{S}\!\!\diagdown\!\!\diagup\!\!\diagdown\!\!\diagup\!\!\diagdown\begin{smallmatrix}\text{NH}_2\\ \\ \text{SO}_3\text{H}\end{smallmatrix} \;\rightarrow\; \text{HO}_3\text{S}\!\!\diagdown\!\!\diagup\!\!\diagdown\!\!\diagup\!\!\diagdown\begin{smallmatrix}\text{SO}_3\text{H}\\ \\ \text{SO}_3\text{H}\end{smallmatrix}$$

3. Der Vollständigkeit halber sei hier anschließend noch eine Methode erwähnt, die darin besteht, daß man nach der Formel:

$$R \cdot H + SO_2 \;\rightarrow\; R \cdot SO_2 H$$

unmittelbar Sulfinsäuren bildet in der Weise, daß man Schweflige Säure in Verbindung mit gasförmiger Salzsäure einwirken läßt auf einen aromatischen Kern in Gegenwart von Aluminiumchlorid.

4. Ein anderer, älterer Weg, um Amino- durch Sulfogruppen zu ersetzen, ist der folgende, von Leuckart angegebene. Das Amin wird diazotiert und geht nun unter der Einwirkung von Kaliumäthylxanthogenat gemäß der Gleichung: *Ersatz von NH_2 durch SO_3H über die Xanthogenate.*

$$\begin{matrix}R \cdot N \cdot Cl\\ \text{\tiny III}\\ N\end{matrix} \;+\; \begin{matrix}K\\ |\\ S \cdot CS \cdot OC_2H_5\end{matrix} \;\rightarrow\; R \cdot N = N \cdot S \cdot CS \cdot O \cdot C_2H_5$$

über in eine Art Diazo- (aber wohl nicht Diazonium-)Verbindung, in der das Chlor durch den Xanthogenatrest ersetzt ist. Diese Diazoxanthogenate geben leicht Stickstoff ab und gehen über in Xanthogenate der allgemeinen Formel

$$R \cdot S \cdot CS \cdot O \cdot C_2H_5.$$

Diese Reaktion ist nicht ohne Vorsichtsmaßregeln anzuwenden, da ihre Ausführung mit einer gewissen Explosionsgefahr verknüpft ist. Durch Sulfogruppen und andere Substituenten im Kern, durch die die Diazoxanthogenate Wasserlöslichkeit erlangen, wird die Explosionsgefahr herabgesetzt; aber auf Amine selbst angewendet, ist die Reaktion infolge der Zersetzlichkeit der dabei auftretenden ölförmigen Diazoverbindungen außerordentlich gefährlich.

Die stickstofffreien Xanthogenate der Formel $R \cdot S \cdot CS \cdot O \cdot C_2H_5$ sind gänzlich ungefährlich; sie sind leicht verseifbar durch Wasser bzw. durch Alkali und zerfallen dabei in Merkaptan, Kohlensäure, Schwefelwasserstoff und Alkohol:

$$R \cdot S \cdot CS \cdot O \cdot C_2H_5 + 2\,H_2O \;\rightarrow\; R \cdot SH + CO_2 + H_2S + HO \cdot C_2H_5.$$

Schließlich läßt sich das Merkaptan durch Oxydation überführen in die entsprechende Sulfonsäure:

$$R \cdot SH + O_3 \;\rightarrow\; R \cdot SO_3 H.$$

Die Leuckartsche Methode ist, soweit es sich nicht um die Merkaptane selbst, sondern um die Darstellung von Sulfonsäuren handelt, überholt durch die eben erwähnte Gattermannsche Methode.

Ersatz von NH₂ durch SO₃H über die Diazodisulfide. 5. Einer ähnlichen, aber einfacheren Reaktionsfolge begegnen wir bei einer Methode zur Darstellung von Merkaptanen bzw. Disulfiden, die durch ihre Brauchbarkeit bei der Synthese des Thioindigorots, des Analogons des Indigos, eine gewisse Bedeutung erlangt hat. In ihrer Anwendung auf diesen besonders wichtigen Fall, bei dem es sich um die Überführung der Anthranilsäure in Thiosalicylsäure handelt (1),

$$(1) \quad \underset{COOH}{\overset{NH_2}{\bigcirc}} \rightarrow \underset{COOH}{\overset{SH}{\bigcirc}}$$

ist diese Methode ungefährlich, während sie bei ihrer Übertragung auf die einfachen Amine selbst, ähnlich wie die Leuckartsche, zu explosiblen Zwischenprodukten, den Diazodisulfiden

$$R \cdot N = N \cdot S \cdot S \cdot N = N \cdot R,$$

führt (siehe Näheres bei Thioindigo).

Sulfonierung mittelst der Sulfite oder SO₂. 6. Eine weitere Methode, die in beschränktem Umfang Anwendung findet, ist die Sulfonierung mittels der Sulfite oder (in vereinzelten Fällen) der Schwefligen Säure, und zwar in wässeriger Lösung in Gegenwart oxydierend wirkender Mittel. Hierbei wird der Wasserstoff des aromatischen Kerns durch die Sulfogruppe ersetzt. Die Reaktion ist auch theoretisch interessant. Es gehen nämlich einzelne Amine beim Erhitzen auf höhere Temperatur schon unter der Einwirkung von Schwefliger Säure, gemäß dem Schema:

$$R \cdot NH_2 + SO_2 \rightarrow R \cdot NH \cdot SO_2H,$$

in schwefelhaltige Zwischenprodukte, wahrscheinlich von der Konstitution

$$R \cdot NH \cdot SO_2H,$$

Sulfaminsäuren. über. Aus diesen entstehen im weiteren Verlauf der Reaktion durch Oxydation Sulfaminsäuren, d. h. N-Sulfonsäuren, in denen, entsprechend der Formel

$$R \cdot NH \cdot SO_3H,$$

die Sulfogruppe am Stickstoff haftet und nicht im Kern. Diese Sulfaminsäuren erleiden beim Kochen mit verdünnten Säuren leicht eine Spaltung in Amin und Schwefelsäure:

$$R \cdot NH \cdot SO_3H \xrightarrow{+H_2O} R \cdot NH_2 + H_2SO_4,$$

sind jedoch unter gewissen Umständen umlagerbar zu den Kernsulfonsäuren, und man erhält also in letzter Linie aus den Aminen die entsprechenden Aminosulfonsäuren. Das Verfahren hat in einzelnen Fällen deshalb einen gewissen Wert, weil die Aminosulfonsäuren, die auf diesem Umwege entstehen, eine andere Konstitution aufweisen als die Sulfonsäuren, die man durch die unmittelbare Einwirkung von Schwefelsäure erhält. So entsteht z. B. die m-Xylidinsulfonsäure (2) durch die

Einwirkung von Schwefliger Säure auf m-Xylidin, wobei als Zwischenprodukt die N-Sulfonsäure oder Sulfaminsäure (1) auftritt, während

durch unmittelbare Sulfonierung des m-Xylidins mit konzentrierter Schwefelsäure die isomere Sulfonsäure (3) erhalten wird.

Derartige Sulfaminsäuren sind auch auf anderem Wege hergestellt worden, und zwar aus Nitroverbindungen durch Kochen mit wässerigem Bisulfit:

$$R \cdot NO_2 + NaHSO_3 \quad \overset{+\,2\,H_2}{\underset{-\,2\,H_2O}{\longrightarrow}} \quad R \cdot NH \cdot SO_3Na \,.$$

Über den Mechanismus der Reaktion ist Näheres nicht bekannt; doch gestaltet sie sich in ihrem äußeren Verlauf ähnlich der Einwirkung von Bisulfit auf HNO_2, die bekanntlich u. a. zu den Zwischenkörpern $H \cdot NH \cdot SO_3Na$ und $H \cdot N(SO_3Na)_2$ führt, entsprechend den aromatischen Verbindungen $R \cdot NH \cdot SO_3Na$ und $R \cdot N(SO_3Na)_2$. Die Stellung, die die Sulfogruppe bei ihrer Wanderung in den Kern einnimmt, hängt vom Radikal ab; jedoch kommt fast ausschließlich die o- oder p-Stellung zur Aminogruppe in Betracht. Bei der Phenylsulfaminsäure (aus Phenylhydroxylamin und Schwefliger Säure, nach Bamberger, siehe S. 126) z. B. tritt die Sulfogruppe bekanntlich in die o-Stellung zur Aminogruppe unter Bildung der Anilin-o-Sulfonsäure (4). In vielen

Fällen wird schon durch das Bisulfit, das schwach sauer reagiert, eine Umlagerung der Sulfaminsäure in die Kernsulfonsäure herbeigeführt. So entsteht z. B. aus α-Nitronaphtalin und Bisulfit die bereits früher (siehe S. 137f.) unter den Produkten der unmittelbaren Sulfonierung des α-Naphtylamins erwähnte 1, 4-Naphtylaminsulfonsäure[1]), die sog.

---

[1]) In der Technik der Teerfarbenzwischenprodukte pflegt man einen scharfen Unterschied zwischen den Sulfonsäuren und den entsprechenden sauren und neutralen (Na-) Salzen nicht zu machen, und zwar aus dem einfachen Grunde, weil die Unterschiede zwischen den Salzen und den zugehörigen Säuren meist so unerheblich sind, gegenüber den Unterschieden selbst zwischen isomeren Säuren, daß sie praktisch nicht ins Gewicht fallen. Aus diesem Grunde scheint es mir unbedenklich, von Sulfonsäuren oder kurzweg von Säuren zu sprechen, auch in solchen Fällen, in denen, wie im vorliegenden, Salze gemeint sind, ohne daß gerade der Base eine besondere Bedeutung zukommt. Abgesehen davon ist es aber wegen der sehr unterschiedlichen Acidität der Sulfonsäuren und der Abhängigkeit der Salzbildung von der Beschaffenheit des Mediums (Gleichgewichte!) im Einzelfalle vielfach auch nicht ganz leicht su sagen, in welcher Form die betreffende Benzol- oder Naphtalinsulfonsäure tatsächlich vorliegt.

Naphthionsäure, die zuerst vor etwa 60 Jahren von Piria durch die Einwirkung von schwefligsaurem Ammoniak auf α-Nitronaphtalin in wässerig-alkoholischer Lösung dargestellt wurde. Sie entsteht wahrscheinlich über die entsprechende Sulfaminsäure, die sog. Thionaphtamsäure (5). Außerdem bildet sich, falls man mit wässerigem Bisulfit

(5) 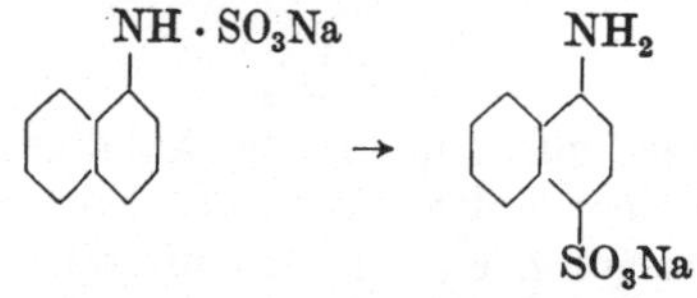   [Formel: Naphthalin mit $NH \cdot SO_3Na$ $\rightarrow$ Naphthalin mit NH_2 und SO_3Na]

arbeitet, als Hauptprodukt eine α-Naphtylamindisulfonsäure (8), die vielleicht durch Umlagerung aus einer α-Naphtylamin-N-Disulfonsäure, $C_{10}H_7 \cdot N(SO_3Na)_2$ (6), dem Analogon der Ammoniakdisulfonsäure, $HN(SO_3Na)_2$, über die der Naphthionsäure entsprechende Thionaphtamsulfonsäure (7) hinweg entsteht. In dieser Thionaphtamsulfon-

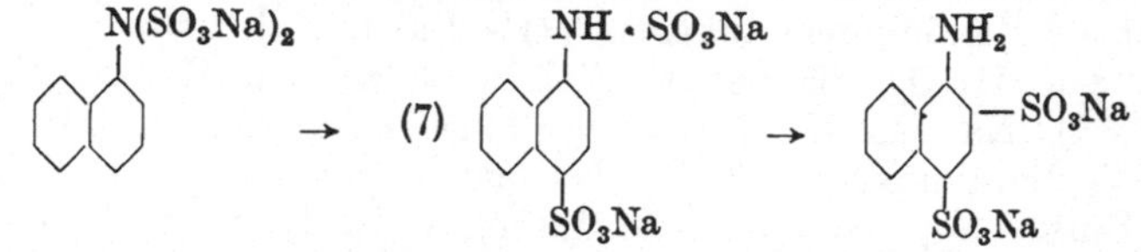

(6)   [Formel: Naphthalin mit $N(SO_3Na)_2$] $\rightarrow$ (7)   [Formel: Naphthalin mit $NH \cdot SO_3Na$ und SO_3Na] $\rightarrow$ [Formel: Naphthalin mit NH_2, $-SO_3Na$ und SO_3Na]   (8)

säure befindet sich, wie man sieht, eine Sulfogruppe noch am Stickstoff, eine andere bereits im Kern. Es entstehen also bei der Einwirkung von Sulfiten auf Nitronaphtalin: Die Naphthionsäure, die Naphtylamindisulfonsäure 1, 2, 4 und daneben Sulfaminsäuren. Der Eintritt der Sulfogruppe ist demnach bedingt durch einen Reduktionsprozeß, der sich an einer Nitrogruppe vollzieht. (Bemerkenswert ist übrigens, daß freie wässerige Schweflige Säure auf Nitronaphtalin auch beim Erhitzen nicht einzuwirken scheint.)

Durch den Umstand, daß die Sulfogruppen, die bei dieser Reaktion in den Kern eintreten, vom Stickstoff abgewandert sind, wird die Tatsache erklärlich, daß die Sulfogruppen eine bestimmte Stellung (o oder p) zum Stickstoff einnehmen und daß z. B. aus α-Nitronaphtalin nur die Naphthionsäure und die Naphtylamindisulfonsäure 1, 2, 4 entstehen.

Derselben Gesetzmäßigkeit folgend entsteht aus dem m-Dinitrobenzol (1) eine m-Nitranilinsulfonsäure (2), in der die Sulfogruppe sich in p-Stellung zur Aminogruppe befindet, und aus m-Nitrobenzaldehyd (3) eine m-Aminobenzaldehydsulfonsäure der Konstitution (4):

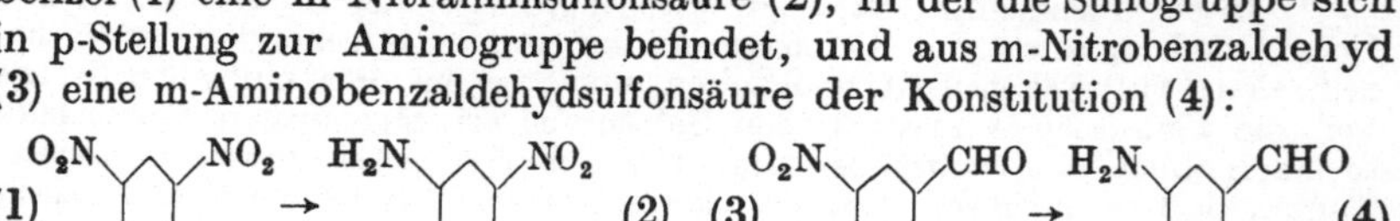

(1)   [Formel: Benzol mit O_2N und NO_2] $\rightarrow$ [Formel: Benzol mit H_2N, NO_2 und SO_3H]   (2)   (3)   [Formel: Benzol mit O_2N und CHO] $\rightarrow$ [Formel: Benzol mit H_2N, CHO und SO_3H]   (4).

Die Fälle, in denen die Nitrogruppe selbst unter der Einwirkung von Sulfiten unmittelbar durch die Sulfogruppe ersetzt wird, entsprechend dem Symbol:

$$R \cdot NO_2 \rightarrow R \cdot SO_3Na,$$

sind in der Benzol- und Naphtalinreihe selten (siehe S. 185), während in der Anthrachinonreihe diese Reaktion erheblich leichter zu verwirklichen ist.

Man kann ebenso wie Nitro- auch Nitrosoverbindungen in Aminosulfonsäuren umwandeln. Diese Methode findet z. B. Anwendung bei der Darstellung der sehr wichtigen 1, 2, 4-Aminonaphtolsulfonsäure (2) aus Nitroso-β-Naphtol (1):

o-Amino-
naphtolsul-
fonsäuren
aus
o-Nitroso-
Naphtolen.

Es liegt nahe, auch für aromatische Nitrosokörper anzunehmen, daß sie, analog der Salpetrigen Säure[1]) in der Weise zu reagieren vermögen, daß N-Disulfonsäuren entstehen, die durch Umlagerung in Kerndisulfonsäuren übergehen:

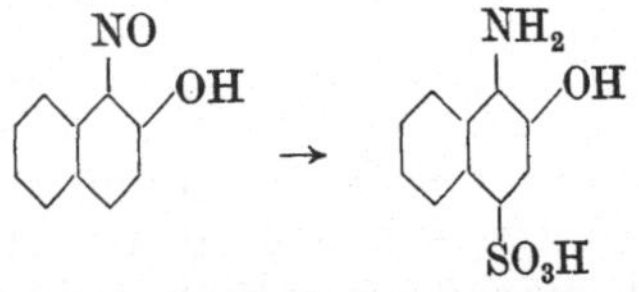

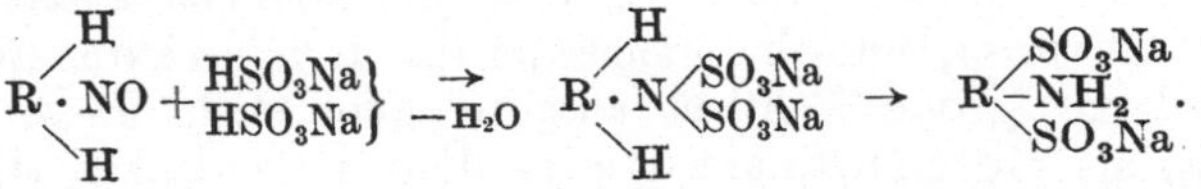

Was die ebenerwähnte Einwirkung von Sulfiten auf Nitroso-β-Naphtol anlangt, so kann das Nitroso-β-Naphtol (1) auch in der isomeren Form (2), d. h. als Chinonoxim, geschrieben werden, und die Reaktion des Bisulfits läßt sich etwa in folgender Weise erklären: Unter der reduzierenden Einwirkung des Bisulfits geht das Nitroso-β-Naphtol über in das Oxyhydroxylamin (3). Dieses liefert durch Kondensation mit

Bisulfit die entsprechende Sulfaminsäure (4), worauf die Sulfaminsäure sich unter der Einwirkung des überschüssigen Bisulfits, indem die Sulfogruppe vom Stickstoff in die p-Stellung wandert, in die 1, 2, 4-Amino-

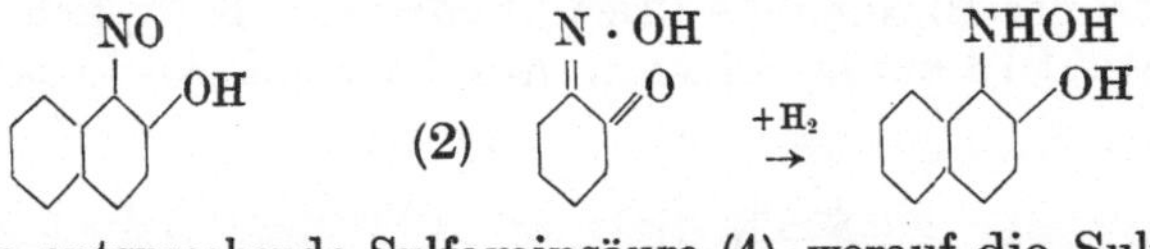

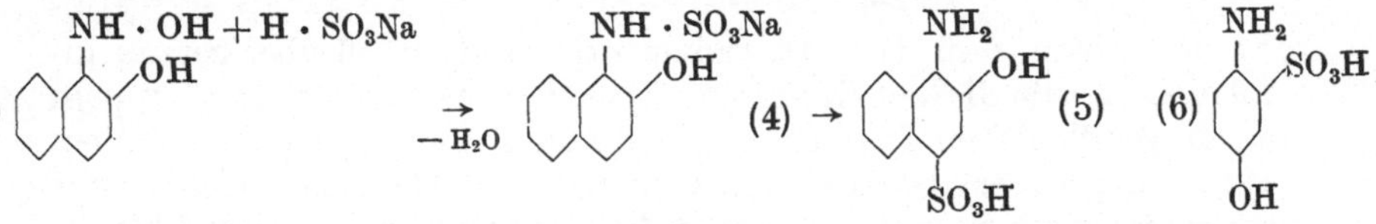

naphtolsulfonsäure (5) umlagert. In ganz analoger Weise entsteht aus dem 1, 4-Nitrosophenol die p-Aminophenolsulfonsäure (6).

---

[1]) Erinnert sei hier an die Untersuchungen insbesondere von Raschig, wonach die Salpetrige Säure, $HO \cdot NO$, unter der Einwirkung von einem Molekül Bisulfit übergeht in die Verbindung $O = N \cdot SO_3Na$ oder, wenn zwei Moleküle Bisulfit reagieren, in die Verbindung $HO \cdot N(SO_3Na)_2$ (hydroxylamindisulfonsaures Natrium) oder, wenn drei Moleküle Bisulfit reagieren, in die Verbindung $N(SO_3Na)_3$ (nitrilosulfonsaures Natron).

Ähnlich wie Nitrosonaphtol, das aus Naphtol durch Nitrosieren hergestellt wird (siehe S. 181), reagieren auch die Nitrosonaphtolsulfonsäuren. Man geht z. B. aus von Nitroso-Schäffer-Säure (1) und erhält durch Erwärmen mit Bisulfit die entsprechende Disulfonsäure, die 1, 2, 4, 6-

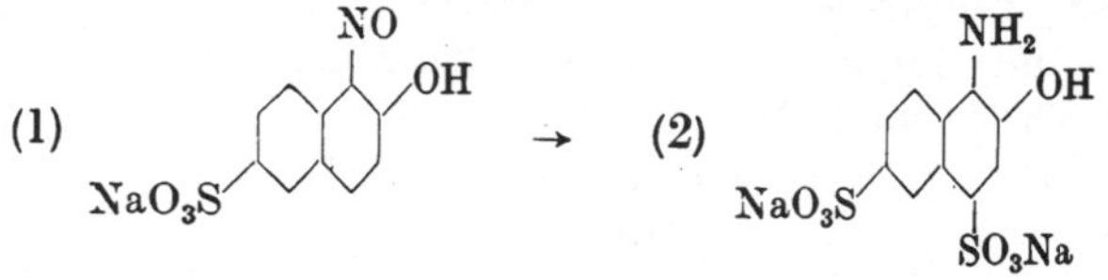

Aminonaphtoldisulfonsäure (2). Diese o-Aminonaphtolmono- und -disulfonsäuren haben in den letzten 20 Jahren sehr große technische Bedeutung erlangt, und zwar als außerordentlich wichtige Diazokomponenten.

o-Oxy-Diazoniumverbindungen.

Die o-Monooxydiazoniumverbindungen, sowohl der Benzol- wie der Naphtalinreihe, spielen nämlich eine bedeutsame Rolle bei der Darstellung nachchromierbarer Azofarbstoffe, d. h. bei der Darstellung von Azofarbstoffen, die erst gefärbt und alsdann „nachchromiert" werden, und die infolge der dadurch bewirkten Chromlackbildung durch große Echtheit ausgezeichnet sind. Diese wertvolle Fähigkeit, als Beizenfarbstoffe zu dienen, verdanken sie der zur Diazoniumgruppe o-ständigen Hydroxylgruppe. Die o-Oxydiazoniumverbindungen sind durch eine besondere, ganz ungewöhnliche Beständigkeit ausgezeichnet. Man kann derartige Diazoverbindungen[1]) lange Zeit aufbewahren, teilweise sogar erwärmen, ohne daß eine Zersetzung eintritt. Diese Beständigkeit ist ohne Zweifel auf eine Neigung der o-Oxydiazoniumverbindungen (3) zur Anhydrisierung und dem bei der Bildung der Diazoanhydride, z. B. (4), sich vollziehenden Ringschluß zurückzuführen. Auf der anderen Seite ist allerdings

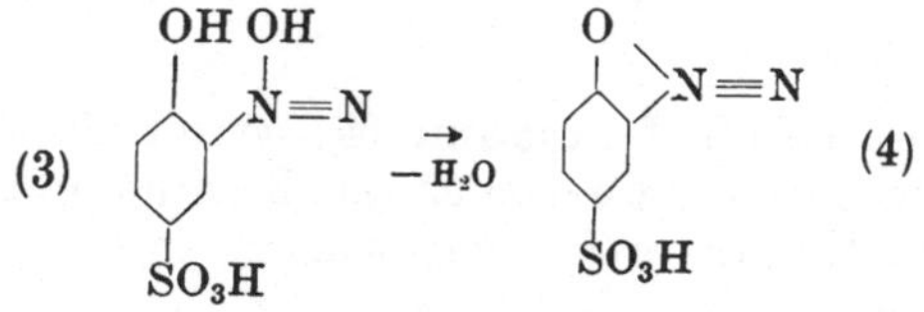

zu beobachten, daß diese Diazoniumverbindungen, offenbar gerade infolge der Beständigkeit des Diazoanhydridringes, viel schwerer kuppeln als die gewöhnlichen Diazoniumverbindungen. Sie kuppeln mit manchen etwas träger reagierenden Azokomponenten überhaupt nicht; mit anderen nur unter ganz bestimmten Bedingungen; mit α- oder β-Naphtol z. B. kuppeln sie nur in Gegenwart von starkem Alkali, geben dann aber in der Regel sehr wertvolle Beizenfarbstoffe. Man hat diese eigenartigen Diazoniumverbindungen früher offenbar übersehen,

---

[1]) Die ältere, nach unseren jetzigen Konstitutionsauffassungen nicht mehr ganz korrekte Bezeichnung „Diazoverbindung" wird der Kürze halber vielfach noch neben der richtigen und besseren Bezeichnung „Diazoniumverbindung" benutzt.

eben weil sie so träge kuppeln. Man glaubte infolgedessen, ihnen die Kupplungsfähigkeit überhaupt absprechen zu müssen. Als weiterer erschwerender Umstand kommt noch hinzu, daß man erst verhältnismäßig spät gelernt hat, die o-Aminophenole und o-Aminonaphtole und ihre Derivate regelrecht zu diazotieren, ohne durch die oxydierenden Wirkungen der Salpetrigen Säure auf die Aminooxyverbindungen eine weitgehende Zerstörung dieser Diazokomponenten herbeizuführen. Hierbei hat sich die Gegenwart von Schwermetallsalzen (des Zinks und Kupfers) als besonders nützlich erwiesen.

Über o-Oxydiazoniumverbindungen aus Aminen mit o-ständigem Chlor oder Nitro- und Sulfogruppen siehe S. 225f.

Analog den Chinonoximen reagieren auch die o- und p-Chinondiimine mit Sulfiten. Es findet offenbar zunächst eine Anlagerung der beiden Bestandteile des Natriumbisulfits an diese Chinonabkömmlinge statt, und zwar an den beiden o- oder p-ständigen Stickstoffatomen. Man erhält z. B. aus dem einfachsten p-Chinondiimin in der ersten Phase zunächst vermutlich eine p-Phenylendiamin-N-Sulfonsäure, die durch Umlagerung, indem die Sulfogruppe vom Stickstoff in den Kern wandert, in die Kernsulfonsäure übergeht (2). Derartigen Reaktionen werden wir später bei den Farbstoffsynthesen noch häufiger begegnen.

Sulfonsäuren aus Chinondiiminen.

Die Sulfogruppen sind, wie schon früher bemerkt, in den verschiedenen Sulfonsäuren der Benzol- und Naphtalinreihe verschieden fest gebunden. In einzelnen Fällen erfolgt die Hydrolyse (siehe S. 132) ziemlich leicht, z. B. schon durch Erhitzen mit verdünnten Säuren. Dies gilt insbesondere z. B. für die Phenol-o-Sulfonsäure (1), die m-Xylolsulfonsäure (2) und die m-Kresolsulfonsäure (3) (vgl. S. 48), die ihre

Abspaltung von Sulfogruppen.

Sulfogruppe besonders leicht austauschen und sich dadurch von ihren Isomeren unterscheiden. Im allgemeinen sitzen die Sulfogruppen in der α-Stellung des Naphtalinkerns lockerer als im Benzolkern. Doch sind zwischen den verschiedenen Isomeren merkliche Unterschiede bezüglich der Haftfestigkeit ihrer α-Sulfogruppen festzustellen.

Daneben gibt es Fälle, in denen die Sulfogruppe zwar wesentlich fester haftet, in denen aber dennoch durch Hydrolyse unter verschärften Bedingungen (höhere Temperatur und konzentriertere Säuren) oder durch andere besondere Mittel (durch Natriumamalgam, Zinkstaub, Aluminium) eine Abspaltung bewirkt werden kann. Auch hat sich gezeigt, daß bei der Arylierung von Naphtylaminsulfonsäuren Sulfogruppen, die in p-Stellung zur Aminogruppe stehen, mehr oder minder leicht abgespalten werden. Wenn man z. B. die 1, 4, 8-Naphtylamindisulfonsäure mit Anilin und Anilinchlorhydrat auf höhere Temperatur erhitzt, so ist diese Arylierung verknüpft mit einer Abspaltung der Sulfogruppe in 4-Stellung (1). Man kann die Aryl- 1, 8-Naphtylaminsulfonsäuren (vgl. S. 147f.) demgemäß auch dadurch darstellen, daß man nicht die 1, 8-Säure selbst, sondern die 1, 4, 8-Säure mit aromatischen Aminen erhitzt; jedoch spielt die Entfernung der Sulfogruppe auf diesem Wege technisch eine untergeordnete Rolle.

Ersatz von Sulfo- durch Nitrogruppen und Halogene.

Eine weitere Reaktion von größerer technischer Bedeutung ist die Verdrängung der Sulfogruppen durch Nitrogruppen oder durch Chlor.

(1) 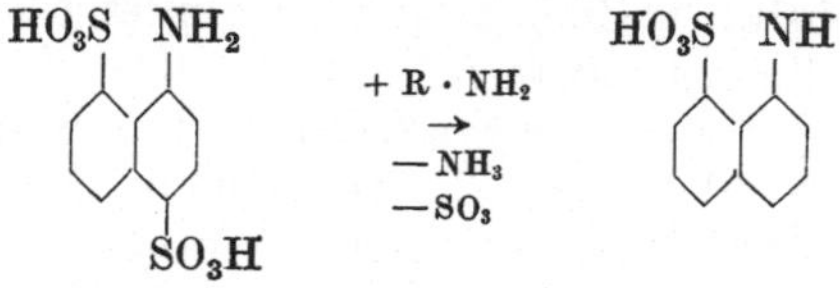

(2) 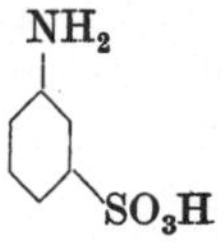

Als Beispiel für die Verdrängung von Sulfogruppen durch Nitrogruppen sei hier an die 1, 2, 4-Naphtoldisulfonsäure und die 1, 2, 4, 7-Naphtoltrisulfonsäure erinnert (vgl. S. 130ff. und die Farbstoffe Naphtolgelb und Naphtolgelb S), bei denen die Sulfogruppen so locker sitzen, daß sie nicht nur durch Hydrolyse leicht entfernt, sondern auch durch andere Reste unmittelbar verdrängt werden können, indem unter der Einwirkung von Chlor oder beim Eintragen in heiße Salpetersäure Chlor bzw. Nitrogruppen eintreten. Als weitere Beispiele einer besonderen Reaktionsfähigkeit gegenüber Halogenen seien hier die Anilin- und Phenol-o- und -p-Sulfonsäuren angeführt. In der Regel entstehen aus ihnen S-freie Trihalogenderivate, während z. B. Metanilsäure (2) in die entsprechende Di- oder Trihalogen*sulfonsäure* übergeht, also die zu NH_2 in **m**-*Stellung* befindliche Sulfogruppe *nicht* einbüßt. (Weiteres über den Ersatz von Sulfogruppen siehe in dem Abschnitt über Anthrachinonderivate.)

Was die sonstigen Umwandlungen von Sulfogruppen aromatischer Kerne anlangt, so seien die folgenden Reaktionen erwähnt:

Ersatz von SO_3H durch Chlor über SO_2Cl.

1. Eine Sulfonsäure kann unter der Einwirkung von Phosphorpentachlorid oder Phosphoroxychlorid übergehen in das entsprechende Sulfochlorid:

$$R \cdot SO_3H + PCl_5 \rightarrow R \cdot SO_2 \cdot Cl + POCl_3 + HCl,$$

und das Sulfochlorid kann seinerseits unter der Einwirkung von weiterem Phosphorpentachlorid übergehen in das entsprechende Chlorderivat (siehe S. 87f.):

$$R \cdot SO_2 \cdot Cl \rightarrow R \cdot Cl + SO_2.$$

Ferner lassen sich die Sulfochloride durch Reduktionsmittel überführen in Sulfinsäuren, z. B. durch Zink in ätherischer Lösung:

$$R \cdot SO_2 \cdot Cl \xrightarrow[-HCl]{+H_2} R \cdot SO_2 \cdot H,$$

Sulfin-
säuren und
Merkaptane.

während durch weitere Reduktion mit Zink und Schwefelsäure aus den
Sulfochloriden Merkaptane entstehen:

$$R \cdot SO_2 \cdot Cl \xrightarrow[-2\,H_2O-HCl]{+3\,H_2} R \cdot S \cdot H.$$

Durch gelinde Reduktionsmittel erhält man also Sulfinsäuren, durch
kräftigere die entsprechenden Merkaptane. Andererseits kann man
Sulfinsäuren durch Oxydation wieder in Sulfonsäuren umwandeln
(siehe S. 152):

$$R \cdot SO_2H \xrightarrow{+O} R \cdot SO_3H,$$

ebenso wie auch Merkaptane durch Oxydation in Sulfin- und Sulfonsäuren übergeführt werden können:

$$R \cdot SH \xrightarrow{+2O} R \cdot SO_2H \xrightarrow{+O} R \cdot SO_3H.$$

Von besonderem Interesse sind die Sulfochloride, weil sie bei der
Einwirkung auf Amine die entsprechenden Sulfamide und bei der Einwirkung auf Phenole die entsprechenden Sulfonsäureester liefern:

Sulfamide u.
Sulfonsäure-
ester.

$$R \cdot NH_2 + Cl \cdot O_2S \cdot R' \xrightarrow[-HCl]{} R \cdot NH \cdot O_2S \cdot R'$$

und

$$R \cdot OH + Cl \cdot O_2S \cdot R' \xrightarrow[-HCl]{} R \cdot O \cdot O_2S \cdot R'.$$

Die Verwendung der Sulfochloride zur Herstellung substituierter Sulfamide einerseits und zur Darstellung von Sulfonsäureestern andererseits ist nicht ohne technische Bedeutung. Durch die Einführung
des sauren Restes $R' \cdot SO_2$ wird insbesondere der Wasserstoff der
Aminogruppen sehr leicht beweglich, d. h. reaktionsfähig gemacht,
während die Phenolkerne durch die Veresterung der OH-Gruppen
gegen eine zu weit gehende Oxydation geschützt werden. Über
die Darstellung von Sulfochloriden mittels Chlorsulfonsäure, $ClSO_3H$,
vgl. S. 100 u. 149.

2. Sulfonsäuren können durch die Alkalischmelze (siehe Näheres
S. 220 ff.) übergeführt werden in die entsprechenden Phenole:

Überführung
der Sulfon-
säuren in
Phenole,
Amine, bzw.
Alkyl- und
Aryl-Amine,
und Karbon-
säurenitrile.

$$R \cdot SO_3Na \xrightarrow[-Na_2SO_3]{+NaOH} R \cdot OH.$$

3. Einzelne Sulfonsäuren von bestimmter Konstitution lassen sich
durch Ammoniak überführen in die entsprechenden Amine:

$$R \cdot SO_3H \xrightarrow[-H_2SO_3]{+NH_3} R \cdot NH_2.$$

Wendet man an Stelle des Ammoniaks primäre aliphatische oder aromatische Amine an ($R' \cdot NH_2$), so erhält man die sekundären Amine der allgemeinen Formel $R \cdot NH \cdot R'$, gemäß dem Schema:

$$R \cdot SO_3H \quad \overset{+H_2N \cdot R'}{\underset{-H_2SO_3}{\rightarrow}} \quad R \cdot NH \cdot R'.$$

Die Fälle, in denen Ammoniak zur Ausführung der unter 3. angeführten Reaktion ohne weiteres anwendbar ist, sind beschränkt; im allgemeinen sind bestimmte Stellungen der Substituenten und zudem sehr hohe Temperaturen dazu erforderlich. Von besonderem Interesse ist diese Reaktion für die Gewinnung einiger Amino-Derivate der Anthrachinonreihe.

Der Ersatz der Sulfogruppen durch NH_2 kann statt durch Ammoniak auch durch Verschmelzung mit Natriumamid, $NaNH_2$, herbeigeführt werden. In analoger Weise wie $R \cdot SO_3Na$ mit Natriumhydrat ein aromatisches Phenol gibt (siehe oben), ebenso erhält man aus $R \cdot SO_3Na$ mit Natriumamid das entsprechende Amin. Allerdings verlaufen die Umsetzungen mit Natriumamid nicht immer glatt, entsprechend der Gleichung:

$$R \cdot SO_3Na + NaNH_2 \rightarrow R \cdot NH_2 + Na_2SO_3.$$

4. Schließlich wäre kurz noch eine der Alkali- und Natriumamidschmelze analoge Reaktion zu erwähnen. Wenn man sulfonsaure Salze mit Cyankalium verschmilzt, erhält man die entsprechenden Säurenitrile, z. B. aus benzolsulfonsaurem Natron das Nitril der Benzoësäure:

$$C_6H_5 \cdot SO_3Na + CN \cdot K \rightarrow C_6H_5 \cdot CN + KNaSO_3$$

und analog aus der o-Toluolsulfonsäure das Nitril (1). Statt Cyankali kann man auch Ferrocyankali anwenden. Von dieser Reaktion dürfte technisch jedoch wohl nur selten Gebrauch gemacht werden. Das gleiche gilt für den Ersatz von Sulfogruppen durch Karboxyle gemäß dem Schema (2).

Einige der hier erwähnten Reaktionen sollen später noch an anderer Stelle besprochen werden, insbesondere die Alkalischmelze, die Überführung gewisser Anthrachinonsulfonsäuren in Amine, sowie der Ersatz der Sulfo- durch Nitrogruppen.

Die am Schluß dieses Abschnittes angefügte Übersicht (siehe Schema V auf S. 163) soll nochmals die große Bedeutung, die diesen Sulfonsäuren zukommt, vor Augen führen und erkennen lassen, wie zahlreich die Reaktionen sind, die für die Darstellung der Sulfonsäuren einerseits und für ihre Umwandlung andererseits in Betracht kommen.

V. Übersicht über die Entstehung und Umwandlung aromatischer Sulfonsäuren.

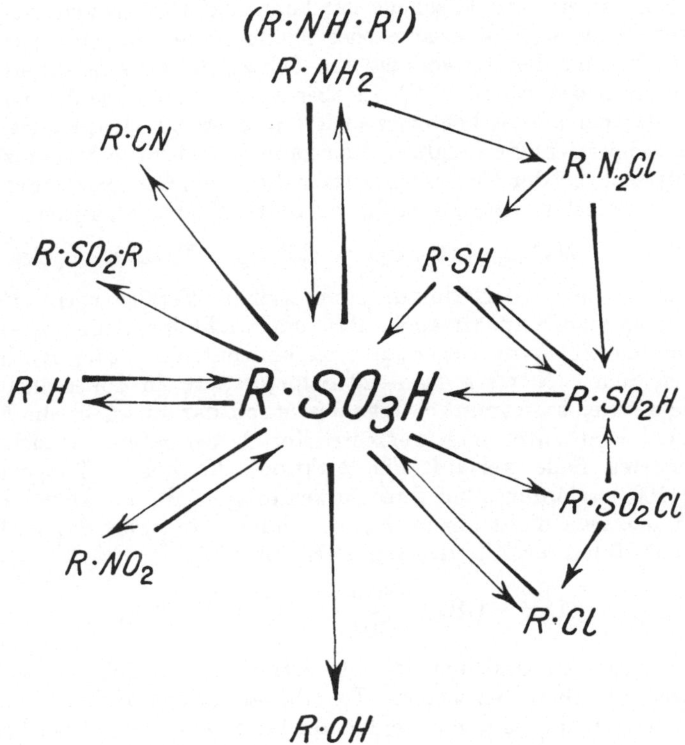

D) Die Nitrierung (und Nitrosierung).

Annähernd, wenn auch vielleicht nicht vollkommen, dieselbe Bedeutung wie die Sulfonierung besitzt die Nitrierung. Das Wesen dieser Reaktion besteht darin, daß Wasserstoffatome (vorzugsweise solche des aromatischen Kerns) unter gewissen Voraussetzungen auch Sulfo- oder Karboxylgruppen, durch Nitrogruppen ersetzt werden. Derartige Nitrierungen werden technisch fast ausschließlich durch Salpetersäure oder durch Salpetersäureverbindungen bewirkt. Man verwendet sowohl die Salpetersäure selbst in ihren höheren Konzentrationsstufen als auch die sog. „Salpeterschwefelsäure", eine Mischung aus Salpetersäure und Schwefelsäure in verschiedenen Konzentrationen und Mischungsverhältnissen. Neuerdings sind Verbindungen für die Nitrierung empfohlen worden, die, weil sie für technische Zwecke zu teuer sind, wohl nur wissenschaftlich interessieren dürften, wie z. B. das gemischte Anhydrid aus Essigsäure und Salpetersäure von der Formel

$$CH_3 \cdot CO \cdot O \cdot NO_2.$$

Nitrierungsmittel.

Soweit technische Zwecke in Betracht kommen, kann man sich demgemäß beschränken auf Salpetersäure, die salpetersauren Salze (Natron- und Kali-Salpeter) in Mischung mit konzentrierter Schwefelsäure und die sog. Salpeterschwefelsäure oder Nitriersäure. Salpeter liefert bekanntlich unter der Einwirkung von Schwefelsäure konzentrierte Salpetersäure neben Bisulfat. Es ist aber auf diesem Wege die unmittelbare Gewinnung einer hochkonzentrierten, etwa 90—100 proz. Salpetersäure technisch nicht möglich. Man kann jedoch diese hochprozentige Salpetersäure bei der Nitrierung ersetzen durch ein Gemisch von Schwefelsäure + Salpeter, wobei sich die bekannte Reaktion abspielt:

$$NaNO_3 + H_2SO_4 \rightarrow HNO_3 + NaHSO_4.$$

Die technischen Nitrierungen aromatischer Verbindungen erfolgen, auch wenn man Salpetersäure selbst, und nicht ihre Salze, verwendet, fast ausschließlich in Gegenwart von konzentrierter oder rauchender Schwefelsäure. Nitriert man mit Salpetersäure in Abwesenheit von Schwefelsäure, so kommt es sehr wesentlich darauf an, ob die Nitrierung mit verdünnter oder konzentrierter Salpetersäure vor sich geht. Im ersteren Falle verläuft die Reaktion, die höhere Temperaturen (über 100°) erfordert, bei ihrer Anwendung z. B. auf Toluol in der Weise, daß man nicht ein im Kern, sondern ein in der Seitenkette nitriertes Toluol erhält, das sog. ω-Nitrotoluol:

Nitrierung i. der Seitenkette.

$$C_6H_5 \cdot CH_3 \quad \overset{+ HNO_2}{\underset{-H_2O}{\rightarrow}} \quad C_6H_5 \cdot CH_2 \cdot NO_2,$$

Kern-Nitrierungen mit verschiedenen Konzentrationen.

das man zum Unterschied von den kernnitrierten Toluolen auch als Phenylnitromethan bezeichnet. Es gibt allerdings auch aromatische Verbindungen, die sich mit verdünnter Salpetersäure mit Leichtigkeit im Kern nitrieren lassen; aber diese aromatischen Verbindungen müssen gewisse Voraussetzungen erfüllen. Sie müssen vor allem eine Hydroxylgruppe im Kern enthalten, da Phenole im allgemeinen sich erheblich leichter nitrieren lassen als Kohlenwasserstoffe. Bei der 1, 2, 4-Naphtoldisulfonsäure z. B. wird sogar durch die Nitrierung, falls man etwas höhere Temperaturen anwendet, ein Ersatz der Sulfogruppen in 2- und in 4-Stellung bewirkt. Es bildet sich das schon früher erwähnte 2, 4-Dinitro-α-Naphtol. In diesem Fall kann man mit verhältnismäßig dünner Salpetersäure arbeiten, und die Reaktion geht dennoch kräftig vonstatten.

Analog wie α-Naphtol und seine Sulfonsäuren verhalten sich Phenol, die Kresole, Xylenol usw. (siehe S. 170 f.).

Andere aromatische Verbindungen, besonders solche, die bereits Nitro-, Sulfo- oder Karboxylgruppen im aromatischen Kern enthalten, brauchen schon konzentriertere Salpetersäure, etwa von 60% (= 40° Bé) und mehr, und außerdem ist vielfach die Gegenwart von Schwefelsäure für eine glatte Nitrierung unbedingt notwendig. Man wendet dann das sog. Nitriergemisch aus Salpetersäure + Schwefelsäure, in besonders schwierigen Fällen sogar Oleum an Stelle von Schwefelsäure an. Derartige Gemische aus Salpetersäure und Schwefelsäure lassen sich auf verschiedene Weise darstellen; entweder aus hochkonzentrierter Salpetersäure und Monohydrat oder schwachem Oleum, oder umgekehrt aus einer weniger starken Salpetersäure, dafür aber aus einem um so höher prozentigen Oleum. Wie man derartige Mischungen von bestimmter Konzentration der Komponenten herstellt, wird in letzter Linie eine Preisfrage sein, bei der die Salpetersäure eine ausschlaggebende Rolle spielt, da hochkonzentrierte Salpetersäure verhältnismäßig sehr teuer ist, verglichen mit Oleum.

In Fällen, in denen es sich um die Nitrierung der Kohlenwasserstoffe und ihrer Derivate handelt und die Nitrierung etwas schwieriger verläuft, steigert man die Bedingungen selbstverständlich nur dann, wenn das gewöhnliche Nitriergemisch aus etwa 1 Teil Salpetersäure und 2 Teilen Schwefelsäure nicht zum Ziele führt. Es gibt aber Fälle, in denen die Nitrierung außerordentlich schwer erfolgt, und dann ist die Anwendung eines verstärkten Nitrierungsgemisches notwendig. Der aromatische Kern nimmt Nitrogruppen nur in beschränkter Menge auf, anders also wie bei Chlor, das bis zur Entstehung eines Hexachlorderivates in den Benzolkern eingeführt werden kann. Angeblich nimmt der Benzolkern unter gewöhnlichen Umständen bei direkter Nitrierung nur 3 Nitrogruppen auf; Chlor wird also am leichtesten aufgenommen, dann kommen die Sulfogruppen und schließlich die Nitrogruppen.

Die Nitrierung zahlreicher aromatischer Körper erfolgt zwar auch schon unter der Einwirkung von Salpetersäure allein (siehe o.). Die Technik macht aber, wie z. B. beim Benzol und seinen Homologen, fast stets Gebrauch von den obenerwähnten Nitriergemischen, bestehend aus Salpetersäure und Schwefelsäure. Hierbei dient die Schwefelsäure dazu, die Einwirkung der Salpetersäure zu steigern und zu verstärken. Nach der Gleichung:

$$C_6H_5 + HNO_3 \;\rightarrow\; C_6H_6 \cdot NO_2 + H_2O$$

wird durch den Prozeß der Nitrierung, ebenso wie bei der Sulfonierung, Wasser erzeugt, das eine Verdünnung der Salpetersäure herbeiführt. Man würde auch bei der Sulfonierung nicht mit der theoretischen Menge Schwefelsäure arbeiten können, weil, wie auf S. 102 ff. ausführlich dargelegt, durch das bei der Reaktion entstehende Wasser die Schwefelsäure stetig verdünnt wird. Man muß daher, wie wir gesehen haben, bei der Sulfonierung in der Regel mit erheblichen Überschüssen von Schwefelsäure arbeiten, um einer zu weitgehenden Verdünnung vorzubeugen. Ähnlich liegen die Verhältnisse bei der Salpetersäure. Da diese aber erheblich teurer ist als Schwefelsäure, so bedient man sich der billigen Schwefelsäure als eines wasserentziehenden Mittels, derart, daß die Nitrierungen vielfach mit nahezu der theoretischen Menge Salpetersäure ausgeführt werden können. Das bedeutet nicht nur eine Ersparnis an teurer Salpetersäure, sondern gleichzeitig auch die

Vermeidung eines Überschusses, der sich bei der nachfolgenden Reduktion der Nitroverbindungen in vielen Fällen sehr störend bemerkbar machen würde.

Temperaturen bei der Nitrierung.

Die Nitrierungen werden je nach dem Ausgangsmaterial bei sehr unterschiedlichen Temperaturen ausgeführt. Es gibt Nitrierungen, die man zweckmäßig bei höheren, und solche, die man besser bei niederen Temperaturen ausführt, und schließlich auch solche, die sehr niedrige Temperaturen erfordern. Jedenfalls verläuft die Nitrierung in vielen Fällen bei mittleren oder höheren Temperaturen nicht glatt, und man kann sie, falls man starke Nebenreaktionen, vor allem bei empfindlichen Substanzen, Oxydationen zu vermeiden wünscht, nur dadurch herbeiführen, daß man bei etwa 0°, ja sogar bisweilen bei Temperaturen erheblich unter 0° nitriert. Wenn man die Nitrierung mit Hilfe von konzentrierter Schwefelsäure ausführt, so tritt schon allein durch die Bindung des Reaktionswassers (siehe oben) an die Schwefelsäure eine erhebliche Temperatursteigerung ein. Die Wärmeentwicklung infolge der Nitrierung ist meist so bedeutend, daß, wenn die Nitrierung bei Temperaturen unter 0° vor sich gehen soll, man sehr langsam zu arbeiten gezwungen ist. Wenn man einigermaßen schnell arbeiten wollte, so würde trotz Kühlens mit Eis oder Kochsalzgemisch die Temperatur sehr rasch steigen und die Ausbeute infolgedessen gefährdet werden.

Oxydationswirkungen der Salpetersäure.

Nach den Untersuchungen von Raschig hat man anzunehmen, daß in einer Mischung von Salpetersäure und Schwefelsäure die Salpetersäure eine gewisse Neigung hat, unter Abgabe von Sauerstoff Salpetrige Säure in Form von Nitrosylschwefelsäure zu bilden. Infolgedessen lassen sich nur gewisse Verbindungen auf direktem Wege glatt nitrieren, während alle leicht oxydablen Körper sich nicht nitrieren lassen, ohne daß Nebenreaktionen eintreten, die sich durch das Auftreten nitroser Gase schon äußerlich zu erkennen geben.

Da Salpetrige Säure bzw. Nitrosylschwefelsäure eine sehr reaktionsfähige Substanz ist, die besonders mit Aminoverbindungen sehr energisch reagiert, so muß man bei der Nitrierung primärer Amine mit der Möglichkeit rechnen, daß sich z. B. infolge der Einwirkung der entstandenen Salpetrigen Säure auf das primäre Amin Diazoniumsulfate bilden. Dies gibt leicht zu Komplikationen Veranlassung. Die Diazoniumverbindungen würden sich, zumal bei der Aufarbeitung des Reaktionsproduktes, zersetzen, wodurch Phenole unter Abspaltung von Stickstoff entstehen, und wodurch die Reaktion einen sehr wenig glatten Verlauf nimmt. Sekundäre und tertiäre Amine werden durch Salpetrige

Schutz der Aminogruppen.

Säure nitrosiert zu Nitrosoverbindungen. Um nun die Aminogruppen erforderlichenfalls gegen die Einwirkung der Salpetersäure bzw. Salpetrigen Säure zu schützen, führt man in die Aminogruppen entweder einen Säurerest ein:

$$R \cdot NH_2 + HOOC \cdot R' \xrightarrow{-H_2O} R \cdot NH \cdot CO \cdot R',$$

oder man kondensiert die Amine mit einem Aldehyd zu einem Azomethin:

$$R \cdot NH_2 + O \cdot CH \cdot R' \quad \xrightarrow{-H_2O} \quad R \cdot N = CH \cdot R'.$$

Zur Einführung eines Acylrestes ist die Essigsäure, $CH_3 \cdot COOH$, wegen ihrer verhältnismäßigen Billigkeit besonders geeignet. In neuerer Zeit hat für ähnliche Zwecke auch die noch billigere Ameisensäure, $H \cdot COOH$, erhöhte Bedeutung erlangt; ferner sind auch die aromatischen Sulfochloride (vgl. S. 170) als Acylierungsmittel sehr geeignet. Hierbei mag nicht unerwähnt bleiben, daß in einzelnen Fällen die Acylierung der Aminogruppe nicht nur einen schützenden Einfluß auf die Aminogruppe ausübt, sondern auch bis zu einem gewissen Grade den Reaktionsverlauf bestimmt, insofern als die Acylaminogruppe (oder die Azomethingruppe, s. u.) orientierend auf die Nitrogruppe einwirkt, eine Erscheinung, wie sie bereits früher gelegentlich der Chlorierung und der Sulfonierung berührt wurde (siehe S. 82, 129 u. 140 f.).

So erhält man bei der Nitrierung von Benzylidenanilin,

$$C_6H_5 \cdot CH = N \cdot C_6H_5,$$

in konzentrierter Schwefelsäure ziemlich einheitlich die p-Nitroverbindung $C_6H_5 \cdot CH = N \cdot C_6H_4 \cdot NO_2$, während nebenher etwa 15% der isomeren o-Verbindung entstehen, falls man Anilin in Eisessig + Essigsäureanhydrid nitriert.

Nitriert man ein Amin in Gegenwart von Schwefelsäure, so bildet sich zunächst das entsprechende Bisulfat des Amins, und der Komplex $-NH_2 \cdot H_2SO_4$ erhält einen mehr sauren Charakter. Dadurch wird die Stellung des neueintretenden Substituenten, wie schon früher erwähnt, merklich beeinflußt, indem die Nitrogruppe nicht mehr ausschließlich in die p-Stellung zur Aminogruppe tritt, sondern durch die mehr oder minder saure Bisulfatgruppe in die m-Stellung getrieben wird (vgl. auch S. 126). Durch die Acylierung wird aber der basische Charakter der Aminogruppe neutralisiert; infolgedessen findet wohl auch keine Anlagerung von Schwefelsäure unter Bisulfatbildung statt, und da infolgedessen die Acylaminogruppe einen mehr neutralen Charakter bewahrt, so erfolgt die Nitrierung fast ausschließlich in p-Stellung.

Wenn man Anilin selbst (bei niederen Temperaturen, etwa 0°) mit Salpeterschwefelsäure nitriert, so erhält man vorwiegend (>50%) p-Nitranilin; daneben aber aus den eben angeführten Gründen auch in reichlichen Mengen (ca. 40%) m-Nitranilin und etwas (ca. 10%) o-Nitranilin. Die drei isomeren Nitroaniline lassen sich auf Grund ihrer unterschiedlichen Basizität voneinander trennen; o-Nitranilin ist die schwächste m-Nitranilin die stärkste Base. Monomethylanilin, $C_6H_5 \cdot NH \cdot CH_3$, nitriert sich zu ca. 60%, Monoäthylanilin, $C_6H_5 \cdot NH \cdot C_2H_5$, zu <50%, Dimethylanilin, $C_6H_5 \cdot N(CH_3)_2$, in viel H_2SO_4 zu 70% zur entsprechenden m-Nitroverbindung, während aus dem letztgenannten tertiären Amin in Eisessig vorwiegend die isomere p-Verbindung erhalten wird.

Nitriert man jedoch Anilin nicht als solches, sondern z. B. in Form seiner Acetylverbindung (1), dann erhält man selbst in schwefelsaurer Lösung, über die entsprechende Acetylverbindung (2), ziemlich reines

$$(1) \quad \text{(Benzolring mit } NH \cdot CO \cdot CH_3) \quad \rightarrow \quad (2) \quad \text{(Benzolring mit } NH \cdot CO \cdot CH_3 \text{ und } NO_2)$$

p-Nitranilin und nur wenig o-Verbindung, von der jedoch auffallenderweise etwa 70% entstehen, falls man die Nitrierung des Acetanilids in Eisessig ausführt. Das p-Nitroanilin hat eine außerordentlich große Bedeutung als Diazokomponente. Es wird in Hunderttausenden von Kilo jährlich erzeugt und ist früher wohl ausschließlich auf dem oben angedeuteten Wege dargestellt worden, indem man Anilin acetylierte, dann nitrierte und schließlich verseifte. Das ist natürlich ein kostspieliger Umweg, und man hat sich daher eifrig bemüht, es auf direktem Wege zu erhalten, was aber, wie oben bemerkt, eine Trennung von den nebenher gebildeten Isomeren, dem m- und o-Nitroanilin, erforderlich macht. Neuerdings wird p-Nitranilin wohl auch aus p-Nitrochlorbenzol mit Ammoniak erzeugt (siehe S. 95f.). Über das Verhalten der Derivate des Acetanilids ist folgendes zu bemerken:

Nitrierung von Anilin-Derivaten.

$$\text{o-Chlor-Acetanilid} \quad \text{liefert vorwiegend} \quad \text{(mit } NO_2) \quad \text{weniger} \quad \text{(mit } NO_2)$$

und verhält sich somit ähnlich wie o-Chloranilin (1) selbst. Acetyliertes o-Toluidin (2) nitriert sich mit rauchender HNO_3 in Eis-

$$(1) \quad \text{(}NH_2, Cl\text{)} \qquad (2) \quad \text{(}NH \cdot CO \cdot CH_3, CH_3\text{)} \quad \rightarrow$$

$$(3) \quad \text{(}NH \cdot CO \cdot CH_3, CH_3, NO_2\text{)} \qquad (4) \quad \text{(}O_2N, NH \cdot CO \cdot CH_3, CH_3\text{)}$$

essig zu (3) und (4), mit HNO_3 allein jedoch nur zu (4), während o-Toluidin selbst (mit Nitriergemisch) zu (5), m-Toluidin zu (6) und (7)

$$(5) \quad \text{(}NH_2, CH_3, O_2N\text{)} \qquad (6) \quad \text{(}O_2N, NH_2, CH_3\text{)} \quad \text{sowie} \quad (7) \quad \text{(}NH_2, CH_3, NO_2\text{)}$$

und p-Toluidin schließlich zu den beiden Isomeren (8) und (9) nitriert wird. Werden m- und p-Toluidin vorher acetyliert, so erhält man,

(8) 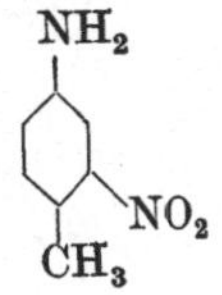 (vorwiegend) (9) 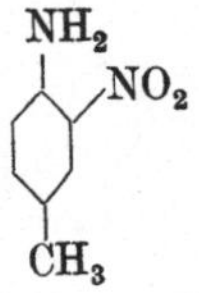 (nebenbei)

(10) 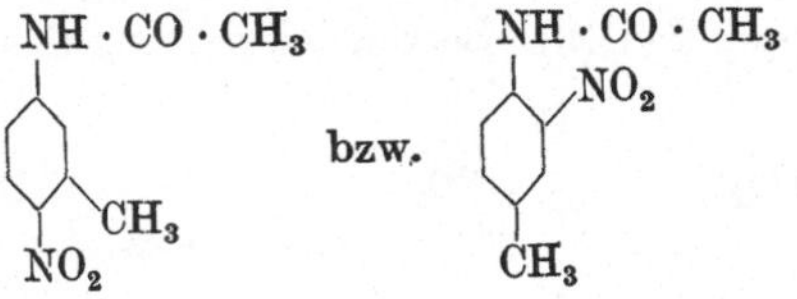 bzw.

wie zu erwarten, die Nitroderivate (10). Über Nitrierungen von Aminen der Naphtalinreihe sei andeutungsweise das aus (1), (2) und (3) Ersichtliche angeführt:

Nitrierung von Naphtylamin und Derivaten.

(1) 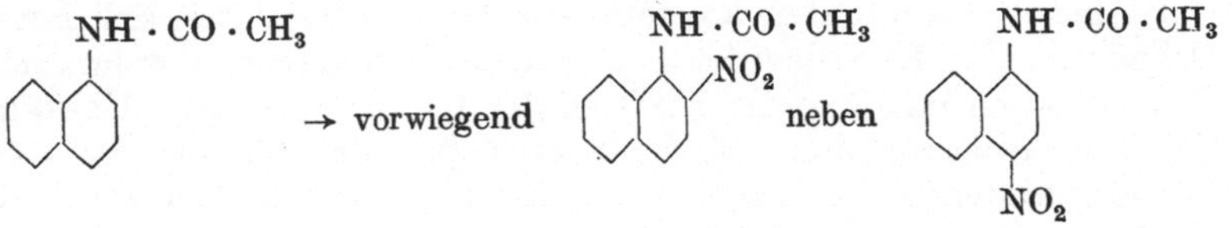 → vorwiegend neben

(2) 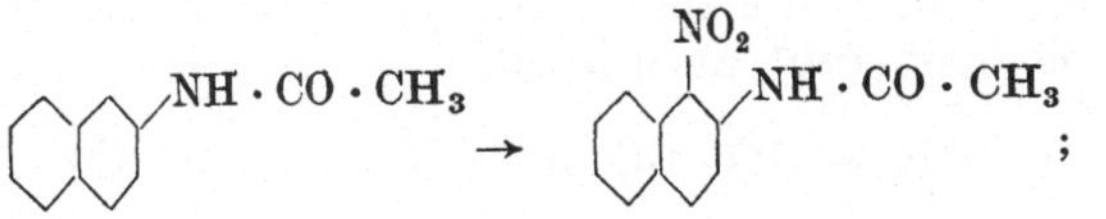 → ;

(3) 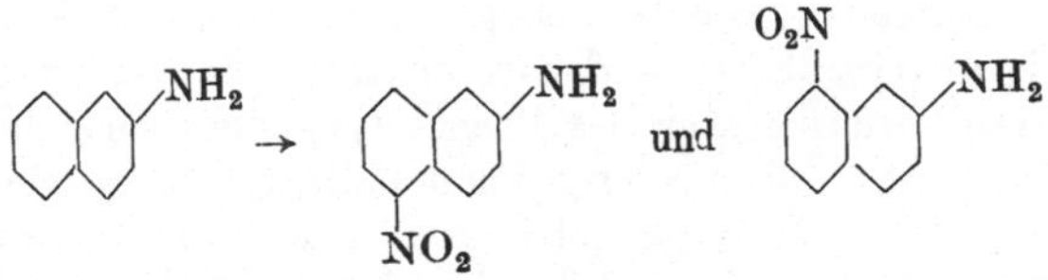 → und

Wie schon aus den oben erwähnten Beispielen ersichtlich ist, kann bei der Nitrierung di- oder trisubstituierter Benzolabkömmlinge die neu eintretende Nitrogruppe widerstreitenden Einflüssen hinsichtlich der Platzanweisung unterworfen sein, und es ist in solchen Fällen meist nicht mit Sicherheit vorauszusehen, welcher der vorhandenen Substituenten sich als der einflußreichste in dieser Hinsicht erweisen wird. Das führt, wie schon auf S. 81 ff. ausgeführt, in der Regel zur Entstehung von mehreren Isomeren nebeneinander, falls nicht unter gewissen Umständen (Reaktionsbedingungen) der Einfluß eines Substituenten so stark überwiegt, daß die anderen völlig dagegen zurücktreten.

Isomere Nitroverbindungen.

Zum Schluß noch einige weitere Beispiele von Nitrierungen disubstituierter Benzolabkömmlinge, in denen die Substituenten einen wider-

streitenden Einfluß auf den Eintritt der Nitrogruppe ausüben (siehe
S. 82):

$$(1)\quad \text{Cl–} \longrightarrow \text{Cl–} \qquad\qquad (2)\quad \text{OCH}_3\text{–} \longrightarrow \text{OCH}_3\text{–}\;;$$

Es überwiegt der Einfluß des Chlors! bei (1), es überwiegt der Einfluß
der Methoxylgruppe bei (2). Bei der Nitrierung des o-Chlornitrobenzols

$$(3)\quad \longrightarrow \qquad \text{neben etwas}$$

hingegen (3) unterstützen sich die beiden Substituenten bei der
Orientierung der neu eintretenden Nitrogruppe.

Nitrierung
des Phenols. Ähnlich wie mit den aromatischen Aminen verhält es sich mit den
Phenolen. Die Phenole an sich nitrieren sich, wie schon erwähnt, leicht,
Phenol schon mit 20 proz. HNO_3 in der Kälte; aber unter Umständen
ist man genötigt, auch die Hydroxylgruppe der Phenole gegen Oxydationswirkungen zu schützen, und das geschieht wie bei den Aminen
dadurch, daß man in die Hydroxylgruppe einen geeigneten organischen
Säurerest einführt (vgl. auch S. 243):

$$R \cdot OH + HO \cdot OC \cdot R' \xrightarrow[-H_2O]{} R \cdot O \cdot CO \cdot R'.$$

Was die Substitutionsregeln anlangt, so nitriert sich Phenol in o- und
gleichzeitig in p-Stellung, und zwar etwa im Verhältnis 2 : 1, während
der Benzolsulfonsäureester des Phenols (1) sich angeblich fast nur in
p-Stellung nitriert. Wenn man Phenol dinitriert, so geht sowohl das
o- wie auch das p-Nitrophenol über in ein einheitliches 2, 4-Dinitro-
phenol (2), indem sich das o-Nitrophenol in 4-Stellung und das p-Nitro-

$$(1)\quad O\cdot SO_2 \cdot C_6H_5 \qquad\qquad \longrightarrow \quad (2) \quad \longleftarrow$$

phenol in 2-Stellung nitriert. Nitriert man dieses Dinitrophenol nochmals, so erhält man ein Trinitrophenol, die Pikrinsäure[1] (3). In diesem
Falle erfolgt die Trinitrierung, infolge des Vorhandenseins einer Hydroxylgruppe verhältnismäßig leicht, wenn auch keineswegs glatt, während

---

[1] Die Pikrinsäure hat ihren Namen wegen ihres bitteren Geschmacks (pikrós
= bitter).

sich z. B. Benzol selbst viel schwieriger zum 1, 3, 5-Trinitrobenzol nitriert (4).

(3) [Strukturformel: Phenol mit O_2N, NO_2 in 2,6-Stellung und NO_2 in 4-Stellung]

(4) [Benzol] → [Strukturformel: O_2N, NO_2, NO_2 in 1,3,5-Stellung]

Aus o-Kresol erhält man die o- und die p-Nitroverbindung (5), aus p-Kresol hingegen fast nur die o-Verbindung (6). Nitriert man aber *Die Nitrierung der Kresole und Oxazole.*

(5) [Strukturformel: OH, O_2N, CH_3] und [Strukturformel: OH, CH_3, NO_2]

(6) [Strukturformel: OH, NO_2, CH_3]

das p-Kresolkarbonat (7), so erhält man nach dem Verseifen die isomere Verbindung (8). In analoger Weise nitrieren sich die Ver-

(7) [Strukturformel: $O—CO—O$ mit zwei Ringen, je CH_3]

(8) [Strukturformel: OH, NO_2, CH_3]

bindungen (1) in m-Stellung zum **Sauerstoff**, also in p-Stellung zum **Stickstoff.**

(1) [Strukturformel: Benzoxazol, O, $C \cdot OH$, N], [Strukturformel: O, $C—CH_3$, N] und [Strukturformel: O, $C \cdot CH_3$, N, Cl]

Benzol ist gegen verdünnte Salpetersäure viel beständiger als Phenol, *Nitrierung des Benzols.* nitriert sich aber mittels der Nitriersäure (Salpeterschwefelsäure) immerhin noch ziemlich leicht zum Mononitrobenzol (2). Dieses hat als Ausgangsmaterial für Anilin, und somit neuerdings auch für Indigo, eine außerordentlich große Bedeutung erlangt. Es werden zurzeit jährlich einige Millionen Kilo Anilin allein zu diesem Zweck erzeugt, und die Nitrobenzolfabrikation hat dadurch erneut einen starken Anstoß erhalten.

Läßt man 2 Mol. Salpetersäure in Form von Nitriersäure in der Wärme auf Benzol einwirken, so entsteht Dinitrobenzol, und zwar fast ausschließlich (>90%) die m-Verbindung (3), indem die bereits im Benzolkern befindliche Nitrogruppe die zweite Nitrogruppe in die m-Stellung drängt. Daneben bilden sich, aber nur in geringen Mengen,

(2) [Strukturformel: Benzol, NO_2]

(3) [Strukturformel: Benzol, NO_2, NO_2 in m-Stellung]

(4) [Strukturformel: Cl, NO_2] ← [Strukturformel: Cl] → [Strukturformel: Cl, NO_2]

p- und o-Dinitrobenzol. Während also die OH- und die NH_2-Gruppe
die Nitrogruppe in die p- und o-Stellung treiben, wird die Nitrogruppe
durch eine bereits im aromatischen Kern befindliche Nitro-, Karboxyl-,
Aldehyd- oder Sulfogruppe (siehe unten) in die m-Stellung dirigiert[1]).
Nitriert man das m-Dinitrobenzol weiter, so entsteht das 1, 3, 5-Tri-
nitrobenzol, freilich, wie oben erwähnt, ziemlich schwierig und nur
unter gesteigerten Reaktionsbedingungen, d. h. falls man starke Salpetersäure und rauchende Schwefelsäure bei etwa 120° einwirken läßt.

Nitrierung des Chlorbenzols.

Zum Chlor tritt die Nitrogruppe in die o- und p-Stellung, und zwar
vorwiegend in die p-Stellung (4). Das p-Nitrochlorbenzol ist neuerdings ein wichtiges Ausgangsmaterial geworden für p-Nitranilin (siehe
S. 95) und außerdem für das 2, 4-Dinitrochlorbenzol bzw. die Pikrinsäure. Wenn man in das Gemisch der beiden isomeren Mononitrochlor-
benzole eine zweite Nitrogruppe einführt, so gehen beide Mononitro-
chlorbenzole in ein ziemlich einheitliches 2, 4-Dinitrochlorbenzol über,
indem sich das o-Nitrochlorbenzol fast nur (vgl. S. 175) in der 4-Stellung
und das p-Nitrochlorbenzol in der 2-Stellung nitriert (1).

(1)

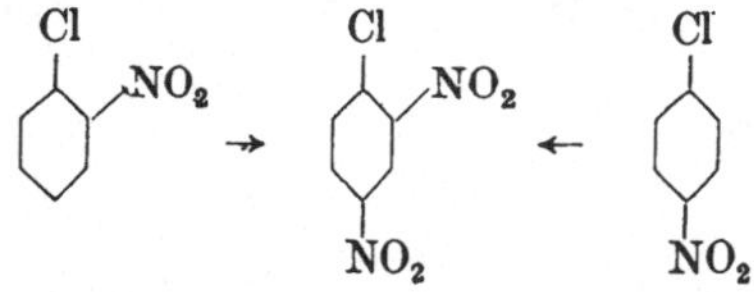

Verwendung des Dinitrochlorbenzols.

Das 2, 4-Dinitrochlorbenzol hat eine gewisse technische Bedeutung.
In ihm ist das Chlor, wie vorauszusehen, noch beweglicher wie in dem
p- oder o-Mononitrochlorbenzol. Das Chlor ist im 2, 4-Dinitrochlorbenzol
so beweglich, daß es sich sehr leicht durch andere Reste austauschen läßt
(siehe S. 93f.). Insbesondere findet eine Reaktion ausgedehnte Anwendung, nämlich die Einwirkung des Dinitrochlorbenzols auf Amine:

$$R \cdot NH_2 + Cl \cdot C_6H_3(NO_2)_2 \rightarrow R \cdot NH \cdot C_6H_3(NO_2)_2 + HCl.$$

Vor allem sei hier angeführt die Einwirkung des Dinitrochlorbenzols
auf das p-Aminophenol. Man erhält dabei das sog. Dinitro-p-Oxydiphenylamin (2), das als Ausgangsmaterial für wertvolle Schwefelfarbstoffe
von technischer Wichtigkeit ist. Bei der Einwirkung von Schwefel und

(2) 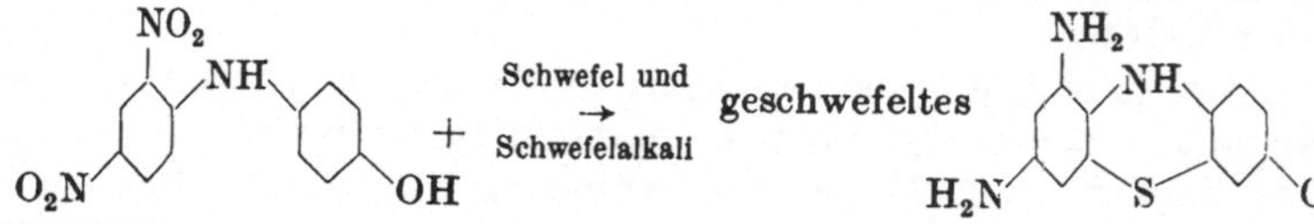   + Schwefel und Schwefelalkali →   geschwefeltes   (3)

¹) Von A. Crum Brown und J. Gibson ist „zur Bestimmung, ob ein ge-
gebenes Benzolmonoderivat ein Meta-Di-Derivat oder ein Gemisch des Ortho-
und Paraderivates liefert", die Regel aufgestellt worden: „Wenn die Wasserstoff-
verbindung des Atoms oder Radikals, welches im Monoderivat in den Benzolkern
getreten ist, nicht direkt, d. h. in einer Operation, zu der entsprechenden
Hydroxylverbindung oxydiert werden kann" (wie z. B. bei Cl, Br, CH_3, NH_2, OH,
CCl_3, $CH_2 \cdot COOH$), „so entstehen bei weiterer Substitution o, p-Derivate, im
anderen Falle m-Derivate" (wie z. B. bei NO_2, COH, COOH, SO_3H, $CO \cdot CH_3$).

Schwefelalkali auf jene Nitroverbindung findet eine Reduktion der Nitrogruppen und gleichzeitig, unter Thiazinbildung, der Eintritt von Schwefel in die o-Stellung zum Stickstoff statt. Man erhält dadurch einen Farbstoff, der das Schweflungsprodukt eines Diaminooxythiazins (3) darstellt, das Immediolschwarz.

Betrachten wir nunmehr das Verhalten der Sulfonsäuren bei der Nitrierung. Nitriert man Benzolmonosulfonsäure (4), so tritt die Nitrogruppe zur Sulfogruppe fast ausschließlich in die m-Stellung, es entsteht also neben geringen Mengen der o- und p-Verbindung die m-Nitrobenzolmonosulfonsäure (5), das Ausgangsmaterial für die sog. Metanil-

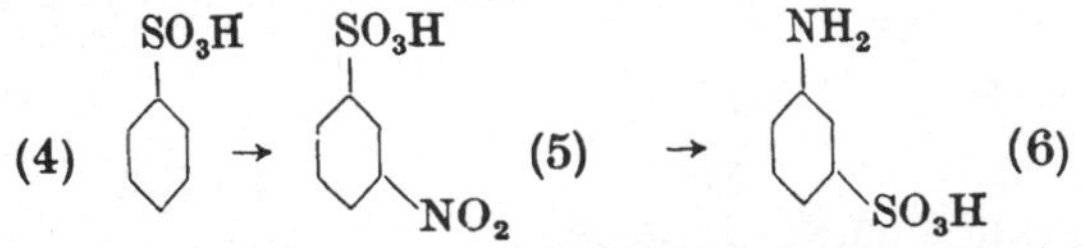

Nitrierung
der Benzol-
mono- u. Di-
sulfonsäuren.

$$\text{(4)} \quad \underset{}{\bigcirc}^{SO_3H} \rightarrow \underset{NO_2}{\bigcirc}^{SO_3H} \quad \text{(5)} \rightarrow \underset{SO_3H}{\bigcirc}^{NH_2} \quad \text{(6)}$$

säure (6). Da umgekehrt auch die Sulfogruppe zu einer bereits vorhandenen Nitrogruppe vorwiegend in die m-Stellung tritt (siehe S. 105), so läßt sich die m-Nitrobenzolsulfonsäure erhalten sowohl durch Nitrierung der Benzolsulfonsäure, als auch durch Sulfonierung des Nitrobenzols. Es fragt sich, welcher Weg der bessere ist. Für die Technik erscheint es, soweit es sich um die Metanilsäure selbst handelt und nicht um die gleichzeitige Gewinnung der Isomeren, zweckmäßig erst zu sulfonieren und dann zu nitrieren, hauptsächlich deshalb, weil die Nitrierung der Sulfonsäure leichter erfolgt als die Sulfonierung des Nitrobenzols.

Würde man die m-Mononitrobenzolsulfonsäure weiter nitrieren, so würde man eine Dinitrobenzolsulfonsäure erhalten, wozu es übrigens der Anwendung verschärfter Bedingungen bedarf, da diese Nitrierung ziemlich schwierig erfolgt. Hier kann die Stellung der zweiten Nitrogruppe nicht zweifelhaft sein: Sowohl die erste Nitrogruppe als auch die Sulfogruppe treiben die zweite Nitrogruppe in die m-Stellung. Es entsteht also eine Dinitrobenzolsulfonsäure (1) mit den Stellungen 1, 3

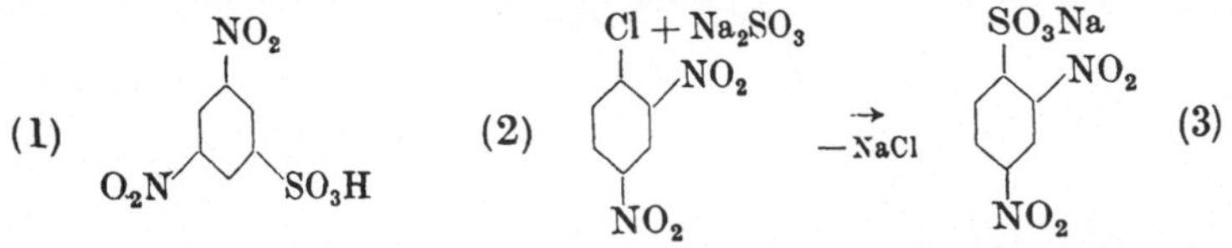

$$\text{(1)} \quad \underset{O_2N \quad SO_3H}{\overset{NO_2}{\bigcirc}} \qquad \text{(2)} \quad \underset{NO_2}{\overset{Cl + Na_2SO_3}{\overset{NO_2}{\bigcirc}}} \underset{-NaCl}{\rightarrow} \quad \underset{NO_2}{\overset{SO_3Na}{\overset{NO_2}{\bigcirc}}} \quad \text{(3)}$$

und 5, während man z. B. durch die Einwirkung von Sulfit auf 2, 4-Dinitrochlorbenzol (2) eine isomere 2, 4-Dinitrobenzolsulfonsäure (3) erhält, bei der die beiden Nitrogruppen zwar gleichfalls in m-Stellung zueinander, aber in o- und p-Stellung zur Sulfogruppe stehen.

Die Benzol-m-Disulfonsäure (4) nitriert sich, wie zu erwarten, ganz vorwiegend zur symmetrischen Nitrobenzoldisulfonsäure (5); nebenher

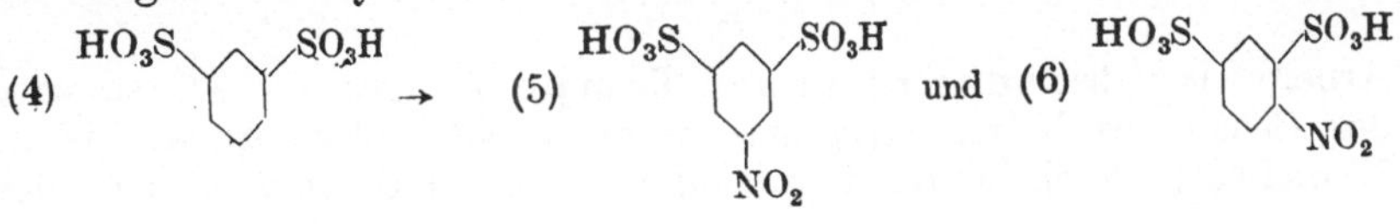

$$\text{(4)} \quad \underset{}{\overset{HO_3S \quad SO_3H}{\bigcirc}} \rightarrow \text{(5)} \quad \underset{NO_2}{\overset{HO_3S \quad SO_3H}{\bigcirc}} \quad \text{und} \quad \text{(6)} \quad \underset{NO_2}{\overset{HO_3S \quad SO_3H}{\bigcirc}}$$

entsteht etwas 1, 3, 4-Säure (6). Das Verhalten einiger weiterer Sulfonsäuren bei der Nitrierung ist aus folgenden Symbolen ersichtlich:

(1)   → fast ausschließlich

(2)   →   (3)   →

(4)   →   (5)   →

(also im letzten Beispiel Verdrängung der Sulfogruppe!).

Nitrierung
des Toluols. Wie verhält sich nun die Salpetersäure, wenn es sich um die Nitrierung aromatischer Kerne handelt, in denen Alkylgruppen enthalten sind? Wie verhält sich die Salpetersäure vor allem z. B. bei der Nitrierung des wichtigen Toluols? Unterwirft man Toluol der Nitrierung mittels Nitriersäure, so entstehen drei isomere Mononitrotoluole; und zwar erhält man vorwiegend die o-Verbindung, in geringerer Menge die p-Verbindung, und in ganz geringen Mengen (1—2%) entsteht auch die m-Verbindung (1):

(1)

ca. 60%   Fp. 10,5°   Sp. 218°

ca. 1—5%   Fp. 16°   Sp. 230°

ca. 35%   Fp. 54°   Sp. 230°

Arbeitet man bei sehr niedrigen Temperaturen (—50°), so wird der Gehalt des Nitrierungsgemisches an p-Nitrotoluol erhöht bis zu 70 und 80%. Auch bei der Nitrierung mit starker HNO_3 verschiebt sich

das Verhältnis zugunsten des p-Nitrotoluols. Das wertvollste dieser
drei Punkte ist dasjenige, das bei der gewöhnlichen Nitrierung in geringerer Menge entsteht, nämlich die p-Verbindung, wie sich aus dem Preis
der isomeren Toluidine ergibt.

Getrennt werden die Reaktionsprodukte zweckmäßig schon unmittelbar nach der Nitrierung, vor ihrer Überführung in die Aminobasen.
Das p-Nitrotoluol hat, abgesehen von dem Siedepunktsunterschied,
einen viel höheren Schmelzpunkt (siehe oben) als das o-Nitrotoluol und
läßt sich auf Grund dieser Eigenschaften ohne Schwierigkeit trennen.
Das o-Nitrotoluol hat lange Zeit hindurch eine sehr wichtige Rolle
gespielt bei den Versuchen zur Darstellung des synthetischen Indigos.
Es ist zwar gelungen, aus dem o-Nitrotoluol durch Oxydation, die
auf verschiedenen Wegen bewerkstelligt werden kann (siehe Indigo),
o-Nitrobenzaldehyd zu erzeugen (1), und es ist sehr viel Mühe und Fleiß

$$(1) \qquad \underset{NO_2}{\overset{CH_3}{\bighexagon}} \quad \rightarrow \quad \underset{NO_2}{\overset{CHO}{\bighexagon}}$$

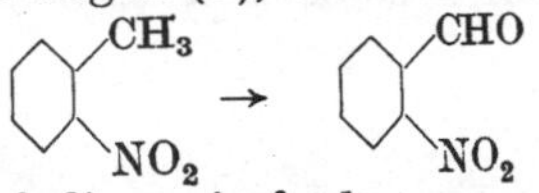

Jahrzehnte hindurch auf diese Aufgabe verwendet worden; aber ein
ganz glattes und dabei billiges Verfahren hat man, ausgehend vom
o-Nitrotoluol, bisher nicht gefunden. Aus diesem Grunde hat der
o-Nitrobenzaldehyd gegenwärtig einiges von seiner Bedeutung verloren.

Die beiden isomeren Verbindungen, das o- und das p-Nitrotoluol, gehen
bei der weiteren Nitrierung in dasselbe 2, 4-Dinitrotoluol über, wobei
allerdings zu bemerken ist, daß aus dem o-Nitrotoluol neben
dem 2, 4-Dinitrotoluol, das aus dem p-Nitrotoluol ausschließlich
entsteht, noch ein isomeres 2, 6-Dinitrotoluol, wenn auch in wesentlich
geringerer Menge, erhalten wird (2): 2, 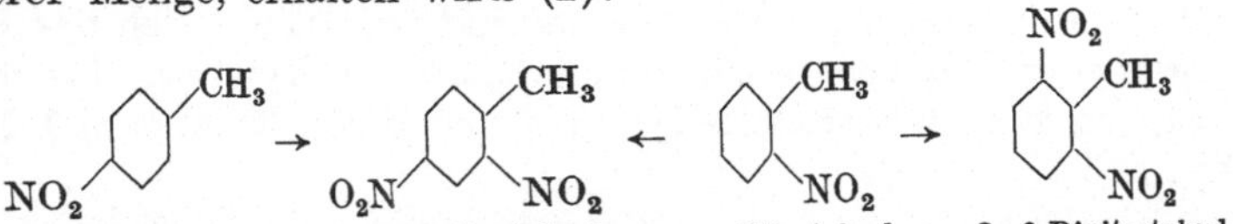 4- u. 2, 6-
Dinitro - To-
luol.

$$(2) \qquad \underset{NO_2}{\overset{CH_3}{\bighexagon}} \rightarrow \underset{O_2N\qquad NO_2}{\overset{CH_3}{\bighexagon}} \leftarrow \underset{NO_2}{\overset{CH_3}{\bighexagon}} \rightarrow \underset{NO_2}{\overset{NO_2\ CH_3}{\bighexagon}}$$

p-Nitrotoluol   2, 4-Dinitrotoluol   o-Nitrotoluol   2, 6-Dinitrotoluol

Das 2, 6-Dinitrotoluol läßt sich auf Grund seines abweichenden
physikalischen Verhaltens (es besitzt einen niedrigeren Schmelzpunkt)
als Öl von dem Isomeren abtrennen.

Zur Darstellung des 1, 2, 4-Dinitrotoluols kann man auch ausgehen
vom Toluol. Es entsteht dann, unmittelbar über die beiden Mononitrotoluole 1, 2 und 1, 4 hinweg, das 2, 4-Dinitrotoluol neben geringen

$$(3) \qquad \underset{NO_2}{\overset{CH_3\ NO_2}{\bighexagon}} \rightarrow \underset{NH_2}{\overset{CH_3\ NO_2}{\bighexagon}} \quad und \quad \overset{CH_3}{\underset{O_2N\qquad NO_2}{\bighexagon}} \rightarrow \overset{CH_3}{\underset{O_2N\qquad NH_2}{\bighexagon}}$$

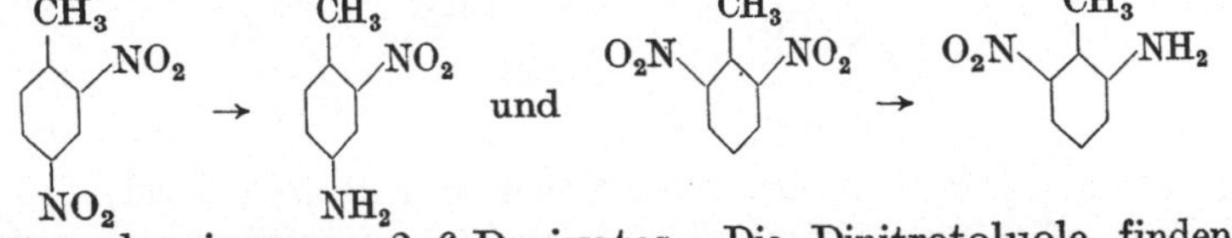

Mengen des isomeren 2, 6-Derivates. Die Dinitrotoluole finden als
solche keine unmittelbare Verwendung. Sie lassen sich jedoch redu-
zieren, entweder zu den entsprechenden Nitrotoluidinen (3), oder zu Nitro -Tolui-
dine und m-
Toluylendia-
mine.

den entsprechenden Diaminotoluolen, den sog. m-Toluylendiaminen (1), von denen das 1, 2, 4-Toluylendiamin das bei weitem wichtigere ist, während das Nebenprodukt (1, 2, 6) nur gelegentlich Verwendung findet.

$$CH_3 \quad NH_2 \qquad (1) \qquad und \qquad CH_3 \quad H_2N \quad NH_2$$

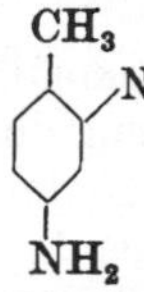

$$NH_2$$

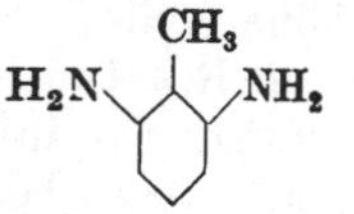

1, 2, 4-Toluylendiamin   1, 2, 6-Toluylendiamin

m-Nitro-anilin u. m-Phenylen-diamin. Auch das m-Dinitrobenzol wird nicht unmittelbar als solches verwendet; sondern es wird entweder teilweise reduziert zum m-Nitro-anilin (2), oder es werden beide Nitrogruppen reduziert, und man erhält alsdann das technisch wichtige m-Phenylendiamin (3), das als Azokomponente besonders in neuerer Zeit große Bedeutung erlangt hat.

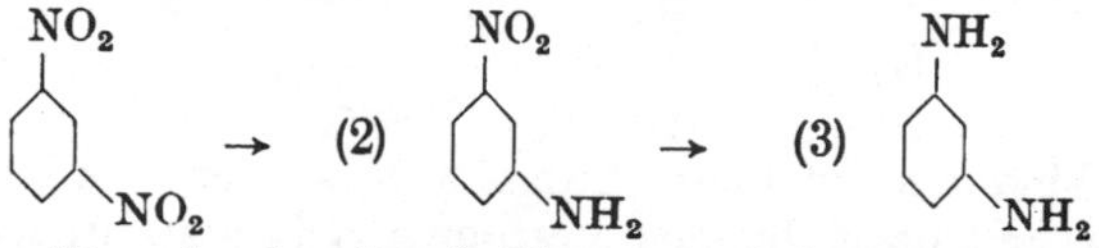

$$NO_2 \qquad NO_2 \qquad NH_2$$
$$\rightarrow \quad (2) \qquad \rightarrow \quad (3)$$
$$NO_2 \qquad NH_2 \qquad NH_2$$

Das m-Nitranilin, das bereits als Nebenprodukt bei der Nitrierung des Anilins Erwähnung fand (siehe S. 167), kann auf die eben angegebene Weise, durch partielle Reduktion des m-Dinitrobenzols, leicht und unabhängig vom p-Nitranilin in ziemlich einheitlicher Form gewonnen werden, und zwar erfolgt die Reduktion zweckmäßig durch Schwefelammonium. Das m-Nitranilin findet ähnlich wie das p-Nitranilin, allerdings bei weitem nicht in dem gleichen Umfange, Verwendung als Diazokomponente.

Nitroxylole. Was die Nitrierung der Xylole anlangt, so nitriert sich das o-Xylol mit starker HNO_3 vorwiegend zum 1-Nitro-3, 4-Xylol (4), das m-Xylol vorwiegend zum 1-Nitro-2, 4-Xylol (5) und das p-Xylol zum 1-Nitro-2, 5-Xylol (6):

$$NO_2 \qquad NO_2 \qquad NO_2$$
$$(4) \quad CH_3 \qquad (5) \quad CH_3 \qquad (6) \quad CH_3$$
$$CH_3 \qquad CH_3 \qquad CH_3$$

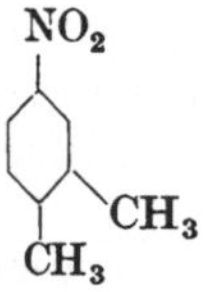

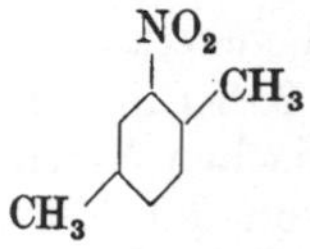

Neben (4) entsteht das Isomere (7) und neben (5) das Isomere (8).

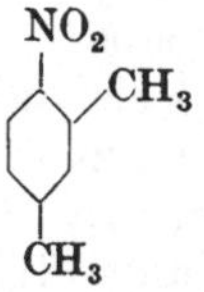

$$NO_2 \qquad NO_2$$
$$(7) \quad CH_3 \qquad (8) \quad CH_3 \quad CH_3$$
$$CH_3$$

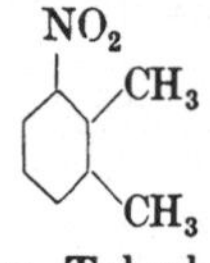

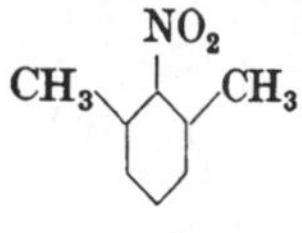

Ganz analog dem Toluol verhält sich das Benzylchlorid, das sich in o- und p-Stellung, kaum aber in m-Stellung nitriert. Wesentlich anders gestaltet sich die Nitrierung derjenigen Toluolabkömmlinge, in denen die neutrale Methylgruppe durch die sauren Reste — COH

und — COOH ersetzt ist, also der aromatischen **Aldehyde** und **Car-**
bonsäuren. Die Nitrogruppe tritt bei Benzaldehyd zu 80% in die
m-, zu etwa 20% in die o-Stellung; p-Nitrobenzaldehyd bildet sich,
falls man in konzentrierter H_2SO_4 bei niedriger Temperatur nitriert,
fast gar nicht. In analoger Weise erhält man aus o-Chlorbenzaldehyd
die Verbindung (1) und aus p-Chlorbenzaldehyd die Verbindung (2

Nitrobenzal-
dehyde.

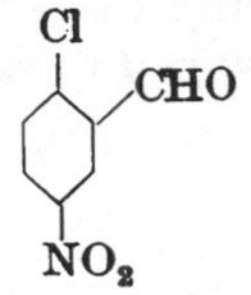

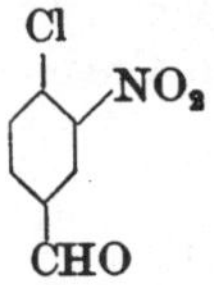

wobei zu bemerken ist, daß die letzterwähnte Nitrierung erheblich
schwieriger vonstatten geht, so daß bei Verwendung eines Gemisches
von o- und p-Chlorbenzaldehyd die Nitrierung sich auf die o-Verbindung
beschränken läßt.

Benzoësäure nitriert sich zu 65—75% in m-, zu 14—30% in o-
und zu 5—6% in p-Stellung. Über das Verhalten der Benzoësäure-
derivate mögen die folgenden Andeutungen (3, 4, 5 und 6) genügen:

Nitro-
Benzoë-
säuren und
Derivate.

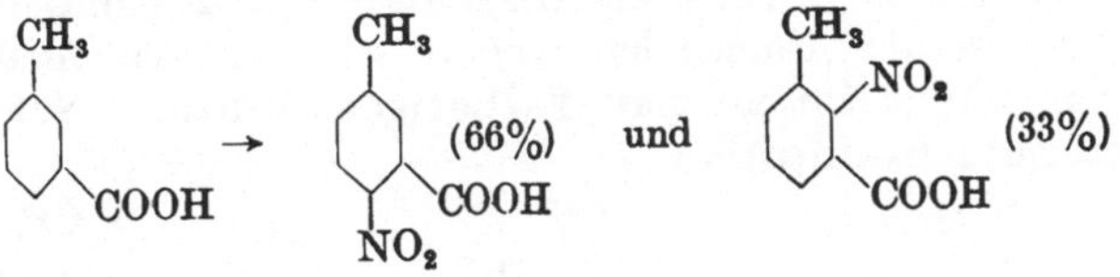

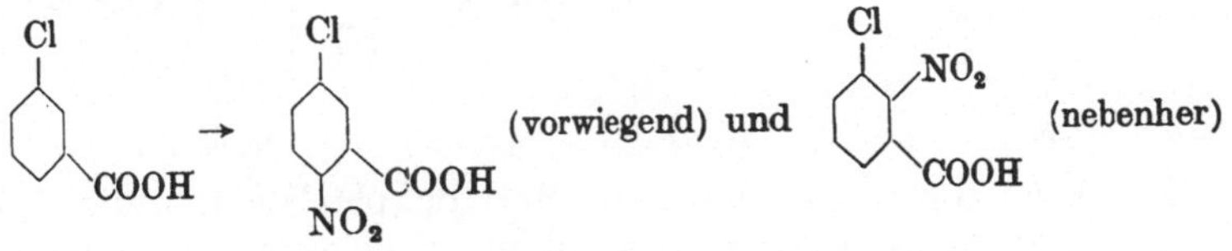

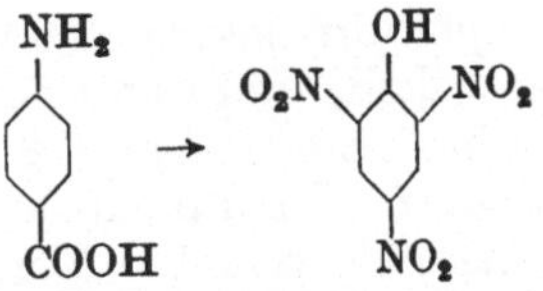

Die zuletzt angeführte Nitrierung der p-Aminobenzoësäure (6) führt
zur Pikrinsäure im Falle der Anwendung überschüssiger Salpetersäure.

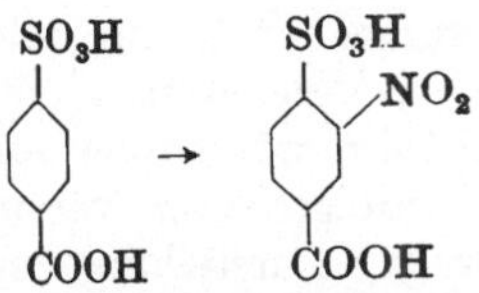

Über Nitrierungen auf dem Gebiete des Naphtalins ist bereits bei
Gelegenheit der Darstellung der Naphtylaminsulfonsäuren das Wichtigste mitgeteilt worden. Ergänzend sei hier noch folgendes bemerkt:
Naphtalin selbst nitriert sich ziemlich leicht, und zwar fast ausschließlich zu α-Mononitronaphtalin (7), während die **Sulfonierung** bekannt-

Nitrierung d.
Naphtalins
zu Mono- u.
Dinitro-
Naphtalin.

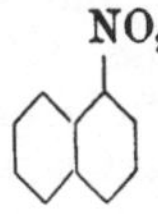

lich zu zwei isomeren Verbindungen, der α- und β-Monosulfonsäure, führt. Wenn man α-Nitronaphtalin (1) weiter nitriert, so entstehen zwei isomere Dinitronaphtaline, das 1, 8-Dinitronaphtalin (2) und das 1, 5-Dinitronaphtalin (3), und zwar entstehen von ersterem etwa zwei Drittel, von letzterem ein Drittel; nebenbei scheinen sich auch geringe Mengen von 1, 3-Dinitronaphtalin (4) zu bilden. Das Verhältnis, in dem die beiden Dinitronaphtaline, (2) und (3), entstehen, ist übrigens bis zu einem gewissen Grade abhängig von den Reaktionsbedingungen.

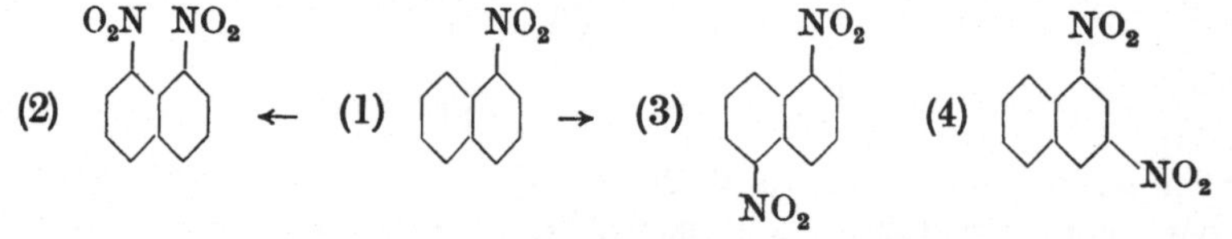

Alizarinschwarz aus Dinitronaphtalin.

Das 1, 5-Dinitronaphtalin (3) ist ein wichtiges Ausgangsmaterial zur Darstellung des Naphtazarins. Dieser Farbstoff wird zweckmäßig gewonnen durch die Einwirkung von Schwefelsesquioxyd, S_2O_3, auf 1, 5-Dinitronaphtalin, gelöst in konzentrierter Schwefelsäure. Es entsteht hierbei als Endprodukt der Reaktionen das 1, 2-Dioxynaphto-5, 8-Chinon (6), Naphtazarin oder Alizarinschwarz genannt, ein Beizenfarbstoff, der seinen Namen hat wegen seiner an das Alizarinrot (7) erinnernden Konstitution und Färbeeigenschaften. (Näheres siehe unter Alizarinfarbstoffen).

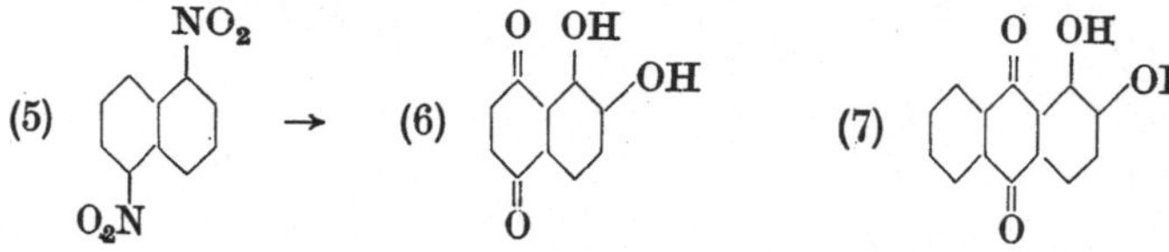

Man kann die beiden isomeren Dinitronaphtaline 1, 5 und 1, 8 auf Grund ihrer verschiedenen Löslichkeit voneinander trennen. 1, 5-Dinitronaphtalin ist in organischen Lösungsmitteln im allgemeinen schwerer löslich, und daher läßt sich die 1, 8-Verbindung ziemlich vollkommen entfernen. Das 1, 8-Dinitronaphtalin war früher ein schwer verwendbares Nebenprodukt. Man hat infolgedessen versucht, das 1, 8- ebenso wie das 1, 5-Dinitronaphtalin zur Darstellung von Naphtazarin zu verwenden, was theoretisch nicht unmöglich erscheint. Inwieweit die Reaktion sich technisch mit Vorteil durchführen läßt, ist nicht bekannt. Jedenfalls besteht theoretisch kein Grund, weshalb nicht beide Dinitrokörper zu einem einheitlichen Alizarinschwarz führen sollten, vermöge eines zwar im einzelnen abweichenden, aber doch im wesentlichen analogen Reaktionsverlaufes.

Man hat versucht, das abfallende 1, 8-Dinitronaphtalin auch noch auf andere Weise zu verwerten. Man hat es z. B. mit Sulfiten reduziert in Gegenwart von Alkali, Glukose und anderen Reduktionsmitteln, und dabei violette bis blaue Farbstoffe erhalten, die aber technisch ohne sonderlichen Wert zu sein scheinen.

Wohl die einzige Verwendung, die das 1, 8-Dinitronaphtalin außerdem noch zur Zeit findet, beruht auf der Reduktion zu 1, 8-Naphtylendiamin, das nach verschiedenen Richtungen benutzt werden kann. U. a. entsteht beim Sulfonieren des 1, 8-Naphtylendiamins mit Monohydrat unter geeigneten Bedingungen ziemlich glatt die 1, 8-Naphtylendiamin-4(= 5)-Monosulfonsäure (siehe S. 148), und diese läßt sich durch die sog. Sulfitreaktion (siehe S. 202 f.) überführen in die 1, 8, 5-Aminonaphtolsulfonsäure (1). Es ist ferner auf Grund derselben Sulfitreaktion möglich, von der nämlichen Diaminosäure ausgehend, dadurch daß man die zur Sulfogruppe p-ständige Aminogruppe festlegt, d. h. gegen Bisulfit beständig macht (z. B. durch Aceton), die isomere 1, 8, 4-Aminonaphtolsulfonsäure (2) zu erhalten. Beide Säuren sind ziemlich wichtige

1, 8-Naphtylendiamin und 1, 8, 4-(= 5-) Naphtylendiaminsulfonsäure.

$$(1) \qquad\qquad (2) \qquad\qquad (3)$$

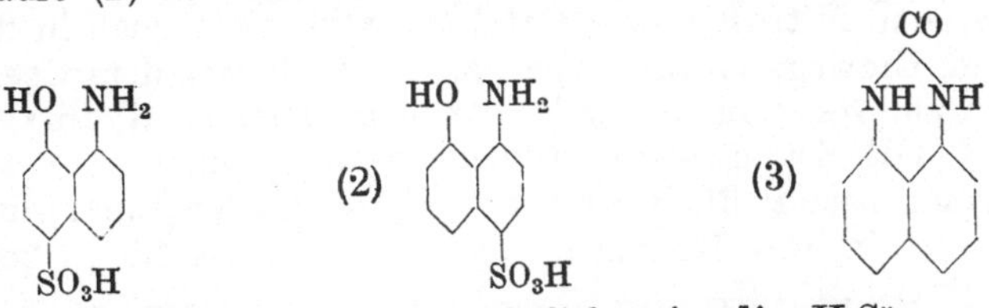

Periaminonaphtolsulfonsäuren, die ähnlich wie die H-Säure und die K-Säure (siehe S. 120 f. und S. 223) vor allem zur Darstellung schwarzer Disazofarbstoffe für Wolle Verwendung finden. (Über die Darstellung der Naphtylendiaminsulfonsäure auf einem etwas anderen Wege siehe S. 148).

Eine andere Verwendung des 1, 8-Naphtylendiamins, die neuerdings vorgeschlagen wurde, beruht auf der Überführung in die sog. Perimidine. So entsteht z. B. aus dem 1, 8-Diamin mit Phosgen ein cyklischer Harnstoff (3), das einfachste Perimidin; wie denn überhaupt die beiden periständigen Aminogruppen des 1, 8-Diamins die Entstehung cyklischer Verbindungen sehr erleichtern. Mit Karbonsäuren (z. B. Essigsäure)

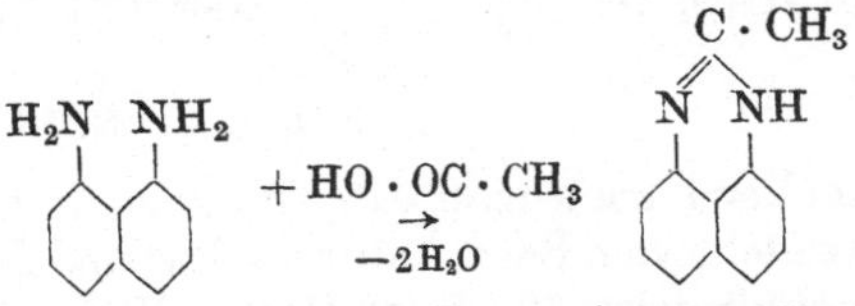

Perimidine.

$$H_2N \; NH_2 \quad + HO \cdot OC \cdot CH_3 \xrightarrow[-2H_2O]{} \qquad (4)$$

bilden sich unter Austritt von 2 Mol. Wasser amidinartige Körper (4). Diese cyklischen Derivate sind als Komponenten zur Darstellung von indophenolartigen Farbstoffen in Aussicht genommen.

Die Reduktion des 1, 8-Dinitronaphtalins verläuft auf dem gewöhnlichen Wege, z. B. mittels Eisen, Zink u. dgl., durchaus nicht glatt und ist daher eine technisch nicht ohne weiteres zu lösende Aufgabe, während die Reduktion des α-Mononitronaphtalins zum α-Naphtylamin sich leicht vollzieht und im großen Maßstabe zur Ausführung gelangt.

Über die Nitrosierung sei kurz nachstehendes ausgeführt: Es ist bemerkenswert, daß, während Salpetersäure auf aromatische Kohlenwasserstoffe ziemlich leicht einwirkt, Salpetrige Säure aromatische

Die Nitrosierung.

Verbindungen **ohne** auxochrome Gruppen, also ohne OH- oder NH_2-
oder Alkylido- oder Arylidogruppen, nur sehr schwer angreift. Es
lassen sich also Nitrosokohlenwasserstoffe der aromatischen Reihe
nicht gewinnen auf analogem Wege wie die entsprechenden Nitroverbindungen. Die Gleichung:

$$R \cdot H + HNO_2 \;\rightarrow\; R \cdot NO + H_2O$$

ist daher unter den obengenannten Voraussetzungen durchaus nicht so
leicht zu verwirklichen wie die Gleichung:

$$R \cdot H + HNO_3 \;\rightarrow\; R \cdot NO_2 + H_2O.$$

Wenn man also in aromatische Körper, die keine auxochromen Gruppen
enthalten, eine Nitrosogruppe einführen will, so ist man in der Regel
gezwungen, Umwege einzuschlagen; z. B. erhält man derartige Nitrosoverbindungen, wenn man ausgeht von aromatischen Hydroxylaminen.
$C_6H_5 \cdot NH \cdot OH$ ist das sog. β-Phenylhydroxylamin (das α-Phenyl-
hydroxylamin besitzt die Konstitution $C_6H_5 \cdot O \cdot NH_2$) und gibt bei der
Oxydation, z. B. mit Bichromat (Chromsäure), das Nitrosobenzol:

$$C_6H_5 \cdot NH \cdot OH + O \;\xrightarrow[-H_2O]{}\; C_6H_5 \cdot NO.$$

Es ist in festem Zustand nahezu farblos, im geschmolzenen hingegen
eine schwach grünliche Verbindung. In analoger Weise lassen sich
andere Nitrosoverbindungen der aromatischen Reihe gewinnen.

    Erheblich leichter reagiert Salpetrige Säure, wenn auxochrome
Gruppen im aromatischen Kern vorhanden sind. So entsteht z. B. aus
Phenol durch Salpetrige Säure sehr leicht das p-Nitrosophenol, dessen
Konstitution gleichzeitig einem Chinonmonoxim entspricht (1). Dieser

(siehe Formelschema)   OH + HNO_2 $\xrightarrow[-H_2O]{}$ (p-Nitrosophenol, NO)   oder   (Chinonmonoxim, NOH)   (1)

Auffassung entsprechend kann man das Chinonoxim auch dadurch erhalten, daß man ausgeht vom Benzochinon selbst und dieses kondensiert
mit Hydroxylaminchlorhydrat (2), in analoger Weise wie ein Keton mit

(2)   (Benzochinon)   + $NH_2 \cdot OH$ + HCl $\xrightarrow[-H_2O]{}$ (Chinonmonoxim, $N \cdot OH$)   + HCl

Hydroxylamin kondensiert wird zu einem Ketoxim. Als Komponente
wertvoller **Küpenfarbstoffe aus Karbazol** (**Hydronblaugruppe**)
hat das p-Nitrosophenol in neuerer Zeit eine gewisse technische Bedeutung erlangt. Ähnlich wie das einfachste Benzochinon verhalten sich
auch die Homologen.

Was die Naphtole anlangt, so gibt das α-Naphtol 2 Isomere, eine o- und eine p-Nitrosoverbindung, (3) und (4), während das β-Naphtol nur eine o-Nitrosoverbindung (5) zu liefern vermag. Ebenso wie man

Nitrosierung d. Naphtole.

in der Benzolreihe die Chinonmonoxime auf zweierlei Weise erhalten kann (siehe oben), so ist es auch bei den Naphtolen der Fall. Während aber bei der Kondensation von Hydroxylaminchlorhydrat mit α-Naphtochinon (6) nur ein Monoxim (4) entstehen kann, sind bei der Kondensation mit β-Naphtochinon (7) theoretisch zwei Fälle möglich, (3)

und (5). Angeblich entsteht bei der Einwirkung von Hydroxylaminchlorhydrat auf β-Naphtochinon das β-Oxim (8), was jedoch zweifelhaft erscheint. Dieses Monoxim (8) ist identisch mit dem einen (3) der beiden Nitrosonaphtole, die bei der Nitrosierung des α-Naphtols entstehen.

Die Nitrosierung der Phenole verläuft im allgemeinen, wie erwähnt, ziemlich glatt bei der Einwirkung von Nitrit und Mineralsäure oder Essigsäure auf das entsprechende Phenol. Es ist aber technisch bemerkenswert, daß die Nitrosierung in einzelnen Fällen, z. B. beim β-Naphtol, glatter verläuft, wenn man nicht nitrosiert mit Nitrit und Säure, sondern wenn man zur Nitrosierung, ähnlich wie bei der Diazotierung der o-Aminonaphtolsulfonsäuren (siehe S. 158 f), sich der Nitrite der Schwermetalle in Abwesenheit von Säuren bedient, also β-Naphtol z. B. mit Zinknitrit oder mit Natriumnitrit + Chlorzink nitrosiert. Das Zinknitrit wirkt nitrosierend, ohne daß Säure zugegen ist. Man kann zur Erklärung dieser Erscheinung annehmen, daß Zinknitrit, wenn auch zunächst nur in geringem Grade, eine Art Hydrolyse in Zinkoxynitrit oder Zinkhydroxyd und Salpetrige Säure erleidet:

Nitrosierung mit Hilfe von Schwermetallsalzen (Zinknitrit).

$$Zn(NO_2)_2 + 2\,H_2O \rightarrow Zn(OH)_2 + 2\,HNO_2.$$

Die freiwerdende Salpetrige Säure wird durch das β-Naphtol zu Nitroso-β-Naphtol gebunden, also infolge des sekundären Prozesses der Nitrosierung aus dem Reaktionsgleichgewicht entfernt; sie verschwindet, und nach und nach geht das gesamte Zinknitrit in Zinkhydrat + Salpetrige Säure über. Dieser Prozeß der Nitrosierung ist aber nicht umkehrbar. Die Reaktion verläuft demnach eindeutig und ziemlich quantitativ entsprechend dem Schema:

$$Zn(NO_2)_2 + 2\,C_{10}H_7 \cdot OH \;\rightarrow\; Zn(OH)_2 + 2\,C_{10}H_6 {<}{OH \atop NO}.$$

(Über die Einwirkung von Schwefliger Säure auf Nitroso-β-Naphtol und die Bildung der 1, 2-Aminonaphtol-4-Sulfonsäure siehe S. 157.)

<table><tr><td>Nitrosierung
der Naphtol-
sulfonsäuren.</td><td>Der Prozeß der Nitrosierung von Naphtolen läßt sich auch ausdehnen auf die Naphtolsulfonsäuren. Es bildet sich z. B. aus der 1, 4-Naphtolsulfonsäure die 2-Nitroso-1, 4-Naphtolsulfonsäure (1), und ebenso erhält man, wenn man die 2, 6-Naphtolsulfonsäure anwendet, durch Nitrosierung die 1-Nitroso-Schäffer-Säure (2), deren Eisensalz als grüner Beizenfarbstoff für Wolle (siehe Naphtolgrün B) technische Verwendung findet. Diese Nitroso-Naphtolsulfonsäuren, die auch als</td></tr></table>

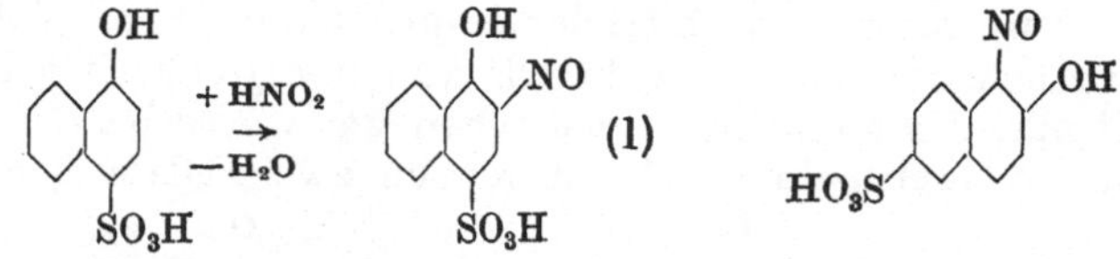

Chinonoximsulfonsäuren aufgefaßt werden können, sind ausgesprochene Beizenfarbstoffe. Die Konstitution des eben erwähnten Eisensalzes ist zwar nicht mit vollkommener Sicherheit bekannt, dürfte jedoch, auf Grund der Ergebnisse der neueren Forschung über Nebenvalenzen, etwa der Formel (3) entsprechen.

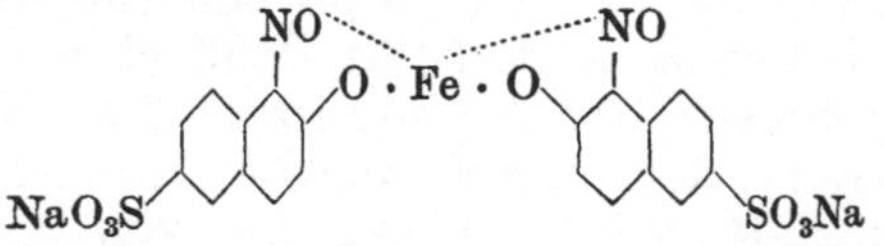

<table><tr><td>Nitrosierung
d. Resorcins
u. d. Dioxy-
naphtaline.</td><td>Läßt man Salpetrige Säure auf Resorcin einwirken, so treten mit großer Leichtigkeit zwei Nitrosogruppen ein, und man erhält das Dinitrosoresorcin von der Stellung 1, 3, 2, 4 (4), das auch aufgefaßt</td></tr></table>

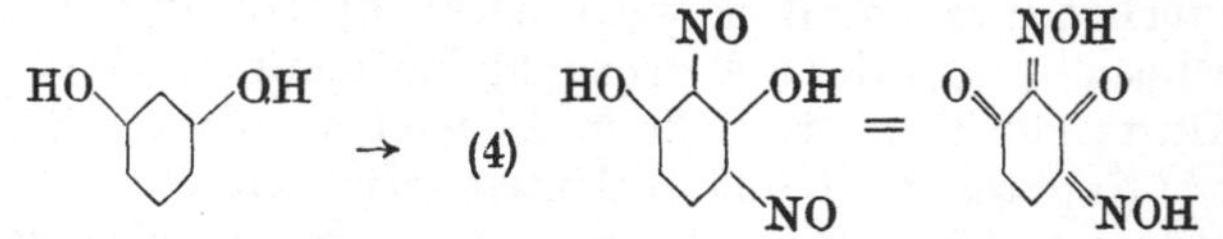

werden kann als ein Bis-Chinonoxim (5). Auffällig ist, daß das 2, 7-Dioxynaphtalin anscheinend sich nur einmal nitrosiert (6), im Unterschied z. B. vom 2, 6-Dioxynaphtalin und zumal vom Resorzin, bei dem die beiden Nitrosogruppen sich sogar im nämlichen Kern befinden.

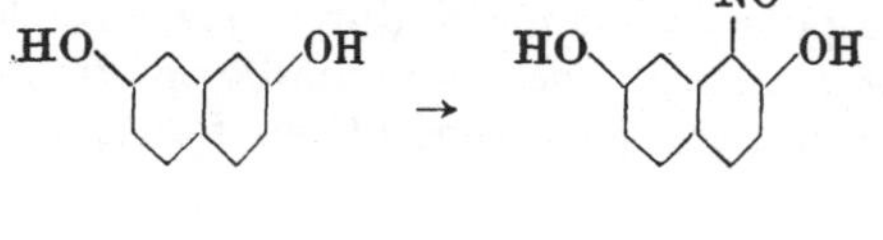

Ebenso wie die Nitroso-Schäffer-Säure sind auch das Dinitrosoresorcin und das Nitrosodioxynaphtalin, entsprechend ihrem Charakter als o-Chinonoxime, brauchbare Beizenfarbstoffe (siehe Solidgrün O und Dioxin).

Was die Darstellung von Nitroverbindungen auf einem anderen Wege als dem der gewöhnlichen Nitrierung anlangt, so sei zunächst auf eine Reaktion hingewiesen, die zwar unmittelbares praktisches Interesse kaum besitzt, aber in theoretischer Beziehung bemerkenswert ist, da sie vielleicht einiges Licht wirft auf die Vorgänge, die bei der Nitrierung aromatischer Amine sich abspielen. Wenn man eine Diazoniumverbindung $R \cdot N_2 \cdot OH$ (in Form ihres K- oder Na-Salzes) unter geeigneten Bedingungen oxydiert, so erhält man eine um 1 Atom Sauerstoff reichere Verbindung von der Bruttoformel $R \cdot N_2 \cdot OOH$. Es ist wohl anzunehmen, daß der Sauerstoff zunächst vom dreiwertigen Stickstoff aufgenommen wird, derart, daß das Diazoniumhydrat (1) übergeht in die Verbindung (2). Nun findet ein Vorgang statt, dem wir häufiger in der organischen Chemie begegnen: Schreibt man das Oxydationsprodukt nach der Formel (3), so läßt sich folgendes annehmen:

Nitroverbin-
dungen aus
Diazonium-
verbin-
dungen über
Diazobenzol-
säuren.

$$(1)\quad \overset{\displaystyle OH}{\underset{\displaystyle R-N\!\equiv\!N}{|}} \qquad (2)\quad \overset{\displaystyle OH}{\underset{\displaystyle R-N-N=O}{|\;\;\|}} \qquad (3)\quad \overset{\displaystyle HO\;\;\;O}{\underset{\displaystyle R-N-N}{|\;\;\;\|}}$$

Es verschwinden in dieser Formel zwei senkrechte Bindungen, und es entstehen zwei neue wagrechte. Die Verbindung (4) geht durch diesen

$$(4)\quad \overset{\displaystyle HO\;\;\;O}{\underset{\displaystyle C_6H_5-N-N}{|\;\;\;\|}} \;\rightarrow\; \overset{\displaystyle HO-O}{\underset{\displaystyle C_6H_5-N=N}{|}}\quad(5) \;\rightarrow\; \overset{\displaystyle H-O}{\underset{\displaystyle C_6H_5-N=N=O}{|}}\quad(6)$$

Bindungswechsel über in die isomere Verbindung (5) und weiterhin in die sog. Diazobenzolsäure (6). Durch analogen Bindungswechsel kann z. B. das Phenylnitromethan von der Formel $C_6H_5 \cdot CH_2 \cdot NO_2$ (7) unter dem Einfluß von Alkali sich isomerisieren zu einer ψ-Säure, von

$$(7)\quad \overset{\displaystyle H\;\;\;O}{\underset{\displaystyle C_6H_5 \cdot CH-N=O}{|\;\;\;\|}} \;\overset{\leftarrow}{\rightarrow}\; \overset{\displaystyle H-O}{\underset{\displaystyle C_6H_5 \cdot CH=N=O}{|}}\quad(8)$$

der Formel $C_6H_5 \cdot CH = NO_2H$ (8). Das Natronsalz des Phenylnitromethans z. B. würde man aufzufassen haben als konstituiert nach der Formel:

$$\overset{\displaystyle Na-O}{\underset{\displaystyle C_6H_5 \cdot CH=N=O}{|}} \quad \text{oder} \quad C_6H_5 \cdot CH = NOONa.$$

Wenn man diese Formel vergleicht mit der für Diazobenzolsäure, $C_6H_5 \cdot N = NOOH$ (6), so bemerkt man einen vollkommenen Parallelismus. Beachtenswert ist, daß die Diazobenzolsäure, vermutlich nach ihrer Isomerisierung zu dem Körper $C_6H_5 \cdot NH \cdot NO_2$ (9), sehr leicht, z. B. schon durch Berührung mit Mineralsäuren, eine Umlagerung erfährt,

$$(8)\quad \overset{\displaystyle H-O}{\underset{\displaystyle C_6H_5 \cdot N=N=O}{|}} \;\rightarrow\; \overset{\displaystyle H\;\;\;O}{\underset{\displaystyle C_6H_5 \cdot N-N=O}{|\;\;\;\|}}\quad(9)$$

indem die neu entstandene Nitrogruppe vom Stickstoff in den Kern
wandert (10). Man erhält dadurch kern nitriertes Anilin, $O_2N \cdot C_6H_4 \cdot$
NH_2, und zwar o- und p-Nitranilin nebeneinander, jedoch kein m-Nitrani-

(10)

lin. In analoger Weise entsteht aus p-Toluidin über die Diazoniumverbindung eine homologe Diazobenzolsäure (1) und aus dieser durch
Umlagerung das Nitro-p-Toluidin (2). Diese Tatsachen, im Zusammenhang mit dem weiteren Umstand, daß bei der Einwirkung von Stick-

(1)   →   (2)

stoffpentoxyd, N_2O_5, auf Anilin gleichfalls Diazobenzolsäure erhalten
wird, lassen vermuten, daß auch bei der üblichen Nitrierung des Anilins
zunächst die Nitrogruppe an den Stickstoff tritt, entsprechend dem
Schema:

$$C_6H_5 \cdot NH_2 \quad \overset{+HONO_2}{\underset{-H_2O}{\rightarrow}} \quad C_6H_5 \cdot NH \cdot NO_2 \, ,$$

und daß dann erst unter der Einwirkung der Säure die bekannte Wanderung vom Stickstoff in den Kern stattfindet (siehe auch Sulfaminsäuren, S. 126 und 154).

In Kürze noch einige Worte über zwei Reaktionen zur Darstellung
von Nitroverbindungen, die allerdings technisch weniger wichtig sind.

1. Der Prozeß der Überführung von Nitro- in Aminoverbindungen
(siehe S. 194 ff,) durch Reduktion ist in gewissem Sinne umkehrbar,
entsprechend dem Schema:

$$R \cdot NH_2 \quad \overset{+3\,O - H_2O}{\underset{+3\,H_2 - 2\,H_2O}{\rightleftarrows}} \quad - R \cdot NO_2 .$$

Nitroverbin-
dungen aus
Aminen und
Chinondio-
ximen durch
Oxydation.

Durch Oxydation läßt sich demnach ein Amin unter gewissen Be-
dingungen überführen in eine Nitroverbindung. Der erstgenannte
Prozeß, die Reduktion, verläuft in der Regel glatt, während die
Oxydation weniger glatt vonstatten geht. Als Beispiele für derartige
Oxydationen (mittels Natriumsuperoxyd, Na_2O_2) seien angeführt (3)
und (4):

(3)   →   →   (4)   →

Anilin selbst läßt sich mittels der Sulfomonopersäure, HSO_4, in Nitrobenzol überführen; ferner ist noch bemerkenswert die Oxydation des Benzochinondioxims (5) zu p-Dinitrobenzol (6):

$$(5) \quad \begin{array}{c} NOH \\ || \\ \bigcirc \\ || \\ NOH \end{array} \rightarrow (6) \quad \begin{array}{c} NO_2 \\ | \\ \bigcirc \\ | \\ NO_2 \end{array}$$

2. Ein anderer Weg zur Umwandlung von Aminen in Nitroverbindungen besteht in folgendem: Man führt das Amin mittels Nitrit und Salzsäure über in das Diazoniumchlorid; dieses setzt sich um mit Natriumnitrit zum Diazoniumnitrit und geht dann über, beim Erhitzen in Gegenwart von Kupfersalzen, in das Nitroderivat unter Abspaltung von Stickstoff:

$$R \cdot NH_2 \rightarrow R \cdot N_2 \cdot Cl \rightarrow R \cdot N_2 \cdot NO_2 \text{ gleich } {}_{O_2N}^{R} \!\!>\! N \equiv N \rightarrow {}_{O_2N}^{R} \!\! | + N \equiv N.$$

Auch diese Reaktion ist leicht verständlich. Sie ist vollkommen analog der Überführung der Diazoniumhalogenide in die kernsubstituierten Halogenderivate.

Was die Umwandlungen der Nitroverbindungen anlangt, so seien zunächst einige weniger wichtige Reaktionen vorausgeschickt:

1. Der Ersatz von Nitrogruppen durch Sulfogruppen:

$$R \cdot NO_2 \rightarrow R \cdot SO_3H,$$

z. B. (1), wurde bereits kurz gestreift (siehe S. 156f.). Hiervon wird auf dem Gebiete der Anthrachinonabkömmlinge noch ausführlicher die

$$(1) \quad \begin{array}{c} NO_2 \\ | \quad NO_2 \\ \bigcirc \!\! \diagup \\ | \\ Cl \end{array} \xrightarrow{\text{Sulfit}} \begin{array}{c} SO_3Na \\ | \quad NO_2 \\ \bigcirc \!\! \diagup \\ | \\ Cl \end{array}$$

Rede sein. Über den umgekehrten Vorgang, nämlich den Ersatz von Sulfo- durch Nitrogruppen, wie er z. B. stattfindet bei der Nitrierung der 1, 2, 4-Naphtoldisulfonsäure zu 2, 4-Dinitronaphtol siehe S. 164.

2. In der Anthrachinonreihe werden wir den Ersatz von Nitrogruppen durch Amino-, Alkylido- und Arylidogruppen kennen lernen: $R \cdot NO_2 \rightarrow R \cdot NH \cdot R'$; aber auch bei Benzolderivaten ist diese Reaktion in gewissen Fällen möglich, nämlich dann, wenn die Nitrogruppe durch o- und p-ständige Substituenten beweglich, d. h. reaktionsfähig

Nitroverbindungen aus Diazoniumnitriten.

Ersatz von Nitro- durch Sulfogruppen.

Ersatz von Nitro- durch Amino-, Alkylido- und Arylidogruppen.

gemacht ist. So erhält man z. B. bei Anwendung von alkoholischem Ammoniak:

aus (Struktur mit NO_2, NO_2) → (Struktur mit NH_2, NO_2) oder aus (Struktur mit NO_2, NO_2, Cl) → (Struktur mit NH_2, NO_2, Cl)

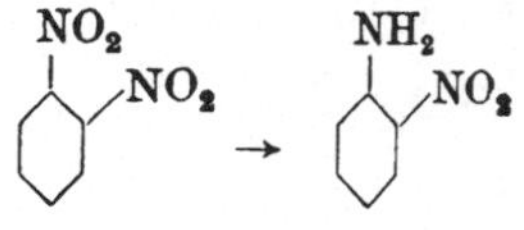

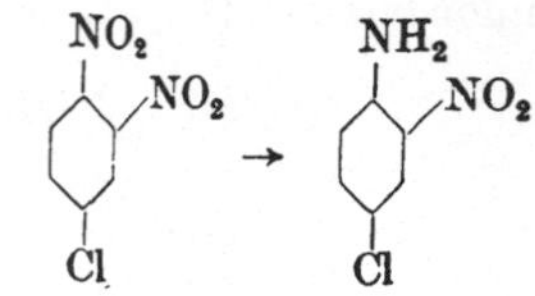

und aus (Struktur mit Cl, NO_2, NO_2, Cl) → (Struktur mit Cl, NH_2, NO_2, Cl)

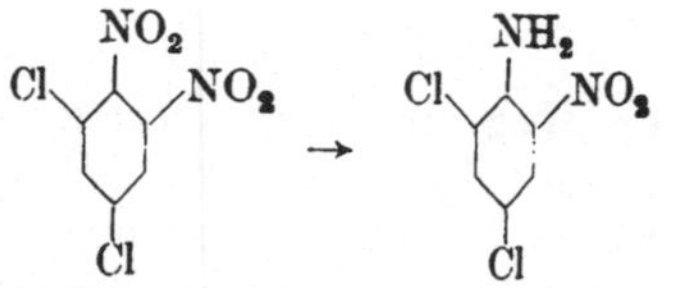

Ersatz von Nitro- durch Hydroxyl- u. Alkoxyl- gruppen.

3. Wendet man in den angeführten Fällen statt Ammoniak alkoholisches Alkali an, so wird die Nitrogruppe durch die OH-Gruppe ersetzt, und man erhält die entsprechenden substituierten Phenole oder Phenoläther, wie z. B.:

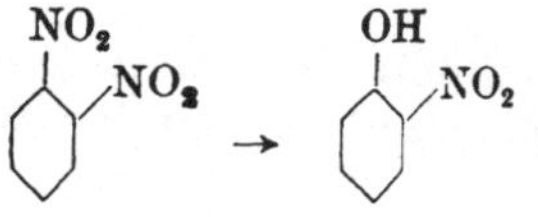

(Struktur mit NO_2, NO_2) → (Struktur mit OH, NO_2) usw. oder (Struktur mit OCH_3, NO_2, NO_2) → (Struktur mit OCH_3, NO_2, OC_2H_5, NO_2) .

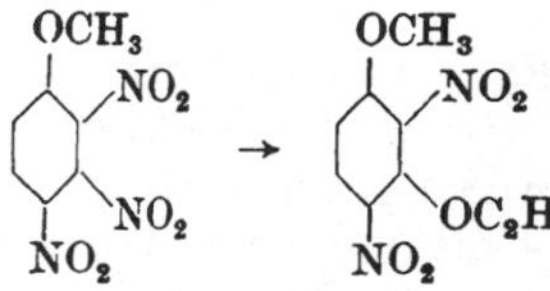

Ersatz von Nitro- gruppen durch Chlor.

4. Eine andere hier noch zu erwähnende Reaktion ist der Ersatz einer Nitrogruppe durch Halogene, insbesondere Chlor. Diese Reaktion ist deshalb von Interesse, weil sie sich bei Halogenisierungen vielfach in unerwünschter Weise störend bemerkbar macht, z. B. bei dem Versuch, das o-Nitrotoluol (1) überzuführen in das o-Nitrobenzylchlorid (2) behufs Darstellung von o-Nitrobenzaldehyd (3) (siehe Indigo). Es

(1) 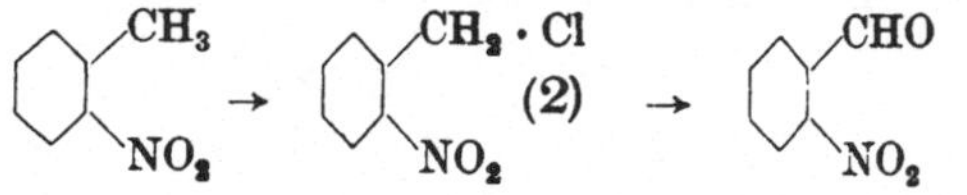 (Struktur mit CH_3, NO_2) → (2) (Struktur mit $CH_2 \cdot Cl$, NO_2) → (3) (Struktur mit CHO, NO_2)

wird also bei der Chlorierung des o-Nitrotoluols nicht nur ein Wasserstoff der Methylgruppe durch Chlor ersetzt, sondern sehr leicht wird auch die o-ständige Nitrogruppe verdrängt, und es entsteht statt des o-Nitrobenzylchlorids (2) das o-Chlorbenzylchlorid (4), das für die

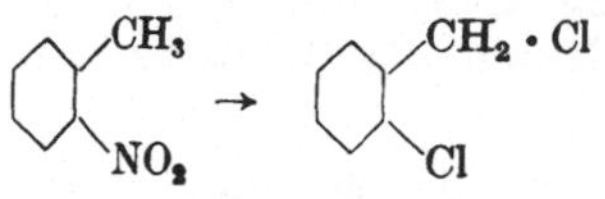

(Struktur mit CH_3, NO_2) → (Struktur mit $CH_2 \cdot Cl$, Cl) (4)

Darstellung von o-Nitrobenzaldehyd natürlich unbrauchbar ist. Ein weiteres Beispiel der Verdrängung einer Nitrogruppe durch Halogen ist die Entstehung von p-Brombenzoësäure (5a) aus p-Nitrobenzoësäure (5b) beim Erhitzen mit Brom unter Druck.

5. Nitrierte Kohlenwasserstoffe lassen sich unter gewissen Umständen unmittelbar in nitrierte Phenole überführen. Hieraus geht hervor, daß nitrierte Kohlenwasserstoffe eine erhöhte Neigung haben, bestimmte Kernwasserstoffatome durch OH-Gruppen zu ersetzen. Technisch hat sich diese Reaktion, die für die Darstellung von Pikrinsäure (7) aus symmetrischem 1, 3, 5-Trinitrobenzol (6) in Betracht

(5a) 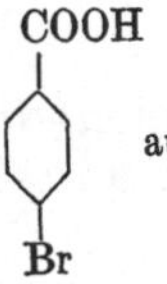 ... aus ... (5b) 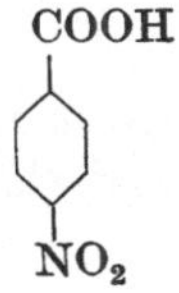 ... (6) 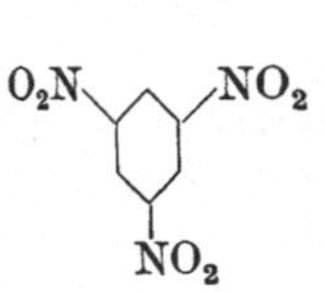 ... → ... (7)

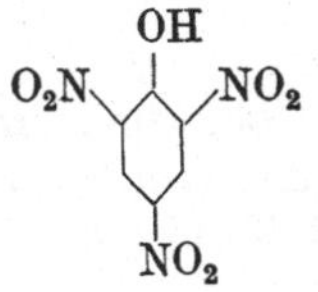

gezogen wurde, wohl kaum bewährt, obwohl der Prozeß, gerade bei Pikrinsäure, ziemlich glatt verläuft. Als Oxydationsmittel ist Ferricyankalium, K_3FeCy_6, besonders geeignet. Auf Nitrobenzol selbst ist allerdings diese Oxydationsmethode nicht anwendbar, wohl aber schon auf m-Dinitrobenzol, das vorwiegend in das Dinitrophenol (1), daneben in das Isomere (2) übergeht. Eine zweite abgeänderte Oxydations-

(1) 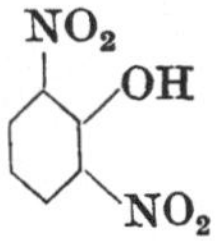 ... (2)

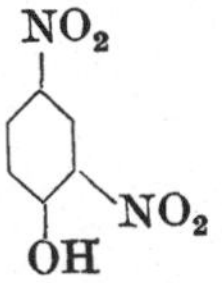

methode besteht darin, daß man die Kohlenwasserstoffe unmittelbar mit Salpetersäure in Gegenwart von Quecksilbersalzen erhitzt, also Nitrierung und Oxydation in einer Operation vereinigt. Schließlich hat sich gezeigt, daß man schon durch die bloße Einwirkung von Alkali auf Nitrokörper bei höheren Temperaturen eine OH-Gruppe in den Kern einführen kann, z. B. bei Nitrobenzol, m-Nitrochlorbenzol und α-Nitronaphtalin (3). Der Oxydationsvorgang beruht offenbar darauf,

(3) 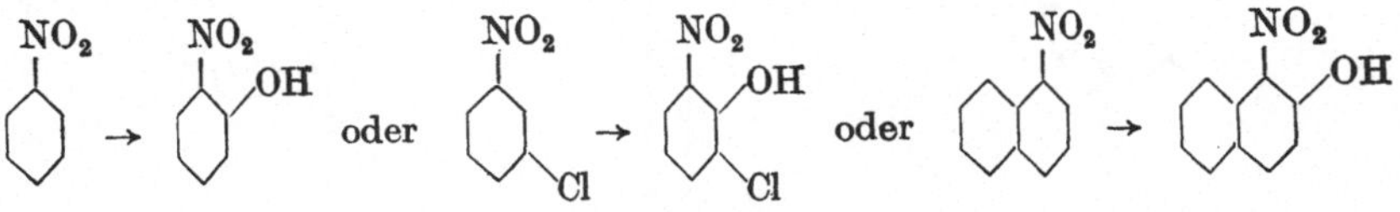 ... → ... oder ... → ... oder ... → ...

daß durch den Eintritt von Nitrogruppen in aromatische Kerne die o- und p-ständigen Wasserstoffatome beweglich werden, ähnlich wie beim 2, 4-Di- und 2, 4, 6-Trinitrochlorbenzol, in denen das Chlor außerordentlich leicht schon unter der Einwirkung schwachen Alkalis durch OH ersetzt wird (vgl. S. 90).

Eine ganz besonders charakteristische Wirkung o- und p-ständiger Nitrogruppen tritt aber auch den Alkyl-, insbesondere den Methylgruppen gegenüber zutage. In den o- und p-Mono- und Dinitrotoluolen ist die Methylgruppe so beweglich und reaktionsfähig, daß sie sich mit Aldehyden (1), Estern (2) und Nitrosoverbindungen (3) zu kondensieren vermag:

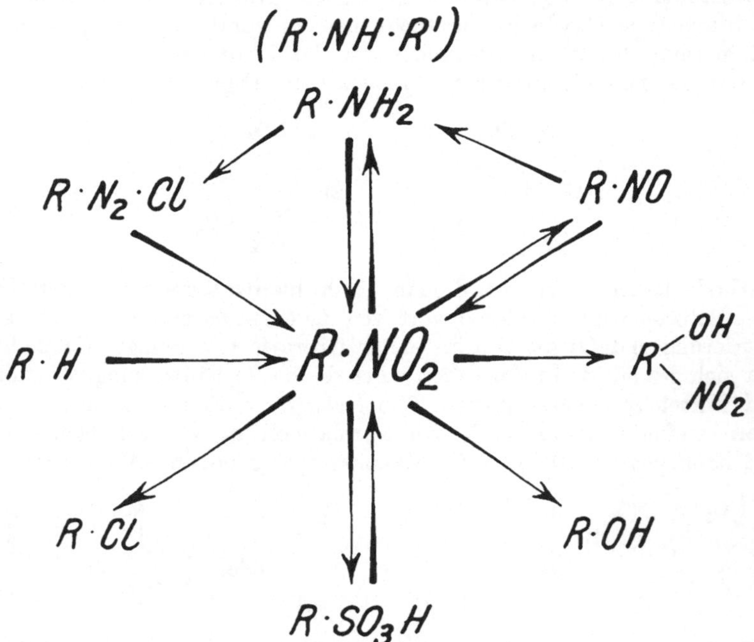

Über die Umwandlung von Nitrotoluolen in Aminoaldehyde und Aminokarbonsäuren siehe Näheres in den Abschnitten über **Aldehyde** und **Karbonsäuren**.

Übersicht über die Entstehung und Umwandlung aromatischer Nitroverbindungen.

E) Die Reduktion der Nitroverbindungen zu den Aminen.

Die bei weitem wichtigste Verwendungsart der aromatischen Nitroverbindungen beruht auf ihrer Überführbarkeit in Amine. Man kann diese Reaktion andeuten durch die Gleichung (1). Der Verlauf des Reduktionsprozesses ist in hohem Maße abhängig von dem Radikal R

$$(1) \quad R \cdot NO_2 \quad \overset{+3\,H_2}{\underset{-2\,H_2O}{\rightarrow}} \quad R \cdot NH_2$$

des Nitrokörpers. Es gibt Nitroverbindungen, die sich sehr leicht (z. B. Nitrobenzol) und solche, die sich schwer reduzieren lassen (siehe S. 149, 1, 8-Dinitronaphtalin). Selbst isomere Nitroverbindungen weisen vielfach deutliche Unterschiede bezüglich ihrer Reduktionsfähigkeit auf. So ist z. B. das p-Nitrotoluol leichter zu reduzieren als das o-Nitrotoluol (siehe auch S. 197). Das unterschiedliche Verhalten der Nitrokörper zwingt also dazu, bei der Reduktion sich ganz verschiedenartiger Mittel zu bedienen. Als Reduktionsmittel hat die Technik die mannigfachsten Agenzien zur Verfügung. Außerdem kann man reduzieren in neutraler Lösung, in saurer Lösung oder in alkalischer Lösung, und in vielen Fällen hängt der Verlauf des Reduktionsprozesses sehr wesentlich davon ab, ob sauer oder alkalisch oder neutral reduziert wird. Die Beschaffenheit des Mediums bestimmt aber nicht nur ganz allgemein den Reaktionsverlauf, sondern sie beeinflußt auch noch weiterhin den Grad der Reduktion insofern, als unter gewissen Bedingungen die Reduktion des Nitrokörpers nicht zum Amin vorschreitet, sondern stehenbleiben kann bei Zwischenphasen. Es gibt zwischen dem Nitrokörper, $R \cdot NO_2$, und dem Amin, $R \cdot NH_2$, eine Reihe von Zwischenphasen, die zunächst kurz angeführt sein mögen. Die erste Zwischenphase ist die Nitrosostufe $R \cdot NO$. Wenn man weiter reduziert, so ergibt sich die Zwischenstufe des aromatischen Hydroxylamins, $R \cdot NHOH$; Nitrosokörper und Arylhydroxylamin vereinigen sich zur sog. Azoxystufe:

$$R \cdot NHOH + ON \cdot R \quad \overset{\rightarrow}{\underset{-H_2O}{}} \quad R{-}\overset{}{N}{-}\overset{}{N}{-}R.$$

Das Hydroxylamin geht bei weiterer Reduktion in das Amin über:

$$R \cdot NHOH + H_2 \rightarrow R \cdot NH_2;$$

ferner kann durch elektrolytische Reduktion aus der Azoxystufe die Hydrazostufe entstehen:

$$R{-}N{-}N{-}R + 2H_2 \quad \overset{\rightarrow}{\underset{-H_2O}{}} \quad R \cdot NH \cdot NH \cdot R,$$

angeblich unmittelbar, ohne Zwischenbildung einer Azoverbindung. Haber nimmt an, daß Azobenzol, das aus der Nitroverbindung unmittelbar erhalten werden kann, bei der elektrolytischen Reduktion des Azoxybenzols erst sekundär entsteht durch Oxydation der Hydrazoverbindung:

$$R \cdot NH \cdot NH \cdot R + O \xrightarrow[-H_2O]{} R \cdot N = N \cdot R.$$

Die Hydrazoverbindung, z. B. Hydrazobenzol, läßt sich anderseits reduzieren zur Aminostufe:

$$R \cdot NH \cdot NH \cdot R + H_2 \rightarrow 2 R \cdot NH_2,$$

Die Benzidinumlagerung. und weiterhin erleidet es in sauren Medien eine Umlagerung zum p, p-Diaminodiphenyl, dem sog. B e n z i d i n :

$$C_6H_5 \cdot NH \cdot NH \cdot C_6H_5 \rightarrow H_2N \cdot C_6H_4 \cdot C_6H_4 \cdot NH_2,$$

wobei als Nebenprodukt das o, p-Diaminodiphenyl, das D i p h e n y l i n ,

offenbar in 2 Phasen:

$$(1) \quad \overset{a}{C_6}H_5 \cdot NH \cdot NH \cdot \overset{b}{C_6}H_5 \rightarrow H_2N \cdot \overset{b}{C_6}H_4 \cdot NH \cdot \overset{a}{C_6}H_5 \quad \text{und}$$

$$(2) \quad H_2N \cdot \overset{b}{C_6}H_4 \cdot NH \cdot \overset{a}{C_6}H_5 \rightarrow H_2N \cdot \overset{a}{C_6}H_4 \cdot \overset{b}{C_6}H_4 \cdot NH_2 .$$

Bleibt die Umlagerung bei der 1. Phase stehen, so erhält man das p-Aminodiphenylamin, und man bezeichnet diesen Vorgang, weil er auf **Die Semidinumlagerung.** halbem Wege haltmacht, als S e m i d i n u m l a g e r u n g . Sie besitzt, wie man sieht, die größte Ähnlichkeit mit der Umlagerung einer Diazoaminoverbindung in den isomeren o- und p-Aminoazofarbstoff, bei der es sich gleichfalls um die Wanderung eines am Stickstoff hängenden Restes in dem Kern handelt, und zwar in die o- oder p-Stellung — niemals in die m-Stellung — zu diesem Stickstoff:

$$\overset{a}{C_6}H_5 \cdot N_2 \cdot NH \cdot \overset{b}{C_6}H_5 \rightarrow H_2N \cdot \overset{b}{C_6}H_4 \cdot N_2 \cdot \overset{a}{C_6}H_5 .$$

Bei der Diazoaminoverbindung wandert der Rest $\overset{a}{C_6}H_5 \cdot N_2$, bei der Hydrazoverbindung in der 1. Phase der Rest $\overset{a}{C_6}H_5 \cdot NH$, in der 2. Phase der Rest $H_2N \cdot \overset{b}{C_6}H_4$. Derartige Wanderungen spielen anscheinend auch bei den Farbstoffbildungen unter Umständen eine wichtige Rolle (siehe Azinfarbstoffe usw.). In analoger Weise läßt sich auch das Azoxybenzol zum ' isomeren Oxyazobenzol umlagern, während es auf rein c h e m i s c h e m Wege zum Azokörper reduziert wird:

$$C_6H_5 - N - N - C_6H_5 \underset{O}{\diagdown\diagup} \quad \overset{+H_2}{\underset{-H_2O}{\rightarrow}} \quad C_6H_5 \cdot N = N \cdot C_6H_5 .$$

Insofern ist also beim Azoxybenzol zu unterscheiden zwischen „e l e kt r o l y t i s c h e r“ Reduktion und „r e i n c h e m i s c h e r“ Reduktion.

Die elektrolytische Reduktion von Nitroverbindungen. Man hat seit der Erfindung des Mauveïns und Fuchsins in den 50er Jahren des vergangenen Jahrhunderts in der Technik begonnen, in großem Maßstabe Nitroverbindungen zu reduzieren: Nitrobenzol zu Anilin, die Nitrotoluole zu Toluidinen, α-Nitronaphtalin zu α-Naphtylamin usw. Man hat Jahrzehnte hindurch jährlich Hunderttausende von Kilo auf rein chemischem Wege reduziert. Mit dem Emporblühen der Elektrochemie zeigte sich, daß man Reduktionen für technische Zwecke auch auf elektrolytischem Wege ausführen kann. Diese Reduktionen schienen einen großen Vorteil zu bieten dadurch, daß eine Verunreinigung der Reduktionsprodukte durch die zur Reduktion erforderlichen Agenzien vermieden werden kann, da man zum Reduzieren nur des elektrischen Stromes bedarf und weitere Reduktionsmittel bei Anwendung unlöslicher Kathoden wegfallen. Es haben sich an die Möglichkeit, gerade die aromatischen Amine aus den entsprechenden Nitroverbindungen elektrolytisch zu reduzieren, in den 90er Jahren sehr große Erwartungen geknüpft. Es schien die Hoffnung berechtigt, die alten Methoden durch die neuen elektrolytischen mehr oder minder zu ersetzen. Auf dem Gebiete der anorganischen Chemie haben elektrolytische Verfahren bekanntlich mehrfach die rein chemischen tatsächlich verdrängt. Dies gilt ganz besonders für die Herstellung von Ätzalkalien sowie in gewissen Fällen für die Metallgewinnung (Stahl, Kupfer, Gold usw.). Aber man kann wohl sagen, daß die großen Hoffnungen, denen man sich hinsichtlich der Anwendungsmöglichkeit der Elektrolyse auf organische Körper seinerzeit hingegeben hat, zu einem wesentlichen Teil nicht in Erfüllung gegangen sind. Man hat auch an eine unmittelbare Verknüpfung der Alkalichloridelektrolyse mit einem elektrolytischen Reduktionsprozeß gedacht, indem man den bei der Alkalichloridelektrolyse freiwerdenden Wasserstoff im gleichen Verfahren benutzen wollte zur Reduktion von Nitrokörpern. Die Versuche scheinen jedoch trotz gewisser Vorteile, die das Verfahren bot, endgültig gescheitert zu sein, und zwar liegen die Schwierigkeiten vor allem wohl in der Kompliziertheit der für derartige elektrolytische Prozesse erforderlichen Apparatur.

Wenn man bedenkt, daß man auf rein chemischem Wege Tausende von Kilo gleichzeitig, und zwar mit den einfachsten Mitteln reduzieren kann, während man für die Reduktion auf elektrolytischem Wege einer umfangreichen Apparatur bedarf, so wird man verstehen, daß die elektrolytische Methode, vielleicht von vereinzelten Ausnahmen abgesehen, doch zurücktreten muß gegenüber den alten, gut ausgearbeiteten rein chemischen Verfahren. Wenn man auf der einen Seite Nitrobenzol reduzieren kann im wesentlichen nur mit Hilfe von billigen Eisenfeilspänen und auf diesem Wege mit Leichtigkeit ungemessene Mengen Anilin zu erzeugen vermag, so ist es begreiflich, daß ein derartiges Verfahren nicht leicht verdrängt werden kann durch ein anderes, das zwar auch sehr gute Ausbeuten gibt, aber durch seine Apparatur erheblich umständlicher wird. Man darf daher heute wohl bezweifeln, ob es jemals gelingen wird, auf dem in Rede stehenden Gebiet die alten rein chemischen Verfahren durch die Elektrolyse zu verdrängen.

Über die Zwischenstufen zwischen Nitro- und Amino-Verbindung sei noch folgendes bemerkt: Die Nitrosostufe ist bei der rein che-

Umlagerung der Arylhydroxylamine in p-Aminophenole.

mischen Reduktion der Nitrokörper sehr schwer zu fassen; sie scheidet also technisch eigentlich aus (vgl. aber S. 193). Dagegen kann man die Reduktion bei der Arylhydroxylaminstufe sowohl auf elektrolytischem wie auf rein chemischem Wege leicht festhalten. Diese β-Arylhydroxylamine haben bei ihrer Entdeckung (1895) großes Interesse in der Technik erregt auf Grund ihrer überraschenden Eigenschaften und sehr charakteristischen Reaktionen; insbesondere hat man ihnen eine gewisse Bedeutung beigelegt wegen der Möglichkeit, sie durch Umlagerung in p-Aminooxyverbindungen überzuführen (1). Es

(1) 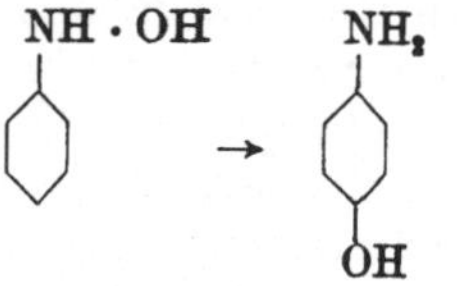 $\quad$ [Formel: $C_6H_5 \cdot NH \cdot OH \rightarrow$ p-Aminophenol ($NH_2 \ldots OH$)]

handelt sich bei dieser Umlagerung der Hydroxylamine um einen ähnlichen Vorgang wie bei der Umlagerung der Nitramine und der Sulfaminsäuren (siehe S. 126 und S. 184f.), und zwar begibt sich die Hydroxylgruppe der Arylhydroxylamine vorwiegend in die p-Stung. Es handelt sich hierbei um eine Reaktion von allgemeiner Anwendbarkeit, wie aus folgender Zusammenstellung hervorgeht:

(1) 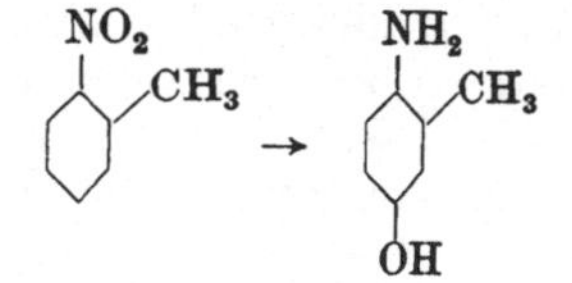 [o-Nitrotoluol $\rightarrow$ 2-Amino-5-oxytoluol]

(2) [p-Nitrotoluol $\rightarrow$ Aminooxytoluol]

(3) 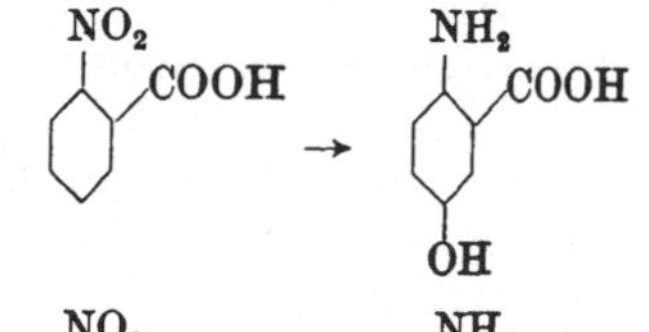 [o-Nitrobenzoesäure $\rightarrow$ Aminooxybenzoesäure]

(4) 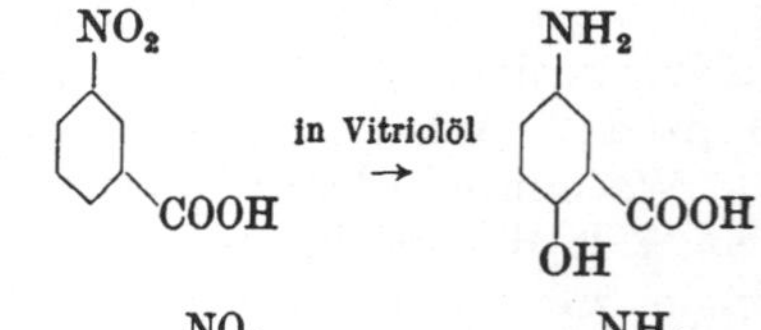 in Vitriolöl [Nitrobenzoesäure $\rightarrow$ Aminooxybenzoesäure]

(5) in der Wärme [p-Nitrobenzoesäure $\rightarrow$ Aminooxybenzolsulfonsäure, SO_3H]

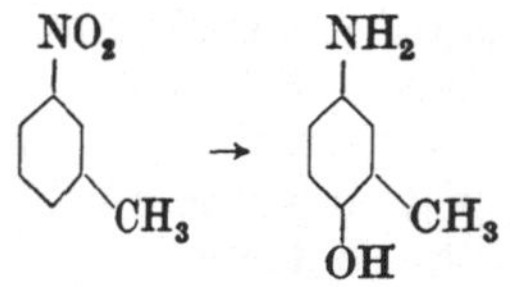

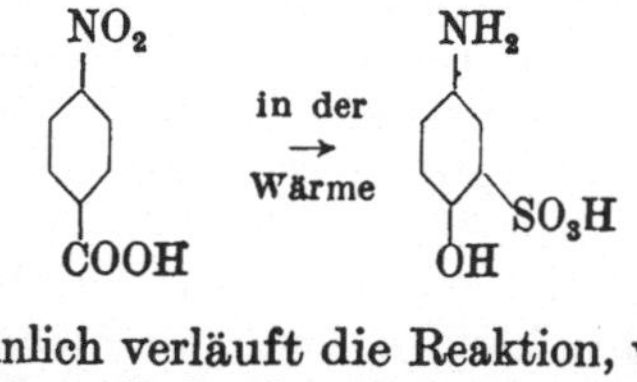

(6) 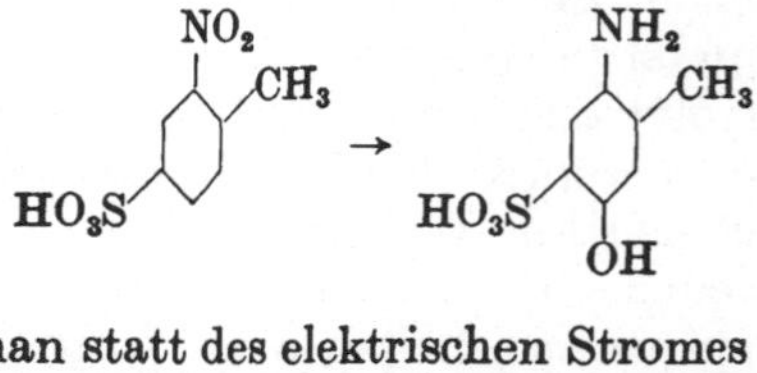 [Nitrotoluolsulfonsäure, $HO_3S \rightarrow$ Aminooxytoluolsulfonsäure, HO_3S]

Ähnlich verläuft die Reaktion, wenn man statt des elektrischen Stromes Zinkstaub in konzentrierter H_2SO_4 als Reduktionsmittel verwendet. (Alkoholische Schwefelsäure hingegen lagert Phenylhydroxylamin in o-Aminophenol um.) Die so entstehenden p-Aminophenole beanspruchen ein gewisses Interesse, vor allem als Ausgangsmaterialien für die Darstellung von Schwefelfarbstoffen. Es ist daher wohl möglich, daß ein Teil des p-Aminophenols heute dargestellt wird aus Nitrobenzol über Phenylhydroxylamin, weil dieses Verfahren unter geeigneten Bedingungen ziemlich glatt verläuft. Der andere Weg, nämlich p-Aminophenol aus p-Nitrophenol darzustellen, bedeutet eine gewöhnliche Reduktion nach bekannter Methode. In früheren Jahren war einheitliches p-Nitrophenol nicht leicht zu gewinnen, solange man es noch herstellte durch Nitrierung von Phenol; denn dabei entstehen p- und o-Nitrophenol nebeneinander (siehe S. 170); die o-Verbindung ist aber infolge ihrer Flüchtigkeit mit Wasserdämpfen leichter in reinem Zustande zu erhalten wie die p - Verbindung. Heute läßt sich p - Nitrophenol ziemlich einheitlich herstellen aus p-Nitrochlorbenzol (siehe S. 90). Ein anderer, technisch aber wohl kaum noch in Betracht kommender Weg zur Herstellung von p-Aminophenolen besteht darin, daß man eine Diazoniumverbindung einwirken läßt auf ein Phenol, wodurch man einen p-Oxyazofarbstoff erhält, der durch reduktive Spaltung das entsprechende p-Aminophenol liefert (siehe auch S. 198).

Die β-Arylhydroxylamine, die sich, wie schon erwähnt, mittels Chromsäure zu den sonst nicht immer leicht zugänglichen aromatischen Nitrosoverbindungen oxydieren lassen:

Azo- und Azoxyverbindungen.

$$R \cdot NHOH + O \xrightarrow[-H_2O]{} R \cdot NO \text{ (vgl. S. 180)},$$

vermögen durch Anhydrisierung unmittelbar überzugehen in Azoverbindungen. So entsteht z. B. aus β-Phenylhydroxylamin das Azobenzol:

$$2\,C_6H_5 \cdot NHOH \xrightarrow[-2H_2O]{} C_6H_5 \cdot N = N \cdot C_6H_5,$$

das auch, wie erwähnt, aus Azoxybenzol gewonnen werden kann oder unmittelbar durch vorsichtige alkalische Reduktion von Nitrobenzol, indem man die Reduktion, die Azophase nicht überschreiten läßt.

Das Azobenzol kann, abgesehen von den oben angeführten Möglichkeiten, auch noch auf andere Weise entstehen, nämlich durch die Vereinigung von Nitrosobenzol mit Aminobenzol. Diese Reaktion ist einer allgemeineren Anwendung fähig behufs Darstellung von Azofarbstoffen auf einem von dem üblichen abweichenden Wege. Die Kondensation eines Nitrosokörpers mit einem Aminokörper zu einer Azoverbindung läßt sich durch folgende Gleichung wiedergeben:

$$C_6H_5 \cdot NO + H_2N \cdot C_6H_5 \xrightarrow[-H_2O]{} C_6H_5 \cdot N = N \cdot C_6H_5.$$

Das noch Sauerstoff enthaltende Azoxybenzol ist, gemäß der Formel (1),

$$(1) \quad \underset{\displaystyle O}{\overset{\displaystyle C_6H_5 \cdot N - N \cdot C_6H_5}{\diagdown\diagup}} \quad \rightarrow \quad HO \cdot C_6H_4 \cdot N = N \cdot C_6H_5 \quad (2)$$

durch einen Dreierring ausgezeichnet; in diesem sind offenbar Spannungen vorhanden, und daraus erklärt sich wohl auch, daß dieser Körper sich leicht umlagert in p-Oxyazobenzol (2).

Technisch läßt sich von dieser eigenartigen Umlagerung wohl kaum Gebrauch machen. Die Bildung des Azoxybenzols verläuft nicht glatt genug, da bei der Reduktion der Nitroverbindungen die Stufe der

Azoxykörper schwer festzuhalten ist. Die bei der Elektrolyse unmittelbar sich vollziehende Reduktion des Azoxybenzols zum Hydrazobenzol kann auf rein chemischem Wege zerlegt werden in zwei Phasen, indem man zunächst das Azoxybenzol reduziert zu Azobenzol und dieses weiter zum Hydrazobenzol. Ebenso läßt sich umgekehrt Hydrazobenzol zum Azobenzol und dieses weiterhin zum Azoxybenzol oxydieren. Praktisch finden diese letzteren Reaktionen aber kaum Anwendung.

Unter den eben geschilderten mannigfaltigen Arten der Reduktion ist die wichtigste die Reduktion zu den Aminen. Das billigste Mittel, um derartige Reduktionen herbeizuführen, ist, wie erwähnt, das Eisen. Es wird daher in der Technik in weitestem Umfang angewendet. Allerdings muß hier der neueren Bestrebungen gedacht werden, auf dem Wege der Metall - Katalyse, z. B. durch Überleiten eines Gemisches von Wassergas und Nitrobenzol über fein verteilte Metalle (z. B. Cu oder Ni) bei Temperaturen zwischen 300 und 400°, eine Reduktion zum Amin herbeizuführen. Bis jetzt aber scheint sich dieses Verfahren technisch noch nicht durchgesetzt zu haben.

Die Reduktion des Nitrobenzols mittels Eisen ist nun nicht etwa ohne weiteres darstellbar durch die Gleichung:

$$R \cdot NO_2 + 3\,Fe + H_2O \;\rightarrow\; R \cdot NH_2 + 3\,FeO.$$

In dieser Form ist die Reaktion technisch nicht durchführbar. Man kann also nicht, indem man z. B. Eisen auf eine Mischung von Nitrobenzol und Wasser einwirken läßt, Anilin darstellen, sondern diese Reduktion durch Eisen erfolgt nur unter der Mitwirkung von Säuren, insbesondere Salzsäure. Andererseits ist es nicht notwendig (und dieser Umstand ist nicht ohne große technische Bedeutung), bei diesen Reduktionen, z. B. des Nitrobenzols mittels Eisen, so viel Säure anzuwenden, als etwa der Gleichung:

$$C_6H_5 \cdot NO_2 + 3\,Fe + 6\,HCl \;\rightarrow\; C_6H_5 \cdot NH_2 + 3\,FeCl_2 + 2\,H_2O$$

entspricht, d. h. es ist nicht erforderlich, auf 1 Mol. Nitroverbindung etwa 6 Mol. Salzsäure anzuwenden; sondern die Erfahrung hat gelehrt, daß man mit viel weniger Salzsäure einen glatten Verlauf der Reduktion herbeiführen kann.

Während einerseits also die Reduktion sehr träge verläuft, wenn man Eisen auf Nitrobenzol nur in Gegenwart von Wasser einwirken lassen würde, so ist es doch anderseits möglich, schon mit etwa 3% der theoretisch erforderlichen Menge Salzsäure eine glatte Reduktion der Nitroverbindung zu bewerkstelligen. Diesen Vorgang hat man wegen seines großen technischen Interesses näher zu ergründen versucht, wobei freilich zu bemerken ist, daß trotzdem die Verhältnisse noch nicht als völlig geklärt gelten können; aber man darf annehmen, daß etwa folgendes zutrifft: Aus Eisen und Salzsäure entsteht zunächst Wasserstoff neben Eisenchlorür:

$$Fe + 2\,HCl \;\rightarrow\; H_2 + FeCl_2.$$

Der Wasserstoff in statu nascendi reagiert dann, wie oben angedeutet, mit Nitrobenzol unter Bildung von Anilin und Wasser:

$$C_6H_5 \cdot NO_2 + 3\,H_2 \rightarrow C_6H_5 \cdot NH_2 + 2\,H_2O.$$

Aber sobald sich diese Reaktion zu einem verhältnismäßig kleinen Teil vollzogen hat, tritt die Rolle des Eisenchlorürs in die Erscheinung, und zwar indem das Eisenchlorür als Reduktionsmittel dient, entsprechend der Gleichung:

$$2\,FeCl_2 + 2\,H_2O \rightarrow 2\,FeCl_2OH + H_2.$$

Danach wäre der naszierende Wasserstoff also derjenige, der das Nitrobenzol reduziert. Man hat aber auch folgende Gleichung ins Auge zu fassen:

$$2\,FeCl_2 + O + H_2O \rightarrow 2\,FeCl_2OH.$$

Nach dieser Gleichung wäre der Vorgang so zu deuten, daß $FeCl_2$ den Sauerstoff des Nitrobenzols aufnimmt unter Hydratisierung zum basischen Chlorid $FeCl_2OH$ (oder Fe_2Cl_4O). Dieses basische Eisenchlorid, $FeCl_2OH$, wird nun seinerseits wieder durch Eisen reduziert, und zwar in der Weise, daß Eisenchlorür entsteht neben Eisenoxyduloxyd, Fe_3O_4, entsprechend der Gleichung:

$$8\,FeCl_2(OH) + 3\,Fe \rightarrow 8\,FeCl_2 + Fe_3O_4 + 4\,H_2O.$$

Nach dieser Anschauung würde das Eisenchlorür also in der Weise wirken, daß es übergeht in ein basisches Eisenchlorid, $FeCl_2OH$, unter Freiwerden von Wasserstoff oder unter Aufnahme von Sauerstoff, und alsdann in einer zweiten Phase den Sauerstoff bzw. die OH-Gruppe, die es vorher aufgenommen hat, wieder abgibt an metallisches Eisen, das dadurch übergeht in Eisenoxyduloxyd. Während also in nur ganz nebensächlichem Betrage die Reduktion der Nitroverbindung dadurch bewirkt wird, daß Eisen unter Wasserstoffentwicklung mit Wasser und Salzsäure Eisenchlorür bildet, geht die Reduktion nun, nachdem Eisenchlorür entstanden ist, in der Weise weiter, daß Eisenchlorür abwechselnd durch die Nitroverbindung oxydiert wird zum basischen Eisenchlorid und durch metallisches Eisen wieder reduziert wird zu Eisenchlorür. Das Eisenchlorür dient demnach als Überträger des Sauerstoffes; es nimmt sozusagen den Sauerstoff vom Nitrobenzol auf und gibt ihn an das Eisen wieder ab. Wenn also Nitrobenzol und Eisen in Gegenwart von Eisenchlorür derartig miteinander reagieren, daß Eisenchlorür während der Dauer der Anilinbildung scheinbar intakt bleibt, so kann man den Vorgang auffassen als einen Übergang des Sauerstoffes vom Nitrobenzol zum Eisen, vermittelt durch Eisenchlorür als Kontaktsubstanz. Eisen reagiert in Gegenwart von Eisenchlorür und Wasser, das den für die Aminogruppe erforderlichen Wasserstoff liefert, sehr rasch und lebhaft mit Nitrobenzol, so

daß man die obige Reaktionsgleichung vielleicht in der Weise ab-
zuändern hat:

$$4\,C_6H_5 \cdot NO_2 + 9\,Fe + 4\,H_2O \quad \xrightarrow[\text{FeCl}_2]{\text{i. Ggw. v.}} \quad 4\,C_6H_5 \cdot NH_2 + 3\,Fe_3O_4.$$

Nach diesem für den Reduktionsvorgang: Nitrobenzol → Anilin gültigen
Schema lassen sich eine große Zahl von Mono- und Dinitroverbindungen
reduzieren. In anderen Fällen, z. B. vor allem bei der Reduktion der
Nitronaphtalinsulfonsäuren, hat sich auf Grund von Erfahrungen, die
man in der Technik gemacht hat, gezeigt, daß man die Reduktion zweckmäßig, statt mit Eisen und Salzsäure, auch mit Eisen und Essigsäure
ausführen kann. Bei Essigsäure liegen ähnliche Verhältnisse vor wie bei
Salzsäure. Es ist bei weitem nicht der Betrag an Essigsäure erforderlich, der etwa der Gleichung:

$$C_6H_5 \cdot NO_2 + 3\,Fe + 6\,CH_3 \cdot COOH$$

$$\rightarrow \quad C_6H_5 \cdot NH_2 + 3\,Fe(O \cdot OC \cdot CH_3)_2 + 2\,H_2O$$

entspricht; abgesehen davon, daß Ferroacetat bei höherer Temperatur
hydrolytische Dissoziation in Ferrohydroxyd und Essigsäure erleidet.
Es reichen ebenso wie bei Salzsäure verhältnismäßig geringe Mengen
Essigsäure aus, um bei schwach saurer Reaktion des Mediums eine
ziemlich glatte Reduktion der Nitronaphtalinsulfonsäuren zu Naphtylaminsulfonsäuren herbeizuführen, wie sie z. B. bei der Darstellung
der 1, 5-, 1, 6-, 1, 7- und 1, 8-Naphtylaminsulfonsäure in Betracht
kommt.

Andere Re-
duktions-
mittel.

Von weiteren Reduktionsmitteln, die technischen Zwecken dienen,
seien angeführt: Schwefelwasserstoff bzw. Schwefelammonium und
Schwefelnatrium. Bei Anwendung von Schwefelammonium ist es möglich, von Dinitroverbindungen ausgehend, unter geeigneten Bedingungen
durch partielle Reduktion zu Nitroaminokörpern zu gelangen (siehe
m-Nitranilin, S. 176). Es ist, da das Ammoniak selbst nicht verbraucht
wird, ein billiges Reduktionsmittel, wobei die Reduktion zudem in
vielen Fällen sehr glatt verläuft.

Bisweilen wird statt Eisen der reaktionsfähigere, aber auch erheblich
teurere Zinkstaub verwendet, z. B. bei der Reduktion von Nitrobenzol
zu Azobenzol oder bei der Reduktion von Nitrosodimethylanilin zu
p-Aminodimethylanilin. Von Metallen außer Eisen und Zink kommt für
technische Zwecke ein anderes kaum noch in Frage. Selbst Natrium,
Magnesium und Aluminium finden nur in sehr beschränktem Umfange
in der Teerfarbenfabrikation Anwendung. Daß man Reduktionen
auch mittels Zinnchlorür + Salzsäure oder mittels Zinn + Salzsäure
ausführen kann, ist bekannt. Zinn + Salzsäure kommt aber nur bei
der Herstellung besonders wertvoller Präparate in Betracht, wobei
übrigens nach Möglichkeit das Zinn regeneriert wird. Bei der Herstellung von Zwischenprodukten hingegen, die billig und in großen

Mengen hergestellt werden sollen, kann von anderen metallischen Reduktionsmitteln als Eisen und Zink wohl kaum die Rede sein.

Sind im Molekül zwei oder mehr Nitrogruppen enthalten, so ist es, wie schon angedeutet, möglich, bei Einhaltung gewisser Bedingungen (siehe S. 196) eine teilweise Reduktion zu Nitroaminoverbindungen herbeizuführen, wobei sich gewisse, aus den nachfolgenden Beispielen ersichtliche Gesetzmäßigkeiten geltend machen: *(Teilweise Reduktion zu Nitroaminoverbindungen.)*

$$(1)\quad \text{OH, NO}_2, \text{NO}_2 \;\rightarrow\; \text{OH, NH}_2, \text{NO}_2$$

$$(2)\quad \text{O}_2\text{N, OH, NO}_2, \text{NO}_2 \;\rightarrow\; \text{O}_2\text{N, OH, NH}_2, \text{NO}_2$$

$$(3)\quad \text{NH}_2, \text{NO}_2, \text{NO}_2 \;\rightarrow\; \text{NH}_2, \text{NH}_2, \text{NO}_2$$

$$(4)\quad \text{Cl, NO}_2, \text{NO}_2 \;\rightarrow\; \text{Cl, NH}_2, \text{NO}_2$$

$$(5)\quad \text{OCH}_3, \text{NO}_2, \text{NO}_2 \;\rightarrow\; \text{OCH}_3, \text{NH}_2, \text{NO}_2$$

$$(6)\quad \text{O}_2\text{N, NO}_2, \text{NO}_2, \text{CH}_3, \text{CH}_3 \;\rightarrow\; \text{O}_2\text{N, NH}_2, \text{NO}_2, \text{CH}_3, \text{CH}_3;$$

dagegen

$$(7)\quad \text{CH}_3, \text{NO}_2, \text{NO}_2 \;\rightarrow\; \text{CH}_3, \text{NO}_2, \text{NH}_2$$

$$(8)\quad \text{CH}_3, \text{HO}_3\text{S, NO}_3, \text{NO}_2 \;\rightarrow\; \text{CH}_3, \text{HO}_3\text{S, NC}_2, \text{NH}_2$$

$$(9)\quad \text{CH}_3, \text{NO}_2, \text{NO}_2 \;\rightarrow\; \text{CH}_3, \text{NO}_2, \text{NH}_2$$

$$(10)\quad \text{COOH, NO}_2, \text{NO}_2 \;\rightarrow\; \text{COOH, NO}_2, \text{NH}_2$$

Aus dem Schema auf S. 198 geht hervor, daß man Amine nicht nur aus Nitro-, sondern auch aus Nitrosoverbindungen herstellen kann: *(p-Aminophenole und p-Diamine durch reduzierende Spaltung von Oxy- und Aminoazoverbindungen.)*

$$\text{R} \cdot \text{NO} + 2\,\text{H}_2 \;\rightarrow\; \text{R} \cdot \text{NH}_2 + \text{H}_2\text{O},$$

und zwar durch Reduktion mit Zinkstaub und Salzsäure. Ferner geht aber auch aus demselben Schema hervor, daß man eine Azoverbindung durch Reduktion überführen kann in 2 Mol. Amin, wobei die Spaltung zwischen den beiden Stickstoffatomen der Azogruppe stattfindet. Von dieser Reaktion macht man Gebrauch, weniger um z. B. Azobenzol in 2 Mol. Anilin überzuführen:

$$\text{C}_6\text{H}_5{-}\text{N}{=}\text{N}{-}\text{C}_6\text{H}_5 + 2\,\text{H}_2 \;\rightarrow\; 2\,\text{C}_6\text{H}_5{-}\text{NH}_2,$$

sondern um aus p-Oxyazoverbindungen die entsprechenden p-Aminophenole (siehe S. 193):

$$\langle\text{I}\rangle\text{—N}=\text{N}\langle\text{II}\rangle\text{—OH} + 2\,H_2 \;\rightarrow\; \langle\text{I}\rangle\text{—NH}_2 + H_2N\text{—}\langle\text{II}\rangle\text{—OH}$$

und aus p-Aminoazoverbindungen die entsprechenden p-Diamine:

$$\langle\text{I}\rangle\text{—N}=\text{N—}\langle\text{II}\rangle\text{—NH}_2 + 2\,H_2 \;\rightarrow\; \langle\text{I}\rangle\text{—NH}_2 + H_2N\text{—}\langle\text{II}\rangle\text{—NH}_2$$

herzustellen, wobei die Diazokomponente, das Monamin $\langle\text{I}\rangle\text{—NH}_2$, wiedergewonnen wird. Diese Reaktion hat tatsächlich in einzelnen Fällen technische Bedeutung, z. B. für die Darstellung des wichtigen Safranins. So erhält man aus 1 Mol. Aminoazotoluol durch Reduktion eine Mischung aus einem primären Monamin und einem p-Diamin, im vor-

$$\overset{\text{CH}_3}{\langle\text{I}\rangle}\text{—N}=\text{N—}\overset{\text{CH}_3}{\langle\text{II}\rangle}\text{—NH}_2 + 2\,H_2 \;\rightarrow\; \overset{\text{CH}_3}{\langle\text{I}\rangle}\text{—NH}_2 + H_2N\text{--}\overset{\text{CH}_3}{\langle\text{II}\rangle}\text{—NH}_2$$

Aminoazotoluol   o-Toluidin   p-Toluylendiamin

liegenden Falle also o-Toluidin und p-Toluylendiamin. Diese Reaktion (der Azofarbstoffbildung und darauffolgenden reduzierenden Spaltung) dient demnach letzten Endes dazu, um aus einem Phenol ein o- oder p-Aminophenol und aus einem Monamin ein o- oder p-Diamin zu gewinnen.

Übersicht über die Reduktion von Nitroverbindungen und die dabei auftretenden Zwischenprodukte.

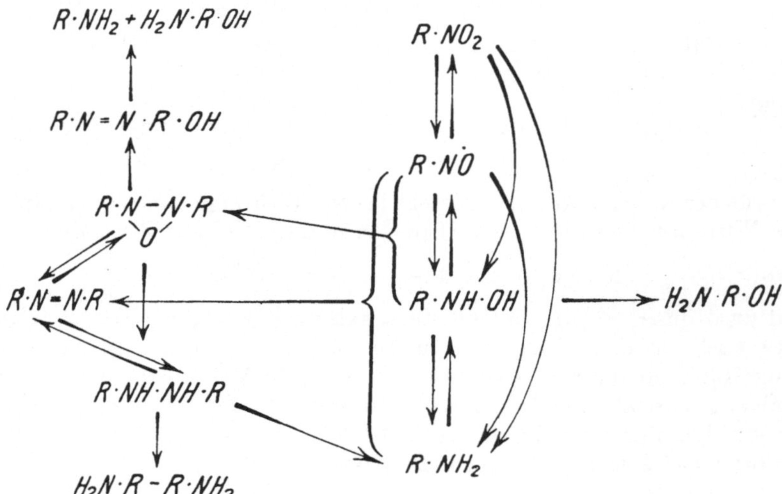

F) Darstellung von Aminen (insbesondere aus Phenolen).

Die allereinfachste Form der Darstellung von Aminen aus den zugehörigen Hydroxylverbindungen entspricht der Gleichung:

$$R \cdot OH + NH_3 \rightarrow R \cdot NH_2 + H_2O.$$

Variationen der Gleichung sind dadurch gegeben, daß man, an Stelle von Ammoniak, Amine der aliphatischen oder aromatischen Reihe, z. B. Anilin, anwendet. Ersetzt man demgemäß bei der Kondensation des β-Naphtols mit Ammoniak zu β-Naphtylamin (1) das Ammoniak durch Anilin, so erhält man das Phenyl-β-Naphtylamin (2).

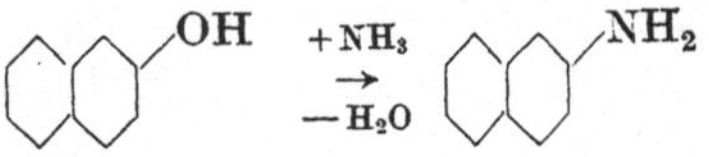

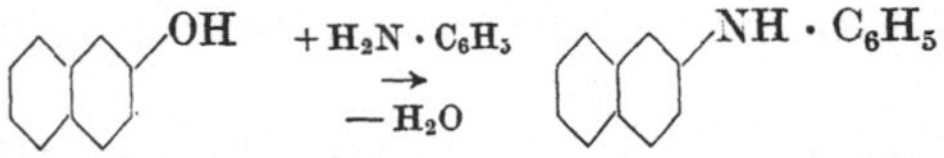

Diese Reaktion verläuft in einzelnen Fällen ganz befriedigend; sie ist nicht nur anwendbar auf die eigentlichen Phenole und Naphtole, sondern auch auf die Derivate, z. B. auf Naphtol- und Aminonaphtolsulfonsäuren. Die Kondensation des Ammoniaks mit den Phenolen erfolgt allerdings durchaus nicht leicht; sie erfordert entweder ziemlich hohe Temperaturen, was bei Anwendung von Ammoniak zu sehr hohen Drucken führt, oder die Gegenwart von Kondensationsmitteln, wie Chlorkalzium oder Chlorzink.

Wendet man statt Ammoniak aromatische Amine an, so hat man es mit Substanzen zu tun, die bei 180° und noch höher sieden, die also die Anwendung höherer Temperaturen zulassen, ohne daß große Drucke entstehen. In dieser Form ist die Darstellung der Arylnaphtylamine und ihrer Sulfonsäuren aus den entsprechenden Naphtolsulfonsäuren schon seit Jahren ausgeführt worden. Weiterhin aber auch in der Form, daß man, gemäß dem Schema:

$$R \cdot NH_2 \xrightarrow[-NH_3]{+H_2N \cdot R'} R \cdot NH \cdot R',$$

an Stelle der Phenole und Naphtole aromatische Amine mit einem primären Amin kondensierte unter Bildung eines sekundären Amins, $R \cdot NH \cdot R'$, wobei R und R' gleich oder unter sich verschieden sein können. Als typische Beispiele jener beiden Reaktionen seien aus der Benzolreihe erwähnt das Diphenylamin (1), aus 2 Mol. Anilin; das m-Oxydiphenylamin (2), aus 1 Mol. Anilin und 1 Mol. Resorcin; das m-Aminophenyltolylamin (3), aus 1 Mol. Anilin und 1 Mol m-Toluylendiamin.

Die Sulfit-
reaktionen.

Alle diese Reaktionen, sowohl die Einwirkung des Ammoniaks und der aliphatischen oder aromatischen Amine auf Phenole und Naphtole, als auch die Alkylierung und Arylierung aromatischer Amine nach obigem Schema, wobei je nach den Bedingungen symmetrische oder unsymmetrische sekundäre Amine entstehen, sind wegen der hohen Temperaturen und Drucke mit Schwierigkeiten verknüpft. Es war daher eine wertvolle Entdeckung, als sich zeigte, daß man sich, bei der Überführung von Phenolen in Amine mittels Ammoniak, eines anderen, wirksameren „Kontaktmittels", nämlich des schwefligsauren Ammoniaks bedienen kann, d. h. daß die Reaktion erheblich erleichtert wird, wenn man sie vor sich gehen läßt in Gegenwart von schwefligsaurem Ammoniak. Die nähere Untersuchung dieser eigenartigen Reaktion hat ergeben, daß bei der Einwirkung von Ammonsulfit auf Phenole und Naphtole Zwischenkörper entstehen, nämlich die Ammonsalze von Phenol- bzw. Naphtolschwefligsäureestern der allgemeinen Formel $R \cdot O \cdot SO_2NH_4$. Die Reaktion verläuft entsprechend der Gleichung:

Phenol-
Schweflig-
säure-Ester
aus
Phenolen.

$$R \cdot OH + (NH_4)_2SO_3 \rightarrow R \cdot O \cdot SO_2NH_4 + NH_4OH.$$

Es wird bei Anwendung neutralen Sulfits 1 Mol. Ammoniak frei, und man würde, wie man sieht, die Bildung eines Schwefligsäureesters an sich auch mit saurem schwefligsaurem Ammoniak ausführen können. Die Reaktion würde dann zunächst bei diesem Zwischenprodukt $R \cdot O \cdot SO_2 \cdot NH_4$ stehenbleiben. Derartige Schwefligsäureestersalze kann man auch durch Einwirkung von gewöhnlichem Na-Bisulfit auf Phenole erzeugen. So entsteht z. B. aus β-Naphtol und Bisulfit unter Austritt von Wasser ein β-Naphtolschwefligsäureester, entsprechend der Gleichung (1). Dieser β-Naphtolschwefligsäureester ist isomer mit dem Na-Salz der Naphtalin-β-Sulfonsäure, aber keineswegs mit ihm identisch. In der Naphtalin-β-Sulfonsäure haben wir eine unmittelbare Bindung zwischen dem Kohlenstoff und dem Schwefel, und der Sauerstoff ist ausschließlich an den Schwefel gebunden (2), während beim β-Naphtolschwefligsäureester der Kohlenstoff nicht unmittelbar, sondern durch Vermittlung von Sauerstoff mit dem Schwefel verbunden ist.

(1) [Strukturformel: Naphtalin mit OH] $+ HO_3SNa \xrightarrow{-H_2O}$ [Naphtalin mit $O \cdot SO_2Na$]   (2) [Naphtalin mit $SO_2 \cdot O \cdot Na$]

Es wird zweckmäßig sein, an dieser Stelle die eigenartigen, sich nach verschiedenen Richtungen erstreckenden Wirkungen der schwefligsauren Salze im Zusammenhange zu erläutern. Es handelt sich nämlich bei den sog. Sulfitreaktionen nicht nur um die Überführung eines Phenols oder Naphtols in ein Amin, sondern auch umgekehrt um den Übergang eines Amins in ein Phenol. Beide Reaktionen:

$$R \cdot OH \rightarrow R \cdot NH_2 \quad \text{und} \quad R \cdot NH_2 \rightarrow R \cdot OH$$

werden unter bestimmten Voraussetzungen durch die Gegenwart von schwefligsauren Salzen in ganz überraschender Weise gefördert, wobei den SO_2-Ester-Salzen eine sehr wichtige vermittelnde Rolle zufällt. *Eigenschaften der Schwefligsäureester.* Die Schwefligsäureestersalze sind in der Regel in Wasser äußerst leicht löslich, infolgedessen selbst durch starke Säuren nur sehr schwer in reiner Form abscheidbar und wie die meisten Ester durch Alkali leicht zu verseifen. Läßt man auf den β-Naphtolschwefligsäureester Alkali einwirken, so wird er langsam schon bei gewöhnlicher Temperatur, rascher in der Wärme zerlegt; und zwar entsteht dann wieder das entsprechende Phenol (β-Naphtol z. B. in Form von β-Naphtolnatrium), während die Schweflige Säure in Form von neutralem Sulfit abgespalten wird:

$$R \cdot O \cdot SO_2Na \quad \overset{+2\,NaOH}{\underset{-H_2O}{\rightarrow}} \quad R \cdot ONa + Na_2SO_3.$$

Die außerordentliche Empfindlichkeit dieser Schwefligsäureester gegen Alkali macht es ohne weiteres verständlich, daß z. B. neutrales Alkalisulfit, Na_2SO_3, mit den aromatischen Phenolen nicht unter Esterbildung zu reagieren vermag, sondern nur Bisulfit. Würde man *Reaktionen d. SO_2-Ester.* neutrales Sulfit auf ein Phenol einwirken lassen, so würde, Esterbildung vorausgesetzt, gemäß der Reaktionsgleichung (a):

$$R \cdot OH + Na_2SO_3 \quad \rightarrow \quad R \cdot O \cdot SO_2Na + NaOH \quad (a)$$

Alkali frei werden müssen. Das freie Alkali würde aber umgekehrt den Ester vollkommen zersetzen, entsprechend der Reaktionsgleichung (b)

$$R \cdot O \cdot SO_2Na + NaOH \quad \rightarrow \quad R \cdot OH + Na_2SO_3 \quad (b);$$

also ist die Reaktion nach (a) unmöglich. Der Prozeß nach (b) ist aber tatsächlich ausführbar, in Form eines vollkommen entgegengesetzten Verlaufes wie nach (a). Die Reaktion der SO_2-Esterbildung aus Phenolen läßt sich daher verwirklichen nur mittels der Alkalibisulfite, nicht mittels der neutralen Alkalisulfite.

Ganz anders verhält sich freilich die Sache, wenn man als neutrales Sulfit nicht ein Alkali-, sondern Ammonsulfit verwendet; man erhält dann, entsprechend der schon oben angeführten Gleichung:

$$R \cdot OH + (NH_4)_2SO_3 \quad \rightarrow \quad R \cdot O \cdot SO_2NH_4 + NH_4 \cdot OH \quad (c),$$

bei der Einwirkung auf Phenole das Ammoniumsalz des Phenol-Schwefligsäureesters + freies Ammoniak. Dieses freie Ammoniak reagiert aber ganz anders auf den Schwefligsäureester als Alkali; es wirkt nicht wie dieses verseifend auf den Ester ein unter Rückbildung des entsprechenden Phenols, sondern beim Erhitzen mit Ammoniak wird der Ester in eigenartiger Weise zerlegt unter Bildung des entsprechenden Amines:

$$R \cdot O \cdot SO_2 \cdot NH_4 + 2\,NH_3 \quad \rightarrow \quad R \cdot NH_2 + (NH_4)_2SO_3 \quad (d).$$

Läßt man demnach neutrales schwefligsaures Ammoniak auf ein Phenol einwirken, so entsteht nach obiger Reaktionsgleichung (c), in analoger Weise wie mit Bisulfit, zunächst als Zwischenstufe ein Schwefligsäureester (bzw. dessen Ammoniumsalz), und dieser Schwefligsäureester wird in einer zweiten Phase der Reaktion durch überschüssiges Ammoniak übergeführt in das Amin (d). Wir haben also in dem Gemisch aus Ammonsulfit + Ammoniak ein Mittel, um aus Phenolen in erster Phase die Schwefligsäureester zu erzeugen, die nach der obigen Gleichung (d) dann durch überschüssiges Ammoniak übergeführt werden in die entsprechenden Amine.

Umkehrbarkeit der Reaktionen.

Es ist nun eine überraschende Tatsache, daß die eben geschilderte Reaktion der Amidierung in gewissem Sinne umkehrbar ist, indem nämlich unter der Einwirkung von Bisulfit aus dem Amin der nämliche Schwefligsäureester entsteht, wie aus dem Phenol, und zwar verläuft die Reaktion bei der Einwirkung von Bisulfit auf ein Amin folgendermaßen:

$$R \cdot NH_2 + NaHSO_3 \rightarrow R \cdot O \cdot SO_2Na + NH_3 \quad (e).$$

Wird das gemäß vorstehender Gleichung (e) frei werdende Ammoniak sofort im Augenblick seiner Entstehung durch überschüssiges Bisulfit neutralisiert zum Natriumammoniumsulfit, so verläuft die Reaktion vollkommen im Sinne der Esterbildung, da dann kein freies Ammoniak das Gleichgewicht zuungunsten des gewünschten Esters zu stören vermag.

Wie aus vorstehendem ersichtlich ist, spielen die Schwefligsäureester bei der Darstellung sowohl der Amine aus den Phenolen als auch umgekehrt der Phenole aus den Aminen als Zwischenprodukte eine wichtige Rolle. Obwohl der Prozeß der Amidierung von Phenolen in Gegenwart von Ammonsulfit rein äußerlich betrachtet scheinbar so verläuft, als ob nur Ammoniak mit dem Phenol kondensiert würde, während das Ammonsulfit unverändert bliebe, ist das tatsächlich, wie wir gesehen haben, nicht der Fall. Es tritt vielmehr die Schweflige Säure des Ammonsulfits vorübergehend in das Molekül des Phenols ein, unter Bildung eines Esters. Es wird aber dieser Ester unter der Einwirkung des Ammoniaks wieder zerlegt in Amin und Ammonsulfit, gemäß den beiden Gleichungen:

$$R \cdot OH + (NH_4)_2 SO_3 \xrightarrow[-H_2O]{} R \cdot O \cdot SO_2NH_4 + NH_3$$

und

$$R \cdot O \cdot SO_2NH_4 + 2 NH_3 \rightarrow R \cdot NH_2 + (NH_4)_2 SO_3.$$

Faßt man die oben geschilderten Reaktionen in einem Schema zusammen, so ergibt sich folgendes Bild:

$$R \cdot OH \underset{+ \text{Alkali}}{\overset{+ \text{Bisulfit}}{\underset{\leftarrow}{\rightarrow}}} R \cdot O \cdot SO_2Na \underset{+ \text{Bisulfit}}{\overset{+ NH_3}{\underset{\leftarrow}{\rightarrow}}} R \cdot NH_2$$

Phenol   Ester   Amin

oder in Worte gekleidet: Phenole (Naphtole) liefern mit Bisulfit die entsprechenden Schwefligsäureester, die unter der weiteren Einwirkung von Ammoniak in Amine übergehen, und umgekehrt Amine werden durch Erhitzen mit Bisulfit in Phenolschwefligsäureester übergeführt, die sich durch Alkali zu Phenolen verseifen lassen. Die Schwefligsäureester sind also in beiden Fällen wichtige Zwischenprodukte einerseits auf dem

Wege von den Phenolen (Naphtolen) zu den Aminen und umgekehrt von den Aminen zu den Phenolen (Naphtolen). Im ersteren Falle, d. h. bei der Amidierung, lassen sich die beiden Phasen — nämlich a) der Esterbildung mittels Bisulfit und b) der Amidierung infolge der Einwirkung des Ammoniaks auf den Ester — zu einer Operation zusammenfassen, falls man, statt Bisulfit und Ammoniak getrennt zur Anwendung zu bringen, das oben schon erwähnte Gemisch aus Ammonsulfit, $(NH_4)_2SO_3$, + Ammoniak auf Phenole reagieren läßt. Bei dieser Ausführungsform des Verfahrens werden die Ester sozusagen im Status nascendi der Amidierung unterworfen.

Es haben sich nun auf dem Gebiete der Sulfitreaktionen theoretisch interessante, aber sehr schwer erklärbare Ausnahmen ergeben. Während nämlich die Reaktion in zahlreichen Fällen, z. B. bei der 1, 4-Naphtolsulfonsäure, außerordentlich rasch und glatt verläuft, versagt die Reaktion —, man kann sagen gänzlich —, wenn es sich um gewisse isomere Naphtolsulfonsäuren handelt. Die Reaktion versagt, was zunächst die Abkömmlinge des α-Naphtols anlangt, bei der 1, 2-Naphtolsulfonsäure und ebenso vollkommen bei der 1, 3-Naphtolsulfonsäure sowie bei allen Derivaten dieser beiden Säuren; also ebenso bei der 1, 2, 5-, der 1, 2, 6-, der 1, 2, 7-, der 1, 2, 8- wie bei der 1, 3, 5-, der 1, 3, 6-, der 1, 3, 7-, der 1, 3, 8-Naphtolsulfonsäure. Alle diese Derivate der 1, 2- und der 1, 3-Naphtolsulfonsäure reagieren nicht mit Bisulfit, und zwar schon insofern nicht, als sie nicht imstande sind, die entsprechenden Schwefligsäureester zu bilden. Diese auffallende Erscheinung ist, trotz ihrer negativen Seite, zunächst deshalb von Interesse und praktischer Bedeutung, weil man sich dieses Umstandes bedienen kann als eines Mittels zur Konstitutionsbestimmung. Es läßt sich sehr leicht in gewissen Fällen durch die Sulfitreaktion feststellen, welche von zwei möglichen Säuren vorliegt, ob z. B. 1, 2- oder 1, 4-Naphtolsulfonsäure, indem die 1, 2-Säure überhaupt nicht, die 1, 4-Säure hingegen sehr glatt mit Sulfiten reagiert.

Was die Verbindungen der β-Naphtolreihe anlangt, so hat sich gezeigt, daß auch hier ähnliche Ausnahmen bestehen, und zwar reagieren nicht mit Bisulfit alle Derivate des β-Naphtols, bei denen die Sulfogruppe in der 4-Stellung, also in m-Stellung zur Hydroxylgruppe steht. Die 2, 4-Naphtolsulfonsäure und alle ihre Derivate sind infolgedessen gegenüber den Sulfitreaktionen beständig, d. h. sie liefern weder Schwefligsäureester noch durch deren Vermittlung Aminoverbindungen. Man kann also auch hier wieder die Sulfitreaktionen zur Trennung und Erkennung benutzen.

Phenol selbst und seine Homologen sowie die entsprechenden Phenolsulfonsäuren reagieren nicht oder nur außerordentlich träge; Resorcin hingegen ist sehr reaktionsfähig gegenüber Sulfiten, Hydrochinon erst nach längerem Erhitzen. In einzelnen Fällen findet neben der Esterbildung eine Kernsulfonierung statt. Am reaktionsfähigsten sind die Naphtole und ihre Sulfonsäuren.

Verhalten d. Dioxy-, Aminooxy- und Diaminoverbindungen gegen Sulfit.

Befinden sich zwei Hydroxylgruppen im Naphtalinkern, so ist es möglich, eine solche Verbindung (1) zunächst durch gelinde Einwirkung von Ammoniak und Ammonsulfit in eine Aminooxyverbindung (2) überzuführen; bei stärkerer Einwirkung entsteht, indem sich der Prozeß der Amidierung ein zweites Mal vollzieht, das entsprechende Naphtylendiamin (3).

$$(1) \quad R\diagdown{\!}^{OH}_{OH} \;\rightarrow\; R\diagdown{\!}^{OH}_{NH_2} \quad (2) \quad \rightarrow \quad R\diagdown{\!}^{NH_2}_{NH_2} \quad (3)$$

Darstellung sec. Amine mittels der Sulfite.

Ersetzt man das Ammoniak durch ein Amin, $R' \cdot NH_2$, so verläuft die Reaktion, wie erwähnt, ganz analog. Es entstehen also, wenn man in Gegenwart von Sulfit Amine auf Phenole (Naphtole), $R \cdot OH$, einwirken läßt, die entsprechenden sekundären Amine, $R \cdot NH \cdot R'$. Wendet man als Amin ein aliphatisches Amin an, so reagiert dieses in gleicher Weise wie Ammoniak; insbesondere sind die Amine den gleichen Ausnahmen unterworfen wie Ammoniak, wenn infolge einer zur α-Hydroxylgruppe o- oder m-ständigen Sulfogruppe oder einer zur β-Hydroxylgruppe m-ständigen Sulfogruppe die Reaktion wegen mangelnder Esterbildung versagt.

Ausnahmen bei der Darstellung der Arylidoverbindungen.

Anders jedoch gestalten sich die Verhältnisse, wenn es sich darum handelt, an Stelle von Ammoniak aromatische Amine, z. B. Anilin, anzuwenden. In diesem Falle tritt eine sehr eigenartige, theoretisch ebenfalls nur schwer zu erklärende Erscheinung auf. Wenn man z. B. die sonst so reaktionsfähige 1, 4-Naphtolsulfonsäure mit überschüssigem Anilin + Bisulfit erhitzt, so erhält man zwar leicht den Schwefligsäureester der 1, 4-Naphtolsulfonsäure (1) als normalen Zwischenkörper, wie ja in allen Fällen, wenn man auf dieses reaktionsfähige Phenol Sulfite einwirken läßt. Aber während dieser Zwischenkörper sehr leicht mit Ammoniak und auch mit einem aliphatischen Amin reagiert, derart, daß die entsprechende primäre oder sekundäre Aminoverbindung entsteht, verhält sich dieser Schwefligsäureester durchaus reaktionslos gegenüber Anilin oder sonstigen aromatischen Aminen. Verwendet

$$(1) \qquad \begin{array}{c} O \cdot SO_2Na \\ \text{[Naphtalinring]} \\ SO_3Na \end{array}$$

man hingegen zur Kondensation an Stelle von 1, 4-Naphtolsulfonsäure die isomere 2, 6-Naphtolsulfonsäure, so entsteht, wie zu erwarten, der analoge Schwefligsäureester (2); aber dieser reagiert überraschenderweise ganz normal, d. h. er wird durch Anilin übergeführt in die entsprechende Aminoverbindung, und es entsteht demgemäß die 2, 6-Phenylnaphtylaminsulfonsäure, die sog. Phenyl-Brönnersäure (3). Die

$$(2) \quad HO_3S\text{—}\underset{}{\text{[Naphtalin]}}\text{—}O \cdot SO_2Na \;+\; H_2N \cdot C_6H_5 \;\rightarrow\; HO_3S\text{—}\underset{}{\text{[Naphtalin]}}\text{—}NH \cdot C_6H_5 \quad (3) \;+\; NaHSO_3$$

Bildung von Arylidoverbindungen erfolgt demnach unter der Einwirkung von Sulfiten nur in der β-Reihe, während die α-Reihe vollkommen versagt. Dieser Umstand kann zur Trennung und Erkennung dienen, aber auch noch in anderer Richtung bedeutungsvoll werden.

Dies sei an zwei Beispielen, nämlich an der J-Säure und der γ-Säure, erläutert, aus denen zu ersehen ist, inwiefern sich die Ausnahmen der Sulfitreaktion als nützlich erweisen können.

Nutzanwendung aus den Ausnahmen;
Aryl- J- und γ-Säure.

Wie werden sich die beiden auxochromen Gruppen (OH und NH_2) verhalten, wenn man auf die J-Säure, die 2, 5, 7-Aminonaphtolsulfonsäure (4), Anilin + Sulfit einwirken läßt? Die OH-Gruppe in 5-Stellung

$$(4) \qquad HO_3S{-}\!\!\!\!\bigcirc\!\!\bigcirc{-}NH_2,\ OH$$

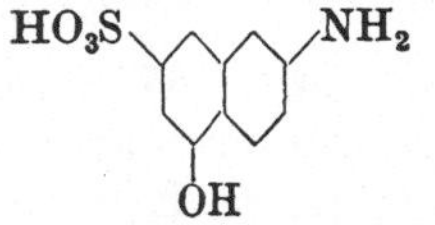

ist durch die m-ständige Sulfogruppe in der 7-Stellung (siehe S. 203) vollständig geschützt; an ihr wird sich daher keine Reaktion vollziehen; es wird sich weder ein Schwefligsäureester bilden, noch würde dieser, als α-Naphtolderivat (siehe oben), mit Anilin in Reaktion treten können. Dagegen wird die Aminogruppe in 2-Stellung gemäß den Darlegungen von S. 191f. (vgl. auch das Reaktionsschema von S. 202) die Entstehung eines Schwefligsäureesters ermöglichen, und der Schwefligsäureester (2) wird nunmehr durch das aromatische Amin in eine Arylidoverbindung, die Phenyl-J-Säure, übergeführt werden (3). In ganz analoger Weise

$$(1)\ HO_3S{-}\bigcirc\!\!\bigcirc{-}NH_2,\ OH \qquad \xrightarrow[-NH_3]{+NaHSO_3} \qquad (2)\ HO_3S{-}\bigcirc\!\!\bigcirc{-}O\cdot SO_2Na,\ OH \qquad \xrightarrow[-NaHSO_3]{+H_2N\cdot C_6H_5}$$

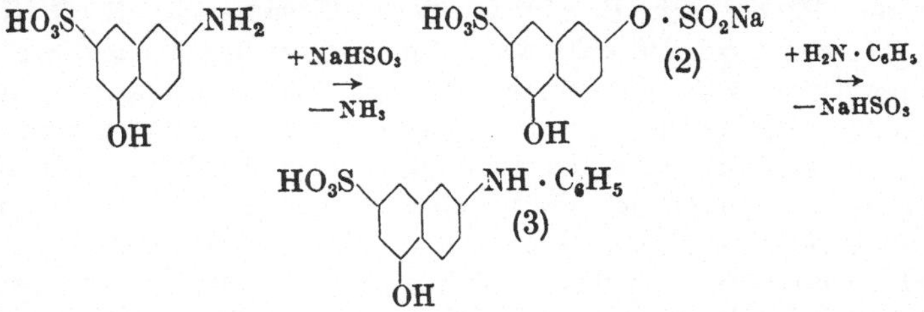

$$HO_3S{-}\bigcirc\!\!\bigcirc{-}NH\cdot C_6H_5 \qquad (3) \qquad OH$$

entsteht aus der γ-Säure (4) die Phenyl-γ-Säure (5), da in diesem Falle die OH-Gruppe in 8 durch die m-ständige Sulfogruppe in 6 geschützt, d. h. Sulfiten gegenüber reaktionsunfähig gemacht wird, während die Aminogruppe in 2-Stellung auch hier wieder, wie bei der J-Säure, die Arylierung vermittelt, d. h. (siehe auch S. 204) nach vorhergegangener Esterbildung durch den Anilinrest ersetzt wird.

$$(4)\ HO\ \ NH_2,\ HO_3S \qquad\qquad (5)\ OH\ \ NH\cdot C_6H_5,\ HO_3S$$

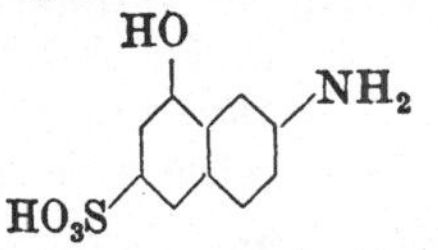

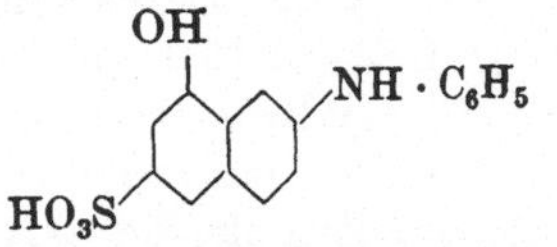

Man sieht also, daß die oben erwähnten Ausnahmen, die eine Beschränkung der Reaktion zu sein scheinen, in gewissen Fällen außerordentlich wichtig und erwünscht sind. Würden die beiden auxochromen Gruppen der J-Säure oder γ-Säure, also auch die zur Sulfogruppe m-ständige OH-Gruppe, unterschiedslos in gleicher Weise gegenüber Sulfiten + aromatischen Aminen reagieren, so wäre die Entstehung der obenerwähnten, technisch wertvollen Arylderivate, der Phenyl-J-Säure und der Phenyl-γ-Säure, auf dem Wege der Sulfitreaktion nicht möglich. Es würden die beiden Dianilido-Naphtalinsulfonsäuren (6) und (7) entstehen, über deren technische Brauchbarkeit nichts bekannt

$$
\begin{array}{cc}
\text{(6)} \quad HO_3S-\underset{NH\cdot C_6H_5}{\text{Naphtalin}}-NH\cdot C_6H_5 &
\text{(7)} \quad \overset{C_6H_5\cdot NH}{\underset{HO_3S}{\text{Naphtalin}}}-NH\cdot C_6H_5
\end{array}
$$

ist. Es tritt sozusagen eine selektive Wirkung, scheinbar des Ammoniaks und der Amine, tatsächlich aber der Sulfite oder der Schwefligsäureester ein. Hiervon wird auch später noch bei der Darstellung der Phenole und Naphtole aus den Aminen die Rede sein.

Technische Ausführung d. Sulfit-Reaktionen. Es ist im allgemeinen notwendig, um ein Phenol, $R\cdot OH$, in einer einzigen Operation in ein Amin, $R\cdot NH_2$ bzw. $R\cdot NH\cdot R'$, überzuführen, das neutrale Sulfit des Ammoniaks oder des betreffenden Amins, $R'\cdot NH_2$, einwirken zu lassen. Handelt es sich aber um die Kondensation eines Phenols mit einem aromatischen Amin, z. B. mit Anilin, so empfiehlt es sich, statt des leicht zersetzlichen Anilinsulfits eine Mischung aus gewöhnlichem Bisulfit + Anilin anwenden. Anilin beteiligt sich zunächst an der Reaktion nicht, sondern es entsteht in der ersten Phase aus dem Phenol mit Bisulfit der Schwefligsäureester, $R\cdot O\cdot SO_2Na$, und dieser erst wird durch das Anilin zersetzt und übergeführt in das entsprechende sekundäre Amin, $R\cdot NH\cdot C_6H_5$. Es machen sich im Verhalten des Bisulfits gegen die arylierten Amine und ihre Abkömmlinge, wie z. B. gegenüber der Phenyl-J-Säure oder der Phenyl-γ-Säure, gewisse Erscheinungen des **chemischen Gleichgewichts** zugunsten dieser Arylderivate bemerkbar, auf die hier nicht näher eingegangen werden kann. Es sei jedoch noch auf folgendes hingewiesen: Da man, gemäß den Darlegungen auf S. 202, auch aus einem primären **Amin** durch Bisulfit unter Abspaltung von Ammoniak einen Schwefligsäureester erzeugen kann, so lassen sich Arylidoverbindungen, z. B. solche mit der Gruppe $NH\cdot C_6H_5$, darstellen nicht nur aus der betreffenden Hydroxylverbindung, sondern auch, wie wir bei der J- und γ-Säure gesehen haben, aus der zugehörigen Aminoverbindung, indem man die entsprechende Hydroxyl- oder Aminoverbindung mit Bisulfit und Anilin erhitzt. Die J-Säure läßt sich daher mit dem gleichen Erfolge wie die entsprechende Hydroxylverbindung, d. h. die Dioxysäure 2, 5, 7 von der Formel (1), die aber in reiner Form technisch nicht so leicht zugänglich ist, für die Zwecke der Arylierung verwenden.

Arylierung von Aminen mittels der Sulfite.

$$
\text{(1)} \quad HO_3S-\underset{OH}{\text{Naphtalin}}-OH
$$

Die Reaktion zwischen der J-Säure (oder der zugehörigen Dioxysäure) und Bisulfit + Anilin geht demnach, wenn man nur das End-
ergebnis betrachtet, scheinbar so vor sich, als wäre Bisulfit gar nicht
an ihr beteiligt, sondern nur Anilin, und als hätte lediglich nach der
Gleichung (2) eine Kondensation stattgefunden. Die entsprechende

$$(2)\quad \underset{HO}{\overset{HO_3S\diagup\quad\diagdown OH}{\bigotimes}} \quad \underset{-H_2O}{\overset{+H_2N\cdot C_6H_5}{\longrightarrow}} \quad \underset{OH}{\overset{HO_3S\diagup\quad\diagdown NH\cdot C_6H_5}{\bigotimes}}$$

Arylidoverbindung, R · NH · Aryl, wird gebildet scheinbar einfach
unter Austritt von Ammoniak, wenn man ein Amin, R · NH$_2$, anwendet,
oder unter Austritt von Wasser, wenn man von einer Hydroxylverbindung, R · OH, ausgeht. Tatsächlich aber wirkt in beiden Fällen
zunächst das Bisulfit esterifizierend ein, und erst der Ester, R · O
· SO$_2$Na, wird in sekundärer Reaktion durch das Anilin zerlegt, wobei
dann die betreffende Anilidoverbindung, R · NH · C$_6$H$_5$, entsteht.

Eine ganz eigenartige Erweiterung erfährt die durch die Sulfite
vermittelte Amidierungsreaktion, wenn man Ammoniak durch aromatische Hydrazine ersetzt. Wenn man z. B. J-Säure mit Bisulfit und
Phenylhydrazin erhitzt, so erhält man durch Vermittlung des entsprechenden Schwefligsäureesters wahrscheinlich zunächst eine Phenyl-
hydrazinoverbindung:

Hydrazino-
und Carba-
zolverbin-
dungen mit-
tels der Sul-
fite.

$$\underset{OH}{\overset{HO_3S\diagup\quad\diagdown NH\cdot NH\cdot C_6H_5}{\bigotimes}} \quad,$$

indem · NH$_2$ durch den Rest · NH · NH · C$_6$H$_5$, den Phenylhydrazinorest,
ersetzt wird. Diese Verbindung scheint, analog dem Phenylhydrazin
selbst, das beim Kochen mit Bisulfit in reichlicher Menge die N-Sulfonsäure, C$_6$H$_5$ · NH · NH · SO$_3$Na, liefert, in eine N-Sulfonsäure:

$$(1)\quad R\cdot N(SO_3Na)NH\cdot C_6H_5 \quad oder \quad R\cdot NH\cdot N(SO_3Na)\cdot C_6H_5 \quad (2)$$

überzugehen, und diese lagert sich dann, ähnlich wie bei der Fischer-
schen Indolsynthese, um in eine Karbazol-N-Sulfonsäure (3), indem
2 Atome Wasserstoff, je eins in o-Stellung zu den beiden Stickstoffatomen des Hydrazokörpers, mit dem NH als Ammoniak austreten,
worauf die beiden Arylreste sich zum Karbazolderivat zusammenschlie-
ßen:

$$(2)\quad \underset{HO}{\overset{NaO_3S\diagup\quad\diagdown NH\cdot N(SO_3Na)-\bigcirc}{\bigotimes}} \quad \underset{-NH_3}{\longrightarrow} \quad \underset{HO}{\overset{NaO_3S}{\bigotimes}}\overset{-N-\bigcirc}{\underset{SO_3Na}{}} \quad (3)$$

Nach der Einführung einer Phenylhydrazinogruppe in den Naphtalinkern an Stelle einer Aminogruppe bleibt die Sulfitreaktion in vielen
Fällen, insbesondere wenn die auxochrome Gruppe sich in α-Stellung

befindet, bei der Stufe $R \cdot NH \cdot N(SO_3Na) \cdot C_6H_5$ stehen. Aus dieser N-Sulfonsäure der Hydrazoverbindung läßt sich durch Behandlung mit Alkali die entsprechende Azoverbindung erhalten:

$$R \cdot NH \cdot N(SO_3Na) \cdot C_6H_5 \quad \underset{-H_2O}{\overset{+NaOH}{\longrightarrow}} \quad R \cdot N = N \cdot C_6H_5 + Na_2SO_3.$$

So entsteht z. B. aus der 1, 4-Naphtolsulfonsäure (4) über den SO_2-Ester (5) und die Phenylnaphtylhydrazin-4-Sulfonsäure (6) die N, 4-Disulfonsäure (7) und aus dieser, unter der Einwirkung von Alkali, die Benzolazonaphtalin-4-Sulfonsäure (8):

(4)   OH ... SO_3Na →   (5) $O \cdot SO_2Na$ ... SO_3Na →   (6) $NH \cdot NH \cdot C_6H_5$ ... SO_3Na

→   (7) $NH \cdot N(SO_3Na) \cdot C_6H_5$ ... SO_3Na →   (8) $N = N \cdot C_6H_5$ ... SO_3Na

Technische Darstellung des β-Naphtylamins aus β-Naphtol.   Was nun die technische Anwendung der Sulfitreaktionen zur Amidierung von Naphtolen anlangt, so sei folgendes bemerkt: Der Umstand, daß bei der Nitrierung des Naphtalins und seiner Abkömmlinge die Nitrogruppe fast ausschließlich in die α- und nicht in die β-Stellung eintritt (vgl. S. 112), macht es erklärlich, daß β-Naphtylamin und seine Derivate auf dem gewöhnlichen Wege, durch Reduktion der entsprechenden Nitroverbindungen, in der Regel nicht zu erhalten sind; sie müssen daher auf anderem Wege gewonnen werden, und das nächstliegende ist die Darstellung aus β-Naphtol und seinen Abkömmlingen. Dieser Weg ist tatsächlich der heute allein in Betracht kommende. Insbesondere wird das β-Naphtylamin selbst dargestellt aus β-Naphtol (1). Dieser Prozeß wurde schon seit vielen Jahren ausgeübt, ehe man die Sulfitreaktion kannte, und zwar in der Weise, daß man β-Naphtol mit Ammoniak auf höhere Temperatur erhitzte (1). Diese Operation erforderte nach

(1)   OH $+ H_3N$ → $NH_2 + H_2O$

dem früheren Verfahren jedoch mehrere Tage und eine Temperatur von etwa 150°. Man erhielt dabei kaum mehr als 50% β-Naphtylamin, während ein großer Teil des β-Naphtols unverändert blieb. Daneben entstanden durch Kondensation von β-Naphtol mit β-Naphtylamin infolge der langandauernden Einwirkung bei der hohen Temperatur einige Prozent β, β-Dinaphtylamin:

OH $+$ H_2N $\xrightarrow{-H_2O}$ NH

Wenn man hingegen die Kondensation des β-Naphtols mit Ammoniak in Gegenwart einer wässerigen Ammonsulfitlösung ausführt, so geht der Prozeß in wesentlich kürzerer Zeit vor sich, und man erhält außer geringen Mengen Dinaphtylamin eine sehr gute Ausbeute an β-Naphtylamin. Einer Abtrennung unveränderten β-Naphtols bedarf es in der Regel nicht. Ähnlich wie β-Naphtol reagieren die β-Naphtolsulfonsäuren (über Ausnahmen siehe S. 203) und andere β-Naphtolabkömmlinge.

Im Anschluß an die technisch wichtigen Sulfitreaktionen seien noch einige weitere bemerkenswerte Umsetzungen, die zu aromatischen Aminen führen, kurz erwähnt:

1. Bereits früher (siehe S. 93) wurde die Reaktion angeführt, die der Gleichung: $R \cdot Cl + NH_3 \rightarrow R \cdot NH_2 + HCl$ entspricht. Wenn man statt Ammoniak ein Amin, $R' \cdot NH_2$, anwendet, so erhält man ein sekundäres Amin, entsprechend der Gleichung: Amine aus Chlorverbindungen.

$$R \cdot Cl + H_2N \cdot R' \xrightarrow[-HCl]{} R \cdot NH \cdot R'.$$

Bei der Besprechung der Reaktionen der Chlorderivate wurde bereits darauf hingewiesen, daß diese Reaktion eine gewisse Beweglichkeit des Chlors voraussetzt, die erhöht wird durch negative Substituenten im aromatischen Kern. Ist das Chlor an sich nicht beweglich, so wird die Reaktion befördert durch den Zusatz von Katalysatoren (metallisches Kupfer und Kupfersalze).

Diese Reaktion hat neuerdings in der zuletzt angedeuteten erweiterten Form der Katalyse eine gewisse Bedeutung erlangt auf dem Gebiete der Küpenfarbstoffe der Anthrachinonreihe (siehe S. 94); sie findet auf anderen Gebieten nur dann Verwendung, wenn dieses Verfahren gegenüber den bisherigen gewisse Vorteile bietet. Erinnert sei z. B. an die Überführung des p-Nitrochlorbenzols in p-Nitranilin (siehe S. 95).

Es sind dann noch zwei andere Reaktionen von geringerer Bedeutung zu erwähnen.

2. Die eine entspricht der Gleichung: Amine aus Sulfonsäuren.

$$R \cdot SO_3Na + 2\,NH_3 \rightarrow R \cdot NH_2 + NH_4SO_3Na$$

und ähnelt daher einer der Sulfitreaktionen, die soeben eingehend erörtert wurden (d). Die Sulfonsäuren, $R \cdot SO_3Na$, als die Isomeren der

$$R \cdot O \cdot SO_2Na + 2\,NH_3 \rightarrow R \cdot NH_2 + NH_4SO_3Na \quad (d)$$

Schwefligsäureester, $R \cdot O \cdot SO_2Na$, vollziehen demgemäß einen analogen Übergang in das Amin, $R \cdot NH_2$, wie diese. Die Reaktion, deren Mechanismus bis jetzt noch nicht aufgeklärt ist, läßt sich variieren, indem man statt Ammoniak primäre (besonders aromatische) Amine anwendet, wobei man sekundäre Amine der allgemeinen Formel $R \cdot NH \cdot R'$ erhält.

Auch diese Reaktion findet in der Anthrachinonreihe in einzelnen Fällen mit gutem Erfolg Anwendung, z. B. bei der Darstellung des β-Aminoanthrachinons (2) aus der Anthrachinon-β-Sulfonsäure (1), und zwar geht dieser Ersatz der Sulfogruppe durch eine Amino- oder Arylido-

gruppe in der Anthrachinonreihe viel leichter vor sich wie in der Naphtalin- und Benzolreihe. Als Beispiel aus der Benzolreihe sei die p-Nitranilinsulfonsäure (3) angeführt, aus der auf diese Weise das Nitro-m-Phe-

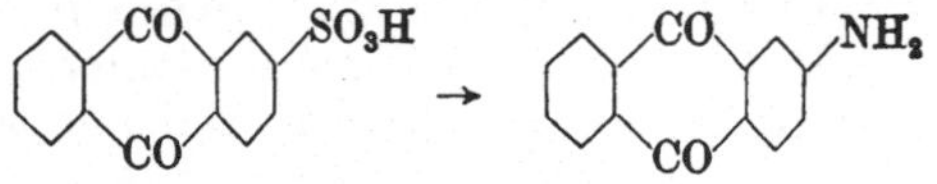

nylendiamin (4) erhalten werden kann. Zwar ist auch in der Naphtalinreihe der Ersatz von Sulfogruppen durch Anilidogruppen bei Anwendung höherer Temperaturen (ca. 175°) mehrfach verwirklicht worden. Die Reaktion ist offenbar in gewissen Fällen begünstigt durch die Stellung der Substituenten; denn es hat sich gezeigt, daß, in einem gewissen Gegensatz zu den Erfahrungen mit den Sulfitreaktionen (siehe S. 204 f.), gerade α-Naphtylaminsulfonsäuren mit m-ständiger Sulfogruppe leichter mit Anilin reagieren, wie die isomeren Verbindungen; aber die Produkte haben anscheinend (außer für Azinfarbstoffe) keine besondere Bedeutung erlangen können. So entstehen z. B. Dianilidonaphtalinsulfonsäuren (6) aus den Naphtylamindisulfonsäuren 1, 3, 6 (5) und 1, 3, 7 durch Kondensation mit Anilin und Anilinchlorhydrat:

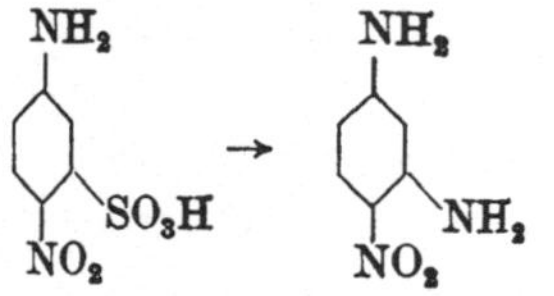

1, 3 - Dianilidonaphtalinsulfonsäuren.

DieNatriumamidSchmelze.

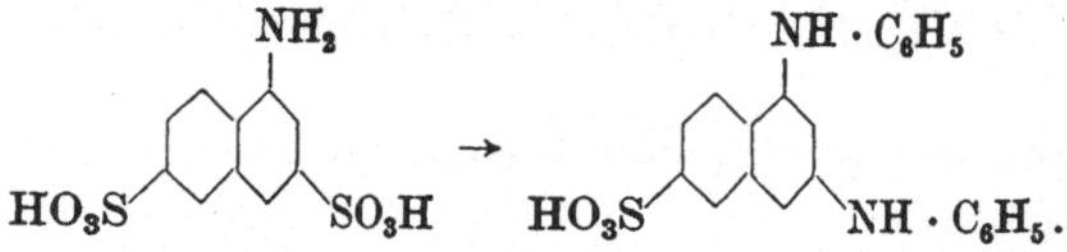

3. Im Zusammenhang mit dieser Reaktion sei an eine andere erinnert, die ihr sehr nahe steht: die Einwirkung von Natriumamid, $NaNH_2$, auf aromatische Sulfonsäuren (siehe S. 162). Die Reaktion entspricht der Gleichung:

$$R \cdot SO_3Na + H_2N \cdot Na \;\rightarrow\; R \cdot NH_2 + Na_2SO_3$$

und verläuft mit großer Heftigkeit. Es treten infolgedessen sehr leicht Nebenreaktionen ein, auf die hier nicht näher eingegangen werden soll.

Aromatische Amine mittels Hydroxylamin.

4. Eine scheinbar sehr naheliegende, tatsächlich aber nur unter besonderen Umständen zu verwirklichende Methode zur Darstellung von Aminen ist gegeben durch das Schema:

$$R \cdot H \;\overset{+HO \cdot NH_2}{\underset{-H_2O}{\rightarrow}}\; R \cdot NH_2.$$

Die Kondensation von **Hydroxylamin**, $HO \cdot NH_2$, mit aromatischen Verbindungen erfolgt in Gegenwart von Aluminiumchlorid. Aus Benzol entsteht Anilin, aus Toluol erhält man 10% o-Toluidin und 90% p-Toluidin. Die drei isomeren Xylole liefern die drei verschiedenen Xylidine (1). Aus m-Dinitrobenzol ist durch **einmaligen** Eintritt einer Aminogruppe das Dinitranilin (2) und durch Wiederholung der Reaktion das Dinitro-m-Phenylendiamin (3) erhalten worden. Technisch ist die interessante Reaktion bisher ohne Bedeutung geblieben.

$$(1) \qquad \text{und} \qquad (2) \qquad (3)$$

Zum Schluß sei noch eine Methode erwähnt, die eine Zeitlang ausgedehnte technische Anwendung fand, gegenwärtig aber wohl nicht mehr von Bedeutung ist. Es handelt sich hierbei um die Überführung von Karbonsäuren in Amine: $R \cdot COOH \rightarrow R \cdot NH_2$. Diese Reaktion hat Verwendung gefunden zur Überführung der Phtalsäure (4) in die Anthranilsäure (5), welch letztere als Ausgangsmaterial für die In-

Die Hofmann-
sche Re-
aktion zur
Darstellung
von Aminen
aus Säure-
amiden.

$$(4) \qquad \rightarrow \qquad (5)$$

digofabrikation einige Jahre hindurch eine außerordentliche Rolle gespielt hat. Die Reaktion ist ihrer Bedeutung entsprechend in der mannigfachsten Weise variiert worden. Man hat außer den bisher bekannten Zwischenkörpern (s. u.) noch eine Reihe anderer dargestellt; doch sind diese Versuche, so interessant sie in wissenschaftlicher Beziehung sein mögen, technisch ohne Bedeutung geblieben.

Betrachten wir die Reaktionen, die zunächst in der aliphatischen Reihe untersucht wurden, so unterliegt es wohl keinem Zweifel, daß bei der Einwirkung von Brom (oder Chlor) auf das Säureamid zunächst ein am Stickstoff bromiertes Amid entsteht:

Der Mecha-
nismus der
Hofmann-
schen Re-
aktion.

$$R \cdot CO \cdot NH_2 \quad \underset{-HBr}{\overset{+Br_2}{\rightarrow}} \quad R \cdot CO \cdot NH \cdot Br.$$

Hinsichtlich des weiteren Überganges des halogenisierten Amids in das Amin kann man zweifelhaft sein. Als Hypothese darf man vielleicht annehmen, daß zunächst der höchst labile Zwischenkörper $R \cdot CO \cdot N =$

$$(1) \quad R \cdot CO \cdot N \underset{Br}{\overset{H}{\diagup}} \quad \overset{\rightarrow}{-HBr} \quad R \cdot CO \cdot N =$$

entsteht, da die Reaktion in Gegenwart von Alkali vor sich geht, das Halogenwasserstoff abzuspalten vermag (1). Die Verbindung:

$$R \cdot CO \cdot N = \quad \text{oder} \quad \genfrac{}{}{0pt}{}{R - CO}{N =}$$

wird sich sofort in das Isomere $R \cdot N = CO$ umlagern:

$$R-CO \quad \quad R \quad CO$$
$$\diagdown N= \quad \rightarrow \quad \diagup N \diagdown$$

ein Alkyl- oder Arylcyanat. Dieses Cyanat kann einerseits durch Anlagerung von Wasser übergehen in eine Stickstoffkarbonsäure, die
dann weiter, durch Abspaltung von Kohlensäure, übergeht in das
Amin:

$$R \cdot N = CO + H_2O \quad \rightarrow \quad R \cdot NH \cdot COOH \quad \overset{\rightarrow}{-CO_2} \quad R \cdot NH_2,$$

und andererseits wird durch die Annahme der Cyanatbildung eine Reaktion erklärlich, die stattfindet, wenn nur 1 Mol. Halogen auf 2 Mol.
Säureamid einwirkt. In einem solchen Falle reagiert nämlich dieses
hypothetische Zwischenprodukt $R \cdot N = CO$ mit einem zweiten Molekül
des Säureamids $R \cdot CO \cdot NH_2$ in der Weise, daß sich das Cyanat an das
Säureamid anlagert, wodurch ein Acylharnstoff der Konstitution
$R \cdot NH \cdot CO \cdot NH \cdot CO \cdot R$ entsteht. Ein derartiger Körper findet sich z. B.
als Nebenprodukt bei der Einwirkung von 1 Mol. Brom auf 2 Mol.
Acetamid, $CH_3 \cdot CO \cdot NH_2$, wobei das eine Molekül Acetamid gemäß
obiger Annahme übergeht, in das Isocyanat $CH_3 \cdot N = CO$, während
das andere sich an dieses Isocyanat zu der Verbindung $CH_3 \cdot NH \cdot CO$
$\cdot NH \cdot CO \cdot CH_3$, dem sog. Acetylmonomethylharnstoff addiert:

$$CH_3 \cdot N \quad \quad H \quad \quad \quad CH_3 \cdot NH$$
$$\underset{CO}{\overset{\|}{}} + \underset{NH \cdot CO \cdot CH_3}{\overset{|}{}} \quad \rightarrow \quad \underset{CO \cdot NH \cdot CO \cdot CH_3}{\overset{|}{}}.$$

Die eben geschilderte Reaktion läßt sich auch auf folgenden Vorgang
zurückführen:

$$R \cdot CO \cdot NH \cdot Br \quad oder \quad R \cdot CO \quad \rightarrow \quad R \quad CO \quad oder \quad R \cdot NH \cdot CO \cdot Br,$$
$$\underset{NH \cdot Br}{\overset{|}{}} \quad \quad \underset{NH \quad Br}{\diagdown \diagdown}$$

entsprechend der sog. Beckmannschen Umlagerung, bei der aus
Benzophenonoxim und PCl_5, gemäß den folgenden Reaktionsphasen,
das Benzanilid oder Benzoylanilin entsteht:

$$C_6H_5 \cdot C \cdot C_6H_5 \quad \quad C_6H_5-C-C_6H_5 = C_6H_5-C-C_6H_5 \quad \quad C_6H_5 \quad C-C_6H_5$$
$$\underset{N \cdot OH}{\overset{\|}{}} \quad \rightarrow \quad \underset{N-Cl}{\overset{\|}{}} \quad \quad \underset{N-Cl}{\diagdown} \quad \rightarrow \quad \underset{N \quad Cl}{\diagdown \diagdown}$$

$$oder \ C_6H_5-N=C-C_6H_5 \quad \rightarrow \quad C_6H_5-N=C-C_6H_5 \quad \rightarrow \quad C_6H_5 \cdot NH \cdot CO \cdot C_6H_5$$
$$\underset{Cl}{\overset{|}{}} \quad \quad \quad \underset{OH}{\overset{|}{}}$$

<table><tr><td>Anthranil-
säure aus
Phtalsäure.</td><td>Wendet man die Hofmannsche Reaktion auf das Phtalimid (2)
an, das in einfacher Weise durch die Einwirkung von Ammoniak oder
Ammonkarbonat auf Phtalsäureanhydrid (5) erhältlich ist, so entsteht</td></tr></table>

(2) ... CO\NH ... (3) ... CO·NH₂ / COOH ... (4) ... CO\NHCl / COOH

aus diesem bzw. aus der Phtalaminsäure (3), falls man unterchlorigsaures Natron (in Form von Natronlauge + Chlor) verwendet, als
hypothetische Zwischenphase die dem Symbol $R \cdot CO \cdot NHCl$ entsprechende Verbindung (4) und aus dieser, entweder durch Abspaltung

$$(5) \quad \underset{CO}{\overset{CO}{\bigcirc}}O \quad \underset{-H_2O}{\overset{+NH_3}{\rightarrow}} \quad \underset{CO}{\overset{CO}{\bigcirc}}NH$$

von HCl die gleichfalls hypothetische, ungesättigte und daher äußerst
reaktionsfähige Verbindung (6), die sich sofort unter Addition von H_2O
umlagert in die Anthranilkarbonsäure oder Karboxyanthra-
nilsäure (7), oder es findet der obenerwähnte, der Beckmannschen
Umlagerung analoge Bindungswechsel statt, der zunächst zum Säurechlorid der N-Karboxyanthranilsäure und unter der Einwirkung des
Alkalis sofort zur N-Karbonsäure selbst führt, die unter Abspaltung
von Kohlensäure (in Form von Natriumkarbonat) Anthranilsäure (8)
liefert.

$$(6) \quad \underset{COOH}{\overset{CO \cdot N =}{\bigcirc}} \qquad (7) \quad \underset{COOH}{\overset{NH \cdot COOH}{\bigcirc}} \quad \underset{-CO_2}{\rightarrow} \quad \underset{COOH}{\overset{NH_2}{\bigcirc}} \quad (8)$$

Man kann übrigens die Anthranilokarbonsäure (7) in Form ihres Esters
ziemlich leicht fassen, wenn man auf das Halogenphtalimid (9) alkoholisches Alkali einwirken läßt. Das Anhydrid der Karboxyanthranil-
säure ist die sog. Isatosäure (10). Diese Verbindung steht dem Isatin
bzw. Pseudoisatin (11) nahe, und daher rührt auch der Name. Derartige N-Karbonsäuren wie die Verbindung (7) oder ihre Ester sind auch

$$(9) \quad C_6H_4 \overset{CO}{\underset{CO}{\big\langle}} N \cdot Cl \qquad (10) \quad \underset{CO - O}{\overset{NH - CO}{\bigcirc}} \qquad (11) \quad \underset{CO}{\overset{NH}{\bigcirc}}CO$$

in der Fettreihe erhältlich, z. B. die Urethane: $R \cdot NH \cdot CO_2C_2H_5$.
Sie können leicht verseift werden und gehen dabei unter Abspaltung
von CO_2 in die entsprechenden Amine über.

Wenn auch die Hofmannsche Reaktion, die in der Technik bisher
wohl nur für die Darstellung der Anthranilsäure in erheblichem Maßstabe
Anwendung gefunden hat, heute nicht mehr ganz die frühere Bedeutung
besitzt, so bietet sie doch in theoretischer Beziehung ein so hervorragendes Interesse, daß es wohl gerechtfertigt sein dürfte, ihr, wie
geschehen, eine längere Betrachtung zu widmen, angesichts der großen
Wichtigkeit, die den Umlagerungen bei so zahlreichen Synthesen zukommt.

Was nun die Umwandlungen der Amine anlangt, so ist als eine
der wichtigsten Reaktionen die Überführung der Amine in die entsprechenden Phenole, $R \cdot NH_2 \rightarrow R \cdot OH$, zu erwähnen, von der unten
noch ausführlich die Rede sein wird. Die umgekehrte Reaktion, die

Verschiedene Umwandlungen der Amine.

Überführung der Phenole in Amine, $R \cdot OH \rightarrow R \cdot NH_2$, haben wir bereits kennengelernt (siehe S. 199 ff.), vor allem auch die Tatsache, daß beide Reaktionen in vielen Fällen erleichtert werden durch die Bildung von Schwefligsäureestern, $R \cdot O \cdot SO_2Na$, die als Zwischenprodukte eine wichtige Rolle spielen.

Eine weitere Reaktion der Amine beruht auf ihrer Überführbarkeit in Nitroverbindungen durch Oxydation: $R \cdot NH_2 \rightarrow R \cdot NO_2$ (siehe S. 184 f.). Technisch viel wichtiger aber ist, wie gezeigt wurde, die Umkehrung dieser Reaktion, nämlich die Überführung der Nitroverbindungen in die Aminoverbindungen durch Reduktion. Ferner erhält man durch Diazotieren der Amine mittels Nitrit und Salzsäure die entsprechenden Diazoniumchloride und aus den Diazoniumhalogeniden durch Erhitzen in Gegenwart von Kupferhalogenüren die entsprechenden kernhalogenisierten Derivate.

Ferner kann man diese Diazoniumverbindungen in Merkaptane überführen: $R \cdot N_2 \cdot Cl \rightarrow R \cdot SH$ (siehe S. 153 f.) einerseits und in Sulfinsäuren: $R \cdot N_2 \cdot Cl \rightarrow R \cdot SO_2H$ andererseits, wozu die Gegenwart von Kupfer oder Cu-Salzen erforderlich ist (siehe S. 152).

Von den hier angeführten Reaktionen ist das wesentlichste bereits besprochen worden, so daß näheres Eingehen an dieser Stelle nicht mehr erforderlich ist.

Übersicht über die Entstehung und Umwandlung der aromatischen Aminoverbindungen.

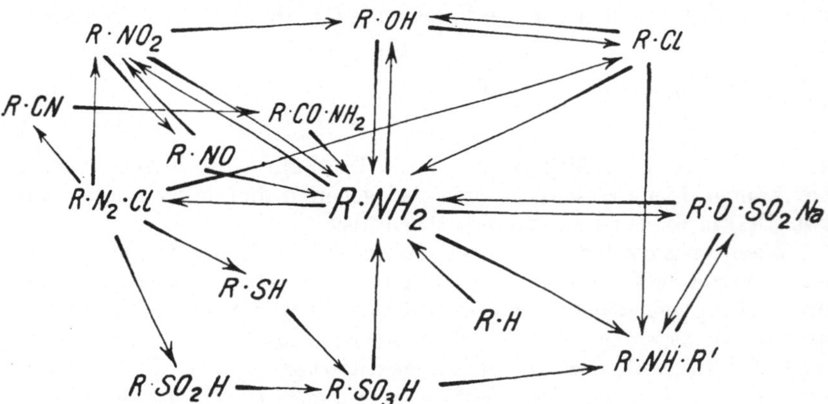

G) Darstellung von Hydroxylverbindungen.

Es ist bisher ein **technisch** noch ungelöstes Problem, durch eine glatt verlaufende unmittelbare Oxydation einen Kernwasserstoff gerade der **einfachsten** aromatischen Verbindungen durch die Hydroxylgruppe zu ersetzen. Dies wäre der einfachste Weg, um Kohlenwasserstoffe von der Art des Benzols oder Naphtalins in Phenole überzuführen: $R \cdot H \rightarrow R \cdot OH$. Die Lösung dieses Problems würde ohne Zweifel einen sehr großen technischen Erfolg darstellen. Man ist bisher gerade für die einfachsten, aber wichtigsten Fälle in der Regel auf Umwege angewiesen. Bemerkt sei, daß vereinzelt zwar derartige unmittelbare Oxydationen ausgeführt wurden (vgl. auch S. 187), technisch aber belanglos geblieben sind; z. B. läßt sich Phenol durch Persulfat in Hydrochinon (also eine Monohydroxylverbindung in eine Dihydroxylverbindung) überführen. Ferner erhält man aus Benzol durch elektrolytische Oxydation, neben Phenol und Hydrochinon, das o-Dioxybenzol (Brenzkatechin), aus Toluol und Sauerstoff in Gegenwart von **Aluminiumchlorid** das m-Kresol sowie in analoger Weise, und zwar in der Kalischmelze, aus Benzoësäure die m-Oxybenzoësäure. Übrigens ist schmelzendes Kali ein besonders leicht zu **Oxydationsprodukten** führendes Mittel, ein Umstand, der wohl zu berücksichtigen ist, falls man, wie dies bei der Erforschung der Konstitution organischer Verbindungen (z. B. natürlicher Farbstoffe) vielfach geschieht, durch schmelzendes Kali eine Zerlegung des Moleküls in seine Bestandteile herbeizuführen trachtet. Auch in der Alizarinreihe gibt es Reaktionen, die scheinbar derartige unmittelbare Oxydationen aromatischer Verbindungen gestatten, wie sie durch das Symbol: $R \cdot H + O \rightarrow R \cdot OH$ dargestellt werden können. Die technische Anwendung dieser bemerkenswerten, tatsächlich übrigens gar nicht so einfach verlaufenden Reaktion ist aber fast ausschließlich auf die Alizarinreihe beschränkt. In den vielen wichtigen Fällen der Benzol- und Naphtalinreihe ist sie bis jetzt mit technischem Erfolg nicht anwendbar.

Eine zweite Möglichkeit, zu Hydroxylverbindungen zu gelangen, besteht in der Überführung der Halogenderivate in die zugehörigen Phenole, eine Reaktion, die etwa der Gleichung: $R \cdot Cl + NaOH \rightarrow R \cdot OH + NaCl$ entspricht. Dieser Ersatz geht in gewissen Fällen bekanntlich (siehe S. 90 f.) verhältnismäßig leicht vor sich, nämlich beim Vorhandensein negativer Gruppen in o- und p-Stellung zum Halogen. Aber in anderen Fällen verläuft die Reaktion erheblich träger, so daß man eine Art **Alkalischmelze** anwenden muß, um das Chlor durch Hydroxyl zu ersetzen (1). Man wendet diese Methode auf dem Naphtalingebiet gegenwärtig nur noch in verhältnismäßig seltenen Fällen an.

Von viel größerer Bedeutung ist die schon mehrfach erwähnte Überführung von **Amino**gruppen in Hydroxylgruppen: $R \cdot NH_2 \rightarrow R \cdot OH$. Die Leichtigkeit, mit der der Ersatz der Amino- durch Hydroxylgruppen vor sich geht, ist in weitgehendem Maße abhängig von der Konstitution der Amine. Es gibt Amine, die sich mit der größten Leichtigkeit in Hydroxylverbindungen überführen lassen, ja die kaum existenzfähig sind in heißem Wasser, weil unter diesen Umständen schon eine Hydrolyse eintritt, die die Abspaltung von Ammoniak zur Folge hat. Zu den leichter hydrolysierbaren Substanzen gehören die Diamine und Triamine, wie z. B. 1, 8-Naphtylendiamin, m-Phenylendiamin und 1, 3, 5-Triaminobenzol. Schon etwas schwieriger reagieren o-Aminophenol und o-Phenylendiamin, die durch Säuren zu Brenzkatechin hydrolysiert werden.

Ein wichtiger Fall, in dem man sich der Hydrolyse bedient, ist z. B. das α-Naphtylamin, das technisch durch Reduktion des α-Nitronaphtalins, ähnlich wie Anilin aus Nitrobenzol, dargestellt wird. Durch Hydrolyse des schwefelsauren Salzes, allerdings bei höherer Temperatur (unter Druck), kann es ziemlich glatt in α-Naphtol übergeführt werden (2). Die Hydrolyse der Amine, zu der in einzelnen Fällen, wie erwähnt,

$$(1) \quad \underset{\text{Cl}}{\overset{\text{COOH}}{\bigodot}} \quad \overset{+\,\text{NaOH}}{\underset{-\,\text{NaCl}}{\longrightarrow}} \quad \underset{\text{OH}}{\overset{\text{COOH}}{\bigodot}} \qquad\qquad (2) \quad \overset{\text{NH}_2}{\bigodot\!\bigodot} \quad \longrightarrow \quad \overset{\text{OH}}{\bigodot\!\bigodot}$$

b) durch Erhitzen mit Säuren und Alkalien.   schon Erhitzen mit Wasser genügt, wird in der Regel erheblich befördert durch Hinzufügen von Säuren oder Alkalien. Mehrere wichtige Dioxynaphtalinsulfonsäuren lassen sich auf diese Weise durch Erhitzen der entsprechenden Aminonaphtolsulfonsäuren erhalten; so z. B. geht die 1, 8, 4-Aminonaphtolsulfonsäure (3) schon beim Erhitzen mit verdünntem Alkali über in die entsprechende Dioxysäure (4); ebenso verhält sich die H-Säure (5), aus der auf dem gleichen Wege die Chromotropsäure (6) erhalten werden kann. In der Technik bewirkt man die Hydrolyse vorzugsweise, wenn irgend möglich, mittels der Alkalien, obwohl

$$(3) \quad \overset{\text{HO}\ \ \text{NH}_2}{\underset{\text{SO}_3\text{H}}{\bigodot\!\bigodot}} \quad \overset{+\,\text{H}_2\text{O}}{\underset{-\,\text{NH}_3}{\longrightarrow}} \quad \overset{\text{HO}\ \ \text{OH}}{\underset{\text{SO}_3\text{H}}{\bigodot\!\bigodot}} \quad (4)$$

$$(5) \quad \underset{\text{HO}_3\text{S}\qquad\text{SO}_3\text{H}}{\overset{\text{HO}\ \ \text{NH}_2}{\bigodot\!\bigodot}} \quad \overset{+\,\text{H}_2\text{O}}{\underset{-\,\text{NH}_3}{\longrightarrow}} \quad \underset{\text{HO}_3\text{S}\qquad\text{SO}_3\text{H}}{\overset{\text{HO}\ \ \text{OH}}{\bigodot\!\bigodot}} \quad (6)$$

diese teurer sind wie die Mineralsäuren (Salzsäure und Schwefelsäure). Denn das Erhitzen mit verdünnten Säuren würde die metallenen Gefäße, die bei derartigen, mit höheren Drucken verknüpften Operationen vornehmlich benutzt werden, sehr stark angreifen. In allen Fällen daher, in denen sich in der Technik bei derartigen Operationen Säuren vermeiden lassen, geschieht dies, selbst dann, wenn die Ersatzmittel etwas teurer sind.

Ein Fall, der noch besondere Erwähnung verdient, ist die Überführung der Naphthionsäure in die 1, 4-Naphtolsulfonsäure durch Erhitzen mit Alkali (1). Dieses Verfahren ist wohl eine Zeitlang das beste

zur Herstellung der 1, 4-Naphtolsulfonsäure gewesen, bis es durch das Sulfitverfahren überholt wurde. Es bedarf übrigens in diesem Fall ziemlich starker, etwa 40 proz. Natronlauge und einer Temperatur von etwa 150°, um Ammoniak abzuspalten. — Diese Beispiele dürften genügen, um zu zeigen, wie mannigfaltig sich diese hydrolytischen Verfahren technisch gestalten.

Ein anderes sehr wichtiges Verfahren, das eine Zeitlang viel benutzt wurde und in einzelnen Fällen auch heute noch in beträchtlichem Umfange Anwendung findet, bedient sich des Umweges über die Diazoniumverbindungen. Es ist also gekennzeichnet durch die beiden Phasen: 1. Diazotieren und 2. Verkochen oder Umkochen. Da bekanntlich bei der Umkochung der Diazoniumchloride die Möglichkeit besteht, daß Chlor, wenigstens teilweise, an Stelle der NH_2-Gruppe in den Kern eintritt (siehe S. 85 f.), so zieht man vor, die Diazoniumsulfate anzuwenden. Dementsprechend wurde z. B. die Naphthionsäure in Gegenwart von Schwefelsäure diazotiert und durch Umkochen übergeführt in die 1, 4-Naphtolsulfonsäure. Dieses Verfahren hat neben dem obenerwähnten Verfahren, das auf der Hydrolyse der Naphthionsäure durch Alkali beruht, gleichfalls lange Jahre hindurch Anwendung gefunden; die Reaktion verläuft aber nicht ganz so glatt wie bei der Hydrolyse.

Hierbei sei auf einen ganz allgemeinen Gesichtspunkt hingewiesen, der zu beobachten ist bei der Überführung von Aminen in Phenole (und Naphtole) auf dem Wege über die entsprechenden Diazoniumverbindungen. Die Diazoniumverbindungen haben die Fähigkeit, sich mit Phenolen und Naphtolen zu kuppeln. Wenn also 1 Mol. der Diazoniumverbindung übergeführt werden soll z. B. in das entsprechende Naphtolderivat und die Reaktion ist zur Hälfte vorgeschritten, so befindet sich im Reaktionsgemisch $\frac{1}{2}$ Mol. der Diazoniumverbindung, $R \cdot N_2 \cdot OH$, neben $\frac{1}{2}$ Mol. des Naphtolabkömmlings, $R \cdot OH$. Diese beiden Komponenten können sich unter geeigneten Umständen vereinigen zu einem Azofarbstoff (1), und es ist leicht verständlich, daß mit großer

Sorgfalt Vorkehrungen getroffen werden müssen, um diese Azofarbstoffbildung zu verhindern. Das geschieht, ganz allgemein gesagt, dadurch, daß man die Reaktionsbedingungen so gestaltet, daß eine

c) durch Umkochen der Diazoniumverbindungen.

Kupplung nicht eintreten kann. Die Kupplung der Diazoniumverbindung mit dem Naphtolabkömmling, $R \cdot OH$, tritt nur dann ein, wenn das Reaktionsgemisch nicht zu sauer ist, also nur bei schwach saurer, neutraler oder alkalischer Reaktion. Wenn das Gemisch aber stark sauer ist, z. B. entsprechend einer 5 proz. Schwefelsäure, dann wird es gelingen, die Azofarbstoffbildung nahezu vollkommen auszuschließen. Falls also derartige Umkochungen vorgenommen werden sollen, so muß die Kupplung (auch bei höherer Temperatur) durch ausreichende Acidität verhindert werden. Der Verlauf der Umkochung wird dann etwa der folgende sein: Die Menge der Diazoniumverbindung, $R \cdot N_2 \cdot OH$, wird beständig abnehmen und die Menge des Phenols oder Naphtols in gleichem Maße beständig zunehmen. Es gibt infolgedessen einen Zeitpunkt, in dem von beiden Komponenten etwa 50% vorhanden sind. Dies ist der kritischste von allen, weil er für eine Farbstoffbildung der günstigste ist (siehe oben). Die Anwendung stärkerer Schwefelsäure ist allerdings auch gewissen Beschränkungen unterworfen; wendet man eine zu starke Schwefelsäure an, so besteht die Gefahr, daß z. B. bei der 1, 4-Naphtolsulfonsäure die Sulfogruppe abgespalten wird, was nicht nur eine Verminderung der Ausbeute, sondern gleichzeitig auch eine Verunreinigung des Hauptproduktes, in diesem Falle mit α-Naphtol, zur Folge hat; die auf diese Weise durch Umkochung erhältliche 1, 4-Naphtolsulfonsäure ist tatsächlich übrigens erfahrungsgemäß bei weitem nicht so rein wie diejenige, die bei Anwendung der Bisulfitreaktion (siehe S. 202 f.) entsteht.

Chromotropsäure. Als Beispiel eines Falles, in dem die Umkochung einer Diazoniumverbindung auch heute noch technische Anwendung findet, sei das Verfahren zur Darstellung der Chromotropsäure erwähnt (siehe S. 122), die man erhalten kann dadurch, daß man die 1, 3, 6, 8-Naphtylamintrisulfonsäure diazotiert und zur Naphtoltrisulfonsäure umkocht, worauf diese dann weiterhin verschmolzen wird zur Chromotropsäure:

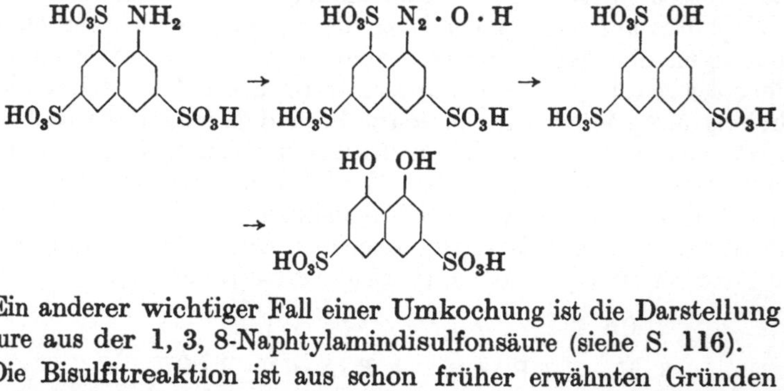

$$HO_3S\;\;NH_2 \quad\rightarrow\quad HO_3S\;\;N_2 \cdot O \cdot H \quad\rightarrow\quad HO_3S\;\;OH$$
$$HO_3S\;\;\;\;\;\;SO_3H \qquad HO_3S\;\;\;\;\;\;SO_3H \qquad HO_3S\;\;\;\;\;\;SO_3H$$

$$\rightarrow\quad HO\;\;OH$$
$$HO_3S\;\;\;\;\;\;SO_3H$$

ε-Säure.
Die Sulfitreaktion. Ein anderer wichtiger Fall einer Umkochung ist die Darstellung der ε-Säure aus der 1, 3, 8-Naphtylamindisulfonsäure (siehe S. 116).

Die Bisulfitreaktion ist aus schon früher erwähnten Gründen bei der ε-Säure und den von ihr sich ableitenden Naphtylaminsulfonsäuren nicht anwendbar; dagegen lassen sich zahlreiche Mono- und Dioxy- bzw. Aminooxyverbindungen der Naphtalinreihe mittels der Bisulfitreaktion aus den entsprechenden Amino-, Aminooxy- und Diaminoverbindungen gewinnen. Die K-Säure (1) ist der Bisulfitreaktion zugänglich, während die isomere H-Säure (2) sich mittels Bisulfit nicht in die entsprechende Peri-Dioxysäure überführen läßt, ein Umstand, von dem man zu analytischen Zwecken Gebrauch machen kann.

Bemerkenswert ist die Tatsache, daß bei der Diazotierung und Umkochung von peri-Naphtylaminsulfonsäuren (z. B. 1, 8; 1, 3, 8; 1, 4,8 u. dgl.) zunächst nicht die entsprechenden peri-Naphtolsulfonsäuren entstehen, sondern deren Anhydride, die sog. Naphtsultone; z. B. aus der 1, 8-Naphtylaminsulfonsäure (1) das 1, 8-Naphtsulton (2):

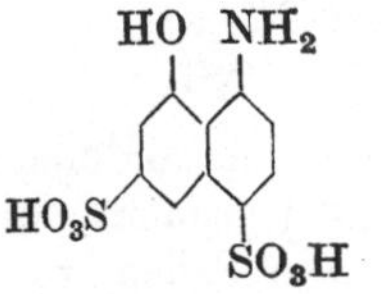

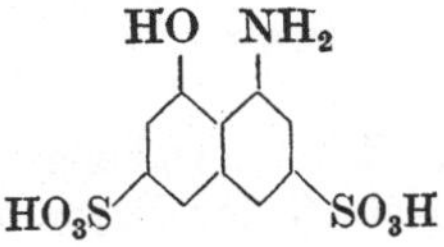

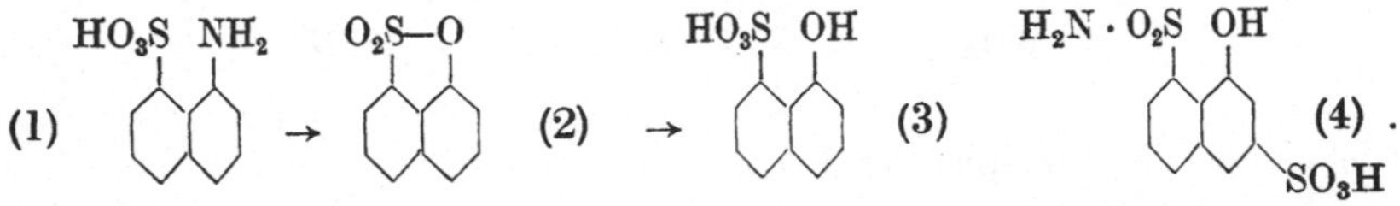

Naphtsultone.

Diese Naphtsultone sind nicht kupplungsfähig mit Diazoniumverbindungen; gegen Säuren sind sie z. B. beständig, lassen sich aber durch Alkalien leicht in die entsprechenden Naphtolsulfonsäuren — z. B. (3) — überführen, während unter der Einwirkung von Ammoniak die zugehörigen Naphtolsulfamide bezw. deren Sulfonsäuren, z. B. (4), entstehen, die mit Diazoniumverbindungen in normaler Weise kuppeln.

Naphtolsulfamide.

Neuerdings ist auch in der Benzolreihe ein Vertreter dieser eigenartigen Anhydride dargestellt worden, und zwar durch die Einwirkung rauchender Schwefelsäure auf die p-Kresoldisulfonsäure

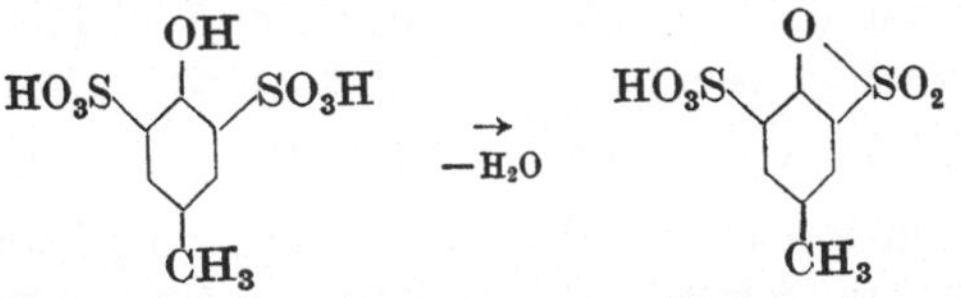

Die Verbindung läßt sich als innerer Arylsulfonsäurephenolester auffassen und ist dementsprechend, im Gegensatz zur Disulfonsäure selbst, durch auffallende Beständigkeit sogar gegen heiße konzentrierte Salpetersäure ausgezeichnet.

Als Analoga der Naphtsultone sind die Naphtsultame, die Anhydride der peri-Naphtylaminsulfonsäuren, anzusehen, die, in ähnlicher Weise wie das eben erwähnte Sulton aus der p-Kresoldisulfonsäure, durch die Einwirkung starker rauchender Schwefelsäure auf peri-Naphtylaminsulfonsäuren erhalten werden, wobei gleichzeitig, sofern

Naphtsultame.

nicht schon die sämtlichen in Betracht kommenden Stellungen durch Sulfogruppen besetzt sind, eine Sulfonierung stattfindet:

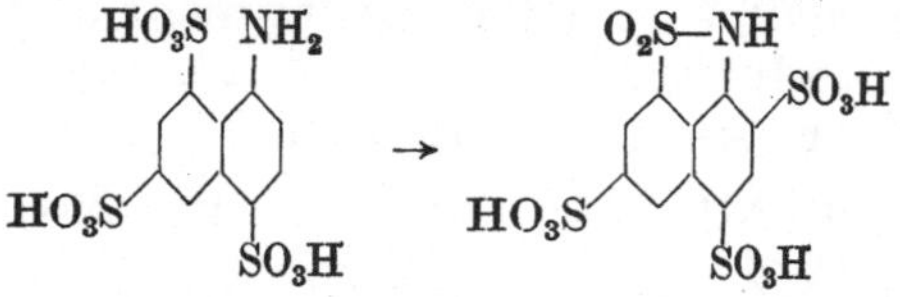

Verkochen der Diazoniumverbindungen zu aromatischen Kohlenwasserstoffen. ($R \cdot NH_2 \rightarrow R \cdot H$).

In diesem Zusammenhange sei kurz noch einer anderen bemerkenswerten Eigenschaft der Diazoniumverbindungen gedacht, von der sowohl zu wissenschaftlicher als auch, in vereinzelten Fällen, zu technischen Zwecken Gebrauch gemacht wird. Verkocht man nämlich eine Diazoniumverbindung, statt in wäßriger Lösung (siehe oben), in stark alkoholischer Lösung, so findet, indem der Alkohol zu Aldehyd oxydiert wird, ein Ersatz der Diazogruppe, mittelbar also der ursprünglich vorhandenen primären Aminogruppe, durch ein Atom Wasserstoff statt, entsprechend dem Schema:

$$R \cdot NH_2 \rightarrow R \cdot \underset{\overset{|||}{N}}{N} \cdot O \cdot SO_2 \cdot OH \rightarrow R \cdot H$$

(siehe auch das Beispiel auf S. 88).

α-Naphtol.

Die Darstellung des α-Naphtols kann technisch auf zweierlei Weise erfolgen, indem man entweder die Naphtalin-α-Sulfonsäure verschmilzt (siehe unten), oder aber ausgeht vom α-Naphtylamin (siehe S. 216). Es kommt auf die besonderen Umstände an, ob man die eine oder andere Möglichkeit bevorzugt; jedenfalls spielt die Darstellung des α-Naphtols aus dem α-Naphtylamin durch Erhitzen mit Schwefelsäure eine gewisse Rolle, während die Bisulfitreaktion für α-Naphtol praktisch ohne Bedeutung ist. α-Naphtol ist, wie schon erwähnt, ein wertvolles Zwischenprodukt insbesondere für die Darstellung von Naphtolgelb, Naphtolgelb S (siehe S. 131 ff.) und α-Naphtolblau.

Die Alkalischmelze.

Eine der wichtigsten Methoden für die Darstellung von aromatischen Phenolen ist die sog. „Alkalischmelze" der sulfonsauren Salze, ein Vorgang, der sich ausdrückt in der Formel:

$$R \cdot SO_3Na + NaOH \rightarrow R \cdot OH + Na_2SO_3.$$

Man kann sich den Reaktionsverlauf, allerdings nur scheinbar, sehr einfach klarmachen am Beispiel der Benzolsulfonsäure. Wenn man diese mit Alkali schmilzt, so erhält man Natriumsulfit und Phenol:

$$C_6H_5 \cdot SO_3Na + NaOH \rightarrow C_6H_5 \cdot OH + Na_2SO_3.$$

Der Prozeß verläuft, rein äußerlich betrachtet, in der Weise, daß das Natrium des NaOH sich mit der Gruppe SO_3Na vereinigt und das OH an den Benzolkern wandert. Tatsächlich aber ist der Reaktionsmechanismus zweifellos ein ganz anderer. Es ist wohl anzunehmen, daß die Wirkung der Alkalischmelze primär darin besteht, daß das sulfonsaure Salz eine Umlagerung erfährt zu einem Schwefligsäureester, daß also R · SO$_3$Na übergeht in die isomere Verbindung R · O · SO$_2$Na, und daß nun dieser Schwefligsäureester unter der weiteren Einwirkung des Alkalis sofort sich spaltet in das entsprechende Phenol und Sulfit. Ein höchst eigenartiges Verhalten zeigen beim Verschmelzen gewisse Benzolderivate, insofern als nicht nur aus der m-Benzoldisulfonsäure das m-Dioxybenzol (2, Resorcin) erhalten werden kann, sondern auch   Resorcin. aus gewissen (o- und) p-Derivaten, wie z. B. aus der p-Phenolsulfonsäure, der p-Chlorbenzolsulfonsäure und der p-Benzoldisulfonsäure (1). In letzterem Falle entsteht in der Kalischmelze als Zwischenprodukt die Phenol-m-Sulfonsäure (3).

Die Verschmelzung des benzolsulfonsauren Natrons mit Natron-   Phenol. hydrat erfordert zwar hohe Temperaturen, erfolgt aber ziemlich glatt und mit guter Ausbeute. Trotzdem ist es vom wirtschaftlichen Standpunkt aus schwierig zu entscheiden, ob sich die synthetische Darstellung des Phenols aus Benzol empfiehlt; denn Phenol ist in reichlichen Mengen aus dem Steinkohlenteer zu erhalten, und sein Preis außerordentlich starken Schwankungen unterworfen[1]).

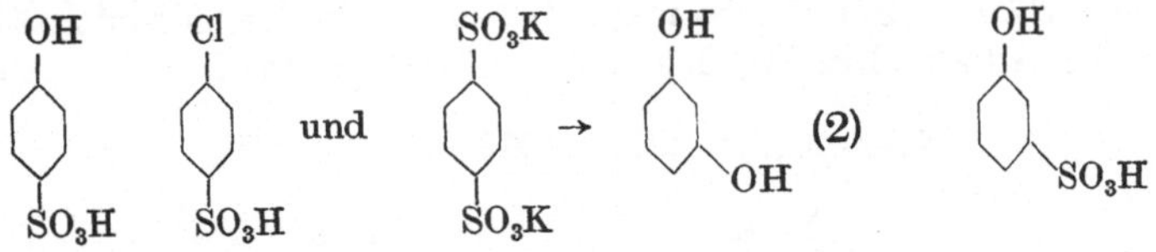

Eine der wichtigsten Anwendungen findet die Alkalischmelze bei   β-Naphtol. der Darstellung des β-Naphtols aus der β-Naphtalinsulfonsäure (siehe S. 113 f.). Der Bedarf an β-Naphtol ist außerordentlich groß; β-Naphtol kommt in Betracht: 1. als Ausgangsmaterial für die β-Naphtolsulfonsäuren (siehe S. 133 ff.), 2. für die Darstellung von β-Naphtylamin und Derivaten (siehe S. 208), 3. für die Erzeugung von Pararot (siehe S. 114), 4. für die analoge „Entwicklung" von Farbstoffen auf der Faser durch Diazotieren und Kuppeln mit β-Naphtol (siehe S. 114). Der Bedarf an β-Naphtol ist zurzeit wohl nach Millionen von kg jährlich zu bemessen.

Für die Darstellung des α-Naphtols kommen nach dem früher   α-Naphtol. Gesagten zwei Möglichkeiten in Betracht: Entweder der Weg Naphtalin → α-Nitronaphtalin → α-Naphtylamin → α-Naphtol oder andererseits Naphtalin → Naphtalin-α-Sulfonsäure → α-Naphtol. Der erstgenannte, scheinbar längere Weg ist neben dem anderen technisch gangbar, weil die im zweiten Falle erforderlichen Mengen Alkali ziemlich teuer sind, während man im ersten Falle Salpetersäure, Eisen und Salzsäure, sowie Schwefelsäure benötigt. Vor allem dürfte die Schwierigkeit, bei der Benutzung der zweiten Methode die Entstehung von β-Naphtol (aus der isomeren β-Naphtalinsulfonsäure) auszuschließen,

---

[1]) In den Jahren kurz vor dem Kriege ist der Preis, der durchschnittlich etwa 1,10 Mk. für 1 kg betrug, erheblich unter 1 Mk. heruntergegangen, während er in besonders günstigen Zeiten bisweilen über 1,50 Mk. gestiegen ist.

nicht ohne Bedeutung sein. — Von Wichtigkeit ist jedoch die Anwendung
der Alkalischmelze bei der Erzeugung von. Naphtolsulfonsäuren, z. B.
aus der 1, 5- und der 2, 7-Naphtalindisulfonsäure oder aus dem technischen Gemisch der 1, 3, 6- und 1, 3, 7-Naphtalintrisulfonsäure. Insbesondere aber sei hier hingewiesen auf die wertvollen Aminonaphtolmono- und -Disulfonsäuren, die aus den entsprechenden Naphtylamindi- und -Trisulfonsäuren durch die Alkalischmelze erzeugt werden.
Die wichtigsten unter ihnen, die γ-Säure, J-Säure, M-Säure, K-Säure,
H-Säure und S-Säure, sollen an dieser Stelle etwas ausführlicher besprochen werden.

J-Säure.   Die J-Säure (2) entsteht aus der 2, 5, 7-Naphtylamindisulfonsäure (1)
durch die Alkalischmelze, indem die α-Sulfogruppe in 5-Stellung sich

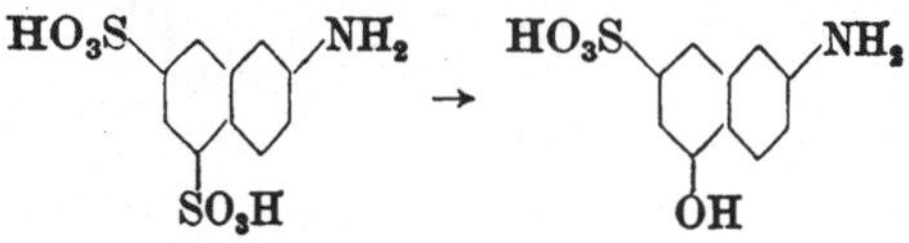

verschmilzt, während die β-Sulfogruppe in 7 unverändert bleibt;
die m-ständige Sulfogruppe begünstigt also die Verschmelzung der
Sulfogruppe in α-Stellung. Die J-Säure entsteht aus der mit einem Alkali
von etwa 50—60%, bei Temperaturen von etwa 175—200°, verschmolzenen Disulfonsäure in ziemlich guter Ausbeute.

γ-Säure.   Ganz ähnlich wie die Verschmelzung der 2, 5, 7-Naphtylamindisulfonsäure zu J-Säure gestaltet sich die Verschmelzung der 2, 6, 8-Naphtylamindisulfonsäure (3) zur γ-Säure (4). Wir haben bezüglich der

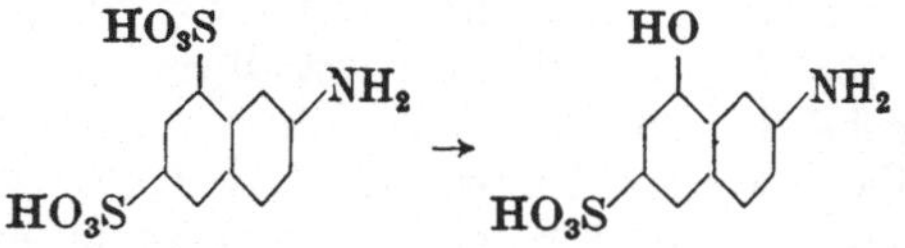

Stellung der Sulfogruppen und ihrer Verschmelzbarkeit ähnliche Verhältnisse wie vorhin bei der J-Säure: Von den beiden Sulfogruppen wird
wieder die in α-Stellung befindliche verschmolzen, deren Verschmelzbarkeit auch in diesem Falle durch die Sulfogruppe in m-Stellung erhöht wird. Man erhält hier ebenfalls, schon bei ziemlich niedrigen
Temperaturen, aus dem sog. Amino-G-Salz eine gute Ausbeute an
γ-Säure.

M-Säure.   Ein ganz analoger Fall ist auch die Verschmelzung der 1, 5, 7-
Naphtylamindisulfonsäure (5) zur M-Säure (6), die unter ähnlichen Bedingungen erfolgt.

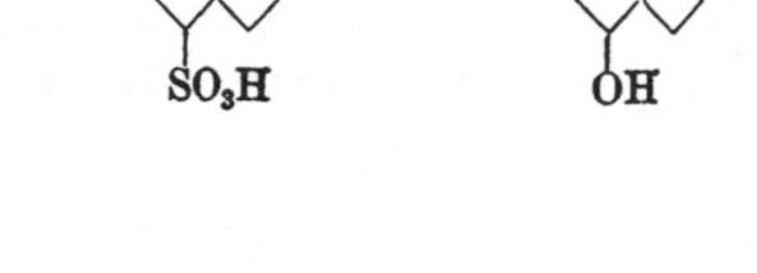

Bei der Verschmelzung der 1, 4, 8-Naphtylamindisulfonsäure (1) S-Säure.
zur S-Säure (2) gelangt eine neue Regel zur Geltung. Es wird nämlich

von den beiden α-ständigen Sulfogruppen in 4 und 8 die periständige
Sulfogruppe (in 8-Stellung) bei der Verschmelzung bevorzugt. Die S-
Säure wird zur Darstellung von wertvollen primären Disazofarb-
stoffen verwendet, wobei in die 2- und 7-Stellung Azogruppen eintreten.
Diese Disazofarbstoffe finden vorwiegend Verwendung zum Färben von
Schwarz auf Wolle.

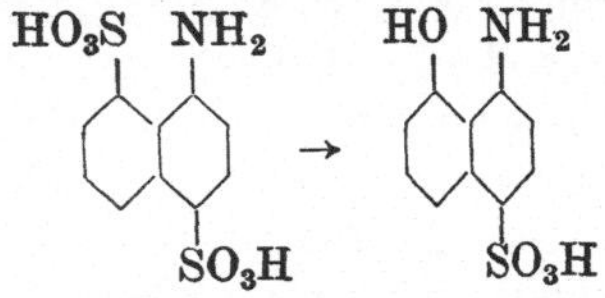

Die 1, 3, 6, 8-Naphtylamintrisulfonsäure (3) verschmilzt sich zur H- u.
1, 8-Aminonaphtol-3, 6-Disulfonsäure, H-Säure (4). Auch bei der Er- K-Säure.

zeugung der H-Säure wird die Verschmelzung der periständigen Sulfogruppe (in 8) durch die m-ständige Sulfogruppe (in 6) erleichtert. Die
H-Säure, als Peri-Aminonaphtolsulfonsäure, dient ähnlichen Zwecken
wie die S-Säure. Über die analoge Verschmelzung der 1, 4, 6, 8-Naph-
tylamintrisulfonsäure zur 1, 8-Aminonaphtol-4, 6-Disulfonsäure, K-
Säure, siehe S. 119.

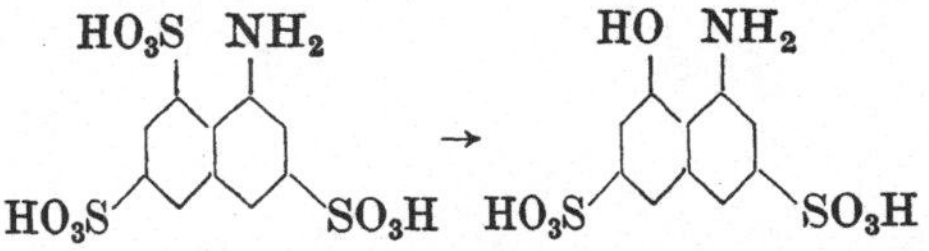

Anschließend sei noch erwähnt eine Säure mit dem Trivialnamen Dioxy-
Dioxy-S-Säure (5). Sie ist das Analogon der obenerwähnten S-Säure (2) S-Säure
mit dem Unterschiede, daß die Aminogruppe in 1 durch Hydroxyl ersetzt ist. Dieser Austausch von NH_2 gegen OH, d. h. der Übergang
von Säure (2) in Säure (5), erfolgt z. B. leicht schon durch verdünntes
Alkali bei 250°, zweckmäßiger jedoch mittels der Sulfitreaktion, also
über den Schwefligsäureester der Konstitution (6). Die Säure kann

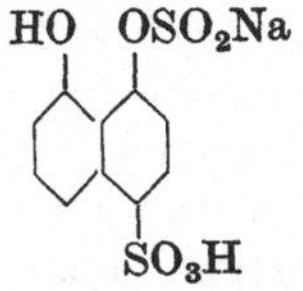

anderseits aber auch durch Verschmelzung der 1, 4, 8-Naphtoldisulfon-
säure (Schöllkopf-Säure, siehe S. 147) erhalten werden. Die Dioxy-Säure
liefert zwar gleichfalls primäre Disazofarbstoffe, die aber gegenüber
denen der Aminonaphtolsulfonsäure S eine untergeordnete Bedeutung
haben. Sie wird, ähnlich der ihr auch sonst nahestehenden Chromotropsäure (siehe S. 218.), in der Regel zur Darstellung von Monoazofarbstoffen benutzt, die als Egalisierfarbstoffe (siehe S. 123) einen ge-

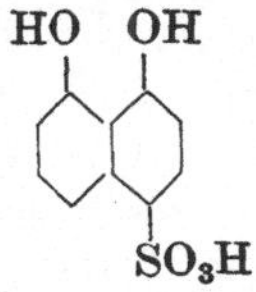

Aufspaltung des Naphtalinkerns durch Alkali.

wissen Wert besitzen. — Bemerkenswert ist eine bei der 1, 3-Naphtalindisulfonsäure und ihren Derivaten durch Erhitzen mit Alkali auf höhere Temperaturen eintretende Reaktion, die sich in der Aufspaltung des einen der beiden Benzolkerne äußert, und zwar desjenigen, der die beiden m-ständigen Sulfogruppen enthält. Offenbar bildet sich zunächst das 1, 3-Dioxynaphtalin, das sog. Naphtoresorcin (1). Dieses erleidet durch das schmelzende Alkali einen Zerfall in o-Toluylsäure und Essigsäure (2). Befindet sich im anderen Kern noch eine 3. Sulfo-

$$(1)\quad \begin{array}{c} COH \\ \diagdown CH \\ \diagup COH \\ CH \end{array} \qquad (2)\quad \begin{array}{c} OH \\ | \\ C + OH_2 \\ \diagdown CH \\ \diagup COH \\ CH + H_2O \end{array} \rightarrow \begin{array}{c} COOH \\ \\ CH_3 \end{array} + \begin{array}{c} CH_3 \\ | \\ COOH \end{array}$$

gruppe, so wird diese gleichfalls verschmolzen, und es entstehen Oxytoluylsäuren, die unter Abspaltung von CO_2 die entsprechenden Kresole liefern, z. B.:

$$\begin{array}{c} SO_3H \\ \\ HO_3S \qquad SO_3H \end{array} \rightarrow \begin{array}{c} OH \\ \\ HO \qquad OH \end{array} \quad \begin{array}{c} +2\,H_2O \\ \rightarrow \\ -CH_3 \cdot COOH \end{array}$$

$$\begin{array}{c} COOH \\ \\ HO \qquad CH_3 \end{array} \quad \begin{array}{c} \rightarrow \\ -CO_2 \end{array} \quad \begin{array}{c} \\ HO \qquad CH_3 \end{array}$$

In analoger Weise reagieren die isomeren Naphtalintrisulfonsäuren oder Naphtol- und Naphtylamindisulfonsäuren.

Regeln bei der Verschmelzung.

Zusammenfassend läßt sich über die unterschiedliche Leichtigkeit, mit der die Verschmelzung von Sulfogruppen vor sich geht, kurz folgendes sagen: Benzolmonosulfonsäure und β-Naphtalinsulfonsäure verschmelzen sich, wenn auch erst bei höheren Temperaturen, ziemlich glatt; etwas leichter verschmilzt sich die α-Naphtalinsulfonsäure. Bei der Verschmelzung von Disulfonsäuren erleichtert die m-Stellung der beiden Sulfogruppen zueinander die Verschmelzung, und zwar insbesondere der α-ständigen Sulfogruppen in Naphtalinderivaten (siehe S. 222). Handelt es sich um die Verschmelzung von α-Naphtol- und α-Naphtylaminsulfonsäuren, so macht sich erfahrungsgemäß gleichfalls eine gewisse Reihenfolge in der Verschmelzbarkeit bemerkbar. Am leichtesten werden durch OH ersetzt die Sulfogruppen in der 8-Stellung, dann folgt die 5-Stellung, darauf die 6- und 7-Stellung, die 3-Stellung, und schließlich verschmelzen sich am schwierigsten die Sulfogruppen in der 2- und 4-Stellung. Bei β-Naphtol- und β-Naphtylaminsulfonsäuren ist die Reihenfolge eine etwas andere, nämlich: 4, 5 und 8, 7, 3, 1 und 6.

Auf Grund dieser Regeln wird man in den meisten Fällen das Ergebnis der Verschmelzung sowohl von Gemischen isomerer Sulfonsäuren als auch von solchen einheitlichen Naphtol- und Naphtylaminsulfonsäuren voraussehen können, die 2 oder mehr Sulfogruppen enthalten (vgl. S. 222f).

Ein höchst auffälliges Verhalten zeigen solche Sulfogruppen, die sich in o-Stellung zu einer Diazogruppe befinden. Die Diazogruppe übt einen eigenartigen lockernden Einfluß auf die Sulfogruppe aus, derart, daß vielfach ganz schwache Alkalien (selbst Acetate) imstande sind, den Ersatz von Sulfogruppen gegen Hydroxylreste herbeizuführen. Auf Grund dieser Tatsache lassen sich zahlreiche α- und β-Naphtylamindisulfonsäuren wie z. B. die 1, 2, 4-, die 1, 2, 5-, die 2, 1, 5-, die 2, 1, 6- und die 2, 1, 7-Naphtylamindisulfonsäure, sowie die 1, 2, 4, 6- und die 1, 2, 4, 7-Naphtylamintrisulfonsäure in die für die Erzeugung von nachchromierbaren Azofarbstoffen wertvollen o-Oxydiazoniumverbindungen überführen, z. B. die 2, 1, 5-Naphtylamindisulfonsäure (1) in die 2, 1-Diazonaphtol-5-sulfonsäure (3) bzw. deren Anhydrid (4):

o-Oxydiazoniumverbindungen aus o-Sulfo-, -Chlor- u. -Nitrodiazoniumverbindungen.

$$(1) \longrightarrow (2) \longrightarrow (3)$$

$$\longrightarrow (4)$$

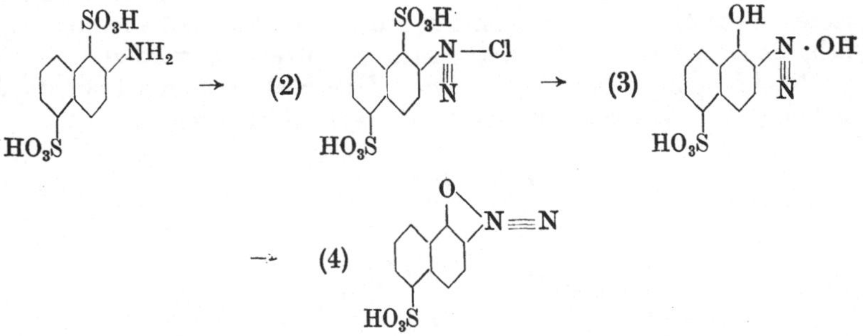

Ganz analog wie auf Sulfogruppen wirkt die o-ständige Diazogruppe auch auf Cl und Nitrogruppen, so daß sich o-Oxydiazoniumverbindungen bzw. deren Anhydride auch aus o-chlorierten oder o-nitrierten Aminen erzeugen lassen, wobei sich vor allem die Derivate der Naphtalinreihe als reaktionsfähig erwiesen haben. Auf diese Weise wurden erhalten die o-Oxydiazoniumverbindungen aus der 1-Chlor-2-Naphtylamin-5-sulfonsäure und den beiden Isomeren, der 1, 2, 6- und der 1, 2, 7-Chlornaphtylaminsulfonsäure, sowie aus einer 2, 4-Dichlor-α-Naphtylaminsulfonsäure, ferner aus der o, o-Diamino-Chlorbenzol-p-Sulfonsäure (1) und der entsprechenden Benzylsulfonsäure (2), ferner aus der 2, 3, 6-Trichloranilin-5-sulfonsäure (3) sowie endlich aus der 2-Nitranilin-4-sulfonsäure (4) und dem 2, 4-Dinitranilin. Zur näheren Erläuterung der Umwandlungen seien die folgenden Formeln angeführt:

$$(1) \quad \longrightarrow \quad \longrightarrow$$

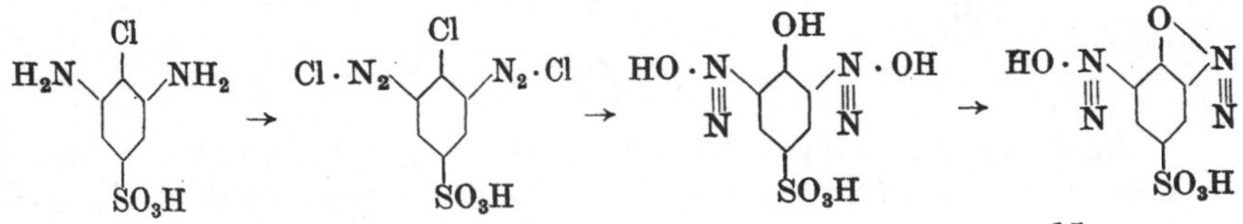

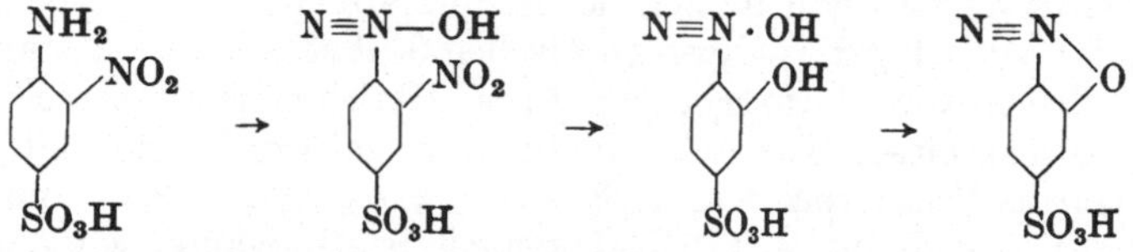

Da das beim Ersatz der Sulfogruppen durch OH-Gruppen, ganz ähnlich wie bei einer regelrechten Verschmelzung, entstehende Sulfit leicht unter Diazosulfonatbildung auf die Diazoniumverbindungen einwirkt (siehe S. 235), so empfiehlt es sich, durch Zusatz von Oxydationsmitteln, wie Unterchlorigsaures Natron oder Wasserstoffsuperoxyd, das Sulfit unschädlich zu machen. Bei der Verwendung von Halogenverbindungen treten diese Schwierigkeiten nicht auf, weshalb sie, falls leicht zugänglich, den entsprechenden Sulfonsäuren vorgezogen werden.

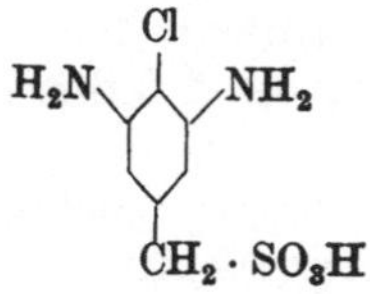

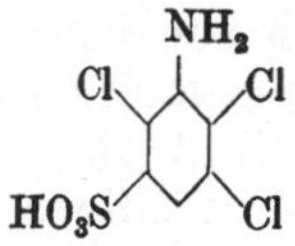

Nachfolgendes Schema soll einen Überblick gewähren über die Darstellung und Verwendung der Hydroxylverbindungen.

$$(R \cdot NH \cdot R)$$

$$R \cdot NH_2$$

$$R \cdot N_2 \cdot Cl \qquad R \cdot O \cdot SO_2Na$$

$$R \cdot H \longrightarrow R \cdot OH \longleftarrow R \cdot SO_3H$$

$$R\!\!<\!\!{OH \atop OH} \qquad R \cdot NO_2$$

$$R \cdot Cl$$

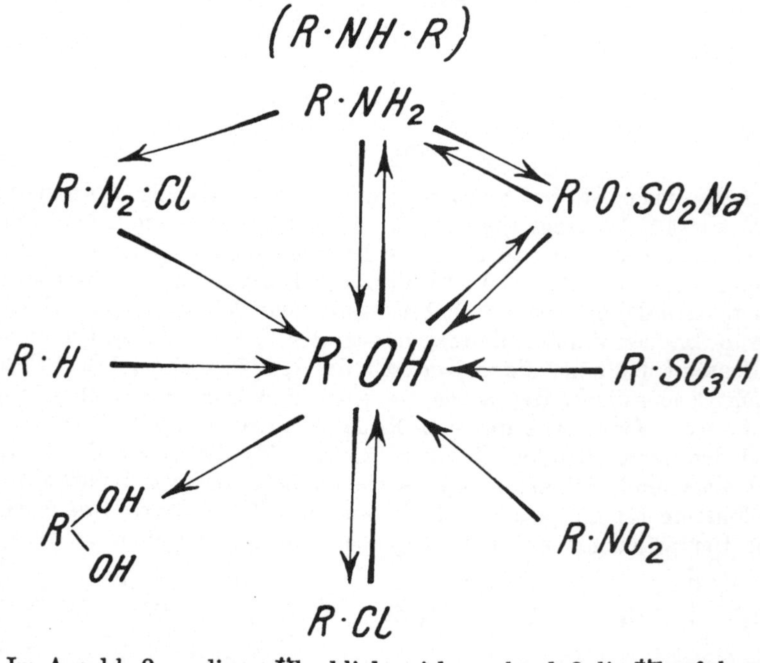

Im Anschluß an diesen Überblick sei bemerkt, daß die Überführung aromatischer Hydroxylverbindungen in die entsprechenden Halogenkohlenwasserstoffe mittels Phosphorhalogenverbindungen (von Ausnahmen abgesehen, siehe Fluoresceïnchlorid) wohl **technisch** ohne Bedeutung ist; das gleiche gilt für die Darstellung von Hydroxylverbindungen aus Nitroderivaten $R \cdot NO_2 \rightarrow R \cdot OH$. Diese Reaktion findet sonst nur in seltenen Fällen Anwendung, und zwar in der Anthrachinonreihe in der modifizierten Form: $R \cdot NO_2 \rightarrow R \cdot O \cdot CH_3$, d. h. behufs Darstellung von α-Methoxy-Anthrachinonen durch Behandlung von α-nitrierten Anthrachinonabkömmlingen mit methylalkoholischem Alkali. Diese Reaktion ist nicht zu verwechseln mit der auf S. 187 erwähnten, wonach in gewissen Fällen nitrierte Kohlenwasserstoffe in Nitrophenole überführbar sind, entsprechend dem Symbol:

$$R{\bigg\langle}{{H}\atop{NO_2}} \rightarrow R{\bigg\langle}{{OH}\atop{NO_2}}$$

H) Die Diazoniumverbindungen.

Technisch kommt für die Darstellung der Diazoniumverbindungen ausschließlich der Weg in Betracht, daß man eine primäre Aminoverbindung, $R \cdot NH_2$, der Einwirkung von Nitrit und Säure unterwirft. Es handelt sich hierbei um einen sehr durchsichtigen Vorgang, indem gemäß Gleichung (1) unter Austritt von 2 Mol. Wasser sich das Dia-

Diazotierung der Amine.

$$(1) \qquad R \cdot N{\bigg\langle}{{{\mathrm{Cl}}\atop{H}}\atop{{H}\atop{H}}} \ +\ {{O}\atop{HO}}{\bigg\rangle}N \ \underset{-2\,H_2O}{\longrightarrow}\ R \cdot N{\overset{\mathrm{Cl}}{\equiv}}N$$

zoniumsalz bildet. Auf diese Weise entstehen z. B. aus den Chlorhydraten der Aminbasen die Diazoniumchloride. Verwendet man Schwefelsäure zum Diazotieren, so erhält man die Diazoniumsulfate (2), nicht zu verwechseln mit den Diazosulfonaten (3) (siehe S. 235). Die Diazoniumverbindungen sind gekennzeichnet vor allem — und darauf beruht auch ihre große technische Bedeutung — durch ihr Vermögen

Das Kupplungsvermögen der Diazoniumverbindungen

$$(2) \qquad R \cdot N{\overset{\diagup\,O \cdot SO_3H}{\equiv}}N \qquad\qquad (3) \qquad R \cdot N{=}N \cdot SO_3Na\,.$$

mit Azokomponenten zu Azofarbstoffen zu kuppeln. Bemerkenswert ist hierbei, daß nur solche organische Verbindungen, in deren Molekül sich mindestens **eine** auxochrome Gruppe (OH oder NH_2 bzw. alkyl-, aryl- oder aralkylsubstituiertes NH_2) befindet, unter den **normalen** Bedingungen (siehe Azofarbstoffe) mit Diazoniumverbindungen sich zu derartigen Farbstoffen zu vereinigen befähigt sind.

Die Einwirkung von Diazoniumverbindungen auf „kupplungsfähige Azokomponenten" kann in 2 wesentlich verschiedenen Formen stattfinden: Einerseits in der Weise, daß die Azogruppe $R \cdot N = N \cdot$ eingreift in eine **auxochrome Gruppe**, also z. B. in die Aminogruppe

Diazoamino- u. Diazooxyverbindungen.

des aromatischen Amins $H_2N \cdot R'$, dann entsteht eine Diazoaminoverbindung:

$$R \cdot N = N \cdot NH \cdot R';$$

oder in die Hydroxylgruppe des aromatischen Phenols $HO \cdot R'$, dann entsteht eine analoge Diazooxyverbindung:

$$R \cdot N = N \cdot O \cdot R'.$$

Azofarbstoffe. Greift anderseits die Azogruppe in den **Kern** ein, so entsteht ein **normaler Azofarbstoff**, und zwar entweder eine Amino- oder eine Oxy-Azoverbindung:

$$R \cdot N = N \cdot R' \cdot NH_2 \quad \text{oder} \quad R \cdot N = N \cdot R' \cdot OH.$$

(Näheres hierüber siehe unter Azofarbstoffen.)

Die Diazoniumverbindungen, die als Salze **starker Basen** aufzufassen sind, besitzen große Reaktionsfähigkeit. Demgegenüber sind die Azoverbindungen sehr stabile Verbindungen, während wieder die Diazoamino- und Diazooxyverbindungen (siehe oben), etwa in der Mitte stehend, dieser Stabilität entbehren und leicht in ihre Komponenten gespalten werden können; z. B. läßt sich eine Diazoaminoverbindung durch Hydrolyse (starke Salzsäure. oder Schwefelsäure) wieder zerlegen, etwa in das Diazoniumchlorid und das angewandte Amin:

$$R \cdot N = N \cdot NH \cdot R' \quad \xrightarrow{+HCl} \quad R \cdot \overset{Cl}{N \equiv N} + H_2N \cdot R'$$

Der Mechanismus dieser eigenartigen Reaktion, wobei das eine der beiden Diazostickstoffatome wieder 5-wertig wird, dürfte wohl gemäß der folgenden Formulierung (1) zu erklären sein. Man hätte sich danach

$$(1) \quad \begin{matrix} R \cdot N + HCl \\ \| \\ N \cdot NH \cdot R' \end{matrix} \rightarrow \begin{matrix} R \cdot N{<}^{Cl}_{H} \\ \| \\ N \cdot NH \cdot R' \end{matrix} \rightarrow \begin{matrix} R \cdot N{\diagup}^{Cl} + H_2N \cdot R' \\ \| \| \| \\ N \end{matrix}$$

vorzustellen, daß in stark saurer Lösung sich geringe Mengen von Salzsäure an den vorher dreiwertigen Stickstoff addieren, worauf die Abspaltung des Amins stattfindet. Die Bildung des Diazoaminokörpers wäre danach also ein in allen seinen Phasen **umkehrbarer** Vorgang (2).

$$(2) \quad \begin{matrix} R \cdot N{\diagup}^{Cl} \\ \| \| \| \\ N \end{matrix} + \begin{matrix} H \\ | \\ NH - R' \end{matrix} \rightarrow \begin{matrix} R \cdot N{<}^{Cl}_{H} \\ \| \\ N \cdot NH \cdot R' \end{matrix} \xrightarrow[-HCl]{} \begin{matrix} R \cdot N \\ \| \\ N \cdot NH \cdot R' \end{matrix}$$

Läßt man ein Diazoniumchlorid auf ein Amin einwirken, dessen **Kern**wasserstoff reagiert, z. B. auf α-Naphtylamin, so addiert sich der Kernwasserstoff in 4-Stellung an das 5-wertige Stickstoffatom und der Rest $-C_{10}H_6 \cdot NH_2$ an das 3-wertige (3). Man erhält also das Additionsprodukt (4), worauf Salzsäure vom 5-wertigen Stickstoff sich ablöst,

indem das vorher an Stickstoff gebundene Chlor mit dem Wasserstoff
sich vereinigt. Der Stickstoff wird dadurch 3-wertig, die Salzsäure

$$(3) \quad \underset{N}{\overset{\mathrm{Cl}}{R \cdot N}} + \underset{C_{10}H_6 \cdot NH_2}{\overset{H}{}} \rightarrow \underset{N \cdot C_{10}H_6 \cdot NH_2}{R \cdot N\langle\overset{Cl}{H}} \quad (4)$$

$$\text{gleich} \quad R \cdot \underset{H}{\overset{Cl}{N}} = N \cdot C_{10}H_6 \cdot NH_2$$

bindet sich an die Aminogruppe des Naphtylamins, und man erhält das
salzsaure Salz eines Aminoazokörpers: $R \cdot N = N \cdot C_{10}H_6 \cdot NH_2$, HCl.

Erinnert sei in diesem Zusammenhang an die Antidiazohydrate Anti- u. Syn-
diazo-
hydrate.
(1), die. offenbar infolge der nur doppelten Bindung zwischen den
beiden Stickstoffatomen, bei weitem nicht mehr die Reaktionsfähigkeit
besitzen wie die durch ihr Anlagerungsvermögen ausgezeichneten Diazoniumsalze mit dreifacher Bindung. Den Übergang von den Diazoniumsalzen zu den Antidiazohydraten vermitteln die Syn-Diazohydrate (2).
Man könnte sich den Vorgang so vorstellen (4), daß unter der Einwirkung
von Alkali sich (Wasser oder) Natronlauge an die dreifache Bindung

$$(1) \quad \underset{N \cdot OH}{\overset{R \cdot N}{||}} \quad \leftarrow \quad \underset{HO \cdot N}{\overset{R \cdot N}{||}} \quad (2) \qquad (3) \quad \underset{N \cdot ONa}{\overset{N \cdot R}{||}}$$

zwischen den beiden Stickstoffatomen anlagert, wodurch man, indem
alsbald (Salzsäure oder) NaCl austritt, das Syn-Diazohydrat bzw.
Syn-Diazotat (3) erhält. Durch Säuren, insbesondere Mineralsäuren,

$$(4) \quad \underset{N}{\overset{R}{N\langle_{Cl}}} + \underset{OH}{\overset{Na}{}} \rightarrow \underset{N \cdot OH}{\overset{N\langle\overset{Na}{R}}{|}{}_{Cl}} \overset{-NaCl}{\rightarrow} \underset{N \cdot OH}{\overset{N \cdot R}{||}}$$

läßt sich das Antidiazohydrat leicht wieder isomerisieren zum reaktionsfähigen Diazoniumsalz. Vielleicht verläuft diese eigenartige Reaktion, die wieder ein 5-wertiges Stickstoffatom entstehen läßt, nach
folgendem Schema:

$$\underset{NaO \cdot N}{\overset{N \cdot R}{||}} \underset{-NaCl}{\overset{+HCl}{\rightarrow}} \underset{HO \cdot N}{\overset{N \cdot R}{||}} \overset{+HCl}{\rightarrow} \underset{\underset{Anti}{HO \cdot N}}{\overset{N\langle\overset{Cl}{R}}{||}{}_H} \rightarrow \underset{\underset{Syn}{N \cdot OH}}{\overset{N\langle\overset{Cl}{R}}{||}{}_H} \underset{-H_2O}{\rightarrow} \underset{N}{\overset{N\langle\overset{Cl}{R}}{||}}$$

Ein interessantes und technisch überaus wichtiges Salz eines Anti- Nitrosamin-
rot.
diazohydrats ist das sog. „Nitrosaminrot" (6). Das Nitrosaminrot stellt
eine haltbare Form des diazotierten p-Nitranilins dar; es entsteht sehr
leicht, wenn man das p-Nitrobenzoldiazoniumchlorid mit überschüs-

$$(5) \quad O_2N \cdot C_6H_4 \cdot N \overset{Cl}{=\!=} N + 2NaOH \underset{-H_2O}{\overset{-NaCl}{\longrightarrow}} \underset{N-ONa}{\overset{O_2N \cdot C_6H_4 \cdot N}{||}} \quad (6)$$

sigem Alkali, z. B. Natriumhydrat, behandelt (5). Das Natronsalz des Antidiazohydrats wird auch als Isodiazotat bezeichnet. Es kuppelt im Gegensatz zu dem äußerst reaktionsfähigen Diazoniumchlorid nicht mehr oder jedenfalls nur außergewöhnlich träge; es ist außerdem sehr beständig, während die gewöhnlichen Diazoniumverbindungen beim Erhitzen sehr leicht eine Zersetzung und Spaltung erleiden, wobei freier Stickstoff entsteht und daneben das dem diazotierten Amin entsprechende Halogen- oder Hydroxylderivat (vgl. S. 85f. und 217f.).

Die Technik der Diazotierung. Die Diazotierung gestaltet sich — auch technisch — sehr einfach, sofern es sich um die gewöhnlichen primären aromatischen Amine handelt (z. B. Anilin, Toluidin usw.).

Man wendet an z. B. 1 Mol. Anilin, fügt 2 Mol. (siehe unten) Salzsäure und ausreichende Mengen Eis hinzu, läßt dann das Nitrit ziemlich rasch einlaufen und prüft durch Tüpfeln, ob die Reaktion beendet ist oder nicht. Es bildet sich zunächst durch die Einwirkung der Salzsäure auf das Nitrit freie Salpetrige Säure, und diese reagiert mit dem Anilinchlorhydrat gemäß der Gleichung (1). Es entstehen also aus insgesamt 1 Mol. Anilin, 2 Mol. Salzsäure und 1 Mol. Natriumnitrit: 1 Mol. Benzoldiazoniumchlorid + 1 Mol. Chlornatrium + 2 Mol. Wasser.

$$(1) \qquad C_6H_5 \cdot N\!\!\begin{array}{l} Cl \\ H \\ H \\ H \end{array} + \begin{array}{l} O \\ HO \end{array}\!\!\!N \quad \xrightarrow{-2H_2O} \quad C_6H_5 \cdot N\!\!\equiv\!\!N^{Cl}$$

Wenn auch die den Diazoniumsalzen entsprechenden Diazoniumhydrate (2) im allgemeinen sehr starke Basen sind, etwa von der Art der Ätzalkalien, also erheblich stärker wie Ammoniak, so sind auf der anderen Seite diese Diazoniumhydrate sehr unbeständig, und dementsprechend wird die Beständigkeit der Diazoniumsalzlösungen er-

$$(2) \qquad \begin{array}{c} OH \\ | \\ R\!-\!N\!\!\equiv\!\!N \end{array}$$

fahrungsgemäß erhöht durch die Gegenwart freier Säuren. Aber noch einen anderen sehr wichtigen Grund hat man, bei der Diazotierung von Aminen im allgemeinen nicht, wie oben für Anilin angegeben, genau theoretische Mengen, sondern einen Überschuß von Säure anzuwenden. Und zwar ist dieser Überschuß bedingt durch die mehr oder minder große Reaktionsfähigkeit der Diazoniumverbindungen gegenüber Azokomponenten, im besonderen also gegenüber den aromatischen Aminen selbst, aus denen sie durch Diazotierung hervorgegangen sind.

Bereits an anderer Stelle (siehe S. 218) wurde darauf hingewiesen, wie man Azokupplungen, falls sie unerwünscht sind, verhindern kann. Ähnliche Verhältnisse wie bei der Umkochung von Diazoniumverbindungen zu Phenolen (3) ergeben sich bei der Diazotierung eines Amins.

$$(3) \qquad R \cdot N\!\!\equiv\!\!N^{O \cdot SO_3H} \quad \xrightarrow{+H_2O} \quad R \cdot OH + N_2 + H_2SO_4$$

Während der Diazotierung des Amins nimmt die Menge des Amins ständig ab, während die Menge der Diazoniumverbindung in gleichem Maße zunimmt; es gibt daher analog wie bei der Umkochung (siehe S. 218) einen Zeitpunkt, in dem das Reaktionsgemisch sich zusammensetzt zur Hälfte aus Diazoniumverbindung, zur Hälfte aus undiazotiertem Amin. Diazoniumverbindung und Amin aber besitzen, wie erwähnt, eine starke Neigung, unter Bildung entweder einer Diazoamino- oder einer Aminoazoverbindung miteinander zu reagieren.

Diazoaminoverbindungen entstehen dann, wenn die Bildung eines normalen Aminoazokörpers aus gewissen Gründen nicht eintreten kann. Das ist der Fall bei solchen Azokomponenten, die träge kuppeln, wie z. B. Anilin, o- und p-Toluidin. In solchen Fällen, in denen die Reaktion zwischen Diazoniumverbindung und Amin, wenn überhaupt, so unter Bildung einer Diazoaminoverbindung erfolgt, ist daher die Gefahr einer solchen Kupplung an sich geringer, weil man es hier mit einer wenig ausgeprägten Reaktionsenergie zu tun hat. In den Fällen aber, in denen die Kupplungsenergie groß ist und die Reaktion zu Aminoazoverbindungen führen kann, ist ganz analog wie bei der Umkochung von Diazoniumsalzen zu Phenolen mit der Gefahr einer ungewollten Azofarbstoffbildung zu rechnen.

Wenn man Anilin gemäß dem Ansatz: $C_6H_5 \cdot NH_2 + 2\,HCl + NaNO_2$ mit nur 2 Mol. Salzsäure diazotiert, wovon 1 Mol. für die Zersetzung des Natriumnitrits verbraucht wird, so erhält man ein fast neutrales Diazoniumchlorid, ehe die letzten Anteile Anilin verschwunden, d. h. in Diazoniumverbindung übergegangen sind. Ist z. B. das andere Molekül Salzsäure, das für die Bildung des Diazoniumchlorids, $C_6H_5 \cdot N_2 \cdot Cl$, in Betracht kommt, ziemlich aufgebraucht, z. B. auf ein Zehntel seiner ursprünglichen Menge zurückgegangen, und hat man demgemäß im Reaktionsgemisch (von dem entstandenen NaCl abgesehen): 0,9 Mol. Diazoniumchlorid + 0,1 Mol. Anilin + 0,1 Mol. Salzsäure + 0,1 Mol. Salpetrige Säure, so verläuft die Reaktion zwischen 0,9 Mol. Diazoniumchlorid und 0,1 Mol. Anilin trotz der nur geringen Menge einer durch Wasser stark verdünnten Salzsäure (0,1 Mol.) so träge, daß sich höchstens Spuren von Diazoaminoverbindung bilden können. Würde man hingegen unter analogen Verhältnissen α-Naphtylamin diazotieren, so würden, wenn etwa 40% des Amins noch vorhanden sind, diese mit den 60% der schon entstandenen Diazoniumverbindung, trotz der vorhandenen Salzsäure (0,4 Mol.), teilweise zusammentreten zu einer Aminoazoverbindung. Daher ist der Betrag der zum Diazotieren des α-Naphtylamins erforderlichen Salzsäure wesentlich zu erhöhen. Selbst in Fällen, in denen sich die spätere Azofarbstoffbildung, z. B. aus diazotiertem α-Naphtylamin und Chromotropsäure, in Gegenwart von Soda vollziehen soll, muß bei der Diazotierung des α-Naphtylamins ein erheblicher Überschuß von Salzsäure aufgewendet werden, um durch genügende Acidität die Bildung des Aminoazofarbstoffes, im vorliegen-

den Falle also des Aminoazonaphtalins (2) aus α-Naphtylamin (1), hintanzuhalten. Technisch wird bei der Diazotierung von einfachen Aminen
der Benzolreihe ein Überschuß von $^1/_4$ oder $^1/_2$ Mol. Salzsäure ausreichen;

man wird also mit $2^1/_4$ oder $2^1/_2$ Mol. Salzsäure auf 1 Mol. Amin aus-
kommen. Wenn aber α-Naphtylamin zu diazotieren ist, empfiehlt
es sich, den Überschuß erheblich zu erhöhen, also etwa mit 3—4 Mol.
Salzsäure zu diazotieren.

Es gibt noch andere Möglichkeiten außer dem Säureüberschuß, um die
Bildung von Diazoamino- oder Aminoazofarbstoffen zu verhindern und eine
glatte Diazotierung zu bewirken: Man diazotiert nicht in der eben angegebenen Weise, indem man Amin, Salzsäure und Eis vorlegt und Nitrit
einlaufen läßt, sondern man legt vor: Nitrit + Eis + Salzsäure und läßt
einlaufen die Mischung aus Amin + Säure. Aus Nitrit und Säure entsteht Salpetrige Säure, und durch genügende Mengen Eis wird die Temperatur so weit heruntergekühlt (mindestens auf 0—5°), daß die Salpetrige Säure nicht entweichen kann. Jeder Anteil des einlaufenden Gemisches aus Amin und Säure befindet sich einem Überschuß an Salpetriger Säure gegenüber. Das Amin wird infolgedessen sofort diazotiert
und kann daher nicht, wie bei der erstgenannten Methode, mit überschüssigem Amin reagieren. Die Diazotierung verläuft glatt, und die
Entstehung von Azofarbstoffen wird verhindert, weil überdies durch
die getroffene Anordnung während des ganzen Diazotierungsprozesses
eine saure Reaktion gewährleistet ist.

Ähnlich gestalten sich die Verhältnisse, wenn man Eis und Salzsäure vorlegt und die Nitritlösung schon vorher mit der neutralen
oder schwachalkalischen Lösung des zu diazotierenden Amino-
körpers, z. B. des sulfanilsauren oder naphtylaminsulfonsauren Natrons
vereinigt. Läßt man dieses Gemisch aus Nitrit und Aminokörper in
die überschüssige Säure einlaufen, dann hat jede Aminogruppe das erforderliche Nitrit schon sozusagen bei sich, so daß auch hierdurch die
Entstehung von Aminoazofarbstoffen ziemlich ausgeschlossen ist.

Die Prüfung der Diazo-tierung. Nun verläuft die Diazotierung zwar bei den einfachen aromatischen
Aminen ziemlich rasch; aber es gibt doch auch Fälle, in denen sie ziem-
lich langsam verläuft und zu ihrer Vollendung viele Stunden braucht.
Dies ist der Fall z. B. bei der sehr schwer löslichen Naphthionsäure (siehe
S. 150). Es muß aber auch in solchen Fällen dafür gesorgt werden, daß
man den Endpunkt der Reaktion genau erkennt. Hier ist die Nitrit
reaktion auf Jodkaliumstärkepapier nicht ohne weiteres anwendbar,
weil Salpetrige Säure neben abgeschiedener Naphthionsäure längere Zeit
hindurch bestehen kann, ohne daß beide sofort miteinander
reagieren. Nach einer halben Stunde seit Beginn der Diazotierung
hat man im Reaktionsgemisch vielleicht noch $^1/_2$ Mol. Naphthionsäure,

$^1/_2$ Mol. Diazoniumverbindung und $^1/_2$ Mol. Salpetrige Säure. Die Diazoniumverbindung und die freie Naphthionsäure sind beide zum größten Teile ausgeschieden; aber eine Kupplung der etwa gelösten Anteile wird verhindert durch die überschüssige Mineralsäure.

Die Prüfung, um das Ende der Diazotierung festzustellen, wird in der Weise vorgenommen, daß man in einer Probe das Agens entfernt, das die Farbstoffbildung verhindert, nämlich die überschüssige Mineralsäure. Dies geschieht z. B. durch Natriumacetat. Falls noch Naphthionsäure vorhanden wäre, würde sich bilden aus ihr und der Diazoniumverbindung, in Gegenwart von überschüssigem Acetat, der entsprechende Aminoazofarbstoff. Tritt also auf Zusatz von überschüssigem Acetat zu einer Probe des Diazotiergemisches Farbstoffbildung ein, so ist dies ein Beweis dafür, daß neben der Diazoniumverbindung noch das undiazotierte Amin vorhanden ist; tritt eine Farbstoffbildung nicht ein, so ist Amin nicht mehr vorhanden und die Diazotierung vollendet.

Eine derartige Prüfung ist sehr einfach, solange man es mit farblosen Aminoverbindungen zu tun hat; schwieriger wird die Sachlage, wenn ein **Farbstoff** zu diazotieren, also die Aminoverbindung selbst gefärbt ist. Handelt es sich z. B. darum, Aminoazobenzolmonosulfonsäure — einen Farbstoff, der aus dem Aminoazobenzol durch Sulfonierung leicht erhalten werden kann (1) — zu diazotieren, um die Diazonium-

Diazotierung von Farbstoffen.

(1) ⬡—N=N—⬡—NH$_2$ → HO$_3$S—⬡—N=N—⬡—NH$_2$

verbindung etwa mit R-Salz, behufs Erzeugung eines sog. „sekundären Disazofarbstoffes", zu kuppeln, so verfährt man folgendermaßen:

Da die Aminoazobenzolmonosulfonsäure in Wasser ziemlich schwer löslich ist, fällt man diese nicht etwa durch Zusatz von Mineralsäuren aus, um dann erst das Nitrit zuzugeben; bei einer solchen Arbeitsweise würde das Nitrit sehr langsam angreifen; sondern man vereinigt das Nitrit, wie oben bereits erwähnt (siehe S. 232), gleich zu Beginn mit der Aminoverbindung, und zwar in Form ihres Natronsalzes, und setzt dann, zweckmäßig unter gleichzeitigem Abkühlen mit Eis, Säure zu oder läßt die Mischung in Säure einlaufen. Bemerkt sei übrigens, daß die schwer löslichen Diazoniumverbindungen aus Aminoazofarbstoffen in der Regel viel beständiger sind als die gewöhnlichen, leicht löslichen Diazoniumverbindungen des Anilins und Naphtylamins.

Infolge der Diazotierung der Aminomonosulfonsäure bemerkt man eine sehr erhebliche Abnahme der Farbkraft des Reaktionsgemisches; dies beruht darauf, daß die „auxochrome" Aminogruppe als solche vernichtet und in eine Diazoniumgruppe übergeführt ist. Die Diazoazoverbindung (2) ist also weniger farbkräftig als die entsprechende Aminoazoverbindung (1). Kuppelt man die Diazoazoverbindung (2)

(2) HO$_3$S·⬡—N=N·⬡—N·Cl
$$\underset{\text{N}}{\overset{\text{|||}}{}}$$

mit sodaalkalischer R-Salzlösung, so erhält man einen roten sekundären Disazofarbstoff.

Wenn auch im vorliegenden Beispiele die Erkennung, ob die Diazotierung beendet ist, nicht schwer fällt, weil die Diazoniumverbindung im Gegensatz zum Aminoazofarbstoff nahezu farblos erscheint, so ist es doch in anderen Fällen, wenn es sich um die Diazotierung komplizierter Azofarbstoffe handelt, schwer festzustellen, ob neben der Diazoniumverbindung noch unverändertes Amin vorhanden ist. Um das zu erkennen, kuppelt man, wie im vorliegenden Fall angedeutet, mit einer geeigneten Azokomponente, z. B. R-Salz. Wäre im Diazotierungsgemisch noch unverändertes Amin, also (in alkalischer Lösung) orangegefärbte Aminoazobenzolmonosulfonsäure vorhanden, so würde sich das sofort im Auslauf zeigen, wenn man nach der Kupplung die Farbstofflösung auf Fließpapier aufgießt, oder wenn man einen Streifen Fließpapier in eine solche Lösung eintaucht. Man würde bemerken, wie sich die beiden Farbstoffe teilweise voneinander trennen, indem sich neben dem neuen blaustichig roten Disazofarbstoff Spuren des orangen Monoazofarbstoffes zeigen. Dieses Orange des Monoazofarbstoffes ist gekennzeichnet durch seinen Umschlag nach einem blaustichigen Rot beim Betupfen mit Salzsäure und läßt sich auf diese Weise im Auslauf durch diesen Umschlag als solches nachweisen.

Falls man also gefärbte Aminoazoverbindungen hat, die beim Diazotieren eine gleichfalls gefärbte Diazoniumverbindung geben, und die Diazotierung des Farbstoffes, wie dies meist der Fall ist, längere Zeit erfordert, so daß man durch den Nachweis der Salpetrigen Säure nicht feststellen kann, ob die Reaktion zu Ende ist, so hilft man sich in der Weise, daß man von dem fraglichen Reaktionsgemisch eine Probe mit irgendeiner geeigneten Azokomponente kuppelt und dann untersucht, ob in dem Kupplungsprodukt nur der richtige Farbstoff enthalten ist, d. h. derjenige, der durch die Kupplung der Diazoniumverbindung mit der gewählten Azokomponente entstehen muß, oder ob neben dem zu erwartenden Farbstoff noch der zu diazotierende ursprüngliche Aminofarbstoff vorhanden ist. Man wird das vielfach schon an der Farbe erkennen. Vielfach werden aber die Farbstoffe bei richtig gewählter Azokomponente auch verschiedene Löslichkeit besitzen. Durch Aufgießen auf Papier, in anderen Fällen durch Kapillaranalyse oder dadurch, daß man fraktioniert ausfällt, wird es gelingen, den einen Farbstoff abzuscheiden und den anderen in Lösung zu erhalten. Aber selbst dann, wenn die Löslichkeit der beiden Farbstoffe, des ursprünglichen Aminoazofarbstoffes und des aus ihm durch Diazotierung und Kupplung neu erhaltenen, an sich die gleiche wäre, so würde, beim vorsichtigen Aussalzen der Farbstoffe, der in größerer Menge vorhandene zuerst ausfallen; zurückbleiben würde in der Mutterlauge ein Gemisch dieses Farbstoffes mit dem in geringerer Menge vorhandenen. Dadurch nehmen, falls die beiden Farbstoffe durch ihren Farbenton verschieden sind, die einzelnen Fraktionen der Probe verschiedene Färbungen an. Hat man z. B. einen grünblauen Endfarbstoff neben einem roten Ausgangsfarbstoff, und zwar im Verhältnis von 90 : 10%, und haben beide zufällig die gleiche Löslichkeit in Wasser bzw. Kochsalzlösung, so würde beim Aussalzen (einer Probe!) zunächst der blaugrüne Farbstoff ausfallen, etwa bis zu 80%, und es würde eine Mutterlauge entstehen, die ein Gemisch darstellt aus 10% blaugrünem und 10% rotem Farbstoff. Diese Mutterlauge mit dem Verhältnis 10 : 10 wird selbstverständlich einen anderen, und zwar viel mehr dem Rot angenäherten Ton aufweisen, als die ursprüngliche Mischung 10 : 90, in der das Blaugrün bei weitem überwiegt. Aus der Verschiedenheit des Farbentones der beiden Lösungen infolge des Aussalzens wird man daher mit einiger Bestimmtheit auf die Anwesenheit des roten Farbstoffes schließen können und damit auf die Tatsache, daß die Diazotierung des roten Farbstoffes noch nicht vollendet war. Ist dagegen die Diazotierung vollkommen, so erhält man bei der Kupplung einer Probe einen einheitlichen neuen Farbstoff. Wie in allen solchen Fällen empfiehlt sich, um Täuschungen zu entgehen, die sorgfältige Nachprüfung des jeweiligen Ergebnisses an Hand von Vergleichslösungen bzw. -Mischungen.

I) Aromatische Hydrazine.

Eine bemerkenswerte Reaktion der Diazoniumverbindungen ist ihre Überführbarkeit in Arylhydrazine, entsprechend der Gleichung:

$$R \cdot N_2 \cdot Cl + 2 H_2 \rightarrow R \cdot NH \cdot NH_2 + HCl.$$

Diese Reaktion kann auf verschiedene Weise verwirklicht werden. Eine von Viktor Meyer gefundene Methode besteht in der Reduktion der Diazoniumverbindungen mittels Zinnchlorür und Salzsäure, wobei 1 Mol. Zinnchlorür, $SnCl_2$, unter Bildung von Zinnchlorid, $SnCl_4$, 2 Atome Wasserstoff zur Verfügung stellt: $SnCl_2 + 2 HCl \rightarrow SnCl_4 + H_2$. Man braucht demnach 2 Mol. Zinnchlorür auf 1 Mol. Diazoniumchlorid:

$$\overset{\displaystyle Cl}{\overset{|}{R \cdot N}} \equiv N + 2 SnCl_2 + 4 HCl \rightarrow R \cdot NH \cdot NH_2 + HCl + 2 SnCl_4.$$

Eine andere Methode, die von Emil Fischer herrührt, bedient sich der Einwirkung der Sulfite. Läßt man auf das Diazoniumchlorid 1 Mol. neutrales Sulfit einwirken, so lagert sich das neutrale Sulfit an die dreifache Bindung und man erhält, indem sich NaCl abspaltet, das sog. Diazosulfonat:

$$\overset{\displaystyle Cl}{\overset{|}{R \cdot N}} \equiv N + SO_3Na \rightarrow \overset{\displaystyle Cl}{\underset{\underset{\displaystyle Na}{|}}{\overset{|}{R - N}}} = N \cdot SO_3Na \xrightarrow{-NaCl} R \cdot N = N \cdot SO_3Na.$$

Diazosulfonat

Das Diazosulfonat ist eine nicht mehr kupplungsfähige Verbindung, die nicht zu verwechseln ist mit dem um ein O reicheren

Diazoniumsulfat $R \cdot N(O \cdot SO_3Na) \equiv N$ (1), dem schwefelsauren Salz des Diazoniumhydrates, das 1 Atom fünfwertigen Stickstoff enthält und energisch kuppelt. Im Diazosulfonat hingegen sind beide Stickstoffatome dreiwertig. Es vermag jedoch noch 1 Mol. Bisulfit oder

$$(1) \quad R \cdot \overset{\overset{\textstyle O \cdot SO_3Na}{\textstyle |}}{N} = N$$

1 Mol. Wasserstoff anzulagern, woraus man ersieht, wie additionsfähig diese ungesättigten Stickstoffverbindungen sind. Im ersteren Falle erhält man durch die Anlagerung eine Arylhydrazin-N, N-Disulfonsäure, $R \cdot N(SO_3Na) \cdot NH \cdot SO_3Na$:

$$\begin{array}{ccc} R \cdot N = N \cdot SO_3Na & & R \cdot \overset{\textstyle |}{\underset{\textstyle NaO_3S}{N}} - \overset{\textstyle |}{\underset{\textstyle H}{N}} \cdot SO_3Na \\ + NaO_3S - H & \rightarrow & \end{array},$$

im letzteren Falle eine Arylhydrazin-N-Monosulfonsäure, $R \cdot NH \cdot NH \cdot SO_3Na$:

$$\begin{array}{ccc} R \cdot N = N \cdot SO_3Na & \rightarrow & R \cdot NH \cdot NH \cdot SO_3Na \\ + H - H & & \end{array}$$

Es hängt also von den Bedingungen ab, ob man die N, N-Disulfonsäure (mittels Bisulfit) oder die N - Monosulfonsäure des Hydrazins (z. B. mittels Zinkstaub und Essigsäure) erhält. Beide N-sulfonsauren Salze erleiden durch Kochen mit Salz- oder Schwefelsäure eine hydrolytische Spaltung, indem die Sulfogruppen in Form von Bisulfat abgespalten und durch Wasserstoff ersetzt werden; aus beiden sulfonsauren Salzen entsteht also $R \cdot NH \cdot NH_2$, das Arylhydrazin:

$$\begin{array}{ccc} R \cdot NH \cdot NH - SO_3Na & \rightarrow & R \cdot NH \cdot NH_2 + NaHSO_4 \\ + H - OH & & \end{array}.$$

Wir haben also neben der, theoretisch betrachtet, einfacheren Reduktion durch Zinnchlorür und Salzsäure eine andere durch Bisulfit, wobei sich im letzteren Falle die Reaktion auf dem übrigens billigeren, freilich nicht in allen Fällen mit gleich guter Ausbeute gangbaren Umwege über das Diazosulfonat und die Arylhydrazin-N-Sulfonsäure vollzieht.

Außerdem besteht aber bei den N-sulfonsauren Salzen die Möglichkeit, daß diejenige Sulfogruppe, die an dem mit dem Benzolkern verknüpften Stickstoffatom hängt, durch Umlagerung in den Kern wandert. Man kann also die Phenyl-Hydrazin-N, N-Disulfonsäure (2) überführen in die p-Sulfonsäure des Phenylhydrazins (4), wobei zunächst eine Kern, N-Disulfonsäure (3) entsteht, die weiterhin durch Hydrolyse, unter Abspaltung der noch am äußeren Stickstoff hängenden Sulfogruppe, eine Arylhydrazin-p-Sulfonsäure (4) zu liefern vermag.

Nachdem die Arylhydrazine durch **Fischer** entdeckt waren, wurden von **Knorr** aus ihnen die **Pyrazolone** und insbesondere das Fiebermittel Antipyrin hergestellt. Die Pyrazolone der allgemeinen Formel (5)

$$(5) \quad \begin{array}{c} R' \cdot C \!=\! N \\ | \qquad\quad \diagdown \\ CH_2 \!-\! CO \diagup \end{array} N \cdot R$$

sind gegenwärtig aber auch wichtige **Azokomponenten** geworden, die sich gegenüber Diazoniumverbindungen ähnlich wie die Phenole und Naphtole verhalten. Diese ihre Reaktionsfähigkeit verdanken die Pyrazolone den beweglichen Wasserstoffatomen der dem CO benachbarten CH_2-Gruppe.

Das einfachste und technisch wichtigste Pyrazolon, das Phenyl-Methyl-Pyrazolon (6) entsteht aus Phenylhydrazin und Acetessigester gemäß dem Schema:

$$\begin{array}{c} CH_3 \\ \diagdown \\ CO + H_2N \\ | \qquad\qquad\quad N\!-\!C_6H_5 \\ \qquad\qquad\quad | \\ CH_2\!-\!CO \cdot OC_2H_5 \quad H \end{array} \xrightarrow[\longrightarrow]{-H_2O - C_2H_5OH} \begin{array}{c} CH_3 \\ \diagdown \\ C\!=\!N \\ | \qquad\quad\diagdown \\ CH_2\!-\!CO\diagup \end{array} N \cdot C_6H_5 \quad (6)$$

oder (nach der Enol-Formel geschrieben):

$$\begin{array}{c} CH_3 \\ \diagdown \\ C\!=\!N \\ | \qquad\quad\diagdown \\ CH = C \diagup \qquad N \cdot C_6H_5 \, . \\ \qquad\quad \diagdown OH \end{array}$$

Für die aus den Pyrazolonen erhältlichen **Azofarbstoffe** kommen drei Formeln in Betracht, eine Hydrazon- (1) und zwei Azo-Formeln (2) und (3):

$$(1) \quad \begin{array}{c} R' \\ \diagdown \\ C\!=\!N \\ | \qquad\quad\diagdown \\ C\!-\!CO\diagup \quad N \cdot R \\ \| \\ N \cdot NH \cdot R'' \end{array} \qquad (2) \quad \begin{array}{c} R' \\ \diagdown \\ C\!=\!N \\ | \qquad\quad\diagdown \\ CH\!-\!CO\diagup \quad N \cdot R \\ | \\ N\!=\!N \cdot R'' \end{array} \qquad (3) \quad \begin{array}{c} R' \\ \diagdown \\ C\!=\!N \\ | \qquad\quad\diagdown \\ C\!=\!C \diagup \quad N \cdot R \\ | \qquad \diagdown OH \\ N\!=\!N \cdot R'' \, . \end{array}$$

Nach Formel (3) ist der Pyrazolon-Azofarbstoff das Analogon eines gewöhnlichen Phenol- oder Naphtol-Azofarbstoffes.

Aus der obenerwähnten Phenylhydrazin-p-Sulfonsäure läßt sich ein wertvoller gelber Pyrazolonfarbstoff, das Tartrazin, erzeugen, indem man 2 Mol. dieser Hydrazinsulfonsäure mit 1 Mol. Dioxyweinsäure kondensiert (Näheres siehe Pyrozolonfarbstoffe).

Eine weitere Verwendung für die aromatischen Hydrazine ergibt sich aus der Möglichkeit, durch die Kondensation mit reaktionsfähigen aromatischen Aminen und Phenolen in Gegenwart von Sulfiten Karbazolderivate darzustellen (siehe S. 207 f).

Die nahen Beziehungen zwischen den Arylhydroxylaminen und den Arylhydrazinen treten u. a. dadurch zutage, daß die Arylhydrazine, als N-Aminoamine — in analoger Weise wie die Arylhydroxylamine, als N-Oxyamine, in Aminophenole — unter geeigneten Bedingungen, z. B. beim Erhitzen mit rauchender Salzsäure auf 200°, durch Wanderung der Aminogruppe vom Stickstoff in den Kern, in p-Diamine übergehen (4).

$$(4) \qquad \underset{}{\overset{NH \cdot OH}{\bigcirc}} \;\rightarrow\; \underset{OH}{\overset{NH_2}{\bigcirc}} \quad und \quad \overset{NH \cdot NH_2}{\bigcirc} \;\rightarrow\; \underset{NH_2}{\overset{NH_2}{\bigcirc}}$$

K) Die Alkylierung von Aminen (und Phenolen).

Alkylierung mittels Alkohol + Säure.

Technisch von Bedeutung ist die Alkylierung der aromatischen Amine, also die Überführung von $R \cdot NH_2$ in $R \cdot NH \cdot R'$ bzw. $R \cdot NR'_2$, z. B. die Überführung von Anilin in Monomethylanilin und Dimethylanilin: $C_6H_5 \cdot NH_2 \rightarrow C_6H_5 \cdot NH \cdot CH_3$ und $C_6H_5 \cdot N(CH_3)_2$. In der Technik wird diese Reaktion in einfacher Weise dadurch verwirklicht, daß man die Amine in Gegenwart von Säure, meist Salzsäure, mit den entsprechenden Alkoholen erhitzt, wobei alsdann z. B. entsteht aus Anilin und Methylalkohol bei etwa 280° das Monomethylanilin, oder aus Anilin und Äthylalkohol das Diäthylanilin. Bei Verwendung von Bromwasserstoffsäure erfolgt die Alkylierung meist bei erheblich niedrigeren Temperaturen, z. B. die Diäthylierung des Anilins sowie des o- und p-Toluidins schon bei etwa 150°. Diese Methode der Überführung von $R \cdot NH_2$ in $R \cdot NH \cdot R'$ und $R \cdot NR'_2$ unterscheidet sich nicht unerheblich, wenn auch nicht grundsätzlich, von der früher geschilderten Darstellung alkylierter und arylierter aromatischer Amine entsprechend dem Schema:

$$R \cdot OH + \bar{H} \cdot NH \cdot R' \xrightarrow[-H_2O]{} R \cdot NH \cdot R'$$

oder

$$R \cdot NH_2 + H \cdot NH \cdot R' \xrightarrow[-NH_3]{} R \cdot NH \cdot R'.$$

Wie die Reaktion sich vollzieht, ob eine unmittelbare Kondensation zwischen Anilin und z. B. Methylalkohol stattfindet:

$$C_6H_5 \cdot NH_2 + HOCH_3 \xrightarrow[-H_2O]{} C_6H_5 \cdot NH \cdot CH_3,$$

oder ob nicht vielmehr aus Alkohol und Salzsäure sich in bekannter Weise zunächst das entsprechende Halogenalkyl und Wasser bildet:

$$C_2H_5 \cdot OH + HCl \xrightarrow[-H_2O]{} C_2H_5 \cdot Cl,$$

worauf dann erst das Alkylchlorid mit dem Amin weiter reagiert unter Bildung des salzsauren Salz des Monoalkylderivates (1), muß dahingestellt bleiben. Wahrscheinlich verlaufen beide Reaktionen nebeneinander;

aber vorwiegend findet wohl zunächst die intermediäre Bildung von Halogenalkyl statt, da die Methylierung nur in Gegenwart von Säuren

$$(1) \quad R \cdot NH_2 + Cl \cdot R' \;\rightarrow\; R \cdot NH \cdot R'$$
$$\widehat{H \; Cl}$$

vonstatten geht. [Sind 2 Mol. des Halogenalkyls auf 1 Mol. des Amins vorhanden, so entstehen die dialkylierten Amine, $R \cdot NR'_2$, also die tertiären Amine der aromatischen Reihe. Lagert sich ein weiteres Molekül des Halogenalkyls an das tertiäre Amin an, so erfolgt die Bildung eines quartären (oder quaternären) Salzes (2). So entsteht z. B. bei der Methylierung des Anilins schließlich das Chlormethylat des Dimethylanilins, das Phenyltrimethylammoniumchlorid (3). Die Alkylierung von aromatischen Aminen, insbesondere der Benzolreihe, kann, wie aus

$$(2) \quad R \cdot N \Big\langle\begin{matrix} R' \\ R' \\ R' \\ Cl \end{matrix} \qquad\qquad (3) \quad C_6H_5 \cdot N \Big\langle\begin{matrix} CH_3 \\ CH_3 \\ CH_3 \\ Cl \end{matrix}$$

obigem hervorgeht, auch in der Art erfolgen, daß man das Halogenalkyl für sich erzeugt und hierauf erst mit dem Amin reagieren läßt. Auf diese Weise lassen sich auch zwei verschiedene Alkylreste in das Amin einführen; Monomethylanilin z. B. liefert mit Benzylchlorid das Benzylmethylanilin (4) bzw. dessen Chlorhydrat. Je nachdem welches Ausgangsmaterial für die Technik leichter zugänglich ist, wird man sich des einen oder des anderen Weges bedienen. In vielen Fällen

$$(4) \quad C_6H_5 \cdot N \Big\langle\begin{matrix} CH_3 \\ CH_2 \cdot C_6H_5 \end{matrix}$$

läßt sich eine Alkylierung im weiteren Sinne, z. B. mittels Chloressigsäure, in der Weise vollziehen, daß man in wässeriger Lösung arbeitet und durch Zusatz eines säurebindenden Mittels die entstehende Salzsäure unschädlich macht; z. B. entsteht die Phenylglycin-o-Karbonsäure (2) aus Anthranilsäure (1) und Chloressigsäure, $Cl \cdot CH_2 \cdot COOH$, in Gegenwart von Kreide, $CaCO_3$:

$$(1) \quad \underset{COOH}{\overset{NH_2}{\bigcirc}} \quad\rightarrow\quad (2) \quad \underset{COOH}{\overset{NH \cdot CH_2 \cdot COOH}{\bigcirc}}$$

Eine wenn auch beschränkte technische Verwendung findet noch eine weitere bemerkenswerte Reaktion, die sich an die gewöhnliche Alkylierung anschließt, und die bezweckt, Alkylreste vom Stickstoff in den Kern wandern zu lassen. Wenn man die oben erörterte Reaktion zwischen Aminen und Alkoholen in Gegenwart von Säuren bei sehr hohen Temperaturen vor sich gehen läßt, dann setzt sich die Alkylierung in der Weise fort, daß ein Alkylrest vom Stickstoff in den Kern wandert, und zwar ganz vorwiegend in die o- und p-Stellung. Also auch hier wieder haben wir einen von den zahlreichen Fällen, in denen eine Kernsubstitution stattfindet, nach vorheriger Bildung eines am Stickstoff substituierten Derivates, wobei letzteres vorliegendenfalls so beständig ist, daß es leicht als solches isoliert und als das vermittelnde Zwischenglied erkannt werden kann, aus dem erst durch Wanderung des substituierenden Restes das Kernderivat hervorgeht (vgl. hierzu die Bemerkungen über die Sulfonierung und Nitrierung von aromatischen Aminen).

Erhitzt man z. B. das Monomethylanilinchlorhydrat (3) auf höhere Temperaturen ($> 300°$), so findet eine Umlagerung statt zum p-Toluidinchlorhydrat (4). Das Methyl wandert also vom Stickstoff in die p-Stellung. Die Reaktion zwischen Amin, Alkohol und Säure wird sich

$$(3) \qquad \overset{NH \cdot CH_3}{\bighexagon} \qquad \overset{+\,HCl}{\underset{>\,300°}{\longrightarrow}} \qquad \overset{NH_2 \cdot HCl}{\underset{CH_3}{\bighexagon}} \qquad (4)$$

demgemäß bei höheren Temperaturen in der Weise vollziehen, daß sich als Zwischenphase zunächst das alkylierte Amin bildet, das jedoch alsbald die Alkylgruppen in den Kern wandern läßt. Man erhält zum Schluß unter geeigneten Bedingungen ein primäres Amin, das drei Alkylgruppen im Kern enthält. Auf diese Weise kann man z. B. Mesidin (5) — neben ψ-Cumidin (6) — erzeugen aus Anilin, HCl und 3 Mol. Methylakohol; läßt man nur 2 Mol. Methylalkohol in Reaktion

$$(5) \qquad \overset{NH_2}{\underset{CH_3}{H_3C\bighexagon CH_3}} \qquad\qquad (6) \qquad \overset{NH_2}{\underset{CH_3}{H_3C\bighexagon CH_3}}$$

treten, so erhält man m-Xylidin, oder bei 1 Mol. Methylalkohol schließlich Toluidin. Man kann also je nach den Reaktionsbedingungen (Menge, Temperatur und Zeit) eine gewisse Zahl von Alkylgruppen zum Eintritt in den Kern veranlassen. Auch lassen sich die höher alkylierten Amine in der Weise gewinnen, daß man die niedriger alkylierten Amine als Zwischenstufen benutzt; verwendet man in der zweiten Phase einen anderen Alkohol, so erhält man gemischt alkylierte Amine, z. B. (1):

$$(1) \qquad \overset{NH_2 \cdot HCl}{\underset{CH_3}{\bighexagon CH_3}} \qquad \overset{+\,C_2H_5 \cdot OH}{\underset{bei\ 280-300°}{\longrightarrow}} \qquad \overset{NH_2 \cdot HCl}{\underset{H_5C_2\ \ CH_3}{\bighexagon CH_3}}$$

Alkylierung
der Phenole. Den aromatischen Aminen analog verhalten sich die Phenole. Auch diese lassen sich alkylieren, allerdings unter abweichenden Reaktionsbedingungen wie die Amine. Als Alkylierungsmittel dienen die Halogenalkyle oder die alkylschwefelsauren Salze. Die Reaktion verläuft im ersteren Falle nach dem Schema:

$$R \cdot O \cdot Na + Cl \cdot R' \rightarrow R \cdot O \cdot R' + NaCl$$

und gestaltet sich, je nach dem angewandten Phenol, verschieden leicht; durch Nitrogruppen in o- oder p-Stellung z. B. wird die Bildung der Phenoläther erheblich begünstigt.

Werden die Phenoläther auf höhere Temperaturen erhitzt, so findet, ebenso wie bei den alkylierten aromatischen Aminen, eine Wanderung der Alkylgruppen in den Kern statt, und es entstehen die homologen Phenole. Diese lassen sich unmittelbar aus den Phenolen erhalten, wenn man diese mit den entsprechenden Alkoholen und Chlorzink auf höhere Temperaturen erhitzt. Auf diese Weise lassen sich auch die aromatischen Kohlenwasserstoffe im Kern alkylieren, z. B. Toluol zu m- und p-Isobutyltoluol.

Alkylierung der Kohlenwasserstoffe.

L) Alkohole, Aldehyde, Ketone und Karbonsäuren.

Dieses Kapitel wurde in der Technik eine Zeitlang sehr eifrig bearbeitet, und zwar vor allem im Hinblick auf den Indigo, dessen Synthese von den verschiedensten Seiten angestrebt wurde und daher in vielen Fällen den Anstoß zu solchen Untersuchungen gab.

I. Was die Darstellung von Alkoholen anlangt, so kommt

1. zunächst in Betracht die Umwandlung von Halogenalkylen in Alkohole durch Hydrolyse; z. B. Benzylchlorid geht durch Hydrolyse unter der Einwirkung von kochendem Wasser, noch besser in Gegenwart von Soda, Alkali oder Kreide, über in den Benzylalkohol, indem das Chlor durch OH ersetzt wird:

Darstellung von Alkoholen aus Halogenalkylen 1. durch Hydrolyse.

$$C_6H_5 \cdot CH_2 \cdot Cl \quad \underset{-HCl}{\overset{+H_2O}{\rightarrow}} \quad C_6H_5 \cdot CH_2 \cdot OH.$$

2. Man kann, falls die unmittelbare Überführung von Halogenalkylen in die entsprechenden Alkohole Schwierigkeiten bereitet, auch einen Umweg einschlagen, indem man die Halogenverbindungen zunächst mit Acetat in Reaktion bringt, wodurch die entsprechenden Ester der Essigsäure entstehen, die dann weiterhin durch Verseifung zerfallen in den zugehörigen Alkohol und Essigsäure:

2. mittels der Acetate.

$$R \cdot Cl \quad \underset{-NaCl}{\overset{+NaOOC \cdot CH_3}{\rightarrow}} \quad R \cdot O \cdot CO \cdot CH_3 \quad \overset{+H_2O}{\rightarrow} \quad R \cdot OH + HOOC \cdot CH_3.$$

3. Eine andere Reaktion zur Erzeugung von substituierten Benzylalkoholen, die vor allem auf Phenole und aromatische Amine Anwendung finden kann, beruht auf der Reaktionsfähigkeit des Formaldehyds; z. B. reagieren Amine, Phenole und Naphtole unter geeigneten Bedingungen mit Formaldehyd leicht unter Bildung der entsprechenden

Benzylalkohole mittels Formaldehyd

Benzylalkoholabkömmlinge. Formaldehyd tritt hierbei in Form einer o- oder p-ständigen Oxymethylgruppe in den Kern ein:

$$R \begin{smallmatrix} OH \\ H \end{smallmatrix} + CH_2O \;\rightarrow\; R \begin{smallmatrix} OH \\ CH_2OH \end{smallmatrix}$$

Dem Formaldehyd ganz analog reagiert das Methylendichlorid, CH_2Cl_2:

$$\text{[Benzolring mit OH]} \quad \begin{matrix} +CH_2Cl_2 + 2\,NaOH \\ \rightarrow \\ -2\,NaCl - H_2O \end{matrix} \quad \text{[Benzolring mit OH und } CH_2 \cdot OH]$$

Benzylalkohole aus Benzaldehyden mittels Alkali.

4. Ferner sei hier angeführt eine Reaktion, wonach aus je 2 Mol. Aldehyd durch die Einwirkung von Alkali entstehen 1 Mol. des entsprechenden Alkohols und 1 Mol. der zugehörigen Säure:

$$2\,R \cdot CHO \;\xrightarrow{\text{i. Ggw. v. Alkali}}\; R \cdot CH_2OH + R \cdot COOH .$$

Diese Reaktion ist beschränkt auf solche Aldehyde, in denen die Aldehydgruppe mit dem aromatischen Kern unmittelbar verknüpft ist, also auf Benzaldehyd und seine Abkömmlinge, wie auch z. B. o-Nitrobenzaldehyd.

Alkohole durch Reduktion von Aldehyden.

5. Die unmittelbare Reduktion aromatischer Aldehyde zu Alkoholen ist zwar an sich möglich, geht aber in der Regel aber nicht so leicht vor sich wie die umgekehrte Reaktion, die Überführung eines Alkohols in den Aldehyd durch Oxydation, wie sie z. B. für Acetaldehyd (mittels Chromsäure) und Benzaldehyd (siehe unten) bekannt ist.

II. **Was die Aldehyde der aromatischen Reihe anlangt,** so sind gerade diese sehr eingehend untersucht worden.

Aldehyde aus Alkoholen durch Oxydation.

1. Eine der nächstliegenden Methoden zu ihrer Darstellung ist die eben erwähnte Oxydation eines Alkohols zum Aldehyd, z. B. die Überführung von Benzylalkohol in Benzaldehyd, oder von o-Nitrobenzylalkohol in o-Nitrobenzaldehyd. Über den Verlauf dieser letzteren interessanten Aldehyddarstellung, die in der Geschichte der technischen Darstellung des Indigos eine bedeutsame Rolle gespielt hat, siehe Näheres unter Küpenfarbstoffen.

Aldehyde mittels Formaldehyd + Arylhydroxylamin.

Eine bemerkenswerte Form der Oxydation hat sich für diejenigen Benzylalkoholderivate gefunden, die auxochrome Gruppen (Hydroxyl- und evtl. substituierte Aminogruppen) enthalten, indem sich die Erzeugung der Benzylalkoholderivate und ihre Überführung in die zugehörigen Aldehyde zu einer einzigen Operation vereinigen läßt, etwa gemäß folgendem Schema:

(1) $(H_3C)_2N \cdot C_6H_5 + CH_2O \rightarrow$ (2) $(H_3C)_2N \cdot C_6H_4 \cdot CH_2 \cdot OH \xrightarrow[-2\,H_2O]{+HO \cdot NH \cdot R}$

(3) $(H_3C)_2N \cdot C_6H_4 \cdot CH = N \cdot R \xrightarrow{+H_2O}$ (4) $(H_3C)_2N \cdot C_6H_4 \cdot CHO + H_2N \cdot R .$

Zunächst bildet sich aus Dimethylanilin (1) und Formaldehyd der Dimethylaminobenzylalkohol (2). Dieser wird kondensiert mit dem aromatischen Hydroxylamin $HO \cdot NH \cdot R$ (am besten einer wasserlöslichen Sulfonsäure, z. B. der β-Phenylhydroxylaminsulfonsäure, die aus m-Nitrobenzolsulfonsäure durch Reduktion mittels Zinkstaub in neutraler Lösung bei Gegenwart von Chlorammonium oder Chlorkalzium erhältlich ist) zu der Benzylidenverbindung (3), die sich durch Hydrolyse in Aldehyd (4) und Amin spalten läßt.

2. Eine andere Methode besteht darin, daß man unmittelbar vom Methanderivat durch Oxydation zum Aldehyd zu gelangen sucht:

Aldehyde durch Oxydation von Methanderivaten.

$$R \cdot CH_3 + O_2 \xrightarrow[-H_2O]{} R \cdot CHO.$$

Auch diese Reaktion hat eine eingehende Bearbeitung erfahren für den o-Nitrobenzaldehyd, indem man das o-Nitrotoluol durch Oxydation ohne Zwischenstufe in o-Nitrobenzaldehyd überzuführen versuchte (1), und zwar auf die verschiedenartigste Weise. Vor allem hat man durch Braunstein, in Schwefelsäure gelöst, eine glatte Oxydation zu bewirken

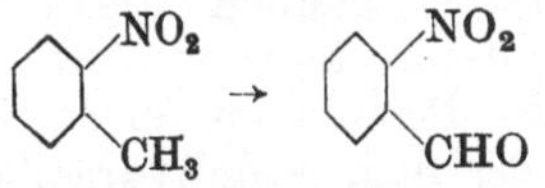

getrachtet; ferner hat man auch Nickel- und Kobaltoxyd (Ni_2O_3 und CO_2O_3) zu diesem Zweck verwendet. Eine vollkommene Lösung der Aufgabe scheint jedoch bisher noch nicht vorzuliegen, was aber verständlich wird, wenn man die Schwierigkeiten würdigt, die es mit sich bringen muß, den Oxydationsprozeß gerade bei der Stufe der leicht oxydablen Aldehyde aufzuhalten. Dieser Umstand macht es erklärlich, daß in der Regel neben dem Aldehyd eine mehr oder minder große Menge der entsprechenden Karbonsäure entsteht. Die Methode der Oxydation von Methyl- zu Aldehydgruppen läßt sich auch auf die Homologen des Phenols übertragen, falls man die OH-Gruppe durch Veresterung (z. B. mittels Phosgens) schützt. Auf diese Weise läßt sich z. B. o-Kresol (2) in Salicylaldehyd (3) überführen (vgl. auch S. 170).

3. Eine weitere Methode lehnt sich an die Darstellung der Alkohole aus den entsprechenden Estern der Halogenwasserstoffsäuren an. So erhält man Aldehyde aus den entsprechenden Dihalogenderivaten, z. B. aus Benzalchlorid durch Hydrolyse [Erhitzen mit $Ca(OH)_2$ unter Druck] Benzaldehyd:

Aldehyde durch Hydrolyse von Dihalogenderivaten.

$$C_6H_5 \cdot CHCl_2 + H_2O \rightarrow C_6H_5 \cdot CHO + 2\,HCl.$$

Bemerkenswert ist, daß auch konzentrierte oder rauchende Schwefelsäure sowie entwässerte Oxalsäure (bei Temperaturen $> 100^\circ$) die Abkömmlinge des Benzalchlorids, z. B. (4) oder (5), in die entsprechenden

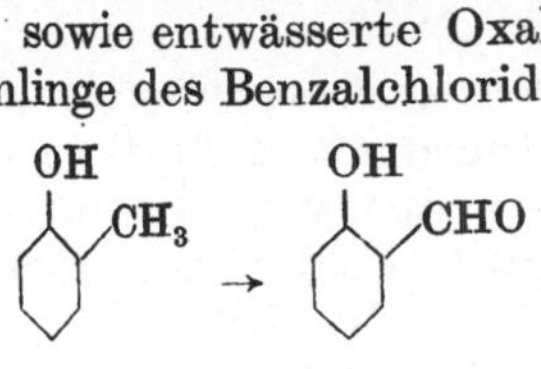

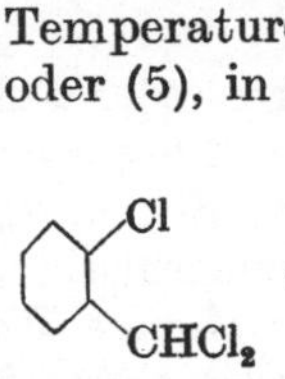

Benzaldehyde überzuführen vermögen. Ferner üben auch organische Eisenverbindungen oder metallisches Eisen bei höheren Temperaturen einen reaktionsbeschleunigenden Einfluß in dieser Richtung aus.

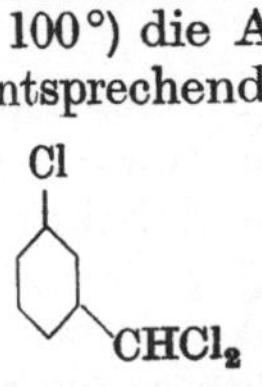

16*

Aldehyde durch Reduktion von Carbonsäuren u. Estern.

4. Ferner hat man versucht, Karbonsäuren und ihre Ester durch Reduktion überzuführen in Aldehyde, und zwar auf elektrolytischem Wege:

$$R \cdot COOR' + H_2 \quad \rightarrow \quad R \cdot CO \cdot H + H \cdot O \cdot R'.$$

Technisch dürfte dieses Verfahren wohl kaum Anwendung finden, während die obengenannten Reaktionen zum Teil sehr wichtig sind. Für technische Zwecke am billigsten dürfte es wohl sein, Benzylchlorid zunächst zum Benzalchlorid weiter zu chlorieren und das Benzalchlorid durch Hydrolyse in Gegenwart säurebindender Mittel überzuführen in Benzaldehyd, mit anderen Worten, sich mittelbar des Chlors als Oxydationsmittel zu bedienen an Stelle der teuren Chrom- oder Salpetersäure und ihrer Salze.

Aldehyde durch Destillation von Kalksalzen.

5. Unerörtert kann hier bleiben die technisch kaum in Betracht kommende allgemeine Methode zur Herstellung von Aldehyden, beruhend auf der Destillation eines Gemisches der Kalksalze der Ameisensäure und der dem Aldehydradikal entsprechenden Karbonsäure:

$$\begin{array}{c} H \cdot CO \cdot O \\ R \cdot CO \cdot O \end{array}\!\!\Big\rangle Ca \quad \xrightarrow[-CaCO_3]{} \quad \begin{array}{c} H \\ R \end{array}\!\!\Big\rangle CO \, .$$

Diesem Schema entspricht z. B. die Entstehung des Benzaldehyds durch Destillation des Gemisches der Kalksalze der Ameisensäure und der Benzoësäure.

Aldehyde mittels CO + HCl.

6. Jedoch in einer anderen Richtung ist die Ameisensäure für die Aldehydgewinnung von Interesse; zunächst, für die Zwecke der modifizierten Friedel - Craftsschen Synthese, in Form ihres Säurechlorids, H · CO · Cl, das zwar als solches nicht existenzfähig ist, aber gemäß dem Verfahren von Gattermann durch seine beiden Komponenten, CO und HCl, ersetzt werden kann. Im Hinblick auf die engen Beziehungen, die zwischen Kohlenoxyd, CO, und Ameisensäure, H · CO · OH, bestehen, kann man sich das Ameisensäurechlorid aufgebaut denken aus den Bestandteilen CO und HCl, ähnlich wie CO durch Natronlauge in ameisensaures Natron übergeführt werden kann, indem sich die Elemente des Natronhydrats an das CO addieren (1). An Stelle des

$$(1) \quad CO + \begin{array}{c} H \\ | \\ ONa \end{array} \quad \rightarrow \quad CO\!\!\begin{array}{c} \diagup H \\ \diagdown ONa \end{array}$$

nicht existenzfähigen oder äußerst labilen Ameisensäurechlorids hat man nun mit gutem Erfolg seine beiden Generatoren, d. h. das Gemisch von Salzsäure und Kohlenoxyd, in Gegenwart von Kupferchlorür, Cu_2Cl_2, und Aluminiumchlorid, auf aromatische Kohlenwasserstoffe einwirken lassen und auf diese Weise, analog der Friedel - Craftsschen Synthese (siehe unten), aromatische Aldehyde dargestellt:

$$R \cdot H + ClCOH \quad \xrightarrow[-HCl]{1.\ \text{Ggw. v. } AlCl_3 + Cu_2Cl_2} \quad R \cdot CO \cdot H \, .$$

Auf diese Weise ist erhalten worden:

(2) [Benzaldehyd, CHO] aus [Benzol], (3) [p-Tolylaldehyd, CHO / CH_3] aus [Toluol, CH_3], (4) [CHO / CH_3, CH_3] aus [CH_3, CH_3]

(5) [CHO, CH_3 / CH_3] aus [CH_3 / CH_3] (6) [CHO, CH_3 / CH_3] aus [CH_3 / CH_3]

(7) [CHO, CH_3, CH_3 / CH_3] aus [CH_3, CH_3 / CH_3]

7. **Gattermann** ist dann noch einen Schritt weiter gegangen. Statt des Kohlenoxyds hat er in Gegenwart von Aluminiumchlorid und gleichzeitig mit Salzsäure die Blausäure zur Reaktion gebracht, also an Stelle von $C = O$ das Imid, $C = NH$. Infolgedessen wurden erhalten, gemäß dem Schema: Aldehyde mittels $C = NH$.

$$R \cdot H + Cl \cdot C\!\!<^{NH}_{\ H} \text{ (hypothetisch)} \quad \xrightarrow[-HCl]{\text{i. Ggw. v. } AlCl_3} \quad R \cdot C\!\!<^{NH}_{\ H},$$

an Stelle der Aldehyde, $R \cdot CO \cdot H$, die entsprechenden Aldehydimine, $R \cdot C(NH) \cdot H$, die durch Hydrolyse mit Säure sehr leicht Ammoniak abspalten und dabei aromatische Aldehyde liefern:

$$R \cdot C\!\!<^{NH}_{\ H} \quad \xrightarrow{+H_2O} \quad R \cdot C\!\!<^{O}_{H} + NH_3.$$

8. Theoretisch interessant, aber technisch schon wegen ihrer Gefährlichkeit nicht anwendbar, ist die Reaktion des Knallquecksilbers gegenüber aromatischen Verbindungen, in Gegenwart von $AlCl_3$ oder trocknem HCl-Gas, wobei Benzaldoxime, $R \cdot CH = NOH$, entstehen, die bei der Hydrolyse in Hydroxylamin und Aldehyd zerfallen: Aldehyde mittels Knallquecksilber.

$$2\,[C_6H_6] \xrightarrow{+(CNO)_2Hg} 2\,[C_6H_5]CH = NOH \quad \text{und} \quad [C_6H_5]CH = NOH + OH_2 \rightarrow [C_6H_5]CHO + H_2NOH$$

Bemerkenswert ist diese ungewöhnliche Reaktion vor allem deshalb, weil sie zustande kommt durch Anlagerung von Benzol an den 2-wertigen Kohlenstoff des Knallquecksilbers bzw. der freien Knallsäure:

$$\begin{matrix} C_6H_5 \\ | \\ H \end{matrix} + C = N \cdot OH \quad \rightarrow \quad {C_6H_5 \atop H}\!\!>C = N \cdot OH$$

Aldehyde mittels $HCCl_3$.

9. Dem labilen Ameisensäurechlorid, $H \cdot CO \cdot Cl$ (siehe oben), steht nahe das verhältnismäßig beständige Chloroform $H \cdot CCl_3$. Dieses ist aromatischen Phenolen gegenüber zu einer ähnlichen Reaktion befähigt wie das hypothetische Säurechlorid $H \cdot CO \cdot Cl$. Die Reaktion findet sogar in wässerig-alkalischer Lösung statt und führt unmittelbar zu den aromatischen Oxyaldehyden. Einer der bekanntesten und wichtigsten Fälle ist die Darstellung des Salicylaldehyds aus Phenol und Chloroform:

$$\text{(Phenol-OH)} + CHCl_3 + 3\,NaOH \rightarrow \text{(Salicylaldehyd, OH, COH)} + 3\,NaCl + 2\,H_2O .$$

Analog reagieren die Naphtole und ihre Derivate. So erhält man z. B. aus den Naphtolsulfonsäuren auf diesem Wege leicht die entsprechenden Oxynaphtaldehydsulfonsäuren.

Aminoaldehyde aus Nitrotoluolen.

10. Noch einer typischen, für die Aldehyddarstellung verwertbaren und auch technisch bemerkenswerten Reaktion der o- und p-Nitrotoluole ist hier zu gedenken: Unter der Einwirkung von Schwefel, gelöst in Alkali (oder in rauchender Schwefelsäure), findet eine Wanderung des Sauerstoffs von der Nitrogruppe an die Methylgruppe und gleichzeitig des Wasserstoffs in entgegengesetzter Richtung statt, und man erhält aus p-Nitrotoluol den p-Aminobenzaldehyd. In analoger Weise entstehen die entsprechenden Aminoaldehyde auch aus o- und p-Nitrobenzylalkohol. Ferner erhält man:

(1) (CHO, Cl, NH₂) aus (CH₃, Cl, NO₂)

(2) (CHO, CH₃, NH₂) aus (CH₃, CH₃, NO₂)

(3) (CHO, SO₃H, NH₂) aus (CH₃, SO₃H, NO₂)

und (4) (CHO, SO₃H, H₂N, CH₃) aus (CH₃, SO₃H, O₂N, CH₃)

Über die Reaktionsfähigkeit der Methylgruppen in o- und p-Nitrotoluolen gegenüber Nitrosoverbindungen und Estern siehe auch S. 188.

Ketone mittels der Säurechloride.

III. Eine ganz allgemeine Methode, um Ketone zu erzeugen, die sich mit dem oben geschilderten Ameisensäurechloridverfahren nahe berührt, beruht auf der Einwirkung von Karbonsäurechloriden, $R \cdot CO \cdot Cl$, auf aromatische Kohlenwasserstoffe in Gegenwart eines salzsäureabspaltenden Mittels (Friedel - Crafts). So z. B. liefert Benzol mit Acetylchlorid in Gegenwart von Aluminiumchlorid das Methylphenylketon oder Acetophenon:

$$C_6H_5 \cdot H + Cl \cdot CO \cdot CH_3 \quad \xrightarrow[-HCl]{\text{i. Ggw. v. } AlCl_3} \quad C_6H_5 \cdot CO \cdot CH_3 .$$

Die Leichtigkeit, mit der die Ketonbildung erfolgt, hängt in hohem
Maße von den im aromatischen Kern bereits vorhandenen Substituenten
ab. Para-disubstituierte Verbindungen scheinen schwieriger zu reagieren
als die entsprechenden o- und m-Verbindungen.

Wendet man statt eines Karbonsäurechlorids Kohlensäure in Form
von Phosgen, $COCl_2$, an, so kann man die beiden Chloratome gleichzeitig in Reaktion setzen, und man erhält dann ein symmetrisches
Keton von der Konstitution:

$$CO{<}^{R}_{R}.$$

Eine sehr wichtige Anwendung findet diese Form der Friedel-
Craftsschen Reaktion bei der Darstellung des sog. Michlerschen
Ketons. Läßt man 1 Mol. Dimethylanilin auf 1 Mol. Phosgen einwirken,
so erhält man zunächst durch Austritt von 1 Mol. Salzsäure das Dimethylaminobenzoylchlorid (1). Wenn ein zweites Molekül Dimethylanilin

Ketone mit-
tels $COCl_2$.
Michlers Ke-
ton.

$$(CH_3)_2N{-}\langle\ \rangle{-}H + Cl\cdot CO\cdot Cl \xrightarrow{-HCl} (CH_3)_2N{-}\langle\ \rangle{-}CO\cdot Cl \qquad (1)$$

mit diesem Zwischenkörper reagiert, so entsteht, unter nochmaligem
Austritt von Salzsäure, aus dem Säurechlorid das Keton (2). Dieses
Michlersche Keton spielt eine außerordentlich wichtige Rolle bei der
Synthese von Di- und Triarylmethanfarbstoffen (siehe S. 304f.).

$$(2)\qquad CO{<}^{\langle\ \rangle-N(CH_3)_2}_{\langle\ \rangle-N(CH_3)_2}$$

Bei der Hydrolyse des eben genannten Dimethylaminobenzoyl-
chlorides erhält man, indem Chlor durch OH ersetzt wird, eine Karbonsäure, die Dimethylaminobenzoësäure: $(CH_3)_2N\cdot C_6H_4\cdot COOH$. Phenole und Naphtole reagieren vielfach in Gegenwart von Kondensationsmitteln ($ZnCl_2$) auch mit den Karbonsäuren selbst zu Oxyketonen:

$$\underset{\text{OH}}{\langle\ \rangle} + HO\cdot CO\cdot CH_3 \xrightarrow{-H_2O} \underset{\text{OH}}{\langle\ \rangle}{-}CO\cdot CH_3.$$

2. Ebenso wie man aus einem primären Alkohol durch Oxydation
einen Aldehyd erzeugt:

Ketone aus
sekundären
Alkoholen.

$$R\cdot CH_2\cdot OH + O \xrightarrow{-H_2O} R\cdot CO\cdot H,$$

so läßt sich aus einem sekundären Alkohol (3) durch Oxydation
sehr leicht ein Keton (4) gewinnen. Statt vom sekundären Alkohol (3)

$$(3)\quad {}^{R'}_{R}{>}CH\cdot OH \;\; \underset{-H_2O}{\overset{+O}{\rightarrow}} \;\; {}^{R'}_{R}{>}CO \;\; (4) \quad \underset{-H_2O}{\overset{+O_2}{\leftarrow}} \;\; {}^{R'}_{R}{>}CH_2 \quad (5)$$

kann man unter Umständen auch vom entsprechenden Methanderivat (5)
ausgehen. Demgemäß kann man das Michlersche Keton, abgesehen

von der oben erwähnten Synthese mittels $COCl_2$, sowohl aus dem sekundären Alkohol, dem sog. Tetramethyldiaminobenzhydrol (6), als auch

$$(6)\quad \begin{matrix}(CH_3)_2N\cdot C_6H_4\\(CH_3)_2N\cdot C_6H_4\end{matrix}\Big\rangle CH\cdot OH$$

Michlers Hydrol.

aus dem entsprechenden Methanderivat, dem Tetramethyldiaminodiphenylmethan (7), erzeugen. Das eben genannte Hydrol, auch Michlers Hydrol genannt, entsteht einerseits durch Oxydation des (aus 1 Mol. Formaldehyd + 2 Mol. Dimethylanilin erhältlichen) Methankörpers

$$(7)\quad \begin{matrix}(CH_3)_2N\cdot C_6H_4\\(CH_3)_2N\cdot C_6H_4\end{matrix}\Big\rangle CH_2$$

lers Hydrol genannt, entsteht einerseits durch Oxydation des (aus 1 Mol. Formaldehyd + 2 Mol. Dimethylanilin erhältlichen) Methankörpers

$$\rangle CH_2 + O \;\rightarrow\; \rangle CH\cdot OH,$$

andererseits aber auch durch Reduktion des Michlerschen Ketons:

$$\rangle CO + H_2 \;\rightarrow\; \rangle C\!\!\begin{matrix}H\\OH\end{matrix}$$

und spielt bei der Synthese von Triarylmethanfarbstoffen (siehe S. 301) gleichfalls eine sehr wichtige Rolle.

Ketone mittels der Grignardschen Reaktion.

3. In einzelnen Fällen findet auch das Grignardsche Verfahren zur Erzeugung von Ketonen und Alkoholen in der Technik Anwendung, obwohl die Benutzung von metallischem Magnesium das Verfahren so erheblich verteuert, daß es nur in solchen Fällen zur Verwendung gelangt, in denen es sich um sonst schwer zugängliche Produkte handelt, wie sie für die Farbstoffgewinnung nur ausnahmsweise in Betracht kommen. Nach Grignard läßt man ein Magnesiumhalogenalkyl oder -Aryl (1), das seinerseits durch Addition von Halogenalkyl oder -Aryl an metallisches Magnesium unter geeigneten Bedingungen, meist in ätherischer Lösung, entsteht, einwirken auf einen Karbonsäureester,

$$Mg + \begin{matrix}Br\\ |\\ CH_3\end{matrix} \;\rightarrow\; Mg\!\!\begin{matrix}Br\\CH_3\end{matrix} \quad (1)$$

z. B. $R\cdot CO\cdot O\cdot CH_3$. Hierbei erhält man, indem das Magnesiumhalogenalkyl oder -Aryl sich an den Ester anlagert und der Sauerstoff der Karbonylgruppe „aufgerichtet" wird, zunächst einen Zwischenkörper von der Konstitution (2):

$$H_3C\cdot O\!\!\begin{matrix}R\\\end{matrix}\!\!\rangle C=O \;+\; \begin{matrix}MgBr\\ |\\ CH_3\end{matrix} \;\rightarrow\; H_3C\cdot O\!\!\begin{matrix}R\\\end{matrix}\!\!\rangle C\!\!\begin{matrix}O\cdot MgBr\\CH_3\end{matrix} \;=\; R\cdot C\!\!\begin{matrix}OMgBr\\CH_3\\O-CH_3\end{matrix} \quad (2)$$

Zersetzt man diesen Zwischenkörper (2) mit Wasser, so erhält man das Keton (3). Es scheidet sich Magnesiumoxybromid ab und gleichzeitig der Alkohol, der zur Veresterung der Karbonsäure gedient hatte. Die Reaktion verläuft also nach der Gleichung:

$$R-C\!\!\begin{matrix}OMgBr\\CH_3\\OCH_3\end{matrix} + H_2O \;\rightarrow\; R\cdot CO\cdot CH_3 \;(3)\; + Mg\!\!\begin{matrix}OH\\Br\end{matrix} + CH_3\cdot OH.$$

Läßt man auf das so erhaltene Keton nochmals 1 Mol. Magnesiumhalogenalkyl oder -Aryl einwirken, so erhält man über das Zwischenprodukt (4) hinweg einen tertiären Alkohol (5), etwa nach der Gleichung:

$$\underset{CH_3}{\overset{R}{>}}CO + Mg\underset{Br}{\overset{CH_3}{<}} \rightarrow R \cdot C\underset{CH_3}{\overset{OMgBr}{<}CH_3} \quad (4) \quad \underset{+H_2O}{\rightarrow} \quad R \cdot C\underset{CH_3}{\overset{CH_3}{<}OH} \quad (5) \quad + \text{ usw.}$$

IV. Die **Karbonsäuren** können nach bekannten Methoden erhalten werden durch Oxydation der entsprechenden Methanderivate, Alkohole, Aldehyde und, wovon technisch wohl kaum Gebrauch gemacht wird, durch Oxydation von Ketonen, wobei aber eine oxydative Spaltung des Moleküls stattfindet.

1. Was die Verwirklichung der ersten Reaktion, nämlich die Oxydation der Methanderivate betrifft, so ist sie vornehmlich in bezug auf den Indigo eifrig untersucht worden, und es haben sich verschiedene neue Methoden gefunden, um zu derartigen Karbonsäuren zu gelangen. Um auf diesem Wege z. B. Anthranilsäure (7) aus dem entsprechenden Methanderivat zu erzeugen, würde man ausgehen müssen vom o-Toluidin (6).

Karbonsäuren aus Methanderivaten.

Anthranilsäure aus o-Toluidin.

$$(6) \qquad \underset{CH_3}{\bigodot}{}^{NH_2} \quad \rightarrow \quad \underset{COOH}{\bigodot}{}^{NH_2} \qquad (7)$$

Die Oxydation des o-Toluidins, d. h. die Überführung von CH_3 in $COOH$, läßt sich jedoch nicht ohne weiteres bewerkstelligen wegen der Aminogruppe, die vor der Oxydation **geschützt** werden muß. Dies geschieht z. B. durch Acylierung, d. h. durch die Einführung eines Säurerestes in die Aminogruppe. Nach der Oxydation findet dann die Verseifung statt, wodurch die Acylgruppe wieder entfernt wird. Die Darstellung der Anthranilsäure aus o-Toluidin nach dem eben genannten Verfahren läßt sich veranschaulichen durch die folgenden Formeln:

$$\underset{CH_3}{\bigodot}{}^{NH_2} \rightarrow \underset{CH_3}{\bigodot}{}^{NH \cdot CO \cdot R} \rightarrow \underset{COOH}{\bigodot}{}^{NH \cdot CO \cdot R} \rightarrow \underset{COOH}{\bigodot}{}^{NH_2} \; .$$

Analog den Aminen verhalten sich die Abkömmlinge der Phenole (vgl. auch die Oxydation von o-Kresol zu Salicylaldehyd, S. 243). Auch bei ihnen muß die OH-Gruppe während der Oxydation einer Methylgruppe geschützt werden. Dies geschieht z. B. durch Veresterung mit Schwefelsäure:

$$\underset{CH_3}{\bigodot}{}^{OH} \rightarrow \underset{CH_3}{\bigodot}{}^{O \cdot SO_3Na} \rightarrow \underset{COOH}{\bigodot}{}^{O \cdot SO_3Na} \rightarrow \underset{COOH}{\bigodot}{}^{OH}$$

Auf die oxydierenden Wirkungen der Alkalischmelze wurde schon auf S. 204 hingewiesen. Aus den drei Kresolen z. B. entstehen durch schmelzendes Kali die entsprechenden Oxybenzoësäuren, wobei zu bemerken ist, daß diese drei Isomeren sich bezüglich der Haftfestigkeit der Karboxylgruppen nicht unwesentlich unterscheiden, insofern als durchgehends COOH-Gruppen in m-Stellung zum Hydroxyl erheblich fester im Kern sitzen als in o- oder p-Stellung. Die Reaktion (1) erfordert z. B. Erhitzen mit Natronkalk auf höhere Temperatur, während die isomeren o- und p-Verbindungen schon beim Erhitzen mit konzentrierter Salzsäure die Karboxylgruppe abspalten.

(1)

Unter geeigneten Bedingungen läßt sich die Verschmelzung einer Sulfogruppe (2) verbinden mit der Oxydation einer CH_3-Gruppe:

(2)   konz. HCl bei 180°

2. Interessant ist (abgesehen von der Verwendung der Verbindungen mit Seitenketten wie C_2H_5 oder $CH = CH_2$) die Möglichkeit der Darstellung von Karbonsäuren durch Oxydation eines Kohlenwasserstoffringes, wie er z. B. im Naphtalin gegeben ist. Die Oxydation des Naphtalins führt zur Phtalsäure und deren Anhydrid (1), das für die Indigosynthese Anwendung gefunden hat (siehe S. 212f). Phtalsäure hatte aus diesem Grunde eine Zeitlang hervorragende Bedeutung, heute jedoch nicht mehr in gleichem Maße. Immerhin hat die Phtalsäure aus Naphtalin auch heute noch als Ausgangsmaterial für die Anthranilsäure

Phtalsäure aus Naphtalin mittels SO_3

(1)

bzw. Thiosalicylsäure (siehe Thioindigorot), sowie für die wichtige Synthese der Phtaleïne, Rhodamine usw. großes Interesse. Die Darstellung der Phtalsäure aus Naphtalin ist übrigens ein Problem, das früher schon seine Lösung gefunden hat, wenn auch unvollkommen insofern, als die Oxydation früher durch die teure Salpetersäure oder Chromsäure bewirkt wurde. Es ist ein Verdienst von Eugen Sapper, ein anderes, sehr wichtiges Verfahren angegeben zu haben, das auf der Oxydation des Naphtalins durch SO_3 in Gegenwart von Quecksilber oder Quecksilbersalzen beruht:

$+ 9 SO_3$ $\rightarrow$ $- 9 SO_2 - 2 CO_2 - H_2O$ bzw. $+ H_2O.$

Hierbei entsteht aus SO_3, das 1 Atom Sauerstoff an das Naphtalin abgibt, SO_2, und dieses wird nach dem Kontaktverfahren wieder in SO_3

übergeführt. Es findet also ein Kreisprozeß statt, der, wie man sieht, in letzter Linie nur den Sauerstoff der Luft als Oxydationsmittel erfordert. Leider hat dieser genial durchgeführte Prozeß infolge der oben genannten Gründe heute einen großen Teil seiner Bedeutung verloren.

Was das Verhalten der Naphtalinderivate bei der Oxydation anlangt, so hat sich folgendes ergeben: Die Naphtalinmonosulfonsäuren sowie die Mono-Amino- und -Oxynaphtaline liefern Phtalsäure selbst; hingegen erhält man substituierte Phtalsäuren aus folgenden Naphtalinabkömmlingen:

Im nahen Zusammenhange mit der Überführung des Naphtalins in Phtalsäure steht die schon auf S. 224f. erwähnte Aufspaltung des einen Benzolkernes im 1, 3-Dioxynaphtalin und seinen Derivaten, wobei neben Essigsäure die o-Toluylsäure (5) oder ihre Oxyderivate entstehen.

3. Eine andere Reaktion sei hier noch angeführt, die gleichfalls infolge ihrer Beziehungen zur Indigosynthese ein vorübergehendes Interesse in Anspruch genommen hat. Sie beruht auf einer Abwanderung des Sauerstoffes vom Stickstoff an den Kohlenstoff und umgekehrt des Wasserstoffes vom Kohlenstoff an den Stickstoff (vgl. S. 246), und zwar vollziehen sich diese Wanderungen am o-Nitrotoluol, das dabei in die isomere Anthranilsäure übergeht, entsprechend dem Schema (1):

Anthranilsäure aus o-Nitrotoluol.

Besonders unter der Einwirkung von Alkalien findet eine derartige Umlagerung statt. In analoger Weise entsteht aus der o-Nitrotoluolsulfonsäure die sog. Sulfoanthranilsäure (2).

Carbonsäure aus Nitrilen.

4. Eine weitere Methode zur Darstellung von Karbonsäuren beruht auf der Verseifung der Nitrile: $R \cdot CN + 2\,H_2O \rightarrow R \cdot COOH + NH_3$. Benzonitril, $C_6H_5 \cdot CN$, ist im Steinkohlenteer vorhanden; es läßt sich aus ihm durch Fraktionieren gewinnen und kann durch Verseifung in die entsprechende Karbonsäure, die Benzoësäure, übergeführt werden. Man kann derartige Nitrile, wenn auch mit wenig befriedigender Ausbeute, herstellen aus den entsprechenden sulfonsauren Salzen durch Destillation mit Cyankali oder Cyannatrium (siehe S. 162):

$$R \cdot SO_3Na + NaCN \rightarrow R \cdot CN + Na_2SO_3.$$

Es findet hierbei also ein Austausch der Sulfogruppe gegen die Cyangruppe statt. Erinnert sei auch an die Darstellung der Nitrile aus den entsprechenden Aminen über die Diazoniumverbindungen (siehe Schema S. 253).

Nitrile aus Formaldehyd-Bisulfitverbindungen.

5. In nahem Zusammenhang mit der eben erwähnten Cyanidschmelze steht ein anderes Verfahren des Ersatzes von Sulfogruppen, oder richtiger wohl der isomeren Schwefligsäureestergruppen, $O \cdot SO_2Na$, durch Cyan, das sich bei wesentlich niedrigeren Temperaturen und in wässeriger Lösung abspielt, und das bei der Darstellung der Arylglycine, $R \cdot NH \cdot CH_2 \cdot COOH$, insbesondere z. B. der Phenylglycin-o-Karbonsäure,

$$\text{(Struktur: Benzolring mit } NH \cdot CH_2 \cdot COOH \text{ und } COOH)$$

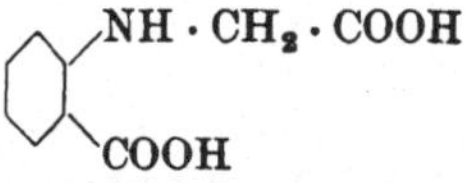

des früher so überaus wichtigen Zwischenproduktes der Indigosynthese, sehr gute Ausbeuten liefert.

Behandelt man Anthranilsäure mit Formaldehyd + Bisulfit, dem sog. oxymethylensulfonsauren Natron (3), so entsteht eine Verbindung,

$$(3) \quad CH_2 {<}^{OH}_{O \cdot SO_2Na}$$

die nicht ganz zutreffend als Monomethylanthranil-ω-sulfonsaures Natron bezeichnet wird, und deren Zusammensetzung der Formel (4) oder besser (5) entspricht, d. h. man nimmt richtiger wohl eine Ver-

$$(4) \quad \text{(Benzolring mit } NH \cdot CH_2 \cdot SO_3Na \text{ und } COONa) \quad \text{oder} \quad (5) \quad \text{(Benzolring mit } NH \cdot CH_2 \cdot O \cdot SO_2Na \text{ und } COONa)$$

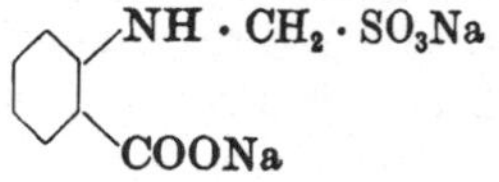

kettung des Kohlenstoffs der CH_2-Gruppe mit dem Schwefel durch Vermittlung von Sauerstoff an. Das sulfonsaure Salz setzt sich beim Erhitzen mit Cyannatrium in wässeriger Lösung zu dem entsprechenden Nitril der ω-Cyanmethylanthranilsäure (1), um, das sich durch Verseifung in die entsprechende Karbonsäure, die Phenylglycin-o-Karbonsäure (2), überführen läßt:

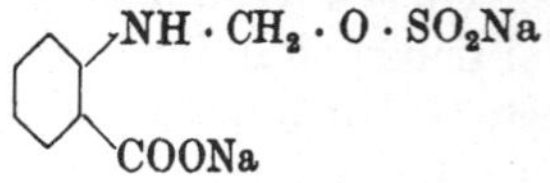

$$(1) \quad \text{(Benzolring mit } NH \cdot CH_2 \cdot CN \text{ und } COONa) \quad \rightarrow \quad (2) \quad \text{(Benzolring mit } NH \cdot CH_2 \cdot COONa \text{ und } COONa)$$

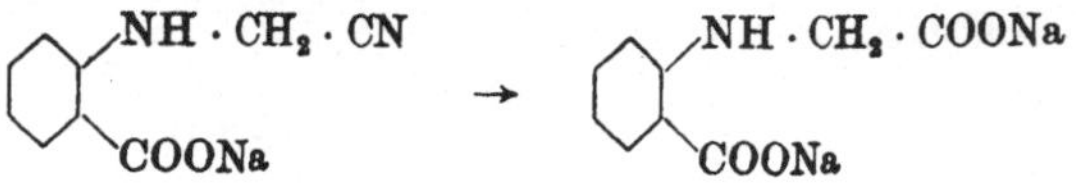

6. Analog dem Benzalchlorid, $C_6H_5 \cdot CHCl_2$, verhält sich das Benzo-   Benzoësäure
trichlorid, $C_6H_5 \cdot CCl_3$, das durch Hydrolyse, zweckmäßig in Gegen-   aus Benzo-
wart säurebindender Mittel, in Benzoësäure übergeht. Auch konzen-   trichlorid.
trierte H_2SO_4 vermag in gleicher Richtung zu wirken (3) (siehe S. 243):

$$(3) \quad \underset{CCl_3}{\overset{Cl}{\bigcirc}} \quad \overset{Monohydrat}{\rightarrow} \quad \underset{COOH}{\overset{Cl}{\bigcirc}}$$

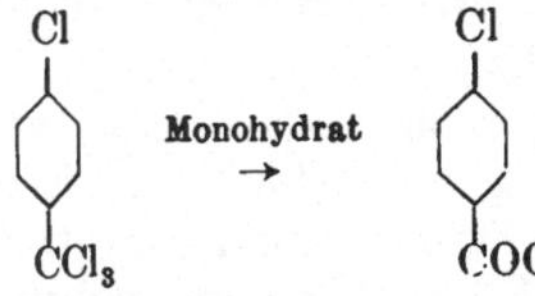

7. Eine sehr wichtige Methode zur Darstellung von aromatischen   Oxykarbon-
Karbonsäuren beruht auf dem eigenartigen Verhalten der Kohlensäure   säuren aus
gegenüber Phenolen bzw. deren Alkalisalzen. Auch hier wird also,   Phenolen
ganz analog wie bei der Darstellung der substituierten Benzylalkohole $+ CO_2$.
mittels Formaldehyd und der Aldehyde mittels Formaldehyd $+$ Arylhydroxylamin (siehe S. 242) oder mittels Chloroform (siehe S. 246),
der Eintritt des organischen Restes in den aromatischen Kern wesentlich erleichtert durch das Vorhandensein einer auxochromen Gruppe.
Der Verlauf der Reaktion hängt in weitgehendem Maße von den Bedingungen ab, unter denen sie vor sich geht. Unter der Einwirkung
der Kohlensäure auf Phenolnatrium z. B. entsteht bei niederen Temperaturen ein Kohlensäureestersalz, das Natriumphenylkarbonat:

$$C_6H_5 \cdot O \cdot Na + CO_2 \rightarrow C_6H_5 \cdot O \cdot CO \cdot O \cdot Na,$$

das bei höheren Temperaturen eine Umlagerung erleidet, indem die
Karboxylgruppe vom Sauerstoff in den Kern wandert, und zwar ganz
vorwiegend in die o-Stellung (4); während bei Verwendung von Phenol-
kali die Karboxylgruppe in die p-Stellung tritt (5). Im ersteren Falle

$$(4) \quad \underset{COONa}{\overset{O \cdot CO \cdot O \cdot Na}{\bigcirc}} \quad \rightarrow \quad \overset{OH}{\bigcirc} \qquad (5) \quad \overset{O \cdot COOK}{\bigcirc} \quad \rightarrow \quad \underset{KOOC}{\overset{OH}{\bigcirc}}$$

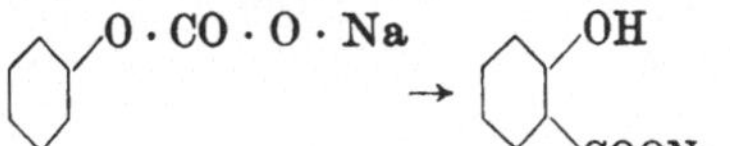

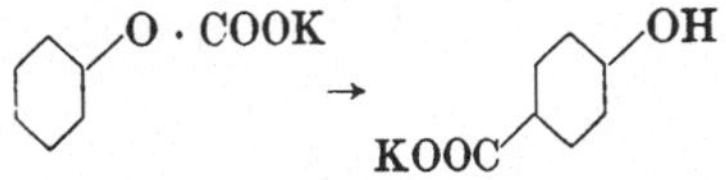

entsteht das Natronsalz der technisch außerordentlich wichtigen Salicylsäure, im letzteren Falle das Kaliumsalz der p-Oxybenzoësäure, die
bisher ohne technische Bedeutung geblieben ist. Die beiden oben genannten Phasen der Salicylsäuresynthese lassen sich, freilich nicht zum
Vorteil der Ausbeuten, auch zu einer einzigen Operation zusammenziehen (diese Form der Synthese ist sogar die ursprüngliche, von Kolbe
zuerst angewandte), indem man Kohlensäure, statt zunächst bei
niederen, sofort bei höheren Temperaturen auf Phenolnatrium
einwirken läßt. Diese Kolbe-Schmittsche Synthese ist einer
ausgedehnten Anwendung fähig, wenngleich ihre Hauptbedeutung in

$$(1) \quad \underset{}{\overset{COOH}{\underset{}{\bigcirc}}}\!\!\overset{OH}{} \quad \overset{bei\ niedrigen}{\underset{Temperaturen}{\leftarrow}} \quad \overset{OH}{\bigcirc} \quad \overset{bei\ hohen}{\underset{Temperaturen}{\rightarrow}} \quad \underset{COOH}{\overset{OH}{\bigcirc}} \quad (2)$$

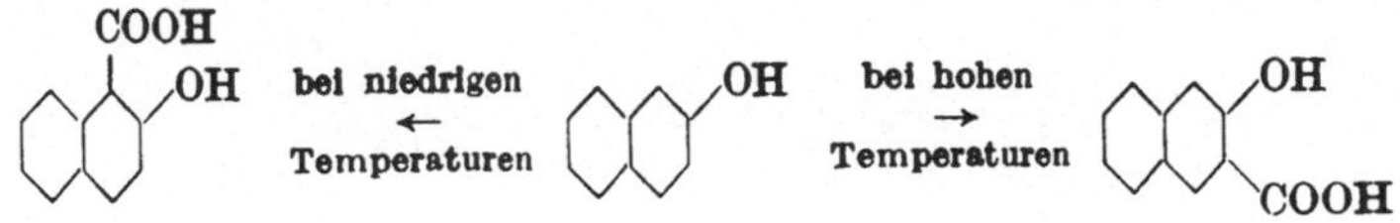

ihrer Anwendung für die Salicylsäurefabrikation liegt. Zu erwähnen ist hier vor allem die wertvolle, aus β-Naphtol bei hohen Temperaturen [über 200°; bei niedrigen Temperaturen entsteht die isomere 2,1-Naphtolkarbonsäure (1)] erhältliche β-Oxynaphtoësäure (2) vom Fp. 216°, deren Anilid gleichfalls seit einiger Zeit erhebliche Bedeutung als Azokomponente erlangt hat.

Karbonsäuren des Indols, Karbazols u. der Kohlenwasserstoffe.

8. Neuerdings hat man in analoger Weise Kohlensäure auch auf die Natriumverbindungen gewisser substituierter Amine einwirken lassen, z. B. auf Indol- (1) oder Karbazolnatrium. Die hierbei entstehenden Karbonsäuren, z. B. (2), stehen an technischer Bedeutung, zunächst wenigstens, der Salicylsäure oder β-Oxynaphtoësäure weit nach.

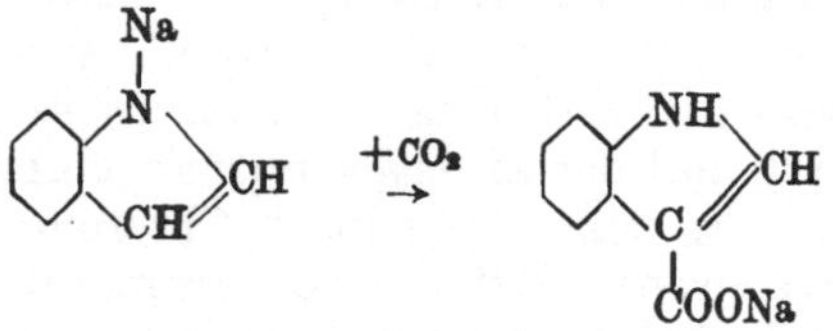

Selbst Kohlenwasserstoffe lassen sich unter gesteigerten Bedingungen (Anwendung von $AlCl_3$) karboxylieren (3). Wendet man statt CO_2 das

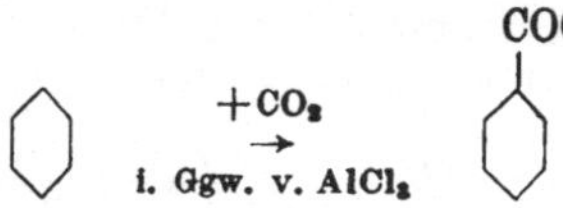

Chlorkohlensäureamid, $Cl \cdot CO \cdot NH_2$, an, so verläuft die Reaktion in analoger Weise unter Bildung eines Karbonsäureamides (4). Zur Karb-

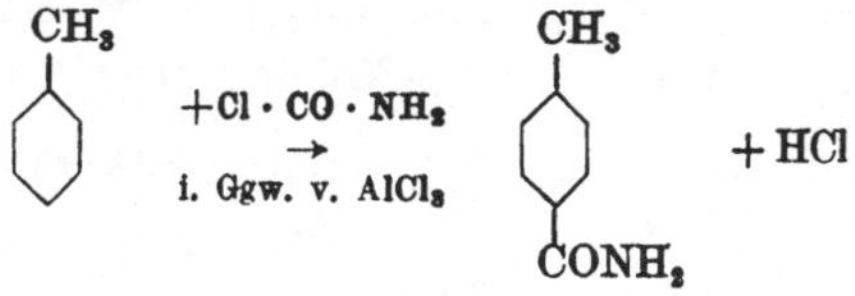

oxylierung von Phenolen läßt sich an Stelle der Kohlensäure auch Tetrachlorkohlenstoff (analog dem Chloroform) in alkoholischem Kali verwenden. Aus Phenol entsteht hierbei vorwiegend p-Oxybenzoësäure, daneben Salicylsäure.

Die wichtigsten oder theoretisch interessantesten Reaktionen aus dem Kapitel über die Darstellung der Zwischenprodukte sind in dem nachfolgenden Gesamtschema (siehe S. 255) noch einmal übersichtlich zusammengestellt. Auf nähere Erläuterungen darf an dieser Stelle verzichtet werden. Sie müssen im Text unter den betreffenden Abschnitten eingesehen werden.

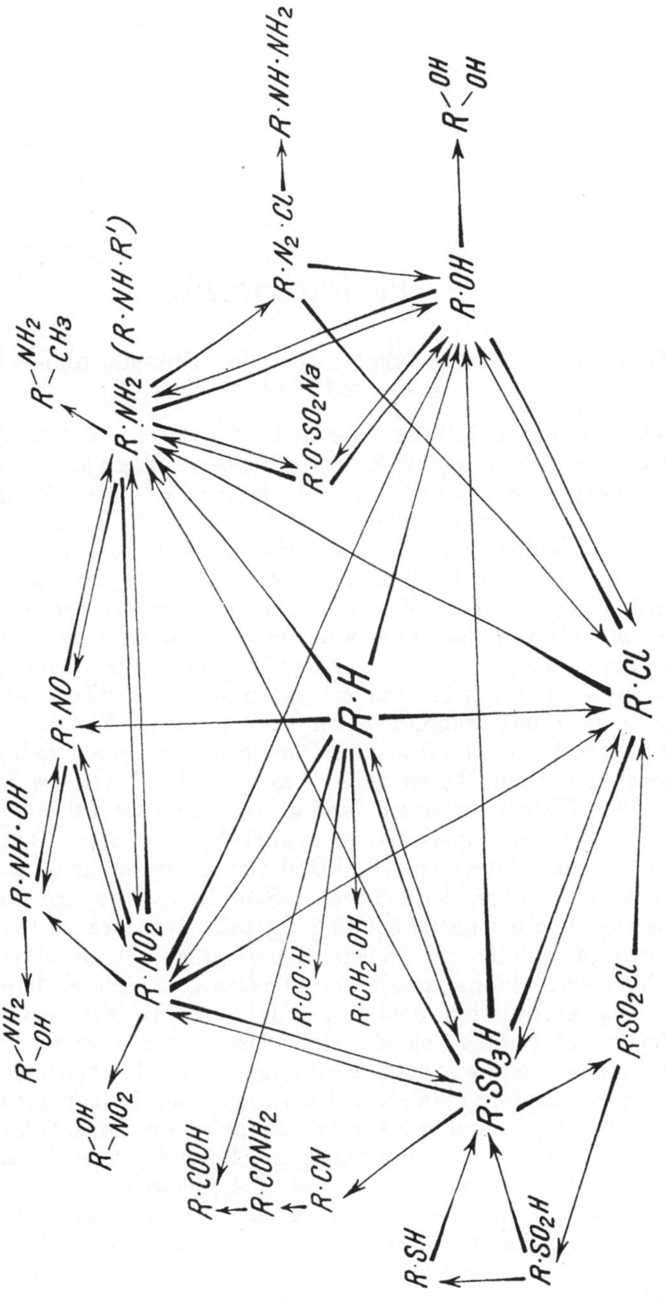

Gesamtschema der Methoden zur Darstellung der Zwischenprodukte für die Teerfarbenfabrikation.

III. Kapitel.

Die Farbstoffe.

1. Theoretische Betrachtungen über den Zusammenhang zwischen Farbe und Konstitution.

Die sichtbaren Spektralfarben.

Es ist bekannt, daß das weiße Licht der Sonne sich durch geeignete Vorrichtungen in eine große Zahl von Farben auflösen läßt, durch deren Vereinigung andererseits wieder Weiß entsteht. Die Zerlegung des Lichtes in die sog. Spektralfarben: Rot, Orange, Gelb, Gelbgrün, Grün, Blaugrün, Cyanblau, Indigblau und Violett wird ermöglicht z. B. durch die unterschiedliche Brechbarkeit der im weißen Licht enthaltenen farbigen Strahlen. Von der Gesamtheit der von einer Lichtquelle, etwa von der Sonne, zur Erde gelangenden Strahlen ist für das menschliche Auge aber, wie nähere Untersuchungen ergeben haben, nur ein beschränkter Teil sichtbar, während ein anderer großer Teil vom menschlichen Auge nicht wahrgenommen werden kann. Ein ganz analoges Verhalten zeigt bekanntlich unser Ohr gegenüber besonders hohen oder besonders niedrigen Tönen. Wie ferner bei den Tönen die Höhe und damit ihre Wahrnehmbarkeit bedingt ist durch die Zahl der Schwingungen in der Zeiteinheit, also ist es auch bei den Farben. Nur Farben von bestimmter Schwingungszahl sind für das menschliche Auge wahrnehmbar, und neben den sichtbaren Strahlen gibt es eine große Zahl von solchen mit geringerer Schwingungszahl, die ultraroten, und andererseits von solchen mit größerer Schwingungszahl, die ultravioletten, deren Vorhandensein nach dem oben Gesagten nicht mit dem menschlichen Auge empfunden, wohl aber z. B. durch die in dieser Beziehung empfindlichere photographische Platte nachgewiesen werden kann. Es besteht nun ein gewisser Zusammenhang zwischen Schwingungszahl und Wellenlänge, insofern als die Strahlen von großer Schwingungszahl durch kleine Wellenlängen und umgekehrt die Strahlen von kleiner Schwingungszahl durch große Wellenlängen ausgezeichnet sind, eine Tatsache, die sich unmittelbar daraus ergibt, daß alle Lichtstrahlen verschiedener Schwingungszahl mit der gleichen Geschwindigkeit den Äther durcheilen. Man kann daher die Lichtstrahlen ebensowohl durch ihre Schwingungszahl, wie durch ihre Wellenlänge kennzeichnen. Die dem menschlichen Auge sichtbaren Strahlen besitzen eine Wellenlänge zwischen 760 und 400 Mikromillimetern (1 Mikromillimeter, $= 1\ \mu\mu$, ist der millionste Teil eines Millimeters). Die Wellenlänge der bisher gemessenen ultraroten Strahlen soll sich zwischen etwa 60 000 und 760, die der ultravioletten Strahlen zwischen 400 und 100 $\mu\mu$ bewegen[1]). Inwiefern insbesondere auch die Berücksichtigung der ultravioletten Strahlen für die neuere Betrachtung gefärbter Körper von Bedeutung geworden ist, soll später noch angedeutet werden.

Wird aus einem Bündel weißen Lichtes eine Strahlenart, z. B. Rot, entfernt, so erscheint das Licht nicht mehr weiß, sondern als eine Mischung der übrigbleibenden Farben, und zwar in diesem Falle als Blaugrün. Da demnach Rot und Blaugrün sich zu Weiß ergänzen, so nennt man Blaugrün die Ergänzungs- oder Komplementärfarbe von Rot, oder Rot die Komplementärfarbe von Blaugrün. Ordnet man an den Ecken eines regelmäßigen Zehnecks die Farbentöne in der folgenden Reihenfolge an: Rot, Orange, Gelb, Gelbgrün, Grün, Blaugrün, Cyanblau, Indigo, Violett, Rotviolett, so befindet sich z. B. das Gelb dem Indigo,

(Marginalie: Ergänzungs- (Komplementär-) Farben. Das kreisförmige Spektrum.)

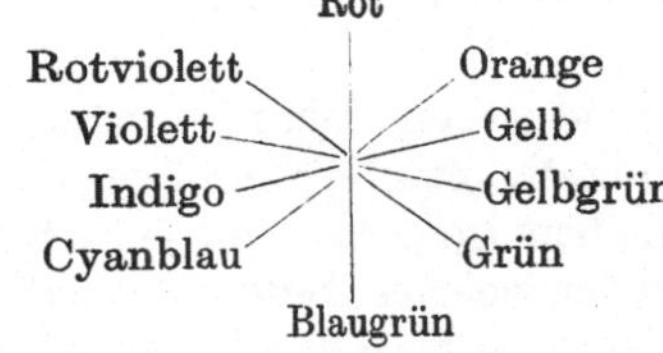

das Grün dem Rotviolett gegenüber, und zwar ist die obige Reihenfolge so gewählt, daß jede Farbe die Ergänzungsfarbe zu der gegenüberliegenden darstellt; also, wie bereits oben erwähnt, Rot ist die Ergänzung zu Blaugrün, Grüngelb ist die Ergänzung zu Violett u. dgl. Trifft nun weißes Licht auf einen unserem Auge etwa rot erscheinenden Gegenstand, so müssen wir annehmen, daß sämtliche anderen, nicht roten Lichtstrahlen von diesem Körper vernichtet oder absorbiert worden sind. Etwas Analoges gilt für einen uns grün oder blau erscheinenden Gegenstand, d. h. alle Strahlen, die nicht grün oder blau sind, werden

---

[1]) Die Wellenlänge für Na-Licht (Linie D) beträgt 0,000 5892 mm $= 589,2\ \mu\mu$ $= 5892$ Angström-Einheiten (A.-E.). Die Schwingungszahl in der Sekunde $= \dfrac{\text{Lichtgeschwindigkeit}}{\text{Wellenlänge}}$ beträgt für dasselbe Licht $\dfrac{300 \cdot 10^{15}}{589,2} =$ ca. 509 Billionen $\mu\mu$. Unter einer „reziproken Angström-Einheit", einer Größe, mit der meist bei graphischen Darstellungen gearbeitet wird, versteht man die Anzahl der Schwingungen auf 1 mm $= 10^6\ \mu\mu = 10^7$ A.-E. Für das der Linie D entsprechende gelbe Na-Licht ergibt sich danach der Wert $\dfrac{10^6}{589,2} =$ ca. 1700 reziproke Angström-Einheiten ($r \cdot$ A.-E.). Für den Beginn des Ultravioletts beträgt die Wellenlänge 400 $\mu\mu = 4000$ A.-E.; daraus ergeben sich $\dfrac{10^7}{4000} = 2500$ Schwingungen auf 1 mm oder 2500 $r \cdot$ A.-E.   Man findet den Wert für $r \cdot$ A.-E. nach obigem also gemäß der Formel: $r \cdot$ A.-E. $= \dfrac{10^7}{\text{A.-E.}}$.

absorbiert, und nur die grünen oder blauen gelangen in unser Auge[1]).

Absorption der Lichtstrahlen. Ähnlich verhält es sich, wenn das Licht durch gefärbte Lösungen hindurch in unser Auge dringt. Ein Teil der Strahlen wird von der Lösung absorbiert, ein anderer Teil, der in unserem Auge die besondere Farbenempfindung hervorruft, wird durchgelassen. Eine Erweiterung haben diese Anschauungen, die sich auf farbige Körper beziehen, erfahren durch die Erkenntnis, daß auch solche Körper, die uns als farblose Flüssigkeiten oder als weiße feste Körper erscheinen, sich gegenüber den eindringenden Lichtstrahlen durchaus nicht immer so indifferent verhalten, wie es uns scheint, sondern daß unter Umständen eine mehr oder minder weitgehende Absorption von Lichtstrahlen stattfindet, und zwar solcher Lichtstrahlen, die im Ultrarot oder im Ultraviolett liegen und daher unserem Auge nicht sichtbar sind. Wenn daher auch für den täglichen Gebrauch die Unterscheidung der chemischen Körper in farbige und nichtfarbige (farblose, weiße) zulässig und zweckmäßig erscheint, so hat dennoch die Feststellung derjenigen unsichtbaren Strahlen, die absorbiert werden, in chemischer Beziehung eine große Bedeutung.

Gesetz von Lambert. Wie von Lambert festgestellt wurde, schwächt beim Durchgang eines Lichtstrahles von bestimmter Wellenlänge durch einen homogenen festen Körper oder eine homogene Lösung jedes Schichtelement die Intensität des Lichtes um den gleichen Betrag, so daß also die Schwächung des Lichtstrahles von dem innerhalb des festen Körpers oder der Lösung zu durchlaufenden Wege abhängig ist. Auf Grund des Lambertschen Der Exstinktionskoeffizient. Gesetzes bezeichneten Bunsen und Roscoe als Exstinktionskoeffizienten den reziproken Wert derjenigen Schichtdicke, die ein fester Körper oder eine Lösung haben muß, um das durchgehende Licht auf ein Zehntel der Intensität des eintretenden Lichtes herabsetzen zu können. Der Extinktionskoeffizient stellt demnach unmittelbar ein Maß für die Stärke der Absorption dar, wobei vorausgesetzt ist, daß bei Lösungen farbiger Körper das farblose Lösungsmittel selbst Gesetz von Beer. nicht absorbiert. Von Beer wurde weiterhin gefunden, daß ein bestimmter Zusammenhang zwischen der Absorption des Lichtes und der Konzentration der Lösungen besteht, und zwar ist die Absorption der Konzentration proportional. Man erreicht also durch konzentrierte Lösungen dieselbe Wirkung wie durch dicke Schichten, und es wirkt eine n-mal so dicke Schicht bei gleicher Konzentration in demselben Maße absorbierend wie eine n-mal so konzentrierte Lösung von der gleichen Schichtdicke, oder anders ausgedrückt, damit die Lösungen gleich stark absorbieren, müssen die Schichtdicken den Konzentrationen umgekehrt Schwingungs- oder Absorptionskurven. proportional sein. Von den durch Lambert und Beer gefundenen Tatsachen hat insbesondere Hartley Gebrauch gemacht bei der Konstruktion von Schwingungs- oder Absorptionskurven. Das sind Kurven,

---

[1]) Die anderen Möglichkeiten, die sich aus der Erkenntnis der Ergänzungsfarben ohne weiteres ergeben, sind der Einfachheit halber hier nicht berücksichtigt.

bei denen die Schwingungszahlen als Abszissen und die Schichtdicken bzw. deren Logarithmen als Ordinaten dienen, und die demgemäß erkennen lassen einerseits die Lage der Absorptionsstreifen und andererseits die verschiedenen Stärken der Absorption bei wechselnden Schichtdicken oder Konzentrationen. Die Herstellung der Absorptionskurven geschieht mit Hilfe einer großen Zahl von photographischen Aufnahmen der Absorptionsspektren, desselben Farbstoffs, jedoch bei wechselnder Schichtdicke oder Konzentration der Lösungen. Es sind in großem Umfange sowohl Farbstoffe (durch Formánek) als auch farblose Körper spektroskopisch aufgenommen worden, und es hat sich dabei leicht erkennen lassen, daß ein enger Zusammenhang zwischen der Konstitution eines chemischen Individuums und seinen Absorptionskurven besteht derart, daß man aus den Absorptionskurven Rückschlüsse auf die Konstitution und, was auch praktisch unter Umständen von Bedeutung ist, auf die Reinheit von Farbstoffen ziehen kann. Ja man kann sogar die konstitutionellen Veränderungen, die ein Farbstoff durch chemische Eingriffe erleidet, durch spektroskopische Betrachtung aufeinanderfolgender Proben erkennen und auf diese einfache und ziemlich sichere Weise den Punkt feststellen, wann die gewünschte Reaktion als beendigt anzusehen ist.

(Randtitel: Absorptionsspektren.)

Hartley hat in einzelnen Fällen, in denen die Konstitutionsermittlung auf Grund rein chemischer Methoden zu Schwierigkeiten führte, durch seine optische Methode mit sehr großer Wahrscheinlichkeit eine Entscheidung über die eine oder die andere Auffassung treffen können. Es zeigte sich z. B., daß die Absorptionskurven für Isatin (1) und N-Methylisatin (2) eine gewisse Übereinstimmung zeigten, dagegen verschieden waren von dem isomeren O-Methylisatin (3):

(Randtitel: Spektroskopische Konstitutionsermittlung.)

(1) 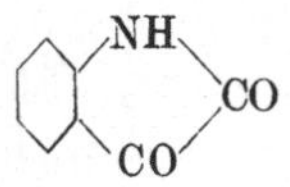 [Strukturformel Isatin: Benzolring mit NH–CO–CO]   (2) 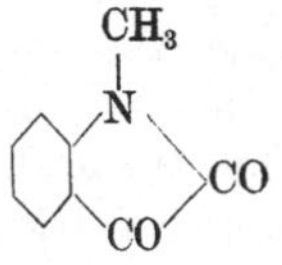 [Strukturformel N-Methylisatin: Benzolring mit N(CH$_3$)–CO–CO]   (3) [Strukturformel O-Methylisatin: Benzolring mit N=C–O–CH$_3$, CO]

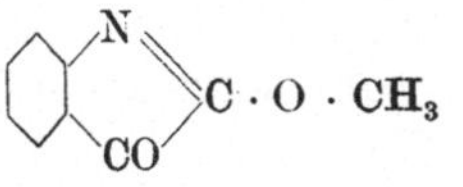

Hartley hat daraus den Schluß gezogen, daß die Konstitution des Isatins der des N-Methylisatins entspricht, daß ihm also tatsächlich die Laktam- oder Pseudoformel zukommt. Allerdings darf hier nicht unerwähnt bleiben, daß das bisher vorliegende experimentelle Material nicht ausreicht, um mit unbedingter Sicherheit zu beurteilen, inwieweit die Anwendung derartiger optischer Methoden bei Konstitutionsbestimmungen zulässig ist.

Von den wichtigsten aromatischen Kohlenwasserstoffen absorbieren Benzol, Naphtalin und Anthracen noch im Ultraviolett. Sie erscheinen uns daher farblos bzw. im festen Zustande weiß. Jedoch lassen die Absorptionskurven erkennen, daß in der Reihenfolge Benzol, Naphtalin und Anthracen die Absorptionsstreifen sich immer mehr dem sichtbaren Spektrum nähern.

(Randtitel: Absorptionsspektren des Benzols, Naphtalins u. Anthracens.)

Fluoreszenz-erscheinungen. Auch die Fluoreszenzerscheinungen haben in neuerer Zeit eine eingehendere Bearbeitung gefunden. Den fluoreszierenden Substanzen ist die Eigenschaft gemeinsam, typisch selektiv zu absorbieren, und es zeigte sich, daß ein fluoreszierender Körper nur durch diejenigen Strahlen zur Fluoreszenz gebracht wird, die er selbst absorbiert, und daß also mit der Fluoreszenz eine Umwandlung der die Fluoreszenz erregenden Lichtstrahlen in evtl. sichtbare Lichtstrahlen anderer Wellenlänge und Schwingungszahl verbunden ist. Versuche haben ergeben, daß Fluoreszenz auch zu beiden Seiten des sichtbaren Spektrums stattfindet, also auch im unsichtbaren Teil, in gleicher Weise, wie dies bezüglich der einfachen Absorption der Lichtstrahlen der Fall ist. Daß Beziehungen zwischen Fluoreszenz und Konstitution bestehen, ist mehr oder minder selbstverständlich und auch durch neuere Untersuchungen bestätigt worden; jedoch dürfte es zur Zeit nicht möglich sein, bestimmtere Gesetze über diesen Zusammenhang aufzustellen. Benzol fluoresziert im Ultraviolett; bei Naphtalin nähert sich die Fluoreszenz, analog der Absorption, zwar dem Gebiete längerer Wellen, ist jedoch nicht sichtbar, wohl aber bei einer großen Zahl von Naphtalinderivaten, von denen angeblich die α-Verbindungen stärker fluoreszieren als die β-Derivate. Bei Anthracen endlich ist, infolge der Häufung der Benzolkerne, eine außerordentlich starke Fluoreszenz dem Auge bemerkbar.

Einfluß der Substitution auf das Absorptionsspektrum. Es ist nach dem eben Gesagten leicht verständlich, daß die Einführung von Substituenten in aromatische Kerne einen mehr oder minder weitgehenden Einfluß auf die Beschaffenheit der Absorptionsspektren ausübt, und daß auch hier gewisse Gesetzmäßigkeiten obwalten, indem z. B. die Einführung von gesättigten Alkylgruppen einen geringeren Einfluß ausübt als die Einführung einer um 2 Wasserstoffatome ärmeren Alkylengruppe mit Doppelbindung. Auffallenderweise stellt sich aber wieder eine Abschwächung der Substitutionswirkung ein, falls man an die Stelle einer doppelten Bindung eine dreifache auftreten läßt. In diesem Zusammenhang sei erwähnt, daß der Phenylrest, ⬡—, eine schwächere Wirkung ausübt als der Furylrest:

$$\begin{array}{c} CH = C \diagdown \\ | \qquad\quad O, \\ CH = CH \diagup \end{array}$$

und der Benzylidenrest, $C_6H_5 - CH =$, eine schwächere Wirkung als den Cinnamylidenrest, $C_6H_5 \cdot CH = CH - CH =$.

Die chromophoren Gruppen. Von ganz hervorragender Bedeutung für die Farbenchemie sind nun die sog. chromophoren Gruppen. Das sind Gruppen, die insbesondere in Verbindung mit aromatischen Resten zu den sog. Chromogenen führen, die, eben infolge des Vorhandenseins der chromophoren Gruppen, durch eine mehr oder minder starke Farbe ausgezeichnet sind.

Die Chromogene. Als Beispiel einer chromophoren Gruppe sei die zweiwertige Azogruppe, $- N = N -$, gewählt. Wird die Azogruppe mit zwei aromatischen Resten, z. B. mit zwei Phenylresten, verknüpft, so entsteht das Chromogen Azobenzol, $C_6H_5 \cdot N = N \cdot C_6H_5$, das deutlich orange

gefärbt ist, im Gegensatz zu dem für unser Auge farblosen Benzol.
Wir sehen also, daß durch die Einführung der chromophoren Azogruppe
eine sehr erhebliche Änderung im Absorptionsvermögen des Benzols
bewirkt wird. Während Benzol selbst im Ultraviolett absorbiert, wird
durch den Eintritt der Azogruppe die Absorption in das sichtbare Spektrum, und zwar über das Violett und Indigblau hinaus bis in das
Cyanblau verschoben (vgl. das Farbenzehneck auf S. 257).

Vom färberischen Standpunkt betrachtet, bietet diese optisch
bemerkenswerte Veränderung zunächst kein besonderes Interesse, da
das farblose Benzol durch seine Überführung in das gefärbte oder, wie
Hantzsch vorschlägt, „farbige“ Azobenzol noch nicht zu einem
technisch brauchbaren Farbstoff geworden ist. Diese man-
gelnde Brauchbarkeit beruht einerseits auf der verhältnismäßig geringen
Intensität der Färbungen des Azobenzols, auf der anderen Seite auf
seiner geringen Verwandtschaft zur Textilfaser. Führt man in das Azobenzol eine Sulfogruppe ein, so erhält man die Azobenzolsulfonsäure,
$C_6H_5 \cdot N = N \cdot C_6H_4 \cdot SO_3H$, die sich von dem Azobenzol durch ihre
Löslichkeit in Wasser unterscheidet, weiterhin aber auch durch ihre
Fähigkeit, mit Wolle eine mehr oder minder stabile Verbindung zu
bilden, also Wolle unter gewissen Bedingungen anzufärben. Jedoch
sind diese Färbungen infolge der geringen Farbkraft, die die Azobenzolsulfonsäure mit dem Azobenzol teilt, sehr schwach und daher technisch
wertlos.

Ganz anders nun verhält es sich, wenn man statt der Sulfogruppe
eine Amino- oder Hydroxylgruppe, NH_2 oder OH, in das Molekül des
Azobenzols einführt. Man erhält dadurch das Amino- bzw. Oxyazo-
benzol, $C_6H_5 \cdot N = N \cdot C_6H_4 \cdot NH_2$ bzw. $C_6H_5 \cdot N = N \cdot C_6H_4 \cdot OH$, von
denen insbesondere die entsprechenden p-Verbindungen:

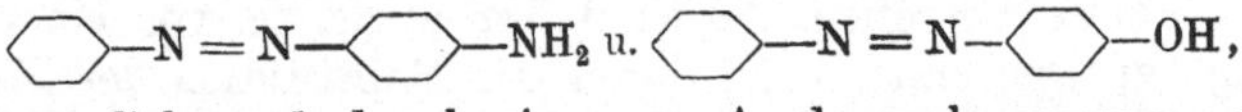

⬡—N = N—⬡—NH₂ u. ⬡—N = N—⬡—OH,

leicht zugänglich und durch eine, am Azobenzol gemessen, sehr bedeutende Farbkraft ausgezeichnet sind. Aber nicht allein nach dieser
Richtung, sondern auch in bezug auf das färberische Verhalten
übt die Einführung von Amino- oder Hydroxylgruppen einen sehr wesentlichen Einfluß aus. Beide, das p-Amino- und das p-Oxyazobenzol, insbesondere aber ihre wasserlöslichen Derivate, namentlich die entsprechenden Sulfonsäuren, werden von Wolle leicht aufgenommen und
ergeben Färbungen, die eine durchaus normale Beschaffenheit aufweisen.
Wenngleich die färberischen Eigenschaften, d. h. das Verhalten
des Amino- und Oxyazobenzols und zumal ihrer zahllosen Derivate
gegenüber der Textilfaser, praktisch von hervorragender Wichtigkeit
sind und daher von der Technik in den Vordergrund gerückt werden
müssen, so verdienen doch auch vom rein chemischen Standpunkt die
eigenartigen Veränderungen bezüglich der Farbintensität, die in der
Regel durch die Einführung der Amino- oder Hydroxylgruppe in
Chromogene bewirkt werden, ganz besonderes Interesse. Denn man er-

kannte, daß erst durch das Zusammenwirken von chromophoren und auxochromen Gruppen Verbindungen entstehen, die auf Grund ihres färberischen Verhaltens und ihrer Farbintensität den Namen Farbstoffe verdienen. Man hat gerade wegen der sehr erheblichen Steigerung der Farbkraft, die durch den Eintritt von Amino- und Hydroxylgruppen bewirkt wird, diese Gruppen als auxochrome (d. h. farbvermehrende) Gruppen bezeichnet.

Qualitative u. quantitative Änderungen des Farbentones.

Obwohl, wie das Beispiel des Aminoazobenzols erkennen läßt, die grundverschieden geartete Rolle der chromophoren und auxochromen Gruppen klar zutage tritt, so ist leider vielfach in neueren Veröffentlichungen auf die bisherige Nomenklatur nicht genügend Rücksicht genommen und dadurch eine gewisse Verwirrung angerichtet worden, die man im Interesse eines einheitlichen Sprachgebrauchs sehr bedauern muß, und die wohl darauf zurückzuführen ist, daß man die qualitativen und quantitativen Veränderungen des Farbentones, die durch Substitution herbeigeführt werden können, nicht genügend scharf auseinander gehalten hat. Wenn man einen Substituenten, der die Absorption vom Ultraviolett nach dem sichtbaren Spektrum hin verlegt oder von Violett nach Grün verschiebt, als bathochrom und einen Substituenten, der das Gegenteil bewirkt, als hypsochrom bezeichnen will, so wird sich gegen derartige Bezeichnungen, die mit Anlehnung an die Akustik gewählt worden sind, nichts einwenden lassen, obwohl sich ohne Zweifel noch passendere Benennungen hätten finden lassen. Aber schon gegen die Übersetzung der Begriffe „bathochrom" und „hypsochrom" durch „farbvertiefend" und „farbaufhellend" muß entschieden Einspruch erhoben werden, da die Begriffe „Vertiefung" und „Aufhellung" in diesem Zusammenhang nach allgemeinem Sprachgebrauch eine wesentlich andere Bedeutung haben, indem sie mehr die quantitative Seite als die qualitative betreffen. Es ist daher unrichtig, von einer „Farbaufhellung" zu sprechen, wenn durch die Substitution der Farbenton einer Verbindung von Orange nach Gelb oder von Gelb nach Grüngelb verschoben wird, oder von einer „Farbvertiefung" beim Übergang von Blau nach Grün oder von Violett nach Blau. Ebenso ist es ein Mißbrauch des Wortes „auxochrom", wenn man damit solche Substituenten belegt, die in irgendeiner Verbindung lediglich eine Verschiebung der Absorptionskurve nach dem ultraroten oder ultravioletten Teile des Spektrums bewirken. Auch für den Fall, daß man die Bezeichnung „auxochrom" solchen Substituenten vorbehält, die nur einseitig eine Verschiebung nach dem Ultrarot bewirken, ist diese Bezeichnung durchaus unzulässig. Es ist nicht allein theoretisch sehr wohl denkbar, sondern eine durch vielfache Erfahrungen bewiesene Tatsache, daß mit der durch Substitution bewirkten Verschiebung des Farbentones etwa von Orange nach Gelb oder von Grün nach Blau, also mit einer sog. „Farbaufhellung" eine erhebliche Intensitätszunahme verknüpft ist. Es kann daher nur verwirrend wirken, von einer „Farbaufhellung" zu reden, während tatsächlich eine erhebliche Zunahme der Farb-

kraft zu verzeichnen ist. Es wäre aber unrichtig, einem die Farbkraft
steigernden Substituenten die Bezeichnung auxochrom zu versagen,
weil mit der Intensitätszunahme zufällig eine Verschiebung des Farbentones etwa von Orange nach Gelb verbunden ist. Würde man, unbekümmert um die quantitativen Verhältnisse, die ja selbstverständlich in der Technik eine ausschlaggebende Rolle spielen, mit auxochrom
jeden Substituenten bezeichnen, der innerhalb des Spektrums eine Verschiebung nach der einen oder anderen Richtung bewirkt, so würde
man erst recht nicht dem ursprünglichen Inhalte des Wortes auxochrom
gerecht werden. Es sei deshalb zusammenfassend folgende Verknüpfung
der Begriffe Chromophor, Chromogen und Auxochrom vorgeschlagen[1]):

Unter Chromogenen versteht man solche mehr oder minder gefärbte
(oder selbst auch farblose) organische, in der Regel aromatische Verbindungen, die mindestens ein Chromophor als Träger der Farbigkeit
(bzw. als Ursache der Farbverschiebung nach dem sichtbaren Teil des
Spektrums hin) enthalten, und die erst durch die Einführung mindestens
einer auxochromen Gruppe (Amino- oder Hydroxylgruppe) zu eigentlichen Farbstoffen werden, d. h. die Fähigkeit erlangen, die Faser anzufärben, womit gleichzeitig in der Regel auch eine sehr erhebliche Ver-
mehrung der Farbstärke verbunden ist.

Begriffsbe-
stimmung
nach Witt.

Eine ähnliche Wirkung wie die primäre Aminogruppe haben auch die
sekundären und tertiären Alkylido-, Aralkylido- und Arylidogruppen, wie:

$$ - NH \cdot C_2H_5, \quad - N(CH_2 \cdot C_6H_5)_2, \quad - NH \cdot C_6H_5, $$

während die auxochrome Wirkung einer Aminogruppe ganz erheblich
geschwächt wird durch die Einführung eines Acylrestes, z. B. der
Acetyl- und Benzoylgruppe, oder durch den Übergang einer tertiären
Aminogruppe in eine fünfwertige Alkylammoniumgruppe:

$$ - N(CH_3)_2 \rightarrow - N(CH_3)_3Cl. $$

Nicht richtig ist, wenn behauptet wird, daß der auxochrome Charakter
der Aminogruppe durch Salzbildung ganz allgemein eine erhebliche
Abschwächung erfahre. Jedenfalls trifft dies für das Gebiet der eigentlichen Farbstoffe, für die doch die Bezeichnung „auxochrome Gruppen"
hauptsächlich in Betracht kommt, nicht zu, wenigstens nicht als Regel.
Inwieweit durch Salzbildung lediglich Verschiebungen des Farbentones stattfinden, ist für den Charakter der Amino- und Hydroxylgruppen als Auxochrome gleichgültig, wenn auch Änderungen des
Farbentones infolge Salzbildung vom färbereitechnischen Standpunkte, aber aus ganz anderen Gründen, eine sehr bedeutende Rolle
spielen können. Wenn das Absorptionsspektrum des Anilins infolge
Salzbildung (also z. B. bei Anilinchlorhydrat) eine erhebliche Verschie-

Optische
Wirkung der
Salz-
bildung.

---

[1]) Ich befinde mich hierbei, worauf ich besonderen Nachdruck legen möchte,
in voller Übereinstimmung mit O. N. Witt, dem wir die Grundlagen der hier
behandelten Theorie verdanken. (Der Verf.)

bung nach dem Unsichtbaren erfährt, so ist es doch unzulässig, ganz allgemein von einer Abschwächung des auxochromen Charakters der Aminogruppen in Farbstoffen infolge Salzbildung reden zu wollen. Die Bezeichnung „auxochrome Gruppen" sollte man, wie ja doch auch der Name besagt, zweckmäßigerweise überhaupt nur auf Bestandteile von wirklichen Farbstoffen anwenden, nicht aber auf Verbindungen, die überhaupt nicht gefärbt sind, und bei denen daher von einer Änderung der Farbstärke, wenigstens im sichtbaren Teil des Spektrums, nicht die Rede sein kann. Daß Amino- und Hydroxylgruppen auch für Nichtfarbstoffe von großer Bedeutung sind, insofern als sie den Charakter der aromatischen Verbindungen, insbesondere in rein chemischer Beziehung, erheblich verändern, braucht wohl hier nicht besonders betont zu werden. In der Regel wird durch die Einführung von Amino- und Hydroxylgruppen -die **Reaktionsfähigkeit** aromatischer Verbindungen in einem Maße gesteigert, **daß erst durch diese Substitution eine große Zahl von Reaktionen, insbesondere Farbstoffreaktionen, ermöglicht wird, die aromatische Verbindungen ohne Amino- und Hydroxylgruppen überhaupt nicht einzugehen vermögen.** Erinnert sei auch an die Reaktionsfähigkeit der Amine und Phenole bei der Chlorierung, Sulfonierung, Nitrierung, Aldehydbildung usw.

Was nun insbesondere die chromophoren Gruppen anlangt, so kennt deren die heutige Farbenchemie eine große Zahl. Ein gewisser Unterschied zwischen ihnen besteht zwar insofern, als einige Chromophore in Verbindung mit aromatischen Resten stark farbige, andere nur schwach farbige Chromogene erzeugen. Trotzdem erscheint eine Unterscheidung etwa in selbständige und unselbständige, oder in starke und schwache Chromophore, belanglos und unzweckmäßig, weil unter Umständen schwachfarbige Chromogene durch die Einführung auxochromer Gruppen zu außerordentlich kräftigen Farbstoffen werden können, während umgekehrt die Intensitätszunahme farbkräftiger Chromogene durch Einführung auxochromer Gruppen einen minder hohen Betrag erreichen kann. In dieser Beziehung spielt übrigens auch die Stellung (z. B. o-, m- oder p-) der auxochromen Gruppen eine nicht unwichtige Rolle.

Eine der interessantesten und wichtigsten chromophoren Gruppen ist die CO- oder Karbonylgruppe, die eine starke Verschiebung des Absorptionsspektrums nach dem Ultrarot bzw. aus dem unsichtbaren in den sichtbaren Teil des Spektrums bewirkt. Ob karbonylhaltige Verbindungen farbig oder farblos sind, hängt in weitgehendem Maße von den mit der zweiwertigen Karbonylgruppe verbundenen organischen Resten ab. So ist z. B. die einfachste organische Karbonylverbindung, das Aceton, $CH_3 \cdot CO \cdot CH_3$, farblos. Das gleiche gilt für das Benzophenon, $C_6H_5 \cdot CO \cdot C_6H_5$, während das Fluorenon, $\langle\ \rangle{-}CO{-}\langle\ \rangle$, das dem Benzophenon doch sehr nahe steht, bereits deutlich gelb gefärbt ist. Sind im Molekül 2 CO-Gruppen enthalten, so kommt es auf die Stellung der beiden Gruppen zueinander an. Das Diacetyl, $CH_3 \cdot CO \cdot CO \cdot CH_3$, ist gelb gefärbt, während das Acetylaceton, $CH_3 \cdot CO \cdot CH_2 \cdot CO \cdot CH_3$, und selbst das Diacetyldimethylmethan, $CH_3 \cdot CO \cdot C(CH_3)_2 \cdot CO \cdot CH_3$, farblos sind. Der Einfluß der zwei benachbarten Karbonylgruppen auf die Färbung ist auch im Glyoxyl, $H \cdot CO \cdot CO \cdot H$, noch bemerkbar, das in monomolekularem Zustande grün gefärbt ist. Das Triketopentan, $CH_3 \cdot CO \cdot CO \cdot CO \cdot CH_3$, das drei benachbarte Karbonylgruppen enthält, ist orangerot. Tritt die CO-Gruppe im Verein mit Doppelbindungen auf, wie z. B. in den Ketenen $(CH_3)_2C = C = O$ und $(C_2H_5)_2C = C = O$, so erhält man ebenfalls gelb gefärbte Verbindungen. Das gleiche gilt für das Phoron:

$$\begin{matrix} CH_3 \\ CH_3 \end{matrix}\!\!\Big\rangle C = CH \cdot CO \cdot CH = C\Big\langle\!\!\begin{matrix} CH_3 \\ CH_3 \end{matrix}$$

und Dibenzalaceton:

$$C_6H_5 \cdot CH = CH \cdot CO \cdot CH = CH \cdot C_6H_5,$$

während auffälligerweise die ihnen nahestehenden heterozyklischen Verbindungen Diphenyl- und Dimethylpyron, (1) und (2), farblos sind.

$$(1) \quad \begin{matrix} & CO & \\ HC & & CH \\ \| & & \| \\ C_6H_5 - C & & C - C_6H_5 \\ & O & \end{matrix} \quad \text{und} \quad \begin{matrix} & CO & \\ HC & & CH \\ \| & & \| \\ CH_3 \cdot C & & C \cdot CH_3 \\ & O & \end{matrix} \quad (2)$$

Von den karbonylhaltigen Körpern sind wohl die interessantesten Die Chinone. und für die Farbenchemie wichtigsten die Chinone, die man als p-, o- und amphi-Chinone, (3), (4) und (5), unterscheiden kann. Das ein-

$$(3)\quad\text{p-Chinon} \qquad (4)\quad\text{o-Chinon} \qquad (5)\quad\text{amphi-Chinon}$$

fachste und am leichtesten zugängliche Chinon ist das Benzochinon, das gelb gefärbt ist und dessen Formel folgendermaßen geschrieben wird:

$$O = C\Big\langle\!\!\begin{matrix} CH = CH \\ CH = CH \end{matrix}\!\!\Big\rangle C = O,$$

im Gegensatz zu der früher vielfach gebrauchten „Superoxydformel" der Chinone:

$$O \cdot C\Big\langle\!\!\begin{matrix} CH - CH \\ CH = CH \end{matrix}\!\!\Big\rangle C \cdot O,$$

die neuerdings wieder in den Vordergrund getreten ist. Nach Beobachtungen von Hantzsch bewirkt die benzoide Lagerung (6) Farbe,

$$(6)\quad \begin{matrix} C - O \\ \| \quad | \\ C - O \end{matrix} \qquad\qquad (7)\quad \begin{matrix} C = O \\ | \\ C = O \end{matrix}$$

die ketoide (7) hingegen nicht, ein Umstand, der für die Superoxydformel der Chinone zu sprechen scheint. Umgekehrt glaubt Willstätter, durch Oxydation des Silbersalzes des Brenzkatechins (1) ein
benzoid konstituiertes farbloses (2) und ein ketoid konstituiertes rotes
o-Chinon (3) erhalten zu haben.

Die englischen Forscher Stewart, Baly und Desh nehmen an,
daß der rhythmische Wechsel der Bindungen bei tautomeren Formeln
die Ursache der Lichtabsorption sei und bezeichnen diese Erscheinungen als Isorrhopesis. Eine solche Isorrhopesis findet ihrer Meinung
nach statt z. B. beim Diacetyl (4), beim Acetessigester (5), den Alkyl-

acetessigestern und auch bei den Chinonen (6).

Den Chinonen stehen nahe die Chinonmono- und -Diimine (7),
von denen die einfachsten Vertreter farblos sind, während z. B.
das Dimethylchinondiimin (8) in Lösung bereits hellgelb und nur

in festem Zustande farblos ist. Das Monophenylchinondiimin (9)
ist auch in festem Zustande hellgelb; das Monophenylchinon-
monoimin (10) ist rot. Es wäre übrigens unrichtig, aus den

zuletzt erwähnten Tatsachen ohne weiteres schließen zu wollen, daß die C=O-Gruppe ein stärkeres Chromophor sei als die C=NH-Gruppe, wie u. a. ja schon ohne weiteres aus dem Vergleich des farbschwachen Tetramethyldiaminobenzophenonchlorhydrats (1) mit dem farbkräftigen Auramin (2) (als Imin geschrieben) zu ersehen ist. Ob-

$$
\begin{array}{cc}
& N(CH_3)_2 \\
& | \\
& C_6H_4 \\
& | \\
(1)\quad & C=O \\
& | \\
& C_6H_4 \\
& | \\
& N(CH_3)_2 \\
& HCl
\end{array}
\qquad
\begin{array}{cc}
& N(CH_3)_2 \\
& | \\
& C_6H_4 \\
& | \\
(2)\quad & C=NH \\
& | \\
& C_6H_4 \\
& | \\
& N(CH_3)_2 \\
& HCl
\end{array}
$$

wohl die einfachsten Thiochinone und Thiochinonmonoimine (3) bisher nicht dargestellt worden sind, darf man wohl annehmen, daß die Derivate derselben existenzfähig sind. (Siehe Näheres in dem Abschnitt über Thiazinbildung.)

$$
(3)\quad
\begin{array}{c}
S \\
\| \\
C_6H_4 \\
\| \\
S
\end{array}
\quad \text{und} \quad
\begin{array}{c}
S \\
\| \\
C_6H_4 \\
\| \\
NH
\end{array}
\qquad (4)
\qquad
\begin{array}{c}
O \\
\| \\
C_6H_4 \\
\| \\
C_6H_4 \\
\| \\
O
\end{array}
\quad (5)
$$

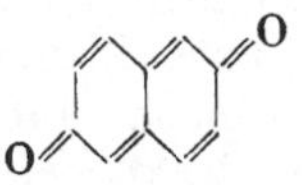

Eigenartige, dem amphi-Chinon (4) nahestehende Chinone sind das rubinrote oder goldgelbe Diphenochinon (5) und sein Tetramethoxyderivat, das schon lang bekannte violette bis stahlblaue Coerulignon oder Cedriret:

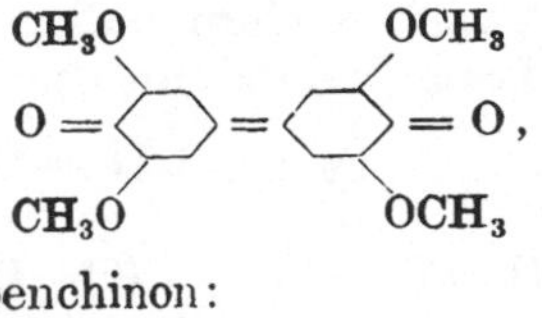

$$
\begin{array}{c}
\text{CH}_3\text{O} \qquad\qquad \text{OCH}_3 \\
O = \langle\ \rangle = \langle\ \rangle = O, \\
\text{CH}_3\text{O} \qquad\qquad \text{OCH}_3
\end{array}
$$

sowie das hellrote Stilbenchinon:

$$
O = C_6H_4 = CH-CH = C_6H_4 = O.
$$

Das Stilbenchinon kann aufgefaßt werden als ein verdoppeltes Methylenchinon:

$$
O = C_6H_4 = CH_2.
$$

Diese Methylenchinone stehen den Chinonen bezüglich der Farbigkeit nahe. So ist z. B. das sich vom asymmetrischen Trimethylbenzol (Pseudokumol) ableitende o-Methylenchinon (6) gelb und das Diphenyl- Die Methylenchinone.

$$
(6)\quad O =
\begin{array}{c}
\text{CH}_2\ \text{CH}_3 \\
\langle\ \rangle \\
\text{CH}_3
\end{array}
$$

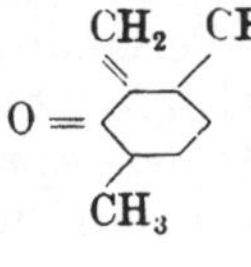

p-methylenchinon (7) goldgelb, während die den Methylenchinonen
nahestehenden, jedoch um 1 Mol. H_2O reicheren Chinole, z. B. das

$$(7) \quad O = \langle\!\!\!\bigcirc\!\!\!\rangle = C(C_6H_5)_2$$

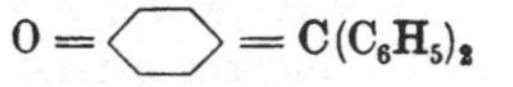

Methylchinol (1), farblos sind, ähnlich den Pyronen (siehe S. 265),
mit denen sie hinsichtlich der Verteilung der Doppelbindungen übereinstimmen (2). Die Methylenchinone sind in einer großen Zahl von

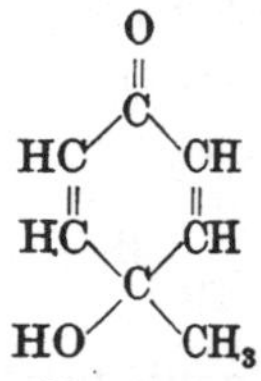

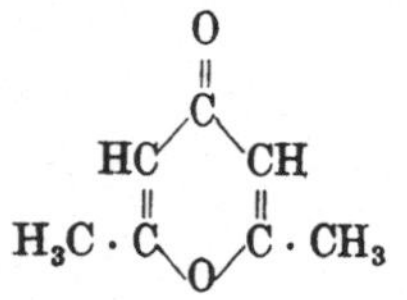

wichtigen Farbstoffen vertreten und werden später noch eingehender
behandelt werden.

Die Chinone sind durch Reduktion leicht in Hydrochinone überführbar, ebenso die Methylenchinone in Kresole, und ihnen analog
verhalten sich die Chinonmono- und -Diimine, aus denen durch Reduktion Aminophenole bzw. Diamine entstehen. Auch noch in anderer
Richtung sind die Chinone außerordentlich reaktionsfähig, und man
hat die bei diesen Reaktionen auftretenden Gesetzmäßigkeiten auf
Grund neuerer Theorien zu erklären versucht. Von Interesse sind insbesondere die Theorien von Johannes Thiele und von A. Werner,
die hier kurz angedeutet sein mögen.

Konjugierte Doppelbindungen nach Thiele. Thiele nimmt an, daß in der ungesättigten Verbindung Äthylen,
$CH_2 = CH_2$, die je vier Valenzen der beiden Kohlenstoffatome nicht
vollkommen abgesättigt sind, sondern daß ein Teil der Valenzen frei
bleibt, und er deutet diesen Zustand an durch punktierte Linien (3),

$$(3) \quad CH_2 = CH_2, \qquad (4) \quad - CH = CH - CH = CH -,$$

$$(5). \; - CH = CH - CH = CH -, \qquad (6) \quad CH = CH - CH = CH -,$$

im Gegensatz zu den ausgezogenen Strichen bei abgesättigten Valenzen.
Treten derartige Äthylengruppen in unmittelbare Bindung, wie z. B.
in der Gruppierung (4), so bleiben entsprechend der Formel (5) vier
Teil- oder Partialvalenzen übrig, von denen sich nach Thieles Annahme
die beiden mittleren gegenseitig absättigen, was in diesem Falle nicht
durch einen geraden Strich, sondern durch einen Bogen (6) angedeutet
wird. Übrig bleiben demnach nur die beiden endständigen Partialvalenzen, und diese Annahme dient in interessanter Weise als Erklärung für die Tatsache, daß bei Anlagerungen von Atomen oder
Atomgruppen an derartige Verbindungen mit zwei benachbarten
Äthylengruppen oder „konjugierten Doppelbindungen" wie
Thiele sie nennt, sich die beiden Spaltstücke eines zu addierenden
Moleküls nicht, wie zu erwarten wäre, an zwei benachbarte Kohlen-

stoffe, die durch eine Doppelbindung miteinander verknüpft sind, anlagern, sondern, unter Verschiebung der Doppelbindung nach der Mitte, an die beiden äußersten der vier Kohlenstoffe, die nach der üblichen Bezeichnung in γ-Stellung zueinander sich befinden. Die Addition eines Moleküls Chlor oder Salzsäure an die Kohlenstoffkette $CH_2 = CH - CH = CH_2$ würde daher nicht eine Verbindung von der Formel:

$$CH_2 = CH - CHCl \cdot CH_2Cl \quad \text{bzw.} \quad CH = CH \cdot CHCl \cdot CH_3,$$

sondern von der Formel:

$$Cl \cdot CH_2 \cdot CH = CH \cdot CH_2 \cdot Cl \quad \text{bzw.} \quad Cl \cdot CH_2 \cdot CH = CH \cdot CH_3$$

zur Folge haben.

Schreibt man das einfachste Chinon nach der Formel:

$$\underset{(6)\ \ (5)}{\overset{(2)\ \ \ (3)}{(1)\ \ O = C{\overset{CH = CH}{\underset{CH = CH}{\Big<}}}\Big> C = O\ (4)}}$$

Chinon-Additions-produkte.

so bemerkt man vier Doppelbindungen, von denen je zwei benachbarte im Verhältnis von konjugierten Doppelbindungen zueinander stehen. Man hat anläßlich der Übertragung der Thieleschen Anschauungen auf die Verhältnisse bei der Addition reaktionsfähiger Moleküle an Chinone angenommen, daß, entsprechend den Vorgängen bei der Addition an gewöhnliche konjugierte Doppelbindungen, auch hier die Anlagerung sich in analoger Weise, etwa an den Stellungen 1 und 3, vollziehen müsse, daß also z. B. durch Addition von Salzsäure an Chinon eine Verbindung von der Konstitution (1) entstehen müsse, die durch Wanderung des Wasserstoffs von der 3- in die 4-Stellung in das isomere 3-Chlorhydrochinon (2) übergehe. Es scheint fraglich, ob diese Aus-

$$(1)\quad HO \cdot C{\overset{CH - CHCl}{\underset{CH = CH}{\Big<}}}C = O \qquad \rightarrow \qquad (2)\quad HO \cdot C{\overset{CH - C \cdot Cl}{\underset{CH = C \cdot H}{\Big<}}}C \cdot OH$$

legung für den angedeuteten Vorgang die richtige ist. Es erscheint vielmehr, wenn man auf dem Boden der Thieleschen Anschauungen bleiben will (vgl. auch die Formulierung des Chinhydrons, S. 270f.), nicht ausgeschlossen, daß von den verschiedenen Partialvalenzen die beiden den p-ständigen Sauerstoffatomen angehörigen übrigbleiben (3),

$$(3)$$

und daß die Addition, z. B. von Wasserstoff oder von Salzsäure, sich in der Weise vollzieht, daß unmittelbar in dem einen Falle Hydrochinon

(4), im anderen Falle ein O-Chlorhydrochinon (5) entsteht, das durch
Umlagerung in bekannter Weise in das kernchlorierte Hydrochinon

$$
(4)\quad
\begin{array}{c}
\mathrm{C\cdot O\cdot H}\\
\mathrm{H\cdot C}\diagup\diagdown\mathrm{C\cdot H}\\
\mathrm{H\cdot C}\;\;\mathrm{C\cdot H}\\
\mathrm{C\cdot O\cdot H}
\end{array}
\qquad
(5)\quad
\begin{array}{c}
\mathrm{C\cdot O\cdot H}\\
\mathrm{HC}\diagup\diagdown\mathrm{CH}\\
\mathrm{HC}\;\;\mathrm{CH}\\
\mathrm{C\cdot O\cdot Cl}
\end{array}
\;\rightarrow\;
\begin{array}{c}
\mathrm{C\cdot OH}\\
\mathrm{HC}\diagup\diagdown\mathrm{CH}\\
\mathrm{HC}\;\;\mathrm{C\cdot Cl}\\
\mathrm{C\cdot OH}
\end{array}
$$

übergeht. Eine derartige Betrachtungsweise erscheint insbesondere
bei den Farbstoffsynthesen auf dem Gebiete der Triphenylmethanfarbstoffe, der Xanthenfarbstoffe, der Indamine und Indophenole, der
Azine, Oxazine und Thiazine und in noch vielen anderen Fällen nützlich
und zweckmäßig, wie in den betreffenden Kapiteln ausführlicher noch
dargelegt werden soll. Der Umstand, daß in einer großen Zahl von
Fällen Zwischenprodukte isoliert wurden, in denen Elemente oder
Gruppen von Elementen mit dem Stickstoff oder Sauerstoff verbunden sind, die nach vollkommenem Ablauf der Reaktion am
Kern haften, verleiht der hier ausgesprochenen Hypothese ausreichende
Berechtigung.

Die Chinhy-
drone u. die
Werner'sche
Valenzlehre.

Eine gewisse Schwierigkeit bietet die Erklärung der Natur der
Chinhydrone, jener eigenartigen Verbindungen von Chinonen und
Hydrochinonen, denen die in neuerer Zeit mehrfach dargestellten und
untersuchten Verbindungen aus Chinonen bzw. Chinoniminen einerseits und Phenolen bzw. Diaminen anderseits nahestehen. Es erscheint
zurzeit noch fraglich, ob der Ausdruck „Verbindungen" im gewöhnlichen Sinne an dieser Stelle überhaupt zulässig ist, und ob nicht vielmehr hier ähnliche Verhältnisse vorliegen, wie sie uns in den Assoziationen
von Lösungsmitteln und analogen komplexen Verbindungen bekannt
sind. Es sei in diesem Zusammenhang hingewiesen auf die interessanten
Wernerschen Anschauungen auf dem Gebiete der Valenz. Werner
nimmt an, daß die Affinität der Atome sich nicht in der Richtung einzelner bestimmter Valenzen äußert, sondern daß sie nach allen Richtungen des Raumes wirkt. Bei der Entstehung chemischer Verbindungen
aus einem mehrwertigen Zentralatom, z. B. einem Kohlenstoffatom,
suchen die mit ihm in Affinitätsaustausch tretenden Atome eine solche
Gruppierung anzunehmen, daß dieser Austausch einen möglichst hohen
Betrag annimmt. Jedoch wird hierbei in der Regel nicht die gesamte
Affinität der miteinander in Verbindung tretenden Atome verbraucht,
sondern es bleiben Affinitätsreste übrig, die es den neu entstandenen
Reaktionsprodukten gestatten, weiterhin lockere Additionsverbin-
dungen einzugehen. Derartige lockere Verbindungen im Sinne der
Wernerschen Theorie sind z. B. diejenigen, die aus Chlorsilber und
Ammoniak oder aus Kupferacetat und Ammoniak entstehen. Von
diesen komplexen Verbindungen wird weiter unten noch die Rede sein.
Die Restaffinitäten bezeichnet Werner als Nebenvalenzen, im
Gegensatz zu den gewöhnlichen normalen Valenzen, den sog. Haupt-

valenzen. Beide Valenzarten unterscheiden sich durch ihren verschiedenen Energieinhalt, wobei Übergänge zwischen den beiden Arten möglich sind. Aus räumlichen Gründen können nach Werners Ansicht nur eine beschränkte Zahl von Atomen in unmittelbare Verbindung oder Berührung mit dem Zentralatom treten, d. h. in die erste Sphäre des Zentralatoms gelangen, und Werner nennt die Zahl von Atomen, die in die erste Sphäre eintreten können, die Koordinationszahl.

Ob im Sinne der Wernerschen Theorie das Chinhydron, bestehend aus 1 Mol. Chinon und 1 Mol. Hydrochinon, etwa gemäß der Formulierung (1) zu schreiben ist, muß zurzeit dahingestellt bleiben. Bemerkenswert ist, daß das Chinhydron und ähnliche Verbindungen durch

$$
\text{(1)} \qquad
\begin{array}{c}
\mathrm{C}=\mathrm{O} \cdots\cdots\cdots \mathrm{C}\cdot\mathrm{OH} \\
\mathrm{H}\cdot\mathrm{C}\ \ \mathrm{C}\cdot\mathrm{H} \qquad \mathrm{H}\cdot\mathrm{C}\ \ \mathrm{C}\cdot\mathrm{H} \\
\mathrm{H}\cdot\mathrm{C}\ \ \mathrm{C}\cdot\mathrm{H} \qquad \mathrm{H}\cdot\mathrm{C}\ \ \mathrm{C}\cdot\mathrm{H} \\
\mathrm{C}=\mathrm{O} \cdots\cdots\cdots \mathrm{C}\cdot\mathrm{OH}
\end{array}
$$

Lösungsmittel leicht zerlegt werden. Von Interesse ist eine dem Chinhydron nahestehende und seit langer Zeit unter dem Namen „Wursters Rot" bekannte Verbindung, die früher irrtümlicherweise als ein Chinondiiminabkömmling (2) angesehen wurde, bis Willstätter fand, daß sie sich aus 1 Mol. eines Diimins und 1 Mol. eines Diamins, gemäß der Formel: Wursters Rot.

$$
\mathrm{NH} = \mathrm{C_6H_4} = \mathrm{N(CH_3)_2Br} + \mathrm{(CH_3)_2N} - \mathrm{C_6H_4} - \mathrm{NH_2}\cdot\mathrm{HBr}\,,
$$

zusammensetzt. Diese Verbindung wird zwar nicht schon durch Wasser, wohl aber durch Säuren zerlegt in ihre beiden Bestandteile, und Willstätter hat sie als „merichinoid" bezeichnet, im Gegensatz zu den „holochinoiden" Verbindungen vom Typus des Chinons oder Chinondiimins selbst. Die sonstigen Folgerungen, die Willstätter bezüglich der Konstitution der Triphenylmethanfarbstoffe aus der Erkenntnis der merichinoiden Verbindungen gezogen hat, dürften vorläufig, als zu weitgehend, abzulehnen sein.

An die Chinonmono- und -diime schließen sich an die Chinonmono- und -dioxime (3), die aus den Chinonen durch Kondensation mit salzsaurem Hydroxylamin dargestellt werden können: Chinonmono u. -Dioxime.

$$
\text{(2)} \quad
\begin{array}{c}
\mathrm{N(CH_3)_2Br} \\
\bigcirc \\
\mathrm{NH}
\end{array}
\qquad
\text{(3)} \quad
\begin{array}{c}
\mathrm{O} \\
\bigcirc \\
\mathrm{N}\cdot\mathrm{OH}
\end{array}
\quad \text{und} \quad
\begin{array}{c}
\mathrm{N}\cdot\mathrm{OH} \\
\bigcirc \\
\mathrm{N}\cdot\mathrm{OH}
\end{array}
$$

$$
\begin{array}{c}
\mathrm{O} \\
\bigcirc + \begin{array}{l}\mathrm{H_2NOH}\\ \mathrm{HCl}\end{array} \\
\mathrm{O}
\end{array}
\rightarrow
\begin{array}{c}
\mathrm{O} \\
\bigcirc \\
\mathrm{N}\cdot\mathrm{OH}
\end{array}
+ \mathrm{H_2O} + \mathrm{HCl}\,.
$$

Die Chinonmonoxime (4) sind isomer mit den Nitrosophenolen (5) und sind dementsprechend auch aus Phenolen durch Nitrosierung, d. h. durch die Einwirkung von Salpetriger Säure (siehe S. 180 ff.), erhältlich (6). Über die Natur der Chinonoxime sowie der ihnen nahe-

stehenden Ketoxime und Oximinoketone oder Nitrosoketone (7) sind in den letzten Jahren eine große Zahl von interessanten Untersuchungen

ausgeführt worden, die auch auf die Natur der Nitrophenole und weiterhin der Nitro- und Nitrosofarbstoffe ein sehr erwünschtes Licht geworfen haben.

Hantzsch's Theorien über Nitro- und Nitroso-verbindungen. Es seien hier besonders die Untersuchungen Hantzschs über Nitro- und Nitrosoverbindungen etwas ausführlicher erwähnt. Hantzsch unterscheidet z. B. beim Phenylnitromethan, $C_6H_5 \cdot CH_2 \cdot NO_2$, eine Pseudoform, eine Aciform und eine ionisierte Form, die entsprechend dem Gleichgewichtsschema:

$$C_6H_5 \cdot CH_2 \cdot NO_2 \rightleftarrows C_6H_5 \cdot CH = NO_2H \rightleftarrows C_6H_5 \cdot CH = NO_2' + H^{\cdot}$$

Phenylnitromethan. miteinander zu verknüpfen sind. Das Natriumsalz des Phenylnitromethans ist nach Hantzschs Auffassung zu schreiben als $C_6H_5 \cdot CH = NO \cdot O \cdot Na$. Ähnlich wie das Phenylnitromethan verhält sich das Dinitroäthan der Formel $CH_3 \cdot CH \cdot (NO_2)_2$, das durch Natronlauge übergeführt wird in das Natronsalz.

$$CH_3 \cdot C \Big\langle {\,NO_2 \atop NO \cdot ONa}$$

Die Pseudosäure ist farblos, während die Aciform, ebenso wie das Natriumsalz, gelb gefärbt ist. Neuerdings bevorzugt Hantzsch für die Metallsalze der Dinitroverbindungen eine etwas abgeänderte Schreibweise, z. B.:

$$R \cdot C \Big\langle {NO_2 \atop NO_2} \Big\rangle Na \qquad \text{oder} \qquad R - C \Big\langle {NO_2 \atop NO_2} \cdots \Big\rangle Na\,.$$

1, 3, 5-Trinitrobenzol + Kalium-methylat. Der aus Trinitrobenzol und Kaliummethylat entstehenden Verbindung schreibt Hantzsch folgende Formel zu:

Er unterscheidet weiterhin die nach den letzteren Typen gebauten Chromosalze[1]) von den Leukosalzen, wie sie in den Mononitroverbindungen erhältlich sind. Vielfach besteht nach Hantzschs Annahme ein Gleichgewicht zwischen den Leuko- und den Chromosalzen dergestalt, daß die ersteren schwach durch die letzteren angefärbt sind. So gibt z. B. das p-Nitrophenylnitromethan $NO_2 \cdot C_6H_4 \cdot CH_2 \cdot NO_2$ außer den vier verschieden (gelb, rot, violett und grün) gefärbten Chromosalzen anscheinend auch noch Salze der Leukoform. Insbesondere die durch Nitrosierung der Barbitursäure (1) entstehende Violursäure (2) hat Hantzsch z. B. zum Ausbau seiner Theorien reichlich Material

Chromo- u. Leukosalze.

Salze der Violursäure.

$$(1) \quad CO\!\!\begin{array}{c} \diagup NH-CO \diagdown \\ \diagdown NH-CO \diagup \end{array}\!\!CH_2 \qquad (2) \quad CO\!\!\begin{array}{c} \diagup NH-CO \diagdown \\ \diagdown NH-CO \diagup \end{array}\!\!C=N \cdot OH$$

geliefert. Die Violursäure ist ein zyklisches Ketoxim, das an sich, d. h. in freiem Zustande, nur schwach gefärbt ist. Sie besitzt aber die Fähigkeit, mit farblosen Metallionen verschiedenfarbige Salze zu bilden, eine Erscheinung, die Hantzsch mit dem Ausdruck Polychromie bezeichnet, bzw. mit Pantochromie, falls alle Farbentöne sich erzeugen lassen. Die Violursäure ist ferner noch durch die bemerkenswerte Eigenschaft ausgezeichnet, variochrome Salze zu liefern, wobei ein Metallsalz in verschiedenfarbigen Modifikationen auftritt. Hierzu sind besonders die Silber- und Kalisalze befähigt. Den Übergang eines farbigen Salzes in ein solches mit anderer Farbe bezeichnet Hantzsch als Chromotropie. Im gleichen Lösungsmittel gelöst scheinen die variochromen Formen desselben Salzes identisch zu sein, und ferner scheinen die polychromen Salze alle monomolekular, also nicht polymer, sondern vielleicht isomer zu sein, wobei die verschiedenen Isomeren verschiedene Stabilität besitzen. Je stärker das Alkali ist (Li, Na, K, Rb, Cs, NR^4), um so mehr verschiebt sich die Farbe von Gelbrot über Violett nach Blau. Von Einfluß sind hierbei auch die Lösungsmittel, wie Phenol, Chloroform, Aceton, Pyridin. Während die gelben Salze bezüglich ihrer Absorptionskurven sich den freien Oximinoketonen anschließen, stehen die blauen Salze in dieser Hinsicht den aliphatischen Nitrosoketonen, z. B. dem Nitrosomethylisopropylketon.

Poly- u. Pan-Variochromie.

Variochromie.

Chromotropie.

$$H_3C \cdot C = O$$
$$\mid$$
$$(H_3C)_2C - N = O \, ,$$

nahe, weshalb Hantzsch annimmt, daß die blauen Salze der Violursäure als Nitroso-Enole anzusehen sind. Es wären also zu unterscheiden die Salze der Nitroso-Enole von der Formel:

$$\begin{array}{ccc} \diagdown \\ C-NO \\ \parallel \\ C-OMe \\ \diagup \quad a \end{array} \qquad bzw. \qquad \begin{array}{ccc} \diagdown \\ C-N=O \\ \parallel \\ C-O-Me \\ \diagup \quad a' \end{array}$$

---

[1]) Diese sog. „Chromosalze" von Hantzsch haben mit den unbeständigen Chromosalzen des zweiwertigen Chroms nichts zu tun.

von den Salzen der Oximinoketone oder Diketonmonoxime:

$$\begin{array}{ccc} C=NOMe & & C=N\cdot O\cdot Me \\ C=O & \text{bzw.} & C=O \\ b & & b' \end{array}$$

Die zwischen den Formeln a′ und b′ bestehende Isomerie, die sich u. a.
in der verschiedenartigen Betätigung der Nebenvalenzen äußert, be-
Valenziso-
merie. zeichnet man nach A. Werner als sog. Valenzisomerie. Später
schlug Hantzsch statt der Formeln a′ und b′ die Formeln a″ und b″
vor, als Ausdruck der zwischen ihnen bestehenden Valenzisomerie:

$$\begin{array}{cc} C-N=O & C=N-O-Me \\ C-O-Me & C=O \\ a'' & b'' \end{array}$$

Für diese glaubt Hantzsch ein ähnliches Beispiel im 3, 4-Dinitro-
diäthylanilin gefunden zu haben, das in einer gelben und einer orangen
Form auftritt:

$$\begin{array}{ccc} N(C_2H_5)_2 & & N(C_2H_5)_2 \\ & \text{und} & \\ NO_2 & & NO_2 \\ NO_2 & & NO_2 \\ \text{gelb} & & \text{orange} \end{array}$$

Chromoiso-
merie. In diesem Falle besteht die Isomerie („Chromoisomerie") darin,
daß Hantzsch eine Bindung durch Nebenvalenzen zwischen der
Diäthylaminogruppe und der Nitrogruppe, das eine Mal in 3-, das andere
Mal in 4-Stellung, annimmt. Ähnliche Valenzisomerien sind auch bei
den Salzen mehrfach nitrierter Phenole denkbar, z. B. beim Thallium-
pikrat, das in einer gelben und in einer roten Form aufzutreten vermag.

Konstitution
der   Nitro-
phenoläther. Bemerkenswert ist die Annahme von Hantzsch und Gorke bezüglich der Konstitution der Nitrophenoläther. Die p-Nitrophenol-
methyläther z. B. treten bei der Umsetzung der p-Nitrophenol-Silber-
salze mit Jodmethyl in zwei deutlich verschiedenen Formen auf: in
einer labilen, meist tief roten und in einer stabilen farblosen, denen
nach Hantzsch und Gorke die Formeln (1) und (2):

$$\begin{array}{ccc} O & & O\cdot CH_3 \\ C & & C \\ CH\ CH & & HC\ CH \\ CH\ CH & \text{und} & HC\ CH \\ C & & C \\ N-O\cdot CH_3 & & NO_2 \\ O & & \text{farblos} \\ \text{rot} & & \end{array}$$

(1)   (2)

zukommen.

Je nach der Natur des Lösungsmittels gehen die echten Nitrophenole *Die benzoide* teilweise in die entsprechende Aciform über, wobei das Gleichgewicht *u. die Aci-* zwischen den beiden Formen auch von der Temperatur abhängt. Nach *form der Ni-* den Untersuchungen von Hantzsch sind jedoch alle konstitutiv unver- *trophenole.* änderlichen Nitroderivate farbloser Kohlenwasserstoffe in reinem Zustande farblos, also nicht nur Nitrobenzol, sondern auch die isomeren Dinitro- und selbst die Trinitrobenzole, ferner die beiden Nitronaphtaline sowie die Dinitronaphtaline. Farblos sind aber auch nach Hantzsch alle konstitutiv unveränderlichen Nitrophenolderivate, wie z. B. Trinitrophenyl-Methyläther oder -Essigester.

Das 1, 2-Nitrophenol ist nun im Gegensatz zum farblosen 1, 4-Nitrophenol und dem fast farblosen 1, 2, 4-Dinitrophenol gelb. Zur Erklärung nimmt Hantzsch ein festes Lösungsgleichgewicht zwischen zwei isomeren Formen, der echten Nitrophenolform (3) und der Aciform (4), an. In einem gewissen Gegensatz zu der oben angedeuteten Auffassung, wonach die Nebenvalenzen bei der Erklärung der Chromoisomerien eine Rolle spielen, steht also die andere Auffassung, wonach eine tatsächliche Umlagerung beim Übergang von der einen in die andere Form stattfindet, d. h. die Umlagerung des benzoiden o-Nitrophenols in eine o-chinoide Verbindung:

$$
\text{(3)}\quad
\begin{array}{c}
\text{OH} \\
| \\
\text{C} \\
\overset{\displaystyle \text{HC}}{\underset{\displaystyle \text{HC}}{\big\Vert}}\quad \overset{\displaystyle \text{C}\cdot\text{NO}_2}{\underset{\displaystyle \text{CH}}{|}} \\
\diagdown\;\diagup \\
\text{CH}
\end{array}
\;\underset{\leftarrow}{\overset{\rightarrow}{}}\;
\begin{array}{c}
\text{O} \\
\| \\
\text{C} \\
\overset{\displaystyle \text{HC}}{\underset{\displaystyle \text{HC}}{|}}\quad \overset{\displaystyle \text{C}=\text{NO}_2\text{H}}{\underset{\displaystyle \text{CH}}{\|}} \\
\diagdown\;\diagup \\
\text{CH}
\end{array}
\quad\text{(4)}
$$

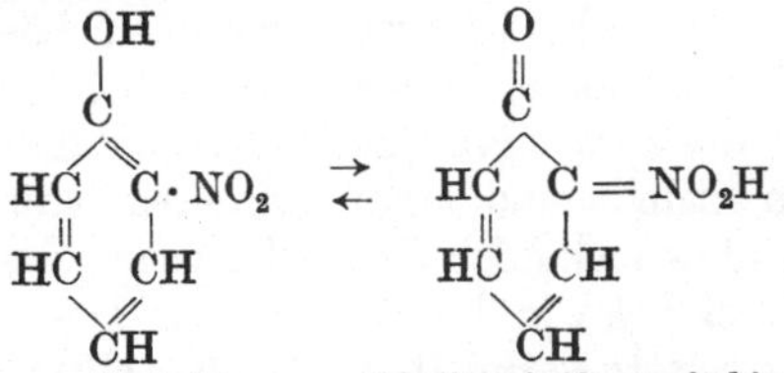

benzoid, farblos   chinoide Aciform, farbig

und analog der Übergang des benzoiden o-Nitroanilins in das chinoide Isomere. Von solchen Umlagerungen wird später noch, z. B. bei den Azofarbstoffen, die Rede sein.

Im Gegensatz zu der sog. „Farbkonstanz" koordinativ gesättigter Verbindungen im Sinne von Werner steht die Farbveränderlichkeit der koordinativ ungesättigten Verbindungen. Optisch unveränderlich sind z. B. die anorganischen Reste MnO_4 und Cr_2O_7. Die Veränderlichkeit der Farbe kann beruhen auf einer Salzbildung, auf dem Auftreten von Nebenvalenzen, auf einer Einwirkung des Lösungsmittels, auf einer Umlagerung oder auf der Bildung von Komplexsalzen (über letztere siehe S. 289f.).

Nahe verwandt mit der Chromoisomerie ist die „Homochromoiso- *Homochro-* merie von Hantzsch, d. h. die Erscheinung, daß zwei Formen derselben *moisomerie.* Verbindung sich nicht durch die Farbe, sondern durch ihre Schmelzpunkte und Kristallformen, sowie ihre unterschiedliche Stabilität unterscheiden. Zur Erläuterung gibt Hantzsch das folgende Schema:

gelb, stabil   orange, stabil

homo-   ⎰   ⎱   homo-
chrom- ⎨ Chromo-Isomerie ⎬ chrom-
isomer   ⎱   ⎰   isomer

gelb, labil   orange, labil.

18*

Danach gibt es zwei Paare homochromisomerer Verbindungen, von denen das eine gelb und das andere orange ist, und innerhalb dieser Paare ist wiederum die stabile von der labilen Modifikation zu unterscheiden. Ebenso gibt es zwei Paare chromoisomerer Verbindungen, von denen das eine stabil, das andere labil ist, und innerhalb dieser chromoisomeren Paare ist wiederum zu unterscheiden eine stabile gelbe von einer stabilen orangen, und andererseits eine labile gelbe von einer labilen orangen Modifikation. Diese vier, in der eben erwähnten eigentümlichen Weise durch Chromo- und Homochromoisomerie verknüpften Formen bestehen jedoch nur in fester Form. In Lösung sind sie alle optisch, jedoch nicht chemisch identisch. Es gibt hier zwei verschiedene Lösungen, die verschieden stabile Verbindungen ergeben, und zwar sind die verschiedenen Formen isomer, nicht polymer. Ob diese Erscheinungen durch Nebenvalenzen, ähnlich wie bei den Verbindungen aus Kohlenwasserstoffen und Polynitrokörpern, zu erklären sind, muß zurzeit dahingestellt bleiben. Daß übrigens in manchen Fällen die Farbigkeit durch Polymerie bedingt sein **kann**, geht aus Untersuchungen von **Hantzsch** und **Decker** hervor. So ist z. B. das gelbe Phenyl-N-Methylakridiniumchlorid monomolekular, das braune Jodid dagegen trimolekular. Letzteres geht in dissoziierenden Lösungsmitteln, wie Wasser, in ein gelbes monomolekulares Salz über. Ähnlich verhält es sich mit dem schwefligsauren Salz jener Akridiniumbase, das in einer vermutlich dimeren grünen und einer trimeren braunen Modifikation auftritt. Daneben soll es auch noch Doppelsalze mit Alkalisulfiten geben, die sich aber wahrscheinlich von der Pseudobase (1) ableiten, so daß dem schwefligsauren Doppelsalz vermutlich die Konstitution (2) zukommt.

$$(1)\quad C_6H_4 \diamondsuit C_6H_4 \overset{\overset{CH_3}{|}}{\underset{\underset{C_6H_5\ OH}{}}{N}} C \qquad\qquad (2)\quad C_6H_4 \diamondsuit C_6H_4,\ Me_2SO_3 \overset{\overset{CH_3}{|}}{\underset{\underset{C_6H_5\ O\cdot SO_2H}{}}{N}} C$$

Optisches Verhalten struktur- u. stereoisomerer Verbindungen.

Daß Strukturisomerie und Stereoisomerie sich in dem optischen Verhalten der betreffenden Verbindungen in hohem Maße bemerkbar machen, ist leicht verständlich. Als Beispiele verschiedenfarbiger stereoisomerer Verbindungen seien angeführt das Di-Äthoxynaphtyl-Äthylen (3), das in einer farblosen, labilen und höher schmelzenden,

$$(3)\qquad \begin{array}{c} C_2H_5\cdot O\cdot C_{10}H_6\cdot CH \\ \| \\ C_2H_5\cdot O\cdot C_{10}H_6\cdot CH \end{array}$$

sowie in einer gelben, stabilen, tiefer schmelzenden Modifikation auftritt, ferner das Monobenzoylstilben (1), von dem neben dem farblosen höher schmelzenden ein gelbes tiefer schmelzendes Isomeres bekannt ist. Analoges gilt für das Dibenzoyläthylen (2), bei dem gleichfalls das

$$(1)\qquad \begin{array}{c} C_6H_5\cdot CO\cdot C\cdot C_6H_5 \\ \| \\ C_6H_5\cdot C\cdot H \end{array} \qquad\qquad (2)\qquad \begin{array}{c} C_6H_5\cdot CO\cdot CH \\ \| \\ C_6H_5\cdot CO\cdot CH \end{array}$$

höher schmelzende Isomere farblos, das tiefer schmelzende intensiv gelb gefärbt ist. Auf dem Gebiet der Diazoniumverbindungen ist es Hantzsch gelungen, neben der labilen orangen Synform des benzoldiazosulfonsauren Kalis (3) eine stabile gelbe Modifikation aufzufinden, der die Antiform (4) zukommt.

$$
(3)\quad \begin{array}{c} C_6H_5 \cdot N \\ \parallel \\ KO_3S \cdot N \end{array}
\qquad (4)\quad \begin{array}{c} C_6H_5 \cdot N \\ \parallel \\ N \cdot SO_3K \end{array}
\qquad (5)\quad \bigcirc \rightarrow \bigcirc
$$

Eine der interessantesten Erscheinungen auf diesem Gebiete ist die von Baeyer als „Halochromie" bezeichnete. Man versteht darunter die Fähigkeit gewisser farbloser oder schwachfarbiger Substanzen, durch eine Art Salzbildung, und ohne daß eine Umlagerung einer benzoiden in eine chinoide Gruppierung (5) eintritt, farbige Verbindung zu liefern. Derartige Fälle waren schon seit längerer Zeit bekannt. So z. B. löst sich Benzaldehyd in konzentrierter Schwefelsäure mit gelber bis brauner Farbe; mit Zinnchlorid in benzolischer Lösung liefert das einfachste Benzochinon ein rotes Doppelsalz von der Zusammensetzung:

$$C_6H_4O_2 \cdot SnCl_4 \,.$$

Das gelbe Phenanthrenchinon (6) bildet mit Schwefelsäure ein rotes Monosulfat und mit Salpetersäure ein ebenso gefärbtes Nitrat. Sehr eigenartig ist das Verhalten des Dibenzalacetons (7), das an sich farblos ist, sich aber in konzentrierter Schwefelsäure mit tief orangeroter Farbe löst. Mit rauchender Salzsäure färbt es sich, ohne daß Lösung eintritt, dunkel zinnoberrot, und zwar entsteht hierbei ein 2 Mol. Salzsäure

enthaltendes Anlagerungsprodukt; das entsprechende Dijodhydrat erscheint sogar schwarz. Bei niedriger Temperatur bildet Dibenzalaceton Additionsprodukte mit 4—5 Mol. Salzsäure. Neben diesen farbigen Anlagerungsprodukten entstehen unter gewissen Umständen auch solche, die farblos sind, z. B. ein farbloses Monochlorhydrat und ein farbloses Dichlorhydrat neben einem farbigen Monochlorhydrat. Dibenzalaceton bildet also zwei Reihen von Säureanlagerungsprodukten, farbige und farblose.

Einer der interessantesten Körper, nicht nur in theoretischer Beziehung, sondern auch wegen seiner nahen Beziehungen zu der großen Gruppe der wichtigen Triphenylmethan-Farbstoffe, ist das Triphenylkarbinol (1), das an sich farblos ist, das sich aber in konzentrierter

Schwefelsäure mit gelber bis tiefroter Farbe löst. Das dem Karbinol entsprechende Chlorid (2) gibt mit Aluminiumchlorid und Zinntetrachlorid farbige Doppelsalze, denen man die Konstitution:

$$(C_6H_5)_3CCl \cdot AlCl_3 \quad und \quad (C_6H_5)_3CCl \cdot SnCl_4$$

zuschreibt. In Schwefliger Säure ist das Chlorid mit gelber Farbe.löslich und leitet die Elektrizität alsdann in ähnlicher Weise wie ein Ammoniumsalz, während das Chlorzinndoppelsalz in Schwefliger Säure etwa die gleiche Leitfähigkeit wie Jodkalium aufweist. Aus diesen Tatsachen schließt man auf das Vorhandensein farbiger Ionen:

$$(C_6H_5)_3C^{\cdot} \quad bzw. \quad (C_6H_5)_3C(SO_2)_n,$$

wobei aber zu bemerken ist, daß die Ionen ein anderes Spektrum als die freien Triarylmethyle aufweisen. Angeblich liefert das Triphenylmethylbromid z. B. beim Lösen in Pyridin auch farblose Ionen. Von weiteren Derivaten des Triphenylkarbinols sind dargestellt worden ein dunkelrotes Sulfat, $[(C_6H_5)_3C]_2H_2SO_4$, das sich, vielleicht unter Bisulfatbildung, in konzentrierter H_2SO_4 mit gelber Farbe löst, ferner ein farbiges Perchlorat sowie Doppelsalze aus Eisenchlorid und Trichlortriphenylmethylbromid bzw. dem Tribromtriphenylchlormethan:

$$(C_6H_4Cl)_3CBr \cdot FeCl_3 \quad und \quad (C_6H_4Br)_3CCl \cdot FeCl_3.$$

Ferner wurde erhalten ein braunes Bisulfat aus dem Trichlortriphenylkarbinol, $(C_6H_4Cl)_3C \cdot O \cdot SO_3H$, H_2SO_4 und aus dem Trijodtriphenylkarbinol, $(C_6H_4J)_3C \cdot O \cdot SO_3H$, H_2SO_4. Während das Zinndoppelsalz des Triphenylchlormethans (siehe oben) gelb ist, besitzt das entsprechende Doppelsalz des Trichlortriphenylchlormethans eine rote Farbe.

Erklärungsversuche.
Die Erklärung der eben angeführten Tatsachen hat nicht unbeträchtliche Schwierigkeiten hervorgerufen. So kommen z. B. für die Additionsprodukte aus Dibenzalaceton und Salzsäure (oder Brom- und Jodwasserstoff) vornehmlich zwei Auffassungen in Betracht: 1. Anlagerung der Elemente der Salzsäure an den Sauerstoff der Karbonylgruppe, wodurch dieser vierwertig wird, entsprechend dem Schema:

$$>C=O + HCl \quad \rightarrow \quad >C=O{<}^H_{Cl}$$

(Die Annahme, daß das Auftreten der Farbigkeit zurückzuführen sei auf eine Anlagerung der Salzsäure an die Karbonylgruppe unter Aufrichtung des Sauerstoffs, gemäß dem Schema:

$$>C=O + HCl \quad \rightarrow \quad >C{<}^{OH}_{Cl},$$

oder durch Anlagerung an eine Kohlenstoffdoppelbindung ist in letzter Zeit wohl aufgegeben worden.) 2. Eine andere Möglichkeit der Erklärung bietet die Annahme, daß das Auftreten der Farbigkeit mit einem Übergang der benzoiden Form eines Benzolkerns in eine chinoide verknüpft sei. Dementsprechend käme z. B. dem Anlagerungsprodukt aus

Dibenzalaceton und 1 Mol. Salzsäure die chinoide Konfiguration (1) Die chinoide
Konfigura-
tion.
zu, wobei gleichzeitig auch in der offenen Kohlenstoffkette eine Verschiebung der Doppelbindungen vorausgesetzt wird. Nach Gomberg kann auch das Benzophenonchlorid chinoid gemäß der Formel (2)

(1)　$\dfrac{Cl}{H}$ ⟩ $= CH—CH = C \cdot OH—CH = CH—C_6H_5$

(2)　$\dfrac{Cl}{H}$ ⟩ $= CCl—Cl—$ ⟨ ⟩

geschrieben werden. In analoger Weise sind Kehrmann und Gomberg geneigt, dem Chlorzinndoppelsalz des Triphenylmethylchlorids eine chinoide Formel zuzuerteilen (3), und die gleiche Konfiguration wäre in Betracht zu ziehen für die gut kristallisierenden Salze des sog. Trianisyl- oder Tri-p-methoxytriphenylkarbinols, die schon mit verdünnten Säuren erhältlich sind. Das Sulfat z. B. wäre nach Kehrmann und Gomberg folgendermaßen zu schreiben (4).

$$(3)\quad \begin{array}{c} H \quad Cl \cdot SnCl_4 \\[4pt] \\ C(C_6H_5)_2 \end{array} \qquad\qquad (4)\quad \begin{array}{c} CH_3 \cdot O \quad O \cdot SO_3H \\[4pt] \\ C(C_6H_4 \cdot O \cdot CH_3)_2 \end{array}$$

Im Gegensatz zur Kehrmannschen Auffassung hat Baeyer den Begriff der „Karboniumvalenz" eingeführt, wonach die benzoide Baeyers
Carbonium-
valenz.
Konstitution der drei Phenylreste unverändert bleibt, während die Bindung des „Methankohlenstoffs" mit dem Rest der Schwefelsäure durch eine „Karboniumvalenz" vermittelt wird. Dadurch soll angedeutet werden, daß es sich hier um eine Bindung anderer Art als sonst handelt, und zwar um eine solche, die die elektrolytische Dissoziation der durch sie verbundenen Reste ermöglicht. Übrigens erhöht sich nach Baeyer durch die Einführung der p-ständigen Methoxy-Gruppen in die Benzolkerne die Basizität der Karboniumbasen, wie die leicht vor sich gehende Bildung von Salzen mit Säuren erkennen läßt, sehr beträchtlich, und zwar nach dem Potenzgesetz.

Gomberg nimmt an, daß das Triphenylchlormethan und die ihm analogen Derivate des Triphenylmethans in zwei tautomeren Formen existieren: einer farblosen benzoiden (1) und einer farbigen chinoiden (2). In der chinoiden Form (2) nimmt das mit dem Cl verbundene

(1)　$\dfrac{C_6H_5}{C_6H_5}$⟩C⟨$\dfrac{C_6H_5}{Cl}$　und　$\dfrac{C_6H_5}{C_6H_5}$⟩$C =$ ⟨ ⟩ ⟨$\dfrac{H}{Cl}$　(2)

Kohlenstoffatom „basische" Eigenschaften an, und Gomberg bezeichnet derartige Verbindungen daher als „Chinokarboniumsalze". Diese Salze folgen den allgemeinen Gesetzen der molekularen Leitfähigkeit und bilden Doppelsalze mit Halogenmetallen und Perchloraten. Über Gombergs Schlußfolgerungen bezüglich der Konstitution der Karboxoniumchloride siehe Näheres unter Xanthenfarbstoffe.

Triphenyl-
methyl.

Zu einer sehr bemerkenswerten Erweiterung unserer Kenntnisse über das Auftreten von Farbigkeit hat die Entdeckung des sog. Triphenylmethyls, $(C_6H_5)C_3$, durch Gomberg Veranlassung gegeben, einer Verbindung, die durch Reduktion des Triphenylchlormethans bei Innehaltung gewisser Vorsichtsmaßregeln leicht erhalten werden kann. Die Verbindung, die eine Zeitlang auch bei der Frage, ob Kohlenstoff dreiwertig sein kann, eine wichtige Rolle gespielt hat, ist außerordentlich reaktionsfähig, indem sie z. B. durch Sauerstoff sehr leicht ein Superoxyd liefert und auch mit Estern und Äthern Additionsverbindungen eingeht. Das Triphenylmethyl ist in festem Zustande farblos, während seine Lösungen gelblich gefärbt sind. Man hat lange Zeit geschwankt, ob nicht seine Zusammensetzung durch die verdoppelte Formel des Hexaphenyläthans, $(C_6H_5)_3C \cdot C(C_6H_5)_3$, wiederzugeben sei, während man neuerdings geneigt ist, der farbigen Modifikation des Triphenylmethyls chinoide Konfiguration zuzuschreiben. Bei gelöstem Triphenylmethyl ist vielleicht ein Gleichgewicht vorhanden zwischen dem farblosen dimolekularen Hexaphenyläthan und der isomerenfarbigen, teils benzoid, teils chinoid konstituierten Verbindung (3), die, in Schwefliger

(3)

(4)

Säure gelöst, in der durch die punktierte Linie angedeuteten Weise dissoziiert ist. Schlenck nimmt auf Grund seiner Versuche ein Gleichgewicht zwischen dem farblosen dimolekularen Hexaphenyläthan und dem stark farbigen monomolekularen Triphenylmethylan. Da nach seinen Angaben das stark violettfarbige Tridiphenylmethyl $(C_6H_5 \cdot C_6H_4)_3C$ (4) nur monomolekular gebaut ist, so glaubt er die Frage nach der **Dreiwertigkeit des Kohlenstoffs** in jener Verbindung bejahen zu müssen.

Die Drei-
wertigkeit
des
Kohlenstoffs.

Von großer Wichtigkeit sind die Untersuchungen über die Eigenschaften des Triphenylkarbinols und seiner Derivate für die Auffassung von der Konstitution der Triphenylmethanfarbstoffe. Nach Baeyer sind die Amino- und Hydroxylverbindungen der Triphenylkarbinole farblos. Erst durch Abspaltung von Wasser tritt gleichzeitig mit der chinoiden Konfiguration die Farbe auf. Eine solche Abspaltung von Wasser ist unter den Monosubstitutionsprodukten nur bei den p-Verbindungen beobachtet worden. So entsteht z. B. aus dem p-mono-

Fuchson und
Fuchson-
imin.

Oxytriphenylkarbinol das chinoide Fuchson:

und in analoger Weise aus dem salzsauren Salz des p-Aminotriphenyl-
karbinols das chinoide **Fuchsonimoniumchlorid**:

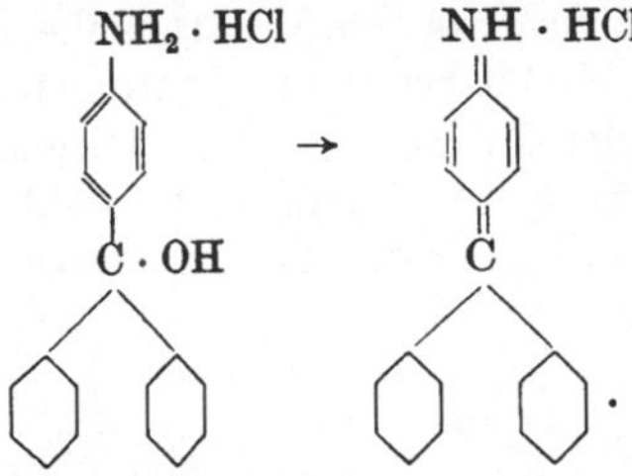

$$NH_2 \cdot HCl \qquad \rightarrow \qquad NH \cdot HCl$$

$$C \cdot OH \qquad \qquad C$$

Von den Dioxytriphenylkarbinolen spalten nur diejenigen Wasser ab,
die mindestens eine Hydroxylgruppe in der p-Stellung enthalten.
Bei den Diaminotriphenylkarbinolen scheint die p-Ständigkeit **beider**
Aminogruppen für das Zustandekommen eines charakteristischen
Spektrüms erforderlich zu sein. Baeyer weist mit Recht darauf hin,
daß in den aus einem p-Dioxy- bzw. p-Diaminotriphenylkarbinol hervorgehenden Farbstoffen eine **Gleichwertigkeit** der beiden Benzolkerne angenommen werden müsse, derart, daß beide bei dem Übergang
des farblosen Karbinols in den Farbstoff eine chinoide Konfiguration
anzunehmen imstande wären. Dieser Gleichwertigkeit der Benzolkerne
versucht Baeyer dadurch Ausdruck zu verleihen, daß er, entsprechend
den Formeln (1) — mit den Grenzzuständen (2) und (3) — eine Oscillation
der
Bindungen.

$$(1) \qquad O \overset{1}{\leftarrow} Na \overset{2}{\rightarrow} O \qquad und \qquad H_2N \overset{1}{\leftarrow} Cl \overset{2}{\rightarrow} NH_2$$

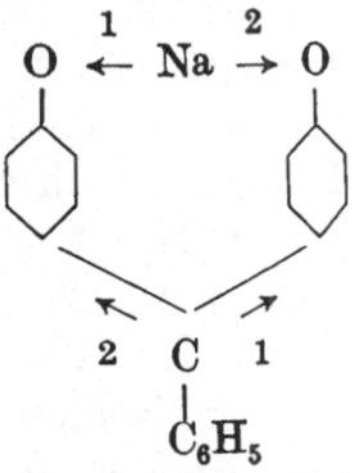

$$2 \quad C \quad 1 \qquad \qquad 1 \quad C \quad 2$$
$$C_6H_5 \qquad \qquad C_6H_5$$

$$(2) \qquad O - Na \quad O \qquad und \qquad O \quad Na - O$$
$$C \qquad \qquad C$$
$$C_6H_5 \qquad \qquad C_6H_5$$

$$(3) \qquad H_2N - Cl \quad NH_2 \qquad und \qquad H_2N \quad Cl - NH_2$$
$$C \qquad \qquad C$$
$$C_6H_5 \qquad \qquad C_6H_5$$

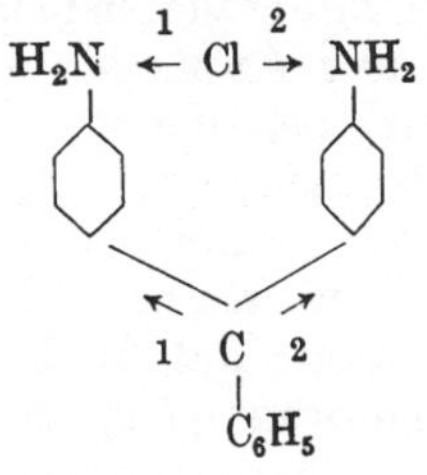

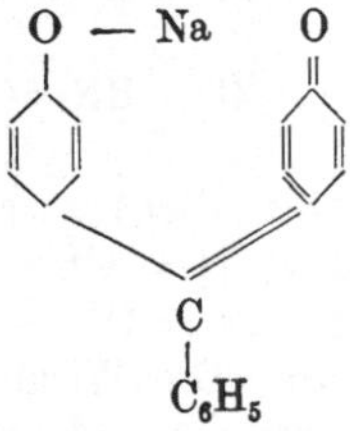

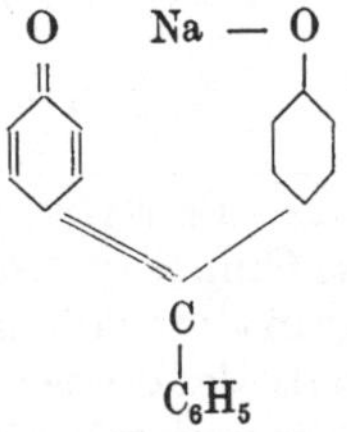

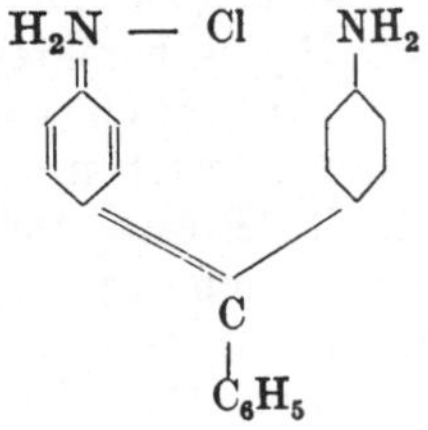

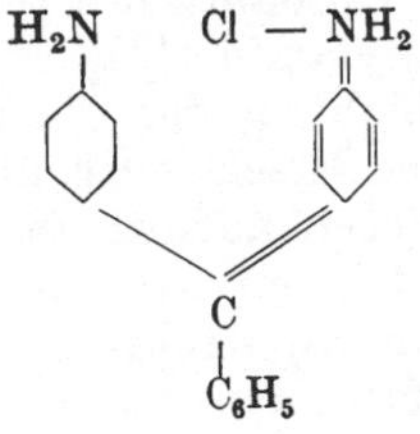

Oscillation der chinoiden Bindungen annimmt, ähnlich wie dies Kekulé bei Aufstellung seiner Benzoltheorie getan hat, um durch diese Oscillation auszudrücken, daß sämtliche Kohlenstoffatome des Sechserrings zu ihren Nachbarkohlenstoffatomen in der gleichen Beziehung stehen, gemäß der Tatsache, daß o-Disubstitutionsprodukte des Benzols bisher nur in einer Form und nicht (vgl. S. 69) in zwei Modifikationen, entsprechend etwa den Formeln (4) und (5), erhältlich sind.

$$(4) \qquad \text{und} \qquad (5)$$

Azomethine.

Den Chinonen und Chinoniminen, von denen die letzteren die Gruppierung $> C = N -$ einmal (Monoimine) oder zweimal (Diimine) enthalten, stehen nahe die sog. Azomethine, die z. B. durch Kondensation von Aminen mit Aldehyden und Ketonen entstehen:

$$R \cdot NH_2 + O = CH \cdot R' \quad \rightarrow \quad R \cdot N = CH \cdot R' + H_2O.$$

Einzelne Azomethine sind gefärbt, andere farblos. Wie in vielen anderen Fällen, so läßt sich auch hier die Beobachtung machen, daß der Ersatz eines aliphatischen durch einen aromatischen Rest eine Verstärkung der Farbintensität oder überhaupt erst Farbigkeit hervorruft, während die entsprechenden Verbindungen der aliphatischen Reihe farblos sind. So z. B. ist das Azomethin aus Acetaldehyd und Anilin, $C_6H_5 \cdot N = CH \cdot CH_3$, farblos, ebenso wie das isomere Azomethin aus Methylamin und Benzaldehyd, $CH_3 \cdot N = CH \cdot C_6H_5$, während das analoge Azomethin aus Anilin und Benzaldehyd, $C_6H_5 \cdot N = CH \cdot C_6H_5$, das zwei aromatische Kerne enthält, schwach gelb ist. Das Azomethin aus Benzophenon und Anilin (1), das also drei Phenylreste enthält, ist sogar ausgeprägt gelb, im Gegensatz zum farblosen Benzophenonimin (2), das nur zwei aromatische Reste, aber in anderer Verteilung

$$(1) \qquad C_6H_5 \cdot N = C \Big\langle {{C_6H_5} \atop {C_6H_5}} \qquad (2) \qquad HN = C \Big\langle {{C_6H_5} \atop {C_6H_5}}$$

wie das isomere Benzylidenanilin (siehe oben) enthält. Weitere Beispiele sind das Cinnamylidenanilin, $C_6H_5 \cdot N = CH - CH = CH \cdot C_6H_5$, und das Cinnamylidenäthylamin, $C_2H_5 \cdot N = CH - CH = CH \cdot C_6H_5$. Ersteres ist gelb, letzteres schwach gelb. Die Wirkung der Äthylengruppe im Cinnamylidenäthylamin macht sich, im Vergleich zum Benzylidenäthylamin, $C_2H_5 \cdot N = CH \cdot C_6H_5$, in charakteristischer Weise durch Verschiebung der Absorption in das sichtbare Spektrum bemerkbar. Eine Erscheinung, die, wie wir später sehen werden, auch auf anderen Gebieten auftritt, ist die, daß der Ersatz zweier Phenylreste durch einen Diphenylrest die Farbigkeit begünstigt, indem z. B. das Fluorenonimin (3) strohgelb ist, während, wie oben erwähnt, das um 2 Wasserstoffatome reichere Benzophenonimin (4) farblos ist (vgl. auch

Fluorenon und Benzophenon, S. 264). Daß zwei Azomethingruppen im Molekül sich gleichfalls bezüglich der Farbigkeit unterstützen, ersieht man an dem Kondensationsprodukt aus 1 Mol. Diacetyl + 2 Mol. Anilin

$$(3) \quad \underset{}{\bigg\rangle} C=NH \qquad \underset{}{\bigg\rangle} C=NH \quad (4)$$

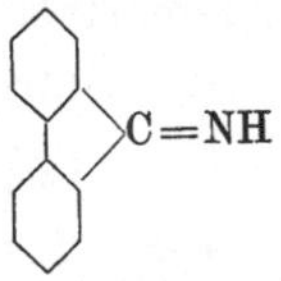

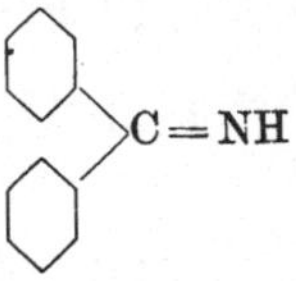

(5), das gelb ist, im Gegensatz zum farblosen ihm nahestehenden Äthylidenanilin, $CH_3 \cdot CH = N \cdot C_6H_5$, das nur eine Azomethingruppe enthält.

Ein bemerkenswerter Fall eines durch Strukturisomerie bedingten Unterschiedes in der Farbigkeit ist gegeben durch die gelbe Farbe des Kondensationsproduktes aus 1 Mol. Hydrazin und 2 Mol. Acetophenon (6), während das isomere Kondensationsprodukt aus Äthylendiamin

$$(5) \quad \begin{aligned} CH_3 \cdot C &= N \cdot C_6H_5 \\ CH_3 \cdot C &= N \cdot C_6H_5 \end{aligned} \qquad (6) \quad \begin{aligned} \genfrac{}{}{0pt}{}{CH_3}{C_6H_5}\!\!\!\! &\rangle C = N \\ \genfrac{}{}{0pt}{}{C_6H_5}{CH_3}\!\!\!\! &\rangle C = N \end{aligned}$$

und 2 Mol. Benzaldehyd (1) farblos ist, obwohl es ebenso wie sein Isomeres zwei Azomethingruppen enthält.

Von großem theoretischen Interesse sind ferner diejenigen farbigen Verbindungen, die ihre Farbigkeit Äthylengruppen verdanken. (vgl. auch den Cinnamylidenrest, S. 282). Sie sind den Azomethinen nahe verwandt, indem sie sich nur dadurch von ihnen unterscheiden, daß ein Atom Stickstoff durch eine Methingruppe, CH, ersetzt ist. Sehr überraschend ist die von J. Thiele aufgefundene Tatsache, daß verhältnismäßig einfach gebaute Kohlenstoffverbindungen, die frei sind von Sauerstoff und Stickstoff, farbige Verbindungen zu liefern vermögen, falls derartige Äthylengruppen in bestimmter Stellung im Molekül enthalten sind. Der einfachste derartige Kohlenwasserstoff ist das aus Cyklopentadiën (2) erhältliche Fulven (3), das im Gegensatz zu seinem

$$(1) \quad \begin{aligned} C_6H_5 \cdot CH &= N \cdot CH_2 \\ C_6H_5 \cdot CH &= N \cdot CH_2 \end{aligned} \qquad (2) \quad \genfrac{}{}{0pt}{}{CH=CH}{CH=CH}\!\!\!\!\rangle CH_2$$

Isomeren, dem farblosen Benzol, orangegelb ist. Durch den Eintritt von Alkyl- und Arylresten wird der Farbenton des Fulvens weiter nach Orange und Rot verschoben. So ist z. B. das ölige Dimethylfulven (4)

$$(3) \quad \genfrac{}{}{0pt}{}{CH=CH}{CH=CH}\!\!\!\!\rangle C=CH_2 \qquad (4) \quad \genfrac{}{}{0pt}{}{CH=CH}{CH=CH}\!\!\!\!\rangle C=C\genfrac{}{}{0pt}{}{CH_3}{CH_3}$$

orange, das Methylphenylfulven (5) rotorange, etwa wie eine Chromsäurelösung; das Diphenylfulven ist rot. Sehr bemerkenswerte Beiträge auf diesem Gebiet hat Hans Stobbe mit seinen Mitarbeitern geliefert durch die Auffindung der Fulgensäuren und Fulgide. Diese inter-

essanten Verbindungen werden erhalten durch Kondensation von 2 Mol.
eines Aldehyds oder eines Ketons bzw. von 1 Mol. Aldehyd + 1 Mol.
Keton einerseits mit 1 Mol. Bernsteinsäure andererseits. Dem einfachsten

Fulgene und Fulgide. Fulgen kommt die Konstitution (6), dem einfachsten **Fulgid**, dem

$$(5) \quad \begin{matrix} CH=CH \\ | \\ CH=CH \end{matrix} \Big\rangle C=C \Big\langle \begin{matrix} CH_3 \\ C_6H_5 \end{matrix} \qquad (6) \quad \begin{matrix} CH_2=C-COOH \\ | \\ CH_2=C-COOH \end{matrix}$$

Anhydrid der Fulgensäure, die Konstitution (7) zu. Auffällig ist die
beträchtliche Zunahme der Farbstärke beim Übergang der Fulgensäuren
in die Fulgide. Die Mono-, Di-, Tri- und Tetramethylfulgensäuren
sind farblos. Entsprechend der stärkeren Wirkung eines Arylrestes gegenüber einem Alkylrest ist die Triphenylfulgensäure (8) gelb, die Tetra-

$$(7) \quad \begin{matrix} CH_2=C-CO \\ | \quad\quad\quad \rangle O \\ CH_2=C-CO \end{matrix} \qquad (8) \quad \begin{matrix} (C_6H_5)_2C=C-COOH \\ | \\ C_6H_5 \cdot CH=C-COOH \end{matrix}$$

phenylfulgensäure (9) orange. Das Phenyldimethylfulgid (10) ist
bereits hellgelb. Noch stärker wie der Phenyl- wirkt auch hier (vgl.

$$(9) \quad \begin{matrix} (C_6H_5)_2C=C \cdot COOH \\ | \\ (C_6H_5)_2C=C \cdot COOH \end{matrix} \qquad (10) \quad \begin{matrix} H_5C_6 \cdot CH=C \cdot CO \\ | \quad\quad\quad \rangle O \\ (H_3C)_2C=C \cdot CO \end{matrix}$$

S. 260) der Furylrest (1). Daß unter gewissen Bedingungen schon eine
einzige, nicht unmittelbar selbst ringförmig gebundene Äthylengruppe
zum Hervorbringen der Farbigkeit genügt, ersieht man an dem Beispiel des rot gefärbten Kondensationsproduktes (2) aus 1 Mol. des gelben
Fluorenons mit 1 Mol. des farblosen Fluorens. Selbst das Kondensationsprodukt aus 1 Mol. Acetaldehyd und 1 Mol. Fluoren (3) ist gelb, während

$$(1) \quad \begin{matrix} CH=CH \\ | \quad\quad\quad \rangle O \\ CH=C \end{matrix} \qquad (2) \quad \begin{matrix} C_6H_4 \\ | \\ C_6H_4 \end{matrix} \Big\rangle C=C \Big\langle \begin{matrix} C_6H_4 \\ | \\ C_6H_4 \end{matrix} \qquad (3) \quad \begin{matrix} C_6H_4 \\ | \\ C_6H_4 \end{matrix} \Big\rangle C=CH \cdot CH_3$$

das dem erstgenannten Kondensationsprodukt nahestehende, um 4
Atome Wasserstoff reichere Tetraphenyläthylen (4), als Benzophenon-
abkömmling (vgl. S. 264), farblos ist. Inwiefern der Ersatz von Benzol-
kernen durch Naphtalinkerne eine Verschiebung des Farbentones von
Rot nach Blau zu bewirkt, ersieht man aus dem Äthylenderivat der
Formel (5), das violettrot ist.

$$(4) \quad \begin{matrix} C_6H_5 \\ C_6H_5 \end{matrix} \Big\rangle C=C \Big\langle \begin{matrix} C_6H_5 \\ C_6H_5 \end{matrix} \qquad (5) \quad \begin{matrix} C_{10}H_6 \\ | \\ C_{10}H_6 \end{matrix} \Big\rangle C=C \Big\langle \begin{matrix} C_6H_4 \\ | \\ C_6H_4 \end{matrix} \cdot$$

Daß beim Übergang der eben genannten Äthylenverbindungen in
die entsprechenden Äthanverbindungen durch Addition von Wasserstoff, wodurch die Doppelbindung verschwindet, eine sehr erhebliche
Verminderung der Farbigkeit herbeigeführt wird, die, wenn nicht andere
chromophore Gruppen zugegen sind, zur Farblosigkeit führt, ist nach
allem, was wir über den Zusammenhang zwischen chromophorer Wirkung
und Doppelbindung wissen, leicht verständlich.

Auf S. 267f. wurde kurz der **Methylenchinone** Erwähnung ge- Methylen-
chinone.
tan, die bezüglich ihrer Farbigkeit den Chinonen nahestehen, und deren
einfachster Vertreter, das p-Methylenchinon (6), aufgefaßt werden kann

$$
(6)\quad
\begin{array}{c}
CO\\
\diagup\;\diagdown\\
CH\ \ CH\\
\|\quad\ \|\\
CH\ \ CH\\
\diagdown\;\diagup\\
C\\
\|\\
CH_2
\end{array}
\qquad
(7)\quad
\begin{array}{c}
CH-CH\\
\|\qquad\|\\
CH\quad CH\\
\diagdown\;\diagup\\
C\\
\|\\
CH_2
\end{array}
$$

als das Kondensationsprodukt aus 1 Mol. Benzochinon und 1 Mol.
Methan. Die Methylenchinone enthalten demnach außer der Karbonylgruppe und den beiden den Kern bildenden Äthylengruppen noch eine
außerhalb des Ringes befindliche Äthylengruppe, ein Umstand, der ihre
Farbigkeit in ausreichendem Maße erklärt. So steht z. B. das einfachste
Methylenchinon hinsichtlich seiner drei Äthylengruppen dem obenerwähnten Fulven (7) außerordentlich nahe und unterscheidet sich von
letzterem nur durch den Gehalt einer weiteren Karbonylgruppe, die
den Fünferring zum Sechserring erweitert, und die, wie in vielen andern
Fällen, eine Steigerung der Farbintensität zur Folge hat. Die Methylenchinone haben als Grundkörper der Di- und Triarylmethanfarbstoffe
eine erhöhte Bedeutung. So ist z. B. das **Fuchson** als ein Diphenyl-
p-methylenchinon (1) anzusehen und dementsprechend das **Fuchsonimin** als ein Diphenylmethylenchinonmonoimin (2). Demnach wäre
z. B. das **Parafuchsin** zu bezeichnen als ein Diamino-Diphenyl-p-
Methylenchinonimoniumchlorid (3) oder das **Kristallviolett** als ein

$$
(1)\quad
\begin{array}{c}
CO\\
\diagup\;\diagdown\\
HC\quad CH\\
\|\quad\ \|\\
HC\quad CH\\
\diagdown\;\diagup\\
C\\
\|\\
C\\
\diagup\;\diagdown\\
C_6H_5\ \ C_6H_5
\end{array}
\qquad
(2)\quad
\begin{array}{c}
NH\\
\|\\
C\\
\diagup\;\diagdown\\
HC\quad CH\\
\|\quad\ \|\\
HC\quad CH\\
\diagdown\;\diagup\\
C\\
\|\\
C\\
\diagup\;\diagdown\\
C_6H_5\ \ C_6H_5
\end{array}
\qquad
(3)\quad
\begin{array}{c}
NH\cdot HCl\\
\|\\
\text{(Ring)}\\
C\\
\diagup\;\diagdown\\
H_2N\cdot C_6H_4\ \ C_6H_4\cdot NH_2
\end{array}
$$

Hexamethyldiaminodiphenylmethylenchinonimoniumchlorid (4), das
Bittermandelölgrün als Tetramethylmonoaminodiphenylmethylen-
chinonimoniumchlorid (5). Die außerordentliche Farbkraft, insbesondere
der Triarylmethanfarbstoffe, läßt keinen Zweifel an der ausgeprägten

$$
(4)\quad
\begin{array}{c}
N(CH_3)_2Cl\\
\|\\
\text{(Ring)}\\
C\\
\diagup\;\diagdown\\
(CH_3)_2N\cdot C_6H_4-C-C_6H_4\cdot N(CH_3)_2
\end{array}
\qquad
(5)\quad
\begin{array}{c}
N(CH_3)_2Cl\\
\|\\
\text{(Ring)}\\
C\\
\diagup\;\diagdown\\
C_6H_5-C-C_6H_4\cdot N(CH_3)_2
\end{array}
$$

chromophoren Natur der in ihnen enthaltenen Äthylen- und Azomethin-Bindungen zu.

Azogruppen. Ersetzt man in den Azomethinen umgekehrt (siehe S. 283) eine Methingruppe durch ein Atom Stickstoff, so erhält man die zweiwertige Azogruppe — $N = N$ —, in der die beiden Atome Stickstoff durch eine Doppelbindung miteinander verknüpft sind. Diese Azogruppe spielt, wie wir später bei den nach ihr genannten Azofarbstoffen sehen werden, technisch eine außerordentlich wichtige Rolle. Man kann wohl schätzen, daß etwa die Hälfte aller im Handel befindlichen Teerfarbstoffe diesem wichtigen Chromophor ihre färberische Bedeutung verdanken. Durch Verknüpfung der zweiwertigen Azogruppe mit zwei einwertigen Kohlenwasserstoffresten entstehen die sog. Azoverbindungen, von denen Vertreter nicht nur in der aromatischen, sondern auch in der aliphatischen Reihe bekannt sind. Die einfachste Azoverbindung

Azomethan. dieser Art ist das Azomethan $CH_3 \cdot N = N \cdot CH_3$, das als Flüssigkeit schwach gelblich, als Gas farblos ist. Die Azoverbindung, $C_2H_5 \cdot N = N \cdot C_6H_5$, die einerseits eine Äthyl-, andererseits eine Phenylgruppe ent

Azobenzol. hält, ist ein gelbes Öl, während das Azobenzol, $C_6H_5 \cdot N = N \cdot C_6H_5$, in dem die Azogruppe mit zwei Phenylresten verbunden ist, einen orangeroten kristallinischen Körper vom Fp. 68° darstellt. Welche Bedeutung den auxochromen Amino- und Hydroxylgruppen in den Azoverbindungen zukommt, indem die eben genannten, infolge der Verbindung der Azogruppe mit zwei organischen Resten zunächst entstehenden Chromogene, etwa $C_6H_5 \cdot N = N \cdot C_6H_5$, durch sie erst zu eigentlichen Farbstoffen werden, ist bereits auf S. 263 erwähnt worden (vgl. auch S. 295).

Hydrazobenzol. Lagert man an die Azogruppe zwei Atome Wasserstoff an, so entsteht unter Vernichtung der chromophoren Wirkung die Hydrazogruppe. So ist z. B. das Hydrazobenzol, $C_6H_5 \cdot NH \cdot NH \cdot C_6H_5$, im Gegensatz zum Azobenzol ein farbloser Körper. Immerhin ist auffällig, daß die Aufhebung der Doppelbindung zwischen den beiden Stickstoffatomen nicht in allen Fällen zum Verschwinden der Farbigkeit führt, da z. B. bei der Anlagerung von Bisulfit an Amino- und Oxyazofarbstoffe, z. B. $R \cdot N = N \cdot R' \cdot NH_2$, bekanntlich labile Additionsprodukte, $R \cdot NH \cdot N(SO_3Na) \cdot R' \cdot NH_2$, entstehen, die nicht farblos, sondern mehr oder minder intensiv gelb gefärbt sind.

BisulfitAnlagerungsprodukte. Man darf daher vielleicht vermuten, daß die Anlagerung des Bisulfits, unter Aufrechterhaltung der für die Oxy- und Aminoazofarbstoffe angenommenen chinoiden Konstitution, entsprechend der Formel $R \cdot NH \cdot N = C_6H_4 = NH$ bzw. $R \cdot NH \cdot N = C_6H_4 = O$, sich an einem der Stickstoffatome bzw. am Sauerstoff vollzieht:

$$\text{(1)} \quad R \cdot NH \cdot \overset{\overset{H}{|}}{\underset{\underset{SO_3Na}{|}}{N}} = C_6H_4 = NH \qquad \text{(2)} \quad R \cdot NH \cdot \overset{\overset{H}{|}}{\underset{\underset{SO_3Na}{|}}{N}} = C_6H_4 = O$$

$$\text{(3)} \quad R \cdot NH \cdot N = C_6H_4 {<}^{NH_2}_{SO_3Na} \qquad \text{(4)} \quad R \cdot NH \cdot N = C_6H_4 {<}^{OH}_{SO_3Na}$$

Die Formeln (3) und (4) erinnern an die Methylchinole (siehe S. 268), die in ihren einfacheren Vertretern farblos sind, während bei den Bisulfitanlagerungsprodukten in der Regel ein Übergang (vom Orange und Rot des Azofarbstoffs) nach Gelb festzustellen ist.

Zu interessanten Erörterungen haben diejenigen Erscheinungen Anlaß gegeben, die sich an den Amino- und Oxyazofarbstoffen bei der Salzbildung abspielen. Es stehen sich hierbei zwei Auffassungen gegenüber. Nach der einen sind die Oxy- und Aminoazofarbstoffe benzoid konstituiert, und auch durch Salzbildung wird an diesem Zustande nichts geändert, während nach der anderen Auffassung die Verschiebung des Tones durch Salzbildung auf einer Umlagerung in die chinoide Konfiguration beruht. Da die Oxyazokörper in zwei chromoisomeren Formen auftreten, von denen die eine labil, die andere stabil ist, so könnte man, entsprechend der Annahme einer Valenzisomerie, die beiden Formeln (1) und (2) für jene beiden Modi-

$$
\text{(1)}\quad C_6H_4 \underset{(4)}{\overset{(1)}{\Big\langle}} \begin{matrix} O \cdots H \\ N-N-C_6H_5 \end{matrix} \qquad \text{und} \qquad C_6H_4 \underset{(4)}{\overset{(1)}{\Big\langle}} \begin{matrix} O-H \\ N=N-C_6H_5 \end{matrix} \quad \text{(2)}
$$

fikationen in Vorschlag bringen. In den Lösungen nimmt Hantzsch ein Gleichgewicht zwischen beiden Formen an. Bei den p-Nitranilindiazo-Naphtolabkömmlingen vermutet Hewitt eine eigenartige Umlagerung von (3) zu einer Verbindung (4), entsprechend dem Willstätterschen Körper, dem Bis-Chinonimin oder Dehydro-p-Dioxyazobenzol (5).

$$
\text{(3)}\quad \begin{matrix} NO_2 & HO \\ | & | \\ C_6H_4 & C_{10}H_6 \\ | & | \\ N\!=\!\!=\!\!=\!N \end{matrix} \quad \rightarrow \quad \begin{matrix} NO_2H & O \\ \| & \| \\ C_6H_4 & C_{10}H_6 \\ \| & \| \\ N\!-\!\!-\!N \end{matrix} \quad \text{(4)} \qquad \begin{matrix} O & O \\ \| & \| \\ C_6H_4 & C_6H_4 \\ \| & \| \\ N\!-\!\!-\!N \end{matrix} \quad \text{(5)}
$$

Das Chlorhydrat des Aminoazobenzols tritt in zwei Formen auf, in einer labilen fleischfarbigen und einer stabilen violetten. Nach Hantzsch sind beide monomolekular. Man ist aber geneigt, den violetten Salzen chinoide, den anderen Modifikationen benzoide Konfigurationen zuzuschreiben. Die Absorptionskurven des Azobenzols, der fleischfarbigen Modifikation des Aminoazobenzolchlorhydrats und des gelben, dem Aminoazobenzol entsprechenden Trimethylammoniumchlorids, $C_6H_5 \cdot N = N \cdot C_6H_4 \cdot N(CH_3)_3Cl$, stimmen nämlich nahe überein, während die violetten Salze, wie vorauszusehen, ein davon verschiedenes Absorptionsspektrum besitzen. Bemerkenswert ist der Umstand, daß sich die violetten chinoiden Salze in konzentrierten Mineralsäuren mit gelbbrauner und nicht mit violetter Farbe lösen. Auch die freien Aminoazobenzolsulfonsäuren bestehen, ebenso wie die Salze des Aminoazobenzols, in zwei isomeren Formen, einer orangen und einer violetten. Man nimmt an, daß durch den Zusatz von Salzsäure zu den orangen Lösungen des Helianthins oder Methylorange (des Farbstoffes aus diazotierter Sulfanilsäure + Dimethylanilin) nicht ein Chlorhydrat gebildet, sondern eine Umlagerung der azoiden (1) in die chinoide Form (2) herbeigeführt wird, entsprechend etwa dem folgenden Schema:

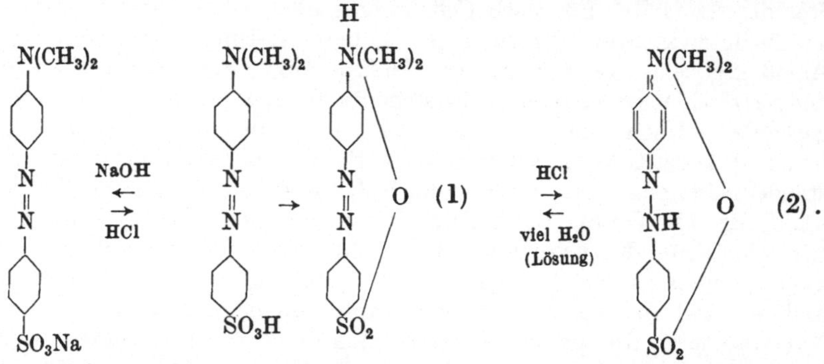

N(CH3)2
N
N
SO3Na
NaOH
HCl
N(CH3)2
N
N
SO3H
H
N(CH3)2
N
N
SO2
O
(1)
HCl
viel H2O
(Lösung)
N(CH3)2
N
NH
SO2
O
(2).

gelbes Na-Salz, fest erhältlich — freie Säure bzw. inneres Salz, azoid (= benzoid), orange, nicht fest erhalten — freie Säure bzw. inneres Salz, chinoid, nur fest erhalten, violett.

3. bei dem Phenolphtaleïn (Theorie der Indikatoren).

Die Untersuchungen über die Isomerie bei den Amino- und Oxyazofarbstoffen sind auch von Bedeutung geworden für die Theorie der Indikatoren, d. h. derjenigen Farbstoffe, die durch einen Umschlag ihrer Farbe, bei Zusatz von Säuren oder Alkalien, gewisse Phasen der Salzbildung, insbesondere den Punkt der Neutralisation andeuten sollen. Einer der wichtigsten Indikatoren ist z. B. das Phenolphtaleïn, das als solches nach Ostwald undissoziiert und daher farblos ist. Setzt man dem Phenolphtaleïn Alkali zu, so tritt Ionisierung und damit Farbe auf. Nach Stieglitz hingegen ist eine Umlagerung die primäre Ursache, indem nämlich das farblose laktoide Phenolphtaleïn (3), durch die Aufsprengung des Laktonringes und die damit verbundene Umlagerung in eine chinoide Konfiguration, ein farbiges Dinatriumsalz (4) liefert. Durch überschüssiges Alkali entsteht das farblose Tri-

(3) 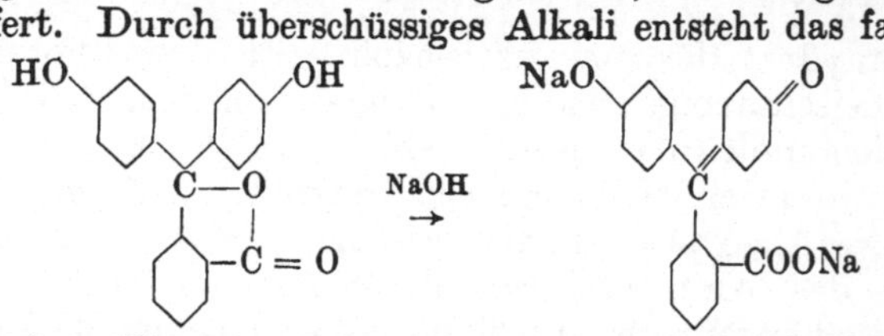 (4)

HO
OH
C—O
C = O
NaOH
NaO
O
C
COONa

natriumsalz eines Karbinolabkömmlings von der Konfiguration (1). Im Zusammenhang hiermit sei erwähnt der Übergang des farblosen laktoiden Dimethyläthers (2) in den farbigen chinoiden Monomethyl-

(1) 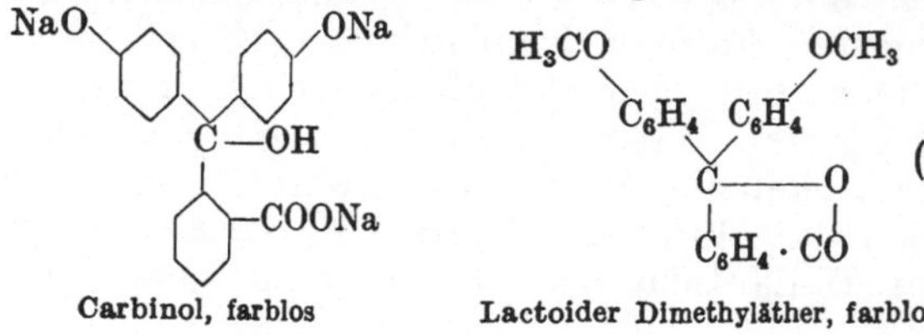 (2)

NaO
ONa
C—OH
COONa
H3CO
OCH3
C6H4
C6H4
C
O
C6H4 · CO

Carbinol, farblos — Lactoider Dimethyläther, farblos

ester (3), dessen Konstitution dem Benzaurin (4) entspricht. Weiter
sei erwähnt ein Vorgang in umgekehrter Richtung, der Übergang des

$$
(3) \quad
\begin{array}{c}
O \qquad\qquad OH \\
C_6H_4 \quad C_6H_4 \\
C \\
C_6H_4\!-\!CO_2CH_3
\end{array}
\qquad\qquad
(4) \quad
\begin{array}{c}
O \qquad\qquad OH \\
C_6H_4 \quad C_6H_4 \\
C \\
C_6H_5
\end{array}
$$

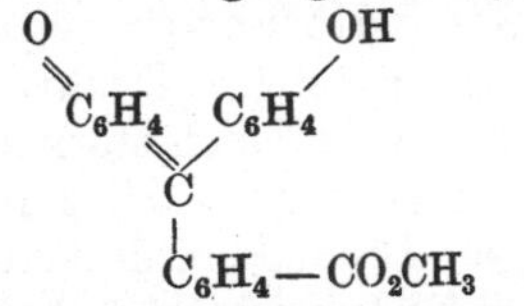

Chinoider Monomethylester, farbig   Chinoid, farbig

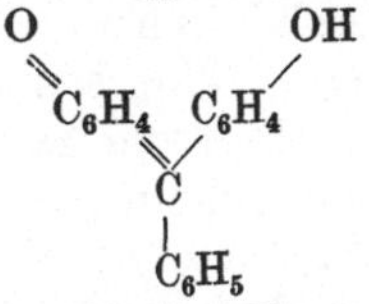

intensiv gelben ätheresterartigen Diäthylderivats der Formel (5) in
den farblosen laktoiden Diäther der Formel (6):

$$
(5) \quad
\begin{array}{c}
O \qquad\qquad OC_2H_5 \\
C_6H_2Br_2 \quad C_6H_2Br_2 \\
C \\
\diagdown\!CO_2C_2H_5
\end{array}
\qquad \rightarrow \qquad
\begin{array}{c}
H_5C_2O \qquad\qquad OC_2H_5 \\
C_6H_2Br_2 \quad C_6H_2Br_2 \\
C\!-\!O \\
\diagdown\!CO
\end{array}
\quad (6).
$$

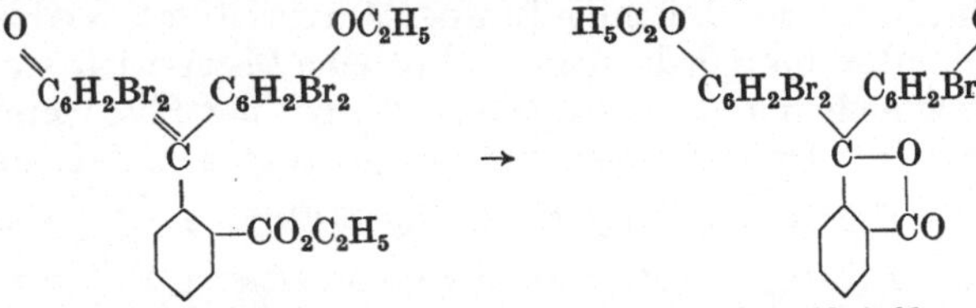

Chinoid, farbig   Lactoid, farblos

Zum Schluß noch einiges über **innere Komplexsalze** und im
Zusammenhang damit über die **Theorie der** technisch wichtigen
Beizenfarbstoffe. Es ist bekannt, daß insbesondere Kupfersalze
zur Bildung komplexer Verbindungen geneigt sind. So z. B. ist das
Kupferacetat infolge des Vorhandenseins von Nebenvalenzen im Sinne
Werners ungesättigt und daher geneigt, mit 2 Mol. Ammoniak ein
Komplexsalz etwa der Formel (7) zu bilden. Ähnliches gilt vom Kupfer-

$$
(7) \quad
\begin{array}{c}
CH_3\cdot COO \\
CH_3\cdot COO
\end{array}\!\!\diagdown\!\!Cu\!\!\diagup\!\!
\begin{array}{c}
NH_3 \\
NH_3
\end{array}
$$

sulfat, vom Chlorsilber und vielen anderen Salzen. Bildet man anstatt
des essigsauren das aminoessigsaure Kupfersalz, so betätigen sich die
freien Valenzen des Kupfers in etwas anderer Weise, indem sie sich
nämlich mit den beiden Aminogruppen der Aminoessigsäure absättigen
und so ein **inneres** komplexes Kupfersalz entstehen lassen (1). Ähnlich

$$
(1) \quad
\begin{array}{c}
CH_2\!-\!NH_2 \\
\diagdown \\
COO \\
\diagdown \\
 Cu \\
COO \\
\diagup \\
CH_2\!-\!NH_2
\end{array}
$$

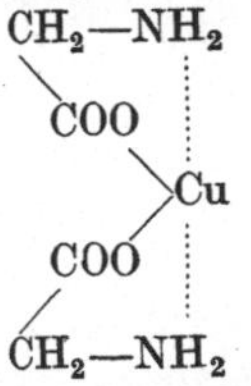

wie die Aminogruppen reagieren auch Iminogruppen, Hydroxylgruppen,
Merkaptangruppen und Oximinogruppen. Die so entstehenden inneren
Komplexsalze sind durch die sehr bemerkenswerte Eigenschaft ausgezeichnet, elektrolytisch nicht dissoziiert zu sein, ein Umstand, der ihr
in vielen Fällen abweichendes Verhalten gegenüber chemischen Reagenzien in einfacher Weise erklärt. Insbesondere sei hier erwähnt das eigenartige Verhalten derjenigen komplexen Verbindungen, die auch dann,
wenn sie mittels **sehr schwacher** Säuren gebildet sind, **dennoch**

Bucherer, Farbenchemie. 2. Auflage.   19

gegenüber starken Säuren eine große Beständigkeit aufweisen, so daß diese die komplex gebundenen Metalle aus
solchen Verbindungen nicht herauszulösen vermögen. Dieser
ungewöhnliche Widerstand, der unseren sonstigen Erfahrungen über
die Zersetzlichkeit der Salze schwacher Säuren durch starke Säuren zu
widersprechen scheint, findet eine gewisse, wenn auch zunächst rein
äußerliche Erklärung in den eigenartigen Bindungen, in denen sich die
Metalle in solchen komplexen Salzen befinden, und zwar haben wir es
hier in der Regel mit Fünfer- oder Sechser-Ringen zu tun. Übrigens
äußert sich die Komplexsalzbildung in der Regel auch durch eine veränderte Lichtabsorption. Durch die Temperatur sind Komplexsalze vielfach
mehr oder minder beeinflußt, derart, daß eine Dissoziation stattfindet.

Aminoessigsäure und Derivate. Beim Vergleich der Aminoessigsäure (2) mit der Phenylaminoessigsäure (3) und der Aminophenylessigsäure (4) zeigt sich, daß der Ersatz

(2) $H_2N \cdot CH_2 \cdot COOH$ (3) $C_6H_5 \cdot NH \cdot CH_2 \cdot COOH$ (4) $\begin{matrix} C_6H_5 \\ H_2N \end{matrix}{>}CH \cdot COOH$

von Wasserstoff durch den Phenylrest nur im ersteren Fall von Einfluß
ist, indem die Farbe sich von Blau nach Grün verschiebt. Ähnlich wie
das Kupfersalz der Phenylaminoessigsäure (5) verhält sich das komplexe Salz aus Kupferacetat und 2 Mol. Anilin (6). Weitere Beispiele

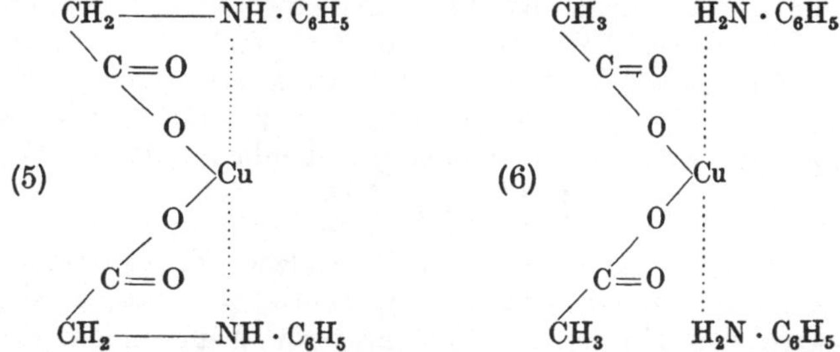

von Komplexsalzen sind die aus Glyoximen entstehenden, z. B. aus
Dimethyl- und Diphenylglyoximen (1). Ähnlich verhalten sich die
Diaminoglyoxime (2). Von Ley und Krafft sind eine große Zahl

(1) $\begin{matrix} R \cdot C = N \cdot O \\ | \quad\quad Me \\ R \cdot C = N \cdot OH \end{matrix}$ $\begin{matrix} H_2N \cdot C = N \cdot O \\ | \quad\quad Me \\ H_2N \cdot C = N \cdot OH \end{matrix}$ (2)

von weiteren Verbindungen dargestellt worden, die sich zur Darstellung von komplexen Salzen eignen. Von besonderem Interesse sind
hierunter die Verbindungen der sog. Biguanidreihe, wie das Biuret,
das Acylamidin, das Guanylamidid usw. (3).

(3) ·
$\begin{matrix} NH_2 \\ CO \\ \quad{>}NH \\ CO \\ NH_2 \end{matrix}$ Biuret
$\begin{matrix} R \\ CO \\ \quad{>}NH \\ C=NH \\ R \end{matrix}$ Acylamidin
$\begin{matrix} R \\ C=NH \\ \quad{>}NH \\ C=NH \\ NH_2 \end{matrix}$ Guanylamidid
$\begin{matrix} NH_2 \\ C=NH \\ \quad{>}NH \\ C=NH \\ NH_2 \end{matrix}$ Biguanid

2. Einleitende Bemerkungen über das Verhalten der Farbstoffe beim Färben (Färbemethoden).

Obwohl die Verwendung der Farbstoffe in der Färberei und Druckerei neben der synthetischen Darstellung eine außerordentlich große technische und volkswirtschaftliche Bedeutung besitzt, so würde die eingehende Behandlung dieses interessanten und sich immer mehr von den Zufälligkeiten handwerksmäßiger Gepflogenheiten frei machenden Gebietes gewerblicher Tätigkeit doch über den Rahmen des vorliegenden Buches weit hinausgehen. Auf der anderen Seite aber dürfte es dem Verständnis der nachfolgenden Darlegungen förderlich sein, wenn gewisse grundlegende Begriffe, die mit der färberischen Verwendung der Farbstoffe verknüpft sind, vorher eine kurze Erläuterung finden. Es erscheint zweckmäßig, diese einführenden Bemerkungen anzuschließen an eine Übersicht über die wichtigsten Methoden des Färbens. *(Methoden des Färbens.)*

Durch die Unterscheidung der zahllosen Färbemethoden nach einzelnen Haupttypen wird auch bis zu einem gewissen Grade eine Einteilung der Farbstoffe[1]) selbst bedingt; denn es bedarf kaum der Erwähnung, daß es durchaus nicht gleichgültig ist, nach welcher der möglichen Färbemethoden ein Farbstoff gefärbt wird. In der Regel kommt jedem Farbstoff ein bestimmtes Verfahren zu, mittels dessen er auf der Faser befestigt werden muß, wenn man hinsichtlich der Schönheit und Echtheit der Färbungen einen möglichst hohen Grad der Vollkommenheit erzielen will. Das schließt nicht aus, daß ein und derselbe Farbstoff nach ganz verschiedenen Methoden gefärbt werden muß, falls verschiedene Fasermaterialien in Betracht kommen, z. B. Baumwolle, Wolle und Seide. In diesem Falle wird von den drei Fasern jede auf ihre Art gefärbt werden müssen; denn verhältnismäßig nur wenige Farbstoffe, wenn sie überhaupt für mehr als ein Material verwendbar sind, werden der Forderung genügen, diese drei verschiedenen Fasern unter gleichen Bedingungen in gleicher Weise, d. h. gleich in bezug auf Ton und Stärke zu färben. *(Die verschiedenen Fasermaterialien.)*

Man kann die Methoden des Färbens, übrigens mehr oder minder willkürlich, in 4 große Gruppen einteilen: *(Einteilung der Färbemethoden.)*

1. Färbungen mittels der direkt färbenden Farbstoffe,
2. Färbungen mittels der Beizenfarbstoffe,
3. Färbungen mittels der Küpenfarbstoffe,
4. Färbungen durch unmittelbare Erzeugung von Farbstoffen „auf der Faser“.

1. Unter „direkt ziehenden“ oder „direkt färbenden“ Farbstoffen versteht man solche, die imstande sind, aus wässerigen Lösungen die *(Direkt ziehende Farbstoffe.)*

---

[1]) Diese Einteilung der Farbstoffe vom färberischen Standpunkte wird nicht maßgebend sein bei der Anordnung des Stoffes in den die synthetische Darstellung behandelnden Abschnitten, für die rein chemische Erwägungen entscheidend sind.

reine, unveränderte Textilfaser unmittelbar anzufärben, d. h. ohne besondere Hilfsmittel, abgesehen von gewissen, später noch zu erwähnenden Zusätzen zum Färbebade. Hierbei ist allerdings wohl zu unterscheiden, ob es sich um eine tierische (Wolle, Seide, Ziegen- und Kamelhaar) oder eine pflanzliche (Baumwolle, Leinen, Jute, Ramie) Faser handelt. Im allgemeinen besitzt die tierische Faser eine erheblich stärkere Verwandtschaft (Affinität) zu Farbstoffen als die Pflanzenfaser, oder umgekehrt, die Farbstoffe, insbesondere die Teerfarbstoffe, weisen in der Regel der tierischen Faser gegenüber ein ausgeprägteres Färbevermögen auf als gegenüber der pflanzlichen Faser. Noch ein anderer, nicht unwesentlicher Unterschied macht sich zwischen den beiden Fasergattungen bemerkbar, als deren typische und technisch wichtigste Vertreter die Wolle einerseits, die Baumwolle andererseits bezeichnet werden können: Wolle ist sehr beständig, selbst bei längerem Erhitzen, gegen verdünnte Säuren, dagegen außerordentlich empfindlich gegen alkalische Reagenzien, selbst gegen dünne Sodalösungen bei etwas höheren Temperaturen (> 50°). Die Baumwolle ist umgekehrt sehr beständig gegen Alkalien, selbst gegen Ätzalkali, dagegen wird sie durch verdünnte Mineralsäuren leicht verändert und bei längerer Einwirkung in der Hitze zerstört. Dementsprechend färbt man Wolle in der Regel aus saurem (oder neutralem), Baumwolle hingegen aus alkalischem (oder neutralem) Bade. Im Zusammenhang damit bezeichnet man Farbstoffe, die Wolle unmittelbar aus saurem Bade anfärben, als „Säurefarbstoffe" (auch „saure Farbstoffe"). Diese Säurefarbstoffe stellen somit die typischen Vertreter der direkt färbenden Wollfarbstoffe dar. Erst verhältnismäßig spät machte man die Beobachtung, daß es eine große Zahl von Farbstoffen gibt, die besonders gerade der Baumwolle gegenüber durch eine erhebliche Affinität ausgezeichnet sind. Zu dieser Klasse der „substantiven Baumwollfarbstoffe" im weitesten Sinne des Wortes gehören einerseits die Schwefelfarbstoffe (siehe diese), andererseits verschiedene Gruppen von Azofarbstoffen, die ihre höchst wertvollen Färbeeigenschaften bestimmten Komponenten verdanken. Man färbt aus stark salz- (NaCl, Na$_2$SO$_4$) haltigem Bade (daher auch vielfach der Name „Salzfarben" für diese direkt färbenden Baumwollfarbstoffe), und zwar in bestimmten Fällen, z. B. bei der Halbwollfärberei, bei neutraler, meist jedoch bei ausgesprochen alkalischer Reaktion, d. h. unter Zusatz von Soda, Phosphat oder Schwefelalkali (bei den Schwefelfarbstoffen) u. dgl.

2. Eine eigenartige Stellung nimmt eine große, mehrere Farbstoffklassen umfassende Gruppe ein, der man den Sammelnamen „basische Farbstoffe" beigelegt hat. Ihre Bezeichnung tragen diese Farbstoffe nicht etwa deshalb, weil sie an sich basische Eigenschaften besitzen, oder etwa gar aus alkalischem Bade gefärbt werden müßten, sondern weil sie als Salze (Chlorhydrate, Sulfate, Oxalate, Chlorzinkdoppelsalze usw.) von Farbstoffbasen anzusehen sind. Zu dieser

Gruppe zählen die ältesten auf synthetischem Wege erzeugten Teerfarbstoffe, die **Mauveïne** und **Fuchsine**. Sie färben **Wolle** unmittelbar aus **neutralem** Bade, gehören insofern also zu den unter 1. erwähnten direkt ziehenden Farbstoffen. Für **Baumwolle** hingegen besitzen sie eine zu geringe Verwandtschaft, so daß für die Zwecke der Baumwollfärberei Färbeverfahren besonderer Art in Betracht gezogen werden mußten, wie sie in anderer Form schon von Alters her beim Färben mit natürlichen Pflanzenfarbstoffen benutzt wurden, d. h. es bedarf der Anwendung von „**Beizen**" als Hilfsstoffen zur Befestigung der Farbstoffe auf der Faser.

Hinsichtlich dieser **Beizen**, deren Bedeutung für die Färberei der tierischen und pflanzlichen Fasern gleich groß ist, lassen sich zwei Arten unterscheiden: a) **saure Beizen** oder **Beizsäuren** — technisch kommen ausschließlich die verschiedenen Arten der **Gerbsäure**, die **Tannine, in Frage** —, b) die sog. **Metallbeizen**, d. h. die Salze gewisser Schwermetalle, und zwar außer Aluminium vor allem die Salze des Chroms, Eisens, Kupfers und Zinns, deren Oxyde mit den entsprechenden „**Beizenfarbstoffen**" sich zu „**Farblacken**" von besonderer **Echtheit** zu verbinden vermögen. Die **basischen Farbstoffe** verdanken ihre Fähigkeit, „**tannierte**" (mit Tannin gebeizte) Baumwolle zu färben, der Schwerlöslichkeit oder Unlöslichkeit der aus den Farbstoffbasen und der Gerbsäure (oder richtiger gesagt **dem gerbsauren Antimon**) sich bildenden Verbindungen, die ebenso wie die auf Metallbeizen entstehenden unlöslichen Verbindungen als „**Lacke**" bezeichnet zu werden pflegen, obwohl sie hinsichtlich **ihres färberischen Verhaltens und ihrer chemischen Natur** (siehe S. 289f. über innere Komplexsalze) sich nicht unwesentlich von den eigentlichen Metallacken unterscheiden und richtiger wohl als schwer lösliche oder unlösliche Niederschläge oder **Fällungen** anzusehen sind, die sich vor allem durch ihre geringe **Widerstandsfähigkeit** gegenüber chemischen Eingriffen von den echten Lacken unterscheiden. Zu den basischen **Farbstoffen** rechnet man die **Triphenylmethan-, die Xanthen-, Akridin-, Azin-, Oxazin-** und **Thiazinfarbstoffe.** Sie sind also je nach dem Fasermaterial (ob Tier- oder Pflanzenfaser) und der damit zusammenhängenden verschiedenen Affinität, der durch passende Wahl des Färbeverfahrens Rechnung zu tragen ist, als direkt färbende Farbstoffe, z. B. gegenüber **Wolle** und **Seide**, oder als **uneigentliche Beizenfarbstoffe**, z. B. gegenüber **Baumwolle**, anzusehen.

Als Vorbild eines echten Lackes, d. h. einer salzartigen Verbindung zwischen einem geeigneten Metalloxyd und der Farbstoffsäure eines Beizenfarbstoffes, sei hier der **Tonerde-Alizarin-** bzw. **Tonerde-Kalk-Alizarin-Lack** angeführt, wobei sogleich bemerkt sei, daß mit der Definition „salzartige Verbindung" der Inhalt des Begriffs „Metalllack" noch keineswegs erschöpft ist. Es kommt in der Regel sehr wesentlich darauf an, ob es sich um die Erzeugung echter Lacke auf **pflanz-**

lichem oder tierischem Material handelt. Neuere Untersuchungen haben gelehrt, daß man über die wirkliche Natur dieser Lacke tatsächlich weniger genau unterrichtet ist, als man früher glaubte (siehe auch S. 289f.). Erwähnt sei hier nur so viel, daß an der Lackbildung auf tierischem Material offenbar die Faser selbst mit beteiligt ist, während es bei der Erzeugung von Beizfärbungen auf der Pflanzenfaser der Mitwirkung von Hilfsbeizen bedarf, die anscheinend einen nicht unwesentlichen Bestandteil des fertigen Lackes bilden.

Auf die verschiedenen Methoden zur Herstellung von Beizenfärbungen kann an dieser Stelle nicht näher eingegangen werden, und es muß daher auf die kurzen Bemerkungen in den betreffenden Farbstoffklassen verwiesen werden.

Küpenfarbstoffe.   3. Über die Methode des Färbens mit Küpenfarbstoffen finden sich gleichfalls für den vorliegenden Zweck ausreichende Mitteilungen in dem diese wichtige Farbstoffklasse behandelnden Abschnitt.

Erzeugung von Farbstoffen auf der Faser.   4. Was schließlich die Herstellung von Färbungen durch unmittelbare Erzeugung von Farbstoffen auf der Faser anlangt, so läßt sich diese Methode in der allermannigfaltigsten Weise, den jeweiligen Zwecken entsprechend, ausgestalten. Anwendbar ist sie, falls sie den Bedürfnissen der Technik angepaßt sein soll, nur auf diejenigen Farbstoffe, die sich aus ihren Komponenten mit ausreichender Geschwindigkeit und ohne störende Nebenreaktionen auf der Faser „entwickeln" lassen. Dieser Forderung genügen zwar eine große Menge von Farbstoffen, wie sich aus der Betrachtung der nachfolgenden Kapitel ergeben wird; dennoch ist die Zahl derjenigen Farbstoffe, die tatsächlich auf diesem Wege erzeugt werden, der theoretischen Möglichkeit gegenüber nicht allzugroß, weil die Färberei- und Zeugdrucktechnik an die von ihr anzuwendenden Methoden eine Reihe von weiteren Anforderungen, u. a. z. B. hinsichtlich der Ätzbarkeit, stellt, denen nur wenige zu entsprechen vermögen. Die weitestgehende und bedeutungsvollste Anwendung haben die Entwicklungsmethoden auf dem Gebiete der Azofarbstoffe gefunden, was sich durch den im allgemeinen außerordentlich raschen und glatten Verlauf derartiger Farbstoffbildungen erklärt. Daneben aber gibt es auch in anderen Klassen vereinzelte Farbstoffe, deren völlige oder teilweise Erzeugung auf der Faser sich durch die Wahl geeigneter Bedingungen so gestalten läßt, daß man sich ihrer mit Vorteil für den in Rede stehenden Zweck bedienen kann. An den geeigneten Stellen wird auch diese Methode durch einige Beispiele noch nähere Erläuterung finden.

Bemerkt sei zum Schluß, daß man bei der Erzeugung von Farbstoffen auf der Faser (meist kommt hier Baumwolle in Betracht) im allgemeinen danach trachten wird, durch die Auswahl der geeigneten Komponenten so schwer lösliche Verbindungen — meist sind sie in Wasser gänzlich unlöslich — zu erhalten, daß sie den Angriffen des Wassers und der Seife auch bei wiederholter längerer Einwirkung und bei höheren Temperaturen zu widerstehen vermögen.

3. Synthetische Methoden zur Darstellung der Teerfarbstoffe.

A) Die Di- und Triphenylmethanfarbstoffe.

Die Farbstoffe dieser Klasse leiten ihren Namen ab vom Di- (1) und **Triphenylmethan** (2), jedoch können statt der Phenylreste auch Tolyl- und Xylyl- oder Naphtylreste im Farbstoffmolekül enthalten sein, so daß die allgemeinere Bezeichnung Di- und Triaryl-

Fuchson und Fuchsonimine als einfachste Chromogene.

$$(1) \quad C_6H_5-CH_2-C_6H_5 \quad \text{und} \quad \begin{array}{c} C_6H_5-CH-C_6H_5 \\ | \\ C_6H_5 \end{array} \quad (2)$$

methanfarbstoffe vorzuziehen ist. Die Farbstoffnatur hängt eng zusammen mit der **chinoiden Konstitution** eines der zwei oder drei Arylreste, und als einfachstes Chromogen der Triarylmethanfarbstoffe kann wohl das **Fuchson** (3) oder **Fuchsonimin** (4) gelten (siehe S. 280f). Die Anschauungen über die Konstitution der Triphenyl-

Die Konstitution der Triarylmethanfarbstoffe.

$$C_6H_5-C-C_6H_5 \qquad\qquad C_6H_5-C-C_6H_5$$

$$(3) \qquad\qquad\qquad (4)$$

$$O \qquad\qquad\qquad NH$$

methanfarbstoffe sind bis auf den heutigen Tag noch nicht völlig geklärt. Der eben angedeuteten Auffassung der Triphenylmethanfarbstoffe als Chinonabkömmlinge steht gegenüber eine von Rosenstiehl, vorübergehend auch von A. Baeyer, vertretene Auffassung, wonach alle drei Arylreste die gleiche Funktion im Molekül des Farbstoffs ausüben, und wonach die Farbigkeit einer besonderen Bindung eines Halogenatoms an den „mittleren" oder „Methankohlenstoff" zuzuschreiben ist, entsprechend etwa der Baeyerschen Formel $(H_2N \cdot C_6H_4)_3 C \sim Cl$ für das einfachste Fuchsin, das sog. **Parafuchsin**.

Baeyer bezeichnet die vierte, durch das Halogenatom abgesättigte Valenz des Kohlenstoffatoms als **Karboniumvalenz** (siehe S. 279) und deutet sie, zum Unterschied von einer gewöhnlichen Valenz, durch eine Schlangenlinie an. Doch scheint auch Baeyer neuerdings auf diese seine abweichende Auffassung keinen besonderen Wert mehr zu legen, und es soll daher den nachfolgenden Betrachtungen über die Konstitution der Triarylmethanfarbstoffe die chinoide Konstitution eines der drei Arylreste zugrunde gelegt werden.

Baeyers Karboniumvalenz.

Wie bereits im allgemeinen Teil erwähnt (siehe S. 281), gelangt man von den **Chromogenen,** dem **Fuchson** und **Fuchsonimin,** zu den eigentlichen Farbstoffen selbst dadurch, daß eine oder zwei **auxochrome Gruppen** in die zwei benzoiden Arylreste, und zwar in **p**-Stellung zum Methankohlenstoff, eintreten. Hierbei macht es für den **Farbenton** einen wesentlichen Unterschied aus, ob sich der Eintritt auxochromer Gruppen nur an **einem Kern, einmal,** oder an

Di- und Triaminotriarylmethanfarbstoffe.

beiden Kernen, also zweimal, vollzieht. Im ersteren Falle erhält man, falls man als auxochrome Gruppen Amino-, Alkylido- und Aralkylido-gruppen einführt, Farbstoffe von vorwiegend grünem (1), im letzteren Falle von vorwiegend rotem — z. B. Parafuchsin (2) — bis violettem Ton, der allerdings durch substituierende Alkyl-, Aralkyl-

$$(1)\quad C{=}\!\!\!\left\langle\;\right\rangle{=}N(CH_3)_2Cl,\;\;{-}N(CH_3)_2 \qquad\qquad (2)\quad C{\left\langle\begin{matrix}C_6H_4\cdot NH_2\\ C_6H_4{=}NH\cdot HCl\\ C_6H_4\cdot NH_2\end{matrix}\right.}$$

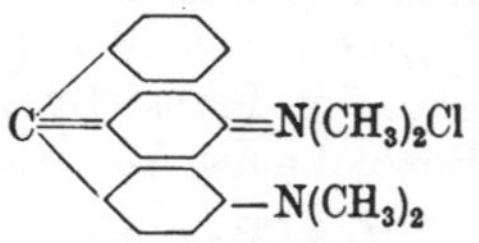

Malachitgrün   Parafuchsin

und Arylreste weiterhin nach Blauviolett (3) und Blau (4) modifiziert werden kann.

Die Farbstoffe sind, soweit sie nicht Sulfogruppen enthalten, in der Regel (Ausnahmen siehe unten) Salze schwacher Basen, die durch Alkali leicht zerlegt werden (im Gegensatz z. B. zu den stark basischen Azinen). Dabei entstehen zunächst, als

Die Farbbasen.

$$(3)\quad C{\left\langle\begin{matrix}{-}N(CH_3)_2\\ {=}N(CH_3)_2Cl\\ {-}N(CH_3)_2\end{matrix}\right.} \qquad\qquad (4)\quad C{\left\langle\begin{matrix}{-}NH\cdot C_6H_5\\ {=}NHC_6H_5Cl\\ {-}NH\cdot C_6H_5\end{matrix}\right.}$$

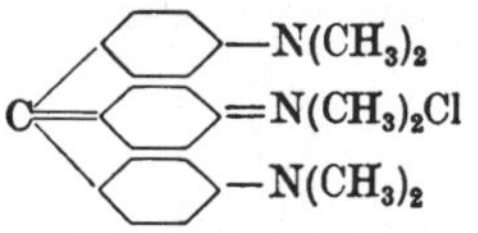

Methylviolett   Spritlösliches Anilinblau

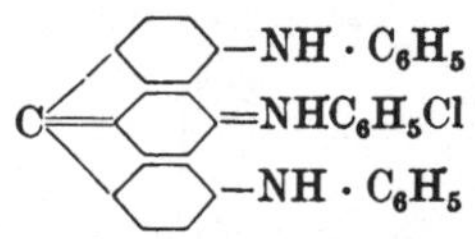

sehr labile Zwischenprodukte, Ammoniumbasen; aus Parafuchsin z. B. erhält man die Ammoniumbase (5), die durch Um-

Die Ammoniumbasen.

$$(5)\quad C{\left\langle\begin{matrix}C_6H_4\cdot NH_2\\ C_6H_4{=}NH_2\cdot OH\\ C_6H_4\cdot NH_2\end{matrix}\right.}$$

lagerung, oder richtiger vielleicht durch Anlagerung und Abspaltung von Wasser (6), in die entsprechenden farblosen Karbinol-

Die Karbinolbasen.

$$(6)\quad C{\left\langle\begin{matrix}C_6H_4\cdot NH_2\\ C_6H_4{=}NH_2\cdot OH\\ C_6H_4\cdot NH_2\end{matrix}\right.}\;\;\xrightarrow{+H_2O}\;\; HO\cdot C{\left\langle\begin{matrix}C_6H_4\cdot NH_2\\ C_6H_4\cdot NH_2\cdot H_2O\\ C_6H_4\cdot NH_2\end{matrix}\right.}\;\;\xrightarrow{-H_2O}$$

$$(7)\quad HO\cdot C{\left\langle\begin{matrix}C_6H_4\cdot NH_2\\ C_6H_4\cdot NH_2\\ C_6H_4\cdot NH_2\end{matrix}\right.}\;\;\rightarrow\;\; C{\left\langle\begin{matrix}C_6H_4{-}NH_2\\ C_6H_4{=}NH\\ C_6H_4{-}NH_2\end{matrix}\right.}\quad(8)$$

Triaminotriphenylkarbinol

basen (7) und durch weitere Wasserabspaltung wieder in die roten Fuchsoniminbasen (8) übergehen. In den Karbinolbasen (7) ist durch die eben erwähnten Reaktionen, wobei schließlich die Hydroxylgruppe vom Stickstoff an den Methankohlenstoff wandert, die chinoide Bindung in eine gewöhnliche benzoide Bindung übergegangen und damit der Farbstoffcharakter verschwunden. Die roten Fuchsoniminbasen (8) hingegen haben den chinoiden Charakter bewahrt, gehen aber durch Aufnahme von Wasser leicht wieder in die farblosen Karbinolbasen (7) über.

Mit der geringen Basizität der den Triphenylmethanfarbstoffen zugrunde liegenden Farbbasen und ihrem Übergang in die **farblosen** Karbinolbasen hängt ein sehr **wesentlicher Fehler** der meisten Triarylmethanfarbstoffe zusammen: ihre **Empfindlichkeit gegen Alkali**, die sich selbst auf der Faser darin zeigt, daß derartige Färbungen unter der Einwirkung von Alkali (Soda oder Kalk) farblos werden. Es hat sich dann später gezeigt, daß der eben gerügte Fehler ganz oder zum Teil behoben werden kann durch Einführung saurer Gruppen, vor allem von Sulfogruppen oder Halogenen, in die o-Stellung zum Methankohlenstoff. Der erste Farbstoff dieser Art war das **Patentblau** (2), das **Kalcium**- oder Natriumsalz der m-Oxytetraäthyl-p-Aminofuchsonimoniumdisulfonsäure, wobei vielleicht eine innere Salzbildung zwischen der Imonium- und einer Sulfogruppe angenommen werden darf. Später hat insbesondere **Sandmeyer** in richtiger Erkenntnis der Zusammenhänge noch eine Reihe anderer Farbstoffe dargestellt, die ihre Alkaliechtheit gleichfalls einer o-ständigen Sulfogruppe oder einem o-ständigen Halogen verdanken, z. B. **Neusolidgrün** (3).

Die Alkali-
unechtheit
der Triaryl-
methanfarb-
stoffe.

Alkaliechte
Triaryl-
methanfarb-
stoffe (Pa-
tentblau).

(2) Patentblau V

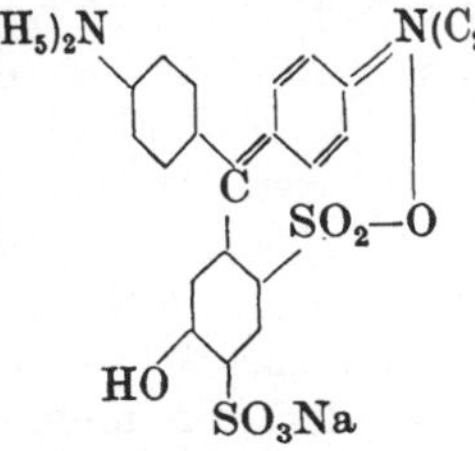

(3) Neusolidgrün 2 B

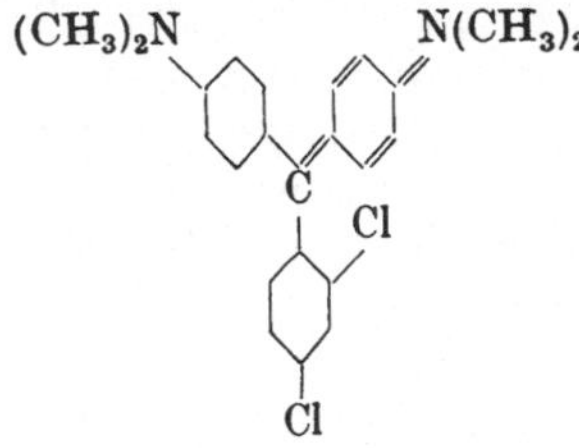

Eigenartig ist auch das Verhalten der Triarylmethanfarbstoffe gegen starke Säuren. Es entstehen dabei, unter gleichzeitiger Verschiebung des Farbentones, Salze mit 2 oder 3 Äquivalenten Säure, deren Farbintensität gegenüber derjenigen des normalen einsäurigen Salzes **sehr erheblich abgenommen hat**; in vielen Fällen tritt sogar **vollkommene Entfärbung** auf, die meist mit einer an den Aminogruppen sich vollziehenden **Salzbildung** in Zusammenhang gebracht wird. Richtiger dürfte wohl die Annahme eines Überganges der **chinoiden** in die **benzoide** Konfiguration sein:

Mehrsäurige
Salze der
Triaryl-
methanfarb-
stoffe.

$$C{\Big\langle}{\begin{array}{l}C_6H_4 \cdot NH_2\\ C_6H_4 = NH_2Cl\\ C_6H_4 \cdot NH_2\end{array}} \xrightarrow[\;\longrightarrow\;]{+3\,HCl} Cl - C{\Big\langle}{\begin{array}{l}C_6H_4 - NH_2 \cdot HCl\\ C_6H_4 - NH_2 \cdot HCl\\ C_6H_4 - NH_2 \cdot HCl\end{array}}$$

Die Triarylmethanfarbstoffe haben insofern eine sehr wichtige Rolle gespielt in der Geschichte der Teerfarbstoffe, als sie mit zu den ersten Vertretern dieser neuen Gruppe von Farbstoffen gehörten und infolge ihrer **Farbkraft** und ihres **reinen Tones**, dem leider in den meisten Fällen ihre **Lichtechtheit nicht** entspricht, die Aufmerksamkeit der Färber auf sich gelenkt und damit das Interesse für die Teerfarben in hohem Maße angeregt haben, so daß von den verschiedensten Seiten, zunächst im Auslande, bald darauf aber, Anfang der 60er Jahre des vorigen Jahrhunderts, auch in Deutschland, die Darstellung der sog. „Anilinfarbstoffe" in Angriff genommen wurde.

Die Synthesen der Triarylmethanfarbstoffe.

Betrachtet man (abgesehen von den auxochromen Gruppen) das Skelett eines Triarylmethanfarbstoffes, so lassen sich an ihm vier Bestandteile unterscheiden: die drei Arylreste und der sog. Methankohlenstoff. Die Vereinigung dieser vier Bestandteile zum Farbstoffgerüst kann nun auf die allermannigfaltigste Weise geschehen. Man kann 1. den Farbstoff aufbauen aus vier getrennten Bestandteilen, derart also, daß auch der Methankohlenstoff von einer selbständigen Komponente (Formaldehyd, Phosgen, Oxalsäure) geliefert wird. Man kann 2. den Farbstoff aufbauen aus drei Molekülen Arylverbindung, von denen das eine gleichzeitig den Methankohlenstoff liefert, sei es, daß dieser Methankohlenstoff im Kern des Arylrestes enthalten ist, wie z. B. beim p-Toluidin oder beim p-Aminobenzylalkohol und p-Aminobenzaldehyd oder bei der p-Aminobenzoësäure und den Derivaten der eben genannten Verbindungen, sei es, daß dieser Methankohlenstoff einem Alkyl der Aminogruppe entnommen wird, wie dies z. B. beim Dimethylanilin (siehe Methylviolett) der Fall ist. Bei der Oxydation unter geeigneten Bedingungen spaltet dieses tertiäre Amin eine Methylgruppe vermutlich in Form von Formaldehyd ab, der dann im weiteren Verlauf der Synthese, durch den Eintritt in den Kern, den Methankohlenstoff liefert. Eine 3. Möglichkeit besteht darin, daß man die Farbstoffe aus zwei Komponenten aufbaut, von denen die eine zwei Arylreste und den Methankohlenstoff, die andere den dritten Arylrest enthält. Über eine 4. Variation von mehr theoretischer und wissenschaftlicher Bedeutung siehe Näheres S. 305.

Methoden der oxydativen und reinen Kondensation.

Es greifen, wie später noch im einzelnen dargelegt werden soll, bei diesen Synthesen Oxydation und Kondensation in mannigfachster Weise ineinander, und man kann, was die synthetische Darstellung der Triarylmethanfarbstoffe anlangt, unterscheiden die Methoden der reinen Kondensation von den Synthesen auf Grund oxydativer Kondensation, d. h. solchen Synthesen, bei denen die Kondensation von einer Oxydation begleitet oder vielmehr geradezu durch sie bedingt ist.

α) Oxydationssynthesen.

Oxydationssynthesen.

Diese Art der Synthese stellt zugleich die älteste und auch heute noch vielfach angewandte Methode zur Gewinnung von Triarylmethanfarbstoffen dar. Man kann hierbei im wesentlichen unterscheiden:

1. Der Farbstoff wird aufgebaut durch oxydative Vereinigung der drei oder vier (falls nämlich der „Methankohlenstoff" nicht schon im Kern des einen der drei Arylreste enthalten ist) ursprünglich getrennten Komponenten; oder

2. man kondensiert zunächst zwei Arylreste mit dem „Methankohlenstoff"-Träger (Formaldehyd) zu einem Zwischenprodukt, einem Diarylmethanderivat, und führt die Farbstoffbildung alsdann durch

oxydative Verkettung des Zwischenproduktes mit dem dritten Aryl-rest herbei.

1. Als Beispiel der erstgenannten Art einer Triarylmethanfarbstoff-Synthese sei angeführt die Herstellung des Fuchsins aus 1 Mol. p-Toluidin, 1 Mol. o-Toluidin und 1 Mol. Anilin. Von diesen drei Mole-külen (1) liefert das p-Toluidin (a) den sog. „Methankohlenstoff", der die Verkettung der drei Benzolkerne ermöglicht. Er greift sowohl beim o-Toluidin (b) als auch beim Anilin (c) in p-Stellung zur Amino-gruppe in den Arylrest ein und ermöglicht so die Entstehung des Tri-p-aminodiphenyltolylmethans (2), das durch weitere Oxydation in den

Fuchsin-Syn-
thesen mitt.
p-Toluidin.

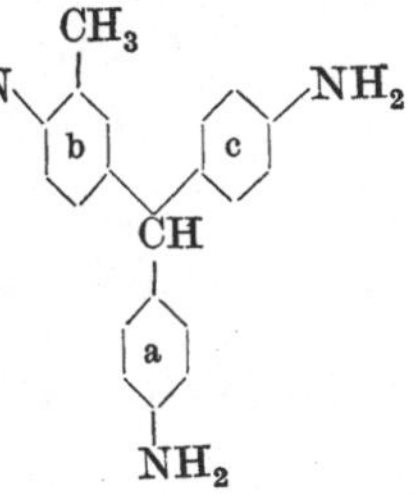

Farbstoff selbst übergeht. Man bezeichnet die eben genannte Vor-stufe des Farbstoffes, das Triaminodiphenyltolylmethan, als Leuko-base, die umgekehrt auch durch Reduktion aus dem Farbstoff er-halten und, da sie gegenüber dem Luft-Sauerstoff ziemlich beständig ist, auch leicht isoliert werden kann.

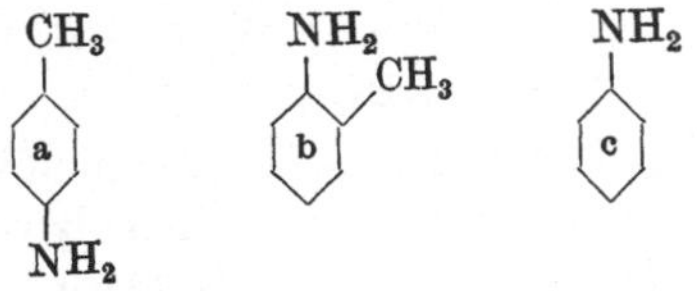

Was den Mechanismus der Fuchsinbildung anlangt, so darf man wohl annehmen, daß als erstes Zwischenprodukt, durch Oxyda-tion des p-Toluidins, ein dem Chinondiimin (4) (s. S. 266f.) analoger methylenchinoniminartiger Körper von der Konstitution (3) entsteht,

Mechanismus
der Fuchsin-
bildung.

$$(3) \quad CH_2 = \langle\!\!\!\!=\!\!\!\!\rangle = NH \qquad (4) \quad HN = \langle\!\!\!\!=\!\!\!\!\rangle = NH$$

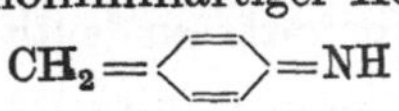

der übrigens durchaus nicht rein hypothetischer Natur ist, sondern durch Wasserabspaltung einerseits aus dem p-Tolylhydroxylamin:

$$H \cdot CH_2 \cdot C_6H_4 \cdot NH \cdot OH \quad \xrightarrow{-H_2O} \quad CH_2 = C_6H_4 = NH,$$

andererseits aus p-Aminobenzylalkohol:

$$HO \cdot CH_2 \cdot C_6H_4 \cdot NH \cdot H \quad \xrightarrow{-H_2O} \quad CH_2 = C_6H_4 = NH$$

erhalten werden kann. Entsprechend seiner ungesättigten Natur er-scheint er zu Anlagerungen befähigt und geht unter der Einwirkung einer Mischung von Anilin und salzsaurem Anilin, vielleicht über die Zwischenphase p-Aminobenzylanilin (1), vielleicht aber auch unmittel-bar, in das Diaminodiphenylmethan (2) über Dieses erleidet durch

$$+ \begin{array}{l} CH_2 = C_6H_4 = NH \\ NH \text{————} H \\ | \\ C_6H_5 \end{array} \rightarrow \begin{array}{l} CH_2 - C_6H_4 \cdot NH_2 \\ | \\ NH \cdot C_6H_5 \end{array} \quad (1)$$

$$+ H_2N \cdot C_6H_4 \begin{array}{l} CH_2 = C_6H_4 = NH \\ \text{————} H \end{array} \rightarrow \begin{array}{l} CH_2 - C_6H_4 \cdot NH_2 \\ | \\ C_6H_4 \cdot NH_2 \end{array} \quad (2)$$

Diaminodiphenylmethan. das Oxydationsmittel eine Oxydation zu dem um 2 Atome Wasserstoff ärmeren Methylenchinoniminderivat von der Konstitution (3), das gleichfalls als ungesättigte Verbindung zur Anlagerung eines zweiten

$$(3) \quad \begin{array}{l} CH{=}C_6H_4{=}NH \\ | \\ C_6H_4-NH_2 \end{array}$$

Triaminotriphenylmethan. Moleküls Anilin oder o-Toluidin befähigt ist und dabei in das Triaminotriphenylmethan (4) übergeht. Indem sich der Oxydationsprozeß auch an diesem Körper, also in analoger Weise zum drittenmal (in

$$(4) \quad \begin{array}{l} \overset{\displaystyle NH_2}{\underset{\displaystyle \vdots}{+C_6H_4}}{-}{-}{-}{-}H \\[4pt] \underset{\displaystyle \vdots}{CH}{=}C_6H_4{=}\overset{..}{N}H \\[4pt] | \\ C_6H_4-NH_2 \end{array} \rightarrow \begin{array}{l} C_6H_4-NH_2 \\ | \\ CH-C_6H_4-NH_2 \\ | \\ C_6H_4-NH_2 \end{array}$$

Gegenwart von Salzsäure) vollzieht, entsteht wiederum ein Methylenchinonimin, nämlich der Fuchsinfarbstoff selbst (5). (Über das bei der Fuchsinschmelze als Nebenprodukt entstehende **Phosphin** siehe

$$(5) \quad C{\displaystyle \Big\langle} \begin{array}{l} C_6H_4-NH_2 \\ C_6H_4{=}NH \\ C_6H_4-NH_2 \end{array} \cdot HCl$$

näheres unter Akridinfarbstoffen.) Analoge Zwischenphasen dürften auch bei den übrigen Synthesen von Triarylmethanfarbstoffen anzunehmen sein, so daß die Oxydationssynthesen auf diesem Farbstoffgebiet vor allem auf zwei Reaktionen beruhen: Auf der Oxydation eines Zwischenkörpers zum Methylenchinon bzw. -chinonimin und der Anlagerung eines aromatischen Amins oder Phenols an das Methylenchinonderivat. Hierin tritt der Parallelismus zu den Indamin- sowie zu den analogen Azin-, Oxazin- und Thiazinsynthesen deutlich hervor[1]).

---

[1]) Die heute vielfach noch übliche Art der Veranschaulichung von Farbstoffsynthesen, wobei man den überflüssigen Wasserstoff, mit der entsprechenden Menge Sauerstoff zu Wasser vereinigt, einfach austreten läßt, etwa in folgender Weise:

$$H_2N{-}\!\!\bigcirc\!\!\overset{H\ \ H_3C\ \ H}{-}\!\!\bigcirc\!\!{-}NH_2 \ \xrightarrow{+3O} \ H_2N{-}\!\!\bigcirc\!\!\overset{C}{-}\!\!\bigcirc\!\!{-}NH_2 \ +3H_2O$$

sollte als überwunden aufgegeben werden, weil sie den tatsächlichen Vorgängen in keiner Weise Rechnung trägt. Sie erweckt bei dem Neuling auf diesem Gebiete vollkommen irrige Vorstellungen über den Mechanismus der Farbstoffsynthesen, die später nur schwer wieder auszurotten sind, während die Erkenntnis des weitgehenden Parallelismus der Synthesen auf großen Gebieten (siehe oben) das eindringende Verständnis der chemischen Vorgänge wesentlich erleichtert.

Ersetzt man in der eben geschilderten Fuchsinsynthese das p-To-luidin, das, wie man sieht, in seiner Methylgruppe das Methankohlen-stoffatom liefert, durch p-Aminobenzylalkohol und seine Derivate, so nimmt die Synthese einen ganz analogen Verlauf mit dem einzigen Unterschiede, daß zur Farbstoffbildung ein Sauerstoffatom weniger er-forderlich ist. Ersetzt man weiterhin das p-Toluidin durch p-Amino-benzaldehyd oder seine Derivate, so gilt ähnliches wie vorhin für den p-Aminobenzylalkohol dargelegt. Es entsteht zunächst durch Kon-densation von p-Aminobenzaldehyd oder seinen Derivaten mit Aminen unter geeigneten Bedingungen ein Derivat des Benzhydrols, $C_6H_5 \cdot CH(OH) \cdot C_6H_5$, das durch Wasserabspaltung:

$$R_2N \cdot C_6H_4 \cdot CHOH \cdot C_6H_4 \cdot NH_2 \xrightarrow{-H_2O} R_2N \cdot C_6H_4 \cdot CH = C_6H_4 = NH$$

in ein analoges Methylenchinonimin überzugehen vermag, wie das-jenige, das aus dem Diaminodiphenylmethan durch Oxydation, wie oben gezeigt, erhältlich ist. Man kann daher die Reaktionsfähigkeit der substituierten Benzhydrole (1) gegen aromatische Amine und Phenole, ja sogar gegen aromatische Reste ohne auxochrome Gruppen, wie z. B. Naphtalin und Naphtalinsulfonsäuren, erklären durch die intermediäre Bildung eines anlagerungsfähigen Methylenchinonimins.

$(CH_3)_2N$ ⟨⟩ ⟨⟩ $N(CH_3)_2$ (1) + ⟨⟩⟨⟩ $\xrightarrow{-H_2O}$ $(CH_3)_2N$ ⟨⟩ ⟨⟩ $N(CH_3)_2$ — CH—OH / CH

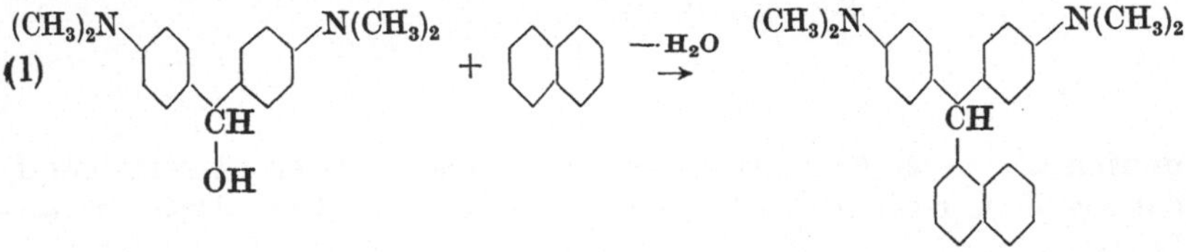

Bemerkenswert ist hierbei, daß der Eingriff des Methan-Kohlen-stoffes bei der Kondensation des Michlerschen Hydrols (1) mit aro-matischen Aminen sich in o- (z. B. o-Amino-Leukomalachitgrün aus Hydrol + Anilin) und p-Stellung zur Aminogruppe vollzieht in Gegen-wart von Salzsäure und Essigsäure, dagegen vornehmlich in m-Stel-lung (vgl. auch S. 126) in Gegenwart von konzentrierter Schwefelsäure. Dieser Umstand ist nicht nur auf den Farbenton von Einfluß, sondern macht sich bei der Sulfonierung von Triarylmethanfarbstoffen mit m-ständiger Aminogruppe durch erhöhte Alkaliechtheit bemerkbar, da die Sulfogruppe solchenfalls vorwiegend in die o-Stellung zum Methan-kohlenstoff tritt (vgl. S. 297). Man erreicht allerdings den gleichen Zweck mit der in o-Stellung kondensierten Isomeren, falls man die Aminogruppe nachträglich (nach Gattermann, siehe S. 152f) gegen eine zum Methankohlenstoff o-ständige Sulfogruppe austauscht.

Ersetzt man schließlich das p-Toluidin durch die p-Aminobenzoë-säure und ihre Derivate bzw. durch das entsprechende Benzoylchlorid, so gestaltet sich die Synthese aus 1 Mol. dieser den Methankohlenstoff liefernden Arylverbindung und 2 Mol. eines aromatischen Amins im wesentlichen zwar analog den vorher geschilderten Oxydationssynthesen.

Es liegt aber in der Benzoësäure oder dem Benzoylchlorid und ihren
Derivaten bereits eine so hohe Oxydationsstufe der den Methankohlenstoff liefernden Komponente vor, daß es weiterer Oxydationsmittel
bei der ferneren Synthese nicht mehr bedarf. Wir sind somit, ausgehend von einer **Oxydationssynthese**, zur reinen **Kondensationssynthese** gelangt. Verwendet man z. B. als Benzoësäure-
derivat das p-Dimethylaminobenzoylchlorid (1) und als zweite und
dritte Komponente je 1 Mol. Methyldiphenylaminsulfonsäure (2), so
ergeben sich als Zwischenphasen die Trimethylphenyldiaminobenzo-
phenon-Monosulfonsäure (3) und, durch deren Kondensation mit dem

(Marginal note: Säureviolett 7 BN)

$$(1)\quad (CH_3)_2N \cdot C_6H_4 \cdot CO \cdot Cl + C_6H_5 \cdot \underset{\underset{CH_3}{|}}{N} \cdot C_6H_4 \cdot SO_3H \quad (2) \qquad \overset{-HCl}{\longrightarrow}$$

$$(3)\quad (CH_3)_2N \cdot C_6H_4 \cdot CO \cdot C_6H_4 \cdot \underset{\underset{CH_3}{|}}{N} \cdot C_6H_4 \cdot SO_3H$$

zweiten Molekül Methyldiphenylaminsulfonsäure, die Tetramethyl-
diphenyltriaminotriphenylkarbinoldisulfonsäure (4), deren Mono-

$$(4)\quad HO \cdot C{\left\{ \begin{array}{l} C_6H_4 \cdot \overset{\overset{CH_3}{|}}{N} \cdot C_6H_4 \cdot SO_3H \\ C_6H_4 \cdot N(CH_3)_2 \\ C_6H_4 \cdot \underset{\underset{CH_3}{|}}{N} \cdot C_6H_4 \cdot SO_3H \end{array} \right.}$$

natriumsalz, nach Abspaltung von 1 Mol. Wasser, einen Säurefarbstoff,
das sog. **Säureviolett 7 BN**, etwa von der Formel (5), darstellt, wo-

$$(5)\quad C{\left\{ \begin{array}{l} C_6H_4 - \overset{\overset{CH_3}{|}}{N} \cdot C_6H_4 \cdot SO_3Na \\ = C_6H_4 = N(CH_3)_2 - O \\ C_6H_4 - \underset{\underset{CH_3}{|}}{N} \cdot C_6H_4 \cdot SO_2 \end{array} \right.}$$

bei es übrigens dahingestellt bleiben muß, ob tatsächlich derjenige
Benzolkern chinoid konstituiert ist, der die Dimethylaminogruppe enthält, oder einen der beiden anderen.

(Marginal note: Methyl-violett.)

Das Säureviolett steht in naher Beziehung zum sog. **Methylviolett**, das nach einem älteren Verfahren auf die bereits oben kurz
angedeutete Weise aus Dimethylanilin erhalten werden kann, indem
die den Methankohlenstoff liefernde Methylgruppe nicht wie beim
p-Toluidin dem **Kern**, sondern der **Aminogruppe** entnommen
wird, und zwar vermöge eines Oxydationsprozesses, durch den eine
Methylgruppe, sich gleichzeitig vom Stickstoff der Aminogruppe los-
lösend, zu Formaldehyd oxydiert wird:

$$C_6H_5 \cdot N(CH_3)_2 + O \;\rightarrow\; C_6H_5 \cdot NH \cdot CH_3 + CH_2O.$$

Dieser Aldehyd greift unter den gegebenen Reaktionsbedingungen (Gegenwart von Salzsäure) vermöge seiner großen Reaktionsfähigkeit alsbald in den **Kern** der sich ihm (im Dimethylanilin und in dem bei der Oxydation sich bildenden Monomethylanilin) darbietenden aromatischen Reste ein, und zwar in p-Stellung zur Aminogruppe. Hierbei entstehen primär wahrscheinlich die entsprechenden Benzylalkohole (Mono- und Dimethyl-p-Aminobenzylalkohol):

$$HO \cdot CH_2 \cdot C_6H_4 \cdot NH \cdot CH_3 \quad \text{und} \quad HO \cdot CH_2 \cdot C_6H_4 \cdot N(CH_3)_2,$$

die aber unter der weiteren Einwirkung der noch vorhandenen aromatischen Basen in ein Gemisch aus Di-, Tri- und wohl vorwiegend Tetramethyldiaminodiphenylmethan (1) übergehen, worauf sich der weitere Übergang der Diphenylmethankörper in den Farbstoff in analoger Weise vollzieht, wie dies bereits am Beispiel des Fuchsins gezeigt wurde. Das **Methylviolett** ist, wie hieraus hervorgeht, kein einheitlicher Farbstoff, sondern ein Gemisch von tetra-, penta- und hexamethy-

$$(1) \quad CH_2 \!\!<\!\!\begin{array}{l}C_6H_4-N(CH_3)_2\\C_6H_4-N(CH_3)_2\end{array} \qquad (2) \quad CH_2 \!\!<\!\!\begin{array}{l}C_6H_4-NH_2\\C_6H_4-NH_2\end{array}$$

lierten Parafuchsinen, entsprechend der Tatsache, daß neben Dimethylanilin auch das beim Oxydationsprozeß entstehende Monomethylanilin (s. .o.) als Komponente am Aufbau des Farbstoffmoleküls teilnimmt. Als Oxydationsmittel dienen hierbei übrigens Cuprisalze, in Mischung mit NaCl und in Gegenwart von Phenol.

2. Eine Synthese nach 2. vollzieht sich z. B. auf folgende Weise: Synthese des
Neufuchsins. Man stellt zunächst durch die Einwirkung von Formaldehyd auf 2 Mol. Anilin das **Diaminodiphenylmethan** (2) her, und zwar über die Zwischenstufen **Methylenanilin** (3):

$$C_6H_5 \cdot NH_2 + OCH_2 \xrightarrow{-H_2O} C_6H_5 \cdot N = CH_2 \quad (3)$$

und **p-Aminobenzylanilin** (4) — vielleicht teilweise auch über das **Diphenylmethylendiamin** (5) —, die sich durch Erhitzen mit

$$\begin{array}{l}CH_2 = N \cdot C_6H_5\\\;\vdots\\+\,C_6H_4-\overset{\vdots}{H}\\\quad|\\\;NH_2\end{array} \quad \rightarrow \quad CH_2\!\!<\!\!\begin{array}{l}NH-C_6H_5\\C_6H_4-NH_2\end{array} \quad (4)$$

$$\begin{array}{l}CH_2 = N \cdot C_6H_5\\\;\vdots\\+\,NH-\overset{\vdots}{H}\\\quad|\\\;C_6H_5\end{array} \quad \rightarrow \quad CH_2\!\!<\!\!\begin{array}{l}NH'-C_6H_5\\NH-C_6H_5\end{array} \quad (5)$$

Anilin + Anilinchlorhydrat zum beständigen Diphenylmethanderivat (2) umlagern lassen, und oxydiert alsdann das Gemenge von Diaminodiphenylmethan mit einer dritten Komponente, z. B. o-Toluidin oder Anilin, in analoger Weise wie oben unter 1. mit Hilfe eines geeigneten Oxydationsmittels und eines Sauerstoffüberträgers. Baut man den

Farbstoff aus 1 Mol. Formaldehyd und 3 Mol. o-Toluidin auf, so erhält man, über die Zwischenphase des p-Diamino-di-o-Tolylmethans (1), ein Homologes des Fuchsins, das sog. Neufuchsin (2), das durch seine größere Löslichkeit in Wasser ausgezeichnet ist.

(1)

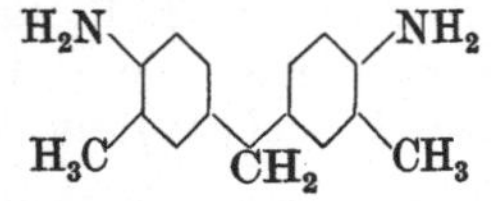

Die Oxydationsmittel. — Als Oxydationsmittel hat in der ersten Zeit, in den 50er und 60er Jahren des vergangenen Jahrhunderts, außer gewissen Metallsalzen (den Chloriden und Nitraten des Zinns und Quecksilbers) die Arsensäure gedient, bis es Coupier gelang, im Nitrobenzol und ähnlichen Nitroverbindungen einen geeigneten, auch heute noch gebräuchlichen Ersatz ausfindig zu machen. Als Sauerstoffüberträger wendet man Eisenchlorid oder ähnliche katalytisch wirkende Substanzen an.

(2) 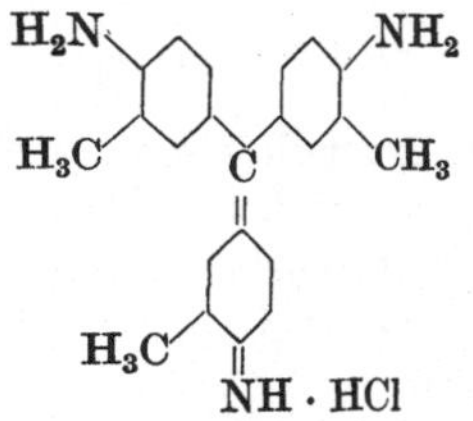 ·   (3) 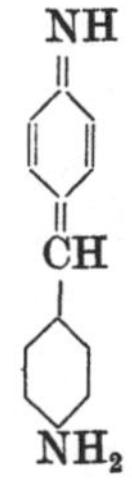   (4)

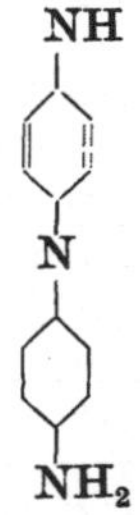

Auch bei den Synthesen der zweiten Art entstehen vermutlich aus den Diarylmethanderivaten als Zwischenprodukte zunächst die zugehörigen, den einfachen Indaminen (4) analogen Aminophenylmethylenchinonimine (3) und die entsprechenden Triaminotriphenylmethane, die, wie bereits oben (siehe S. 300) angegeben, durch weitere Oxydation die Farbstoffe liefern.

β) Reine Kondensationen.

Reine Kondensationen. Kristallviolett. — Als auf einer reinen Kondensation beruhend sei angeführt die Synthese des Kristallvioletts, des Chlorhydrats des der Hexamethyltriaminotriphenylkarbinolbase entsprechenden Methylenchinonimins, und zwar auf einem Wege, der wohl etwas abweicht, aber doch sehr nahe verwandt ist mit dem bereits oben (siehe S. 302, Säureviolett 7 BN) angegebenen Verfahren, bei dem das Dimethylaminobenzoylchlorid als eine den Methankohlenstoff liefernde Komponente benutzt wurde.

Als Ausgangsmaterial verwendet man 1 Mol. Tetramethyldiaminobenzophenon (Michlers Keton, siehe S. 247) und 1 Mol. Dimethylanilin. Als Kondensationsmittel dienen Phosphoroxychlorid, Phosphorpentachlorid und ähnliche Säurehaloide.

Da Michlers Keton unter der Einwirkung von Phosphorchlorid in das entsprechende Dichlormethan (4) übergeht, so kann man

(4) $\quad \dfrac{(CH_3)_2N \cdot C_6H_4}{(CH_3)_2N \cdot C_6H_4}\!\!>\!\!C\!<\!\!\dfrac{Cl}{Cl}$ $\qquad$ (5) $\quad \dfrac{Cl(CH_3)_2N = C_6H_4}{(CH_3)_2N - C_6H_4}\!\!>\!\!C - Cl$

annehmen, daß sich die Synthese vollzieht nach dem folgenden Schema:

$$\dfrac{(CH_3)_2N \cdot C_6H_4}{(CH_3)_2N \cdot C_6H_4}\!\!>\!\!CO + PCl_5 \quad \rightarrow \quad \dfrac{(CH_3)_2N - C_6H_4}{(CH_3)_2N - C_6H_4}\!\!>\!\!CCl_2 + POCl_3 \quad \text{und}$$

$$\dfrac{(CH_3)_2N \cdot C_6H_4}{(CH_3)_2N \cdot C_6H_4}\!\!>\!\!CCl_2 + C_6H_5 \cdot N(CH_3)_2 \quad \rightarrow$$

$$\dfrac{(CH_3)_2N \cdot C_6H_4}{(CH_3)_2N \cdot C_6H_4}\!\!>\!\!C = C_6H_4 = N(CH_3)_2Cl + HCl$$

Faßt man hingegen den Vorgang als einen durch die Gegenwart von Phosphorhalogenverbindungen begünstigten Additionsvorgang auf, so käme das folgende Schema in Betracht:

$$\dfrac{(CH_3)_2N \cdot C_6H_4}{(CH_3)_2N \cdot C_6H_4}\!\!>\!\!C = O + H \cdot C_6H_4 \cdot N(CH_3)_2 \quad \rightarrow$$

$$\dfrac{(CH_3)_2N \cdot C_6H_4}{(CH_3)_2N \cdot C_6H_4}\!\!>\!\!C\!<\!\!\dfrac{OH}{C_6H_4 \cdot N(CH_3)_2} \quad \text{und}$$

$$\dfrac{(CH_3)_2N \cdot C_6H_4}{(CH_3)_2N \cdot C_6H_4}\!\!>\!\!C\!<\!\!\dfrac{OH}{C_6H_4 \cdot N(CH_3)_2} + PCl_5 \quad \rightarrow$$

$$\dfrac{(CH_3)_2N \cdot C_6H_4}{(CH_3)_2N \cdot C_6H_4}\!\!>\!\!C = C_6H_4 = N(CH_3)_2Cl + POCl_3 + HCl \; .$$

Schließlich läßt sich, entsprechend der Formulierung des Tetramethyldiaminodiphenylmethylenchlorids als Methylenchinoniminabkömmling (5), die Synthese des Kristallvioletts auch durch folgendes Schema veranschaulichen:

$$\begin{array}{c} + H - C_6H_4 \cdot N(CH_3)_2 \\[2pt] \dfrac{Cl(CH_3)_2N = C_6H_4}{(CH_3)_2N - C_6H_4}\!\!>\!\!C - Cl \end{array} \rightarrow \quad ClH \cdot \dfrac{(CH_3)_2N - C_6H_4}{\substack{(CH_3)_2N - C_6H_4 \\ (CH_3)_2N - C_6H_4}}\!\!>\!\!C - Cl \quad \xrightarrow[-HCl]{}$$

$$Cl(CH_3)_2N = C_6H_4 = \!\!<\!\!\dfrac{(CH_3)_2N - C_6H_4}{\substack{ \\ (CH_3)_2N - C_6H_4}}\!\!>\!\!C$$

Von geschichtlichem Interesse ist eine Synthese von E. und O. Fischer, die über die Konstitution der Triphenylmethanfarbstoffe zum erstenmal genauen Aufschluß gab, die aber technisch heute ohne Bedeutung ist. Sie besteht darin, daß man ausgeht von einer Verbindung, in der der Methankohlenstoff schon zu Beginn der Farbstoffsynthese mit sämtlichen drei Arylresten verknüpft ist (siehe S. 298), nämlich vom Triphenylmethan selbst. Dieses wird nitriert zum p-Trinitrotriphenylmethan (1), darauf reduziert zum Triaminotriphenyl-

(1) $\quad HC\!\!<\!\!\begin{array}{l} C_6H_4 \cdot NO_2 \\ C_6H_4 \cdot NO_2 \\ C_6H_4 \cdot NO_2 \end{array}$ $\qquad$ (2) $\quad \dfrac{H_2N \cdot C_6H_4}{H_2N \cdot C_6H_4}\!\!>\!\!CH \cdot C_6H_4 \cdot NO_2$

methan, der oben schon mehrfach erwähnten Leukobase, und schließlich durch Oxydation in bekannter Weise in den Farbstoff übergeführt. Von ähnlicher geschichtlicher Bedeutung ist die folgende
Synthese: Aus p-Nitrobenzaldehyd (vgl. S. 330) und 2 Mol. Anilin in
Gegenwart von Chlorzink erhält man das Mononitrodiaminotri-
phenylmethan (2) und aus diesem durch völlige Reduktion wieder
das Triaminotriphenylmethan, also die Leukobase eines zwei auxochrome Gruppen enthaltenden Fuchsonimins. Ist der Benzaldehyd
unsubstituiert, oder enthält er in p-Stellung keine Gruppen, die durch
Reduktion usw. in Aminogruppen übergehen können, so erhält man
Leukobasen und durch weitere Oxydation Farbstoffe, in denen nur
eine auxochrome Gruppe neben der Fuchson- bzw. Fuchsonimonium-
gruppe enthalten ist, und die daher, wie schon oben erwähnt (siehe
Malachitgrün, Brillantgrün, Neusolidgrün), einen wesentlich
anderen, nämlich vorwiegend grünen Farbenton aufweisen.

Alkylierte
und aralky-
lierte Fuch-
sine.

Parafuchsin, Fuchsin und Neufuchsin sind durch primäre
Aminogruppen und im Zusammenhang damit durch einen roten, je
nach der Anzahl der Methylgruppen mehr oder minder blaustichigen
Ton ausgezeichnet. Schon frühzeitig aber hatte man erkannt, daß
sich durch Alkylierung (mittels CH_3J und C_2H_5J) sowie durch
Benzylierung (mittels $C_6H_5 \cdot CH_2 \cdot Cl$) der Farbenton der Fuchsinfarbstoffe erheblich nach Violett bis Blau verschieben läßt, wobei
je nach Art und Menge der angewandten Alkylierungsmittel die nämlichen oder ähnliche Farbstoffe entstehen, wie bei den oben schon
geschilderten Synthesen mittels sekundärer (Monomethylanilin) und
tertiärer Amine (Dimethylanilin).

Die Wirkung
quaternärer
Ammonium-
gruppen.

Bei der Alkylierung mittels der Halogenalkyle macht sich nun eine
eigenartige Erscheinung bemerkbar, falls man durch weitere Anlagerung von 1 Mol. Halogenalkyl an den tertiär gebundenen Stickstoff
die Entstehung von Salzen quaternärer Ammoniumbasen herbeiführt, d. h. von Farbstoffen, wie sie z. B. im Methylgrün (1) und
im älteren Jodgrün (2) vorliegen. Die Wirkung einer solchen Am-

$$\text{(1)}\qquad \underset{\textbf{Methylgrün}}{\underset{N(CH_3)_2Cl}{(CH_3)_2N\!-\!\langle\ \rangle\!-\!C(\langle\ \rangle N(CH_3)_3Cl)}}\qquad\qquad \text{(2)}\qquad \underset{\textbf{Jodgrün}}{\underset{NHCH_3J}{CH_3\cdot NH\!-\!\langle\ \rangle\!-\!C(\langle\ \rangle N(CH_3)_3J)}}$$

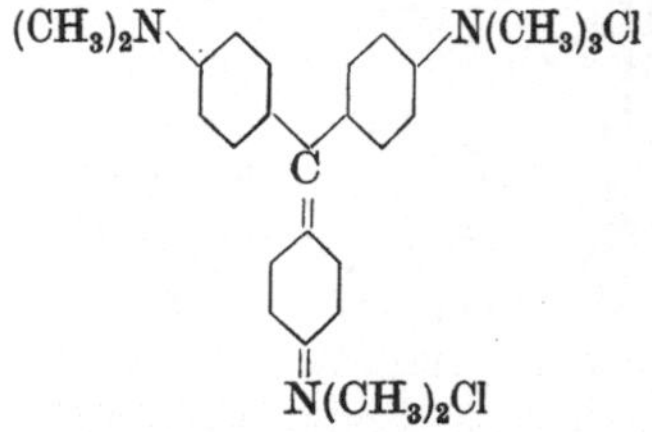

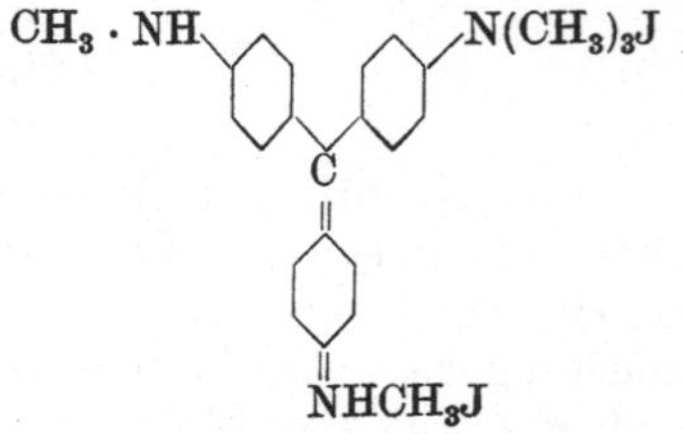

moniumgruppe auf den Farbenton ist eine sehr weitgehende (vgl. auch
die entsprechende Ammoniumverbindung des Aminoazobenzols, S. 287).
Es findet eine erhebliche Verschiebung des Farbentons, und zwar von
Violett nach Grün statt. Die so erhaltenen Farbstoffe stehen also
bezüglich ihres Absorptionsspektrums den Monoaminofuchsonimonium-

salzen nahe, oder mit anderen Worten, die Aminogruppe, deren Stickstoff durch die Anlagerung von Halogenalkyl fünfwertig wird, verliert bis zu einem gewissen Grade ihren auxochromen Charakter, sie
wird sozusagen inaktiviert. Beim Erhitzen auf höhere Temperaturen
spalten Methylgrün und Jodgrün das Halogenalkyl leicht wieder
ab unter Regeneration der ursprünglichen violetten Farbstoffe.

Eine ähnliche Wirkung wie das an tertiären Stickstoff angelagerte
Halogenalkyl übt die Einführung eines Acylrestes in eine pri-
märe Aminogruppe aus. Auch durch diesen Eingriff wird der Farbenton nach Grün verschoben, also die auxochrome Wirkung der acylierten
Aminogruppe scheinbar aufgehoben, genau genommen allerdings nur
insofern, als die Acylaminogruppe, $R \cdot CO \cdot NH$ —, hinsichtlich des
Farbentons die gleiche Wirkung auszuüben scheint wie ein Atom
Wasserstoff. Leider liegen genaue Untersuchungen über die theoretisch
und praktisch interessante Hauptfrage, inwieweit die Farbstärke der
Triarylmethanfarbstoffe durch Anlagerung von Halogenalkyl an auxochrome Gruppen oder durch Einführung von Acylresten beeinflußt
wird, nicht vor.

Eine ähnliche, jedoch noch viel ausgeprägtere Verschiebung des
Farbentons von Rot über Violett nach Blau wird bewirkt, wenn man,
an Stelle der Alkylgruppen, Arylreste in die Aminogruppen der
Fuchsinfarbstoffe einführt. Diese schon in den ersten Zeiten der
Fuchsinfabrikation technisch ausgeführte, außerordentlich wichtige
Methode der Arylierung erfolgt bei höheren Temperaturen (etwa 180°)
in Gegenwart von Benzoësäure oder (weniger gut) von Essigsäure
ziemlich leicht. Parafuchsin liefert dabei ein Triphenylderivat, das
sog. spritlösliche Lichtblau (1), das auch aus 1 Mol. Formaldehyd
+ 3 Mol. Diphenylamin durch teils reine, teils oxydative Kondensation erhalten werden kann (Diphenylaminblau). Zur Aminogruppe o-ständige Methylgruppen scheinen die Arylierung erheblich zu

Acylierte Fuchsine.

Arylierte Fuchsine.

Lichtblau, Diphenyl-aminblau u. Anilinblau.

<table>
<tr><td>(1)

Spritlösliches Lichtblau</td><td>(2)

Spritlösliches Anilinblau</td></tr>
</table>

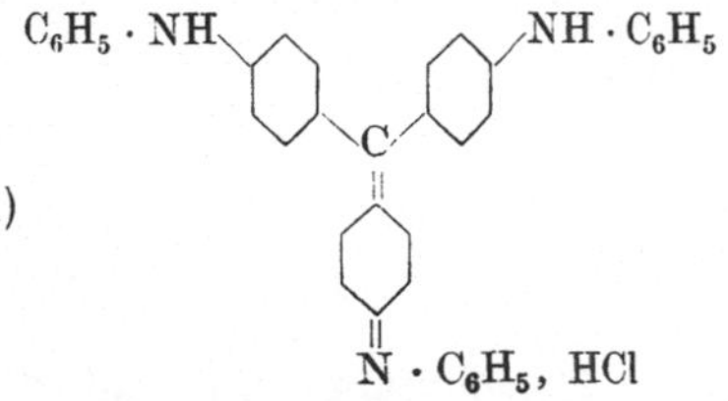

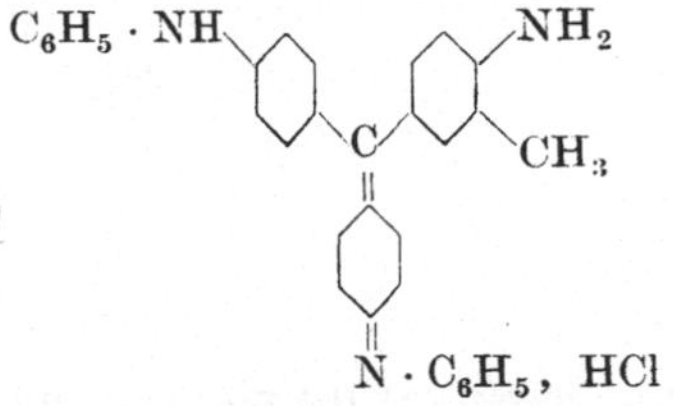

hindern, so daß das gewöhnliche Fuchsin angeblich nur zwei
Phenylgruppen aufnimmt (Spritblau oder spritlösliches Anilinblau) (2) und das Neufuchsin (siehe S. 304) sich überhaupt nicht
phenylieren läßt.

Das zum Zwecke der Phenylierung von Fuchsinen verwendete
Anilin soll bei Herstellung der feinsten Marken völlig frei sein von
den homologen Toluidinen und wird daher als Blauöl von dem

Blau- und Rotöl.

20*

toluidinhaltigen Rotöl, das für die Fuchsin- und Safraninsynthese Verwendung findet, unterschieden. Die arylierten Fuchsine sind, wie schon der Zusatz „spritlöslich" besagt, in der Regel in Wasser so schwer löslich, daß sie in dieser Form unmittelbar nur zum Färben von Lacken u. dgl., dagegen nicht von Textilfasern geeignet sind; zu diesem Zwecke bedarf es einer vorgängigen Sulfonierung (siehe S. 310).

Oxyfuchson-Farbstoffe. Unter den Triphenylmethanfarbstoffen kommt die weitaus größere technische Bedeutung denjenigen zu, die als auxochrome Gruppen, und zwar in p-Stellung zum Methankohlenstoff, Amino- und substituierte Aminogruppen enthalten, während die entsprechenden Hydroxylverbindungen, die Rosolsäurefarbstoffe, oder diejenigen Farbstoffe, in denen Amino- und Hydroxylgruppen gleichzeitig enthalten sind, die Päonine, von gewissen Ausnahmen abgesehen (siehe unten), technisch von gänzlich untergeordneter Wichtigkeit sind. Es sei aber des theoretischen Interesses wegen hier noch ein zur Klasse der Phtaleïne gehöriger Oxyfuchsonfarbstoff erwähnt, der durch Kondensation von 1 Mol. Phtalsäureanhydrid mit 2 Mol. Phenol erhalten wird, das

Phenolphtaleïn. sog. Phenolphtaleïn, das bekanntlich als Indikator bei der Titration von Säuren und Basen vielfach angewendet wird, und über dessen Konstitution bis in die letzte Zeit mehrfach Meinungsverschiedenheiten geherrscht haben. Baeyer nimmt, wie bereits auf S. 282 bemerkt, um einer Art Oscillation des Natriumatoms im Phenolphtaleïn-Natrium Rechnung zu tragen, für dieses Salz die auf S. 288 erwähnte Formel an.

Beizenfärbende Triphenylmethanfarbstoffe.
Chromviolett von Geigy und Bayer.
Eriochromcyanin R.
Eine etwas größere technische Bedeutung haben, besonders in letzter Zeit, diejenigen Oxyfuchsonfarbstoffe erlangt, die den Rest der Salicylsäure und ihrer Homologen 1-, 2- oder 3-mal enthalten und diesem Umstand den Charakter als Beizenfarbstoffe verdanken. Derartige Farbstoffe sind: das ältere Chromviolett (von Geigy) aus Formaldehyd und 3 Mol. Salicylsäure (2), das wertvolle Eriochromcyanin R aus

$$(2)$$

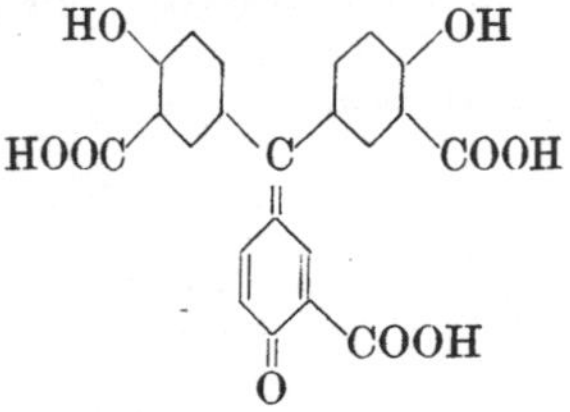

Benzaldehyd-o-Sulfonsäure und 2 Mol. o-Kresotinsäure (3) und das Bayersche Chromviolett (4) (als Ammoniumbase geschrieben) aus den

$$(3) \qquad (4)$$

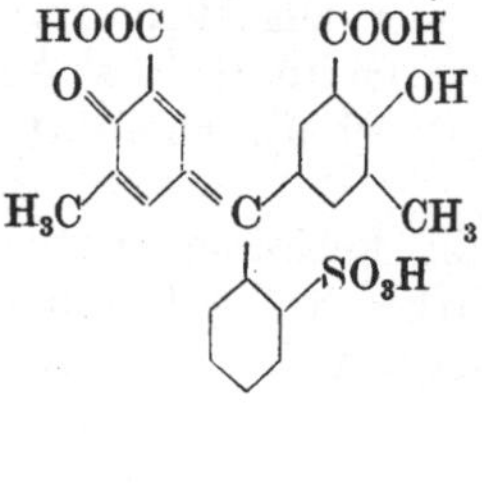

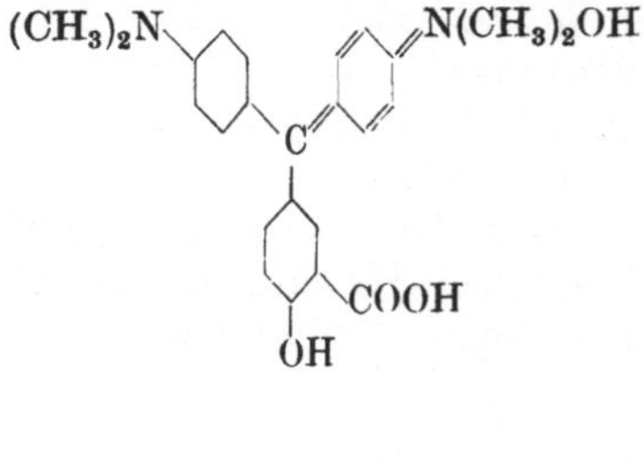

Komponenten Tetramethyldiaminobenzhydrol und Salicylsäure. Die Farblackbildung erfolgt bei den wichtigen Eriochromcyaninen und den ihnen nahestehenden Farbstoffen dieser Reihe in der Regel nach dem Färben, und zwar durch Nachbehandlung der auf der Faser befindlichen Farbstoffe mit Bichromaten, wodurch die meist unansehnlichen und daher an sich wertlosen primären Färbungen in die durch besondere Schönheit ausgezeichneten Chromlacke übergeführt werden. Derartige beizenziehende bzw. nachchromierbare Säurefarbstoffe der Triphenylmethanreihe besitzen eine wesentlich größere Echtheit sowohl gegen Licht wie auch gegen Wäsche, Walke, den Pottingprozeß usw. als die gewöhnlichen Triphenylmethanfarbstoffe.

Von den Monoaminofuchsonimoniumchloriden besitzen einige, insbesondere die Alkyl- und Aralkylderivate, große Bedeutung als grüne Farbstoffe, so z. B. das Tetramethyl- und Tetraäthylderivat, die unter dem Namen Malachitgrün und Brillantgrün in den Handel kommen, und die durch Kondensation von Benzaldehyd mit Dimethyl- bzw. Diäthylanilin, z. B. gemäß Schema (5), und durch weitere

$$(5) \quad C_6H_5 \cdot CHO + 2C_6H_5 \cdot N(CH_3)_2 \quad \rightarrow \quad C_6H_5 \cdot CH{\Large\langle}{}^{C_6H_4 \cdot N(CH_3)_2}_{C_6H_4 \cdot N(CH_3)_2}$$

Oxydation der entsprechenden Leukofarbstoffe verhältnismäßig leicht zu erhalten sind. Die Kondensation wird durch Anwesenheit von Chlorzink oder Mineralsäuren begünstigt und verläuft wahrscheinlich über das Zwischenprodukt $C_6H_5 \cdot CHOH \cdot C_6H_4 \cdot N(CH_3)_2$ (oder chinoid geschrieben: $C_6H_5 \cdot CH = C_6H_4 = N(CH_3)_2OH$), das as. Dimethylaminobenzhydrol, das erst in zweiter Phase mit einem weiteren Molekül Dimethylanilin zum Leukofarbstoff zusammentritt.

Was die Verwendung der basischen Farbstoffe dieser Klasse im allgemeinen anlangt, so dienen sie zum Färben sowohl der tierischen als auch der pflanzlichen Faser, und zwar wird erstere direkt, letztere nur unter Vermittlung von Beizen angefärbt (vgl. S. 292f.). Diese Beizen sind wohl zu unterscheiden von den Metalloxydbeizen (Cr_2O_3, Al_2O_3, Fe_2O_3, CuO, SnO usw.), die normalerweise erheblich echtere Farblacke liefern als die hier in Betracht kommende Gerbsäure (vgl. S. 2). Gerbsäure allein würde aber, wie schon erwähnt, nicht imstande sein, einen einigermaßen echten Lack zu bilden, und man erzeugt infolgedessen in der Regel vor dem Färben ein gerbsaures Salz des Antimons, indem man die Pflanzenfaser zunächst mit Gerbsäure beizt und durch nachfolgende Behandlung mit einem Antimonsalz (Brechweinstein oder andere Doppelsalze des Antimons mit z. B. der Flußsäure, Oxalsäure oder Milchsäure) das gerbsaure Antimon auf der Faser niederschlägt. Erst die so vorbehandelte Faser wird bei mäßigen Temperaturen mit dem Farbstoff gefärbt, so daß der entstandene Farblack aus den drei Komponenten Farbbase, Gerbsäure und Antimonoxyd besteht.

Umwandlung der basischen in saure Farbstoffe durch Sulfonierung.

Aber auch die Echtheit der mit basischen Triarylmethanfarbstoffen auf Wolle erzeugten Färbungen gegen Wasser und Seife genügt nur sehr bescheidenen Anforderungen. In vielen Fällen hat sich die Einführung einer Sulfogruppe für die Echtheit der Wollfärbungen als günstig erwiesen. Hierbei dient die Sulfogruppe nicht nur zur Löslichmachung des Farbstoffes oder zur Erhöhung der Alkaliechtheit (vgl. S. 297), sondern auch zur Vergrößerung der Affinität des Farbstoffes gegenüber der tierischen Faser. Gleichzeitig erlangen die basischen Triarylmethanfarbstoffe durch die Sulfonierung den Charakter von Säurefarbstoffen und lassen sich daher auch, was färbereitechnisch von Wichtigkeit ist, gleichzeitig mit ihnen nach den für diese Farbstoffe üblichen Methoden färben. Man kann bei der Herstellung von sulfonierten Triarylmethanfarbstoffen auf zweierlei Weise verfahren: Entweder man sulfoniert den fertigen Farbstoff bzw. zweckmäßiger die ihm entsprechende Leukoverbindung, oder man baut den Farbstoff aus Komponenten auf, die bereits Sulfogruppen enthalten (siehe oben Säureviolett 7 BN). In der Regel befinden sich die Sulfogruppen nicht in denjenigen aromatischen Resten, die das sog. Skelett des Triarylmethanfarbstoffes ausmachen, sondern in den Aryl- bzw. Alkarylgruppen, die die Wasserstoffe der Aminogruppen vertreten. Insbesondere ist die Benzylgruppe durch die leichte Sulfonierbarkeit ihres Benzolkernes ausgezeichnet, und insofern ist gerade diese Gruppe für die Herstellung von sulfonierten Triarylmethanfarbstoffen (Säurefarbstoffen) von technischer Bedeutung.

Säuregrün-, Säurefuchsin- u. Säureviolett-Farbstoffe.

Die Sulfonsäuren der benzylierten Farbstoffe der Malachitgrünreihe erscheinen im Handel unter den verschiedenen Marken Säuregrün und Lichtgrün (auch Guineagrün, Nachtgrün, Patentgrün, Neptungrün usw.). Die entsprechenden Farbstoffe aus der Reihe des Fuchsins bilden die Säurefuchsin- und vor allem die wichtigen Säureviolettmarken. Als typische Beispiele aus den beiden Reihen seien angeführt: das Säuregrün GB aus den Komponenten Benzaldehyd + 2 Mol. Methylbenzylanilin, nachträglich sulfoniert, von der Formel (1), und das Säureviolett 6 B aus den Komponenten

$$\text{(1)}\qquad \underset{\underset{\text{SO}_3\text{Na}}{|}}{\text{C}_6\text{H}_4}\cdot\text{CH}_2 \underset{\overset{\text{CH}_3}{\diagup}}{>}\text{N}\ \cdots\ \text{C} \cdots\ \text{N}\underset{\underset{\text{CH}_2\cdot\text{C}_6\text{H}_4\cdot\text{SO}_2}{\diagdown}}{\overset{\overset{\text{CH}_3}{\diagup}}{}}\ \text{—O} \qquad \text{SO}_3\text{H}$$

Säuregrün GB

p-Dimethylamino-Benzaldehyd + 2 Mol. Äthylbenzylanilinsulfonsäure von der Konstitution (2), wobei übrigens dahingestellt bleiben muß, ob die chinoide Konfiguration tatsächlich dem in der Formel (2) bezeichneten Benzolkern zukommt. Vielleicht findet hier, wie wohl bei den

$$C_6H_4 \cdot CH_2, C_2H_5 > N \cdots \qquad N < {}^{C_2H_5}_{CH_2 \cdot C_6H_4 \cdot SO_2} > O$$

(2) SO_3Na ... C ... $N(CH_3)_2$

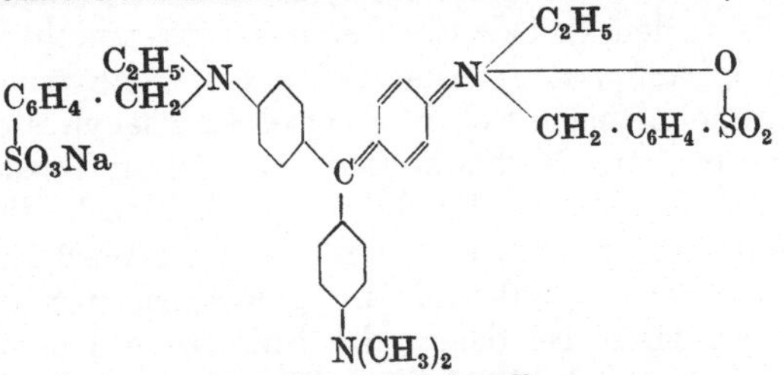

Säureviolett 6 B

meisten anderen Farbstoffen dieser Art, eine Oscillation der Bindungen im Sinne Baeyers (siehe S. 308) statt.

Von großer technischer Bedeutung wegen ihres schönen und reinen blauen Farbentones sind die durch Sulfonierung der arylierten Fuchsine erhältlichen Farbstoffe, die unter der Bezeichnung Alkaliblau (weil sie aus schwach alkalischem Bade — farblos [siehe unten] — auf Wolle ziehen und durch Nachbehandlung mit Säuren zu Blau entwickelt werden können), Methylblau für Seide, Wasserblau und Baumwollblau zum Färben der tierischen und pflanzlichen Faser Verwendung finden, obwohl die Echtheiten, besonders gegen Licht und Wäsche, auf pflanzlicher Faser sehr zu wünschen übriglassen. Die Alkaliblaumarken (1) stellen die Monosulfonsäuren des tripheny-

Arylsubstituierte Säure-Fuchsinfarbstoffe (Alkaliblau, Methylblau, Wasserblau, Baumwollblau).

$$C_6H_5 \cdot NH \cdots \qquad N < {}^{H}_{C_6H_4 \cdot SO_2} > O$$

(1) C ... $NH \cdot C_6H_5$

Alkaliblau

lierten Parafuchsins (und Fuchsins) dar, Methylblau für Seide ist ein Gemisch aus Mono- und Disulfonsäuren des Anilinblaus (siehe óben), während die verschiedenen Marken Wasserblau (2) und Baumwollblau zur Bezeichnung für Gemische aus Di- und Trisulfonsäuren dienen.

$$C_6H_4 \cdot NH \cdots \qquad N < {}^{H}_{C_6H_4 \cdot SO_2} > O$$

(2) SO_3Na ... C ... $NH \cdot C_6H_4 \cdot SO_3Na$

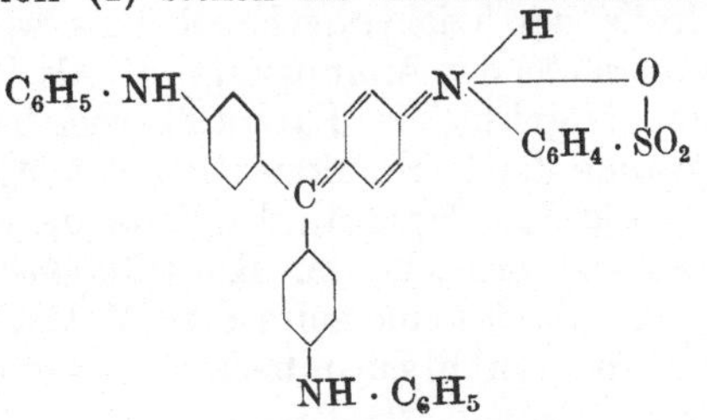

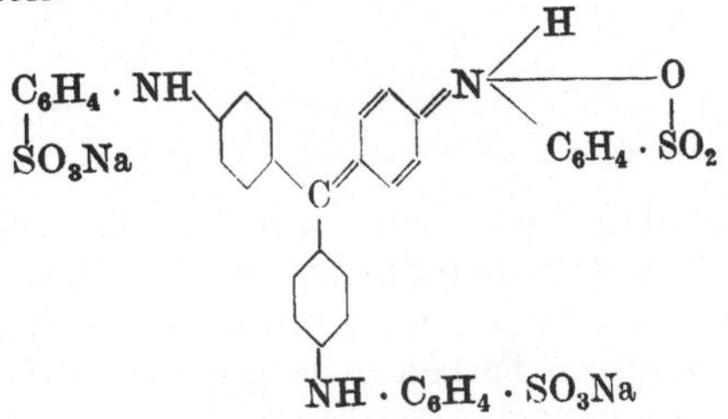

Wasserblau

Patentblau.

Eine ganz andere und wichtigere Rolle spielen die beiden Sulfogruppen, wie schon auf S. 310 erwähnt, in dem wertvollen Säurefarbstoff Patentblau, dem Ca-Salz des der m-Oxytetramethyl-p-diaminotriphenylkarbinoldisulfonsäure entsprechenden Methylenchinonimins. Beide Sulfogruppen befinden sich in demselben Phenylreste, und zwar in o- und p-Stellung zum Methankohlenstoff. Dieser Umstand erklärt (siehe S. 297) die auffallende Erscheinung, daß auch die neutralen Salze des Patentblaus gefärbt sind und durch überschüssiges Alkali nicht entfärbt werden, während die gewöhnlichen Säurefarbstoffe der Triarylmethanklasse, bei denen die Sulfogruppen entweder nicht in o-Stellung zum Methankohlenstoff stehen oder sich überhaupt nicht in einem der drei Arylreste des Triarylmethanskeletts befinden, unter der Einwirkung von Alkali leicht entfärbt werden, und zwar nicht nur in Lösung, sondern, was einen sehr empfindlichen Mangel bedeutet, auch auf der Faser, was darauf schließen läßt, daß sie den Charakter chinoider Verbindungen einbüßen, indem sie, ebenso wie die basischen Triphenylmethanfarbstoffe, in die entsprechenden Karbinolderivate übergehen:

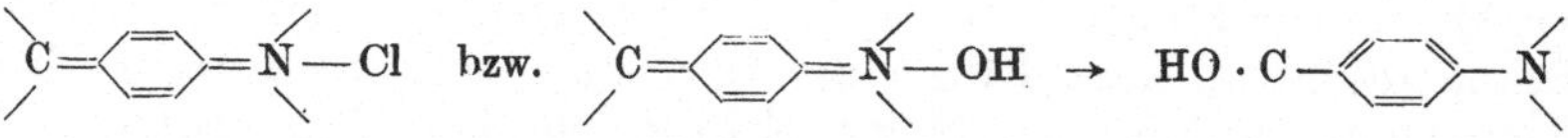

$$C=\!\!\!\langle\ \rangle\!\!\!=N-Cl \quad \text{bzw.} \quad C=\!\!\!\langle\ \rangle\!\!\!=N-OH \rightarrow HO\cdot C-\!\!\!\langle\ \rangle\!\!\!-N$$

Naphtalinhaltige TriarylmethanFarbstoffe.

Wie schon einleitend bemerkt, finden auch Naphtalinkerne zum Aufbau der Triarylmethanfarbstoffe Verwendung, und zwar sowohl als Bestandteile des Triarylmethanskeletts wie auch als Substituenten des Wasserstoffs der Aminogruppen. Als Beispiele seien ge

Naphtalingrün.

nannt das Naphtalingrün, ein Farbstoff vom Typus des Malachitgrüns, dargestellt durch Kondensation des Michlerschen Hydrols (siehe S. 248) mit 1, 5-Naphtalindisulfonsäure und nachfolgende Oxydation, entsprechend vielleicht der Konstitutionsformel (1), ferner

Viktoriablau.

das Viktoriablau B (2), das einerseits dem Methylviolett, anderseits dem spritlöslichen Lichtblau nahesteht und erhalten wird durch

(1) Naphtalingrün

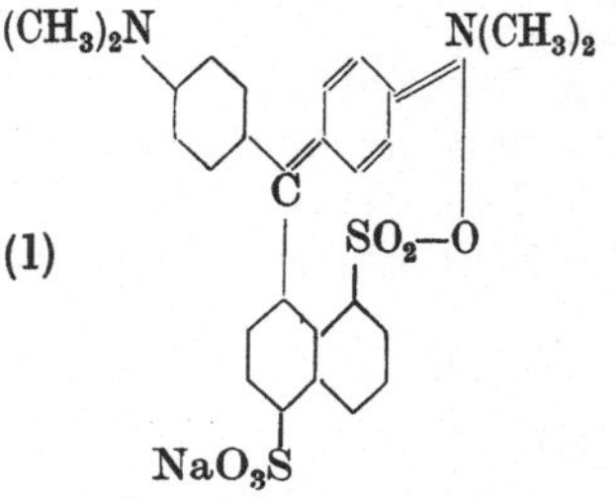

(2) Viktoriablau B

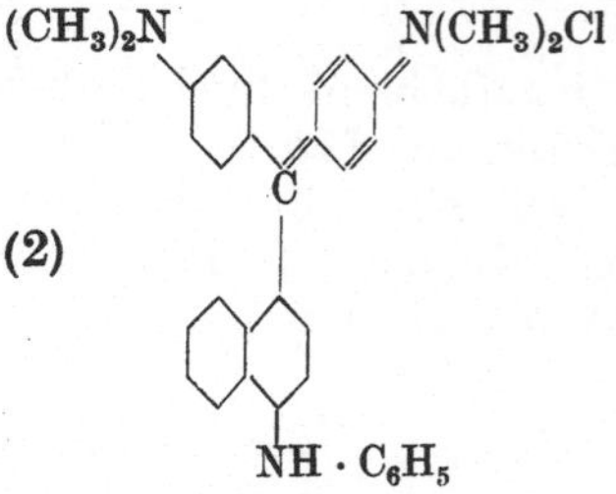

Brillantdianilblau 6 G u. -Reinblau 5 G.

Kondensation von Michlers Keton mit Phenyl-α-Naphtylamin. Ein sulfoniertes Tri-β-Naphtyl-Rosanilin ist das Brillantdianilblau 6 G oder Brillantreinblau 5 G, das Analogon des Wasserblaus. Es findet wegen seines reinen Farbentones ebenso wie dieses zum Färben der Baumwolle Verwendung.

Zum Schluß sei noch einer eigenartigen Reaktion des **Fuchsins** und der ihm nahestehenden Farbstoffe gedacht, die zum Nachweis von **Aldehyden** vielfach benutzt wird: **Fuchsin** wird durch Schweflige Säure entfärbt; aber in dieser so entstehenden farblosen Lösung von „Fuchsin - Schwefliger Säure" wird durch Aldehyde wieder eine kräftige Färbung hervorgerufen unter gleichzeitiger Verschiebung des ursprünglichen Farbentons nach Violett hin, je nach der Art des Aldehydes. Diese Erscheinungen beruhen wohl auf folgendem: Durch die Einwirkung der Schwefligen Säure oder ihrer Salze auf **Fuchsin** entsteht vermutlich ein labiles, beim Erhitzen teilweise zerfallendes **Karbinolderivat** der Schwefligen Säure (3), das unter der Ein-

Fuchsin-
Schweflig-
säure.

$$HN = C_6H_4 = \overset{\diagup}{\underset{\diagdown}{C}} + H \cdot O \cdot SO_2H \;\;\rightarrow\;\; H_2N \cdot C_6H_4 \cdot \overset{\diagup}{\underset{\diagdown}{C}} \cdot O \cdot SO_2H \qquad (3)$$

$$(4)\quad \overset{+CH_2O}{\underset{+H_2O}{\rightarrow}}\quad H_2N \cdot C_6H_4 \cdot \overset{\diagup}{\underset{\diagdown}{C}} - OH + CH_2\overset{OH}{\underset{O \cdot SO_2H}{\diagdown}}\;\;\overset{\rightarrow}{-H_2O}$$

$$(5)\quad HO_2S \cdot O \cdot CH_2 \cdot NH \cdot C_6H_4 \cdot \overset{\diagup}{\underset{\diagdown}{C}} - OH \;\;\overset{\rightarrow}{\underset{-H_2O}{}}\;\; \underset{O - SO_2}{\overset{\diagdown}{CH_2 \cdot HN = C_6H_4 = C}} \quad (6)$$

wirkung eines Aldehydes die Schwefligsäurekomponente intermediär vom Methankohlenstoff abspaltet (4), um sie am Stickstoff der Aminogruppe, zusammen mit dem Aldehyd, wieder anzulagern (5). Nach Wiederherstellung der chinoiden Konfiguration (6) kommt eine Violettfärbung zum Vorschein, bedingt durch eine Art Alkylierung, die durch den Aldehydrest bewirkt wird. Enthält der Fuchsinfarbstoff 3 primäre (oder sekundäre?) Aminogruppen, so wiederholt sich, bei Anwesenheit eines Überschusses an Aldehyd und Schwefliger Säure, der Vorgang der Alkylierung anscheinend bis zur Entstehung eines dreifach durch die Alkyl-ω-sulfonsäure substituierten Derivates, das allerdings sowohl gegen Säuren als auch gegen Alkalien unbeständig und daher färberisch kaum verwertbar ist (vgl. den analogen Vorgang bei der Kondensation von Anthranilsäure mit Formaldehydbisulfit, S. 252, zur sog. Monomethyl-ω-sulfonsäure.

Diphenylmethanfarbstoffe.

Sie stehen den Triarylmethanfarbstoffen an Bedeutung weit nach und haben ihre wichtigsten Vertreter in der kleinen Gruppe der sog. **Auramine,** die sich von dem Tetramethyl- und Tetraäthyldiaminobenzophenon dadurch ableiten (siehe unten), daß der Sauerstoff durch den Rest =NH oder =N-Aryl ersetzt ist. Dem entspricht auch die Art der Entstehung der Auramine (1), nämlich durch Kondensation der eben genannten Benzophenonderivate mit Ammoniak (bzw. Salmiak) oder aromatischen Aminen, wie z. B. Anilin. Als Kondensations-

Auramine.

$$\overset{(CH_3)_2N - C_6H_4}{\underset{(CH_3)_2N - C_6H_4}{\diagup}}CO + H_2NH \cdot HCl \;\overset{\rightarrow}{\underset{-H_2O}{}}\; \overset{(CH_3)_2N - C_6H_4}{\underset{(CH_3)_2N - C_6H_4}{\diagup}}C = NH \cdot HCl \qquad (1)$$

mittel wendet man Chlorzink an. Ferner läßt sich in dem eben genannten Verfahren (1) das Benzophenonderivat ersetzen durch das Tetramethyldiaminodiphenylmethan (2) + Schwefel, die bei gegenseitiger Einwirkung das entsprechende Thiobenzophenon (3) liefern:

$$(2) \quad \begin{matrix} (CH_3)_2N \cdot C_6H_4 \\ (CH_3)_2N \cdot C_6H_4 \end{matrix} \!\!>\!\! CH_2 + S_2 \quad \xrightarrow[-H_2S]{} \quad \begin{matrix} (CH_3)_2N - C_6H_4 \\ (CH_3)_2N - C_6H_4 \end{matrix} \!\!>\!\! CS \quad (3),$$

Tetramethyl-diamino-Thiobenzo-phenon.

das seinerseits mit Ammoniak und Aminen leicht unter Bildung der entsprechenden Auramine bei gleichzeitiger Abspaltung von Schwefelwasserstoff reagiert.

Die Konstitution der Auramine.

Die Konstitution der Auramine hat mehrfach zu Meinungsverschiedenheiten Anlaß gegeben. Nach der obigen Formel (1) wäre das Auramin ein Abkömmling des Benzophenonimins. Es dürfte aber richtiger sein, es als Methylenchinoniminderivat anzusehen, entsprechend der Formel (4), die am meisten Wahrscheinlichkeit für sich hat. Die

$$(4) \quad \begin{matrix} Cl(CH_3)_2N = C_6H_4 \\ (CH_3)_2N - C_6H_4 \end{matrix} \!\!>\!\! C - NH_2$$

Auffassung, die in diesen Farbstoffen Körper von chinoider Konstitution erblickt, schließt nicht aus, daß die ihnen zugrunde liegenden Farbbasen durch intramolekulare Wanderungen, analog wie bei den Fuchsinen, in Verbindungen von benzoidem Typus übergehen, entsprechend den Formeln:

$$\begin{matrix} Cl(CH_3)_2N = C_6H_4 \\ (CH_3)_2N - C_6H_4 \end{matrix} \!\!>\!\! C - NH_2 \quad \xrightarrow[-NaCl]{+NaOH} \quad \begin{matrix} HO(CH_3)_2N = C_6H_4 \\ (CH_3)_2N - C_6H_4 \end{matrix} \!\!>\!\! C \cdot NH_2 \quad \xrightarrow[-H_2O]{}$$

$$\begin{matrix} (CH_3)_2N - C_6H_4 \\ (CH_3)_2N - C_6H_4 \end{matrix} \!\!>\!\! C = NH \; .$$

Ein Hauptfehler der Auramine ist ihre Empfindlichkeit gegen Säuren bei höheren Temperaturen, wodurch sehr leicht hydrolytische Spaltungen in die beiden Komponenten Ammoniak bzw. Amin und das farblose Benzophenonderivat eintreten (1). Die Leukoauraminbase entspricht der Formel (2).

$$(1) \quad \begin{matrix} Cl(CH_3)_2N = C_6H_4 \\ (CH_3)_2N - C_6H_4 \end{matrix} \!\!>\!\! C - NH_2 + H_2O \quad \rightarrow \quad \begin{matrix} (CH_3)_2N - C_6H_4 \\ (CH_3)_2N - C_6H_4 \end{matrix} \!\!>\!\! CO + NH_4Cl$$

$$(2) \quad \begin{matrix} (CH_3)_2N \cdot C_6H_4 \\ (CH_3)_2N \cdot C_6H_4 \end{matrix} \!\!>\!\! CH \cdot NH_2 \; .$$

B) Xanthenfarbstoffe.

Xanthen, Xanthydrol u. Xanthon.

Die Farbstoffe dieser Farbklasse leiten sich ab, wie schon der Name besagt, vom Xanthen (3), dem inneren Anhydrid oder Äther des o-Dioxydiphenylmethans (4). In naher, leicht ersichtlicher Be-

$$(3) \quad C_6H_4 \!\!<\!\!\begin{matrix} O \\ CH_2 \end{matrix}\!\!>\!\! C_6H_4 \qquad (4) \quad C_6H_4 \!\!<\!\!\begin{matrix} OHHO \\ CH_2 \end{matrix}\!\!>\!\! C_6H_4$$

Xanthyliumchlorid als Chromogen.

ziehung zum Xanthen stehen das Xanthydrol (5) und das Xanthon (6). Ersteres liefert mit Salzsäure ein Xanthyliumchlorid,

$$(5) \quad C_6H_4 \!\!<\!\!\begin{matrix} O \\ CHOH \end{matrix}\!\!>\!\! C_6H_4 \qquad (6) \quad C_6H_4 \!\!<\!\!\begin{matrix} O \\ CO \end{matrix}\!\!>\!\! C_6H_4$$

in dem man das Chlor jedoch nicht an den „Methankohlenstoff", sondern an den Sauerstoff gebunden glaubte, entsprechend der Formel (7):

(7)

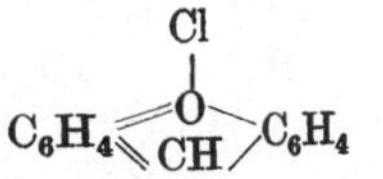

$$C_6H_4\diagdown\!\!\!\substack{Cl\\O\\CH}\!\!\!\diagup C_6H_4 \quad \text{und nicht} \quad C_6H_4\diagdown\!\!\!\substack{O\\CHCl}\!\!\!\diagup C_6H_4.$$

Man kann das chinoide Xanthyliumchlorid (7) als Chromogen der Xanthenfarbstoffe ansehen, die sich von ihm ableiten durch Eintritt auxochromer Gruppen, und zwar vor allem in die p-Stellung zu dem Methan- oder „mittleren" Kohlenstoff des dem Xanthen eigenen Sauerstoff-haltigen Sechserringes (8).

(8)

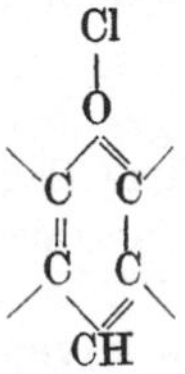

(9)

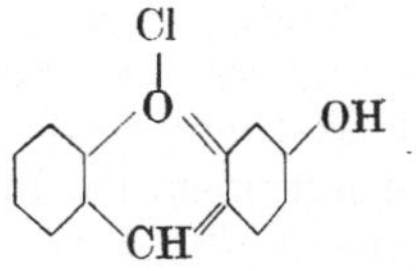

Durch den Eintritt einer OH-Gruppe in die p-Stellung zum mittleren Kohlenstoff des Xanthyliumchlorids, entsteht der Körper von der Konstitution (9), der unter Abspaltung von Salzsäure in eine Verbindung von der Formel (10) übergeht, die als Formofluoron *Formofluoron.*

(10) 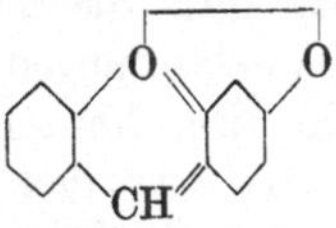   oder

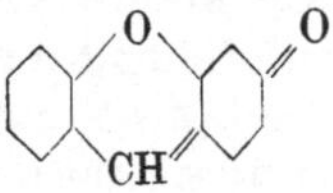

bezeichnet wird. Tritt eine zweite Hydroxylgruppe, und zwar gleichfalls in die p-Stellung zum mittleren Kohlenstoff, ein, so entsteht das Oxyformofluoron von der Formel (1). In analoger *Oxyformofluoron.* Weise erhält man durch Eintritt einer Aminogruppe das Amino-

(1) 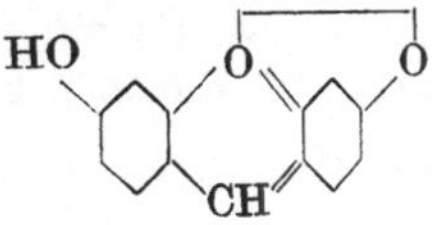   oder

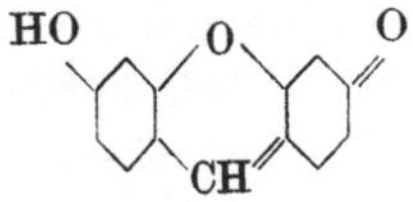

(2)

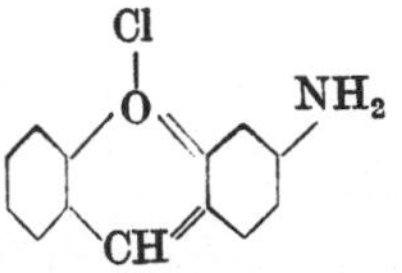

xanthyliumchlorid (2) bzw. nach Abspaltung von Salzsäure den *Formofluorim u. Amino-Formofluorim.* Körper (3), das sog. Formofluorim, und durch Eintritt von zwei Amino-

(3) 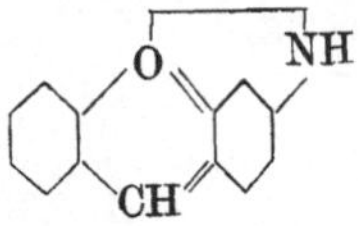   oder

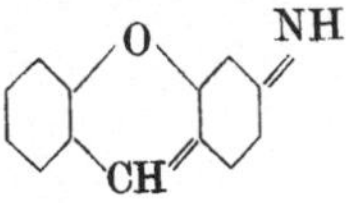

gruppen das **Aminoformofluorim** (4). Das **Oxyformofluoron**
(1) und das **Aminoformofluorim** (4) stellen die beiden wichtigsten

$$
(4)\quad H_2N\underset{CH}{\diagdown}O\diagdown NH \qquad oder \qquad H_2N\underset{CH}{\diagdown}O\diagdown NH
$$

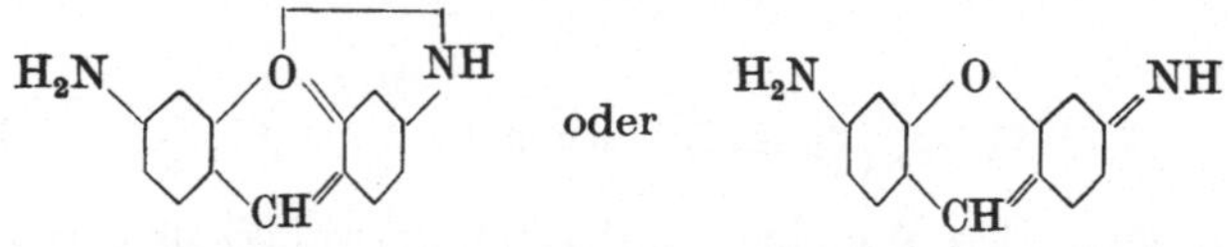

Typen der Xanthenfarbstoffe dar. Man kann diese o-chinoid konstituierten Verbindungen und ihre Derivate auch als p-Methylenchinon-
abkömmlinge auffassen, entsprechend den obigen Formeln mit p-chino-
ider Konfiguration.

Aryl-(Phenyl-)Xanthene. Wird der am „mittleren" Kohlenstoff befindliche Wasserstoff durch
einen Arylrest ersetzt, so bilden sich Farbstoffe, die den Triarylmethanfarbstoffen nahestehen. Sie sind diesen gegenüber aber ausgezeichnet
durch das zum Methankohlenstoff o-ständige Sauerstoffatom, das in
zwei Arylreste eingreifend die Entstehung eines neuen Ringes bedingt.
Dieses Atom Sauerstoff („Brückensauerstoff") ist auch für die färberischen Eigenschaften der Xanthenfarbstoffe von großer Bedeutung,
insofern als es den Farbenton und die Echtheit in wesentlichem
Maße beeinflußt.

Die Konstitution der Xanthen-Derivate. Zu einer etwas abweichenden Auffassung über die Konstitution
der hier genannten Verbindungen gelangte auf Grund seiner Versuche
Gomberg. Er stellte zunächst fest, daß die aus dem Triphenylkarbinol (5) entstehenden salzartigen Verbindungen (siehe unten) ganz
analoge Eigenschaften aufweisen wie die Xanthenderivate, obwohl
ihnen der „Brückensauerstoff" fehlt, so daß dessen Vierwertigkeit bei ihnen nicht in Betracht kommt. Den aus dem Karbinol (5)

$$
(5)\quad \begin{matrix}C_6H_5\\C_6H_5\\C_6H_5\end{matrix}\!\!\diagup C\cdot OH
$$

mit Salzsäure, Schwefelsäure und Perchlorsäure erhältlichen farbigen
Körpern schreibt Gomberg die Konstitution (1) zu, unter Hinweis
auf die leichte Ersetzbarkeit des Br durch Cl in dem p-Bromtriphenyl-

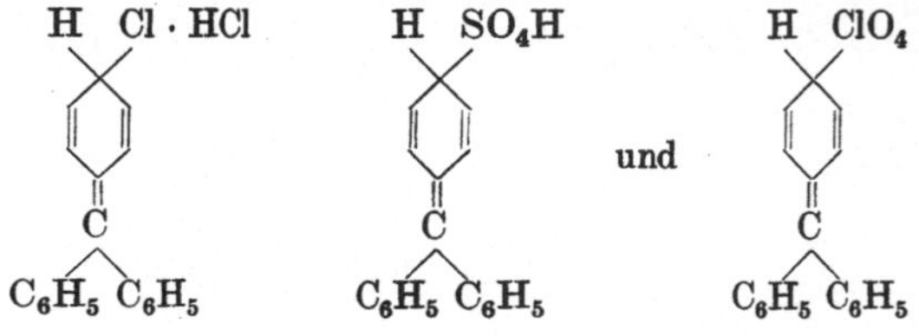

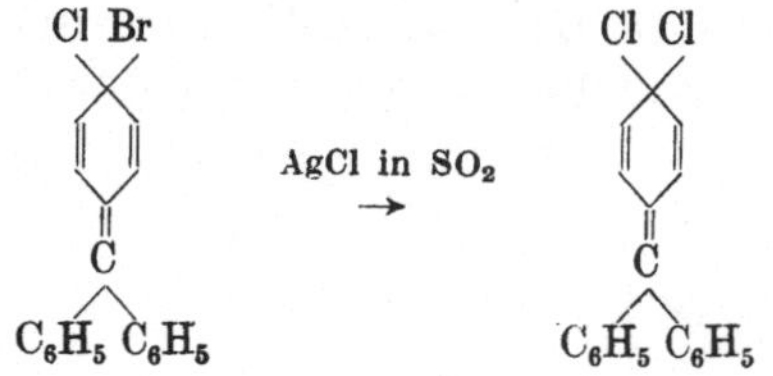

methylchlorid (2). Dementsprechend gelangt er zu den Formeln
(3) und (4) für die betreffenden Phenylxanthenderivate. Das farblose
Phenylxanthyliumchlorid (5) geht durch nochmalige Addition von HCl
über in das farbige chinoide Salz (6), wobei dem 2-wertigen

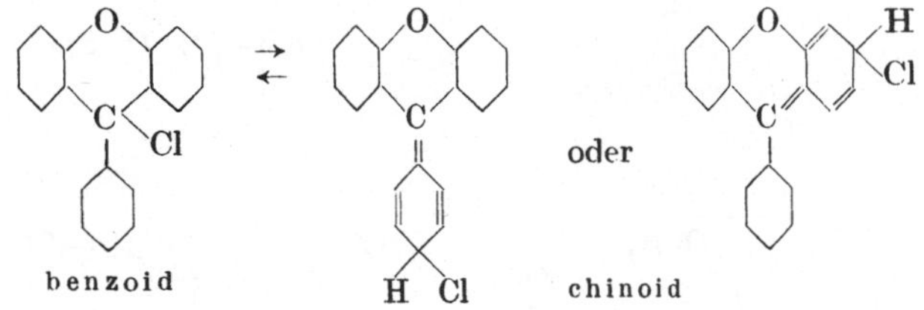

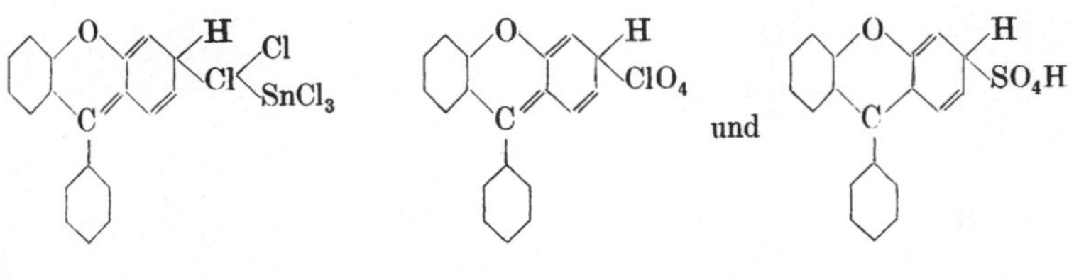

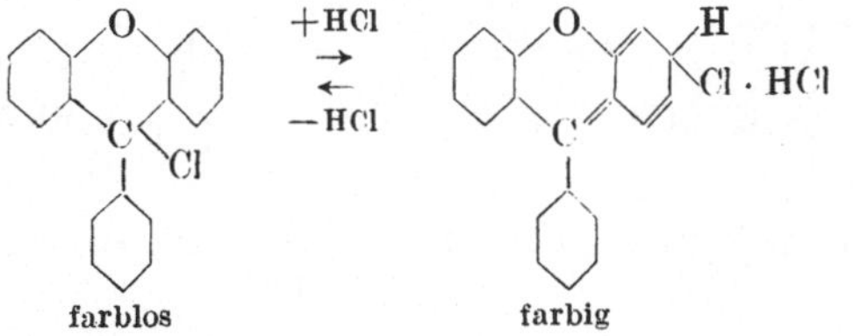

Brückensauerstoff des mittleren Ringes nach Gomberg die Wirkung zukommt, daß er die chinoide Bindung auf einen der mit ihm
verbundenen aromatischen Kerne lenkt und vor allem auch die
Beständigkeit der tautomeren farbigen Form erhöht. In
noch ausgeprägterem Maße tritt diese stabilisierende Wirkung bei
dem „Brücken-Stickstoff" der Akridinabkömmlinge zutage (siehe
S. 327).

Analog den Xanthenderivaten formuliert Gomberg die Benzo-
pyrone, z. B. (1). Einer ähnlichen Auffassung hat sich auch
Hantzsch bezüglich der Säuresalze der Phenolphtaleïngruppe an-
Säuresalze
der Phenol-
phtaleïn-
gruppe.

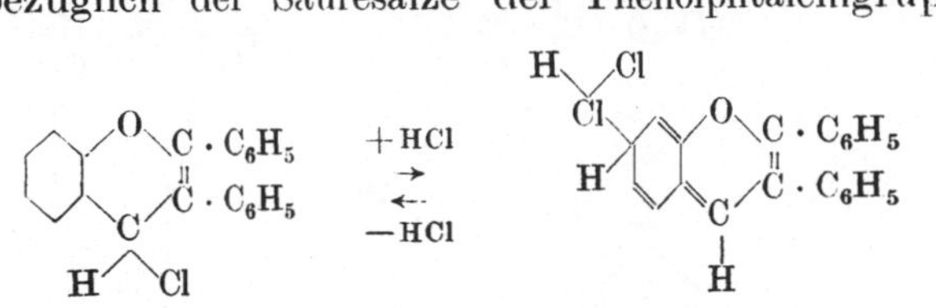

geschlossen; er schreibt ihnen chinoide Konstitution zu, entsprechend
den Formeln:

letztere Formel entspricht der des Chlorzinn-Benzaurins (2):

(2)   nach Hantzsch.

Nachträglich seien zum Vergleich hier angeführt die Formeln des aus dem Tri-p-Anisylmethylchlorid erhältlichen Salzsäureanlagerungsproduktes nach Baeyer und Villiger (1) und nach Gomberg (2):

Synthesen
der Xan-
thenfarb-
stoffe.

Was die **Synthese** der Xanthenfarbstoffe anlangt, so vollzieht sich diese nach analogen Methoden, wie wir sie bereits bei den Triarylmethanfarbstoffen kennengelernt haben. Ebensowenig wie man diese technisch in der Weise erzeugt, daß man vom Triphenylmethan selbst ausgeht und die erforderlichen Substituenten durch entsprechende Reaktionen in die Arylreste einführt, ebensowenig bildet auch das Xanthen oder Phenylxanthen (3) selbst das Ausgangsmaterial für die

(3)

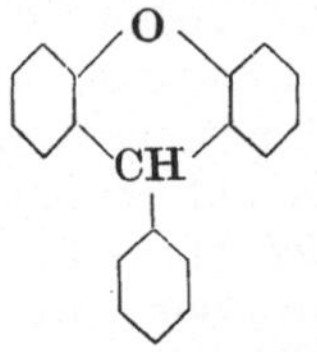

Farbstoffe dieser Klasse. Man erzeugt vielmehr die Xanthenfarbstoffe, je nachdem ob sie sich vom Xanthen selbst oder von einem am „mittleren" Kohlenstoff arylierten Xanthen ableiten, aus zwei bzw. drei aromatischen Komponenten, die in der Regel so beschaffen sind, daß im Verlaufe der Kondensation der charakteristische Sauerstoff-haltige Sechserring entsteht, und zwar wird dieses für die Xanthenfarbstoffe charakteristische Sauerstoffatom geliefert von zwei zum mittleren Kohlenstoff o-ständigen Hydroxylgruppen durch ätherartige Anhydrisierung (4). Die charakteristische o-Stellung dieses Sauerstoffatoms

(4) 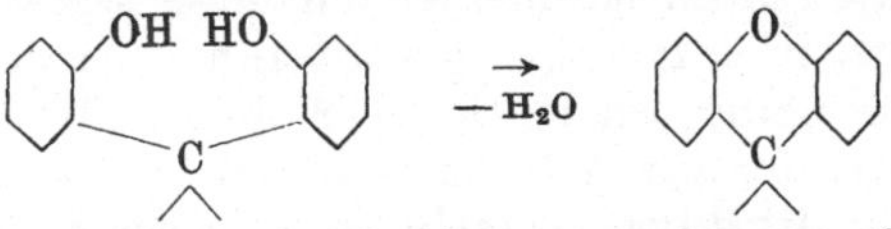 $-H_2O \rightarrow$

einerseits und die p-Stellung der beiden auxochromen Gruppen zum mittleren Kohlenstoff andererseits bedingen die Anwendung solcher Arylverbindungen als Farbstoffkomponenten, die zwei m-ständige auxochrome Gruppen enthalten, von denen die eine stets eine Hydroxylgruppe sein muß, d. h. die Anwendung von Resorcin oder von m-Aminophenol und seinen Derivaten.

Der einfach-
steXanthen-
farbstoff.

So läßt sich der einfachste Xanthenfarbstoff z. B. in der Weise gewinnen, daß man 1 Mol. Formaldehyd mit 2 Mol. Resorcin kondensiert. Es entsteht hierbei als Zwischenphase das **Tetraoxydiphenylmethan** (1), das aber durch Wasserabspaltung leicht in das entsprechende **Dioxyxanthen** (2) übergeht. Dieses ist als **Leuko**verbindung des betreffenden **Oxyfluorons** anzusehen und auch tatsächlich durch Oxydation leicht in diesen Körper überführbar.

(1) 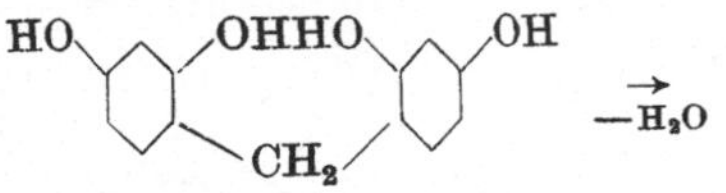 $-H_2O \rightarrow$ (2)

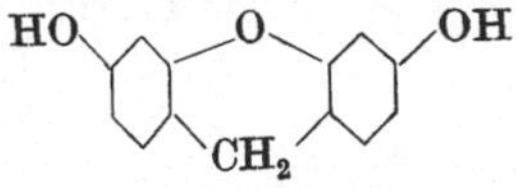

Ganz analog diesem soeben rein äußerlich skizzierten Vorgang gestaltet sich die Synthese der meisten symmetrischen Xanthenfarbstoffe: Kondensation einer den „mittleren" Kohlenstoff liefernden Komponente mit 2 Mol. einer in m-Stellung auxochrom disubstituierten aromatischen Komponente (vorwiegend Benzolderivate). Als erste (den mittleren Kohlenstoff liefernden) Komponenten kommen hierbei ausschließlich Aldehyde und Karbonsäuren in Betracht, so daß entweder zunächst die Leukofarbstoffe oder unmittelbar die Farbstoffe selbst aus der Synthese hervorgehen, die hier fast ausschließlich den Charakter einer reinen Kondensationssynthese annimmt, im Gegensatz zu den bei den Fuchsinfarbstoffen so bedeutsamen Oxydationssynthesen. Auch ist die Zahl der als erste Komponente dienenden Aldehyde und Karbonsäuren, sofern man sich auf die technisch wirklich wertvollen Farbstoffe dieser Klasse beschränkt, außerordentlich gering. In Betracht kommen als Aldehyde: der Formaldehyd und der Benzaldehyd, als Karbonsäuren: die Bernsteinsäure, in geringem Umfange die Benzoësäure, vor allem aber die Phtalsäure bzw. deren Anhydrid und einzelne ihrer Halogenderivate. Was die beiden anderen auxochrom disubstituierten Komponenten anlangt, so ist es nicht unbedingt erforderlich, daß die hierfür in Betracht kommenden Moleküle unter sich gleich sind. Sie können verschieden sein, sind es aber in der Regel nicht. Demgemäß vollzieht sich auch die Synthese vorwiegend in der Weise, daß man die erste, also die Aldehyd- oder Karbonsäurekomponente, die den „mittleren" Kohlenstoff liefert, unmittelbar auf die beiden anderen auxochrom m-disubstituierten Komponenten einwirken läßt. Sind diese beiden Komponenten jedoch unter sich verschieden, so wird sich die Synthese zweckmäßig so gestalten müssen, daß der Aldehyd oder die Karbonsäure, die den mittleren Kohlenstoff liefert, zunächst mit der einen und danach mit der anderen auxochrom substituierten Komponente in Reaktion gebracht wird (siehe S. 323f.).

Die Abspaltung von Wasser aus den beiden o-ständigen Hydroxylgruppen, d. h. die Anhydrisierung oder Ätherbildung, tritt meist schon gleichzeitig mit der Kondensation ein. In vereinzelten Fällen gelingt es aber auch, das Zwischenprodukt vor der Ringschließung zu isolieren.

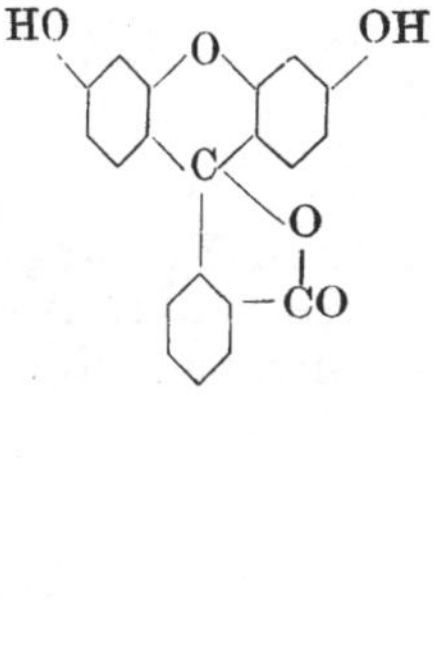

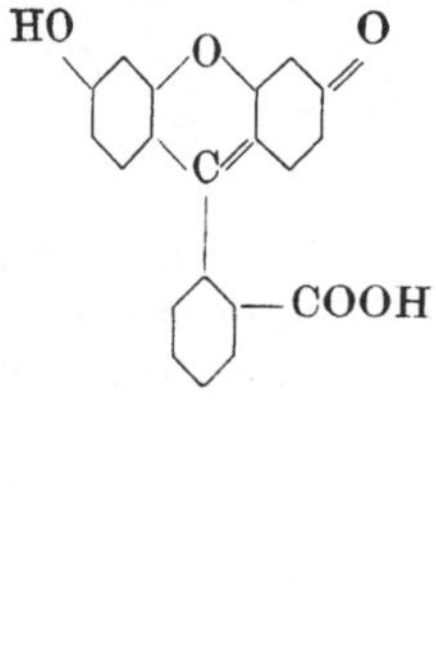

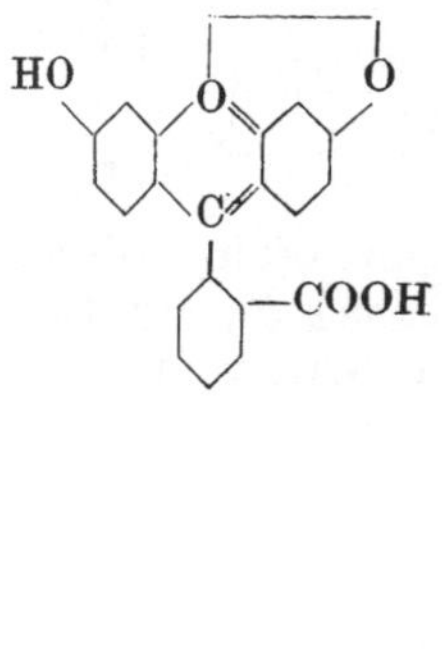

Die Fluorescein-Farbstoffe. Unter den Oxyfluoronfarbstoffen sind die technisch wichtigsten diejenigen, die entstehen durch Kondensation des Phtalsäureanhydrids bzw. der entsprechenden Halogenderivate mit 2 Mol. Resorcin. So bildet sich z. B. der Farbstoff aus 1 Mol. Phtalsäureanhydrid und 2 Mol. Resorcin sehr leicht schon durch bloßes Erhitzen der Komponenten auf höhere Temperatur, zweckmäßig unter Zusatz von Chlorzink als Kondensationsmittel. Dem entstehenden Farbstoff, dem Fluoresceïn oder Uranin, wurde früher die Konstitution (1) oder später auch (2) zugeschrieben. Die späteren Untersuchungen aber machten es wahrscheinlich, daß ihm eine dem Oxyfluoron entsprechende Formel zukommt, wonach der Farbstoff als o-Karbonsäure des **Phenyl-oxyfluorons** (3) anzusehen wäre. Der Farbstoff hat als solcher nur geringen Wert für die Färbereitechnik. Er ist, wie schon der Name andeutet, ausgezeichnet durch ein hervorragend starkes Fluorescenzvermögen. Seine technische Bedeutung liegt jedoch in seiner Verwendung als Ausgangsmaterial für die Darstellung gewisser, durch ihren ausnehmend schönen und reinen Farbenton ausgezeichneter Halogenabkömmlinge. Die wichtigsten unter den Halogenabkömmlingen sind die folgenden:

1. Die **Eosine**, d. h. die **Tetrabrom-** und **Dibromdinitro-** Eosine. Fluoresceïne und ihre Ester, z. B.:

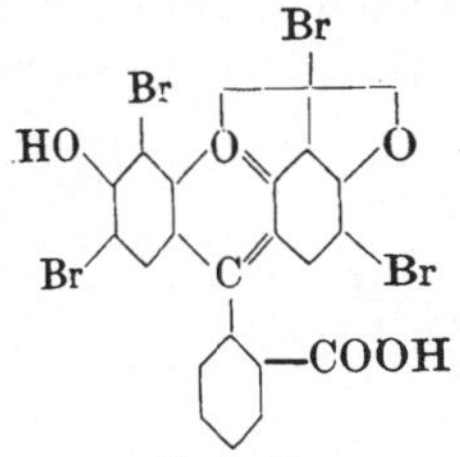

Eosin G 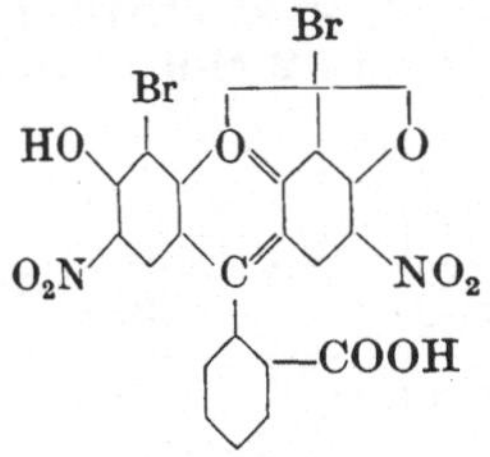 — Eosin BN 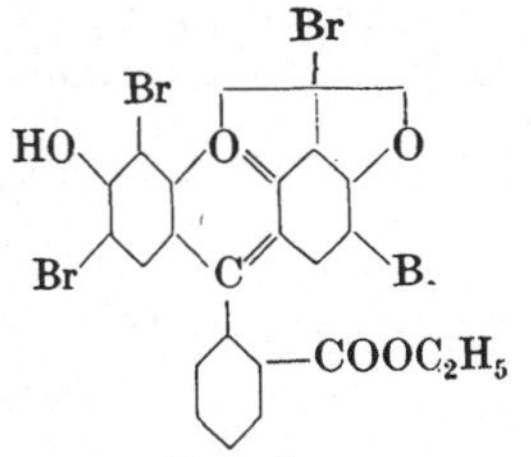 — Eosin S

2. Die **Erythrosine**, d. h. die **Di-** und **Tetrajod-Fluoresceïne**: Erythrosine.

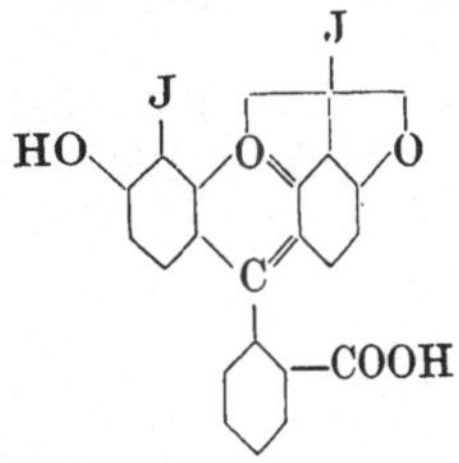

Erythrosin
extra gelblich

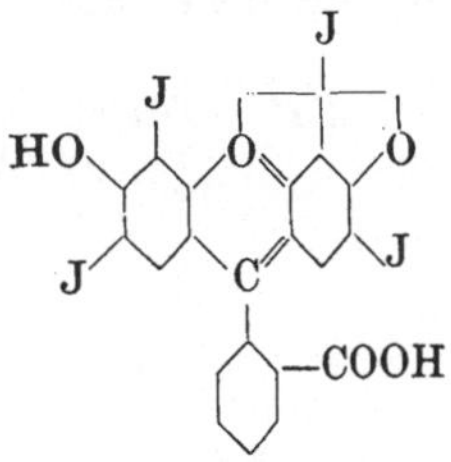

Erythrosin
extra bläulich

3. Die **Phloxine**, d. h. die **Di-** und **Tetrachlor-Tetrabrom-** Phloxine. fluoresceïne:

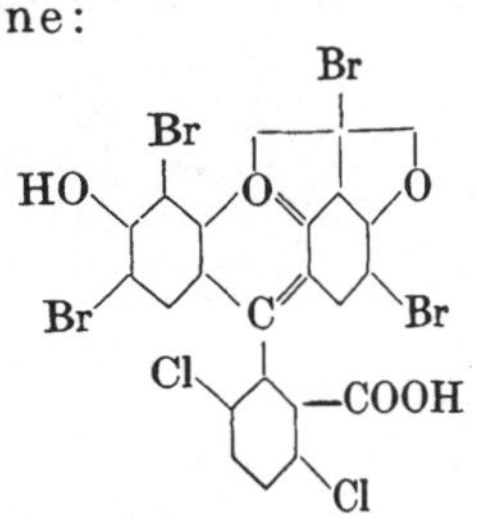

Phloxin P

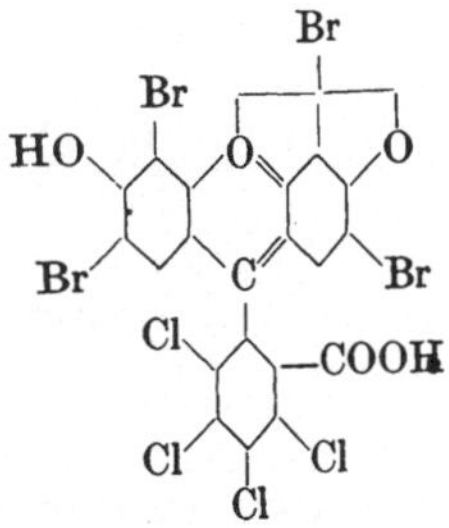

Phloxin N

Cyanosine.   4. Die **Cyanosine**, d. h. die Methyl- oder Äthylester der Phloxine.

Rose Bengale.   5. Die **Rose-Bengale-Marken**, d. h. die **Di- und Tetrachlor-Tetrajod-Fluoresceïne**, die analog den Phloxinen erhalten werden aus **Di- und Tetrachlor-Phtalsäure** durch Kondensation mit Resorcin und nachträgliche Jodierung.

Bemerkenswert ist das Verhalten des Fluoresceïns gegenüber der Einwirkung des Phosphorchlorids (siehe S. 88f.), wodurch man das sog. **Fluoresceïnchlorid** (1) erhält, das zeitweilig als Ausgangsmaterial zur Darstellung der Rhodaminfarbstoffe (siehe S. 325) eine gewisse Bedeutung erlangt hat.

Galleïn.   Unter den Oxyfluoronfarbstoffen sind noch das **Galleïn** und das **Coeruleïn** von Wichtigkeit. Das **Galleïn**, auch **Alizarin-** oder **Anthracenviolett** genannt, wird erhalten durch Kondensation von 1 Mol. Phtalsäureanhydrid mit 2 Mol. Pyrogallol (2). Der zunächst

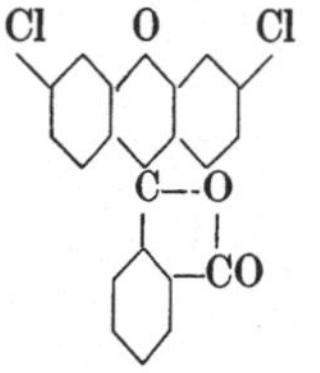

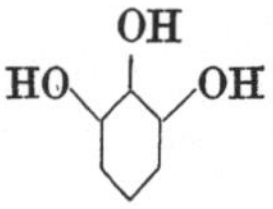

entstehende Fluoronfarbstoff (1) scheint einer weiteren Oxydation zu unterliegen, so daß dem Galleïn vielleicht die Konstitutionsformel (2)

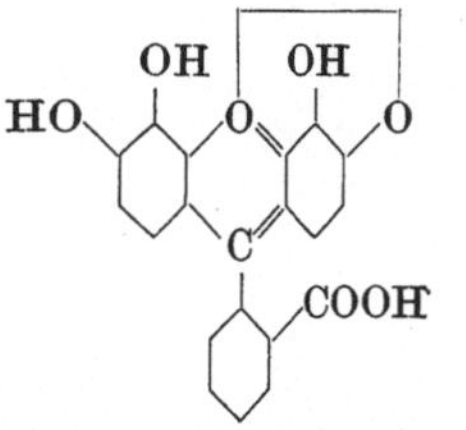

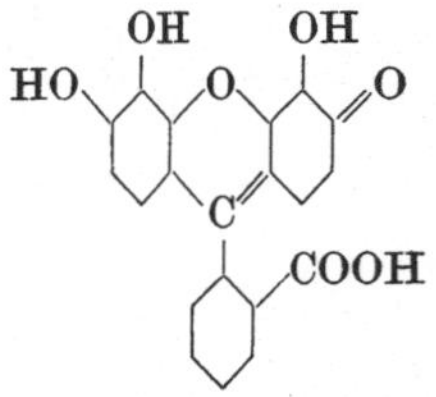

zukommt. Es ist ausgezeichnet durch die Fähigkeit, mit Metalloxyden beständige **Lacke** zu bilden, so daß es als **Beizenfarbstoff**, insbesondere für Baumwolle, Verwendung findet.

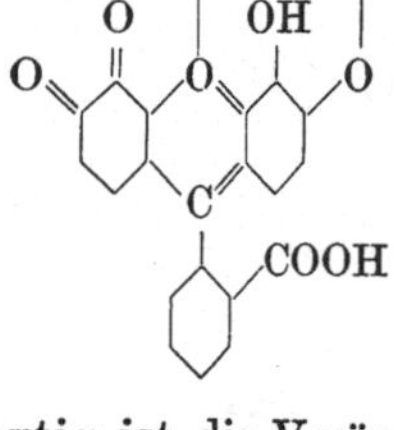

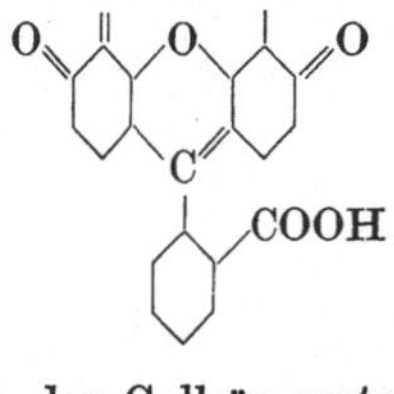

Sehr eigenartig ist die Veränderung, die das Galleïn unter der Einwirkung starker Schwefelsäure bei höheren Temperaturen erleidet. Es greift die Karboxylgruppe des Phtalsäurerestes in den Benzolkern eines der beiden Pyrogallolreste ein, und es entsteht das Cöruleïn, ein Farb- Cöruleïn. stoff, der gleichzeitig Xanthen- und Anthracenfarbstoff ist, entsprechend der Konstitution (3). Das Cöruleïn ist ebenso wie das

(3)   bzw.   oder

bzw.

Galleïn ein wertvoller Beizenfarbstoff für Wolle und Baumwolle, wird daher auch Alizarin- oder Anthracengrün genannt und liefert insbesondere auf eisengebeizter Wolle ein schönes und echtes dunkles Grün.

Wichtiger noch als die Oxyfluoronfarbstoffe sind die Amino- Rhodamine. fluorimfarbstoffe. Die ersten Vertreter dieser durch ihren außerordentlich klaren, blaustichig roten Ton ausgezeichneten Gruppe waren die Rhodamine, die in analoger Weise wie das Fluoresceïn entstehen durch Kondensation von 1 Mol. Phtalsäureanhydrid mit 2 Mol. eines m-Aminophenols bzw. der entsprechenden, am Stickstoff substituierten Alkylderivate. So erhält man schon durch bloßes Erhitzen auf ca. 180°, ohne Anwendung eines Kondensationsmittels, aus 1 Mol. Phtalsäureanhydrid und 2 Mol. Diäthyl-m-Aminophenol (1) den Rhodamin B Rhoda- genannten Farbstoff von der Konstitution (2), also die o-Karbonsäure min B.

(1)   (2)

des Phenyltetraäthylaminofluorimhydrochlorids oder des Phenyltetraäthyldiamino-Xanthyliumchlorids. Vereinigt man 1 Mol. Phtalsäureanhydrid mit 1 Mol. Dialkyl-m-Aminophenol bei niedrigen Temperaturen, etwa 100°, so entstehen als technisch wichtige Zwischenprodukte

p-Dialkyl-
amino-o-
Oxybenzoyl-
benzoësäure.

die p-Dialkylamino-o-Oxybenzoylbenzoësäuren von der Konstitution (3),
aus Diäthyl-m-Aminophenol z. B. die Säure (4), die bei der weiteren

$(C_2H_5)_2N$ OH

R_2N OH

(3)

(4)

CO

$CO \cdot C_6H_4 \cdot COOH$

—COOH

Kondensation mit 1 Mol. Diäthyl-m-Aminophenol das früher erwähnte
symmetrisch gebaute Rhodamin B liefert, während bei der Verwendung von andern Dialkyl-m-Aminophenolen oder von mono-
alkylsubstituierten oder unsubstituierten m-Amino-Phenolen und -Kre-
solen oder bei der Verwendung von Resorcin als dritter Komponente
unsymmetrisch gebaute, sog. gemischte Rhodaminfarbstoffe bzw.

Rhodole u.
Rhodine.

Oxyfluorimfarbstoffe (die sog. Rhodole) erhalten werden, welch
letztere jedoch an technischer Bedeutung sowohl den symmetrischen
als auch den unsymmetrischen Aminofluorimfarbstoffen erheblich nach-
zustehen scheinen (vgl. auch die Fluoresceïnfarbstoffe auf S. 321f.). Das
gleiche trifft zu für diejenigen Kondensationsprodukte, die an Stelle
eines zweiwertigen Phenols, wie Resorcin, ein einwertiges, wie
p-Kresol oder β-Naphtol und seine Sulfonsäuren, enthalten, die sog.
Rhodine.

Rhodamin-
Ester (Ani-
soline).

Eine für ihre färberische Verwendung nicht unerhebliche Veränderung erfahren die mittels Phtalsäureanhydrid erhältlichen symmetrischen und gemischten Rhodaminfarbstoffe sowie die Rhodole und
Rhodine durch Esterifizierung der im Phtalsäurerest befindlichen
Karboxylgruppe. Durch diese Esterifizierung wird der basische Charakter der Fluorimfarbstoffe erhöht, was auf die Löslichkeit
in der Regel einen günstigen Einfluß ausübt. Dieses gilt insbesondere
für den aus 1 Mol. Phtalsäureanhydrid und 2 Mol. Monoäthyl-m-Amino-
phenol (1) durch nachfolgende Veresterung erhältlichen Xanthenfarb-

Rhodamin
6 G.

stoff von der Konstitution (2), das Rhodamin 6 G, das wegen seines

Cl

$C_2H_5 \cdot NH$ OH

$C_2H_5 \cdot NH$ O $NH \cdot C_2H_5$

(1)

(2)

C

$-CO_2C_2H_5$

— gegenüber dem Rhodamin B — wesentlich gelblicheren Tones große
Bedeutung für die Färbereitechnik besitzt, und das erst durch die
Esterifizierung der Karboxylgruppe einen genügenden Grad von Löslichkeit erlangt, während es in der Form der freien Karbonsäure zu
schwer löslich ist. Die durch nachträgliche Esterifizierung der Rho-

damine erhältlichen Farbstoffe wurden früher als Anisoline bezeichnet, da man zunächst, in Unkenntnis der Konstitution der Rhodamine, von der irrtümlichen Annahme ausging, es fände nicht Veresterung der Karboxylgruppe statt, sondern eine Ätherbildung an den beiden Hydroxylgruppen der m-Aminophenol-Komponenten, analog der Bildung von Anisol, $C_6H_5 \cdot O \cdot CH_3$, aus Phenol.

Wie schon oben bemerkt, lassen sich Rhodaminfarbstoffe auch aus Fluoresceïnchlorid erhalten. Dieses Verfahren bietet die Möglichkeit, durch Zerlegung der Rhodaminsynthese in zwei Phasen, auf einfache Weise zu gemischten Rhodaminen zu gelangen, wie sie andererseits auch aus den obenerwähnten p-Alkylamino-o-Oxybenzoylbenzoësäuren erhältlich sind. *Rhodamine aus Fluoresceïnchlorid.*

Von besonderer Wichtigkeit sind unter den mittels Fluoresceïnchlorid erhältlichen Farbstoffen diejenigen, die durch Kondensation mit aromatischen Aminen dargestellt werden können, und zwar deshalb, weil diese arylsubstituierten Rhodamine, durch Sulfonierung im Arylrest sich in wertvolle Säurefarbstoffe überführen lassen. Derartige Farbstoffe sind z. B die unter dem Sammelnamen Violamine zusammengefaßten Marken Echtsäureviolett und -Blau, die erhalten werden durch Kondensation des Fluoresceïnchlorids und seiner Halogenderivate mit Anilin, o-Toluidin, Mesidin, p-Phenetidin usw. und nachfolgende Sulfonierung. Das Echtsäureviolett (Violamin) B entspricht z. B. der Formel (3) und eignet sich besonders als Säurefarbstoff zum Färben von Wolle und Seide. *Rhodamin-Säurefarbstoffe (Violamine).* *Echtsäure-Violett u. -Blau.*

(3) $C_6H_5 \cdot N$ — O — $NH \cdot C_6H_4 \cdot SO_3Na$ — C — COOH

Verwendet man an Stelle des Phtalsäureanhydrids und seiner Abkömmlinge das Bernsteinsäureanhydrid (1), so erhält man z. B. mit Dimethyl-m-Aminophenol einen Aminofluorimfarbstoff von der Konstitution (2), der als Succineïn oder Bernsteinsäurerhodamin bezeichnet wird und unter dem Namen Rhodamin S (2) im Handel *Rhodamin S.*

(1) $\begin{array}{l} CH_2 \cdot CO \\ | \quad\quad\;\; \rangle O \\ CH_2 \cdot CO \end{array}$ (2) $(CH_3)_2N$ — O — $N(CH_3)_2$, Cl, — C — CH_2 — CH_2 — COOH

zeichnet wird und unter dem Namen Rhodamin S (2) im Handel erscheint. Diese Succineïne stehen aber an technischer Bedeutung den Phtalsäurerhodaminen weit nach.

Pyronine. Nicht ohne technisches Interesse sind noch diejenigen einfachen Aminofluorimfarbstoffe, die erhalten werden durch Kondensation von 1 Mol. Formaldehyd mit 2 Mol. eines Dialkyl-m-Aminophenols zum Diarylmethanderivat, darauffolgende Ringschließung zum Xanthenderivat und schließliche Oxydation zum entsprechenden Xanthyliumchlorid. Man bezeichnet die Farbstoffe dieser Untergruppe als Pyronine. So erhält man z. B. das Pyronin G auf folgende Weise:

$$\text{Xanthenderivat} \qquad \text{Pyronin G}$$

Bei der Kondensation von Benzaldehyd und seinen Derivaten (Sulfonsäuren) und nachfolgenden Oxydation oder bei der unmittelbaren Einwirkung von Benzotrichlorid auf Resorcin und m-Aminophenole entstehen die den Fluoresceïnen und Rhodaminen analogen **Resorcin-**Benzeïne (3) und Rosamine (4), deren Bedeutung jedoch, **Benzeïne u.** verglichen mit derjenigen der Fluoresceïne und Rhodamine, ganz **Rosamine.** erheblich zurücktritt.

$$(3) \qquad \text{Resorcin-Benzeïn} \qquad\qquad (4) \qquad \text{Rosamin}$$

C) Akridin- (Pyridin- und Chinolin-) Farbstoffe.

Dihydro-akridin u. Ersetzt man in dem Xanthen den Sauerstoff durch Schwefel, **Akridin.** so gelangt man zum Thioxanthen (1), dessen dem Xanthydrol entsprechende Oxydationsstufe (2) bisher aber als Chromogen für Farbstoffe keine Bedeutung erlangt hat. Anders ist es, wenn man das Sauerstoffatom durch die Gruppe NH ersetzt. Man gelangt alsdann zu dem sog. Dihydroakridin (3), das durch Oxydation leicht in

$$(1) \qquad\qquad (2) \qquad\qquad (3)$$

das Akridin (4) selbst übergeht. Akridin, dessen Chlorhydrat (5) dem Xanthyliumchlorid (6) entspricht, ist ein Chromogen, das

(4) 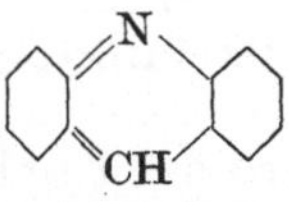   (5) 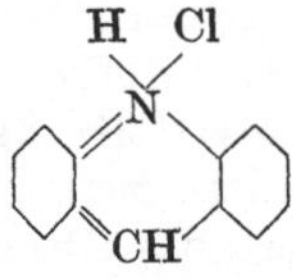   (6)

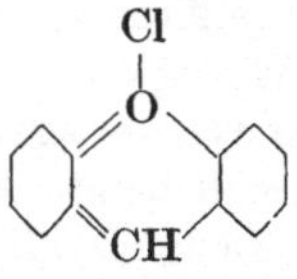

durch den Eintritt auxochromer Gruppen, insbesondere in die p-Stellung zum „mittleren" Kohlenstoff, Farbstoffnatur annimmt (siehe unten).

Über die Konstitution der sich vom Akridol (7), dem Analogon des Xanthydrols (8), ableitenden Verbindungen hat Gomberg gleich-   *Konstitution der Akridine (Akridol-Abkömmlinge).*

(7) 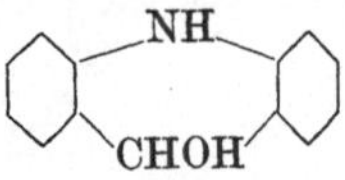   Akridol   (8) 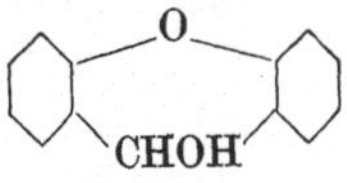   Xanthydrol

falls eine von der bisherigen Auffassung abweichende Meinung geäußert. Den Übergang z. B. des Phenylakridols (9) in das salzsaure Salz (11) formuliert Gomberg nicht entsprechend der bisherigen Anschauung, etwa (9) → (10) → (11), sondern er hat festgestellt, daß

(9) 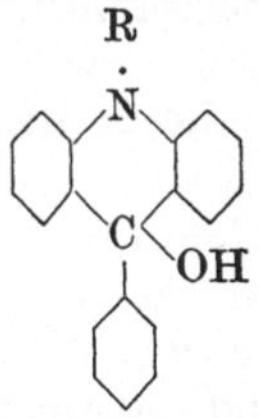   +HCl →   (10) 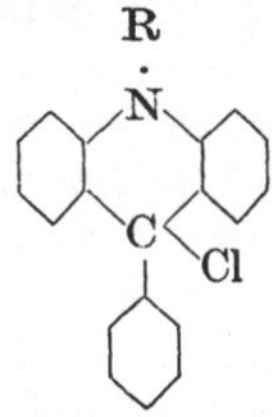   →   (11)

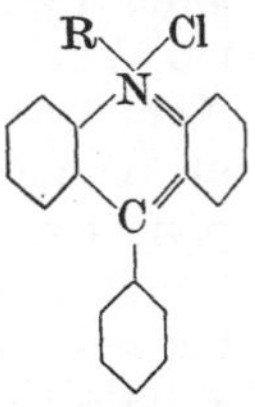

unter geeigneten Bedingungen, ebenso wie beim Xanthyliumchlorid (siehe S. 316f.), 1 Mol. Salzsäure mehr addiert wird, und er schreibt daher dem Additionsprodukt, unter Ablehnung der 5-Wertigkeit des „Brücken-Stickstoffs", die Formel (1) zu.

Bemerkenswert ist hierbei, daß das Akridiniumchlorid (2), trotz Abspaltung des 2. Mol. Salzsäure, beständig ist, d. h. sich nicht in die isomere benzoide und daher farblose Verbindung (3) umlagert.   *Akridinium-chlorid.*

(1) 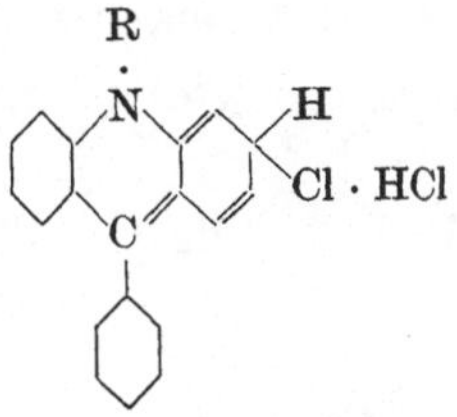   (2) 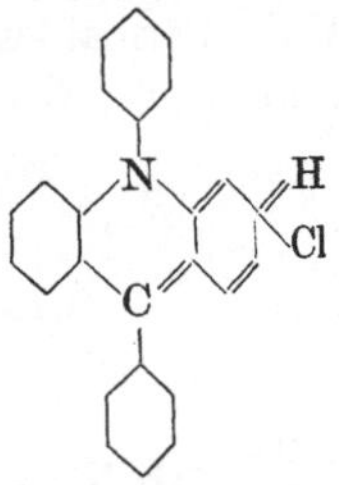   (3)

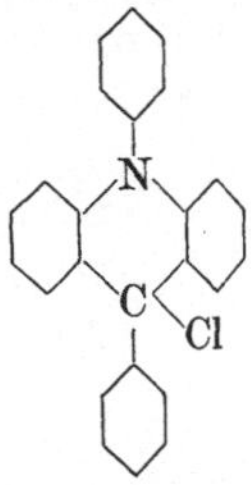

Gomberg führt diese Erscheinung auf die stabilisierende Wirkung des Brückenstickstoffs zurück, die der des Brückensauerstoffs in den Xanthenabkömmlingen überlegen sei. Eine endgültige Entscheidung über diese jetzt noch strittigen Konstitutionsfragen muß der Zukunft vorbehalten bleiben, und in diesem Sinne kommt auch der bei der Formulierung der Akridinfarbstoffe benutzten Auffassung von der 5-Wertigkeit des Brückenstickstoffs, ebensowenig wie der Annahme des vierwertigen Brückensauerstoffs bei den Xanthenfarbstoffen, eine abschließende Bedeutung nicht zu.

Dem Akridin nahe stehen das Chinolin (4) und das Pyridin (5), die als Chromogene erheblich schwächer sind als das Akridin, aber dennoch in einzelnen Fällen ihre Chromogennatur deutlich erkennen lassen.

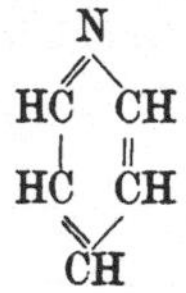

Synthesen der Akridin-farbstoffe. Was die Synthese der Akridinfarbstoffe anlangt, so geht man nicht vom Akridin selbst aus, das ja, wenn auch nicht eben in reich-licher Menge, im Teer enthalten ist; sondern man verfährt in analoger Weise wie bei der Darstellung der Xanthenderivate, indem man zum Aufbau der Farbstoffe solche Komponenten verwendet, die den mitt-leren Pyridinkern, analog dem Sauerstoff-haltigen Sechserring, erst im Verlauf der Synthese entstehen lassen. Ähnlich wie man Xanthenfarbstoffe in der Weise erzeugt, daß man Resorcin oder m-Aminophenol und ihre Abkömmlinge als zweite und dritte Kom-ponenten verwendet, so gelangt man zu Akridinfarbstoffen durch Ver-wendung von m-Diaminen und ihren Derivaten. Als erste Kom-ponente benutzt man gleichfalls, in ähnlicher Weise wie bei den Xanthenfarbstoffen, Aldehyde und Karbonsäuren und gelangt auf diese Weise, falls man Aldehyde verwendet, zu Leukoverbin-dungen der entsprechenden Akridinfarbstoffe, die aber außerordent-lich leicht, teilweise schon durch den Sauerstoff der Luft, sich zu den eigentlichen Farbstoffen oxydieren; letztere erhält man unmittelbar, falls man Karbonsäuren als erste Komponenten benutzt.

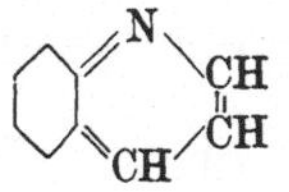

Akridingelb. Als Aldehyde sind verwendet worden Formaldehyd und Benz-aldehyd, als Karbonsäure die Phtalsäure bzw. deren Anhydrid. So entsteht aus 1 Mol. Formaldehyd und 2 Mol. m-Toluylendiamin das Akridingelb gemäß dem Schema (1), wobei es unsicher ist, ob

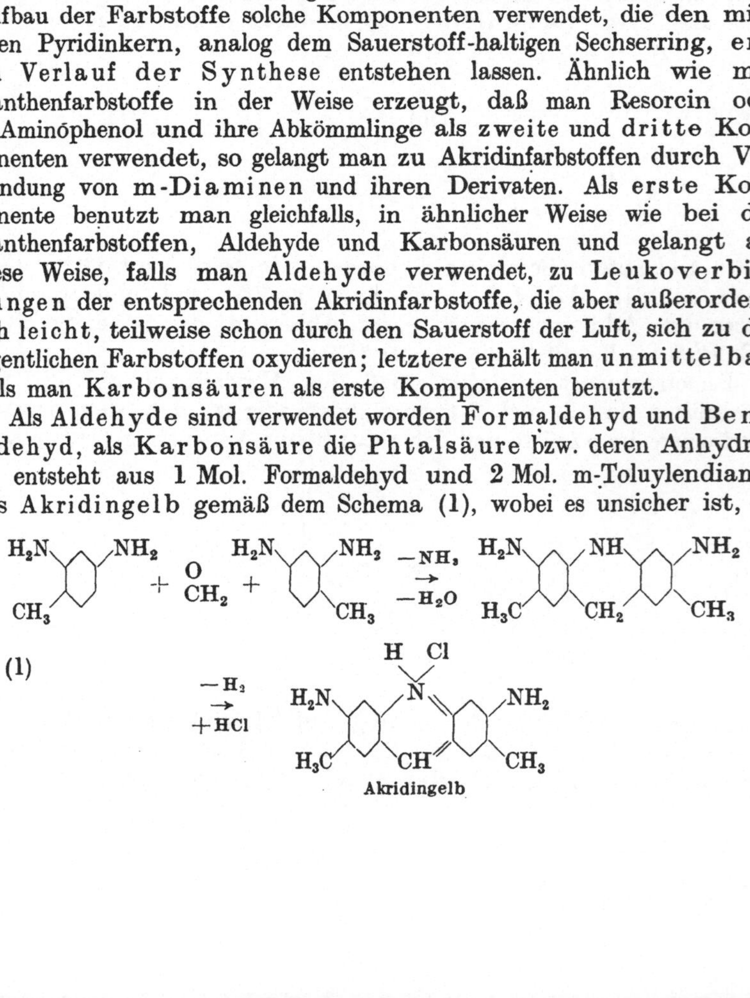

die Salzsäure des Farbstoffes tatsächlich vom mittleren Stickstoff oder
von einer der beiden primären Aminogruppen gebunden ist. In analoger Weise entsteht aus Benzaldehyd und 2 Mol. m-Toluylendiamin
das Benzoflavin (2). Verwendet man an Stelle des m-Toluylen- *Benzoflavin.*
diamins das m-Amino-Dimethylanilin (3), so erhält man durch Kon-

(2) … (3) H_2N—$N(CH_3)_2$

densation mit Form- und Benzaldehyd die analogen Farbstoffe Akri- *Akridin-*
dinorange NO und R. *orange NO*
  und R.
Von Interesse sind noch einige weitere Akridinfarbstoffe, die auf
einem etwas abweichenden Wege entstehen.

Zunächst ist hier zu erwähnen das einfachste Phosphin oder *Phosphin*
Chrysanilin (4), das in Mischung mit seinen Homologen als Neben- *(Chrysani-*
  lin).

(4) … (5)

produkt bei der Fuchsindarstellung entsteht und insbesondere für *Entstehung*
die Seiden- und Lederfärberei Bedeutung hat. Seine Konstitution *der Phos-*
entspricht entweder der Formel (4) oder der eines substituierten *phine in der*
p-Methylenchinonimins (5). Man kann wohl annehmen, daß seine und *Fuchsin-*
der Homologen Entstehung bei der Fuchsinschmelze darauf zurück- *schmelze.*
zuführen ist, daß das oxydierte Diaminodiphenylmethan (1) oder seine
Homologen in der Weise mit 1 Mol. Anilin (oder p-Toluidin) reagieren,
daß der Eingriff des Methankohlenstoffes sich nicht, wie dies für die
Entstehung von Fuchsinen erforderlich wäre, in p- sondern in o-
Stellung vollzieht (vgl. auch S. 301). Es bildet sich demgemäß zunächst
ein Mono-o-di-p-Amino-Triphenylmethanderivat (2). Bei weiterer Oxy-

(1) … → … (2)

dation entsteht alsdann, wahrscheinlich über einen o-methylenchinon-
iminartigen Körper von der Konstitution (3), der sich durch intramolekulare Addition (vgl. auch Azine) umlagert, zunächst der
Leukokörper von der Konstitution (4), ein Akridinderivat, und zwar
ein Diaminophenyldihydroakridin; aus diesem schließlich geht
durch nochmalige Oxydation der Farbstoff hervor, in diesem Falle das
erste Homologe des einfachsten Phosphins.

$$(3) \qquad \qquad (4)$$

Synthese des Phosphins. Auf unmittelbar synthetischem Wege kann dasselbe Phosphin
erhalten werden durch Kondensation von 1 Mol. p-Nitrobenzaldehyd
mit 1 Mol. m-Aminophenyltolylamin. Hierbei erhält man zunächst ein
Nitroaminohydroakridin (5), das sich durch Reduktion der Nitrogruppe

$$-H_2O \qquad (5)$$

und nachfolgende Oxydation leicht in den Farbstoff überführen läßt.
An Stelle von p-Nitrobenzaldehyd kann auch p-Aminobenzaldehyd
Anwendung finden, wodurch unmittelbar der Leukofarbstoff erhalten
wird.

Rheonine. Analog der Entstehung des Phosphins in der Fuchsinschmelze gestaltet sich die Synthese einiger für die Lederfärberei gleichfalls wichtiger Farbstoffe, der Rheonine. Kondensiert man 1 Mol. eines Tetra-
alkyldiaminobenzophenons mit 1 Mol. eines m-Diamins, so entsteht
zunächst ein substituiertes Auramin (1). Beim Erhitzen auf höhere

$$-H_2O \qquad (1)$$

Temperatur tritt eine Umlagerung ein. Vermutlich entsteht durch den
Eingriff des Methankohlenstoffes in die o-Stellung zur einen und in

die p-Stellung zur anderen Aminogruppe des m-Diamins zunächst ein asymmetrischer Tetraalkyltetraaminotriphenylmethanfarbstoff (2), der sich sofort umlagert in einen Leukoakridinfarbstoff (3), und der bei

weiterer Oxydation in den Akridinfarbstoff (4) selbst übergeht. Die Rheonine sind, im Gegensatz zum Phosphin, Triaminoderivate eines Mesophenylakridins.

Von nur theoretischer Bedeutung ist ein Farbstoff, der beim Er- Flavanilin. hitzen von Acetanilid mit Chlorzink auf höhere Temperaturen entsteht, das sog. Flavanilin von der Konstitution (5).

Das Flavanilin ist anzusehen als ein p-Amino-2-Phenyl-4-Methylchinolin und bietet insofern Interesse, als in ihm die Chromogennatur des Chinolins deutlich hervortritt. Was die Entstehung des Farbstoffes anlangt, so darf man annehmen, daß beim Erhitzen des Acetanilids auf höhere Temperatur in Gegenwart von Chlorzink eine Umlagerung eintritt, d. h. eine Wanderung der Acetylgruppe vom Stickstoff in den Kern, und zwar zum Teil in die o-, zum Teil in die p-Stellung zur Aminogruppe (1). Die so entstehenden beiden isomeren Aminoacetophenone treten alsdann unter der weiteren Einwirkung des Chlorzinks im molekularen Verhältnis 1 : 1 unter Abspaltung von 2 Mol. Wasser in leicht ersichtlicher Weise zum Chinolinfarbstoff zusammen.

Von theoretischem, gleichzeitig aber auch von praktischem Interesse Chinolingelb ist ein anderer Chinolinfarbstoff, das Chinolingelb (2). Dieser Farb- u. Chinolinstoff entsteht durch die Kondensation von 1 Mol. Phtalsäureanhydrid gelb S. und 1 Mol. α-Methylchinolin (Chinaldin) in Gegenwart von Chlorzink.

Die Kondensation verläuft entsprechend dem Schema (2), führt also zu
einem Indenderivat, dem β-Chinolyl-α, γ-Indandion, d. h. zu einem
Indandion, in dem der Wasserstoff in der β-Stellung des Indenkernes
durch den Chinolylrest ersetzt ist.

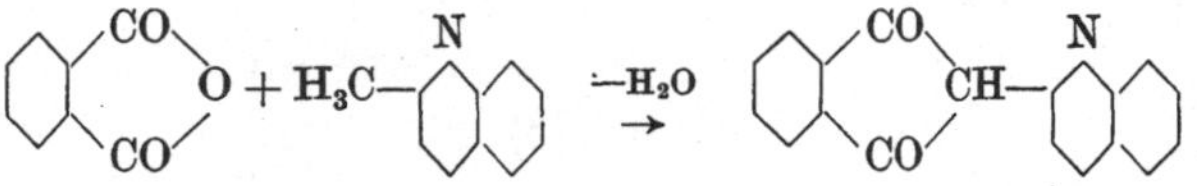

$$(2)$$

Das α, γ-Indandion ist schon an sich gelb gefärbt; jedoch wird durch
den Eintritt des Chinolinrestes die Farbkraft des Indandions wesentlich erhöht, so daß das Chinolingelb in Form seiner Sulfonsäure,
Chinolingelb S, in die es durch Sulfonierung leicht übergeführt werden
kann, technische Verwendung findet, obwohl seine allgemeinere Anwendung, trotz des schönen und reinen grünstichigen Farbentones auf
ungebeizter Wolle, an dem hohen Preise dieses Farbstoffes scheitert.
Nachdem die Konstitution des Chinolingelbs längere Zeit ungewiß
war, ist sie durch neuere Untersuchungen von Eibner mit Sicherheit
festgestellt worden, und es hat sich gezeigt, daß neben dem Chinolingelb noch ein isomerer laktonartiger Körper von der Konstitution (3)

$$(3)$$

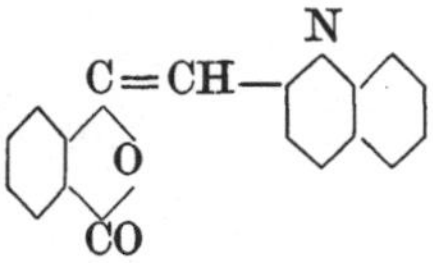

entsteht, der aber durch Behandlung mit Natriumäthylat sich leicht
in Chinolingelb (2) überführen läßt. Ähnliche Farbstoffe wie mit
Chinaldin liefert Phtalsäureanhydrid mit α-Methylpyridin oder Pikolin. Jedoch haben diese Farbstoffe (Pyrophtalone) bisher technische Verwendung nicht erlangt.

„Pyridin-
farbstoffe".
    Das gleiche gilt hinsichtlich einer Gruppe von Farbstoffen, die man
als Pyridinfarbstoffe im weiteren Sinne bezeichnen kann, weil sie unter
Verwendung von Pyridin und Pyridinabkömmlingen als Ausgangsstoffen
erhalten werden. Eigentliche Pyridinfarbstoffe sind sie jedoch deshalb
nicht, weil bei der Farbstoffbildung eine Aufspaltung des Pyridinringes stattfindet, wobei der Pyridinstickstoff in Form von Ammoniak
oder Ammoniakderivaten entfernt wird. Ihre Konstitution entspricht
bei Verwendung von 1 Mol. Pyridin und 2 Mol. eines primären Amins,
$R \cdot NH_2$, der Formel (1), worin R einen aromatischen Rest bedeutet.

$$(1) \quad R \cdot N = CH - CH = CH - CH = CH - NH \cdot R$$
$$\overset{\displaystyle}{H \ \ Cl}$$

Technisch sind sie trotz des schönen Farbentones einiger Vertreter
dieser Gruppe ohne Bedeutung wegen ihrer großen Unbeständigkeit
gegen Säuren, derart, daß sie beim Kochen mit verdünnten Mineralsäuren, ja sogar während der Operation des Färbens bereits eine sehr

rasche Zersetzung erfahren, wobei sich unter Entstehung von Pyridiniumverbindungen der Pyridinring wieder schließt (2):

$$(2) \qquad \begin{array}{c} CH \\ CH\ CH \\ CH\ CH \\ ^{H}_{Cl}{>}N\ NH \\ R\ R \end{array} \quad \longrightarrow \quad \begin{array}{c} CH \\ CH\ CH \\ CH\ CH \\ N \\ R\ Cl \end{array} \ + R\cdot NH_2 .$$

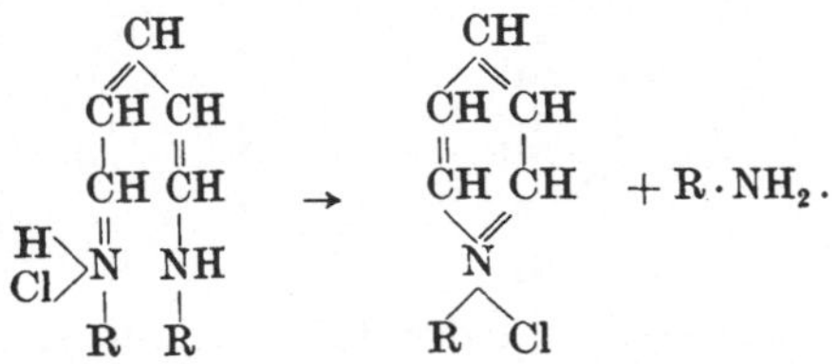

In einer gewissen Beziehung zu den ebenerwähnten „Pyridinfarbstoffen" steht, wenn auch mehr aus theoretischen Gründen, und zwar im Hinblick auf das eigenartige Reaktionsvermögen des Pyridinringes, eine Klasse von Farbstoffen, die zwar nicht in der Färberei, wohl aber in der Photographie für die Zwecke der Sensibilisierung in beschränktem Maße Anwendung finden, und die man unter dem Namen Cyanine zusammenfaßt. Hierher gehören auch das Orthochrom T, das Pinachrom und Pinaverdol. Sie entstehen bei der Einwirkung von bestimmten Mengen Ätzkali auf die Halogenalkylate der Chinolin- und Isochinolinbasen. Die Halogenalkylate der Chinolinbasen, z. B. (3), Cyanine, Iso- u. Apocyanine.

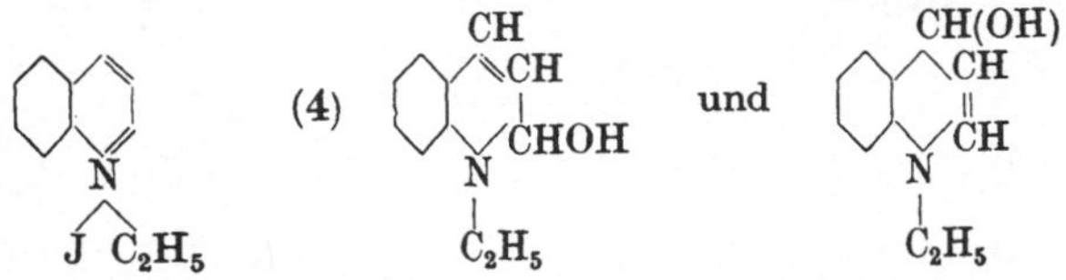

$$(3) \qquad (4) \qquad und$$

gehen unter der Einwirkung von Alkali über in Pseudoammoniumbasen, deren Natur nicht in allen Fällen mit Sicherheit festgestellt ist, die aber durch die Einwirkung von Säuren wieder in die Halogenalkylate umgewandelt werden können. Nach neueren Untersuchungen ist anzunehmen, daß sie als α- bzw. γ-Oxydihydro-N-Alkylchinoline aufzufassen sind, entsprechend den Formeln (4). In einzelnen Fällen reagieren die α-Oxydihydrobasen wie Aldehyde, erleiden also, offenbar gleichfalls unter Aufsprengung des Pyridinringes, eine Umlagerung in Aldehydamine (1). Durch Oxydation, Pseudoammoniumbasen des Chinolins.

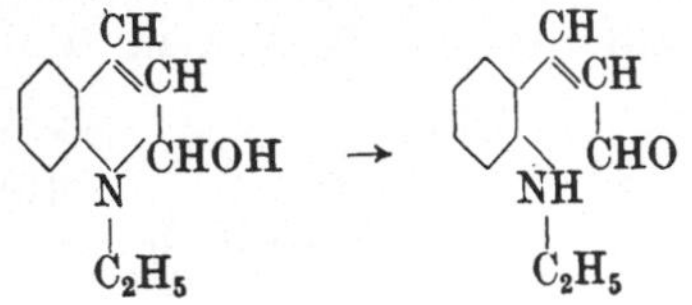

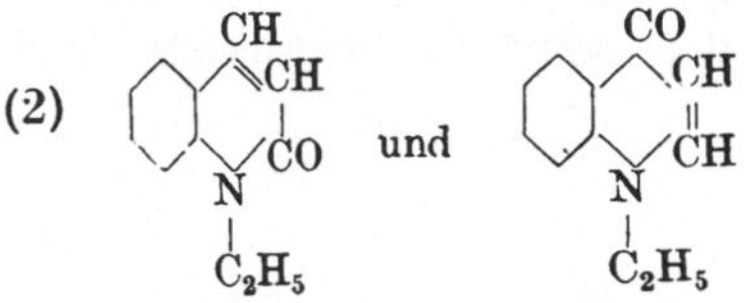

$$(1) \qquad \longrightarrow \qquad\qquad (2) \qquad und$$

α-Chinolon γ-Chinolon

z. B. mittels Ferricyankalium, gehen die Oxydihydrobasen in α- bzw. γ-Chinolone (2) über. Diese Chinolone entstehen unter der Einwirkung des Alkalis aus den Oxydihyrdobasen auch ohne Oxydationsmittel, aber unter gleichzeitiger Reduktion eines Teiles der Pseudo- Chinolone.

ammonium- oder Karbinolbase zum entsprechenden Dihydro- und
Tetrahydrochinolin, z. B. (3). Im Anschluß an diese Vorgänge findet

$$(3)$$

nun weiterhin zwischen der hydrierten Chinolinbase und dem Chinolon
unter Farbstoffbildung eine Kondensation statt, die auch, entsprechend
der Auffassung der Pseudobasen als Aldehyde (siehe oben), als durch
eine Art Benzoin- oder richtiger Aldol-Kondensation vermittelt angesehen werden kann. Unter Abspaltung von Wasser und Ringschließung vollzöge sich alsdann der weitere Übergang der Zwischenstufen der Aldol-Basen, in die Farbstoffe. Es ergeben sich daraus
2 Reaktionsschemata; entweder z. B.:

$$(1)$$

oder

$$(2)$$

Von besonderer Wichtigkeit ist ferner das Verhalten der oben genannten hypothetischen Aldehydaminbasen (4) gegenüber Verbindungen,
die eine reaktionsfähige Methyl- oder Methylengruppe enthalten. Aus
den primären Produkten (5) der Kondensation, die sich in üblicher

$$(4) \qquad (5)$$

$$(6)$$

Weise unter Abspaltung von Wasser vollzieht, entstehen dann, und zwar
meist unter weiterem Austritt von 2 Atomen Wasserstoff, der bei hydrierten
Chinolinbasen im allgemeinen sehr leicht erfolgt (vgl. die Skraupsche
Chinolinsynthese), infolge Ringschlusses die Cyaninfarbstoffe (6). Je
nach ihrer speziellen Konstitution unterscheidet man Cyanine und
Isocyanine auf der einen Seite und Apocyanine, mit der Untergruppe Erythro- und Xantho-Apocyanine, auf der anderen Seite.
Die Cyanine und Isocyanine entstehen durch Kondensation zwischen
einer CO- und einer CH₃-Gruppe, wie z. B. das Chinolinblau (7), in dem   Chinolinblau.

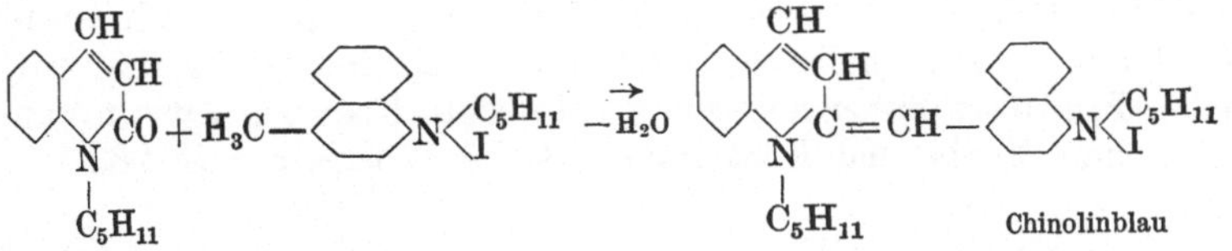

die beiden Chinolinringe also durch die Methingruppe =CH— miteinander verbunden sind; die Apocyanine hingegen in der oben geschilderten Weise durch Kondensation einer CO-Gruppe mit einer
ringförmig gebundenen CH₂-Gruppe. Bei dieser unmittelbaren
Verknüpfung zweier Kerne sind ebenso wie bei einer mittelbaren, durch
=CH—, verschiedene Kombinationen möglich, je nach der Stellung
(o- oder p-), die die verknüpfenden Kohlenstoffatome zum Stickstoff
einnehmen, ein Umstand, der auch für die Unterscheidung zwischen
Cyaninen und Isocyaninen bestimmend ist. Die Verhältnisse liegen
hier sehr ähnlich, wie bei den wichtigen indigoiden Farbstoffen,
zu denen die Apocyanine theoretisch, nicht technisch, in naher Beziehung stehen, weshalb auch diese Farbstoffgruppe eine etwas aus-
führlichere Besprechung an dieser Stelle gefunden hat.

Ähnlich dem Chinolin verhalten sich das Isochinolin und dessen   Pseudobasen
Halogenalkylate. Auch hier entstehen Pseudobasen vom Karbinol-   des
typus (1) und die isomeren Aldehydaminbasen mit offener Kette (2),   Isochinolins.

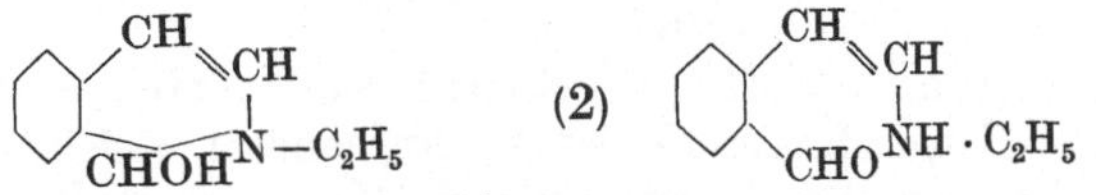

die bei der Kondensation mit reaktionsfähigen Methyl- und Methylen-
gruppen analoge Farbstoffe liefern, wie die sich vom Chinolin ableitenden Aldehydamine.

Ist die α-Stellung der Chinolinbasen substituiert, z. B. durch CH₃,
wie im Chinaldin, so entstehen statt der α- die schon oben erwähnten
γ-Chinolone. Das gleiche gilt vom Akridin, das infolge der besetzten
α- und β-Stellungen nur γ-Akridone(3) zu liefern vermag.

Den Cyaninen steht vielleicht ein Farbstoff nahe, der gleichfalls   Chinolinrot.
zum Sensibilisieren photographischer Platten Anwendung findet und
aus einem Gemisch von Chinaldin und Isochinolin erhalten wird, jedoch
durch die Einwirkung von Benzotrichlorid in Gegenwart von Chlor-

zink. Man schreibt diesem Chinolin- oder Isochinolinrot die Konstitution (4) zu. Azalin ist eine Mischung aus Chinolinrot und dem Cyanin Chinolinblau (siehe oben).

$$(3) \qquad (4)$$

Auch das Pyridin und seine Homologen zeigen ein den Chinolin- und Isochinolinbasen ähnliches Verhalten. Doch sind die hierbei entstehenden Produkte bisher nur wenig erforscht. Über den Zusammenhang zwischen Farbe und Konstitution siehe Näheres auf S. 283.

D. Beizenfarbstoffe und Säurefarbstoffe des Anthrachinons und Naphtochinons.

Anthrachinon. Die Farbstoffe dieser Klasse sind von außerordentlich großer technischer Bedeutung, und zwar liegt diese vor allem in ihren durchwegs vorzüglichen Echtheitseigenschaften. Mit wenigen Ausnahmen leiten sie sich ab vom Anthrachinon, das als Diketon analog dem p-Benzochinon zwei chromophore CO-Gruppen enthält. Diese bilden im Verein mit zwei Benzolkernen das Chromogen (1) dieser Farbstoffklasse,

$$(1) \qquad (2)$$

aus dem durch Eintritt weiterer auxochromer Gruppen die Farbstoffe selbst hervorgehen.

Man kann die Anthracen- oder richtiger die Anthrachinonfarbstoffe in drei große Gruppen einteilen:

1. Beizenfarbstoffe, 2. Säurefarbstoffe, 3. Küpenfarbstoffe. Die Küpenfarbstoffe der Anthracenreihe sollen nicht an dieser Stelle, sondern im Verein mit anderen Küpenfarbstoffen in einem gesonderten Kapitel abgehandelt werden. Es seien zum Verständnis des Nachfolgenden einige geschichtliche Bemerkungen vorausgeschickt:

Alizarin. Das Alizarin oder 1, 2-Dioxy-Anthrachinon (2), einer der allerwichtigsten Anthracenfarbstoffe, hat ebenso wie der Indigo schon seit vielen Jahrhunderten Anwendung in der Färberei gefunden, also schon lange vorher, ehe sich die Chemie der Steinkohlenteerfarben entwickelte. Und zwar wurde das Alizarin gewonnen aus den Wurzeln einer Pflanze, der sog. Färberröte, Rubia tinctorum. In dieser Pflanze ist das Alizarin nicht als solches, sondern in Form eines Glukosides, der Ruberythrinsäure (3), enthalten, die beim Kochen mit verdünnten Säuren sehr leicht in 1 Mol. Alizarin und 2 Mol. Glukose zerfällt. Neben

dem **Alizarin**, dem 1, 2-Dioxyanthrachinon, sind noch andere Oxyanthrachinone, und zwar wahrscheinlich gleichfalls in Form von Glukosiden, in der Krappwurzel (wie man die Wurzel der Färberröte auch

(3)

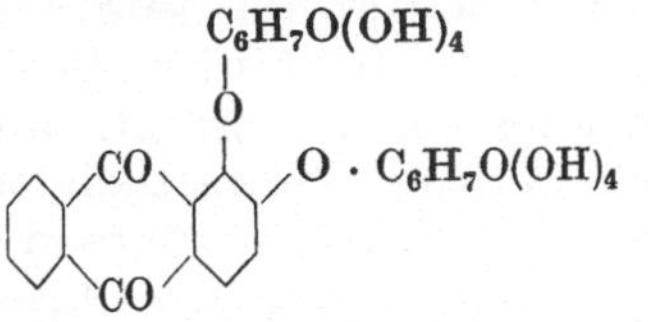

$$C_6H_7O(OH)_4 \ | \ O$$

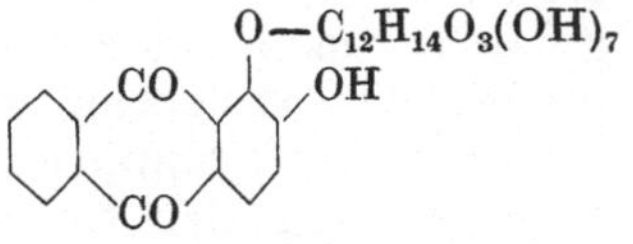

nennt) enthalten. Jedoch ist von diesen nur das 1, 2, 4-Trioxyanthra-
chinon, das sog. **Purpurin** (4), technisch verwertbar, während die
färberischen Eigenschaften des gleichfalls in der Krappwurzel vorhandenen 1, 3-Dioxyanthrachinons, des **Purpuroxanthins** (5), den

(4) 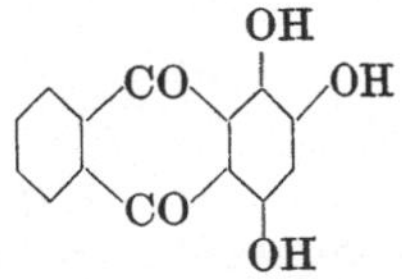   (5)

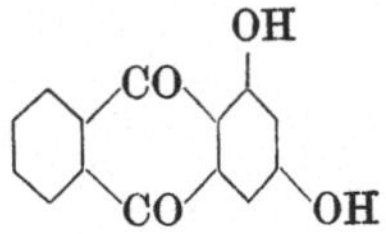

Ansprüchen nicht genügen. Die hervorragenden Eigenschaften der mit
dem natürlichen Alizarin erzeugten Färbungen, von denen die auf Baumwolle erhältlichen als **Türkisch**- oder **Adrianopelrot** bezeichnet
werden, haben schon zu einer Zeit, als die Teerfarbenindustrie eben sich
mächtiger zu entwickeln begann, den Wunsch rege werden lassen,
dieses wertvolle Naturprodukt auf synthetischem Wege herzustellen.
Nachdem man das Alizarin irrtümlicherweise eine Zeitlang für ein
Naphtalinderivat gehalten hatte, wurde auf Grund der kurz vorher be-
kanntgewordenen Methode der Zinkstaubdestillation (**Baeyer**) erkannt,
daß nicht das Naphtalin, sondern das **Anthracen** der dem Alizarin
zugrunde liegende Kohlenwasserstoff sei. Dieser Erkenntnis folgte bald
(1868) die erste Synthese des Alizarins, die **Gräbe** und **Liebermann**
in der Weise bewirkten, daß sie Anthracen zum Anthrachinon oxydierten,
dieses zum 1, 2-Dibromanthrachinon bromierten und schließlich durch
den Austausch von Brom gegen OH in der Alkalischmelze den lange
gesuchten Farbstoff selbst gewannen. Obwohl das Verfahren nicht
ganz einfach und die Ausbeuten wenig befriedigend waren, so stellte
doch diese Synthese einen großen technischen Erfolg dar. Der Sieg
des synthetischen Erzeugnisses über das Naturprodukt wurde ein
Jahr später (1869) besiegelt durch eine wichtige Verbesserung, die
H. Caro zu verdanken ist. Dieser benutzte als Ausgangsmittel nicht
die Halogenderivate des Anthrachinons, sondern das sulfonierte Anthrachinon, also Anthrachinonsulfonsäure, indem er Gebrauch machte von
der kurz vorher aufgefundenen Methode der Alkalischmelze aromatischer
Sulfonsäuren. Ungefähr zu gleicher Zeit wurde auch in England an
diesem so überaus wichtigen technischen Problem gearbeitet, und dort
war es **Perkin**, der sich schon durch die Auffindung des Mauveïns

ein unsterbliches Verdienst erworben hatte, dem es gelang, gleichfalls durch Sulfonierung und Verschmelzung, Produkte zu erhalten, die dem natürlichen Alizarin in ihren Eigenschaften nahestanden. Erst später wurde erkannt, daß das Alizarin selbst nur aus der Anthrachinon-monosulfonsäure, und zwar aus der, unter den technischen Bedingungen vorwiegend entstehenden β-Monosulfonsäure hervorgeht, daß also bei der Verschmelzung einer Monosulfonsäure überraschenderweise zwei Hydroxylgruppen erzeugt werden (siehe S. 347 f.), während durch Verschmelzung der bei weitergehender Sulfonierung sich bildenden Disulfonsäuren 2, 6 und 2, 7 in analoger Reaktion Trioxyanthrachinone erhalten werden, nämlich das 1, 2, 6-Trioxyanthrachinon, das sog. **Flavopurpurin** (1), und das 1, 2, 7-Trioxyanthrachinon, das **Iso-** oder **Anthrapurpurin** (2).

[Randnotiz: Flavo- und Iso- oder Anthrapurpurin.]

(1)

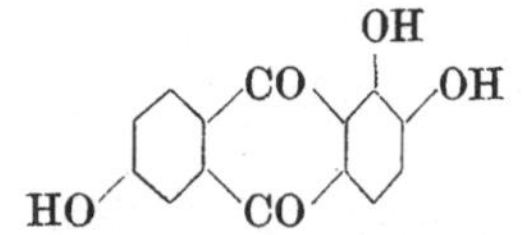

Flavopurpurin oder „Alizarin Gelbstich"

(2)

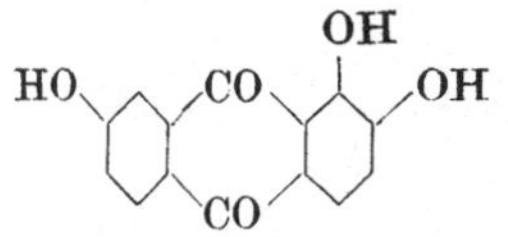

Anthrapurpurin oder „Alizarin Rotstich"

[Randnotiz: Alizarinorange und Alizarinblau.]

Neben diesen wichtigsten Alizarinfarbstoffen erfand man das durch Nitrosieren oder Nitrieren des Alizarins entstehende 3-Nitroalizarin oder **Alizarinorange** (3), das seinerseits zur Auffindung des **Alizarinblaus** und weiterhin zur **Skraup**schen Chinolinsynthese Veranlassung gab. **Prud'homme** fand nämlich, daß 3-Nitroalizarin unter der Einwirkung von Glyzerin und konzentrierter Schwefelsäure in einen wertvollen blauen Farbstoff, das **Alizarinblau**, übergeht, dessen Konstitution zunächst völlig dunkel blieb. Erst **Gräbe** und seinen Mitarbeitern gelang es, die Konstitution des Reaktionsproduktes als eines Chinolinabkömmlings (4) aufzuklären, während H. **Brunck** die wertvollen

(3)

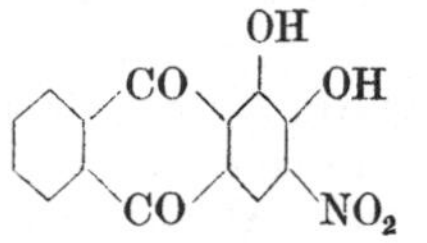

(4)

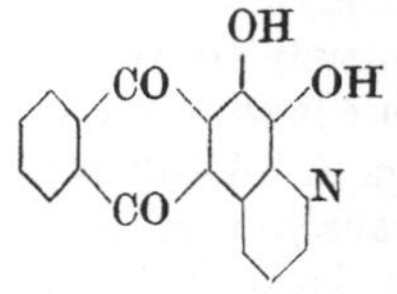

färberischen Eigenschaften des Chromlacks erkannte. **Skraup** war es dann, der bei weiterer Verfolgung der **Gräbe**schen Untersuchungen feststellte, daß es sich um eine Methode von sehr weitgehender Anwendbarkeit handelt, die gestattet, aus aromatischen Aminen, Glyzerin und Schwefelsäure in Gegenwart eines Oxydationsmittels, als welches Nitroverbindungen und Arsensäure dienen können, eine große Zahl von **Chinolin**derivaten herzustellen.

[Randnotiz: Alizarin-Blaugrün, -Grün und -Indigblau.]

Eine weitere sehr wichtige Entdeckung machte R. **Bohn**, als er das **Alizarinblau** der Einwirkung von rauchender und konzentrierter Schwefelsäure unterwarf. Hierbei entstanden Farbstoffe, die, abgesehen von einer Sulfogruppe, durch einen höheren Gehalt an Sauerstoff in

Form von Hydroxylgruppen ausgezeichnet waren: das Alizarinblaugrün, das Alizaringrün und das Alizarinindigblau. Der Mechanismus dieser Reaktionen blieb zunächst verborgen, und es war R. E. Schmidt vorbehalten, weitere, technisch außerordentlich wichtige Folgerungen aus der Erkenntnis zu ziehen, daß die Bohnschen Farbstoffe ihre Entstehung der eigenartigen Reaktionsfähigkeit des Anthrachinonmoleküls gegenüber der rauchenden und konzentrierten Schwefelsäure verdanken. Die Schmidtsche Entdeckung ermöglichte die technische Darstellung einer großen Zahl von höher hydroxylierten Anthrachinonen (Tri-, Tetra-, Penta- und Hexaoxyanthrachinonen), die, ähnlich wie das Alizarin, eine große praktische Bedeutung als bordeaux-, violett- und blaufärbende Beizenfarbstoffe erlangt haben und als Alizarincyanine unter verschiedenen Marken im Handel erscheinen. Ein Verfahren zur Darstellung von Polyoxyanthrachinonen ähnlicher Art hat dann später Bohn aufgefunden, und zwar ausgehend von den Dinitroanthrachinonen (1, 5 und 1, 8), die bei der Einwirkung von rauchender und konzentrierter Schwefelsäure unter geeigneten Bedingungen den Sauerstoff vom Stickstoff der Nitrogruppen in den Kern wandern lassen, worauf die infolge dieser Sauerstoffwanderung zu Amino- und Iminogruppen reduzierten Nitrogruppen den Stickstoff schließlich in Form von Ammoniak abgeben (siehe S. 352).

Alizarin-cyanin- und Anthracen-blau-Farb-stoffe.

Die Hauptbedeutung aller der bisher erwähnten Alizarinabkömmlinge liegt in ihrer Verwendung als Beizenfarbstoffe. Man erkannte jedoch ziemlich bald, als man die Amino-, Arylido- und Alkylido-Anthrachinonderivate auf ihre Eigenschaften hin prüfte, daß zwar auch ein Teil dieser stickstoffhaltigen Anthrachinonabkömmlinge als Beizenfarbstoffe dienen könne, daß sich daneben aber, erforderlichenfalls nach weiterer Sulfonierung bis zur genügenden Wasserlöslichkeit, Farbstoffe erzielen lassen, die nach Art der Säurefarbstoffe gefärbt werden können, und die sowohl durch ihren außerordentlich reinen Ton als auch durch ihre Lichtechtheit eine sehr erwünschte und wichtige Bereicherung auf dem Gebiet der sog. sauren Wollfarbstoffe darstellten. Die eingehende Bearbeitung dieses Gebietes hat die zweite große Gruppe, die Säurefarbstoffe der Anthracenreihe[1]), erschlosssen.

Säure-farbstoffe.

Eine dritte wichtige Phase stellen die Küpenfarbstoffe der Anthracenreihe dar, von denen, wie erwähnt, in einem besonderen Kapitel die Rede sein soll.

Wie schon oben bemerkt, bediente man sich bei der Synthese des Alizarins eines im Steinkohlenteer in reichlicher Menge enthaltenen Kohlenwasserstoffes, des Anthracens, und bis auf den heutigen Tag

Anthracen-derivate aus Benzol-derivaten.

---

[1]) Diese Säurefarbstoffe der Anthracen- oder Anthrachinonreihe sind nicht zu verwechseln mit den gleichfalls sehr wichtigen sog. Säure-alizarin- oder Säureanthracenfarbstoffen, die zur Klasse der nachchromierbaren Azofarbstoffe gehören, also mit den obenerwähnten Anthracenderivaten nichts zu tun haben.

22*

ist das Anthracen bei weitem das wichtigste Ausgangsmaterial für Anthracen- bzw. Anthrachinonfarbstoffe geblieben. Es wurde jedoch schon frühzeitig festgestellt, daß sich Anthracenabkömmlinge auch auf anderem Wege, nämlich durch Kondensation von Benzolabkömmlingen gewinnen lassen. Wir haben bereits im Coeruleïn (siehe S. 323) einen wichtigen Beizenfarbstoff der Anthracenreihe kennengelernt, der aus dem Galleïn, einem Benzolabkömmling, durch Kondensation erhalten werden kann. Auch ein dem Alizarin sehr nahestehender Beizenfarbstoff, das 1, 2, 3-Trioxyanthrachinon, das sog. Anthracenbraun

Anthragallol Rufigallol. oder Anthragallol (1), wurde bereits im Jahr 1877 durch Kondensation von Benzoësäure mit Gallussäure in Gegenwart von konzentrierter Schwefelsäure erhalten und daneben durch Kondensation von 2 Mol. Gallussäure das 1, 2, 3, 5, 6, 7-Hexaoxyanthrachinon, das sog. Rufigallol (2), das gleichfalls als brauner Beizenfarbstoff Verwendung

Anthrachryson. findet. Technisch von Bedeutung ist ferner die Darstellung des 1, 3, 5, 7-Tetraoxyanthrachinons, des Anthrachrysons (1), durch Kondensation zwischen 2 Mol. 1, 3, 5-Dioxybenzoësäure. Auch war bekannt, daß

Alizarin und Chinizarin. Phtalsäureanhydrid bei der Kondensation mit Brenzkatechin das Alizarin (2) und bei der Kondensation mit Hydrochinon das 1, 4-Dioxyanthrachinon oder Chinizarin (3), allerdings in mäßiger Ausbeute, entstehen läßt. Technisch wurde jedoch von letzteren Kondensationen kein Gebrauch gemacht. Dagegen sind neuerdings verschiedene Vorschläge zur Darstellung von Anthracenabkömmlingen aus Phtalsäureanhydrid und geeigneten Komponenten gemacht worden. So läßt sich insbesondere das β-Methylanthrachinon verhältnismäßig leicht aus Phtalsäureanhydrid und Toluol gewinnen. Als Zwischenprodukt entsteht hierbei eine o-Toluylbenzoësäure, die durch Ringschluß, unter der Einwirkung von konzentrierter Schwefelsäure, in das β-Methylanthrachinon übergeht (4). Auf ähnliche Weise lassen sich die

(rechter Rand:) β-Methyl-Anthrachinon.

o-Toluylbenzoësäure

β-Methylanthrachinon

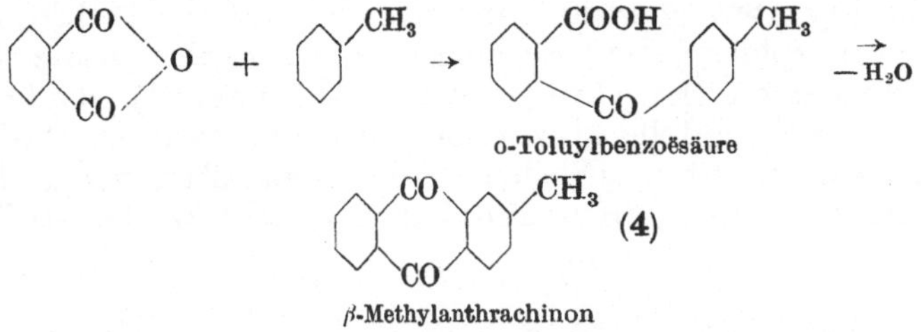

(4) $-H_2O$

p-Dialkylamino- und -Oxy-Benzoylbenzoësäuren in Alkylamino- und Oxy-Anthrachinone überführen.

Noch einige weitere Kondensationen unter Verwendung von Phtalsäureanhydrid sind in neuerer Zeit ausgeführt worden. Doch tritt ihre technische Bedeutung gegenüber den Synthesen, die Anthracen bzw. Anthrachinon selbst zum Ausgangspunkt nehmen, erheblich zurück.

Die beizenfärbenden Eigenschaften des Alizarins haben bei der ungemeinen Wichtigkeit dieses Farbstoffes sehr früh zu theoretischen Betrachtungen über den Zusammenhang zwischen der Konstitution und dem Beizfärbevermögen angeregt. Als Frucht dieser Untersuchungen ergab sich die Liebermann-Kostaneckische Regel, wonach alle Farbstoffe als Beizenfarbstoffe im technischen Sinne anzusehen sind, in denen 2 Hydroxylgruppen die sog. „Alizarinstellung" zur chromophoren Gruppe einnehmen, d. h. in denen zwei Hydroxyle in o-Stellung zueinander sich befinden und gleichzeitig in benachbarter Stellung zum Chromophor, wie dies in typischer Weise beim Alizarin der Fall ist. Diese Regel hat, sofern es sich um die Erzeugung von Beizenfärbungen auf Baumwolle handelt, im allgemeinen sich als richtig bewährt, jedenfalls insofern als alle diejenigen Farbstoffe, die durch die „Alizarinstellung" von Hydroxyl und Chromophor ausgezeichnet sind, tatsächlich den Charakter von Beizenfarbstoffen besitzen. Sie hat nur insofern eine gewisse Ausdehnung erfahren, als bei der Untersuchung des Verhaltens gewisser Farbstoffe gegen Wolle, die mit besonderen, für technische Zwecke im allgemeinen nicht in Betracht kommenden Metalloxyden gebeizt war, sich die Entstehung von „Farblacken" nachweisen ließ, und ähnliches ergab sich auch bezüglich des Verhaltens verschiedener Farbstoffe, die eine „Alizarinstellung" nicht aufwiesen, gegenüber gebeizter Baumwolle. Es darf aber bei diesen Betrachtungen nicht, wie dies vielfach leider geschieht, außer acht gelassen werden,

(rechter Rand:) Die Liebermann-Kostaneckische Beizregel.

(rechter Rand:) Die „Alizarin-Stellung".

daß wohl zu unterscheiden ist zwischen Farbstoffen, die lediglich auf
Beizen ansprechen, d. h. die beim Färben auf vorgebeizter Faser eine
andere Färbung annehmen als ihnen im freien Zustande zukommt, und
solchen Farbstoffen, die mit Beizen, sei es auf pflanzlicher, sei es auf
tierischer Faser, technisch brauchbare Farblacke liefern, d. h. Farblacke, die vor allem den üblichen Anforderungen an Echtheit genügen.
Versteht man unter einem Beizenfarbstoff einen Farbstoff der ersteren
Art, so wird die Liebermann-Kostaneckische Beizregel eine sehr
erhebliche Erweiterung erfahren müssen, da nicht nur Farbstoffe mit
einer Hydroxylgruppe in o-Stellung zum Chromophor, wie z. B. das
1-Oxyanthrachinon (Erythroxy-Anthrachinon) (1), sondern andererseits auch Farbstoffe mit zwei zu einander o-ständigen Hydroxylgruppen, aber nicht in o-Stellung zum Chromophor, wie z. B. das
2, 3-Dioxyanthrachinon (Hystazarin) (2), als Beizenfarbstoffe an-

gesehen werden müßten; während, wenn man das Wort „Beizenfarbstoffe" im oben entwickelten technischen Sinne gebraucht, ihre
Zahl ganz erheblich zusammenschrumpft.

Es erscheint zweckmäßig, vor der eingehenden Schilderung der Farbstoffsynthesen verschiedene Methoden zu betrachten, die für die Darstellung von Anthrachinonderivaten von besonderer Bedeutung sind,
und die sich auf aromatische Verbindungen der Benzol- und Naphtalinreihe vielfach nicht ohne weiteres übertragen lassen. Das Anthrachinonmolekül besitzt auf Grund der beiden Karbonylgruppen eine ganz besondere Reaktionsfähigkeit, die anderen aromatischen Verbindungen bei weitem nicht in gleichem Maße zukommt.

1. Die Sulfonierung.

Sulfonierung des Anthracens und Anthrachinons.

Während Anthracen selbst außerordentlich leicht, schon durch
mäßig konzentrierte Schwefelsäure, sulfoniert werden kann, wobei aber
auffallenderweise sich unmittelbar eine Disulfonsäure bildet, derart,
daß die Darstellung der Anthracenmonosulfonsäure nur unter ganz
besonderen Bedingungen möglich ist, z. B. durch Sulfonierung mittels
Chlorsulfonsäure in Eisessig, ist das Anthrachinon nur sehr schwer
sulfonierbar, so daß sich technisch die Notwendigkeit ergibt, die Sulfonierung mit rauchender Schwefelsäure auszuführen. Ja, man kann
sagen, daß die Schwierigkeiten, die sich der Sulfonierung des Anthrachinons und seiner Derivate entgegensetzten, den Alizarin erzeugenden
Farbenfabriken den Anstoß gegeben haben, nach verbesserten Methoden
zur Darstellung der in großem Maßstabe erforderlichen rauchenden
Schwefelsäure zu suchen. Bekanntlich ist die Lösung dieses Problems

ermöglicht worden durch den **Winklerschen**, von R. **Knietsch** vervollkommneten Kontaktprozeß, der das frühere Verfahren zur Darstellung von Oleum, bestehend in der Destillation der Tonerde- und Eisensulfate, heute vollkommen verdrängt hat.

Bei der Sulfonierung des Anthrachinons entsteht auffallenderweise (siehe Naphtalin, S. 106), und zwar offenbar unter dem Einfluß der Karbonylgruppen, nicht die α-, sondern die β-**Monosulfonsäure** (1), die ja, wie bereits erwähnt, als Ausgangsmaterial für die Alizarindarstellung von großer Bedeutung ist. Erst verhältnismäßig spät wurde erkannt, daß auch die **Anthrachinon-α-Monosulfonsäure** (2) in guter Ausbeute erhältlich ist, falls man die Sulfonierung in Gegen-

Anthrachinon-α- u. -β-Sulfonsäure.

wart von **Quecksilber** oder **Quecksilbersalzen** ausführt. Bei weitergehender Sulfonierung entstehen aus der β-Monosulfonsäure zwei isomere Disulfonsäuren, die 2, 6- und die 2, 7-**Disulfonsäure** (3),

2, 6- u. 2, 7-Anthrachinondisulfonsäure.

von denen die erstere mit α-, die letztere mit β-Disulfonsäure bezeichnet wird, und die, wie bereits auf S. 338 bemerkt, in der Alkalischmelze die entsprechenden (1, 2, 6- und 1, 2, 7-) **Trioxyanthrachinone** liefern. Führt man die Disulfonierung in Gegenwart von Quecksilber aus, so entstehen ebenfalls 2 isomere Disulfonsäuren: 1,5 und 1,8.

Alizarin selbst läßt sich trotz zweier Hydroxylgruppen gleichfalls nur schwer sulfonieren und liefert bei Anwendung von rauchender Schwefelsäure eine **Alizarin S** (1) genannte Sulfonsäure, mit der Sulfogruppe in 3-Stellung. Im allgemeinen spielen die Sulfonierungen

Alizarin S.

in der Alizarinreihe, sofern es sich um **Beizenfarbstoffe** handelt, eine untergeordnete Rolle, da Beizenfarbstoffe, auch wenn sie in Wasser nur wenig löslich sind, beim Färben keine besonderen Schwierigkeiten bieten, während auf der anderen Seite die Gefahr besteht, daß durch die Erhöhung der Löslichkeit infolge der Einführung von Sulfogruppen die **Echtheit** beim Waschen, Walken u. dgl. leidet. Wesentlich anders liegt die Sache, falls Anthrachinonderivate als **Säurefarbstoffe** verwendet werden sollen. Farbstoffe, die sich in Wasser und zumal in angesäuertem Wasser schwer lösen, werden sich nur in seltenen Fällen ohne Schwierigkeit nach den direkten Methoden (siehe S. 291) färben lassen. In der Regel wird es erforderlich sein, dem Molekül durch nachträgliche Sulfonierung eine oder zwei Sulfogruppen einzuverleiben oder bereits sulfonierte Komponenten zur Farbstoffbildung heranzuziehen, damit der Farbstoff in Wasser genügend löslich ist, und damit auch beim Ansäuern des Bades während des Färbeprozesses keine wesentliche Ausscheidung der Farbstoffsäuren stattfindet, die durch unegales Färben und mangelhaftes Durchfärben sehr leicht verhängnisvoll werden kann. Insofern hat die nachträgliche Sulfonierung von Anthracenfarbstoffen eine gewisse Bedeutung, wie wir später noch bei den Arylidoanthrachinonfarbstoffen sehen werden (siehe S. 361).

Rolle der Borsäure. Durch Zusatz von Borsäure wird die Sulfonierung von p-(Alkyl-)Amino-oxy-Anthrachinonen insofern beeinflußt, als die Sulfogruppe nicht in den substituierten Kern eintritt, wie dies in Abwesenheit von Borsäure der Fall ist. Bei der Sulfonierung des 1, 4, 5-Tri- und des 1, 2, 5, 8-Tetra-oxy-Anthrachinons (mit 30%igem Oleum) bewirkt die Borsäure hingegen den Eintritt der Sulfogruppe in die 7- bzw. in die 3-Stellung.

Entsulfonierung. Der umgekehrte Prozeß der Entsulfonierung, bei dem sich die Hg-Salze gleichfalls als wirksam erwiesen haben, kann dann eine Rolle spielen, wenn es sich darum handelt, Sulfogruppen, die während der Farbstoffbildung in das Molekül eingetreten sind, sei es in den Kern, sei es an Stelle des Wasserstoffes einer Hydroxylgruppe, wieder zu entfernen, im ersteren Falle, um die Löslichkeit eines Beizenfarbstoffes herabzusetzen (siehe oben), im anderen Falle, um die verschlossenen Hydroxylgruppe wieder zu öffnen und ihr den verlorengegangenen Charakter einer auxochromen Gruppe wiederzugeben.

2. Die Nitrierung.

Mono- und 1, 5- bezw. 1, 8-Dinitro-Anthrachinone. Läßt man Salpetersäure in Gegenwart von Schwefelsäure auf Anthrachinon einwirken, so erhält man das α-Mononitroanthrachinon (1) und bei weitergehender Nitrierung eine Mischung von 1, 5- und 1, 8-Dinitroanthrachinon (2), die beide, u. a. als Ausgangsmaterial

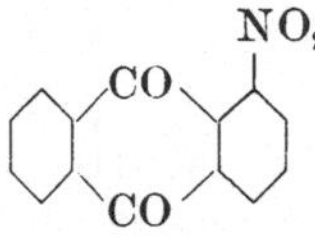

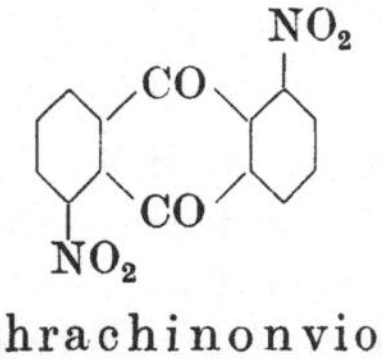

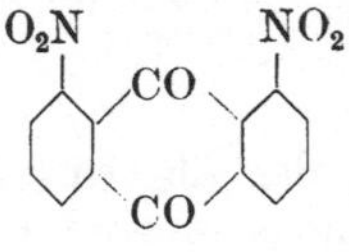

für Anthracenblau und Anthrachinonviolett, von Bedeutung sind (siehe S. 351). Die Nitrierung des Alizarins wurde bereits oben (siehe S. 338) erwähnt, und sie verläuft, falls man Alizarin in organischen Lösungsmitteln, z. B. Eisessig, löst bzw. suspendiert, oder falls man in üblicher Weise in Schwefelsäure nitriert (wobei übrigens leicht eine gleichzeitige Oxydation stattfindet, die durch Zusatz von

Borsäure — Borsäure-Ester! — verhindert werden kann), derart, daß die Nitrogruppe in die 3-Stellung (3) tritt. Wendet man hingegen statt des freien Alizarins einen Alizarinester (ausgenommen Borsäureester, siehe oben) an, z. B. das Diacetyl- (4) oder Dibenzoylalizarin, oder den

α- u. β-Nitro-
Alizarin.

(3) 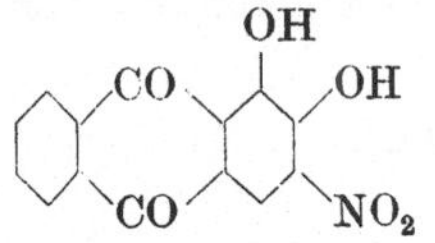 — Alizarinorange

(4)

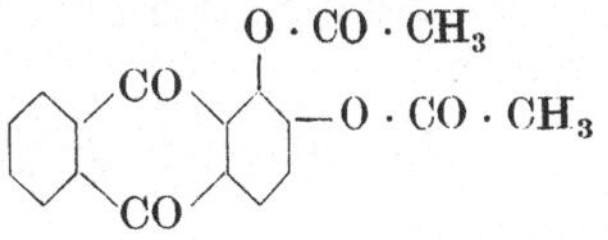

Arsensäureester, oder endlich den Schwefelsäureester, der bei der Nitrierung in Gegenwart rauchender Schwefelsäure entsteht, so wandert die Nitrogruppe in die 4-Stellung, und man erhält das 4-Nitroalizarin (5), das **Alizarinbraun**, das durch Reduktion in das 4-Aminoalizarin (6)

Alizarin-
braun und
Alizarin-
granat.

(5)

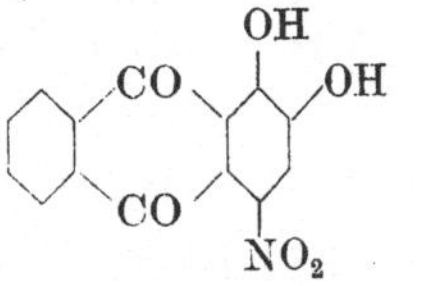

(6)

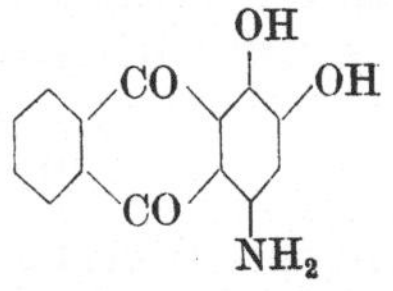

oder **Alizaringranat R** übergeht. Analoge Produkte erhält man aus dem 1, 2, 6- und dem 1, 2, 7-Trioxyanthrachinon.

Nicht unerwähnt sei, daß Salpetersäure und Salpetrige Säure unter gewissen Umständen auch leicht **oxydierend**, d. h. unter Bildung neuer Hydroxylgruppen, auf Alizarin und seine Derivate einwirken (siehe oben und S. 351). Aus Amino-Anthrachinonen entstehen bei der Nitrierung, falls man größere Mengen von HNO_3 anwendet, sog. Nitro-Nitramine, deren einfachste, der Diazobenzolsäure, $C_6H_5 \cdot NH \cdot NO_2$, entsprechenden Vertreter auch aus den Anthrachinondiazoniumsulfaten durch Oxydation mittels NaOCl entstehen (1) und leicht in Form ihrer Na-Salze, $R \cdot NNa \cdot NO_2$, oder richtiger wohl (2)

Nitramine.

(1) $R \cdot N(OH) = N + O \rightarrow R \cdot NH \cdot NO_2$ (2) $R \cdot N = N \diagdown_O^{ONa}$,

isoliert werden können. Die Nitramine lassen sich durch Behandlung mit konz. HNO_3 zu Nitronitraminen weiter nitrieren, aus denen bei der Einwirkung von Reduktionsmitteln, unter gleichzeitiger Abspaltung von NO_2 (aus der Gruppe $NH \cdot NO_2$), Di- und Tetraamino-Anthrachinone hervorgehen. Zum Schutz der Aminogruppen bei der Nitrierung wurde die Verwendung der entsprechenden Oxaminsäuren vorgeschlagen, die sich aus den Amino-Anthrachinonen unter der Einwirkung von Oxalsäure leicht bilden. Aus Arylido-Anthrachinonen können bei der Nitrierung — in der Regel wohl nebeneinander — 3 Arten von Nitroverbindungen entstehen :Nitroarylido-Anthrachinone (Nitrogruppen im Arylrest), Arylido-Nitroanthrachinone (Nitrogruppen im Anthrachinonkern) und Aryl-Nitroamino-Anthrachinone (Nitrogruppen am Stickstoff). Nitrierungen, bei denen die Nitrogruppe nicht in den

Nitro-Ary-
lido-Anthra-
chinone.

Anthrachinonkern selbst, sondern in substituierende Seitenketten eintritt, sind bis auf wenige Ausnahmen ohne Belang.

Umwandlung der Nitroanthrachinone. Die Bedeutung der verschiedenen Nitroanthrachinone liegt zum Teil in ihrer Überführbarkeit (durch Reduktion) in die entsprechenden Aminoverbindungen, zum Teil darin, daß sie sich durch andere Gruppen, Sulfogruppen:

$$R \cdot NO_2 + Na_2SO_3 \rightarrow R \cdot SO_3Na + NaNO_2,$$

Alkoxygruppen:

$$R \cdot NO_2 + NaOCH_3 \rightarrow R \cdot O \cdot CH_3 + NaNO_2$$

und insbesondere Arylidogruppen:

$$R \cdot NO_2 + H_2N \cdot C_6H_5 \rightarrow R \cdot NH \cdot C_6H_5 + HNO_2$$

mit Leichtigkeit ersetzen lassen, was in der Benzol- und Naphtalinreihe als ungewöhnlich anzusehen ist (Ausnahmen siehe S. 185).

3. Die Halogenisierung.

Methoden der Halogenisierung. Eine ähnliche Bedeutung als Durchgangskörper wie die Nitroverbindungen besitzen die Halogenderivate des Anthrachinons infolge der großen Beweglichkeit der Halogenatome. Zu Chlorierungszwecken läßt sich bei Aminoanthrachinonen und Indanthren außer den gewöhnlichen Reagenzien auch das SO_2Cl_2 verwenden. Für die Darstellung von Halogenderivaten des wichtigen Indanthrens sind außerdem auch noch andere Verfahren vorgeschlagen worden, wie Behandlung des Indanthrens mit einem Gemisch von rauchender HNO_3 und HCl sowie Einwirkung von HCl auf das oxydierte Indanthren; im ersteren Fall entsteht das dem Indanthren entsprechende halogenhaltige Azin. Halogene lassen sich in das Anthrachinon und seine Derivate im allgemeinen ziemlich leicht einführen, obwohl die Reaktion vielfach nicht einheitlich verläuft. Die Methode wird angewandt auf Oxy-, Amino-, Nitro-, Methyl-Anthrachinone usw., ferner auf Karbon- und Sulfonsäuren; im letzteren Falle tritt unter Umständen das Halogen an die Stelle der Sulfogruppe. Bei der Einwirkung von viel überschüssigem freiem Chlor auf Amino-Anthrachinon entstehen, im Gegensatz zu der früheren Ansicht, Polychloroxy-Anthrachinone. Es findet also neben der Chlorierung gleichzeitig ein Ersatz der NH_2- durch die OH-Gruppe statt; die sekundären Alkylamino-Anthrachinone mit unbesetzter p-Stellung hingegen lassen sich durch die Einwirkung von Halogen in normaler Weise halogenisieren. β-Oxy-Anthrachinone, u. a. auch das 1,7-Dioxy-Anthrachinon, können mittels NaOCl sogar in alkalischer Lösung chloriert werden, ähnlich den Phenolen, während die färbenden Di- und Polyoxy-Anthrachinone unter den gleichen Bedingungen eine weitgehende Zerstörung erleiden. Andererseits lassen sich in wässeriger Suspension außer dem β-Oxy-Anthrachinon mehrere Mono- und Dioxyderivate desselben, u. a. auch Alizarin selbst, in normaler Weise halogenisieren. Von anderen wichtigeren

Anthrachinonderivaten, die der Halogenisierung unterworfen wurden, seien erwähnt das β-Amino-Anthrachinon (hierbei entsteht z. B. das 1-Mono- und das 1,3-Dibromprodukt [s. u. Indanthren]) und das α-Amino-Anthrachinon (geht in das 2-Bromderivat über), ferner die Amino-Anthrachinoncarbonsäure, die 4-Nitro-, die 5- und 8-Sulfo- und die 5- und 8-Oxyverbindung des α-Amino-Anthrachinons und seiner Dialkylderivate.

Die Halogenderivate können verhältnismäßig leicht durch andere Gruppen, vor allem gegen Arylidogruppen, ausgetauscht werden, und zwar ganz (1) oder teilweise (2):

$$(1) \quad \overset{\text{II}}{R}\!\!<\!\!{\overset{Br}{Br}} + 2\,H_2N \cdot C_6H_5 \quad \xrightarrow{-2\,HBr} \quad \overset{\text{II}}{R}\!\!<\!\!{\overset{NH \cdot C_6H_5}{NH \cdot C_6H_5}}$$

$$(2) \quad \overset{\text{II}}{R}\!\!<\!\!{\overset{Br}{Br}} + H_2N \cdot C_6H_5 \quad \xrightarrow{-HBr} \quad R\!\!<\!\!{\overset{NH \cdot C_6H_5}{Br}}\,.$$

Auch von dieser Möglichkeit wird verschiedentlich in der Technik Gebrauch gemacht (vgl. S. 93 ff.). Über die Halogenisierung der Farbstoffe siehe S. 74.

4. Die Hydroxylierung.

Was die Darstellung von hydroxylierten Anthrachinonen anlangt, so haben wir bereits als eine technisch außerordentlich wichtige Methode 1. die Alkalischmelze kennengelernt, die in der Anthrachinonreihe in vielen Fällen einen andern Verlauf nimmt wie in der Benzol- und Naphtalinreihe. So beruht die Alizarinbildung bei der Verschmelzung der Anthrachinon-β-Sulfonsäure darauf, daß mit dem Austausch der Sulfo- gegen die Hydroxylgruppe ein Oxydationsprozeß verknüpft ist; und zwar diente in den ersten Zeiten der Alizarinfabrikation der Sauerstoff der Luft als Oxydationsmittel, während man späterhin durch einen Zusatz von Kalium- oder Natriumchlorat eine Verschmelzung im geschlossenen Gefäß ermöglichte. Der Reaktionsmechanismus, dem die Entstehung des Alizarins aus der Monosulfonsäure zu verdanken ist, kann trotz seiner technischen Wichtigkeit und trotz des hohen theoretischen Interesses, das er in Anspruch nimmt, nicht als völlig aufgeklärt gelten. Man darf aber annehmen, daß die beiden Karbonylgruppen einen wesentlichen Anteil an der Entstehung der o-ständigen Hydroxylgruppe in der 1-Stellung haben. Es ist bekannt, daß Benzochinon (im Grunde genommen unter Beibehaltung der ihm zukommenden Oxydationsstufe) unter bestimmten Reaktionsbedingungen in Oxyhydrochinon überzugehen vermag (1), ein Prozeß, den man als eine

Die Alkalischmelze.

Theorie der Alizarinbildung.

$$(1) \qquad \underset{\overset{\|}{C}\atop O}{\overset{O\atop \|}{C}}\!\!\!\bigcirc \quad +\,H_2O \atop \longrightarrow \quad \bigcirc\!\!\!\overset{OH}{\underset{OH}{}}\!\!\!-OH$$

Wanderung oder als eine andere Verteilung des Sauerstoffs ansehen kann. Etwas ganz Analoges dürfte wohl auch beim Übergang des zunächst entstandenen 2-Monooxyanthrachinons (2) in das 1, 2-Dioxanthrachinon (4) anzunehmen sein. Als Zwischenphase wäre das dem Oxy-Hydrochinon entsprechende 1, 2-Dioxyanthrahydrochinon (3) zu

Anthra-hydrochinone.

$$(2) \quad [\text{Struktur: CO, CO, OH}] \quad \xrightarrow{+H_2O} \quad [\text{Struktur: COH, COH, OH, OH}] \quad (3) \quad \underset{+H_2}{\overset{-H_2}{\rightleftarrows}} \quad [\text{Struktur: CO, CO, OH, OH}] \quad (4)$$

denken, das einerseits leicht aus Alizarin durch Reduktion entsteht und ebenso leicht durch Oxydation in Alizarin übergeht. Demnach bestände die Rolle des Oxydationsmittels nicht darin, im 2-Oxyanthrachinon (2) unmittelbar den Wasserstoff in 1 durch die Hydroxylgruppe zu ersetzen, sondern vielmehr darin, das durch Sauerstoffwanderung entstehende Hydrochinon (3) wieder zum Chinon zu oxydieren. Man darf wohl um so mehr annehmen, daß die eben angedeutete Erklärung des Reaktionsmechanismus zutrifft, als bekanntlich sehr häufig Oxy-Anthrahydrochinone in der Alizarinschmelze angetroffen werden, deren Entstehung dann möglich ist, wenn es an dem zur Chinonbildung [(3) → (4)] erforderlichen Sauerstoff fehlt. Ein gewisses Licht auf die eigenartige Reaktionsfähigkeit des Anthrachinonmoleküls und vielleicht auch auf die Vorgänge bei der Alizarinschmelze, wirft das Verhalten des Chinizarins gegen schwach alkalisch wirkende Salze wie Borate, Acetate, Phosphate usw. Es ist zu vermuten, daß auch bei der Entstehung der neuen Oxydationsprodukte des Chinizarins die CO-Gruppen nicht unbeteiligt bleiben. In neuerer Zeit sind Versuche angestellt worden, um vom Anthrachinon unmittelbar zum Alizarin zu gelangen, indem man statt der β-Sulfonsäure das Anthrachinon selbst mit Alkali verschmilzt. Bei diesem Verfahren der Alizarindarstellung dürften ohne Zweifel, in ähnlicher Weise wie bei der älteren Methode, die aus dem Chinon entstehenden Oxyhydrochinone den Übergang zum Farbstoff vermitteln. Nur würde sich in diesem Fall der Übergang des Chinons zum Hydrochinon zweimal vollziehen müssen, das erstemal um die eine, das zweitemal um die andere Hydroxylgruppe bzw. den Sauerstoff vom Chinonring in den äußeren Kern gelangen zu lassen:

$$[\text{Struktur: CO, CO}] \quad \xrightarrow{+H_2O} \quad [\text{Struktur: COH, COH, OH}] \quad \xrightarrow{-H_2} \quad [\text{Struktur: CO, CO, OH}] \quad \xrightarrow{+H_2O}$$

$$[\text{Struktur: COH, COH, OH}] \quad \xrightarrow{-H_2} \quad [\text{Struktur: CO, CO, OH}]$$

Von technischem Interesse ist die in neuerer Zeit aufgefundene Tatsache, daß man aus den Anthrachinonmonosulfonsäuren α und β die entsprechenden Monohydroxylverbindungen statt der Dioxyanthrachinone ziemlich glatt erhalten kann, wenn man sich bei der Verschmelzung, statt des Ätzalkalis, des Ätzkalks bedient. Auf diesem Wege sind das α- und das β-Monooxyanthrachinon leicht zugängliche Verbindungen geworden; ferner wurden 1,5- und 1,8-Dioxy- und -Aminooxy-Anthrachinone aus den entsprechenden Disulfonsäuren bzw. Aminomonosulfonsäuren sowie Polyoxy-Anthrachinonchinoline aus niedriger hydroxylierten Anthrachinonchinolinsulfonsäuren erhalten.

2. Ein zweites sehr wichtiges Mittel zur Herstellung von Hydroxylverbindungen des Anthrachinons ist gegeben durch das Oxydationsvermögen der rauchenden Schwefelsäure. Auch hier fehlt es, trotz der Wichtigkeit dieses eigenartigen Hydroxylierungsprozesses, an einer gründlichen Untersuchung über den Reaktionsmechanismus, der durch die oxydierenden Wirkungen des SO_3 keineswegs in ausreichendem Maße verständlich wird. Als Zwischenkörper glaubt man saure (1) und neutrale (2) Schwefelsäureester der Oxyanthrachinone gefunden zu haben, die durch Verseifung mittels Alkalien oder Säuren in die freien Hydroxylverbindungen (3) übergehen. Daß Schwefelsäure

$$(1) \quad R{<}^{O \cdot SO_3H}_{OH} \qquad (2) \quad R{<}^{O}_{O}{>}SO_2 \qquad (3) \quad R{<}^{OH}_{OH}$$

(oder ihr Anhydrid) oxydierend wirkt, ist bereits vor Auffindung der Schmidtschen Reaktion bekannt gewesen, und man hat auch von dieser Fähigkeit im größten Maßstabe Gebrauch gemacht bei der Darstellung der Phtalsäure oder ihres Anhydrids aus Naphtalin. Hierbei aber findet eine sehr weitgehende Oxydation statt, die verbunden ist mit der Aufsprengung aromatischer Kerne, während bei der von Schmidt aufgefundenen Reaktion der Oxydationsprozeß bei der Hydroxylierung haltmacht, ohne daß es (normalerweise) zu einer Zerstörung des Anthrachinonmoleküls kommt. Allerdings hat sich gezeigt, daß die Reaktion durchaus nicht ohne weiteres glatt verläuft, sondern daß es der Einhaltung bestimmter Bedingungen bedarf, wenn man nicht zu technisch wertlosen Produkten gelangen will. In dieser Beziehung hat sich, ebenso wie bei der Hydroxylierung des Anthrachinonmoleküls durch Umlagerung von Nitroverbindungen (siehe unten), ein Zusatz von Borsäure als sehr vorteilhaft erwiesen, und man führt wohl mit Recht die Wirkung der Borsäure zurück auf ihr eigenartiges Vermögen, selbst in stark schwefelsaurer Lösung oder vielmehr gerade unter derartigen Reaktionsbedingungen, esterartige Verbindungen mit aromatischen Phenolen zu bilden, die offenbar gegenüber Oxydationsmitteln eine größere Beständigkeit aufweisen, vielleicht auch den Verlauf der Hydroxylierungen in bestimmte Bahnen lenken. Etwas Ähnliches haben wir auf S. 345 bei der Nitrierung des Alizarins kennengelernt, wie denn überhaupt Phenoläther und Phenolester in der Regel anders reagieren wie die freien Phenole. Es ist nicht anzunehmen, daß die Hydroxylierung des Anthrachinons und seiner Abkömmlinge mittels SO_3 einfach in der Weise stattfindet, daß 1 Atom Sauerstoff des SO_3 als Hydroxylgruppe zum Vorschein kommt, etwa in der Weise:

$$R \cdot H + SO_3 \rightarrow R \cdot OH + SO_2 ,$$

sondern es entstehen vermutlich **Zwischenkörper**, die schließlich in die Hydroxylverbindungen übergehen. Einen gewissen Anhalt bietet das Auftreten der neutralen und sauren Schwefelsäureester (siehe oben). Bemerkenswert ist auch, daß bei der Hydroxylierung ganz bestimmte Stellen bevorzugt sind. So entsteht z. B. aus dem Alizarin (in Gegenwart von Borsäure) das 1, 2, 5-Trioxy- und das 1, 2, 5, 8-Tetraoxyanthrachinon, das sog. **Alizarinbordeaux** oder **Alizarincyanin 3 R**. Während andere Oxydationsmittel, z. B. MnO_2, an der 4-Stellung angreifen, vollzieht sich also, wie wir sehen, der Angriff des Oleums in dem vorher unsubstituierten Kern an der 5- und 8-Stellung. Auch Anthrachinon selbst kann man durch hochprozentige rauchende Schwefelsäure hydroxylieren, und zwar läßt sich der Prozeß hier gleichfalls beim 1, 2-Dioxyanthrachinon, dem **Alizarin** selbst, aufhalten. Doch scheint man praktisch von dieser Möglichkeit keinen Gebrauch zu machen, während neuerdings die obenerwähnte Herstellung von Alizarin unmittelbar aus Anthrachinon durch Alkalischmelze mehrfach Bearbeitung gefunden hat, derart, daß eine technische Anwendung dieses direkten Verfahrens nicht ausgeschlossen erscheint.

Alizarin-bordeaux.

Polyoxy-Anthrachinon-chinoline.

Erinnert sei schließlich an dieser Stelle an die bereits oben erwähnten, von **Bohn** mittels Oleum und Schwefelsäure ausgeführten Hydroxylierungen des **Alizarinblaus** zum **Alizarin-Blaugrün**, **-Grün** und **-Indigblau**, wobei die Hydroxylgruppen nacheinander, je nach der Dauer und Art der Einwirkung des Oleums, in den noch unsubstituierten Benzolkern des Anthrachinonmoleküls eintreten, und zwar vermutlich in die 5-, 8- und 7-Stellung. In der Regel entstehen nicht vollkommen einheitliche Oxydationsprodukte sondern **Gemische** von **1-** und **2-fach** hydroxyliertem sowie von 2- und **3-fach** hydroxyliertem Alizarinblau; je nach der Zahl der in den Reaktionsprodukten vorhandenen Hydroxylgruppen erhält man die verschiedenen Marken der oben genannten Farbstoffe, die in Form ihrer **Bisulfitverbindungen** (als sog. S-Marken) in den Handel kommen.

Andere Oxydationsmittel.

3. Außer der rauchenden Schwefelsäure, als deren wirksames Agens das SO_3 anzusehen ist, haben auch noch andere Oxydationsmittel eine mehr oder minder weitgehende Anwendung zur Darstellung hydroxylierter Anthrachinone gefunden. Erwähnenswert ist besonders die Einführung von Hydroxylgruppen durch die oxydierende Wirkung des **Braunsteins**, der z. B. aus dem Alizarin das Purpurin (1), aus dem

(1)

Tetra- das Penta- und aus dem Penta- das Hexaoxyanthrachinon entstehen läßt. Ähnlich reagieren Salpetersäure, Persulfat, Bleisuperoxyd, Überchlorsäure, der elektrische Strom (an der Anode) usw. Doch spielen die letzteren Methoden technisch wohl eine sehr untergeordnete Rolle. Das Verfahren der Hydroxylierung mittels HNO_2 (und des Hg oder seiner Salze) bei Gegenwart von Bor-, Arsen- oder Phosphorsäure hingegen bietet auch wissenschaftliches Interesse. Als Zwischenprodukt hat sich das leicht sowohl in Chinizarin als auch (durch Behandlung mit Alkohol) in α-Oxyanthrachinon überführbare 1-Oxy-4-diazoniumsulfat ergeben; andererseits entsteht Chinizarin aus α-Oxy-Anthrachinon nach demselben Verfahren unmittelbar und ebenso aus Chrysazin das 1, 4, 8-Trioxy-Anthrachinon.

Eine eigenartige Klasse von Verbindungen, die als Zwischenprodukte bei solchen Oxydationsprozessen von Interesse sind, wird dargestellt durch die sog. Anthradichinone (1). Diese sind durch eine bemerkenswerte Reaktionsfähigkeit ausgezeichnet, indem sie, in noch höherem Maße als das Anthrachinon selbst, ihre Chinonnatur dadurch zu erkennen geben (vgl. S. 347 f.), daß sie unter der Einwirkung von Ammoniak in die zugehörigen Amino- (2) und unter der Einwirkung von Wasser in Oxyhydrochinone (3) übergehen, während sie bei der Kondensation mit Phenolen Produkte liefern, die als Phenoläther der entsprechenden Oxyhydrochinone (4) anzusehen sind.

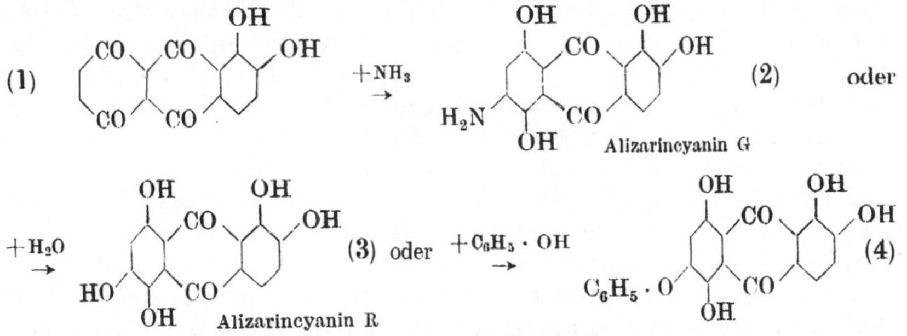

Anthradichinone.

(1) $+NH_3 \rightarrow$ (2)   oder

Alizarincyanin G

$+H_2O \rightarrow$ (3) oder $+C_6H_5 \cdot OH \rightarrow$ (4)

Alizarincyanin R

4. Eine wichtige Methode, um Hydroxylgruppen in den Anthrachinonrest einzuführen, wurde bereits auf S. 339 angedeutet. Sie besteht darin, daß man den Sauerstoff der Nitrogruppen unter geeigneten Bedingungen vom Stickstoff in den Kern wandern läßt. Bei dem 1, 5-Dinitroanthrachinon dürfte sich dieser Vorgang etwa in folgender Weise abspielen: Es entsteht zunächst aus dem Dinitrokörper (5) ein Dioxydinitrosokörper (6), der isomer ist mit einem Bis-Chinonoxim (7). Unter der Einwirkung eines Reduktionsmittels, als welches Schwefelsesquioxyd, S_2O_3, dient, während man zur Umlagerung [(5) → (6)] rauchende Schwefelsäure verwendet, wie dies auch beim 1, 5-Dinitronaphtalin und beim 1, 8-Dinitroanthrachinon üblich ist (siehe S. 352 f.), findet ein Übergang des Bis-Chinonoxims in das entsprechende Bis-Chinonimin (8) statt, und dieses lagert sich dann weiterhin um, analog dem

Polyoxy-Anthrachinone aus Dinitroanthrachinonen.

Der Reaktionsmechanismus.

schon oben erwähnten Übergang der Chinone in Oxyhydrochinone, in
die entsprechende Diaminotetraoxyverbindung, also im vorliegenden
Falle zum 1, 5 - Diamino - 2, 4, 6, 8 -Tetraoxyanthrachinon (9),
das durch Hydrolyse, unter Abspaltung von 2 Mol. Ammoniak, in das
1, 2, 4, 5, 6, 8-Hexaoxyanthrachinon, das **Anthracenblau** (10), über-

Anthracen-
blau.

(5) $\rightarrow$ (6) $=$ (7) $\rightarrow$ -20

(8) $\rightarrow$ (9) $+ 2\,H_2O \rightarrow -2\,NH_3$ (10)

geht. Demgemäß beruht die Überführung des Dinitroanthrachinons
in das **Poly-Oxyanthrachinon** auf 1. einer **Wanderung des Sauerstoffes** vom Stickstoff in den Kern, 2. einer **Reduktion** eines Bis-
Chinonoxyms zum Bis-Chinonimin, 3. einer **Umlagerung** eines
chinoid konstituierten Körpers in einen benzoiden, unter gleichzeitiger Erzeugung neuer auxochromer Gruppen, und 4. einer **Hydrolyse**, gekennzeichnet durch die Abspaltung von Ammoniak. Selbstverständlich ist der Prozeß nicht genau an die eben angeführte Reihenfolge gebunden; auch wird er nicht so glatt verlaufen, wie dies nach
der eben gegebenen Erklärung erscheinen könnte. Es ist sehr wohl
möglich, daß z. B. die **Hydrolyse** (Reaktion 4) des Chinonimins zum
Chinon, d. h. die Ammoniakabspaltung, der Umlagerung (Reaktion 3)
des chinoiden zum benzoiden Körper teilweise **vorausgeht**. Auch
kann z. B. infolge einer weitergehenden Reduktion statt des Hexa-
auch ein **Pentaoxyanthrachinon** entstehen. Im übrigen aber dürfte
wohl die hier angenommene Analogie zwischen der Alizarinbildung,
der Umlagerung der Anthradichinone und der Anthracenblaubildung
tatsächlich bestehen.

Analog wie beim 1, 5-Dinitroanthrachinon verläuft die Farbstoffbildung bei Anwendung des isomeren 1, 8-Dinitroanthrachinons. Da
beide isomere Verbindungen bei der Dinitrierung des Anthrachinons
nebeneinander (je nach den Reaktionsbedingungen in wechselnden Mengen) entstehen, so verwendet man in der Technik in der Regel das unmittelbar erhaltene Gemisch der beiden Dinitroanthrachinone und erhält dementsprechend wahrscheinlich auch zwei isomere Hexaoxyanthrachinone, und zwar das aus dem 1, 5-Dinitroanthrachinon hervorgehende
1, 2, 4, 5, 6, 8-Hexaoxyanthrachinon (10) neben der isomeren, aus 1, 8-
Dinitroanthrachinon entstehenden Verbindung, die in den Stellungen
1, 2, 4, 5, 7, 8 substituiert ist. Es beruht die Isomerie der beiden Hexaoxyanthrachinone darauf, daß Sauerstoff offenbar ebenso wie andere

Atome oder Atomgruppen bei der Wanderung vom Stickstoff in den Kern die o- und p-Stellung besetzt, also von der 1-Stellung nach 2 und 4, von der 5-Stellung nach 6 und 8 und schließlich von der 8-Stellung nach 7 und 5 wandert. Bei diesen zwei isomeren Hexaoxyanthrachinonen befinden sich in beiden Benzolkernen des Anthrachinonmoleküls die OH-Gruppen in „Purpurinstellung" (1, 2, 4 = 5, 6, 8, = 5, 7, 8) zueinander, daher der blaue Ton der Beizenfärbungen, während bei benachbarter Stellung der 3 OH-Gruppen braunfärbende Oxyanthrachinone entstehen, wie das Anthracenbraun und das Rufigallol (s. S. 340). Analog der Bildung der Hexaoxyanthrachinone aus den Dinitroanthrachinonen gestaltet sich die Überführung des 1, 5-Dinitronaphtalins (1) in das 1, 2-Dioxy-5, 8-Naphtochinon, das sog. Naphtazarin oder Alizarinschwarz (6). Als Zwischenprodukte sind in diesem Falle anzunehmen das Bis-Chinonoxim (2) oder 2, 8-Dioxy-1, 5-Dinitroso-Naphtalin (3), das Bis-Chinonimin (4) und das 1, 2-Aminooxy-5, 8-Naphtochinonimin (5), entsprechend dem Reaktionsschema:
Läßt man Phenol auf die fertige Naphtazarinschmelze einwirken,

Alizarinschwarz
(= Naphtazarin).

$$(1)\ \text{NO}_2 \cdots \text{NO}_2 \quad \xrightarrow{\text{Umlagerung}} \quad 2)\ \text{O}\ \text{NOH} \cdots \text{NOH} \quad \text{oder} \quad (3)\ \text{OH}\ \text{NO} \cdots \text{NO}$$

$$\xrightarrow{\text{Reduktion}}\ (4)\ \text{O}\ \text{NH} \cdots \text{NH} \quad \xrightarrow{\text{Reduktion}}\ (5)\ \text{O}\ \text{NH}_2 \cdots \text{NH} \quad \xrightarrow{\text{Hydrolyse}}\ (6)\ \text{O}\ \text{OH} \cdots \text{O}$$

so findet die schon auf S. 351 f. erwähnte Reaktion statt: Aus dem Chinon entsteht der Phenyläther eines Oxyhydrochinons. Im vorliegenden Falle bildet sich der Alizarindunkelgrün W genannte Beizenfarbstoff für Wolle (8), indem vermutlich durch nachträgliche Oxydation die Leukoverbindung (7) in das entsprechende Chinon (8) übergeht.

Alizarindunkelgrün W.

$$(7)\ \text{C}_6\text{H}_5 \cdot \text{O} \cdots \text{HO}\ \text{OH} \cdots \text{OH} \quad \rightarrow \quad \text{C}_6\text{H}_5 \cdot \text{O} \cdots \text{O}\ \text{OH} \cdots \text{OH}\ (8)$$

5. Eine weitere Methode zur Darstellung von Hydroxylverbindungen, die sich an die aus der Benzol- und Naphtalinreihe bekannte anlehnt, ist die Umwandlung von Amino- in Hydroxylgruppen. Auch in der Anthrachinonreihe lassen sich Amine normalerweise diazotieren zu Diazoniumverbindungen, die zwar bis jetzt keinen besonderen technischen Wert erlangt haben, die aber durch Umkochen, unter Entwicklung von Stickstoff, in die entsprechenden Hydroxylverbindungen über-

Oxy- aus Amino-Anthrachinonen.

Anthrarufin u. Chrysazin. gehen. So sind z. B. das 1, 5- und das 1, 8-Dioxyanthrachinon (= An-thrarufin und Chrysazin), (2) und (4), aus den entsprechenden 1, 5- und 1, 8-Diaminoanthrachinonen, (1) und (3), erhalten worden. Auch

$$(1) \quad \rightarrow \quad (2)$$

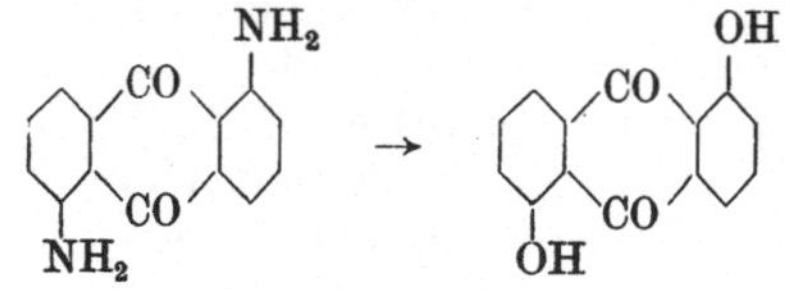

$$(3) \quad \rightarrow \quad (4)$$

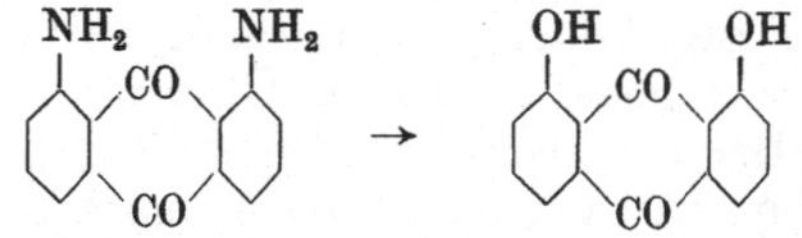

Anthracen-braun und Purpurin. das α- und das β-Monooxyanthrachinon lassen sich aus α- und β-Amino-anthrachinon leicht erhalten. Ferner sind das 3- und das 4-Aminoalizarin auf dem gleichen Wege in die entsprechenden Trioxyanthrachinone, Anthracenbraun (1) und Purpurin, übergeführt worden. In vielen

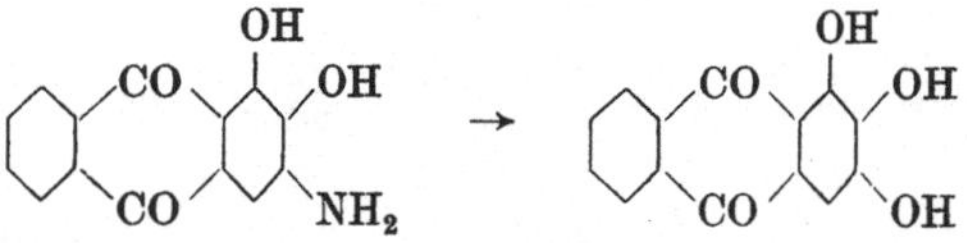

$$\rightarrow \quad (1)$$

Fällen bedarf es aber dieses umständlichen Weges über die Diazonium-verbindungen nicht. Es gibt Aminooxyanthrachinone, in denen die Aminogruppe so locker am Kern haftet, daß schon einfaches Kochen mit Wasser oder Säuren genügt, um den Austausch der Amino- gegen die Hydroxylgruppe zu bewirken. Auf die angedeutete Weise lassen sich z. B. das Diamino-Anthrarufin und -Chrysazin, (2) und (3), in das 1, 4, 5, 8-Tetraoxyanthrachinon (4), und die Diaminoanthrachryson-**Säure-alizarinblau.** Disulfonsäure (5) in die Hexaoxyanthrachinon-Disulfonsäure, das Säure-alizarinblau (6), überführen.

$$(2) \quad \rightarrow \quad (4) \quad \leftarrow \quad (3)$$

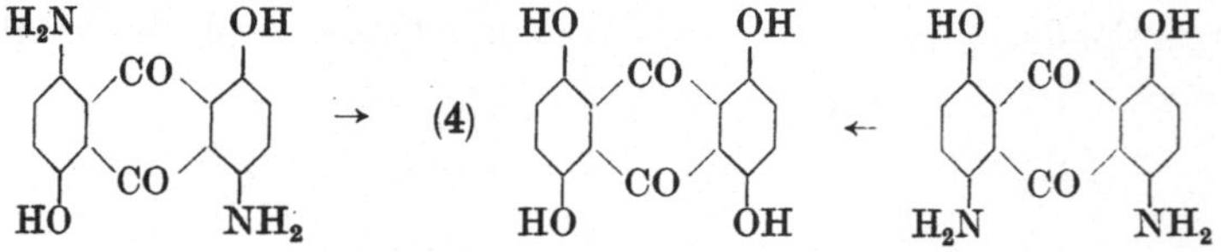

$$(5) \quad \rightarrow \quad (6)$$

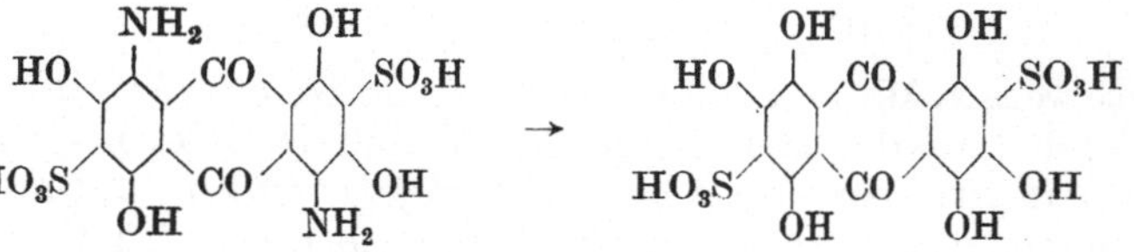

Über die Benennung der Oxyanthrachinone, von denen ein Teil bereits Erwähnung gefunden hat, gibt die nachstehende Übersicht Aufschluß:

Erythroxy-Anthrachinon = 1-Oxyanthrachinon (im technischen Sinne, s. S. 342, kein Beizenfarbstoff),

Alizarin	= 1, 2-Dioxyanthrachinon, Beizenfarbstoff
Purpuroxyanthin	= 1, 3-	,, kein	,,
Chinizarin	= 1, 4-	,,	,,	,,
Anthrarufin	= 1, 5-	,,	,,	,,
Chrysazin	= 1, 8-	,,	,,	,,
Hystazarin	= 2, 3-	,,	,,	,,
Anthraflavinsäure	= 2, 6-	,,	,,	,,
Isoanthraflavinsäure	= 2, 7-	,,	,,	,,
Anthragallol	= 1, 2, 3-Trioxyanthrachinon, Beizenfarb-
Purpurin	= 1, 2, 4-	,,	,, [stoff
Anthrarufinbordeaux	= 1, 2, 5-	,,	,,
Flavopurpurin	= 1, 2, 6-	.,	,,
Iso-(Anthra-)purpurin	= 1, 2, 7-	,,	,,

Alizarinbordeaux = 1, 2, 5, 8-Tetraoxyanthrachinon, Beizenfarbstoff

Anthrachryson = 1, 3, 5, 7-Tetraoxyanthrachinon, kein
Beizenfarbstoff

Alizarincyanin R = 1, 2, 4, 5, 8-Pentaoxyanthrachinon, Beizenfarbstoff

Rufigallol = 1, 2, 3, 5, 6, 7-Hexaoxyanthrachinon, Bei-
farbstoff

Anthracenblau WR = 1, 2, 4, 5, 6, 8-Hexaoxyanthrachinon, Beizenfarbstoff.

Überraschend ist, daß α- und sogar β-Sulfonsäuren des Anthrachinons durch die Einwirkung von methylalkoholischem Kalium in Methoxyverbindungen übergeführt werden können, und daß selbst die Phenolate mit (negativ substituierten) Anthrachinonabkömmlingen unter Bildung von Aryläthern reagieren. Die Entstehung der α-Methoxy-Anthrachinon-6- und -7-sulfonsäuren aus den zugehörigen Nitrosulfonsäuren steht im Einklang mit den Erfahrungen über die Einwirkung von alkoholischem Kalium auf α-Nitroverbindungen (Ersatz von $-NO_2$ durch $-O \cdot CH_3$), ebenso die Darstellung von o-Dimethoxy-Anthrachinonen aus o-Nitromethoxyderivaten. Übrigens hat sich Dimethylsulfat als wohl geeignet erwiesen, um OH-Verbindungen, z. B. Anthrachryson und dessen Nitro- sowie Chlorderivate, nachträglich in (Di-)Methyläther überzuführen. Bemerkenswert ist noch das Verhalten der Nitrokörper gegen Ätzkalk, dessen Konzentration infolge seiner Schwerlöslichkeit einen sehr geringen Betrag nicht zu überschreiten vermag, und der doch imstande ist, die Nitroverbindungen in die entsprechenden Hydroxylderivate überzuführen; ferner die Methode der Darstellung von Oxy-Anthrachinonen aus Nitro-Anthrachinonen durch die bloße Einwirkung von Pyridin bei höheren Temperaturen.

5. Die Amidierung.

a) Darstellung primärer Amine.

Primäre Amine der Anthrachinonreihe lassen sich gewinnen

1, 5- u. 1, 8-Diamino-Anthrachinon.

Alizarin-marron und Alizarin-granat.

1. durch Reduktion der Nitroverbindungen. So entstehen z. B. das 1, 5- und das 1, 8-Diaminoanthrachinon aus den entsprechenden Dinitro-verbindungen, das 3-Aminoalizarin (Alizarinmarron) aus dem 3-Nitro-alizarin, dem Alizarinorange, das 4-Aminoalizarin, das Alizarin-granat (2), aus dem 4-Nitroalizarin, dem Alizarinbraun (1). Von großer

$$(1) \qquad \rightarrow \qquad (2)$$

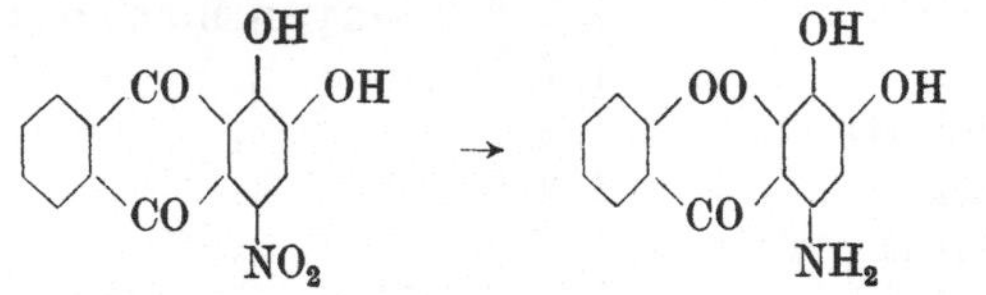

Wichtigkeit sind ferner die durch Reduktion der Dinitro-Anthrarufin-, -Chrysazin- und -Anthrachrysondisulfonsäuren (3) erhältlichen p-Di-amino-Dioxy- bzw. -Tetraoxydisulfonsäuren (4), von denen die eben genannten Diaminodioxydisulfonsäuren unmittelbar als **Säurefarb-stoffe** Verwendung finden. Wenn man in dem Anthrachrysonderivat (4) die beiden NH_2- durch OH-Gruppen ersetzt, erhält man eine 1, 3, 4, 5, 7, 8-Hexaoxyanthrachinon-2, 6-Disulfonsäure (5) und aus dieser durch Abspaltung der beiden Sulfogruppen ein Hexaoxyanthrachinon (6), das

$$(3) \qquad \rightarrow \qquad (4)$$

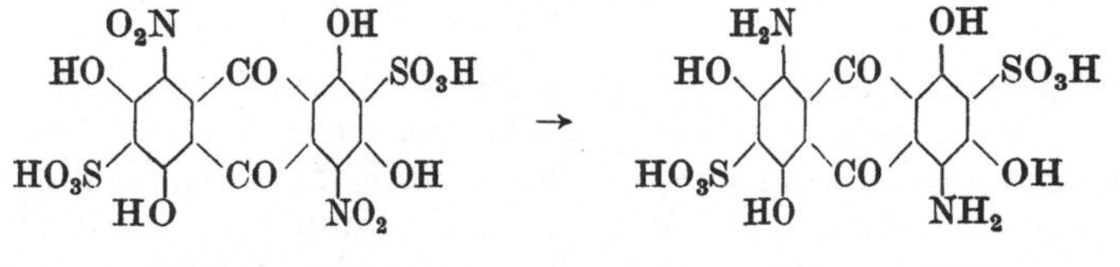

$$(5) \qquad \rightarrow \qquad (6)$$

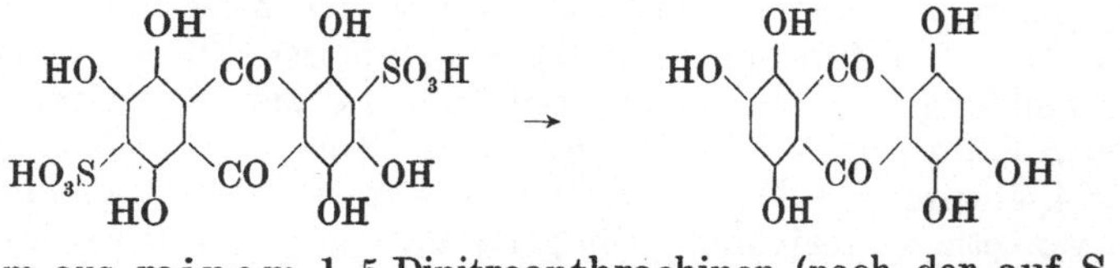

mit dem aus **reinem** 1, 5-Dinitroanthrachinon (nach der auf S. 351 f. angegebenen Methode) erhältlichen **Anthracenblau identisch** ist. (Das 1, 3, 4, 5, 7, 8-Hexaoxyanthrachinon ist **identisch**, nicht nur **isomer** mit dem 1, 2, 4, 5, 6, 8-Hexaoxyanthrachinon.) Hieraus geht hervor, auf wie mannigfache Weise diese als Beizenfarbstoffe wichtigen Hexaoxyanthrachinone, die sog. **Hexacyanine**, erhalten werden können. In anderen Fällen haftet die Aminogruppe übrigens wesentlich fester, und die Beständigkeit der entsprechenden Aminooxyverbindungen bildet sogar die **Voraussetzung** für ihre Verwendbarkeit als **Säure-**

Alizarin-saphirol B.

farbstoffe. Dies gilt z. B. für den wichtigen Säurefarbstoff **Alizarin-saphirol B** (1), eine **4, 8-Diamino-1, 5-Dioxyanthrachinon-2, 6-Disulfon-**

säure, die beim Färben vollkommen beständig ist. Diejenigen Aminooxyderivate, die bereits durch Kochen mit Wasser oder Säuren hydrolysiert ($NH_2 \rightarrow OH$) werden, sind in dieser Form als Farbstoffe nicht

(1)

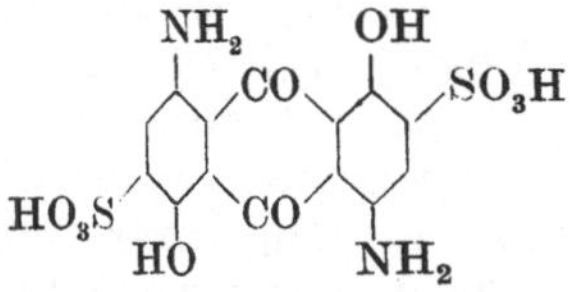

$$\text{NH}_2 \quad \text{OH} \quad \text{SO}_3\text{H} \quad \text{HO}_3\text{S} \quad \text{HO} \quad \text{NH}_2$$

brauchbar, weil bereits während des Färbeprozesses (Kochen in saurem Bade) eine Abspaltung von Ammoniak stattfindet, die sich meist durch einen merklichen **Farbenumschlag** zu erkennen gibt.

Alizarin-
cyanin G.

2. Umgekehrt lassen sich aber auch in der Anthrachinonreihe, ebenso wie in der Benzol- und Naphtalinreihe, die **Hydroxylverbindungen** unter der Einwirkung von Ammoniak in die entsprechenden **Amino**verbindungen überführen. Man macht jedoch von dieser Methode, besonders in ihrer Anwendung auf Ammoniak selbst, nur in vereinzelten Ausnahmefällen Gebrauch, z. B. zur Darstellung des **Alizarincyanin G** genannten Aminotetraoxyanthrachinons (3), das aus dem entsprechenden Pentaoxyderivate (2) durch Erhitzen mit Ammoniak erhalten werden

(2) 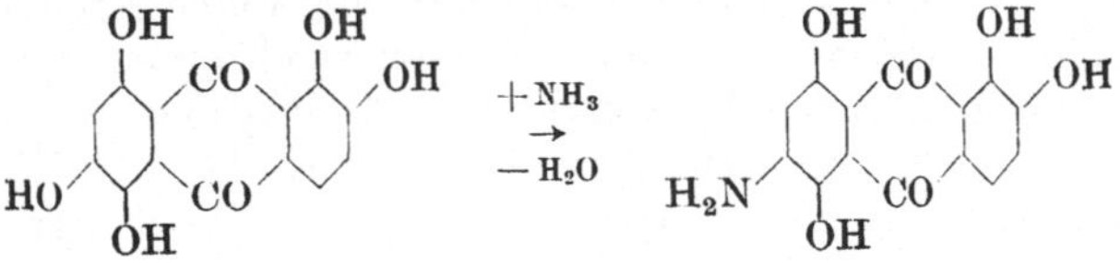 $\quad \cdots \quad +NH_3 \;\rightarrow\; -H_2O \quad \cdots \quad$ (3)

kann. Darüber, daß statt des Pentaoxyanthrachinons sich auch das 1, 2-Dioxy-5, 8-Anthradichinon verwenden läßt, indem dieses Dichinon mit Ammoniak in analoger Weise wie mit Wasser reagiert, siehe Näheres S. 351.

3. Der Ersatz von **Halogen** durch die Aminogruppe scheint in der Anthrachinonreihe technisch ohne Bedeutung zu sein. Eine um so größere Wichtigkeit hat in neuerer Zeit der Ersatz von Halogen durch **Anthrachinonyla**minoreste für die Synthese von **Küpenfarbstoffen** erlangt, wovon später noch ausführlicher die Rede sein wird (vgl. auch S. 94).

α- und β-
Amino-
Anthra-
chinone und
deren Sulfon-
säuren.

4. Eine überraschende Reaktionsfähigkeit gegenüber Ammoniak zeigen die beiden Anthrachinon-α- und -β-**Monosulfonsäuren**. Beim Erhitzen mit wässerigem Ammoniak unter Druck auf etwa 180 bis 190° gehen beide Sulfonsäuren in die zugehörigen **Aminoanthrachinone** über, die daher auf diesem Wege verhältnismäßig leicht zugänglich sind. Analog verhalten sich die Anthrachinondisulfonsäuren 1, 5 und 1, 8, aus denen sich, beim Ersatz **einer** Sulfogruppe, die 1,5- und die 1, 8-**Amino-Anthrachinonsulfonsäure** und, unter gesteigerten Bedingungen, die zugehörigen **Diamino-Anthrachinone** erhalten lassen.

Diamino-
Anthra-
chinone.

b) Darstellung von Arylido- (und Alkylido-) Anthrachinonen.

Arylido-
Anthra-
chinone.

Noch wichtiger als die unter a) erwähnte Methode der Amidierung ist die Herstellung von Arylido- (und Alkylido-) Anthrachinonen, wobei zu bemerken ist, daß die Arylidoanthrachinone und ihre Derivate in Form ihrer Sulfonsäuren fast ausschließlich als wertvolle Säurefarbstoffe in Betracht kommen, während die Aminooxyanthrachinone ihre technische Bedeutung ihrer Eigenschaft als Beizenfarbstoffe verdanken. Überraschenderweise hat sich gezeigt, daß der Anthrachinonkern eine außergewöhnliche Reaktionsfähigkeit gegenüber aromatischen Aminen (und Aminosulfonsäuren) besitzt, derart, daß auf dem Gebiete der Anthrachinonabkömmlinge Reaktionen möglich sind, die in der Benzol- und Naphtalinreihe entweder nur äußerst schwierig oder überhaupt nicht vonstatten gehen. Dieser Umstand hat wesentlich dazu beigetragen, den Säurefarbstoffen der Anthracenreihe eine besondere technische Bedeutung zu verleihen. Nicht nur Amino- und Hydroxylgruppen sowie Halogene lassen sich durch Arylidoreste ersetzen, sondern auch Sulfo- und Nitrogruppen, und zwar besteht die Möglichkeit, die hierbei in Betracht kommenden Reaktionen mannigfaltig zu variieren, infolge des Umstandes, daß man je nach den Reaktionsbedingungen den Ersatz jener Substituenten durch Arylidogruppen nach Belieben zu einem vollkommenen oder unvollkommenen gestalten kann. So lassen sich aus hydroxylierten Anthrachinonen (1) sowohl Oxyarylido- (2) als auch reine Arylido- (3) und ebenso z. B. aus Di-

$$(1) \quad \text{OH, CO, CO, OH} \quad \rightarrow \quad (2) \quad \text{OH, CO, CO, } NH \cdot C_6H_5 \quad \text{und} \quad (3) \quad NH \cdot C_6H_5, \text{CO, CO, } NH \cdot C_6H_5$$

Halogenanthrachinonen sowohl die entsprechenden Halogenarylido- als auch Di-Arylido-Anthrachinone erhalten. Gleiches gilt für die Sulfonsäuren (4) und Nitroverbindungen (5). Sind die Substituenten des Anthra-

$$(4) \quad SO_3H, \text{CO, CO, } HO_3S \quad \rightarrow \quad NH \cdot C_6H_5, \text{CO, CO, } HO_3S$$

chinonkerns unter sich verschieden (Cl, SO_3H, NO_2), so werden sie nach bestimmten Gesetzmäßigkeiten durch Arylidoreste ganz oder nur teilweise ersetzt.

$$(5) \quad NO_2, \text{CO, CO, } O_2N \quad \rightarrow \quad NH \cdot C_6H_5, \text{CO, CO, } C_6H_5 \cdot NH$$

Die Kondensationen zwischen den Anthracenderivaten und den aromatischen Aminen lassen sich in gewissen Fällen wesentlich erleichtern, wenn man statt der Anthrachinone die entsprechenden **Anthrahydrochinonderivate** verwendet. Man erhält alsdann **Arylidoanthrahydrochinone**, die sich aber durch Oxydation leicht in die zugehörigen Arylidoanthrachinone selbst überführen lassen. Man macht von diesen Anthrahydrochinonen besonders ausgiebigen Gebrauch bei der Kondensation der aromatischen Amine und ihrer Sulfonsäuren mit dem 1, 4-Dioxyanthrachinon, dem Chinizarin. Das sog. **Leukochinizarin** (1) kondensiert sich z. B. mit 1 oder 2 Mol. p-Toluidin entweder zum 4-Oxy-1-p-Toluidoleukoanthrachinon (2) oder zum 1, 4-Di-p-Toluidoleukoanthrachinon (3), die beide, nach Oxydation zum entsprechenden Anthrachinon (4) und anschließender Sulfonierung, wertvolle **Säurefarbstoffe** darstellen (siehe Alizarin-Irisol D und Alizarincyaningrün, S. 362).

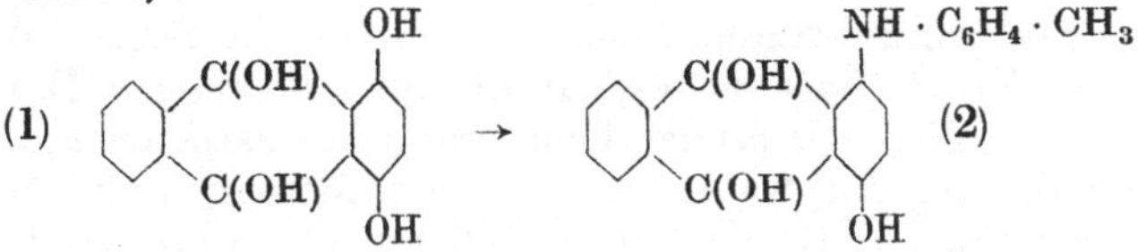

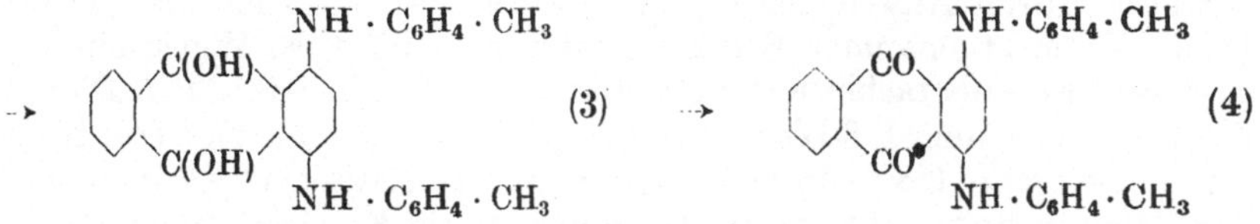

(1) → (2)　　(3) → (4)

Als Beispiele für die große Mannigfaltigkeit der Reaktionen auf diesem Gebiete seien noch die folgenden Kondensationen angeführt:

Der Ersatz der **Sulfo-** durch die Arylidogruppe wurde vollzogen an den α-Mono- und -Dioxy-Anthrachinon-α-sulfonsäuren, wobei die eine OH-Gruppe zunächst intakt bleibt, und die bereits auf anderem Wege erhaltenen Arylidooxy-Anthrachinone vom Typus des Chinizarinblaus entstehen. Außer den Acylderivaten des 1, 4-**Nitroamino**-Anthrachinons wurde auch das β-Monobromderivat desselben mit Aminen kondensiert; in beiden Fällen findet, ebenso wie in den Nitro- (und Oxy-) Alkylamino-Anthrachinonen und deren Sulfonsäuren, nur ein Ersatz der Nitro- bzw. Oxy-Gruppe durch den Arylidorest statt, während z. B. bei der Einwirkung von aromatischen Aminen auf das 6, 8-Dibrom-1-nitro-5-(Alkyl-)amino-Anthrachinon nicht nur die Nitrogruppe, sondern auch das in α-(8-)Stellung befindliche Halogen durch NH·R ersetzt wird unter Bildung eines 1,8-Diarylido-6-Brom-5-(Alkyl-)amino-Anthrachinons. In den **Halogen**-oxy- und -monoalkylamino-Anthrachinonen, den Halogen-α-Anilido-Anthrachinon-6- und -7-Sulfonsäuren und auch in den 1-Oxy-2-methoxy-4-Halogen-Anthrachinonen (aus Alizarin-β-methyläther durch Halogenisierung) findet, zunächst wenigstens, lediglich ein Austausch des (α-?) Halogens statt, während anzunehmen ist, daß die aus 1, 5- und 1, 8-Aminooxy-Anthrachinon erhältlichen Halogenderivate nicht nur mit dem Halogen, sondern auch mit der Hydroxylgruppe reagieren. Die Aminogruppen reagieren in solchen Fällen anscheinend etwas schwerer. Ähnlich verhält es sich mit den Dialkylamino-Anthrachinonen, von denen nur diejenigen leicht mit aromatischen Aminen reagieren, in denen sich noch reaktionsfähige negative Gruppen befinden. Auffallenderweise bleibt aber bei diesem Substitutionsprozeß die Dialkylaminogruppe insofern nicht unverändert, als nämlich eine Alkylgruppe abgespalten wird. Monoalkylierte Amino-Anthrachinone entstehen übrigens, ähnlich wie die Dialkylderivate, aus negativ substituierten Anthrachinonen durch Erhitzen mit primären aliphatischen Aminen. Neuere Untersuchungen haben gezeigt, daß man besonders auch die Reaktionsfähigkeit der Aminogruppen wesentlich steigern kann, wenn man statt der Amino-Anthrachinone die durch Reduktion leicht erhältlichen Leukoverbindungen benutzt, d. h. wenn man die Kondensation der Amino-Anthrachinone gleichfalls in Gegenwart von Reduktionsmitteln (SnO oder essigsaurem SnO) vornimmt. Daraus erklärt sich, daß ähnlich wie bei den Leukoaminoanthrachinonen auch bei den Leukoverbindungen der Aminooxy- (und -Methoxy-) und der Polyoxy-Anthrachinone, z. B. aus 1, 4, 5, 8-Tetraoxy-Anthrachinon, die Kondensation durch Anwendung von Reduktionsmitteln erleichtert werden kann. Im letztgenannten Beispiel erhält man auf diese Weise ein Dioxydiarylido-Anthrachinon (wahrscheinlich ein Gemisch von 1, 5-Dioxy-4, 8-Diarylido- und 1, 8-Dioxy-4, 5-Diarylido-Anthrachinon). Die Kondensationen von Oxy-Anthrachinonen mit aromatischen Aminen, und deren Sulfonsäuren, die ohne Anwendung von Kondensationsmitteln ausgeführt werden können, erstrecken sich, außer auf das Chinizarin und Alizarinbordeaux (1, 2, 5, 8-Tetraoxy-Anthrachinon), auf das Purpurin (1, 2, 4-Trioxy-Anthrachinon) und dessen 6- und 7-Oxy- sowie die 3-, 5-, 6- und 7-Sulfoderivate. Purpurin selbst liefert beim Erhitzen mit aromatischen Aminen auf niedrigere Temperaturen vorzugsweise 1, 4-Dioxy-β-arylido-Anthrachinone; bei höheren Temperaturen ($>160°$) entstehen vorwiegend 2,4-Dioxy-1-arylido-Anthrachinone; steigert man die Reaktionsbedingungen noch weiter, so gelingt es schließlich, ein Triarylido-Anthrachinon zu erhalten. Die gewöhnliche Purpurin-3-sulfonsäure verliert bei der Kondensation mit aromatischen Aminen leicht ihre Sulfogruppe; es ist jedoch möglich, die Abspaltung zu verhindern und infolgedessen zu einem leichter löslichen Farbstoff, einer Arylido-Dioxy-Anthrachinon-3-sulfonsäure, zu gelangen, wenn man die Reaktion bei niedrigeren Temperaturen, etwa 90—120°, ausführt. Bei den neuen Purpurin-α- und β-Sulfonsäuren, bei denen sich die Sulfogruppen im anderen Kern befinden, ist die Gefahr der Abspaltung derselben schon an sich wesentlich geringer, und es lassen sich daher diese Sulfonsäuren unbedenklich mit aromatischen Aminen und deren Sulfonsäuren auf höhere Temperaturen erhitzen, wobei Mono- und Diarylidoderivate entstehen, in denen die Sulfogruppe unverändert geblieben ist.

Säurefarbstoffe der Anthrachinonreihe.

Die Säurefarbstoffe der Anthrachinonreihe, die aus Gründen der Löslichkeit alle mindestens eine Sulfogruppe enthalten, kann man, je nach der Art der Substituenten und der Stellung der Sulfogruppen, einteilen in:

Säurealizarinblau.

Alizarinsaphirol B und SE.

1. Oxy- und Aminooxyderivate des Anthrachinons, bei denen sich die Sulfogruppen im Anthrachinonkern befinden. Hierher gehören außer dem Säurealizarinblau, das gleichzeitig ein ausgeprägter Beizenfarbstoff ist (siehe S. 354), und dem Alizarinsaphirol B (siehe S. 356) noch das diesem nahestehende Alizarinsaphirol SE (die 4, 8-Diamino-Anthrarufin-monosulfonsäure) und das Säurealizaringrün G von der Konstitution (4), das aus der Dinitroanthrachrysondisulfonsäure (5) durch Einwirkung von Schwefelalkali in alkalischer Lösung entsteht.

(4) 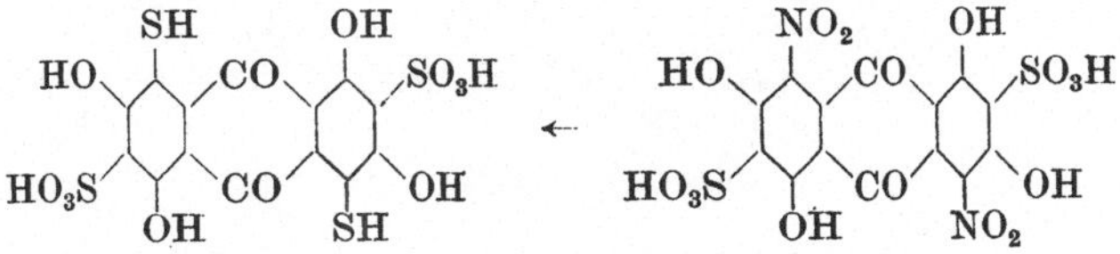 (5)

Alizarindirektblau B und Alizarinsäureblau R.

2. Oxy- und Amino-Arylido-Anthrachinonderivate, in denen sich die Sulfogruppen gleichfalls im Anthrachinonkern befinden; daneben aber teilweise auch im Arylrest. Als Beispiele seien genannt das Alizarindirektblau B und das Alizarinsäureblau R. Ersteres wird erhalten durch Kondensation des Gemisches der beiden isomeren Dibrom-Amino-Anthrachinonsulfonsäuren (1) und (2) mit aromatischen Aminen und — wegen ungenügender Wasserlöslichkeit — nachträgliche Sulfonierung der Kondensationsprodukte (3) und (4), wobei die Sulfogruppe wahrscheinlich nicht in den Anthrachinonkern, sondern in den aromatischen Rest tritt, (5) und (6). Das Alizarinsäureblau R (9)

(1) 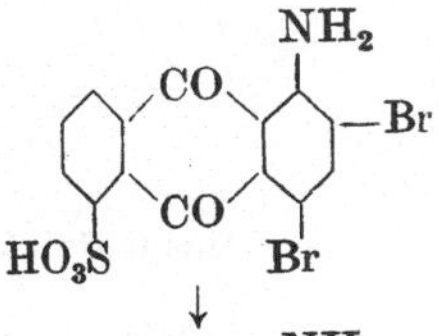

(2) 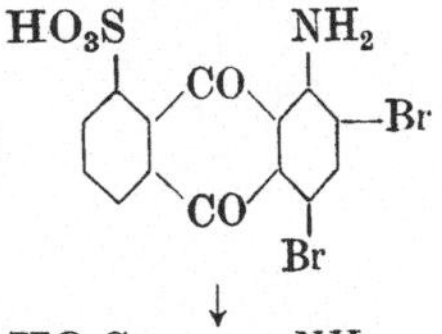

(3) 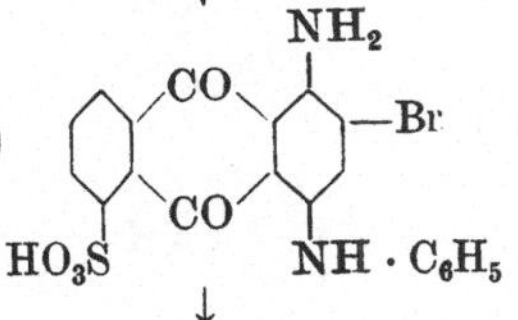

(4) 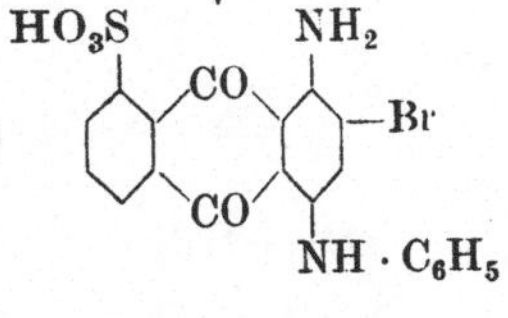

(5) 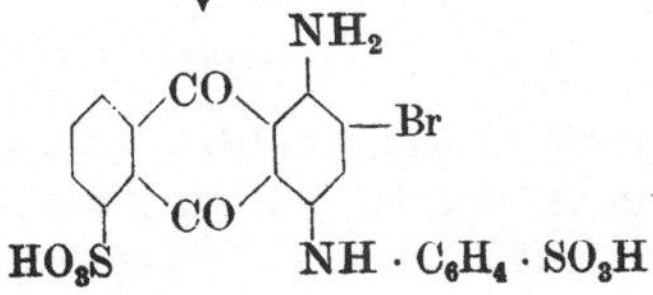

(6) 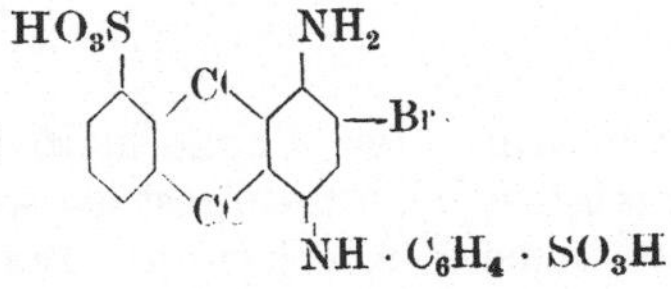

entsteht durch Sulfonieren und Nitrieren der Anthraflavinsäure (7) und durch weitere Kondensation der Dinitro-Anthraflavin-Disulfonsäure (8) mit Anilin, wobei auffälligerweise (siehe auch S. 358 ff.) die beiden Nitrogruppen durch Anilidoreste ersetzt werden. Das Alizarinsäureblau R hat seine Hauptbedeutung als Beizenfarbstoff.

(7) 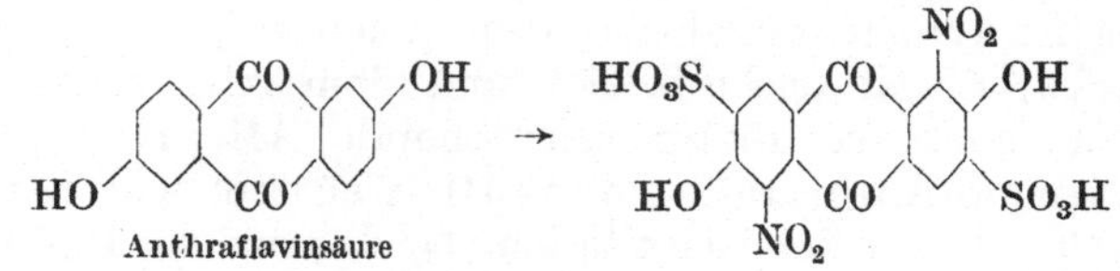 Anthraflavinsäure → (8)

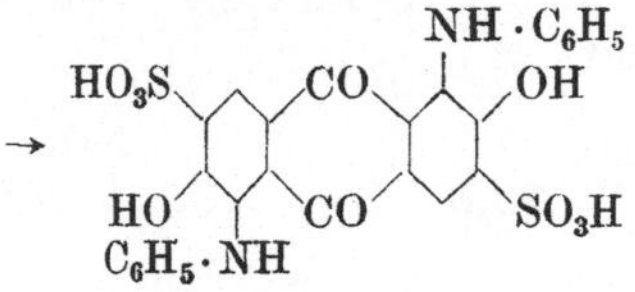

(9) Alizarinsäureblau R.

3. Arylido-Anthrachinone, die auch noch weitere Substituenten enthalten können (Halogene oder Amino-, Alkylido-, Hydroxylgruppen u. dgl.), in denen aber die Sulfogruppen sich nur im Arylreste befinden. Diese Farbstoffe werden erhalten nach der bereits oben (siehe S. 358f) angegebenen Methode, indem man entweder

a) aryliert (bzw. arylidiert) und dann sulfoniert (1) oder

b) unmittelbar mit den Sulfonsäuren aromatischer Amine kondensiert, z. B. (2). Bei Benutzung der Methode a) erhält man aus dem

Alizarinirisol D und Alizarindirektviolett R.

(1) 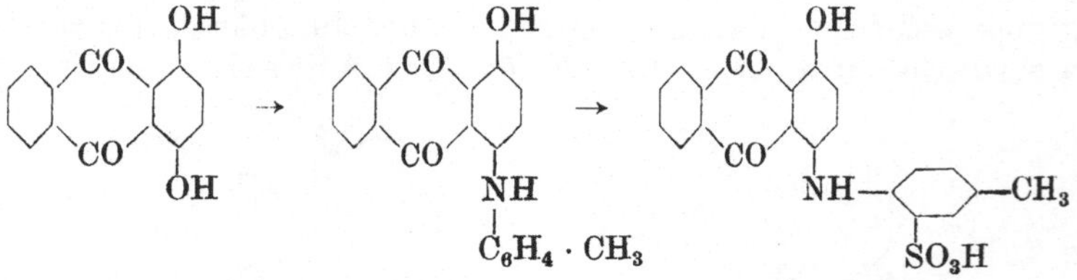 → → Alizarinirisol D

(2) 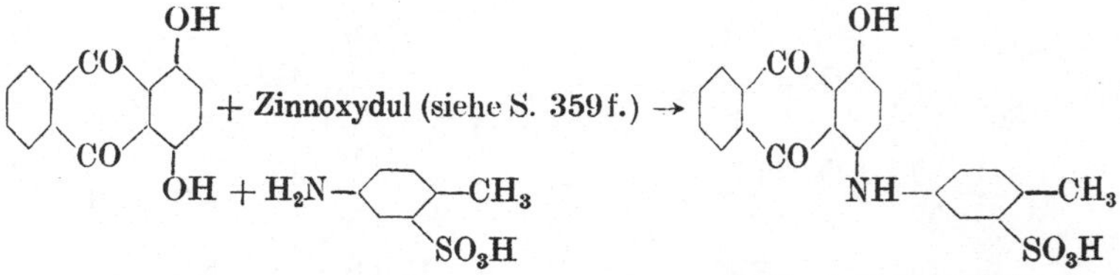 + Zinnoxydul (siehe S. 359 f.) → Alizarindirektviolett R

Alizarincyaningrün und Anthrachinonviolett.

Chinizarin oder Leukochinizarin nach Ersatz beider OH-Gruppen durch den p-Toluidinrest das wichtige Alizarincyaningrün (3). Für das isomere Anthrachinonviolett (4) dient als Ausgangsprodukt das 1, 5-Dinitroanthrachinon, für **Alizarinreinblau** (5) das 2, 4-Dibrom-α-Aminoanthrachinon (6). Gleichfalls nach Methode a) wird er- *Alizarinreinblau.*

(3) Alizarincyaningrün

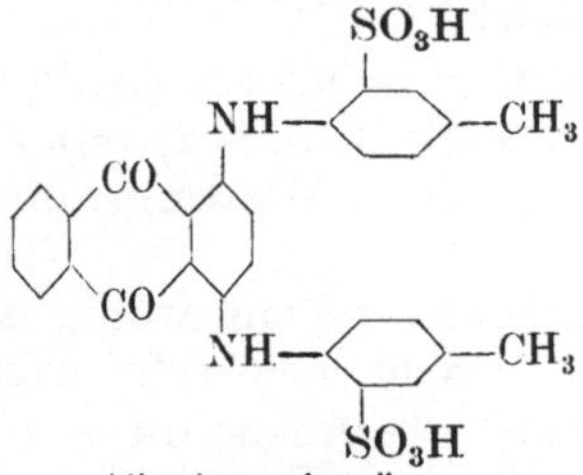

(4) Anthrachinonviolett

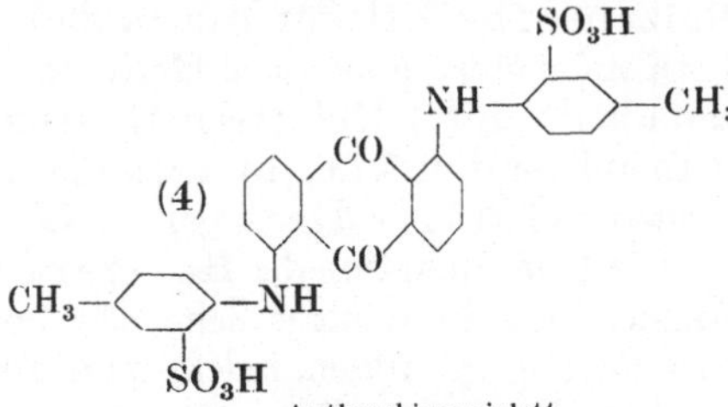

(5)   ←   (6)

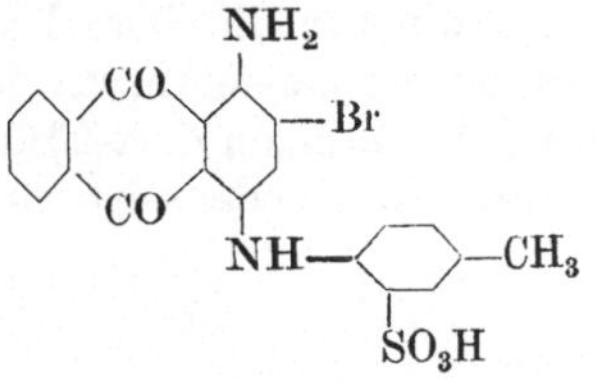

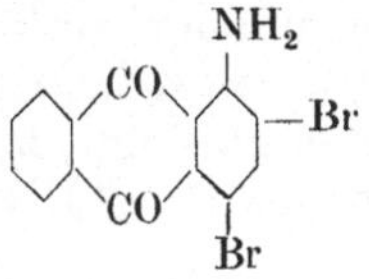

halten: das **Alizarinastrol** (1) aus 1-Methylamino-4-Oxy-Anthra- *Alizarinastrol und Anthrachinonblau.*
chinon (2), ferner das **Anthrachinonblau** (4) aus Tetrabrom-

(1) Alizarinastrol   ←   (2)

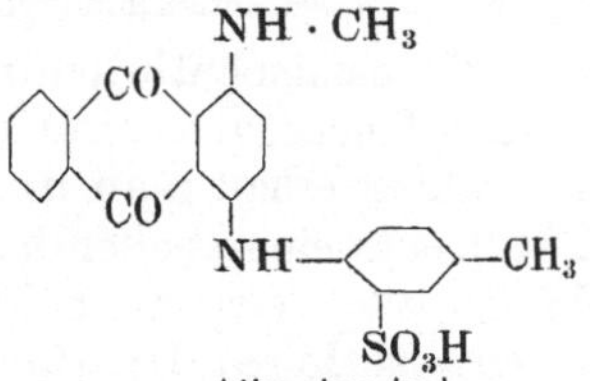

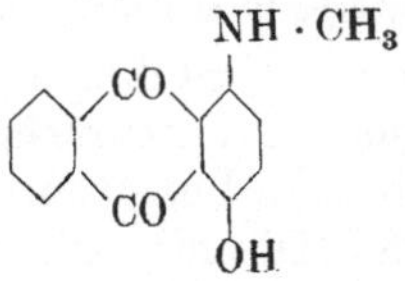

1, 5-Diamino-Anthrachinon (3) und das **Alizarinviridin** (6) aus dem *Alizarinviridin.*
1, 4, 5, 6- (= 1, 2, 5, 8-) Tetra-Oxy-Anthrachinon oder Alizarinbordeaux (5).

(3) → (4) Anthrachinonblau

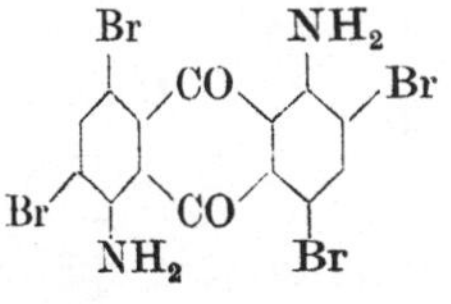

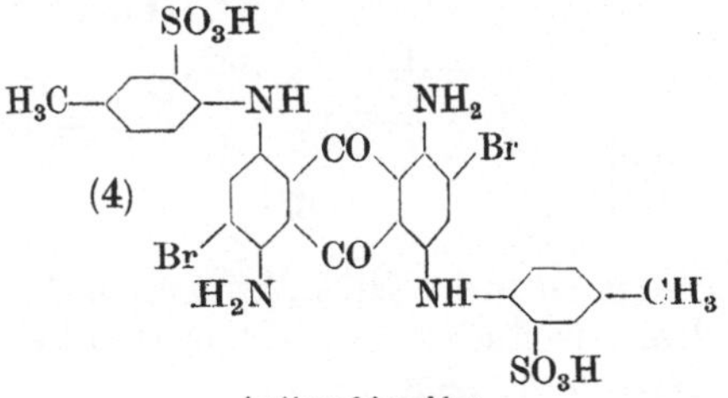

(5) → (6) Alizarinviridin

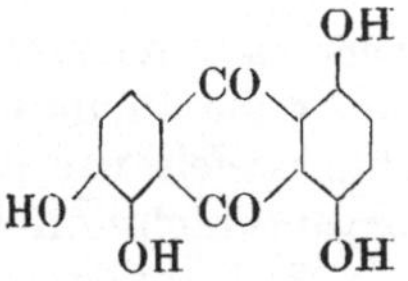

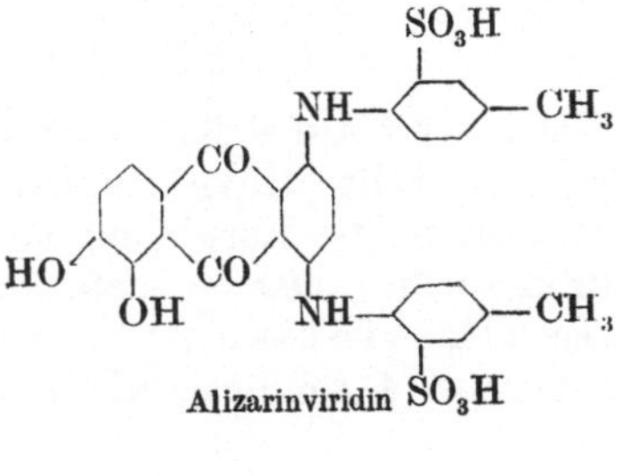

Das Alizarinviridin ist gleichzeitig ein Abkömmling des Alizarins und des Alizarincyaningrüns (siehe S. 362). Er findet vornehmlich als **Beizenfarbstoff** (für Baumwolle) Verwendung.

Alizarin-direktgrün G. Kondensiert man, nach Methode b, das Chinizarin bzw. Leukochinizarin statt mit 1 Mol. (siehe Alizarindirektviolett R, S. 362) mit 2 Mol. p-Toluidinsulfonsäure, so entsteht das mit dem Alizarincyaningrün isomere **Alizarindirektgrün G**.

Di- und Tri-Anthrimide. Die Kondensation der **Halogenanthrachinone** mit aromatischen Aminen hat in neuerer Zeit, wie bereits erwähnt, eine sehr wichtige Erweiterung gefunden, indem man als aromatische Amine die **Aminoanthrachinone** selbst verwendet. So erhält man z. B. aus Monochloranthrachinonen und Monoaminoanthrachinonen die Dianthrachinonylamine, deren Konstitution von derjenigen der jeweils verwendeten Komponenten abhängt, z. B. aus β-Amino-Anthrachinon + α-Chlor-Anthrachinon das α, β-Dianthrachinonylamin (7). Kondensiert man 1 Mol.

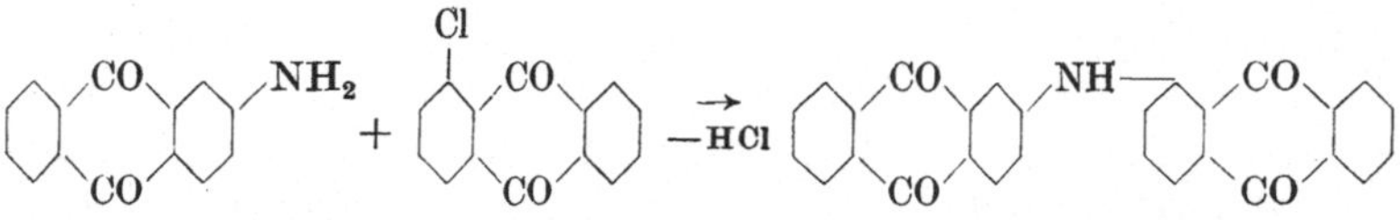

(7)

β-Aminoanthrachinon   α-Chloranthrachinon   α, β-Dianthrachinonylamin

Dihalogenanthrachinon mit 2 Mol. eines Monoaminoanthrachinons, so erhält man Dianthrachinonyldiaminoanthrachinone, die man als **Trianthrimide** bezeichnet. Die gleichen Produkte erhält man umgekehrt aus 1 Mol. Diaminoanthrachinon und 2 Mol. eines entsprechenden Monohalogenanthrachinons. In ähnlicher Weise lassen sich auch Halogenderivate der Anthrachinonylamine, die sog. **Halogendianthrimide** erhalten, wenn man nur 1 Mol. eines Monoaminoanthrachinons mit 1 Mol. eines Dihalogenanthrachinons in Reaktion treten läßt:

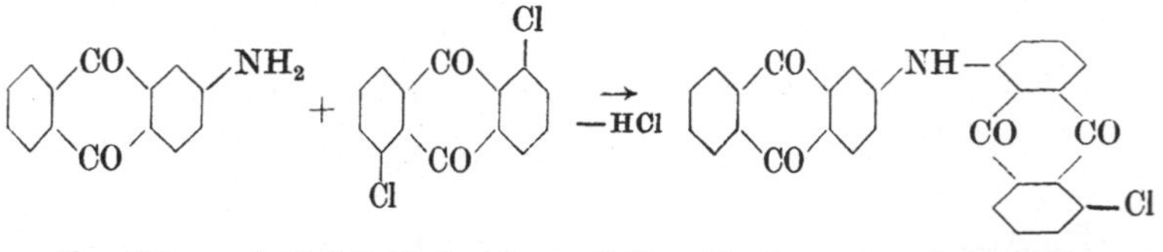

Derartige Di- und Tri-Anthrimide und ihre Derivate werden später noch in dem Abschnitt über **Küpenfarbstoffe** der Anthracenreihe näher zu betrachten sein.

6. Chinoline der Anthrachinonreihe.

Alizarinblau. Wie bereits auf S. 338 bemerkt, gehört das erste auf synthetischem Wege dargestellte **Chinolin** der **Anthrachinonreihe** an und wurde erhalten durch die Einwirkung von Glycerin und Schwefelsäure auf das 3-Nitroalizarin. Das so entstehende 1, 2-Dioxyanthrachinonchinolin *Alizaringrün S.* ist das **Alizarinblau** (1). Geht man statt vom 3-Nitroalizarin vom 4-Nitro- bzw. 4-Aminoalizarin aus, so erhält man eine isomeres Dioxyanthrachinonchinolin, dessen Bisulfitverbindung als **Alizaringrün S** im Handel erscheint (2). Verwendet man statt des Nitroalizarins das

(1) 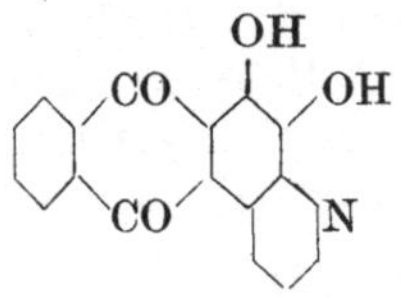   (2) 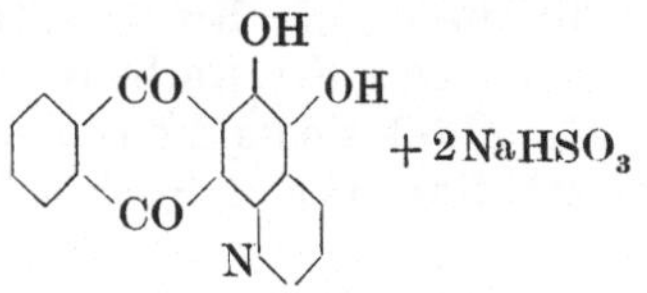 $+ 2\,NaHSO_3$

3-Nitroflavopurpurin, so gelangt man durch dieselbe Reaktion zu dem 1, 2, 6-Trioxyanthrachinonchinolin, dem **Alizarinschwarz P**[1]) (als Bisulfitverbindung **Alizarinschwarz S**) (3). Jedoch mit der Chinolinbildung ist die Reaktionsfähigkeit des Anthrachinonmoleküls gegenüber dem Glycerin-Schwefelsäure-Gemisch noch nicht erschöpft. Lange Zeit nach Auffindung der Chinolinsynthese wurde i. J. 1904 die wichtige Entdeckung gemacht, daß Anthrachinon und seine Abkömmlinge mit Glycerin unter der Einwirkung der Schwefelsäure auch noch in der Weise reagieren, daß unter Heranziehung einer der beiden **Karbonyl**gruppen ein neuer Sechserring sich bildet, der zur Entstehung der wichtigen **Benzanthrone** Veranlassung gibt. Aus Anthrachinon oder besser noch aus Anthrahydrochinon + Glycerin-Schwefelsäure bildet sich das einfachste **Benzanthron** nach Schema (4). Verwendet

(3) 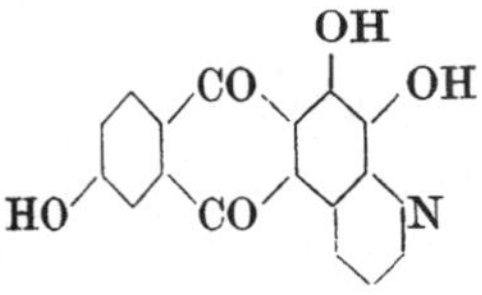   (4) 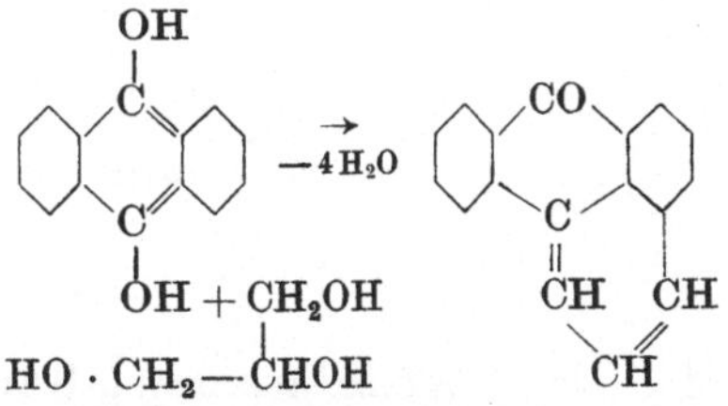 $-4\,H_2O$

man an Stelle des Anthrachinons das β-Aminoanthrachinon, so entstehen unter der Einwirkung von Glycerin-Schwefelsäure in einer Operation zwei neue Ringe, ein Benzol- und ein Pyridinring (5). Das neue

(5)

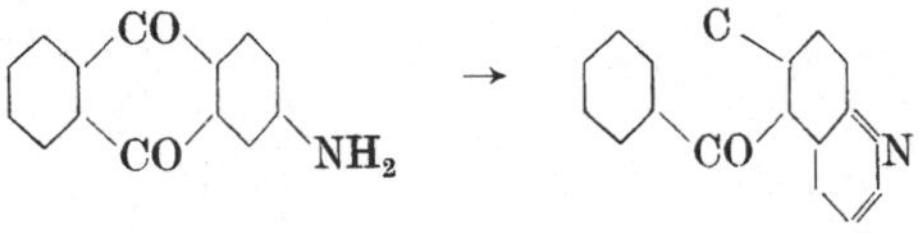

Produkt bezeichnet man als **Benzanthronchinolin**. Da die Benzanthrone zur Darstellung von wertvollen Küpenfarbstoffen dienen, so wird Näheres über diese interessante Klasse von Verbindungen an anderer Stelle noch zu sagen sein.

Außer dem Pyridinring der Anthrachinonchinoline und dem neuen Benzolring der Benzanthrone sind aber noch weitere Fünfer- und Sechser-

---

[1]) Diese beiden Farbstoffe sind nicht zu verwechseln mit dem gleichnamigen **Alizarinschwarz** aus 1, 5-Dinitronaphtalin (siehe S. 353).

ringe dem Anthrachinonmolekül angegliedert worden. So z. B. entstehen die **Anthrapyridone** dadurch, daß man in Acetyl-α-Aminoanthrachinonen eine Kondensation zwischen der Methylgruppe des Acetylrestes und der Karbonylgruppe des Anthrachinonkerns herbeiführt. Es bildet sich auf diese Weise ein neuer Sechserring, der neben 5 Kohlenstoffatomen 1 Stickstoffatom enthält (1). Diese **Anthra-**

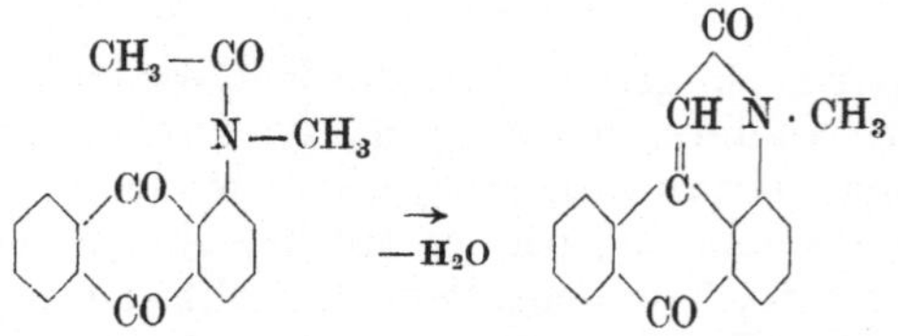

$$\text{(1)}$$

pyridone und ihre N-Alkylderivate liegen einer wichtigen Gruppe von Küpenfarbstoffen, den **Algolfarbstoffen**, zugrunde. Führt man ferner bei solchen **Arylidoanthrachinonen**, in denen sich in o-Stellung zum mittleren Stickstoff, sei es im Aryl-, sei es im Anthrachinonrest, eine **Karboxylgruppe** befindet, einen Eingriff der Karboxylgruppe in den anderen aromatischen Kern herbei, so erhält man die entsprechenden **Akridonderivate** der Anthrachinonreihe (2) und

Anthra-
chinon-
Akridone,
Xanthone
u. — Thioxan-
thone.

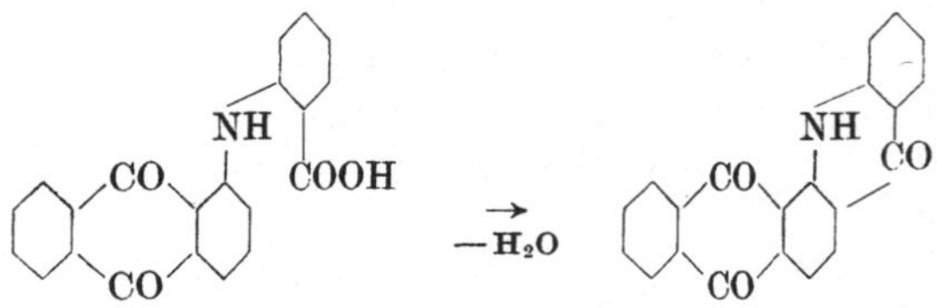

$$\text{(2)}$$

auf analoge Weise aus den o-Karbonsäuren der Aryläther und Arylthioäther die entsprechenden **Xanthon-** (3) bzw. **Thioxanthon**abkömmlinge (4), deren Hauptbedeutung, ebenso wie bei den vor-

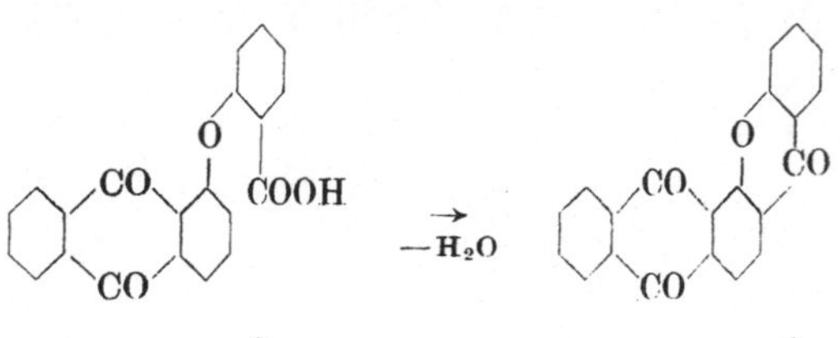

$$\text{(3)}$$

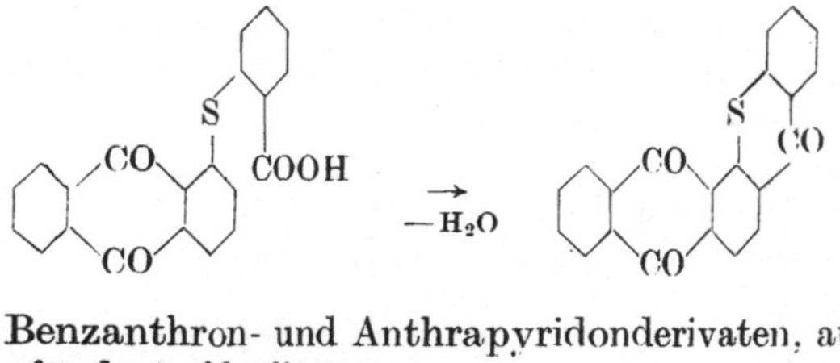

$$\text{(4)}$$

erwähnten Benzanthron- und Anthrapyridonderivaten, auf dem Gebiete der **Küpenfarbstoffe** liegt.

Im Anschluß an die Beizenfarbstoffe der Anthrachinonreihe sei Alizarin-
gelb A u. C. hier eine kleine Gruppe von Farbstoffen angeführt, die unter dem gemeinsamen Namen Oxy-Ketonfarbstoffe zusammengefaßt werden. Sie stehen bezüglich ihrer Konstitution und ihres färberischen Verhaltens — sie färben auf Metallbeizen — einerseits den Oxy-Anthrachinonen, andererseits den natürlichen Pflanzenfarbstoffen der Flavonreihe nahe und verdanken ihre Fähigkeit, auf Beizen zu ziehen, vor allem der o-Ständigkeit mindestens zweier Hydroxylgruppen, die sich in unmittelbarer Nachbarschaft der chromophoren Gruppe befinden (vgl. S. 341 f.). Als solche fungiert, wie der Name schon besagt, die CO-Gruppe.

Die bekanntesten hierhergehörigen Farbstoffe sind das Alizaringelb A (1) und das Alizaringelb C (2), von denen das eine (1) als Tri-

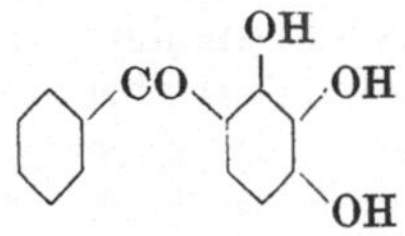

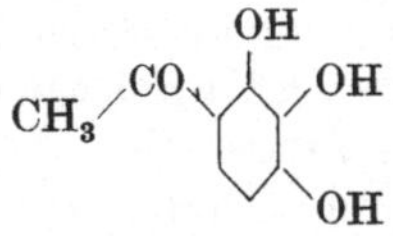

oxy-Benzophenon und das andere (2) als Trioxy-Acetophenon bezeichnet werden kann. Die Farbstoffe entstehen in einfachster Weise durch Kondensation von Benzoësäure (3) oder Essigsäure (4) mit Pyrogallol in Gegenwart von Chlorzink (siehe S. 247).

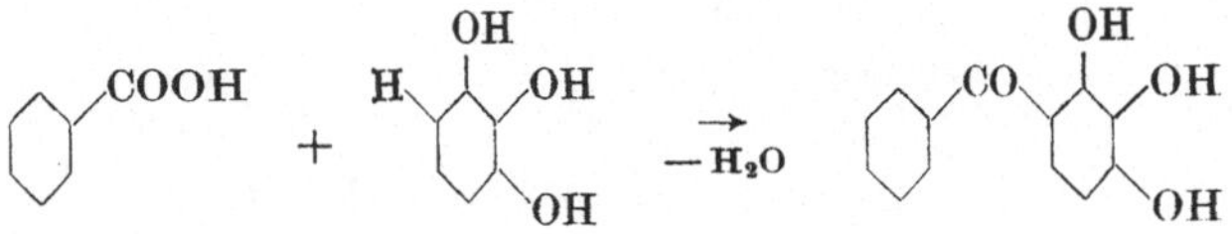

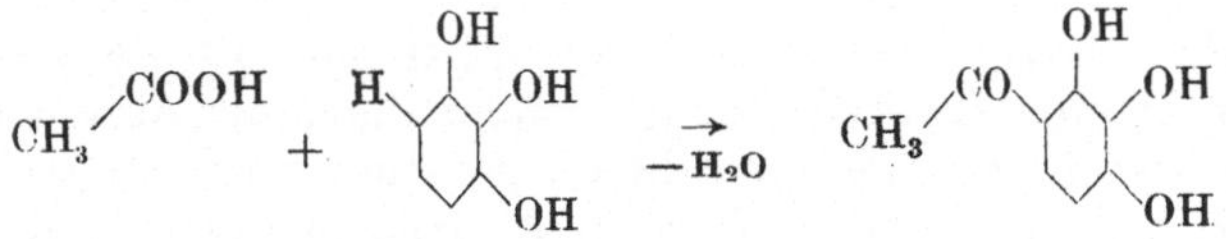

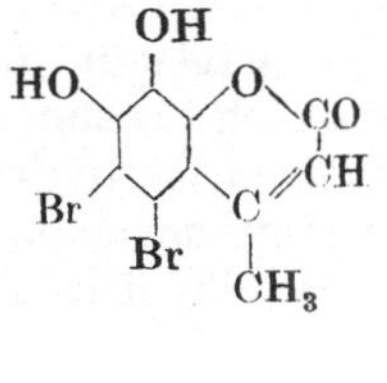

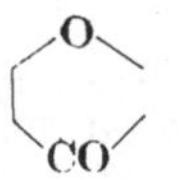

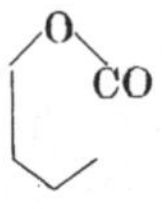

Während sich das Alizaringelb A (1) hinsichtlich seiner Konsti- Anthracen-
gelb. tution den Oxy-Anthrachinonen nähert, weist das Anthracengelb (5), ein Cumarinabkömmling, mehr Verwandtschaft mit den natürlichen Flavonfarbstoffen auf, die sich allerdings vom γ-Pyron (6) ableiten, während das Anthracengelb als Derivat des isomeren α-Pyrons angesehen werden kann (7). Das Anthracengelb entsteht, als Cumarinderivat, durch Kondensation (1) von Pyrogallol mit Acetessigester und nachträgliche Bromierung.

(1)   [Strukturformel-Reaktion: Pyrogallol-Derivat + Acetessigester $-H_2O - C_2H_5 \cdot OH \rightarrow$ Produkt]

Gallo- und Resoflavin. Schließlich seien noch zwei Farbstoffe erwähnt, die strenggenommen nicht zu den Oxyketonfarbstoffen gehören, ihnen aber nahestehen und auch aus ähnlichen Ausgangsmaterialien wie diese gewonnen werden. Während man von Gallussäure ausgehend auf dem Wege eines reinen Kondensationsverfahrens zum Rufigallol oder Hexaoxy-Anthrachinon gelangt (siehe S. 340), erhält man aus derselben Säure durch vorsichtige Oxydation einen Diphenylabkömmling, dem wir unter dem Namen Ellagsäure oder Ellagengerbsäure bei den natürlichen Pflanzen-Farbstoffen begegnen werden. Er erscheint unter der Bezeichnung Galloflavin (2) als synthetischer Farbstoff im Handel und ist mit dem auf analogem Wege aus symmetrischer Dioxybenzoësäure erhältlichen Resoflavin (3) nahe verwandt.

(2)   [Strukturformel] Galloflavin   (3)   [Strukturformel] Resoflavin

E. Nitro- und Nitrosofarbstoffe.

Theoretisches. Die in dieser Klasse zu erwähnenden Farbstoffe sind nicht sehr zahlreich, besitzen aber dennoch sowohl technisches wie auch theoretisches Interesse. Sie sind gekennzeichnet durch die Anwesenheit einer Nitro- bzw. Nitrosogruppe, die die Bedeutung von chromophoren Gruppen besitzen. Die durch ihren Eintritt in aromatische Reste entstehenden Chromogene, wie z. B. Nitrobenzol, Nitronaphtalin und Nitrosobenzol sind in der Regel, wenn überhaupt, nur sehr schwach gefärbt und besitzen keinerlei Farbstoffnatur. Diese tritt erst zutage durch Einfügung weiterer auxochromer Gruppen, insbesondere durch den Eintritt der Hydroxylgruppe. Auch hier wieder ist der Farbstoffcharakter durch die relative Stellung der chromophoren und auxochromen Gruppen bedingt, und zwar sind von Wichtigkeit die p-Stellung und, zumal für die Nitrosofarbstoffe, die o-Stellung. Die o- und p-Oxynitrosoverbindungen werden auch aufgefaßt als Chinonoxime (1), entsprechend der Tatsache, daß sie auch aus dem zugehörigen Chinon durch Kondensation mit Hydroxylaminchlorhydrat erhalten werden können (siehe S. 180). Neuere Untersuchungen an den Oxynitroverbindungen haben erkennen lassen, daß ähnliche Beziehungen

wie zwischen der Nitrosogruppe und der Hydroxylgruppe auch zwischen
den Nitrogruppen und den Hydroxylgruppen bestehen, und daß das
Auftreten der Farbigkeit in vielen Fällen mit einer Änderung der Konstitution verbunden ist (näheres darüber siehe auf S. 275).

Obwohl auch die Aminonitroverbindungen gefärbt sind, so spielen $\quad$ Aurantia.
sie doch als Farbstoffe keine Rolle, höchstens mit Ausnahme des früher
im Handel befindlichen, Aurantia genannten Farbstoffes, des Ammo-
niumsalzes des Hexanitrodiphenylamins (2). Durch den Eintritt von

Nitrogruppen in das Molekül des Diphenylamins hat der Wasserstoff
der Iminogruppe eine derartige Acidität erlangt, daß er durch Metalle
und sogar durch Ammoniak ersetzbar ist.

a) Die Nitrofarbstoffe.

Von technischem Interesse sind heute wohl nur noch die folgenden:
Die Pikrinsäure, das Martiusgelb und das Naphtolgelb S. Die
Nitrofarbstaffe haben hauptsächlich seit der Entdeckung der Tar-
trazinfarbstoffe (siehe S. 414ff.), die ihnen an Echtheit und Reinheit
des Farbtones überlegen sind, einiges von ihrer Bedeutung verloren.
Sie kommen im übrigen nur als Säurefarbstoffe für das Färben von
Wolle und Seide in Betracht. Die Pikrinsäure (3) oder das 2, 4, 6-Tri- $\quad$ Pikrinsäure.

nitrophenol wurde früher dargestellt durch unmittelbare Nitrierung von
Phenol oder dessen Sulfonsäuren. In neuerer Zeit dürfe dieses Verfahren
verlassen worden sein zugunsten eines anderen, das ausgeht vom Monochlorbenzol, indem dieses durch Tri-Nitrierung und anschließende Verseifung in Pikrinsäure übergeführt werden kann (siehe S. 90). Die Pikrinsäure färbt auf Wolle und Seide ein zwar schönes, aber nicht sehr
echtes Gelb und geht unter der Wirkung von Cyankalium in das Kaliumsalz der sog. Isopurpursäure von der Konstitution (4) über. Durch $\quad$ Isopurpur-
partielle Reduktion der Pikrinsäure erhält man das 4, 6-Dinitro-2-Amino- $\quad$ säure.
phenol (5), die sog. Pikraminsäure, die als Diazokomponente $\quad$ Pikramin-
für die Herstellung von beizenziehenden o-Oxyazofarbstoffen $\quad$ säure.
(siehe S. 406f.) vielfach Anwendung findet.

Martiusgelb
(Naphtol-
gelb).

Bei der Nitrierung des α-Napthols erhält man das 2, 4-Dinitro-α-Naphtol. Doch verläuft die direkte Nitrierung ebensowenig wie beim Phenol genügend glatt, und man stellt deshalb auch hier, wie bei dem älteren Verfahren zur Darstellung der Pikrinsäure, zunächst die entsprechende α-Naphtol-2, 4-Disulfonsäure (6) dar, die bei der Nitrierung in wässeriger Lösung leicht die Sulfogruppen gegen Nitrogruppen austauscht (siehe S. 160). Ein anderes Verfahren zur Darstellung des 2,4-Dinitro-α-Naphtols besteht darin, daß man die 1, 4-Naphtolsulfonsäure nitrosiert zur 2-Nitroso-1, 4-Naphtolsulfonsäure (7) und diese dann durch Nitrierung in den Dinitrofarbstoff, das Martiusgelb (8) überführt.

$$(6)\quad \text{OH, SO}_3\text{H, SO}_3\text{H} \qquad (7)\quad \text{OH, NO, SO}_3\text{H} \qquad (8)\quad \text{OH, NO}_2, \text{NO}_2$$

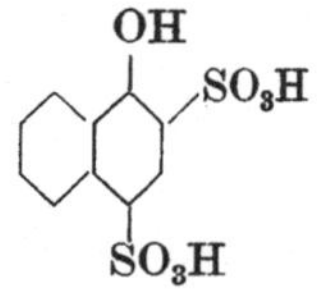

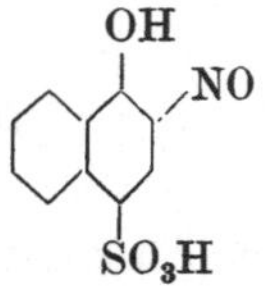

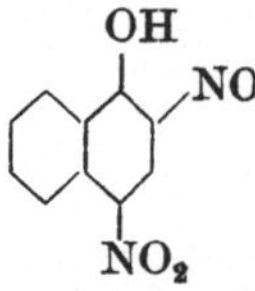

Auch das Martiusgelb hat heute nur geringe Bedeutung. Es wird wegen seiner verhältnismäßigen Ungiftigkeit vielfach zum Färben von Nahrungsmitteln verwendet. Ein Hauptübelstand, der seine färberische Verwendung einschränkt, ist die Schwerlöslichkeit der freien Farbstoffsäure in Wasser.

Naphtolgelb
S.

Einen großen technischen Fortschritt ihm gegenüber bedeutete seinerzeit die Erfindung des Naphtolgelbs S, der Monosulfonsäure des Martiusgelbs. Zu seiner Darstellung verfährt man in der Weise, daß man α-Naphtol unter solchen Bedingungen sulfoniert, daß die Sulfonierung nicht nur in der 2- und 4-Stellung stattfindet, sondern daß eine Sulfogruppe auch in den von der Hydroxylgruppe nicht substituierten Kern eintritt; und zwar erfolgt die Substitution bei höheren Temperaturen vorwiegend in der 7-Stellung. Das so erhaltene Sulfonierungsgemisch, das vorwiegend die 1, 2, 4, 7-Naphtoltrisulfonsäure (9) ent-

$$(9)\quad \text{HO}_3\text{S, OH, SO}_3\text{H, SO}_3\text{H} \qquad (10)\quad \text{HO}_3\text{S, OH, NO}_2, \text{NO}_2$$

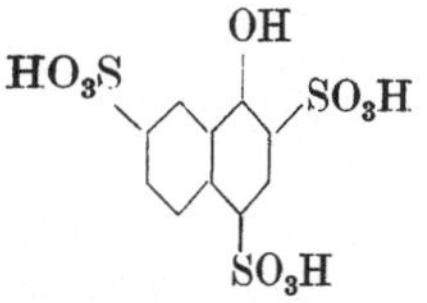

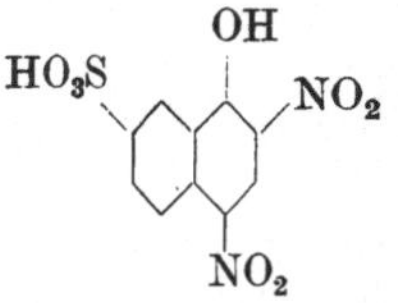

hält, reagiert unter der Einwirkung von heißer Salpetersäure in der Weise, daß die Sulfogruppen in der 2- und 4-Stellung durch Nitrogruppen ersetzt werden, während die Sulfogruppe im anderen Kern, also z. B. in 7-Stellung, erhalten bleibt und dadurch dem Farbstoff (Kaliumsalz der 2, 4-Dinitronaphtol-7-Sulfonsäure) (10) die für färberische Zwecke erforderliche Wasserlöslichkeit verleiht. Auch die durch die Affinität zur Wolle bedingte Echtheit scheint durch das Vorhandensein einer Sulfogruppe eine Erhöhung zu erfahren.

Im Anschluß an diese Nitrofarbstoffe für Wolle seien hier noch kurz besprochen

b) Die Nitrosofarbstoffe.

Wie in den Nitrofarbstoffen, so spielt auch in den Nitrosofarbstoffen die zum Chromophor o-ständige Hydroxylgruppe eine wesentliche Rolle. p-Nitrosophenole scheinen nach den bisherigen Erfahrungen als Farbstoffe nicht geeignet zu sein. Die Bedeutung der Nitrosofarbstoffe liegt in ihrer Verwendung als **Beizenfarbstoffe**, die sich gründet auf der Fähigkeit der o-Nitrosophenole, mit Metalloxyden — hier kommen vor allem die Oxyde des Eisens, Chroms und Nickels in Betracht — echte und wertvolle Lacke zu bilden. Die wichtigsten Nitrosofarbstoffe sind:

1. Das **Dinitrosoresorcin**, das **Solid**- oder **Echtgrün**, von der Formel (1) oder (2), das erhalten wird durch die Einwirkung von 2 Mol.

Echtgrün.

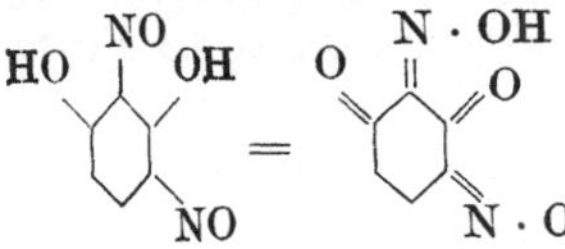

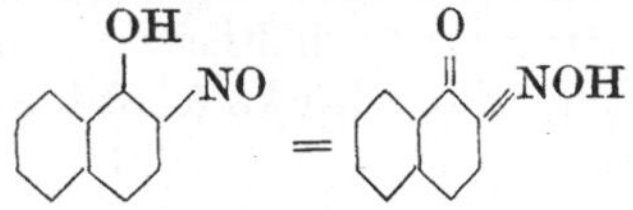

Salpetriger Säure auf 1 Mol. Resorcin. In diesem Farbstoff haben wir **zweimal** o-ständige Nitroso- und Hydroxylgruppen; er stellt also ein Bis-Chinonoxim dar, ein Umstand, der die deutlich ausgeprägten färberischen Eigenschaften der Verbindung leicht erklärt. Das **Echtgrün** dient vor allem als **Beizenfarbstoff** in der **Baumwollfärberei** und -druckerei.

2. Zwei weitere Farbstoffe sind das **Gambin R und Y**, die dargestellt werden durch Nitrosierung von α- und β-Naphtol. Von den bei der Nitrosierung des α-Naphtols erhältlichen zwei Isomeren, o- und p-Nitroso-α-Naphtol, ist als Farbstoff nur das o-Nitrosonaphtol von der Konstitution (3) oder (4) brauchbar. Bei der Nitrosierung des β-Naphtols ist nur die Entstehung einen einzigen 1-Nitroso-2-Naphtols möglich (1):

Gambin R und Y.

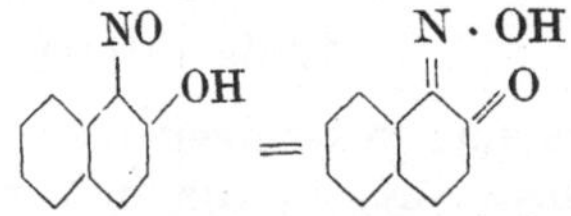

Über die Konstitution der freien Nitrosonaphtole und ihrer Salze hat Sluiter die folgenden Ansichten geäußert: Das braune Nitroso-β-Naphtol (2) ist ein Oxim, dessen Salze Nitrosokörper (3) sind. Das gelbe

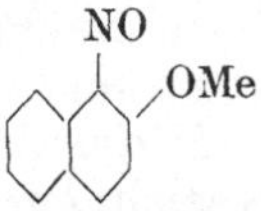

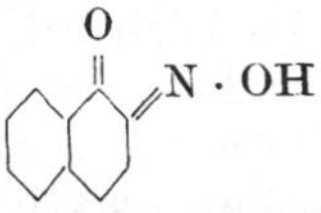

2-Nitroso-α-Naphtol (4) ist ein Oxim, dessen Salze (5) sich gleichfalls von einem Oxim ableiten. Das weiße 4-Nitroso-α-Naphtol (6) ist ein Nitrosokörper, dessen Salze von einem Oxim (7) abzuleiten sind.

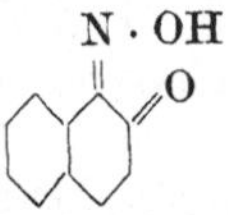

24*

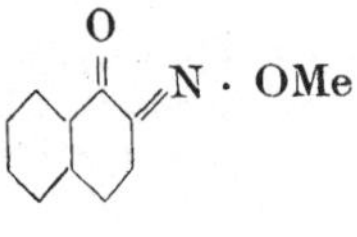

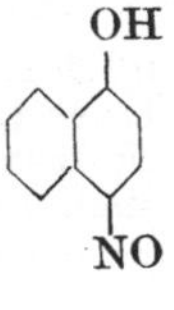

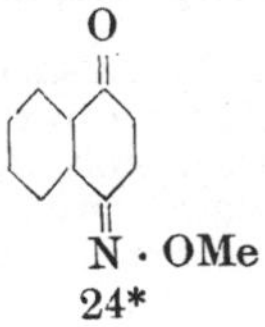

Inwieweit den beim Färben der gebeizten Faser entstehenden Metalllacken eine den Formeln (8) oder (9) entsprechende Konstitution im Sinne der Wernerschen Nebenvalenzen zukommt, muß dahingestellt bleiben (siehe über Valenz-Isomerie Näheres auf S. 274).

(8) 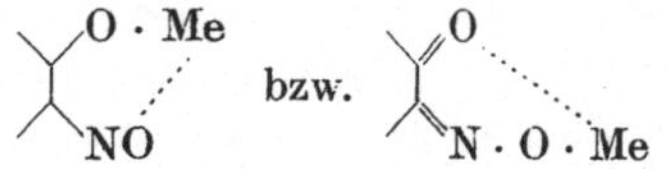 $\diagup$ O · Me $\diagdown$ NO bzw. $\diagup$ O $\diagdown$ N · O · Me oder (9) 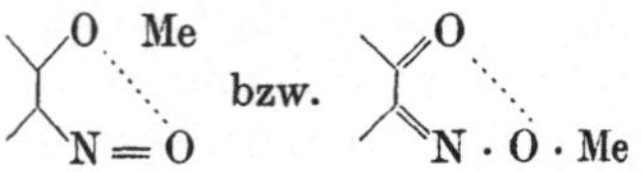 $\diagup$ O Me $\diagdown$ N = O bzw. $\diagup$ O $\diagdown$ N · O · Me

In neuerer Zeit hat das **Echtdruckgrün** oder **Gambin Y** für den **Baumwolldruck** erhöhte Bedeutung erlangt, während zum Färben der **Wolle** das **Naphtolgrün B**, eine **Sulfonsäure** von der Konstitution (10), die durch Nitrosierung der 2, 6-Naphtolsulfonsäure Schäffer (11) erhältlich ist, Anwendung findet, und zwar in Form des grünen **Eisenlacks** (s. S. 182).

Naphtolgrün B.

(10) 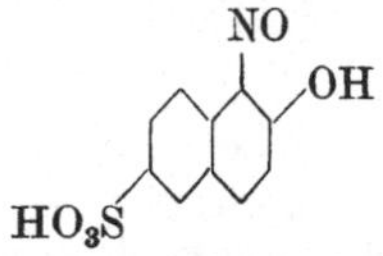 und (11) 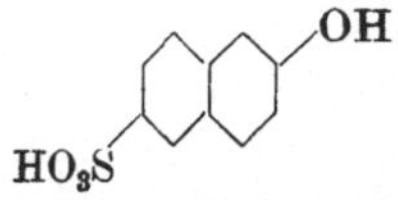 — Strukturformeln (Naphthalingerüste mit NO-, OH- und HO_3S-Gruppen)

Dioxin.

Ein aus 2, 7-Dioxynaphtalin durch Nitrosierung entstehendes 1-Nitroso-2, 7-Dioxynaphtalin (dem Eintritt einer zweiten Nitroso-Gruppe, wie im Dinitroso-Resorcin, scheinen sterische Hinderungen entgegenzustehen), das den Namen **Dioxin** (12) führt, scheint von untergeordneter technischer Bedeutung zu sein.

(12) 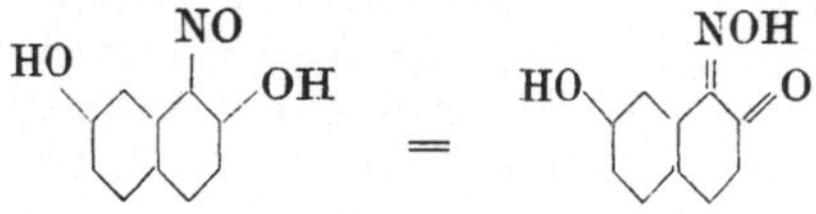 — Strukturformeln (Naphthalingerüst mit HO-, NO-, OH-Gruppen bzw. tautomere Form mit HO-, NOH-, O-Gruppen)

F. Azofarbstoffe.

Theoretisches.

Die Azofarbstoffe sind gekennzeichnet durch die **chromophore** zweiwertige Azogruppe, $-N_2-$, die in der Regel mit zwei **aromatischen Resten** verknüpft ist. Nur eine kleine Gruppe von brauchbaren Azofarbstoffen enthält je einen **aromatischen** und einen **aliphatischen Rest**, während die Azoverbindungen mit zwei aliphatischen Resten (siehe S. 286) technisch ohne Bedeutung sind. Die durch die Verbindung der Azogruppe mit aromatischen und aliphatischen Resten entstehenden Azokörper, wie z. B. das Azobenzol, $C_6H_5 \cdot N = N \cdot C_6H_5$, kann man als **Chromogene** bezeichnen[1]). Zu eigentlichen brauchbaren Azofarbstoffen werden diese Chromogene in der Regel erst durch den weiteren Eintritt a u xochromer Gruppen (siehe S. 261 f.) in das aromatische oder aliphatische Radikal. Hiervon soll weiter unten noch die Rede sein.

---

[1]) Der Ausdruck „Chromogen" findet in letzter Zeit hie und da eine mißbräuchliche Anwendung an Stelle des Begriffes „Azokomponente". Es wäre zu wünschen, daß Bezeichnungen, die bisher allgemein nur ganz bestimmten Verbindungen vorbehalten worden sind, nicht willkürlich auf Substanzen Anwendung finden, denen sie nicht zukommen.

Eine große Variationsmöglichkeit auf dem Gebiet der Azofarbstoffe ergibt sich schon dadurch, daß die chromophore Azogruppe nicht nur einmal sonder zwei-, dreimal und noch öfter in einem Farbstoffmolekül enthalten sein kann, wonach man die entsprechenden Farbstoffe als Mono-, Dis-, Tris-, Tetrakis-, Pentakis-, Hexakis- usw. Azofarbstoffe bezeichnet. Als aromatische Komponenten kommen nicht nur Benzol- und Naphtalinreste, sondern auch ihre Homologen und eine große Zahl anderer Substitutionsprodukte in Betracht, woraus sich ohne weiteres auf mathematischem Wege die unabsehbare Zahl der Azofarbstoffe ableiten läßt.

Was die Methoden zur Darstellung der Azokörper anlangt, so kommen für die Technik etwa die folgenden fünf in Betracht:

1. Die Darstellung von Azoverbindungen durch Reduktion von Nitroverbindungen gemäß dem Schema:

$$R \cdot NO_2 + O_2N \cdot R \xrightarrow{-O_4} R \cdot N = N \cdot R$$

$$\text{bzw.} \quad R \cdot NO_2 + O_2N \cdot R' \xrightarrow{-O_4} R \cdot N = N \cdot R'.$$

Im ersteren Falle entstehen symmetrische, im letzteren unsymmetrische Azoverbindungen.

2. Gewisse Azoverbindungen der Naphtalinreihe lassen sich darstellen durch Einwirkung von Schwefliger Säure oder schwefligsauren Salzen auf Diazoniumverbindungen, etwa gemäß dem summarischen Schema:

$$R \cdot \overset{\underset{|}{Cl}}{N} \equiv N + N \equiv \overset{\underset{|}{Cl}}{N} \cdot R + SO_2 + 2\,H_2O \rightarrow R \cdot N = N \cdot R + N_2 + 2\,HCl + H_2SO_4.$$

3. Eine dritte Methode beruht auf der Kondensation von Nitrosoverbindungen mit primären Aminen (siehe S. 193):

$$R \cdot NH_2 + ON \cdot R' \xrightarrow{-H_2O} R \cdot N = N \cdot R'.$$

Sie findet in vereinzelten Fällen für die Farbstoffdarstellung auch praktische Anwendung (siehe S. 413).

4. Eine vierte Methode beruht auf der Einwirkung von Alkalien oder Säuren auf Hydrazo-N-Sulfonsäuren gemäß dem Schema:

$$R \cdot NH \cdot N(SO_3Na) \cdot R' \rightarrow R \cdot N = N \cdot R' + NaHSO_3.$$

Die Hydrazo-N-Sulfonsäuren entstehen umgekehrt auch durch Anlagerung von Bisulfit an Azogruppen und in gewissen Fällen bei der Einwirkung von aromatischen Hydrazinen auf aromatische Amino- und Hydroxylverbindungen in Gegenwart von Sulfiten (vgl. S. 207f).

$$R \cdot N = N \cdot R' + NaHSO_3 \rightarrow R \cdot NH \cdot N(SO_3Na)R'$$

5. Bei weitem die wichtigste Methode zur Darstellung von Azoverbindungen ist die Methode des Diazotierens und Kombinierens oder Kuppelns. Über die Methode des Diazotierens ist bereits auf S. 230ff. das Nötigste ausgeführt worden. Ein Kupplungsvorgang, z. B.

die Kupplung des diazotierten Anilins (des Benzol-Diazoniumchlorids) (1)
mit 1 Mol. Phenolnatrium, $C_6H_5 \cdot ONa$, sei durch das folgende Schema
angedeutet:

$$(1) \quad \langle I \rangle - \underset{\alpha}{N} \equiv \underset{\beta}{N} + \;\; \longrightarrow \;\; \langle I \rangle - \overset{Cl}{N} = N$$

$$H - \langle II \rangle - ONa \qquad\qquad H \;\; \langle II \rangle O \cdot Na \;\; \longrightarrow$$

$$\langle I \rangle - N = N - \langle II \rangle - OH + NaCl\,.$$

p-Oxyazobenzol

Unter Kuppeln oder Kombinieren versteht man also einen synthetischen Vorgang, bei dem eine kupplungsfähige Substanz, eine sog. Azokomponente, an die beiden dreifach gebundenen Stickstoffatome der
Diazoniumverbindung (1) angelagert wird, wodurch die zweiwertige Azogruppe $-N = N-$ mit einer Stickstoffdoppelbindung entsteht. Die
Auffassung des Kupplungsvorganges als einer Anlagerungs- und
nicht als einer sog. Austauschreaktion machte es auch leicht verständlich, warum der angekuppelte Rest $-\langle\ \rangle-OH$ des Phenols nicht
mit dem das Chlor tragenden α-, sondern mit dem β-Stickstoffatom des
Benzoldiazoniumchlorids (siehe oben) verknüpft erscheint.

<table><tr><td>Diazoamino-
verbin-
dungen.</td><td>Die Möglichkeiten der Verknüpfung einer Diazokomponente (I) mit
einer Azokomponente (II) sind aber durch das oben angegebene Schema
nicht erschöpft. Betrachten wir das folgende Schema (1), bei dem es
sich um die Kupplung des diazotierten Anilins mit 1 Mol. Anilinbase han-
delt, so sehen wir, daß die Verknüpfung des β-ständigen Stickstoffatoms</td></tr></table>

$$(1) \quad \langle I \rangle - \overset{Cl}{N} \equiv N + \;\; \longrightarrow \;\; \langle I \rangle - \overset{Cl}{N} = N \;\; \longrightarrow$$

$$H - NH - \langle II \rangle \qquad\qquad H \quad NH - \langle II \rangle$$

$$\langle I \rangle - N = N - NH - \langle II \rangle + HCl$$

mit dem aromatischen Rest hier nicht in der p-Stellung zur NH_2-Gruppe
erfolgt, sondern daß der Stickstoff der Aminogruppe selbst mit dem
β-Stickstoff des Diazoniumchlorids in Bindung tritt. Während also
bei der Kupplung des Phenolnatriums mit dem Benzoldiazoniumchlorid
die Azogruppe in den Benzolkern, und zwar in p-Stellung zur OH-
Gruppe, eingegriffen hat, vollzieht sich der Eingriff der Azogruppe bei
dem Anilin in wesentlich anderer Weise, nämlich an der Aminogruppe.

<table><tr><td>Umlagerung
der Diazoa-
minoverbin-
dungen.</td><td>Das dadurch entstandene sog. Diazoaminobenzol kann nun aber
unter gewissen Bedingungen durch Umlagerung, d. h. durch Wanderung
der Azogruppe vom Stickstoff in den Kern, und zwar in die p-Stellung
zur Aminogruppe, in eine isomere, dem p-Oxyazobenzol (siehe oben)
analoge Verbindung, das p-Aminoazobenzol, übergeführt werden (2):</td></tr></table>

$$(2) \quad \langle I \rangle - N = N - NH - \langle II \rangle \cdots \;\; \longrightarrow \;\; \langle I \rangle - N = N - \langle II \rangle - NH_2\,.$$

Diazoaminobenzol   p-Aminoazobenzol

Man kann daher das Diazoaminobenzol ansehen als ein bei der Kupplung der Diazoniumverbindung mit dem Anilin auftretendes Zwischenprodukt, das weiterhin durch Umlagerung in den normalen Azofarbstoff übergeht. Der Übergang der Diazoaminoverbindung in die Aminoazoverbindung (2) vollzieht sich im ebengenannten Falle verhältnismäßig sehr langsam, und dieser Umstand ermöglicht die Isolierung jenes Zwischenkörpers. Man darf vermuten, daß auch bei anderen Kupplungsvorgängen analoge Diazoaminoverbindungen als Zwischenphasen auftreten, daß ihre Umwandlung in den normalen Aminoazofarbstoff sich aber so rasch vollzieht, daß die Isolierung jener Zwischenkörper entweder nur schwierig oder überhaupt nicht möglich ist. Den Diazoaminoverbindungen entsprechen die Diazooxyverbindungen. Auch diese sind in letzter Zeit aufgefunden worden, und es unterliegt keinem Zweifel, daß gewisse aromatische Hydroxylverbindungen, wie z. B. die Salicylsäure oder die β-Naphtoldisulfonsäure 2, 6, 8 (G-Salz), über die entsprechenden Diazooxyverbindungen hinweg Oxyazofarbstoffe liefern (vgl. auch S. 134). Im allgemeinen ist die Reaktion zwischen Diazokomponenten und Azokomponenten durch raschen und glatten Verlauf ausgezeichnet, derart, daß man von dieser Reaktion Gebrauch machen kann bei der quantitativen Bestimmung der Azokomponenten. Es ist auf der anderen Seite aber lehrreich zu sehen, in welch eigentümlicher Weise diese Reaktion von den Reaktionsbedingungen abhängig ist, so daß gewisse, unter normalen Bedingungen sehr rasch verlaufende Kupplungsvorgänge leicht zum Stillstand gebracht oder überhaupt verhindert werden können durch solche Änderungen der Reaktionsbedingungen, die man im allgemeinen auf anderen Gebieten als unerheblich ansehen würde. Insbesondere sind Mineralsäuren schon bei verhältnismäßig geringer Konzentration geeignet, Azokupplungen in sehr erheblichem Maße zu beeinträchtigen oder unmöglich zu machen (siehe S. 217f.).

Die Diazokomponenten weisen unter sich nicht nur bezüglich ihrer Beständigkeit, wie bereits auf S. 230 bemerkt, große Unterschiede auf, sondern auch bezüglich ihrer Reaktionsfähigkeit gegenüber den Azokomponenten. Es gibt Diazokomponenten, also primäre Amine, deren Diazoniumverbindungen außerordentlich träge reagieren. Es gibt andere, die eine mittlere Reaktionsfähigkeit aufweisen, und wiederum andere, die durch ein sehr großes Reaktionsvermögen ausgezeichnet sind, wie z. B. die Diazoniumverbindungen aus p-Nitranilin, Sulfanilsäure, p-Amino-Acetanilid usw.

Was andererseits die Azokomponenten anlangt, so hat sich gezeigt, daß unter normalen Verhältnissen, d. h. in wässerigen Medien, nur solche aromatische Verbindungen, die auxochrome Gruppen besitzen, der Kupplung mit Diazoniumverbindungen fähig sind. Diese auxochromen Gruppen (OH, NH_2, NH-Alkyl, NH-Aryl, NH-Alkaryl und die entsprechenden tertiären Aminogruppen) machen bei der Kupplung ihren Einfluß auch noch insofern

Gesetz-
mäßigkeiten.

geltend, als sie für den Ort, an dem die Azogruppe in den aromatischen Kern eingreift, den Ausschlag geben. Nach allen bisherigen Erfahrungen wandert die Azogruppe (falls sie in den aromatischen Kern und nicht in die auxochrome Gruppe selbst eintritt, siehe oben) ausschließlich in die o- oder p- Stellung zur auxochromen Gruppe. Hierbei ist im allgemeinen die p-Stellung gegenüber der o-Stellung bevorzugt. Ist die p-Stellung besetzt, so tritt die Azogruppe in die o-Stellung, in der Regel aber mit einer merklich geringeren Reaktionsgeschwindigkeit. Dies macht sich in sehr deutlicher Weise bemerkbar, z. B. bei p-Toluidin, das nur mit Schwierigkeiten, übrigens auf dem Wege über die entsprechende Diazoaminoverbindung, den normalen o-Azofarbstoff liefert. β-Naphtol, β-Naphtylamin und ihre Abkömmlinge besitzen zwar zwei o-Stellungen, aber keine p-Stellung. Hier hat jedoch die Erfahrung gelehrt, daß von den beiden o-Stellungen nur die 1- Stellung für die Azokupplung in Betracht kommt. Ist die 1-Stellung bereits durch andere Substituenten ersetzt, so findet entweder überhaupt keine Kupplung statt, oder die Kupplung erfolgt unter Eliminierung des Substituenten in der 1-Stellung. In einzelnen Fällen läßt sich bei den β-Naphtolabkömmlingen, z. B. bei der 2, 1-Naphtolsulfonsäure (siehe S. 134), als Zwischenphase die entsprechende Diazooxyverbindung nachweisen, ehe durch Eliminierung des Substituenten in 1 die Bildung des normalen o-Oxyazofarbstoffs erfolgt. Bemerkt sei, daß die p-Azofarbstoffe als solche in der Regel von geringerem färberischem Werte sind als die entsprechenden o-Azofarbstoffe. Die große technische Bedeutung der p-Aminoazofarbstoffe liegt in ihrer Fähigkeit, unter der Einwirkung von Nitrit in sog. Diazoazoverbindungen überzugehen, die durch Kupplung mit geeigneten Azokomponenten die Herstellung von sekundären Dis- bzw. Polyazofarbstoffen ermöglichen (siehe unten).

Hinsichtlich ihrer Reaktionsfähigkeit unterscheiden sich auch die Azokomponenten sehr erheblich. Die primären Amine der Benzolreihe reagieren im allgemeinen ziemlich träge, und es läßt sich die obenerwähnte Zwischenphase der Diazoaminoverbindungen bei ihnen in der Regel leicht nachweisen. Etwas leichter schon reagieren die Phenole der Benzolreihe; die Amino- und Oxyverbindungen der Naphtalinreihe reagieren am leichtesten und sind auch in technischer Beziehung die wichtigsten.

Wirkungen
der
Acylierung
und
Alkylierung

Sehr eigenartig ist die Veränderung der Reaktionsfähigkeit infolge der Einführung von Acylresten in auxochrome Gruppen, z. B.:

$$R \cdot NH_2 \quad \text{oder} \quad R \cdot OH \rightarrow R \cdot NH \cdot CO \cdot CH_3 \quad \text{oder} \quad R \cdot O \cdot CO \cdot CH_3 .$$

Es wird die Kombinationsfähigkeit der Amine und Phenole unter normalen Bedingungen (siehe oben) durch solche Reste vollkommen aufgehoben und dadurch die Azofarbstoffbildung durch Kupplung mit einer Diazoniumverbindung unmöglich gemacht. Die Alkylierung oder ganz allgemein der Ersatz von Wasserstoff in auxochromen Gruppen durch Alkyl-, Aryl- und Alkarylreste hat eine sehr verschiedene Wirkung, einerseits bei aromatischen **Aminen**, andererseits bei aromatischen **Phenolen**. Im allgemeinen weisen die sekundären und tertiären Amine mindestens das **gleiche** Kupplungsvermögen auf wie die ihnen entsprechenden primären Verbindungen. Bei den Phenoläthern dagegen, z. B. $C_6H_5 \cdot O \cdot CH_3$, wird die Kupplungsfähigkeit in derselben Weise wie durch die Acylierung **aufgehoben**; allerdings hat sich gezeigt, daß unter ganz besonderen, technisch kaum in Betracht kommenden Reaktionsbedingungen auch diese Phenoläther zur Kupplung gebracht werden können.

Eine weitere bemerkenswerte Eigenschaft vieler Azokomponenten ist ihre Fähigkeit, nicht nur mit 1 Mol. einer Diazoniumverbindung zu einem **Monoazofarbstoff** zusammenzutreten, sondern unter geeigneten Bedingungen die Azogruppe zwei-, ja in einzelnen Fällen sogar dreimal aufzunehmen, was die Entstehung von Dis- (und Tris-) Azofarbstoffen aus 1 Mol. einer Azokomponente und 2 (bzw. 3) Mol. einer Diazokomponente ermöglicht. Von dieser Fähigkeit der Azokomponenten wird, wie wir später sehen werden (vgl. S. 385), technisch Gebrauch gemacht, insbesondere bei der Darstellung der sog. primären Disazofarbstoffe.

Zwei- und
dreimal
kuppelnde
Azokomponenten.

Meist erfolgt die Darstellung der Azofarbstoffe in der Weise, daß man zu einer Lösung oder Suspension der Azokomponente die Lösung oder Suspension der Diazokomponente einlaufen läßt. Dies muß jedoch mit einer gewissen Vorsicht und unter Innehaltung gewisser Bedingungen erfolgen, insbesondere dann, wenn die Azokomponente mit **mehr als** 1 Mol. der Diazokomponente zu reagieren vermag. Vor allem ist auch durch fortgesetzte Tüpfelproben darauf zu achten, daß nicht ein Überschuß an **Diazoniumverbindung** im Reaktionsgemisch vorhanden ist, der leicht zu einer teilweisen Zerstörung und Verunreinigung des schon vorhandenen Farbstoffes führt. Es empfiehlt sich im Gegenteil in der Regel, die **Azokomponente** in geringem Überschuß anzuwenden.

Einteilung der Azofarbstoffe.

Wie bereits oben angedeutet, lassen sich die Azofarbstoffe — rein äußerlich betrachtet — je nach der Anzahl der in ihnen enthaltenen Azogruppen einteilen in Mono-, Dis-, Tris-, Tetrakis- usw. Azofarbstoffe.

Konstitution
der Monoazofarbstoffe.

Wenden wir uns zunächst der Betrachtung der

Monoazofarbstoffe

zu. An einem Monoazofarbstoff, z. B. dem Aminoazobenzol (1), unterscheiden wir die **chromophore** Gruppe N_2, das **Chromogen** $C_6H_5 \cdot N_2 \cdot C_6H_5$ und die **auxochrome** Gruppe NH_2. Den Grund für die

$$(1) \qquad \langle\mathrm{I}\rangle - \mathrm{N} = \mathrm{N} - \langle\mathrm{II}\rangle - \mathrm{NH_2}$$

Tatsache, daß sich die auxochrome Gruppe in p-Stellung zur Azogruppe befindet, haben wir bereits erkannt, und zwar in der Fähigkeit der Aminogruppe des Anilins, bei der Kupplung mit der Diazoniumverbindung (2)

$$\text{(2)} \quad C_6H_5-\overset{\overset{\textstyle Cl}{\textstyle |}}{N}=N', \qquad\qquad \text{(3)} \quad H_3C-\!\!\left\langle\!\!\!\overset{NH_2}{}\!\!\!\right\rangle\!\!-O\cdot CH_3$$

bzw. bei der nachfolgenden Umlagerung, die Azogruppe in die p-Stellung zu lenken. Der Umstand, daß in der Regel nur solche aromatische Verbindungen, die eine auxochrome Gruppe enthalten, zur Azokupplung befähigt sind (siehe S. 375), gestattet auch einen Rückschluß auf die Art und Weise, wie der Azofarbstoff entstanden ist. Ist im Azofarbstoff nur eine auxochrome Gruppe enthalten, so gehört derjenige aromatische Kern, der die auxochrome Gruppe trägt, der Azokomponente an, im vorliegenden Fall (1) also der mit II bezeichnete Benzolkern, Die andere, scheinbar in Betracht kommende Möglichkeit, der Azofarbstoff (1) sei in der Weise entstanden, daß etwa p-Phenylendiamin einseitig diazotiert und mit Benzol gekuppelt wurde, ist unter gewöhnlichen Verhältnissen ausgeschlossen. Daß das Aminoazobenzol nicht unmittelbar durch Kupplung von Benzoldiazoniumchlorid mit Anilin entstanden ist, sondern über die Zwischenphase des Diazoaminobenzols, wurde bereits oben erwähnt. Ähnlich wie Anilin verhalten sich die Homologen und Analogen der Benzolreihe, wie o-Toluidin, p-Xylidin, o-Anisidin und das Cresidin von der Formel (3).

Kupplungsregeln.   Alle diese Amine liefern, über die entsprechenden Diazoaminoverbindungen hinweg, mehr oder minder leicht p-Aminoazofarbstoffe, die, wie wir später sehen werden, als Zwischenprodukte für die Darstellung von sekundären Dis- und Trisazofarbstoffen von großer Bedeutung sind.

α- und β-Naphtylamin und ihre Derivate liefern, ebenso wie Phenol, α- und β-Naphtol und ihre Abkömmlinge, in der Regel sofort die entsprechenden normalen Azofarbstoffe. α-Naphtylamin kuppelt ausschließlich in p-Stellung und ist daher, sowie wegen seiner Billigkeit als Zwischenkörper für sekundäre Dis- und Trisazofarbstoffe, ebenso wie die ebenerwähnten Anilinderivate, von großer Bedeutung (siehe S. 391f.). α-Naphtol kombiniert (je nach den Bedingungen) vorwiegend in p-, aber auch in o-Stellung. Außerdem liefert es Disazofarbstoffe, bei denen die Azogruppen gleichzeitig in o- und in p-Stellung enthalten sind. Im allgemeinen reagieren die analogen Verbindungen der Naphtalinreihe leichter als die Benzolderivate. Resorcin kuppelt gleichfalls erheblich energischer als Phenol, während Pyrogallol sich sehr träg verhält.

Einfluß der Sulfogruppen.   Von großer, für die technische Darstellung und Verwendung von Azofarbstoffen entscheidender Bedeutung ist die Stellung der Sulfogruppen in den Naphtol-, Naphtylamin-, Aminonaphtol-, Dioxynaphtalin- und Naphtylendiaminsulfonsäuren, insofern als die Sulfogruppen (je nach ihrer Stellung) nicht nur den Farbenton bestimmen, sondern auch für den Ort, an dem die Azogruppen in den Kern eintreten, von maßgeblichem Einfluß sind.

Daß z. B. aus der 1, 2-Naphtolsulfonsäure, im Gegensatz zur isomeren 2, 1-Naphtolsulfonsäure, ein p-Azofarbstoff (1) entsteht, ist nach dem oben auf S. 376 Gesagten selbstverständlich. Fraglich könnte es erscheinen, an welcher Stelle die Diazoniumverbindung in die 1, 3-Naphtolsulfonsäure bei der Kupplung eingreift. Die Erfahrung hat gelehrt, daß dieser Eintritt ausschließlich in o-Stellung erfolgt, und diese Tatsache ist von großer Bedeutung für die technische Brauchbarkeit der 1, 3-Naphtolsulfonsäure und ihrer Derivate, z. B. die 1, 3, 8-Naphtoldisulfonsäure E (2), da wie erwähnt die p-Oxyazofarbstoffe der Naphtalinreihe in der Regel wertlos sind. Bei der 1, 4-Naphtolsulfonsäure kommt nur die o-Stellung für den Eintritt der Azogruppe in Betracht. Überraschenderweise hat sich auch bei der 1, 5-Naphtolsulfonsäure gezeigt, daß die in der 5-Stellung befindliche Sulfogruppe den Eintritt der Azogruppe in die 4-Stellung nicht zuläßt und auf diese Weise die Entstehung eines o-Oxyazofarbstoffes (3) herbeiführt, was für die technische Verwendbarkeit der 1, 5-Naphtolsulfonsäure von ausschlaggebender Bedeutung ist. Die 1, 6-, die 1, 7- und die 1, 8-Naphtolsulfonsäure liefern alle drei die entsprechenden p-Oxyazofarbstoffe, anscheinend neben o, p-Disazofarbstoffen, z. B. (4). Jedenfalls erscheint es unmöglich, einheitliche o-Oxyazofarbstoffe aus ihnen zu gewinnen, und daher sind die ebengenannten Säuren für die Azofarbstoffdarstellung technisch unbrauchbar.

(1) 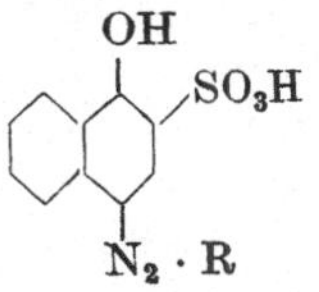   OH, SO$_3$H, N$_2 \cdot$ R   (2) 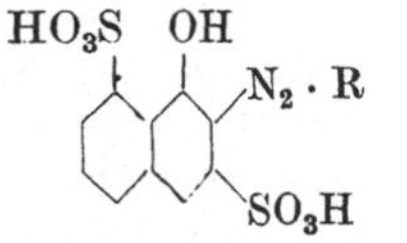   HO$_3$S, OH, N$_2 \cdot$ R, SO$_3$H

(3) 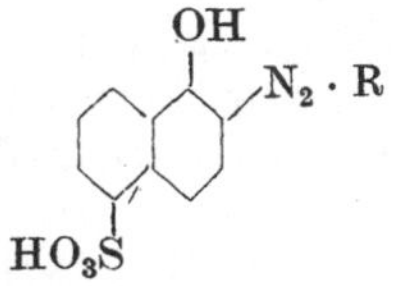   OH, N$_2 \cdot$ R, HO$_3$S   (4) 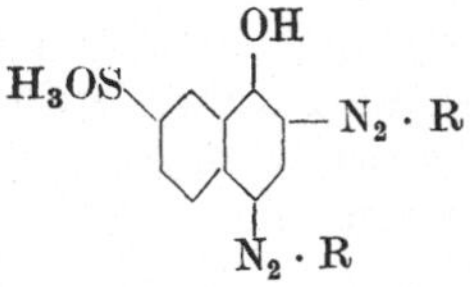   OH, H$_3$OS, N$_2 \cdot$ R, N$_2 \cdot$ R

Dieselben Regeln, die soeben für die Kupplung der isomeren Naphtolsulfonsäuren aufgestellt wurden, daß nämlich eine Sulfogruppe in 3- oder 5-Stellung den Eintritt der Azogruppe in die 2-Stellung bewirkt, gilt auch für die entsprechenden Naphtylamin-, Aminonaphtol-, Dioxynaphtalin- und Naphtylendiaminsulfonsäuren. Der „schützende" Einfluß einer Sulfogruppe auf das periständige Wasserstoffatom, dem wir bereits bei der 1, 5-Naphtolsulfonsäure begegneten, und der sich darin äußert, daß dieses Wasserstoffatom nicht durch die Azogruppe ersetzt wird, macht sich in mehr oder minder abgeschwächter Weise auch bei der 2, 8-Naphtol- und -Naphtylaminsulfonsäure bemerkbar, sehr deutlich hingegen bei der 2, 6, 8-Naphtol- und -Naphtylamindisulfon-

säure. Die 2, 8-Naphtolsulfonsäure kuppelt wesentlich langsamer wie
z. B. die isomere 2, 6-Naphtolsulfonsäure, und die 2, 6, 8-Naphtoldisulfonsäure ganz erheblich langsamer wie die isomere 2, 3, 6-Naphtoldisulfonsäure, derart, daß man von der unterschiedlichen Reaktionsgeschwindigkeit dieser beiden Säuren gegenüber den Diazoniumverbindungen Gebrauch machen kann, um eine Trennung dieser Isomeren
herbeizuführen. Die 2, 8-Naphtylaminsulfonsäure kuppelt nur noch mit
sehr energiseh reagierenden Diazokomponenten, wobei sich die Ent-.
stehung von Diazoaminoverbindungen sehr leicht nachweisen läßt.
Die 2, 6, 8-Naphtylamindisulfonsäure kuppelt selbst mit den energischsten Diazokomponenten so träge, daß man von dieser Säure als Azokomponente technisch keinen Gebrauch macht, während man sie als
Diazokomponente sehr wohl verwenden kann (vgl. auch S. 135 f. und
S. 142). Ähnlich verhält es sich mit der Sulfanilsäure, die nach den
bisherigen Beobachtungen keine Aminoazo- sondern nur Diazoaminoverbindungen zu liefern befähigt ist.

<table>
<tr><td>Bedeutung
des
Reaktions-
mediums.</td><td>

Was die Beschaffenheit des Reaktionsmediums bei der Azofarbstoffkupplung anlangt, so kuppeln Phenole und ihre Derivate am leichtesten
in alkalischen Medien (Natronhydrat, Kalciumhydrat, Soda, in seltenen
Fällen Ammoniak). In vielen Fällen verläuft aber auch die Kupplung
bei neutraler Reaktion (Bikarbonat und Acetat) mit hinreichender Geschwindigkeit. Die Kupplung der aromatischen Amine erfolgt zweckmäßig bei nahezu neutraler Reaktion (Bikarbonat, Kreide, Acetat)
oder in schwach saurer Lösung (Essigsäure, Salzsäure, Schwefelsäure);
jedoch darf die Acidität verhältnismäßig geringe Beträge nicht überschreiten, da die meisten Amine schon bei der Acidität einer Normallösung eine sehr erhebliche Verminderung ihrer Reaktionsfähigkeit gegenüber Diazoniumverbindungen erkennen lassen. Wesentlich leichter als die Monoamine kuppeln die m-Aminophenole und die
m-Diamine, wie z. B. das m-Phenylendiamin (1) oder die beiden
m-Toluylendiamine (2) und (3). Auch die Diamine und Aminooxyverbindungen der Naphtalinreihe weisen in der Regel ein merklich erhöhtes
Kupplungsvermögen auf, im Vergleich zu den einfachen Amino- oder
Oxyverbindungen.</td></tr>
</table>

(1) H_2N … NH_2 (2) H_2N … NH_2 … CH_3 oder   (3) H_2N … CH_3 … NH_2

Wesentlich anders als die m-Diamine verhalten sich die o- und p-
Diamine, z. B. (1) und (2), die eine normale Azofarbstoffbildung

(1) NH_2 … NH_2 und   (2) NH_2 … NH_2

überhaupt nicht erkennen lassen, und zwar gilt das gleiche auch für die Derivate der Naphtalinreihe.

Über die Monoazofarbstoffe sei im einzelnen noch folgendes bemerkt:

Zu den ältesten Vertretern dieser Untergruppe gehören das Amino-azobenzol und Aminoazotoluol (3), die als solche wegen ihrer Schwerlöslichkeit in Wasser in der Zeugfärberei keine unmittelbare Verwendung finden, wohl aber, in Sprit gelöst, als Spritgelb zum Färben von Lacken und Fetten. Die durch Sulfonierung entstehenden Farbstoffe (Mono- und Disulfonsäuren), aus Aminoazobenzol z. B. (4) und (5), sind wasserlöslich und erscheinen unter dem Namen Echtgelb im Handel. Durch Diazotieren und Kuppeln erhält man aus den Sprit- und Echtgelb-Marken sekundäre Disazofarbstoffe (siehe unten Biebricher Scharlach). Durch Kombination des Anilins mit m-Phenylendiamin entsteht das Chrysoidin (6). *Spritgelb.* *Echtgelb.* *Chrysoidin.*

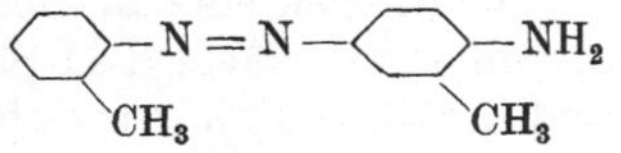

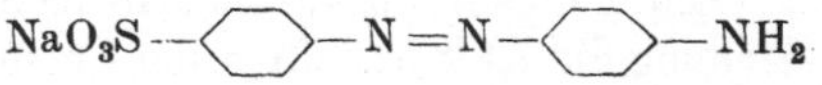

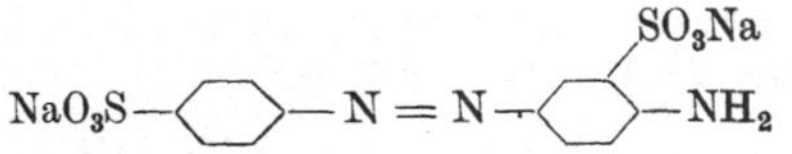

Während die ersten Azofarbstoffe nur aus Benzolderivaten aufgebaut waren, erhielt man durch Benutzung der Naphtol- und Naphtylaminsulfonsäuren als Azokomponenten und Diazokomponenten die wertvollen Ponceaux und Bordeaux, sowie die verschiedenen Marken Echtrot, Tuchrot, Croceïnscharlach, Cochenillerot, Coccin, die als Wollfarbstoffe, trotz ihrer meist nicht befriedigenden Echtheit, wegen ihres schönen roten Tones eine hervorragende Bedeutung erlangten und auch heute noch, nach 40 Jahren, besitzen. Als Beispiele seien anfegührt das Ponceaux 2 R (7) aus m-Xylidin und R-Salz, das Bordeaux R (8) aus α-Naphtylamin und R-Salz, das Echtrot C (9) aus Naphthionsäure und 1,4-Naphtolsulfonsäure, das *Die verschiedenen Ponceaux u. Bordeaux.*

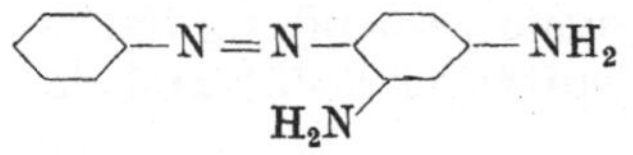

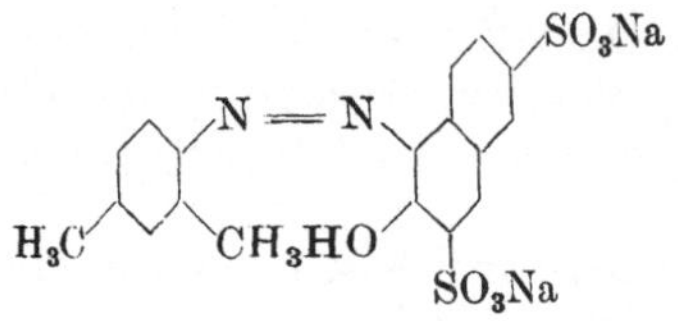

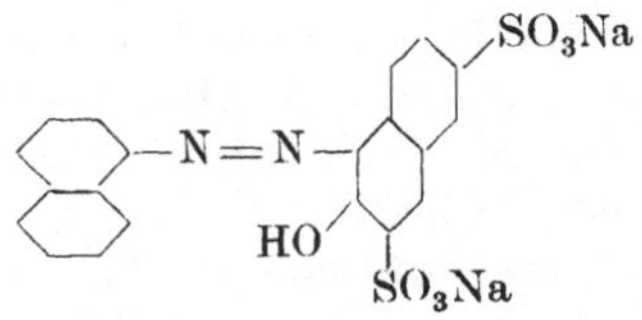

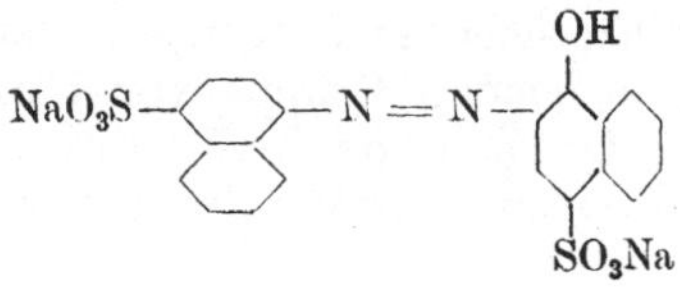

Tuchrot (1) aus Naphthionsäure und R-Salz, der Croceïnscharlach 4 BX (2) aus Naphthionsäure und G-Salz, das Azocochenille (3)
aus o-Anisidin und 1, 4-Naphtolsulfonsäure, das Sorbinrot (4) aus
p-Aminoacetanilid und 1, 3, 6-Naphtoldisulfonsäure RG.

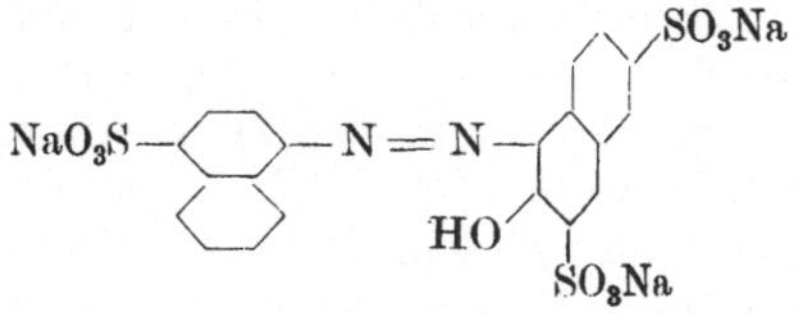

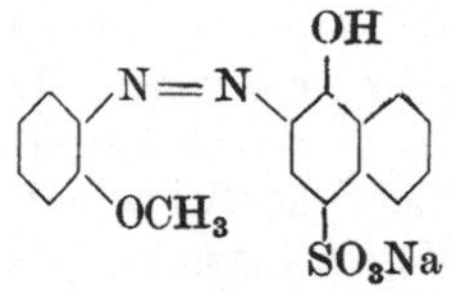

Chromotrop-
und Amido-
naphtolrot-
Farbstoffe.

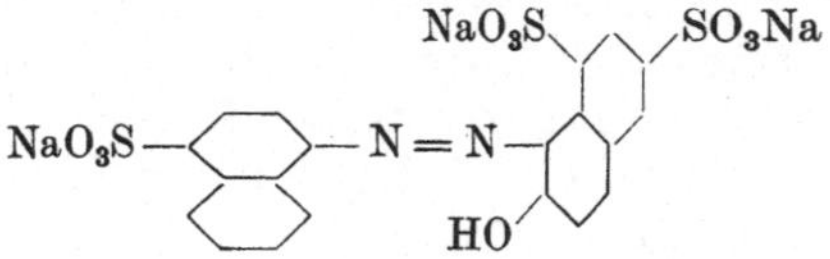

Unter diesen Monoazofarbstoffen für Wolle nehmen eine besondere
Stellung die Abkömmlinge der Chromotropsäure und der Acetyl-H-Säure
ein. Es sind dies die Chromotrop- und Amidonaphtolrotfarb-
stoffe, die u. a. wegen ihres Egalisierungsvermögens als Nuancierfarb-
stoffe Verwendung finden. Als Vertreter seien hier angeführt das Chro-
motrop 2 R (5) und das Amidonaphtolrot 6 B (6).

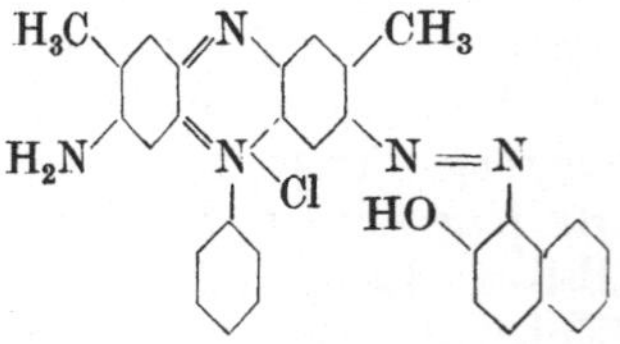

Indoinblau
R.

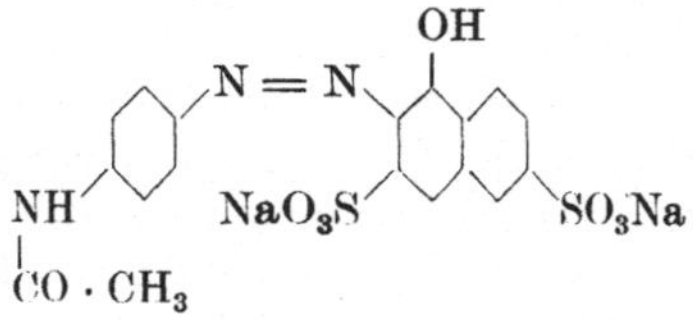

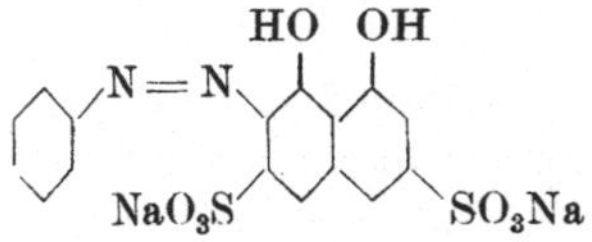

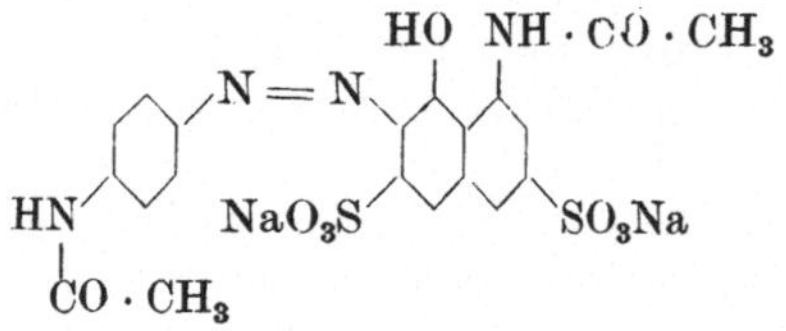

Eine weitere Untergruppe besonderer Art sind die Safraninazo-
farbstoffe, die erhalten werden durch Diazotieren von Safraninen und
Kuppeln mit β-Naphtol oder anderen geeigneten Azokomponenten. Der
wichtigste Farbstoff dieser Art ist das Indoinblau R (7) aus Safranin T
und β-Naphtol.

Farbstoffe
aus ge-
schwefelten
Basen.

Aus dem Dehydro-Thio-p-Toluidin (siehe auch S. 457) und den homologen sich vom m-Xylidin und ψ-Cumidin ableitenden Basen erhält
man nach dem Diazotieren und Kuppeln mit Naphtolsulfonsäuren
(R, ε, G usw.) eine eigenartige Gruppe von Monoazofarbstoffen (z. B.
Erika, Geranin, Diaminrosa), die durch eine auffällige Affinität
für Baumwolle und einen schönen blaustichig-roten Ton ausgezeichnet sind.

Weniger für den Zeugdruck als für den Buch- und Steindruck usw. ist eine wichtige Gruppe von Farbstoffen bestimmt, die in Form von Pigmenten oder Lacken Verwendung finden, die als solche in Wasser meist völlig unlöslich sind und in der Regel dadurch erzeugt werden, daß man die vorher gelösten Farbstoffe auf dem Wege der doppelten Umsetzung (durch Zusatz anorganischer Salze in Gegenwart weiterer anorganischer Substrate) in wasserunlösliche Salze überführt. Meist werden die löslichen Natriumsalze der Farbstoffe durch Chlorbarium auf Tonerde gefällt. Die wichtigsten Vertreter dieser Pigmentfarbstoffe sind die verschiedenen Litholrot- und Lackrotmarken, z. B. Litholrot R (1) und Lackrot C (2).

Litholrot R u. Lackrot C.

Über die wichtigen Chromierfarbstoffe aus o-Oxydiazoniumverbindungen sowie über die unter Verwendung von Salicylsäure hergestellten beizenfärbenden Azofarbstoffe siehe Näheres noch S. 405 ff.

Disazofarbstoffe.

In der Gruppe der technisch höchst wichtigen Disazofarbstoffe unterscheidet man je nach ihrer Konstitution, die ja mit ihrer Darstellungsart unmittelbar zusammenhängt, zunächst zwei Untergruppen: primäre und sekundäre Disazofarbstoffe. Der Ausdruck „primäre Disazofarbstoffe" wurde gewählt, weil die zu dieser Untergruppe gehörigen Farbstoffe sich in der Regel in einem Arbeitsgang darstellen lassen, während die sekundären Disazofarbstoffe nicht in einer einmaligen Kupplungsoperation zu erhalten sind (siehe unten).

Verschiedene Typen der Disazofarbstoffe.

Die primären Disazofarbstoffe zerfallen wiederum in zwei Gruppen, nämlich einerseits in solche Farbstoffe, die sich von Diazokomponenten mit zwei primären und diazotierbaren Aminogruppen ableiten, und andererseits in solche Farbstoffe, bei deren Entstehung umgekehrt die Azokomponente mit 2 Mol. derselben Diazoniumverbindung oder mit je 1 Mol. zweier verschiedener Diazoniumverbindungen zu einem Disazofarbstoff zusammentritt.

Primäre Disazofarbstoffe.

1. Als Typus eines primären Disazofarbstoffs der ersteren Art sei das geschichtlich interessante Kongorot angeführt. Das ist der Farbstoff, der entsteht aus 1 Mol. Benzidin, $H_2N \cdot C_6H_4 \cdot C_6H_4 \cdot NH_2$, und 2 Mol. Naphthionsäure, entsprechend der Formel:

Die Benzidin-Farbstoffe (Kongorot).

Methoden der Darstellung. Das Benzidin gehört zu den sog. p-Diaminen im weiteren Sinne des Wortes. Die beiden im Benzidin enthaltenen primären Aminogruppen lassen sich in üblicher Weise diazotieren, und die Kupplung mit den beiden Mol. Naphthionsäure vollzieht man zweckmäßig bei neutraler oder schwach saurer Reaktion. Die Kombination erfolgt also z. B. in Bikarbonat oder Acetat, die die von der Diazotierung herrührende und bei der Kupplung entstehende Mineralsäure abstumpfen, und verläuft mit verhältnismäßiger Langsamkeit. Es entstehen offenbar eine Reihe von Zwischenkörpern, die dadurch zustande kommen, daß die Azogruppe zunächst in die Aminogruppen der Naphthionsäure eingreift und erst infolge einer Umlagerung in die o-Stellung zur Aminogruppe eintritt (vgl. Diazoaminobenzol → Aminoazobenzol).

Zwischenkörper. Auch beteiligen sich die beiden Diazogruppen des Benzidins anscheinend nicht gleichzeitig an der Farbstoffbildung. Es entsteht wahrscheinlich zunächst ein Zwischenprodukt, (1) oder (2), aus 1 Mol. diazotierten Benzidins (der sog. „Tetrazoverbindung":

$$\overset{Cl}{\underset{}{|}} \qquad \overset{Cl}{\underset{}{|}}$$
$$N \equiv N - C_6H_4 \cdot C_6H_4 - N \equiv N$$

und 1 Mol. Naphthionsäure. Zwischenkörper von der Art wie (2), d. h. gleichzeitig Monoazofarbstoff und Diazoniumchlorid, sind von großem, technischem Wert deshalb, weil sie die Bildung gemischter primärer Disazofarbstoffe gestatten. Denn läßt man derartige Zwischen-

Gemischte primäre Disazofarbstoffe. körper aus 1 Mol. Tetrazoverbindung und 1 Mol. einer Azokomponente a mit einem Mol. einer andern Azokomponente b zusammentreten, so erhält man gemischte primäre Disazofarbstoffe, in denen 2 verschiedene Azokomponenten, a und b, etwa 1 Mol. Naphthionsäure und 1 Mol. 1, 4-Naphtolsulfonsäure, entsprechend der Zusammensetzung (3),

(1)   (2) 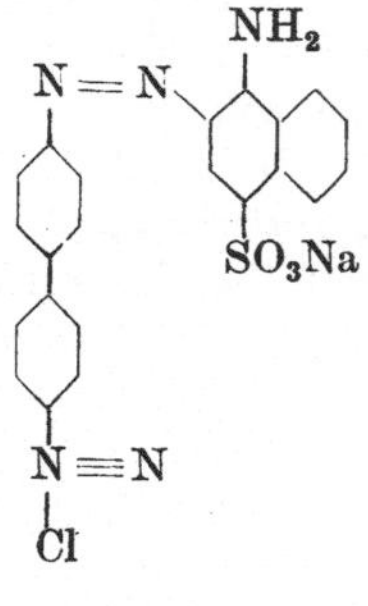   (3) 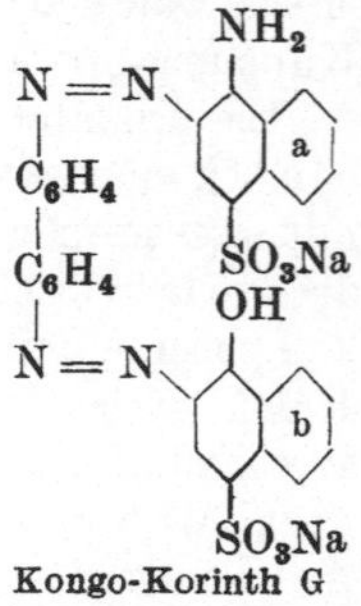   Kongo-Korinth G

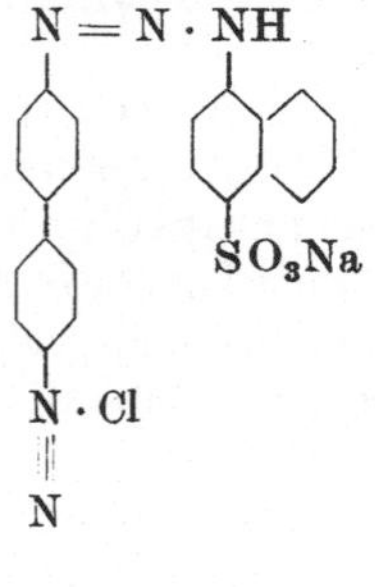

enthalten sind, die sich technisch gleichfalls als höchst wertvoll erwiesen haben. Wesentlich leichter als mit Naphtylaminsulfonsäuren kuppeln die Tetrazoverbindungen mit Naphtolsulfonsäuren, Dioxynaphtalinsulfonsäuren usw. (in schwach alkalischer Lösung). Aber auch mit diesen Azokomponenten lassen sich unter geeigneten Bedingungen ziemlich glatt die Zwischenkörper aus 1 Mol. Tetrazoverbindung und 1 Mol. Azokomponente herstellen. Hierbei verfährt man, ab-

weichend von der üblichen Azokupplung, in der Weise, daß man nicht
wie sonst die Azokomponente vorlegt und die Diazolösung einlaufen
läßt, sondern man läßt umgekehrt unter kräftigem Rühren die Azokomponente in die Tetrazolösung einfließen, so daß sich die Tetrazolösung der Azokomponente gegenüber stets im Überschuß befindet,
was, wie leicht ersichtlich, die Entstehung eines symmetrischen Disazofarbstoffes von der Art des Kongorots erheblich erschwert und bei
der Auswahl geeigneter Bedingungen so gut wie unmöglich macht.

2. Als Typus der zweiten Art primärer Disazofarbstoffe aus 1 Mol. *Disazo-*
Azokomponente und 2 Mol. Diazoniumverbindung sei das technisch *farbstoffe*
wichtige **Naphtolblauschwarz** von der Konstitution (1) angeführt, *vom Typus*
das erhalten wird durch die Kupplung der 1, 8, 3, 6-Aminonaphtoldi- *des Naphtol-*
sulfonsäure H mit 1 Mol. p-Nitranilin (diazotiert) und 1 Mol. Anilin *blauschwarz.*
(diazotiert).

$$\text{(1)} \quad C_6H_5 \cdot N = N - \underset{NaO_3S}{\overset{HO \quad NH_2}{\bigodot\bigodot}}_{SO_3Na} - N = N \cdot C_6H_4 \cdot NO_2$$

Eine glatte Kupplung der Komponenten zum Disazofarbstoff ist
hier nur bei Innehaltung bestimmter Reaktionsbedingungen möglich.
Es hat sich ziemlich allgemein gezeigt, daß derartige peri-Aminonaphtolsulfonsäuren nur dann eine gute Ausbeute an primären Disazofarbstoffen liefern, wenn das erste Mol. Diazoniumverbindung auf Grund
geeigneter Reaktionsbedingungen ausschließlich in der o-Stellung
zur Aminogruppe, also in 2-Stellung, kuppelt, während die Disazo-
farbstoffbildung zu wenig befriedigenden Ergebnissen führt, wenn der
zunächst entstehende Monoazofarbstoff durch Kupplung auf der sog.
Naphtolseite, d. h. durch Kupplung in o-Stellung zur Hydroxylgruppe, also in 7-Stellung, entstanden ist. Man führt die aus dem angegebenen Grunde wünschenswerte 1. Kupplung in o-Stellung zur Aminogruppe dadurch herbei, daß man zwar in schwach saurer, aber immerhin
doch so stark saurer Lösung kuppelt, daß der Eintritt der Azogruppe
in o-Stellung zur Hydroxylgruppe ausgeschlossen ist. Hierbei
entsteht im vorliegenden Falle ein Monoazofarbstoff der Konstitution (2):

$$\text{(2)} \quad \underset{NaO_3S}{\overset{HO \quad NH_2}{\bigodot\bigodot}}_{SO_3Na} - N = N \cdot C_6H_4 \cdot NO_2 \, .$$

Alsdann stellt man neutrale oder alkalische Reaktion her und läßt
nun die Kupplung des anderen Moleküls der Diazoniumverbindung
mit dem Monoazofarbstoff erfolgen, die zu obigem Disazofarbstoff (1)
führt.

3. Die **sekundären** Disazofarbstoffe entstehen dadurch, daß man *Die*
Monoazofarbstoffe mit diazotierbaren Aminogruppen diazotiert und *sekundären*
mit Azokomponenten kuppelt. Von den Aminomonoazofarbstoffen, die *Disazo-*
farbstoffe.

auf dem früher angegebenen Wege durch Kupplung einer Diazoniumverbindung mit einem primären Amin entstanden sind, lassen sich
nur diejenigen weiterdiazotieren, bei denen sich die Amino- und die
Azogruppe in **p**-Stellung zueinander befinden, während die **o**-Amino-
azofarbstoffe nach den bisherigen Erfahrungen für die Zwecke der Darstellung von sekundären Disazofarbstoffen unbrauchbar sind, weil sie
unter der Einwirkung der Salpetrigen Säure in nicht normal
kuppelnde Verbindungen übergehen.

Eine besondere Stellung unter den diazotierbaren Aminomonoazofarbstoffen nehmen diejenigen ein, bei denen Aminogruppe und Azogruppe sich auf zwei verschiedene Kerne verteilen (1). Derartige
Monoazofarbstoffe entstehen z. B. aus solchen Aminonaphtolsulfonsäuren, in denen sich Amino- und Hydroxylgruppe in zwei verschiedenen
Kernen befinden. Unter den hierbei in Betracht kommenden Aminonaphtolsulfonsäuren sind die wichtigsten die γ-Säure und die J-Säure
(siehe S. 411); weniger geeignet für diesen besonderen Zweck sind die
für die Darstellung von primären Disazofarbstoffen viel benutzten
peri-Aminonaphtolsulfonsäuren. Unter geeigneten Bedingungen. z, B. bei
alkalischer Reaktion, sind die γ- und J-Säure ziemlich glatt in Monoazofarbstoffe überführbar, in denen die Azogruppe sich im gleichen
Kern wie die Hydroxylgruppe befindet, und zwar in der o-Stellung
zu ihr. Der aus diazotiertem Anilin und J-Säure bei sodaalkalischer
Kupplung entstehende Farbstoff von der Konstitution (1) bildet unter

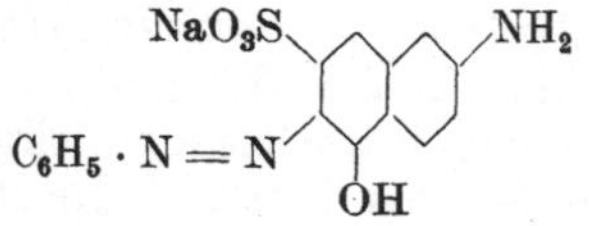

der Einwirkung von Nitrit in mineralsaurer Lösung eine Diazoniumverbindung, die bei der 2. Kupplung, etwa mit 2, 6-Naphtolsulfonsäure,
den sekundären Disazofarbstoff (2) liefern würde.

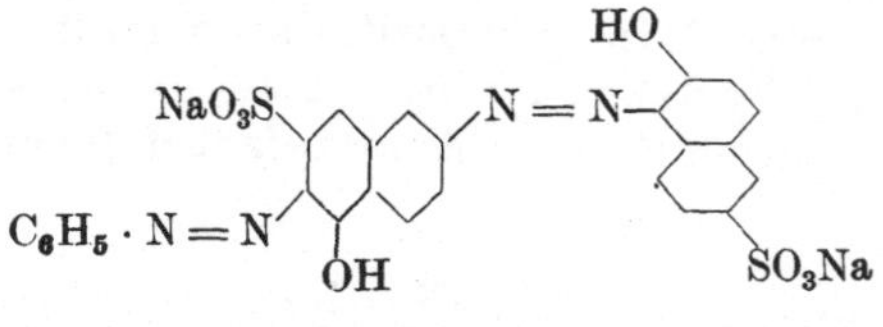

Die ersten technisch verwendeten sekundären Disazofarbstoffe wurden hergestellt aus p-Aminomonoazofarbstoffen, z. B. aus p-Aminoazo-

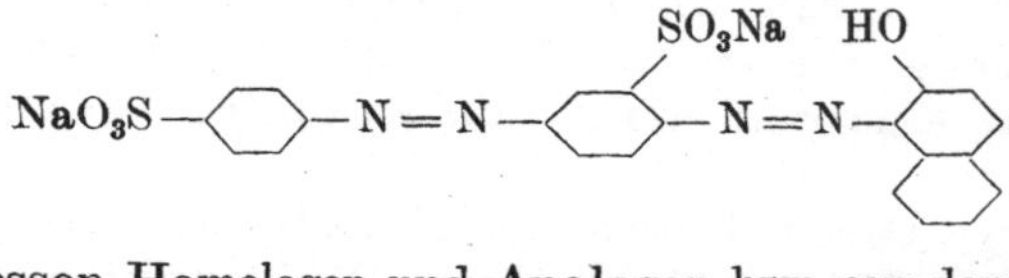

benzol und dessen Homologen und Analogen bzw. aus den entsprechenden Mono- und Disulfonsäuren (siehe S. 381). Als Typus. sei der

Biebricher Scharlach (3) angeführt. Als Ausgangsmaterial dient das ebengenannte p-Aminoazobenzol: Biebricher Scharlach.

$$C_6H_5 \cdot N = N \cdot C_6H_4 \cdot NH_2 \, ,$$

das durch Sulfonierung mit Oleum leicht in die Aminoazobenzoldisulfonsäure (1) und durch weiteres Diazotieren und Kuppeln mit β-Naphtol (in alkalischer Lösung) in den Biebricher Scharlach von der oben angegebenen Konstitution überführbar ist.

(1)

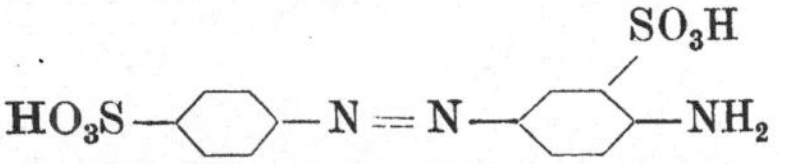

Über die wichtigsten bisher erörterten Typen der Disazofarbstoffe gibt die folgende Übersicht Ausschluß:

1. Primäre Disazofarbstoffe vom Typus des Kongorots oder kurzweg Kongo. Dem Kongo steht das Benzopurpurin 4 B (2) Benzopurpurin 4 B.

(2)

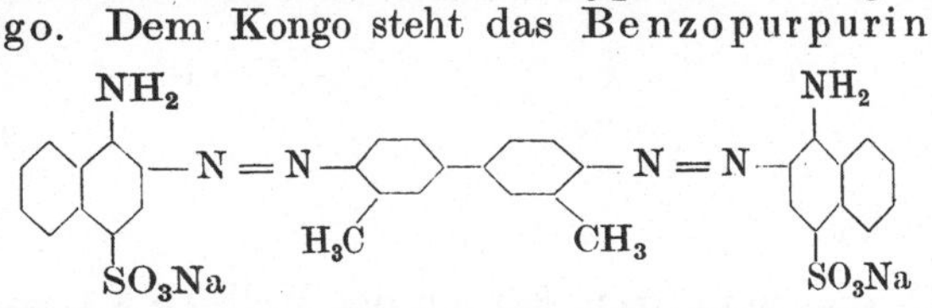

nahe, das aus 1 Mol. o-Tolidin + 2 Mol. Naphthionsäure erhalten werden kann. Sehr bemerkenswert ist die Tatsache, daß von den isomeren Tolidinen nur das sog. o-Tolidin (3), in dem sich beide Methylgruppen

(3) 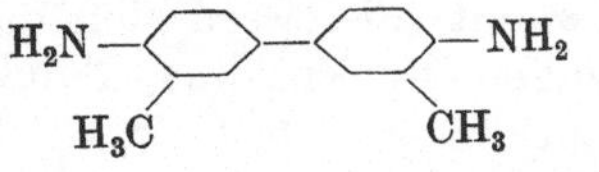   (4)

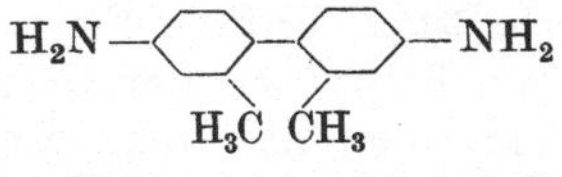

in o-Stellung zu den Aminogruppen befinden, befähigt ist, substantive oder direkt ziehende Baumwollfarbstoffe zu liefern, im Unterschiede vom m-Tolidin (4), das als p-Diamin zur Erzeugung von Baumwollfarbstoffen technisch nicht verwendbar ist. Aus 1 Mol. Benzidin + 2 Mol. γ-Säure erhält man bei der Kupplung in schwach saurer Lösung (Eingriff der Azogruppen auf der „Aminoseite") das Diaminviolett N (5), bei „alkalischer" Kupplung (Eingriff der Azogruppe Diaminviolett N u. Diaminschwarz RO.

(5)

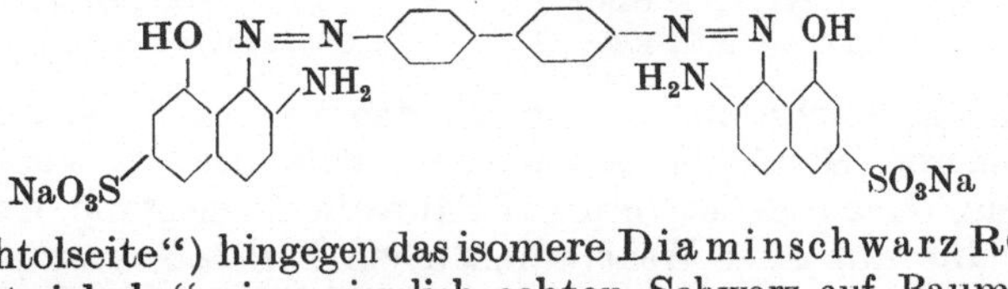

auf der „Naphtolseite") hingegen das isomere Diaminschwarz RO (6), das zum „Entwickeln" eines ziemlich echten Schwarz auf Baumwolle dient (siehe unten).

(6)

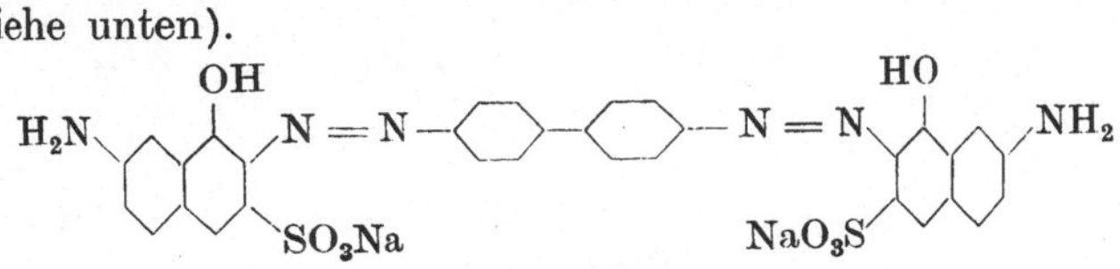

25*

Toluylenrot RT.

Ein weiterer primärer Disazofarbstoff ist das **Toluylenrot RT** (7) aus o-Dichlorbenzidin + 2 Mol. Amino-R-Salz. Der Farbstoff ist ausgezeichnet durch seinen blaustichig-roten Ton und durch seine größere **Säureechtheit** (im Vergleich zu Kongorot), die wohl auf die Anwesenheit des o-ständigen Chlors im o-Dichlorbenzidin zurückzuführen ist.

$$(7) \quad NaO_3S\text{—}[C_6H_2(NH_2)(SO_3Na)]\text{—}N=N\text{—}C_6H_3(Cl)\text{—}C_6H_3(Cl)\text{—}N=N\text{—}[C_6H_2(NH_2)(SO_3Na)]\text{—}SO_3Na$$

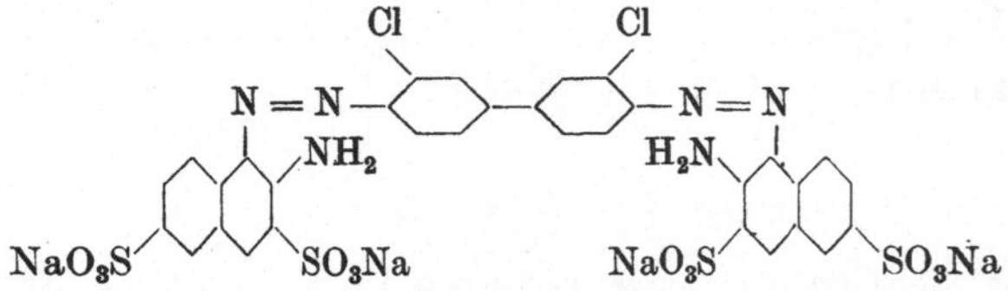

Diaminechtrot F.

Ein **gemischter** primärer **Disazofarbstoff** ist das wertvolle **Diaminechtrot F** (8), aus Benzidin, Salicylsäure und γ-Säure (sauer

$$(8) \quad NaO_3S\text{—}[C_{10}H_4(OH)(NH_2)]\text{—}N=N\text{—}C_6H_4\text{—}C_6H_4\text{—}N=N\text{—}C_6H_3(OH)(COONa)$$

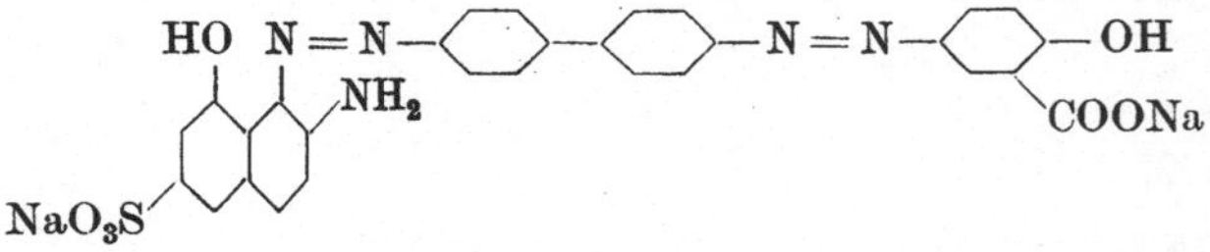

gekuppelt), das sowohl zum Färben der Wolle als auch der Baumwolle dient und infolge der Salicylsäurekomponente auch als **Beizenfarbstoff** angewandt werden kann (siehe S. 405f.).

Chicagoblau.

Unter den blauen Farbstoffen der Benzidinreihe seien hier die verschiedenen Marken **Chicagoblau** erwähnt. Sie lassen sich darstellen durch Kupplung der Tetrazoverbindungen des Benzidins, Tolidins und Dianisidins mit den Aminonaphtolsulfonsäuren S (1, 8, 4) und SS (1, 8, 2, 4), zum Teil in Mischung mit der Croceïnsäure oder mit β-Naphtol:

$$\text{Benzidin} \begin{cases} \nearrow \text{Croceïnsäure} \\ \searrow \text{S-Säure} \end{cases} \qquad \text{Tolidin} \begin{cases} \nearrow \text{Croceïnsäure} \\ \searrow \text{S-Säure} \end{cases}$$

Chicagoblau 4 R   Chicagoblau 2 R

$$\text{Dianisidin} \begin{cases} \nearrow \beta\text{-Naphtol} \\ \searrow \text{SS-Säure} \end{cases} \qquad \text{Dianisidin} \begin{cases} \nearrow \text{SS-Säure} \\ \searrow \text{SS-Säure} \end{cases}$$

Chicagoblau RW   Chicagoblau 6 B

Diaminreinblau und Diaminbrillantblau.

Analoge Farbstoffe, wie die mit den ebengenannten Aminonaphtolsulfonsäuren S und SS gewonnenen, entstehen bei Verwendung der H-Säure, oder falls man in der H-Säure die Aminogruppe durch Chlor ersetzt. Die auf diese Weise erhältlichen Farbstoffe erscheinen als **Diaminreinblau** und **Diaminbrillantblau** im Handel:

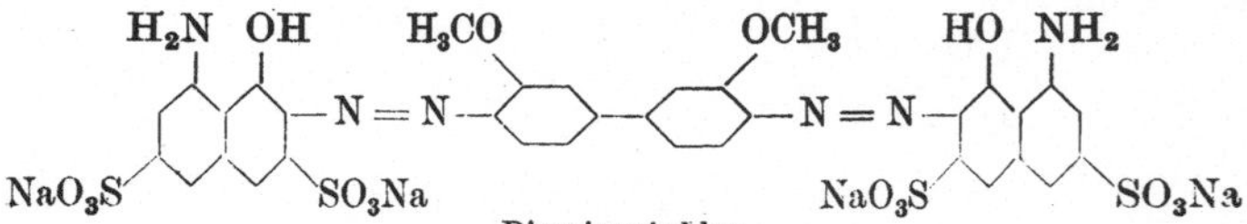

$$NaO_3S\text{—}[C_{10}H_3(H_2N)(OH)(SO_3Na)]\text{—}N=N\text{—}C_6H_3(H_3CO)\text{—}C_6H_3(OCH_3)\text{—}N=N\text{—}[C_{10}H_3(HO)(NH_2)(SO_3Na)]\text{—}SO_3Na$$

Diaminreinblau

$$\text{Cl}\quad\text{OH}\qquad\qquad\text{CH}_3\text{O}\qquad\qquad\text{OCH}_3\qquad\qquad\text{HO}\quad\text{Cl}$$

$$\text{NaO}_3\text{S}\underset{\text{SO}_3\text{Na}}{\bigcirc\bigcirc}-\text{N}=\text{N}-\bigcirc-\bigcirc-\text{N}=\text{N}-\underset{\text{NaO}_3\text{S}\qquad\text{SO}_3\text{Na}}{\bigcirc\bigcirc}.$$

Diaminbrillantblau C

Dem Benzidin und seinen Abkömmlingen stehen nahe, hinsichtlich
der Fähigkeit, den entsprechenden Disazofarbstoffen eine ausgesprochene
Verwandtschaft zur Baumwollfaser zu erteilen, das p-Phenylendiamin und, wenn auch bisweilen in abgeschwächtem Maße, das
m-Phenylendiamin und seine Derivate. Als Vertreter von Phenylendiaminfarbstoffen seien angeführt das Violettschwarz (1), ein ge- Violett-
schwarz.

$$\text{(1)}\qquad\underset{\text{SO}_3\text{Na}}{\overset{\text{OH}}{\bigcirc\bigcirc}}-\text{N}=\text{N}-\bigcirc-\text{N}=\text{N}-\bigcirc\bigcirc-\text{NH}_2$$

mischter Disazofarbstoff aus p-Phenylendiamin + 1,4-Naphtolsulfonsäure + α-Naphtylamin, und das nicht direkt, sondern auf tanningebeizte
Baumwolle ziehende Bismarckbraun aus m-Phenylendiamin (2) oder Bismarck-
braun.

$$\text{(2)}\qquad\underset{\text{H}_2\text{N}}{\overset{\text{H}_2\text{N}}{\bigcirc}}-\text{N}=\text{N}-\bigcirc-\text{N}=\text{N}-\underset{\text{NH}_2}{\overset{\text{NH}_2}{\bigcirc}}$$

aus m-Toluylendiamin (3). Ein Disazofarbstoff ganz eigener Art ist
das Toluylenbraun G (4), das den beiden Typen der primären Toluylen-
braun G.

$$\text{(3)}\qquad\underset{\underset{\text{CH}_3}{\text{H}_2\text{N}}}{\overset{\text{H}_2\text{N}}{\bigcirc}}-\text{N}=\text{N}-\underset{\text{CH}_3}{\bigcirc}-\text{N}=\text{N}-\underset{\underset{\text{CH}_3}{\text{NH}_2}}{\overset{\text{NH}_2}{\bigcirc}}$$

$$\text{(4)}\qquad\text{NaO}_3\text{S}-\langle\,a\,\rangle-\text{CH}_3\overset{\text{N}=\text{N}}{\underset{\text{N}=\text{N}}{\langle\,b\,\rangle}}\underset{\text{NH}_2}{\overset{\text{NH}_2}{\Big\langle}}$$

Disazofarbstoffe gleichzeitig angehört, indem die m-Toluylendiaminsulfonsäure (a) als Tetrazokomponente, das m-Phenylendiamin (b) als
doppelt kuppelnde Azokomponente benutzt wird. Toluylenbraun
zieht direkt auf Baumwolle, ebenso das Toluylengelb (5) aus Tolu- Toluylen-
gelb.

$$\text{(5)}\qquad\underset{\text{H}_2\text{N}\quad\text{NO}_2}{\overset{\text{NH}_2}{\bigcirc}}-\text{N}=\text{N}-\underset{\text{SO}_3\text{Na}}{\overset{\text{CH}_3}{\bigcirc}}-\text{N}=\text{N}-\underset{\text{NO}_2\quad\text{NH}_2}{\overset{\text{NH}_2}{\bigcirc}}$$

ylendiaminsulfonsäure $+$ 2 Mol. Nitro-m-Phenylendiamin und das **Toluylenorange** (1) aus derselben Toluylendiaminsulfonsäure und 2 Mol. β-Naphtylamin.

(1)
$$\text{NH}_2 \quad\quad \text{CH}_3 \quad\quad \text{NH}_2$$
$$\cdots\; N\!=\!N \cdots\; N\!=\!N \cdots$$
$$\text{SO}_3\text{Na}$$

Ein p-Diamin im weiteren Sinne des Wortes, die p-Diaminostilbendisulfonsäure (2), die aus der Nitrotoluolsulfonsäure (3) durch die Ein-

(2) $\quad \text{H}_2\text{N}\!-\!\langle\ \rangle\!-\!\text{CH}=\text{CH}\!-\!\langle\ \rangle\!-\!\text{NH}_2$
$$\text{HO}_3\text{S} \quad\quad \text{SO}_3\text{H}$$

(3)
$$\text{CH}_3$$
$$\text{SO}_3\text{H}$$
$$\text{NO}_2$$

wirkung von Alkali in Gegenwart von Reduktionsmitteln leicht darstellbar ist, liefert bemerkenswerterweise gleichfalls substantive Baumwollfarbstoffe, von denen das chlorechte **Chrysophenin G** oder **Direktgelb CRG** (4) einer der wertvollsten ist. Er entsteht durch Kupplung der Tetrazoverbindung mit 2 Mol. Phenol und nachträgliche Äthylierung des so entstehenden **Brillantgelbs**.

(4) $\quad \text{H}_5\text{C}_2\cdot\text{O}\!-\!\langle\ \rangle\!-\!\text{N}_2\!-\!\langle\ \rangle\!-\!\text{CH}=\text{CH}\!-\!\langle\ \rangle\!-\!\text{N}_2\!-\!\langle\ \rangle\!-\!\text{O}\cdot\text{C}_2\text{H}_5$
$$\text{SO}_3\text{Na} \quad\quad \text{NaO}_3\text{S}$$

Eine selten verwendete Komponente für substantive Baumwollfarbstoffe ist das 1,5-Naphtylendiamin (oder dessen Sulfonsäuren). Ein Farbstoff dieser Art ist das gleichfalls durch Echtheit ausgezeichnete **Diamingoldgelb** (5) aus 1,5-Naphtylendiamin-3,7-Disulfonsäure $+$ 2 Mol. Phenol, nachträglich äthyliert.

(5)
$$\text{N}=\text{N}-\langle\ \rangle-\text{O}\cdot\text{C}_2\text{H}_5$$
$$\text{NaO}_3\text{S}$$
$$\text{SO}_3\text{Na}$$
$$\text{H}_5\text{C}_2\cdot\text{O}-\langle\ \rangle-\text{N}=\text{N}$$

2. **Primäre Disazofarbstoffe vom Typus des Naphtolblauschwarz.** Die Zahl der tatsächlich in Anwendung stehenden Farbstoffe dieser Gruppe ist verhältnismäßig klein, obwohl einzelne Vertreter eine ziemlich ausgedehnte Anwendung finden, und zwar für **Braun** fast ausschließlich Farbstoffe aus m-Phenylendiamin und seinen Abkömmlingen als Azokomponenten und für **Schwarz** die Farbstoffe aus den peri-Aminonaphtolsulfonsäuren H, S und K (siehe S. 223). Der dem Naphtolblauschwarz aus H-Säure entsprechende Farbstoff der K-Säure ist das

Blauschwarz N (1), während aus der S-Säure mit Hilfe der Komponenten Sulfanilsäure („sauer gekuppelt") und α-Naphtylamin („alkalisch gekuppelt") der Disazofarbstoff Palatinschwarz A (2) erhalten wird.

Blau-
schwarz N.

Palatin-
schwarz A.

$$(1)\qquad \langle\!\!\rangle\!-\!N\!=\!N\!-\!\overset{HO}{|}\overset{NH_2}{|}\!-\!N\!=\!N\!-\!\langle\!\!\rangle\!-\!NO_2$$

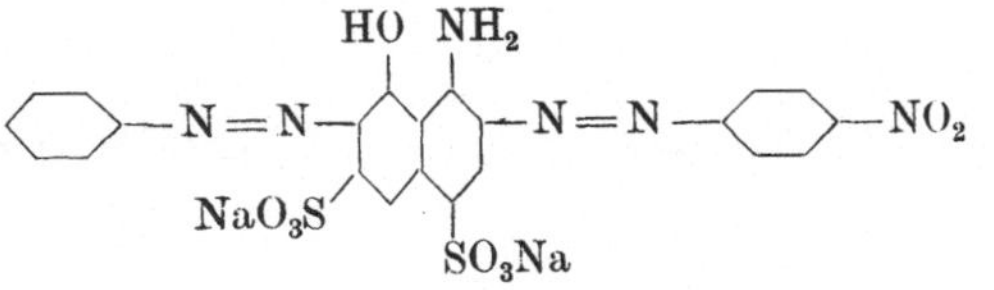

(NaO$_3$S / SO$_3$Na)

$$(2)\qquad \langle\!\!\rangle\!-\!N\!=\!N\!-\!\overset{HO}{|}\overset{NH_2}{|}\!-\!N\!=\!N\!-\!\langle\!\!\rangle\!-\!SO_3Na$$

(SO$_3$Na)

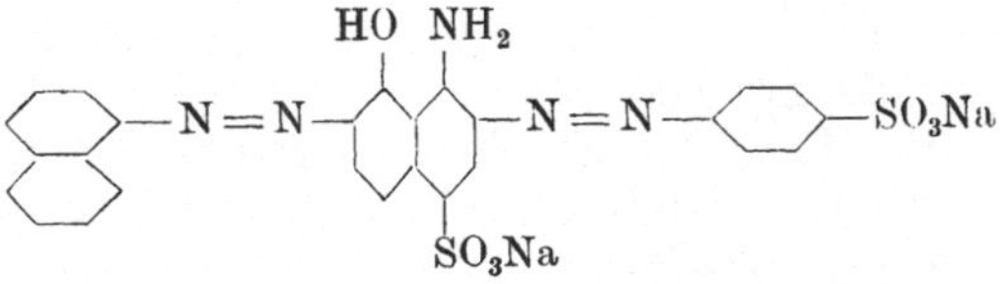

3. Sekundäre Disazofarbstoffe vom Typus des Biebricher Scharlachs. Die Farbstoffe dieser Gruppe sind außerordentlich zahlreich und lassen sich in der mannigfaltigsten Weise variieren, auch bezüglich des Farbentones; außerdem bieten sie den Vorteil, daß sie aus den einfachsten und daher billigsten Komponenten aufgebaut werden können, ein Umstand, der ihnen einen gewissen Vorsprung vor den primären Disazofarbstoffen vom Typus des Naphtolblauschwarz sichert.

Rote
sekundäre
Disazo-
farbstoffe.

Von roten Farbstoffen dieser Gruppe seien angeführt die verschiedenen Marken Tuchrot, Tuchscharlach, Croceïnscharlach und Bordeaux, die vor den gleichnamigen Monoazofarbstoffen des entsprechenden Farbentones durch erhöhte Echtheit, insbesondere auch Lichtechtheit, ausgezeichnet sind. Alle die ebengenannten roten Farbstoffe werden erhalten durch Kupplung von Aminoazobenzol und Aminoazotoluol (ausnahmsweise auch Aminoazoxylol) und deren Mono- oder Disulfonsäuren mit β-Naphtol, der 1, 4-, 2, 6- und 2, 8-Naphtolmonosulfonsäure, der 2, 3, 6- und 2, 6, 8-Naphtoldisulfonsäure, vereinzelt auch mit der 2, 3, 6, 8-Naphtoltrisulfonsäure und den beiden isomeren Naphtylaminsulfonsäuren 2, 6 und 2, 7.

Ein wenn auch naheliegender, so doch technisch bedeutungsvoller Schritt war (1885) der Übergang vom Aminoazobenzol und dessen Sulfonsäuren zu den Aminoazonaphtalinsulfonsäuren, als Ausgangsmaterialien für sekundäre Disazofarbstoffe. Man gelangte dadurch zu den wertvollen, auch heute noch in weitem Umfange technisch verwendeten schwarzen Farbstoffen für Wolle, von denen das Naphtolschwarz 6 B oder Brillantschwarz (3) und das Naphtylamin-

Brillant-
schwarz
(= Naphtol-
schwarz 6 B)
u. Naphtyla-
minschwarz.

$$(3)\qquad \overset{NaO_3S}{\underset{NaO_3S}{\langle\!\!\rangle}}\!-\!N\!=\!N\!-\!\langle\!\!\rangle\!-\!N\!=\!N\!-\!\overset{SO_3Na}{\underset{HO\ \ SO_3Na}{\langle\!\!\rangle}}$$

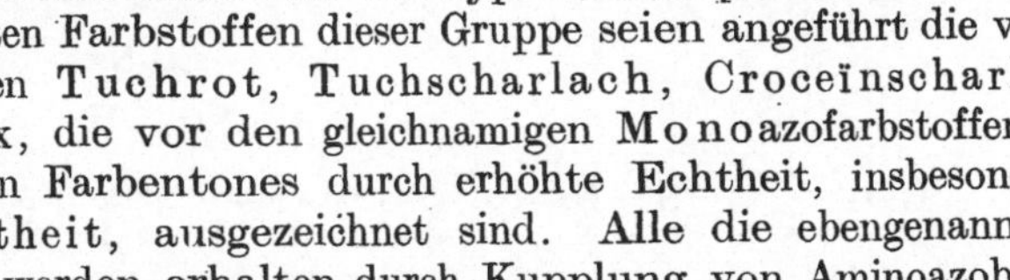

schwarz D (4) die wichtigsten sind, und von denen das eine (3) aus
1, 4, 6-Naphtylamindisulfonsäure + α-Naphtylamin + R-Salz, das andere (4) aus 1, 3, 6-Säure + α-Naphtylamin + α-Naphtylamin erhalten

$$(4) \quad \text{NaO}_3\text{S}-\langle\!\langle\ \rangle\!\rangle-\text{N}=\text{N}-\langle\ \rangle-\text{N}=\text{N}-\langle\ \rangle-\text{NH}_2, \quad \text{NaO}_3\text{S}$$

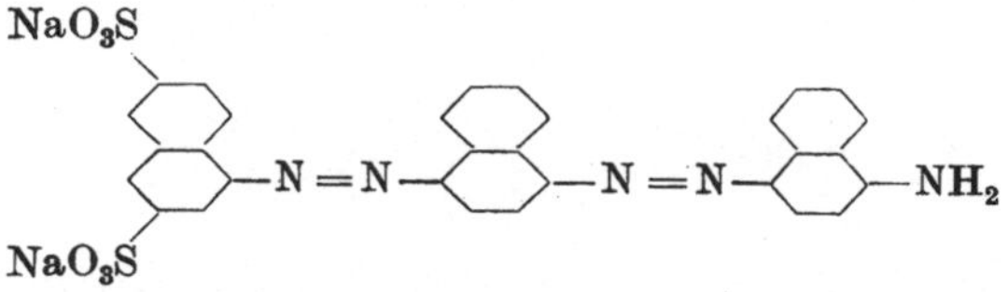

wird. Ein ganz analoges **Naphtolschwarz** gewinnt man bei Verwendung der isomeren 2, 6, 8- an Stelle der 1, 3, 6-Naphtylamindisulfonsäure als „Vorderkomponente".

Diamantschwarz F u. Diamantgrün.   Sehr wertvolle, durch ihre Echtheit ausgezeichnete Beizenfarbstoffe stellen diejenigen sekundären Disazofarbstoffe vor, die als „Vorderkomponente" ein Benzolderivat, die **p-Aminosalicylsäure**, als „Mittelkomponente" wie oben α-Naphtylamin und als „Schlußkomponente" die 1, 4-Naphtol- oder die 1, 8, 4-Dioxynaphtalinsulfonsäure enthalten. Es sind dies die beiden Wollfarbstoffe **Diamantschwarz F (2)** und das **Diamantgrün (3)**.

$$(2) \quad \text{HO}-\langle\ \rangle-\text{N}=\text{N}-\langle\ \rangle-\text{N}=\text{N}-\langle\ \rangle, \quad \text{NaOOC}, \quad \text{OH}, \quad \text{SO}_3\text{Na}$$

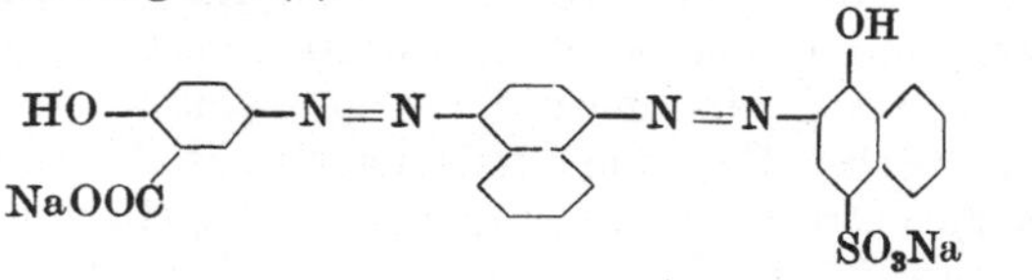

$$(3) \quad \text{HO}-\langle\ \rangle-\text{N}=\text{N}-\langle\ \rangle-\text{N}=\text{N}-\langle\ \rangle, \quad \text{NaOOC}, \quad \text{HO OH}, \quad \text{SO}_3\text{Na}$$

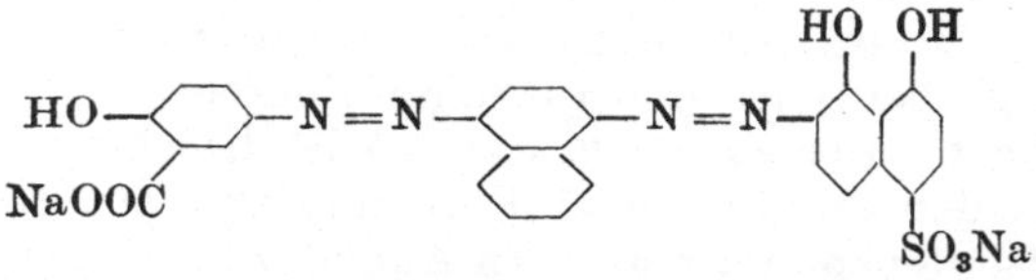

Biebricher Patentschwarz.   Eine wichtige Erweiterung bedeutete die Erkenntnis, daß auch die beiden isomeren Naphtylaminsulfonsäuren 1, 6 und 1, 7, einzeln und in Mischung, als **Mittelkomponenten** an Stelle von α-Naphtylamin bei der Darstellung sekundärer Disazofarbstoffe Verwendung finden können. Dieser Erkenntnis entsprangen die verschiedenen Marken des **Biebricher Patentschwarz (4)**.

$$(4) \quad \text{NaO}_3\text{S}-\langle\ \rangle-\text{N}=\text{N}-\langle\ \rangle-\text{N}=\text{N}-\langle\ \rangle-\text{NH}_2, \quad \text{SO}_3\text{Na}$$

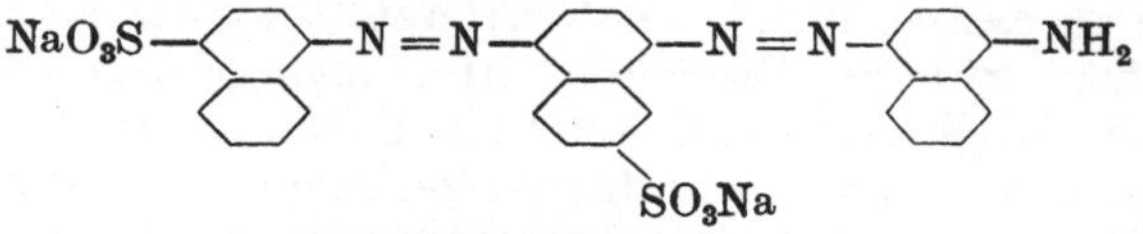

Biebricher Patentschwarz

Sulfoncyanine.   Schließlich sei hier noch der **Sulfoncyaninfarbstoffe (5)** gedacht, für deren Aufbau die **Endkomponenten** charakteristisch sind, und

$$(5) \quad \langle\ \rangle-\text{N}=\text{N}-\langle\ \rangle-\text{N}=\text{N}-\langle\ \rangle-\text{NH}-\langle\ \rangle-\text{CH}_3, \quad \text{NaO}_3\text{S}, \quad \text{SO}_3\text{Na}$$

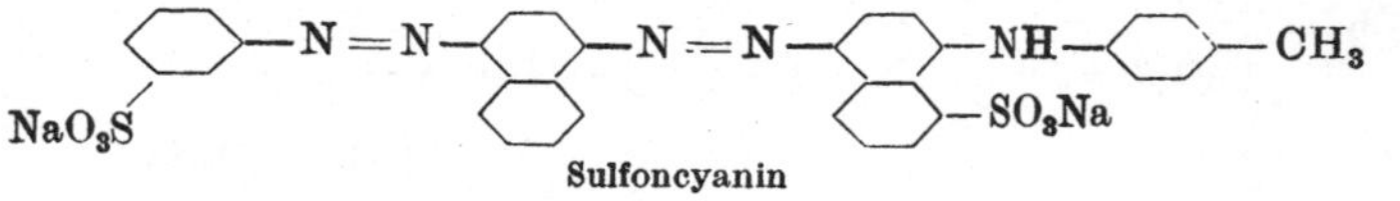

Sulfoncyanin

zwar dienen zu diesem Zweck die arylierten 1,8-Naphtylaminsulfonsäuren, vor allem die Phenyl- und die p-Tolyl-1, 8-Säure.

Ist die Vorderkomponente des Sulfoncyanins, wie bei (5), ein **Benzol**derivat von der Art der Metanilsäure, so ergibt sich ein **Blau**, während **Naphtylaminsulfonsäuren** als „Vorderkomponenten" zu mehr **blauschwarzen** Farbstoffen führen.

Trisazofarbstoffe.

1. Geht man aus von einem **primären Disazofarbstoff** vom Typus des **Naphtolblauschwarz**, so kommt für die Darstellung eines Trisazofarbstoffes vorwiegend die folgende Methode in Betracht: Man verwendet für den Aufbau des Disazofarbstoffes als eine der beiden Diazokomponenten eine solche, bei der nach der Kupplung, sei es durch Reduktion oder sei es durch Verseifung, eine primäre diazotierbare Aminogruppe herstellbar ist, wie z. B. p-Nitranilin oder Acet-p-Phenylendiamin. Ist die Darstellung des primären Disazofarbstoffes vollendet, so erzeugt man durch vorsichtige (um eine Spaltung des Azofarbstoffes zu verhüten). Reduktion der Nitro- oder durch Verseifung der Acetaminogruppe eine primäre Aminogruppe, die nun, durch Diazotierung und Kupplung mit einer Azokomponente, die Darstellung eines Trisazofarbstoffes ermöglicht.

Zur Erläuterung sei die Synthese des folgenden, technisch **nicht** dargestellten Farbstoffes angeführt: Durch Reduktion der Nitrogruppe des **Naphtolblauschwarz** entsteht der Farbstoff (1) und aus diesem durch Diazotieren und Kuppeln mit 1, 4-Naphtolsulfonsäure der Trisazofarbstoff (2):

$$(1)\quad \langle\ \rangle - N_2 - \underset{NaO_3S}{\overset{HO\ \ NH_2}{\bigcirc}} - N_2 - \langle\ \rangle - NH_2 \quad\rightarrow$$

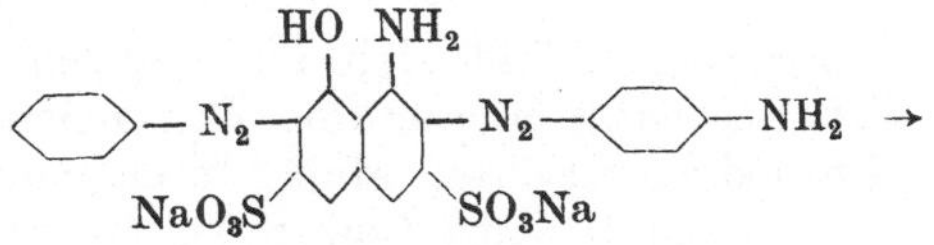

$$(2)\quad \langle\ \rangle - N_2 - \underset{NaO_3S}{\overset{HO\ \ NH_2}{\bigcirc}} - N_2 - \langle\ \rangle - N_2 - \underset{SO_3Na}{\overset{OH}{\bigcirc}}.$$

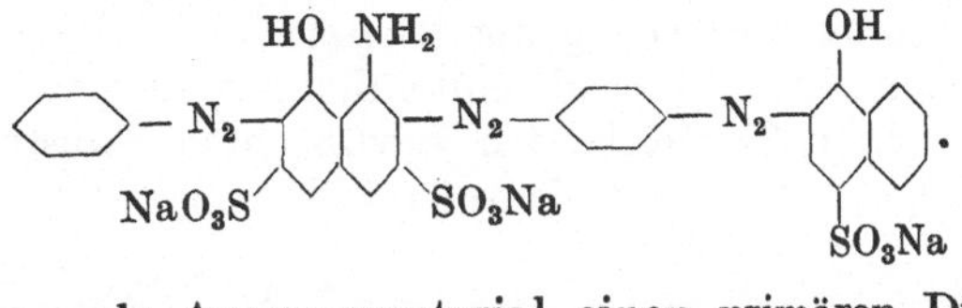

2. Benutzt man als Ausgangsmaterial einen primären Disazofarbstoff aus Benzidin, so ist die Darstellung von Trisazofarbstoffen dann möglich, wenn **eine** der beiden Azokomponenten entweder 2 Mol. Diazoniumverbindung aufzunehmen vermag oder eine diazotierbare Aminogruppe besitzt.

a) Trifft die erstgenannte Bedingung zu, d. h. ist **eine** der beiden Azokomponenten imstande, mit 2 Mol. Diazoniumverbindung zu kuppeln, so kann man in zweierlei Weise vorgehen: α) Entweder man stellt erst den primären gemischten Disazofarbstoff dar und läßt nun, und zwar vielfach erst **nach** dem Ausfärben, also auf der Faser, ein zweites

Molekül Diazoniumverbindung auf die doppelt kuppelnde Azokomponente einwirken, oder β) man kombiniert umgekehrt zunächst die doppelt kuppelnde Azokomponente mit der Diazoniumverbindung zu einem
Monoazofarbstoff und läßt anderseits die Tetrazoverbindung aus Benzidin (oder einem sonstigen sog. p-Diamin) auf die andere Azokomponente
und danach erst auf die doppelt kuppelnde Azokomponente bzw. den
mit ihr erzeugten Monoazofarbstoff einwirken.

Zu α) Als Beispiel für den ersten Vorgang sei angeführt der Farbstoff aus den Komponenten Benzidin, Naphthionsäure, m-Phenylendiamin und p-Nitranilin, dessen Synthese durch die folgenden Phasen
gekennzeichnet ist: Zunächst entsteht aus der Tetrazoverbindung des
Benzidins und 1 Mol. Naphthionat der Zwischenkörper von S. 384.
Durch Kupplung desselben mit m-Phenylendiamin erhält man den **gemischten primären Disazofarbstoff** der Konstitution (1). Die
doppelnd kuppelnde Azokomponente m-Phenylendiamin nimmt noch
ein zweites Mol. Diazoniumverbindung (z. B. die des p-Nitranilins)
auf, und so ergibt sich zum Schluß ein Trisazofarbstoff der Konstitution (2):

$$(1) \qquad (2)$$

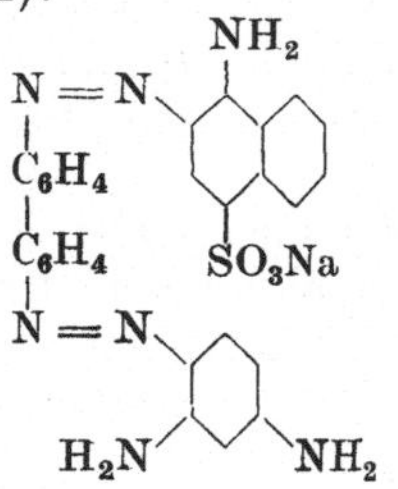

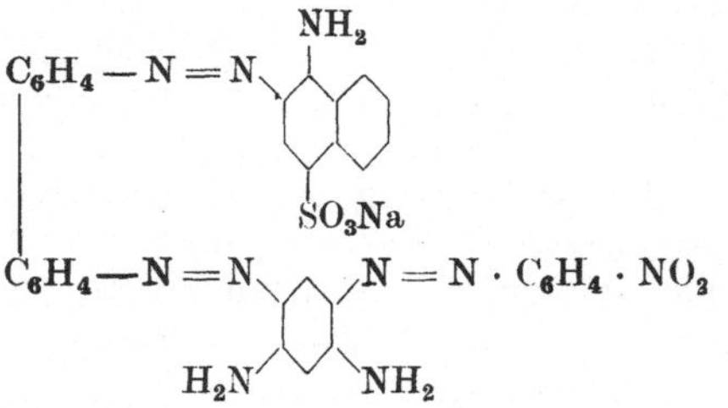

 Zu β) Der zweite Vorgang läßt sich an folgendem Beispiel verdeut-
lichen. Es betrifft den Farbstoff aus den Komponenten: p-Nitranilin,
H-Säure, Benzidin und Salicylsäure. Man kuppelt zunächst p-Nitranilin
(nach dem Diazotieren) mit H-Säure (vgl. S. 385); inzwischen kombiniert
man die Tetrazoverbindung aus Benzidin mit 1 Mol. Salicylsäure zu
dem Zwischenkörper (3), und schließlich erzeugt man durch Zusammen-
legen der beiden Teilstücke den gewünschten Farbstoff von der Konstitution (4), das sog. **Diamingrün G.**

$$(3) \qquad (4)$$

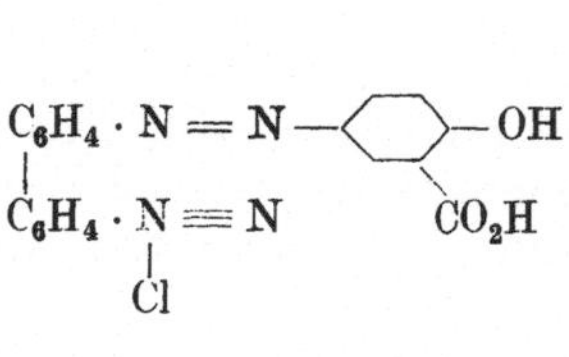

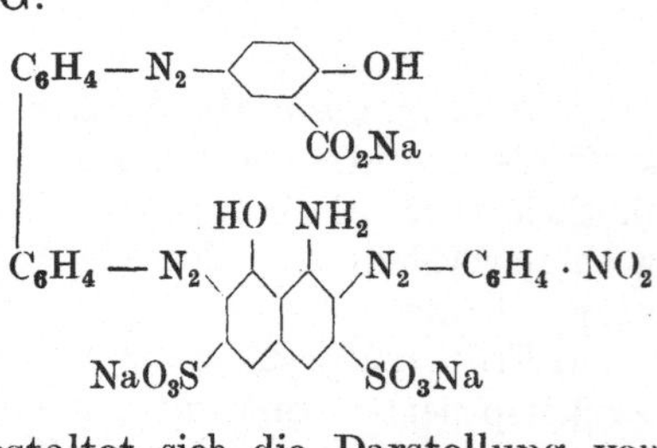

b) Etwas mannigfaltiger noch gestaltet sich die Darstellung von
Trisazofarbstoffen, wenn man von solchen gemischten primären Disazofarbstoffen ausgeht, bei denen eine der Azokomponenten nach der

Kupplung eine **diazotierbare** (siehe S. 386) Aminogruppe aufweist.
Man kann auch hierbei in zweierlei Weise verfahren:

α) Entweder man bildet zunächst den primären Disazofarbstoff,
diazotiert die diazotierbare Aminogruppe und kuppelt mit einer
Azokomponente (siehe den Farbstoff Benzograu S extra S. 400),
oder:

β) Man stellt zunächst einen Zwischenkörper (2) her, z. B. aus Kongo-
der Tetrazoverbindung des Dianisidins (oder eines anderen p-Diamins) echtblau.
und der Azokomponente, der Trägerin der späterhin zu diazotierenden
Aminogruppe; darauf wird diese Aminogruppe durch Einwirkung
von Nitrit und Säure in eine Diazoniumgruppe übergeführt, so daß
der Zwischenkörper nunmehr zwei Diazoniumgruppen aufweist, die eine
noch vom Dianisidin, die andere von der Azokomponente herrührend (3).
Läßt man diese Bis-Diazoniummonoazoverbindung auf 2 Mol. Azokomponente einwirken, so erhält man einen Trisazofarbstoff von der
Konstitution (1), falls man z. B. zum Aufbau des Farbstoffes die folgen-

$$(1)\quad \text{[Strukturformel des Trisazofarbstoffes mit den Ringen a, b, c, Gruppen OCH}_3,\ -\text{N}=\text{N}-,\ \text{HO, SO}_3\text{Na, NaO}_3\text{S}]$$

den Komponenten: 1 Mol. Dianisidin (a), 1 Mol. α-Naphtylamin (b)
und 2 Mol. 1, 3, 8-Naphtoldisulfonsäure (c) verwendet. Als Zwischenkörper entsteht aus Dianisidin (tetrazotiert) $+$ 1 Mol. α-Naphtylamin
die Aminomonoazodiazoniumverbindung von der Formel (2). Nach dem
Diazotieren erhält man die Bis-Diazoniumazoverbindung (3) und nach
dem Kuppeln mit 2 Mol. 1, 3, 8-Naphtoldisulfonsäure ε den Kongoechtblau B genannten Trisazofarbstoff von obiger Konstitution (1).

$$(2)\quad \begin{array}{l} \text{C}_6\text{H}_3(\text{OCH}_3)-\text{N}_2-\overset{\displaystyle\bigcirc}{}-\text{NH}_2 \\[4pt] \text{C}_6\text{H}_3(\text{OCH}_3)-\text{N}_2-\text{Cl} \end{array} \qquad (3)\quad \begin{array}{l} \text{C}_6\text{H}_3(\text{OCH}_3)\cdot\text{N}_2\cdot\text{C}_{10}\text{H}_6\cdot\text{N}_2\cdot\text{Cl} \\[4pt] \text{C}_6\text{H}_3(\text{OCH}_3)\cdot\text{N}_2\cdot\text{Cl} \end{array}$$

Verwendet man statt der beiden gleichen Moleküle (c) der zweiten
Azokomponente (ε-Säure) je 1 Mol. zweier unter sich verschiedener
Azokomponenten (z. B. A und B), so können bei der letzten Kupplung
zwei verschiedene Trisazofarbstoffe entstehen, je nachdem ob die Azokomponente A unmittelbar mit dem α-Naphtylamin und die Komponente B mit dem Dianisidin verkuppelt wird, oder umgekehrt B mit
dem α-Naphtylamin und A mit dem Dianisidin.

Es leuchtet ohne weiteres ein, daß in einem solchen Falle der Verschiedenheit der zweiten Azokomponenten (c), wie z. B. bei Benzo-

grau S (siehe S. 400), die Methode α mit größerer Sicherheit zu einem einheitlichen Farbstoff führt.

Trisazo-
farbstoffe
aus
sekundären
Disazo-
farbstoffen.

3. Fassen wir endlich die Möglichkeiten ins Auge, die sich ergeben bezüglich der Überführbarkeit eines sekundären Disazofarbstoffes in einen Trisazofarbstoff, so sind in der Hauptsache drei Fälle zu unterscheiden:

a) Entweder die Endkomponente des sekundären Disazofarbstoffes enthält eine diazotierbare Aminogruppe; dann ergibt sich der Trisazofarbstoff aus dem Disazofarbstoff durch einfaches Diazotieren und Kuppeln, analog der Entstehung des sekundären Disazofarbstoffes aus dem p-Amino monoazofarbstoff (siehe oben Biebricher Scharlach), oder

b) die Endkomponente gehört zu denjenigen Azokomponenten, die 2 Mol. Diazoniumverbindung aufzunehmen vermögen, dann entsteht der Trisazofarbstoff aus dem sekundären Disazofarbstoff dadurch, daß man auf letzteren unter geeigneten Bedingungen 1 Mol. Diazoniumverbindung einwirken läßt.

c) Die dritte Möglichkeit ergibt sich dann, wenn die Anfangskomponente des sekundären Disazofarbstoffes derart beschaffen ist, daß durch nachträgliche Reduktion einer Nitrogruppe oder Verseifung einer Acylaminogruppe eine primäre, diazotierbare Aminogruppe an dieser Anfangskomponente erzeugt werden kann. Man verfährt behufs Darstellung des Trisazofarbstoffes demnach in der Weise, daß man den Disazofarbstoff nach seiner Fertigstellung vorsichtig reduziert, falls z. B. die Anfangskomponente eine Nitrogruppe enthält, oder verseift, falls in ihr eine Acylaminogruppe enthalten ist. Den so erhaltenen Aminodisazofarbstoff führt man dann schließlich durch Diazotieren und Kuppeln in den Trisazofarbstoff über, in ähnlicher Weise also, wie dies bereits auf S. 393 für die Überführung des primären Disazofarbstoffes Naphtolblauschwarz geschildert wurde. Allerdings gehören die nach c) erhältlichen Trisazofarbstoffe, ihrer unterschiedlichen Herstellung gemäß, einem anderen Typus ($R^4 \leftarrow R^1 \rightarrow R^2 \rightarrow R^3$) an als die obenerwähnten Trisazofarbstoffe vom Typus $R^4 \leftarrow R^1 \rightarrow R^2 \leftarrow R^3$ bzw. $R^1 \rightarrow R^2 \leftarrow R^3 \rightarrow R^4$ (siehe S. 397).

Von größter Bedeutung für die Färbereitechnik ist der Umstand, daß 1. die Methode des Kuppelns eines Farbstoffes mit einer Diazoniumverbindung und 2. die Methode des Diazotierens eines Farbstoffes und Kuppelns mit einer Azokomponente, z. B. mit β-Naphtol, auch auf der Faser ausgeführt werden kann, und zwar in der Weise, daß man z. B. mit einem löslichen Disazofarbstoff färbt und die Überführung des Dis- in den unlöslichen Trisazofarbstoff erst auf der Faser bewirkt. Diese Verfahren haben vor allem deshalb eine große Bedeutung, weil es mit ihrer Hilfe möglich ist, auf der Faser wasserunlösliche Farbstoffe zu erzeugen, die als solche, eben wegen ihrer Wasserunlöslichkeit, zum Färben ungeeignet sind, während sie, auf der Faser erzeugt, gerade wegen dieser Unlöslichkeit, eine gewisse Echtheit besitzen.

Bezeichnet man einen einfachen **Monoazofarbstoff** mit dem Symbol $R^1 \to R^2$, so bedeutet R^1 die Diazokomponente und R^2 die Azokomponente, und der nach rechts gerichtete Pfeil zeigt an, daß der Farbstoff entstanden ist durch die Einwirkung der Diazokomponente R^1 auf die Azokomponente R^2. Symbole für
die Azo-
farbstoffe.

Dementsprechend ergeben sich für die **Disazofarbstoffe** folgende Symbole: Disazofarb-
stoffe.

a) Das Symbol $R^1 \to R^2 \leftarrow R^3$ für einen primären Disazofarbstoff, hergestellt aus den beiden Diazokomponenten R^1 und R^3 und der Azokomponente R^2, und zwar in der Weise, daß zunächst die Diazokomponente R^1 mit der Azokomponente R^2 gekuppelt wurde zum Monoazofarbstoff $R^1 \to R^2$, der darauf unter Einwirkung des zweiten Moleküls Diazoniumverbindung, erhalten aus der Diazokomponente R^3, in den Disazofarbstoff $R^1 \to R^2 \leftarrow R^3$ übergeht. Sind die beiden Diazokomponenten R^1 und R^3 unter sich gleich, so ergibt sich das Symbol $R^1 \to R^2 \leftarrow R^1$.

b) Für primäre Disazofarbstoffe aus 1 Mol. Benzidin und seinen Homologen und Analogen oder anderen „p-Diaminen“ einerseits und 2 Mol. Azokomponente anderseits ergibt sich das Symbol $R^2 \leftarrow R^1 \to R^2$, falls die beiden Moleküle der Azokomponente unter sich gleich sind, während den sog. gemischten primären Disazofarbstoffen der „Benzidinreihe“ das Symbol $R^2 \leftarrow R^1 \to R^3$ zukommt.

c) Sekundäre Disazofarbstoffe bezeichnet man mit dem Symbol $R^1 \to R^2 \to R^3$, falls die drei Komponenten unter sich verschieden sind; sind aber die beiden **vordersten** Komponenten unter sich gleich wie z. B. bei dem Farbstoff Tuchrot G aus Aminoazobenzol $+ 1, 4$-Naphtolsulfonsäure, so ergibt sich das Symbol $R^1 \to R^1 \to R^2$. Sind die beiden **letzten** Komponenten unter sich gleich, wie bei Naphtylaminschwarz D (siehe S. 391f.), so kommt dem Farbstoff das Symbol $R^1 \to R^2 \to R^2$ zu.

Für **Trisazofarbstoffe** ergeben sich die folgenden Symbole: Trisazo-
farbstoffe.

A. Zunächst für einen Trisazofarbstoff, abgeleitet aus einem Disazofarbstoff vom Typus a, z. B. aus **Naphtolblauschwarz** (siehe S. 393), das Symbol $R^4 \leftarrow R^1 \to R^2 \leftarrow R^3$ oder $R^1 \to R^2 \leftarrow R^3 \to R^4$, je nachdem ob die Diazokomponente R^1 oder die Diazokomponente R^3 (nach Vollendung des Disazofarbstoffes) noch eine zweite Diazoniumgruppe, behufs Kupplung mit der Azokomponente R^4, zur Verfügung gestellt hat. Zu bemerken ist hier, daß R^1 die **sauer**, R^3 die **alkalisch** mit der Azokomponente R^2 gekuppelte Diazokomponente darstellt (vgl. S. 385).

B. Für Trisazofarbstoffe, die sich ableiten aus Disazofarbstoffen vom obigen Typus b (s. S. 383f.), also z. B. aus Farbstoffen der Benzidinreihe, ergeben sich die folgenden Symbole: 1. Für den auf S. 394 angeführten Farbstoff aus den Komponenten Benzidin (R^1), Naphthionsäure (R^2), m-Phenylendiamin (R^3) und p-Nitranilin (R^4) das Symbol $R^2 \leftarrow R^1 \to R^3 \leftarrow R^4$. 2. Für den Trisazofarbstoff aus den Komponenten p-Nitroanilin (R^1), H-Säure (R^2), Benzidin (R^3) und Salicylsäure (R^4), das sog. Diamingrün G, das Symbol $R^1 \rightarrow R^2 \leftarrow R^3 \rightarrow R^4$. 3. Für die Trisazofarbstoffe, deren Darstellungsmöglichkeit darauf beruht, daß nur die eine der beiden Azokomponenten (R^2 und R^3) des Benzidinfarbstoffes eine diazotierbare Aminogruppe enthält, oder darauf, daß zwar R^2 und R^3 beide diazotierbar sind, aber mit deutlich verschiedener Leichtigkeit (s. S. 401), ergeben sich die vier weiteren Symbole:

$$3.\ R^2 \leftarrow R^1 \rightarrow R^3 \rightarrow R^4$$
$$4.\ R^3 \leftarrow R^1 \rightarrow R^2 \rightarrow R^3$$
$$5.\ R^3 \leftarrow R^1 \rightarrow R^2 \rightarrow R^4$$
$$6.\ R^4 \leftarrow R^1 \rightarrow R^2 \rightarrow R^3,$$

je nachdem ob man

α) zunächst den fertigen primären Disazofarbstoff ($R^2 \leftarrow R^1 \rightarrow R^3$) bildet und nun die ausschließlich diazotierbare Aminogruppe (der Komponente R^3) mit der Komponente R^4 kuppelt, oder ob man

β) den Zwischenkörper ($R^1 \rightarrow R^2$) diazotiert und die so entstandene neue Bis-Diazonium-Azoverbindung, hier kurzweg „Tetrazoverbindung" genannt, mit den beiden gleichen Molekülen der Azokomponente R^3 kuppelt, oder ob man

γ) die eben erwähnte, aus dem Zwischenkörper erhaltene neue „Tetrazoverbindung" zunächst mit der Azokomponente R^3, und zwar auf der Seite des „p-Diamins", und zum Schluß mit der Azokomponente R^4 auf der Seite der „zwischengeschobenen" Aminokomponente R^2 kuppelt, oder

δ) umgekehrt die Azokomponente R^3 auf der Seite der „zwischengeschobenen" Aminoverbindung und die Azokomponente R^4 auf der Seite des „p-Diamins" kuppelt. Es bedarf kaum der Erwähnung, daß die eben angedeuteten Möglichkeiten sich nicht in allen Fällen nach Belieben verwirklichen lassen, sondern daß die tatsächliche Ausführbarkeit der Azokombination an bestimmte Voraussetzungen (z. B. hinsichtlich der Diazotierbarkeit primärer Aminogruppen und der Kupplungsenergie von Diazogruppen) und an die genaue Einhaltung der jeweiligen Reaktionsbedingungen geknüpft ist.

C. Für Trisazofarbstoffe, entstanden aus sekundären Disazofarbstoffen, ergeben sich in der Hauptsache drei Symbole, nämlich:

$$1.\ R^1 \rightarrow R^2 \rightarrow R^3 \rightarrow R^4$$
$$2.\ R^1 \rightarrow R^2 \rightarrow R^3 \leftarrow R^4$$
$$3.\ R^4 \leftarrow R^1 \rightarrow R^2 \rightarrow R^3,$$

je nachdem, ob man erstens den sekundären Disazofarbstoff ($R^1 \rightarrow R^2 \rightarrow R^3$) diazotiert und mit einer Azokomponente R^4 kuppelt, oder zweitens die Diazokomponente R^4 auf den sekundären Disazofarbstoff einwirken läßt, wobei sich der Eingriff an der Komponente R^3 vollzieht, oder ob man drittens an der Komponente R^1 eine diazotierbare Aminogruppe (sei es durch Reduktion einer Nitro- oder durch Verseifung einer Acylaminogruppe) erzeugt, die Aminogruppe diazotiert und die so erhaltene Diazonium-Disazoverbindung mit der Komponente R^4 kuppelt. Das 3. Symbol $R^4 \leftarrow R^1 \rightarrow R^2 \rightarrow R^3$ ist zwar identisch mit dem 6. Symbol unter 2. (siehe oben), und ferner sind auch die Methoden zur Darstellung der diesem Symbol entsprechenden beiderseitigen Farbstoffe nahe verwandt, aber doch insofern durchaus nicht identisch, als die beiden Diazoniumgruppen der Komponente R^1 im Symbol 6 gleichzeitig, nämlich durch sog. Tetrazotierung des „p-Diamins“, erzeugt werden, während im vorliegenden Falle die Diazokomponente R^1 zunächst nur einseitig diazotiert und erst nach Fertigstellung des sekundären Disazofarbstoffes $R^1 \rightarrow R^2 \rightarrow R^3$ und nach der sich daran anschließenden Erzeugung einer zweiten diazotierbaren Aminogruppe von neuem diazotiert und schließlich gekuppelt wird. Dieses unterschiedliche Vorgehen beim Aufbau analog konstituierter Farbstoffe ist begründet durch das unterschiedliche Verhalten der Diazokomponenten R^1. Diazokomponenten wie Benzidin, o-Tolidin, Dianisidin usw. lassen sich leicht tetrazotieren und entsprechend den obigen Angaben in Dis- und Trisazofarbstoffe überführen, während Diamine von der Art des m- und p-Phenylendiamins und ihrer Homologen sich nur unter ganz bestimmten, technisch nicht leicht einzuhaltenden Bedingungen in mehr oder minder unbeständige Tetrazoverbindungen überführen lassen, die sich dadurch in ihrem Verhalten so wesentlich von den Tetrazoverbindungen der Benzidinreihe unterscheiden, daß eine glatte Darstellung von Trisazofarbstoffen für die Technik in der Regel nur auf dem oben angegebenen Wege über die sekundären Disazofarbstoffe in Betracht kommt. Über die wichtigsten Typen der Trisazofarbstoffe sei folgendes angeführt:

1. **Trisazofarbstoffe aus primären Disazofarbstoffen** vom Typus des **Naphtolblauschwarz**. Von dieser Art sind einzelne, für das Färben von Halbwolle (Wolle + Baumwolle) geeignete Vertreter mittels der H-Säure dargestellt worden. Die synthetische Methode entspricht dem Symbol $R^3 \rightarrow R^2 \leftarrow R^1 \rightarrow R^4 \; (= R^4 \leftarrow R^1 \rightarrow R^2 \leftarrow R^3$, siehe oben). Die im Handel als **Erie Direct-Black GX** oder **Patentdianilschwarz EB** erscheinenden Farbstoffe werden z. B. aufgebaut aus den Komponenten R^1 = Benzidin, R^2 = H-Säure, R^3 = Anilin, R^4 = m-Phenylen- oder -Toluylendiamin. Ihre Konstitution entspricht also bei Verwendung von m-Phenylendiamin der Formel (1).

Patentdianil-
schwarz EB.

$$(1)\quad \underset{R^3}{\bigcirc}\!-\!N\!=\!N\!-\!\underset{\underset{\text{(alkalisch)}}{NaO_3S}}{\overset{HO\;NH_2}{\bigcirc}}\!-\!N\!=\!N\!-\!\underset{\underset{\text{(sauer)}}{SO_3Na}}{\bigcirc}\!\cdots$$

2. Die Farbstoffe der Gruppe 2a α (siehe S. 393), entsprechend dem Symbol $R^2 \leftarrow R^1 \rightarrow R^3 \leftarrow R^4$, stehen hinsichtlich ihrer **Zusammensetzung** denen der Gruppe 1 nahe, unterscheiden sich von ihnen jedoch hauptsächlich durch die Art der **Darstellung** und werden, wie

schon bemerkt (siehe S. 396), gerade in neuerer Zeit vielfach erst auf
der Faser aus den entsprechenden Disazofarbstoffen (mit dem Sym-
bol $R^2 \leftarrow R^1 \rightarrow R^3$) durch Kuppeln mit Diazolösung, meist aus p-Nitroanilin, erzeugt („entwickelt“).

Diamant-schwarz HW. Zahlreich sind die Farbstoffe der Gruppe 2a β, entsprechend dem
Symbol $R^1 \rightarrow R^2 \leftarrow R^3 \rightarrow R^4$, d. h. die Analogen des Diamingrüns G.
Sie entstehen beim Ersatz des p-Nitranilins durch Anilin, Dichloranilin,
o-Chlor-p-Nitranilin usw., oder wenn man die Salicylsäure im Diamingrün durch Phenol, m-Phenylendiamin, γ-Säure u. dgl. ersetzt, wobei
je nach Wahl der Komponenten auch blaue und schwarze Farbstoffe
erhältlich sind. Das Diamantschwarz HW oder Naphtamin-
schwarz H besitzt z. B. folgende Konstitution:

$$O_2N - \langle \rangle - N = N - \overset{H_2N\ \ OH}{\underset{NaO_3S\quad SO_3Na}{\bigcirc}} - N = N - \langle \rangle - \langle \rangle - N = N - \overset{OH}{\underset{NaO_3S}{\bigcirc}} - NH_2$$

$$\underset{R^1}{\qquad} \underset{R^2}{\qquad} \underset{R^3}{\qquad} \underset{R^4}{\qquad}$$

Ersetzt man weiterhin die H-Säure (R^2) selbst durch andere peri-
Aminonaphtol- oder -Dioxynaphtalinsulfonsäuren, so wird der Ton dadurch nicht wesentlich verändert; anders hingegen, falls man als doppelt
kuppelnde Azokomponente (R^2) ein m-Diamin, m-Aminophenol oder
Naphtamin-braun H. Resorcin benutzt. Durch diese Variation wird der Ton nach Braun
verschoben, wie z. B. im Naphtaminbraun H aus den Komponen-
ten Sulfanilsäure, Resorcin, Benzidin und Salicylsäure.

Auch die Gruppe 2b weist eine große Zahl brauchbarer Vertreter
auf, was schon durch die Mannigfaltigkeit der Darstellungsmöglich-
keiten (siehe die 4 Symbole auf S. 398) erklärlich wird.

2b α) Dem Symbol $R^2 \leftarrow R^1 \rightarrow R^3 \rightarrow R^4$ entsprechen mehrere Farbstoffe, zu deren Darstellung der Zwischenkörper aus 1 Mol. Benzi-
din (R^1) und 1 Mol. Salicylsäure (R^2) benutzt wird (1).

$$(1) \quad \overset{HO}{\underset{NaO_2C}{\bigcirc}} - N = N - \langle \rangle - \langle \rangle - \overset{N = N}{\underset{Cl}{}}$$

Benzograu S extra und Diamin-bronze G. Als zweite Azokomponeten (R^3) zum Aufbau des Disazofarbstoffes
lassen sich verwenden (vgl. auch die Darlegungen über die Synthese
sekundärer Disazofarbstoffe, S. 391 f.) p-Xylidin, o-Anisidin, Kre-
sidin, α-Naphtylamin und die α-Naphtylaminmonosulfonsäuren mit
der Sulfogruppe in 2, 6 oder 7 sowie diejenigen unter den verschiedenen
Aminonaphtolsulfonsäuren, die sowohl kupplungsfähig als auch nach
der Kupplung diazotierbar sind. Zwei Farbstoffe dieser Art sind Benzo-

$$(2) \quad \overset{HO}{\underset{NaO_2C}{\bigcirc}} - N = N - \langle \rangle - \langle \rangle - N = N - \langle \rangle - N = N - \overset{OH}{\underset{SO_3Na}{\bigcirc}}$$

grau S extra (2) und Diaminbronze G (3), in denen als Komponenten R^3 und R^4 benutzt werden: α-Naphtylamin und 1,4-Naphtolsulfonsäure bzw. H-Säure und m-Phenylendiamin.

(3) 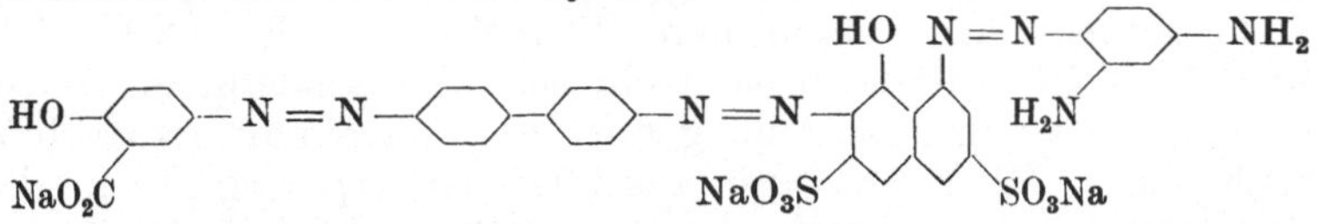 $HO-\langle\rangle-N=N-\langle\rangle-\langle\rangle-N=N-$ ... NaO_2C ... NaO_3S ... SO_3Na ... HO ... $N=N-\langle\rangle-NH_2$ ... H_2N

Ein eigenartiger Farbstoff dieser Gruppe ist das **Patentdianil-schwarz** oder **Kolumbiaschwarz FF extra** (4). Es wird erhalten über den Monoazofarbstoff (5) durch fernere einseitige Diazotierung,

(4) 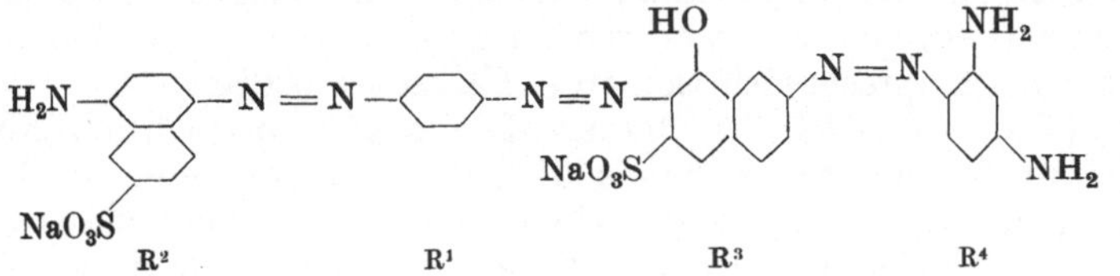 $H_2N-\langle\rangle-N=N-\langle\rangle-N=N-$ ... HO ... $N=N$ ... NH_2 ... NaO_3S ... NH_2 ... NaO_3S

R^2 $\qquad$ R^1 $\qquad$ R^3 $\qquad$ R^4

(5) 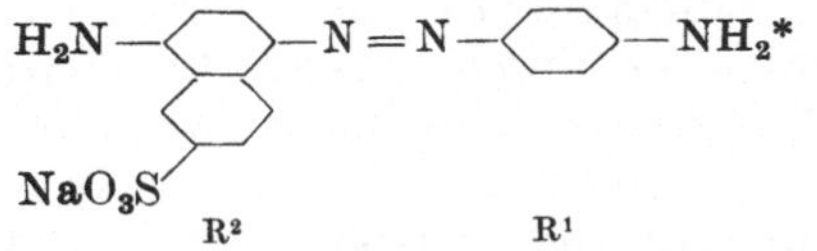 $H_2N-\langle\rangle-N=N-\langle\rangle-NH_2{}^*$ ... NaO_3S

R^2 $\qquad$ R^1

wobei 1 Mol. Nitrit nur die (mit dem * versehene) Aminogruppe des p-Phenylendiaminrestes (R^1) in die Diazoniumgruppe umwandelt, während die Aminogruppe der ursprünglichen 1,7-Säure (R^2) unangegriffen bleibt. Das gleiche ist der Fall, wenn man, nach der Kupplung mit γ-Säure (R^3), den gemischten Disazofarbstoff $R^2 \leftarrow R^1 \rightarrow R^3$ weiterdiazotiert. Auch hier wird lediglich die Aminogruppe der γ-Säure (R^3) durch die Salpetrige Säure verändert, so daß bei der Schlußkupplung mit m-Phenylendiamin (R^4) der obenerwähnte Trisazofarbstoff erhalten wird.

2bβ) Unter den Farbstoffen der Gruppe 2bβ (siehe S. 395) sind gleichfalls zahlreiche Vertreter von technischer Brauchbarkeit. Dem Symbol $R^3 \leftarrow R^1 \rightarrow R^2 \rightarrow R^3$ vom Typus des **Kongoechtblau B** entsprechen die Farbstoffe **Benzoschwarzblau R, G** und **5 G, Diazoblauschwarz RS** und **Benzoindigblau**, die sämtlich α-Naphtylamin als „zwischengeschobene" mittlere Komponente (R^2) und zwei **gleiche** Endkomponenten (R^3) enthalten, und zwar dienen als solche bei Benzoschwarzblau R und G die 1, 4-Naphtolsulfonsäure, bei der Marke 5 G und Benzoindigblau die 1, 8-Dioxynaphtalinsulfonsäure und bei Diazoblauschwarz RS die H-Säure. Die beiden **Kolumbiaschwarz**-**marken R** und **B** enthalten als „zwischengeschobene" Komponente die 2, 8-Aminonaphtol-3, 6-Disulfonsäure (siehe S. 145) und als Endkomponenten m-Toluylendiamin, während die **Karbonschwarz**- oder **Naphtamindirektschwarz**marken statt des Benzidins und seiner Abkömmlinge (Benzidindisulfonsäure, Tolidin, Dianisidin) die p-Phenylen-

Kolumbia-
schwarz FF
extra.

Benzo-
schwarzblau,
Diazo-
blauschwarz
und Benzo-
indigblau.

Kolumbia-
schwarz
R und B.

Naphtamin-
direkt-
schwarz.

diaminsulfonsäure als erste Komponente (R^1), eine α-Naphtylamin-sulfonsäure als „zwischengeschobene" Komponente (R^2) und 2 Mol. m-Diamin als Endkomponenten (R^3) aufweisen.

Farbstoffe entsprechend den Symbolen $R^3 \leftarrow R^1 \rightarrow R^2 \rightarrow R^4$ und $R^4 \leftarrow R^1 \rightarrow R^2 \rightarrow R^3$ scheinen technisch ohne sonderliche Bedeutung zu sein, sofern ihre Darstellung aus der Bisdiazonium-Azoverbindung $Cl \cdot N_2 \cdot R^1 \rightarrow R^2 \cdot N^2 \cdot Cl$ durch anschließende Kupplung mit zwei unter sich verschiedenen Azokomponenten (R^3 und R^4) in Betracht kommt (siehe S. 398, vgl. auch die Bemerkungen auf S. 399). Praktisch dürfte die Synthese, wie schon bemerkt, nur ausnahmsweise glatt (d. h. ohne gleichzeitige Entstehung isomerer Nebenprodukte) im Sinne obiger Symbole verlaufen. In der Regel werden sich Gemische der den beiden Symbolen entsprechenden isomeren Farbstoffe bilden.

3. Was schließlich die Trisazofarbstoffe aus sekundären Disazofarbstoffen anlangt, so haben diese in letzter Zeit eine größere Bedeutung erlangt, allerdings (im Gegensatz zu den früheren sekundären Disazofarbstoffen, die fast nur für Wolle geeignet waren) vorwiegend für die Baumwollechtfärberei, und zwar nach zwei verschiedenen Richtungen: Einerseits als direkt ziehende Farbstoffe von reinem Ton und guter Lichtechtheit und anderseits als Farbstoffe, die erst auf der Faser, sei es durch Diazotieren und Kuppeln mit β-Naphtol oder sei es durch die Einwirkung von Diazoniumverbindungen, aus den entsprechenden Disazofarbstoffen entwickelt werden zu waschechten und leicht ätzbaren Färbungen. In beiden Fällen bildet eine gewisse Affinität dieser Tris- und Disazofarbstoffe zur pflanzlichen Faser die Voraussetzung ihrer Anwendbarkeit, und es bedarf daher der Auswahl geeigneter Komponenten, um besonders in ersterem Fall genügend waschechte Färbungen zu erzielen. In dieser Beziehung spielen die J-Säure und ihre Arylderivate (Phenyl-J-Säure) eine sehr wichtige Rolle, da diese Azokomponenten in besonderem Maße die Fähigkeit besitzen, die Reinheit des Tones und die Affinität zur Pflanzenfaser zu erhöhen, falls man sie als Endkomponenten von sekundären Dis- und Trisazofarbstoffen verwendet (vgl. auch S. 411).

Polyazofarbstoffe.

Erzeugung von Azofarbstoffen auf der Faser. Was die noch komplizierter aufgebauten Azofarbstoffe, nämlich die Tetrakis-, Pentakis,- Hexakis- usw. Azofarbstoffe anlangt, so erfolgt ihre Darstellung nach denselben Grundsätzen und Methoden, wie sie bereits oben für die Mono-, Dis- und Trisazofarbstoffe geschildert wurden. Auch gilt für sie das, was früher bezüglich der Herstellung von Dis- und Trisazofarbstoffen auf der Faser gesagt wurde. Als Beispiel eines wichtigen, in seinen letzten Phasen ausschließlich auf der Faser erzeugten Tetrakisazofarbstoffes sei angeführt der Farbstoff aus den Komponenten 1 Mol. Benzidin, 2 Mol. γ-Säure und 2 Mol. β-Naphtol. Man erzeugt zunächst aus 1 Mol. Benzidin und 2 Mol.

γ-Säure bei sodaalkalischer Reaktion den primären Disazofarbstoff, das Diaminschwarz RO (1) (siehe S. 387).

(1)

Dieser wird als solcher auf Baumwolle gefärbt, alsdann in einem neuen Bade mit Nitrit und Säure behandelt und die so entstandene Tetrazoverbindung (2) in einem dritten Bade mit β-Naphtol in alka-

(2)

lischer Lösung gekuppelt zu dem Tetrakisazofarbstoff von der Konstitution (3).

Dieser Tetrakisazofarbstoff ist im Gegensatz zu dem Disazofarbstoff (1), aus dem er entstanden ist, in Wasser so schwer löslich, daß er durch

(3)

einfaches Waschen mit Wasser oder mit Seife bei niedriger Temperatur nicht mehr von der Faser heruntergelöst werden kann, ein Umstand, der seine Waschechtheit und damit seinen großen technischen Wert bedingt. Wendet man zum „Entwickeln" auf der Faser, statt des β-Naphtols, etwa m-Phenylendiamin an, so erhält man das Analogon dieses Azofarbstoffes (3), von der Zusammensetzung (4). Wollte man diesen Tetra-

(4)

kisazofarbstoff in einen Hexakisazofarbstoff überführen, so würde auch diese Operation ohne Schwierigkeit auf der Faser zu bewirken sein, etwa dadurch, daß man 2 Mol. diazotierten p-Nitranilins auf ihn einwirken läßt. Der Angriff der Diazoniumverbindung würde erfolgen an den beiden endständigen Benzolkernen des m-Phenylendiamins auf Grund von deren Befähigung, je 2 Mol. Diazoniumverbindung aufzunehmen. Die Zusammensetzung des Hexakisazofarbstoffes entspricht demgemäß der Formel (5):

$$(5)$$

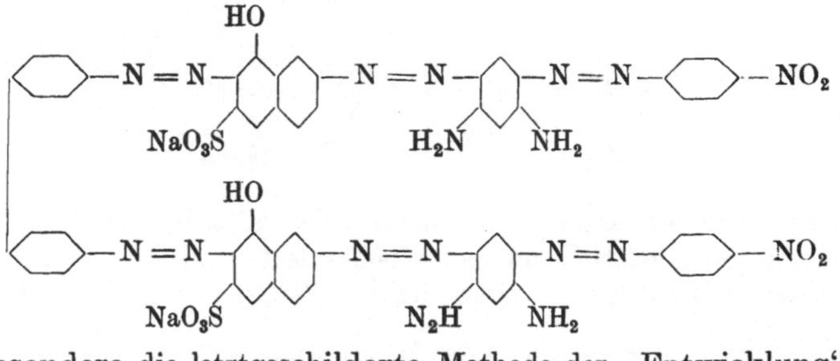

Insbesondere die letztgeschilderte Methode der „Entwicklung" von Azofarbstoffen, die darin besteht, daß man Diazoniumverbindungen auf solche bereits ausgefärbte Farbstoffe einwirken läßt, die noch mit Diazoniumverbindungen zu reagieren vermögen, hat in den letzten Jahrzehnten infolge ihrer bequemen Anwendungsweise für die Erzeugung von echten Farbstoffen auf der Faser große technische Bedeutung erlangt. Am geschätztesten sind dabei in der Regel diejenigen „Entwicklungen", die sich durch Reduktionsmittel (in der Regel kommen hier die Hydrosulfitverbindungen in Betracht) auf dem Druckwege rein weiß ätzen lassen. Eine besonders interessante Anwendung, vor allem für die Baumwollfärberei, hat das Verfahren der Erzeugung von Azofarbstoffen auf der Faser in solchen Fällen erlangt, in denen der auf die Baumwollfaser zu bringende und dort zu entwickelnde Farbstoff keine oder fast keine Verwandtschaft zu dieser Faser besitzt und ihr deshalb im Wege des Klotzens (Durchtränken und Ausquetschen) einverleibt werden muß. Erst bei dem nachfolgenden Durchgang der geklotzten Faser durch das Diazobad wird dann der endgültige, infolge seiner Wasserunlöslichkeit fest auf der Faser haftende Azofarbstoff erzeugt. Ja, man kann sogar so weit gehen, und diese Möglichkeit betrifft gerade einen der wichtigsten Fälle, daß man, statt eines Farbstoffes, eine farblose Azokomponente, wie z. B. β-Naphtol, auf die Faser bringt und den Azofarbstoff erst auf der Faser, durch die Einwirkung einer geeigneten (aus m- oder p-Nitranilin, α-Naphtylamin, o-Anisidin, Dianisidin usw. erhältlichen) Diazoniumverbindung im Diazobade erzeugt („Eisfarben"). Der mit p-Nitranilin entstehende Monoazofarbstoff, das sog. p-Nitranilinrot, auch kurzweg Pararot genannt, von der Konstitution (1), ist ein sehr geschätzter, billiger, wenn auch nicht vollkommen ebenbürtiger Ersatz des Türkischrots.

$$(1)$$

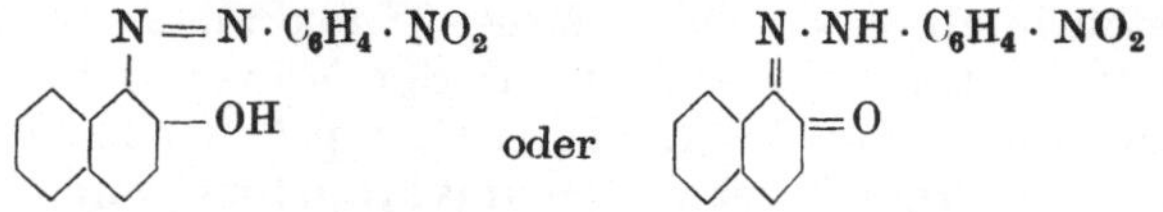

Ungefähr dieselbe Bedeutung wie diese „Entwicklungsfarbstoffe" für das Färben der Baumwolle haben die sog. beizenziehenden Azofarbstoffe für die Wollechtfärberei. Für diesen Zweck verwendbar sind solche Azofarbstoffe, die imstande sind, mit Metalloxyden wasserunlösliche Lacke zu bilden, und die nach erfolgter Lackbildung derart fest auf der Wollfaser haften, daß sie den für die Praxis in Betracht kommenden chemischen und mechanischen Einflüssen zu widerstehen vermögen. Als „Metalloxyde" kommen für die Wollfärberei, sofern es sich um die Anwendung von Azofarbstoffen handelt, fast nur die Oxyde des Chroms und (in geringerem Maße) des Kupfers in Betracht. Je nachdem wie die Herstellung der Farbstofflacke erfolgt, kann man die beizenziehenden Azofarbstoffe in verschiedene Gruppen einteilen. Bei einem Teile dieser Azofarbstoffe wird der Lack in der Weise erzeugt, daß die Faser zunächst mit dem betreffenden Metalloxyd vorgebeizt und dann erst gefärbt wird. Die hierfür in Betracht kommenden Farbstoffe sind meistens Azofarbstoffe der Salicylsäure, in einzelnen Fällen auch der homologen o-Kresotinsäure (2), während die analoge β-Oxynaphtoësäure (3) fast ausschließlich zu Pigmentfarbstoffen Verwendung findet (über Chromotropsäure siehe S. 122 f.).

Beizenfärbende Azofarbstoffe.

Salicylsäure-Azofarbstoffe.

$$(2)\quad \text{H}_3\text{C} \underset{}{\overset{\text{OH}}{\bigcirc}} \text{COOH} \qquad\qquad (3)\quad \bigcirc\bigcirc\begin{matrix}\text{OH}\\\text{COOH}\end{matrix}$$

Als Diazokomponenten zur Darstellung der Salicylsäurefarbstoffe für Wolle finden Anwendung u. a. das m- und p-Nitranilin (Alizaringelb), die p-Nitranilin-o-Sulfonsäure (Eriochromphosphin), das o-Anisidin (Chromechtgelb 2 G), die m-Aminobenzoësäure (Diamantgelb G), das Gemisch isomerer β-Naphtylaminmonosulfonsäuren (Beizengelb G), die β-Naphtylamindisulfonsäure G (Crumpsall Gelb), die Aminoazobenzolsulfonsäure (Walkorange) und das sog. Thioanilin, $\text{H}_2\text{N} \cdot \text{C}_6\text{H}_4 \cdot \text{S} \cdot \text{C}_6\text{H}_4 \cdot \text{NH}_2$ (Anthracengelb). Ein Analogon des Diaminechtrots F (siehe S. 388) ist der Farbstoff aus o-Nitrobenzidin + Salicylsäure + 1, 4-Naphtolsulfonsäure (Anthracenrot), der aber ebenso wie die beiden gemischten primären Disazofarbstoffe Azoalizarinbordeaux (1) und Azoalizarinschwarz (2)

$$(1)\quad \text{p-Phenylendiamin} \Big\langle \begin{matrix}\text{Salicylsäure}\\ \text{1, 4-Naphtolsulfonsäure}\end{matrix}$$

$$(2)\quad \text{p-Phenylendiamin} \Big\langle \begin{matrix}\text{Salicylsäure}\\ \text{Chromotropsäure}\end{matrix}$$

fast aus schließlich für Wolle, nicht auch für Baumwolle Verwendung findet.

Wird Salicylsäure als Azokomponente für Baumwollfarbstoffe benützt, so macht man, im Gegensatz zu den Wollfärbungen, von den beizenziehenden Eigenschaften dieser Farbstoffe nicht oder nur in sehr untergeordnetem Maße Gebrauch. Außer den bereits früher (siehe S. 388) genannten Salicylsäurefarbstoffen dieser Art seien hier noch erwähnt das **Baumwollgelb R** aus Dehydrothiotoluidinsulfonsäure, das **Hessischgelb** aus Diaminostilbendisulfonsäure, das **Chrysamingelb G** und **R** aus **Benzidin** bzw. **Tolidin**, das **Diamingelb N** von der Konstitution (3) und verschiedene andere gemischte primäre Disazofarbstoffe von dem **Typus des Benzoorange R (4)**.

$$(3)\quad \text{Äthoxybenzidin} \Big\langle {\text{Salicylsäure} \atop \text{Phenol}} \qquad\qquad (4)\quad \text{Benzidin} \Big\langle {\text{Salicylsäure} \atop \text{Naphthionsäure}}$$

Einer der wenigen Fälle, in denen Salicylsäure als **doppelt** kuppelnde Azokomponente fungiert, ist gegeben in den primären Disazofarbstoffen, die als **Anthracensäurebraunmarken** zum Färben der **Wolle** nach dem Bichromatverfahren empfohlen wurden, wie z. B.:

$$O_2N - \langle\rangle - N = N - \underset{\displaystyle N = N - \langle\rangle - SO_3Na}{\overset{\displaystyle OH}{\langle\rangle}} - COONa$$

Was die obenerwähnten Salicylsäureazofarbstoffe für **Wolle** anlangt, so spielen sie, falls es sich nicht besonders um gelbe, orange oder rote Töne handelt, heutigentags eine etwas untergeordnete Rolle gegenüber denjenigen beizenziehenden Azofarbstoffen, die in der Weise auf der Faser befestigt werden, daß man sie **nach dem Färben** oder, wie dies neuerdings vielfach geschieht, **während des Färbens** der oxydierenden und lackbildenden Wirkung chromsaurer Salze aussetzt. Beim Färben mit beizenziehenden Azofarbstoffen kann man also, wie man sieht, sehr verschieden verfahren: Man kann das Färben dem Beizen der Wolle folgen lassen, wie dies bei den Salicylsäurefarbstoffen meist geschieht, oder man kann zunächst färben und nach Beendigung des Färbens das chromsaure Salz zur Einwirkung bringen, sei es in einem neuen Bade (Zweibadverfahren) oder der Einfachheit halber im alten Bad (Einbadverfahren), oder man läßt die Entstehung des Farblackes bereits während des Färbeprozesses vor sich gehen. Dieses letztere Verfahren ist aber nicht für alle Farbstoffe anwendbar, da durch vorzeitige **Lackbildung** in der Färbeflotte leicht fehlerhafte Färbungen entstehen können. Das Verfahren ist also mit großer Vorsicht auszuführen, und man verwendet statt des sonst üblichen Kalium- oder Natriumbichromats in diesem Falle meist ein durch Ammoniak neutralisiertes Chromat oder eine Mischung von neutralem Chromat und Ammonsulfat.

Während bei den Salicylsäureazofarbstoffen die Fähigkeit der Farbstoffe, auf Beizen zu ziehen, durch die **Salicylsäure**, also durch die **Azokomponente**, bedingt ist, verdankt ein großer und man darf wohl sagen der heute wichtigste Teil der Azofarbstoffe seine Fähigkeit, Farblacke von großer Echtheit zu bilden, der **Diazokomponente**. Es hat sich nämlich die überraschende Tatsache ergeben, daß solche

Diazoniumverbindungen, die in der o-Stellung zur Diazoniumgruppe
eine Hydroxylgruppe enthalten, bei der Kupplung mit Azokomponenten
Farbstoffe liefern, die zwar, infolge ihrer Unbeständigkeit gegen Säuren
und Alkalien, in der Regel als solche unbrauchbar sind, die aber
ausgezeichnet sind durch die wertvolle Eigenschaft, unter der Einwirkung von Chromaten in echte Chromlacke überzugehen. Diese Lacke
besitzen, abgesehen von ihrer Unlöslichkeit und der dadurch bedingten
Echtheit gegen heißes und kaltes Wasser oder Seife, in der Regel auch
eine hervorragende Lichtechtheit. Auffallend ist, daß die Kupplungsenergie der o-Oxydiazoniumverbindungen meist eine verhältnismäßig
geringe ist, so daß bei der Farbstoffdarstellung besondere Mittel,
in der Regel erhöhte Konzentration und Alkalinität, angewendet
werden müssen, um eine glatte Kupplung herbeizuführen (siehe
S. 158).

Bezüglich der nachchromierbaren Azofarbstoffe aus o-Oxydiazoniumverbindungen sei im einzelnen noch folgendes bemerkt. Bereits
im Jahre 1893 wurde von E. Erdmann und O. Borgmann die wichtige Entdeckung gemacht, daß die an sich wertlosen Farbstoffe aus
diazotiertem o-Aminophenol bzw. dessen Sulfon- oder Karbonsäuren
einerseits und den gewöhnlichen Azokomponenten, wie β-Naphtol,
Resorcin, 2, 7-Dioxynaphtalin, m-Phenylendiamin usw. anderseits, in
Verbindung mit Metalloxydbeizen überraschend echte Färbungen auf Wolle liefern. Diese Beobachtung fand so wenig Interesse
in technischen Kreisen, daß das wertvolle Patent der Erfinder schon
im Jahre 1896 erlosch. Erst einige Jahre später wurde die große
praktische Bedeutung und Tragweite der Erfindung erkannt, und die
in jenem Patent beschriebenen Farbstoffe, z. B. aus o-Aminophenol-
p-Sulfonsäure + β-Naphtol, Resorcin, m-Phenylendiamin und dazu noch
ein anderer aus 1, 5-Dioxynaphtalin finden heute unter den Namen
Säurealizarin-Violett, -Granat und - Braun, bzw. Diamantschwarz PV technische Anwendung.

Eine Erweiterung fand die Erdmann-Borgmannsche Entdeckung zunächst in zwei Richtungen: 1. in der Verwendung einer
Aminonaphtolsulfonsäure, und zwar der 2,3-Aminonaphtol-6-Sulfonsäure R (Anthracenchromschwarz, erhalten durch Kupplung der
Diazoniumverbindung mit β-Naphtol und Analogen) an Stelle der
Benzoldetivate, und 2. indem man die gewöhnlichen o-Aminophenole
durch ihre Nitroderivare ersetzte, von denen die Pikraminsäure
(siehe S. 369) und die 6-Nitro-2-Aminophenol-4-Sulfonsäure die
leichtest zugänglichen sind. Aus letzterer Sulfonsäure und β-Naphtol erhält man das Säurealizarinschwarz R, während die Pikraminsäure
bei der Kupplung mit m-Phenylendiamin und seinen Derivaten oder
mit m-Aminophenol Beizenfarbstoffe für Braun (Säureanthracenbraun, Metachrombraun), mit Naphthionsäure hingegen das
Anthracylchromgrün liefert, das durch seinen olivgrünen, licht-
und walkechten Chromlack ausgezeichnet ist.

1, 2- und 2, 1-
Amino-
naphtol-
sulfonsäuren.

Einen weiteren sehr wesentlichen Fortschritt bedeutete die Erkenntnis, daß außer der 2, 3-Aminonaphtol-6-Sulfonsäure R auch die 1, 2- und die 2, 1-Aminonaphtolsulfonsäuren bzw. die ihnen entsprechenden Diazoniumverbindungen in hohem Maße zur Herstellung wertvoller Beizenfarbstoffe geeignet sind. Über die Gewinnung von o-Oxydiazoniumverbindungen aus den entsprechenden Naphtylamin- und 1, 2- oder 2, 1-Chlornaphtylaminsulfonsäuren, gemäß den beiden Reaktionsschemata (1) und (2), siehe Näheres S. 225 f.

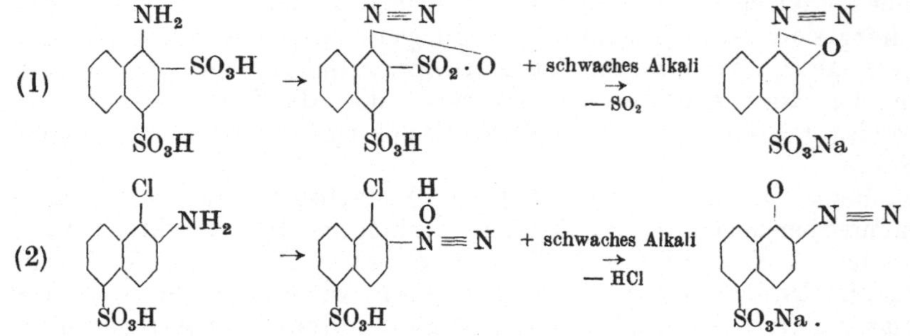

$$(1) \qquad \text{schwaches Alkali}, \; -SO_2$$

$$(2) \qquad \text{schwaches Alkali}, \; -HCl$$

Von den isomeren 1, 2- und 2, 1-Aminonaphtolsulfonsäuren dürfte die 1, 2, 4-Säure die wichtigste sein. Bei der Kupplung mit α- und β-Naphtol entstehen die Farbstoffe **Eriochromblauschwarz B** und **Palatinchromschwarz 6 B = Salicinschwarz U**, mit Phenylmethylpyrazolon (siehe S. 416) das **Eriochromrot B**.

Nitrierung
der
Diazooxyde.

Überraschend ist die weiterhin festgestellte Tatsache, daß die schon früher erwähnte Beständigkeit dieser o-Oxydiazoniumverbindungen, bzw. der ihnen entsprechenden **Diazooxyde** (siehe oben), sogar eine ziemlich glatt verlaufende nachträgliche Nitrierung zu Nitro-o-Oxydiazoniumverbindungen bzw. -Diazooxyden zuläßt. Diese liefern bei ihrer Kupplung mit α- und β-Naphtol die durch besonderer Echtheit und erwünschten Farbenton ausgezeichneten **Eriochromschwarzmarken T und A**.

Nach-
chromierbare
Dis- u. Tris-
Azo-
farbstoffe.

Es entspricht der auf die tierische Faser, insbesondere Wolle, beschränkten Verwendung dieser beizenfärbenden Azofarbstoffe aus o-Oxy-Diazoniumverbindungen, wenn auf ihre substantiven Eigenschaften, d. h. auf ihre Affinität zu Baumwolle, kein Wert gelegt

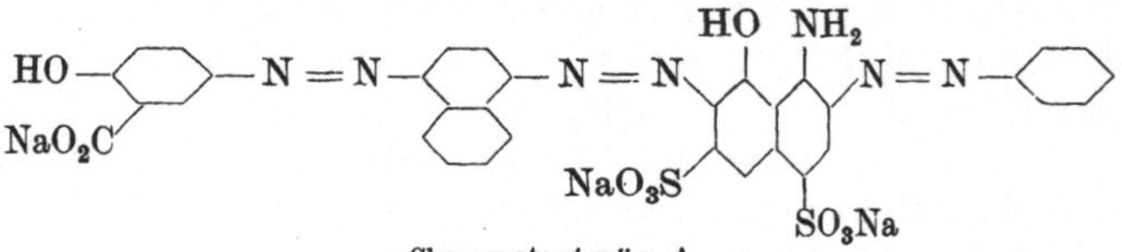

Chrompatentgrün A.

wird, da die einfachst gebauten **Monoazofarbstoffe** für das primäre Anfärben der Wolle genügen und bei der späteren Entwicklung mit Chromaten ausgezeichnet echte Chromlacke liefern. Trotzdem haben vereinzelt auch primäre Dis- und Trisazofarbstoffe dieser Art sich als besonders wertvoll erwiesen, wie z. B. gewisse Dis- und Trisazofarbstoffe der K-Säure bei Verwendung der p-Aminosalicylsäure (= p-Aminophenolkarbonsäure) oder Pikraminsäure als Diazokomponenten (Chrompatentgrünmarken).

Ein Disazofarbstoff von großem technischen Wert wird erhalten durch Kuppeln der Tetrazoverbindung aus 2, 6-Diaminophenol-4-Sulfonsäure mit 2 Mol. β-Naphtol (Säurealizarinschwarz SE (1)

o-Oxy-Tetrazoniumverbindungen.

$$(1) \qquad N\!=\!=\!N \quad OH \quad N\!=\!=\!N$$
$$SO_3Na$$

= Palatinchromschwarz F); ersetzt man 1 Mol. β-Naphtol durch die 2, 6-Naphtolsulfonsäure (Schäffer), so erhält man das leichter lösliche Säurealizarinschwarz SN oder Palatinchromschwarz S:

$$N\!=\!=\!N \quad OH \quad N\!=\!=\!N$$
$$SO_3Na \qquad SO_3Na.$$

Überblicken wir das gesamte Gebiet der Azofarbstoffe nochmals an Hand eines Schemas, so ergibt sich etwa folgende Gliederung:

Übersicht über die Azofarbstoffe.

1. Monoazofarbstoffe. Diese kann man weiterhin einteilen:

a) Nach der Beschaffenheit der auxochromen Gruppen, in

α) Amino- (Diamino-) und β) Oxy- (Dioxy- und Aminooxy-) Monoazofarbstoffe. Bezüglich der Dioxyazofarbstoffe sei noch bemerkt, daß diejenigen zur Kupplung verwendeten Naphtalinderivate, bei denen die beiden Hydroxylgruppen sich in Peristellung zueinander befinden, nicht nur als solche, wegen ihres schönen Tones und ihres Egalisierungsvermögens, sondern auch als Beizenfarbstoffe, nach dem einen oder anderen Verfahren gefärbt, eine gewisse Bedeutung besitzen (siehe Chromotropsäure, S. 122 f.).

Monoazofarbstoffe.

b) Nach der Stellung der Auxochrome zu den Azogruppen, in

α) p- und β) o-Azofarbstoffe, von denen die ersteren als solche in der Regel von untergeordneter Bedeutung sind. Eine wichtige Ausnahme bilden einerseits unter den p-Oxy-Azofarbstoffen die Salicylsäure-Farbstoffe (1), und andererseits finden viele unter den p-Amino-Azofarbstoffen (2) eine Verwendung als wichtige Zwischenprodukte für

$$(1) \quad R\cdot N\!=\!N\!-\!\langle\rangle\!-\!OH \qquad\qquad (2) \quad R\cdot N\!=\!N\!-\!\langle\rangle\!-\!NH_2$$
$$COONa \qquad\qquad\qquad\qquad\qquad SO_3Na$$

die Darstellung von sekundären Disazofarbstoffen (siehe S. 391). Die o-Amino- und o-Oxy-Azofarbstoffe lassen sich, soweit die Azokompo-

nenten der Naphtalinreihe angehören, unterscheiden in solche, in denen
die Azogruppe in 2- und die auxochrome Gruppe in 1- oder umgekehrt die
Azogruppe in 1- und die auxochrome Gruppe in 2- Stellung sich befindet,
oder mit anderen Worten, ob die Azokomponenten sich vom α-Naphtol-
und -Naphtylamin (3) oder vom β-Naphtol und -Naphtylamin (4) ab-

$$
(3)\quad
\begin{array}{c}
\text{OH} \\
\bigcirc\!\!\bigcirc\text{—}N=N\cdot R \\
\text{SO}_3\text{Na}
\end{array}
\qquad
(4)\quad
\begin{array}{c}
N=N\cdot R \\
\bigcirc\!\!\bigcirc\text{—}NH_2 \\
\text{NaO}_3\text{S}
\end{array}
$$

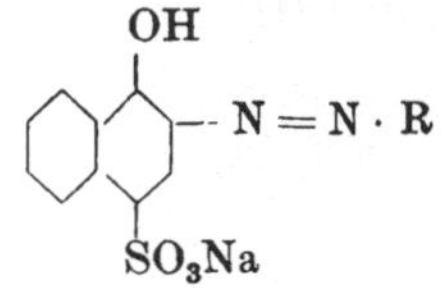

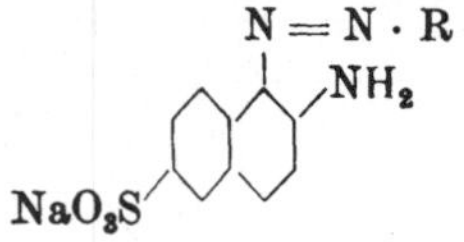

leiten. Über den wichtigen Einfluß der Sulfogruppen in ersteren Falle
vgl. S. 378f.

c) Nach dem Verwendungszweck, in

α) direkte Farbstoffe für Wolle und Seide, β) direkte Farbstoffe für
Baumwolle und andere Pflanzenfasern.

Auf das unterschiedliche Färbeverfahren je nach dem Fasermaterial
kann an dieser Stelle nicht eingegangen werden. Bemerkt sei nur, daß
als direkt ziehende Farbstoffe für Baumwolle nur verhältnismäßig wenige Monoazofarbstoffe in Betracht kommen, die diese wertvolle Eigenschaft sowohl den Diazokomponenten (Primulinbasen) als auch den
Azokomponenten (J-Säure und Abkömmlingen) verdanken können
(vgl. S. 382 und 402).

d) Nach dem Ort der Erzeugung, in

α) Farbstoffe, die auf der Faser, β) Farbstoffe, die außerhalb der
Faser erzeugt werden.

2. Disazofarbstoffe.

Disazo-
farbstoffe.
a) Primäre Disazofarbstoffe aus 1 Mol. einer Diazokomponente mit
zwei diazotierbaren Aminogruppen (z. B. aus Benzidin und seinen Abkömmlingen und anderen p-Diaminen, wie p-Phenylendiamin, Diaminostilbendisulfonsäure, ferner m-Phenylendiamin- und m-Toluylendiamin-
sulfonsäuren und, von geringerer Bedeutung, 1, 5-Naphtylendiamin)
und 2 Mol. Azokomponente, welch letztere unter sich gleich (symmetrische oder einfache Disazofarbstoffe) oder unter sich verschieden
(gemischte Disazofarbstoffe) sein können.

b) Primäre Disazofarbstoffe aus 1 Mol. Azokomponente und 2 Mol.
Diazokomponente.

c) Sekundäre Disazofarbstoffe aus 1 Mol. eines diazotierbaren Amino-
monoazofarbstoffes (auch solche mit einer Aminogruppe „im anderen
Kern", siehe S. 386) als Diazokomponente und 1 Mol. Azokomponente.

Uneigent-
liche Disazo-
farbstoffe.
Unter d) sei noch angeführt eine besondere Art von uneigentlichen
Disazofarbstoffen, bestehend aus 2 Mol. eines Amino-Monoazofarbstoffes, die durch einen zweiwertigen Acyl- oder anderen Rest miteinander verbunden sind, entsprechend entweder dem Symbol (1) oder dem
Symbol (2):

(1) $\text{R}^1 \rightarrow \text{R}^2 - \text{Acyl} - \text{R}^2 \leftarrow \text{R}^1$ \qquad (2) $\text{R}^2 \leftarrow \text{R}^1 \cdot \text{Acyl} \cdot \text{R}^1 \rightarrow \text{R}^2$.

Die in den beiden Symbolen vorhandene Symmetrie, die die Anwendung von 2 Mol. desselben Amino-Monoazofarbstoffes voraussetzt, ist nicht in allen Fällen erforderlich. Es lassen sich durch Vereinigung zweier unter sich verschiedener Amino-Monoazofarbstoffe mittels eines Acylrestes auch brauchbare unsymmetrische Disazofarbstoffe dieser Art herstellen, entsprechend z. B. den Symbolen (3) und (4):

$$(3)\ R^1 \rightarrow R^2 - \text{Acyl} - R^4 \leftarrow R^3 \qquad (4)\ R^2 \leftarrow R^1 \cdot \text{Acyl} \cdot R^3 \rightarrow R^4 .$$

Die 2 Symbole $R^1 \rightarrow R^2 - \text{Acyl} - R^2 \leftarrow R^1$ (1) und $R^1 \rightarrow R^2 - \text{Acyl} - R^4 \leftarrow R^3$ (3) sollen andeuten, daß die beiden Moleküle der Amino-Monoazofarbstoffe durch Vermittlung der auxochromen Gruppen (meist NH_2) der Azokomponenten R^2 bzw. R^2 und R^4 verknüpft sind, und zwar vermöge eines Acylrestes, z. B. des zweiwertigen Restes —CO— der Kohlensäure, während in Azofarbstoffen, die nach den Symbolen $R^2 \leftarrow R^1 - \text{Acyl} - R^1 \rightarrow R^2$ und $R^2 \rightarrow R^1 \cdot \text{Acyl} \cdot R^3 \rightarrow R^4$ konstituiert sind, der Acylrest in die noch vorhandenen oder nachträglich (durch Reduktion oder Verseifung) entstandenen auxochromen Gruppen der Diazokomponenten R^1 bzw. R^1 und R^3 eingreift (siehe unten).

Als Typen von uneigentlichen Disazofarbstoffen, d. h. von Monoazofarbstoffen, die durch Acyl- und andere Reste miteinander verknüpft sind, seien angeführt die verschiedenen Marken Benzoechtscharlach, bei denen die Aminogruppen der Azokomponenten (fast ausschließlich J-Säure) zweier Monoazofarbstoffe durch den Rest —CO— verbunden sind. Man kann diese Farbstoffe demgemäß auch ansehen als Abkömmlinge (symmetrische oder unsymmetrische, je nach den Diazokomponenten) eines Harnstoffes von der Konstitution (1), nämlich einer 5, 5′-Dioxy-2, 2′-Dinaphtyl-Harnstoff-7, 7′-Disulfonsäure: Benzoecht-
scharlach.

(1)
$$\text{HO}_3\text{S}\diagdown\!\!\!\bigcirc\!\!\bigcirc\!\!\diagup\text{NH} - \text{CO} - \text{HN}\diagdown\!\!\bigcirc\!\!\bigcirc\!\!\diagup\text{SO}_3\text{H}$$
$$\text{HO}\qquad\qquad\qquad\qquad\qquad\qquad\text{OH}$$

Während die Benzoechtscharlachmarken, die durch Säureechtheit besonders ausgezeichnet sind, dem Symbol $R^1 \rightarrow R^2 \cdot \text{CO} \cdot R^2 \leftarrow R^1$ entsprechen, falls sie symmetrisch gebaut sind, oder dem Symbol $R^1 \rightarrow R^2 \cdot \text{CO} \cdot R^2 \leftarrow R^3$, falls zwei unter sich verschiedene Diazokomponenten (R^1 und R^3) zur Anwendung gelangen, kommt dem Benzoechtrosa (2), ebenso wie dem wesentlich älteren Baumwollgelb G (3), das symmetrische Symbol $R^2 \leftarrow R^1 \cdot \text{CO} \cdot R^1 \rightarrow R^2$ zu.

(2)
$$\text{HO} \ \text{N}=\text{N}-\!\!\bigcirc\!\!-\text{NH}\cdot\text{CO}\cdot\text{HN}-\!\!\bigcirc\!\!-\text{N}=\text{N} \ \text{OH}$$
$$\qquad-\text{NH}_2 \qquad\qquad\qquad\qquad \text{H}_2\text{N}-$$
$$\text{NaO}_3\text{S} \qquad\qquad\qquad\qquad\qquad\qquad\qquad \text{SO}_3\text{Na}$$

(3) $\text{HO}-\!\!\bigcirc\!\!-\text{N}_2-\!\!\bigcirc\!\!-\text{NH}\cdot\text{CO}\cdot\text{HN}-\!\!\bigcirc\!\!-\text{N}_2-\!\!\bigcirc\!\!-\text{OH}$
$\quad \text{NaOOC} \qquad\qquad\qquad\qquad\qquad\qquad\qquad\qquad \text{COONa}$

Man stellt z. B. das **Baumwollgelb G** in der Weise her, daß man zunächst p-Aminoacetanilid diazotiert und mit Salicylsäure kuppelt. Der entstandene Monoazofarbstoff wird mit Alkali verseift, d. h. es wird die Acetylgruppe abgespalten, und man erhält einen Monoazofarbstoff der Konstitution (4), der bei der Einwirkung von Phosgen, $COCl_2$, den

$$(4) \quad H_2N-\langle\rangle-N=N-\langle\rangle-OH$$
$$\qquad\qquad\qquad\qquad\qquad\qquad COONa$$

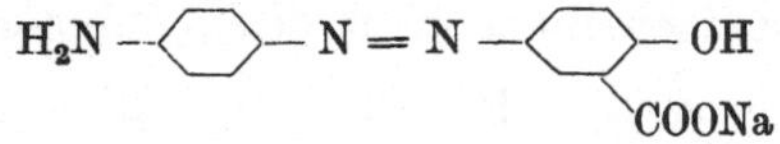

ψ-Disazofarbstoff liefert (3). Anderseits läßt sich der Farbstoff aber auch ansehen als entstanden aus der Diazokomponente p-Diamino-Diphenyl-Harnstoff, $H_2N-\langle\rangle-NH\cdot CO\cdot HN-\langle\rangle-NH_2$, durch Tetrazotieren und Kuppeln mit 2 Mol. Salicylsäure.

Stilben-farbstoffe aus p-Nitro-toluolsulfon-säure. Zum Schluß sei hier noch einer kleinen Gruppe eigenartiger Farbstoffe gedacht, die außer der Azogruppe noch weitere **chromophore** Gruppen enthalten, und zwar außer der Azoxygruppe, $-N-N-$ über O,

die einzelnen unter ihnen eigentümlich ist, vor allem die für sie charakteristische Gruppe $-CH=CH-$ (siehe S. 283), d. h. die Äthylengruppe, die in Verbindung mit zwei Benzolkernen zu dem Körper $\langle\rangle-CH=CH-\langle\rangle$, dem **Stilben**, führt, weshalb man die Farbstoffe dieser kleinen Gruppe auch als **Stilbenfarbstoffe** bezeichnet. Wir sind ähnlichen Farbstoffen schon früher begegnet (siehe S. 390); jedoch unterscheiden sich die hier zu erwähnenden Stilbenfarbstoffe vor allem durch ihre gänzlich abweichende Darstellungsweise von den früher angeführten, durch **Diazotierung** und **Kupplung** erhaltenen primären Stilben-Disazofarbstoffen.

Im vorliegendem Falle dient als wichtigstes Ausgangsmaterial die p-Nitrotoluolsulfonsäure (1). Unter der Einwirkung von Alkali erleidet diese Säure, je nach den besonderen Bedingungen, die mannigfachsten Veränderungen. Es entstehen hierbei wertvolle, Baumwolle **direkt** färbende Farbstoffe, die als **Sonnengelb** (**Curcumin S**, **Naphtamingelb G**) (2) und als **Mikadoorange** (**Naphtaminorange 2 R**,

(1) 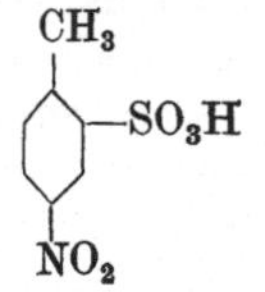 — CH₃ / SO₃H / NO₂   (2)

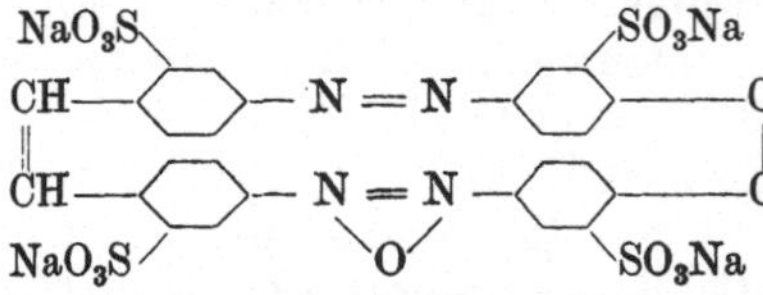

Direktorange) (3) bezeichnet werden, und die meist ein schwer definierbares **Gemisch** verschiedener färbender Substanzen darstellen, deren Konstitution noch nicht mit Sicherheit erkannt ist.

(3)

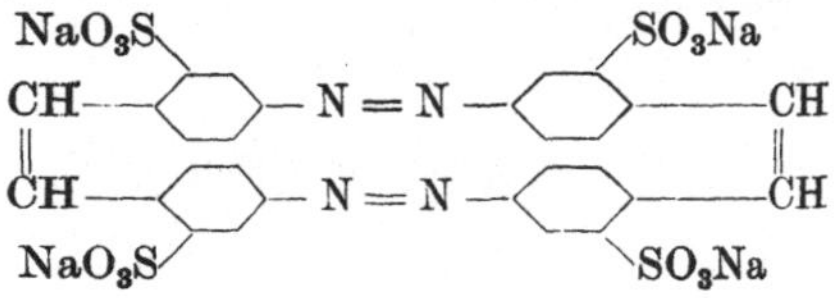

Das Sonnengelb (2) läßt sich durch vorsichtige Reduktion in Mikadoorange (3) überführen, während bei der Oxydation des Farbstoffes, wie man annimmt, aus der Azoxygruppe zwei Nitrogruppen entstehen, wobei sich der eigenartige, 4 Benzolkerne enthaltende Ring an dieser einen Stelle öffnet. Man erhält auf diese Weise das Mikadogelb (Naphtamingelb 2 G) (4), das zwar 5 chromophore Gruppen

$$(4)\quad O_2N-\underset{SO_3Na}{\bigcirc}-CH=CH-\underset{NaO_3S}{\bigcirc}-N=N-\underset{SO_3Na}{\bigcirc}-CH=CH-\underset{NaO_3S}{\bigcirc}-NO_2$$

(2 Nitro-, 2 Äthylen- und 1 Azogruppe, hingegen keine eigentlichen auxochromen Gruppen enthält (vgl. S. 261), das dennoch aber zum Färben der (tierischen und) pflanzlichen Faser geeignet und durch seinen grünlichgelben Ton ausgezeichnet ist.

Bemerkenswert ist die Kondensationsfähigkeit der bei der Einwirkung von Natronlauge auf p-Nitrotoluolsulfonsäure, Dinitrodibenzyldisulfonsäure (5) oder Dinitrostilbendisulfonsäure (6) entstehenden,

Kondensationen zwischen Nitroso-Farbstoffen und ar. Aminen.

$$(5)\quad \begin{matrix} NaO_3S\\ CH_2-\bigcirc-NO_2\\ |\\ CH_2-\bigcirc-NO_2\\ NaO_3S \end{matrix} \qquad (6)\quad \begin{matrix} NaO_3S\\ CH-\bigcirc-NO_2\\ \|\\ CH-\bigcirc-NO_2\\ NaO_3S \end{matrix}$$

bisher noch nicht sicher erkannten Zwischenprodukte — u. a. vielleicht Dinitrosoverbindungen (1) — mit primären aromatischen Aminen. So erhält man mit Anilin das Diphenylzitronin G, mit p-Phenylendiamin, je nach den Reaktionsbedingungen, ein Orange oder ein Braun, mit p-Aminophenol das Arnikagelb, das nach dem Äthylieren das Diphenylchrysoin liefert, mit Benzidin das Chicagoorange G, mit Dehydrothiotoluidinsulfonsäure das Curcuphenin (bei Gegenwart schwacher Alkalien) oder das Diphenylechtgelb (bei Gegenwart von Natronlauge).

Die Konstitution dieser Kondensationsprodukte entspricht wahrscheinlich der allgemeinen Formel (2), wobei R den Rest des aromatischen Amins bedeutet.

$$(1)\quad \begin{matrix} NaO_3S\\ CH-\bigcirc-NO\\ \|\\ CH-\bigcirc-NO\\ NaO_3S \end{matrix} \qquad (2)\quad \begin{matrix} NaO_3S\\ CH-\bigcirc-N=N\cdot R\\ \|\\ CH-\bigcirc-N=N\cdot R\\ NaO_3S \end{matrix}$$

Es bedarf nach diesen Ausführungen keiner weiteren Worte, um die Mannigfaltigkeit, die auf dem Gebiete der Azofarbstoffbildung möglich ist, begreiflich zu machen, eine Mannigfaltigkeit, die einerseits die große Zahl der Azofarbstoffe, andererseits auch die verschiedenartige An-

wendungsmöglichkeit, man kann wohl sagen für fast alle in Betracht
kommenden färberischen Zwecke, verständlich macht.

Pyrazolonfarbstoffe.

Beziehung
zu den Azo-
farbstoffen.

Eine kleine, aber nicht unwichtige Gruppe von Farbstoffen sind die
sog. Pyrazolonfarbstoffe, die sich wie der Name besagt vom
Pyrazolon ableiten, und die technisch zwar nicht ausschließlich nach
den Methoden der Azofarbstoffdarstellung gewonnen werden, soweit es
sich wenigstens um die älteren Vertreter dieser Gruppe handelt, die
aber dennoch tatsächlich den Azofarbstoffen nahestehen und auch
nach analogen Methoden wie diese hergestellt werden können. Das einfachste Pyrazolon (3) leitet sich ab vom Pyrrol (4) und Pyrazol (5).
Für die Farbstofftechnik kommen zurzeit nur solche Oxy-Pyrazole

$$(3)\quad \begin{array}{c} CH = N \\ | \qquad\quad \\ CH_2 - CO \end{array}\!\!\!> NH \qquad\qquad (4)\quad \begin{array}{c} CH = CH \\ | \qquad\quad \\ CH = CH \end{array}\!\!\!> NH \qquad\qquad (5)\quad \begin{array}{c} CH = N \\ | \qquad\quad \\ CH = CH \end{array}\!\!\!> NH$$

in Betracht, bei denen sich der Sauerstoff in der 5-Stellung befindet,
die also, als Enole aufgefaßt, der Formel (6) und als Ketone der

$$(6)\quad \begin{array}{c} CH = N \\ | \qquad\quad \\ CH = C - OH \end{array}\!\!\!> N \cdot R \qquad\qquad (7)\quad \begin{array}{c} CH = N \\ | \qquad\quad \\ CH_2 - CO \end{array}\!\!\!> N \cdot R$$

1-Phenyl-
3-Methyl-
Pyrazolon.

Formel (7) entsprechen. Eines der wichtigsten Pyrazolone ist das
1-Phenyl-3-Methylpyrazolon (8), das in bekannter Weise aus 1 Mol.
Phenylhydrazin und 1 Mol. Acetessigester gewonnen wird, und das auch
als Zwischenprodukt bei der Antipyrindarstellung eine große Rolle
spielt. Dieses Pyrazolon besitzt vollkommen die Eigenschaften einer
Azokomponente, wie z. B. β-Naphtol, liefert aber bei der Kupplung in der Regel wesentlich gelbere Töne als dieses (siehe unten).

$$(8)\quad \begin{array}{c} (3) \\ CH_3 \\ | \qquad\quad (2) \\ C = N \\ | \qquad\quad \\ CH_2 - CO \\ (4) \qquad (5) \end{array}\!\!\!> N \cdot C_6H_5 \; (1) \qquad\qquad (9)\quad \begin{array}{c} COOH \\ | \qquad\quad \\ C = N \\ | \qquad\quad \\ CO - CO \end{array}\!\!\!> N - C_6H_4 \cdot SO_3H$$

Ketopyra-
zolone.

Ein weiteres, sehr wichtiges Zwischenprodukt der Pyrazolonreihe
ist das Ketopyrazolon von der Konstitution (9), das aus 1 Mol. Phenylhydrazinsulfonsäure und 1 Mol. Dioxyweinsäure erhalten wird (10), und
das durch Weiterkondensation mit einem zweiten Mol. Phenylhydrazin-

$$(10)\quad \begin{array}{c} COOH \\ | \qquad\qquad\qquad\quad \text{Phenylhydrazinsulfonsäure} \\ C(OH)_2 + H_2N \\ | \qquad\qquad\qquad HN - C_6H_4 \cdot SO_3H \\ C(OH)_2 - COOH \\ \text{Dioxyweinsäure} \end{array} \xrightarrow[-4\,H_2O]{} \begin{array}{c} COOH \\ | \qquad\quad \\ C = N \\ | \qquad\quad \\ CO - CO \end{array}\!\!\!> N - C_6H_4 \cdot SO_3H$$

Sulfophenylketopyrazolonkarbonsäure

sulfonsäure unmittelbar in einen wertvollen gelben Farbstoff, das sog. Tartrazin (11) übergeführt werden kann:

$$\begin{array}{l} COOH \\ | \\ C = N \\ |\qquad\quad >N \cdot C_6H_4 \cdot SO_3H \\ C-OC \\ \| \\ O \\ + \\ H_2 \\ N \cdot NH \cdot C_6H_4 \cdot SO_3H \end{array} \quad \xrightarrow[]{-H_2O} \quad (11) \quad \begin{array}{l} COOH \\ | \\ C = N \\ |\qquad\quad >N \cdot C_6H_4 \cdot SO_3H. \\ C - CO \\ \| \\ N \cdot NH \cdot C_6H_4 \cdot SO_3H \end{array}$$

Synthesen des Tartrazins.

Derselbe Farbstoff Tartrazin läßt sich auch in der Weise erhalten, daß man aus 1 Mol. Phenylhydrazinsulfonsäure und 1 Mol. Oxalessigester (1) zunächst das Pyrazolon von der Konstitution (2), eine Sulfo-

$$(1) \quad \begin{array}{l} COOC_2H_5 \\ | \\ C = O \\ | \\ CH_2 - COOC_2H_5 \end{array} \qquad\qquad (2) \quad \begin{array}{l} COOH \\ | \\ C = N \\ |\qquad\quad >N - C_6H_4 \cdot SO_3H \\ CH_2 - CO \end{array}$$

phenylpyrazolonkarbonsäure, erzeugt und alsdann diese Azokomponente durch Kupplung mit diazotierter Sulfanilsäure in den Azofarbstoff (3) überführt:

$$\begin{array}{l} COOH \\ | \\ C = N \\ |\qquad\quad >N \cdot C_6H_4 \cdot SO_3H \\ CH_2 - CO \\ + \\ N \\ \| \\ N - \\ |\qquad\quad >O \\ C_6H_4 \\ | \\ SO_2 - \end{array} \quad \rightarrow \quad \begin{array}{l} COOH \\ | \\ C = N \\ |\qquad\quad >N - C_6H_4 \cdot SO_3H \\ CH - CO \\ | \\ N \\ \| \\ N \cdot C_6H_4 \cdot SO_3H \end{array} \quad (3)$$

Tartrazin (nach der Ketonformel)

Man sieht hieraus, daß sich Pyrazolonfarbstoffe, und zwar auch technisch, auf zweierlei Weise gewinnen lassen, entweder durch Kupplung eines Pyrazolons mit einer Diazokomponente oder durch Kondensation eines Ketopyrazolons mit einem Hydrazin (siehe oben).

Dementsprechend kann das Tartrazin sowohl als ein Azofarbstoff wie auch als ein Hydrazonfarbstoff aufgefaßt werden, gemäß den oben entwickelten Formeln. Wie leicht ersichtlich, ergibt sich aus der Auffassung des Tartrazins als eines normalen Azofarbstoffs (3), in Ergänzung der auf S. 373 aufgezählten 5 Methoden zur Darstellung von Azoverbindungen, als sechste noch die folgende: Kondensation von Arylhydrazinen mit geeigneten o-Diketonen, unter denen die Ketopyrazolone von besonderer technischer Bedeutung sind.

Pyrazolonfarbstoffe von der Art des Tartrazins aus 1 Mol. Dioxyweinsäure und 2 Mol. einer aromatischen Hydrazinsulfonsäure lassen sich auch aus den isomeren Phenylhydrazinsulfonsäuren und deren Homologen sowie aus Naphtylhydrazinsulfonsäuren gewinnen.

Sonstige Pyrazolon-Farbstoffe.

In neuerer Zeit hat man das ziemlich leicht zugängliche 1-Phenyl-3-Methylpyrazolon als Azokomponente nicht nur, analog dem β-Naphtol, zum Entwickeln von Farbstoffen auf der Faser benutzt, sondern auch behufs Darstellung echter nachchromierbarer Azofarbstoffe aus o-Oxydiazoniumverbindungen (siehe S. 406 ff.).

Von einzelnen Pyrazolonfarbstoffen seien noch die folgenden genannt (siehe auch **Eriochromrot B**, S. 408):

1. Analoge des **Tartrazins**, entstanden durch Kupplung von Pyrazolonsulfonsäuren (evtl. noch Karboxylgruppen enthaltend) mit Diazoniumverbindungen. Hierher gehören das **Flavazin L** und **S** (Diazokomponente Anilin), das **Xylengelb** und **Xylenlichtgelb** (der Phenylrest des Pyrazolons ist chlorhaltig) sowie das **Dianilgelb 2 R**, das Primulinsulfonsäure als Diazokomponente enthält und daher sich zum Färben der **Baumwolle** eignet.

2. Kuppelt man das 1-Phenyl-3-Methylpyrazolon selbst, als Azokomponente, mit diazotierter Primulinsulfonsäure, so entsteht das **Dianilgelb R**. Es sind ferner eine große Zahl von Kombinationen unter Verwendung dieses Pyrazolons in Vorschlag gebracht worden, besonders behufs Herstellung von gemischten primären Disazofarbstoffen der Benzidinreihe, über deren technische Brauchbarkeit Näheres allerdings nicht bekannt geworden ist.

3. **Pigmentfarbstoffe**, erhältlich aus Pyrazolon und geeigneten Diazokomponenten: **Pigmentchromgelb** mittels Toluidin, **Pigmentechtgelb R** mittels o-Toluidinsulfonsäure, **Pigmentechtgelb G** mittels der p-Sulfoanthranilsäure usw.

G) Chinoniminfarbstoffe.

Indamine,
Indoaniline
und
Indophenole.

Die Farbstoffe dieser Klasse leiten sich ab vom Chinon, und zwar sowohl vom o- als auch vom p-Chinon und ihren Derivaten, den Chinonmono- und -diiminen. Man unterscheidet bei den Chinoniminfarbstoffen im engeren Sinne ziemlich willkürlich drei Untergruppen: die **Indamine** die **Indoaniline** und die **Indophenole**, entsprechend den einfachsten typischen Vertretern:

$$HN = C_6H_4 = N - C_6H_4 - NH_2 \qquad \text{oder}$$

$$O = C_6H_4 = N - C_6H_4 - NH_2 \qquad \text{oder}$$

$$O = C_6H_4 = N - C_6H_4 - OH \qquad \text{oder}$$

Im allgemeinen wird die Unterscheidung zwischen **Indophenolen** und **Indoanilinen** nicht mehr streng durchgeführt und die Bezeichnung **Indophenol** sowohl auf die eigentlichen Indophenole als auch auf die Indoaniline angewendet. Die Chinoniminfarbstoffe verdanken ihre Farbe der chinoiden Konstitution des einen der beiden typischen aromatischen (Benzol-, Naphtalin- usw.) Kerne. Durch Reduktionsmittel wird die chinoide Konstitution zu einer benzoiden:

$$HN=\langle\!\!\!\bigcirc\!\!\!\rangle=N-\langle\!\!\!\bigcirc\!\!\!\rangle-NH_2 \xrightarrow[+H_2]{} H_2N-\langle\!\!\!\bigcirc\!\!\!\rangle-NH-\langle\!\!\!\bigcirc\!\!\!\rangle-NH_2.$$

Die enstehenden Reduktionsprodukte, die **Leukoindamine** und **Leukoindophenole**, sind farblos, haben aber ein sehr stark ausgeprägtes Bestreben, durch Oxydation, und zwar schon an der Luft, wieder in den chinoid konstituierten Farbstoff überzugehen. Ein Umstand, der die **unmittelbare** technische Verwendung dieser Farbstoffe als solche nahezu ausschließt, ist ihre außerordentliche **Empfindlichkeit** gegen **Mineralsäuren**, durch die sie, vielfach schon in der Kälte, jedenfalls aber in der Hitze zerlegt werden, und zwar zerfallen die Indamine in Chinonimine und p-Diamine: Leuko-
verbin-
dungen.
Eigen-
schaften.

$$HN=C_6H_4=N-C_6H_4-NH_2 \xrightarrow{+H_2O} HN=C_6H_4=O+H_2N\cdot C_6H_4\cdot NH_2,$$

die Indoaniline entweder in Chinone und p-Diamine:

$$O=C_6H_4=N-C_6H_4-NH_2 \xrightarrow{+H_2O} O=C_6H_4=O+H_2N\cdot C_6H_4\cdot NH_2,$$

oder in Aminophenole und Chinonmonoimine:

$$HO\cdot C_6H_4\cdot N=C_6H_4=NH \xrightarrow{+H_2O} HO\cdot C_6H_4\cdot NH_2+O=C_6H_4=NH$$

und die Indophenole endlich in Chinone und Aminophenole:

$$O=C_6H_4=N-C_6H_4-OH \xrightarrow{+H_2O} O=C_6H_4=O+H_2N\cdot C_6H_4\cdot OH.$$

Die etwa entstehenden Chinonimine ihrerseits zerfallen weiterhin durch Hydrolyse in Ammoniak bzw. Amine und Chinone:

$$O=C_6H_4=NH \xrightarrow{+H_2O} O=C_6H_4=O+NH_3.$$

Auch gegen Alkali sind einzelne Chinoniminfarbstoffe nicht beständig; so z. B. zerfallen die am Stickstoff alkylierten Indamine unter der Einwirkung starken Alkalis in der Hitze leicht in die entsprechenden Indophenole, unter Abspaltung von Alkylaminbasen:

$$\overset{\overset{\textstyle Cl}{|}}{R_2N}=C_6H_4=N-C_6H_4-NR_2 \xrightarrow[-HCl]{+2H_2O} O=C_6H_4=N-C_6H_4-OH+2NHR_2.$$

Was die **Synthese** der Chinoniminfarbstoffe vom Typus des Indamins und Indophenols anlangt, so kommen zwei Möglichkeiten in Betracht: Synthesen.

　　1. Die gemeinsame Oxydation von 1 Mol. eines p-Diamins oder p-Aminophenols mit 1 Mol. eines Amins oder Phenols mit unbesetzter p-Stellung:

$$H_2N\cdot C_6H_4\cdot NH_2+C_6H_5\cdot OH+O_2 \rightarrow H_2N-C_6H_4-N=C_6H_4=O,$$

　　2. die Einwirkung von p-Nitrosoverbindungen auf Phenole, Aminophenole usw.:

$$(CH_3)_2N-C_6H_4-NO+C_6H_5\cdot OH \rightarrow (CH_3)_2N-C_6H_4-N=C_6H_4=O.$$

27

Theorie des Reaktionsmechanismus.

Zu 1. Bei der Einwirkung von Oxydationsmitteln auf das Gemisch aus einem p-Diamin oder p-Aminophenol und einem aromatischen Amin oder Phenol vollzieht sich die Oxydation zunächst wohl nur an dem p-Diamin oder p-Aminophenol, und zwar aus dem Grunde, weil dieses wesentlich leichter oxydabel ist als das Monoamin oder Phenol. Unter der Einwirkung des Oxydationsmittels geht das p-Diamin über in das entsprechende p- Diimin:

$$H_2N \cdot C_6H_4 \cdot NH_2 \xrightarrow[-H_2O]{+O} HN = C_6H_4 = NH,$$

Anlagerungen.

das ausgezeichnet ist durch ein starkes Anlagerungsvermögen. Dies macht sich gegenüber dem im Reaktionsgemisch befindlichen Amin oder Phenol alsbald bemerkbar, und zwar in der Art, daß sich eine Addition zwischen Diimin und Amin (oder Phenol) im molekularen Verhältnis 1: 1 vollzieht. Dabei zerfällt das Amin oder das Phenol in den, zur Amino- oder Hydroxylgruppe p-ständigen Wasserstoff und den verbleibenden aromatischen Rest:

$$C_6H_5 \cdot NH_2 \rightarrow H \cdots C_6H_4 \cdot NH_2$$

und

$$C_6H_5 \cdot OH \rightarrow H \cdots C_6H_4 \cdot OH,$$

und diese beiden Spaltstücke, H und $C_6H_4 \cdot NH_2$ oder H und $C_6H_4 \cdot OH$, lagern sich an die beiden Iminogruppen des Chinondiimins derart an, daß das p-Diimin wieder in ein p-Diamin, nämlich das Leukoindamin oder Leukoindoanilin, übergeht. Die so entstehenden Leukofarbstoffe sind aber, wie bereits oben bemerkt, außerordentlich leicht oxydabel und gehen infolgedessen, unter der Einwirkung des noch vorhandenen Oxydationsmittels oder schon durch die Berührung mit Luft, in die Chinoniminfarbstoffe über (1). Hierbei sind zwei Fälle möglich, indem ent-

$$(1) \quad \begin{matrix} NH \\ \| \\ C_6H_4 \\ \| \\ NH \end{matrix} + \begin{matrix} C_6H_4 \cdot NH_2 \\ \vdots \\ \vdots \\ H \end{matrix} \rightarrow \begin{matrix} NH-C_6H_4 \cdot NH_2 \\ | \\ C_6H_4 \\ | \\ NH_2 \end{matrix} \xrightarrow{-H_2} \begin{matrix} N-C_6H_4-NH_2 \\ \| \\ C_6H_4 \\ \| \\ NH \end{matrix}$$

Konstitution.

weder der dem ursprünglichen p-Diamin angehörende aromatische Kern oder aber der dem angelagerten Amin oder Phenol angehörende aromatische Kern chinoide Konstitution annimmt. Im allgemeinen scheinen, selbstredend unabhängig von der Entstehungsweise des Farbstoffes, diejenigen Kerne chinoide Konstitution anzunehmen, also oxydabler zu sein, die die meisten auxochromen Gruppen enthalten (siehe oben). Außerdem scheint bei der Chinonbildung unter sonst gleichen Bedingungen der Naphtalinrest dem Benzolrest gegenüber den Vorzug zu haben. Es ist aber sehr wohl möglich, daß eine Art Gleichgewicht zwischen den beiden isomeren Formen, etwa in folgender Art:

$$HO \cdot C_6H_4 - N = C_6H_4 = NH \ \rightleftarrows \ O = C_6H_4 = N - C_6H_4 \cdot NH_2 .$$

besteht (siehe auch die Safraninbildung auf S. 425).

Die Chinoniminfarbstoffe sind nicht allein durch Anlagerung von Wasserstoff zu den entsprechenden Leukoverbindungen reduzierbar, sondern sie sind entsprechend ihrer Natur als Chinoniminabkömmlinge, ebenso wie die einfachen Chinonimine, durch ein ausgeprägtes Additionsvermögen gekennzeichnet. Eben darin liegt aber auch ihre große technische Bedeutung, indem sie durch Anlagerung neuer aromatischer Reste, oder auch ohne diese durch bloße intramolekulare Addition, mit bemerkenswerter Leichtigkeit in andersartige Farbstoffe übergehen, wobei sich in diesen, ähnlich wie in den Akridin- und Xanthenfarbstoffen, infolge der Verkettung der beiden Benzol- usw. Kerne durch ein zweites Element (Stickstoff, Sauerstoff oder Schwefel), neue sechsgliedrige Ringe bilden, z. B. (2), die den Indaminen und Indo-

Intramolekulare Additionen (Umlagerungen in Azine, Oxazine und Thiazine).

(2)　　→　　bezw.　　oder　　oder

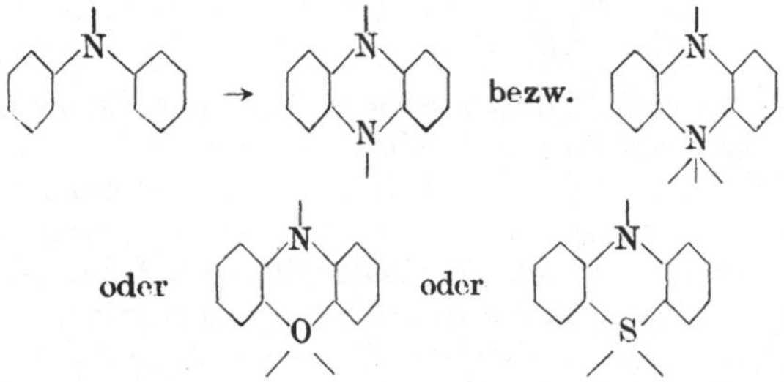

phenolen gegenüber durch eine außerordentliche Beständigkeit ausgezeichnet sind. Die entsprechenden Farbstoffe werden wir später unter den Azinen, Oxazinen und Thiazinen kennenlernen und die betreffenden Chinoniminfarbstoffe als die ihnen zugehörigen wichtigen Zwischenprodukte. In neuerer Zeit haben die Chinoniminfarbstoffe und ihre Leukoverbindungen auch als Zwischenprodukte für die Darstellung von Schwefel- und Küpenfarbstoffen eine erhöhte Bedeutung erlangt.

Als Selbstfarbstoff hat vorübergehend das α-Naphtolblau (1), auch kurzweg Indophenol genannt:

α-Naphtolblau.

$$(1)\quad (CH_3)_2N \cdot C_6H_4 \cdot N = C_{10}H_6 = O,$$

ein gewisses Interesse besessen. Es wird erhalten durch gemeinsame Oxydation von p-Aminodimethylanilin und α-Naphtol mittels unterchlorigsaurer Salze in alkalischer Lösung. Aus p-Aminodimethylanilin entsteht hierbei wohl zunächst die entsprechende Dialkylchinonimoniumbase (2), die nach Addition der Elemente des α-Naphtols in das Leuko-Indophenol, nämlich das p-Dimethylaminophenyl-p-oxy-α-naph-

$$(2)\quad \begin{matrix} NH_2 \\ | \\ C_6H_4 \\ | \\ N(CH_3)_2 \end{matrix} \;+\, O \;\rightarrow\; \begin{matrix} NH \\ \| \\ C_6H_4 \\ \| \\ N(CH_3)_2 \\ | \\ OH \end{matrix}$$

27*

tylamin (3), übergeht. Bei weiterer Einwirkung des Oxydationsmittels
ist, wie oben erwähnt, der Naphtalinkern bezüglich der chinoiden Konfiguration bevorzugt. Es entsteht daher das Indamin von der oben

$$
\begin{array}{ccccc}
NH & & C_{10}H_6 \cdot OH & & NH-C_{10}H_6 \cdot OH \\
\| & & & & | \\
C_6H_4 & & & \xrightarrow{} & C_6H_4 \\
\| & + & & -H_2O & | \\
N(CH_3)_2 & & & & N(CH_3)_2 \\
| & & & & \\
OH & & H & & \quad\quad (3)
\end{array}
$$

angegebenen Konstitution (1), das in Alkali unlöslich ist, und nicht
etwa eine lösliche Verbindung der Formel:

$$
(CH_3)_2N = C_6H_4 = N - C_{10}H_6 \cdot OH \, .
$$
$$
\underset{OH}{|}
$$

Das α-Naphtolblau wird ähnlich wie die Küpenfarbstoffe in der Weise gefärbt, daß man es in alkalischem Medium durch Reduktion, z. B. mittels
Glukose, in die entsprechende alkalilösliche Leukoverbindung (3)
(siehe oben) umwandelt, die als solche von der Baumwollfasser aufgenommen und durch nachträgliche Reoxydation auf der Faser wieder
in den Farbstoff, das α-Naphtolblau, übergeführt wird.

Synthesen mittels der p-Nitrosoverbindungen.   Die unter 2 erwähnte synthetische Methode, beruhend auf der Kondensation von p-Nitroso-Phenolen und -Aminen mit Phenolen und Ami-
nen, verläuft derart, daß ohne Zufügung eines weiteren Oxydationsmittels unmittelbar der Chinoniminfarbstoff entsteht (siehe oben). Entsprechend ihrer Farbstoffnatur werden die Nitroso-Phenole (1) und
-Amine (2) in der Regel, wie bereits auf S. 368f. ausgeführt, als Chinon-

$$
\begin{array}{lllllll}
NO & N \cdot OH & HO \cdot N & & C_6H_4 \cdot OH & HO \cdot N - C_6H_4 \cdot OH & \\
| & \| & \| & & & | & \\
(1)\ C_6H_4\ \text{oder}\ C_6H_4 & (2)\ C_6H_4 & + & & \xrightarrow{-H_2O} & C_6H_4 & (3) \\
| & \| & \| & & & | & \\
OH & O & N(CH_3)_2 & H & & N(CH_3)_2 & \\
& & \overset{\cdot}{OH} & & & &
\end{array}
$$

abkömmlinge aufgefaßt, und dieser Auffassung entspricht auch das
Additionsvermögen dieser Nitrosoverbindungen gegenüber Aminen
und Phenolen. Die Anlagerung der letzteren vollzieht sich demgemäß
in vollkommen analoger Weise wie an Chinonimine. Das Nitrosodimethylanilin reagiert, vermutlich nach Aufnahme eines Moleküls
Wasser, als Imoniumbase entsprechend der Konstitution (2).

Als Zwischenphase wäre bei der Anlagerung des Phenols (oder
Amins) die Entstehung eines Diarylhydroxylaminkörpers (3) anzunehmen, der aber, sei es durch unmittelbare Anhydrisierung (4), sei

$$
\begin{array}{lccr}
& HO \cdot N - C_6H_4 \cdot OH & \xrightarrow{} & N = C_6H_4 = O \\
& | & -H_2O & | \\
(4) & C_6H_4 & & C_6H_4 \\
& | & & | \\
& N(CH_3)_2 & & N(CH_3)_2
\end{array}
$$

es durch Wanderung der OH-Gruppe, d. h. durch Anlagerung (5) und Wiederabspaltung (6) von Wasser, in den Chinoniminfarbstoff ·über-

$$
(5)\quad
\begin{array}{c}
\mathrm{HO \cdot N - C_6H_4 \cdot OH} \\
|\\
\mathrm{C_6H_4} \\
|\\
\mathrm{N(CH_3)_2} \\
\diagup\ \diagdown \\
\mathrm{H\ \ OH}
\end{array}
\qquad
\xrightarrow{-\,\mathrm{H_2O}}
\qquad
(6)\quad
\begin{array}{c}
\mathrm{N \cdot C_6H_4 \cdot OH} \\
\|\\
\mathrm{C_6H_4} \\
\|\\
\mathrm{N(CH_3)_2} \\
|\\
\mathrm{OH}
\end{array}
$$

geht. Obwohl die Synthesen der zweiten Art, beruhend auf der Verwendung von p-Nitrosoverbindungen, einen einfacheren Verlauf zu nehmen scheinen, sind sie tatsächlich nur in wenigen Fällen mit Vorteil anwendbar, und zwar ist diese Beschränkung zurückzuführen auf die große Reaktionsfähigkeit der p-Nitrosoverbindungen, vermöge deren die Kondensationen vielfach teilweise einen nicht erwünschten Verlauf nach anderer Richtung nehmen. In der Regel bedient man sich daher, behufs Erzielung besserer Ausbeuten, der unter 1. angegebenen Methode.

Es sei übrigens schon an dieser Stelle bemerkt, daß die Additions- Die Rolle der
reaktionen, wie sie bei der Synthese der Chinoniminfarbstoffe in Be- konjugierten
tracht zu ziehen sind, auch noch eine etwas andere Deutung, als hier Doppel-
angeführt, finden können (vgl. auch S. 269). Man könnte sich z. B. die bindungen.
Addition von Anilin (2) an das einfachste Diimin (1), $\mathrm{HN = C_6H_4 = NH}$,
auch etwa folgendermaßen denken:

$$
(1)\quad
\begin{array}{c}
\mathrm{NH} \\
\|\\
\mathrm{C} \\
\diagup\ \diagdown \\
\mathrm{CH\ \ CH} \\
\|\quad \| \\
\mathrm{CH\ \ CH} \\
\diagdown\ \diagup \\
\mathrm{C} \\
\|\\
\mathrm{NH}
\end{array}
\ +\
\begin{array}{c}
\mathrm{C_6H_4 \cdot NH_2} \\
\vdots \\
\mathrm{H}
\end{array}
\ (2)\ \rightarrow\
(3)\quad
\begin{array}{c}
\mathrm{NH - C_6H_4 - NH_2} \\
|\\
\mathrm{C} \\
\diagup\ \diagdown \\
\mathrm{CH\ \ CH} \\
\|\quad | \\
\mathrm{CH\ \ CH_2} \\
\diagdown\ \diagup \\
\mathrm{C} \\
\|\\
\mathrm{NH}
\end{array}
\qquad
\begin{array}{c}
\mathrm{NH - C_6H_4 - NH_2} \\
|\\
\mathrm{C} \\
\diagup\ \diagdown \\
\mathrm{CH\ \ CH} \\
\|\quad | \\
\mathrm{CH\ \ CH} \\
\diagdown\ \diagup \\
\mathrm{C} \\
|\\
\mathrm{NH_2}
\end{array}
\ (4).
$$

Auf diese Addition des Anilins an die ko nj ugierte Doppelbindung des Diimins folgt eine der Enolisierung entsprechende Wanderung des Wasserstoffes vom Kohlenstoff der $\mathrm{CH_2}$-Gruppe an den Stickstoff der NH-Gruppe, und es entsteht aus (3) das Leukoindamin (4). Welche Auffassung den Tatsachen besser entspricht, muß zurzeit dahingestellt bleiben. Es mag aber darauf hingewiesen werden, daß die Addition und Abspaltung von Wasserstoff, d. h. der Übergang der Farbstoffe in die entsprechenden Leukoverbindungen (oder der Diimine in die Diamine) und der umgekehrte Vorgang der Farbstoff- (oder Diimin-) Bildung aus den Leuko- (oder Diamino-)Verbindungen gemäß der letzterwähnten Auffassung eine etwas umständliche, wenig einleuchtende Erklärung erfordert.

H) Azinfarbstoffe.

Konstitution und Bezeichnung der Azinfarbstoffe.

Die Azinfarbstoffe sind gekennzeichnet durch den sog. Azinring (5), gebildet aus 2 p-ständigen Stickstoffatomen und aus 4 Atomen Kohlenstoff, von denen je 2 einem aromatischen Rest angehören. Man bezeichnet diesen sechsgliedrigen Pyrazinring vielfach als Chromophor der

(5)

Azinfarbstoffe, aus dem durch „Verschmelzung" mit aromatischen Kernen die Chromogene entstehen. Je nach den aromatischen Kernen, die mit dem Pyrazinring „verschmolzen" sind, unterscheidet man Phenazine (1), Phenotolazine (2), Phenonaphtazine (3),

(1) Phenazin   (2) Phenotolazin   (3) Phenonaphtazin

Phenanthronaphtazine (4), Phenanthrophenazine (5) u. dgl. In neuerer Zeit haben auch Anthrachinonazine als Küpenfarbstoffe eine große technische Bedeutung erlangt. Dieselben werden aber nicht in diesem Abschnitt, sondern unter den Küpenfarbstoffen nähere

(4) Phenanthronaphtazin   (5) Phenanthrophenazin

Erwähnung finden. Die eben genannten Chromogene werden zu Farbstoffen durch den Eintritt auxochromer Gruppen, und zwar haben bei den basischen Azinfarbstoffen die Amino-, Alkylido- und Arylidogruppen eine weitaus größere Bedeutung als die Hydroxylgruppen. Man unterscheidet bei den Azinfarbstoffen weiterhin noch etwa die folgenden Untergruppen: Eurhodine Eurhodole, Rosinduline, Isorosinduline, Safranine, Safranole, Aposafranine, Safraninone, Induline und Nigrosine, deren einfachste Vertreter durch folgende Formeln wiederzugeben sind:

Eurhodin   Eurhodol

Rosindulin Isorosindulin Safranin

Safranol Aposafranin

Safraninon Indulin

Die Konstitution der Induline und Nigrosine ist noch nicht mit aller Sicherheit aufgeklärt. Man darf sie aber wohl, entsprechend obiger Formel, als Anilido-Derivate des symmetrischen Diphenyl-Safranins oder als Tri- (und Tetra-) Anilido-ms-Phenyl-Azoniumverbindungen ansehen.

Von größerer Bedeutung sind unter den oben angeführten zahlreichen Typen von Azinfarbstoffen diejenigen, in denen sich, mit einem der beiden mittleren Stickstoffatome des Pyrazinringes verbunden (und zwar mit demjenigen, zu dem die auxochromen Gruppen die m-Stellung einnehmen), ein Alkyl- oder Arylrest befindet. Dieser Umstand ist insofern von großer Bedeutung, als dadurch die Basizität der Farbstoffe eine färberisch sehr ins Gewicht fallende Zunahme erfährt. Während die nicht ms-alkylierten oder -arylierten Azine, wie z. B. die Eurhodine, nur schwach basischen Charakter besitzen und daher nicht säure- und alkalibeständig sind, stellen die sog. mesoalkylierten und -arylierten Azinabkömmlinge ausgesprochene Basen von der Stärke der Ätzalkalien dar. Als Typus eines meso-arylierten Azinfarbstoffes sei das Safranin T angeführt, ein ms-Phenyl-Diaminoditolazoniumchlorid:

Bedeutung des 5-wertigen mittleren Stickstoffs.

Synthese der Azinfarbstoffe.

Was die **Synthesen** der Azinfarbstoffe anlangt, so spielen die **reinen Kondensationssynthesen** technisch eine geringe Rolle. Als Beispiel sei hier angeführt die Kondensation des Phenanthrenchinons mit dem o-Aminodiphenylaminchlorhydrat. Die Kondensation vollzieht sich unter Austritt von 2 Mol. Wasser, und es entsteht, entsprechend dem Schema (1), ein ms-Phenyl-Phenanthrophenazoniumchlorid, das sog. **Flavindulin**[1]), ein gelber Farbstoff ohne sonderliche technische Bedeutung:

$$(1)$$

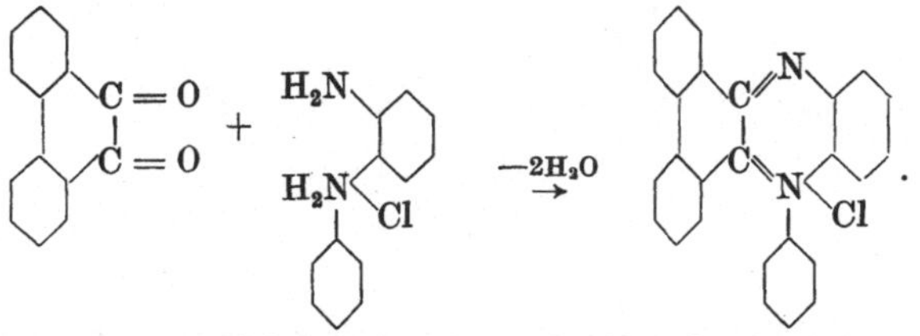

Theorie der Azinbildung.

Von viel größerer Wichtigkeit sind die **Oxydationssynthesen**, wobei, wie bereits auf S. 419f. erwähnt, die **Indamine, Indoaniline** und **Indophenole** als **Zwischenprodukte** eine wichtige Rolle spielen. Man darf wohl zur Erklärung annehmen, daß der Übergang der Indamine in Azinfarbstoffe, z. B. in Safranine, sich in der Weise vollzieht, daß 1 Mol. eines primären Amins addiert wird an die beiden p-ständigen Stickstoffatome des Chinondiimins. Bei dieser Addition zerfällt das primäre Amin in das Wasserstoffatom der Aminogruppe und den Rest $-NH \cdot Aryl$:

$$R \cdot NH_2 \rightarrow R \cdot NH- \ldots -H;$$

(vgl. dagegen das Schema auf S. 418, wonach $H_2N \cdot C_6H_5$ zerfällt in $H \ldots C_6H_4 \cdot NH_2$.) Der Rest $-NH \cdot Aryl$, z. B. $-NH \cdot C_6H_5$, tritt an den mittleren Stickstoff des Indamins, der Wasserstoff gleichzeitig an die äußere Iminogruppe, und es entsteht ein N-Arylidoleukoindamin (2), das durch eine Art **Semidinumlagerung** (d. h. durch Abwande-

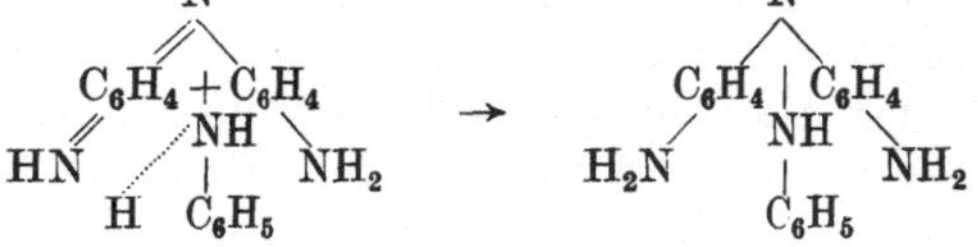

$$(2)$$

---

[1]) Die Bezeichnung „Induline" wird vielfach auf technische Produkte angewandt, die tatsächlich keine Induline sind. Auch Farbstoffe, wie die wichtigen Indulinscharlache, sind keine eigentlichen Induline. Die Technik verfährt, übrigens nicht aus Unkenntnis, bei der Namengebung für Farbstoffe in sehr willkürlicher Weise, weshalb man aus den Namen technischer Produkte niemals mit Sicherheit auf die Konstitution oder Klassenzugehörigkeit der Farbstoffe schließen darf. Vielfach auch werden Farbstoffe sehr verschiedener Art mit gleichen oder ähnlichen Namen belegt. Trotz der Verwirrung, die dadurch entstehen kann, wird man der Technik nicht zumuten können, diesen alten Brauch, ihren Produkten willkürliche Phantasienamen beizulegen, zugunsten sprachlicher Richtigkeit aufzugeben. Um so mehr Veranlassung zur Genauigkeit besteht auf diesem Gebiet bei rein wissenschaftlichen Bezeichnungen.

rung der Arylidogruppe in den Kern, und zwar vorliegendenfalls in die
o-Stellung zum mittleren Stickstoffatom) übergeht in das o-Arylido-
Leukoindamin (3). Dieses ist gleichzeitig in bezug auf die eine Molekül-

$$(3)\qquad H_2N-C_6H_3\big\langle{}^{NH}_{NH}\big\rangle C_6H_4-NH_2,\quad \overset{|}{C_6H_5}$$

hälfte ein Triamin von der Stellung 1, 2, 4 und in bezug auf die andere
Hälfte ein p-Diamin. Bei der weiteren Einwirkung eines Oxydationsmittels wird die auxochromreichere Hälfte der Oxydation unterliegen,
und es entsteht demnach entweder ein o-Anilinoindamin (4) oder ein
p-Amino-o-Chinondiimin (5) oder ein im Gleichgewicht befindliches Ge-

$$(4)\qquad HN=C_6H_3\big\langle{}^{N}_{NH}\big\rangle C_6H_4-NH_2,\quad \overset{|}{C_6H_5}$$

misch beider isomerer Verbindungen. Aber nur die letztere, das o-Diimin (5), ist imstande, durch eine Art intramolekulare Addition
den Ringschluß zu einem Leukoazin (6) zu erleiden, das aber, ebenso
wie die Leukoindamine, sehr leicht, schon durch den Sauerstoff der
Luft, in das Azin selbst, das Safranin (7), übergeht. Das Gleichge-

$$(5)\quad H_2N-C_6H_3\big\langle{}^{N}_{N}\big\rangle C_6H_4-NH_2 \quad \overset{+HCl}{\longrightarrow}$$
$$\overset{|}{C_6H_5}$$
p-Amino-o-Chinondiimin

$$(6)\quad H_2N-C_6H_3\big\langle{}^{NH}_{N}\big\rangle C_6H_3-NH_2 \quad \overset{+O}{\underset{-H_2O}{\longrightarrow}}$$

Leukoazin

$$(7)\quad H_2N-C_6H_3\big\langle{}^{N}_{N}\big\rangle C_6H_3-NH_2$$
$$\overset{|}{C_6H_5}$$

Pheno-Safranin

wicht wird also fortgesetzt zugunsten des o-Diimins gestört, bis
sämtliches Indamin in Azin übergegangen ist, mit anderen Worten,
das Gemisch der beiden isomeren Diimine reagiert wie ein einheitliches o-Diimin auch dann, wenn das p-Diimin anfänglich vorherrschen
sollte.

Indamine entstehen, wie bereits auf S. 420 erwähnt, nicht nur durch
gemeinsame Oxydation eines p-Diamins und eines Monoamins mit unbesetzter p-Stellung, sondern auch, und zwar unmittelbar, durch die
Wechselwirkung zwischen den p-Nitrosoverbindungen von Aminen
(und Phenolen) einerseits und Aminen andererseits. Demgemäß lassen
sich Azine auch aufbauen aus 1 Mol. einer p-Nitrosoverbindung (a),
1 Mol. eines Amins mit unbesetzter p-Stellung (b) und 1 Mol. eines

Synthesen
mittels der
p-Nitroso-
verbin-
dungen.

primären Amins (c). Der einfachste Fall wäre, unter Fortlassung aller obenerwähnten Zwischenstufen, folgender (8):

$$(8)$$

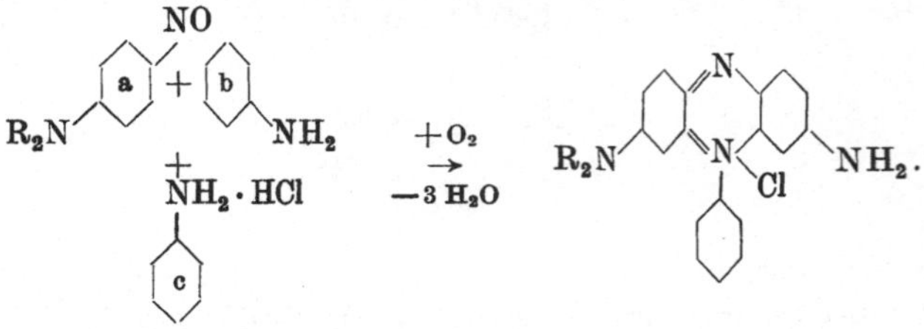

Tatsächlich verläuft die Synthese infolge von Nebenreaktionen durchaus nicht so glatt.

Synthesen mittels der p-Aminoazo-farbstoffe. Den p-Nitrosoverbindungen analog reagieren gewisse p-**A m i n o a z o-farbstoffe**, z. B. p-Aminoazobenzol, das unter geeigneten Bedingungen, z. B. mit Anilinchlorhydrat, bei höherer Temperatur reagiert wie eine

$$(1)$$

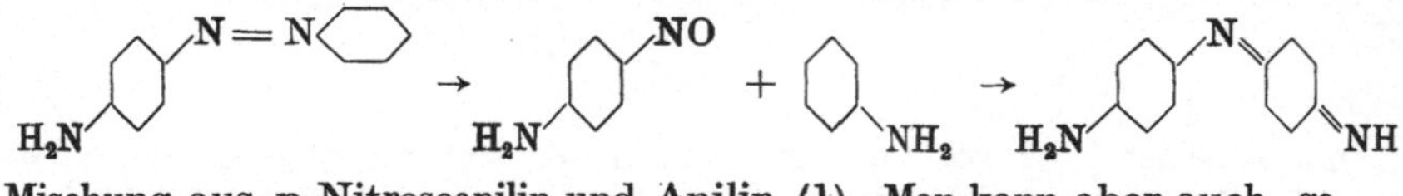

Mischung aus p-Nitrosoanilin und Anilin (1). Man kann aber auch, gemäß dem Schema (2):

$$(2) \qquad\qquad\qquad \rightarrow \qquad\qquad (3),$$

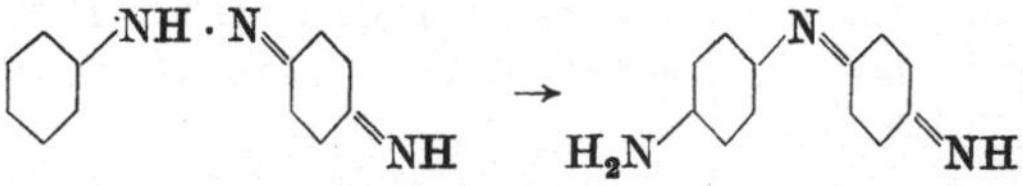

die Umwandlung des p-Amino-Azobenzols in das Indamin (3) auffassen als das Ergebnis einer einfachen p-Semidin-Umlagerung. Ähnlich verhält es sich mit p-Aminoazotoluol und -Aminoazonaphtalin (vgl. auch S. 436). Demgemäß lassen sich Safranine auch erhalten aus der Wechselwirkung zwischen p-Aminoazofarbstoffen und Aminen. Auf diese Weise sind schon seit langen Jahren zahlreiche Azinfarbstoffe erhalten worden (siehe auch Rosinduline, S. 436f.). Die Reaktion verläuft vielfach infolge der hohen Temperaturen wenig einheitlich und führt leicht, auf Grund offenbar gleichzeitiger Arylidierung, zu schwer löslichen **I n d u l i n e n** (s. S. 437) und **Nigrosinen** neben den eigentlichen Safraninen.

Synthesen mittels der m-Diamine. Die obenerwähnten o-Arylidoindamine (4) oder die noch einfacher gebauten o-Aminoindamine (5) lassen sich aber auch noch auf einem

$$(4) \qquad\qquad\qquad\qquad (5)$$

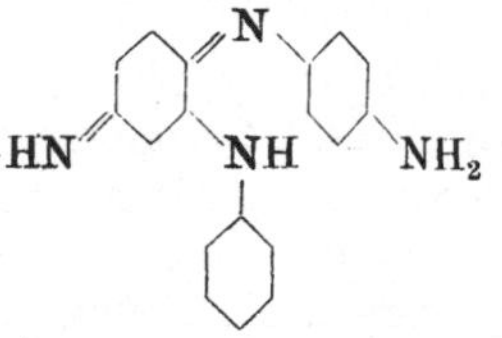

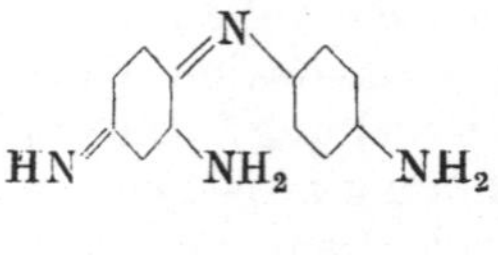

anderen Wege als durch Addition eines primären Amins an ein Indamin erhalten. Verwendet man nämlich beim Aufbau des Indamins (neben

dem p-Diamin bzw. der p-Nitrosoverbindung) statt des einfachen Monoamins ein arylsubstituiertes m-Diamin, etwa das Phenyl-m-
Toluylendiamin (b), so erhält man, z. B. bei der Kondensation mit p-
Nitrosodimethylanilin (a), ein Indamin oder Leukoindamin, in dem sich,
und zwar in o-Stellung zum mittleren Stickstoff, eine Anilidogruppe
befindet (6), und dieses o-Anilidoindamin ist in gleicher Weise wie das

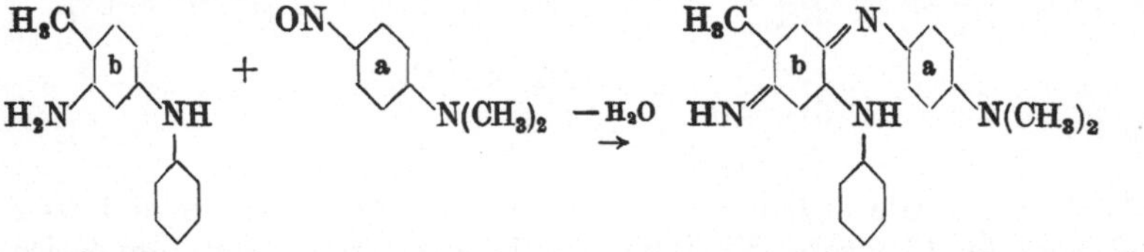

obenerwähnte o-Arylidoindamin zur Bildung eines Safraninfarbstoffes
(7), des Rhodulinvioletts, durch intramolekulare Addition und
Oxydation befähigt.

Analoge Farbstoffe, Rhodulinrot B und G, entstehen beim Ersatz des Nitrosodimethylanilins durch das p-Nitrosomonoäthyl-Anilin
bzw. -o-Toluidin (8).

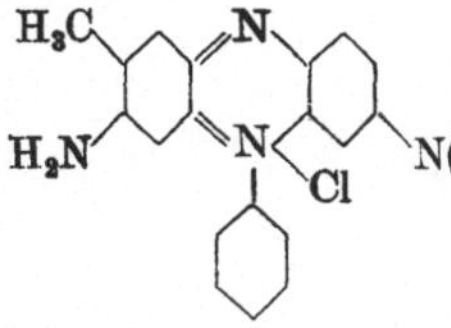

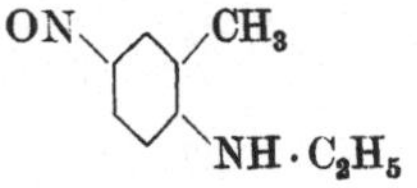

Verwendet man statt des Phenyl-m-Toluylendiamins ein am Stick- ms-alkylierte Azine.
stoff alkyliertes m-Diamin (1), so entsteht in entsprechender Weise ein
am Azinstickstoff alkyliertes Azin (2):

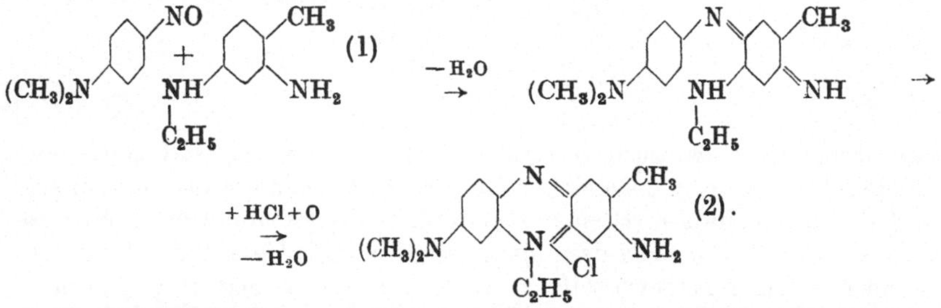

Ein Farbstoff dieser Art ist das Echtneutralviolett B (3), aus
Nitrosodimethylanilin und symmetrischem Diäthyl-m-Phenylendiamin,

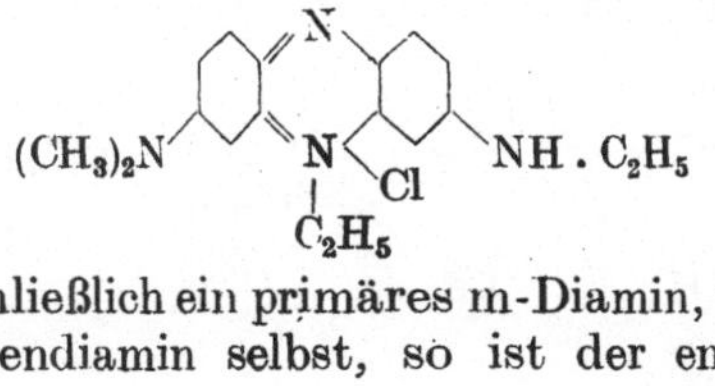

und verwendet man schließlich ein primäres m-Diamin, wie m-Phenylendiamin oder m-Toluylendiamin selbst, so ist der entstehende Azin-

428　　　Die Farbstoffe.

 farbstoff am mittleren Azinstickstoff nicht substituiert, und man erhält also ein Eurhodin (5), das Neutralrot extra; als Zwischenprodukt entsteht ein Indamin (4), das Toluylenblau. Über dessen Konstitution vgl. das auf S. 425 Gesagte.

 Ähnlich wie die m-Diamine reagieren β-Naphtylamin und seine Alkyl- oder Arylderivate. Es bilden sich bei der gemeinsamen Oxydation mit p-Diaminen Zwischenstufen (1), in denen, abweichend von den gewöhnlichen Indaminen, die zweite Amino- oder Iminogruppe sich nicht in p-, sondern in o-Stellung zum mittleren Stickstoff befindet. Aber diese o-ständige Aminogruppe hat in diesem Fall eine erhöhte Bedeutung, da sie den für die Bildung des Azinfarbstoffes (2), Neutralblau,

Neutralblau, ein Isorosindulin.

 erforderlichen 5-wertigen Stickstoff liefert. Derartige Indamine oder Leukoindamine mit o-ständiger Amino- bzw. Iminogruppe lassen sich auch dadurch erhalten, daß man statt eines p-Nitrosoamins ein o-Nitrosoamin oder, entsprechend dem oben (siehe S. 426) Gesagten, statt eines p- einen o-Aminoazofarbstoff (3) anwendet, der analog dem p-Aminoazofarbstoff unter geeigneten Bedingungen wie eine Mischung aus o-Nitrosoamin und Amin unter Indaminbildung (4) reagiert. Statt der o-Nitrosoverbindungen lassen sich auch gewisse o-Diamine verwenden. Ist das o-Diamin gleichzeitig ein p-Diamin, also ein **Triamin** (1), oder verwendet man statt eines o-Aminoazofarbstoffes einen o, p-Diaminoazofarbstoff, so entsteht bei der oxydierenden Kondensation ein Indamin (2) bzw. Leukoindamin mit drei auxochromen Gruppen, von denen die eine sich in o-Stellung zum mittleren Stickstoff befindet, so daß auch hierdurch die Bedingungen zur unmittelbaren Entstehung eines Diaminoazinfarbstoffes (3) aus dem substituierten Indamin (2) gegeben sind.

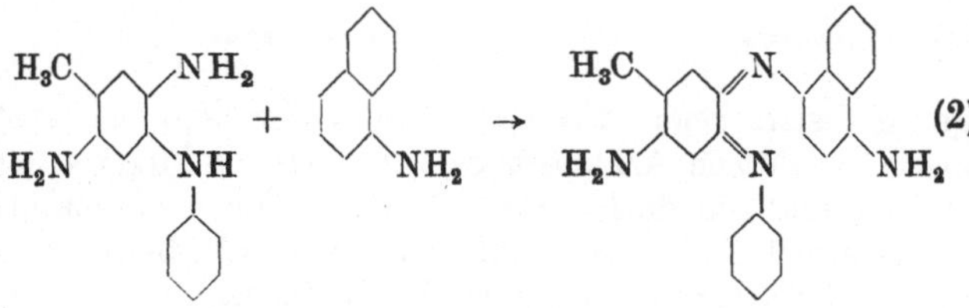

Bemerkenswert ist die Fähigkeit gewisser Monoaminoazinfarbstoffe in Diamino- bzw. Aminooxyazinfarbstoffe überzugehen, und zwar tritt hierbei die zweite auxochrome Gruppe (Amino-, Alkylido-, Arylido-, Hydroxyl-) ausschließlich in die p-Stellung zum mittleren Stickstoff des früheren Indamins: (4) → (5). Dieser Umstand läßt vermuten, daß die

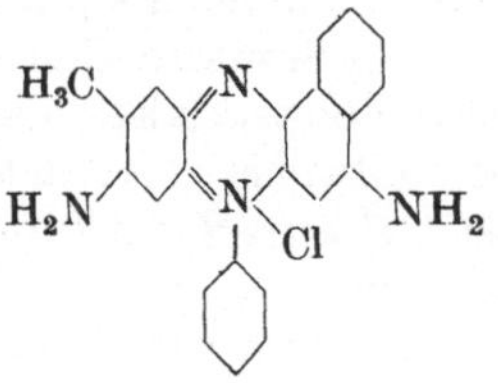

Einführung auxochromer Gruppen in Azine.

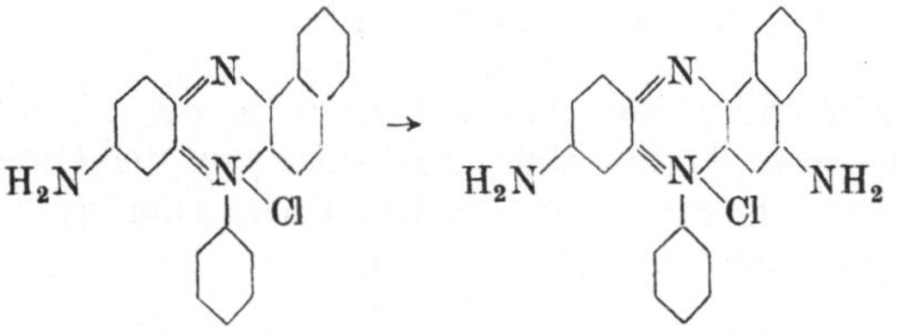

erwähnte Substitution des p-ständigen Wasserstoffes durch eine auxochrome Gruppe darauf beruht, daß sich eine **Anlagerung** von Ammoniak, Amin oder Wasser an die **chinoide** Bindung des Azinfarbstoffes vollzieht, und daß alsdann eine Wanderung der am mittleren Stickstoff befindlichen auxochromen Gruppe in den Kern, und zwar in die p-Stellung stattfindet, worauf sich schließlich die Oxydation des Leukoazins zum substituierten Azinfarbstoff vollzieht. Demnach wären in dem eben angeführten Falle, beim Übergang des Isorosindulins (4) in das Diaminoazin (5) (siehe S. 429), etwa die folgenden Zwischenstufen anzunehmen:

und

N-Amino-Leuko-Isorosindulin · Leuko-Safranin

Die Indulinschmelze. Derartige Substitutionen finden höchstwahrscheinlich statt bei einer technisch wichtigen Azinsynthese, die als **Indulinschmelze** bezeichnet wird, und die darin besteht, daß Aminoazofarbstoffe mit aromatischen Aminen und deren Chlorhydraten auf höhere Temperaturen erhitzt werden. Hierbei reagiert der Aminoazofarbstoff, wie bereits oben auf S. 426 erwähnt, teilweise als p-Nitrosoverbindung + primäres Amin, bzw. es finden **p**-Semidin-Umlagerungen statt, und es entstehen indaminartige Zwischenprodukte, die durch Ringschluß zunächst in einfachere Azine, teilweise aber unter der Einwirkung der aromatischen Amine durch weitere Substitution in höher arylidierte Azine, d. h. Induline, übergehen.

Azophenin. Als höchst bemerkenswertes, weil für die Aufklärung des Mechanismus der Azinbildung bei derartigen Indulinschmelzen wichtiges Zwischenprodukt, ist ferner das sog. **Azophenin** isoliert worden, ein Tetraphenyldiaminochinondiimin von der Konstitution (1) oder (2):

$$C_6H_5 \cdot N \qquad NH \cdot C_6H_5 \qquad\qquad C_6H_5 \cdot NH \qquad N \cdot C_6H_5$$

(1) $\qquad\qquad$ oder $\qquad\qquad$ (2) .

$$C_6H_5 \cdot NH \qquad N \cdot C_6H_5 \qquad\qquad C_6H_5 \cdot NH \qquad N \cdot C_6H_5$$

Für die Entstehung des **Azophenins** in der Aminoazobenzolschmelze dürfte wohl die folgende, mit einer (von der eben erwähnten **p**- wesentlich verschiedenen) **o**-Semidin-Umlagerung [(4) → (5)] beginnende Reaktionsfolge in Betracht kommen:

(3) oder chinoid $\qquad$ (4) → $\qquad$ = $\qquad$ (5) $\qquad$ + Anilin →

(6) ... NH_2, $NH \cdot C_6H_5$, $C_6H_5 \cdot NH$, NH_2 +Anilin → $-NH_3$

(7) ... $NH \cdot C_6H_5$, $NH \cdot C_6H_5$, $C_6H_5 \cdot NH$, NH_2 +Anilin → $-NH_3$

(8) ... $NH \cdot C_6H_5$, $NH \cdot C_6H_5$, $C_6H_5 \cdot NH$, $NH \cdot C_6H_5$ → $-H_2$

(9) ... $N \cdot C_6H_5$, $NH \cdot C_6H_5$, $C_6H_5 \cdot NH$, $N \cdot C_6H_5$ oder

(10) ... $N \cdot C_6H_5$, $N \cdot C_6H_5$, $C_6H_5 \cdot NH$, $NH \cdot C_6H_5$.

Es ist anzunehmen, daß dieses Azophenin (1) in der Schmelze durch intramolekulare Addition und nachfolgende Oxydation zunächst in ein Anilido-Aposafranin (2) und darauf unter der weiteren Einwirkung von

(1) ... $C_6H_5 \cdot NH$, N, $C_6H_5 \cdot NH$, N $-H_2$ → $+HCl$ $C_6H_5 \cdot NH$, N, $C_6H_5 \cdot NH$, N, Cl (2)

Anilin + Anilinchlorhydrat in das substituierte Safranin von der Konstitution (3) übergeht.

Aber auch hiermit ist der Substitutionsprozeß bei geeigneten Reaktionsbedingungen anscheinend noch nicht zu Ende. Offenbar vermag das substituierte Safranin (3) als o- oder p-Chinondiimin zu reagieren und gemäß der obenerwähnten Reaktion nochmals Anilin zu addieren und darauf den Arylidorest in den Kern wandern zu lassen, wodurch das Tetraanilido-ms-Phenyldiphenazoniumchlorid oder Tetraphenyldiaminosafranin von der Konstitution (4), d. h. das Indulin, entsteht. Noch

Theorie der Indulinbildung.

(3) ... $C_6H_5 \cdot NH$, N, $C_6H_5 \cdot NH$, N, Cl, $NH \cdot C_6H_5$

(4) ... $C_6H_5 \cdot NH$, N, $NH \cdot C_6H_5$, $C_6H_5 \cdot NH$, N, Cl, $NH \cdot C_6H_5$

höher molekulare Safranine entstehen offenbar in analoger Reaktion aus Nitrobenzol + Anilinchlorhydrat und werden als Nigrosine be- Nigrosine. zeichnet. Sie sind fast durchgehends so schwer löslich in Wasser, daß sie entweder in Spiritus gelöst oder in Form ihrer Sulfonsäuren technische Verwendung finden. Was die Konstitution dieser bisher noch nicht mit Sicherheit erforschten Farbstoffe anlangt, so erscheint es

nicht ausgeschlossen, daß ein Azin von der Zusammensetzung des obenerwähnten Indulins (4) analog reagiert wie das Azophenin [siehe
oben: (1) → (2)], d. h. daß aus zwei o-ständigen Anilidogruppen ein
neuer Azinring entsteht, wodurch das Indulin zunächst in einen Farbstoff (1) von Fluorindin-artiger Konstitution übergeht, der bei entsprechenden Reaktionsbedingungen, analog den Aposafraninen und
Rosindulinen (s. S. 429 f.), zu neuen Substitutionen im Kern 3 geeignet
sein dürfte.

Wie aus vorstehendem ersichtlich ist, lassen sich durch Azinbildung
unter geeigneten Reaktionsbedingungen sieben aromatische Reste, bei
den Nigrosinen und dem Anilinschwarz (siehe dieses) anscheinend
noch mehr, zu einem einzigen Farbstoffmolekül vereinigen.

In analoger Weise wie aus dem Tetra phenyldiaminochinondiimin,
dem Azophenin, ein Phenylanilidoaposafranin entsteht, erhält man
aus dem Triphenyldiaminochinondiimin bzw. der bereits oben als
Zwischenprodukt angeführten Leukoverbindung (2) das einfache Anili-
doaposafranin (3), das, als „einfachstes Indulin" (nach O. Fischer
und E. Hepp), aus der Aminoazobenzol-Schmelze isoliert werden
kann.

Das „einfachste Indulin".

Die Mauveïne. Von Interesse ist noch eine Synthese von Azinfarbstoffen, die
gegenwärtig zwar von untergeordneter technischer Bedeutung ist, in
der Geschichte der Teerfarbstoffe jedoch eine hervorragende Rolle gespielt hat. Es ist das die Synthese der Mauveïne durch W. H. Perkin
den Älteren. Das Perkinsche Mauveïn entspricht z. B. der Zusammensetzung (4), falls erzeugt durch Oxydation eines Gemisches von
1 Mol. p-Toluidin und 3 Mol. Anilin. Als erstes Zwischenprodukt ist

wohl das p-Aminodiphenylamin anzusehen, das durch oxydative Verkettung zweier Anilinreste entsteht, gemäß einer Reaktion, über deren
Verlauf man im Zweifel sein kann, die aber offenbar auch bei der Entstehung des Anilinschwarz von grundlegender Bedeutung ist. Das
p-Aminodiphenylamin ist ein p-Diamin und als solches zur Indaminbildung geeignet, die sich nach dem bekannten Schema (1) vollzieht,
indem das p-Aminodiphenylamin (a), unter intermediärer Bildung eines
p-Diimins, mit 1 Mol. Anilin (b) zu einem phenylierten Leukoindamin (2)
bzw. Indamin zusammentritt, das alsdann in bekannter Weise (siehe
S. 424f.) in ein Toluidoindamin (3) und weiterhin in das Azin übergeht.

Wie bei den basischen Triphenylmethan- und Xanthenfarbstoffen, so spielt auch bei den Azinfarbstoffen, und zwar insbesondere bei den Rosindulinen und Isorosindulinen, die nachträgliche Sulfonierung der Farbstoffe eine wichtige Rolle. Man erhält dadurch Sulfonsäuren, die in Wasser wesentlich leichter löslich sind und als sog. Egalisier-farbstoffe (s. S. 123) in der Wollfärberei eine wichtige Rolle spielen.

Von besonderem technischen Interesse, wenn auch heute nicht mehr in gleichem Maße wie früher, ist die Tatsache, daß das gewöhnliche Safranin durch Diazotieren und Kuppeln mit Azokomponenten (β-Naph-tol, Phenol, Dimethylanilin) in Azofarbstoffe übergeführt werden kann, von denen insbesondere der β-Naphtolfarbstoff wegen seines schönen indigoartigen Tones unter dem Namen Indoinblau R (4) ausgiebige Ver-wendung in der Baumwollfärberei gefunden hat. Im übrigen dienen

die Azinfarbstoffe, soweit sie basischer Natur sind, vorwiegend zum
Färben der mit Tannin und Antimon gebeizten Baumwolle, und
es beruht ihre technische Bedeutung teils auf ihrer Echtheit gegen
Alkali, teils auf ihrer Beständigkeit gegen Reduktionsmittel,
indem die letztere Eigenschaft sie zur Verwendung in der Zeugdruk-
kerei, z. B. bei Reduktions-Ätzen, geeignet macht.

In Ergänzung des bereits oben Gesagten sei zusammenhängend
noch folgendes angefügt:

1. Synthesen von Azinfarbstoffen nach Art des Safranins T, d. h.
aus 1 Mol. p-Diamin + 1 Mol. eines primären, sekundären oder tertiären Monamins mit unbesetzter Parastellung + 1 Mol. eines
primären Amins. Bezüglich der Synthese des Phenosafranins haben
Barbier und Sisley die Feststellung gemacht, daß neben dem
normalen Farbstoff (siehe S. 425) noch ein isomeres, wesentlich anders
gebautes Azin von der Konstitution (3) entstehe. Die Richtigkeit jener

(1) → (2) → (3)

Annahme erscheint nicht ausgeschlossen, obwohl es als überraschend
gelten muß, daß die Azinbildung aus 1 Mol. p-Phenylendiamin + 2 Mol.
Anilin, wie von Barbier und Sisley angenommen, auf dem durch die
Zwischenprodukte (1) und (2) gekennzeichneten, theoretisch zwar immerhin ohne weiteres verständlichen Wege vor sich gegangen sein soll.

Bei der Synthese analoger Safranine ist das Auftreten derartiger
Isomeren bis jetzt nicht festgestellt worden. Solche Safranine sind
das Methylenviolett oder Safranin extra bläulich (4) und das
nahe verwandte Safranin MN (5) aus p-Aminodimethylanilin und
2 Mol. Anilin bzw. 1 Mol. Anilin und 1 Mol. o- oder p-Toluidin, ferner

(4)   (5)

das Amethystviolett (6) aus 1 Mol. p-Aminodiäthylanilin + 1 Mol.
Diäthylanilin + 1 Mol. Anilin oder p-Toluidin und das Methylheliotrop (7) aus 1 Mol. p-Aminodiphenylamin, 1 Mol. o-Toluidin und

(6)   (7)

1 Mol. Anilin. Das Methylheliotrop ist nahe verwandt mit Perkins
Mauveïn, und die eben angeführte Synthese des Heliotrops bestätigt die
Vermutungen über den Reaktionsverlauf beim Mauveïn (siehe S. 432 f.).

2. **Synthesen von Azinfarbstoffen mittels der p-Nitrosoverbindungen.** Bei der Einwirkung der p-Nitrosoverbindungen auf

a) **primäre Monamine**, wie z. B. die Chlorhydrate des Anilins und selbst des o- oder des o- + p-Toluidins, entstehen, offenbar infolge des anormalen Verlaufes der Reaktion, anscheinend wenig einheitliche Produkte, wie **Nigramin**, **Indamin 3 R und 5 R**, **Rubramin** u. dgl. Wesentlich anders schon gestaltet sich die Farbstoffbildung bei Verwendung der Xylidine (m- und p-Xylidin), die zu einem wohl einheitlichen **Tanninheliotrop** (1) führt. Bei der Einwirkung von p-Nitrosodimethylanilinchlorhydrat auf

$$(1) \qquad (2)$$

b) **m-Diamine**, von der Art des Diphenyl- oder Di-o-Tolyl-m-Phenylendiamins oder des sulfonierten Di-β-Naphtyl-m-Phenylendiamins, werden erhalten das **Indazin** (2), das **Metaphenylenblau** (3) und das **Naphtazinblau**, dessen unsulfonierte Base der Formel (4) entspricht; die Stellung der Sulfogruppen ist unbestimmt.

$$(3) \qquad (4)$$

c) aus arylierten β-Naphtylaminen entstehen die **Isorosiduline** (siehe S. 428, **Neutralblau**); aus dem Di-p-Tolyl-2, 7-Naphtylendiamin und p-Nitrosodimethylanilinchlorhydrat z. B. das **Basler Blau** (5):

$$(5)$$

Azinfarbstoffe mittels der Azofarbstoff-Schmelze.

3. Synthesen von Azinfarbstoffen mittels der o- und p-Aminoazofarbstoffe. In diesem Falle entstehen Rosinduline bei Verwendung von α-Naphtylamin und α-Naphtylaminazofarbstoffen.

a) p-Aminoazofarbstoffe. Erhitzt man Anilindiazo-α-Naphtylamin mit Anilin und Anilinchlorhydrat auf höhere Temperatur, so bildet sich, offenbar über das dem Azophenin entsprechende Zwischenprodukt (1), ein 1, 2, 4-Trianilidonaphtalin, hinweg, das Chlorhydrat einer Rosindulinbase (2), die nach der Sulfonierung das als Egalisier-

(1) 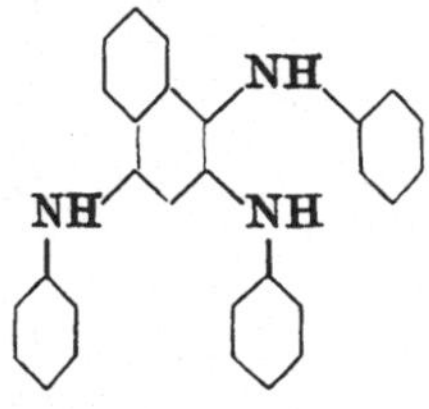   (2) 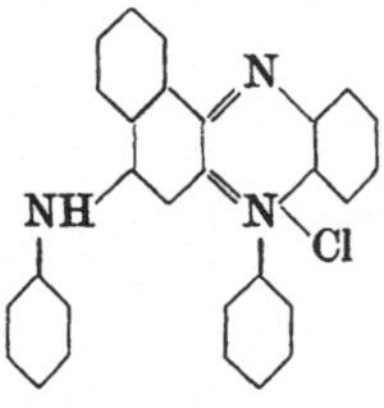   (3)

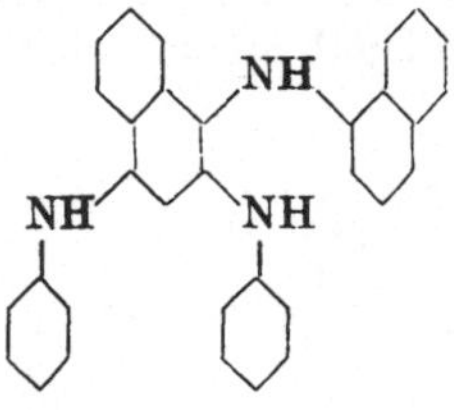

Azokarmin G.

farbstoff für Wolle geschätzte Azokarmin G in Teig liefert. In analoger Weise entsteht aus demselben Azofarbstoff beim Verschmelzen mit α-Naphtylamin- und Anilinchlorhydrat, über das hypothetische Zwischenprodukt (3) und das ihm entsprechende Rosindulin (4), durch weitere Arylidierung (siehe S. 429) ein meso-Phenyldianilidodinaphtazoniumchlorid (5), dessen Sulfonsäure unter der Bezeichnung

(4) 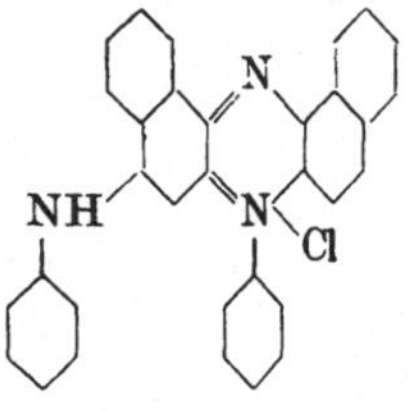   (5)

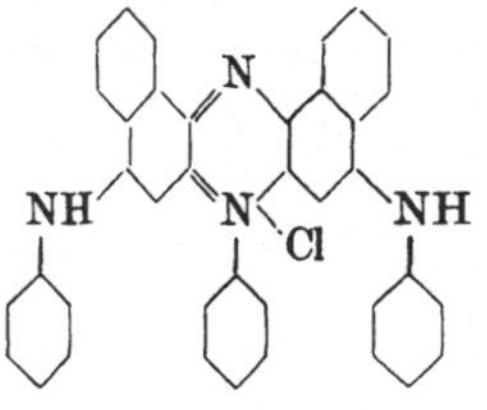

Walkblau.

Walkblau im Handel erscheint. Läßt man schließlich nur Naphtalinderivate aufeinander reagieren, so erhält man meso-Naphtyl-Mono- und -Diamino-Dinaphtazinderivate, z. B. aus p-Aminoazonaphtalinchlorhydrat und α-Naphtylamin (über die hypothetischen Zwischenprodukte (6) und (7), die der nach 2 verschiedenen Richtungen sich er-

(6) 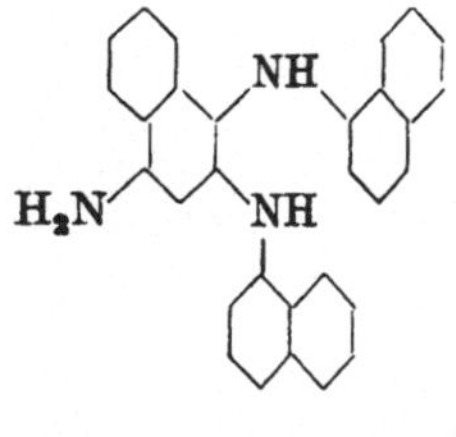   (7)

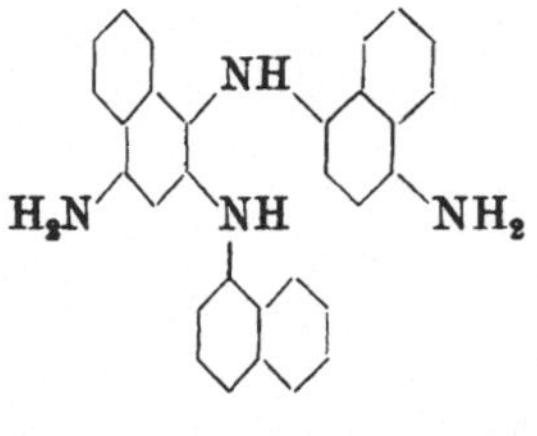

streckenden Reaktionsfähigkeit der p-Amino-Azofarbstoffe (s. S. 426 u. 430) ihre Entstehung verdanken) 2 Farbstoffe, (1) und (2), deren Gemisch als

Magdalarot bezeichnet und in sehr beschränktem Umfange färberisch Magdalarot.
(für Seide) verwendet wird.

(1) 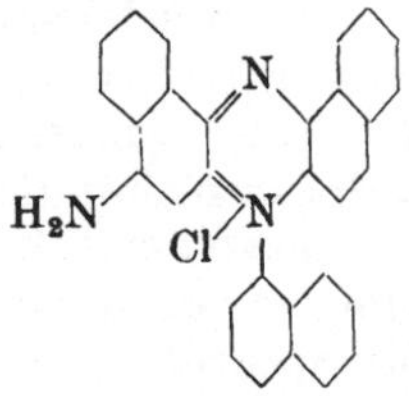   (2)

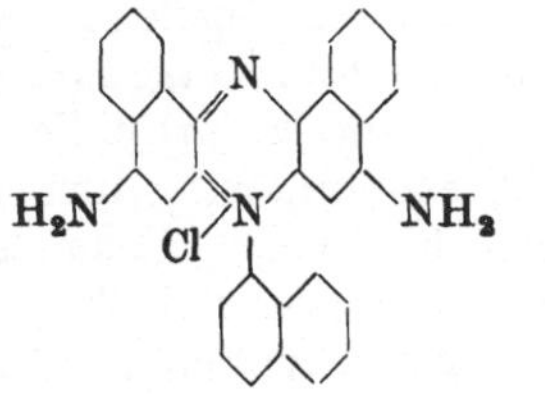

Bezüglich der Induline und Nigrosine aus p-Aminoazobenzol Indamin-
blau
und Anilinchlorhydrat bzw. Nitrobenzol und Anilinchlorhydrat sei noch
bemerkt (siehe auch S. 430), daß neben dem „einfachsten Indulin",
einem Anilinoaposafranin (siehe S. 432), durch frühzeitige Unterbre-
chung der Indulinschmelze noch ein weiteres einfaches Indulin, das
Indaminblau (4), ein basischer Baumwollfarbstoff, aufgefunden wurde.

(3) 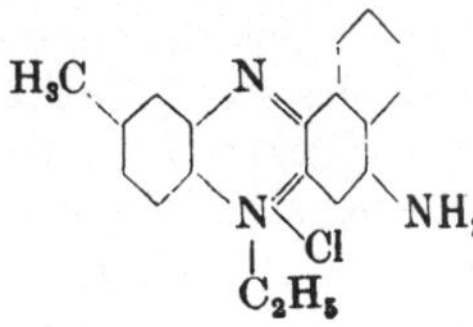   (4)

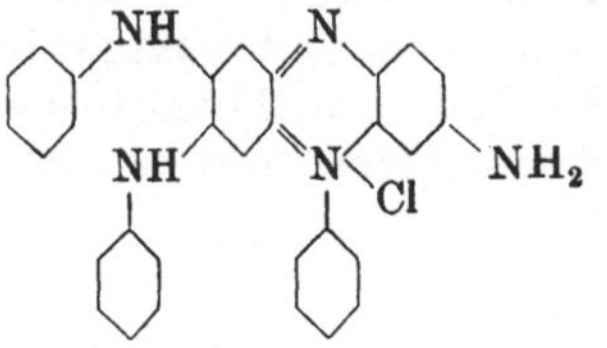

Für seine Entstehung kommen mehrere Möglichkeiten in Betracht,
u. a. die Annahme, daß er sich aus dem „einfachsten Indulin" durch
weitere Arylierung und Amidierung oder, was mehr Wahrscheinlichkeit
für sich hat, aus dem Zwischenkörper (5) gebildet habe. Dieser Zwischenkörper (5) könnte seinerseits aus dem Triphenyl-1, 2, 4, 5-Tetraamino-
benzol [(6), siehe S. 431] bzw. dem ihm entsprechenden Chinondiimin (7)

(5) 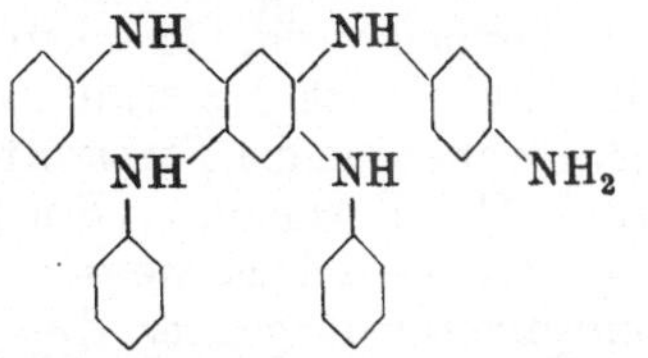   (6)

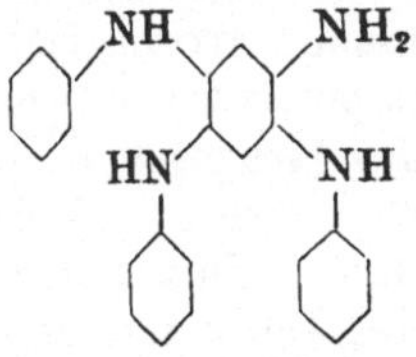

(siehe S. 424) entstanden sein, falls man nicht eine analoge Leukoinda-
aminbildung, (8) und (9), bereits in einem noch früheren Stadium der

(7) 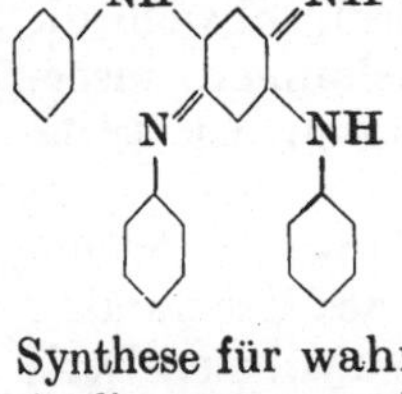   (8) 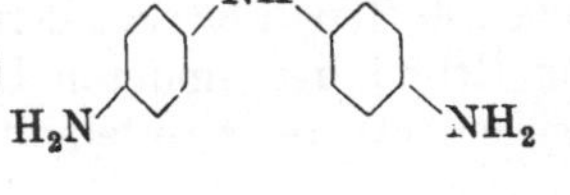   (9)

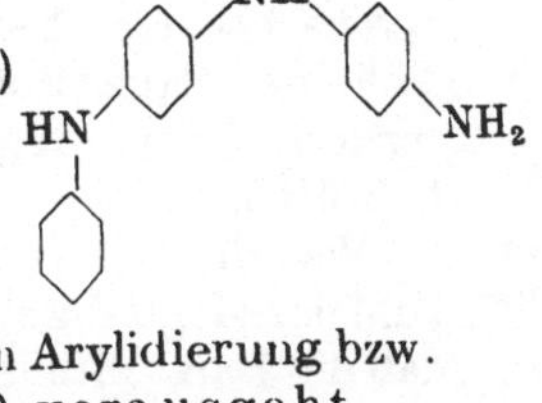

Synthese für wahrscheinlich hält, die der mehrmaligen Arylidierung bzw.
Arylierung zum Dianilino-Phenyl-Leukoindamin (5) vorausgeht.

Die **Sulfonsäuren** der höher molekularen spritlöslichen Induline
und Nigrosine mit sechs, sieben und mehr Benzolkernen dienen unter
den verschiedenartigsten Bezeichnungen in Form von **wasserlöslichen
Indulinen** und **Nigrosinen** als saure Wollfarbstoffe.

**Indulin-
scharlach.** b) o-Aminoazofarbstoffe. Als Beispiel der Synthese eines Ros-
indulins aus einem o-Aminoazofarbstoff sei angeführt der **Indulin-
scharlach** (3) aus Sulfanilsäure-diazo-monoäthyl-p-Toluidin und α-
Naphtylamin (siehe S. 437), der nach erfolgter Sulfonierung gleichfalls
einen sehr wertvollen **Egalisierfarbstoff** darstellt.

I) Oxazine.

**Kon-
stitution und
Bezeichnung
der Oxazine.** Den Azinfarbstoffen außerordentlich nahe stehen die **Oxazine**. Sie
unterscheiden sich, was ihre Konstitution anlangt, von ersteren dadurch,
daß sie an Stelle des zweiten Atoms Stickstoff im Pyrazinring (3) 1 Atom
Sauerstoff enthalten (4). Sie stehen andererseits auch den Xanthenfarbstoffen nahe. Von diesen unterscheiden sie sich dadurch, daß der
sie kennzeichnende Oxazin-Ring (4) an Stelle des sog. „Methankohlenstoffes" der Xanthenabkömmlinge (5) 1 Atom Stickstoff aufweist. Faßt
man den Oxazinring (4) analog dem Pyrazinring als **Chromophor** der

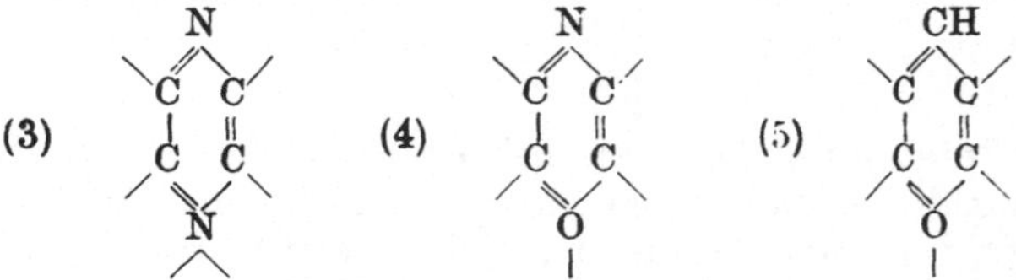

Oxazinfarbstoffe auf, so ergeben sich die entsprechenden **Chromogene**
durch „Verschmelzung" dieses Oxazinringes mit aromatischen Kernen.
Die so entstehenden Chromogene bezeichnte man je nach den in ihnen
vorhandenen aromatischen Resten als Diphenoxazine, Phenotoloxazine,
Phenonaphtoxazine, Dinaphtoxazine usw. Durch den Eintritt **auxochromer** Gruppen in die Chromogene entstehen die Farbstoffe, die in
analoger Weise als Diphenazoxonium-, Ditolazoxonium-, Phenonapht-
azoxonium-, Dinaphtazoxoniumfarbstoffe bezeichnet werden. In den
salzsauren Salzen derartiger Azoxoniumverbindungen ist das Halogen
gemäß neuerer Anschauung nicht mit dem Stickstoff der auxochromen
Aminogruppen, sondern mit dem Sauerstoff verbunden, der also in diesen
Farbstoffen als **vierwertiges** Element fungiert, wie wir Analoges u. a.
bereits bei den Xanthenfarbstoffen kennengelernt haben, obwohl die
Rolle des Sauerstoffs auf Grund der neueren Untersuchungen, insbesondere **Gombergs**, wieder etwas zweifelhaft geworden ist (siehe
S. 316ff.).

**Synthesen
der Oxazine.** Was die **Synthesen der Oxazinfarbstoffe** anlangt, so ist die
Zahl der Möglichkeiten wesentlich eingeschränkt infolge des Umstandes,
daß die **Darstellung** von sog. mesoalkylierten und mesoarylierten Derivaten (die vermöge der **Fünfwertigkeit** des Stickstoffes bei den Azinen

nicht nur theoretisch, sondern auch technisch eine große Rolle spielt)
bei den Oxazinfarbstoffen infolge der **Vierwertigkeit** des Sauerstoffes
ausgeschlossen ist. Immerhin gestalten sich die Oxazinsynthesen außerordentlich mannigfaltig. Auch bei ihnen spielen die Indamine, Indoaniline und Indophenole eine wichtige Rolle. Selbstverständlich muß
bei der Auswahl der Komponenten auch der Notwendigkeit, 1 Atom
Sauerstoff auf irgendeine Weise, und zwar in o-Stellung zum „mittleren" Stickstoff, dem Molekül einzufügen, Rechnung getragen werden,
und zwar geschieht dies bei allen Synthesen in der Weise, daß solche
Farbstoffkomponenten angewendet werden, die eine **Hydroxylgruppe** bereits in entsprechender Stellung enthalten.

Man kann die Oxazin-Synthesen in zwei große Gruppen einteilen:

1. Synthesen, bei denen solche **normalen** Indamine, Indoaniline
und Indophenole (oder ihre entsprechenden Leukoverbindungen) als
Zwischenprodukte auftreten, die (außer den **beiden** p-ständigen auxochromen Gruppen) noch eine Hydroxylgruppe in o-Stellung zum „mittleren" Stickstoff enthalten. Der einfachste Fall wäre z. B. die .Ver-
bindung (1).

2. Synthesen, bei denen **anormal** gebaute Indoaniline und Indophenole als Zwischenprodukte verwendet werden, und zwar solche
Indoaniline und Indophenole, bei denen eine OH-Gruppe in o-Stellung
zum mittleren Stickstoff steht, während die andere auxochrome Gruppe
sich in p-Stellung befindet, entsprechend der Formel (2).

$$(1)\quad C_6H_3\!\!<\!\!\begin{array}{c}NH\\OH\end{array}\!\!>\!\!C_6H_4 \qquad\qquad (2)\quad C_6H_4\!\!<\!\!\begin{array}{c}NH\\OH\end{array}\!\!>\!\!C_6H_4$$
$$\;\;H_2N\qquad\qquad\qquad NH_2\qquad\qquad\qquad\qquad\qquad\qquad NH_2$$

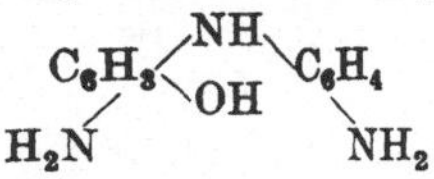

Zu 1. Indamine, Indoaniline und Indophenole von normalem Typus,
aber dadurch ausgezeichnet, daß sich außerdem noch in o-Stellung
zum mittleren Stickstoff eine OH-Gruppe befindet, werden erhalten:

a) dadurch, daß man p-Nitrosoverbindungen einwirken läßt auf
m-Aminophenol (3) und Resorcin oder ihre Derivate, wie Aminokresole (4),
Aminonaphtole (5), Pyrogallol (6), Pyrogallussäure (7) u. dgl. An Stelle

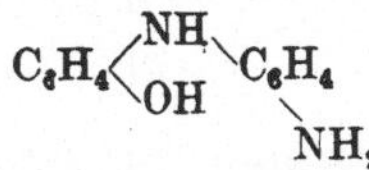

Synthesen
mittels der
o-Oxy-
Indamine
und -Indo-
phenole.

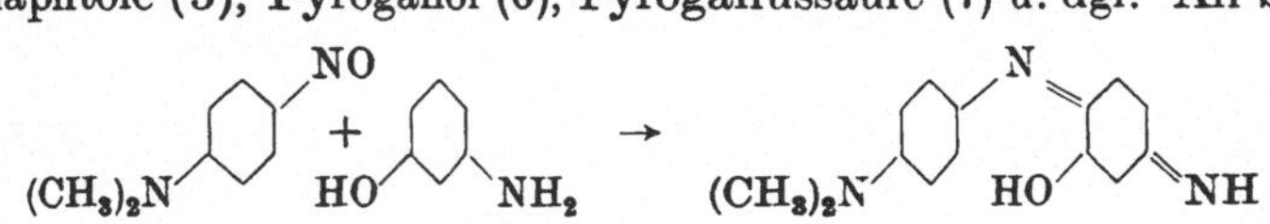

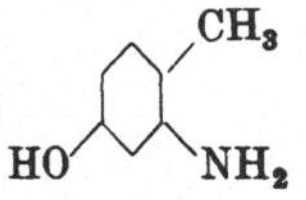

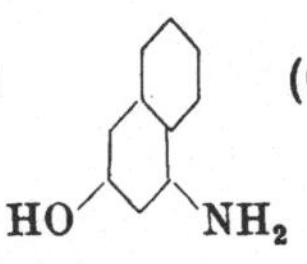

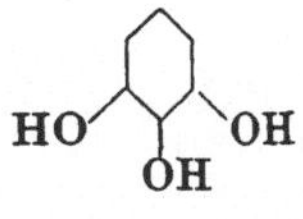

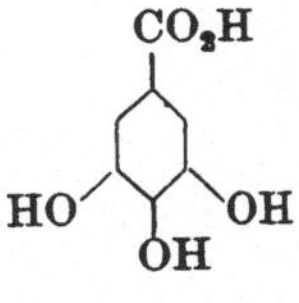

der p-Nitrosoverbindungen lassen sich die entsprechenden p-Diamine oder o, m-Diaminophenole (1) usw. und schließlich auch, wie
bereits auf S. 426f. ausgeführt, die entsprechenden p-Aminoazofarbstoffe (2) anwenden.

b) aus Nitrosoverbindungen des m-Aminophenols und des Resorcins oder ihrer Derivate (und zwar aus solchen Nitrosoverbindungen, in denen sich die Nitroso- und Hydroxylgruppe in o-Stellung zueinander befinden, wie z. B. im Nitrosodiäthyl-m-Aminophenol (3) und im Mononitrosoresorcin (4)) durch Kondensation mit Phenolen und Aminen und

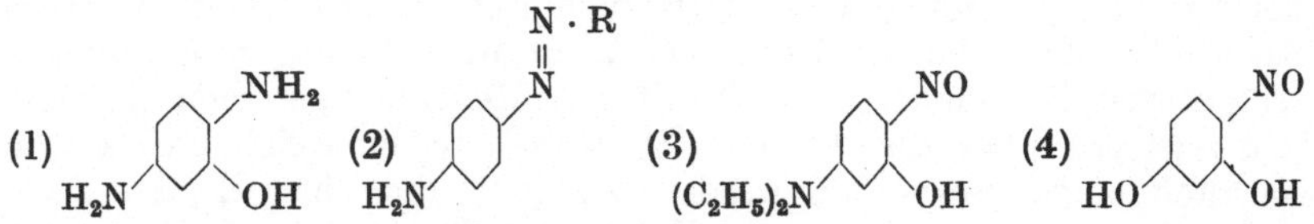

ihren Derivaten als zweiten Komponenten. Werden als solche 2. Komponenten angewendet m-Aminophenol und Resorcin selbst und ihre Abkömmlinge, so nimmt die Synthese (5) den Charakter einer **reinen Kondensationssynthese** an, wie am **Beispiel** des **Resorufins** (6) erläutert werden möge (5):

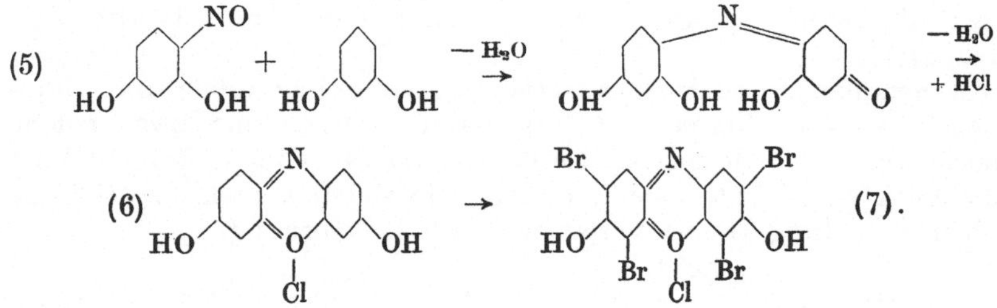

Resorufin u. Irisblau.

Durch Bromierung des **Resorufins** (6) entsteht ein den Eosinen analoges Tetrabromderivat (7), dessen Ammoniaksalz als **Irisblau** im Handel erscheint. Verwendet man ein einfaches Amin als zweite Komponente, z. B. α-Naphtylamin, so gestaltet sich die Synthese (des **Nilblaus**) mit dem Nitrosodiäthyl-m-Aminophenol folgendermaßen:

Nilblau.

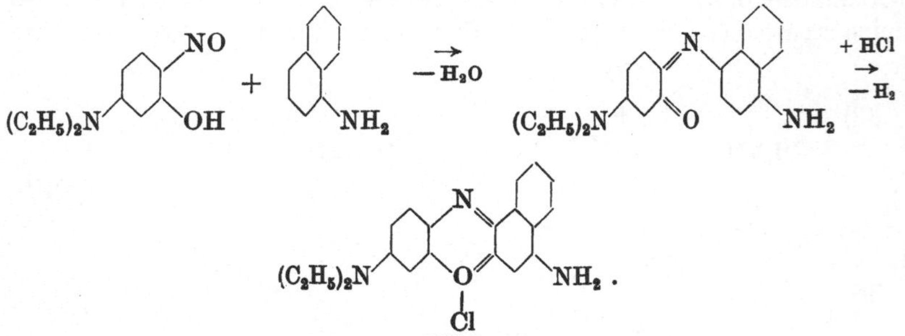

Nilblau

Synthesen mittels der o-Isomeren der Indophenole.

Zu 2. Den bisher erwähnten Oxy-Indaminen, -Indoanilinen und -Indophenolen entsprechen als Leukoverbindungen Diphenylamine mit drei auxochromen Gruppen, von denen sich zwei in p- und eine in o-Stellung zum „mittleren“ Stickstoff befinden. Es lassen sich Oxazinfarbstoffe aber auch aus solchen Indoanilin- und Indophenolartigen Zwischenkörpern erhalten, deren entsprechende Leukofarbstoffe nur zwei auxochrome Gruppen, und zwar eine OH-Gruppe in o-Stellung zum mittleren Stickstoff und die zweite auxochrome Gruppe (OH oder NH_2) in p-Stellung besitzen (siehe oben). Derartige Zwischenprodukte können erhalten werden:

a) durch Kondensation von p-Nitrosoverbindungen mit β-Naphtol und seinen Derivaten, wobei die Nitrosogruppe in die o-Stellung zur Hydroxylgruppe eingreift,

b) durch Kondensation der o-Nitrosoverbindungen von (Monoaminen oder) Phenolen mit Aminen oder Phenolen, bei denen die p-Stellung unbesetzt ist, und bei denen sich demgemäß der Eingriff der Nitrosogruppe in p-Stellung vollziehen kann.

Zu a) Als Beispiel sei angeführt die Kondensation des p-Nitroso- Meldolablau. dimethylanilins mit β-Naphtol. Hierbei entsteht, über ein hypothetisches Anlagerungsprodukt (1) (vgl. S. 420 f.), als Zwischenprodukt (2) ein indophenolartiger Körper, der durch intramolekulare Addition übergeht in ein Leukooxazin (3). Dieses liefert alsbald, insbesondere unter dem oxydierenden Einfluß der noch vorhandenen Nitrosoverbindung, den Farbstoff selbst, das sog. Meldolablau (4). Dieser Farbstoff kann als Dimethylaminophenonaphtazoxoniumchlorid bezeichnet werden. Es ist ein den Isorosindulinen entsprechender Farbstoff, bei dem das

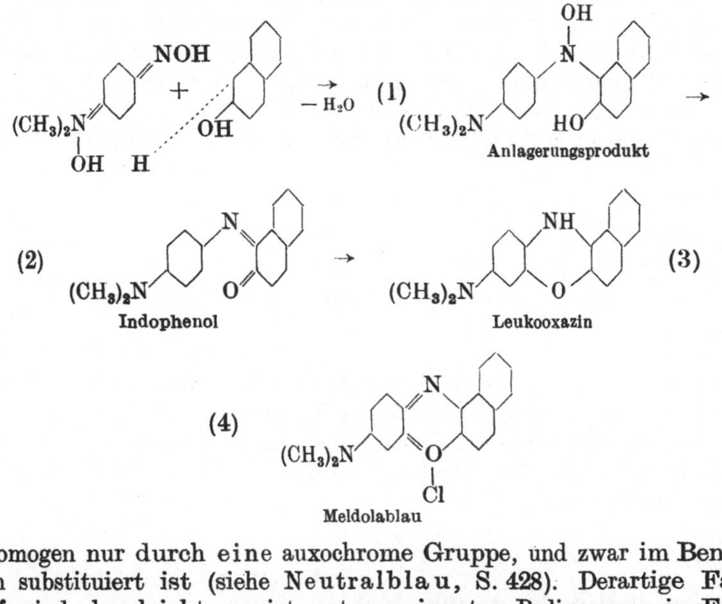

Chromogen nur durch eine auxochrome Gruppe, und zwar im Benzolkern substituiert ist (siehe Neutralblau, S. 428). Derartige Farbstoffe sind aber leicht geneigt, unter geeigneten Bedingungen in Farbstoffe mit zwei auxochromen Gruppen überzugehen (siehe S. 429). Dies ist bei der Synthese des Meldolablaus ermöglicht durch den Um-

stand, daß ein Teil der ursprünglichen Nitrosoverbindung, durch die
Oxydation des Leukooxazins zum Farbstoff (siehe oben), selbst zum
p-Aminodimethylanilin reduziert wird und mit dem Blau sich kondensiert in analoger Weise, wie es bereits oben bei der Arylidierung der
Azine erläutert wurde. Durch diese Kondensation entsteht ein Farbstoff, Neublau B, dem die Konstitution (1) zugeschrieben wird. Läßt
man Dimethylamin auf Meldolablau einwirken, so entsteht in ganz
analoger Weise Neumethylenblau 2 G (2).

Neublau B
und Neu-
methylen-
blau 2 G.

(1) 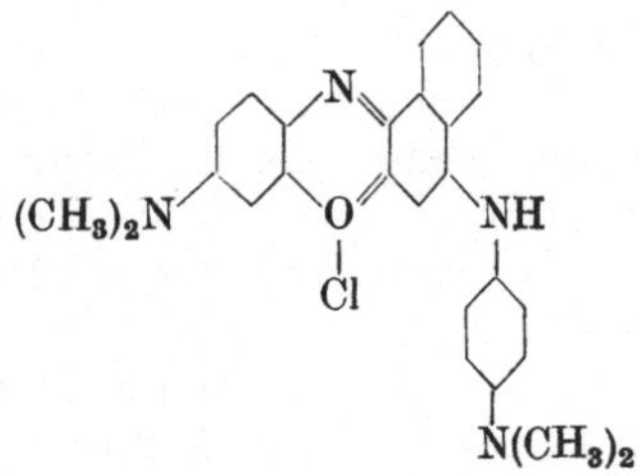   (2)

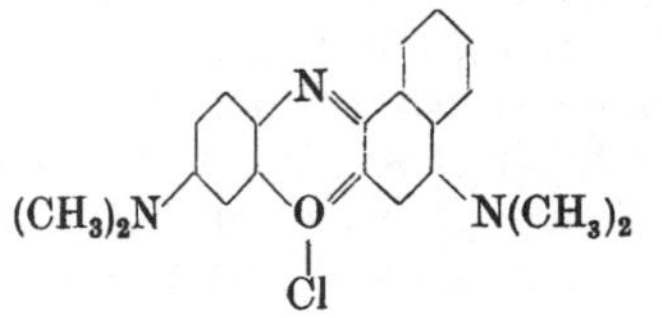

Statt der p-Nitrosoverbindungen lassen sich auch bei den unter 2a
erwähnten Synthesen die zugehörigen p-Aminoverbindungen oder die
entsprechenden p-Aminoazoverbindungen verwenden.

Oxazine aus
Oxynaphtin-
dophenol-
sulfonsäuren.

Alizaringrün
G und B.

Die Annahme, daß als Zwischenprodukte bei den Oxazinfarbstoff-
synthesen o-Oxyindamine usw. von normalem oder anormalem Typus
entstehen, macht vielleicht auch die Kondensation des β-Naphto-
chinons z. B. mit der 1, 2, 6-Aminonaphtolsulfonsäure zum Alizaringrün G (4) verständlich. Als Zwischenprodukt entsteht wahrscheinlich hierbei eine sog. Oxyindophenolsulfonsäure bzw. deren
Leukoverbindung (3), auf Grund einer bekannten Reaktion, wonach

(3)   (4)

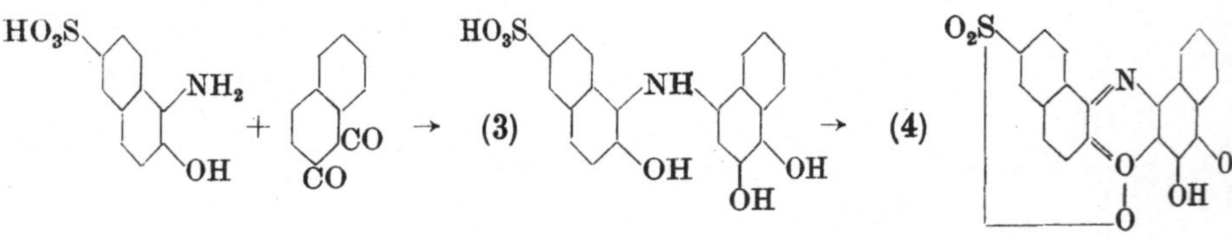

β-Naphtochinon (5) mit aromatischen Aminen leicht Arylidohydrochinone
(7) liefert. Auch diese Reaktion dürfte auf einer Anlagerung des
aromatischen Amins an das o-Chinon beruhen, auf die eine Wanderung
in den Kern folgt. Als Zwischenprodukt wäre demnach anzunehmen
die Verbindung (6):

(5) 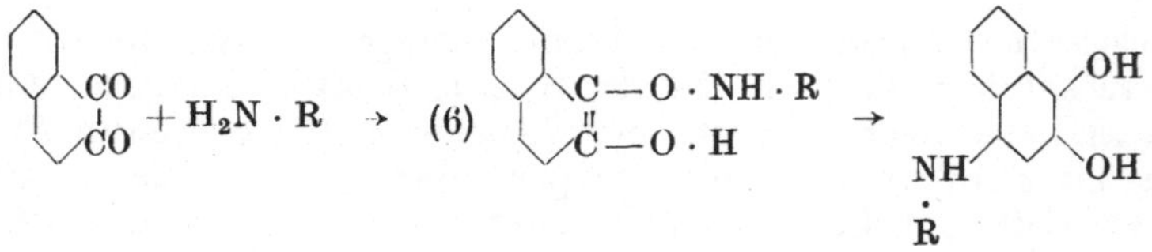   (6)   (7).

Ganz analog der 1, 2, 6- verhält sich die isomere 2, 1, 4-Amino-naphtolsulfonsäure (2):

(2) HO_3S ... NH_2 ... OH +   ... O ... O → HO_3S ... NH ... O ... OH ... OH ,

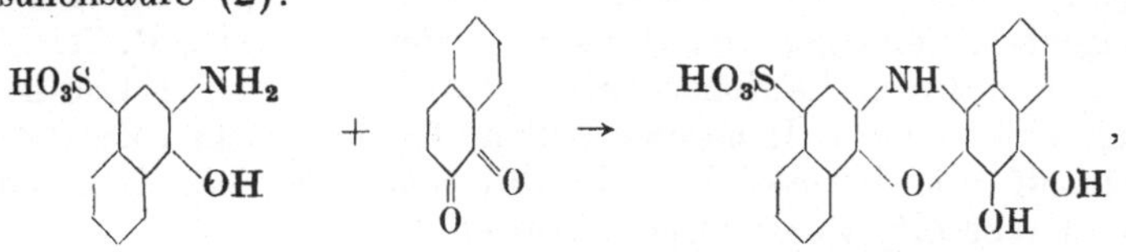

Leukoalizaringrün B

Was die technische Verwendung der Oxazinfarbstoffe anlangt, so haben u. a. diejenigen eine besondere Bedeutung erlangt, die aus den beiden Komponenten Nitrosodimethylanilin und Pyrogallussäure bzw. ihren Derivaten (Gallussäure, Gallussäuremethylester, Gallamid, Gallussäureanilid) erhalten werden:

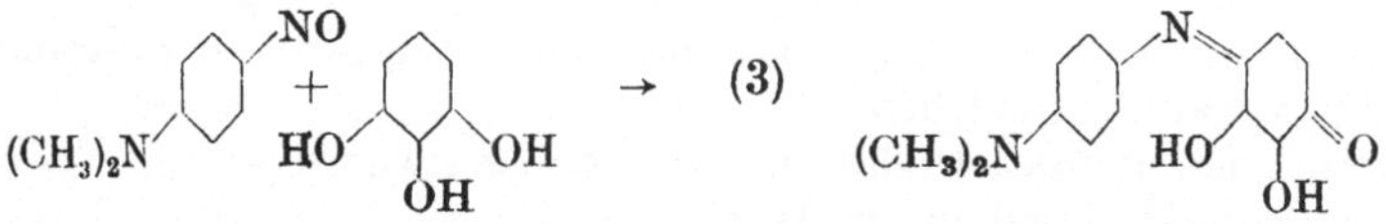

Gallo-cyanine.

$(CH_3)_2N$ ... NO + HO ... OH ... OH →   (3) $(CH_3)_2N$ ... N ... HO ... O ... OH

p-chinoid geschrieben

oder   (4) $(CH_3)_2N$ ... N ... O ... OH ... OH $\xrightarrow[-H_2]{+HCl}$ $(CH_3)_2N$ ... N ... O ... OH ... OH ... Cl

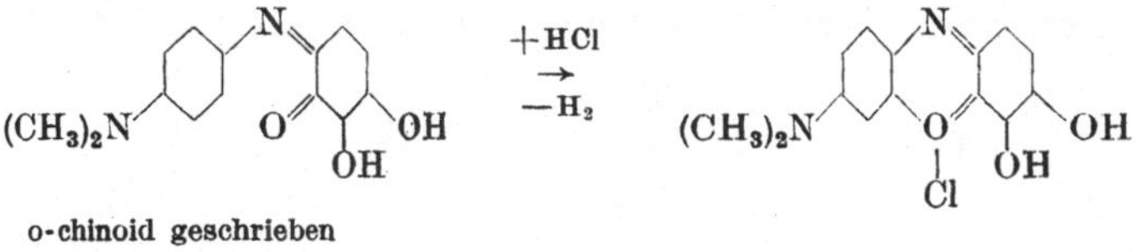

o-chinoid geschrieben

Es sind das sie sog. Gallocyaninfarbstoffe, die dadurch ausgezeichnet sind, daß sie als echte Beizenfarbstoffe insbesondere für den Baumwolldruck Verwendung finden können. Als Zwischenstufen entstehen Dioxy-Indophenole bzw. -Indoaniline, (3) oder (4), und die Leukooxazine, die wegen ihrer besseren Löslichkeit vielfach an Stelle der Farbstoffe selbst technisch verwendet werden. Aus dem gleichen Grunde bedient man sich, wie bei den Alizarinfarbstoffen, der Bisulfitverbindungen der Gallocyanine. Beim Erhitzen der Gallocyanine mit Sulfiten, Bisulfiten oder Schwefliger Säure auf höhere Temperaturen entstehen Kernsulfonsäuren der Gallocyaninfarbstoffe, wie z. B. das Chromocyanin V oder BSV in Teig.

Im übrigen dienen die basischen Oxazinfarbstoffe zum Färben tanningebeizter Baumwolle, während die sulfonierten Oxazinfarbstoffe als Säurefarbstoffe für Wolle eine gewisse Rolle spielen.

Auch die Oxazinfarbstoffe sind wie die Azine im allgemeinen gegen Reduktionsmittel unempfindlich, d. h. sie werden zwar zu den leicht reoxydablen Leukofarbstoffen reduziert, jedoch nicht zerstört, und finden daher, wie die basischen Azinfarbstoffe, im Ätzdruck Verwendung. Diejenigen Oxazinfarbstoffe, die, wie oben angedeutet (siehe S. 440), vermöge einer reinen Kondensationssynthese entstehen, eventuell in Form ihrer leicht oxydablen Leukoverbindungen, können,

Erzeugung von Oxazin-farbstoffen auf der Faser.

Nitrosoblau. da die Oxazinbildung bei geeigneten Bedingungen sehr leicht und glatt erfolgt, unter Umständen **auf der Faser** erzeugt werden und haben infolgedessen eine gewisse technische Bedeutung, wie z. B. das **Nitrosoblau**, das durch die Kondensation von Nitrosodimethylanilin mit Resorcin entsteht (1). In neuerer Zeit ist für den gleichen Zweck auch der Farbstoff aus Nitrosodimethylanilin und Pyrogallol, also ein Gallocyaninfarbstoff, vorgeschlagen worden.

(1)

Leukoverbindung von Nitrosoblau M

Oxy-Indamine und -Indophenole aus p-Nitroso- (u. dgl.) verbindungen. Im einzelnen sei über die wichtigsten Oxazinfarbstoffe noch folgendes bemerkt:

1. Farbstoffe der Oxazinreihe, die über **normale** o-Oxy-Indamine und -Indophenole entstehen.

Durch Kondensation des p-Nitrosodimethylanilins mit Diäthyl-m-Aminokresol (2) und mit m-Oxydiphenylamin (3) entstehen 2 basische Oxazinfarbstoffe, das **Kapriblau** (4) und das **Echtschwarz** (5?), dessen Konstitution noch nicht mit Sicherheit erkannt ist.

(2)   (3)

(4)   (5)

Ein dem Gallocyanin nahestehendes **Chromheliotrop** wird erhalten, wenn man Gallussäure, statt mit p-Nitrosodimethylanilin mit der p-Nitrosoverbindung eines monoalkylierten aromatischen Amins kondensiert. Als Beispiel eines Oxazinsulfonsäurefarbstoffes, entstehend aus der Disulfonsäure eines dialkylierten **p-Aminoazofarbstoffs** (6)

(6)   (7)

(an Stelle der entsprechenden p-Nitrosoverbindung), sei angeführt das **Gallocyanin MS** (7?). Von besonderem Interesse sind die schon oben erwähnten Oxazine, die **Pyrogallol** und seine Derivate: Gallussäure

(1), Gallussäuremethylester (2), Gallamid (3) und Gallanilid (4) als Komponenten enthalten, wie Gallocyanin (5), Prune pure (6), Gallaminblau (7), Coreïn 2 R (8), Gallanilviolett (9) usw. Die Gallocyanine sind ausgezeichnet durch ihre Reaktionsfähigkeit gegenüber

Kondensationsprodukte der Gallocyanine.

$$\text{(1)} \quad \begin{array}{c} COOH \\ \text{HO} \quad OH \\ OH \end{array} \qquad \text{(2)} \quad \begin{array}{c} COOCH_3 \\ \text{HO} \quad OH \\ OH \end{array} \qquad \text{(3)} \quad \begin{array}{c} CO\cdot NH_2 \\ \text{HO} \quad OH \\ OH \end{array}$$

$$\text{(4)} \quad \begin{array}{c} CO\cdot NH\cdot C_6H_5 \\ \text{HO} \quad OH \\ OH \end{array} \qquad \text{(5)} \quad (CH_3)_2N\text{-[Oxazinring]-}\begin{array}{c} COOH \\ OH \\ OH \end{array} \ Cl$$

$$\text{(6)} \quad (CH_3)_2N\text{-[Oxazinring]-}\begin{array}{c} COOCH_3 \\ OH \\ OH \end{array} \ Cl \qquad \text{(7)} \quad (CH_3)_2N\text{-[Oxazinring]-}\begin{array}{c} CO\cdot NH_2 \\ OH \\ OH \end{array} \ Cl$$

$$\text{(8)} \quad (C_2H_5)_2N\text{-[Oxazinring]-}\begin{array}{c} CO\cdot NH_2 \\ OH \\ OH \end{array} \ Cl \qquad \text{(9)} \quad (CH_3)_2N\text{-[Oxazinring]-}\begin{array}{c} CO\cdot NH\cdot C_6H_5 \\ OH \\ OH \end{array} \ Cl$$

Phenolen und aliphatischen sowie aromatischen Aminen. Es entstehen Kondensationsprodukte, die den Arylidosafraninen entsprechen. Bei der Einwirkung von Resorcin (sauer oder alkalisch) entstehen die Phenocyanine [z. B. (10)] und Ultracyanine, mit der 2, 6-Naphtolsulfonsäure Schäffer die Gallazine. Kondensiert man das Gallocyanin (5) mit Anilin, so verläuft die Reaktion verschieden, je nach der angewandten Temperatur; bei niedrigen Temperaturen bildet sich das Anilidogallocyanin (11), bei höherer wird die Carboxylgruppe durch die

$$\text{(10)} \quad (CH_3)_2N\text{-[Oxazinring]-}\begin{array}{c} COOH \\ O\text{-[}C_6H_4OH\text{]} \\ OH \\ OH \end{array} \ Cl \qquad \text{(11)} \quad (CH_3)_2N\text{-[Oxazinring]-}\begin{array}{c} COOH \\ NH\cdot C_6H_5 \\ OH \\ OH \end{array} \ Cl$$

Anilidogruppe ersetzt, und es entsteht ein Anilidooxazin. Beide Kondensationsprodukte werden durch Sulfonierung in die löslichen Farbstoffe

Chromazurin (1) und Delphinblau (2) übergeführt. Bei der Darstellung des Chromazurins (1) findet vor der Sulfonierung die Entfernung der Karboxylgruppe statt. Bemerkenswert ist, daß selbst Ammoniak, ähnlich wie bei den Azinen so auch bei gewissen Oxazinen,

(1)

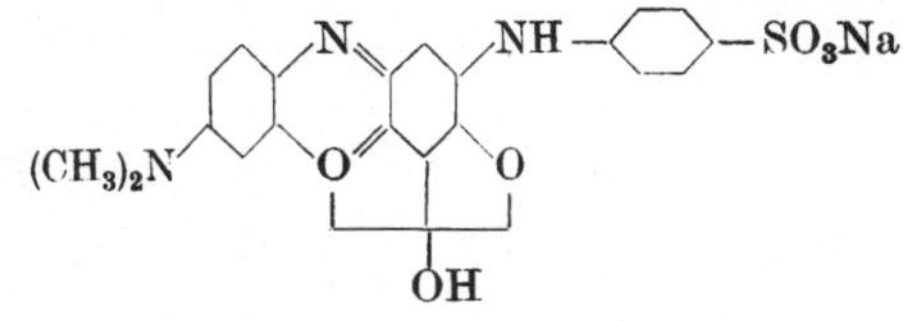

(2)

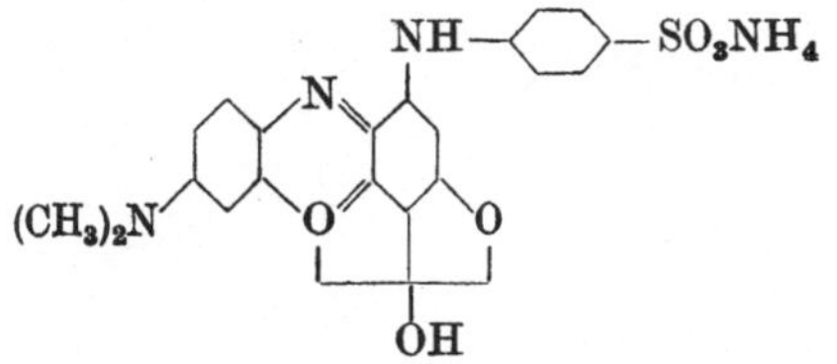

substituierend zu wirken vermag. Auf diese Weise sind aus den sich von der Gallaminsäure ableitenden Gallocyaninen, (7) und (8), die entsprechenden Aminogallaminblau-Marken erhalten worden.

Farbstoffe aus o-Oxy-Nitrosoverbindungen. Aus o-Oxynitrosoverbindungen, wie Nitrosodimethyl-m-Aminokresol (3) und Nitrosodiäthyl-m-Aminophenol (4), wurden dargestellt die Farbstoffe Kresylblau (5) sowie die beiden Marken Nilblau A und 2 B, (6) und (7), und zwar durch Kondensation mit m-Phenylendiamin [bei (5)], α-Naphtylamin [bei (6), siehe S. 440] und Benzyl-α-Naphtylamin [bei (7)].

(3)   (4) 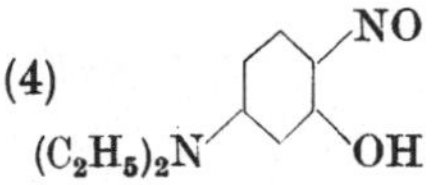   →   (6)

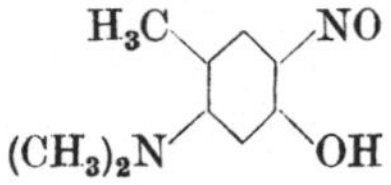

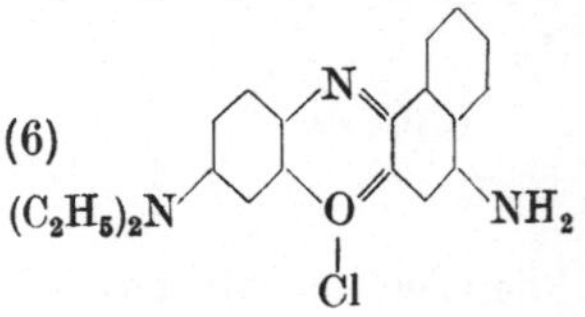

(5)   (7)

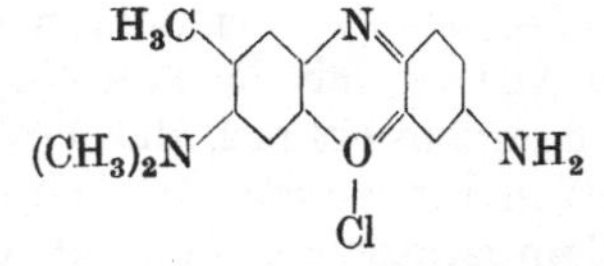

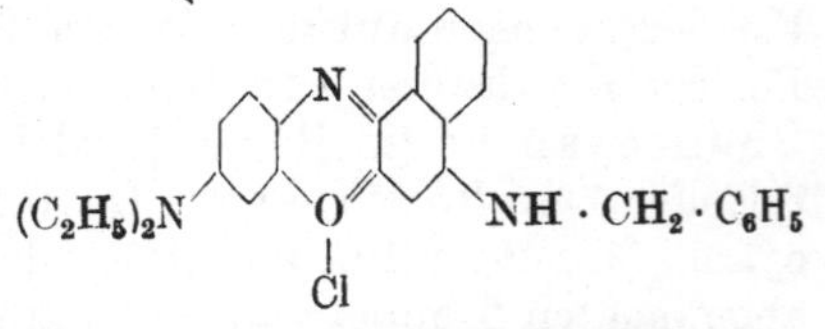

Muskarin. 2. Ein Oxazinfarbstoff, entstanden über ein hypothetisches o-Indophenol, ist das Muskarin (8), ein Analogon des Meldolablaus. Es wird erhalten aus den beiden Komponenten Nitrosodimethylanilin und 2, 7-Dioxynaphtalin.

(8)

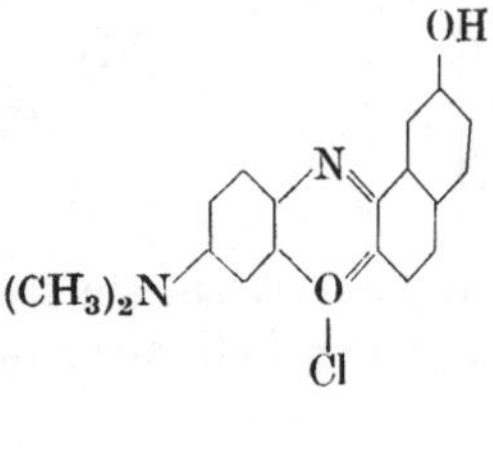

K) Thiazinfarbstoffe.

In sehr nahen Beziehungen zu den Oxazinen stehen die Thiazin-farbstoffe, die sich von ersteren ableiten, indem man den Sauerstoff des Oxazinringes durch Schwefel ersetzt, der, ebenso wie der Sauerstoff in den Oxazinen, auch in den Thiazinfarbstoffen als vierwertiges und nicht nur, wie man früher annahm, als zweiwertiges Element auftritt. Betrachten wir als Typus eines Thiazinfarbstoffes das technisch wichtige Methylenblau (1), so können wir an ihm unterscheiden: den sog. Thiazinring (2) als chromophore Gruppe, das Diphenothiazin (3) als

Konstitution und Bezeichnung der Thiazine.

$$(1) \quad (CH_3)_2N \underset{Cl}{\overset{N}{\diagdown S}} N(CH_3)_2 \qquad (2) \qquad (3)$$

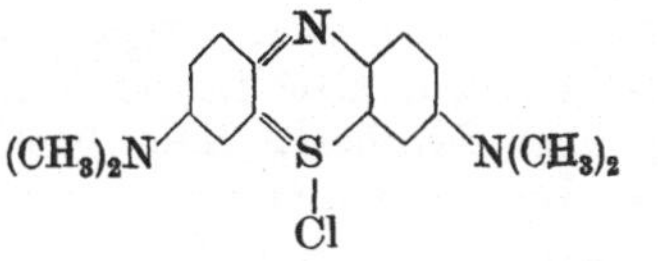

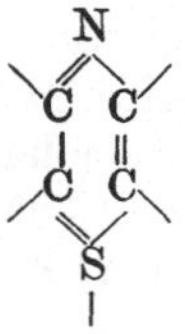

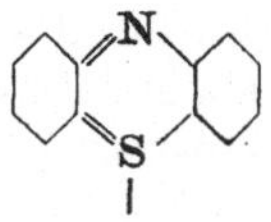

Chromogen und die beiden Dimethylaminogruppen als Auxochrome. Außer dem Diphenothiazin unterscheidet man als Chromogene noch die Phenotoluthiazine, Ditoluthiazine, Phenonaphto-thiazine usw.

Der neueren Auffassung, daß der vierwertige Schwefel und nicht eines der beiden Stickstoffatome der auxochromen Gruppen das Halogen des Farbstoffsalzes bindet, trägt man Rechnung bei der Benennung der Thiazinfarbstoffe, indem man z. B. das Methylenblau als ein Tetra-methyldiaminodiphenazthioniumchlorid bezeichnet.

Die Synthesen zur Darstellung der Thiazinfarbstoffe weisen in-sofern eine weitgehende Analogie mit denjenigen der Oxazinfarbstoffe auf, als es bei ersteren darauf ankommt, ein Atom Schwefel in die o-Stellung zum mittleren Stickstoff zu bringen. Während aber, wie wir auf S. 439 sahen, der Sauerstoff des Oxazinringes bereits in den aroma-tischen Farbstoffkomponenten, die zur Darstellung der Indamin- usw. artigen Zwischenprodukte dienen sollen, enthalten sein muß, und zwar in Form einer Hydroxylgruppe, gestaltet sich die Thiazinsynthese er-heblich mannigfaltiger dadurch, daß die Einführung des Schwefels in die o-Stellung zum mittleren Stickstoff auch noch nachträglich, d. h. nach vollendeter Indamin- oder Indophenol-Bildung, erfolgen kann. Und zwar ist diese Möglichkeit zu verdanken der Fähigkeit der In-damine und Indophenole, geeignete schwefelhaltige Verbindungen an-zulagern, wodurch geschwefelte Indamine usw. entstehen.

Synthesen der Thiazine.

Als wichtigstes Mittel zur Einführung des Schwefels hat sich, nach-dem ursprünglich der Schwefelwasserstoff zur Thiazin-Synthese Verwendung gefunden hatte, das Natriumthiosulfat, $NaS \cdot SO_3Na$, erwiesen, das in hohem Maße die Fähigkeit besitzt, sich an Verbindungen von chinoidem Typus anzulagern; aber nicht allein an die komplizierter gebauten Indamine usw., sondern auch an die einfacher gebauten Zwi-

Rolle des Thiosulfats.

schenstufen von chinoidem Typus, wie z. B. die einfachen Chinondiimine. Dieser Umstand gibt aber nun die Möglichkeit, den Schwefel nötigenfalls auch schon vorher den zum Aufbau der Indamine usw erforderlichen Komponenten einzuverleiben, so daß, wie man sieht, die Einführung des sog. Thiazinschwefels in verschiedenen Phasen der Farbstoffsynthese erfolgen kann. Danach lassen sich die Thiazinfarbstoffsynthesen in zwei Gruppen einteilen:

1. Synthesen, bei denen eine schwefelhaltige aromatische Komponente verwendet wird, und

2. Synthesen, bei denen der Schwefel erst nachträglich, d. h. im späteren Verlauf der Farbstoffbildung eingeführt wird.

Theorie der Thiazinbildung. Zu 1. Wenn man von der erst später zu behandelnden besonderen Klasse der Schwefelfarbstoffe, unter denen sich auch einige Thiazinabkömmlinge von besonderem Wert befinden, absieht, so sind von größerer technischer Bedeutung diejenigen Synthesen, bei denen von Anbeginn schwefelhaltige Komponenten zum Aufbau verwendet werden.

$$(5) \qquad (CH_3)_2N \diagdown\!\!\!\!\diagup \diagup\!\!\!\!\diagdown \diagup^{NH_2}_{S \cdot SO_3Na}$$

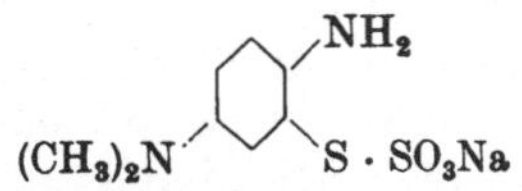

p-Amino-Dimethyl-anilinthio-sulfonsäure. Wie bereits aus den obigen Darlegungen hervorgeht, verwendet man als schwefelhaltige Komponenten in der Regel solche, die durch die Einwirkung von Thiosulfaten auf Chinonimine entstehen. Man darf annehmen, daß z. B. bei der Darstellung der p-Aminodimethylanilinthiosulfonsäure (5) der Prozeß sich in der Weise vollzieht (siehe unten), daß zunächst eine Anlagerung der Elemente des Thiosulfats an das aus dem p-Aminodimethylanilin durch Oxydation entstehende Chinondiimin (1) stattfindet. Das primäre Additionsprodukt (2) erfährt alsdann eine sofortige Umlagerung in die Thiosulfonsäure (3), indem der Thiosulfonsäurerest vom Stickstoff in den Kern wandert, und zwar in o-Stellung zu eben diesem Stickstoffatom, mit dem er infolge der Anlagerung verkettet war. Die so entstehende p-Aminodimethylanilinthiosulfonsäure (3) reagiert Oxydationsmitteln gegenüber wie ein normales p-Diamin, geht also über in das entsprechende Diimin (4) und ist

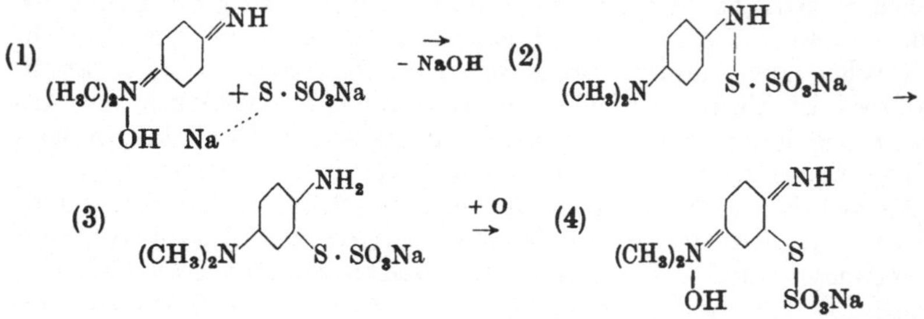

$$(1) \qquad (H_3C)_2N \diagup\!\!\!\!\diagdown \diagdown\!\!\!\!\diagup ^{NH} \qquad + S \cdot SO_3Na \qquad\qquad (2) \qquad (CH_3)_2N \diagup\!\!\!\!\diagdown \diagdown\!\!\!\!\diagup ^{NH}_{S \cdot SO_3Na} \rightarrow$$

$$\overset{\longrightarrow}{- NaOH}$$

$$(3) \qquad (CH_3)_2N \diagdown\!\!\!\!\diagup \diagup\!\!\!\!\diagdown ^{NH_2}_{S \cdot SO_3Na} \qquad \overset{+ O}{\rightarrow} \qquad (4) \qquad (CH_3)_2N \diagdown\!\!\!\!\diagup \diagup\!\!\!\!\diagdown ^{NH}_{S \; SO_3Na}$$

befähigt, aromatische Amine mit unbesetzter p-Stellung, bei gleichzeitigem Übergang in ein Leukoindamin (5), anzulagern. Dieses Leuko-

(Leuko-)
Indaminthio-
sulfonsäuren.

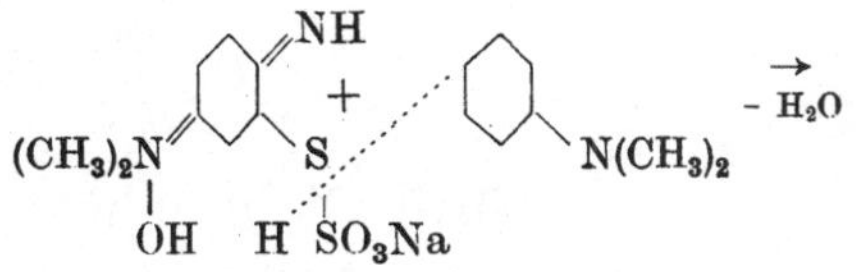

indamin (5) ist ausgezeichnet durch eine zum mittleren Stickstoff o-ständige Thiosulfonsäuregruppe und läßt sich durch Oxydation leicht überführen in die entsprechende Indaminthiosulfonsäure (6). Diese geht
durch Hydrolyse, und zwar durch Abspaltung von Schwefelsäure bzw.
Bisulfat, leicht über in eine Verbindung von merkaptanartigem Typus (7),
deren o-chinoides Isomeres als Hydrat eines o-Thiochinonmonoimins (8)
aufgefaßt werden kann. Aus der Leukoindaminthiosulfonsäure (5) kann
durch Abspaltung der Elemente des $H \cdot SO_3Na$ (H aus der NH- und
SO_3Na aus der $S \cdot SO_3Na$-Gruppe) anscheinend auch unmittelbar
das o-Thiochinonmonoimin (8) entstehen. Dieser hypothetische Zwischenkörper (8) ist, entsprechend der allgemeinen Eigenschaft der

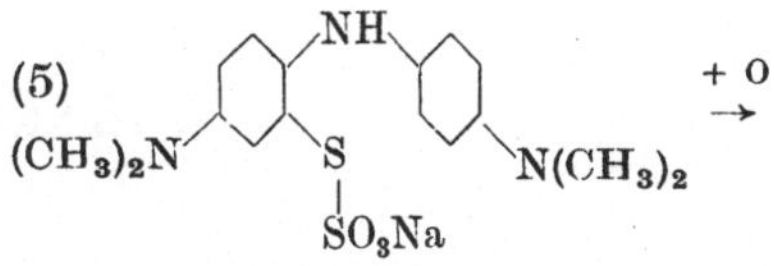

Leukoindaminthiosulfonsäure

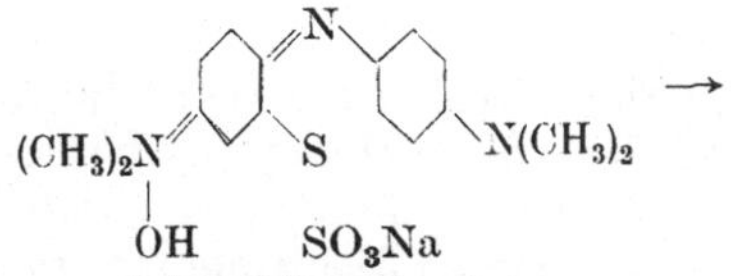

Indaminthiosulfonsäure

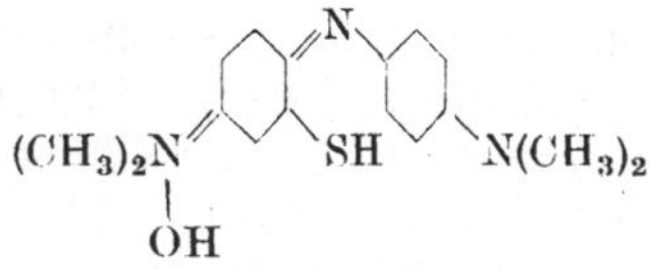

Merkaptan

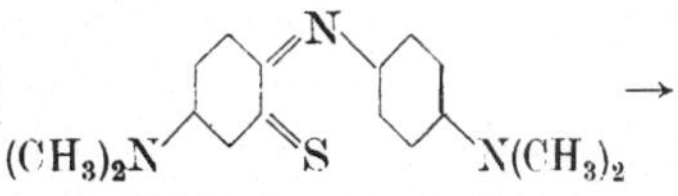

o-Thiochinonmonoimin

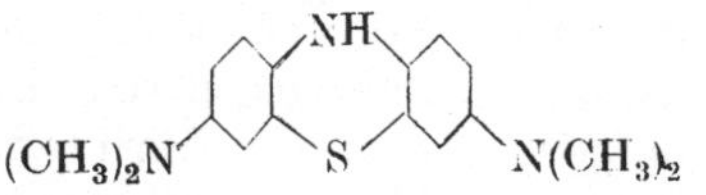

Chinonabkömmlinge, zu Anlagerungsreaktionen befähigt, und zwar
ist die hier in Betracht kommende Anlagerung, ebenso wie bei der Azin-
und Oxazinringbildung, als intramolekulare Anlagerung aufzufassen, die im vorliegenden Fall zu einem Thiazinring führt. Die durch
diesen Ringschluß entstehende Verbindung (9) ist als Leukothiazin zu
bezeichnen und geht, ähnlich wie die Leukoazin- und Leukooxazinfarb-
stoffe, außerordentlich leicht, schon durch den Sauerstoff der Luft, in
den Thiazinfarbstoff über.

Variationen der eben beschriebenen Methylenblausynthese sind da-
durch möglich, daß man, an Stelle des p-Aminodimethylanilins, p-
Amino-Phenole oder -Naphtole und, an Stelle des Dimethylanilins,
Phenole, Dioxybenzole und ihre Derivate benützt.

Statt der Thiosulfonsäuren, $R \cdot S \cdot SO_3Na$, lassen sich auch die
ihnen entsprechenden Merkaptane, $R \cdot S \cdot H$, und Disulfide, $R \cdot S \cdot S \cdot R$,
verwenden. Ferner lassen sich die p-Chinondiiminthiosulfonsäuren (4),
wenngleich weniger glatt, statt durch Oxydation der p-Diamine in
Gegenwart von Thiosulfat, auch durch direkte Einwirkung von

p-Nitrosoverbindungen (1) auf Thiosulfat ohne Anwendung eines weiteren
Kondensationsmittels erzeugen. Auch in diesem Falle dürfte es sich
zunächst um eine Addition an die chinoid konstituierte Nitrosover-

$$
\text{(1)} \qquad
\begin{array}{c}
\text{N}\cdot\text{OH}\\
\diagup\qquad\\
(\text{CH}_3)_2\text{N}=\!\!\bigcirc\!\!\diagdown\;\text{S}\cdot\text{SO}_3\text{Na}\\
|\qquad\diagdown\\
\text{OH}\qquad\text{Na}
\end{array}
+
\xrightarrow{-\,\text{NaOH}}
\begin{array}{c}
\text{NH}\\
\diagup\\
(\text{CH}_3)_2\text{N}=\!\!\bigcirc\!\!\diagdown\;\text{S}\cdot\text{SO}_3\text{Na}\\
|\\
\text{OH}
\end{array}
\qquad \text{(4)}
$$

bindung (1) handeln, wobei als hypothetische Zwischenprodukte die
N-Thiosulfonsäure (2) und die mit der Chinondiiminthiosulfonsäure (4)
isomere Hydroxylamino-Thiosulfonsäure (3) entstehen.

$$
\text{(2)} \qquad
\begin{array}{c}
\text{O}\cdot\text{H}\\
\text{N}\diagup\\
(\text{CH}_3)_2\text{N}\!-\!\bigcirc\!\!-\text{N}\diagdown\text{S}\cdot\text{SO}_3\text{Na}
\end{array}
\;\longrightarrow\;
\text{(3)} \qquad
\begin{array}{c}
\text{OH}\\
\text{N}\diagup\\
(\text{CH}_3)_2\text{N}\!-\!\bigcirc\!\!-\text{N}\diagdown\begin{array}{l}\text{H}\\ \text{S}\cdot\text{SO}_3\text{Na}\end{array}
\end{array}
$$

**Schwefelung
der Indamine
und
Indophenole.**   Zu 2. Technisch von geringerer Bedeutung sind diejenigen Synthesen, bei denen die „Schwefelung" erst nach der Indaminbildung
oder gleichzeitig mit ihr vollzogen wird.

Die Einführung des Schwefels läßt sich hierbei in der Weise bewirken,
daß man die zur Indaminbildung erforderliche Mischung aus Mono- und
Diamin in Gegenwart von Thiosulfat der Oxydation unterwirft. Alsdann kann die Schwefelung in zwei verschiedenen Richtungen verlaufen,
wobei je nach den Reaktionsbedingungen und je nach der Art der für
die Synthese verwendeten aromatischen Komponenten die eine oder
die andere überwiegen wird: Zum Teil vollzieht sich die Reaktion derart,
daß das aus dem p-Diamin durch Oxydation entstehende p-Diimin in
bekannter Weise zunächst mit dem Monoamin zum Leukoindamin und
weiterhin Indamin zusammentritt, worauf unter der Einwirkung des
Thiosulfats die Schwefelung erfolgt (1). Zum anderen Teil aber wird

$$
\text{(1)} \quad
\begin{array}{c}
\text{N}\\
\diagup\;\diagdown\\
(\text{CH}_3)_2\text{N}=\!\!\bigcirc\!\!=\!\!\bigcirc\!\!-\text{N}(\text{CH}_3)_2\\
|\\
\text{OH} \;+\; \text{S}\cdot\text{SO}_3\text{Na}\\
\diagdown\\
\text{Na}
\end{array}
\xrightarrow{-\,\text{NaOH}}
\begin{array}{c}
\text{N}\\
\diagup\;\diagdown\\
(\text{CH}_3)_2\text{N}\!-\!\bigcirc\!\!-\!\!\overset{|}{\underset{\cdot}{\text{S}}}\!\!-\bigcirc\!\!-\text{N}(\text{CH}_3)_2\\
\text{SO}_3\text{Na}
\end{array}
\;\longrightarrow
$$

$$
\begin{array}{c}
\text{NH}\\
\diagup\;\diagdown\\
(\text{CH}_3)_2\text{N}\!-\!\bigcirc\!\!-\!\!\overset{|}{\underset{\cdot}{\text{S}}}\!\!-\bigcirc\!\!-\text{N}(\text{CH}_3)_2\\
\text{SO}_3\text{Na}
\end{array}
$$

sich die Reaktion in der Richtung bewegen, daß das p-Diimin, scheinbar unbeeinflußt durch die Gegenwart des aromatischen Monoamins,
zunächst die Elemente des Thiosulfats addiert und durch Umlagerung
in die p-Diaminthiosulfonsäure übergeht (siehe oben), welch letztere

sich unter der Einwirkung des·Oxydationsmittels, wie auf S. 448 geschildert, zunächst in die entsprechende Diiminthiosulfonsäure, dann, nach Anlagerung des Monoamins, in die Leukoindaminthiosulfonsäure und schließlich durch weitere Oxydation in die Indaminthiosulfonsäure umwandelt.

Bei weitem der wichtigste unter den Thiazinfarbstoffen ist das Methylenblau (2), das von Caro entdeckt wurde, nachdem das einfachste Diaminodiphenazthioniumchlorid, das sog. Lauthsche Violett (3), schon vorher aufgefunden war, ohne aber je in nennenswertem

Methylenblau.

(2) $(CH_3)_2N$ —⟨ ⟩= N =⟨ ⟩— $N(CH_3)_2$, mittlerer Ring mit S und Cl

(3) H_2N —⟨ ⟩= N =⟨ ⟩— NH_2 , mittlerer Ring mit S und Cl

Maße technische Anwendung zu finden. Die zuerst für die Darstellung des Methylenblaus angewendete Methode wich erheblich von den vorhin geschilderten Synthesen ab. Sie beruhte auf der Oxydation des p-Aminodimethylanilins mittels Eisenchlorid in stark saurer Lösung in Gegenwart von Schwefelwasserstoff. Hierbei treten 2 Mol. des p-Diamins unter Abspaltung von 1 Mol. Ammoniak und unter gleichzeitiger Aufnahme von 1 Atom Schwefel (in o-Stellung zum mittleren Stickstoff) zusammen (4). Wie die Reaktion im einzelnen verläuft, ist

Frühere
Methoden
der
Darstellung.

(4) $(CH_3)_2N$—⟨ ⟩—NH_2 + H_2N—⟨ ⟩—$N(CH_3)_2$ $\xrightarrow[-3H_2O]{+3O_2 \;\; -NH_3}$ Methylenblau ($(CH_3)_2N$…S…Cl…$N(CH_3)_2$)
$+SH_2$
$+ClH$

bisher nicht genauer untersucht worden. Die nächstliegende Annahme dürfte wohl die sein, daß die Farbstoffbildung gemäß dem Schema:

(1) $(CH_3)_2N$—⟨ ⟩—NH_2 $\xrightarrow{+O}$ $(CH_3)_2N$=⟨ ⟩=NH $\xrightarrow{+H_2S}$ $(CH_3)_2N$—⟨ ⟩(SH)—NH_2 und
$\dot{O}H$

(2) $(CH_3)_2N$—⟨ ⟩(SH)—NH_2 + H_2N—⟨ ⟩(HS)—$N(CH_3)_2$ $\xrightarrow{-NH_3\;-H_2S}$

$(CH_3)_2N$—⟨ ⟩—NH—⟨ ⟩(S)—$N(CH_3)_2$ $\xrightarrow[-H_2O]{+HCl+O}$ $(CH_3)_2N$…N…S…Cl…$N(CH_3)_2$

vor sich geht.

29*

Dieses ursprüngliche Verfahren wurde später durch ein wesentlich besseres ersetzt, das von Ulrich aufgefunden wurde. Es besteht darin, daß man als Schwefelungsmittel das Thiosulfat benutzt und die Oxydation des Dimethyl-p-Phenylendiamins, mit Rücksicht auf die Unbeständigkeit des Thiosulfats gegen Mineralsäuren, in Gegenwart gewisser Metallsalze bewirkt, die, wie Aluminiumacetat, Aluminiumsulfat, Chlorzink u. dgl., mehr oder minder saure Reaktione besitzen und das bei der Synthese teilweise überflüssig werdende Alkali des Thiosulfats (siehe S. 448) zu binden vermögen. Eine genauere Aufklärung des Reaktionsverlaufs bei dem Ulrichschen Verfahren durch Bernthsen führte dazu, das Methylenblau nicht mehr aus 2 Mol. p-Aminodimethylanilin aufzubauen, sondern aus nur 1 Mol. des p-Diamins und 1 Mol. des billigeren Dimethylanilins, in der Weise, wie es auf S. 449 ausführlich geschildert wurde, wobei gleichfalls gewisse Metallsalze, vor allem das Chlorzink, eine wichtige Rolle als alkalibindende Mittel im obigen Sinne spielen.

Das Methylenblau ist das Salz einer ziemlich starken Base, das infolgedessen durch Alkalien, im Gegensatz zu den Farbstoffen der Triphenylmethanreihe, nur unvollkommen zerlegt wird. In reiner Form läßt sich die Base gewinnen durch Behandlung des Salzes mit Silberoxyd. Sie ist in Wasser ziemlich leicht löslich.

Neu-
methylen-
blau N.

Neben dem Methylenblau hat noch ein anderer basischer Farbstoff, das Neumethylenblau N, eine gewisse technische Bedeutung erlangt. Es wird in analoger Weise wie Methylenblau dargestellt; jedoch verwendet man statt des p-Nitroso- bzw. p-Aminodimethylanilins das p-Nitroso- bzw. p-Aminomonoäthyl-o-Toluidin als Ausgangsmaterial und erhält demgemäß ein Diäthyldiaminoditolazthioniumchlorid (3):

$$(3) \qquad \underset{C_2H_5 \cdot HN}{\overset{H_3C}{\diagdown}} \diamond \overset{N}{\underset{\underset{Cl}{|}}{\overset{\diagup}{\underset{S}{}}}} \diamond \underset{NH \cdot C_2H_5}{\overset{CH_3}{\diagdown}}$$

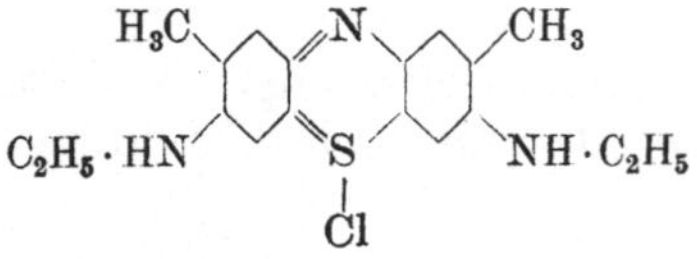

Gallothionin.

Benutzt man an Stelle des Dimethylanilins als zweite Komponente Gallussäure, so entsteht das Gallothionin (4), ein Thiazinfarbstoff,

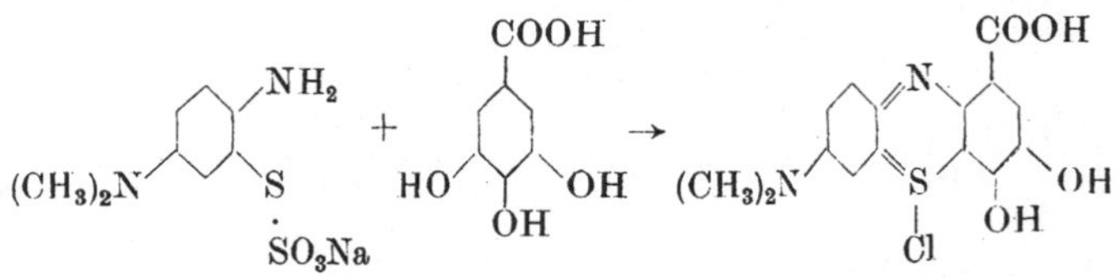

$$(4)$$

der als die Karbonsäure des Dimethylaminodioxydiphenazthioniumchlorids anzusehen ist, und der wegen der o-ständigen Hydroxylgruppen in ähnlicher Weise wie das Gallocyanin als Beizenfarbstoff, wenn auch von geringerer Wichtigkeit, Anwendung finden kann. Ein anderer

Beizenfarbstoff ist das **Brillantalizarinblau** (8). Es wird erhalten durch Kondensation der p-Aminoäthylsulfobenzylanilinthiosulfonsäure (5) mit der β-Naphtohydrochinon-4-sulfonsäure (6). Es entsteht hierbei, unter Abspaltung der nur locker gebundenen Sulfogruppe des Naphtalinkernes, zunächst als Zwischenphase die sog. Oxynaphtindophenolthiosulfonsäure (7), die leicht in den Farbstoff, das innere Anhydrid (8) der Äthylsulfobenzylaminophenodioxynaphtazthioniumbase, übergeführt werden kann.

Brillant-
alizarinblau.

Oxynaphtin-
dophenol-
thiosulfon-
säuren.

$$(5) \qquad (6) \rightarrow \qquad (7) \rightarrow$$

$$(8)$$

Die Farbstoffbildung, (7) → (8), erfolgt so leicht, daß sie nach Bedarf auch auf der **Faser** vorgenommen werden kann. Infolge der beiden o-ständigen Hydroxylgruppen ist auch dieser Farbstoff als **Beizenfarbstoff** (für Wolle) verwendbar.

Von sulfonierten Thiazinfarbstoffen, die zum Färben der Wolle dienen, sei noch erwähnt das **Thiokarmin** (10), das Anhydrid der Diäthyldisulfobenzyldiaminodiphenazthioniumbase, bzw. dessen Mono-

Thiokarmin.

$$(9) \qquad (10)$$

$$H_5C_2 \cdot N{-}CH_2 \cdot C_6H_4 \cdot SO_3H$$

Na-Salz, das analog dem Methylenblau erhalten wird, indem man statt des Nitrosodimethylanilins das p-Nitrosoäthylsulfobenzylanilin bzw. das entsprechende p-Aminoderivat und als zweite Komponente statt des Dimethylanilins das Monoäthylsulfobenzylanilin (9) verwendet. Der Farbstoff ist durch sein Egalisierungsvermögen ausgezeichnet, besitzt jedoch nur mäßige Lichtechtheit.

Von wesentlich geringerer Bedeutung als die eben genannten Farbstoffe sind einzelne Abkömmlinge des **Methylenblaus**, wie **Methylenviolett**, **Methylengrün**, **Methylenrot**. Das **Methylenviolett** entsteht aus dem **Methylenblau** unter der Einwirkung von Alkali

Methylen-
Violett,
-Grün und
-Rot.

infolge der Abspaltung von 1 Mol. Dimethylamin und ist somit als Dimethylaminooxydiphenazthioniumchlorid (1) zu bezeichnen. Bei der Einwirkung von Salpetriger Säure oder von Salpeterschwefelsäure auf Methylenblau entsteht das Methylengrün, wahrscheinlich (nach Gnehm und Walder) ein Nitroderivat des Methylenblaus von der Konstitution (2). Das Methylenrot besitzt keinen eigentlichen

(1) 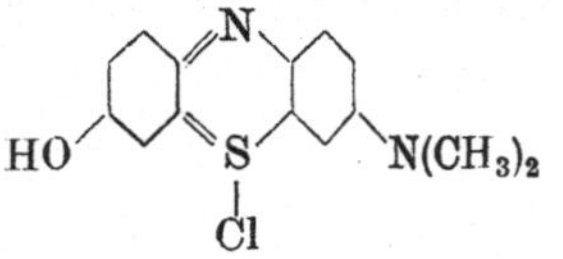

(2) 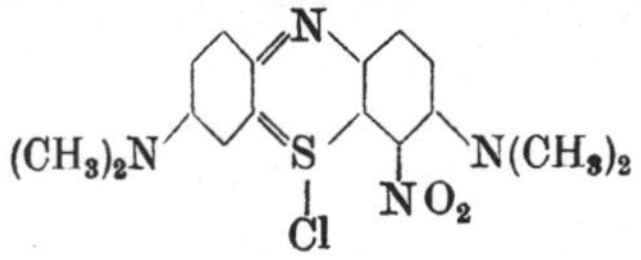

Farbstoffcharakter. Es entsteht neben Methylenblau bei der Oxydation des p-Aminodimethylanilins in saurer Lösung bei starkem Überschuß von Schwefelwasserstoff. Seine Konstitution entspricht wahrscheinlich der Formel (3). Durch Reduktionsmittel geht es in das Merkaptan des p-Aminodimethylanilins (4) über, wobei also

(3) 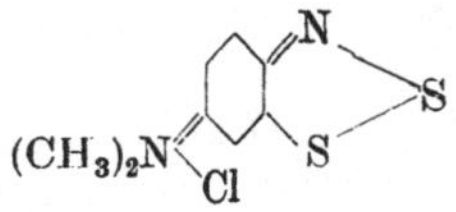

(4) 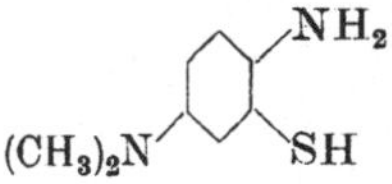

eine SH-Gruppe in o-Stellung zur NH_2-Gruppe erzeugt wird. Derartige Merkaptane oder Thiophenole lassen sich auch leicht aus den entsprechenden Thiosulfonsäuren darstellen, und zwar entweder durch Reduktion:

$$R \cdot S \cdot SO_3H + H_2 \rightarrow R \cdot S \cdot H + H_2O + SO_2$$

oder, weniger glatt, durch Behandlung der Thiosulfonsäuren mit Säuren und Alkalien:

$$R \cdot S \cdot SO_3H + H_2O \rightarrow R \cdot S \cdot H + H_2SO_4 .$$

Diese Merkaptane sind außerordentlich leicht oxydabel und gehen schon durch den Sauerstoff der Luft in die entsprechenden Disulfide über:

$$2 R \cdot S \cdot H + O \rightarrow R \cdot S \cdot S \cdot R + H_2O ,$$

aus denen umgekehrt durch Reduktion die Merkaptane regeneriert werden können:

$$R \cdot S \cdot S \cdot R + H_2 \rightarrow 2 R \cdot S \cdot H .$$

Ihr Verhalten entspricht somit dem Schema:

$$\begin{array}{l} R \cdot S \\ \;\;| \\ R \cdot S \end{array} \;\; \underset{+O}{\overset{+H_2}{\rightleftarrows}} \;\; 2 R \cdot S \cdot H .$$

Thioninblau. Außer den oben bereits angeführten Thiazinfarbstoffen seien hier zum Schluß noch die folgenden angeführt: Das Thioninblau (1), ein Analogon des Methylenblaus, das als zweite Komponente statt des Dimethyl- das Methyläthyl-Anilin enthält und demgemäß als Tri-

methyläthyldiphenazthioniumchlorid zu bezeichnen ist, ferner das **Indo-** Indochromo-
chromogen S (2), das als Beizenfarbstoff dem **Brillantalizarin-** gen S.
blau (siehe oben) nahesteht und ähnlich wie dieses erhalten wird durch

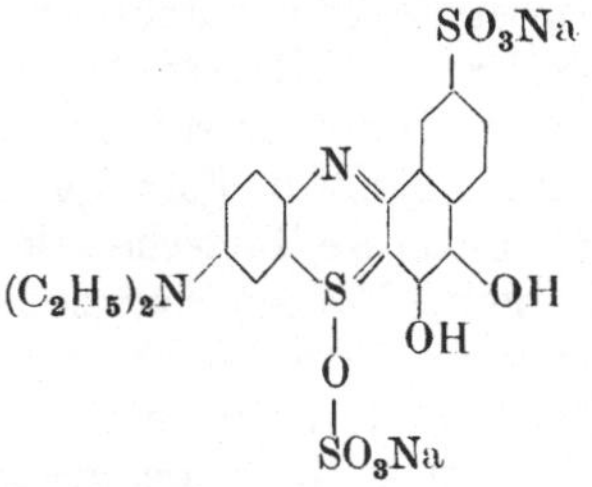

Kondensation der **1, 2-Naphtochinon-4, 6-disulfonsäure (4)** mit der
p-Amino-Diäthylanilinthiosulfonsäure **(3)**, bzw. der entsprechenden

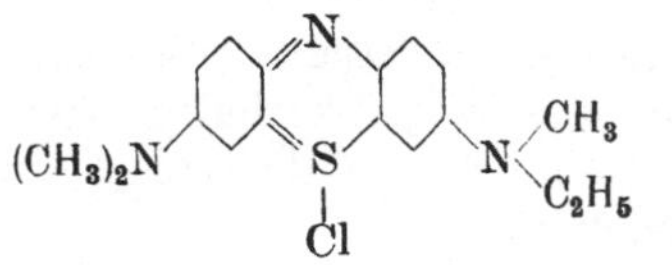

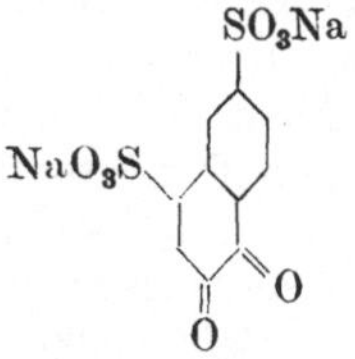

Natriumsalze, in sodaalkalischer Lösung und weitere Oxydation der
Leukoverbindung. Die bei derartigen Kondensationen zwischen p-Diaminthiosulfonsäuren und β-Naphtochinon-mono- und -disulfonsäuren
bei niedriger Temperatur zunächst entstehenden sog. Oxy-Naphtindophenolthiosulfonsäuren (siehe auch S. 442) lassen sich für Druckzwecke
in der Weise verwenden, daß sie mit geeigneten Beizen zusammen aufgedruckt und durch Dämpfen auf der Faser zu Farbstoffen bzw. zu
Farblacken entwickelt werden.

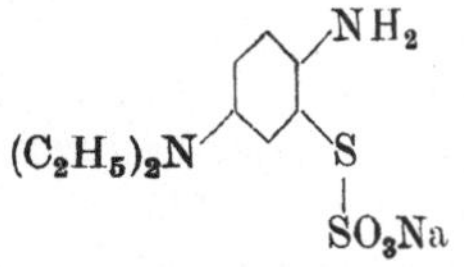

L) Die Schwefelfarbstoffe.

Den **Thiazinen** stehen nahe die sog. **Schwefelfarbstoffe**, eine Eigen-
große Klasse von außerordentlich wichtigen Farbstoffen, die in der schaften.
Hauptsache erst während der letzten Jahrzehnte aufgefunden worden
sind. Ihre färberische Bedeutung liegt einerseits in ihrer Affinität zur
Pflanzenfaser, andererseits in ihren **Echtheitseigenschaften**,
insbesondere in ihrer **Wasch-** und **Lichtechtheit**, während die
Chlorechtheit vielfach zu wünschen übrigläßt. Wir haben bereits
in den **Thiazinen** Farbstoffe kennen gelernt, in denen das Schwefelatom des **Thiazinringes** eine wichtige Rolle spielt, aber nur insofern,
als der ringförmig gebundene Schwefel den **Thiazinfarbstoffen**, im Gegensatz zu den **Indaminen** und **Indophenolen**, eine große **Beständigkeit**
verleiht, ohne aber den Farbstoffen eine für direkte Färbungen ausreichende Affinität zur Pflanzenfaser zu erteilen.

Konstitution. Obwohl die Konstitution der Schwefelfarbstoffe nur in wenigen Fällen genau bekannt ist, und die theoretische Erkenntnis des Zusammenhanges zwischen Konstitution, Farbe und Färbeeigenschaften noch manche Lücke aufweist, so weiß man doch, daß der Schwefel in den sog. Schwefelfarbstoffen eine außerordentlich wichtige Rolle spielt; und zwar findet er sich in diesen Farbstoffen sowohl ringförmig gebunden als auch in Form des Merkaptan- bzw. Disulfidschwefels (siehe S. 454). Letztere Tatsache erklärt das eigenartige Verhalten der Farbstoffe beim Färben und zum Teil auch ihre Echtheitseigenschaften, insbesondere ihre Wasch- und Seifenechtheit.

Färberisches Verhalten. Was das färberische Verhalten der Schwefelfarbstoffe anlangt, so gleicht dasselbe in weitgehendem Maße dem der Küpenfarbstoffe (siehe S. 467), so daß die Grenze zwischen Küpen- und Schwefelfarbstoff oftmals schwer zu ziehen ist. Die Schwefelfarbstoffe sind ebenso wie die Küpenfarbstoffe in der Regel in Wasser unlöslich, lassen sich aber wie diese unter geeigneten Reaktionsbedingungen, nämlich durch einen Reduktionsprozeß in alkalischer Lösung, überführen in wasserlösliche Derivate, die — und das ist der wesentlichste Punkt, auf den es ankommt — eine mehr oder minder große Affinität zur pflanzlichen, eventuell auch zur tierischen Faser besitzen, derart, daß sie, wenn auch nicht vollkommen, so doch in reichlichem Maße aus der alkalischen Lösung von der Faser aufgenommen werden. Ein zweiter sehr wichtiger Umstand ist nun aber der, daß die von der Faser aufgenommenen Farbstoffe außerordentlich leicht, in der Regel schon durch den Sauerstoff der Luft, sich wieder oxydieren zu den in Wasser unlöslichen Farbstoffen, die nun, auf Grund dieser Unlöslichkeit, durch Wasser und in der Regel auch durch Seife nicht wieder von der Faser abgelöst werden können, es sei denn, daß man sie von neuem durch Reduktion in die wasserlösliche Form überführt. Hierauf beruht wie schon oben angedeutet, die Waschechtheit der Schwefelfarbstoffe. Man nimmt wohl mit Recht an, daß der Reduktionsprozeß darin besteht, daß der Schwefelfarbstoff aus der unlöslichen Disulfidform in die alkalilösliche Merkaptanform übergeht, und daß umgekehrt durch Oxydation die unlösliche Disulfidform regeneriert wird (vgl. S. 454).

Geschäftliches. Die ersten sog. Schwefelfarbstoffe wurden im Jahre 1873 von Croissant und Bretonnière erhalten, und zwar durch Einwirkung von schmelzendem Schwefelalkali + Schwefel auf die verschiedensten organischen Substanzen. Das so erhaltene Farbstoffgemisch, das sog. **Cachou de Laval.** Cachou de Laval, färbte ungebeizte Baumwolle in bräunlichen bis schwarzbraunen Tönen, ohne daß man dieser auffallenden Erscheinung damals schon weitere Beachtung schenkte. Ein neuer Anstoß wurde **Vidalschwarz.** erst im Jahre 1893 gegeben durch die Beobachtung von Vidal, der verschiedene p-Derivate der Benzolreihe, wie p-Aminophenol, Hydrochinon und p-Phenylendiamin, durch Behandeln mit Schwefel + Schwefelalkali in mehr oder minder echte Schwefelfarbstoffe, das sog. Vidalschwarz, überführte, während er aus den Acetyl-p-Diaminen, z. B.

dem Acetyl-p-Phenylendiamin, bräunliche Farbstoffe, die sog. Thio-katechine, erhielt.

Thiokatechine.

Inzwischen waren durch die Einwirkung von Schwefelalkali auf Dinitronaphtalin (Mischung von 1,5 und 1,8), später auch aus Dinitroanthrachinon, schwarze Schwefelfarbstoffe, das **Echtschwarz B** und das **Anthrachinonschwarz**, dargestellt worden, die ein gewisses technisches Interesse beanspruchten. Aber erst gegen Ende der 90er Jahre, insbesondere seit der Auffindung des **Immedialschwarz** im Jahre 1897, erkannte man klar die große technische Bedeutung dieser neuen Farbstoffklasse für die Baumwollechtfärberei, und nun entwickelte sich auf dem Gebiete der Schwefelfarbstoffe eine rege und fruchtbare Tätigkeit, die zur Auffindung einer großen Reihe von wertvollen Farbstoffen geführt hat. Auch heute kann diese Entwicklung noch nicht als abgeschlossen angesehen werden, insbesondere soweit es sich z. B. um die Herstellung schöner und echter roter Schwefelfarbstoffe handelt, für die allerdings ein Ersatz auf einem anderen, verwandten Gebiet, nämlich dem der **Thioindigofarbstoffe**, gefunden worden ist.

Echtschwarz B u. Anthrachinonschwarz.

Immedialschwarz.

Von Interesse ist ferner der Umstand, daß bereits Ende der 80er Jahre, durch die Einwirkung von Schwefel auf p-Toluidin bei höheren Temperaturen und nachträgliche Sulfonierung, wasserlösliche schwefelhaltige Produkte hergestellt wurden, die eine unzweifelhafte Affinität zur Pflanzenfaser erkennen ließen, wenngleich ihre Echtheit, mangels der den späteren Schwefelfarbstoffen eigentümlichen Merkaptan- bzw. Disulfid-Gruppe, durchaus nicht in vollem Maße derjenigen der eigentlichen Schwefelfarbstoffe entspricht. Von den auf dem eben angedeuteten Wege erhaltenen Farbstoffen ist das sog. **Primulin** der bei weitem wichtigste. Man bezeichnet das **Primulin** als **Thiazolfarbstoff**, entsprechend dem Umstand, daß Farbe und färberische Eigenschaften vor allem wohl dem Vorhandensein eines Thiazolringes (1) zu verdanken

Dehydro-Thio-p-Toluidin.

Primulin und andere Thiazolderivate.

$$(1) \quad \begin{matrix} CH-N \\ \parallel \quad\quad\ \ \rangle CH \\ CH-S \end{matrix}$$

sind. Die Einwirkung des Schwefels auf das p-Toluidin verläuft, falls man bei mäßig hohen Temperaturen, etwa 140°, arbeitet, zunächst in der Weise, daß aus 2 Mol. p-Toluidin und 1 Atom Schwefel das sog. **Dehydrothio-p-Toluidin** entsteht (2) (der Wasserstoff entweicht

$$(2) \quad H_3C-\langle\ \rangle-NH_2 \ + \quad \xrightarrow{-H_6} \quad H_3C-\langle\ \rangle-N \atop \qquad\qquad\qquad\qquad\qquad\quad S-C-C_6H_4-NH_2$$
$$S + H_3C-\langle\ \rangle-NH_2$$

Dehydrothio-p-Toluidin

unter der Einwirkung des überschüssigen Schwefels in Form von H_2S), ein Thiazolderivat, das als **Methyl-p-Aminophenylbenzthiazol** zu bezeichnen wäre, und das auch aufgefaßt werden kann als das Kondensa-

tionsprodukt aus p-Aminobenzoësäure und p-Amino-m-Thiokresol (3).
Das Dehydrothio-p-Toluidin als solches ist zwar gefärbt, aber kein
Farbstoff; es ist vielmehr nur eine Zwischenstufe auf dem Wege zur

$$(3)\quad H_3C-\langle\ \rangle-NH_2$$
$$\dot{S}H + HOOC-\langle\ \rangle-NH_2 \qquad \xrightarrow{\ } -2\,H_2O$$
$$H_3C-\langle\ \rangle-N$$
$$S-C-\langle\ \rangle-NH_2$$

sog. Primulinbase, die dann entsteht, wenn man die Einwirkung
des Schwefels auf das p-Toluidin bei höheren Temperaturen, etwa 180°,
vor sich gehen läßt. Alsdann treten nicht nur zwei, sondern drei, vier
und mehr Moleküle p-Toluidin zu einem größeren Komplex zusammen,
aber in ganz analoger Weise, wie dies bei der Entstehung des Dehydro-
thio-p-Toluidins selbst der Fall ist:

$$H_3C-\langle\ \rangle-NH_2 \ +$$
$$S + H_3C-\langle\ \rangle-NH_2 \ + \qquad \xrightarrow{\ }$$
$$S + H_3C-\langle\ \rangle-NH_2 \ +$$
$$S + H_3C-\langle\ \rangle-NH_2$$

$$H_3C-\langle\ \rangle-N$$
$$S-C-\langle\ \rangle-N$$
$$S-C-\langle\ \rangle-N$$
$$S-C-\langle\ \rangle-NH_2 .$$

Primulinbase aus 4 Mol. p-Toluidin

Dem p-Toluidin ähnlich reagieren seine Homologen, das m-Xylidin
und das ψ-Cumidin, mit Schwefel unter Bildung der für die Darstellung
von Baumwoll-Monoazofarbstoffen in Betracht kommenden Diazokomponenten Dehydro-Thio-m-Xylidin und -ψ-Cumidin. Kupplungsfähige Azokomponenten der Thiazolreihe sind aus Aminonaphtolsulfonsäuren, z. B. aus der 2,5,7-Säure (J), durch Schwefelung (Schwefel +
Schwefelalkali) der Benzylderivate oder der mit aromatischen Aldehyden
entstehenden Benzyliden-Verbindungen erhalten worden:

$$SO_3H \qquad\qquad SO_3H$$
$$HO\ \ \ +S \qquad \xrightarrow{-H_2} \qquad HO\ \ \ S$$
$$N=CH\cdot C_6H_5 \qquad\qquad N=C\cdot C_6H_5 .$$

Die Primulinbase ist gelb gefärbt, aber wegen ihrer Unlöslichkeit
in Wasser nicht ohne weiteres als Farbstoff verwendbar. Auch besitzt

sie, wie bereits erwähnt und wie aus der vorstehenden Konstitutionsformel ersichtlich, nicht die den gewöhnlichen Schwefelfarbstoffen siehe
oben) zukommende Disulfidform, die durch Reduktion in die lösliche
Merkaptanform überführbar wäre. Der gegebene Weg, um die Base
wasserlöslich zu machen, ist daher, wie in so vielen anderen Fällen, die
Sulfonierung, und das technische Primulin ist daher die Sulfonsäure
der Primulinbase. Diese Sulfonsäure besitzt ausgeprägte Verwandtschaft zur pflanzlichen Faser und färbt sie in einem schönen,
klaren Gelb, das zwar wenig lichtecht ist, das aber, wenigstens eine
Zeitlang, eine gewisse färberische Bedeutung dadurch erlangt hat, daß
der Farbstoff auf der Faser diazotierbar und, durch Kupplung seiner
Diazoniumverbindung mit geeigneten Azokomponenten, in Azofarbstoffe von beliebigen anderen Tönen überführbar ist. Man hat von dieser
Möglichkeit früher in ausgiebiger Weise Gebrauch gemacht, insbesondere
behufs Erzeugung eines schönen, aber leider wenig lichtechten Rots
mittels β-Naphtols. Dieses Verfahren hat später in der mannigfachsten
Weise ausgedehnte Anwendung auf andere Baumwoll-Azofarbstoffe gefunden, behufs Entwicklung von mehr oder minder echten Farbstoffen
auf der Faser (siehe Näheres auf S. 404 unter Azofarbstoffe).

Was nun die eigentlichen Schwefelfarbstoffe anlangt, so erhält man
je nach den Ausgangsmaterialien und je nach der Art der Schwefelung
die verschiedenartigsten Erzeugnisse in bezug auf Ton und Echtheit. Obwohl, wie erwähnt, die Konstitution dieser Schwefelfarbstoffe nur in
den seltensten Fällen bekannt ist, so haben sich doch gewisse Gesetzmäßigkeiten zu erkennen gegeben, die voraussehen lassen, welchen
Farbenton man im einzelnen Falle zu erwarten hat. Schwarze und
blaue Farbstoffe werden in der Regel erhalten aus p-Derivaten, d. h.
aus p-Diaminen und p-Aminophenolen und ihren Derivaten, wie dies
schon Vidal gezeigt hat. Man kann annehmen, daß den Vidalschen
Farbstoffen der Thiazinring (1) eigentümlich ist, sei es, daß er ein oder,
wie Vidal annimmt, mehrere Male im Farbstoffmolekül enthalten ist,
entsprechend etwa der Formel (2) für den Leukofarbstoff. Daneben

Methoden
der
Darstellung.

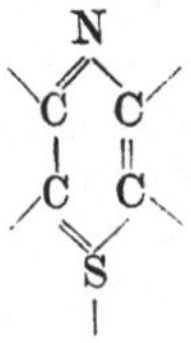

ist der weiter vorhandene Schwefel in der Form des Merkaptan- oder
Disulfid-Schwefels, R · SH oder R · S · S · R, gebunden. Da nun
die Thiazine (3) als Derivate des Diphenylamins (4) aufzufassen und,

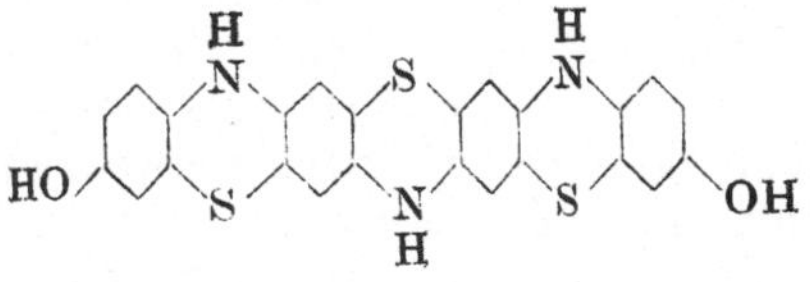

Merkaptane
und
Disulfide.

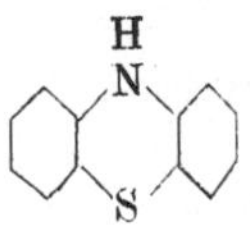

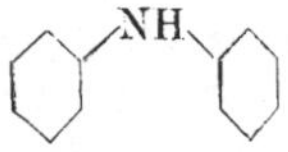

Diphenylaminabkömmlinge.

wie aus dem Abschnitt über die Thiazinfarbstoffe hervorgeht, leicht aus substituierten Diphenylaminen erhältlich sind, so lag es nahe, an Stelle der einfachen p-Derivate auch Abkömmlinge des Diphenylamins für die Erzeugung von Schwefelfarbstoffen heranzuziehen. Aus diesem Gedanken ist das Immedialschwarz (und Immedialreinblau, siehe unten) von Cassella hervorgegangen, das entsteht aus der Verschmelzung des o, p-Dinitro-p'-oxydiphenylamins (6) mit Schwefel und Schwefelnatrium unter geeigneten Bedingungen. Das Dinitro-p-oxydiphenylamin läßt sich leicht erhalten durch Kondensation des p-Aminophenols mit Dinitrochlorbenzol (5). Man hat dann weiterhin an Stelle

(5) 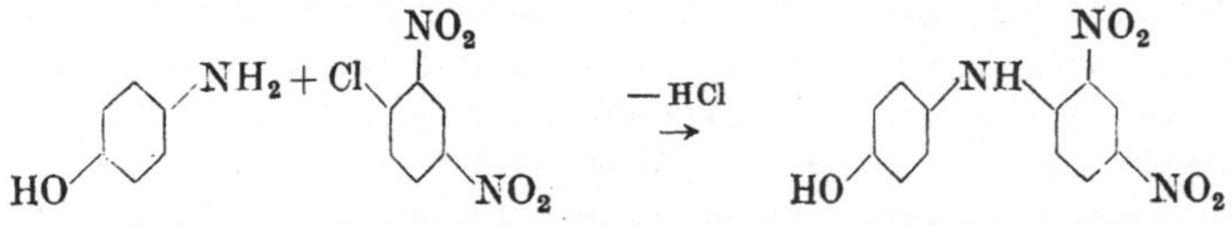 (6)

des Dinitro-p-oxydiphenylamins die entsprechende Karbonsäure (8), aus Dinitrochlorbenzol und p-Aminosalicylsäure (7), sowie das Dinitro-p-

(7) 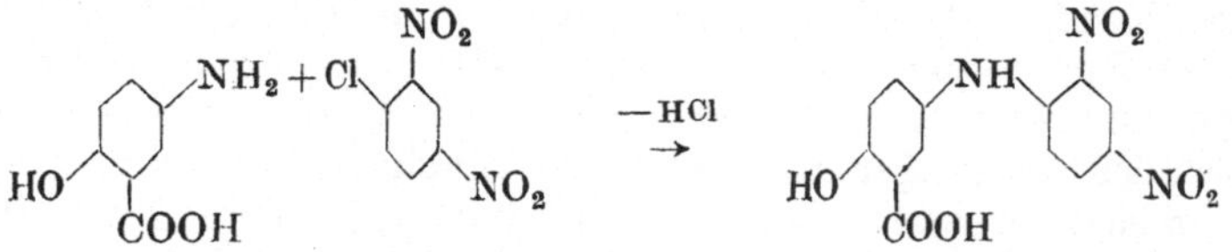 (8)

Aminodiphenylamin (9) (erhalten aus Dinitrochlorbenzol und p-Phenylendiamin) und dessen Sulfonsäure oder Analoge des 2, 4-Dinitro-p-oxydiphenylamins mit ähnlichem Erfolg verwendet. Farbstoffe dieser Art sind die Marken Auronalschwarz, Sulfanilinschwarz, Katigenschwarz usw.

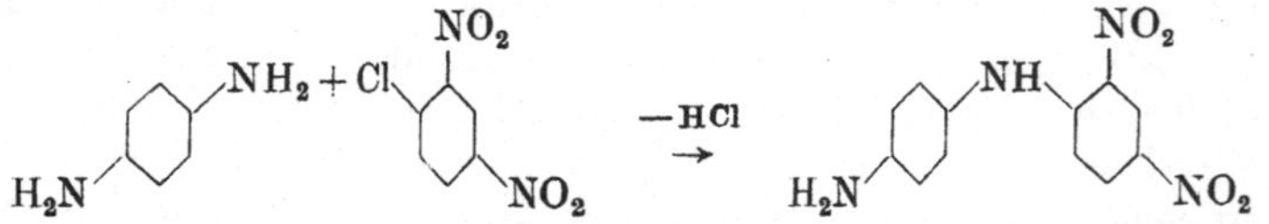 (9)

Schwefelschwarz T.

Von den einfacheren Benzolderivaten ist das 2, 4-Dinitrophenol (2) (aus Dinitrochlorbenzol unter der Einwirkung alkalischer Mittel leicht erhältlich) bemerkenswert, als ein wertvolles Ausgangsmaterial zur Darstellung eines wichtigen schwarzen Schwefelfarbstoffes, der unter verschiedenen Handelsmarken, wie Schwefelschwarz Textra, Immedialschwarz N, Thionschwarz usw., in großem Maßstabe Anwendung findet.

Bräunliche und rote Schwefelfarbstoffe.

Wenn es sich um die Darstellung bräunlicher oder gelbbräunlicher Schwefelfarbstoffe handelt, so benutzt man als Ausgangsmaterialien nicht p-, sondern m-Verbindungen oder im Kern methylierte Derivate, die, wie es scheint, ähnlich wie das die Methylgruppe enthaltende p-Toluidin, die Entstehung von Thiazolabkömmlingen ermöglichen. Rote Schwefelfarbstoffe, allerdings bisher von ziemlich trübem Ton, hat man erhalten durch die Schwefelung der an sich schon roten Azinfarbstoffe.

Meistens wendet man hierzu weniger die Amino- als vielmehr die entsprechenden Aminooxy -und Oxyazinfarbstoffe (Safraninone und Oxy-Phenyl-Rosinduline) an, da die Hydroxylgruppen der Schwefelung anscheinend weniger Widerstand entgegensetzen. Auf die angegebene Weise wurden erhalten aus Aminooxy-Phenazinen u. a. das **Immedialbordeaux** und das **Immedialmarron**.

Später hat man versucht, die nach unseren heutigen Begriffen mehr rohen und empirischen Methoden der Schwefelung durch synthetische Methoden von der Art der Thiazinsynthesen zu ersetzen. Während man sich jedoch bei den Synthesen der eigentlichen Thiazinfarbstoffe darauf beschränkt, behufs Erzeugung des sie kennzeichnenden Thiazinringes, 1 Atom Schwefel dem aromatischen Rest einzuverleiben (siehe S. 448), hat man durch Wiederholung der Schwefelung es bis zu 2,- 3- und 4-fach geschwefelten aromatischen Verbindungen, z. B. einer p-Phenylendiamintetrathiosulfonsäure (3), gebracht. Deren Ent- Neuere
Synthesen.

$$(2)\quad \begin{array}{c} OH \\ \underset{NO_2}{\bigcirc}\!\!-NO_2 \end{array} \qquad\qquad (3)\quad \begin{array}{c} NH_2 \\ NaO_3S\cdot S\!-\!\underset{NH_2}{\overset{}{\bigcirc}}\!-\!S\cdot SO_3Na \\ NaO_3S\cdot S\qquad S\cdot SO_3Na \end{array}$$

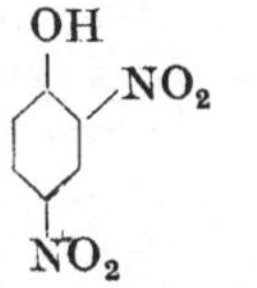

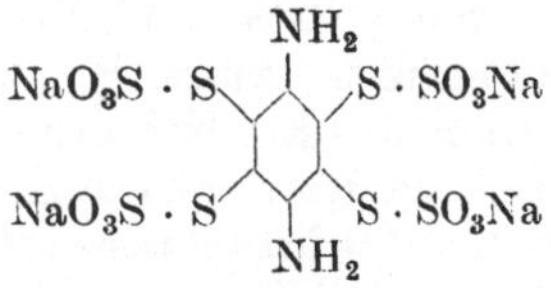

stehung ist so zu erklären, daß nach jeder **Anlagerung** der S-haltigen Komponenten, z. B. Thiosulfat bzw. H ... S · SO$_3$Na, an den chinoiden Körper eine **Oxydation** eintritt, die den **benzoiden** Zwischenkörper wieder in den reaktionsfähigen **chinoiden** umwandelt, analog den Vorgängen bei der Schwefelung mit H$_2$S (1). Doch spielen diese Syn-

$$(4)\quad \underset{O}{\overset{O}{\bigcirc}}+H_2S \;\rightarrow\; \underset{OH}{\overset{OH}{\bigcirc}}\!-SH \;\underset{-H_2}{\rightarrow}\; \underset{O}{\overset{O}{\bigcirc}}\!-SH \;\overset{+H_2S}{\rightarrow}\; HS\!-\!\underset{OH}{\overset{OH}{\bigcirc}}\!-SH$$

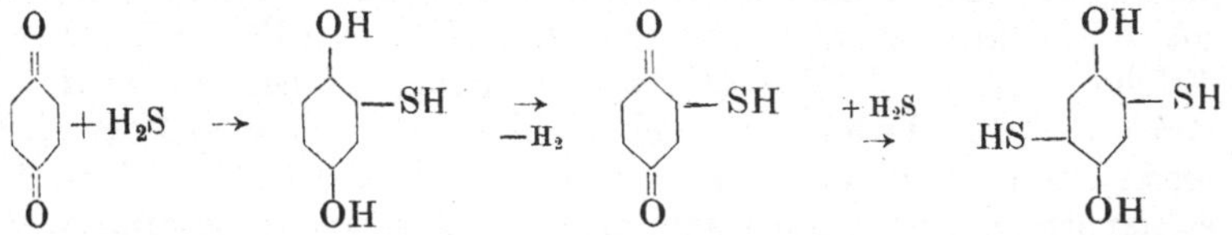

thesen, z. B. des **Clayton-Schwarz**, so interessant sie sind, gegenüber den älteren, mehr empirischen Methoden technisch bisher nur eine untergeordnete Rolle.

Im übrigen haben auch die älteren Methoden gewisse Wandlungen erfahren. Das ursprüngliche Verfahren der Schwefelung bestand darin, daß man die zu schwefelnden Substanzen bei verhältnismäßig sehr hohen Temperaturen entweder mit Schwefel allein oder mit Schwefel und Schwefelalkali in Gegenwart von Wasser verschmolz und darauf das Wasser durch eine Art Backprozeß entfernte, falls es nicht bereits, während der Schmelze selbst, zum größten Teil verdampft war. Man brachte die **rohen Produkte**, die noch den ganzen Betrag an aufgewendetem Schwefel und Schwefelalkali enthielten, in den Handel, wobei das überschüssige Schwefelalkali dazu diente, um etwa in der unlöslichen Disulfidform vorhandenen Farbstoff in die zum Färben erforderliche lösliche Merkaptanform überzuführen (siehe oben). Infolge Reinigung
der Roh-
produkte.

dieses Umstandes waren die zunächst im Handel erscheinenden Schwefelfarbstoffe verhältnismäßig farbschwach und unrein, außerdem machten sich das überschüssige Schwefelalkali und seine Oxydationsprodukte in den Abwässern sehr lästig bemerkbar. Man ist deshalb in neuerer Zeit dazu übergegangen, nicht die rohen Schmelzprodukte, sondern die abgeschiedenen Farbstoffe in reiner Form — bemerkenswert ist die wohl zuerst von Vidal vorgeschlagene Reinigung mittels Sulfit — in den Handel zu bringen, und überläßt es dem Färber, die zum Färben erforderlichen Zusätze selbst zu geben.

Schwefelung bei niedrigen Temperaturen.

Aber vor allem hat auch das Verfahren der Schwefelung mehrfache Abänderungen erlitten. Zunächst was das Verhältnis von Schwefel zu Schwefelnatrium anlangt, weiterhin aber auch insofern, als man den Verlauf der Reaktion durch gewisse Zusätze indifferenter Natur oder auch solche sehr wirksamer Art beeinflußte. Als Zusätze von ausgesprochener Wirksamkeit haben sich gewisse Metallsalze, z. B. die Salze des Kupfers, Zinks und Eisens erwiesen. Aber auch gewisse organische Substanzen, wie z. B. Benzidin oder Naphtylamin, scheinen in vielen Fällen das Ergebnis erheblich zu beeinflussen. Als Schwefelungsmittel werden nicht nur Schwefel und Schwefelalkalien, sondern auch Thiosulfat, Schwefelwasserstoff und Chlorschwefel angewendet. Insbesondere aber hat man erkannt, welche große Bedeutung der Temperatur zukommt. Han hat die früher üblichen hohen Temperaturen (über 200°) ganz wesentlich herabgesetzt, läßt dafür aber die Einwirkung des Schwefelungsmittels viel längere Zeit andauern. Demgemäß arbeitet man in wässeriger oger sogar in alkoholischer Lösung am Rückflußkühler, also unter Konstanterhaltung des Volumens und der Temperatur, und hat damit in einzelnen Fällen überraschende Erfolge erzielt. In diesem Zusammenhange haben auch die Indophenole (und Indamine), sei es schwefelfrei sei es in Form ihrer geschwefelten Derivate, als Zwischenprodukte für die Schwefelfarbstoffsynthese große Bedeutung erlangt. Dies gilt insbesondere seit der Auffindung des Immedialreinblaus im Jahre 1900, das aus der Indophenol-Leukoverbindung (1) mittels Na_2S + Schwefel erhalten wurde. Die Konstitution des Immedialreinblaus wird entsprechend der Formel (2) angenommen, ist aber noch nicht mit aller Sicherheit fest-

Schwefelfarbstoffe aus Indaminen und Indophenolen.

(1)

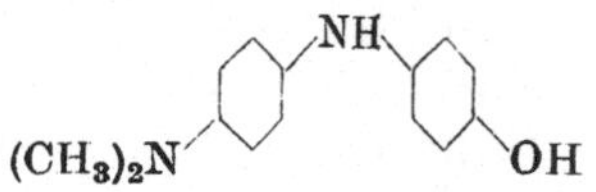

(2)

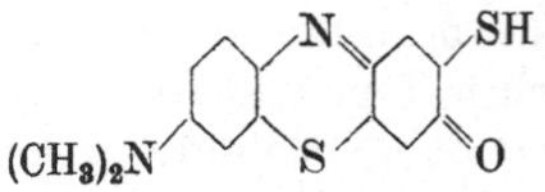

gestellt. Ein offenbar ähnlich konstituierter Farbstoff wird erhalten, wenn man das Methylenviolett (siehe S. 453f.) mit Schwefel und Schwefelalkali verschmilzt. Auch die dem Zwischenprodukt (1) analoge Leukoverbindung des α-Naphtolblaus (siehe S. 419) läßt sich nach dem gleichen Verfahren in einen wertvollen blauen Schwefelfarbstoff, den Thiophor-Indigo, überführen.

Nach dem Vorbild des **Immedialreinblaus** dargestellte, gleichfalls blaue Farbstoffe dieser Art sind die **Immedialindonfarbstoffe**, die aus den einfachsten Indophenolen, vor allem z. B. aus (3) erhältlich sind. Ein Farbstoff von ähnlichem indigoartigem Ton ist der **Pyrogenindigo** aus dem Indophenol (4) oder seinen Homologen.

$$(3) \quad O = \langle\ \rangle = N - \langle\ \rangle\!\!\!-\!\!CH_3 - NH_2, \qquad (4) \quad O = \langle\ \rangle = N - \langle\ \rangle - NH - \langle\ \rangle$$

Es mögen die vorstehenden Andeutungen genügen, um erkennen zu lassen, wie mannigfaltig sich die empirischen Methoden der Schwefelung gestalten können, und es sei nur noch kurz daran erinnert, welche anderen Mittel zur Verfügung stehen, um Schwefel in ein aromatisches Radikal einzuführen.

Als erstes Mittel bietet sich dar ein Ersatz von Halogen durch die Merkaptangruppe, entsprechend der Formel (1):

Herstellung
von Thio-
phenolen.

$$(1) \quad R \cdot Cl + Na_2S \ \rightarrow \ R \cdot S \cdot Na + NaCl.$$

Diese Reaktion verläuft einigermaßen glatt aber nur unter gewissen Voraussetzungen, wenn nämlich das Chloratom mehr oder minder leicht beweglich ist (vgl. S. 90). Etwas leichter vollzieht sich der Ersatz von Halogenen durch Rhodan (siehe S. 97), entsprechend der Formel (2):

$$(2) \quad R \cdot Cl \ \underset{-KCl}{\overset{+K \cdot SCN}{\rightarrow}} \ R \cdot S \cdot CN \qquad\qquad (3) \quad RSCN \ \underset{-HCN}{\overset{+H_2}{\rightarrow}} \ R \cdot S \cdot H.$$

Die Rhodanverbindungen lassen sich durch Reduktion in die entsprechenden Merkaptane überführen (3).

Eine dritte Möglichkeit zur Herstellung von Merkaptanen ist gegeben durch die Reaktion zwischen Diazoniumverbindungen und Schwefelalkali. Sie ist aber technisch nur in einzelnen Fällen anwendbar, weil als Zwischenprodukte stickstoffhaltige, außerordentlich **explosible** ölförmige Verbindungen entstehen, deren betriebsmäßige Darstellung als vollkommen ausgeschlossen gelten muß. Ein Beispiel für die gefahrlose und daher auch im großen ausführbare Herstellung eines Merkaptans aus dem entsprechenden Amin ist die Darstellung der **Thiosalicylsäure** (2) aus **Anthranilsäure** (1). Durch die Gegenwart

$$(1) \quad \underset{COOH}{\overset{NH_2}{\bigcirc}} \quad \rightarrow \quad \underset{COOH}{\overset{SH}{\bigcirc}} \quad (2)$$

der o-ständigen Karboxylgruppe ist, offenbar infolge der Wasserlöslichkeit der Diazosulfide, die Gefährlichkeit des Zwischenproduktes so weit herabgemindert, daß die technische Darstellung nicht den mindesten Bedenken unterliegt. Dem aus diazotierter Anthranilsäure und Na_2S_2 entstehenden Zwischenprodukt kommt wahrscheinlich die Formel eines

Diazodisulfides (3) zu; es geht schon bei Zimmertemperatur unter Abspaltung von Stickstoff in die sog. Bisthiosalicylsäure (4) über, aus der durch Reduktion die Thiosalicylsäure selbst leicht erhältlich ist.

$$(3) \quad C_6H_4 \overset{N=N \cdot S \cdot S \cdot N=N}{\underset{COOH \qquad HOOC}{}} C_6H_4 \qquad (4) \quad C_6H_4 \overset{S \cdot S}{\underset{COOH \quad HOOC}{}} C_6H_4$$

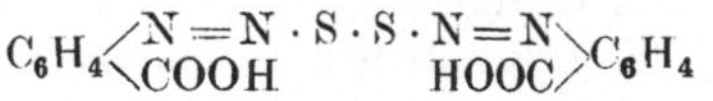

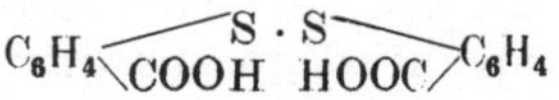

Gleichfalls mit großer Vorsicht anzuwenden ist das Verfahren zur Darstellung der Merkaptane über die Xanthogenate (siehe S. 153). Auch hier entstehen als Zwischenprodukte stickstoffhaltige labile Verbindungen (5), die schon bei niederen Temperaturen ihren Stickstoff abgeben und in die entsprechenden aromatischen Xanthogenate (6)

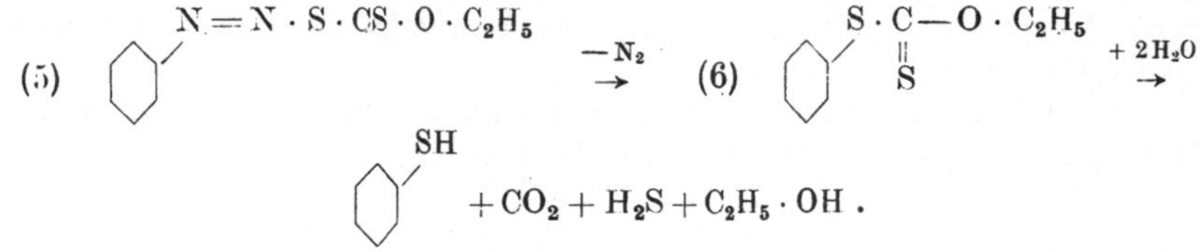

$$(5) \quad \bigcirc{}^{N=N \cdot S \cdot CS \cdot O \cdot C_2H_5} \quad \overset{-N_2}{\to} \quad (6) \quad \bigcirc{}^{S \cdot C - O \cdot C_2H_5}_{\qquad S} \quad \overset{+2H_2O}{\to}$$

$$\bigcirc{}^{SH} \quad + CO_2 + H_2S + C_2H_5 \cdot OH \,.$$

übergehen. Diese werden durch Verseifung leicht in die zugehörigen Merkaptane umgewandelt:

Eine außerordentlich wichtige Gruppe von grünblauen bis violetten Schwefelfarbstoffen, die in ihrem färberischen Verhalten den Küpenfarbstoffen sehr nahe stehen und sich auch nach den für diese Farbstoffklasse üblichen Methoden auf die vegetabilische Faser färben lassen, sind die Hydronfarbstoffe, die unter Verwendung des früher unverwertbaren Karbazols hergestellt werden und als ein sehr wertvoller Ersatz des Indigos auf Baumwolle gelten können in Fällen, wo es auf besondere Echtheit, insbesondere Chlorechtheit, ankommt. Ihre Konstitution ist aber zurzeit noch nicht mit Sicherheit aufgeklärt. Das Hydronblau wird erhalten durch Schwefelung des indophenolartigen Kondensationsproduktes (7) aus Karbazol und Nitrosophenol:

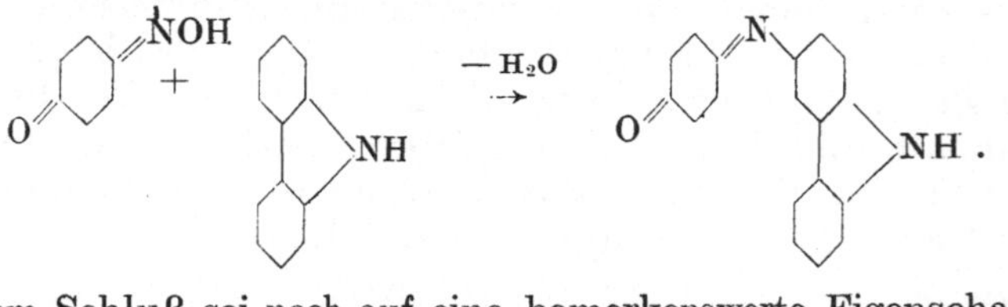

$$O=\!\!\!\bigcirc\!\!\!=\!\!NOH \; + \; \bigcirc\!\!\!\bigcirc{}_{NH} \quad \overset{-H_2O}{\to} \quad O=\!\!\!\bigcirc\!\!\!=\!\!N\!\!-\!\!\bigcirc\!\!\!\bigcirc{}_{NH} \,. \quad (7)$$

Zum Schluß sei noch auf eine bemerkenswerte Eigenschaft der reduzierten Schwefelfarbstoffe hingewiesen (die man als Leukofarbstoffe bezeichnen kann, obwohl sie, ebenso wie die Leukoverbindungen zahlreicher Küpenfarbstoffe, fast durchgehends gefärbt sind), durch die sich die Schwefelfarbstoffe nicht unerheblich vom Indigo und vielen seiner Derivate unterscheiden. Es ist das die beträchtliche Affinität dieser Leukoverbindungen zur Pflanzenfaser auch bei höheren Temperaturen, während die Affinität der Indigoleukofarbstoffe bei höheren Temperaturen sehr erheblich abnimmt. Diese Eigenschaft hat eine sehr große Bedeutung für das Verhalten der Schwefelfarbstoffe einerseits und der Indigofarbstoffe andererseits bei· Reduktionsätzen, die heutzutage übrigens fast ausschließlich mit den Hydrosulfitpräparaten ausgeführt werden. Während die Indigofarbstoffe, nachdem sie auf der Faser reduziert worden sind, durch heißes Wasser oder Seife leicht abgezogen werden können, so daß die geätzten Stellen nachher weiß erscheinen, besitzen die Leukoverbindungen der Schwefelfarbstoffe eine solche Affinität, daß auch nach dem Ätzen die Entfernung der reduzierten Farbstoffe, selbst bei höheren Temperaturen, nur unvollkommen gelingt, so daß man zu besonderen Methoden Zuflucht nehmen muß, um eine wirksame Reduktionsätze auf Schwefelfarbstoffen vorzunehmen.

Einen kurzen Überblick über einige weitere Schwefelfarbstoffe, die nach den oben erörterten Methoden erhältlich sind, soll die nachfolgende Zusammenstellung gewähren:

Farbstoffe nach Art des Cachou de Laval sind das Sulfinbraun, aus ungesättigten Fettsäuren (Ölsäure, Rizinusölsäure, Leinölsäure) in der Schwefelschmelze erhältlich, und das Sulfanilinbraun, das auf gleichem Wege eine nützliche Verwendung der Sulfitzelluloseablaugen bezweckt. *Sulfin- u. Sulfanilinbraun.*

Der wichtige Einfluß von Acylresten, insbesondere der Fettreihe, erhellt aus dem abweichenden Reaktionsverlauf, den die Schwefelschmelze bei p-Phenylendiamin nimmt, falls ein Teil des Diamins zum Acet-p-Phenylendiamin acyliert ist. Während p-Phenylendiamin selbst, nach Vidal, ein Schwarz liefert, erhält man in Gegenwart der Acetylverbindung (siehe oben Thiokatechine) einen Farbstoff, Thiophorbronze, der Baumwolle in den Tönen der Bronze färbt. Setzt man dem Reaktionsgemisch vor der Schmelze Benzidin zu, so wird der Ton des entstehenden Farbstoffs, Thiophorgelbbronze, zunächst etwas nach Gelb verschoben; an der Luft geht die Färbung, offenbar infolge einer Oxydation, allmählich in ein gelbliches Grün über. *Thiophorbronze u. -Gelbbronze.*

Ein Farbstoff, der wegen seiner Säureunechtheit technisch ohne Bedeutung geblieben ist, aber geschichtlich ein gewisses Interesse bietet, ist das Italienischgrün, das aus p-Nitrophenol oder p-Aminophenol (Pyrogengrün) durch Verschmelzen mit Schwefelalkali und Schwefel in Gegenwart von Kupfersalzen dargestellt wurde. Man erhielt dabei, statt des nach Vidal zu erwartenden Schwarz, ein etwas stumpfes Grün und lernte hierdurch den weitgehenden Einfluß metallischer Zusätze kennen, von dem später in vielen anderen Fällen mit Vorteil Gebrauch gemacht wurde. *Italienischgrün.*

Farbstoffe aus m-Diaminen und ihren Derivaten sind das Immedialgelb (aus m-Toluylendiamin mit Schwefel bei höheren Temperaturen, bis gegen 200°), das Immedialorange (aus denselben Ausgangsmaterialien bei Temperaturen bis gegen 250°) und das Kryogengelb R, das durch Erhitzen des sog. m-Toluylendithioharnstoffs, $H_3C \cdot C_6H_3(NH \cdot CS \cdot NH_2)_2$, mit Schwefel und nachträgliche Behandlung mit *Immedialgelb u. -Orange.*

Kryogen-gelb G.

Schwefelalkali entsteht. Vollzieht sich die Einwirkung des Schwefels in Gegenwart von Benzidin, so findet auch hier eine kleine Verschiebung des Tones statt; der dadurch erhältliche Farbstoff ist das Kryogen-gelb G.

Pyrogengelb u. -olive.

Auf einer analogen Thiazolbildung wie beim Primulin beruht wohl auch die Entstehung der als Pyrogengelb und Pyrogenolive bezeichneten Farbstoffe, die aus verschiedenen Derivaten des Benzyl-anilins, $C_6H_5 \cdot NH \cdot CH_2 \cdot C_6H_5$, und Benzylidenanilins, $C_6H_5 \cdot N = CH \cdot C_6H_5$, erhalten werden:

Baumwoll-schwarz u. ThionblauR.

Farbstoffe von dem wichtigen Typus des Immedialschwarz sind, außer den schon oben (siehe S. 462f.) genannten, noch das Baumwoll-schwarz aus der 2, 4-Dinitrodiphenylamin-3′ (oder 4′)-Sulfonsäure, das, im Gegensatz zum Immedialschwarz, seinen Ton unter der Einwirkung von Oxydationsmitteln (H_2O_2) auf der Faser nicht nach Blau ver-schiebt, und das Thionblau R, das in der Schwefelalkali-Schwefel-schmelze aus dem Kondensationsprodukt des p-Nitro-p-Amino-p′-Oxy-diphenylamins mit Schwefelkohlenstoff entsteht. Die Färbungen des Thionblaus sind ursprünglich ein ziemlich wertloses Blaugrün; durch Nachbehandlung mit den üblichen Oxydationsmitteln erhält man ein wertvolles, sehr reines Blau.

Immedial-braun, -dun-kelbraun u. -bronze.

Läßt man auf das Ausgangsmaterial für Immedialschwarz, das o, p-Dinitro-p′-Oxydiphenylamin, zunächst wässeriges Alkali ein-wirken, so findet eine tiefgreifende Veränderung des Moleküls statt, indem sich unter gleichzeitiger Ammoniakentwicklung eine braune Lösung bildet. Das entstandene Reaktionsprodukt liefert, mit Schwefel-alkali und Schwefel verschmolzen, braune Schwefelfarbstoffe: das Immedialbraun, das Immedialdunkelbraun und die Imme-dialbronze.

Baumwoll-braun.

Ähnlich dem o, p-Dinitro-p′-Oxydiphenylamin verhält sich ein Poly-nitrodiphenylaminderivat unbekannter Konstitution; vielleicht ein nitriertes Diphenylaminsulfon,   , dem der Schwefelfarbstoff Baumwollbraun seine Entstehung verdankt.

Thional-braun, -dun-kelbraun u. -bronze.

Ein weiteres Beispiel für die Entstehung von braunen Farbstoffen aus Diarylaminabkömmlingen ist das Thionalbraun (bzw. Thional-dunkelbraun und Thionalbronze) aus dem Kondensationsprodukt der 1, 2-Naphtochinon-4-Sulfonsäure mit Sulfanilsäure, der sog. β-Oxynaphtochinonanil-p-Sulfonsäure (1):

(1) $O = \langle\ \rangle = N - \langle\ \rangle - SO_3H$.

Die Erkenntnis, daß man durch Herabsetzung der Reaktionstemperatur in vielen Fällen zu erheblich reineren und wertvolleren Farbstoffen gelangt, führte, wie bereits erwähnt, zu Neuerungen von großer Tragweite. So erhielt man z. B. auch aus dem o, p-Dinitro- bzw. -Aminonitro-p′-Oxydiphenylamin ein wesentlich anderes Reaktionsprodukt, als man die Schwefelung in alkoholischer Lösung unter Druck ausführte. Es ergab sich statt eines Schwarz unmittelbar ein Blau, das Pyrogenblau bzw. Pyrogendirektblau, das infolge seiner größeren Reinheit in kräftigen und klaren Tönen färbt.

Grüne Farbstoffe, Thionalgrün und Thionalbrillantgrün, erhält man aus einfachen Indophenolen der Naphtalinreihe, die sich von arylierten α-Naphtylaminen und deren Sulfonsäuren (2), sowie von den α-Naphtylarylsulfamiden (3) ableiten, falls man die Schmelze in Gegenwart von Kupfersalzen ausführt.

$$(2) \quad HO-\langle\rangle-NH-\langle\rangle-NH-\langle\rangle$$
$$-\langle\rangle-SO_3H$$

$$(3) \quad HO-\langle\rangle-NH-\langle\rangle-NH\cdot SO_2-\langle\rangle$$

Schwarze, aber gleichfalls durch Nachbehandlung mit Oxydationsmitteln den Ton nach Blau verschiebende Farbstoffe, die aus Oxyaminodiphenylaminen oder den zugehörigen Indophenolen gewonnen werden, sind die Pyrogenschwarz-Marken, die wohl dem Immedialschwarz näher stehen als dem Immedialreinblau.

Schließlich sei noch erwähnt das Melanogenblau D, das aus dem stickstoffhaltigen Naphtazarinzwischenprodukt erhalten wurde (siehe S. 353) und beim Behandeln der Färbungen mit $CuSO_4$ ein kräftiges Schwarz liefert.

M) Die Küpenfarbstoffe.

Unter Küpenfarbstoffen sind bestimmte Gruppen von Farbstoffen zu verstehen, die nach einem besonderen Färbeverfahren gefärbt werden. Es ist also für sie in erster Linie nicht die chemische Konstitution, sondern das Färbeverfahren maßgebend. In der Regel sind die Küpenfarbstoffe in Wasser, Alkalien und Säuren unlösliche Verbindungen, die als solche, mangels jeder ausgesprochenen Affinität zur Faser, sich nicht unmittelbar zum Färben eignen. Sie müssen daher durch einen Reduktionsprozeß in die ihnen entsprechenden Reduktionsprodukte, die Leukofarbstoffe, übergeführt werden, die in Form ihrer Salze sowohl ausreichende Löslichkeit in Wasser, als auch Affinität zur Textilfaser besitzen. Da dieser Reduktionsprozeß in der sog. Küpe (Kufe) vorgenommen wird, so hat man diesen Farbstoffen den Namen Küpenfarbstoffe beigelegt. Einer der ältesten Küpenfarbstoffe ist der

Pyrogenblau u. -direktblau.

Thionalgrün u. -brillantgrün.

Pyrogenschwarz.

Melanogenblau D.

Begriffsbestimmung.

Indigo u. Tyrischer Purpur.

Indigo (1), den man wegen seiner hervorragenden Wichtigkeit wohl auch den „König der Farbstoffe" genannt hat. Von Interesse ist die neuerdings von P. Friedländer festgestellte Tatsache, daß auch der

$$(1) \qquad \underset{\text{CO}}{\overset{\text{NH}}{\bigcirc}} C = C \underset{\text{CO}}{\overset{\text{NH}}{\bigcirc}}$$

echte antike oder tyrische Purpur, der aus der Purpurschnecke gewonnen wurde, ein dem Indigo sehr nahestehender Farbstoff ist, indem er das Dibromderivat des Indigos selbst darstellt (2). Färbungen mittels

$$(2) \qquad \text{Br}\underset{\text{CO}}{\overset{\text{NH}}{\bigcirc}} C = C \underset{\text{CO}}{\overset{\text{NH}}{\bigcirc}}\text{Br}$$

des Saftes der Drüsen von Purpurschnecken sind übrigens nicht nur in der Alten Welt vor Jahrtausenden hergestellt worden, sondern, wie neuere Forschungen ergeben haben, wußten auch die Indianer von Amerika sich des Saftes gewisser Schneckenarten zum Färben ihrer Kleider usw. zu bedienen.

Geschichte der Indigo-Synthese.

Der Indigo, der ursprünglich ein pflanzliches Produkt ist — aus Isatis tinctoria (Waid) und Indigoferaarten — hat sich bis auf den heutigen Tag seine volle Bedeutung bewahrt; jedoch haben sich die Methoden zu seiner Gewinnung infolge der Auffindung synthetischer Verfahren wesentlich geändert. Während bis in die 90er Jahre des vergangenen Jahrhunderts der natürliche Indigo, vor allem aus Indien und Java, den Weltmarkt beherrschte, ist der Pflanzenindigo heute, wenn man von den vorübergehenden Wirkungen der Kriegsjahre (siehe unten) absieht, gegenüber dem synthetischen Produkt vollständig in den Hintergrund getreten; gleichzeitig aber hat sich der Jahresverbrauch infolge der Verbilligung noch ganz erheblich vermehrt. Das ursprüngliche Vorurteil, das man dem synthetischen Indigo als „Kunstprodukt" entgegenbrachte, ist verhältnismäßig sehr rasch der Überzeugung von seiner Überlegenheit gewichen. Anfängliche Schwierigkeiten, die sich aus der Verwendung des reineren synthetischen Farbstoffes an Stelle des mehr oder minder verunreinigten, aber leichter verküpbaren Naturproduktes ergaben, haben sich sehr bald überwinden lassen, und es unterliegt heute keinem Zweifel, daß die mittels des synthetischen Indigos erzielten Färbungen den älteren Färbungen und Drucken, die mit Hilfe des Pflanzenfarbstoffes erzeugt wurden, mindestens ebenbürtig sind. Der Ersatz des Naturproduktes durch den synthetischen Indigo hat sich, obwohl man die Konstitution des Indigos dank der hervorragenden Arbeiten Baeyers schon seit den 70er Jahren erkannt hatte, doch bei weitem nicht so rasch vollzogen, wie die Verdrängung des natürlichen Krapps durch das synthetische Alizarin. Alle die zahlreichen Versuche, die in den 70er und 80er Jahren des vergangenen Jahrhunderts auf die künstliche Darstellung des Indigos abzielten, sind gescheitert an der Schwierigkeit, ein genügend **billiges** Produkt zu erzeugen. Erst die Entdeckung **Heumanns**, daß sich das Phenylglycin auf dem Wege der Alkalischmelze zu einem Indolderivat, dem **Indoxyl**, kondensieren läßt (1), eröffnete eine bestimmtere

Die Heumann'schen
Indigo - Synthesen.
Phenylglycin.

(1) $\underset{\text{OH}}{\overset{\text{NH}}{\underset{\text{CO}}{\bigcirc}}}\text{CH}_2 \quad \xrightarrow{-\text{H}_2\text{O}} \quad \underset{\text{OH}}{\overset{\text{NH}}{\underset{\text{C}}{\bigcirc}}}\text{CH}$

Aussicht, der Lösung des schwierigen technischen Problems näherzukommen. Zwar ist es zunächst auch auf diesem Wege nicht gelungen, synthetischen Indigo zu einem konkurrenzfähigen Preise darzustellen, weil die Ausbeuten an Indigo aus Phenylglycin auf dem eben angedeuteten Wege nicht genügend waren. Erst die weitere Entdeckung, daß ein Derivat des Phenylglycins, nämlich die Phenylglycin-o-Karbonsäure aus Anthranil-Säure + Monochloressigsäure (siehe S. 96), bei wesentlich niedrigeren Temperaturen zum Ringschluß geneigt ist (2),

Phenylglycin-o-Karbonsäure.

(2) $\underset{\text{OH}}{\overset{\text{NH}}{\underset{\text{CO}}{\bigcirc}}}\text{CH}_2\cdot\text{COOH} \quad \xrightarrow{-\text{H}_2\text{O}} \quad \underset{\text{HO}}{\overset{\text{NH}}{\underset{\text{C}}{\bigcirc}}}\text{C}\cdot\text{COOH} \quad \xrightarrow{-\text{CO}_2} \quad \underset{\text{OH}}{\overset{\text{NH}}{\underset{\text{C}}{\bigcirc}}}\text{CH}$

hat es ermöglicht, die Ausbeuten in so beträchtlichem Maße zu steigern, daß im Jahre 1897 die Badische Anilin- und Sodafabrik es wagen konnte, den Kampf mit dem Naturprodukt aufzunehmen. Einige Jahre später wurde allerdings erkannt, daß auch diese Form der Synthese noch nicht als die endgültige anzusehen war. Es zeigte sich, daß das von **Heumann** zuerst vorgeschlagene Phenylglycin unter anderen Bedingungen, nämlich wenn man Natriumamid, $NaNH_2$, an Stelle des schmelzenden Alkalis anwendet, bei erheblich **niedrigeren** Temperaturen in vorzüglicher Ausbeute Indigo liefert. Da das Phenylglycin aus den leicht zugänglichen Komponenten Anilin und Monochloressigsäure ohne Schwierigkeit in unbegrenzten Mengen erhältlich ist (1), so war damit die Überlegenheit des Natriumamidverfahrens über das ältere Anthranilsäure-Verfahren der Badischen Anilin- und Sodafabrik alsbald erwiesen.

Natriumamid-Verfahren.

(1) $\bigcirc\!\!-\text{NH}_2 + \text{ClCH}_2\cdot\text{COOH} \quad \xrightarrow{-\text{HCl}} \quad \bigcirc\!\!-\text{NH}\cdot\text{CH}_2\cdot\text{COOH}$

Etwa zu gleicher Zeit (1901) wurde von R. **Bohn** eine andere wichtige Entdeckung auf dem Gebiete der Küpenfarbstoffe gemacht. Es zeigte sich, daß das β-Aminoanthrachinon unter der Einwirkung schmelzenden Alkalis zwei wichtige Küpenfarbstoffe zu liefern vermag, einen blaufärbenden, das **Indanthren**, und einen gelbfärbenden, das **Flavanthren** oder Indanthrengelb (siehe Küpenfarbstoffe). Diese Ent-

Indanthren
u. Flavanthren.

deckung war deshalb von großer Wichtigkeit, weil sie zeigte, daß technisch brauchbare Küpenfarbstoffe nicht nur auf dem bisherigen beschränkten Gebiete des Indigos, sondern auch unter den Abkömmlingen des Anthracens bzw. des Anthrachinons zu erhoffen waren, und weitere Versuche auf dem Gebiete des Anthrachinons haben alsbald eine große Fülle von schönen und echten Küpenfarbstoffen erstehen lassen.

Thioindigo. Im Jahre 1905 wurde die Technik um eine weitere, außerordentlich wichtige Entdeckung bereichert, indem P. Friedländer zeigte, daß eine dem Indigo (2) ganz analog gebaute Verbindung, nämlich der Thioindigo (3), der an Stelle der beiden Iminogruppen Schwefel

$$(2) \quad \text{NH-Struktur} \qquad , \qquad (3) \quad \text{S-Struktur}$$

enthält, in vollkommenem Maße die Eigenschaften eines Küpenfarbstoffes aufweist, indem er die tierische und pflanzliche Faser zwar nicht wie Indigo blau, sondern in einem schönen und echten blaustichigen Rot anzufärben vermag. Diese von Kalle & Co. weiter ausgestaltete Entdeckung hat gleichfalls den Anstoß zur Auffindung einer großen Zahl wichtiger Farbstoffe der Thioindigoreihe gegeben, und man kann erwarten, daß die weitere Entwicklung auf dem Gebiet der Küpenfarbstoffe dahin führen wird, daß man sich ihrer, wie dies schon jetzt der Fall ist, zur Erzeugung besonders echter Färbungen in hervorragendem Maße bedient. Gerade für Wollfärbungen bieten die Küpenfarbstoffe den großen, technisch nicht zu unterschätzenden Vorteil, daß der ganze Färbeprozeß sich bei verhältnismäßig niedrigen Temperaturen, zwischen 40 und 50°, abspielt, während sonst zur Erzeugung echter Färbungen auf Wolle, z. B. vermittels der Beizenfarbstoffe oder der nachchromierbaren Azofarbstoffe, stundenlanges Kochen erforderlich ist, was nicht nur einen großen Aufwand an Heizmaterial, Arbeit usw., sondern auch eine ungünstige Beeinflussung der Wollfaser selbst sowie Materialverluste mit sich bringt (siehe auch S. 406).

Hydronblau. Zum Schluß sei hier nochmals auf eine kleine Gruppe von Farbstoffen verwiesen (siehe S. 464), die sozusagen den Übergang von den Schwefelfarbstoffen zu den Küpenfarbstoffen vermitteln. Es sind das die Hydronfarben, von denen, wie bereits erwähnt, die Hydronblau-Marken durch Schwefelung der Kondensationsprodukte aus Nitrosophenol und Karbazolen gewonnen werden.

Man kann auf Grund des vorstehenden geschichtlichen Abrisses nach rein äußerlichen Merkmalen die Küpenfarbstoffe einteilen in drei Gruppen:

    1. Indigoide Küpenfarbstoffe,
    2. Küpenfarbstoffe der Anthrachinonreihe und
    3. sonstige Küpenfarbstoffe.

1. Indigoide Farbstoffe.

Als Typus der **indigoiden Farbstoffe** hat, wie schon der Name besagt, der **Indigo** selbst zu gelten. Es ist nicht leicht, zu ganz bestimmten Vorstellungen über den Zusammenhang zwischen **Konstitution** und **Farbe** beim Indigo zu gelangen. Man kann den Indigo, der, wie man sieht, 2 Indolkerne enthält, auffassen als ein eigenartiges Derivat des **Benzochinons**, in dem 2 o-ständige Kohlenstoffatome fehlen, während die 2 Wasserstoffatome der beiden anderen zwischen den Karbonylen liegenden Methingruppen durch 2 Anilidogruppen ersetzt sind. Danach steht der Indigo (1) dem o-Dianilidobenzochinon (2) sehr nahe, und demgemäß wäre die Verkettung $-\mathrm{CO}\cdot\overset{|}{\mathrm{C}}=\overset{|}{\mathrm{C}}\cdot\mathrm{CO}-$ (2 Karbonylgruppen und 1 Äthylengruppe) als **Chromogen**, und die beiden Imino- bzw. Anilidogruppen als **auxochrome** Gruppen anzusehen.

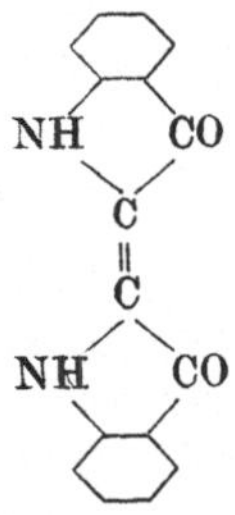

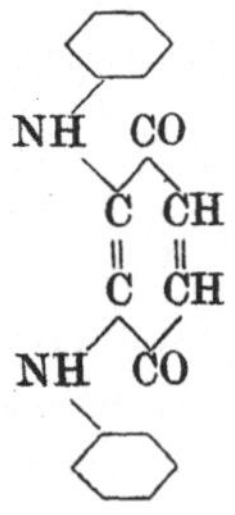

Es herrscht nun, nach den neueren Entdeckungen der beiden letzten Jahrzehnte, auf dem Gebiete der indigoiden Farbstoffe eine ebenso große Mannigfaltigkeit, wie wir sie in anderen Farbstoffklassen bereits kennen gelernt haben. Nicht nur, daß der Indigo selbst durch Substitution der Wasserstoffatome der beiden Benzolkerne in mannigfache wertvolle Derivate übergeführt werden kann, sondern nachdem P. Friedländer gezeigt hat (siehe oben), daß die NH-Gruppe des Indigos sich durch Schwefel ersetzen läßt, besteht die Möglichkeit, diesen Ersatz sowohl zweimal als auch nur einmal zu bewirken. Im letzteren Falle erhält man statt eines vollkommen symmetrisch gebauten **Thioindigofarbstoffes** einen nur unvollkommen symmetrisch gebauten **gemischten Thioindigofarbstoff**, dessen eine Hälfte dem Indigo analog gebaut ist, während die andere dem Thioindigo entspricht (1). Bemerkenswerterweise hat sich gezeigt, daß der Ersatz der Iminogruppe des Indigos durch **Sauerstoff** zu Produkten führt, z. B. (2), die als solche nach den bisherigen Erfahrungen, infolge ihrer auffallenden Unbeständigkeit, färberisch **wertlos** sind.

Eine andere Variation ergibt sich daraus, daß zwei Indolkerne (3) sich nicht nur mittels ihrer α-Kohlenstoffatome verketten lassen, wie im Indigo, sondern daß auch eine Verkettung zwischen dem α-Kohlenstoff des einen Kerns und dem β-Kohlenstoff des anderen Kerns möglich ist. Man gelangt auf diese Weise zu unsymmetrisch gebauten indigoiden Farbstoffen, von denen ein Vertreter im sog. Indigorot (4)

schon lange bekannt ist, da er als Begleiter des natürlichen Indigofarbstoffes auftritt. Derartige unsymmetrisch gebaute, durch die Verkettung $\alpha-\beta$ gekennzeichnete Farbstoffe lassen sich auch in der Weise erzielen, daß man einen indigoiden Farbstoff aus einem Indolring und einem Thionaphtenring (5) aufbaut. Hierbei sind wiederum zwei Fälle möglich: Das α-Kohlenstoffatom gehört dem Indolring, das β-Kohlenstoffatom dem Thionaphtenring an (6) oder umgekehrt, das β-Kohlen-

stoffatom gehört dem Indol-, das α-Kohlenstoffatom dem Thionaphtenring an (7). Die so erhaltenen unsymmetrisch (α, β) gebauten Küpenfarbstoffe sind aber vielfach den symmetrisch gebauten α, α-Isomeren

nicht ebenbürtig. Dies gilt schon für das obenerwähnte Indigorot (4), das als solches wegen seiner mangelnden Echtheit an Bedeutung dem Indigoblau bei weitem nachsteht, und das nur in vereinzelten Derivaten technische Anwendung findet.

Eine weitere Variationsmöglichkeit besteht darin, daß beide zum Aufbau des indigoiden Küpenfarbstoffes erforderlichen Kerne mit β-Kohlenstoffatomen in Verbindung treten. Auch hier ist wieder die Verknüpfung zweier Indolkerne (1) oder zweier Thionaphtenkerne (2) oder eines Indolkernes mit einem Thionaphtenkern (3) möglich, und man erhält auf diese Weise vollkommen oder unvollkommen symmetrische β, β-Farbstoffe. Soweit die bisherigen Erfahrungen reichen, genügen diese Farbstoffe auffallenderweise noch weniger den üblichen Anforderungen an Echtheit wie die unsymmetrischen vom Typus des Indigorots.

Allen drei Arten von indigoiden Küpenfarbstoffen, den α, α-, den α, β- und den β, β-Formen, liegt, wie dem Indigo selbst, das Benzochinonbruchstück (4) als chromophore Gruppe zugrunde. Bei dem

$$(4) \qquad \diagdown CO \diagup C = C \diagdown CO \diagup$$

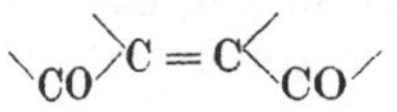

symmetrischen Thioindigorot (5) spielt die Phenylmerkaptangruppe an Stelle der Anilidogruppe die Rolle des Auxochroms. Während bei den symmetrisch gebauten α, α-Formen (5) die beiden auxochromen Gruppen, wie schon oben erwähnt, die Wasserstoffe der zwischen den beiden Karbonylen gelegenen o-ständigen Methingruppen ersetzen, hängen die auxochromen Gruppen in den β, β-Formen an den p-ständigen Karbonylen selbst (siehe oben) In den unsymmetrischen α, β-Formen (6) befindet sich die eine auxochrome Gruppe in normaler

$$(5) \qquad (6)$$

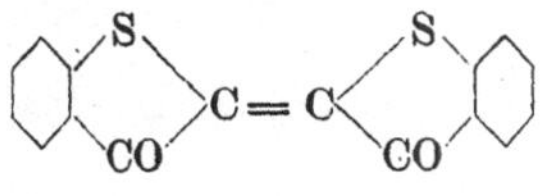

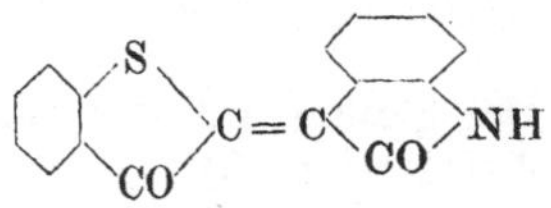

Stellung an einem Kohlenstoffatom der beiden Methingruppen, während die andere auxochrome Gruppe mit dem Kohlenstoff der dazu m-ständigen Karbonylgruppe verbunden ist. Maßgebend für die Auffassung von der Verkettung und Stellung der auxochromen Gruppen ist bei diesen Betrachtungen ausschließlich die Verkettung und Stellung des den Auxochrom-Charakter bestimmenden Stickstoffs bzw. Schwefels, nicht etwa des in der auxochromen Gruppe (z. B. $-NH$ $\cdot C_6H_4-$ oder $-S \cdot C_6H_4-$) vorhandenen Aryls. Es ist leicht verständlich, daß die eben erwähnten Abweichungen vom normalen Typus mit einer erheblichen Änderung nicht nur des Farbentones, sondern auch der Färbeeigenschaften Hand in Hand gehen.

Hiermit sind die Variationsmöglichkeiten der indigoiden Farbstoffe jedoch noch keineswegs erschöpft. Es hat sich gezeigt, daß zum Aufbau indigoider Farbstoffe im weiteren Sinne nicht nur Indol- und Thionaphtenkerne brauchbar sind, sondern auch reine Kohlenstoffkerne; und zwar lassen sich sowohl Fünfer- wie Sechserringe zu dem gleichen Zweck verwenden. Kondensiert man z. B. einen Naphtalinkern mit einem Indolkern derart, daß in dem fertigen Farbstoff die beiden Karbonylgruppen in der normalen Verkettung $CO - \overset{|}{C} = \overset{|}{C} - CO$ erscheinen, so erhält man Küpenfarbstoffe mit nur einer auxochromen Gruppe, die sich jedoch, bei der Verwendung geeigneter Komponenten, in ihren Echtheitseigenschaften durchaus nicht von den gewöhnlichen Indol-

und Thionaphtenabkömmlingen unterscheiden. Sie werden dargestellt, indem man an zweiter Stelle statt eines Indol- oder Thionaphtenabkömmlings ein aromatisches Phenol der Benzol-, Naphtalin- oder Anthracenreihe anwendet. Voraussetzung ist dabei ein solcher Verlauf der Kondensation, daß die eben erwähnte Verkettung $CO - \overset{|}{C} = \overset{|}{C} - CO$ zustande kommt. Verwendet man demgemäß als zweite Komponente α-Naphtol oder ein α-Naphtolderivat, so muß der Eingriff des Indol- oder Thionaphtenkerns in den Naphtalinkern in o-Stellung zur OH-Gruppe, also in 2-Stellung erfolgen, etwa gemäß folgender Formulierung der Reaktion zwischen α-Isatin-Anilid (1) und α-Naphtol (2):

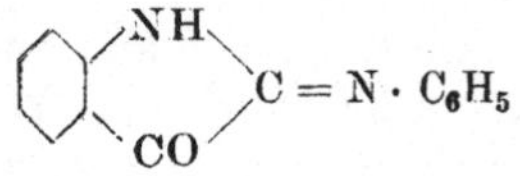

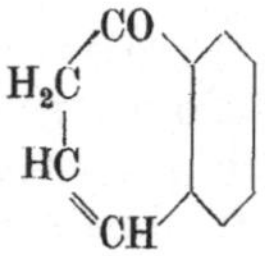

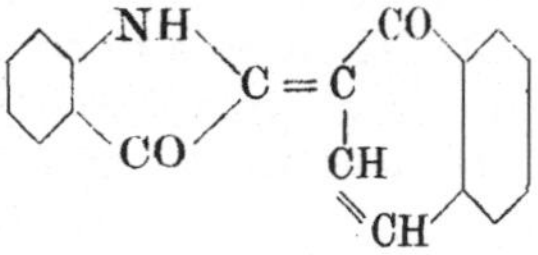

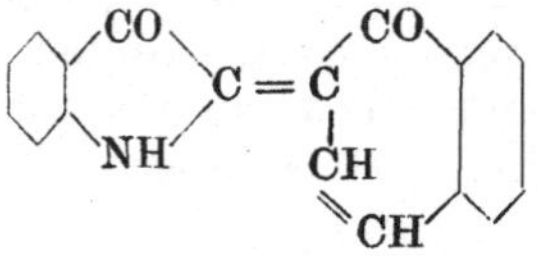

Das gleiche gilt für einen Anthracenabkömmling, z. B. das α-Anthrol, (5) 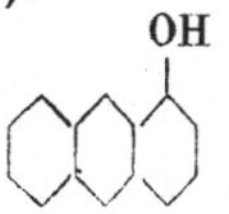 oder (6):

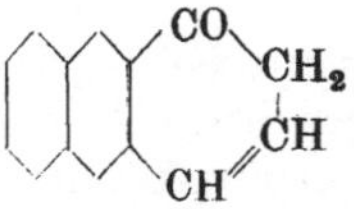

In vielen Fällen muß durch Substitution des aromatischen Phenols der Eingriff in die o-Stellung sozusagen erzwungen werden. Man verwendet z. B. ein α-Naphtolderivat, in dem die p-Stellung besetzt ist, wie im p-Chlor-α-Naphtol (1). Bei β-Naphtol und seinen Derivaten oder Analogen kommt, ebenso wie bei der Azofarbstoffbildung, für den Eingriff nur die o- d. h. 1-Stellung in Betracht. Aber auffallenderweise hat sich gezeigt, daß die aus derartigen β-Naphtolderivaten erhältlichen Küpenfarbstoffe, z. B. (2), den isomeren α-Naphtolabkömmlingen vom Typus (3) an Echtheit und somit auch an technischer Bedeutung erheblich nachstehen.

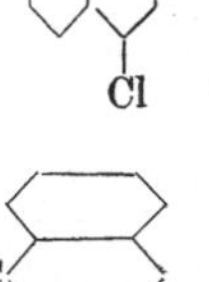

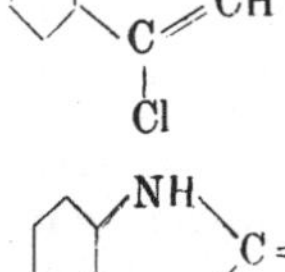

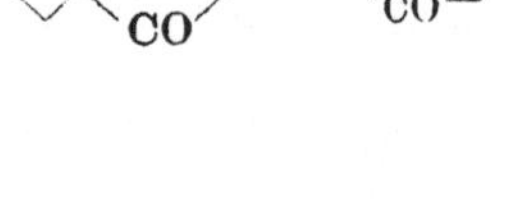

o- u. p-Stellung zum CO.

Erfolgt die Verkettung des Indol- oder Thionaphtenkerns mit dem Kern des Phenols, Naphtols usw. nicht in o-, sondern in p-Stellung zur OH-Gruppe, so entstehen indigoide Farbstoffe von einem wesentlich abweichenden Typus, den man als o, p-Typus bezeichnen kann, z. B. (4) oder (5), im Gegensatz zu der durch die Verkettung

$$\mathrm{CO - \overset{|}{C} = \overset{|}{C} - CO}$$

gekennzeichneten o, o-Konfiguration, (2) und (3), bei der beide Karbonyle die o-Stellung zu den die beiden Kerne verbindenden Kohlenstoffatomen einnehmen. Man kann schließlich noch einen Schritt weitergehen und, indem man auch an erster Stelle statt einer Indol- oder Thionaphtenkomponente einen Benzol- oder Naphtalinkern in geeig-

(4) 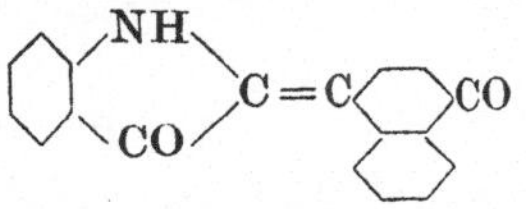 (5) 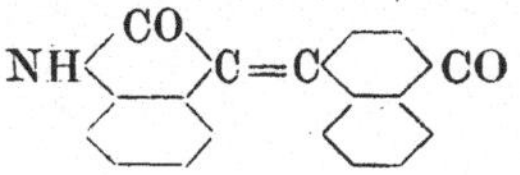

neter Weise reagieren läßt, zu Farbstoffen vom p, p-Typus gelangen, von denen einzelne, technisch übrigens wertlose Vertreter schon seit langer Zeit bekannt sind, wie z. B. das Cedriret oder Cörulignon (6), ein Oxydationsprodukt des Pyrogalloldimethyläthers (7). Bemerkenswert ist auch die Analogie zwischen diesen indigoiden Farbstoffen und den

Cedriret.

(6) 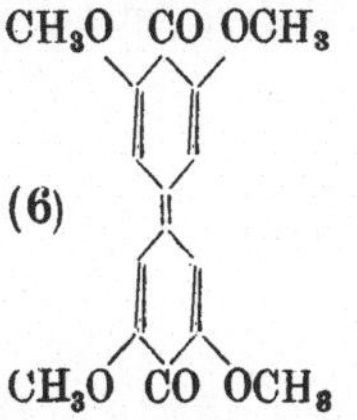 (7) 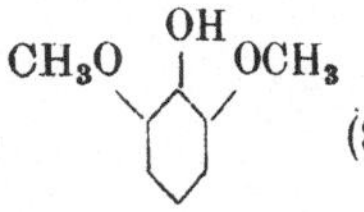 (8) 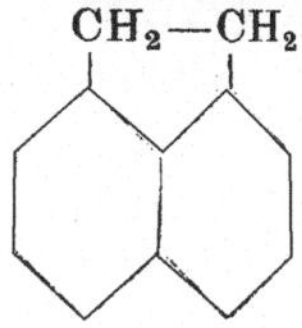 (9) 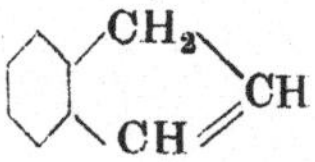

früher in dem Kapitel Chinolinfarbstoffe erwähnten Cyaninen (siehe S. 333ff.). Von den drei sich gemäß obigem für die Küpenfarbstoffe ergebenden Typen: 1. o, o, 2. o, p und 3. p, p kommt nach den bisherigen Erfahrungen nur der erstere, soweit es sich um technisch wichtige Farbstoffe handelt, in Betracht.

Acenaphten.

Von Farbstoffkomponenten mit Fünferring seien hier das Acenaphten (8) und das Inden (9) in Erinnerung gebracht. Das Acenaphten läßt sich durch Oxydation in das Acenaphtenchinon (1) überführen, und dieses liefert, analog dem Isatin (2), bei der Kondensation

(1) 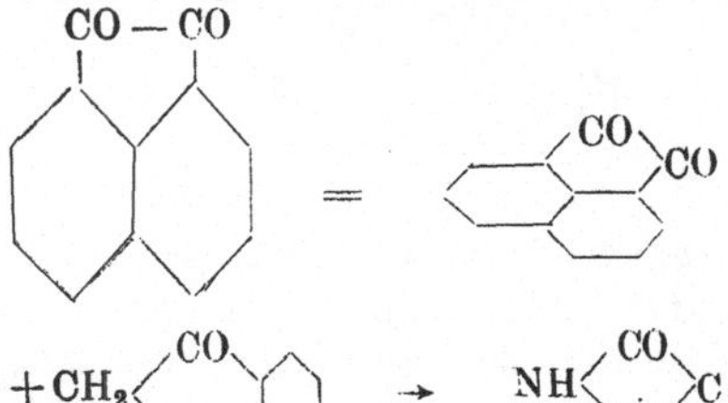

(2)

Thioindigoscharlach R

mit geeigneten Indol- und Thionaphtenabkömmlingen Küpenfarbstoffe,
von denen einzelne wegen ihrer Schönheit und Echtheit von ganz hervorragender Bedeutung sind, z. B. (3). Analog dem Acenaphtenchinon verhält sich das von **Liebermann** dargestellte **Aceanthrenchinon** (4)

(3)

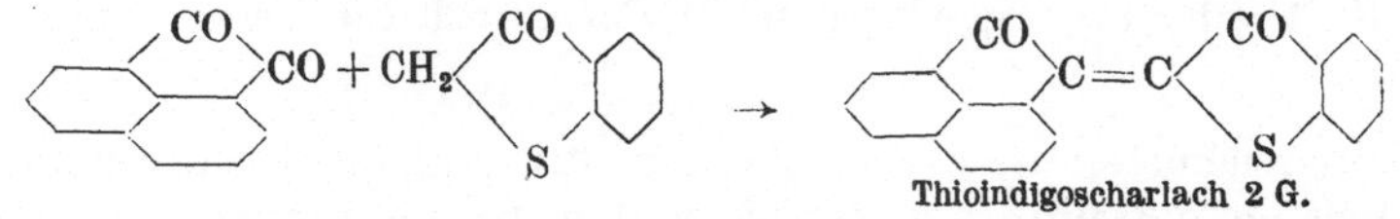

Thioindigoscharlach 2 G.

Inden. Das **Inden** läßt sich in Form des β-**Indanons** (5) zur Herstellung
von Küpenfarbstoffen verwenden. Es verhält sich ähnlich wie die aromatischen Phenole und liefert, indem die eine der beiden CH_2-Gruppen

(4) 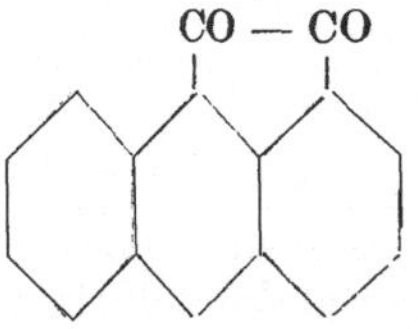   (5)

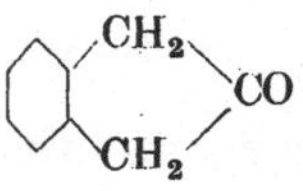

mit einer CO-Gruppe (oder einer $C = N \cdot C_6H_5$-Gruppe, z. B. des α-Isatin-
anilids) des Indol- oder Thionaphtenkerns reagiert, Farbstoffe, die die
normale Verkettung $CO - \overset{|}{C} = \overset{|}{C} - CO$ aufweisen und daher brauch-
bare Küpenfarbstoffe darstellen:

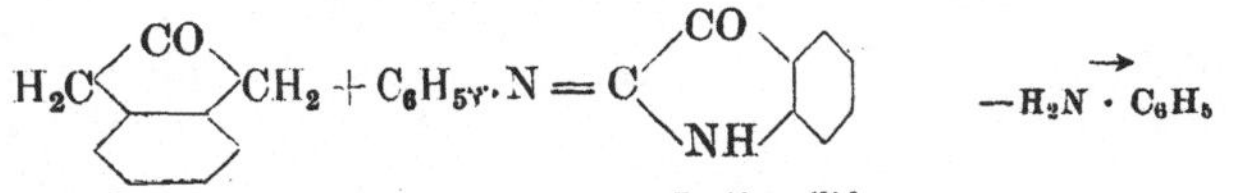

β-Indanon α-Isatinanilid

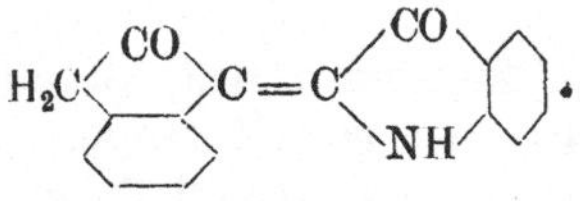

Indigo-
synthesen. Was die Schilderung der **Synthesen** auf dem Gebiete der indigoiden
Farbstoffe anlangt, so ist in Anbetracht der außerordentlichen Mannigfaltigkeit eine Beschränkung auf die technisch oder geschichtlich wichtigsten erforderlich. Es wurde bereits oben angedeutet, daß die Versuche zur synthetischen Darstellung des Indigos sehr zahlreich gewesen
sind. Betrachtet man das Skelett des Indigos (1), so erkennt man die

(1)

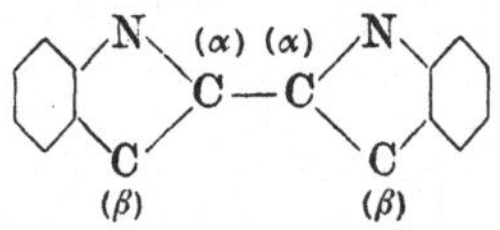

Möglichkeit, ihn einerseits so aufzubauen, daß eine **Verkettung** der
zu bildenden beiden Indolkerne durch die α-ständigen Kohlenstoffatome schon zu Beginn der Synthese vollzogen wird, während eine
andere Möglichkeit darin besteht, zunächst die beiden Indolkerne getrennt aufzubauen und erst zum Schluß zum Doppelmolekül zu ver-

einigen. Die erstere, scheinbar näherliegende Möglichkeit ist **praktisch
nie ernstlich in Betracht gekommen**, während man von der letzteren
Möglichkeit vielfach Gebrauch gemacht hat, und sie ist es auch gewesen, die schließlich zur technischen Lösung des Problems geführt
hat. Bei den Synthesen des **Indigos** selbst wird die Verkettung der
beiden Indolkerne mittels der beiden α-Kohlenstoffatome dadurch
außerordentlich erleichtert, daß die letzte Stufe vor der Vereinigung
der beiden Kerne sich durch eine außerordentliche Reaktionsfähigkeit
in der gewünschten Richtung auszeichnet. Diese Vorstufe ist das
Indoxyl oder β-**Oxyindol** (2), das eine hervorragende Bedeutung   Indoxyl.
auch deshalb besitzt, weil es bei der Gewinnung des **Naturindigos**
eine wichtige Zwischenphase bedeutet. Das **Indoxyl** ist zwar in den
Indigopflanzen (Indigofera- und Isatisarten) nicht als solches, sondern
in Form eines **Glukosides** enthalten, das aber durch Fermente sehr
leicht in **Indoxyl** und Glukose gespalten wird. Übrigens ist das
Indoxyl in einer anderen Form, die man als **Harnindikan** bezeichnet
— im Gegensatz zu den obenerwähnten Glukosid, dem **Pflanzen-
indikan** — auch im Harn pflanzenfressender Tiere enthalten, nämlich
als **Kaliumsalz der Indoxylschwefelsäure** (3). Auch aus dem

$$(2) \qquad\qquad (3)$$

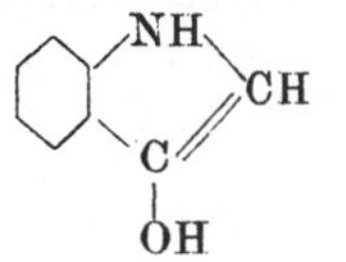

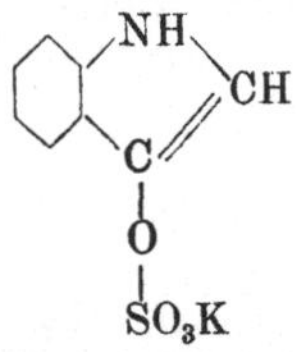

Harnindikan ist das **Indoxyl** durch **Hydrolyse** unschwer zu gewinnen. Der Übergang des **Indoxyls** in **Indigo** vollzieht sich überraschend leicht, und zwar in alkalischer Lösung bereits durch den
Sauerstoff der Luft. Vielleicht entsteht als Zwischenphase hierbei
das **Indigoweiß** (1), das andererseits auch durch **Reduktion von**   Indigoweiß.
Indigo leicht, z. B. in Form seines Natriumsalzes, zu erhalten ist (2),

(1)

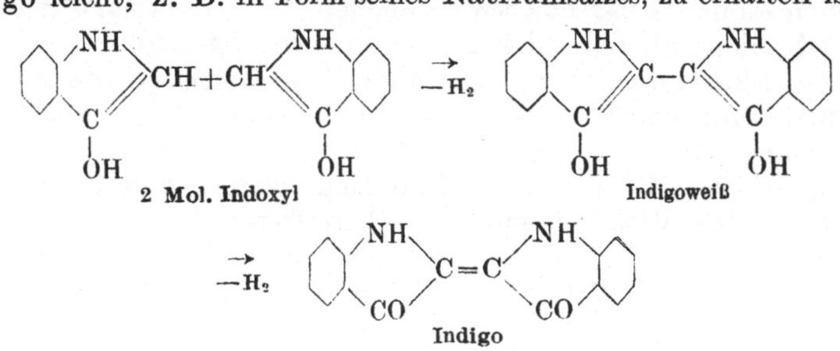

2 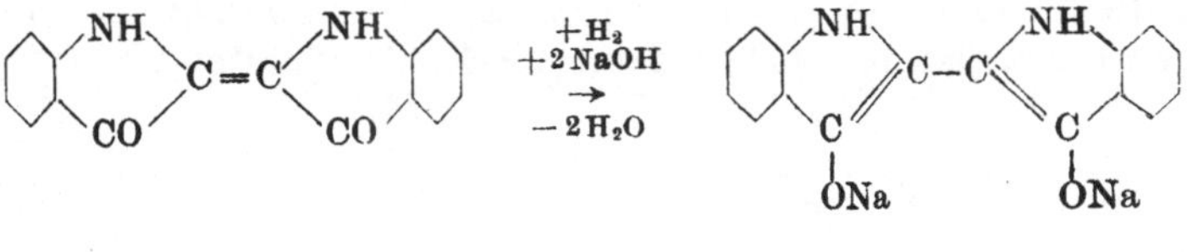 Mol. Indoxyl   Indigoweiß

Indigo

(2)

und das die wasserlösliche Le u k o f o r m darstellt, in der der Indigo von
der Textilfaser aufgenommen wird, um durch nachfolgende Oxydation
wieder in den eigentlichen, nunmehr auf der Faser festhaftenden und
in Wasser unlöslichen Farbstoff überzugehen. In gewissen Fällen kann
es übrigens wünschenswert sein, eine Reoxydation des Leukokörpers
zum Farbstoff hintanzuhalten. Dies trifft z. B. zu beim Ätzen
von Indigofärbungen durch reduzierende Agenzien. Hierbei kommt
es darauf an, die Leukoverbindung von der Faser zu entfernen, ehe
sie Gelegenheit hat, sich wieder durch den Luftsauerstoff zu oxydieren.
Man erreicht diesen Zweck durch die Einwirkung von Phenyl-Dimethyl-
Benzylammoniumchlorid, $\mathrm{{}^{C_6H_5}_{C_6H_5\cdot CH_2}\!\!>\!N\!<\!{}^{(CH_3)_2}_{Cl}}$ (aus Dimethylanilin und

Leukotrope. Benzylchlorid) und seinen Derivaten (die als Le u k o t r o pe im Handel
erscheinen) auf die Leukoverbindungen der indigoiden Farbstoffe. Hierbei entstehen angeblich die entsprechenden Benzyläther, aus Indigo
also z. B. das gelbe Mono-(oder Di-)benzyl-Indigweiß (3), das z. B. auf
der Faser in Gegenwart von Zinkoxyd orange Effekte liefert, und das
gegen den Sauerstoff der Luft unempfindlich und daher als solches
beständig ist, dagegen sich leicht von der Faser entfernen läßt, falls
man ihm durch Sulfogruppen (im Benzylrest) genügende Löslichkeit verleiht. Die leichte Überführbarkeit des Indoxyls in Indigo läßt es

(3)

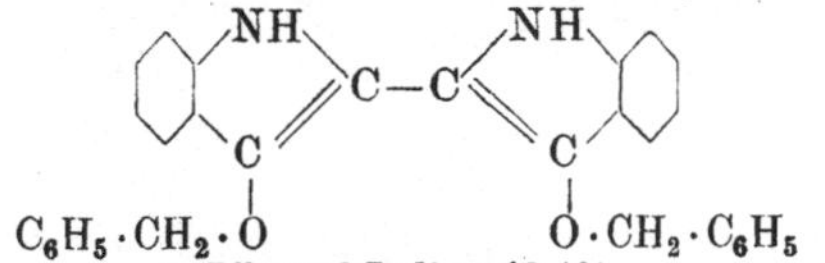

$$\text{Dibenzyl-Indigweiß (?)}$$

verständlich erscheinen, weshalb eine große Anzahl von Synthesen auf
die Herstellung gerade dieses Zwischenkörpers abzielen. Daß eine Verkettung zwischen zwei Indolkernen oder zwischen einem Indol- und einem
Thionaphtenkern usw. auch noch auf andere Weise leicht herbeigeführt
werden kann, soll weiter unten gezeigt werden.

Wenn man, wie bereits oben geschehen, den dem Stickstoff benachbarten Kohlenstoff des Indolkerns mit α und den anderen mit β bezeichnet, so kann man, nach rein äußeren Gesichtspunkten, die Synthesen
zur Darstellung von Indoxyl und seinen Derivaten in folgende 5 Gruppen einteilen:

1. Synthesen, bei denen der Indolring zustande kommt durch die
Verkettung des Stickstoffs mit dem Benzolkern:

2. Synthesen, bei denen der Indolkern zustande kommt durch die
Verkettung zwischen Stickstoff und α-Kohlenstoffatom:

3. Synthesen, bei denen der Indolring zustande kommt infolge einer Verkettung zwischen dem α- und dem β-Kohlenstoffatom:

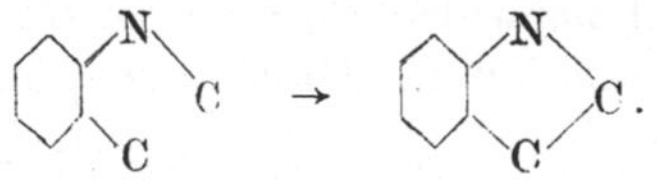

4. Synthesen, beruhend auf der Verkettung zwischen dem β-Kohlenstoffatom und dem Benzolkern:

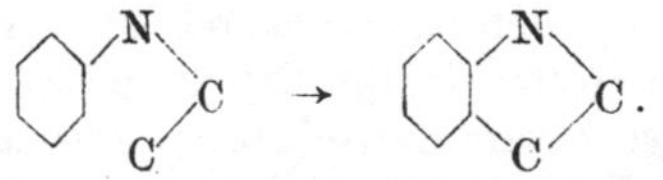

5. Synthesen, bei denen man einen fertigen Indolring benutzt, der durch Oxydation in Indoxyl oder dessen Derivate übergeführt wird, z. B.:

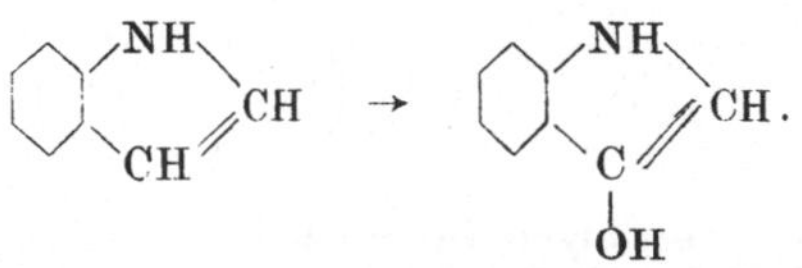

Die Synthesen der ersten Art (4) haben technisch niemals Interesse oder Bedeutung gewonnen, während die Synthesen der zweiten Art,

(4)

beruhend auf der Verkettung des Stickstoffs mit dem α-Kohlenstoffatom (1), gerade in der ersten Zeit nach der Feststellung der Konstitution des Indigos die Hoffnung auf Gelingen erweckten und noch bis in den Anfang dieses Jahrhunderts eingehende Bearbeitung fanden.

(1)    (2)

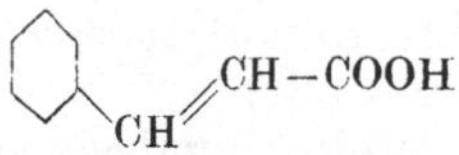

In bescheidenem Umfang hat eine derartige Synthese auch tatsächlich, und zwar auf dem Gebiet des Indigodrucks, praktische Anwendung erlangt, wie noch später dargelegt werden soll. Die ersten technisch durchgeführten Versuche zur Synthese des Indigos knüpfen an die Zimtsäure (2) an, die durch Veresterung und Nitrierung in ein Gemisch zweier isomerer Nitrozimtsäureester übergeführt werden kann, von denen nur die o-Verbindung (3) für die Indigosynthese in Betracht kommt, während die p-Verbindung für diesen Zweck wertlos ist und daher abgetrennt werden muß. Durch Verseifung und Anlagerung von zwei Atomen Brom erhielt man das o-Nitrozimtsäuredibromid (4),

(3) 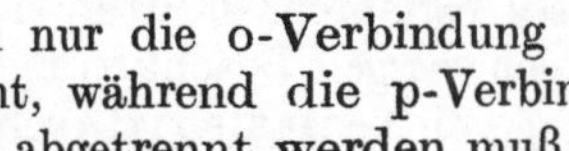   (4)

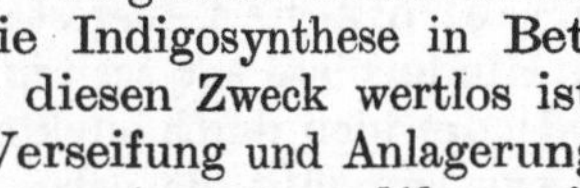

o-Nitrophe-
nylpropiol-
säure.

Isatogen-
säure u.
Isatin.

das sich durch Abspaltung von 2 Mol. Bromwasserstoff in die sog. o-Nitrophenylpropiolsäure (5) überführen läßt. Diese interessante Verbindung geht unter der Einwirkung von Alkali in die Isatogensäure (6) über, die durch Umlagerung unter Abspaltung von

(5) [Strukturformel: Benzolring mit NO$_2$ und C=C–COOH]   (6) [Strukturformel: Benzolring mit N–O, CO und C–COOH]

Kohlensäure Isatin (7) liefert, während sie durch Reduktion (man bediente sich hierzu beim Indigodruck meist der übelriechenden Xanthogenate), infolge Zusammenschlusses zweier Moleküle, unmittelbar Indigo liefert. Die Entstehung der Isatogensäure aus der o-Nitrophenylpropiolsäure beruht auf der Wanderung eines Atoms Sauerstoff vom Stickstoff an den o-ständigen Kohlenstoff (8), einer Wanderung,

(7) [Strukturformel: Benzolring mit NH, CO, CO]   (8) [Strukturformel: Benzolring mit NO, C → N, CO]

wie sie bei Indolabkömmlingen öfter zu beobachten ist, die aber ihren klarsten Ausdruck findet in dem analogen Übergang vom o-Nitrotoluol zur Anthranilsäure (siehe S. 251) (9), wobei zwischen o-stän-

(9) [Strukturformel: Benzolring mit NO$_2$, CH$_3$ → NH$_2$, COOH]

diger Nitro- und Methylgruppe ein nahezu vollkommener Austausch der Sauerstoff- und Wasserstoffatome stattfindet. Das Endprodukt, die Anthranilsäure, hat, wie wir später sehen werden, als Ausgangsmaterial für die Phenylglycin-o-Karbonsäure (1) eine Zeitlang eine wichtige Rolle gespielt. Allerdings wurde sie technisch wohl niemals auf diesem Wege (aus o-Nitrotoluol), sondern aus Naphtalin (siehe unten) in größtem Maßstabe dargestellt.

Indigo aus
o-Nitrobenz-
aldehyd.

Eine zweite Synthese, an die sich lange Zeit hindurch große Hoffnungen geknüpft haben, benutzt als Ausgangsmaterial den o-Nitrobenzaldehyd (2).

(1) [Strukturformel: Benzolring mit NH·CH$_2$·COOH, COOH]   (2) [Strukturformel: Benzolring mit NO$_2$, CHO]

Darstellung
des o-Nitro-
benzal-
dehyds.

Der technischen Ausgestaltung dieses Verfahrens stellten sich die größten Hindernisse entgegen infolge der schwierigen Beschaffung jenes Aldehyds, der sich durch direkte Nitrierung von Benzaldehyd technisch nicht gewinnen läßt, da neben 80—85% der isomeren m-Verbindung nur etwa 15—20% der für die Indigosynthese allein in Betracht kommenden o-Verbindung entstehen (siehe S. 177). Man hat sich lange Zeit bemüht, vom o-Nitrotoluol (3) ausgehend zu dem gewünschten Aldehyd zu gelangen. o-Nitrotoluol entsteht bei der Nitrierung des

Toluols zu etwa 60—65% neben etwa 35% der isomeren p-Verbindung und sehr geringen Mengen von m-Nitrotoluol (siehe S. 174). Da das o-Nitrotoluol sich ohne wesentliche Schwierigkeiten von den Isomeren trennen und in reiner Form gewinnen läßt, so beginnen die Schwierigkeiten erst bei der Überführung dés o-Nitrotoluols in den o-Nitrobenzaldehyd. Man hat versucht, vornehmlich auf zwei Wegen vom o-Nitrotoluol ausgehend zum Ziel zu gelangen: einerseits durch unmittelbare Oxydation des o-Nitrotoluols (4), andererseits auf dem Umwege

über das o-Nitrobenzylchlorid (5), das aus o-Nitrotoluol durch Chlorierung erhältlich ist.

Zur unmittelbaren Oxydation des o-Nitrotoluols hat man vorgeschlagen Chromsäure, CrO_3, Braunstein, MnO_2, Nickel- und Kobaltoxyd, Ni_2O_3 und Co_2O_3, u. dgl., und noch bis in die neuere Zeit hat dieses Problem eine eifrige Bearbeitung gefunden. Die Chlorierung des o-Nitrotoluols zum o-Nitrobenzylchlorid bietet insofern Schwierigkeiten, als sehr leicht bei zu weitgehender Einwirkung des Chlors unbrauchbare Nebenprodukte entstehen. Insbesondere bilden sich, infolge einer Verdrängung der Nitrogruppe durch Chlor, o-Chlorbenzylchlorid (6)

und seine Derivate (siehe Näheres S. 186). Angeblich soll die Ausbeute an o-Nitrobenzylchlorid 50% nicht wesentlich übersteigen. Die Überführung des o-Nitrobenzylchlorids (1) in Aldehyd kann man bewirken einerseits dadurch, daß man aus dem Chlorid das entsprechende Acetat (2) gewinnt, dieses verseift zum o-Nitrobenzylylkohol (3) und diesen

in üblicher Weise oxydiert zum Aldehyd. Ein anderes Verfahren besteht darin, daß man durch Kondensation (4) des o-Nitrobenzylchlorids mit Aminen die entsprechenden Benzylamine (5) und durch deren

Benzylaminderivat

Oxydation die entsprechenden Benzylidenverbindungen (6) gewinnt, die sich durch Hydrolyse in Aldehyd (7) und Amin spalten lassen. Die weiteren zum Indigo führenden Phasen bestehen darin, daß man den

(6) [Struktur: Benzolring mit NO_2 und $CH=N\cdot R$] $+H_2O \rightarrow$ (7) [Struktur: Benzolring mit NO_2 und CHO] $+H_2N\cdot R$

Benzylidenverbindung

o-Nitrobenzaldehyd mit Aceton (8) zum sog. o-Nitrophenylmilchsäuremethylketon (9) kondensiert, das bei der Einwirkung von

(8) [Struktur: Benzolring mit NO_2 und $CHO + CH_3\cdot CO\cdot CH_3$] $\rightarrow$ [Struktur: Benzolring mit NO_2 und $CHOH$—$CH_2 CO\cdot CH_3$] (9)

Alkali (10) außerordentlich leicht und glatt, unter Abspaltung eines Moleküls Essigsäure (auf je 1 Mol. Aldehyd bezogen), in Indigo (11) übergeht. Auch diese interessante Reaktion beruht, wie man sieht, auf einer Wanderung des Sauerstoffes vom Stickstoff zum Kohlenstoff und des Wasserstoffs in umgekehrter Richtung. Obwohl infolge des zu hohen Preises des o-Nitrobenzaldehyds im Vergleich zum Naturindigo (im Jahre 1897 kostete 1 kg Naturindigo, auf 100 proz. Ware umgerechnet, etwa 15 Mark) diese Synthese nur vorübergehend ernsthaft in Betracht gezogen werden konnte, hat das o-Nitrophenylmilchsäuremethylketon lange Jahre hindurch eine wenn auch beschränkte Anwendung

(10) 2 [Struktur: Benzolring mit NO_2 und $CHOH$—$CH_2\cdot CO\cdot CH_3$] $+2NaOH$ $\xrightarrow[-4H_2O]{-2CH_3\cdot COONa}$ [Struktur: Indigo mit NH, CO, $C=C$, NH, CO] (11)

im Indigodruck erfahren, insbesondere in Form einer ziemlich beständigen Bisulfitverbindung (1) als sog. Indigosalz T (Kalle & Co.).

(1) [Struktur: Benzolring mit NO_2 und $CHOH$—$CH_2\cdot C$ mit OH, $O\cdot SO_2Na$ und CH_3]

Dieses Druckverfahren beruht auf der Fähigkeit des eben genannten Indigosalzes unter der Einwirkung von Alkali, ebenso wie das ihm zugrunde liegende Keton selbst, schon bei gewöhnlicher Temperatur auf der Faser in Indigo überzugehen.

Der o-Nitrophenylpropiolsäure (siehe S. 482) und dem o-Nitrophenylmilchsäuremethylketon steht eine Verbindung nahe, die von Reissert aus o-Nitrotoluol und Oxalester mittels Natriumäthylats erhalten wurde, die sog. o-Nitrophenylbrenztraubensäure (2), die sich durch alkalische Reduktionsmittel (Natriumamalgam) in die N-Oxyindol-

[Struktur: Benzolring mit NO_2 und $CH_3 + C_2H_5OCOCOOC_2H_5$] $\xrightarrow{-C_2H_5\cdot OH}$ [Struktur: Benzolring mit NO_2 und CH_2—$CO\cdot CO_2C_2H_5$] (2)

o-Nitrophenylmilchsäuremethylketon.

Indigosalz T.

o-Nitrophenylbrenztraubensäure.

karbonsäure (3) überführen läßt. Diese geht leicht in Indigo über, wahrscheinlich infolge Umlagerung der N-Oxyindol- in die β-Oxyindolkarbonsäure (4), d. h. infolge Wanderung der OH-Gruppe vom Stickstoff zum Kohlenstoff:

$$(3) \qquad \qquad \rightarrow \qquad (4)$$

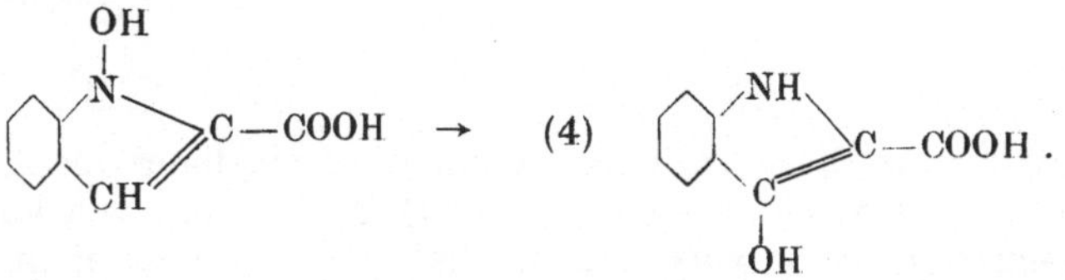

Geschichtliches Interesse beansprucht die von Engler aufgefundene Synthese des Indigos aus o-Nitroacetophenon (5). Es war dies die

o-Nitroace-
tophenon.

$$(5) \qquad 2 \qquad \xrightarrow[-O_2]{-2\,H_2O} $$

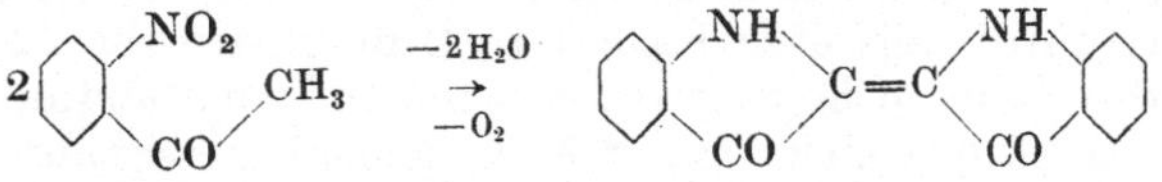

erste Indigosynthese überhaupt, wenn auch der Farbstoff dabei nur in so geringen Mengen entsteht, daß eine technische Anwendung der Englerschen Synthese niemals ernstlich in Betracht gezogen werden konnte. Eine Variation hat diese Englersche Synthese insofern erfahren, als man, ausgehend vom Acetyl-o-Aminoacetophenon (6), durch Bromierung usw. das entsprechende Monobromacetophenon (7) herstellte, das durch Abspaltung von Bromwasserstoff in eine, offenbar dem Indoxyl nahestehende oder damit identische Verbindung (8) übergeht:

$$(6) \qquad \rightarrow \qquad (7) \qquad \rightarrow \qquad (8)$$

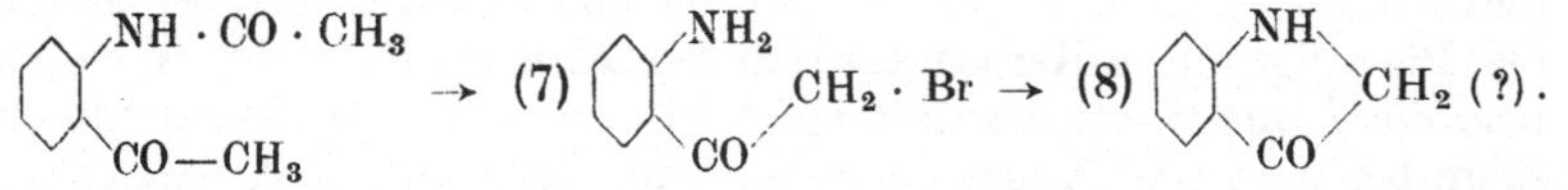

3. Synthesen, bei denen der Ringschluß zwischen dem α- und β-Kohlenstoff des Indolringes bewirkt wird (1). In diesem Abschnitt haben

Das Anthra-
nilsäure-
verfahren.

$$(1) \qquad \rightarrow$$

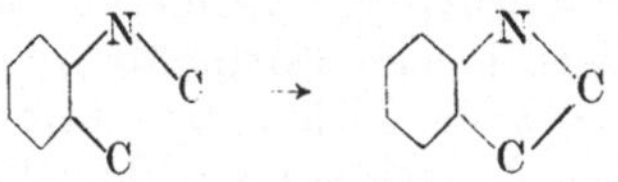

wir es mit technisch erfolgreichen Synthesen zu tun; ja sogar bei der ersten, im allergrößten Maßstabe ausgeführten Indigosynthese hat man sich eines der hier in Betracht kommenden Verfahren bedient, nämlich des Heumannschen Verfahrens, das von der Anthranilsäure oder Anilin-o-Karbonsäure (2) ausgeht (vgl. S. 469). Die wichtigsten Phasen dieses Verfahrens bestehen in der Kondensation der Anthranilsäure mit der Monochloressigsäure zu Phenylglycin-o-Karbonsäure (3),

Phenylgly-
cin-o-Kar-
bonsäure.

$$(2) \qquad + Cl \cdot CH_2COOH \xrightarrow[-HCl]{} \qquad (3) \qquad \xrightarrow[-H_2O]{}$$

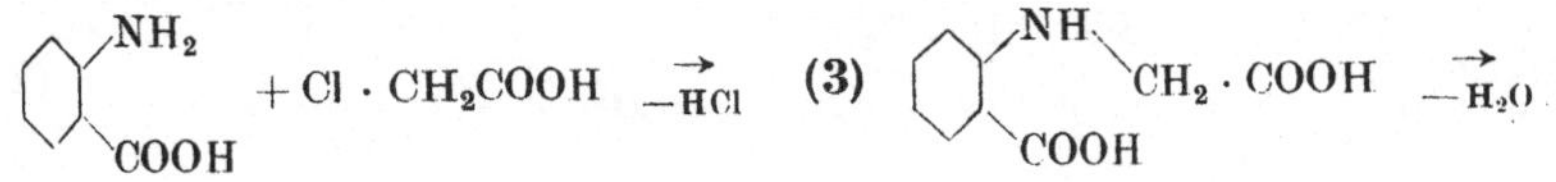

der Verschmelzung dieser Dikarbonsäure zur Indoxylkarbonsäure (4)
bzw. zum Indoxyl (5) und der Oxydation des Indoxyls oder der

$$(4)\quad \text{[Indoxylkarbonsäure-Struktur mit NH, C—COOH, C, OH]} \quad \xrightarrow{-CO_2} \quad (5)\quad \text{[Indoxyl-Struktur mit NH, CH, C, OH]}$$

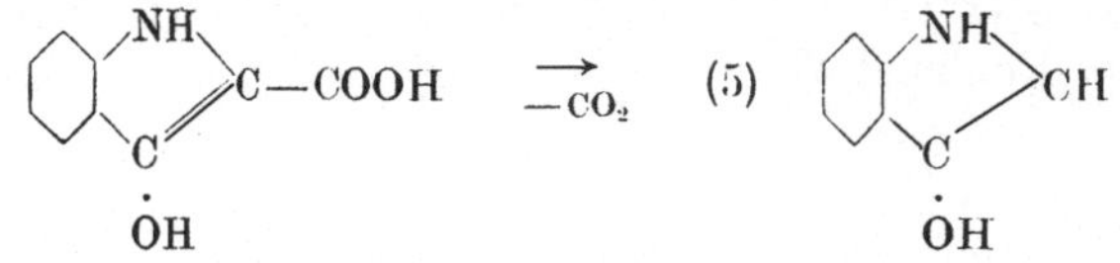

Indoxylkarbonsäure zu Indigo. Über die Darstellung der Anthranilsäure ist das Wichtigste bereits auf S. 212f. gesagt worden. Der Bedeutung der Sache entsprechend hat jede der drei eben genannten
Phasen lange Zeit hindurch eine sehr eingehende Bearbeitung erfahren.

Was zunächst die Darstellung der Phenylglycin-o-Karbonsäure anlangt, so verläuft die Kondensation der Anthranilsäure mit der Monochloressigsäure, falls nicht besondere Bedingungen zur Anwendung gelangen, durchaus nicht glatt, da neben dem Hauptprodukt leicht auch,
infolge der Einwirkung von **2** Mol. Monochloressigsäure auf **1** Mol.
Anthranilsäure, die Anthranildiessigsäure (6) entsteht. Auch dürfte
wohl, ähnlich wie bei der Einwirkung von Chloressigsäure auf Anilin
(siehe unten), teilweise die Karboxylgruppe der Monochloressigsäure
in die Aminogruppe der Anthranilsäure eingreifen, unter Bildung des
entsprechenden Chloressigsäureanilids (7). Es ist aber gelungen, aller

$$(6)\quad \text{[Struktur mit } N(CH_2 \cdot COOH)(CH_2 \cdot COOH), \text{ COOH]} \qquad (7)\quad \text{[Struktur mit } NH \cdot CO \cdot CH_2 \cdot Cl, \text{ COOH]}$$

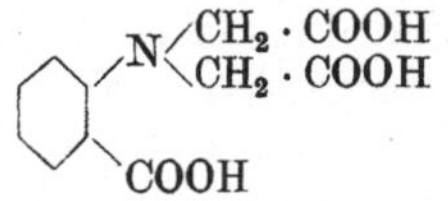

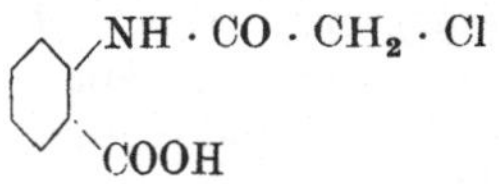

dieser Schwierigkeiten Herr zu werden und in befriedigender Ausbeute
die Phenylglycin-o-Karbonsäure zu erhalten, z. B. in der Weise, daß
man die Kondensation zwischen Anthranilsäure und Monochloressigsäure bei niedriger Temperatur und in Gegenwart von Ätzkalk vor
sich gehen läßt.

Bei der Darstellung dieser Säure läßt sich die Monochloressigsäure
ersetzen durch Formaldehyd $+$ Cyankalium bzw. Formaldehydbisulfit
$+$ Cyankalium. Wendet man Formaldehyd $+$ Cyankalium allein an,
so bildet sich unmittelbar das Nitril der Phenylglycin-o-Karbonsäure (1). Läßt man Formaldehyd $+$ Bisulfit auf Anthranilsäure ein-

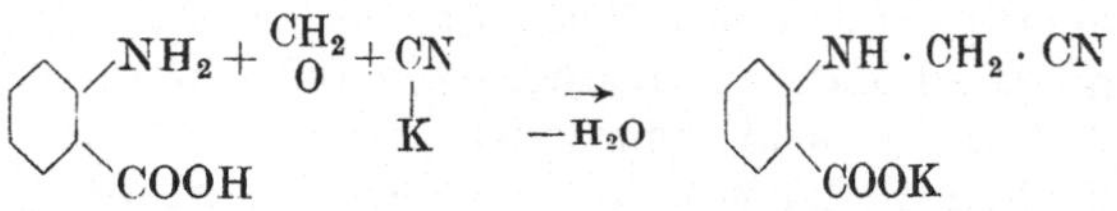

$$\text{[Struktur } NH_2 + \underset{\underset{K}{\overset{|}{C}N}}{\overset{CH_2}{O}} , \text{ COOH]} \quad \xrightarrow{-H_2O} \quad \text{[Struktur } NH \cdot CH_2 \cdot CN, \text{ COOK]}\quad (1)$$

wirken, so entsteht zunächst sie sog. ω-Sulfonsäure der Monomethyl-
anthranilsäure (2), die bei der Einwirkung von Cyankalium in das
ebenerwähnte Nitril übergeht (siehe Näheres auch S. 252f.). Dieses

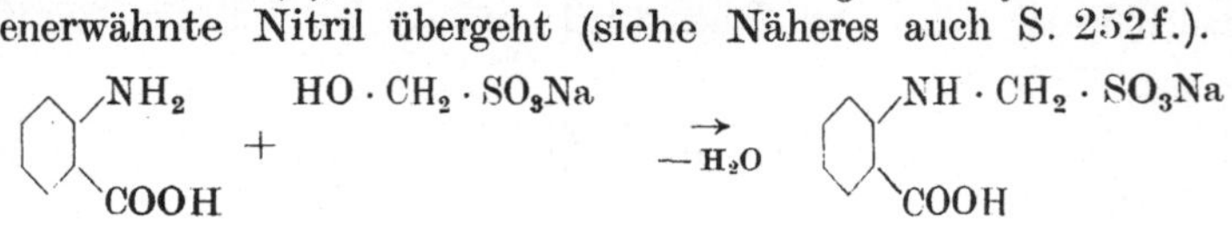

$$\text{[Struktur } NH_2, \text{ COOH]} + HO \cdot CH_2 \cdot SO_3Na \quad \xrightarrow{-H_2O} \quad \text{[Struktur } NH \cdot CH_2 \cdot SO_3Na, \text{ COOH]}\quad (2)$$

Nitril ist durch **Alkali** leicht zur **Phenylglycin-o-Karbonsäure** verseifbar. Der Vorschlag, die Monochloressigsäure durch Glycerin und ähnliche Polyhydroxylverbindungen, wie Mannit, Stärke und Sägemehl zu
ersetzen, dürfte ernstlich wohl kaum in Betracht gezogen worden sein.
Theoretisch interessant ist immerhin, daß Anthranilsäure mit diesen
Verbindungen überhaupt Phenylglycinkarbonsäure zu liefern vermag.
Gleichfalls wohl nur von theoretischem Interesse ist die Synthese der
Phenylglycin-o-Karbonsäure aus o-Halogenbenzoësäure und Aminoessigsäure (3), eine Reaktion, die, wie in vielen anderen Fällen, durch

$$(3) \quad \underset{\text{COOH}}{\overset{\text{Cl}}{\bigcirc}} + H_2N \cdot CH_2 \cdot COOH \quad \xrightarrow[-HCl]{} \quad \underset{\text{COOH}}{\overset{\text{NH} \cdot CH_2 \cdot COOH}{\bigcirc}}$$

Hinzufügung von Katalysatoren (Kupfer und Kupfersalze) eine erhebliche Erleichterung erfährt. Aber schon die etwas schwierige Beschaffung der o-Chlor- oder o-Brombenzoësäure und ebenso der höhere Preis
der Aminoessigsäure ließen eine technische Durchführung dieser Variation kaum erhoffen.

Was die zweite Phase, die Verschmelzung der o-Karbonsäure zum **Die Indigo-**
Indoxyl oder dessen Karbonsäure, anlangt, so wurde bereits auf S. 469 **schmelze.**
bemerkt, daß dieser Ringschluß wesentlich leichter, d. h. bei niedrigeren Temperaturen und damit zusammenhängend mit wesentlich
besserer Ausbeute, verläuft als die später noch näher zu besprechende
Verschmelzung des Phenylglycins mit gewöhnlichem Ätzalkali. Jedoch
selbst bezüglich der Verschmelzung sind im Laufe der Zeit bei dem Anthranilsäureverfahren wesentliche Fortschritte erzielt worden, die eine
weitere Steigerung der Ausbeute zur Folge hatten. Insbesondere hat
sich die gleichzeitige Anwendung des Vakuums und des **wasserfreien
Kalciumoxyds** als Zusatz zu den Ätzalkalien als förderlich erwiesen.
Man hat es bis zu einem gewissen Grade in der Hand, durch Variation
der Schmelze (vor allem der Schmelztemperatur) entweder Indoxyl
selbst oder seine α-Karbonsäure, die sog. **Indoxylsäure**, zu gewinnen.
Es wurde versucht, die Indoxylsäure unter dem Namen **Indophor**
zu ähnlichen Zwecken im Indigodruck zu verwenden wie das auf S. 482
erwähnte **Indigosalz T**, jedoch, wie es scheint, nicht mit sonder-
lichem Erfolg.

Von Interesse, wenn auch nur von theoretischem, ist die überraschende **Diacetyl-**
Tatsache, daß sich der Ringschluß der Arylglycine zu Indolabkömmlingen **indoxyl.**
nicht nur durch die Einwirkung von **Alkalien**, sondern auch mittels
saurer Reagenzien herbeiführen läßt, z. B. durch die Einwirkung von
Essigsäureanhydrid auf die Phenylglycin-o-Karbonsäure, wobei als
primäres Reaktionsprodukt das **Diacetylindoxyl (1)** entsteht, das
außerordentlich leicht zum N-Monoacetylindoxyl (2) und weiterhin zum
Indoxyl selbst verseift werden kann. Ferner hat man erkannt, daß in
der Schmelze, neben dem **Indoxyl** oder der **Indoxylsäure**, einerseits
ein Oxydationsprodukt, das **Isatin**, und andererseits ein **Reduktions**-

produkt, das **Indol**, entsteht, für deren Abscheidung und Verwertung geeignete Methoden gefunden wurden. Die Überführung des Indoxyls und der Indoxylsäure in Indigo durch den Sauerstoff der Luft läßt sich gleichfalls in der mannigfachsten Weise variieren, um ihn möglichst

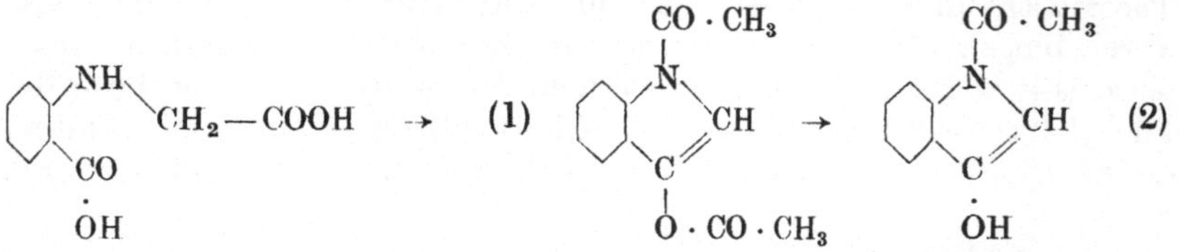

$$CH_2-COOH \quad\rightarrow\quad (1) \qquad \text{Diacetylindoxyl} \quad\rightarrow\quad \text{N-Acetylindoxyl} \quad (2)$$

wirtschaftlich zu gestalten. Dem **Anthranilsäureverfahren**, das, ein Ruhmesblatt in der Geschichte der chemischen Technik, eine Zeitlang eine so hervorragende Rolle gespielt hat, und mittels dessen es gelang, den Naturindigo aus dem Felde zu schlagen, kommt heute wohl nur eine untergeordnete Bedeutung zu, falls überhaupt noch nach diesem Verfahren gearbeitet wird.

Indigo aus Phenylglycin. 4. Synthesen, bei denen der **Ringschluß** zwischen dem Benzolkern und dem β-Kohlenstoffatom erfolgt (3). In diesem Abschnitt ist vor allen Dingen zu erwähnen die Synthese des Indigos aus dem einfachsten aromatischen Glycin, dem **Phenylglycin** (4). Es ist dies die **Heumann**sche Methode, die aber in ihrer ältesten Form wegen ihrer schlechten

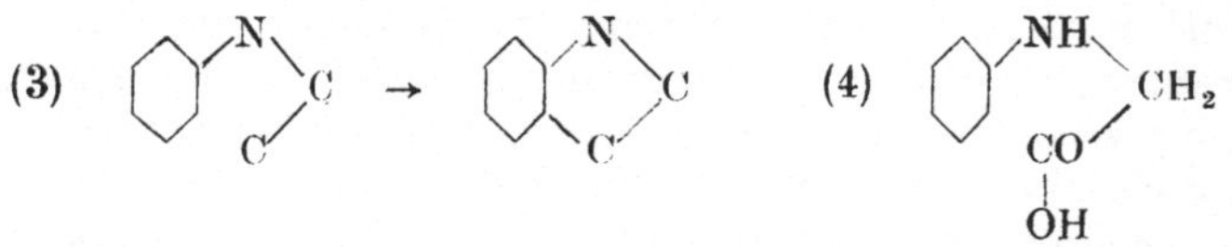

$$(3) \qquad\rightarrow\qquad (4)$$

Ausbeuten — offenbar eine Folge der zu hohen **Schmelztemperaturen**, durch die das **Indoxyl** alsbald nach seiner Entstehung wieder **zerstört** wird — technische Anwendung zunächst nicht gefunden hat, sondern vorübergehend durch das Anthranilsäureverfahren (siehe oben) ersetzt wurde. Erst die Auffindung des **Natriumamids**, $NaNH_2$, als Kondensations- oder Schmelzmittel (siehe oben S. 469) hat die ursprüngliche Methode wieder lebensfähig und heute sogar zur, man kann wohl sagen, alleinherrschenden gemacht, sei es, daß man Natriumamid selbst oder analog wirkende, durch ihre außerordentlich große wasserentziehende Kraft gekennzeichnete Schmelzmittel, wie **Natriumanilid** ($C_6H_5 \cdot NH \cdot Na$), **Natriumalkoholat** ($C_2H_5 \cdot O \cdot Na$) und ähnliche Natriumverbindungen anwendet. Durch die Anwendung des Natriumamids wird die zum Ringschluß (1) erforderliche Schmelztemperatur

$$(1)$$

Natriumamid.

wesentlich herabgesetzt und dadurch eine Zersetzung des Indoxyls hintangehalten, derart, daß Ausbeuten von über 90% in der Technik leicht erhalten werden können. Ein großer Vorteil dieses Verfahrens gegenüber dem Anthranilsäureverfahren besteht darin, daß als Ausgangsmaterial statt der immerhin nicht ganz billigen Anthranilsäure das wohlfeile und leicht in unbeschränkten Mengen erhältliche A n i l i n Anwendung findet. Ähnlich wie beim Anthranilsäureverfahren verläuft auch hier die Bildung des Glycins, $C_6H_5 \cdot NH \cdot CH_2 \cdot COOH$, aus Anilin und Chloressigsäure nur unter bestimmten Umständen einigermaßen glatt, indem z. B. durch Kondensation von 1 Mol. Monochloressigsäure mit 2 Mol. Anilin leicht das Phenylglycin-Anilid (2) entsteht. Durch die weitere Einwirkung eines zweiten Moleküls Monochloressigsäure bildet dieses ein Diketopiperazin (3) das, obwohl in Indigo über-

Darstellung des Phenylglycins.

führbar, doch eine unerwünschte Verunreinigung des Glycins selbst darstellt und deshalb leicht zu Ausbeuteverlusten führt. Ebenso wie beim Anthranilsäureverfahren läßt sich auch hier die Monochloressigsäure durch Formaldehyd + Cyankalium bzw. durch Formaldehyd + Bisulfit + Cyankalium ersetzen. Im ersteren Falle entsteht unmittelbar das Nitril (4), das leicht zum Phenylglycin verseifbar ist, im anderen

Falle erhält man als Zwischenprodukt die sog. Monomethylanilin-ω-Sulfonsäure (5), die, durch Behandlung mit Cyankaliumlösung auf dem

Wasserbade, ziemlich glatt in das gleiche Nitril umgewandelt werden kann.

Erwähnt sei, daß man bei dieser Indigosynthese das Anilin durch seine Homologen und N-Alkylderivate ersetzen kann. Doch tritt deren Bedeutung für diesen Zweck sehr erheblich hinter der des Anilins zurück, und Ähnliches gilt auch für die Analogen des gewöhnlichen Indigos, die aus α- und β-Naphtylamin gewonnen werden können, und von denen der sog. Naphtalinindigo (aus β-Naphtylamin) (1) in neuerer Zeit eine beschränkte Verwendung gefunden zu haben scheint (siehe S. 507 f).

Homologe u. Analoge des Indigos.

Anilido-Ma-
lonester.

Eine gleichfalls nur theoretisch bemerkenswerte Abänderung erfuhr die Indigosynthese dadurch, daß man nicht vom einfachen Phenylglycin (aus Anilin und Monochloressigsäure, (sondern vom Anilidomalonester (2) (aus Anilin und Chlormalonester) ausging. Der Anilidomalonester ist insofern von Interesse, als er viel leichter wie das Phenylglycin selbst den Ringschluß, und zwar zum Indoxylsäureester (3), er-

$$(2)\quad \langle\!\rangle\!-\!NH\!-\!CH(CO\cdot OC_2H_5)\!-\!CO_2C_2H_5 \qquad (3)\quad \langle\!\rangle\!-\!NH\!-\!C(=C\cdot OH)\cdot CO_2C_2H_5$$

leidet. Doch scheiterten die Versuche, dieses Verfahren technisch zu gestalten, schon vor Auffindung des Natriumamidverfahrens, an der schweren Zugänglichkeit der Halogen- bzw. Anilidomalonester.

Indigo mit-
tels Dichlor-
eßigsäure.
Imesatine.

Nebenbei sei hier noch ein Verfahren angeführt, das schon zu Anfang der 80er Jahre aufgefunden wurde, und das sich mit dem Heumannschen nahe berührt, obwohl es nicht zum Indoxyl oder zur Indoxylsäure führt, sondern zu den sog. Imesatinen, die sich vom Isatin ableiten. Ihre technische Verwendung scheiterte jedoch an den Schwierigkeiten bei der Überführung in Indigo, wie ja auch Isatin selbst nur unter Bedingungen, die technisch nicht in Betracht kommen, in Indigo übergeführt werden kann (4). Das Verfahren zur Darstellung der eben

$$(4)\quad \langle\!\rangle\!-\!NH\!-\!CO + PCl_5 \;\rightarrow\; \langle\!\rangle\!-\!N\!=\!C\cdot Cl + POCl_3 + HCl$$

$$2\,\langle\!\rangle\!-\!N\!=\!C\cdot Cl \;\xrightarrow[-2HCl]{+2H_2}\; \langle\!\rangle\!-\!NH\!-\!C\!=\!C\!-\!NH\!-\!\langle\!\rangle$$

erwähnten Imesatine beruht auf der Kondensation von Dichloressigsäure mit Anilin und seinen Homologen. Der Reaktionsmechanismus ist weniger einfach und durchsichtig wie bei der Heumannschen Indigosynthese. Wahrscheinlich verläuft die Imesatinbildung in folgender Weise:

$$\langle\!\rangle\!-\!NH_2 + CHCl_2\!-\!COOH + NH_2\!-\!\langle\!\rangle \;\xrightarrow[-2HCl]{-H_2O}\; \langle\!\rangle\!-\!NH\!-\!CO\!-\!CH\!=\!N\!-\!\langle\!\rangle \;\rightarrow$$

Das so erhaltene Phenyl-Imesatin (1) kann auch als Isatin-β-Anilid bezeichnet werden; es ist isomer mit dem Isatin-α-Anilid und zerfällt wie dieses durch Hydrolyse (2) in die Spaltstücke Isatin und Anilin, aus denen es umgekehrt leicht wieder aufgebaut werden kann, wobei, wie man sieht, nur das β-ständige Karbonyl mit dem Amin reagiert.

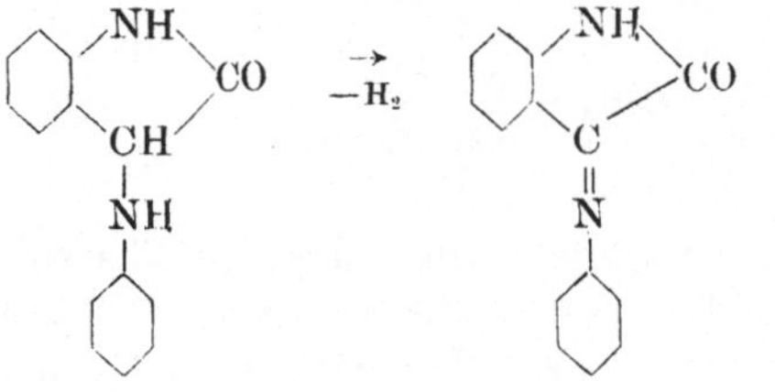

$$(1)$$

$$(2)$$

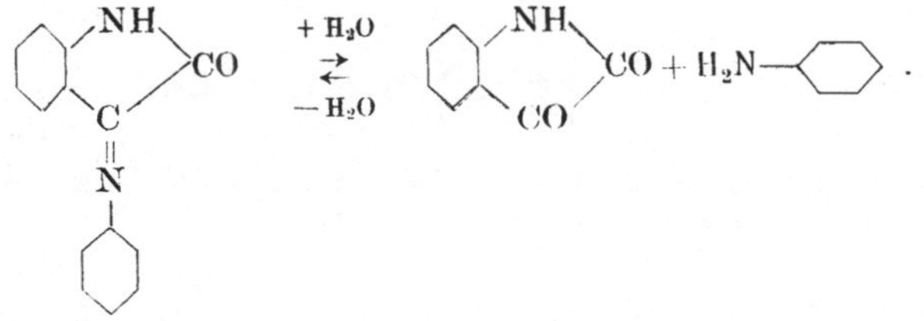

Von viel größerem technischen Interesse sind die Methoden zur Darstellung von Indigo und Isatin, die von **Traugott Sandmeyer** herrühren. Die erste Methode ist gekennzeichnet durch die folgenden Phasen:

1. Darstellung des **Diphenylthioharnstoffes** (3), des sog. **Sulfokarbanilids**, aus 1 Mol. Schwefelkohlenstoff, CS_2, und 2 Mol. Anilin:

$$(3) \quad CS_2 + \frac{H_2N \cdot C_6H_5}{H_2N \cdot C_6H_5} \quad \xrightarrow[\rightarrow]{-H_2S} \quad CS{<}^{NH \cdot C_6H_5}_{NH \cdot C_6H_5} .$$

2. **Überführung des Sulfokarbanilids in Hydrocyankarbodiphenylimid mittels Bleioxyd und Cyankalium (4):**

$$(4) \quad CS{<}^{NH \cdot C_6H_5}_{NH \cdot C_6H_5} \quad \xrightarrow[+ HCN]{-H_2S} \quad NC \cdot C{<}^{N \cdot C_6H_5}_{NH \cdot C_6H_5} \quad \text{oder}$$

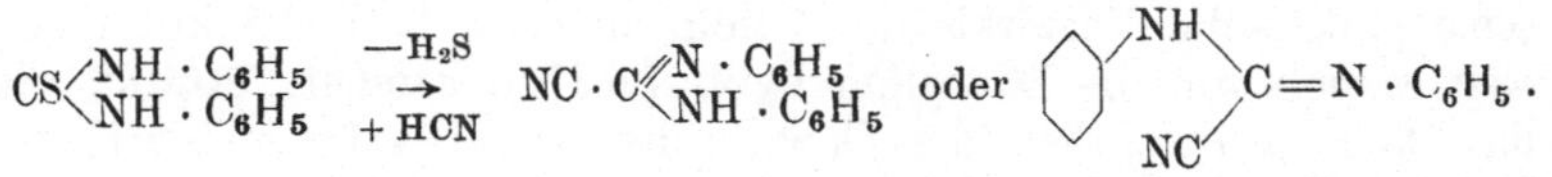

3. **Überführung der Hydrocyanverbindungen in das entsprechende Thioamid durch gelbes Schwefelammonium (5):**

$$(5)$$

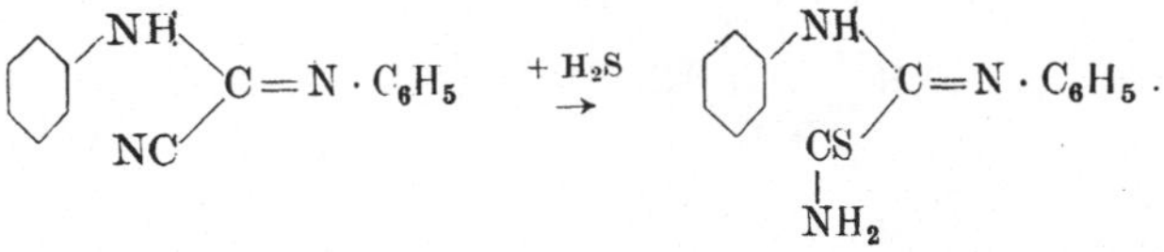

4. **Überführung des Thioamids in das Isatin-α-Anilid durch die Einwirkung von konz. Schwefelsäure (6):**

$$(6)$$

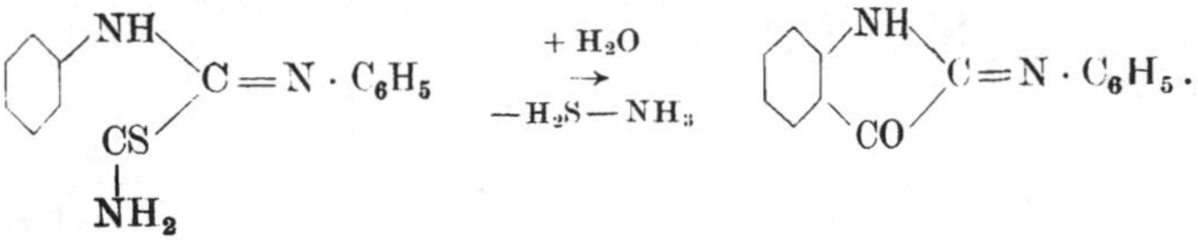

5. die Darstellung von Indigo aus dem Isatin-α-Anilid durch Reduktion mittels Schwefelammonium + Schwefelwasserstoff (7):

$$(7) \quad 2 \underset{CO}{\overset{NH}{\bigcirc}} C = N \cdot C_6H_5 \quad \xrightarrow[-2\,C_6H_5\cdot NH_2]{+2H_2} \quad \underset{CO}{\overset{NH}{\bigcirc}} C = C \underset{CO}{\overset{NH}{\bigcirc}} \cdot$$

Die zweite Methode schließt die folgenden Phasen in sich:

1. Kondensation des Oxims des Chlorals, $CCl_3 \cdot CH = N \cdot OH$, mit 2 Mol. Anilin zum sog. Isonitroso-Äthenyl-Diphenyl-Amidin (1):

$$(1) \quad \underset{C_6H_5\cdot NH}{\overset{C_6H_5\cdot N}{\diagup}} C \cdot CH = N \cdot OH .$$

2. Umlagerung des Amidins (2) in das Isatin-α-Anilid (3) durch konzentrierte Schwefelsäure:

$$(2) \quad \underset{\underset{N\,\cdot\,OH}{\overset{\|}{CH}}}{\overset{NH}{\bigcirc}} C = N \cdot C_6H_5 \quad \xrightarrow[-NH_3]{} \quad \underset{CO}{\overset{NH}{\bigcirc}} C = N \cdot C_6H_5 . \quad (3)$$

3. Die weitere Überführung des α-Anilids in Indigo gemäß Phase 5 des erstgenannten Sandmeyerschen Verfahrens.

Von diesen beiden theoretisch höchst bemerkenswerten Verfahren schien das erstere, da es sich auf das billige Anilin als Ausgangsmaterial stützt, gegenüber dem damals bekannten Anthranilsäureverfahren zu Hoffnungen auf technische Durchführbarkeit zu berechtigen. Seit der Auffindung des Natriumamidverfahrens aber dürfte seine praktische Verwirklichung nicht mehr in Betracht kommen, soweit es sich um die Darstellung von Indigo handelt. Anders liegen die Dinge hinsichtlich der Gewinnung von Isatin-α-Anilid und Isatin. Hierfür scheint insbesondere das erste Verfahren von Interesse zu sein, obwohl Isatin auch aus Indigo durch Oxydation unter geeigneten Bedingungen in befriedigender Ausbeute erhalten werden kann:

$$\underset{CO}{\overset{NH}{\bigcirc}} C = C \underset{CO}{\overset{NH}{\bigcirc}} \quad \xrightarrow{+O_2} \quad 2 \underset{CO}{\overset{NH}{\bigcirc}} CO \cdot$$

Neuerdings hat die 2. Sandmeyersche Methode der Darstellung von Isatin eine weitere Vereinfachung dadurch erfahren, daß (1) das

$$(1) \quad \overset{NH_2}{\bigcirc} + Cl_3C \cdot CH = N \cdot OH \quad \xrightarrow[-3\,HCl]{+H_2O} \quad \underset{\underset{N\,\cdot\,OH}{\overset{\|}{CH}}}{\overset{NH}{\bigcirc}} CO \quad (2)$$

Chloral-Oxim nur mit 1 Mol. Anilin zum Isonitroso-Acetanilid (2) kondensiert wird, das sich mittels konz. Schwefelsäure zu Isatin umlagern läßt. Isatin und Isatin-α-Anilid spielen, wie wir weiter unten

$$(2)\qquad \text{[Strukturformel]} \quad \xrightarrow[-\text{NH}_3]{} \quad \text{[Strukturformel]}$$

noch sehen werden, als Komponenten zum Aufbau indigoider Küpenfarbstoffe eine wichtige Rolle.

5. Zum Schluß sei bemerkt, daß, auf Grund einer Beobachtung von Nencki, aus Indol durch Oxydation unter geeigneten Bedingungen (Anwesenheit von Bisulfit als Sauerstoffüberträger) Indigo erhalten werden kann. Doch dürfte diese Methode, wie so viele andere, seit der Auffindung des wohl alle anderen aus dem Felde schlagenden Natriumamidverfahrens nur noch rein theoretisches oder geschichtliches Interesse beanspruchen.

Während die bisher erörterten Synthesen zur Darstellung des symmetrisch gebauten und 2 gleichartige Indolkerne aufweisenden Indigos dadurch gekennzeichnet sind, daß zunächst die getrennten Molekülhälften, d. h. Indolabkömmlinge (in der Regel Indoxyl), erzeugt werden, worauf sich nun erst die Vereinigung zweier Indolkerne zum symmetrisch gebauten Indigomolekül anschließt, läßt sich Indigo auch in der Weise erzeugen, daß man von solchen Benzolderivaten ausgeht, in denen die beiden α-Kohlenstoffatome der späteren Indolringe bereits von vornherein verknüpft sind, so daß nach erfolgtem Ringschluß statt eines Indol- ein α,α-Bisindolabkömmling erhalten wird, der entweder Indigo selbst ist, oder leicht in den Farbstoff übergeführt werden kann. Eine derartige Synthese läßt sich z. B. verwirklichen, indem man Äthylendibromid mit 2 Mol. Anthranilsäure zur Äthylen-Bisanthranilsäure (3) kondensiert und durch die Alkalischmelze den Ringschluß zum Bisindoxyl (4) herbeiführt, das mit Indigoweiß isomer

Indigo aus Indol.

Äthylen-Bisanthranilsäure.

$$\text{[Strukturformel]}\ \text{NH}_2 + \text{Br}\cdot\text{CH}_2\cdot\text{CH}_2\cdot\text{Br} + \text{H}_2\text{N}\ \text{[Strukturformel]} \xrightarrow[-2\,\text{HBr}]{}$$

$$(3)\qquad \text{[Strukturformel]} \xrightarrow[-2\,\text{H}_2\text{O}]{} \text{[Strukturformel]} \qquad (4)$$

Äthylen-Bisanthranilsäure   Bisindoxyl

oder identisch ist, und das durch Oxydation leicht in Indigoblau übergeht. Technische Bedeutung hat diese Synthese infolge der geringen Ausbeute niemals besessen (vgl. dagegen die Acetylen-Bisthiosalicylsäure S. 499).

 Es ist nicht ohne Interesse festzustellen, welchen Einfluß die eben geschilderten erfolgreichen Bestrebungen zur Darstellung des synthetischen Indigos auf den Anbau des natürlichen Farbstoffes in Indien und Java, sowie auf die deutsche, indische und englische Ein- und Ausfuhr und schließlich auch auf den Preis des Farbstoffes ausgeübt haben.

Die Zahlen vermögen infolge der Unsicherheit, mit der sie behaftet sind, freilich nur ein ungefähres Bild der Entwicklung zu geben, zumal die in den Statistiken angeführten Ausbeutezahlen wegen des stark schwankenden Gehaltes der Handelsprodukte an 100proz. Farbstoff nicht unmittelbar vergleichbar sind, sondern umgerechnet werden müssen. Für Naturindigo scheint ein Gehalt von 56% Indigo als Rechnungsgrundlage die Regel zu bilden, so daß 8 ctw Naturindigo etwa 1 t 20proz. Farbstoffs entsprechen. Die statistischen Angaben über synthetischen Indigo beziehen sich meist bereits auf den 20proz. Farbstoffteig. Inwieweit übrigens hierbei zwischen den eigentlichen Indigo und den ihm nahestehenden indigoiden Farbstoffen unterschieden worden ist, läßt sich nicht mit Sicherheit feststellen. Neuerdings wird auch der indische Naturindigo, dessen Beschaffenheit während des Krieges zeitweise anscheinend zu wünschen übrigließ, den Bedürfnissen der Verbraucher entsprechend, vielfach in Form eines 20proz. Teigs in den Handel gebracht.

1. Deutschland.

A. Einfuhr (von Indigo, in Millionen Mark).

Jahr	Wert	Jahr	Wert
1895	21,5	1905	0,8
1896	20,72	1908	0,88
1898	8,3	1911	0,44
1899	8,3	1912	ca. 0,128
1902	3,68	1913	ca. 0,095
1905	1,2		

B. Ausfuhr (von Indigo, Wert in Millionen Mark).

Jahr	t	Wert	Jahr	t	Wert
1898	—	7,6	1906	12.733	31,6
1899	—	7,84	1907	16.353	45,—
1900	1.873	—	1908	15.456	38,64
1901	2.673	—	1909	16.106	—
1902	5.284	18,46	1910	17.572	—
1903	7.233	—	1911	—	41,84
1904	8.730	21,7	1912	24.811,4	—
1905	11.165	25,7	1913	33.352,8	55,—

2. Britisch Indien.
A. Erzeugung.

Jahr	Mit Indigo bebaute Fläche in ha	Ausbeute in t umgerechnet auf 20 proz. Farbstoff	Jahr	Mit Indigo bebaute Fläche in ha	Ausbeute in t umgerechnet auf 20 proz. Farbstoff
1895/96	536.000	ca. 23.800	1913/14	61.120	3.312,5
1896/97	640.000	—	1914/15	46.600	3.062,5
1910/11	90.120	—	1915/16	141.240	6.887,5
1911/12	76.960	6.090	1916/17	308.160	11.887,5
1912/13	61.480	—	1917/18	276.240	10.975,—
			1918/19	112.200	4.000,—

B. Ausfuhr (umgerechnet in t 20 proz. Farbstoffs).

Jahr	Gesamtausfuhr	Ausfuhr über Kalkutta	Jahr	Gesamtausfuhr	Ausfuhr über Kalkutta
1911/12	2.394	—	1914/15	2.143	1.237
1912/13	1.482	1.154	1915/16	5.243	1.643
1913/14	1.367	1.094	1916/17	4.192	1.702

3. England.
Einfuhr (in t 20 proz. Farbstoffs).

Jahr	Synthet. Indigo	Naturindigo	Jahr	Synthet. Indigo	Naturindigo
1911	3.036,—	614,6	1915	818	3.144,6
1912	3.538,—	884,—	1916	—	3.816,—
1913	2.986,—	522,—	1917	—	1.623,
1914	1.939,6	664,—	(10 Monate)		

Zu den vorstehenden Tabellen ist noch folgendes zu bemerken:
Die Einfuhr von Naturindigo nach Deutschland, das bis gegen Ende des vergangenen Jahrhunderts einen sehr erheblichen Teil (nahezu $^1/_3$) der gesamten Erzeugung zu verbrauchen pflegte, hat sofort nach der Durchführung der technischen Synthese (1897) stark abgenommen, während die Ausfuhr des synthetischen Indigos ebenso rasch stieg und nach ganz wenigen Jahren die Einfuhr dem Werte nach übertraf. Im Jahre 1913 erreichte die Ausfuhr von synthetischem Indigo aus Deutschland dem Werte nach beinahe die gesamte frühere indische Indigoernte, und man kann wohl annehmen, daß die gesamte Herstellung von synthetischem Farbstoff in Deutschland, einschließlich also des inländischen Verbrauchs, die frühere Welterzeugung von Indigo erheblich übertroffen hat. Der Anbau des Naturproduktes in Indien hat durch den Krieg naturgemäß einen starken Anstoß erhalten; aber schon gegen Ende des Krieges setzte ein Rückschlag ein. Die mit Indigo bebaute Fläche nahm in ganz auffallendem Maße ab, offenbar

vor allem infolge der großen, durch den U-Boot-Krieg verursachten Schwierigkeiten, den Farbstoff über See zu verfrachten. Die Aussichten des Naturproduktes im Kampfe mit dem synthetischen Erzeugnis erscheinen, trotz aller Bemühungen der englischen Chemiker, nicht so rosig, und so dürfte auch hier schließlich deutscher Erfindungsgeist und Wagemut den Sieg behalten.

In den letzten Jahren des Krieges hat die indische Ausfuhr, die früher ganz vorwiegend über Kalkutta erfolgte, über die Madrashäfen stark zugenommen, weil der Indigoanbau in besonders starkem Maßstabe im Bezirke von Madras betrieben wurde.

Über den Rückgang der Erzeugung von Naturindigo in J a v a gibt die nachstehende kleine Zusammenstellung Aufschluß.

4. Java.

Erzeugung von Naturindigo.

1898	12.580 Kisten	1911	62,3 t
1907	2.506 „	1912	69,— t

Welche Veränderungen die Preise für Indigo in der Zeit seit dem Jahre 1895 erfahren haben, ergibt sich aus folgender Übersicht. 1 kg 100 proz. Farbstoff kostete:

1895—1900	Mk. 15,—	bis	16,—
1901	„ 12,50	„	11,—
1902	„ 10,—	„	
1903	„ 9,50	„	8,25
1904	„ 7,50	„	5,60

Das Sinken der Preise und der tiefe Stand des Jahres 1904 waren hervorgerufen durch den Kampf zwischen der Badischen Anilin- und Sodafabrik (Anthranilsäure-Verfahren) und den Höchster Farbwerken (Natriumamidverfahren). Eine Verständigung führte zu dem normalen Preise von Mk. 8,50 bis 7,50. Die erhebliche Verbilligung des Indigos hat zu einer wesentlichen Steigerung seines Verbrauchs geführt. Zu Ende des vergangenen Jahrhunderts wurde der Weltverbrauch auf etwa 5000—6000 t (umgerechnet auf 100 proz. Farbstoff) geschätzt; vor Kriegsbeginn dürfte er den Betrag von 10 000 t wohl schon überschritten haben; besonders auf den ostasiatischen Märkten (vor allem in China und Japan) scheint das synthetische deutsche Produkt sich steigender Verwendung zu erfreuen.

Ausdehnung der Küpenfärberei. Trotz der durch seine Echtheit bedingten großen Wichtigkeit des Indigos waren seiner Verwendung doch gewisse Grenzen gezogen, weil man in der Auswahl der Farbentöne außerordentlich beschränkt war, falls man nicht zu Farbstoffmischungen greifen wollte. Die vielfach unternommenen Versuche, durch Einführung von Substituenten den Farbenton des Indigomoleküls zu beeinflussen, hatten zu einem durchschlagenden Erfolg nicht geführt, sondern es gelang höchstens, eine kleine Verschiebung des blauen Tones nach Rot und Grün hin zu bewirken. Der Wunsch der Färber, das Verfahren der Küpenfärberei auf einen größeren Bereich von Farbtönen, insbesondere auf Violett, Rot und Gelb zu übertragen, blieb daher unerfüllt, und auch die Synthese des **Indanthrens**, so bedeutsam sie für die **Baumwollfärberei** war, hat hieran nichts ändern können, da Indanthren wegen seines eigenartigen Verhaltens in der Küpe für die gegen Alkali höchst empfindliche Wolle nicht in Betracht kommt. Die Küpenfärberei ist aber gerade für Wolle von Bedeutung, da diese Methode des Färbens die wertvolle Wollfaser in hohem Grade schont, was sich bei der weiteren mechanischen Verarbeitung des gefärbten Materials in der Spinnerei und Weberei in sehr erwünschtem Maße bemerkbar macht. Die anderen Methoden der Wollechtfärberei, die auf der Bildung von **Farblacken** durch Vermittlung von **Metallbeizen** beruhen, schließen den großen Nachteil in sich, daß durch das anhaltende Kochen die Eigenschaften der Wolle eine ungünstige Veränderung erfahren, die einerseits die weitere Verarbeitung der gefärbten Ware erschwert und andererseits zu Materialverlusten führt.

Erst in der letzten Zeit hat sich überraschenderweise gezeigt, daß Indigo unter der Einwirkung von Benzoylchlorid in Gegenwart von Kupferpulver in einen neuen Farbstoff, **Indigogelb 3 G**, von noch unbekannter Konstitution (1?) übergeht, der auf Wolle und auf Baum-

$$
\begin{array}{c}
C_6H_5 \\
| \\
CH \\
\end{array}
$$

(1) 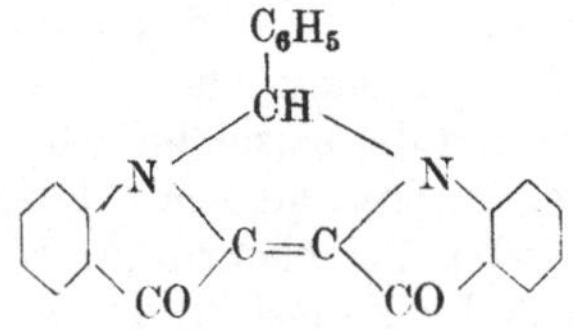 $\underset{CO}{N}\!-\!C\!=\!C\!-\!\underset{CO}{N}$ (?)

wolle wertvolle gelbe Töne liefert, die sich mit Indigoblau zu Grün kombinieren lassen.

Von noch viel erheblicherer Bedeutung war aber die schon oben erwähnte Auffindung des **Thioindigorots** durch P. Friedländer im Jahre 1905. Über diese Synthese mag hier das Wichtigste angeführt werden. Bei der großen Fülle der Patente auf dem neu erschlossenen Gebiet ist es unmöglich, einen vollen Überblick zu geben über die zahlreichen Erfindungen, die in dem kurzen Zeitraum von einigen Jahren gemacht wurden. Die technisch wichtigste Methode zur Darstellung des **Thioindigorots B** (Kalle & Co.) läßt sich durch die folgenden Phasen kurz andeuten: Überführung der **Anthranilsäure** (2) über

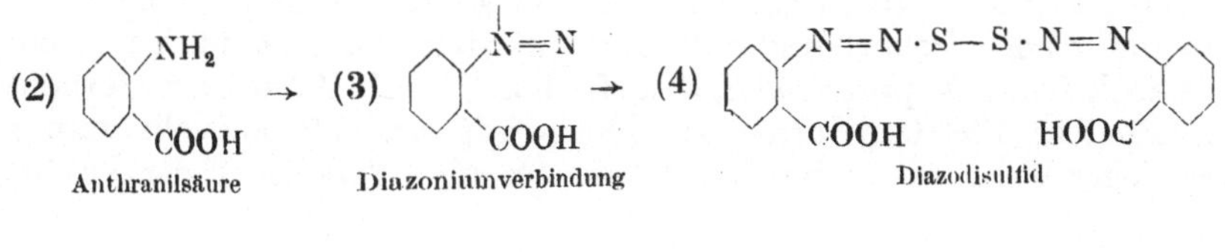

(2) $\underset{COOH}{NH_2}$ → (3) $\underset{COOH}{\overset{Cl}{N}=N}$ → (4) $N=N\cdot S\!-\!S\cdot N=N$

Anthranilsäure   Diazoniumverbindung   Diazodisulfid

die Diazoniumverbindung (3) in die **Bisthiosalicylsäure** (5), wobei
als Zwischenprodukt eine stickstoffhaltige Verbindung von der Formel
eines **Diazodisulfids** (4) anzunehmen ist. Durch Reduktion mit
Zink und Salzsäure läßt sich die **Bisthiosalicylsäure** leicht überführen in die **Thiosalicylsäure** selbst (6). Bei der Kondensation der

Thiosalicyl-
säure

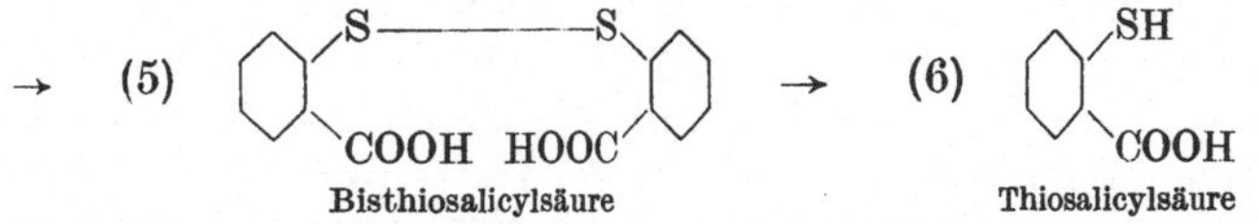

→ (5)   Bisthiosalicylsäure   → (6)   Thiosalicylsäure

o-Karboxy-
Phenylthio-
glykolsäure.

Thiosalicylsäure mit Monochloressigsäure erhält man die o-Karbonsäure
der Phenylthioglykolsäure (7), die man kurzweg auch als **o-Karboxy-**

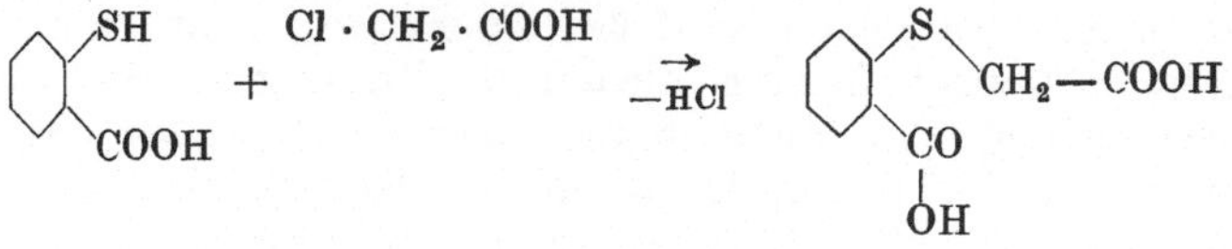

$$\text{(7)}$$

phenylthioglykolsäure bezeichnen kann, und zwar dürfte diese
Bezeichnung zutreffender sein als die in der Patentliteratur vielfach
übliche Benennung Phenylthioglykol-o-Karbonsäure. Die eben genannte
o-Karbonsäure ist ausgezeichnet durch die überraschende Leichtigkeit,
mit der sich der Ringschluß zur **Oxythionaphtenkarbonsäure** (1)
bewerkstelligen läßt. Letztere Verbindung ist das Analogon der **Indoxyl-**
säure; sie spaltet ebenso leicht wie diese Kohlensäure ab und geht
dabei in das dem **Indoxyl** entsprechende **3-Oxythionaphten** (2)
über. Was die Bezeichnung der einzelnen Elemente des Thiophen- und
Benzolringes anlangt, so beginnt man mit 1 beim Schwefel, bezeichnet
das α-Kohlenstoffatom des Thiophenringes mit 2, das β-Kohlenstoff-
atom mit 3 usw., wie aus der Formel (3) ersichtlich ist. Man bezeichnet

3- Oxythio-
naphten.

(1) 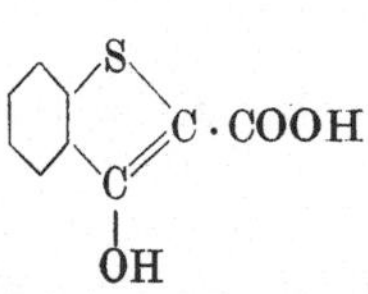   (2) 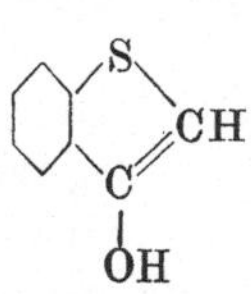   (3)

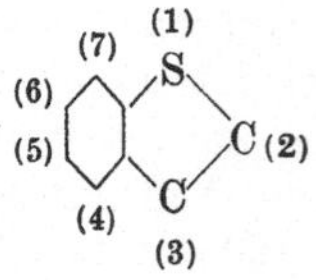

dementsprechend das eben erwähnte Oxythionaphten auch als **3-Oxy-
1-Thionaphten**, um es von den verschiedenen Isomeren zu unterscheiden.
Jedoch nicht nur in seiner chemischen Konstitution, sondern auch in
seinen Eigenschaften gleicht das 3-Oxythionaphten in weitgehendem
Maße dem Indoxyl. Es unterscheidet sich jedoch von ihm vor allem
durch seine größere Beständigkeit gegen Oxydationsmittel, besonders
auch gegen den Sauerstoff der Luft, so daß es verhältnismäßig leicht
in reiner Form isoliert und aufbewahrt werden kann. Im übrigen steht
es auch dem α-Naphtol nahe, worauf schon die Ähnlichkeit des Geruchs
hindeutet. Die **Oxydation** zum Farbstoff verläuft in vollkommen
analoger Weise wie beim Indoxyl, indem eine Verkettung der beiden

α-Kohlenstoffatome eintritt (4). Technisch führt man die Farbstoffbildung herbei, indem man sich z. B. des Schwefels als eines Wasserstoff-

(4) $\qquad$ Thioindigorot B

entziehenden Mittels bedient. — Obwohl bei der o-Karboxy-Phenyl-Thioglykolsäure, wie oben erwähnt, der Ringschluß zum Thionaphtenderivat mittels Alkali sehr leicht und glatt erfolgt, so hat man doch auch andere Mittel zu diesem Zweck vorgeschlagen, wie z. B. Erhitzen der o-Karbonsäure für sich auf höhere Temperatur oder Einwirkung von Essigsäureanhydrid, wobei, analog wie bei dem entsprechenden Glycinabkömmling (siehe S. 486), ein Acetylderivat des Oxythionaphtens entsteht (5). Ferner hat man Ringschluß und Oxydation zum

Ringschlüsse.

(5) $\qquad$

Farbstoff dadurch vereinigt. daß man die o-Karbonsäure in Gegenwart eines Oxydationsmittels, wie z. B. Nitrobenzol, auf höhere Temperatur erhitzte. Verwendet man statt der o-Karbonsäure das entsprechende Nitril, also die o-Cyanphenylthioglykolsäure (3), die nach dem Sand-meyerschen Verfahren aus der Aminophenylthioglykolsäure (1) über das Diazoniumchlorid (2) erhältlich ist, so kann man den Ringschluß

(1) $\qquad$ → (2) $\qquad$ → (3) $\qquad$

zum Thionaphtenderivat sowohl durch Ätzalkali als auch durch Säuren herbeiführen. In letzterem Falle entsteht das **3-Oxythionaphten** unmittelbar, während unter der Einwirkung von Alkali zunächst ein Zwischenprodukt, das **3-Aminothionaphten** (4), erhalten wird.

(4) $\qquad$

Die einfachen Arylthioglykolsäuren selbst, die der o-ständigen Karboxylgruppe entbehren, entstehen nach folgenden Methoden:

Synthesen
der Arylthio-
glykol-
säuren.

a) Kondensation der Arylmerkaptane, $R \cdot S \cdot H$, mit Chloressigsäure, z, B.:

$\qquad$ S·H   Cl·CH$_2$·COONa   →   S·CH$_2$·COOH
$\qquad$ + $-$NaCl

b) Kondensation der Halogenaryle mit der sog. Thioglykolsäure:

(5)
$$NO_2\text{-Aryl-}Cl + H \cdot S \cdot CH_2 \cdot COOH \xrightarrow{-HCl} NO_2\text{-Aryl-}S \cdot CH_2 \cdot COOH .$$

Diese Reaktion verläuft leicht und glatt nur dann, wenn, wie im angeführten Beispiel (5), das Halogen durch negative Gruppen (NO_2) beweglich gemacht ist (vgl. S. 93).

c) Einwirkung von Diazoniumchloriden auf Thioglykolsäure:

(1)
$$\text{Aryl-}N \equiv N \, Cl + H \cdot S \cdot CH_2 \cdot COOH \xrightarrow{-HCl} \text{Aryl-}N = N \cdot S \cdot CH_2 \cdot COOH$$

$$\xrightarrow{-N_2} \text{Aryl-}S \cdot CH_2 \cdot COOH$$

Bei dem Verfahren nach Methode a lassen sich statt der Merkaptane, $R \cdot S \cdot H$, auch die ihnen entsprechenden Zwischenkörper, die Aryl-xanthogenate, $R \cdot S \cdot CS \cdot O \cdot C_2H_5$ (siehe S. 153), und die Rhodanate, $R \cdot S \cdot CN$ (siehe S. 97), verwenden, die mit Chloressigsäure sich unmittelbar zu Arylthioglykolsäuren kondensieren lassen. Diese erleiden unter der Einwirkung von sauren Kondensationsmitteln, wie Schwefelsäure, Oleum oder Chlorsulfonsäure, gleichfalls einen Ringschluß zum Thionaphtenderivat (2), und zwar, in analoger Weise wie die einfachen

(2)
$$\text{Aryl}\underset{CO}{\overset{S}{<}}CH_2 \xrightarrow{-H_2O} \text{Aryl}\underset{C}{\overset{S}{<}}CH .$$
$$\overset{|}{OH} \qquad \overset{|}{OH}$$

Arylglycine, zwischen β-Kohlenstoffatom und Benzolkern (vgl. S. 486), wobei es jedoch von den besonderen Bedingungen abhängt, ob das zunächst entstehende Oxythionaphtenderivat durch weitere Oxydation unmittelbar in den Farbstoff und durch Sulfonierung in die Farbstoffsulfonsäure übergeht. Verwendet man an Stelle der Arylthioglykolsäuren die entsprechenden Säurechloride (3), so kann man den Ring-

(3)
$$\text{Aryl}\underset{CO}{\overset{S}{<}}CH_2 \xrightarrow{-HCl} \text{Aryl}\underset{C}{\overset{S}{<}}CH$$
$$\overset{|}{Cl} \qquad \overset{|}{OH}$$

schluß nach der Friedel-Craftsschen Methode durch Aluminiumchlorid erzwingen. Man kann ferner statt der Phenylthioglkolsäurey auch die isomere Methylthiosalicylsäure (4) verwenden und diese durch alkalische Mittel, wie z. B. Dinatriumcyanamid oder Alkalimetalle und ihre Legierungen oder Amalgame, in Oxythionaphten (5) überführen, analog wie die Methylanthranilsäure durch Natriumamid zu

(4) 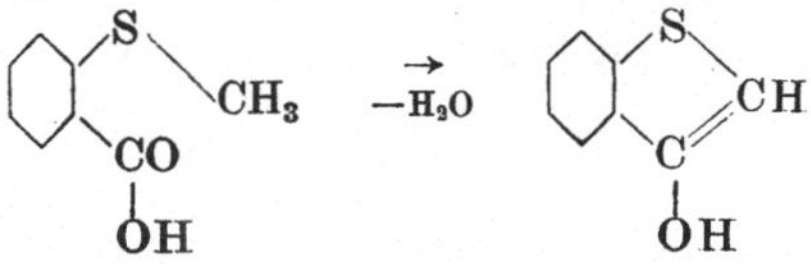 (5)

Indoxyl kondensiert werden kann (1). Trotz ihrer scheinbaren Einfachheit dürften beide Methoden technisch wohl nicht in Betracht kommen.

(1) 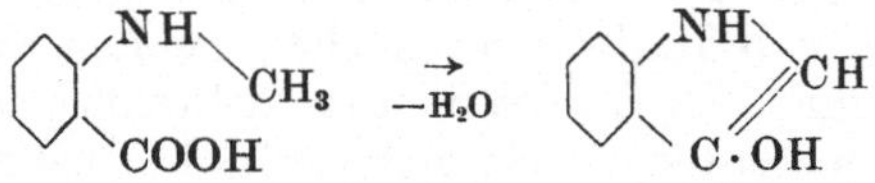

Thioindigorot aus Acetylen-Bisthiosalicylsäure.

Von größerem praktischen und wissenschaftlichen Interesse ist die folgende Synthese: Läßt man auf 2 Mol. Thiosalicylsäure 1 Mol. Acetylendichlorid einwirken, so erhält man unter geeigneten Bedingungen die sog. Acetylen-Bisthiosalicylsäure (2), die der früher erwähnten Äthylen-Bisanthranilsäure (siehe S. 491) sehr nahe steht, und die analog wie jene durch Ringschluß zum Farbstoff führt, und zwar unmittelbar, ohne daß es einer nachträglichen Oxydation wie beim Bis-Indolderivat bedürfte:

(2) 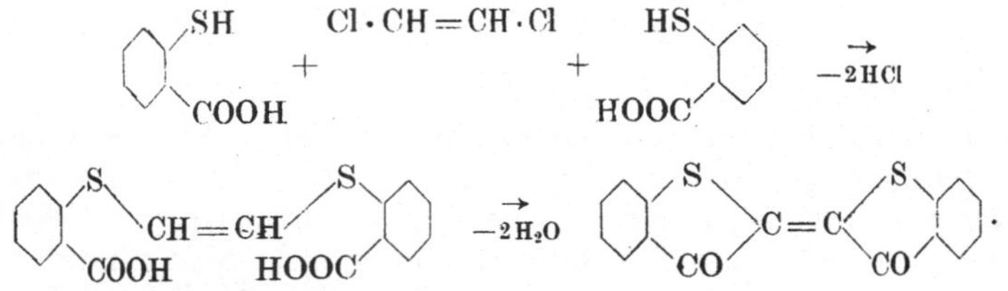

Acetylen-Bisthiosalicylsäure

Alle die bisher betrachteten Synthesen, bei denen es sich um die Darstellung des Indigos oder des Thioindigos handelte, führten zu vollkommen symmetrischen Produkten. Es wurde aber bereits auf S. 471 hervorgehoben, daß wichtige indigoide Küpenfarbstoffe sich herstellen lassen, die eine unsymmetrische Struktur aufweisen, sei es dadurch, daß ein Indol- mit einem Thionaphtenkern, oder mit anderen Kernen, die nur Kohlenstoff enthalten, verknüpft wird, sei es, daß die Unsymmetrie darauf beruht, daß ein α-Kohlenstoffatom des einen Kerns mit einem β-Kohlenstoffatom des anderen in Doppelbindung tritt. Hierdurch wird, worauf gleichfalls schon hingewiesen wurde, eine außerordentlich große Mannigfaltigkeit der Farbstoffsynthesen ermöglicht.

Bei der Synthese dieser unsymmetrisch gebauten Küpenfarbstoffe spielen gewisse Komponenten eine besonders wichtige Rolle. Zunächst sind hier anzuführen das schon mehrfach erwähnte Isatin und seine

Derivate, darunter auch das β-Naphtisatin (3). Im Isatin (4) sind, wenn man seine Pseudoform, die sog. Laktamform, zugrunde legt, zwei CO-Gruppen enthalten, die jedoch bezüglich ihrer Reaktionsfähigkeit nicht gleichwertig sind (vgl. S. 472). Nur die mit dem Benzolkern

(3) (4)

verknüpfte β-Karbonylgruppe ist eine eigentliche Ketongruppe und daher in besonderem Maße reaktionsfähig. Infolgedessen entstehen bei der Kondensation von Isatinen mit solchen zweiten Komponenten, die eine reaktionsfähige CH_2-Gruppe in der α-Stellung des Pyrrol- oder Thiophenringes enthalten, unsymmetrische indigoide Farbstoffe (siehe Thioindigoscharlach R aus Isatin + Oxythionaphten, S. 475). Will man mit denselben zweiten Komponenten, die eine reaktionsfähige CH_2-Gruppe in der α-Stellung enthalten, und als deren Vertreter das Indoxyl und das 3-Oxy-1-Thionaphten anzusehen sind, symmetrische Farbstoffe erzeugen, so muß man sich dazu solcher Isatinderivate bedienen, in denen nicht die β-, sondern die α-ständige Gruppe die reaktionsfähigere ist. Derartige Verbindungen sind das Isatin-

α-Anilid (1) (siehe S. 489f.) und das Isatinchlorid (2), welch letzteres

(1) $C = N \cdot C_6H_5$ (2) $C - Cl$

aus Isatin und Phosphorpentachlorid erhältlich ist (siehe S. 88). Diese beiden Verbindungen reagieren mit den eben genannten zweiten Komponenten in der Weise, daß die Verkettung durch die beiden α-Kohlenstoffatome vor sich geht, was die Entstehung mehr oder minder symmetrisch gebauter Küpenfarbstoffe (3) zur Folge hat. Ähnlich wie Isatin

$C = N \cdot C_6H_5$ + H_2C $\xrightarrow{-H_2N \cdot C_6H_5}$

(3) $C = C$

reagiert auch das analoge 2,3-Diketodihydrothionaphten (4) (das unter gewissen Bedingungen allerdings auch mit der α-ständigen CO-Gruppe zu reagieren scheint), während sich dem Isatin-α-Anilid und dem Isatinchlorid analog verhalten die α-Dihalogen-β-Ketodihydrothionaphtene, z. B. das Dibromderivat (5), sowie diejenigen

(4) $CO(\alpha)$ (5) CBr_2

(β)

Kondensationsprodukte, die aus Oxythionaphtenen und Nitrosodimethylanilin erhalten werden können:

$$CH_2 + ON \cdot C_6H_4 \cdot N(CH_3)_2 \quad \xrightarrow{-H_2O} \quad C{=}N \cdot C_6H_4 \cdot N(CH_3)_2$$

oder durch gemeinsame Oxydation von p-Diaminen mit Oxythionaphtenen (1):

$$(1) \quad CH_2 + H_2N \cdot C_6H_4 \cdot NH_2 \quad \overset{+2O}{\underset{-2H_2O}{\rightarrow}} \quad C{=}N \cdot C_6H_4 \cdot NH_2.$$

Eine gleichfalls wichtige Komponente für die Darstellung von un- Acenaphten-
chinon-
Farbstoffe.
symmetrischen indigoiden Küpenfarbstoffen ist das schon auf S. 56
erwähnte Acenaphtenchinon nebst seinen Derivaten, das aus dem
früher wertlosen Acenaphten durch Oxydation mit Chromsäure erhalten
werden kann.

Erwähnt sei hier noch die eigenartige Synthese eines dem Thioindigo nahestehenden Farbstoffes der Naphtalinreihe, der, ebenso wie die
vom Acenaphtenchinon sich ableitenden Küpenfarbstoffe, als eine peri-
Verbindung des Naphtalins anzusehen ist, und der aus der 1,8-Amino-
naphtoësäure auf dem durch die nachstehenden Formeln angedeuteten
Wege entsteht:

$$HOOC \quad NH_2 \qquad HOOC \quad SH \qquad HOOC \quad S \cdot CH_2 \cdot COOH$$

Von den zahlreichen, auf die oben angegebene Weise darstellbaren Indigorot.
symmetrischen und unsymmetrischen indigoiden Farbstoffen sind
einige durch wertvolle Färbeeigenschaften ausgezeichnet. Das durch
Kondensation von Isatin mit Indoxyl erhältliche Indigrot (2), ein
Farbstoff von unsymmetrischer Struktur, ist nicht nur als Begleiter
des Naturindigos bereits längere Zeit bekannt, sondern scheint auch
in der Indigoschmelze als Nebenprodukt zu entstehen, offenbar
infolge der Vereinigung von Indoxyl mit Isatin, das seine Entstehung
der oxydierenden Wirkung schmelzenden Alkalis verdankt. Ersetzt
man in dem technisch wertlosen Indigorot die NH-Gruppe der normalen, d. h. mittels eines α-Kohlenstoffatoms verketteten Molekül-
hälfte durch ein Atom Schwefel, so bewirkt man dadurch eine höchst
überraschende Verbesserung der Färbeeigenschaften. Man erhält den

Thioindigo-
scharlach R.

wertvollen **Thioindigoscharlach R** von der Formel (3), der namentlich für die **Wollechtfärberei** von Bedeutung ist, und den man synthe-

(2) NH … CO / C / C / HN … CO

(3) NH … CO / C / C / S … CO

tisch darstellt durch die Kondensation von Isatin mit 3-Oxythionaphten (siehe S. 475); unter geeigneten Bedingungen verläuft diese Kondensation außerordentlich glatt und leicht.

Einfluß der
Stellung der
Sub-
stituenten.

Bemerkenswert ist der weitgehende Einfluß, den in das Molekül indigoider Farbstoffe eingeführte Substituenten auf Echtheit und Farbenton auszuüben vermögen. Es wurde bereits auf S. 468 bemerkt, daß der aus der Purpurschnecke erhältliche „Purpur der Alten" ein Dibromsubstitutionsprodukt des Indigoblaus (4) darstellt, und zwar

(4) Br … NH … $\mathrm{C}=\mathrm{C}$ … NH … Br / CO … CO

befindet sich je ein Bromatom in der 6-Stellung des Indolmoleküls (eine entsprechende Zählung vorausgesetzt, wie auf S. 496 für das Thionaphten angeführt). Die Einführung von Brom hat eine sehr auffällige Verschiebung das blauen Tons nach **Violett** zur Folge, und dies ist um so überraschender, als die Bromierung an anderen Stellen des Moleküls eine Verschiebung des Tons nach **Grün** bewirkt, womit gleichzeitig eine Erhöhung der Leuchtkraft des Farbstoffes verbunden ist. Dies gilt insbesondere von den höher (4-, 5- und 6-fach) bromierten Derivaten des Indigos, die unter verschiedenen Namen neuerdings in den Handel kommen (siehe S. 506f.).

Auch bei den Farbstoffen aus der Gruppe des **Thioindigorots** kommt der Stellung der Substituenten eine ausschlaggebende Bedeutung zu. Meist sind die Unterschiede recht erheblich, je nachdem ob die Substituenten in die mit 4 bzw. 4′, oder in die mit 5 bzw. 5′, oder in die

     7 S / 6 / C / 5 / C / 4

mit 6 bzw. 6′, oder schließlich in die mit 7 bzw. 7′ bezeichneten Stellen des Thionaphtenkernes eintreten. Man kann nach den bisherigen Erfahrungen etwa folgende Regel aufstellen: Substituenten in 4- und 7-Stellung ziehen nach **Blau**, in 6-Stellung hingegen umgekehrt nach **Rot** und **Gelb**, in 5-Stellung nach **Blauviolett** bis **Schwarz**.

Wie beim Indigo selbst, so spielt auch bei den übrigen symmetrischen oder unsymmetrischen und gemischten indigoiden Farbstoffen insbesondere die Bromierung eine sehr wichtige Rolle, indem mit ihr, außer der Verschiebung des Farbentons, fast durchgehends eine Verbesserung der Echtheitseigenschaften Hand in Hand geht. Man erhält derartige Halogensubstitutionsprodukte entweder durch nachträgliche Halogenisierung (Bromierung), was in vielen Fällen der gegebene Wege ist, oder durch Anwendung Brom- (oder Chlor-)haltiger Komponenten. Die Bromierung der Küpenfarbstoffe.

Am einfachsten gestaltet sich, nachdem man die zweckmäßigsten Methoden ausfindig gemacht hat, die nachträgliche Halogenisierung der Küpenfarbstoffe, wobei in der Regel, zur Vermeidung schädlicher Oxydationsprozesse, die Gegenwart von Wasser auszuschließen ist. Sehr bequem lassen sich die meisten Küpenfarbstoffe in Nitrobenzol-Lösung oder -Suspension bromieren. Durch Steigerung der Temperatur wird die Bromierung erleichtert, so daß gegebenenfalls sich mehrere Atome Brom in das Farbstoffmolekül einführen lassen (Tetrabromindigo). Bemerkenswert ist auch das Verhalten des Bromwasserstoffes gegen Küpenfarbstoffe in konzentriert schwefelsaurer Lösung. Die Schwefelsäure verhält sich hierbei dem HBr gegenüber wie ein Oxydationsmittel, gemäß der Gleichung:

$$2\,HBr + H_2SO_4 \rightarrow Br_2 + SO_2 + 2\,H_2O\,.$$

Das in Freiheit gesetzte Brom reagiert alsdann mit dem Farbstoff unter Bildung von Bromsubstitutionsprodukten.

Eine weitere Methode der Bromierung wird ermöglicht durch das eigenartige Verhalten des sog. Dehydroindigos (1), der (nach Kalb) durch Oxydation des Indigos bei Ausschluß von Wasser leicht erhältlich ist: Dehydroindigo.

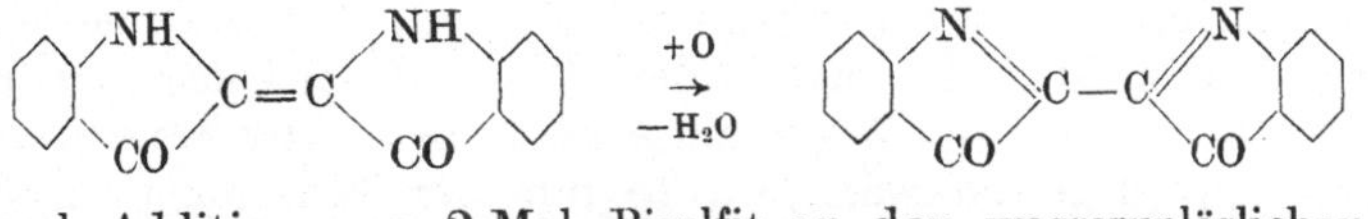

(1).

Durch Addition von 2 Mol. Bisulfit an den wasserunlöslichen Dehydroindigo entsteht eine lösliche Disulfonsäure (2), die sich selbst in Gegenwart von Wasser leicht halogenisieren läßt und darauf durch Reduktion in Halogenindigo übergeht.

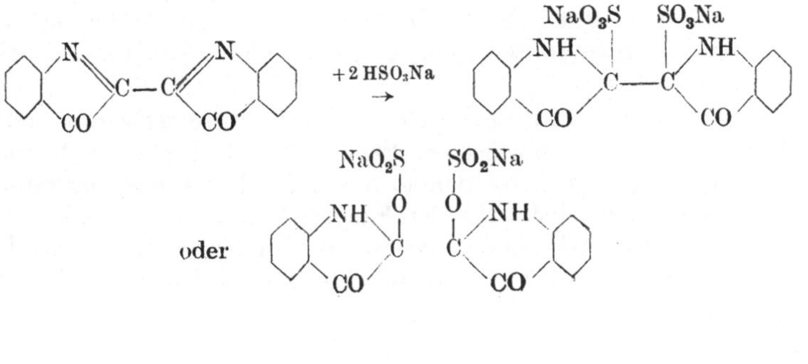

(2)

Schließlich hat sich das **Sulfurylchlorid**, SO_2Cl_2, wie in vielen anderen Fällen (vgl. z. B. S. 76), so auch dem Indigo gegenüber als brauchbares Chlorierungsmittel bewährt.

Weitere Erwähnung als Substituenten verdienen die Methylgruppe (CH_3), die Methoxylgruppe (CH_3O), die Äthoxylgruppe (C_2H_5O), die Äthylmerkaptangruppe $(C_2H_5 \cdot S)$, die Aminogruppe (statt deren auch die Nitrogruppe eintreten kann, da sie in der Regel bei der Verküpung sich zur Aminogruppe reduziert), die Acetaminogruppe $(CH_3 \cdot CO \cdot NH)$ usw.

Diese kurzen Andeutungen werden genügen, um erkennen zu lassen, in wie weitgehendem Maße auch durch derartige Substitutionen eine Variation bei der Synthese von Küpenfarbstoffen möglich ist, so daß es heute leicht ist, selbst ohne auf Farbstoffmischungen zurückzugreifen, eine umfangreiche Stufenfolge von Farbtönen — vom Gelb des Indigogelbs, über das Orange des Helindonorange R und D, den Scharlach des Thioindigoscharlachs 2 G und R, das Rot des Thioindigorots B, das Violett des Thioindigovioletts K, das Blauviolett des Cibablaus B, das chlorechte Blau des Alizarinindigos G, das Grünblau des Brillantindigos BASF/G, bis zum lebhaften Grün des Helindongrüns G — mit Hilfe der indigoiden Küpenfarbstoffe zu erzielen und auf diese Weise die dem Färber und Drucker zu Gebote stehenden Mittel um wertvolle Produkte zu bereichern.

Der Übersicht über die Küpenfarbstoffe seien einige Bemerkungen über die Benennung vorausgeschickt. Nach dem Vorschlage von P. Friedländer bezeichnet man als „indigoide Farbstoffe" diejenigen, die die Atomgruppierung

$$\begin{array}{c} \cdots\cdots CO \qquad\qquad CO \cdots\cdots \\ \diagdown \qquad\qquad\qquad \diagup \\ C = C \\ \diagup \qquad\qquad\qquad \diagdown \\ \cdots\cdots X \qquad\qquad\qquad Y \cdots\cdots \end{array}$$

enthalten. Der mit dieser Atomgruppierung verbundene Komplex kann sowohl aliphatischer wie aromatischer Natur sein; X und Y können Stickstoff, Schwefel, Sauerstoff und Kohlenstoff bedeuten. Die Bezeichnung der einzelnen Farbstoffe leitet man in der Weise ab, daß man jeweils die **Muttersubstanzen** der beiden am Aufbau beteiligten Molekülhälften zugrunde legt. Danach wäre **Indigo** mit der Benennung „Bisindol-Indigo" zu belegen. Um gleichzeitig anzudeuten, daß die beiden Indolkerne durch je ein Kohlenstoffatom in 2-Stellung verknüpft sind, bezeichnet man ihn genauer als 2, 2-Bisindolindigo. In analoger Weise ergeben sich für das **Thioindigorot** B, den **Thioindigoscharlach** R und 2 G und das **Indirubin** die Bezeichnungen: 2,2-Bisthionaphtenindigo, 3-Indol-2-Thionaphtenindigo, 2-Thionaphten-Acenaphtenindigo, 2, 3-Bisindolindigo usw.

Nach dem p, p-ständigen Zweikernchinon **Coerulignon** (siehe S. 475) werden die entsprechenden Farbstoffe als **Lignone** bezeichnet, das **Coerulignon** selbst demnach als Bis-3, 5-Dimethoxybenzol-Lignon, in entsprechender Weise der Farbstoff aus Isatinchlorid$+1, 2$-Dioxynaphtalin als 2-Indol-3-Oxy-1-Naphtalinindolignon, weil er teils nach dem Typus eines **indigoiden**, teils eines **Lignon**farbstoffes gebaut ist (1), also einem, nach **Friedländers** Vorschlag, als **Indolignon** zu benennenden Mischtypus angehört (vgl. den o, p-Typus auf S. 475).

$$\text{(1)}$$

Wie schon oben angedeutet (siehe S. 475), stehen die **Lignone** und **Indolignone** hinsichtlich ihrer technischen Bedeutung weit zurück hinter den indigoiden Farbstoffen, was ihrer mangelnden Echtheit zuzuschreiben ist.

Ein eigenartiger Fehler, der bei indigoiden Farbstoffen bisweilen in die Erscheinung tritt, ist ihre mehr oder minder weitgehende **Alkaliempfindlichkeit**, die vielfach sogar beim Färben sich in einem solchen Maße bemerkbar macht, daß sie die technische Verwendbarkeit der betreffenden Farbstoffe ausschließt. Nach **Friedländer** verläuft die Einwirkung von (alkoholischem) Kali auf **Indigo**, der übrigens auf der Faser unter **normalen** Bedingungen vollkommen beständig ist, in der Weise, daß sich das Molekül entweder nur unvollkommen aufspaltet zur **Chrysanilsäure** (2), oder durch weitergehende hydro-

Alkalispaltung der Küpenfarbstoffe.

$$+2\,\text{NaOH} \quad \to \quad -\text{H}_2\text{O} \qquad \text{(2)}$$

Dinatriumsalz der Chrysanilsäure

lytische Spaltung in zwei Teile zerfällt, in Anthranilsäure und Indoxyl-2-Aldehyd (3). In analoger Weise zerfällt **Indirubin** in **Anthra**-

$$+\text{H}_2\text{O} \quad \to \qquad \text{(3)}$$

nilsäure und **Oxindol-3-Aldehyd** (4), oder **Thioindigoscharlach R** in **Thiosalicylsäure** und **Oxindol-3-Aldehyd** (5):

$$\to \qquad \text{(4)}$$

$$\to \qquad \text{(5)}$$

Aus der folgenden Übersicht über die technisch wichtigeren Küpenfarbstoffe geht hervor, daß die Indolignone und Lignone bisher keine Anwendung in der Praxis gefunden haben, so daß wir unsere Betrachtung beschränken können, wie schon auf S. 475 angedeutet, auf die indigoiden Farbstoffe und die Küpenfarbstoffe der Anthrachinonreihe, zwei große Gruppen von stetig wachsender Bedeutung für die Echtfärberei der Wolle und Baumwolle.

I. Indigoide Küpenfarbstoffe.

1. Bis-Indolfarbstoffe.

Indigo-Marken. a) Symmetrische Farbstoffe vom Typus des Indigos, der unter den verschiedenen Handelsmarken: Indigo rein BASF[1] Pulver L, Indigo MLB[2] Pulver, Indigo rein BASF Teig 20%, Indigo MLB Teig 20%, Indigo BASF S Teig im Handel erscheint. Von beiden Firmen wird, um den Verbrauchern die Arbeit des Verküpens zu ersparen, der Farbstoff auch in mehreren Formen seiner Leukoverbindung, des Indigweiß, auf den Markt gebracht, und zwar angepaßt dem Ort und der Art seiner Verwendung (je nachdem ob für Wolle oder für Baumwolle): Indigo MLB Küpe I 20%, Indigo MLB Küpe II 20%, Indigweiß BASF, Indigoküpe BASF.

Von den Derivaten des Indigos spielen die Di- und Tetrasulfonsäuren (Indigotine Ia in Pulver oder Indigokarmin D in Teig sowie Indigotine P) keine Rolle. Sie werden nicht in der Küpe gefärbt, sondern stellen gewöhnliche wasserlösliche Säurefarbstoffe vor und ermangeln der wertvollen Echtheitseigenschaften, die den Indigo selbst in so hohem Maße auszeichnen. Um so größere technische Wichtigkeit beanspruchen die Halogenderivate (vgl. S. 75). Der Monobrom-Indigo (Brom in 5-Stellung) trägt die Bezeichnung Indigo MLB/R oder Indigo rein BASF/R; eine Mischung wechselnder Mengen 5-Mono- und 5, 5'-Dibrom-Indigo wird durch die Marken RR oder RB und RBN von ihm unterschieden. Im reinen Zustande ist dieser dibromierte Farbstoff trotz seines Rotstichs immerhin doch noch ganz erheblich blauer als das isomere Erzeugnis der Purpurschnecke (siehe S. 502). Nach Blau bzw. Grün ist der Ton verschoben in den Mischungen aus den 5, 5'-Di-, 5, 5', 7-Tri- und 5, 5', 7, 7'-Tetra-Brom-Derivaten mit den Benennungen: Indigo MLB/2 B, Helindonblau 2 B Teig, Indigo 2 R Ciba u. dgl. Einen ziemlich einheitlichen 5, 5', 7, 7'-Tetrabromindigo stellen die Marken Cibablau 2 B, Indigo MLB/4 B, Brillantindigo BASF/4 B, Indigo KB und Bromindigo FB in Teig dar. Der Farbstoff (1) entsteht analog den vorerwähnten Bromderivaten durch direkte Bromierung des Indigos nach den oben (siehe S. 503f.)

Brom-Indigo-Farbstoffe.

---

[1] BASF bedeutet Badische Anilin- und Sodafabrik, Ludwigshafen a. Rh.
[2] MLB bedeutet Farbwerke vorm. Meister Lucius & Brüning, Höchst a. M.

erwähnten Methoden, und seine Konstitution entspricht, da das Halogen zunächst in o- und p-Stellung zum Stickstoff eintritt, der Formel:

$$\text{(1)} \qquad \text{(Struktur: 5,5',7,7'-Tetrabromindigo)}$$

Treibt man die direkte Bromierung noch weiter, so tritt Brom in die 4- und 4'-Stellung, und man erhält wechselnde Gemische aus Penta- und Hexa-Brom-Indigo (neben etwaigen Resten von Tetrabromindigo), die als **Indigo MLB/5 B** oder **6 B, Indigo K 2 B** und **G** oder als **Cibablau G** wegen ihres grünstichigen Farbentons bei guten Echtheitseigenschaften geschätzt sind. Verschiedene Halogenderivate des Indigos, die entweder Chlor oder Brom und Chlor gleichzeitig enthalten, finden unter dem Namen **Brillantindigo BASF** (mit den Zusätzen B, 2 B, G, 4 G) wegen ihres lebhaften Tons praktische Anwendung. Die Marke 4 G besitzt angeblich den grünstichigsten Ton; der Farbstoff (3) wird erhalten durch Bromieren von 4, 4'-Dichlorindigo (2) bei niedriger Temperatur:

$$\text{(2)} \qquad \longrightarrow \qquad \text{(3)}$$

Unterwirft man den Naphtalinindigo (aus dem β-Naphtylglycin), dessen Konstitution der Formel (4) entspricht, und dessen Ton schon

$$\text{(4)}$$

an sich erheblich **grüner** ist als der des gewöhnlichen Indigos, der Bromierung, so erhält man, indem Brom höchstwahrscheinlich in den unsubstituierten Kern des Naphtalinmoleküls eintritt, ein Dibromderivat, das als **Cibagrün G Teig, Helindongrün G Teig** und **Thioindigogrün G** Verwendung findet.

Von den **Homologen** des Indigos ist hier das 7, 7'-Dimethylderivat anzuführen, der **Indigo MLB/T** oder **Indigo rein BASF/G**, der früher schon aus dem **o-Nitro-m-Toluylaldehyd** (1) erhalten worden war, bequemer aber aus dem **o-Tolylglycin** (2) nach dem Natrium-

$$\text{(1)} \qquad \qquad \text{(2)}$$

amidverfahren dargestellt werden kann. Er unterscheidet sich durch seinen etwas grüneren Ton und bessere Chlorechtheit vorteilhaft vom gewöhnlichen Indigo.

Indigogelb G.

Lackrot Ciba B.

Schließlich seien von symmetrischen Bisindolderivaten noch zwei erwähnt: Das **Indigogelb G**, das aus dem **Indigogelb 3 G** (siehe S. 495) durch Bromieren entsteht, und ferner ein eigenartiger Farbstoff, der zwar nach einem ähnlichen Verfahren wie Indigogelb 3 G erhalten wird, aber doch in seiner Konstitution erheblich abweicht: das **Lackrot Ciba B.** Man gewinnt es durch die Einwirkung von Phenylessigsäurechlorid auf Indigo. Hierbei geht in sekundärer Reaktion das ursprüngliche N-Acylderivat (3) über in ein Kondensationsprodukt (4) von neu-

$$(3) \qquad \xrightarrow{-2\,H_2O} \qquad (4)$$

artigem Typus, das zwar nicht mehr als **Küpen-**, sondern als **Pigment-** und **Albuminfarbstoff** von Interesse zu sein scheint.

Farbstoffe vom Typus des Indigorots.

b) **Unsymmetrische Bisindol-Farbstoffe** vom Typus des Indigorots sind das **Ciba-Heliotrop B** (5) und das **Helindonviolett D**, von denen ersteres durch Bromieren des Indigorots und letzteres auf analogem Wege aus dem **7-Methyl-Indigorot** (6) erhalten

$$(5) \qquad\qquad (6)$$

wird. Auch durch Kondensation des leicht zugänglichen Dibrom-Isatins mit Indoxyl und seinen Derivaten lassen sich bromierte Farbstoffe des unsymmetrischen Typus darstellen. Doch scheitert eine weitergehende Anwendung dieser synthetischen Methode an dem Umstande, daß die Indoxylderivate, wegen ihrer großen Neigung, sich zu oxydieren, nicht sehr bequem zu handhaben sind, im Gegensatz zu dem 3-Oxy-Thionaphten. Auch von der anderen Möglichkeit, zum **Indigorot** (2) und seinen Abkömmlingen zu gelangen, nämlich durch Kondensation von **Oxindol** (1) mit α-Isatinanilid läßt sich, solange **Oxindol**

$$+\ (1) \qquad \rightarrow \qquad (2)$$

nicht leichter zugänglich ist, nur in sehr beschränktem Maße Gebrauch machen. Es dürften deshalb die Farbstoffe dieser Untergruppe b technisch zunächst nur eine sehr bescheidene Rolle spielen.

2. Bisthionaphtenfarbstoffe.·

a) **Symmetrische Farbstoffe vom Typus des Thioindigo-**rots **B.** In dieser Untergruppe besitzen die einfachen Halogenabkömmlinge bei weitem nicht die Bedeutung, wie sie z. B. den chlorierten und bromierten Indigoabkömmlingen zukommt. Ein 6, 6'-Dichlorderivat des Thioindigorots B ist das **Thioindigorot BG** oder **Cibarot B**, während das 5, 5'-Dibromderivat die Bezeichnung **Cibabordeaux B** führt. Ein 5, 5'-Dimethyl-6, 6'-Dichlorabkömmling ist das durch gute Echtheitseigenschaften ausgezeichnete **Helindonrot 3 B** oder **Thioindigorot 3 B**, während das an Stelle von Chlor 2 Atome Brom enthaltende Analogon als **Helindonrosa** oder **Thioindigorosa** im Handel erscheint.

Von ganz anderem Charakter sind die amidierten Thioindigofarbstoffe, von denen genannt seien das **Helindonorange D**, ein bromierter 6, 6'-Diamino-Bisthionaphtenindigo, und das **Helindongrau** oder **Thioindigograu**, bei dem die beiden Aminogruppen in den Stellungen 7 und 7' stehen. Durch die **Aminogruppen** findet also eine sehr erhebliche **Verschiebung des Farbentons** statt, wobei es, entsprechend den Angaben auf S. 502, einen merklichen Unterschied ausmacht, ob die Substitution in der 6- oder in der 7-Stellung erfolgt.

Farbstoffe von großem Werte sind diejenigen, die Alkoxygruppen enthalten; hierher gehören das **Helindonorange R** oder **Thioindigoorange R** (3), ferner der **Helindonechtscharlach R**, ein Bromderivat des letzteren, und schließlich das **Helindonviolett 2 B** oder **Thioindigoviolett 2 B** (4), das außer Halogen noch Methyl- und

$$(3)\quad C_2H_5O\!-\!\overset{S}{\underset{CO}{\bigcirc}}\!-\!C\!=\!C\!-\!\overset{S}{\underset{CO}{\bigcirc}}\!-\!OC_2H_5$$

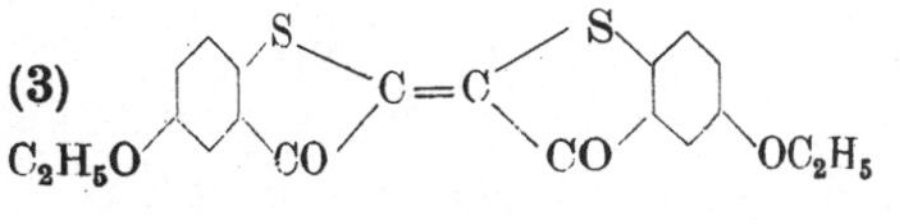

$$(4)\quad \overset{H_3CO}{\underset{H_3C}{Cl\!-\!\bigcirc}}\!\overset{S}{\underset{CO}{}}\!-\!C\!=\!C\!-\!\overset{S}{\underset{CO}{}}\!\overset{OCH_3}{\underset{CH_3}{\bigcirc\!-\!Cl}}$$

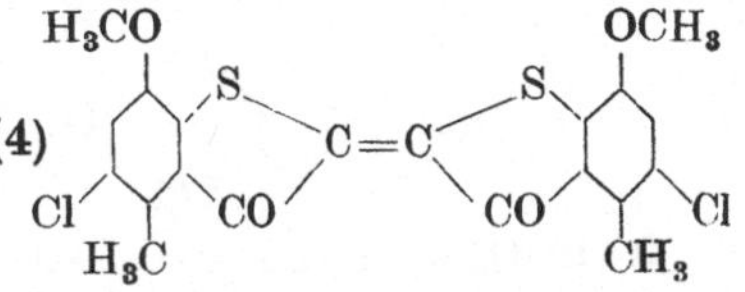

Methoxygruppen enthält. Etwas abweichend von diesen wertvollen Farbstoffen verhält sich das **Diäthylmerkapto-Thioindigorot**, das durch den Gehalt an 2 $C_2H_5 \cdot$ S-Gruppen in den Stellungen 6 und 6' gekennzeichnet ist, und das zwar einen schönen Ton, aber keine sonderliche Lichtechtheit besitzt. Es führt die Bezeichnung **Helindonscharlach S** oder **Thioindigoscharlach S.**

b) Die **unsymmetrischen** Bisthionaphtenfarbstoffe, entsprechend der Formel (1), haben im Hinblick auf die Kosten ihrer Herstellung

$$(1)\quad \overset{S}{\underset{CO}{\bigcirc}}\!-\!C\!=\!C\!\!<\!\!\overset{}{\underset{CO}{}}\overset{S}{\bigcirc}$$

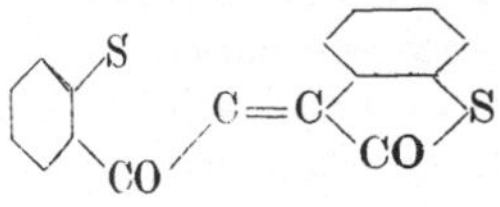

und ihre wenig befriedigenden Echtheitseigenschaften, soweit die bisher dargestellten Vertreter dieser Untergruppe in Betracht kommen, irgendwelche Bedeutung nicht erlangt.

3. Gemischte Indol-Thionaphtenfarbstoffe.

a) **Symmetrische Farbstoffe.** Der einfachste Vertreter dieser Untergruppe (**Cibaviolett A**) entsteht entweder, wie auf S. 500 angegeben, aus Isatin-α-Anilid und Oxythionaphten oder (weniger zweckmäßig) aus dem sog. α-Dibrom-β-Keto-Dihydrothionaphten und Indoxyl (2):

$$(2)\quad \underset{CO}{\overset{S}{\bigcirc}}CBr_2 + H_2C\underset{CO}{\overset{NH}{\bigcirc}} \xrightarrow{-2\,HBr} \underset{CO}{\overset{S}{\bigcirc}}C=C\underset{CO}{\overset{NH}{\bigcirc}}.$$

Durch Bromieren dieses 2-Thionaphten-2-Indolindigos erhält man, je nach den besonderen Bedingungen, verschiedene Halogenisierungsstufen: das **Cibaviolett R, B** und **3 B** (= **Thioindigoviolett K**). Ein Monobromderivat des Cibavioletts A ist das **Cibagrau**, das Baumwolle zunächst blau anfärbt, auffallenderweise aber durch Nachbehandlung mit heißer Seifen- oder Sodalösung, bzw. mit verdünnten Säuren bei Wolle, ein echtes Grau liefert. Führt man außer Brom noch eine Aminogruppe in das Molekül des ursprünglichen Farbstoffes ein (und zwar in die 6-Stellung des Thionaphtenkerns), so geht der Ton von **Blau** nach **Braun** über. Man erhält z. B. das **Helindonbraun 5 R** Teig oder **Thioindigobraun 3 R**, indem man das 6-Amino-3-Oxythionaphten mit Isatin-α-Anilid kondensiert und nachträglich (in Nitrobenzollösung) bromiert.

b) **Unsymmetrische Thionaphtenindolindigofarbstoffe.** Als Typus hat der **Thioindigoscharlach R** zu gelten (siehe S. 475), dessen Dibromabkömmling (4) in analoger Weise aus Dibromisatin (3) und

$$(3)\quad \underset{Br}{\overset{Br}{\bigcirc}}\underset{CO}{\overset{NH}{\bigcirc}}\overset{CO}{}\qquad\qquad (4)\quad \underset{CO}{\overset{S}{\bigcirc}}C=C\underset{CO}{\overset{Br}{\underset{NH}{\bigcirc}}}Br$$

3-Oxythionaphten erhalten wird und unter der Bezeichnung **Thioindigoscharlach G** oder **Cibarot G** Verwendung findet. In die gleiche Untergruppe gehört ferner ein Farbstoff, **Helindonbraun G** oder **Thioindigobraun G**, der ebenso wie die obenerwähnte Marke 5 R ein amidiertes Bromderivat, jedoch einer **unsymmetrischen** Stammsubstanz, des 2-Thionaphten-3-Indolindigos, darstellt.

4. Indolnaphtalin- (-Anthracen- usw.) Indigofarbstoffe.

Diese Gruppe weist einige sehr bemerkenswerte Vertreter auf, die gleichfalls, soweit sie technisch brauchbar sind, sämtlich **indigoid** konstituiert sind, während die isomeren **Indolignone** (siehe S. 505) sich als unbrauchbar erwiesen haben.

Durch Kondensation von Isatin-α-Anilid mit 4-Brom-α-Naphtol oder durch nachträgliche Bromierung des 2-Naphtalin-2-Indolindigos erhält man einen, im Gegensatz zum unbromierten Produkt, echten blauen Küpenfarbstoff, den **Alizarinindigo 3 R**. Aus Dibrom-Isatin-α-Anilid und α-Anthrol erhält man die Marke G, die ebenso wie die Marke 3 R durch Chlorechtheit ihrer Färbungen ausgezeichnet ist; bei

Indigo selbst läßt diese bekanntlich zu wünschen übrig. Ein Küpenfarbstoff ganz eigener Art (2) entsteht bei der Kondensation von Isatin-α-Anilid mit Oxyanthranol (1). Ob in diesem, Helindonblau 3 GN

(1) 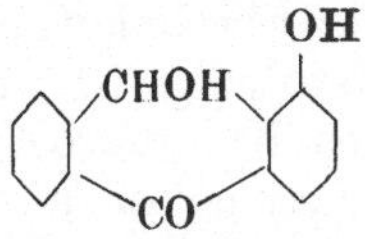 (2) 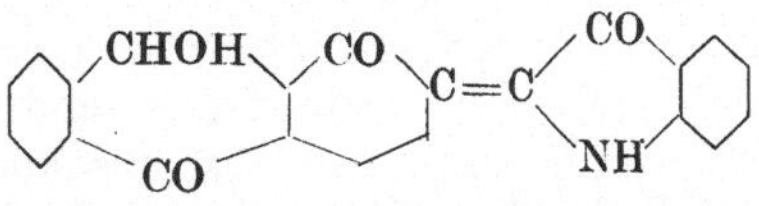

oder Thioindigoblau 2 G genannten Produkt eine nachträgliche Oxydation der Gruppe CHOH zu CO stattfindet, so daß ein wirklicher Anthrachinonrest in ihm anzunehmen ist, wurde bisher noch nicht festgestellt, dürfte aber wahrscheinlich sein.

Schließlich sei bemerkt, daß mit α-Isatinanilid, dem α-Naphtol und α-Anthrol analog, das β-Indanon (3) reagiert.

Thionaphten-Acenaphten-Indigofarbstoffe.

5. Thionaphten-Inden- (-Naphtalin-, Acenaphten-) Indigofarbstoffe.

Für sie trifft das gleiche zu wie für die entsprechenden Indolabkömmlinge: nur die Farbstoffe indigoider Konfiguration besitzen die für eine technische Verwendung genügende Echtheit; einige von ihnen sind durch hervorragende Schönheit des Tons ausgezeichnet. Dies gilt von dem Thioindigoscharlach 2 G (=Cibascharlach G oder Helindoechtscharlach C, siehe S. 476) und seinen Abkömmlingen, dem Cibarot R (Bromderivat) und dem Cibaorange G (Aminoderivat). In analoger Weise wie das Acenaphtenchinon reagiert das Aceanthrenchinon (4), das von C. Liebermann aus Anthracen und Oxalylchlorid erhalten wurde, wobei als Zwischenprodukt wahrscheinlich das Säurechlorid der Formel (5) entsteht.

(3) 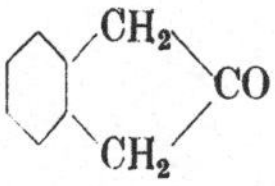 (4) 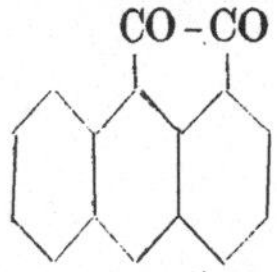 (5) 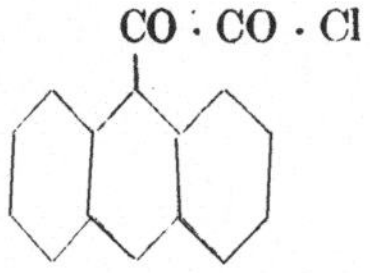

II. Küpenfarbstoffe der Anthrachinonreihe.

1. Indanthren und seine Abkömmlinge.

Indanthrenblau R u. Derivate.

Der älteste und wichtigste Farbstoff dieser Untergruppe, das Indanthrenblau R, wurde von R. Bohn erhalten durch Verschmelzen von β-Amino-Anthrachinon mit Ätzkali (1). Es stellt, wie aus der Kon-

(1) 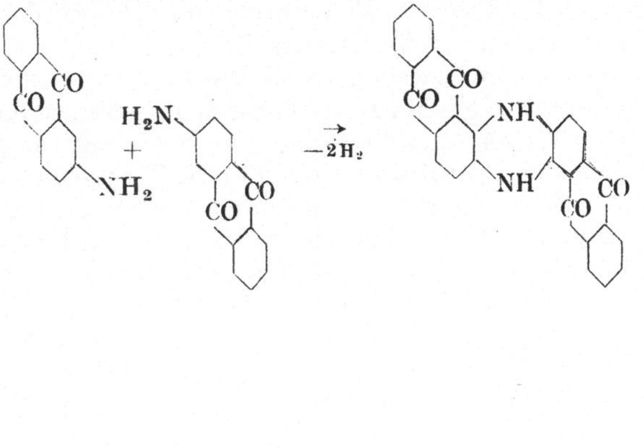

stitutionsformel ersichtlich, ein Anthrachinon-Hydroazin dar, dessen
beide NH-Gruppen die Rolle der Auxochrome spielen. Das entsprechende Anthrachinon-Azin geht durch freiwillige Reduktion leicht
wieder in das Hydroazin über, im Gegensatz zu den gewöhnlichen Azinen,
bei denen die hydrierte Stufe die weniger beständige ist. Die Verwendbarkeit des Indanthrens und der übrigen Küpenfarbstoffe der
Anthrachinonreihe, die fast ausnahmlos in Wasser unlöslich sind, für
die Zwecke der Färberei und Druckerei beruht auf ihrer Fähigkeit,
unter der Einwirkung von Reduktionsmitteln (Hydrosulfiten) in die
entsprechenden Anthrahydrochinonderivate überzugehen (2), die
in Form der Alkalisalze einerseits genügende Wasserlöslichkeit und
andererseits, ganz analog dem Indigweiß-Natrium, ausreichende Verwandtschaft zur Textilfaser besitzen. Nachdem der reduzierte
Farbstoff von dieser aufgenommen ist, geht er durch Reoxydation an
der Luft wieder in die wasserunlösliche Chinonstufe über (3):

$$(2)\quad \langle\!\!\begin{array}{c}CO\\CO\end{array}\!\!\rangle \;+\,H_2\;\rightarrow\; \begin{array}{c}C\cdot OH\\C\cdot OH\end{array} \qquad (3)\quad \begin{array}{c}C\cdot OH\\C\cdot OH\end{array} \;\underset{-H_2O}{\overset{+O}{\rightarrow}}\; \langle\!\!\begin{array}{c}CO\\CO\end{array}\!\!\rangle$$

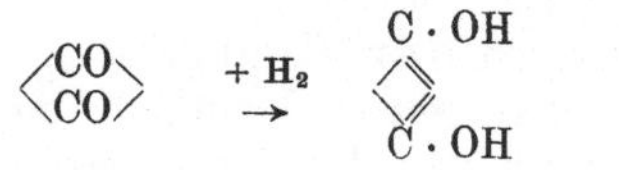

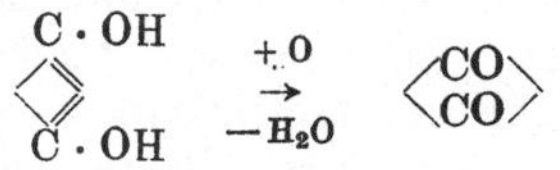

Indanthrenblau R läßt sich, durch einen reinen Kondensations-
prozeß, auch aus 1-Brom-2-Amino- oder 2-Brom-1-Aminoanthrachinon
darstellen, ferner aus α-Aminoanthrachinon, sowie aus 1, 2-Diamino-
anthrachinon + Alizarin (4) und schließlich auch aus o-Nitro-α, β-Di-
anthrachinonylamin.

$$(4)\qquad \text{[Strukturformel: 1,2-Diaminoanthrachinon} + \text{Alizarin} \;\xrightarrow{-2\,H_2O}\; \text{Indanthrenblau]}$$

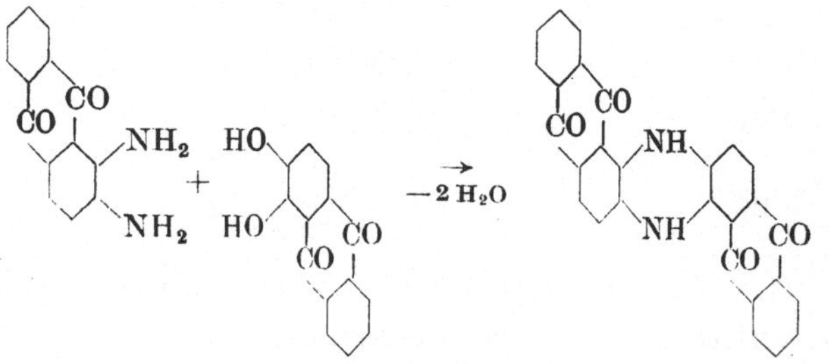

Halogenisierte Indanthrenblauabkömmlinge erhält man entweder
durch Anwendung halogenisierter Ausgangskomponenten (z. B. 1, 3-Di-
brom-2-Aminoanthrachinon) oder durch nachträgliche Halogenisierung. Derartige Farbstoffe sind das Indanthrenblau CE (Mono-
chlor?), CD und GCD (Dichlor), GC (Dibrom?), C (Mischung aus Di-
und Tribrom?) und Algolblau CF. Benutzt man als Ausgangsmaterial
das 1-Amino-2-Brom-4-Oxyanthrachinon, so erhält man ein 4, 4'-Dioxy-
indanthrenblau, das Algolblau 3 G. Ein N-Dimethylindanthrenblau,
das Algolblau K, entsteht auf dem üblichen Wege aus dem 1-Methyl-
amino-2-Bromanthrachinon. Ein Dibromdiaminoindanthren (aus 1, 4-Di-
amino-2, 3-Dibromanthrachinon) ist das Algolgrün B. Im Ton er-

heblich abweichend von dieser Diaminoverbindung ist das **Indanthrengrau B** (früher **Melanthren**), in dem die Aminogruppen sich nicht in dem mit dem Azinring verbundenen Kern befinden, sondern wahrscheinlich in den Stellungen 5 und 8 bzw. 5′ und 8′, da der Farbstoff aus 1,5- und 1,8-Diaminoanthrachinon in der Indanthrenschmelze dargestellt wird. Läßt man auf die Diaminoanthrachinone vor der Schmelze Formaldehyd einwirken, so entsteht das **Indanthrenmarron R** (früher **Fuscanthren**). Dem Bedürfnis nach einer bequem in der Färberei und Druckerei anwendbaren Form des Farbstoffs ist man, wie beim Indigo (siehe S. 506), so auch beim **Indanthrenblau** entgegengekommen durch Ausgabe eines alkalilöslichen Hydroproduktes, des **Indanthrenblaus RS**, in dem der eine der beiden Chinonkerne zum Hydrochinon reduziert ist.

Die übrigen Azine und Hydroazine der Anthrachinonreihe (z. B. aus 1, 2-Diaminoanthrachinonen und o-Diketonen) scheinen gegenüber dem Indanthrenblau und seinen Derivaten von untergeordneter technischer Bedeutung zu sein.

2. Flavanthrenfarbstoffe.

Dagegen ist von hohem Interesse die Tatsache, daß sich bei der Verschmelzung des β-Aminoanthrachinons in der gleichen Reaktion neben dem Indanthrenblau ein ganz anders konstituierter Farbstoff (5) mit

Indanthrengelb G (= Flavanthren).

$$(5)$$

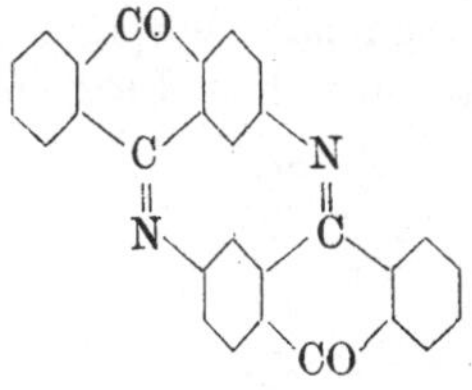

erheblich abweichenden Färbeeigenschaften bildet, den man in besserer Ausbeute aus demselben Ausgangsmaterial durch Erhitzen mit Antimonchlorid in Nitrobenzollösung erhält, das **Indanthrengelb G** (früher **Flavanthren**). Bei dieser Reaktion, deren Aufklärung wir **Scholl** verdanken, zeigt sich der Anthrachinonkern von einer ganz neuen Seite, nicht allein insofern, als die CO-Gruppen des Chinonringes mit den primären Aminogruppen eine azomethinartige Kondensation erleiden, sondern es gehen auch die beiden Anthracenmoleküle eine diphenylartige Bindung ein. **Scholl** hat das **Indanthrengelb** auf dem durch die Formeln (1—6) angedeuteten Wege erhalten, wobei

$$(1) \qquad\qquad (2)$$

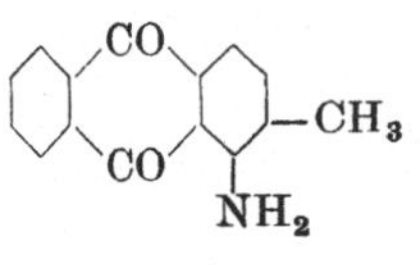

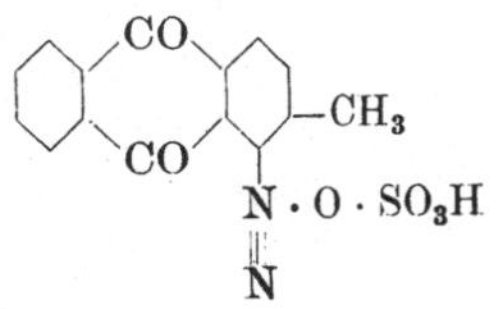

(3)

(4)

(5)

(6)

allerdings die Stufe 6 so unstabil ist, daß sie bei ihrer Entstehung sofort
unter Abspaltung von 2 H_2O in den gelben Küpenfarbstoff übergeht.
Verwendet man als Ausgangsmaterial statt des β-Aminoanthrachinons
ein 1, 3-Dihalogenderivat desselben, so entsteht in der Schmelze ein
Dihalogenindanthrengelb.

3. Pyranthrenfarbstoffe.

Wird der von Scholl dargestellte Zwischenkörper (3) auf höhere
Temperatur erhitzt, so tritt eine Wasserabspaltung ein, und es entsteht
ein nur C, H und O enthaltender Küpenfarbstoff, das Indanthrengoldorange G (7), von einer dem Indanthrengelb analogen Konsti-

(7)

tion, dessen Chlor- und Bromderivate als Indanthrengoldorange R
bzw. Indanthrenscharlach G Verwendung finden. Wie das Indanthrengoldorange dem Indanthrengelb, so entspricht das Anthra-
flavon G (1) dem Indanthrenblau. Es entsteht auch auf ganz analogem

(1)

Wege wie dieses, aus β-Methylanthrachinon beim Erhitzen mit alkoholischem Kali auf höhere Temperatur (150—170°).

4. Benzanthronfarbstoffe.

Das überraschende Verhalten des β-Amino- und des β-Methylanthrachinons beim Erhitzen auf höhere Temperatur legte nahe, auch das Benzanthron (siehe S. 365) auf sein Verhalten unter ähnlichen Bedingungen zu prüfen. Dies führte zu den wertvollen Farbstoffen der Benzanthrongruppe. Aus Benzanthron (2 Mol.) selbst entsteht das Indanthrendunkelblau BO (früher Violanthren), (2)=(3), dem man eine symmetrische Konstitution zuschreibt.

(2) 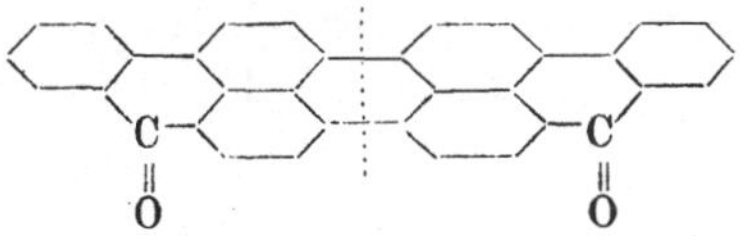   oder   (3)

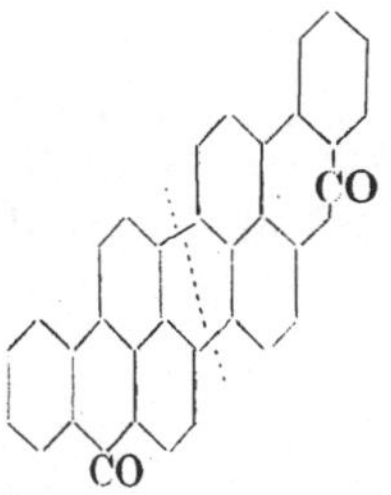

Ein Halogenderivat des letztgenannten Farbstoffes ist das Indanthrenviolett RT, ein Nitroderivat das Indanthrengrün B. Bei der Verküpung dieses Farbstoffes findet wahrscheinlich eine Reduktion der Nitro- zur Aminogruppe statt, und man erhält bei der Nachbehandlung der grünen Färbungen mit oxydierenden Mitteln echte graue bis schwarze Töne.

Unterwirft man die Halogenderivate des Benzanthrons (Halogen wahrscheinlich im Benzanthronring) der Behandlung mit Ätzalkali, so entsteht ein mit dem Indanthrendunkelblau isomerer, aber unsymmetrisch gebauter Küpenfarbstoff, das Indanthrenviolett R extra, (4)=(5),

(4) 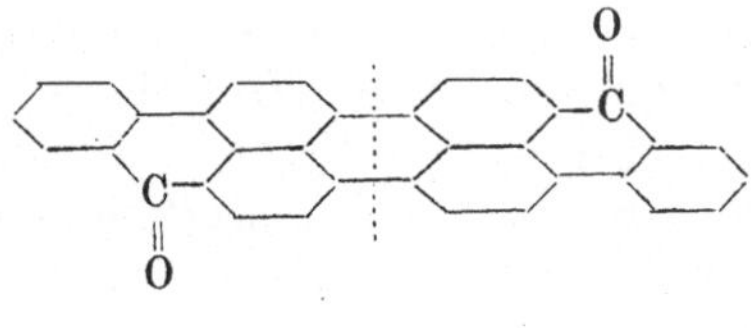   oder   (5)

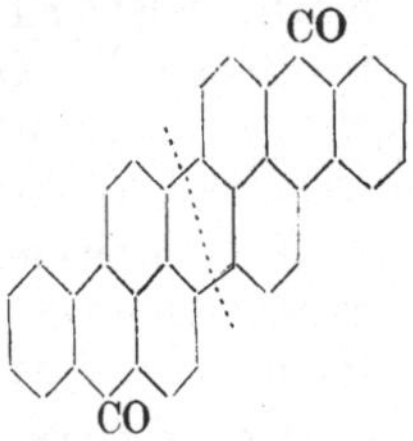

früher Isoviolanthron oder Violanthren R extra genannt. Aus den punktierten Linien in den Formeln 2—5 ist zu ersehen, in welcher Weise die beiden Benzanthronmoleküle zum Farbstoff zusammentreten. Zwei Halogen- (Chlor- und Brom-) Derivate des Indanthrenvioletts R extra sind das Indanthrenviolett 2 R extra bzw. B extra.

Ein Abkömmling des Benzanthronchinolins (siehe S. 365) ist das Indanthrendunkelblau BT (früher Cyananthren), dem eine dem Indanthrendunkelblau BO entsprechende symmetrische Kon-

stitution zugeschrieben wird, (1)=(2); ob mit Recht, muß bei der Schwierigkeit der Entscheidung vorläufig dahingestellt bleiben.

(1) 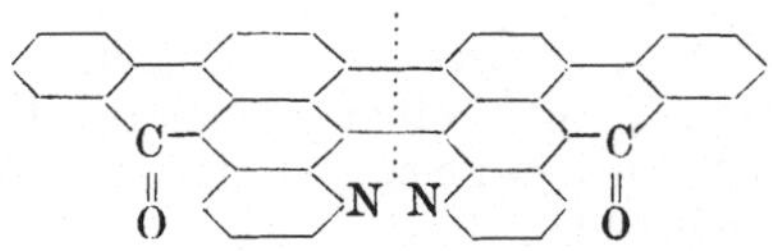   oder   (2)

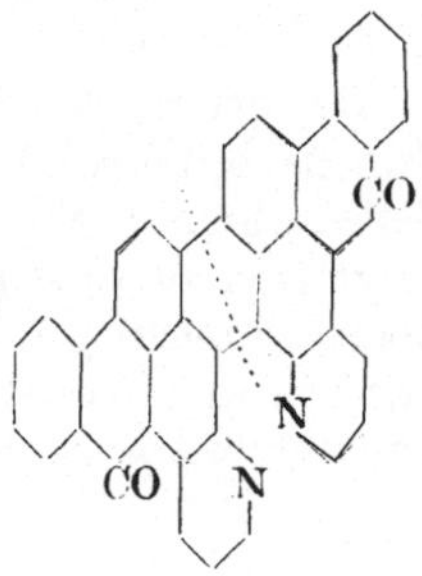

5. **Anthrapyridonfarbstoffe** (siehe S. 365f).

Einer der wichtigsten Vertreter dieser Untergruppe ist das **Algolrot B** (3), das erhalten wird durch Kondensation von **4-Brom-N-Methyl-**

(3) 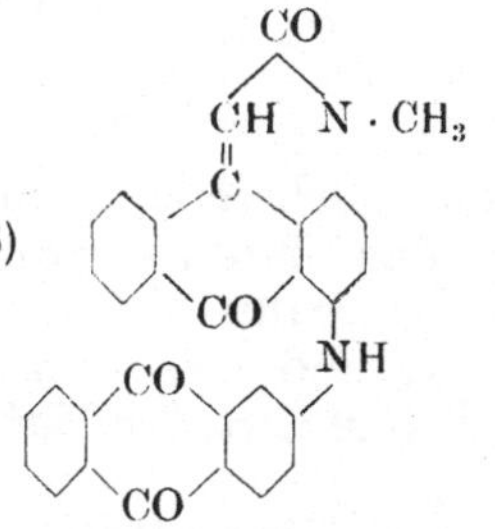   (4)

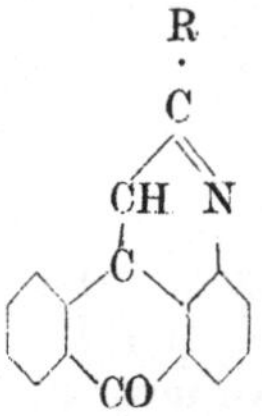

anthrapyridon mit β-Aminoanthrachinon. Durch Verwendung anderer
Komponenten läßt sich auch auf dem Gebiete der Anthrapyridone noch
eine große Zahl brauchbarer Farbstoffe gewinnen.

6. **Die Anthrapyridinfarbstoffe** (4).

Sie stehen der Gruppe 5 nahe und werden in ähnlicher, leicht ersichtlicher Weise erhalten durch Kondensation von α-Aminoanthra-
chinonen mit Ketonen der allgemeinen Formel $R \cdot CO \cdot CH_3$.

7. **Die Anthrapyrimidone** (1 und 2).

Sie entstehen durch Kondensation von α-Aminoanthrachinonen mit
Urethanen oder aus α-Halogenanthrachinonen und Harnstoffen.

8. **Die Anthrapyrimidine** (3).

Sie werden erhalten durch Kondensation von α-Aminoanthrachinonen
mit Säureamiden, $R \cdot CO \cdot NH_2$.

(1) 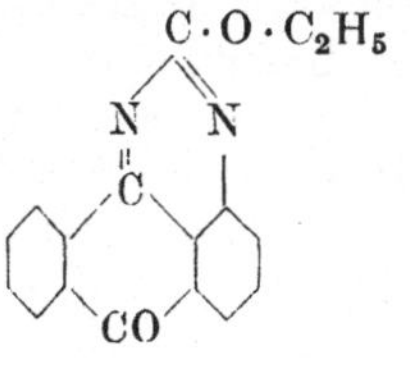   (2) 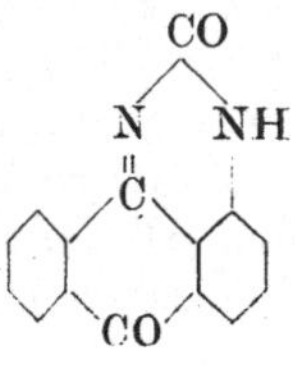   (3)

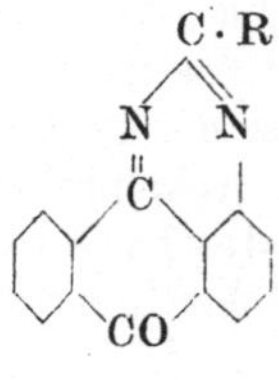

9. Die Anthrimidazole (4).

Sie lassen sich gewinnen aus α-Amino-β-Arylidoanthrachinonen oder aus β-Amino-α-Arylido-Anthrachinonen durch Kondensation mit Aldehyden oder Carbonsäuren.

10. Die Anthra-ψ-Thiazole (5).

Man erhält sie entweder aus den Merkaptanen mittels Ammoniak und Schwefel oder aus den Rhodaniden mittels Ammoniak allein.

11. Die Anthraazimide (6).

Sie entstehen bei der Einwirkung der Salpetrigen Säure auf o-Diaminoanthrachinone.

12. Die Anthrapyrazole (7).

Die α-Hydrazino-Anthrachinone gehen durch Abspaltung von Wasser leicht in die entsprechenden Pyrazole über.

13. Die Anthraoxazine (8).

Sie wurden schon vor längerer Zeit dargestellt, gewannen jedoch erst im Zusammenhang mit dem neu erschlossenen Gebiet der Küpenfarbstoffe wieder an Interesse. Die Oxazine der Anthrachinonreihe entstehen in analoger Weise wie die früher erwähnten Oxazine (bzw.

deren Leukoverbindungen) durch Oxydation von o-Oxyarylidoanthrachinonen (1):

Über Anthra-Akridone, -Xanthone und -Thioxanthone siehe S. 366. Zwei Anthraakridonfarbstoffe sind das Indan-

threnrot BN extra (2) und das Indanthrenviolett RN
extra (3).

(2)   (3)

14. Den Phenyl-Xanthenen und Phenyl-Thioxanthenen stehen die
Coeroxonium- und Coerthioniumverbindungen (4 und 5) nahe.

(4)

(5)

Die Verwandtschaft dieser Farbstofftypen mit dem Coeruleïn (siehe
S. 323) ist aus den angeführten Formeln für die Sulfate leicht zu erkennen. Diesem liegt wie jenen als Muttersubstanz das Coeroxen (1)

(1)

zugrunde, bzw. das S-haltige Analogon. Die Synthese der neuen Verbindungen erfolgt in sehr einfacher Weise unter der Einwirkung wasser-

entziehender Mittel (H_2SO_4) aus den α-Aryl-Äthern oder -Thioäthern des Anthrachinons (2).

(2) 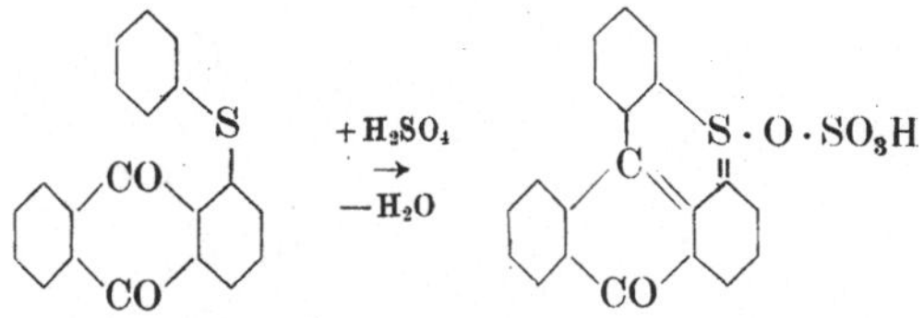 $+ H_2SO_4$ $\rightarrow$ $- H_2O$ $S \cdot O \cdot SO_3H$

Di- u. Tri-
Anthrimid-
Farbstoffe.

15. Eine technisch wichtige Untergruppe wird gebildet durch die Di- u. Tri-
Dianthrachinonylamine und die **Dianthrachinonyl-Di-** Anthrimid-
aminoanthrachinone, die sog. **Di- und Trianthrimide**, deren Farbstoffe.
Konstitution den allgemeinen Formeln R · NH · R' bzw. R · NH · R'
· NH · R'' entspricht, wobei R, R' und R'' Anthrachinonreste bedeuten,
die unter sich gleich oder verschieden sein können. Viele der oben unter
5—14 genannten Farbstoff-Typen erlangen ihre eigentliche Bedeutung
als Küpenfarbstoffe erst durch Verschmelzung mit dem Anthrimidtypus.
Als Beispiel sei angeführt das **Algolrot B** (siehe oben unter 5, Anthrapyridonfarbstoffe, S. 516), Dieses ist gleichzeitig **Anthrapyridon**
und **Anthrimid**; erst durch die Vereinigung beider Typen, die Hand
in Hand geht mit einer erheblichen Vergrößerung des Moleküls, gelangt
man zu einem brauchbaren Farbstoff mit guten Echtheitseigenschaften.
Hierzu sei bemerkt, daß in den technisch wertvollen Di- und Trianthri-
miden fast durchgehends insofern eine gewisse **Unsymmetrie** herrscht,
als am nämlichen mittleren N-Atom nicht zwei gleiche, sondern zwei
verschiedene Anthrachinonreste hängen, und zwar ein α- neben einem
β-Anthrachinonylrest, nicht aber gleichzeitig zwei α- oder zwei β-Reste.
Die gleiche Anordnung weist übrigens auch das **Indanthrenblau**
auf (siehe S. 511), mit dem die Dianthrimide ja nahe verwandt sind.
Ein α, β-Dianthrachinonylamin, der einfachste Vertreter dieser
Untergruppe, ist das **Algolorange R** (1). Ein Trianthrimid, das sich
vom 1, 5-Diaminoanthrachinon ableitet, also nach dem oben Gesagten
ein Di-β-Anthrachinonyl-1, 5-Diaminoanthrachinon, ist das **Ind-**
anthrenbordeaux B (2); ein isomeres Derivat des 2, 6-Diamino-

(1) 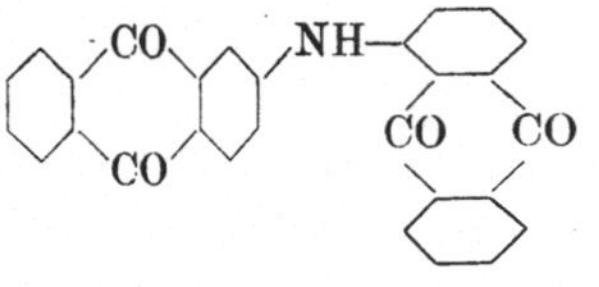   (2)

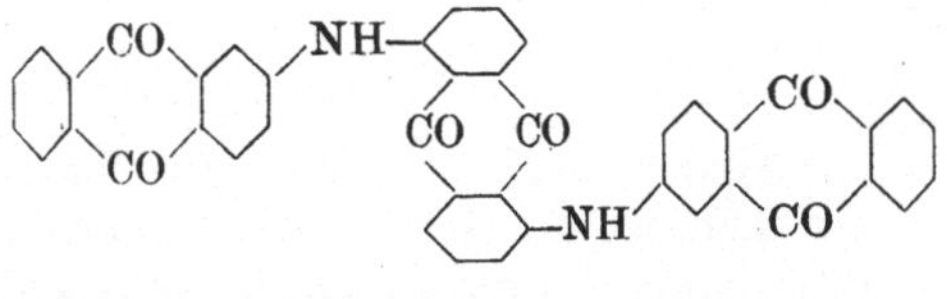

anthrachinons, also ein Di-α-Anthrachinonyl-2, 6-Diaminoanthrachinon,
das **Indanthrenrot G** (3). Ein 6', 6''-Dichlorderivat des isomeren Di-
α-Anthrachinonyl-2, 7-Diaminoanthrachinons, des **Indanthrenrots R**,
ist das **Indanthrenbordeaux B extra** (4), während schließlich das
Algolbordeaux 3 B ein 4', 4''-Dimethoxy-Indanthrenbordeaux B
darstellt.

Über die Synthese dieser Farbstoffe siehe Näheres S. 94 u. 364f.

(3)

(4)

Acylamino-
anthrachi-
nonfarb-
stoffe.

16. Von etwa gleicher technischer Bedeutung wie die Farbstoffe der letzterwähnten Untergruppe sind die Anthrachinonderivate der allgemeinen Formel R · NH · Acyl oder Acyl · NH · R · NH · Acyl, d. h. die Acylaminoanthrachinone und die Diacyldiaminoanthrachinone und ihre Substitutionsprodukte. Die Änderung, die die Amino- und Diaminoanthrachinone hinsichtlich ihrer färberischen Eigenschaften durch die Acylierung erfahren, ist höchst überraschend und äußert sich vor allem in einer Zunahme der Affinität ihrer Reduktionsprodukte, der entsprechenden Anthrahydrochinone, gegenüber der Textilfaser. Als einfachster Vertreter dieses Typus ist das Benzoyl-α-Aminoanthrachinon, das Algolgelb WG, anzusehen; ein Hydroxylderivat dieses Farbstoffes (OH-Gruppe in 4-Stellung) ist das Algolrosa R; eine Methoxylgruppe in 4-Stellung enthält der Algolscharlach G. Kondensationsprodukte von Monoaminoanthrachinonen (2 Mol.) mit zweibasischen Säuren sind Algolgelb 3 G, ein Di-α- oder -β-Anthrachinonylbernsteinsäureamid, und Helindongelb 3 GN, ein Di-β-Anthrachinonylharnstoff. Ein Abkömmling des β-Anthrachinonyl-Harnstoffchlorids (1) von noch unbekannter Konstitution ist vermutlich das durch seine Echtheit ausgezeichnete Helindonorange GRN. Gemischte Harnstoffe des β-Amino-Anthrachinons erhält man aus dem Harnstoffchlorid (1) (oder dem entsprechenden Isocyanat oder Urethan) durch Kondensation mit Aminen.

(1)

Abkömmlinge von Diaminoanthrachinonen sind das Algolrot 5 G, ein Dibenzoyl-1, 4-Diaminoanthrachinon, und dessen Hydroxylderivat (OH-Gruppe in 8-Stellung), das Algolrot R extra, ferner das Algolgelb R, ein Dibenzoyl-1, 5-Diaminoanthrachinon, das deutlich den starken Einfluß der Stellung bei Isomeren erkennen läßt (vgl. auch das Anthrachinonviolett — ein 1, 5-Derivat — mit dem Alizarincyaningrün — einem isomeren 1, 4-Derivat, S. 362). Angeblich stehen das Algolbrillantviolett R und 2 B, als acylierte 1, 5-Diaminoanthrarufine, in nächster Beziehung zum Algolgelb R, so daß danach die

OH-Gruppen in 4- und 8-Stellung einen stark nach Blau verschiebenden
Einfluß ausüben würden, wie dies auch beim Algolviolett B, einem 4,
5, 8-trihydroxylierten Algolgelb WG (siehe oben), der Fall ist. Im Gegensatz zum Algolviolett B ist im 2, 4-diamidierten Algolgelb WG der Ton
nur nach Orange verschoben; der Farbstoff stellt das Algolbrillant-
orange FR vor. Auffällig ist, daß die mehrfach hydroxylierten Farbstoffe
nicht eine starke Einbuße an ihrer Waschechtheit erleiden sollten.

Verwandt mit den Acylaminoanthrachinonen sind diejenigen Farbstoffe unbekannter Konstitution, die bei der Einwirkung von POCl$_3$
auf acetylierte Mono- und Diaminoanthrachinone bzw. auf Gemische
dieser Verbindungen entstehen, wie z. B. das Indanthrenorange RT
[aus 1 Mol. Acetyl-β-Aminoanthrachinon und 1 Mol. Diacetyl-1, 6-
(oder 1, 7-) Diaminoanthrachinon] und das Indanthrenkupfer R,
das als ersten Bestandteil des Gemisches statt des β-, das α-Acetyl-
aminoanthrachinon enthält.

Eine weitere Variationsmöglichkeit bei der Synthese von solchen
Küpenfarbstoffen, die 2 Mol. Aminoanthrachinon aufweisen, besteht
darin, daß man statt eines Moleküls Anthrachinon oder eines Moleküls
einer zweibasischen Säure (siehe oben) andere aliphatische oder aromatische Reste (z. B. —CH$_2$ · CH$_2$— oder —C$_6$H$_4$— oder —C$_6$H$_4$ · CO
· C$_6$H$_4$— u. dgl.) zwischenschiebt.

17. Küpenfärbende Schwefelfarbstoffe der Anthrachinonreihe.

Der Gedanke, die empirischen Methoden der sog. Schwefelschmelze
auf die Anthrachinonderivate zu übertragen, lag nahe (vgl. auch das
ältere Säurealizaringrün G, S. 361) und ist auch in verschiedener
Weise zur Durchführung gelangt. Über die Konstitution der hierbei
entstehenden Farbstoffe ist begreiflicherweise nichts bekannt. Überraschend ist, daß sogar Anthracen bei der Schwefelung unter geeigneten Bedingungen einen brauchbaren Küpenfarbstoff, das Ind-
anthrenoliv G, liefert; aus β-Methylanthrachinon erhält man
das Cibanonorange R, aus Methylbenzanthron, je nach den
Bedingungen, das Cibanonblau 3 G oder das Cibanonschwarz B.
Ein stickstoffhaltiger Schwefelfarbstoff dieser Reihe ist das Cibanon-
gelb R aus Nitro- oder Amino-2-Methylanthrachinon.

Die im vorstehenden gegebene Übersicht läßt mit genügender Deutlichkeit erkennen, wie außerordentlich groß die Mannigfaltigkeit auf
dem Gebiete der Anthracen- bzw. Anthrachinonküpenfarbstoffe ist, zumal wenn man bedenkt, daß durch Kombination von zwei und mehr
der eben aufgeführten Typen die Zahl der theoretisch denkbaren Möglichkeiten sich nahezu ins Unbegrenzte steigern läßt, so daß hier ähnliche Verhältnisse vorliegen, wie sie am ausgeprägtesten in der Klasse
der Azofarbstoffe sich entwickelt haben, wobei allerdings nicht zu ver-
gessen ist, daß hinsichtlich der technischen Brauchbarkeit eine Auslese
stattfindet, die nur eine sehr beschränkte Zahl der vorgeschlagenen
Farbstoffe zur praktischen Verwendung gelangen läßt.

N) Farbstoffe, die auf der Faser erzeugt werden.

Grundsätzliches.

Die in diesem Abschnitt zu besprechenden Farbstoffe sind nicht, wie die bisher in den Klassen A bis M angeführten Farbstoffe, durch ihre besondere chemische Konstitution, d. h. durch einen eigenartigen, dem spezifischen Chromogen zu verdankenden Typus gekennzeichnet, wie z. B. die Azo-, die Azin- oder die Triphenylmethanfarbstoffe, sondern für sie sind lediglich bestimmend die Art und Weise, wie sie erzeugt werden, oder genauer ausgedrückt die besonderen Umstände, unter denen die Synthese vor sich geht. Infolgedessen finden wir unter den hier angeführten Farbstoffen Vertreter der verschiedensten Klassen. Es ist bereits bei der Schilderung der Farbstoffsynthesen des öfteren auf die Möglichkeit, einzelne, durch besonders glatten Verlauf ausgezeichnete Reaktionen auf der Textilfaser vor sich gehen zu lassen, hingewiesen worden (s. S. 396, 404 usw.). Von dieser Möglichkeit hat man auch tatsächlich in ausgedehntem Maße Gebrauch gemacht. Allerdings sind der praktischen Anwendung gewisse Schranken gezogen, wie dies ausdrücklich schon auf S. 294f. betont wurde.

Anwendung auf die Azofarbstoffe.

Bei weitem die größte Bedeutung hat die Methode der Erzeugung von Farbstoffen auf der Faser für die Klasse der Azofarben. Es bietet sich hier dem erfinderischen Schaffen eine solche Fülle von neuen Anwendungsformen, daß die ohnehin schon große Zahl der in der Färberei- und Druckereipraxis gehandhabten Verfahren noch fortdauernd Zuwachs erfährt.

Einfachere „Entwicklungen".

Von einfacheren „Entwicklungen" seien außer dem früher (siehe S. 404) schon erwähnten Pararot (aus p-Nitranilin und β-Naphtol) noch die folgenden genannt: das α-Naphtylaminbordeaux aus α-Naphtylamin und β-Naphtol und das Naphtolrosa, bei dem das p-Nitro-o-Anisidin (1) als Diazokomponente dient. Mit β-Naphtol liefern ferner: das Chloranisidin P = Chlor-o-Anisidin (2) ein Scharlach, das m-Nitro-p-Phenetidin (3) ein Orange, das p-Nitranilin-diazo-o-Toluidin (4) ein Rotbraun, das m-Aminoazotoluol (5)

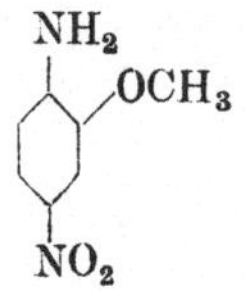

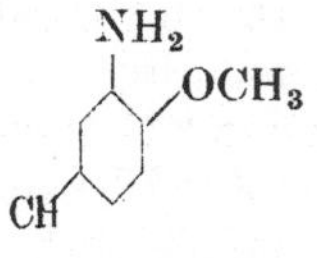

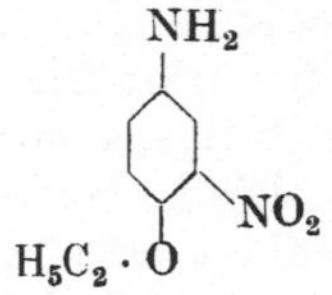

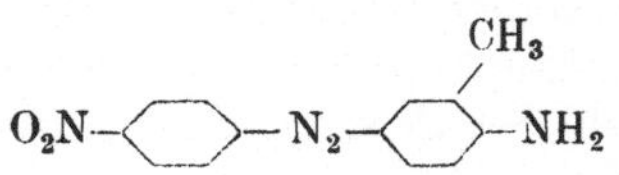

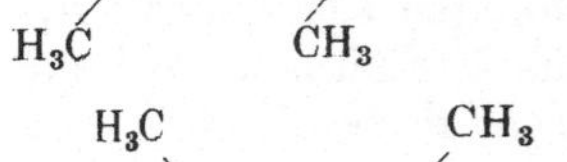

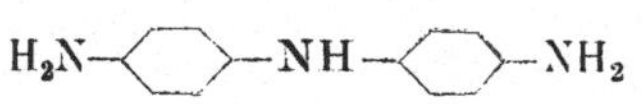

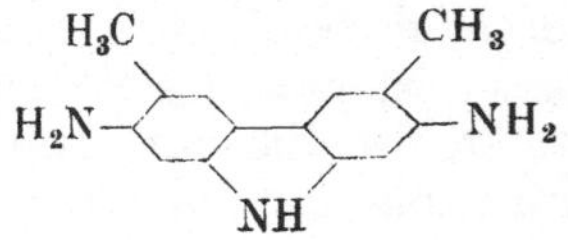

ein Granat, p-Diamino-Diphenylamin (6) und -Dimethyl-
karbazol (7) ein Schwarz, Dianisidin (8) ein Blau usw.

In neuerer Zeit wurde bei verschiedenen Entwicklungen das sonst
übliche β-Naphtol durch andere Azokomponenten ersetzt, z. B. durch das
Phenylmethylpyrazolon (siehe S. 416), oder durch eine Mischung
von 1,6- und 1,7-Aminonaphtol und in neuerer Zeit durch das
β-Oxynaphtoësäureanilid (9), das sog. β-Naphtol S oder AS. Die

$$(8)\quad H_3C\cdot O \qquad O\cdot CH_3 \qquad\qquad (9)\qquad OH$$
$$H_2N-\bigcirc-\bigcirc-NH_2 \qquad\qquad CO\cdot NH\cdot C_6H_5$$

mit letzterem erhältlichen Rotfärbungen sollen durch besonders wertvolle
Eigenschaften ausgezeichnet sein.

Die Grundsätze, nach denen die Entwicklung dieser Farbstoffe erfolgt, sind bereits an anderer Stelle erörtert worden. Die Mannigfaltigkeit liegt hierbei mehr in der Auswahl der Komponenten als im Verfahren selbst. Es sei denn, daß man z. B. unterscheidet, ob die Faser
zunächst mit der Azokomponente gefärbt oder geklotzt und mittels
der Diazokomponente (etwa mittels diazotierten p-Nitranilins) entwickelt wird, oder ob umgekehrt die primäre Färbung der Diazokomponente zu verdanken ist (siehe z. B. Diaminschwarz RO, S. 387 und 403.)
und die Entwicklung, nach erfolgter Diazotierung, durch Kombination
mit einer Azokomponente (β-Naphtol oder m-Phenylendiamin u. dgl.)
erfolgt. Daß diese Methode vor allem für Baumwolle, in erheblich
geringerem Umfange für Wolle und Seide, in Betracht kommt, liegt
weniger in der Natur der chemischen Vorgänge als vielmehr in praktischen Bedürfnissen begründet. Wenn man von den Küpenfarbstoffen
sowie von den Beizenfarbstoffen absieht, für deren Befestigung Metalloxyde in Betracht kommen, so lassen sich Baumwollfarbstoffe durch
den gewöhnlichen Färbeprozeß in der Regel nicht mit genügender Echtheit (insbesondere gegen Wasser und Wäsche) auf der Faser befestigen.
Dazu ist auch nicht imstande die auf der Faser sich abspielende Erzeugung von Farblacken mittels Tannin oder Gerbsäure, über die
hier kurz das Folgende eingeflochten sei: Die Gerbsäure, die nach
E. Fischer, je nach ihrer Gewinnung aus türkischen oder chinesischen
Galläpfeln, als eine Penta-Galloyl- oder als eine Penta-Digalloyl-
Glukose anzusehen ist, bildet zwar mit den Farbbasen der sog. basischen
Farbstoffe schwer lösliche oder unlösliche lackartige Verbindungen,
die in der Baumwollfärberei schon seit Jahrzehnten, nämlich seit den
60er Jahren des vergangenen Jahrhunderts, eine gewichtige Rolle spielen.
Die aus Gerbsäure allein entstehenden Färbungen genügen aber selbst
mäßigen Anforderungen an die Echtheit nicht. Um eine einigermaßen,
wenn auch keineswegs vollkommen echte Färbung zu erzielen, bedient
man sich der vereinten Wirkung der Gerbsäure und der Antimonsalze.
Man behandelt demgemäß die Baumwollfaser zunächst mit Gerbsäure
und darauf mit einem Antimonsalz, z. B. mit Brechweinstein, dem

Anwendung
auf die
Baumwoll-
färberei.

Tannin-
farben.

Kalium-Antimonyltartarat (1), oder mit Antimonlaktaten und -oxalaten,
sowie mit anorganischen Doppelsalzen des Antimons, wie z. B. Antimon-
Natriumfluorid oder Antimonfluorid-Ammoniumsulfat u. dgl. Es ent-

$$(1) \quad KOOC \cdot CHOH \cdot CHOH \cdot COOSbO + \tfrac{1}{2} H_2O$$

steht hierbei offenbar ein Antimontannat, das mit der Farbstoffbase beim Färben eine Tripelverbindung, eben den gewünschten Farb-
stofflack, erzeugt. Man bezeichnet die mit Tannin und einem Antimonsalz behandelte Baumwolle als „tannierte Baumwolle". Das Tannieren
in diesem Zusammenhang schließt also das Nachbehandeln mit einem
Antimonsalz in der Regel in sich.

Echtheits-
eigen-
schaften.
     Die mangelnde Echtheit der basischen Farbstoffe auf tannierter
Baumwolle beruht nur auf der Zersetzlichkeit dieser unechten
Lacke, d. h. auf ihrer Unbeständigkeit gegen chemische Einflüsse, wodurch die Farbstoffe in löslicher Form in Freiheit gesetzt werden.
Demgegenüber geht man, bei der hier in Rede stehenden „Entwicklung"
irgendwelcher Färbungen auf der Faser, darauf aus, absolut wasserunlösliche Produkte auf synthetischem Wege herzustellen (vgl. S. 294
und 403).

     Hierbei ist man, so bequem und leicht anwendbar gerade die Azo-
farbstoffkupplung sich auch gestaltet, durchaus nicht auf diese Methode
beschränkt, sondern auch in mehreren anderen Farbstoffklassen genügen
die mit den Hilfsmitteln der Praxis erzielbaren Ergebnisse den auf
S. 294 genannten Bedingungen. Im übrigen spielt die Ätzbarkeit der
„entwickelten" Farbstoffe färbereitechnisch eine sehr bedeutsame Rolle;
außerdem aber müssen auch die sonstigen Echtheitseigenschaften, wie
Licht-, Säure-, Sublimier-Echtheit u. dgl., den praktischen Anforderungen entsprechen.

Anilin-
schwarz.
     Den Azinen nahe steht eine kleine, aber um so wichtigere Gruppe
von Farbstoffen, die man in der Regel unter dem Namen Anilinschwarz zusammenfaßt. Das Anilinschwarz ist ein Farbstoff, der
technisch wohl ganz ausschließlich auf der Faser erzeugt wird, und
zwar kommt auch er vorwiegend für die Pflanzenfaser in Betracht,
mitunter für Halbwolle (Mischung aus Wolle und Baumwolle), während seine Bedeutung für reine Wolle sehr gering ist, da zum Schwarz-
färben der Wolle, auch wenn es sich um echte Färbungen handelt, ge-
eignetere Farbstoffe zur Verfügung stehen. Wenn auch die Bedeutung
des Anilinschwarz für Baumwolle eine gewisse Beeinträchtigung erfahren
hat durch die bequemer zu färbenden schwarzen Schwefelfarbstoffe,
so ist die Wichtigkeit des Anilinschwarz doch auch gegenwärtig
noch so groß, daß das lebhafte Interesse für die Konstitution dieses
Farbstoffes oder richtiger gesagt dieser Farbstoffgruppe auch heute
noch durchaus gerechtfertigt erscheint. Um so überraschender könnte

Konsti-
tution.
es erscheinen, daß sich über die Konstitution des Anilinschwarz mit
voller Bestimmtheit auch jetzt noch nichts sagen läßt. Es hängt dies
aber zusammen mit den Schwierigkeiten, die sich der Darstellung eines

wirklichen Anilinschwarz außerhalb der Faser entgegenstellen, und zwar beruhen diese Schwierigkeiten auf der Verschiedenheit der Reaktionsbedingungen, die durch die Verschiedenartigkeit der für die Farbstoffbildung in Betracht kommenden Medien gegeben sind.

Eigenschaften.

Das echte Anilinschwarz ist durch verhältnismäßig große Beständigkeit gegenüber chemischen Agenzien ausgezeichnet, und diese Tatsache muß vor allem schon die Vermutung an die Hand geben, daß bei der Oxydation des Anilins zum Anilinschwarz solche Endprodukte entstehen, von denen man auf Grund der bisherigen Erfahrungen eine gewisse Beständigkeit erwarten darf. Es liegt nahe anzunehemn, daß bei der Oxydation des Anilins zunächst indaminartige Zwischenprodukte auftreten. Indamine sind zwar im Gegensatz zum Anilinschwarz äußerst labile Verbindungen, die insbesondere unter der Einwirkung von Mineralsäuren sehr leicht der mit einer Zerstörung des Farbstoffes gleichbedeutenden hydrolytischen Spaltung anheimfallen (siehe S. 417). Wir haben aber in dem Abschnitte über die Azinfarbstoffe gesehen, wie außerordentlich reaktionsfähig Indamine sich gegenüber primären aromatischen Aminen verhalten, und eine wie durchgreifende Veränderung durch die Kondensation der Indamine mit primären Aminen bewirkt wird, wenn diese Kondensation bis zur Azinbildung ablaufen kann. Die Bildung von Azinringen verleiht den neuen Kondensationsprodukten eine bemerkenswerte Beständigkeit, und man darf daher annehmen, daß die Widerstandsfähigkeit des Anilinschwarz gleichfalls der in sekundärer Reaktion erfolgenden Azinbildung (aus den primär entstehenden Indaminen) zu verdanken ist. Neuere Untersuchungen von Green erheben diese Vermutung nahezu zur Gewißheit, wobei übrigens dahingestellt bleiben muß, in welchem Stadium der Verkettung der Anilinmoleküle dieser Übergang vom Indamin zum Azin stattfindet. Wahrscheinlich gestaltet sich bei der Oxydation des Anilins zum Anilinschwarz auf der Faser der Reaktionsverlauf keineswegs einheitlich, sondern es geht mit der primären Verkettung der Anilinmoleküle zum Indamin Hand in Hand eine Befestigung des Farbstoffmoleküls durch Azinbildung.

Die Greenschen Untersuchungen.

Chlorat- und Bichromatschwarz.

Nach Green ist das „Chloratschwarz", das durch Oxydation mittels der Chlorate in Gegenwart eines Katalysators entsteht, zu unterscheiden von dem Einbad- oder Bichromatschwarz. Dieses wird auf Baumwollgarn in der Weise gefärbt, daß man das Material (in Gewebe- oder Strangform) in Lösungen von Anilin + Bichromat + Salzsäure oder Schwefelsäure eintaucht und durch langsame Steigerung der Temperatur die Farbstoffbildung herbeiführt.

Man kann sich nach Green die Bildung des Chloratschwarz über folgende Zwischenstufen verlaufend vorstellen:

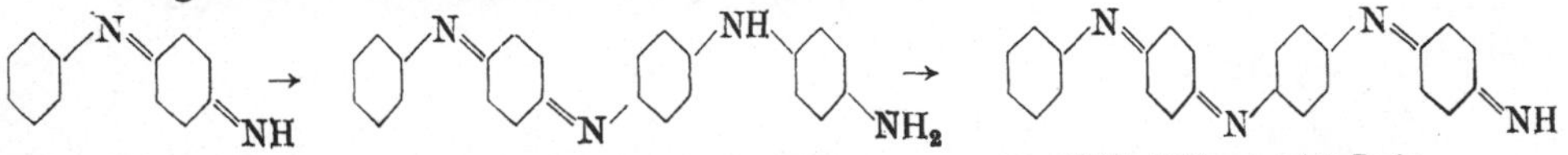

Caros gelbes Imin — Willstätters blaues Imin — Willstätters rotes Imin

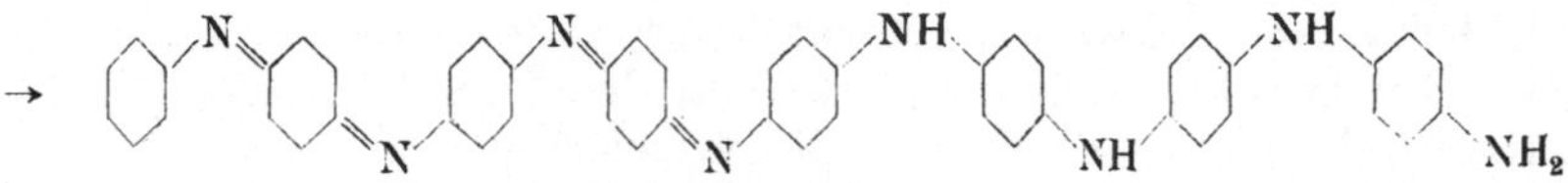

$\rightarrow$

Emeraldin nach Green

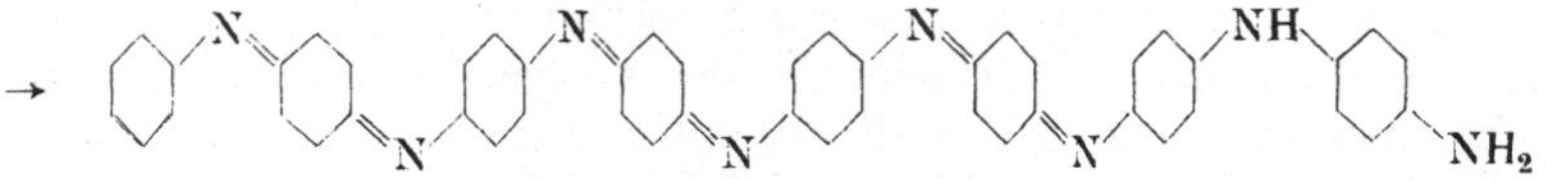

$\rightarrow$

Nigranilin nach Green

Nigranilin.   Das höchst unbeständige indaminartige Nigranilin kondensiert sich mit Anilin weiter zu Azinabkömmlingen, gemäß den auf S. 424f. geschilderten Reaktionen. Je nachdem ob 1, 2 oder 3 Mol. des letzteren reagieren, entstehen verschiedene Phenylazoniumderivate, und zwar ist Green geneigt, dem Chloratschwarz die Formel einer Tris-ms-Arylazoniumverbindung zuzuschreiben; nach ihm kommt der entsprechenden Base vermutlich die Konstitution (1) zu und dem zugehörigen Trichlorhydrat die Formel (2):

(1)

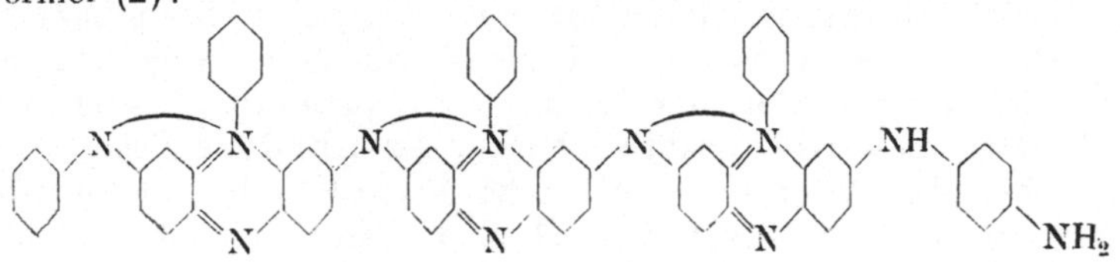

(2)

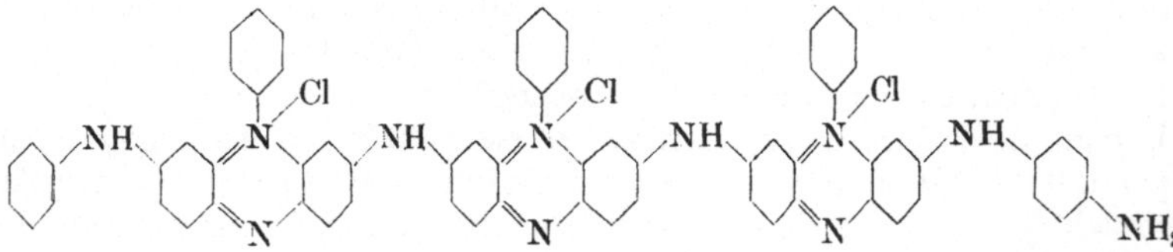

Im Bichromatschwarz ist nach Green die einzige primäre endständige Aminogruppe des Chloratschwarz durch die Hydroxylgruppe ersetzt. Dieser Unterschied prägt sich in der Basizität der beiden Formen des Anilinschwarz aus. Das Chloratschwarz bindet 3 Mol. Salzsäure, von denen eines durch Hydrolyse abdissoziiert wird, während das Bichromatschwarz nur 2 Mol. Salzsäure zu binden vermag.

Pernigranilin, Emeraldin, Proto- und Leukoemeraldin.   Zu bemerken ist noch, daß das trichinoide Nigranilin, eine blaue Base, die ein blaues Salz bildet, durch Oxydation in das purpurne tetrachinoide Pernigranilin (3), andererseits durch Reduktion in das dichinoide (siehe oben) Emeraldin (Base violettblau, Salze grün) und weiterhin in das monochinoide Protemeraldin (4) (eine blaue

(3)

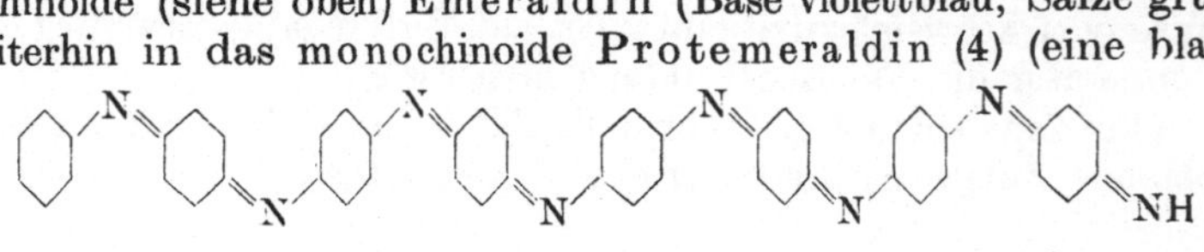

(4)

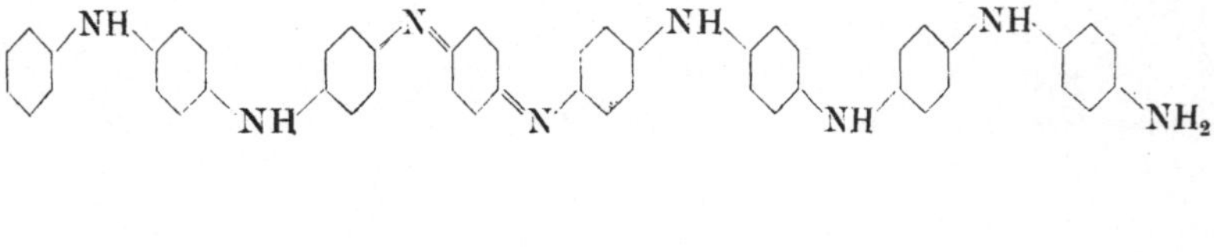

Base, die gelbgrüne Salze bildet) sowie schließlich in die farblose Leukobase, das Leukoemeraldin (5), übergeführt werden kann.

(5) 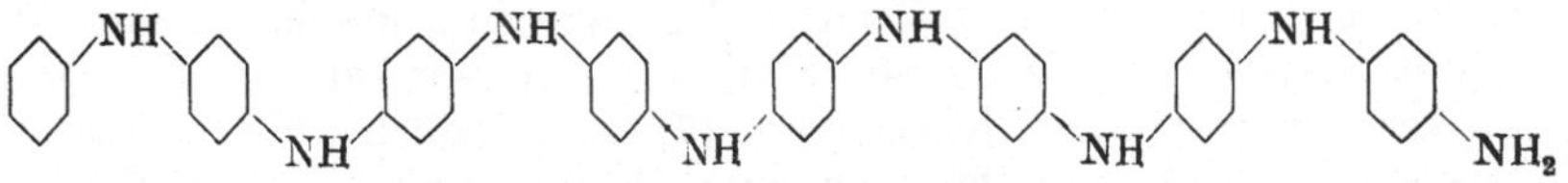

Ersetzt man das Anilin durch die sog. Diphenylschwarzbase, das p-Aminodiphenylamin, C_6H_5—NH—C_6H_4—NH_2, die Leukoverbindung des Caroschen gelben Imins (siehe oben), dessen Entstehung als Zwischenprodukt bei der Anilinschwarzbildung man für ziemlich sicher halten darf, so scheint zwar bei der Oxydation die Farbstoffbildung sich in ähnlichen Bahnen wie bei dem gewöhnlichen Anilinschwarz zu bewegen. Bei näherer Betrachtung der Greenschen Formel für Anilinschwarz wird man jedoch zu der Überzeugung gelangen, daß das Schwarz aus dem p-Amino-Diphenylamin in seiner chemischen Konstitution mit dem Schwarz aus Anilin nicht übereinstimmen kann, und zwar deshalb nicht, weil die Greensche Anilinschwarz-Formel eine sekundäre, zur Azinbildung (siehe oben) führende Reaktion zwischen Indamin und Anilin voraussetzt, die aber unmöglich ist, wenn Anilin im Reaktionsgemisch überhaupt nicht vorhanden ist. Es fragt sich daher, wie ein dem Anilinschwarz analoges Schwarz aus p-Amino-Diphenylamin allein entstehen kann. Eine solche Möglichkeit soll durch die nachfolgenden Formeln, (1) bis (8), veranschaulicht werden:

p-Aminodiphenylaminschwarz.

Konstitution und Bildungsweise.

(1) 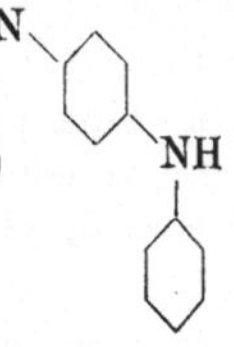

(2) 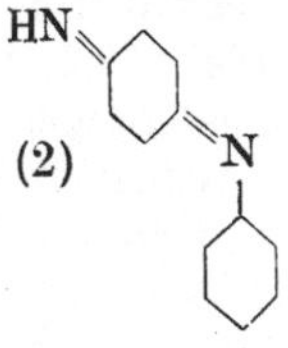

(3) 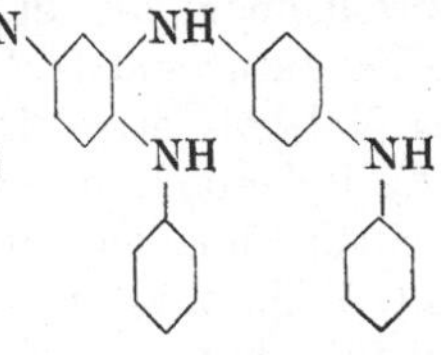

(4) 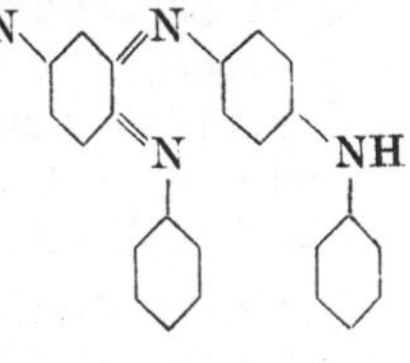

(5) 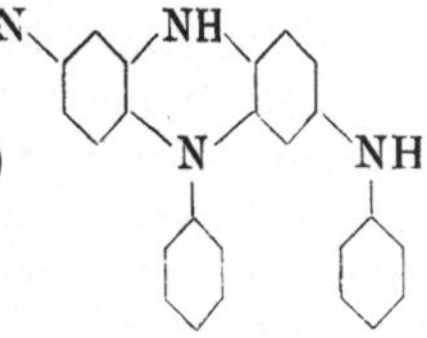

(6) 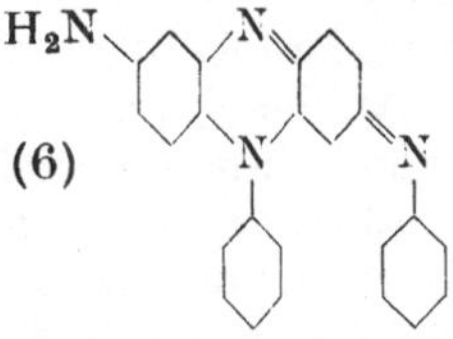

(7) 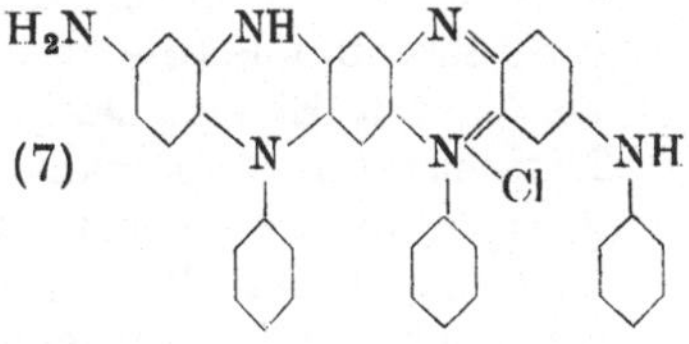

(8) 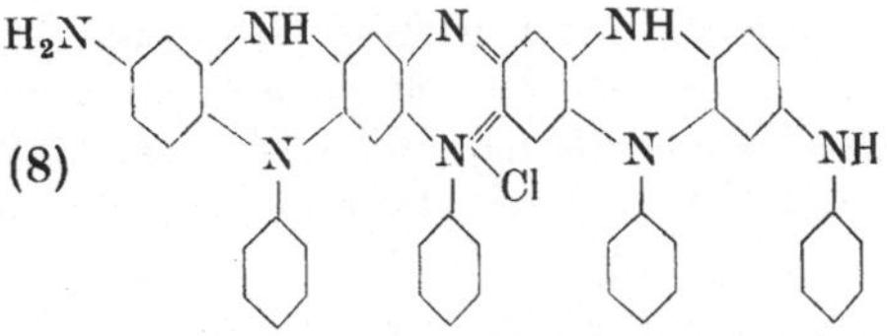

Danach findet auf dem Wege einer sozusagen oxydativen Polymerisation der Schwarzbase, gemäß dem auf S. 424 ausführlich erläuterten Schema (abwechselnd Oxydation und Anlagerung) die Vereinigung von 2, 3 oder mehr Molekülen p-Amino-Diphenylamin zu der Farbstoff-

gruppe „Anilinschwarz“ statt. Diese hypothetischen, aus der Schwarzbase hervorgehenden Azinfarbstoffe stehen hinsichtlich ihrer Konstitution den, unter etwas andern Bedingungen, gleichfalls aus Anilin
durch Oxydation entstehenden Indulinen sehr nahe, z. B. das tri-
molekulare p-Amino-Diphenylamin (7) dem Indulin (9) und das tetra-
molekulare p-Amino-Diphenylamin (8) dem Indulin (10). Beide Induline, die Tri- und die Tetra-Anilido-ms-Phenyl-Azonium-Verbindung,
(9) und (10), sind vermutlich in den wasserunlöslichen, aber spritlös-

(9) 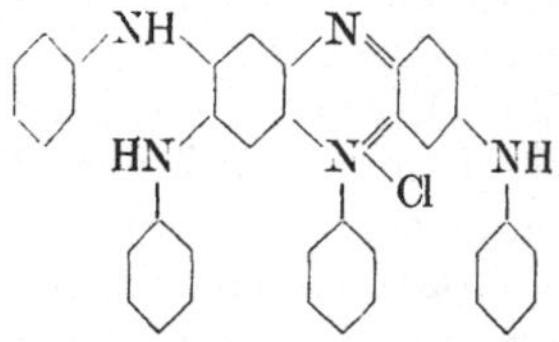 (10)

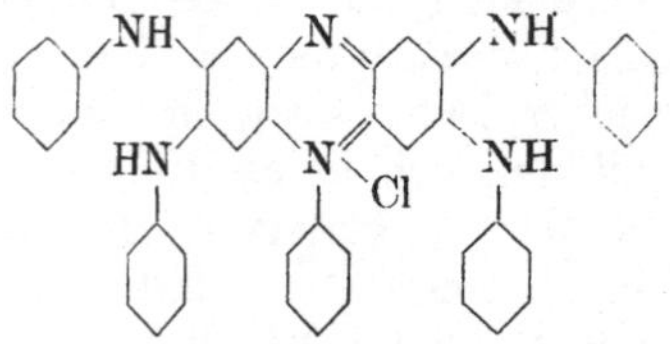

lichen Indulinen oder Nigrosinen enthalten, die schon seit Jahrzehnten als Oxydationsprodukte des Anilins (bei höheren Temperaturen,
bis 180° und höher) bekannt sind.

Anilin-
schwarz und
Safranin.

    Ein Grund mag hier noch angeführt werden, der gerade im Hin-
blick auf die Nigrosine und Induline zu Gunsten der zuletzt angeführten
Formeln für Anilinschwarz und seiner Zwischenprodukte spricht. Nach
der Greenschen Formel für Anilinschwarz erscheint dieser Farbstoff
(abgesehen von den beiden hier kaum erheblich in die Wagschale fallen-
den endständigen Benzolkernen) als ein trimolekulares Safranin, entsprechend etwa einem Tri-Anthrimid (s. S. 94 u. 364). Daß eine derartige
„Verdreifachung“ des Moleküls erhebliche Veränderungen der Eigenschaften nach sich zieht, insbesondere bezüglich Löslichkeit und Farbenton, erscheint ohne weiteres einleuchtend. Doch dürfte der Unterschied
zwischen Safranin und Anilinschwarz weit über das hinausgehen, was
auf Grund der bisherigen Erfahrungen von einer bloßen „Verdreifachung“
des Safraninmoleküls zu erwarten ist, während anderseits die Ähnlichkeit in den Eigenschaften des Anilinschwarz und der Induline oder
Nigrosine für eine nahe Verwandtschaft zwischen diesen Farbstoff-
gruppen spricht, zumal die tatsächlich vorhandenen Unterschiede in
Richtung dessen liegen, was auf Grund ihrer konstitutionellen Verschiedenheit vorauszusehen ist. Hierbei soll die Frage offen bleiben,
ob nicht bei den Nigrosin- und Indulin-Schmelzen bisher übersehene
Farbstoffe entstehen, die als Zwischenstufen zwischen einem Tetra-
Anilido-ms-Phenyl-Azoniumkörper (10) und einem 8-kernigen Anilinschwarz (S. 527) anzusehen sind, wie etwa die Verbindungen (11) und (12),

(11) 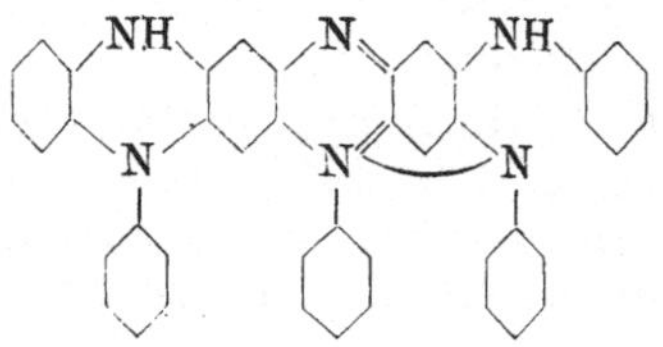 (12)

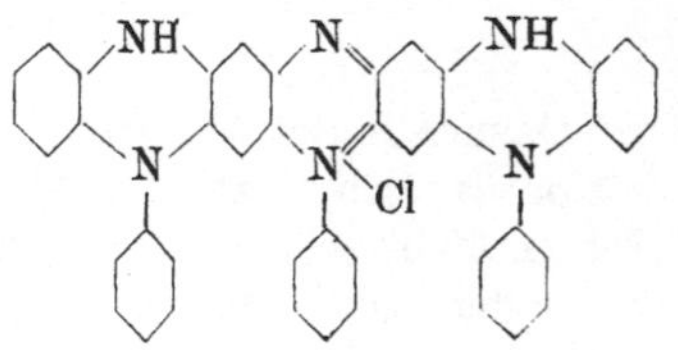

von denen anzunehmen ist, daß sie durch Arylidierung (siehe S. 429) leicht in 8-, 9- und mehrkernige Azine übergehen, die dem Anilinschwarz aus p-Amino-Diphenylamin sehr nahestehen.

Etwas anders gestalten sich der Reaktionsverlauf und das Ergebnis, falls man p-Phenylendiamin, $H_2N \cdot C_6H_4 \cdot NH_2$, unter geeigneten Bedingungen der Einwirkung oxydierender Mittel aussetzt. Es entsteht ein wertvolles Braun, das Paraminbraun, dessen Konstitution bisher noch nicht erforscht worden ist. Nach E. Erdmann, der zuerst die technische Bedeutung des Brauns für die Haar- und Pelzfärberei erkannte, bildet sich als primäres Oxydationsprodukt die sogenannte Bandrowskische Base, ein brauner, krystallinischer, indaminartiger Farbstoff der Konstitution (1), von dem anzunehmen ist, daß er durch intramolekulare Umlagerung leicht in Verbindungen der Azinreihe, z. B. (2), übergeht. Die Verbindung (2) entspricht übrigens, wie man

Paramin-
braun.

$$(1) \qquad \qquad \rightarrow \qquad \qquad (2)$$

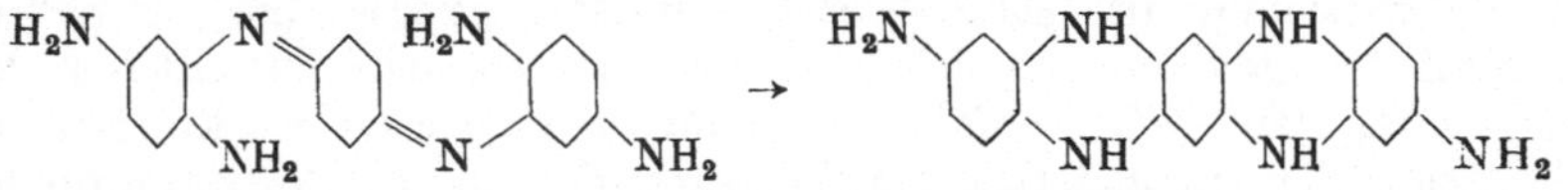

sieht, vollkommen der Leukoverbindung des trimolekularen p-Amino-Diphenylamins (siehe Formel (7) auf S. 527), ein Umstand, der den oben geäußerten Vermutungen über den Reaktionsmechanismus bei der Anilinschwarzbildung zur Stütze dient.

Durch Oxydation von Aminophenolen, insbesondere m-Amino-phenol (Fuscamin), auf der Faser entstehen brauchbare Olivtöne, und ferner lassen sich durch geeignete Mischungen von Anilin, p-Phenylen-diamin und Aminophenolen beliebige Mischtöne erzeugen, die durch eine gewisse Echtheit ausgezeichnet sind.

Fuscamin.

Neben den Azinen eignen sich noch einige Oxazin-und Thiazinfarb-stoffe (Nitrosoblau, Brillantalizarinblau, siehe S. 444 u. 453) wegen des genügend glatten Reaktionsverlaufs zur unmittelbaren Erzeugung auf der Faser; jedoch erreichen diese unter Beihilfe von Beizen (Metalloxyd- oder Tannin-Antimon-Beizen) zustande kommenden Färbungen bei weitem nicht die technische Bedeutung, die den auf der Faser entwickelten Azofarbstoffen oder dem Anilinschwarz und seinen Analogen zukommt.

Nitrosoblau
u. Brillant-
alizarinblau.

4. Die natürlichen Farbstoffe.

Unter natürlichen Farbstoffen sollen in diesem Abschnitt nur organische Farbstoffe zu verstehen sein; nicht inbegriffen sind demnach die Mineral- oder Erdfarben, die sich sowohl hinsichtlich ihres molekularen Aufbaues als auch hinsichtlich der für sie in Betracht kommenden Verwendungsgebiete wesentlich von den auf den folgenden Seiten allein zu besprechenden organischen Farbstoffen unterscheiden.

Begriffsbe-
stimmung.

Die in der Natur vorkommenden organischen Farbstoffe zerfallen, wie sich von selbst ergibt, in das Gebiet der Pflanzenfarbstoffe und das Gebiet der tierischen Farbstoffe, zwei getrennte Gebiete von sehr ungleicher Größe, soweit wenigstens die wissenschaftliche Erforschung und die technische Anwendung in Betracht kommen. Beide hat allerdings der Mensch seinen Zwecken untertänig zu machen verstanden, aber doch mit weitgehender Bevorzugung der dem Pflanzenreich entstammenden Erzeugnisse.

Frühere Bedeutung der natürlichen Farbstoffe.

Versetzen wir uns zurück in die Zeit (vor etwa 70 Jahren), ehe das große, weite und wichtige Gebiet der Teerfarbstoffe erschlossen war, so standen den Färbern für ihre Zwecke nur die natürlichen Farbstoffe zu Gebote. Bei dem großen Bedarf aller Kulturvölker und bei der hohen Entwicklung der Färbereitechnik, deren Anfänge weit zurückgehen in vergangene Jahrtausende, ist es verständlich, daß die natürlichen Farbstoffe zu jener Zeit auch in volkswirtschaftlicher Beziehung eine nicht unwesentliche Rolle spielten. Wenngleich heute im allgemeinen diejenigen Länder als Erzeugungsstätten vorwiegend in Betracht kommen, die in tropischen und subtropischen Klimaten gelegen sind, so hat es doch Zeiten gegeben, in denen gerade Deutschland hinsichtlich der Gewinnung von Pflanzenfarbstoffen für gewerbliche Zwecke mit an der Spitze der europäischen Länder gestanden und die Nachbargebiete in erheblichem Umfange mit den Erzeugnissen seines heimischen Bodens versorgt hat. Für viele Gegenden unseres deutschen Vaterlandes ist der Anbau der farbstoffliefernden Pflanzen eine Quelle des Wohlstandes gewesen. Vor allem gilt dies für den Waid (Isatis tinctoria), der damals in den europäischen Ländern zur Herstellung der wertvollen Indigofärbungen benutzt wurde. Heute noch gibt es Ortsbezeichnungen, wie z. B. Waidmarkt, die erkennen lassen, eine wie wichtige Rolle dieser Farbstoff in jenen Gegenden gespielt hat.

Erfolge der chemischen Forschung u. Technik.

Ein Umschwung in diesen Verhältnissen zu ungunsten der heimischen Farbstofferzeugnug trat ein vor allem durch die Entdeckung Amerikas und infolge der ausgedehnten Handelsbeziehungen zu Indien. Heute dürfte die Kultur von farbstoffliefernden Pflanzen für Deutschland wohl kaum in Betracht kommen; während auf der anderen Seite durch die Entwicklung der Teerfarbenindustrie Deutschland in reichem Maße das wiedergewonnen hat, was es in früheren Jahrhunderten durch die Ungunst der Umstände verlor.

Zu einer wissenschaftlichen Erforschung der natürlichen Farbstoffe bestand zwar von jeher ein gewisser Anreiz, doch bedurfte es erst jener ungeahnten Entwicklung der organischen Chemie im Laufe des 19. Jahrhunderts, um mit Aussicht auf Erfolg an die Lösung der schwierigen Probleme herantreten zu können, die mit der Konstitutionsermittlung derartiger Pflanzenfarbstoffe verknüpft sind. Hier lagen die Verhältnisse wesentlich anders als auf dem Gebiete der künstlichen Farbstoffe. Abgesehen von Zufälligkeiten, die gewiß auch bei diesen synthetischen Erzeugnissen in einzelnen Fällen eine ausschlaggebende Rolle gespielt haben, beruht doch der Ausbau des heute so umfangreichen Gebietes der Teerfarbstoffe fast ausschließlich auf den Ergebnissen wissenschaftlicher Arbeit, während die Gewinnung der natürlichen Farbstoffe

und ihre Verwendung in Färberei und Zeugdruck in den vergangenen
Jahrhunderten und Jahrtausenden das Ergebnis einer allerdings in
ihren Erfolgen bewunderungswerten Empirie darstellen. Diese Farbstoffe wuchsen der Menschheit zu und konnten verwendet werden, ohne
daß es eines Eindringens in ihre Konstitution bedurfte, und ohne daß
man sich über die auch heute noch nicht völlig aufgeklärten Vorgänge
während des Färbeprozesses Rechenschaft zu geben brauchte. — Die
Auffindung der synthetischen Farbstoffe hat aber auch der Forschung
auf dem Gebiete der natürlichen Farbstoffe sehr starke Antriebe erteilt
und in vielen Fällen die Erkenntnis gefördert. Man könnte es bis zu
einem gewissen Grade als wunderbar bezeichnen, daß der Aufbau der
aus dem Teer gewonnenen künstlichen Erzeugnisse, trotz ihrer vielfach
sehr erheblich abweichenden Konstitution, in zahlreichen Fällen im
Grunde genommen doch nach ähnlichen Grundsätzen und Richtlinien
erfolgt ist wie im (Tier- und) Pflanzenreich, und daß auch ihre färberischen
Eigenschaften auf ganz ähnlichen Voraussetzungen beruhen wie bei
den natürlichen Farbstoffen. Schon aus diesem Grunde mußte es den
Farbenchemiker reizen, den inneren Aufbau besonders derjenigen
Farbstoffe kennenzulernen, die auch heute noch infolge ihrer ausgedehnten Anwendung unser besonderes Interesse in Anspruch nehmen.

In vielen Fällen war es nicht besonders schwierig, die Rätsel zu
lösen, hinter denen die Pflanzen die chemische Konstitution ihrer Abkömmlinge verschlossen hatten; aber bei manchen anderen Farbstoffen
haben sich der Konstitutionsermittlung trotz jahrzehntelanger Bemühungen hervorragender Forscher solche Schwierigkeiten entgegengetürmt,
daß auch gegenwärtig noch nicht von einer vollkommenen Lösung des
Problems gesprochen werden kann.

Es liegt nahe, die Frage aufzuwerfen, inwieweit die Hilfsmittel der
heutigen Wissenschaft und Technik gestatten, dem kühnen Gedanken
eines synthetischen Aufbaues der wichtigsten und wertvollsten natürlichen Farbstoffe näherzutreten. In dieser Beziehung liegen die Verhältnisse hier ähnlich wie auf dem Gebiete der Arznei- oder Heilmittel.
Es ist der Wissenschaft auf diesem Gebiete zwar in vielen Fällen gelungen, den Schleier zu lüften, der in vergangenen Zeiten dem forschenden
Auge des Chemikers die Erkenntnis des inneren Aufbaues der Moleküle entzog. Aber nur in sehr seltenen Fällen hat man ernstlich daran
denken können, auf synthetischem Wege das nachzuahmen, was die
Natur anscheinend so mühelos schafft. In den meisten Fällen hat man
auf diese Nachahmungen verzichten müssen in der deutlichen Erkenntnis, daß die Natur in ihrer Überlegenheit einen Wettbewerb der Technik
nicht dulden würde. Ähnlich ist es auf dem Gebiete der natürlichen
Farbstoffe gewesen. Es hat sicherlich eine Zeit des Sturmes und Dranges
gegeben, da die chemische Wissenschaft auf Grund der raschen Fortschritte hoffen durfte, derartige schwierige Probleme im Laufe der Jahre
lösen zu können und die pflanzlichen Vorbilder nicht nur im Kleinen
als kostbare Laboratoriumspräparate, sondern in den Ausmaßen eines

Ähnlichkei-
ten im Bau
der natür-
lichen und
künstlichen
Farbstoffe.

Möglichkeit
der chemi-
schen Syn-
these natür-
licher Farb-
stoffe.

Großbetriebes und in beliebigen Mengen herzustellen. Der überraschend
große technische Erfolg, der die Bemühungen eines Gräbe, Liebermann und Caro um die synthetische Darstellung des Farbstoffes
der Färberröte, des Krapps (Rubia tinctorum), krönte, schien die großen Erwartungen auf diesem Gebiete voll und ganz zu bestätigen, als
es ihnen gelang, das wertvolle Alizarin aus einem bis dahin unbeachtet
gebliebenen Abfall des Steinkohlenteers synthetisch aufzubauen. Aber
schon bei der zweiten großen Aufgabe, die die Farbentechnik sich
etwa um die gleiche Zeit gestellt hatte, nämlich bei der Synthese des
künstlichen Indigos, ließ sich deutlich erkennen, daß derartige Siege
des Menschengeistes über die Natur — wenn man es so ausdrücken
will — doch nur in besonderen Fällen und dann auch nur nach großen
opferreichen Kämpfen und Mühen möglich sind. Daß es schließlich gelungen ist, das Ziel zu erreichen und den Indigo der Pflanzen auf synthetischem Wege darzustellen, darf uns mit Stolz erfüllen, uns andererseits
aber nicht über die Grenzen unseres chemischen Könnens hinwegtäuschen.

Läßt man diejenigen Farbstoffe zunächst beiseite, deren Zusammensetzung heute noch mehr oder weniger unbekannt ist, und faßt man
nur diejenigen ins Auge, deren molekularer Aufbau in allen seinen Teilen
entweder völlig oder nahezu völlig erkannt ist, so wird man bemerken,
daß eigentlich nur verhältnismäßig wenige Typen der großen Mannigfaltigkeit der einzelnen Individuen zugrunde liegen.

Zunächst muß vorangestellt werden die Tatsache, daß sämtliche
in der Natur vorkommenden organischen Farbstoffe von irgendwelcher
Bedeutung sich in letzter Linie als Abkömmlinge der aromatischen
Kohlenwasserstoffe, d. h. also des Benzols, Naphtalins oder Anthracens
darstellen, insofern also sich auf genau denselben Grundlagen aufbauen
wie die künstlichen Teerfarbstoffe.

Die Grund-
typen. Die wichtigsten, sich von den genannten Kohlenwasserstoffen ableitenden Typen sind das Xanthon (1), das Flavon (2) und Flavonol (3),
das Phenyl-Pheno-Pyrylium (4), das Anthrachinon (5) (als Grundlage
der Krappfarbstoffe, sowie auf Grund neuerer Forschungen auch der
Cochenille, des Kermes, des Lacdye und der ihnen nahestehenden
Farbstoffe), das Isochinolin (6) (als Grundlage des Berberins), das In-

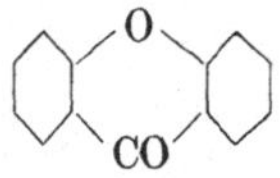

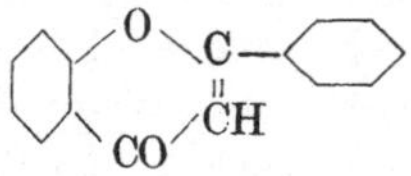

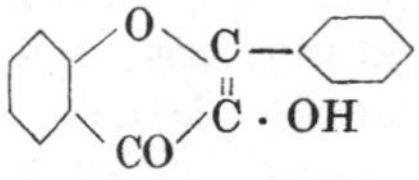

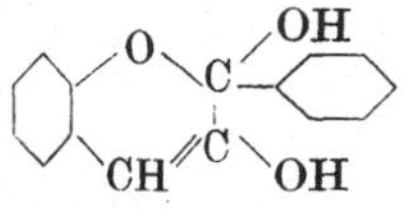

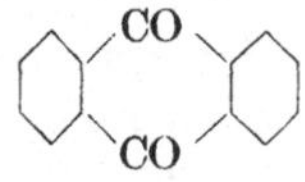

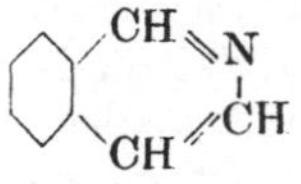

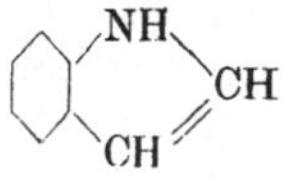

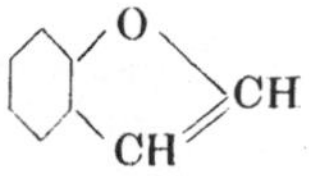

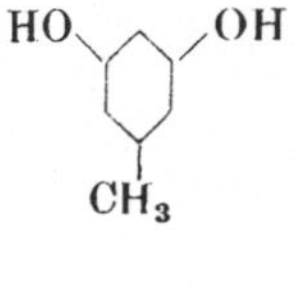

dol (7) (als Grundlage der Indigofarbstoffe), das Kumaron (8) (als
mögliche Grundlage des Katechins), das Orzin (9) (als wichtigste Komponente der Flechtenfarbstoffe Orseille und Lackmus).

Es ist eine physiologisch interessante Tatsache, daß ein großer Teil der natürlichen Farbstoffe (im Tier und) in der Pflanze in einem Zustande vorhanden ist, der, chemisch betrachtet, sich wesentlich von demjenigen unterscheidet, in dem der Mensch sich ihrer zu färberischen Zwecken bedient. Die Glukoside und ihre Zerlegung.

Für die Pflanzenfarbstoffe ist charakteristisch, daß sie — offenbar pflanzlichen Bedürfnissen, z. B. hinsichtlich der Löslichkeit, Rechnung tragend — vielfach in Form der sog. „Glúkoside" auftreten und daher durch einen hydrolytischen Prozeß in Farbstoff und Zucker gespalten werden müssen. Diese Spaltung erfolgt in einzelnen Fällen so außerordentlich leicht, daß es schwierig ist, das Glukosid als solches in reinem Zustande aus der Pflanze zu isolieren. In einigen Fällen aber ist das Glukosid derart beständig, daß es der Anwendung besonderer Mittel bedarf, um den Farbstoff aus dieser chemischen Bindung zu befreien. Dem Vorkommen der Pflanzenfarbstoffe als Glukoside muß auch, um Verlusten bei der Gewinnung vorzubeugen, insofern Rechnung getragen werden, als die Glukoside sich, im Gegensatz zu den Farbstoffen selbst, durch eine gewisse Wasserlöslichkeit auszeichnen, so daß zwar die Glukoside, nicht aber die Farbstoffe durch Behandlung der Pflanzen mit Wasser leicht ausgezogen werden können. In vielen Fällen hat sich außerdem feststellen lassen, daß in den Pflanzen selbst bereits Fermente vorhanden sind, die die Zerlegung des Glukosids in Farbstoff und Zucker außerordentlich begünstigen. Das Vorkommen der Farbstoffe in den Pflanzen ist an keinen bestimmten Ort gebunden. Die Farbstoffe finden sich in den Wurzeln, in der Rinde, im Stammholz, in den Zweigen, in den Blüten, in den Blättern, in dem Harz u. dgl. In der Regel allerdings liegt die Sache so, daß irgendein Organ, sei es nun Rinde oder Wurzel oder Blüte, in besonderem Maße als Ablagerungsstätte für den Farbstoff von der Pflanze in Anspruch genommen wird.

Was die Echtheit der natürlichen Farbstoffe anlangt, so sind darüber zum Teil sehr unrichtige Meinungen verbreitet. Es ist durchaus irrig anzunehmen, daß die höchsten Grade der Echtheit von Färbungen nur mittels der Pflanzen- oder Tierfarbstoffe zu erreichen seien. Die synthetischen Farbstoffe sind weder echter noch unechter wie die natürlichen Farbstoffe, und wenn man überhaupt zwischen den beiden Arten von Farbstoffen einen Unterschied machen wollte, so wäre es der, und zwar zugunsten der künstlichen Farbstoffe, daß bei dem heutigen Stande der Technik eine größere Auswahl von echten Färbungen mittels der synthetischen Farbstoffe als mittels der natürlichen Farbstoffe hergestellt werden kann. — In der Regel scheut man leider die Kosten, die naturgemäß bei der Erzeugung und Verwendung echter Färbungen in Betracht kommen; man wählt billige und schlechte Farbstoffe und klagt Die Echtheit der natürlichen Farbstoffe.

hinterher, man habe früher mittels der natürlichen Farbstoffe echtere Färbungen als heute mittels der synthetischen erzeugen können. Daran ist nur so viel richtig, daß man früher in viel geringerem Grade als heute unechte Färbungen hervorgebracht hat, sondern klug genug war, ein wertvolles Material auch nur mit echten Farbstoffen zu färben. Das lag zum großen Teil wohl auch daran, daß die Mode in früheren Zeiten etwas weniger häufig wie heute wechselte, und daß infolgedessen auch größere Anforderungen an die Echtheit der Färbungen gestellt werden mußten. Die Echtheit der natürlichen Farbstoffe war und ist, man könnte sagen überraschenderweise, durch genau die gleichen Umstände bedingt wie bei den künstlichen Farbstoffen, obwohl die Abweichungen in Einzelheiten der chemischen Konstitution — wie erwähnt — in vielen Fällen sehr erheblich sind.

Einteilung der natürlichen Farbstoffe.

Wenn man von den besonders e c h t e n künstlichen Teerfarbstoffen diejenigen außer Betracht läßt, die erst auf der Faser aus ihren Bestandteilen erzeugt werden, und also nur diejenigen berücksichtigt, die — ehe sie mit der Faser in Berührung kommen — in allen für sie wesentlichen Teilen bereits fertig aufgebaut sind, so kann man zwei große Klassen unterscheiden:

1. Die Beizenfarbstoffe und
2. die Küpenfarbstoffe.

Beide Arten von Farbstoffen setzen zu ihrer sachgemäßen „Befestigung auf der Faser" ein nicht unerhebliches Maß von Erfahrung und aufmerksamer Hantierung voraus, und es ist überraschend zu sehen, in wie weitgehendem Maße die Färber der früheren Jahrhunderte und Jahrtausende bei der Anwendung der natürlichen Farbstoffe den Anforderungen Rechnung getragen haben, von deren Erfüllung das gute Gelingen der Färbungen abhängig ist. Der bei weitem größte Teil der natürlichen Farbstoffe, soweit er in der Färberei und Druckerei Anwendung gefunden hat, gehört zur Klasse der Beizenfarbstoffe und entspricht in seinem molekularen Aufbau in mehr oder minder weitgehendem Maße den Bedingungen, die bei dem wichtigsten aller natürlichen Beizenfarbstoffe, dem Alizarin, als notwendig erkannt wurden. Es sind also Farbstoffe von schwach saurem Charakter, deren Acidität durch das Vorhandensein von Hydroxylgruppen bestimmt ist, wobei gleichzeitig die Stellung der Hydroxyle für den Charakter als Beizenfarbstoff, d. h. für die Echtheit der Färbungen, von ausschlaggebender Bedeutung ist. Die Theorie der chromophoren und auxochromen Gruppen und der Chromogene läßt sich auf die natürlichen Farbstoffe genau in der gleichen Weise ausdehnen, wie dies bezüglich der synthetischen Farbstoffe in einem früheren Abschnitt geschehen ist.

Es dürfte zweckmäßig sein, um die Übersicht über die natürlichen Farbstoffe zu erleichtern, sie in einzelne, durch die grundlegenden Typen bedingte Untergruppen einzuteilen:

I. Xanthonfarbstoffe.

Das Xanthon von der Formel (1) steht dem schon früher (siehe S. 314) erwähnten Xanthen (2) nahe, und insofern stehen auch die Xanthon.

(1) 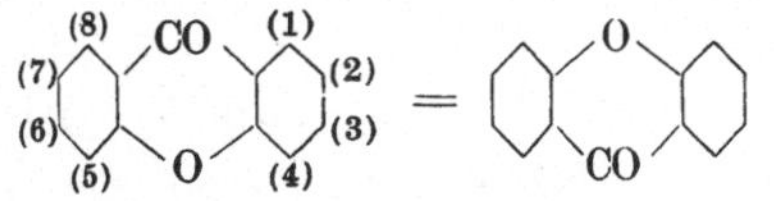 (2) 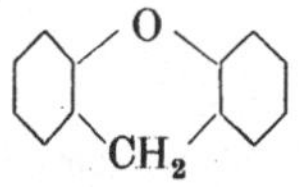

Xanthonfarbstoffe in enger Beziehung zu den Xanthenfarbstoffen von der Art der Fluoresceïne, der Rhodamine, der Rosamine, Rhodole usw. Diesen synthetischen Farbstoffen fehlen allerdings, abgesehen vom Galleïn und Coeruleïn, die beizenfärbenden Eigenschaften, da Art, Zahl und Stellung der auxochromen Gruppen den bekannten Bedingungen nicht entsprechen. Das Chromogen Xanthon wird, analog z. B. dem Anthrachinon, zum Farbstoff durch den Eintritt der auxochromen Hydroxylgruppen. Als Beispiel sei angeführt der in der Malerei, jedoch in der Textilindustrie heute wohl kaum noch angewendete Farbstoff

1. **Indischgelb** von der Zusammensetzung: $C_{19}H_{16}O_{11}Mg + 5\,H_2O$; und zwar ist Indischgelb das Magnesiumsalz der Euxanthinsäure, eines **Glukosides**, das zusammengesetzt ist aus 1 Mol. Euxanthon = 1, 7-Dioxyxanthon (1) und 1 Mol. Glukuronsäure (2), entsprechend Indischgelb und Euxanthon.

(1) 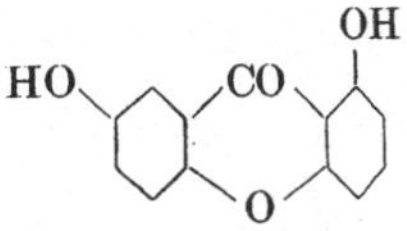 (2) CHO / $(CHOH)_4$ / COOH

wahrscheinlich der Formel (3). Das Indischgelb wird gewonnen aus dem Harn von Kühen, die mit Mangoblättern gefüttert wurden, und kann andererseits erzeugt werden durch Verfütterung von Euxanthon, wobei der Organismus die Verbindung des Dioxy-Xanthons mit der Glukuronsäure in einer, auch aus einer großen Reihe anderer Beispiele bekannten Art vornimmt.

(3) 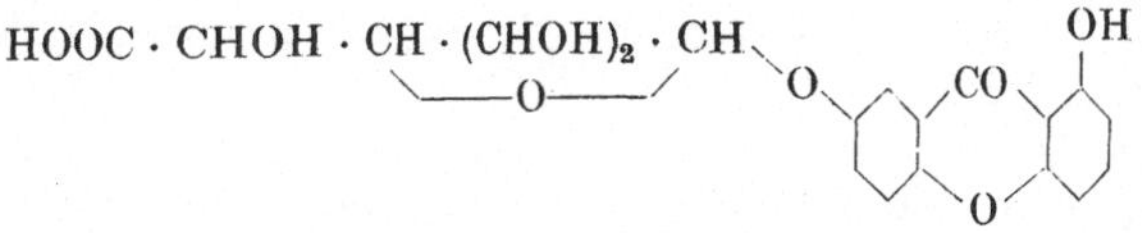

2. Dem Euxanthon nahe steht das Gentiseïn, das aus dem Gentisin (von Gentiana lutea) erhalten wird. Das Gentiseïn ist ein 1, 3, 7-Trioxyxanthon (4) und das Gentisin der ihm entsprechende 3- oder Gentisin und Gentiseïn.

(4) 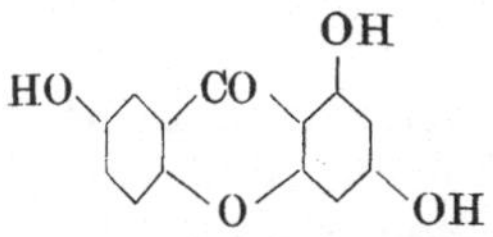

7-Monomethyläther (5). Gentiseïn gibt auf Tonerdebeize gelbe Töne, im Gegensatz zum Gentisin, das gebeizte Baumwolle nicht anzufärben vermag und daher als Beizenfarbstoff nicht verwendbar ist. Es zerfällt in der Kalischmelze in Gentisinsäure und Phloroglucin:

$$(5) \quad \text{Gentisin} \quad + 3\,H_2O \;\rightarrow\; \text{Gentisinsäure} \;+\; \text{Phloroglucin} \;+\; CH_3OH\,.$$

II. Die Flavonfarbstoffe.

Flavon.   Sie leiten sich ab von dem einfachsten **Flavon** der Konstitution (6), sind also Abkömmlinge des Phenylbenzo-γ-Pyrons.

$$(6)$$

Von Interesse sind 3 Flavonfarbstoffe: das **Chrysin**, das **Apigenin** und das **Luteolin**.

Chrysin.   1. Das **Chrysin**, ein 1,3-Dioxyflavon von der Konstitution (1), findet sich in den Pappelknospen und kann wegen des ihm mangelnden Färbevermögens nicht mehr als Beizenfarbstoff bezeichnet werden.

$$(1)$$

Apiin und Apigenin.   2. Das **Apigenin** ist ein 1,3,4'-Trioxyflavon von der Konstitution (2). Es ist enthalten im Petersilienkraut (Apium petroselinum) in Form eines **Glukosides**, des **Apiins**, das durch Hydrolyse zerfällt in 1 Mol. Apigenin + 1 Mol. Glukose + 1 Mol. Apiose, einen Zucker (Pentose) von der Zusammensetzung $C_5H_{10}O_5$. **Apigenin** färbt zwar gebeizte Stoffe etwas kräftiger als **Chrysin**, ist aber als Beizenfarbstoff nicht anwendbar. —

Luteolin.   3. Das **Luteolin** aus dem Wau (Reseda luteola) ist ein 1,3,3',4'-Tetraoxyflavon von der Konstitution (3), das in früheren Jahrhunderten

$$(2) \qquad\qquad\qquad\qquad (3)$$

eine ausgedehnte Anwendung als gelber Farbstoff und als Gilbe (in Mischung mit Blau für Grün und in tiefen Tönen für Schwarz) gefunden hat. Es kommt oder kam vor allem für die Herstellung von Beizenfärbungen auf Wolle in Betracht. Die beiden zueinander o-ständigen Hydroxyle in den Stellungen 3' und 4' sind es vor allem, die diesem

Flavon den Charakter eines Beizenfarbstoffes gewähren. Tonerdebeize wird gelb, Chrombeize braungelb, Zinnbeize hellgelb und Eisenbeize dunkelbraun-oliv angefärbt. Von besonderem Interesse ist der Farbstoff für Seide, auf der ein seifen- und lichtechtes Gelb erzeugt werden kann.

Die Flavonfarbstoffe teilen mit den Xanthonfarbstoffen die für die Aufklärung ihrer Konstitution bemerkenswerte Eigenschaft, daß das zur Karbonylgruppe o-ständige Hydroxyl in der 1-Stellung des Benzolkerns sich zwar acylieren, nicht aber alkylieren läßt. Daher erhält man z. B. aus einem Tetraoxyflavon, falls sich eine OH-Gruppe in der 1-Stellung befindet, zwar ein Tetra-Acyl-, hingegen nur ein Tri-Alkylderivat, und dieser Umstand hat in vielen Fällen einen Anhalt über die Konstitution, d. h. über die Stellung der Hydroxylgruppen gewährt (Kostanecki-Drehersche Regel).

Bemerkenswert ist auch, daß die Flavon- ebenso wie die Fluoresceïnfarbstoffe mit Salzsäure und Schwefelsäure Anlagerungsprodukte bilden, meist im molekularen Verhältnis 1 : 1, bei denen wahrscheinlich der Pyronsauerstoff sich mit 4 Valenzen betätigt.

III. Die Flavonol-Farbstoffe.

Während bei den Flavonen die Fähigkeit, auf Beizen zu färben, an das Vorhandensein von zwei zueinander o-ständigen Hydroxylgruppen geknüpft zu sein scheint (siehe Luteolin), braucht bei den vom Flavonol (4) sich ableitenden Farbstoffen diese Bedingung nicht

$$(4)$$

in allen Fällen erfüllt zu sein. Dies läßt vermuten, daß das für die Flavonole charakteristische, in o-Stellung zum Karbonyl befindliche Hydroxyl des Pyronringes an der Hervorrufung des Charakters als Beizenfarbstoff wesentlich beteiligt ist, jedenfalls in höherem Maße als etwa ein Hydroxyl des mit dem Pyronringe verschmolzenen Benzolkerns. Die Flavonole oder Oxyflavone mit ihrem zum Karbonyl o-ständigen Hydroxyl unterscheiden sich daher wesentlich von den gewöhnlichen Flavonen. Das einfachste färbende Flavonol ist

1. das Kämpferol, von der Konstitution (1), das durch Entmethylieren aus dem Kämpferid, seinem Monomethyläther (OCH_3 in der Stellung 4'), erhalten werden kann. Das Kämpferid wird gewonnen

$$(1) \qquad\qquad (2)$$

aus der Galangawurzel, dem Rhizom von Alpinia officinarum. Das Kämpferol, das auch in den Blüten des Rittersporns sich vorfindet, ist vor allem bemerkenswert als ein häufiger Begleitfarbstoff des natürlichen Indigos. Kämpferid und Kämpferol färben Tonerdebeize nur schwach an.

Fisetin. 2. Im Fisetholz (Fustik oder Fustel) des Perückenbaumes (Rhus cotinus) ist ein als Fisetin bezeichnetes Trioxyflavonol von der Konstitution (2) enthalten, und zwar an Gerbsäure gebunden, also in Form eines Glukosides im weiteren Sinne.

Das Fisetin bildet ebenso wie die meisten anderen Flavonabkömmlinge ein Sulfat und läßt sich spalten in Resorcin und Protokatechusäure, ein Beweis für die o-Ständigkeit zweier Hydroxyle, die beim Fisetin den ausgesprochenen Charakter als Beizenfarbstoff bedingen. Durch vorsichtige hydrolytische Spaltung des Tetraäthylfisetins (3) erhält man außer der Diäthylprotokatechusäure das Diäthylfisetol (4).

$$(3) \qquad H_5C_2O\!\!-\!\!\big\langle\ \big\rangle\!-\!O\!-\!C\overset{\displaystyle OC_2H_5}{=\!\!\!\big\langle\ \big\rangle\!-\!OC_2H_5}\qquad +\,2\,H_2O\ \longrightarrow$$

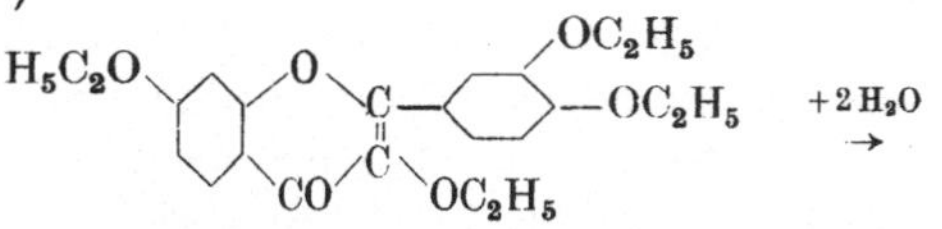

$$(4)\qquad H_5C_2O\!\!-\!\!\big\langle\overset{OH}{\ }\big\rangle\!\!-\!CO\cdot CH_2\cdot O\cdot C_2H_5 \qquad +\ HOOC\!\!-\!\!\big\langle\overset{OC_2H_5}{\ }\big\rangle\!\!-\!OC_2H_5$$

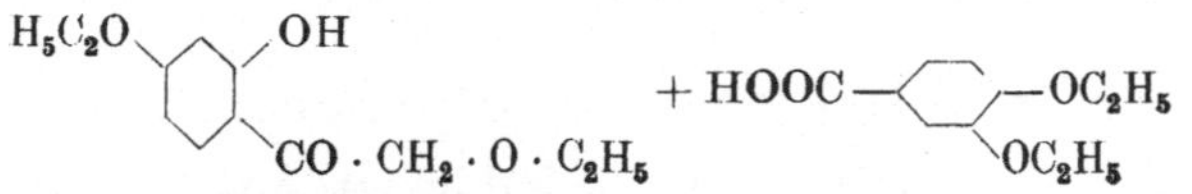

Diäthylfisetol

Morin. 3. Ein Tetraoxyflavonol von der Konstitution (5) ist das Morin, das färbende Prinzip des Gelbholzes oder gelben Brasilienholzes

$$(5)\qquad HO\!\!-\!\!\big\langle\ \big\rangle\!\!-\!O\!-\!C\overset{\displaystyle HO}{=\!\!\!\big\langle\ \big\rangle\!-\!OH}$$

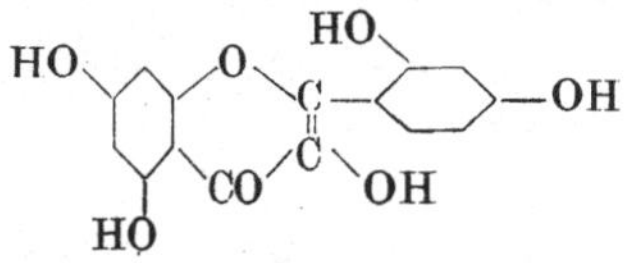

(Morus tinctoria). Das Morin ist in freiem Zustande und als Kalksalz im Holz enthalten. Das beste Gelbholz stammt aus Nikaragua. Im übrigen wird es aus Kuba, Jamaika, Mittelamerika und Brasilien nach Europa verschifft. — Auffällig ist, daß im Morin, das ein ausgesprochener Beizenfarbstoff ist, zwei zueinander o-ständige Hydroxylgruppen nicht vorhanden sind. Diese theoretische Schwierigkeit läßt sich beseitigen durch die Annahme, daß dem hydroxylierten Phenylrest des Morins eine chinoide Konfiguration, entsprechend der Formel (6), zukommt. Unter dieser Voraussetzung, die in analoger Weise auch für die übrigen Flavon-, Flavonol- und Phenyl-Pheno-Pyrylium-Farbstoffe gelten könnte, würden die Stellungen 2' und 3' bezüglich der auxochromen Wirkung der Hydroxylgruppen ziemlich gleichwertig sein. Vor allem aber macht die chinoide (Methylenchinon-)Konfiguration es leicht erklärlich, warum sich dem Übergang der Flavonol- in die Phenyl-Pheno-Pyryliumfarbstoffe so große, bei der bisherigen Schreibweise der Flavonole (als γ-Pyronderivate) kaum verständliche Schwierigkeiten entgegenstellen (s. S. 548). Das Morin dient vor allem zum Nuancieren auf Wolle. Der Tonerdelack ist gelb, der Chromlack olivgelb, der Kupferlack oliv, der Eisenlack dunkeloliv. Am schönsten und echtesten sind die Färbungen auf Zinnbeize.

4. Dem Morin des Gelbholzes ist das Maclurin, früher Morin- gerbsäure genannt, beigemengt, ein Pentaoxybenzophonon (7), das als Farbstoff wegen seines Mangels an Echtheit nur von sehr geringem Wert ist.

Maclurin.

$$(6) \qquad\qquad\qquad\qquad (7)$$

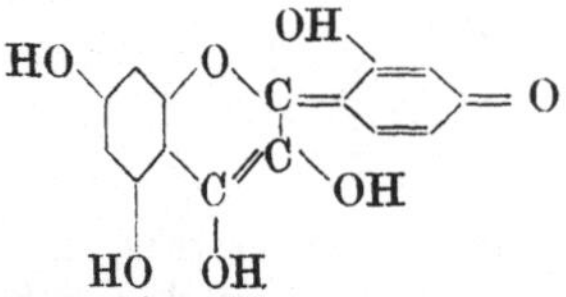

5. Isomer mit dem Morin ist das Quercetin, das in Form eines Glukosides, des Quercitrins, im Quercitron, der Rinde der Färbereiche (Quercus tinctoria), enthalten ist. Seine Konstitution entspricht der Formel (8). Der Tonerdelack ist ein braunes Orange, der Chromlack rotbraun, der Eisenlack grünschwarz und der Zinnlack orange.

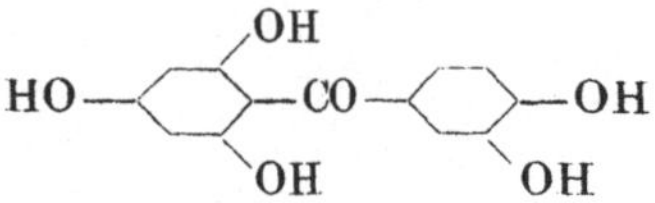

Quercitrin u. Quercetin.

$$(8)$$

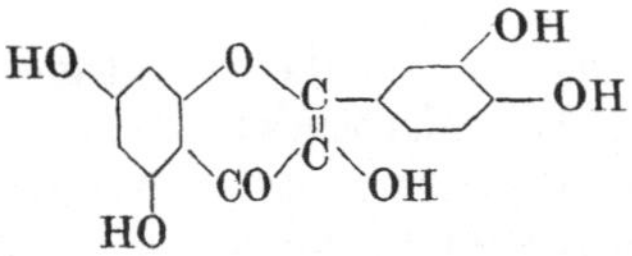

Bei der Hydrolyse des Quercitrins spaltet sich der mit dem Quercetin verbundene Zucker in Form von Rhamnose oder Isodulcit ab:

Quercitrin $+ H_2O \rightarrow$ Quercetin $+$ Rhamnose, $CH_3 \cdot (CHOH)_4 \cdot CHO$.

Das Quercitrin findet sich außer im Quercitron der Färbereiche auch noch in anderen Pflanzen, wie z. B. in den Gelbbeeren, von denen weiter unten die Rede sein wird.

Im Kap-Sumach findet sich ein Glukosid, das bei der Hydrolyse in Quercetin und 2 Mol. Glukose zerfällt, also von dem obererwähnten Quercitrin verschieden ist. Ferner ist in den chinesischen Gelbbeeren ein Rutin genanntes Glukosid enthalten, das in Quercetin und 2 Mol. Rhamnose zerfällt.

Rutin.

6. Auch von den Derivaten des Quercetins sind mehrere als wichtige Farbstoffe bekannt. In den Kreuzbeeren, auch gelbe Beeren, persische Beeren oder Avignonkörner genannt, die von verschiedenen Rhamnusarten gewonnen werden, z. B. vom gemeinen Wegedorn (Rhamnus cathartica), ist ein Monomethyläther des Quercetins in Form des Glukosides Xanthorhamnin enthalten, das bei der Hydrolyse in Rhamnetin, den Quercetinmonomethyläther (1), $+$ Rhamnose

Xantho-
rhamnin und
Rhamnetin.

$$(1)$$

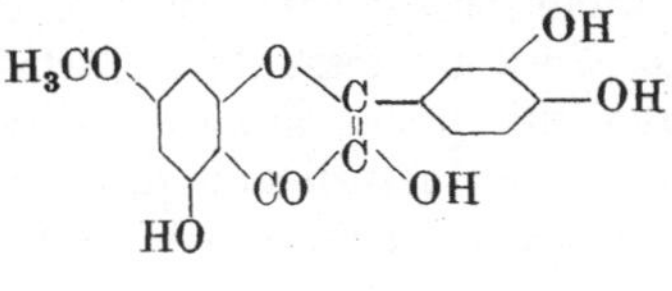

zerfällt; und zwar findet sich in den wässerigen Auszügen der Pflanze ein Ferment, das die Zerlegung des Glukosides in Farbstoff und Zucker bewerkstelligt.

Isorhamnetin.

7. Isomer mit dem **Rhamnetin** ist das **Isorhamnetin** von der Konstitution (2), das z. B. im Goldlack in Form eines Glukosides (neben Quercetin) enthalten ist.

$$(2)\quad HO\!-\!\langle\ \rangle\!\!\overset{O}{\underset{HO}{}}\!\!\overset{}{\underset{CO}{C}}\!\!=\!\!\overset{}{\underset{C}{C}}\!\!-\!\langle\ \rangle\!\!\overset{O\cdot CH_3}{\underset{OH}{}}$$

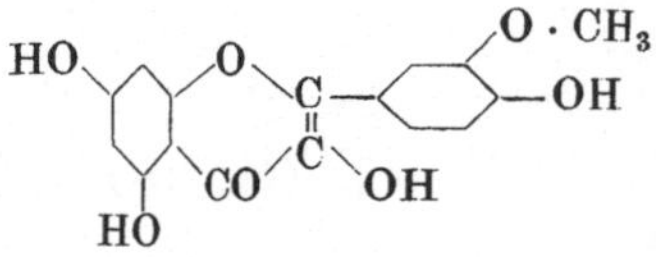

Rhamnazin.

8. Ein weiteres bemerkenswertes Derivat des Quercetins, in dem zwei Hydroxylgruppen durch Methyl veräthert sind, ist das **Rhamnazin** von der Konstitution (3), das neben dem **Rhamnetin** in den

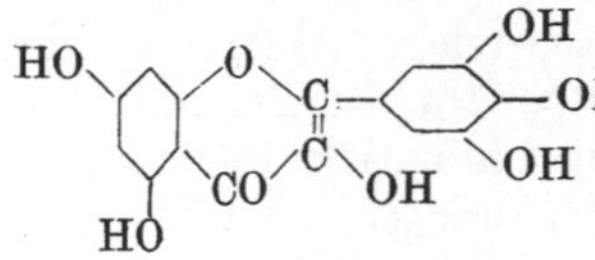

$$(3)\quad H_3CO\!-\!\langle\ \rangle\!\!\overset{O}{\underset{HO}{}}\!\!\overset{}{\underset{CO}{C}}\!\!=\!\!\overset{}{\underset{C}{C}}\!\!-\!\langle\ \rangle\!\!\overset{OCH_3}{\underset{OH}{}} \qquad (4)\quad HO\!-\!\langle\ \rangle\!\!\overset{O}{\underset{HO}{}}\!\!\overset{}{\underset{CO}{C}}\!\!=\!\!\overset{}{\underset{C}{C}}\!\!-\!\langle\ \rangle\!\!\overset{OH}{\underset{OH}{OH}}$$

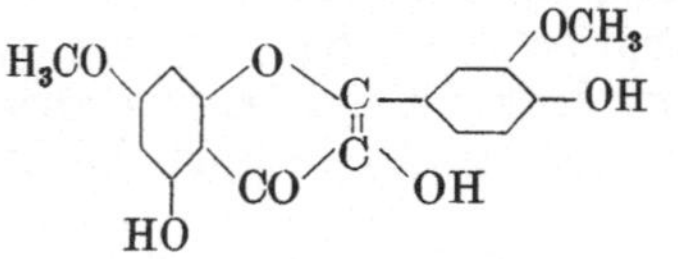

Gelbbeeren enthalten ist. Durch die Verätherung ($O \cdot CH_3$ an Stelle von OH) erfahren die beizenfärbenden Eigenschaften des Quercetins eine merkliche **Abschwächung**, was weniger beim **Rhamnetin**, wohl aber beim **Isorhamnetin** und insbesondere beim **Rhamnazin** deutlich hervortritt. Aus dem gleichen Grunde ist es verständlich, daß die Glukoside, als Ätherderivate, im allgemeinen ein **geringeres** Färbevermögen besitzen als die durch die Abtrennung des Zuckers in Freiheit gesetzten Farbstoffe selbst, im vorliegenden Falle die Flavone und Flavonole.

Myricitrin u. Myricetin.

9. Ein Pentaoxyflavonol, das aber zum Färben wohl seltener verwandt wurde, ist das **Myricetin** (4) aus Myrica nagi. Es ist in Form des Glukosides **Myricitrin** in der Pflanze enthalten, das bei der Spaltung in **Myricetin** + Rhamnose zerfällt. Im venezianischen und sizilianischen Sumach hingegen soll **Myricetin** im freien Zustande, nicht als Glukosid vorhanden sein. Das **Myricetin** ist insofern von Interesse, als es das einzige Flavonol ist, in dem sich der Pyrogallolrest befindet, wodurch seine nahe Beziehung zu den Gerbstoffen hervortritt.

Synthese der Flavon- und Flavonolfarbstoffe.

Obwohl, wie schon erwähnt, die synthetische Darstellung der eben genannten Xanthon-, Flavon- und Flavonolfarbstoffe für gewerbliche Zwecke vollkommen ausgeschlossen erscheint und auch in vielen Fällen, mangels hervorragender Eigenschaften, einem wirklichen technischen Bedürfnisse nicht entsprechen würde, hat es dennoch nicht an Versuchen gefehlt, diese interessanten Farbstoffe auf künstlichem Wege herzustellen, allerdings zu dem ausgesprochenen Zweck, die Übereinstimmung zwischen den natürlichen und synthetischen Produkten festzustellen und dadurch die Ergebnisse der Analyse zu bekräftigen und

sicherzustellen. — Es ist ein hervorragendes Verdienst vor allem Kosta-
neckis, in langjähriger Arbeit und im Verein mit seinen Schülern diese
schwierige, aber auch durch schöne Erfolge gekrönte Arbeit geleistet
und die chemische Synthese um verschiedene wertvolle Methoden bereichert zu haben.

Da die Xanthonfarbstoffe an Zahl und Bedeutung weit hinter den
Flavon- und Flavonolfarbstoffen zurückstehen, so dürfte es genügen,
an dieser Stelle die synthetischen Methoden, nur soweit sie die
Darstellung der letzteren Farbstoffe betreffen, kurz zu erläutern.

I. Als Ausgangsmaterial für die Darstellung der Flavon- und Fla- Chalkone →
vonolfarbstoffe dienen das o-Oxyacetophenon (1) und seine Derivate. Flavone.

$$(1) \quad \begin{array}{c} \diagup OH \\ \diagdown CO \cdot CH_3 \end{array}$$

Bei der Kondensation dieses Ketons mit Benzaldehyd und seinen Abkömmlingen entstehen die sog. Chalkone (2). Durch Acylierung der

$$\begin{array}{c} \diagup OH \\ \diagdown CO \cdot CH_3 \end{array} + O = CH \cdot C_6H_5 \quad \xrightarrow{-H_2O} \quad \begin{array}{c} \diagup OH \\ \diagdown CO \cdot CH = CH \cdot C_6H_5 \end{array} \quad (2)$$
einfachstes Chalkon

Hydroxylgruppe, z. B. mittels der Acetylgruppe, erhält man Acylver-
bindungen (3), die — ohne daß eine Bromierung im Kern stattfindet —

$$(3) \quad \begin{array}{c} \diagup O \cdot CO \cdot R \\ \diagdown CO \cdot CH = CH \cdot C_6H_5 \end{array} \qquad (4) \quad \begin{array}{c} \diagup O \cdot CO \cdot R \\ \diagdown CO \cdot CHBr \cdot CHBr \cdot C_6H_5 \end{array}$$

zwei Atome Brom an die Doppelbindung addieren und in die entsprechenden Acylchalkondibromide (4) übergehen. Durch Abspaltung des Acylrestes und von 2 Mol. Bromwasserstoffsäure gehen diese unter gleichzeitigem Ringschluß in die Flavone (1) über:

$$\begin{array}{c} \diagup O \cdot CO \cdot R \\ \diagdown CO \cdot CHBr \cdot CHBr \cdot C_6H_5 \end{array} \quad \xrightarrow{+H_2O} \quad (1) \quad \begin{array}{c} \diagup O \diagdown \\ \diagdown CO \diagup {}^{C \cdot C_6H_5}_{CH} \end{array} + 2\,HBr \atop + R \cdot COOH$$
einfachstes Flavon

II. Eine Variation dieses Verfahrens ist dadurch gegeben, daß Flavanone
Chalkone durch intramolekulare Umlagerung übergehen in Flava- → Flavone.
none (2). Bei der Bromierung der Flavanonäther (3) findet eine Bro-

$$\begin{array}{c} \diagup OH \\ \diagdown CO \cdot CH = CH \cdot C_6H_5 \end{array} \quad \xrightarrow{\quad} \quad (2) \quad \begin{array}{c} \diagup O \diagdown {}^{CH - C_6H_5}_{CH_2} \\ \diagdown CO \diagup \end{array}$$
Flavanon

mierung nicht nur im Pyron-, sondern auch im Benzolkern statt (4),
so daß die Entfernung der im Benzolkern befindlichen Bromatome

durch die Behandlung mit Jodwasserstoffsäure erforderlich wird, wobei
sich gleichzeitig das Brom des Pyronkerns mit einem o-ständigen Wasserstoff als Bromwasserstoffsäure abspaltet (5):

$$(3) \qquad \text{[Formel]} \qquad \begin{array}{c} +3\,Br_2 \\ \rightarrow \\ -3\,HBr \end{array}$$

$$(4) \qquad \text{[Formel]} \qquad \begin{array}{c} \text{Jodwasser-} \\ \rightarrow \\ \text{stoffsäure} \end{array} \qquad (5) \qquad \text{[Formel]}.$$

III. Eine zweite Variation beruht darauf, daß bei der Kondensation
von Alkoxyacetophenonen (6) mit Benzoësäureestern und ihren Derivaten β-Diketone (7) entstehen, die unmittelbar durch Jodwasserstoffsäure in Flavone (8) umgelagert werden können:

$$(6) \qquad \text{[Formel]} \quad + C_2H_5 \cdot O \cdot CO \cdot C_6H_5 \ \rightarrow$$

$$(7) \qquad \text{[Formel]} \qquad \begin{array}{c} \text{Jodwasser-} \\ \rightarrow \\ \text{stoffsäure} \end{array} \qquad (8) \qquad \text{[Formel]} + CH_3OH \ .$$

Nach dem II. Verfahren ist dargestellt worden: das Chrysin aus
dem Dimethyläther des Phloroacetophenons (1) und Benzaldehyd:

$$(1) \qquad \text{[Formel]} \quad + OCH \cdot C_6H_5 \ \rightarrow \quad \text{[Formel]}$$

usw., sowie das Apigenin aus dem Dimethyläther des Phloroacetophenons und dem p-Methoxybenzaldehyd, $OCH \cdot C_6H_4 \cdot O \cdot CH_3$. Apigenin wurde auch — nach III — erhalten aus dem Trimethyläther
des Phloroacetophenons und dem p-Methoxybenzoësäureester als Ausgangsstoffen.

In analoger Weise wurde auch das Luteolin synthetisch dargestellt, indem man bei der zuletzt genannten Synthese den p-Methoxybenzoësäureester durch den 3, 4-Methylendioxy- (2) oder -Dimethoxy-
benzoësäureester (3) ersetzte.

$$(2) \quad C_2H_5O \cdot CO - \text{[Formel]} \qquad \text{oder} \qquad (3) \quad C_2H_5O \cdot CO - \text{[Formel]}$$

Bei der Synthese der Flavonole handelt es sich darum (siehe oben), den zur CO-Gruppe o-ständigen Wasserstoff des Pyronringes durch eine Hydroxylgruppe zu ersetzten. Auch diese Aufgabe ist von Kostanecki durch Auffindung einer interessanten Methode gelöst worden, indem er die Flavanone (4) durch die Einwirkung von Amylnitrit und Salzsäure in die entsprechenden Ketoxime (5) und diese durch Hydrolyse unter Abspaltung von Hydroxylamin, $H_2N \cdot OH$, in die entsprechenden Ketone (6), die Isomeren der Flavonole, überführte.

Isonitroso-
Flavanone
→ Flavo-
nole.

(4) [Strukturformel] $CH-C_6H_5$ / $CH_2 + O = N \cdot O \cdot C_5H_{11}$ $\xrightarrow{-C_5H_{11} \cdot OH}$ (5) [Strukturformel] $CH-C_6H_5$ / $C = N \cdot OH$

$\xrightarrow[-H_2N \cdot OH]{+H_2O}$ (6) [Strukturformel] $CH \cdot C_6H_5$ / CO

Auf diese Weise wurden u. a. das Fisetin, Kämpferol, Galangin, Quercetin und Morin synthetisch dargestellt. Bei allen diesen diesen Synthesen werden Alkoxylgruppen (Methoxylgruppen) durch nachträgliches Erhitzen der Zwischenprodukte mit Jodwasserstoffsäure auf höhere Temperaturen, unter Abspaltung des Alkyls (Methyls) in Form von Alkoholen, nachdem sie, ähnlich wie die Acylgruppen, ihrer Bestimmung, den Benzolkern gegen zu weitgehende Eingriffe, z. B. bei der Bromierung, zu schützen genügt haben, in die entsprechenden offenen Hydroxylgruppen zurückverwandelt.

IV. Anthocyane, Anthocyanine und Anthocyanidine.

Was die Benennung der in diesem Abschnitt zur Erörterung stehenden farbigen Verbindungen anlangt, so dürften sich, im Anschluß an die bisher übliche Ausdrucksweise, folgende Bezeichnungen empfehlen:

Die Benennung der farbigen Verbindungen.

1. Als Anthocyane gelten die in den Blüten und Beerenfrüchten enthaltenen farbigen Verbindungen, und zwar in der Form, in der sie sich uns in natürlichem Zustande darbieten, sei es als Metall- oder als organisches Säure-Salz, sei es als neutrale Farbbase oder als farblose ψ-Base.

2. Unter Anthocyaninen sind die in Form ihrer mineralsauren Salze aus den Pflanzenteilen isolierten und von allen Begleitstoffen befreiten Farbstoff-Glukoside zu verstehen.

3. Mit der Bezeichnung Anthocyanidine sind die von ihren Zuckerkomponenten durch die Glukosid-Spaltung losgelösten eigentlichen Farbträger zu belegen, die meist als Oxoniumchloride aus der Hydrolyse hervorgehen.

Um die eben genannten Begriffe an einem Beispiel zu erläutern, sei die blaue Kornblume angeführt: Als Anthocyan ist zu bezeichnen das natürlich in ihr vorkommende Gemisch der 3 Bestandteile: 1. blaues Kaliumsalz des Glukosids, 2. violette Modifikation des Farbstoffs und

3. dessen farblose ψ-Base. Das zugehörige Anthocyanin ist das in einheitlicher Form, z. B. in Form seines Chlorids, abgeschiedene Glukosid, das als Urtypus den Namen Cyanin führt; und schließlich hat das Cyanidin genannte Pentaoxy-Phenyl-Phenopyryliumchlorid (s. S. 547) als das dem Glukosid zugrunde liegende Anthocyanidin zu gelten. In analoger Weise läßt sich aus dem natürlichen Anthocyan der Scharlach-Pelargonie das Pelargonin genannte Anthocyanin in reiner Form als Chlorid abscheiden und aus diesem durch Hydrolyse (Abspaltung von 2 Mol. Glukose) das zugehörige Anthocyanidin, das Pelargonidin, gewinnen.

Bedeutung der Farbstoffe. Die hier als die eigentlichen Farbstoffkomponenten in Betracht kommenden und hinsichtlich ihrer Konstitution den Flavonol-Farbstoffen außerordentlich nahestehenden Anthocyanidine beanspruchen unser Interesse weniger wegen ihrer etwaigen färbereitechnischen Verwendung, sondern vielmehr aus allgemein menschlichen Gründen, die sie einer näheren Betrachtung würdig erscheinen lassen. Denn welche unschätzbare Bereicherung unseres irdischen Daseins bedeutet doch der prachtvolle, unübertreffliche, alle Gebiete des sichtbaren Spektrums umfassende Farbenschmelz unserer Blumen! Im übrigen hat die Erforschung dieser Farbstoffklasse eine Fülle von bemerkenswerten Tatsachen ans Licht gefördert, die unsere farbenchemische Erkenntnis wesentlich zu erweitern geeignet sind.

Frühere Untersuchungen. Nachdem schon in früheren Jahrzehnten von verschiedenen Seiten Anläufe gemacht worden waren, so (1849) von Morot, der den Farbstoff der Kornblume zu gewinnen versuchte, und bald darauf von Frémy und Cloëz, die sich gleichfalls mit dem Anthocyan der Kornblume beraßten, außerdem aber auch noch mit dem von ihnen als Cyanin bezeichneten Farbstoff der Schwertlilie und des Veilchens, wurden in neuester Zeit von Willstätter und seinen Mitarbeitern eingehende und erfolgreiche Untersuchungen auf diesem Gebiete angestellt. Dabei hat sich die von Frémy und Cloëz ausgesprochene Vermutung, daß unter sich gänzlich verschiedene Blüten, trotz erheblicher Abweichungen in ihren Färbungen, das nämliche Anthocyan oder Anthocyanin besitzen, als vollkommen zutreffend erweisen lassen, nachdem es Willstätter gelungen war, die Anthocyanine in analysenreiner Form abzuscheiden. In früheren Zeiten bediente man sich, dem schon längst erkannten phenolischen Charakter der Anthocyanine Rechnung tragend, meist der Bleisalze, um die Farbstoffe aus ihren Auszügen abzuscheiden. Mit den Bleisalzen der Farbstoffe wurden gleichzeitig aber so beträchtliche Mengen der Verunreinigungen ausgefällt, daß eine vollkommene Reinigung der Anthocyanine daran scheiterte.

Willstätters Gewinnungsmethoden. Demgegenüber hat Willstätter mit großem Erfolg von der Fähigkeit der Anthocyanine, mit Säuren beständige und teilweise schwer lösliche, gut krystallisierende Salze zu bilden, Gebrauch gemacht und daneben sich in mehreren Fällen der Pikrinsäure mit Vorteil bedient, um die Farbstoffe in schwerlösliche Pikrate überzuführen.

Dies gilt z. B. von dem Anthocyanin der norditalienischen roten Weintraube, dessen Pikrat sich leicht in schönen roten Krystallen gewinnen und durch Behandlung mit methylalkoholischer Salzsäure in das entsprechende Oxoniumchlorid umwandeln läßt.

Kennzeichnend für die von Willstätter untersuchten Anthocyane der Blüten und Beeren ist der Umstand, daß die eigentlichen färbenden Verbindungen, ganz analog wie bei den natürlichen Flavonen und Flavonolen, nicht als freie Farbstoffe vorhanden sind, sondern als Glukoside, d. h. gebunden an Zuckerarten — meist 1 oder 2 Mol. Glukose (daneben auch Galaktose, z. B. im Idäin der Preiselbeere). Diese Farbstoff-Glukoside sind gegen verdünnte Mineralsäuren, selbst beim Erwärmen auf dem Wasserbade, auffallend beständig; bei gewöhnlicher Temperatur tritt auch mit konz. Salzsäure eine Spaltung meist nicht ein. Beim Kochen mit etwa 20%iger Salzsäure hingegen genügen einige Minuten, um die Anthocyanidine in Form ihrer, in der konzentrierten Säure meist sehr schwer löslichen Oxoniumchloride aus der Verbindung mit der Zuckerkomponente zu lösen. So z. B. zerfällt das Cyanin der Kornblume durch hydrolytische Spaltung in 1 Mol. Cyanidin + 2 Mol. Glukose. *Die Farbstoff-Glukoside u. ihre Spaltung.*

Trotz der nahen Verwandtschaft zwischen den Flavonolen und den Anthocyanidinen besteht doch ein unverkennbarer Unterschied zwischen den beiden Farbstoffklassen. Ja, die nähere Betrachtung lehrt mit überraschender Deutlichkeit, wie große und wesentliche Unterschiede durch verhältnismäßig geringe konstitutionelle Verschiedenheiten bedingt sein können. Im besonderen Maße bezeichnend für die Anthocyanine ist ihre stark basische Natur, so daß die Oxoniumchloride (s. o.) ihre Salzsäure in der Regel auch beim Erwärmen im Hochvakuum nicht verlieren, im Gegensatz zu den Flavonen und Flavonolen, die nur schwache Sauerstoffbasen sind, und deren Säuresalze schon durch Wasser vollkommen zerlegt werden. In dieser Beziehung gleichen die Oxoniumsalze der Anthocyanine und Anthocyanidine mehr den entsprechenden Verbindungen des Isobrasileïns und Isohämateïns (s. diese). *Die basische Natur der Antho-Cya-nine und -Cyanidine.*

Während sich die Flavone und Flavonole, wie früher erwähnt (s. S. 536f.), vom Pyron (1) bzw. Benzopyron (2) ableiten, stellen die Anthocyanine bzw. die ihnen zugrunde liegenden Farbstoffkomponenten, die Anthocyanidine, in Form ihrer Oxoniumchloride, Abkömmlinge des von H. Decker auf synthetischem Wege erhaltenen und näher untersuchten Phenopyryliumchlorids (3) dar. Für die diesem Chlorid (3) *Phenopyryliumchlorid.*

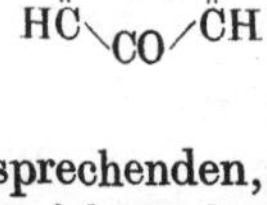

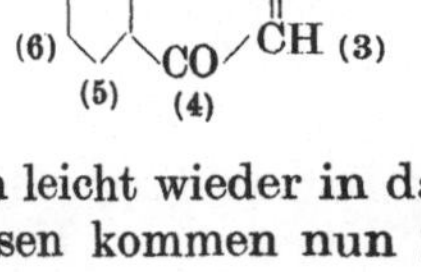

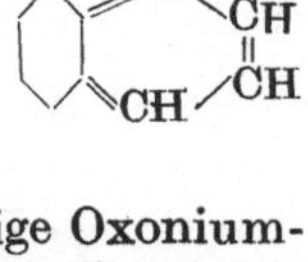

entsprechenden, durch Säuren leicht wieder in das zugehörige Oxoniumsalz sich umlagernden ψ-Basen kommen nun 2 Formeln in Betracht;

(4) und (5), während die Formel (6) wohl dem normalfarbigen Oxonium-
hydrat, der Farbstoffbase, zuzuschreiben ist.

$$(4) \qquad (5)$$

$$(6) \qquad (7) \qquad (8)$$

Farblose ψ-
Basen.

Eine endgültige Entscheidung zwischen den beiden Formeln (4)
und (5) konnte bisher noch nicht getroffen werden. Die Formel (5)
trägt die typischen Kennzeichen der farblosen Carbinol-Verbindungen
an sich (vgl. S. 297); die Formel (4) bildet das Gegenstück zu den in
der Triphenylmethanreihe, aus äußerlichen Gründen, nicht in Betracht
kommenden, wohl aber aus der Gruppe der Chinolin-Farbstoffe uns
wohlbekannten ψ-Basen mit o-ständiger OH-Gruppe (s. S. 333). Die
Neigung bei einigen dieser vom Phenopyryliumchlorid (3) sich ableitenden Farbstoffe, sich zu farblosen ψ-Basen umzulagern, ist so groß,
daß selbst in neutraler Lösung der Chloride eine Dissoziation der Salzsäure eintritt, eine Erscheinung, die irrtümlicherweise vielfach als
Reduktionsvorgang oder gar als Zersetzung gedeutet wurde, über deren
Natur aber kein Zweifel bestehen kann, da auf Zusatz von Säure die
ursprüngliche Farbe des Chlorides zurückkehrt.

Die Konsti-
tution der
Antho-Cya-
nine u. -Cya-
nidine.

Es ist, falls man die Konstitution der Anthocyanine und Anthocyanidine als Abkömmlinge des Phenopyryliums für erwiesen und z. B.
für das Cyanidinchlorid die Formel (7) annimmt, nicht ganz leicht,
mit zutreffenden Gründen die auffälligen Unterschiede in den Eigenschaften der Anthocyanidine im Vergleich zu den Flavonolen, z. B.
des Cyanidins (7) im Vergleich zu seinem nächsten Analogon, dem
Quercetin (8), zu erklären, und insofern haftet auch den für die Anthocyanidine aufgestellten Konstitutionsformeln immer noch eine gewisse
Unsicherheit an. Nimmt man aber bei den Anthocyanidinen, ebenso
wie bei den Flavonen und Flavonolen, eine chinoide Constitution
des hydroxylierten Phenylkernes an (vgl. S. 538), so ergibt sich für das
Cyanidin (9) eine ganz analoge Constitution wie für das Quercetin (10):

$$(9) \qquad (10)$$

Der einzige Unterschied besteht darin, daß das Quercetin an Stelle des
Wasserstoffs in der 4-Stellung eine Hydroxylgruppe enthält. Diese

Annahme macht es leicht verständlich, daß der Übergang des Quercetins in das Cyanidin und umgekehrt sich — wenn überhaupt — ganz wesentlich schwieriger vollziehen muß als die gemäß der bisherigen Formulierung in Betracht kommende Umwandlung eines Ketons in den zugehörigen sekundären Alcohol und umgekehrt (s. u.).

Im übrigen kann aber die Konstitution der Anthocyanidine, von dieser eben erwähnten Unsicherheit abgesehen, als in weitgehendem Maße aufgeklärt gelten, nachdem einerseits durch die Analyse ihre elementare Zusammensetzung und die unter den einzelnen Gliedern dieser Farbstoffgruppe vorhandene nahe Verwandtschaft enthüllt ist, und nachdem vor allem auch die Alkalischmelze, wie bei den Flavonen oder Flavonolen und in vielen anderen Fällen, so auch hier das ihrige dazu beigetragen hatte, die einzelnen, der aromatischen Reihe angehörigen Bausteine der Anthocyanidine erkennen zu lassen. So z. B. zerfällt das Pelargonidin (1) der Pelargonie in Phloroglucin + p-Oxy-Benzoësäure, das Cyanidin (2) der Kornblume in Phloroglucin + Protokatechusäure und das Delphinidin (3) des Rittersporns in Phloroglucin + Gallussäure (bzw. Pyrogallol):

(Strukturformeln (1), 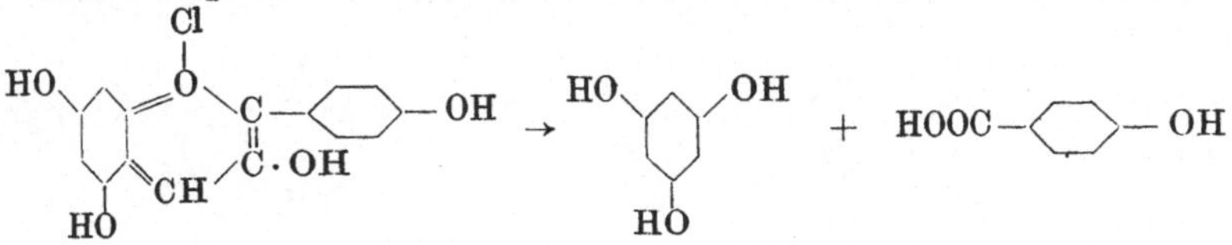 (2) 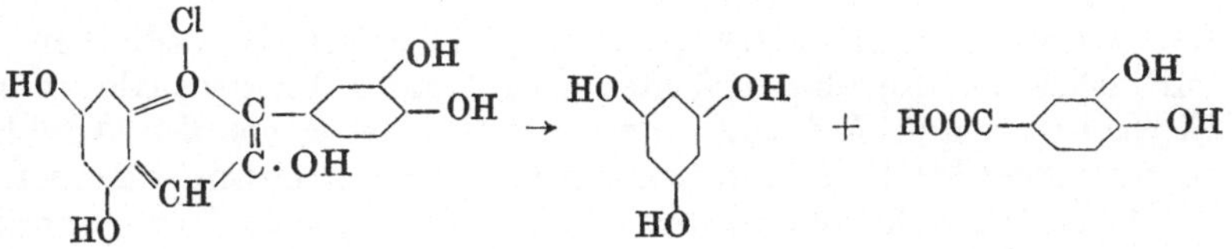 und (3) 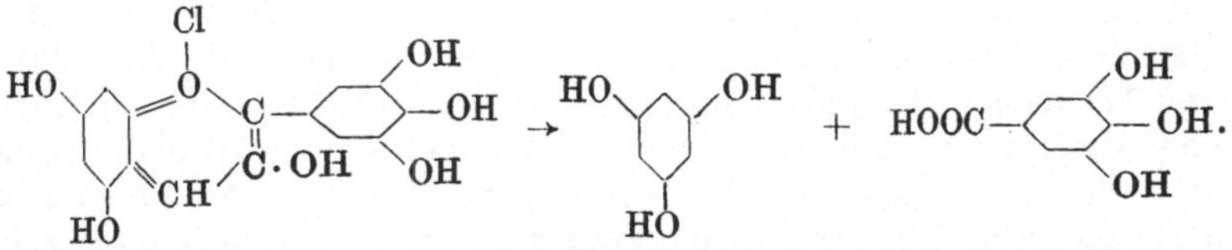 der Alkalischmelze)

Über das Schicksal der beiden Atome Kohlenstoff in den Stellungen 3 und 4 bei der Alkalischmelze ist näheres anscheinend nicht bekannt. Schreibt man, auf Grund dieser Ergebnisse der Alkalischmelze, den eben genannten Anthocyanidinen die Formeln (1), (2) und (3) zu, so könnte mit Recht eingewendet werden, daß weder über die Stellung des Phenylrestes (ob in 2-, 3- oder 4-Stellung) noch über die Stellung der im Pyryliumkern vermuteten Hydroxylgruppe völlige Gewißheit herrscht. Willstätter hat aber selbst schon darauf hingewiesen, wenn dem Cyanidinchlorid die Konstitution nach Formel (2) zukäme, so müßte der Farbstoff bzw. die entsprechende ψ-Base aus [s. o. Formel (5)] Quercetin — s. o. Formel (8) — durch Reduktion erhältlich sein:

$$CO + H_2 \rightarrow CH \cdot OH.$$

35*

Und in der Tat ist es Willstätter, auffälligerweise aber nicht ohne
erhebliche Schwierigkeiten, gelungen, Quercetin durch Reduktion
(mittels Magnesium in saurer Lösung) in Cyanidin überzuführen, wobei
freilich die Reaktion nur zum geringsten Teile in dieser Richtung
verläuft. Über den umgekehrten Vorgang, die Oxydation des Cyanidins
oder seiner ψ-Base zum Quercetin:

$$\overset{|}{C}H \cdot OH - H_2 \ \rightarrow \ \overset{|}{C}O,$$

Synthese des Pelargonidins. scheinen Versuche bislang nicht vorzuliegen. Aber noch auf eine andere
Weise, nämlich auf dem Wege des Aufbaus, hat Willstätter seine Abbau-
versuche zu ergänzen versucht, und es ist ihm gelungen, die Synthese des
Pelargonidins (1) aus dem Trimethoxy-Cumarin (4) nach der Grignardschen Methode mittels Anisols bzw. p-Brom-Anisols zu verwirklichen:

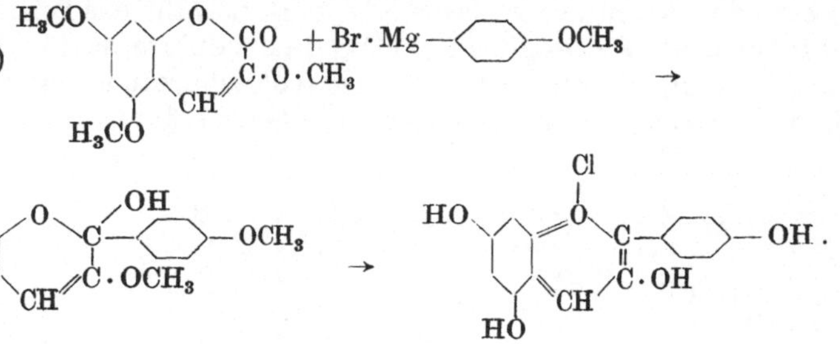

Damit schwinden allerdings zu einem großen Teil die Bedenken, die
im Hinblick auf die obenerwähnten auffallenden Unterschiede in den
Eigenschaften der Anthocyanidine und Flavonole vor der Annahme
zu weit gehender konstitutioneller Analogien zu warnen schienen.

Die Farbe der Anthocyanidine. Die Farbe der Anthocyanidine stimmt mit derjenigen der zugehörigen
Glukoside, der Anthocyanine, in der Regel weitgehend überein, ist
aber im allgemeinen wesentlich verschieden von dem Gelb der Flavone
und Flavonole. Besonders auffällig sind die Umschläge, die auf Zusatz
von Alkalien und Säuren bei den Anthocyanidinen und, nicht minder
deutlich, bei den glukosidischen Anthocyaninen aufzutreten pflegen, und
die es auch erklärlich machen, daß Blüten von so verschiedenem Aussehen,
wie die blaue Kornblume, die Dahlie und die Rose, ihre Farbe dem nämlichen Cyanidin verdanken. In der Kornblume liegt das Anthocyanin, das
Glukosid aus 1 Mol. Cyanidin und 2 Mol. Glucose, teilweise in Form des
blauen Kaliumsalzes vor, in der roten Rose hingegen befindet sich
das Glukosid vermutlich in lockerer Verbindung mit einer Pflanzensäure.

Technische Verwendbarkeit. Als Farbstoffe besitzen die Anthocyanidine, ebenso wie ihre Glukoside, die Anthocyanine, in technischer Beziehung heutigentags keinen
sonderlichen Wert, obwohl die Stockrose oder schwarze Malve (Althaea),
deren Anthocyanidin mit dem der Heidelbeere (Myrtillidin) identisch
ist, in früheren Jahrzehnten, etwa bis in die Mitte des vorigen Jahrhunderts, besonders in Bayern, zum Färben und Drucken benutzt wurde
und angeblich auch heute noch zum Färben von Wein Verwendung

findet. Wennschon dem Farbstoff der Stockrose eine gewisse Echtheit gegen Licht und Luft nachgerühmt wird — er soll darin sogar Blauholz übertreffen — ist seine Seifenechtheit so gering, daß an eine technische Verwendung nicht zu denken ist.

Die engen Zusammenhänge zwischen den wichtigsten, von Willstätter untersuchten Cyanidinen ergeben sich aus folgender Übersicht über die ihnen entsprechenden Chloride:

Hydroxylverbindungen	Monomethyläther	Dimethyläther
Pelargonidin $C_{15}H_{11}O_5Cl$	—	—
Cyanidin $C_{15}H_{11}O_6Cl$	Päonidin $C_{16}H_{13}O_6Cl$	—
Delphinidin $C_{15}H_{11}O_7Cl$	Myrtillidin $C_{16}H_{13}O_7Cl$	Önidin und Malvidin $C_{17}H_{15}O_7Cl$

Über ihr färberisches Verhalten macht Willstätter folgende Angaben: Färberisches Verhalten.

Farbstoff	Ungebeizte Wolle	Zinngebeizte Wolle	Tannierte Baumwolle
Pelargonidin	zieht nicht	purpurrot	blaustichigrot
Cyanidin	schön rosa	blauviolett	violett
Delphinidin	violett	violettstichigblau	blauviolett
Myrtillidin	—	violettblau	violett
Önidin	—	blauviolett	violett

Aus der zuletzt angeführten Zusammenstellung ergibt sich deutlich Farbe und die Verschiebung des Farbentones der zinngebeizten Wolle von Rot Konstitution. nach Blauviolett bzw. Blau infolge der Einführung von (1 oder 2) Hydroxylgruppen in das Molekül des Pelargonidins. Anderseits legt der Übergang von Violettblau zu Blauviolett, beim Ersatz des Delphinidins oder Myrtillidins durch das Önidin, die Vermutung nahe, daß eine der Methoxylgruppen des Önidins im Phenylrest, und zwar in der 4′-Stellung zu suchen ist, derart, daß die beiden offenen OH-Gruppen in der 3′- und 5′-Stellung durch das Methoxyl getrennt sind. Dadurch erhält der Phenylrest den Metallbeizen gegenüber mehr den Charakter eines Resorcin- als eines Brenzcatechin- oder Pyrogallolderivates, was sich auch im Verhalten des Farbstoffs gegenüber $FeCl_3$ deutlich zu erkennen gibt: die kräftige Eisenchloridreaktion des Cyanidins und Delphinidins ist beim Önidin (und Malvidin) kaum noch bemerkbar. Da übrigens die Anthocyanine, wie Willstätter festgestellt hat, sich, wie in ihren sonstigen Eigenschaften, so auch färberisch den Anthocyanidinen nahezu gleich verhalten, so darf man wohl annehmen, daß die Zuckergruppen in den Glukosiden nicht an die OH-Gruppen des Phenylrestes gebunden sind.

Gewinnung der Anthocyanine aus Blüten und Beeren.

Die Gewinnung der Anthocyanine aus den Blüten und Beeren gestaltet sich in den meisten Fällen ziemlich mühsam und schwierig, weniger wegen des vielfach verhältnismäßig geringen Gehaltes der pflanzlichen Rohstoffe an färbenden Bestandteilen, als vielmehr wegen der großen Menge meist kolloider Substanzen, die sich in den Farbstoffauszügen den Anthocyanen beigemischt fanden, und die sich, da sie die Krystallisationsfähigkeit der Farbstoffe stark herabsetzen und damit im Zusammenhang deren Löslichkeitsverhältnisse in ungünstigem Sinne beeinflussen, erst nach Auffindung besonderer Abscheidungsmethoden unschädlich machen ließen. In dieser Beziehung hat sich eine Art von Acetolyse, d. h. die Behandlung der durch Kolloide verunreinigten Auszüge mit Eisessig + HCl als besonders wirksam erwiesen, indem es dadurch gelang, die Anthocyanine in Form ihrer krystallinischen Chloride zur Abscheidung zu bringen, während die Colloide selbst durch eine derartige Behandlung in löslichere und unschädliche Verbindungen übergehen. Allerdings erfordert diese Methode, bei aller Beständigkeit der Anthocyanine, eine gewisse Vorsicht im Hinblick auf die Möglichkeit einer Glukosidspaltung bei zu schroffer Einwirkung von Mineralsäuren.

Eigenschaften der Anthocyaninsalze.

Die Anthocyaninchloride sind ebenso wie die Sulfate in sehr verdünnten Mineralsäuren meist leicht löslich; dagegen bei zunehmender Konzentration der Säuren sinkt die Löslichkeit bis zur fast völligen Unlöslichkeit, ein Umstand, der ein bequemes Mittel zur Abscheidung der Farbstoffe an die Hand gibt. Über die hydrolytische Dissoziation der Oxoniumsalze s. S. 546. Als Zwischenstufen wurden basische Salze, z. B. mit 1 Mol. HCl auf 3 Mol. Anthocyanin, festgestellt. Ein der Isomerisierung der Säuresalze zu den Carbinolverbindungen analoger Vorgang spielt sich ab bei der Einwirkung von Alkali auf die Anthocyanine: Zunächst bilden sich hierbei, wie Willstätter annimmt, aus der neutralen Form der Anthocyanine, die als „innere Oxoniumsalze“ von betaïnartigem Charakter (1) aufzufassen sind, die entspre-

$$
(1)\ \underset{\text{Betaïn}}{
\begin{array}{c}
H_3C \diagdown\ \overset{\displaystyle CH_3}{\underset{|}{}}\ \diagup CH_3\\
N\\
CH_2\ \ |\\
|\\
CO \diagdown\ |\\
O
\end{array}}
\ \rightarrow (?)\quad
(2)\
\begin{array}{c}
H_3C \diagdown\ \diagup CH_3\\
N\\
CH_2\\
|\\
CO \diagdown\\
O\\
|\\
CH_3
\end{array}
\quad (3)\
\begin{array}{c}
OH\\
|\\
O\\
\diagup\diagdown\\
CH \diagdown ONa
\end{array}
\ \rightarrow\quad
\begin{array}{c}
O\\
\diagup\diagdown\\
CH \diagdown ONa\\
|\\
OH
\end{array}
\ (4)
$$

chenden Alkalisalze (3), die also gleichzeitig Phenolalkali- und Oxoniumverbindung sind. Erst wenn die Oxoniumstruktur infolge intramolekularer Umlagerung, (3) → (4), der Carbinolkonfiguration Platz gemacht hat, findet der Übergang vom früheren intensiven Blau und Blauviolett zu dem schwachen Gelb oder Orange des neu entstandenen isomeren Alkalisalzes (4) statt, während das alkalifreie oder durch hydrolytischen Zerfall des gelben Alkalisalzes entstehende Carbinol nahezu farblos ist.

Zur Unterscheidung der unveränderten Anthocyanine von den durch Glukosidspaltung in Freiheit gesetzten Anthocyanidinen, die sich bisweilen, so z. B. in Rotwein, nebeneinander vorfinden, benutzt Willstätter die Amylalkoholprobe: Beim Durchschütteln der Lösung des Farbstoffgemisches in verdünnter Schwefelsäure mit Amylalkohol geht das Anthocyanidin in den Amylalkohol, während das Anthocyanin in der wässerigen Säurelösung verbleibt. Die Amylal-
koholprobe.

Wie aus den nachfolgenden Angaben hervorgeht, ist der Anthocyangehalt der verschiedenen Blüten und Beerenfrüchte großen Schwankungen unterworfen, wobei noch zu berücksichtigen ist, daß das Anthocyanin in verschiedenen Formen auftritt (z. B. bei der Kornblume). Eine der farbstoffreichsten Blüten ist die Dahlie, deren Gehalt an Cyanin in einzelnen Blumenblättern (auf Trockensubstanz bezogen) bis auf etwa 30% steigen kann, während die Rose nur etwa 2% enthält. Gehalt der
Blüten und
Beeren an
Anthocyan.

Die große Mannigfaltigkeit der Blütenfarben rührt nun nicht allein daher, daß ein Anthocyanin, wie eben erwähnt, in verschiedenen farbigen Formen aufzutreten vermag, und zwar vorwiegend rot in saurer Lösung (Oxoniumsalz), violett bis blau bei neutraler (freie Oxoniumbase) und alkalischer (Oxonium-Alkalisalz) Reaktion, sondern in vielen Fällen auch daher, daß eine Blüte mehrere unter sich verschiedene Anthocyanine nebeneinander enthält; und ferner außer den der Reihe des Phenyl-Pheno-Pyryliums angehörigen Verbindungen, deren Farbentöne zwischen Rot und Blau liegen, auch zahlreiche gelbe Pigmente. Vorkommen
der Farb-
stoffe.

Willstätter unterscheidet in dieser Beziehung:

1. indifferente Carotinoide (hauptsächlich Carotin und Xanthophyll),

2. die mit Zuckern gepaarten Flavon- und Flavonol - Farbstoffe und

3. die im Zellsaft gelösten Farbstoffe, die von den Botanikern als Anthochlore bezeichnet werden.

Als bemerkenswertes Beispiel führt Willstätter das gelbe Stiefmütterchen an. In diesem befindet sich $^{1}/_{4}$ des Trockengewichtes in Form eines Viola- Quercitrins, das mit dem Rutin (s. S. 539) identisch ist. Bei der Extraktion der Blüte hinterbleibt in reichlichen Mengen das wesentlich an der Gelbfärbung der Blüte beteiligte Carotin.

Das Vorkommen gelber Pigmente führt leicht zu Irrtümern bei der Beurteilung der Anthocyaninreaktionen in alkalischer Lösung, indem sich dem Blau des Anthocyanins das Gelb des Pigments beimischt und dadurch Grün vortäuscht. In anderen Fällen übrigens kann das Grün auch einer Mischung aus dem Blau der Oxonium- und dem schwachen Gelb der ψ-Base des Anthocyanidins zu verdanken sein.

Der näheren Betrachtung der bisher untersuchten Anthocyanidine sei eine Übersicht vorangestellt, aus der die Beziehungen der Anthocyanidine untereinander und zu ihren zugehörigen Anthocyaninen, ihre Herkunft, Konstitution usw. zu ersehen sind.

Herkunft der Farbstoffe	Anthocyanin	Zusammensetzung des Glukosids nach Anthocyanidin und Zucker	Anthocyanidin	Konstitutionsformel des Anthocyanidins (Chlorid)
Pelargonie Kornblume Dahlie	Pelargonin	1 Mol. Pelargonidin + 2 Mol. Glukose	Pelargonidin	[Strukturformel: Cl, HO, O, C, CH, C·OH, OH]
Kornblume Rose Pelargonie Dahlie	Cyanin	1 Mol. Cyanidin + 2 Mol. Glukose	Cyanidin	[Strukturformel: Cl, HO, O, C, CH, C·OH, OH, OH]
Preiselbeeren	Idäin	1 Mol. Cyanidin + 1 Mol. Galaktose	Cyanidin	
Päonie	Päonin	1 Mol. Päonidin + 2 Mol. Glukose	Päonidin	[Strukturformel: Cl, HO, O, C, CH, C·OH, OCH$_3$ (?), OH]
Rittersporn	Delphinin	1 Mol. Delphinidin + 2 Mol. Glukose + 2 Mol. p-Oxybenzoësäure	Delphinidin	[Strukturformel: Cl, HO, O, C, CH, C·OH, OH, OH, OH]
Stockrose Heidelbeeren	Myrtillin	1 Mol. Myrtillidin + 1 Mol. Glukose (?)	Myrtillidin	[Strukturformel: Cl, (?) H$_3$CO, HO, O, C, CH, C·OH, OH, OH, OH]
Weintraube	Önin	1 Mol. Önidin + 1 Mol. Glukose	Önidin	[Strukturformel: Cl, HO, O, C, CH, C·OCH$_3$, OH, OCH$_3$ (?), OH]
Wilde Malve	Malvin	1 Mol. Malvidin + 2 Mol. Glukose	Malvidin	[Strukturformel: Cl, (?) H$_3$CO, HO, O, C, CH, C·OH, OH, OCH$_3$ (?), OH]

1. Pelargonidin.

Das Pelargonidin findet sich in Form eines Diglukosids, des Pelargonins (wahrscheinlich in Verbindung mit Weinsäure), in der Scharlach-Pelargonie. Das von Willstätter verarbeitete frische Blütenmaterial enthielt in 1 kg etwa 6,6 bis 7,1 g Pelargonin, das in einer Ausbeute von 4,5 g gewonnen werden konnte. Außer in der Pelargonie, deren Gehalt (auf Trockengewicht bezogen) an Anthocyan bis zu 14,1% zu steigen vermag, fand sich das Pelargonin in einer dunkeln purpurroten Kornblume (0,72% vom Trockengehalt) und in einer scharlachroten Dahlie (4—5,6%).

Das Anthocyanin neigt zur Bildung basischer Salze (s. S. 546). Die Aufspaltung des Pelargonidins durch Alkali beginnt bereits mit 50%iger Kalilauge; sie ist beim Erhitzen mit etwa 80%iger Lauge schon nach 2 bis 3 Minuten vollkommen.

2. Cyanidin.

Dieses seit Jahrzehnten den Gegenstand chemischer Forschung bildende Anthocyanidin findet sich in Form des Cyanins, d. h. in Verbindung mit 2 Mol. Glukose, nicht nur in der blauen Kornblume und der roten Rose, sondern auch in der Pelargonie und Dahlie. Während Willstätter bei der Verarbeitung der getrockneten Handelsware von Blumenblättern der roten französischen Rose aus 1 kg nur 7 g Cyanidin zu isolieren vermochte, wurde in der trocknen Blüte der violettroten Pelargonie der Gehalt an Cyanin zu 2,8% ermittelt, in einer Gartendahlie sogar zu 19,4%, so daß auf Grund dieses Befundes gewisse Arten der Dahlie als Ausgangsmaterialien für Cyanin und Cyanidin vor der Kornblume und Rose bei weitem den Vorzug verdienen. Übrigens hat sich gezeigt, daß der Cyaningehalt der Kornblume, der bei den wild wachsenden Arten zwischen 0,65 bis 7% schwankt, bei den aus Samen gezüchteten Arten bis zu 14% steigen kann.

In der Preiselbeere findet sich das Cyanidin statt mit 2 Mol Glukose in Verbindung mit 1 Mol. Galaktose unter dem Namen Idäin. Das Glukosid ist nur in verhältnismäßig geringen Mengen in den roten Beeren enthalten, vor allem in deren Häuten. Willstätter erzielte aus 138 kg frischer Beeren durch Auspressen etwa 34 kg Häute mit 8,2 kg Trockengewicht. 10,7 kg der ausgepreßten Häute enthielten zwar 9,35 g Idäinchlorid (= 0,22 g auf 1 kg frischer Beeren), wovon jedoch nur 1,6 g in analysenreiner Form gewonnen werden konnten. Während die Farbe des Anthocyanins nach der Reduktion (mit Zink und Salzsäure oder Hydrosulfit) an der Luft zurückkehrt, ist das beim Cyanidin nicht der Fall. Für die Alkalispaltung des Cyanidins genügt kurzes Erhitzen auf 250°; dabei entsteht als Zwischenphase das gelbe Alkalisalz der ψ-Base.

3. Päonidin.

Das Päonidin stellt den Monomethyläther des Cyanidins dar, und zwar befindet sich die Methoxylgruppe, nach dem Ergebnis der Aufspaltung mit Alkali, aller Voraussicht nach im Phenylkern, also in 3'- oder 4'-Stellung. Der Gehalt der getrockneten Päonienblütenblätter an Anthocyanin (als Chlorid berechnet) wurde zu 3—3$^1/_2$% ermittelt. In Natronlauge oder Soda löst sich das Glukosid mit blauer Farbe. Die Isomerisierung zur farblosen ψ-Base tritt leicht ein. Bei der Hydrolyse erhält man neben 2 Mol. Glukose 1 Mol. Päonidinchlorid, das sich in Soda mit tiefblauer, in Alkohol mit violettroter Farbe löst; jedoch wird die alkoholische Lösung nach Zusatz von Wasser durch Aufkochen rasch entfärbt (Carbinolbildung).

4. Delphinidin.

Aus dem Anthocyanin des Rittersporns erhält man bei der hydrolytischen Spaltung außer 1 Mol. Delphinidin und 2 Mol. Glukose noch 2 Mol. p-oxy-Benzoësäure, die aber, wie Willstätter annimmt, im Anthocyanin nicht mit der Farbstoff-, sondern mit der Zuckerkomponente verbunden sind. Aus 30 kg trockener Blüten wurden 580 g roher Farbstoff mit einem Reinheitsgrad von nur 12—15% erhalten, woraus zu ersehen ist, welche Mengen von Verunreinigungen den Farbstoffauszügen anhaften. Das Delphinin und sein Chlorid (das gegen verdünnte Säuren selbst in der Hitze besonders beständig ist) gehen nicht in die farblose ψ-Base über, wohl aber das Delphinidinchlorid, das auch durch siedende Alkalilauge leicht aufgespalten wird.

5. Myrtillidin.

Das Myrtillidin hat wegen der färberischen Verwendung, die das ihm zugrunde liegende Glukosid, das Anthocyanin der Stockrose oder schwarzen Malve (Althaea rosea), früher gefunden hat und zum Teil angeblich auch heute noch findet (s. o.), ein besonderes Interesse. Das Anthocyanin hat sich übrigens als identisch erwiesen mit dem der Heidelbeeren. Aus diesen gewinnt man es am besten durch Extraktion der Beerenhäute, die etwa die Hälfte des Farbstoffs enthalten. Das reine Glukosid (Myrtillin) löst sich in Form seines Chlorides sehr leicht in Wasser mit braunroter Farbe, die beim starken Verdünnen jedoch verblaßt infolge der Isomerisierung zur ψ-Base. Ähnlich verhält sich die blauviolette oder blaue Lösung in Soda bzw..Natronlauge.

Der wässerige Auszug der Malvenblüte färbt eisengebeizte Baumwolle schwarzblau, auf Tonerdebeize veilchenblau und auf Zinnbeize blauviolett. Der Anthocyanin- (Althäin-) Gehalt der getrockneten Blüten beträgt bis zu 11%. Der durch Glukosidspaltung erhaltene Zucker (1 Mol. auf 1 Mol. Myrtillidin) ist noch nicht mit Bestimmtheit als Glukose erkannt. Auch die Stellung der Methoxylgruppe des Myrtillidins ist noch unsicher; doch hat die 7-Stellung des Phenopyryliums die meiste Wahrscheinlichkeit für sich. Beim Übergießen mit viel Wasser erleidet das Myrtillidinchlorid eine hydrolytische Dissoziation, infolge deren es sich nicht oder nur sehr unvollkommen löst. Auf Zusatz von heißem Wasser zur alkoholischen Lösung des Chlorids findet fast augenblicklich Entfärbung statt.

Durch Entmethylierung des Myrtillidins erhält man das Delphinidin, bei der Aufspaltung mit Alkali neben Phloroglucin anscheinend Gallussäure und nicht deren Monomethyläther, indem bei der zur vollkommenen Spaltung erforderlichen hohen Temperatur (bis 230°) offenbar eine Abspaltung der Methylgruppe stattfindet.

6. Önidin.

Das Anthocyanin der Weintraube (Willstätter benutzte zu seinen Untersuchungen die norditalienische rote Weintraube) wird zweckmäßig aus frischen Beerenhäuten gewonnen, da das Anthocyanin (Önin) durch die Gärung starke Veränderungen erleidet. Zur Abscheidung eignet sich besonders das Pikrat, wovon Willstätter aus 8 kg frischen Beeren 17 g erhielt. Die braunrote Lösung des Öninchlorids in Wasser geht beim Verdünnen infolge Dissoziation über in das Violett des freien Önins und wird zum Teil, durch Isomerisation zur ψ-Base, entfärbt. Mit Soda entsteht eine blauviolette bis violettblaue, mit Natronlauge eine violettstichigblaue Lösung. Önin liefert durch Glukosidspaltung 1 Mol. Glukose + 1 Mol. Önidin, dessen Chlorid sich mit braunroter Farbe in Wasser löst, aber beim Erwärmen zur farblosen ψ-Base isomerisiert. Ebenso rasch verblaßt die Lösung des Farbstoffes in Soda (violett) oder Natronlauge (blau). Die Aufspaltung des Önidins mit Alkali erfolgt sehr leicht; schon nach kurzem Erhitzen (4 Minuten) mit 75%iger Kalilauge auf 110° wird Phloroglucin nachweisbar. Willstätter nimmt an, daß von den beiden Methoxylgruppen des Önidins die eine im Pyrylium-, die andere im Phenylkern haftet, und zwar, wegen des Ausbleibens der $FeCl_3$-Reaktion, in 4'-Stellung.

7. Malvidin.

Das Malvidin ist ein dem Önidin isomeres Dimethyl-Delphinidin. Die Stellung der beiden Methylgruppen ist zwar auch hier noch unsicher; doch dürften die 7- und die 4'-Stellung in erster Linie in Betracht kommen. Das Anthocyanin (Malvin) gewann Willstätter aus den getrockneten Blüten der wilden Malve (64 g Chlorid aus 1 kg trockner Blüten). Das lufttrockne Chlorid löst sich schwer in Wasser mit blaustichig-roter Farbe; durch Bicarbonat schlägt die Farbe nach Blau um; doch tritt nach wenigen Minuten bereits Isomerisierung zur farblosen ψ-Base ein. Das Glukosid spaltet sich leicht beim Erhitzen mit 20%iger Salzsäure in 2 Mol. Glukose und 1 Mol. Malvidinchlorid, das in verdünnter Salz- und Schwefelsäure wenig löslich ist. Die alkoholische Chloridlösung wird beim Verdünnen mit heißem Wasser und Erhitzen entfärbt, während die violette bzw. (bei Überschuß) blaue Lösung in Soda ziemlich lange beständig ist. Bei der Aufspaltung des Farbstoffs in der Alkalischmelze wird der Monomethyläther des Phloroglucins teilweise zersetzt; in noch erheblicherem Maße gilt dies für den zu erwartenden Monomethyläther der Gallussäure.

V. Brasilin und Hämatoxylin.

Vorkommen der Farbstoffe. Zwei Farbstoffe, die trotz eingehender Bearbeitung lange Jahre hindurch allen Versuchen, ihre Konstitution aufzudecken, widerstanden haben, sind das Brasilin (1) und das Hämatoxylin (2), von denen das eine im Rotholz, das andere im Blauholz enthalten ist. — Erst in der allerletzten Zeit ist es, vor allem dank der Untersuchungen W. H. Perkins und seiner Schüler, gelungen, das schwierige Problem zu lösen.

$$(1) \qquad \text{HO}-\!\!\!\bigcirc\!\!\!-\text{O}-\text{CH}_2-\overset{\displaystyle\text{OH}}{\underset{\displaystyle\text{CH}}{\text{C}}}-\text{CH}_2-\!\!\!\bigcirc\!\!\!\begin{smallmatrix}\text{OH}\\[2pt]\text{OH}\end{smallmatrix}$$

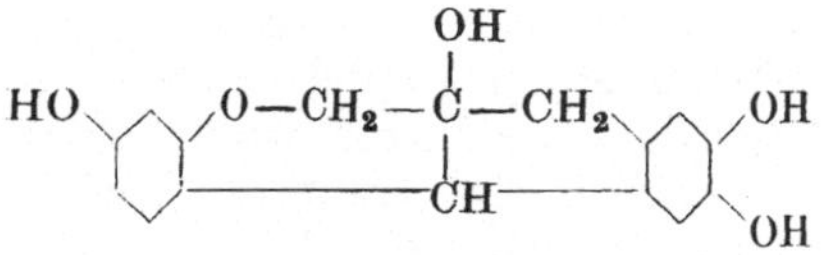

$$(2) \qquad \text{HO}\overset{\displaystyle\text{OH}}{-}\!\!\!\bigcirc\!\!\!-\text{O}-\text{CH}_2-\overset{\displaystyle\text{OH}}{\underset{\displaystyle\text{CH}}{\text{C}}}-\text{CH}_2-\!\!\!\bigcirc\!\!\!\begin{smallmatrix}\text{OH}\\[2pt]\text{OH}\end{smallmatrix}$$

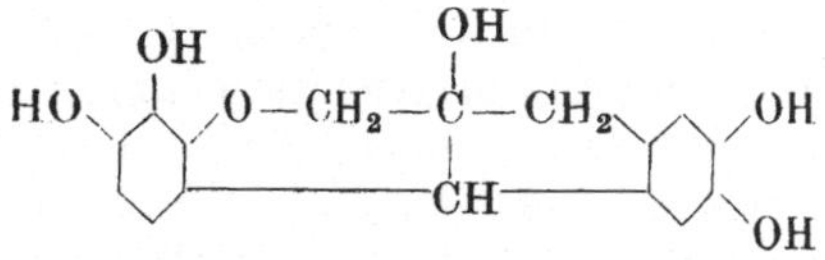

Schon vor der Entdeckung Amerikas wurde das Rotholz oder Brasilholz aus Ostindien nach Europa eingeführt, und der in Südamerika gelegene Staat Brasilien verdankt seinen Namen gerade dem Umstande, daß die Entdecker auf große Waldungen des Brasilholzes stießen. Heute kommt das Brasilholz, das seine Bedeutung zum großen Teil verloren hat, vorwiegend aus Amerika, und man unterscheidet je nach den Verschiffungshäfen verschiedene Arten, z. B. Fernambukholz, Bahia-Rotholz, St. Martha-Holz, Nikaraguaholz usw. Aus China, Japan und den ostindischen Inseln stammt das Sappan- oder Japanholz, von der Westküste Afrikas das Cambaholz. Der Baum gehört zur Gattung Caesalpinia (Caesalpinia crista und Caesalpinia brasiliensis).

Brasileïn Das Brasilin scheint in Form eines leicht spaltbaren Glukosides im Rotholz enthalten zu sein. Durch Oxydation (am besten durch Natriumjodat, $NaJO_3$) geht das Brasilin in den eigentlichen Farbstoff, das Brasileïn (3), über. Einen Brasileïn-Tonerdelack erhält man

$$(3) \qquad \text{HO}-\!\!\!\bigcirc\!\!\!-\text{O}-\text{CH}_2-\overset{\displaystyle\text{OH}}{\underset{\displaystyle\text{C}}{\text{C}}}-\text{CH}_2-\!\!\!\bigcirc\!\!\!\begin{smallmatrix}\text{O}\\[2pt]\text{OH}\end{smallmatrix}$$

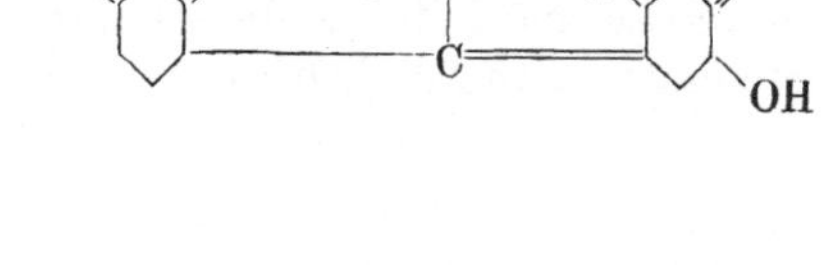

aus einer alkalischen Brasilinlösung und Alaun, indem man kurze Zeit
Luft durchleitet und später schwach ansäuert. Beim längeren Durchleiten von Luft durch die alkalische Brasilinlösung findet eine weitergehende oxydative Spaltung des Farbstoffes statt. Das eine der beiden
Spaltstücke, ein Oxychromonol (1), liefert nach der Methylierung (2)
bei der Spaltung mittels Natriumalkoholats einen Fisetoldimethyl-
äther von der Konstitution (3) neben Ameisensäure. Am meisten

Oxychromo-
nol u. Fise-
toldimethyl-
äther.

$$(1)\quad \mathrm{HO}\!-\!\!\bigcirc\!\!-O\!-\!CH\!=\!C\cdot OH,\ CO \qquad (2)\quad CH_3O\!-\!\!\bigcirc\!\!-O\!-\!CH\!=\!C\cdot OCH_3,\ CO$$

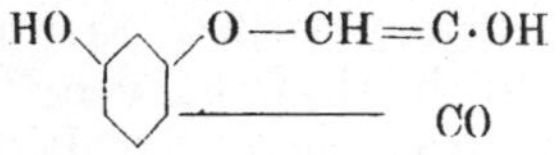

$$(3)\quad CH_3O\!-\!\!\bigcirc\!\!-OH,\ CO\cdot CH_2\cdot O\cdot CH_3$$

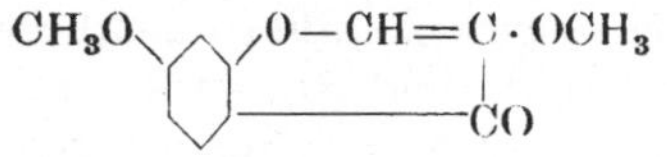

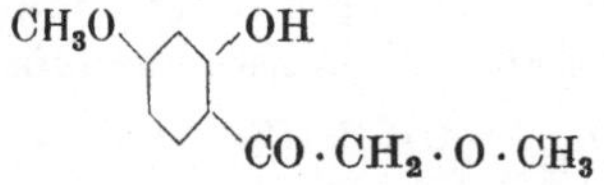

zur Aufklärung der Konstitution des Brasilins haben die Versuche
über die Oxydation des Brasilintrimethyläthers (4) beigetragen.
Man erhält dabei die Brasilsäure (5), die ein Oxim liefert, und aus der

Brasilintri-
methyläther
u. Brasil-
säure.

$$(4)\quad CH_3O\!-\!\!\bigcirc\!\!-O\cdot CH_2\!-\!\overset{OH}{\underset{CH}{C}}\!-\!CH_2\!-\!\!\bigcirc\!\!\overset{OCH_3}{\underset{OCH_3}{}} \quad\rightarrow\quad (5)\quad CH_3O\!-\!\!\bigcirc\!\!-O\!-\!CH_2\!-\!\overset{OH}{\underset{CO}{C}}\!-\!CH_2\cdot COOH$$

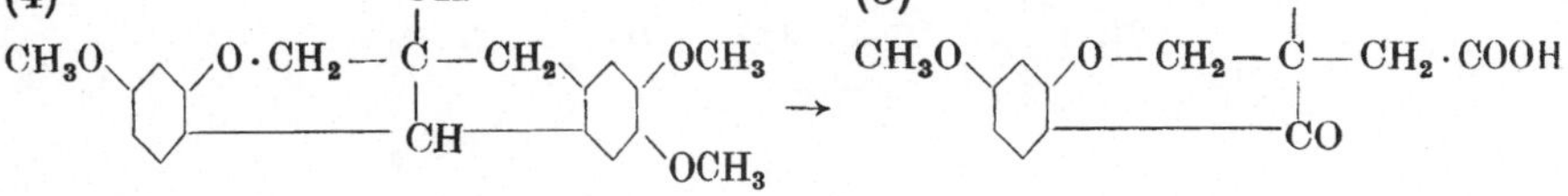

bei der Reduktion mit Natriumamalgam ein Lacton der Dihydro-
brasilsäure entsteht, während sie beim Erwärmen mit Schwefelsäure die Dehydrobrasilsäure (6) liefert. Diese zerfällt beim Erhitzen mit Barythydrat in eine Säure von der Konstitution (7) und
Ameisensäure.

Di- und De-
hydrobrasil-
säure.

$$(6)\quad CH_3O\!-\!\!\bigcirc\!\!-O\cdot CH\!=\!C\!-\!CH_2\cdot COOH,\ CO$$

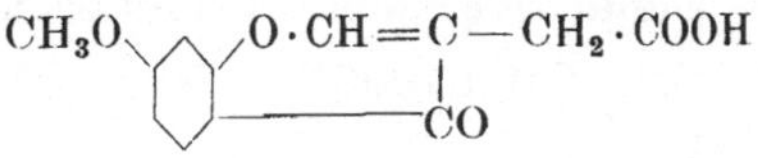

$$(7)\quad CH_3O\!-\!\!\bigcirc\!\!-OH,\ CO\!-\!CH_2\!-\!CH_2\cdot COOH$$

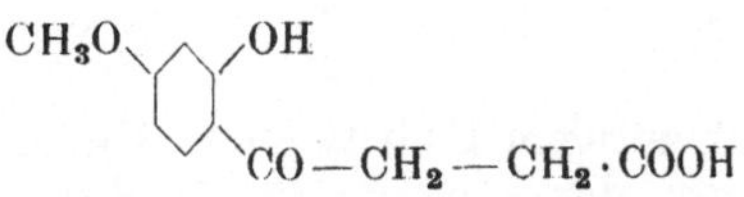

Die Verbindung (7) wurde von Perkin und Robinson auf synthetischem Wege dargestellt aus Resorcindimethyläther und Bernsteinsäureanhydrid. Bei der Kondensation des Methylesters dieser Säure (7)
mit metallischem Natrium und Ameisensäureester entsteht über das
Zwischenprodukt (8) die Anhydrobrasilsäure (6) selbst.

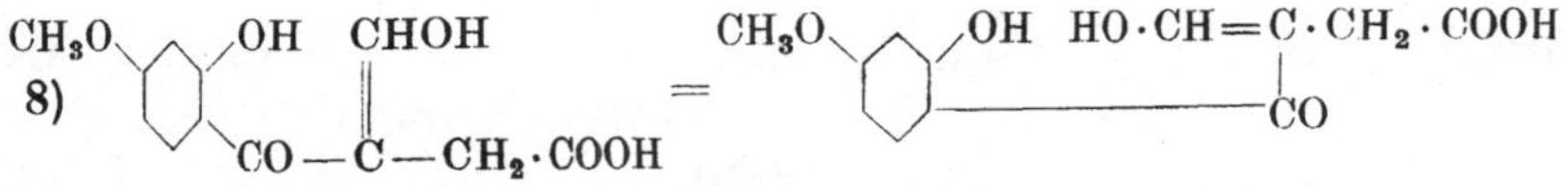

$$8)\quad CH_3O\!-\!\!\bigcirc\!\!-OH,\ CO\!-\!\overset{CHOH}{\underset{}{C}}\!-\!CH_2\cdot COOH \;=\; CH_3O\!-\!\!\bigcirc\!\!-OH,\ HO\cdot CH\!=\!C\!-\!CH_2\cdot COOH,\ CO$$

Trimethyl-
brasilon.

Die Aufklärung der Konstitution des bei der obenerwähnten Oxydation des Trimethylbrasilins (4) als Zwischenprodukt auftretenden Trimethylbrasilons (9) hat wegen der eigenartigen Vorgänge, die sich

$$(9)\quad CH_3O{-}\bigcirc{-}O{-}CH{-}CO{-}CH_2{-}\bigcirc{-}OCH_3,\ OCH_3\ ;\ \overset{\displaystyle \|}{C}{-}OH$$

dabei abspielen, außerordentliche Schwierigkeiten bereitet. Erst nachdem Perkin und Robinson zeigten, daß eine bereits früher von Pfeiffer vorgeschlagene Formel des Brasilins (siehe oben) das Richtige trifft, konnte die Bildung des Trimethylbrasilons (9) in zutreffender Weise durch die Annahme eines Zwischenkörpers (1) erklärt werden,

$$(1)\quad CH_3O{-}\bigcirc{-}O\cdot CH_2\cdot CO\cdot CH_2{-}\bigcirc{-}OCH_3,\ OCH_3\ ;\ {-}CO{-}$$

der durch Bindungswechsel (Desmotropie) in Trimethylbrasilon und dessen Anhydroverbindung (2) übergeht. Aus dem Trimethyl-

Brasilin-
säure.

brasilon entsteht durch weitere Oxydation die Brasilinsäure (3) und

$$(2)\quad CH_3O{-}\bigcirc{-}O{-}C{-}CO{-}CH_2{-}\bigcirc{-}OCH_3,\ OCH_3\ ;\ \overset{\displaystyle |}{C}$$

$$(3)\quad CH_3O{-}\bigcirc{-}O\cdot CH_2\cdot COOH\quad HOOC{-}\bigcirc{-}OCH_3,\ OCH_3\ ;\ {-}CO{-}$$

Dihydrobra-
silinsäure-
lakton.

durch deren Reduktion ein Lakton der Dihydrobrasilinsäure (4). Bemerkenswert ist noch das Verhalten des Trimethylbrasilons gegen Salpetersäure. Zunächst entsteht durch Lösung einer Kohlenstoff-

$$(4)\quad CH_3O{-}\bigcirc{-}O\cdot CH_2\cdot COOH\quad OC{-}\bigcirc{-}OCH_3,\ OCH_3\ ;\ \overset{\displaystyle |}{C}H\ {-}O$$

bindung, unter gleichzeitigem Eintritt einer Nitrogruppe in den Kern, ein Zwischenkörper von der Konstitution (5), der durch weitere Hydrolyse und Nitrierung in die Spaltstücke (6) zerfällt:

$$(5)\quad CH_3O{-}\bigcirc{-}O{-}CH_2{-}\overset{\displaystyle OH}{\overset{\displaystyle |}{C}}{-}CH_2{-}\bigcirc{-}OCH_3,\ OCH_3\ ;\ CO{-}O\quad O_2N$$

$$(6)\quad CH_3O{-}\bigcirc{-}OH,\ COOH\quad bzw.\quad CH_3O{-}\bigcirc{-}OH,\ COOH\ (O_2N){+}HO\cdot CH_2\cdot COOH{+}CH_3{-}\bigcirc{-}OCH_3,\ OCH_3\ (O_2N).$$

Bei der Oxydation des **Trimethylbrasilins** mit Kaliumperman- Spaltstücke
der Brasilin-
säure.
ganat wurden neben der **Brasilinsäure** und der **Brasilsäure** noch
die folgenden Spaltstücke von **Perkin** vorgefunden:

$$CH_3O\text{—}C_6H_3(O\cdot CH_2\cdot COOH)(COOH) \quad \text{und} \quad HOOC\text{—}C_6H_2(OCH_3)_2(COOH)$$

o-Karboxy-m-methoxy-Phenoxyessigsäure — Hemipinsäure

Die **Brasilinsäure** und das **Dihydrobrasilinsäurelakton** wur- Synthese der
Brasilin-
säure.
den von **Perkin** und **Robinson** gleichfalls auf synthetischem Wege
dargestellt, ersteres auf dem durch das Schema (1) angedeuteten Wege:

$$(1) \quad CH_3O\text{—}C_6H_3(O\cdot CH_2\cdot COOH) + \overset{O\text{—}OC}{\underset{OC\text{——}}{}}C_6H_2(OCH_3)_2 \rightarrow$$

$$CH_3O\text{—}C_6H_3(O\cdot CH_2\cdot COOH)\text{——}CO\text{——}HOOC\text{—}C_6H_2(OCH_3)_2\,,$$

letzteres auf einem ähnlichen Wege (2), entsprechend den folgenden
Formeln:

$$CH_3O\text{—}C_6H_3\text{—}OCH_3 + O\overset{CO}{\underset{CO}{}}C_6H_2(OCH_3)_2 \rightarrow$$

$$CH_3O\text{—}C_6H_3(OH)\text{——}CO\text{——}HOOC\text{—}C_6H_2(OCH_3)_2 \quad \overset{+H_2}{\underset{-H_2O}{\rightarrow}}$$

$$(2) \quad CH_3O\text{—}C_6H_3(OH)\overset{O\text{—}OC}{\underset{CH}{}}C_6H_2(OCH_3)_2 \quad \overset{+Cl\cdot CH_2\cdot COOH}{\underset{-HCl}{\rightarrow}}$$

$$CH_3O\text{—}C_6H_3(O\cdot CH_2\cdot COOH)\overset{O\text{—}OC}{\underset{CH}{}}C_6H_2(OCH_3)_2\,.$$

Obwohl die Konstitution des **Brasilins** durch die hier geschilderten Abbauversuche und Synthesen als aufgeklärt gelten kann, so ist
doch noch insofern eine Unsicherheit vorhanden, als **Kostanecki** aus
dem **Trimethylbrasilon** (3) durch Behandeln mit Jodwasserstoff Brasan.
einen Tetraoxykörper erhielt, der, über Zinkstaub destilliert, **Brasan**

$$(3) \quad CH_3O\text{—}C_6H_3\overset{O\cdot CH\cdot CO\cdot CH_2}{\underset{\underset{OH}{|}}{\underset{C}{|}}}C_6H_3(OCH_3)_2$$

(1) lieferte. Kostanecki schrieb diesem Tetraoxykörper die Formel (2) zu und stützte sich dabei auf eine von Liebermann ausgeführte

$$(1) \qquad\qquad\qquad\qquad\qquad (2)$$

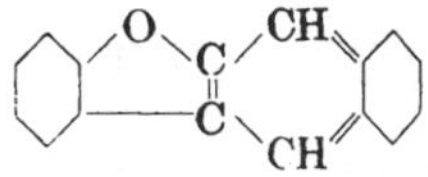

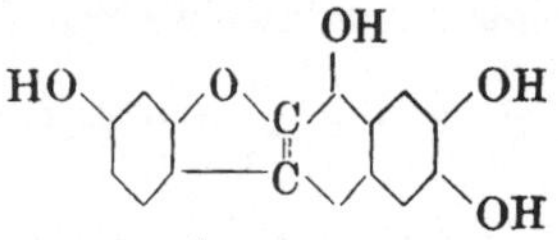

Synthese, wonach aus Resorcin und Dichlor-α-Naphtochinon ein 3-Oxybrasanchinon der Konstitution (3) entstehen soll. Die obige Formel für das Tetraoxybrasan ist jedoch mit der Konstitutions-

$$(3)$$

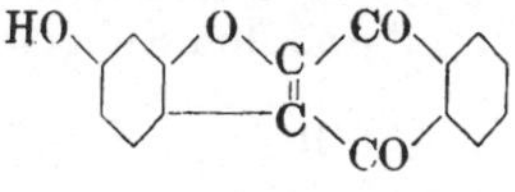

formel des Brasilins schwer vereinbar, und es darf daher ihre Richtigkeit in Zweifel gezogen werden, um so mehr, als gewichtige Gründe für die Möglichkeit sprechen, daß die Einwirkung des Dichlor-α-Naphtochinons auf das Resorcin gemäß Schema (3) vor sich geht, während

$$(3)$$

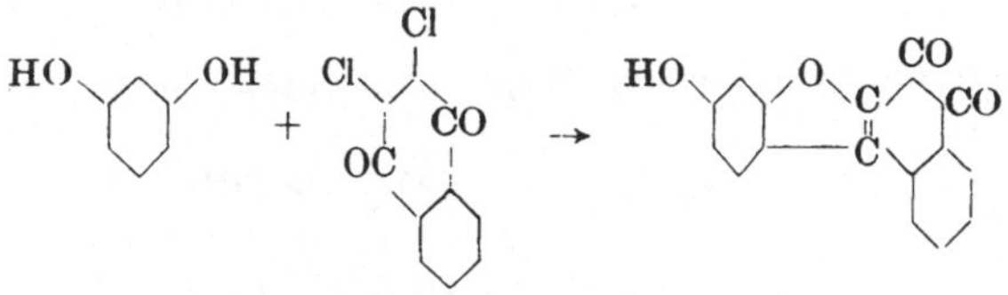

die Entmethylierung des Trimethylbrasilons mittels Jodwasserstoffsäure, unter gleichzeitiger Abspaltung von Wasser, zu dem analog konstituierten Körper (4), einem β-Naphtolabkömmling (in der Ketoform geschrieben), führt. Jedenfalls dürfte heute ein erheblicher Zweifel an der

$$(4)$$

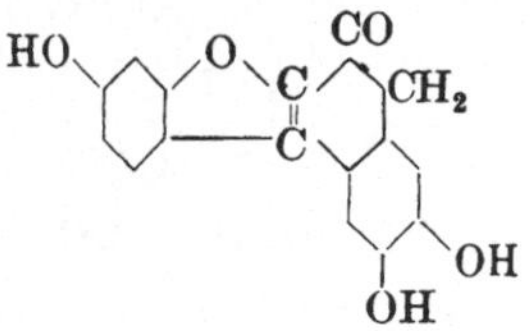

Richtigkeit der Pfeiffer-Perkinschen Formel kaum noch gerechtfertigt sein. — Danach erscheint das Brasilin als ein Abkömmling des Diphenylmethans, und zwar als ein Trioxydiphenylmethan, das gleichzeitig einen Pyron- und einen Indenring enthält; bei gewissen Eingriffen in das Molekulargefüge findet hingegen leicht, infolge eines Bindungswechsels, eine Umlagerung des Pyron- in einen Kumaron-, und des Inden- in einen Benzolkern statt. Schon die ersten von Kostanecki und Feuerstein sowie von Herzig und Pollak vorgeschlagenen Formeln sehen eine Methylengruppe nach Art derjenigen, wie sie im Diphenylmethan enthalten ist, vor, ohne aber in ebenso leicht verständlicher Weise den Übergang des Brasilins in das Brasileïn zu erklären, ganz abgesehen von den vielen anderen

Oxybrasanchinon und Tetraoxybrasan.

Schwierigkeiten, die sich, im Hinblick auf die späteren Ergebnisse, der Annahme ihrer Formeln entgegenstellen.

Mit der Aufklärung der Konstitution des Brasilins ist auch die des Hämatoxylins gegeben, das sich in allen Stücken als Analogon des Brasilins erwiesen hat. Es unterscheidet sich von jenem nur durch den Mehrgehalt einer Hydroxylgruppe, entsprechend der Formel (1). Allerdings ist dieser Umstand für die färberischen Eigenschaften und die technische Verwendung des Hämatoxylins von größtem Einfluß, und zwar in einem durchaus günstigen Sinne: das Hämateïn, das Oxydationsprodukt des Hämatoxylins und Analogon des Brasileïns, ist ein sehr geschätzter Beizenfarbstoff (siehe unten).

Konstitution des Hämatoxylins.

(1)

Vor allem auch in seinem Verhalten bei der Oxydation hat das Hämatoxylin seine nahe Verwandtschaft mit Brasilin zu erkennen gegeben. So erhält man aus dem Tetramethylhämatoxylin (2) durch Oxydation das Tetramethylhämatoxylon (3) und aus diesem durch Jodwasserstoff das Pentaoxybrasan (4). Auch die Oxydation des Tetramethylhämatoxylins mit Permanganat führt zu analogen Produkten wie sie Perkin aus dem Trimethylbrasilin erhielt. Schließlich hat auch die Synthese des Dihydrohämatoxylinsäurelaktons (5) jeden Zweifel an der Richtigkeit der oben angegebenen Formel beseitigt.

Oxydationsprodukte aus Hämatoxylin.

Synthese des Dihydrohämatoxylinsäurelaktons.

(2)

→ (3)

→ (4)   (5)

Herkunft u. Gewinnung des Hämatoxylins.

Das Hämatoxylin findet sich im Blauholz, auch Campecheholz genannt, weil es in großer Menge an der Campechebai gefunden wurde. Man unterscheidet auch bei ihm je nach den Häfen, aus denen es verschifft wird, verschiedene Arten. Der Campechebaum wurde zuerst von den Spaniern nach Europa gebracht. Das beste Blauholz stammt von San Domingo; der Baum gedeiht aber auch in Zentralamerika und Mexiko. In der Regel liefert altes Holz mehr Extrakt als junges, und heute wird in der Färberei vorwiegend der Extrakt an Stelle des Holzes selbst verwendet. Die Gärung (Fermentation) des Holzes führt sehr leicht zu einer mit Verlusten verknüpften Überoxydation und wird deshalb meist nicht mehr angewendet. Die Extraktion kann auf verschiedene Weise mit oder ohne Druck (amerikanische und französische Methode) erfolgen. Durch das Verfahren der Diffusion erhält man, wenn auch in etwas geringerer Ausbeute, einen Farbstoff von sehr großer Reinheit. Die unter dem Namen Indigoersatz oder **„Indigoersatz" (Noir reduit).** Noir reduit in den Handel gelangenden Extrakte werden in der Weise gewonnen, daß man die wässerigen Auszüge zunächst mit Chromsäure oxydiert und alsdann mit Schwefliger Säure oder Bisulfit reduziert. Diese Extrakte sind ohne weiteres zum Färben bzw. Drucken geeignet. Ob das Hämatoxylin, wie wohl zu vermuten ist, in Form eines Glukosides in der Pflanze enthalten ist, ließ sich bisher noch nicht mit Sicherheit feststellen. Es ist in kaltem Wasser schwer, in heißem leichter löslich, besonders in Gegenwart von Borax. Bemerkenswert ist, daß das Hämatoxylin und seine Salze, wenn sie vor dem Sauerstoff der Luft bewahrt werden, im Gegensatz zum Hämateïn farblos sind.

Mineralsäure-Salze. Ebenso wie bei der Einwirkung von Schwefelsäure auf Brasileïn das Isobrasileïnsulfat entsteht, erhält man aus dem Hämateïn bei der gleichen Behandlung das Sulfat des Isohämateïns. Beide Isoverbindungen gehen durch Behandlung mit Natriumbisulfit in lösliche Substanzen über. Brasileïn liefert beim Einleiten von Salzsäure in die alkoholische Lösung ein Chlorhydrat, und analog verhält sich wohl auch das Hämateïn.

Technische Verwendung. Was die Verwendung der beiden Farbstoffe in der Färberei anlangt, so ist durch die Synthese der Teerfarbstoffe ihr Verbrauch sehr erheblich herabgesetzt worden. Insbesondere gilt dies von dem weniger echten Farbstoff des Rotholzes. Auf Baumwolle erhält man mittels seines Tonerdelacks in Verbindung mit Gerbstoff nur matte bläulichrote Färbungen; Zinnbeize liefert ein Orangerot, mit Tonerde zusammen ein Scharlach bei Zusatz von Gelbholz. Auf Eisenbeize erhält man violettgraue Töne in Mischung mit Tonerde und bei Zusatz von Blauholz eine Art dunklen Purpur. Rotholz wird in Baumwolldruck noch verwendet zum Blenden, d. h. zum Sichtbarmachen der Tonerdebeize. Auf Wolle liefert der Farbstoff des Rotholzes, mit Bichromat entwickelt, graue bis bordeauxbraune Töne, mit Aluminiumsulfat und Weinstein ein bläuliches Rot, bei Zusatz von Zinnsalz und einem gelben Farbstoff ein Scharlachrot, mit Zinnchlorür und viel Weinstein ein lebhaftes Rot.

Auch das Hämatoxylin des Blauholzes hat für die Baumwollfärberei nur geringe Bedeutung. In der Wollfärberei wird es meist für Schwarz und Grau, weniger für Blau verwendet. Schwarze Lacke werden erzeugt mit Eisenoxydsalzen und Chromsäure unter Zusatz

einer Gilbe (Gelbholz oder Quercitron). Die Eisenlacje für sich allein
sind unecht gegen Licht, Seife, Alkalien und Säuren, werden aber trotzdem — man kann sagen leider — noch vielfach zum Färben von baum-
wollenen Futterstoffen verwendet. Am wertvollsten für die Wollfärberei ist der gemischte Lack auf Chrom- und Kupferbeize. Durch
die Anwesenheit des Kupfers wird die Echtheit des Chromlackes wesentlich erhöht.

Seit der Auffindung der nachchromierbaren Azofarbstoffe (siehe
S. 407ff.) hat die Verwendung des Blauholzes in der Wollschwarz-
färberei erheblich nachgelassen. Dagegen ist Blauholz bisher uner-
setzbar in der Erzeugung von Schwarz auf Eisenbeize in der Seidenfärberei.

VI. Cochenillefarbstoffe.

Eine Gruppe von Farbstoffen ganz besonderer Art bilden einige
tierische Farbstoffe, von denen die Cochenille der wichtigste ist. Die
Cochenille oder Coccionella stammt her von einer Schildlaus (Coccus
cacti), die auf Kakteen (Opuntiaarten) lebt, z. B. auf der Fackel-
distel (Nopalpflanze). Man unterscheidet je nach der Art, wie der
Farbstoff gewonnen wird, verschiedene Sorten, z. B. Jaspeada, die
gewonnen wird, indem man die Tiere durch trockene Hitze tötet, oder
Renegrida oder foxy, wobei die Tiere durch heißes Wasser getötet
werden.

Nach den darüber vorliegenden Angaben züchtet man auf einem
Hektar etwa 300 kg Cochenille, wobei auf ein Kilo etwa 140 000 Tiere
kommen. Die beste Cochenille stammt aus Honduras, und zwar erfolgte die Gewinnung des Farbstoffes bereits vor der Entdeckung Amerikas. Der Höchstgehalt an Farbstoff soll 14% betragen, dürfte in der
Regel aber 10% kaum übersteigen. Der Farbstoff, das sog. Karmin,
besteht vorwiegend aus Karminsäure. Der Karminlack, auch als
Groseille oder Ponceaulack bezeichnet, enthält Tonerde und entsteht durch Ausfällung des wässerigen Auszuges mit Alaun und Soda.
Der Name Karmin stammt von Pelletier und Caventou, die sich
zuerst der Untersuchung des Farbstoffes widmeten. Bemerkenswert
ist der Gehalt der Cochenille an Tyrosin, dem bekannten Eiweiß-
spaltungsprodukt. Die Aufklärung der Konstitution der Karminsäure
hat gleichfalls außerordentliche Schwierigkeiten verursacht und ist,
wenn auch noch nicht vollkommen, erst in den letzten Jahren gelungen.
Einzelne Reaktionen, wie z. B. die Nitrierung der Karminsäure, wobei
die Nitrococcussäure, eine Trinitro-m-Kresotinsäure (1), entsteht, oder die Alkalischmelze, wobei neben dem Coccinin die Oxal-

$$\text{(1)} \quad \begin{array}{c} CH_3 \\ O_2N \diagup \diagdown NO_2 \\ | \quad | \\ HO \diagdown \diagup COOH \\ NO_2 \end{array}$$

Vorkommen
und Gewin-
nung.

Konstitution
der Karmin-
säure. Nitro-
coccussäure.

Coccinin.
Ruficoccin.

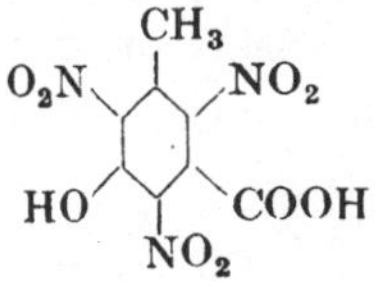

und Bernsteinsäure erhalten wurden, oder die Behandlung mit konzentrierter Schwefelsäure auf 130—140°, die zum **Ruficoccin** führt, oder auch das Erhitzen mit Wasser auf 200°, wobei das **Rufikarmin** sich bildet, haben wenig zur Aufklärung der Konstitution des Farbstoffes beitragen können. — Einen erheblichen Schritt weiter dagegen bedeutete die **Bromierung der Karminsäure.** Hierdurch entstehen zwei verschiedene **Bromkarmine,** die man entsprechend den Formeln (1) und (2) als α- und β-**Bromkarmine** unterscheidet. Bei der Oxyda-

α- u. β-Brom-
karmin.

(1) 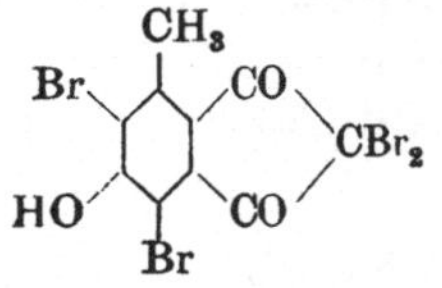 α-Bromkarmin   (2) 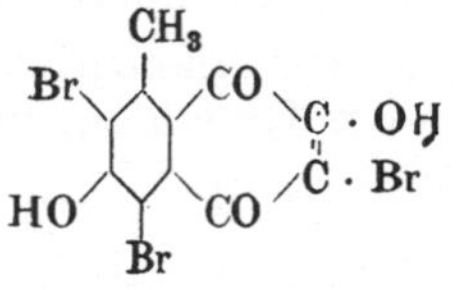 β-Bromkarmin

tion mit **Kaliumpermanganat** führt das β-**Bromkarmin** zum **Methyldibromoxyphtalsäureanhydrid** (3). Daneben entsteht auch die entsprechend substituierte **Phtalonsäure** (4). Das α-**Bromkarmin**

(3) 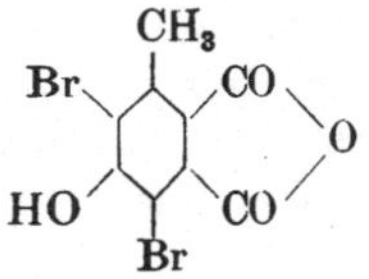   (4)

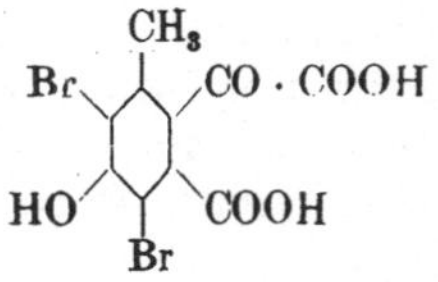

liefert gleichfalls bei der Oxydation das obengenannte substituierte **Phtalsäureanhydrid.** Da das α- aus dem β-**Bromkarmin** durch überschüssiges Brom erhalten werden kann, so ist das β-Derivat als ein **Zwischenprodukt** des α-Derivats anzusehen. Schon von **Miller** u. **Rohde** schlugen für das β-**Bromkarmin** die obige Formel (2) vor und führten es durch Brom und Sodalauge zunächst in die **Indenverbindung** (5) und durch weitere Oxydation unter Abspaltung von Kohlensäure in das α-**Bromkarmin** über, weshalb man der **Karminsäure** die Konstitution (6) zuschrieb. Der Übergang des β-**Brom-**

(5) 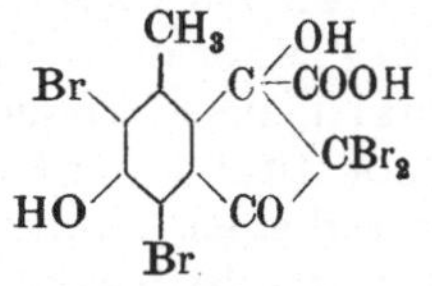   (6)

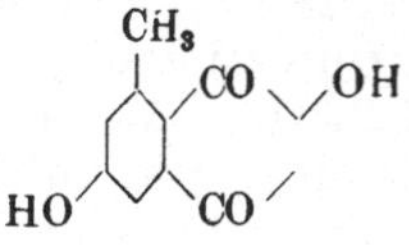

karmins (2) in die die **Indenverbindung** (5) läßt sich, entsprechend der Auffassung dieses Vorganges als einer **intramolekularen Addition,** die von einer gleichzeitigen Anlagerung der Elemente der unterbromigen Säure, HO·Br, begleitet ist, veranschaulichen durch die Formeln (7), (8) u. (9), im Gegensatz zu der früher geäußerten Anschau-

(7) 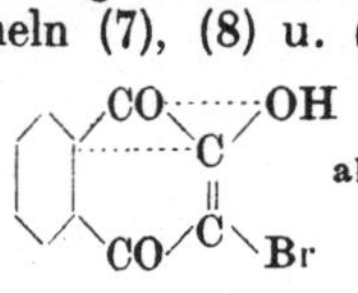   alkalisch →   (8) 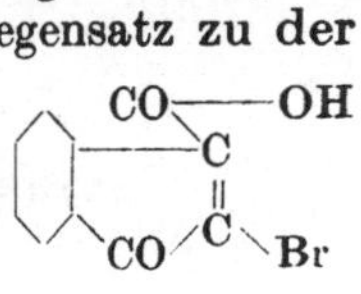   + HO·Br →   (9)

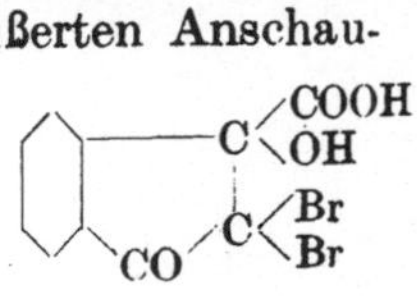

ungsweise, wonach eine Öffnung des Naphtalinringes und eine
nachfolgende Schließung zum Indenring angenommen wird. Für
die unmittelbare Überführung des β- in das α-Bromkarmin nach
v. Miller u. Rohde (in 50%iger Essigsäure) ließe sich die folgende
Formulierung, (10)—(12), in Erwägung ziehen, die gleichfalls im wesentlichen auf einer intramolekularen Addition beruht:

(10) 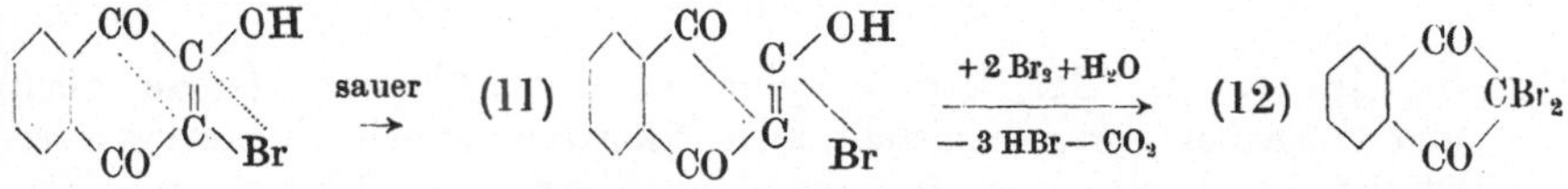 ⟶ sauer (11) $\xrightarrow[-\,3\,HBr\,-\,CO_2]{+\,2\,Br_2\,+\,H_2O}$ (12)

Zu ganz anderen Ergebnissen gelangte auf Grund seiner Versuche
Liebermann. Dieser erhielt durch Oxydation der Karminsäure mit
Kaliumpermanganat die α-Coccinsäure (8) und Cochenillesäure (7); letztere
geht durch Brom in die Tribrom-m-Kresotinsäure (9) über und ist daher

Cochenille-
säure, α- u.
β-Coccin-
säure.

(7) 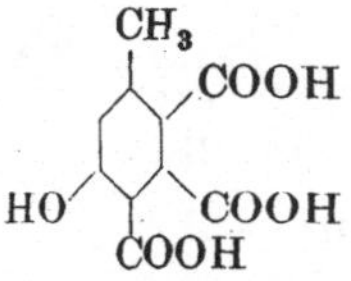   (8) 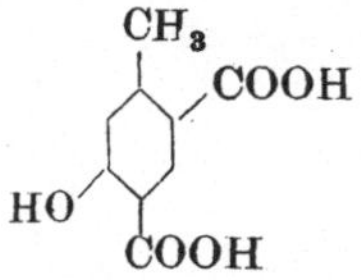   (9)

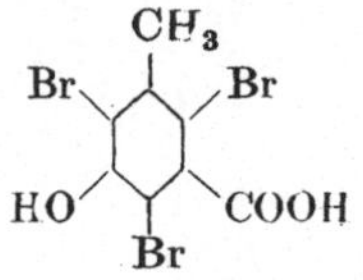

als eine m-Kresoltrikarbonsäure von der angegebenen Konstitution (7)
aufzufassen. Beim Erhitzen der Cochenillesäure mit Wasser auf 170°
entsteht durch Abspaltung einer Carboxylgruppe die α-Coccinsäure (8),
die isomer ist mit der Oxyuvitinsäure, während beim Erhitzen der
Cochenillesäure im Paraffinbade auf 250—260° die isomere β-Coccin-
säure (1) erhalten wird. Aus diesen Ergebnissen schloß Liebermann
auf das Vorhandensein eines Kohlenstoffgerüstes von der Konfiguration

(1) 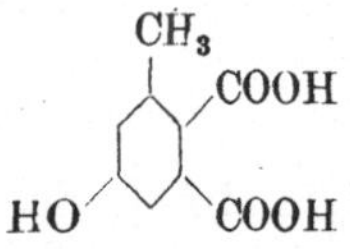   (2)

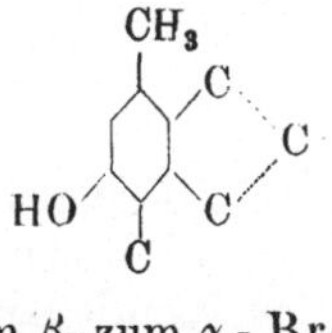

(2) und schlug deshalb für den Übergang vom β- zum α-Bromkarmin
die Formulierung (3) vor. Weitere Versuche Liebermanns führten

Karminon u.
Karminon-
karbonsäure.

(3) 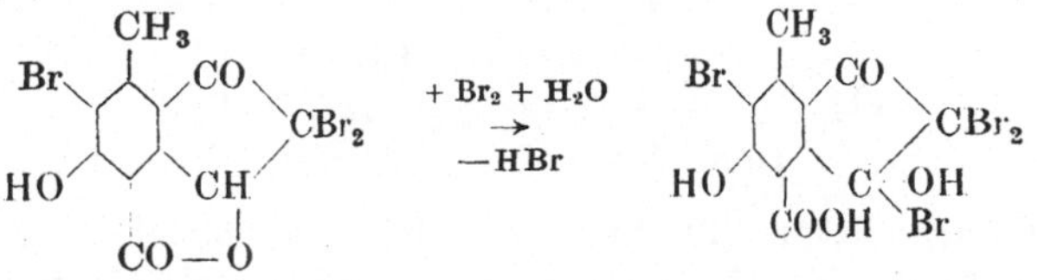 $\xrightarrow[-\,HBr]{+\,Br_2\,+\,H_2O}$

β-Bromkarmin

$\xrightarrow[-\,CO_2\,-\,2\,HBr]{+\,Br_2}$

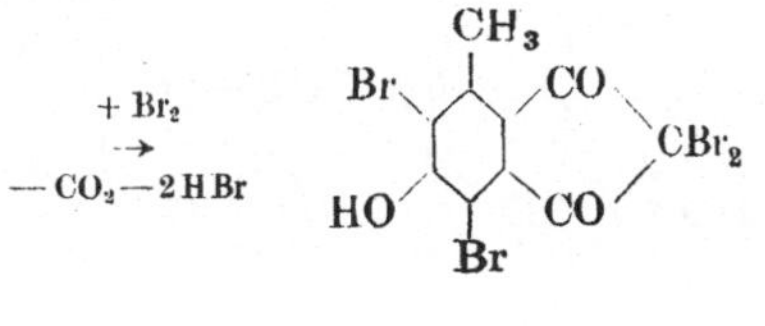

ihn zu den Indenabkömmlingen **Karminon** (4) und **Karminon-
karbonsäure** (5), sowie zu einem **Karminondikarbonsäureester**

$$(4) \qquad \qquad (5)$$

(6), den er aus der tetramethylierten Cochenillesäure (siehe oben)
und Essigester mittelst metallischen Natriums erhielt. Bemerkenswert
ist der Umstand, daß der aus dem **Karminondikarbonsäureester** (6) erhaltene **Karminonmonokarbonsäureester** (7) sich
in der für gewisse Indenderivate bekannten Weise (8) kondensieren

$$(6) \qquad \rightarrow \qquad (7)$$

$$(8) \qquad \rightarrow \qquad \text{oder}$$

läßt zu einem Bis-Indenabkömmling, der, ähnlich der Cochenille, stark
gefärbt ist, ohne allerdings den Charakter eines Beizenfarbstoffes zu
besitzen. Bei der Kondensation der Cochenillesäure mit Bernsteinsäure
erhielt **Liebermann** das symmetrische Dilacton (1) und die entspre-

$$(1)$$

chende Dikarbonsäure (2). Beide Phtalsäureabkömmlinge gehen durch
die Einwirkung von Natriummethylat, wahrscheinlich über die ent-

$$(2)$$

sprechenden Indenverbindungen hinweg, in Derivate des Naphtacenchinons über, z. B. (1) über (3) in (4), was Liebermann veranlaßte, für die Karminsäure die Konstitution (5) in Vorschlag zu bringen.

$$\textbf{(3)} \qquad \underset{HO}{\overset{CH_3}{\underset{CO}{\overset{CO}{\bigcirc}}}}\,CH\!-\!CH\,\underset{OH}{\overset{CH_3}{\underset{CO}{\overset{CO}{\bigcirc}}}}$$

$$\textbf{(4)} \qquad \qquad \qquad \qquad \textbf{(5)}$$

Dimroth war es vorbehalten zu zeigen, daß die Annahme Liebermanns nicht vollkommen zutrifft, sondern daß die Karminsäure ebenso wie das Ruficoccin als ein Abkömmling des Anthrachinons anzusehen ist, besonders deshalb, weil bei der Zinkstaubdestillation der Karminsäure Anthracen und α-Methylanthracen entstehen. Auch die genauere Untersuchung des in der Alkalischmelze entstehenden Coccinins (siehe oben), das zu Coccinon und weiterhin zu Cochenillesäure oxydiert werden kann, sowie die beim Erhitzen der Karminsäure mit mäßig verdünnter Schwefelsäure an Stelle des Ruficoccins (siehe oben) entstehenden Produkte bestärkten Dimroth in seiner Annahme. Als z. Z. bester Ausdruck für die Konstitution der Karminsäure kann nach Dimroth die Formel (6) gelten. Der in der 2-Stellung befindliche,

Dimroths Karminsäureformel.

$$\textbf{(6)}$$

vermutlich durch Kohlenstoffbindung mit der Methyl-Tetraoxy-Anthrachinonkarbonsäure verknüpfte Rest ist wahrscheinlich eine offene polyhydroxylierte aliphatische Seitenkette, auf die vor allem die Wasserlöslichkeit der Karminsäure zurückzuführen ist.

Was die Verwendung der Cochenille in der Färberei anbelangt, so kommt sie heute wohl fast ausschließlich für die Woll- und Seidenfärberei in Betracht. Vor allem wichtig ist der feurige Zinnlack der Cochenille, der insbesondere zur Herstellung des roten Infanteriebesatztuches dient. Die Erzeugung dieses Lackes geschieht entweder dadurch, daß man während des Färbeprozesses mit Zinnchlorür und Oxalsäure beizt oder aber erst die Wolle beizt und dann färbt. Ersetzt man das Zinn- durch ein Tonerdesalz, so erhält man das bekannte, etwas trübere, aber wesentlich blaustichigere Karmesin, das gleichfalls zur Herstellung von Militärbesatztuch verwendet wird.

Technische Verwendung der Cochenille.

VII. Kermesfarbstoff.

<table>
<tr><td>Konstitution
nach Dim-
roth.</td><td>Nahe verwandt, wenn auch keineswegs identisch, mit dem Farbstoff der Cochenille ist der Farbstoff des Kermes, dessen Konstitution (7)</td></tr>
</table>

$$(7) \qquad \text{Struktur: } CH_3,\ OH,\ CO,\ CO\cdot CH_3,\ HO,\ CO,\ OH,\ COOH,\ OH,\ OH$$

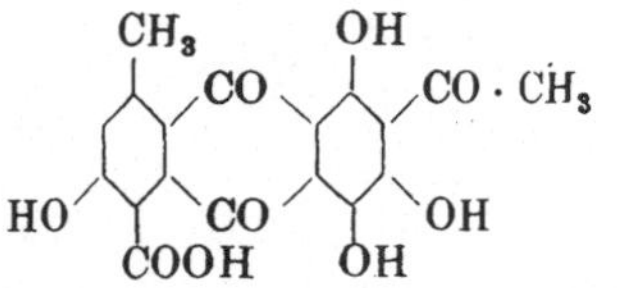

gleichfalls durch Dimroth ermittelt wurde. Der Farbstoff unterscheidet sich von der Karminsäure nur dadurch, daß die 2-Stellung durch den Acetyl-Rest statt durch die den Zuckerarten nahestehende hydroxyl-

<table>
<tr><td>Herkunft u.
Verwendung.</td><td>reiche $C_6H_{11}O_5$-Seitenkette besetzt ist. Auch er entstammt einer Schildlaus, die zuerst in Persien, später in Spanien gezüchtet wurde, und zwar lebt das Tier hauptsächlich auf der Steineiche (Ilex) und der Kermeseiche (Quercus coccifera). Der Farbstoff des Kermes ist wohl schon seit Jahrtausenden im Orient verwendet worden und wurde zur Erzeugung einer Art Purpur benutzt, besonders nachdem die Kunst des Färbens mit dem echten Purpur, dem Drüsensaft der Purpurschnecke, verloren gegangen war. Der Venezianer Scharlach dürfte wohl hauptsächlich mittels des Kermesfarbstoffes erzeugt worden sein. Übrigens ist dieser Farbstoff erheblich unechter als der wirkliche antike Purpur. Angeblich ist Kermes die arabische Übersetzung des Wortes</td></tr>
</table>

<table>
<tr><td>Deutscher
Kermes.</td><td>Vermiculus = Würmchen, womit die Schildläuse gemeint sind. Nahe verwandt mit dem orientalischen Kermes ist der deutsche oder Wurzelkermes, der gleichfalls seine Entstehung einer Art von Schildläusen verdankt, die sich, wie der Name andeutet, an den Wurzeln von Scleranthus perennis befinden. Der deutsche oder Wurzelkermes hat in früheren Jahrhunderten eine wichtige Rolle gespielt und wurde schon im Mittelalter in ausgedehntem Maße zur Herstellung von Scharlachfärbungen benützt.</td></tr>
</table>

<table>
<tr><td>Lac-dye.</td><td>Ein weiterer der Cochenille nahestehender Farbstoff ist das Lac-dye oder Lac-lac, das aus dem Gummilack stammt. Dieser fließt nach dem Stich der Lackschildlaus (Coccus laccae) als Harz aus den Zweigen der verschiedenen Ficusarten und auch der Mimose. Die Weibchen der Lackschildlaus werden von dem Harz umhüllt und sterben ab. Der von den Zweigen befreite Lack heißt Körnerlack, während man den noch an den Zweigen befindlichen als Stocklack bezeichnet. Schellack ist der von den färbenden Verunreinigungen befreite Lack. Im Rohprodukt befindet sich der als Lac-dye bezeichnete Farbstoff, der ebenfalls mit dem Cochenillefarbstoff nicht identisch ist, sondern hauptsächlich aus Lakkaïnsäure besteht, die beim Nitrieren mit Salpetersäure Pikrinsäure, nicht also, wie Karminsäure, die Nitro-Coccussäure, die Carbonsäure des homologen Trinitro-m-Kresols, liefert.</td></tr>
</table>

VIII. Anthracenfarbstoffe.

Im Anschluß an die Farbstoffe der Cochenille, des Kermes und des Lac-dye, die, wie die jüngsten Forschungen gezeigt haben, als Anthracen- bzw. Anthrachinonabkömmlinge anzusehen sind, seien nachstehend in Kürze einige Farbstoffe angeführt, deren Beziehungen zum Anthracen bzw. Anthrachinon schon seit langer Zeit erkannt waren.

Der wichtigste Anthracenfarbstoff ist das schon in früheren Abschnitten (siehe S. 336ff.) ausführlich behandelte Alizarin, ein Pflanzenfarbstoff, der heutigentags nur in sehr beschränkten Mengen aus der Pflanze selbst, zum allergrößten Teil hingegen auf künstlichem Wege, aus Anthracen, erzeugt wird. In der Pflanze ist das Alizarin nicht als solches vorhanden, sondern in Form der Ruberythrinsäure, eines Glukosides von der Zusammensetzung $C_{26}H_{28}O_{14}$; durch Hydrolyse zerfällt diese Verbindung in $C_{14}H_8O_4$ (= Alizarin) $+ 2\,C_6H_{12}O_6$. Es kommen für Ruberythrinsäure zwei Formeln in Betracht: (1) oder (2); nach (2) ist der mit dem Alizarin verknüpfte Zucker eine

$$(1) \quad C_{14}H_6O_2\!\!\begin{array}{l}\diagup O \cdot C_6H_7O(OH)_4 \\ \diagdown O \cdot C_6H_7O(OH)_4\end{array} \qquad (2) \quad C_{14}H_6O_2\!\!\begin{array}{l}\diagup OH \\ \diagdown O \cdot C_{12}H_{14}O_3(OH)_7\end{array}$$

Biose. Die Spaltung der Ruberythrinsäure erfolgt verhältnismäßig leicht durch Kochen mit verdünnter Schwefelsäure.

Neben der Ruberythrinsäure findet sich im Krapp das Rubiadin-Glukosid, für das die Formel (3) vorgeschlagen wurde, und das im Gegensatz zur Ruberythrinsäure durch besondere Beständigkeit ausgezeichnet ist. Durch konzentrierte Säure läßt es sich zerlegen in Rubiadin, ein 4-Methyl-1, 3-Dioxyanthrachinon (4), und Zucker (Glukose).

(3)   (4)

Ein weiteres Glukosid der Krappwurzel, das aber noch leichter als die Ruberythrinsäure zerfällt, liefert bei der Hydrolyse das Purpurin (5), ein 1, 2, 4-Trioxyanthrachinon (siehe S. 355).

Ferner wurde im rohen Krapp gefunden das Purpuroxanthin oder Xanthopurpurin (6), ein 1, 3-Dioxyanthrachinon. Dieses

(5)   (6)

kann auch aus dem Purpurin durch Reduktion mit Jodphosphor
und Wasser oder mit alkalischer Zinnchlorürlösung sowie ferner auf
synthetischem Wege durch die Kondensation von Benzoësäure mit
3, 5-Dioxybenzoësäure erhalten werden und schließlich durch Abspal-
Munjistin. tung von Kohlensäure aus dem Munjistin (1), das gleichfalls in
der Mutterlauge des Purpurins aufgefunden wurde. Umgekehrt läßt
sich das Purpuroxanthin durch Oxydation in Purpurin überführen.

Pseudopur- Das Pseudopurpurin des Krapps hat sich als die Purpurin-
purin. karbonsäure (2) erwiesen, die leicht Kohlensäure abspaltet und dabei
in Purpurin übergeht.

$$
(1) \qquad \qquad \qquad \qquad (2)
$$

Chrysophan-   Einige Anthracenderivate von noch nicht genau aufgeklärter Kon-
säure und stitution haben mehr als Arzneimittel denn als Farbstoffe Bedeutung.
Chrysopha- Hierhin gehört die Chrysophansäure, ein Methyldioxyanthrachinon,
neïn. das den wichtigsten Bestandteil der Rhabarberwurzel und der Sennes-
blätter ausmacht und auch durch Oxydation aus dem Chrysarobin
des Goapulvers (Araroba) erhalten werden kann. Das Glukosid der
Chrysophansäure ist das Chrysophaneïn.

Morindin u.   Aus Morinda citrifolia läßt sich ein Glukosid, das Morindin, ge-
Morindon. winnen, bei dessen Zerfall neben Zucker das Morindon, ein β-Methyl-
trioxyanthrachinon, erhalten wird. Das Morindon wird in Indien zum
Färben benutzt, obwohl der Farbstoff im Vergleich zu den typischen
Anthrachinonfarbstoffen als ziemlich wertlos zu bezeichnen ist.

Emodine.   Als Emodine bezeichnet man verschiedene laxierend wirkende
Mittel, die aus Aloë und Rhamnus frangula gewonnen werden, und die
meist wohl in Form von Glukosiden in den Pflanzen enthalten sind.
Das Emodin aus Aloë wird von einigen als Trioxyanthrachinon, von
anderen als ein Trioxymethylanthrachinon angesprochen. Letztere Ansicht dürfte wohl die richtige sein.

Alkanna.   Als ein Dioxymethylanthrachinon ist wahrscheinlich der Farbstoff
Alkanna anzusehen, der aus den Wurzeln der weißen Lawsonia oder
der färbenden Alkanna gewonnen wird. — Für die Färberei von
Textilstoffen ist der Farbstoff nach heutigen Begriffen unbrauchbar,
wohl aber kommt er für das Färben von Fetten, Pomaden u. dgl. in
Betracht.

IX. Flechtenfarbstoffe.

Orseille.   Unter den Flechtenfarbstoffen ist am wichtigsten der Farbstoff der
Orseille, ein Name, der angeblich durch Umstellung aus Rocellai ent-
standen ist. Zu Beginn des vierzehnten Jahrhunderts entdeckte ein
Florentiner, daß in der Levante verschiedene Flechten zum Färben

benutzt wurden, und zwar eignen sich hierzu Rocella Montagnei und
Rocella tinctoria. Die Orseillefärberei wurde lange Zeit hindurch als
ein sorgsam gehütetes Geheimnis in Florenz betrieben; später aber wurden
auch Flechten aus Skandinavien und den Alpen (Variolaria- und Leca-
noraarten) zum gleichen Zwecke verwendet. Der Farbstoff kommt auch
unter der Bezeichnung Cudbear, Persio und Pourpre française
in den Handel.

Die Bildung des Farbstoffes erfolgt bei der Einwirkung des Sauerstoffes der Luft auf die Flechten in Gegenwart von Ammoniak und Kalk
und beruht allem Anschein nach auf der Oxydation des Orcins zum
Orceïn, einem stickstoffhaltigen Abkömmling des Orcins von unbekannter Konstitution. Orcin ist das symmetrische Dioxytoluol (1),
β-Orcin das symmetrische Dioxy-p-Xylol (2). Die Orsellinsäure

Orcin, β-Orcin und Or-sellinsäure.

(1) 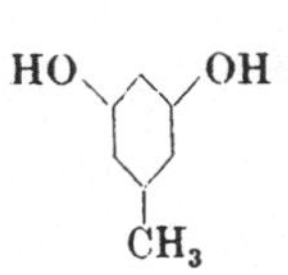   (2)

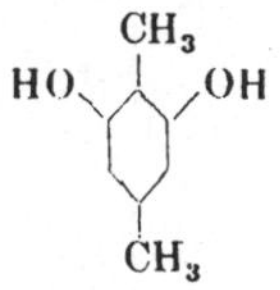

ist nach neuesten Untersuchungen von E. Fischer die Karbonsäure
des Orcins von der Konstitution (3). Das Pikroerythrin (4) ist ein

Pikroerythrin.

(3) 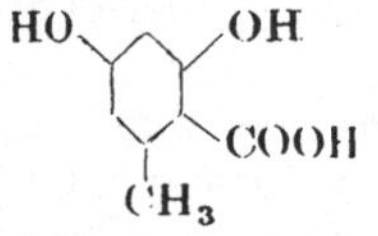   (4)

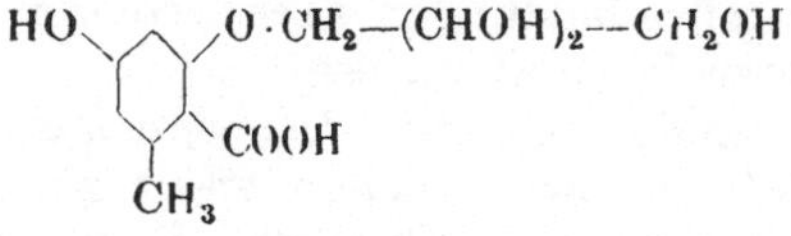

den Glukosiden nahestehender Äther aus Orsellinsäure (3) und
Erythrit (5), die Lekanorsäure (6) der Ester aus 2 Mol. Orsellin-

Lekanorsäure.

(5) $HO \cdot CH_2 \cdot (CHOH)_2 \cdot CH_2 \cdot OH$ (6)

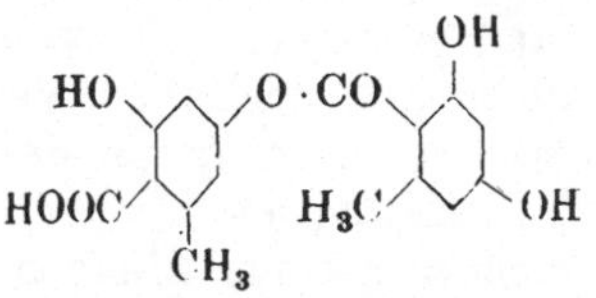

p-Di-Orsellinsäure — Lekanorsäure

säure und die Erythrinsäure der Ester aus 1 Mol. Orsellinsäure
und 1 Mol. Pikroerythrin. Alle diese Abkömmlinge des Orcins
gehen bei der obenerwähnten Behandlung der Flechten mit Ammoniak
und Kalk in Gegenwart des Sauerstoffes der Luft, über das Orcin hinweg, in das stickstoffhaltige Orceïn, den Orseillefarbstoff, über. Das
Erythrin zerfällt schon beim Kochen mit Wasser in Orsellinsäure
und Pikroerythrin. Durch Kalk, Alkalien oder Soda wird es in Orcin,
Erythrit und Kohlensäure zerlegt.

Erythrinsäure.

Außer den obengenannten Substanzen sind in den Flechten noch
folgende Verbindungen gefunden worden: Die Evernsäure (1) und
die Ramalsäure, zwei isomere Methyläther der Lekanorsäure, sowie

Evern-, Ramal- u. Everninsäure.

die **Everninsäure (2)**, der Methyläther der Orsellinsäure. Verwandt mit der Erythrinsäure ist die **Barbatinsäure**, die bei der Hydrolyse das β-**Orcin** liefert, während der Lekanorsäure die **Atranorin**-

Barbatinsäure, Atranorinsäure u. Physciol. o-Di-Orsellinsäure.

(1)

Evernsäure

(2)

Everninsäure

säure nahesteht, aus der das nächst höhere Homologe des **Phloroglucins**, das **Physciol (3)** gewonnen wurde. Isomer mit der Lekanorsäure ist die von E. Fischer synthetisch dargestellte o - Di - Orsellinsäure (4).

(3)

(4)

o-Di-Orsellinsäure

Orseille wird meist zum Färben von **Wolle** und **Seide** benutzt, weniger im Baumwolldruck. Sie färbt direkt, kann aber auch mit Metallverbindungen Lacke erzeugen, ohne jedoch ein ausgesprochener Beizenfarbstoff zu sein.

Lackmus.

Aus den gleichen Ausgangsmaterialien, die das **Orcin** und den Farbstoff der Orseille liefern, erhält man durch längere Gärung in Gegenwart von Ammoniak, Pottasche, Kalk usw. den u. a. in der Maßanalyse als Indikator verwendeten Farbstoff **Lackmus**, auch **Litum** oder **Tournesol** genannt. Der Farbstoff wird heute fast ausschließlich in Holland gewonnen. Beim Behandeln desselben mit Alkohol erhält man außer zwei löslichen Verbindungen, **Erythroleïn** und **Erythrolitmin**, als wichtigsten Bestandteil das in Alkohol unlösliche **Azolitmin**.

Auffällig ist die noch nicht völlig geklärte Tatsache, daß Lackmus vielfach geringe Mengen von **Indigo** enthält.

X. Berberin.

Herkunft.

Aus der Berberitze (Sauerdorn, Berberis vulgaris), insbesondere aus der Wurzelrinde, läßt sich ein Farbstoff gewinnen, der zum Färben der Seide und der tannierten Baumwolle benutzt werden kann und durch einen reinen gelben Ton ausgezeichnet ist. Der Farbstoff nimmt eine besondere Stellung dadurch ein, daß er der einzige in der Natur vorkommende ausgeprägt basische Farbstoff ist. Er steht seiner Konstitution nach dem gleichfalls im Sauerdorn enthaltenen, aber zu ganz anderen Zwecken benützten Alkaloid **Hydrastin (1)** nahe und ist ebenso wie dieses auch in der Wurzel von **Hydrastis canadensis** enthalten. Wegen seines bitteren Geschmacks wurde es auch als **Xanthopikrin**

Konstitution.

bezeichnet. Nach W. H. Perkin entspricht die Konstitution des
Berberins der Formel (2), nach Gadamer und Faltis ist der Farb-

stoff um 1 Mol. Wasser reicher, und nach Freund kommt ihm dementsprechend die Konstitution (3) zu. — Bemerkenswert ist der leichte
Übergang des Berberins in den isomeren Aldehyd Berberinal (4), Berberinal.

wobei eine Aufspaltung des einen Pyridinringes anzunehmen ist. Durch
Reduktion entsteht aus dem Berberinal das Dihydroberberin (5), Dihydroberberin.

ein primärer Alkohol, durch Oxydation das Oxyberberin (1), die Oxyberberin.
entsprechende Karbonsäure. Durch weitere Oxydation erhält man das
Berberal (2), das durch hydrolytische Spaltung in Noroxyhydra- Noroxyhy-
stinin (3) und Pseudoopiansäure (4) zerfällt. drastinin.

XI. Natürliche Indigofarbstoffe.

Im Anschluß an das stickstoffhaltige basische Berberin seien zwei Farbstoffe angeführt, für die gleichfalls der Stickstoffgehalt im besonderen Maße kennzeichnend ist, ohne daß aber damit eine ausgesprochen basische Natur des Farbstoffes verknüpft wäre.

Es sind dies der Indigo und der antike Purpur, von denen der eine pflanzlichen, der andere tierischen Ursprunges ist.

Vorkommen. Der Indigo (5) findet sich in verschiedenen Indigofera-Arten sowie ferner im Waid (Isatis tinctoria) und im Färberknöterich (Polygonum

$$(5)\quad \begin{array}{c} \text{NH} \\ \big\langle \ \ \big\rangle\ \ \ \ \ C=C\ \ \ \ \ \big\langle \ \ \big\rangle \\ \text{CO} \qquad\qquad \text{CO} \end{array}$$

tinctorium). Über die Bedeutung der Waidkultur, insbesondere für Deutschland, siehe S. 530. Angeblich ist der Gehalt an Indigo bei den Indigofera-Arten beinahe das Dreißigfache desjenigen beim Waid, woraus ohne weiteres die Überlegenheit der tropischen Pflanze über das Produkt der gemäßigten Zone hervorgeht.

Indikan. Wie schon bei früherer Gelegenheit erwähnt wurde (siehe S. 477), ist der Pflanzenindigo nicht als solcher, sondern in Form eines Glukosides, des Indikans, in den verschiedenen Pflanzen enthalten. Nach Marchlewski und Radcliffe hat das Indikan die Zusammensetzung (6) und zerfällt durch Hydrolyse in Indoxyl (1) und Glukose.

$$(6)\quad \begin{array}{c} \text{NH} \\ \big\langle \ \ \big\rangle\ \ \ \ \ \text{CH} \\ \text{C} \\ \text{O}\cdot\text{CH}\!-\!\text{CH}\cdot(\text{CHOH})_3\cdot\text{CH}_2\text{OH} \\ \text{O} \end{array} \qquad + \text{H}_2\text{O}$$

Nach neueren Untersuchungen von Perkin und Bloxam kommt dem Indikan die Formel $C_{14}H_{17}O_6N = C_8H_7ON + C_6H_{12}O_6 - H_2O$ zu, und zwar ist auch von ihnen der mit dem Indoxyl verknüpfte Zucker als Glukose festgestellt worden. Beyerinck gibt an, im Waid nicht Isatan. Indikan, sondern Isatan, ein neues Glukosid, gefunden zu haben. Der Gehalt der Indigofera-Arten an Indigo bzw. Indikan ist gewissen Schwankungen unterworfen. Den reichsten Ertrag an Indigo liefert Indigofera arrecta, die Java- oder Natalpflanze, deren Anpflanzung an Stelle

$$(1)\quad \begin{array}{c} \text{NH} \\ \big\langle \ \ \big\rangle\ \ \ \ \ \text{CH} \\ \text{C} \\ \text{OH} \end{array} \qquad (2)\quad \begin{array}{c} \text{Br}\ \ \ \ \ \text{NH} \qquad\qquad \text{NH}\ \ \ \ \ \text{Br} \\ \big\langle \ \ \big\rangle\ \ \ \ \ C=C\ \ \ \ \ \big\langle \ \ \big\rangle \\ \text{CO} \qquad\qquad \text{CO} \end{array}$$

der weniger ertragreichen Arten empfohlen wurde, um dem natürlichen Farbstoff den Wettbewerb mit dem synthetischen Produkt zu ermöglichen. Ob diese Bemühungen von Erfolg gekrönt sein werden, erscheint unter den heutigen Verhältnissen jedoch sehr zweifelhaft, obgleich man nach Beendigung des Krieges in Indien ausgedehnte Versuche zur Wiederbelebung des Indigo-Anbaues angestellt hat, verbunden mit besserer Düngung und Vervollkommnung der Gewinnungsmethoden.

Im hohen Maße überraschend war der von Friedländer entdeckte Zusammenhang zwischen dem Indigo der Pflanze und dem kostbaren, im Altertum hochgeschätzten Purpur der Purpurschnecke. Die Beziehungen zwischen den beiden Farbstoffen sind sogar außerordentlich eng, da von P. Friedländer festgestellt wurde, daß der antike Purpur als ein Dibromindigo von der Konstitution (2) anzusehen ist. Es würde heute keine besonderen Schwierigkeiten bieten, den antiken Purpur in beliebigen Mengen auf synthetischem Wege zu erzeugen, jedoch liegt dazu keine ausreichende Veranlassung vor, da man Färbungen von gleicher Schönheit und Echtheit auf anderem und einfacherem Wege erzeugen kann. Von höchstem Interesse sind die eigenartigen Vorgänge, die sich bei der Entstehung des Purpurs aus dem gelblichen Sekret der Drüsen abspielen. Vollständig geklärt sind diese Vorgänge zwar noch nicht; es scheint aber aus den bisherigen Untersuchungen hervorzugehen, daß nicht nur der Sauerstoff der Luft, sondern das Licht bei der Entstehung des Purpurs eine wichtige Rolle spielt, wobei auch vielleicht die Mitwirkung gewisser Enzyme von Bedeutung ist.

Die den Purpur liefernden Schnecken gehören zu den Arten Murex und Purpura und finden sich in der gemäßigten und heißen Zone. Bei der Schwierigkeit, diese Schnecken und den Saft der Drüsen zu gewinnen, ist die technische Anwendung des tierischen Farbstoffs heutzutage natürlich ganz ausgeschlossen. Bemerkenswert ist übrigens, daß in Nikaragua auch heute noch der Saft der an der Meeresküste gesammelten Schnecken den Indianern zur Herstellung von purpurartigen Färbungen dient.

XII. Catechin.

Mit Catechin oder Catechusäure bezeichnet man den Hauptbestandteil des Catechu oder Cachu. Man unterscheidet den echten Cachu aus dem Holz von Acacia mimosa (der beste ist der Bombay-Catechu), den Bengalcatechu aus der Areka- oder Betelnuß, der Frucht der Arekapalme, und den Gambircatechu aus den Blättern und Zweigen von Uncaria Gambir und Uncaria acida. Bemerkenswert ist, daß das gereinigte Catechin völlig farblos ist[1]). Bei 100° ge-

---

[1]) Das Catechin ist daher an sich kein Farbstoff, geht aber durch Oxydation leicht in gefärbte Produkte über. Nach Freudenberg ist die hervorstechendste Eigenschaft der Catechine ihre Fähigkeit, sich durch Fermente oder Mineralsäuren, auch schon durch bloßes Erhitzen in wässeriger Lösung oder in trocknem Zustande, mit oder ohne Luftsauerstoff, zu amorphen Gerbstoffen zu kondensieren, deren unterste Stufen farblos und wasserlöslich, deren letzte, als Gerbstoffrote (Phlobaphene) bezeichnete, unlöslich und mehr oder weniger gefärbt sind.

trocknet, hat es die Zusammensetzung $C_{14}H_{15}O_6$, nimmt aber an der Luft leicht 4 Mol. Wasser auf. Das bei 100° getrocknete Präparat ist in Wasser unlöslich, im Gegensatz zu dem wasserhaltigen Catechin. *Konstitution.* Die Konstitution des Catechins entspricht, nach den neuesten Untersuchungen von Freudenberg, mit großer Wahrscheinlichkeit der Formel (1) oder (2) — die Stellung des mit einem * ausgezeichneten Hydroxyls ist noch ungewiß — im Gegensatz zu der von Kostanecki

$$(1)\quad HO\text{—}\overset{O}{\diagdown}\text{—}CH\cdot CHOH\text{*}\text{—}\langle\ \rangle\text{—}OH,\ OH;\ CH_2;\ HO$$

$$(2)\quad HO\text{—}\overset{O}{\diagdown}\text{—}CH\text{—}\langle\ \rangle\text{—}OH,\ OH;\ CH_2;\ CHOH\text{*};\ HO$$

bevorzugten Formel (3). *Catechontri u. -tetramethyläther.* Durch Oxydation des Catechintetramethyläthers mit kalter Chromsäure entsteht der **Catechontrimethyläther (4?)**

$$(3)\quad OH;\ HO\text{—}\langle\ \rangle\text{—}CHOH;\ HO\text{—}\langle\ \rangle\text{—}O\text{—}CH_2;\ CH_2;\ OH$$

und in analoger Weise aus dem Pentamethyläther ein **Catechontetramethyläther.** Bei der Nitrierung des Catechontrimethyläthers bildet sich ein Nitroprodukt, bei dem sich die Nitrogruppe im Brenzcatechinrest befindet, was daraus hervorgeht, daß bei der Oxydation dieses Nitroproduktes die **Nitroveratrumsäure (5)** erhalten wird. Durch

$$(4)\quad H_3CO\text{—}\overset{O}{\langle\ \rangle}\overset{O}{}\text{—}O\text{—}CH\cdot CHOH\text{—}\langle\ \rangle\text{—}OCH_3,\ OCH_3;\ CH_2$$

$$(5)\quad H_3CO\text{—}\langle\ \rangle\text{—}COOH,\ OCH_3;\ NO_2$$

Überführung in Diphenylpropanderivate. Reduktion des Catechintetramethyläthers mit Natrium und Alkohol erhielt Kostanecki ein von Freudenberg als Tetramethyl-Pentaoxy-α, γ-Diphenyl-Propan (6) erkanntes Hydrierungsprodukt:

$$(6)\quad H_3CO\text{—}\langle\ \rangle\text{—}CH_2\cdot CH_2\cdot CH_2\text{—}\langle\ \rangle\text{—}OCH_3,\ OCH_3;\ OH;\ OCH_3$$

das sich zum entsprechenden Pentamethoxy-Diphenyl-Propan methylieren ließ, ein Umstand, der sehr entschieden gegen die bisherige Kostaneckische (3) und für die neue Freudenbergsche Formel,

(1) oder (2), des Brenzcatechins spricht. Catechin läßt sich leicht amidieren (R · OH → R · NH$_2$); jedoch spaltet die so entstandene Verbindung leicht auch wieder Ammoniak ab (R · NH$_2$ → R · OH).

Das Catechin findet im Baumwolldruck Anwendung zur Erzeugung von echten braunen, oliven, grünen und schwarzen Tönen. Die Entstehung dieser Färbungen erfordert die Mitwirkung eines Oxydationsmittels, als welches auch die Luft in Betracht kommt. In der Regel wendet man, um die Oxydationswirkung zu verstärken, Kaliumbichromat an. Auf der mit Chrom, Aluminium und Eisen gebeizten Wolle entstehen nur schwache und daher wertlose Färbungen. Sehr wichtig hingegen ist das Catechin für die Seidenfärberei, in der es sowohl zum Beschweren als auch, in Verbindung mit Ferrisalzen, zur Erzeugung von Schwarz Anwendung findet.

Aus Acacia wird ein Catechin gewonnen, das angeblich mit dem aus dem Gambir stammenden isomer, aber nicht identisch ist. Bei der Spaltung mit Alkalien erhält man dieselben Produkte, und bei der Oxydation des Tetramethyläthers wurde u. a. auch Veratrumsäure erhalten.

XIII. Kino.

Dem Catechin nahe steht das Kino. Dieses wird gewonnen aus Pterocarpus Marsupium durch Eindicken des Saftes, der infolge von Einschnitten in die Rinde ausfließt. In Australien dienen auch Eukalyptusarten demselben Zweck. Die Konstitution des Kinos ist unbekannt.

XIV. Cyanomaclurin.

Große Ähnlichkeit mit dem Catechin hat ferner auch das Cyanomaclurin aus dem Jackholz (Artocarpus integrifolia) von der Zusammensetzung C$_{15}$H$_{12}$O$_6$, dessen Konstitution aber gleichfalls noch nicht mit Sicherheit bekannt ist, das in der Alkalischmelze aber Phloroglucin und β-Resorcylsäure (1) entstehen läßt.

XV. Ellagsäure.

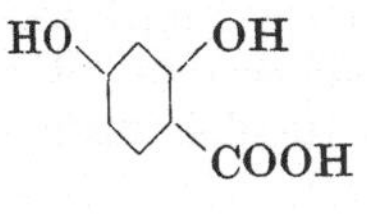

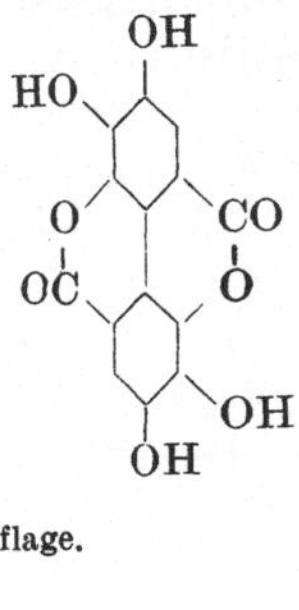

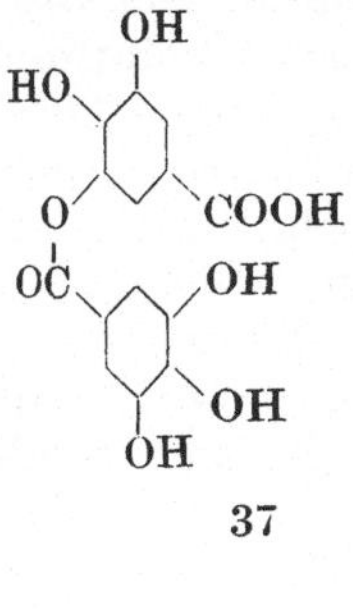

Als Begleiterin der Gerbsäure findet sich weit verbreitet die Ellagsäure (2), die auch auf synthetischem Wege (Alizaringelb in Teig) aus Gallussäure erhalten werden kann, indem aus 2 Mol. Gallussäure zunächst die Digallussäure (3) entsteht, worauf alsdann unter der Einwirkung eines Oxydationsmittels, z. B. As_2O_5, gleichzeitig mit einer Oxydation, eine weitere Anhydrisierung stattfindet. Die Ellagsäure entsteht auch aus dem Gallussäureester durch Kochen mit Soda oder Pottasche, ferner beim Durchleiten von Luft durch die wässerige Lösung in Gegenwart von Ammoniak sowie durch Oxydation der Gallussäure, in Eisessig gelöst, mittels Kaliumpersulfat und Schwefelsäure.

Hexaoxydiphenyl.
In der Alkalischmelze entsteht aus Ellagsäure das Hexaoxydiphenyl (4); beim kurzen Kochen mit Kalilauge läßt sich als Zwischenprodukt ein innerer Ester der Formel (5) isolieren. Die Salze der Ellagsäure sind gefärbt und scheinen sich leicht weiter zu verändern, wobei vielleicht dem Cedriret nahestehende Oxy-Lignone gebildet werden, die den Charakter von Beizenfarbstoffen (6?) besitzen. Der Farbstoff zieht besonders gut auf Chrombeize.

$$(4) \qquad (5) \qquad (6)$$

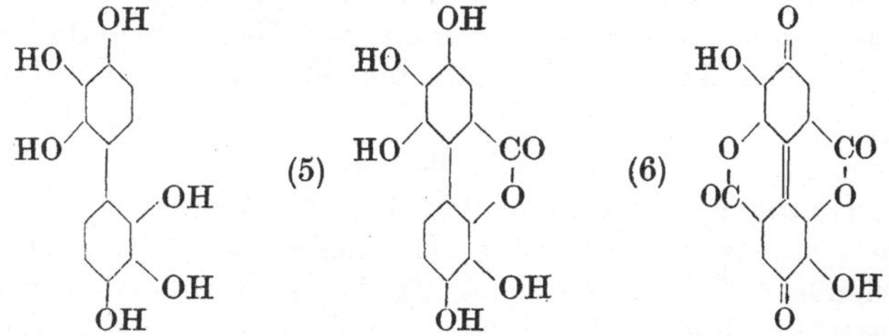

Ähnlich der Gallussäure verhalten sich andere Oxybenzoësäuren, indem sie durch einen Oxydationsprozeß in Diphenylderivate übergehen unter gleichzeitiger innerer Veresterung (Laktonbildung) und eventuell weiterer Hydroxylierung. Eine solche Hydroxylierung findet auch bei der Gallussäure bzw. der Ellagsäure statt unter Bildung von Flavellagsäure.

Flavellagsäure.

Zum Schlusse seien noch einige Farbstoffe angeführt, deren Konstitution gleichfalls mehr oder minder unbekannt ist, die aber dennoch auf Grund ihrer früheren oder gegenwärtigen Anwendung ein gewisses Interesse verdienen.

XVI. Orlean.

Herkunft.
Der Farbstoff wird gewonnen aus dem Samen von Bixa orellana, und zwar aus der die Samenkörner umgebenden wachsartigen Schicht. Der Farbstoff stammt teils aus Ostindien (Bengal), teils aus Südamerika (Cayenne). Der Gehalt des Handelsproduktes an Farbstoff ist starken Schwankungen unterworfen. Er beträgt in der Regel 5—6%. In manchen Sorten soll er neuerdings erheblich höher sein. Ein an Farbstoff besonders reiches Produkt erscheint im Handel unter dem Namen Bixin.

Bixin.

Verwendung.
Orlean wird, außer zum Färben von Nahrungsmitteln, in der Baumwoll- und Seidenfärberei benutzt zur Erzeugung gelbstichig-

roter Färbungen. Auffallend ist die Affinität des Farbstoffes zur pflanzlichen Faser, obwohl man immerhin nach vorheriger Beize mit Zinnsalzen echtere Färbungen erhält; jedoch ermangeln auch diese Färbungen der Lichtechtheit.

XVII. Saflor.

Er wird gewonnen aus den getrockneten Blumenblättern der Färberdistel (Carthamus tinctorius). Die Pflanze gedeiht in subtropischen, aber auch in gemäßigten Klimaten und wurde in früheren Jahrhunderten auch in Deutschland (Thüringen) in großer Menge angebaut. Von den beiden, in den Blumenblättern enthaltenen Farbstoffen ist nur der eine, rote, von technischem Wert, während der andere, gelbliche, wegen seiner mangelnden Echtheit unbrauchbar ist. Beide unterscheiden sich durch ihre Löslichkeit in Wasser, und zwar ist der unechte, gelbe, wesentlich leichter löslich, aber in größerer Menge in der Pflanze enthalten. Der schwerlösliche rote Bestandteil wird als Karthamin bezeichnet. Im Handel erscheint der Farbstoff unter dem Namen Saflorkarmin und findet gegenwärtig vor allem als Malerfarbe und Schminke Anwendung, weniger zum Färben von Textilstoffen, obwohl er früher in der Seiden- und auch in der Baumwollfärberei benutzt wurde, da er, ähnlich wie oben bei Orlean erwähnt, eine ausgesprochene Verwandtschaft für die pflanzliche Faser besitzt. Heute ist das Karthamin infolge seiner Unechtheit gegenüber Alkali und Licht durch bessere, künstliche Farbstoffe verdrängt.

Gewinnung.

Karthamin.

XVIII. Safran.

Nicht zu verwechseln mit dem Saflor ist der Safran, der die getrockneten Narben von Crocus sativus darstellt. Die Pflanze wurde besonders im Orient und im südlichen Europa angebaut und enthält den Farbstoff (Crocetin) in Form eines Glukosides (Crocin), das durch Spaltung in das eigentliche färbende Prinzip, das Crocetin, und Zucker, wahrscheinlich Glukose, zerfällt. Das Crocetin ist ein Beizenfarbstoff, der auf Zinnbeize ein trübes Grüngelb liefert, das durch Ammoniak in ein reineres, gegen Seife und Licht widerstandsfähigeres Goldgelb umschlägt.

Crocetin und Crocin.

XIX. Curcumin.

Ein weiterer Farbstoff von besonderem Interesse ist das Curcumin aus dem Rhizom des gelben Ingwers (Curcuma tinctoria), der in China, Indien und Java angebaut wird. Der Farbstoff dient einerseits als Indikator, weil die bräunlichrote alkalische Lösung beim Übersättigen mit Säure nach Gelb umschlägt, und andererseits besitzt er, ähnlich wie Orlean und Saflor, eine ausgesprochene Affinität zur pflanzlichen Faser, weshalb er trotz seiner im übrigen mangelhaften Echtheit zum Färben von Textilstoffen, insbesondere Baumwolle, aber auch

Seide, benutzt wird. Nebenbei wird er auch zum Färben von Nahrungsmitteln verwendet. Neuere Untersuchungen haben ergeben, daß der Farbstoff bezüglich seiner Konstitution dem **Dimethoxydioxydicinnamylmethan** (1) nahesteht.

$$(1) \quad CH_3O{-}\langle\rangle(HO){-}CH{=}CH\cdot CO\cdot CH_2\cdot CO\cdot CH{=}CH{-}\langle\rangle(OH){-}OCH_3$$

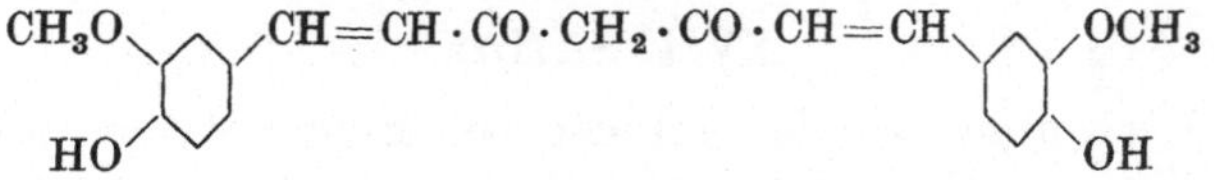

XX. Chinesischgrün oder Chinagrün.

Dieser Farbstoff, auch **Lokao** genannt, ist deshalb von Bedeutung, weil er wohl der einzige natürliche **grüne** Baumwollfarbstoff sein dürfte. In ihm liegt anscheinend ein **Glukosid** vor, dessen Zuckerkomponente nach dem Farbstoff als Lokaose bezeichnet wird. Der Farbstoff zeigt auch Eigenschaften, die ihn den Küpenfarbstoffen nahestellen, indem er in reduziertem Zustande auf Baumwolle zieht, wobei allerdings nicht ein Grün, sondern ein Blau entsteht.

Register.

Kreuzbeeren 539.
Kristallviolett 285, 304f.
Kryogenfarben 465f.
Kryogengelb G 466
— R 465.
K-Säure 119, 219, 223, 390.
Kumaron 33, 59, 533.
Kumol 36, 56.
Küpen 467.
Küpenbildung 467.
Küpenfärberei 467.
Küpenfarbstoffe 291, 336, 467ff., 534.
Kupferhalogenüre 86, 214.
Kuppeln (sauer, alkalisch, neutral) 217f., 373ff., 380.
Kupplung 373ff., 376ff.
Kupplungsbedingungen 376, 378ff.
Kupplungsenergie 217f., 231, 375.
Kupplungsfähigkeit 376f.

Lac-dye 568.
Lackbildung 341f.
Lacke 293, 309, 322, 405ff.
Lackmus 372.
Lackrot C 383.
— Ciba B 508.
Lackrotmarken 383.
Lac-lac 568.
Lactoide Formen 289.
Lakkaïnsäure 568.
Laurentsche Säure = 1, 5-Naphtyl-
   aminsulfonsäure 112, 138, 140.
Lauthsches Violett 451.
Leichtöl 29, 31ff.
Lekanorsäure 571.
Lepidin 43.
Leuchtgas 2, 13, 15, 21.
Leukemeraldin 527.
Leukoauraminbase 314.
Leukoalizaringrün B 443.
Leukoazine 425, 429f.
Leukobasen 299.
Leukochinizarin 359.
Leukofarbstoffe 443, 467.
Leukoform 477f.
Leukoindamine 417, 420, 448.
Leukoindaminthiosulfonsäuren 449.
Leukoindoaniline 417.
Leukoindophenole 417.
Leukomethylenblau 449.
Leukooxazine 443.
Leukosafranin 430.
Leukosalze 273.
Leukothiazine 449.
Leukotrop 478.
Leukoverbindungen 309, 319, 419.
Lichtblau 307, 312.
Lichtgrün 310.

Lignone 504f.
Litholrot 383.
Litholrotmarken 383.
Litum 572.
Lokao 580.
Luteolin 536f.
Lutidin 61.
Lysol 49.

Maclurin 539.
Magdalarot 437.
Malachitgrün 296, 306, 309ff.
Malvidin 549, 552, 555.
Malvin 552, 555.
Martiusgelb 370.
Mauveïn 5, 293, 432r.
Melanogenblau D 467.
Melanthren = Indanthrengrau B 513.
Meldolablau 441f.
Mercaptane 153, 161, 459f., 463.
Mercaptanform 456, 459.
Mercaptangruppe 457, 463.
Mercaptanschwefel 456, 459.
Merichinoide 271.
Mesidin 240.
Metachrombraun 407.
Metallbeizen 293.
Metallkatalyse 194.
Metallacke 293.
Metalloxydbeizen 309.
Metalloxyde 293, 405.
Metallsalze 293.
Metanilsäure 105, 160, 173.
Metaphenylenblau 435.
Methankohlenstoff 295.
α-Methoxy-Anthrachinonsulfonsäuren 334.
α-Methylanthracen 567.
β-Methylanthrachinon 341, 515, 521.
N-Methyl-Anthrapyridon 366.
Methylanthranil-ω-Sulfonsäure 484.
Methylblau 311.
Methylchinol 268, 287.
α-Methylchinolin 331.
Methylenanilin 303.
Methylenblau 451ff.
Methylenchinon 267f.
Methylendichlorid 242.
Methylengrün 453f.
Methylenrot 453f.
Methylenviolett 434, 453f.
Methylgrün 306.
Methylheliotrop 434.
7-Methylindigorot 508.
Methylnaphtalin 42.
Methylorange 287f.
Methylthiosalicylsäure 499.
Methylviolett 296, 302f., 312.

Literaturverzeichnis.

A. Abhandlungen.

Abkürzungen:

Amer. ch. J.	= American chemical Journal.
Ann.	= Liebigs Annalen.
Ann. ch. phys.	= Annales de chimie et de physique.
B.	= Berichte der Deutschen Chemischen Gesellschaft.
Bull.	= Bulletin de la Société chimique de Paris.
Bull. Mulh.	= Bulletin de la Société industrielle de Mulhouse.
C. r.	= Comptes rendus.
Ch. Ind.	= Chemische Industrie.
Ch. N.	= Chemical News.
Ch. Ztg.	= Chemiker Zeitung (Köthener).
D. p. J.	= Dinglers polytechnisches Journal.
Färb. Ztg.	= Lehnes Färber-Zeitung.
G. ch. it.	= Gazetta chimica italiana.
J.-B.	= Jahresbericht über die Fortschritte der Chemie.
J.-B. d. Ch.	= Jahrbuch der Chemie.
J. ch. Soc.	= Journal of the chemical Society.
J. p. Ch.	= Journal für praktische Chemie.
J. Soc. ch. I.	= Journal of the Society of chemical Industry.
J. Soc. D. C.	= Journal of the Society of Dyers and Colorists.
M. sc.	= Moniteur Scientifique.
Proc. R. S.	= Proceedings of the Royal Society.
R. G. M. Col.	= Revue générale des Matières Colorantes.
R. tr. ch.	= Recucil des travaux chimiques des Pays-Bas.
W. M.	= Wiener Monatshefte für Chemie.
Z. f. a. Ch.	= Zeitschrift für angewandte Chemie.
Z. f. Ch.	= Zeitschrift für Chemie.
Z. f. El.	= Zeitschrift für Elektrochemie.
Z. f. Farbenind.	= Zeitschrift für Farbenindustrie (Buntrock).
Z. f. phys. Ch.	= Zeitschrift für physikalische Chemie.

Der Steinkohlenteer, seine Gewinnung und Verarbeitung.

Burgess u. Wheeler, Journ. of Gasl. **125**, 507.
Donath, Montan. Rundschau **7**, 1, 35, 71.
E. v. Espenhahn, J. Soc. ch. I. **36**, 483.
Evans, J. Soc. ch. I. **34**, 9; Chem. Trade **63**, 101.
— u. Carpenter, Metall. Chem. Eng. **13**, 239.
W. Feld, Z. f. a. Ch. **24**, 97; **25**, 705.
F. Fischer, B. **49**, 252, 1472.
— u. Gluud, B. **49**, 1460, 1469; **52**, 1035, 1053.
— u. Niggemann, B. **49**, 1475.
Friedensburg, Glückauf **50**, 744.

Gluud, Glückauf **52**, 443.
Jones u. Wheeler, J. ch. Soc. **107**, 1318; **109**, 707.
Keßler, Feuerungstechn. **5**, 198.
Leßing, J. Soc. ch. I. **36**, 103.
MacLaurin, J. Soc. ch. I. **36**, 620.
Malcolmson, Bull. Am. Min. Eng. **1918**, 971.
O. Pfeiffer, Wasser und Gas **6**, 200.
Pictet, Ramseyer u. Kaiser, C. r. **163**, 358.
Raschig, J. f. Gasbel. **59**, 597.
Schapira, Z. f. Dampfk.-Betr. **41**, 9.
A. Sander, Ch. Ztg. **41**, 657.
Steere, Metall. Chem. Eng. **12**, 775.
Strong, Metall. Chem. Eng. **16**, 648.
Terres, J. f. Gasbel. **59**, 519.
Thau, Glückauf **50**, 834.
Thiel, Glückauf **50**, 88.
Weißgerber, B. **47**, 3175; **53**, 1551.
— u. Kruber, B. **52**, 346, 370, 628.
Weithofer, Montan. Rundschau **7**, 107, 133.
Winter, Glückauf **50**, 445.

Substitutionsregeln.

Armstrong, Ch. N. **80**, 164.
C. Brown u. J. Gibson, J. ch. Soc. **61**, 367.
Flürscheim, B. **39**, 2015; J. pr. Ch. **66**, 321; **77**, 497.
Hollemann, B. **44**, 725, 2504, 3556; J. pr. Ch. **74**, 157.
Hübner, B. **8**, 873.
E. Nölting, B. **9**, 1797.
Obermiller, J. pr. Ch. **75**, 1; **77**, 78; **82**, 462; **84**, 449.
D. Vorländer, B. **52**, 263; Ann. **328**, 122.
A. Werner, B. **44**, 873.
H. Wieland, B. **40**, 4260; **43**, 699.

Halogenderivate.

H. E. Armstrong, B. **7**, 405.
R. Benedict, Ann. **199**, 127.
Blanksma, R. tr. ch. **21**, 327.
W. Borsche, B. **49**, 1339.
— u. Hamburger, B. **48**, 966.
Chattaway u. Norton, B. **32**, 3572, 3635; **33**, 3057.
Claus u. Diemfeller, B. **14**, 1334.
Dubois, Z. f. Ch. **1866**, 705; B. **1**, 68.
Fichter u. Glantzstein, B. **49**, 2473.
Faust u. Saame, Ann. Suppl. **7**, 195.
H. Franzen u. E. Bockhacker, B. **53**, 1174.
L. Gattermann, B. **23**, 1218.
P. Grieß, Ann. **109**, 286.
A. Hantzsch, B. **33**, 505.
H. Kast, B. **44**, 1337.
C. Keller, B. **50**, 305.
Körner, J.-B. **1875**, 333.
Laubenheimer, B. **8**, 1623.
Leymann, B. **15**, 1235.
Lobry de Bruyn, B. **24**, 3749.
W. Mac Kerrow, B. **24**, 2939.
R. Nietzki, B. **28**, 2973.
— u. Schedler, B. **30**, 1666.

A. Reißert, B. **44**, 865.
Reitzenstein, J. pr. Ch. **68**, 251.
Reverdin u. Crépieux, B. **36**, 3262.
Rosenburgh, R. tr. ch. **7**, 227.
Schöpff, B. **22**, 900.
F. Ullmann u. R. Dahmen, B. **41**, 3744.
D. Vorländer u. E. Siebert, B. **52**, 283.
H. Wieland, B. **40**, 4.
Willgerodt, B. **9**, 977, 1717.

Sulfonsäuren, Sulfinsäuren u. Mercaptane[1]).

E. Bamberger, B. **26**, 490; **27**. 361; **28**, 401; **30**. 654, 1261, 2274.
Barth u. E. v. Schmidt, B. **12**, 1260.
Baumann, B. **9**, 55, 1715; **11**, 1909.
Behrend u. Mertelsmann, Ann. **378**, 352.
Blomstrand, B. **3**, 157.
Bourgeois, B. **28**, 2319.
Fichter, B. **42**, 4308; Z. f. El. **13**, 390.
P. Fischer, B. **24**, 3188.
P. Friedländer u. Mauthner, Z. f. Farbenind. **3**, 333.
Fries, B. **47**, 1195.
Gabriel u. Deutsch, B. **13**, 386.
L. Gattermann, B. **32**, 1139, 1142.
Geßner, B. **9**, 1500.
R. Gnehm u. O. Knecht, J. pr. Ch. **73**, 519.
S. Hantke, B. **20**, 3210.
Hefter, B. **28**, 2263.
Heß, B. **14**, 488.
Hollemann u. P. Caland, B. **44**, 2504.
— u. Polak, R. tr. ch. **29**, 416.
Laubenheimer, B. **15**, 597.
Leuckart, B. **20**, 349; J. pr. Ch. **41**, 179, 199.
Limpricht, B. **25**, 75, 3477.
G. Mohrmann, Ann. 410, 373.
J. Obermiller, B. **40**, 3623; **41**, 696.
Otto, B. **9**, 1584; **22**, 821; Ann. **147**, 183.
H. v. Pechmann, Ann. **173**, 203.
Schwalbe, B. **39**, 3102.
Stadler, B. **17**, 2075.
O. N. Witt, B. **48**, 743.
Th. Zincke u. K. Dereser, B. **48**, 1242.
— u. Siebert, B. **48**, 743.

Nitroderivate.

Armstrong, B. **7**, 405; **19**, 52; Z. f. Ch. **1871**, 519.
Atterberg, B. **9**, 927.
E. Bamberger, B. **26**, 471, 490; **27**, 359, 584, 2601; **28**, 399; **29**, 1829; **30**, 1252.
— u. Hoff, B. **28**, 399; Ann. **311**, 101.
O. Baudisch, B. **51**, 1058.
Bruns, B. **28**, 1954.
Clemm, J. pr. Ch. (N. F.) **1**, 178.
Deville, Ann. **44**, 307.
Farugi, G. ch. it. **30**, II, 490.
Flürscheim, J. pr. Ch. **66**, 321.

---

[1]) Siehe diese auch unter Schwefelfarbstoffen.

F. Francis, B. **39**, 3798.
P. Friedländer, B. **32**, 3531.
Gassmann, B. **29**, 1243, 1521.
Henriques, Ann. **215**, 321.
Hepp, Ann. **215**, 353.
A. F. Holleman, J. C. Hartogs u. T. van der Linden, B. **44**, 704.
Hübner, B. **10**, 1716; Ann. **201**, 195; **208**, 292; **222**, 201.
— u. Frerichs, Ann. **208**, 299.
Jungfleisch, Ann. ch. phys. (4) **15**, 186.
H. Kauffmann, J. pr. Ch. **67**, 338.
Kollrepp, Ann. **234**, 8.
G. Körner, J.-B. **1875**, 344.
Lellmann, Ann. **221**, 6.
Lellmann u. Remy, B. **19**, 237, 791; **20**, 891.
Liebermann, Ann. **183**, 225.
H. Martinsen, Z. phys. Ch. **59**, 605.
K. H. Meyer u. Gottlieb-Billroth, B. **52**, 1476.
Million, Ann. ch. phys. (3) **6**, 37.
Nevile u. Winther, B. **13**, 1946.
R. Nietzki u. Benckiser, B. **18**, 294.
E. Nölting u. Collin, B. **17**, 261.
K. Orton, B. **40**, 370; J. ch. Soc. **81**, 806.
Ostromisslensky, J. pr. Ch. **1908**, 261.
A. Pictet, B. **35**, 2526; **49**, 1165; Ch. Centr. **1903**, II, 1109.
Pinnow, B. **27**, 2323, 3163.
— u. Wiskott, B. **32**, 900.
Pisani, C. r. **39**, 852.
Reverdin u. Deletra, B. **37**, 1727.
— u. Düring, B. **37**, 1727.
Römer, B. **16**, 366.
T. Sandmeyer, B. **20**, 1494.
C. G. Schwalbe, B. **35**, 3301.
Städel u. Kolb, Ann. **259**, 210,
Starke, J. pr. Ch. **59**, 219.
Störmer u. Hofmann, B. **31**, 2525.
Täuber, B. **23**, 796; **24**, 197, **25**, 128.
Vorländer u. E. Siebert, B. **52**, 283.
Wilbrand, Ann. **128**, 178.
Will, B. **47**, 704.
Witt u. Utermann, B. **39**, 3901.
— u. Witte, B. **41**, 3090.

Reduktionen (von Nitro- usw. Verbindungen).

Camps Allen, J. of phys. Chem. **16**, 131.
Bader, B. **24**, 1654.
E. Bamberger, B. **27**, 1247, 1550; **28**, 250; **29**, 863; **30**, 654, 2278; **39**, 4252; **40**, 1893.
— u. Kunz, B. **30**, 2277.
— u. Lagutt, B. **31**, 1501.
Béchamp, Ann. ch. phys. (3) **42**, 186; Ann. **92**, 402.
Beilstein u. Kuhlberg, Ann. **154**, 14.
Benda, B. **44**, 3306.
Bertheim, B. **41**, 1655; **44**, 3095.
Blanksma, R. tr. ch. **25**, 365.
Brand, B. **38**, 4014; **40**, 3329; J. pr. Ch. (2) **74**, 449.
Brochet, C. r. **158**, 1353.
Chilesotti, Z. f. El. **7**, 768; **8**, 590.

Cobenzl, Ch. Ztg. **37**, 299.
Elbs, J. pr. Ch. (2) **43**, 39; Z. f. El. **7**, 133, 141.
Fokin, Ch. Ztg. Rep. **1918**, 40.
P. Friedländer, B. **26**, 177.
Gabriel u. Stelzner, B. **29**, 306.
Gattermann, B. **26**, 1844, 2810; **29**, 3040.
Gerard, C. r. **1854**, 421.
v. Girsewald, Z. f. a. Ch. **28**, II, 60.
Goldschmidt u. Eckardt, Z. phys. Ch. **56**, 450.
Grandmougin, B. **39**, 3562.
F. Haber, Z. f. El. **4**, 506; **5**, 77.
— u. Schmidt, Z. f. El. **32**, 274.
Häussermann u. Elbs, Ch. Ztg. **1893**, 129, 2109.
Hinsberg u. König, B. **28**, 2947.
Hofer u. Jacob, B. **41**, 3195.
Holleman u. van Loon, Ch. Centr. **1904**, I, 792.
Hurst u. Thorpe, J. ch. Soc. **107**, 934.
Jacobson u. Mitarbeiter, B. **25**, 992; **26**, 681, 688, 699; **27**, 2700; **28**, 2541; **29**,
    26, 80; **31**, 890; **36**, 3841, 3857, 4069; Ann. **287**, 97; **303**, 290.
Jansen, Ch. Ztg. **12**, 109, 171; Z. f. Farbenind. **12**, 181.
Kehrmann, B. **28**, 1707.
Kock, B. **20**, 1567.
Lapworth, J. ch. Soc. **93**, 2187.
Lea, J.-B. **1861**, 637.
Loeb, Z. f. El. **4**, 428; **7**, 320, 333; B. **31**, 2201; **33**, 2329.
Manchot, Ann. **314**, 193.
J. Meisenheimer, B. **53**, 358.
— u. E. Patzig, B. **39**, 2526.
— u. E. Heße, B. **43**, 1161.
R. Meyer, B. **53**, 1265.
Michaelis u. Lösner, B. **27**, 271.
— u. Schäfer, Ann. **407**, 229.
Nietzki, B. **28**, 2969.
— u. Helbach, B. **29**, 2448.
Nord, B. **52**, 1705.
Noyes u. Clemens, B. **26**, 990.
J. Obermiller, Z. f. a. Ch. **28**, II, 60.
Paal u. Amberger, B. **38**, 1406.
— u. J. Gerum, B. **40**, 2219.
Perkin, J. ch. Soc. **1880**, 546.
Persoz, C. r. **52**, 1138, 1178, 1182.
Piria, Ann. **78**, 31.
Preuß u. Binz, Z. f. a. Ch. **13**, 385.
Raikow, Z. f. a. Ch. **29**, 196, 239.
J. Roussin, C. r. **52**, 1033.
Sabatier u. Mailhe, C. r. **138**, 245.
— u. Senderens, C. r. **133**, 321; **135**, 226.
Schmidt u. Gattermann, B. **29**, 2934.
Stieglitz u. Curme, B. **46**, 911; J. Am. ch. Soc. **35**, II, 1143.
Tafel, B. **33**, 2209; Z. phys. Ch. **34**, 187.
J. Thiele u. O. Dimroth, Ann. **305**, 119.
Troost, Ch. Centr. **1861**, 989.
Vidal, M. sc. **59**, I, 430.
de Vries, Ch. Centr. **1910**, I, 260, 429.
L. Wacker, B. **35**, 667.
Th. Weyl, B. **39**, 4340; **40**, 970.
H. Wieland, B. **48**, 1100.
R. Willstätter u. Kubli, B. **41**, 1936.

H. Wislicenns u. Kaufmann, B. **28**, 1326.
O. N. Witt, Ch. Ind. **1887**, 218; B. **18**, 2912; **19**, 56.
Wohl, B. **27**, 1432, 1436, 1817.
Zerewitinoff u. Ostromisslensky, B. **44**, 2402.
Zinin, Ann. **44**, 286; **85**, 328; J. pr. Ch. (1) **36**, 98.

Amine und Phenole.

K. v. Auwers u. W. Borsche, B. **48**, 1698.
H. Th. Bucherer, J. pr. Ch. (2) **69**, 49; **70**, 345; **71**, 433; **75**, 249; **77**, 403; **79**,
    369; **80**, 201; **81**, 48; Z. f. Farb. u. Textilchem. I, Heft 18; II, Heft 10.
— u. A. Stohmann, Z. f. Farb. u. Textilchem. III, Heft 4 u. 5.
Degener, J. pr. Ch. **20**, 300.
Elbs, J. pr. Cb. **48**, 179.
Engelhardt u. Latschinoff, Z. f. Ch. **1870**, 225.
Fr. Fichter u. R. Gageur, B. **39**, 3006.
H. Franzen u. H. Kempf, B. **50**, 101.
S. Heusler, Ann. **260**, 233.
Hirsch, B. **25**, 1973.
F. Kehrmann u. E. Engelke, B. **42**, 350.
Jac. Meyer, B. **30**, 2569.
K. H. Meyer u. F. Bergius, B. **47**, 3155.
— u. F. Willson, B. **47**, 3160.
Möhlau, B. **49**, 168.
Mühlhäuser, D. p. J. **263**, 154.
R. Nietzki, B. **19**, 1468.
R. Pummerer, B. **52**, 1403.
— u. E. Cherbuliez, B. **52**, 1392, 1414.
— u. F. Frankfurter, B. **47**, 1472; **52**, 1416.
K. W. Rosenmund u. E. Struck, B. **52**, 1749.
Fr. Sachs, B. **39**, 3006.
K. Schniter, B. **20**, 2283.
— u. H. Brunetti, B. **40**, 3230.
M. Steiner, B. **42**, 3674; Ann. **365**, 53.
J. Thiele, Ann. **306**, 129.

Naphtalinderivate.

Aguiar, B. **3**, 28; **7**, 306.
Alén, Bull. **1883**, I, 63.
Armstrong, B. **15**, 202, 207.
Armstrong u. Graham, J. ch. Soc. **39**, 139.
— u. Wynne, Proc. ch. Soc. **1898**, 105; **1889**, 18f., 48, 52; **1890**, 129; **1891**, 27;
1895, 82; Ch. Ztg. **1887**, 43; **1890**, 272.
E. Bamberger, Ann. **257**, 13, 42.
Bayer u. Duisberg, B. **20**, 1430.
Bender, B. **22**, 999.
Bernthsen, B. **22**, 3327; **23**, 3083.
— u. Semper, B. **20**, 938.
Bischoff u. Brodsky, B. **23**, 1914.
Böniger, B. **27**, 23, 3053.
H. Th. Bucherer, Z. f. Farb. u. Textilchem. I, Heft 18; II, Heft 10.
— u. A. Stohmann, Z. f. Farb. u. Textilchem. III, Heft 4 u. 5.
Claus, J. pr. Ch. (N. F.) **39**, 316.
— u. Dehne, B. **15**, 321.
— u. Knyriem, B. **18**, 2924.
— u. Öhler, B. **15**, 312.
— u. Schmidt, B. **19**, 3172.
— u. Volz, B. **18**, 3155.
— u. Zimmermann, B. **14**, 1483.

Clausius, B. **23**, 520.
Cleve, B. **10**, 1723; **19**, 2179; **20**, 75; **21**, 3272; **23**, 958; **24**, 3472, 3476; Bull.
   1875, II, 510; **1876**, II, 242, 444; **1878**, I. 414.
Conrad u. Fischer, Ann. **273**, 109.
Darmstädter u. Wichelhaus, B. **2**, 114; Ann. **152**, 299, 301, 306.
Dreßel u. Kothe, B. **27**, 1194, 1206, 2139, 2152.
Dusart, Ann. **144**, 125; C. r. **64**, 859.
Ebert u. Merz, B. **9**, 610.
Ekstrand, B. **20**, 1353; J. pr. Ch. (N. F.) **38**, 262.
Eller, Ann. **152**, 277.
Emmert, Ann. **241**, 37, 369.
Erdmann, B. **21**, 638; Ann. **247**, 314, 341; **275**, 225.
O. Fischer u. Schütte, B. **26**, 3087.
Forsling, B. **19**, 1715; **20**, 76, 2099; **21**, 3495.
P. Friedländer, B. **28**, 1951.
— u. Littner, B. **48**, 328.
— u. Lucht, B. **26**, 3032.
— u. Reinhardt, B. **27**, 239.
— u. Szymanski, B. **25**, 2079.
— u. Weisberg, B. **28**, 1842.
— u. Zakrzewski, B. **27**, 763.
— u. Zinberg, B. **29**, 38.
Gattermann, B. **26**, 1845.
Goldschmidt u. Brubacher, B. **24**, 2306.
Gradenwitz, B. **27**, 2661.
Grandmougin u. Michel, B. **25**, 981.
Green, B. **22**, 721; J. ch. Soc. **55**, 37.
Griess, B. **13**, 1958; **14**, 2041.
Grove, Ann. **167**, 359; J. ch. Soc. **26**, 210; **45**, 296.
— u. Stenhouse, B. **10**, 1597; Ann. **189**, 153; J. ch. Soc. **32**, 52.
Hinsberg, B. **22**, 861.
Hirsch, B. **21**, 2371; **26**, 1177.
Hosaeus, B. **26**, 665.
Jacobson, B. **14**, 806.
Kaufmann, B. **15**, 806.
König, B. **22**, 787; **23**, 806.
Korn, B. **17**, 3024.
Kostanecki, B. **25**, 1691; **26**, 2898.
Ladenburg, B. **11**, 1651.
Lagodzinski u. D. Hardine, B. **27**, 3076.
Landshoff, B. **16**, 198.
Lange, B. **20**, 2940; Ch. Ztg. **1888**, 856.
Laurent, C. r. **31**, 538.
Lauterbach, B. **14**, 2029.
Levinstein, B. **16**, 462.
Liebermann, B. **14**, 1311.
— u. Dittler, B. **7**, 243; Ann. **183**, 247.
— u. Hager, B. **15**, 1428.
— u. Jacobson, Ann. **211**, 58.
Limpach, B. **16**, 726.
Mauzelius, B. **20**, 3401.
Meldola, Ch. Ztg. **1893**, 38; Proc. ch. Soc. **1892**, 219;
   J. ch. Soc. **39**, 40, 47.
— u. Hughes, J. ch. Soc. **57**, 632; Ch. Ztg. **1890**, 756.
— u. Morgan, J. ch. Soc. **55**, 117.
Merz u. Weith, B. **10**, 1233.
R. Möhlau, B. **26**, 3067; **28**, 3100.

Nevile u. Winther, B. **13**, 1948.
R. Nietzki, B. **15**, 305; Ch. Ztg. **1891**, 296.
— u. Guitermann, B. **20**, 1275.
— u. Rossi, B. **25**, 3002.
— u. Zübelen, B. **22**, 451.
E. Nölting, Ch. Ztg. **1888**, 1212.
Palmaer, B. **21**, 3260.
Pfitzinger u. Duisberg, B. **22**, 397.
Piria, Ann. **78**, 31 ff.
Plimpton, J. ch. Soc. **37**, 635.
Rabe, B. **22**, 395.
Reverdin, B. **27**, 3460.
— u. de la Harpe, B. **25**, 1403; Bull. **1892**, I, 295.
Robertson, J. pr. Ch. (N. F.) **48**, 534 f.
Rosenberg, B. **25**, 3634.
Rudolph, Ch. Ztg. **1892**, 779.
Schaeffer, B. **2**, 193; Ann. **152**, 293; J. pr. Ch. **106**, 465.
Schmid, B. **26**, 1120 f.
Schmidt, J. pr. Ch. (N. F.) **42**, 156; **44**, 521.
— u. Schaal, B. **7**, 1368.
Schmitt u. Burkard, B. **20**, 2699.
Schöpff, B. **25**, 2741; **26**, 1123; **29**, 266.
Schultz, B. **20**, 3161; **23**, 77.
Seidel, B. **25**, 423.
Streiff, Ann. **209**, 160.
Tobias, B. **23**, 1631 f.
Weber, B. **14**, 2206.
Weinberg, B. **20**, 3354, 2907.
Witt, B. **19**, 56, 578, 1719; **21**, 3472, 3478, 3484.
— u. Kaufmann, Б. **24**, 3157.
Wolff, B. **26**, 85.
Zincke, Ann. **268**, 273.
— u. Rathgen, B. **19**, 24.
Zinin, Ann. **52**, 361 f.; **85**, 329; J. pr. Ch. **33**, 29; **57**, 177.

Diazoniumverbindungen (u. Hydrazine).

Bamberger, B. **24**, 3260; **26**, 471; **27**, 668, 679, 914, 1179, 1948, 2582, 2930; **28**, 444, 826, 837, 1218; **29**, 440, 564, 1383, 1388, 1829; **30**, 211, 374, 1248; **32**, 2043.
Blomstrand, B. **29**, Ref. 93; J. pr. Ch. **53**, 169.
H. Th. Bucherer u. S. Wolff, B. **42**, 881.
A. Denniger, B. **17**, 269; **23**, 3636; J. pr. Ch. **40**, 298.
Fr. Erban u. A. Mebus, Ch. Ztg. **31**, 663, 673, 1011.
E. Fischer, B. **16**, 2976; Ann. **190**, 71.
H. Goldschmidt, B. **28**, 2020.
P. Grieß, Ann. **137**, 39.
A. Hantzsch u. Mitarbeiter, B. **27**, 1702, 1726, 1729, 2099, 2966, 3527; **28**, 696, 741 1124, 1734, 2002, 2073; **29**, 947, 1059, 1067; **30**, 71, 89, 92, 339. 621, 1153, 1412, 2334; **31**, 177, 340, 1612, 2053; **32**, 1703, 3135; **33**, 2147, 2158, 2161, 2179, 2517, 2544, 2556.
Hayduk, Ann. **174**, 343.
Holleman u. Böseken, Rec. tr. ch. **16**, 427.
A. Kekulé, Z. f. Ch. **1866**, 308.
Klemenc, B. **47**, 1407.
E. Knövenagel, B. **23**, 2994; **28**, 2048.
V. Meyer, B. **16**, 2976; **17**, 572; **21**, 15.
E. Nölting u. M. Battegay, B. **39**, 79.

H. v. Pechmann, B. **24**, 3255; **25**, 3190, 3505.
T. Sandmeyer, B. **20**, 1494.
Schmitt u. Glutz, B. **2**, 52.
C. Schraube u. Schmidt, B. **27**, 514.
L. Wacker, B. **35**, 2593.
O. N. Witt, B. **42**, 2953.
—, Nölting u. Grandmougin, B. **23**, 3635; **25**, 3149.

Alkylierungen, Alkohole, Aldehyde, Ketone und Carbonsäuren.

H. Th. Bucherer, B. **37**, 2825, 4510; **39**, 2033; Z. f. Farb. a. Textilchem. I, Heft 3.
— u. A. Grolée, B. **39**, 986, 1224.
— u. A. Schwalbe, B. **39**, 2796.
Zoltan Földi, B. **53**, 1896, 1839.
L. Gattermann, Ann. **357**, 313.
Gabriel u. Leupold, B. **31**, 1278.
C. Gräbe u. H. Kraft, B. **39**, 793, 2507.
Knövenagel, B. **37**, 4059.
E. Kohner, J. p. Ch. **63**, 392.
Merz u. Mühlheimer, B. **3**, 709.
C. Mettler, B. **37**, 3692; **38**, 1745; **39**, 2933; **41**, 4148.
Müller, B. **4**, 980.
Rabe, B. **31**, 1898.
R. Schmitt, J. p. Ch. **31**, 407.
Stieglitz, B. **46**, 2147, 2151.
J. Thiele u. O. Günther, Ann. **347**, 106.
S. Tymstra u. B. Eggink, B. **39**, 14.
H. Weil, B. **41**, 4147.
Weinberg, B. **25**, 1612.

Optische Absorption usw.

Baly u. Desch, Z. phys. Ch. **55**, 485; J. ch. Soc. **85**, 1029.
Gebhardt, J. pr. Ch. **84**, 561, 651; Z. f. a. Ch. **26**, 76.
A. Hantzsch, B. **45**, 85, 554; **50**, 1413.
— u. Glover, B. **39**, 4237.
Hartley, J. ch. Soc. **47**, 685.
H. Kauffmann, B. **33**, 1725; **34**, 682; Z. phys. Ch. **26**, 719; **27**, 519. **28**, 688; **50**, 350.
P. Krüss, Z. phys. Ch. **51**, 257.
Martens u. Grünbaum, Drudes Ann. **12**, 984.
Pauer, Wiedemanns Ann. **61**, 363, 375.
Stewart u. Baly, J. ch. Soc. **89**, 502.
H. Stobbe, B. **39**, 293, 761; Ann. **349**, 364; **370**, 93.
E. Wedekind u. H. Rheinboldt, B. **52**, 1013.

Fluorescenz und Konstitution.

A. Hantzsch, B. **40**, 3536.
Henrich, W. M. **19**, 492.
— u. Opfermann, B. **37**, 3108.
H. Kauffmann, B. **33**, 1731; **37**, 2941; **38**, 789; **40**, 838, 2338, 4396, 4547; **50**. 1614; Ann. **344**, 30.
H. Ley u. H. Gorke, B. **40**, 4473.
—, Gräfe u. Engelhardt, B. **41**, 2988; Z. phys. Ch. **74**, 1.
— u. Müller, B. **41**, 1637.
C. Liebermann, B. **13**, 913.
R. Meyer, Z. phys. Cb. **24**, 468, 481.
M. Richter, B. **44**, 3469.

Stark, Physik. Zeitschr. **8**, 81; **9**, 481, 661.
J. Stark u. R. Meyer, Physik. Zeitschr. **8**, 250.
E. Wiedemann, Wiedem. Ann. **37**, 188.
— u. G. C. Schmidt, Wiedem. Ann. **56**, 201.

Chromophor, Chromogen und Auxochrom.

A. Baeyer, B. **23**, 1272.
— u. Villiger, B. **34**, 2679, 3612; **35**, 1189, 1201, 3013.
Collie u. Tickle, Tr. ch. Soc. **75**, 710.
C. Gräbe, B. **32**, 1681.
— u. C. Liebermann, B. **1**, 106.
H. Kauffmann, **35**, 1189, 3670; **39**, 1959, 2724; **40**, 2341; **50**, 515, 630, 1662;
  J. pr. Ch. **67**, 337.
H. Kauffmann u. Beisswenger, B. **36**, 565.
— u. W. Franck, B. **39**, 2722.
— u. W. Kugel, B. **41**, 2386.
F. Kehrmann, B. **32**, 2601.
Lifschitz, B. **50**, 906.
R. Meyer u. Hartmann, B. **38**, 3951.
E. Nölting, Ch. Ztg. **1910**, 1016.
G. Oddo, Chem. Centr. **1906**, II, 1811; **1907**, I, 622.
Staudinger u. Kon, Ann. **384**, 45.
J. Thiele, B. **33**, 666.
O. N. Witt, B. **9**, 522; **21**, 325.

Pseudosäuren (und -Basen).

H. Decker, B. **25**, 3327; **32**, 3121; **35**, 2588, 2589, 3068; J. pr. Ch. **47**, 28,
  222.
A. Hantzsch u. Mitarbeiter, B. **29**, 2193; **32**, 572, 600, 607, 628, 641, 3066, 3109,
  3137, 3148; **34**, 2506, 3142; **35**, 226, 249, 877, 883, 1001; **37**, 1076, 2705,
  3434; **38**, 998, 1004, 2143, 2161; **39**, 139, 153, 1073, 1084, 1565, 2478, 3072,
  3080, 3087, 3149, 4153; **40**, 330, 1523.
Holleman, B. **33**, 2913; R. tr. ch. **14**, 129; **15**, 356; **16**, 162.
Konowalow, B. **29**, 699, 2251.
A. Michael, J. pr. Ch. **37**, 507.
J. Nef, B. **29**, 1222; Ann. **270**, 330; **280**, 263, 290.

Konstitution und Farbe.

Auwers, Ann. **360**, 11.
Baeyer, B. **37**, 2851; **38**, 571; **40**, 3087; Ann. **354**, 152; **372**, 80.
Baeyer u. Villiger, B. **34**, 2679; **35**, 1189, 1195, 3015; Z. f. a. Ch. **19**, 1288.
— u. Piccard, Ann. **407**, 332.
Baly u. Schäfer, J. ch. Soc. **93**, 1806.
Bamberger, B. **37**, 2468.
Bernthsen, Ann. **230**, 162; **251**, 11, 49, 82.
Bijlmann, B. **43**, 834, 1651, 3153.
Busch, B. **45**, 76.
Claus u. Decker, J. pr. Ch. **39**, 305.
H. Decker, B. **37**, 2930; J. pr. Ch. **79**, 342.
Elbs, J. pr. Ch. **47**, 72.
Euler, B. **39**, 1607, 2256.
Gomberg, B. **35**, 2405; **37**, 3543; **40**, 1883.
— u. Cone, B. **40**, 1847; **42**, 406; Ann. **376**, 183.
C. Gräbe, B. **25**, 3146; **26**, 2354.
— u. C. Liebermann, B. **1**, 106.
Green u. King, B. **39**, 2365.

A. Hantzsch, B. **37**, 1076, 1084, 2705, 3434; **39**, 1084, 1090, 2098, 3080; **40**, 1537, 1570; **41**, 1187, 1212; **42**, 967, 4324; **43**, 45, 82, 1651; **44**, 84, 835, 1783, 1799, 1801, 2001, 2007, 3290; **48**, 158, 785, 1332, 1338; **49**, 234, 511, 2169; **50**, 1204; Z. phys. Ch. **56**, 57.
— u. H. Glover, B. **39**, 4153.
— u. Gorke, B. **39**, 1073.
— u. Leupold, B. **42**, 68.
— u. Ley, B. **39**, 3149.
— u. K. H. Meyer, B. **40**, 3480.
de la Harpe u. van Dorp, B. **7**, 1046.
Jacobson, B. **38**, 196.
H. Kauffmann, B. **37**, 2468; **39**, 4237; **45**, 766, 781.
F. Kehrmann, B. **41**, 2340; **48**, 1931, 1933; **50**, 24.
— u. Wentzel, B. **34**, 3815; **47**, 2274.
A. Knorr, B. **44**, 1503.
Ley, Z. f. a. Ch. **1907**, 1303.
— u. Mitarbeiter, B. **32**, 1357; **38**, 973; **47**, 2938, 2945, 2948; **50**, 1123; Z. phys. Ch. **54**, 532.
Lifschitz, B. **49**, 2050.
— u. Kritzmann, B. **50**, 1719.
H. Meyer, B. **40**, 2431.
K. H. Meyer, B. **41**, 2571; **42**, 1149; **43**, 157.
R. Meyer u. Marx, B. **40**, 1414, 3603.
Norris u. Sanders, Am. ch. J. **25**, 54.
W. Ostwald, Z. phys. Ch. **9**, 579.
Paal u. Schultze, B. **33**, 3784; **35**, 168.
P. Pfeiffer, Ann. **370**, 99; **376**, 285; **383**, 92; **404**, 1.
F. Raschig, Z. f. a. Ch. **20**, 2065.
F. Reitzenstein u. W. Schwerdt, J. pr. Ch. **75**, 369.
M. M. Richter, B. **43**, 3603.
F. Sachs, B. **34**, 3047; **35**, 3309; **36**, 3221.
W. Schlenk, B. **43**, 1753; Ann. **372**, 1.
— u. Brauns, B. 48, 661, 716.
— u. Marcus, B. **47**, 1664.
— u. Ochs, B. **48**, 676.
Schmidlin, B. **41**, 2471.
J. Schmidt, B. **40**, 3384.
Schütze, Z. phys. Ch. **9**, 109.
Staudinger, Ann. **384**, 45.
Stieglitz, B. **37**, 2657; J. Am. ch. Soc. **25**, 112.
Stobbe, B. **40**, 2454; **44**, 1481; Ann. **349**, 333, 349, 361, 368; **374**, 260; **380**, 1.
— u. Niedenzu, B. **34**, 3897.
— u. Ph. Naoum, B. **37**, 2244.
Straus u. Caspari, B. **40**, 2689.
J. Thiele, B. **33**, 668, 851; **36**, 842; Ann. **306**, 125; **319**, 226.
D. Vorländer u. Mumme, B. **36**, 1482; Ann. 320, 116.
Walden, B. **35**, 2018; **38**, 571; Z. phys. Ch. **43**, 385.
A. Werner, B. **40**, 1880, 3487, 3728; **42**, 4324.
H. Wieland, B. **48**, 1096.
R. Willstätter u. Mitarbeiter, B. **37**, 1494, 3716, 4605; **38**, 1232, 2244, 2348; **39**, 3474, 3482, 3765; **40**, 1406, 1432, 2665; **46**, 1458.
O. N. Witt, B. **9**, 522; Färber-Ztg. **1890/91**, 1.
Wurster, B. **12**, 1803, 1807, 2071; **19**, 3195, 3217.
Zawidzki, B. **36**, 3334; **37**, 2298.

Triphenylmethanfarbstoffe.

Albrecht, B. **21**, 3292.
A. Baeyer, B. **4**, 457, 663; **38**, 572, 584; **42**, 2642; Ann. **183**, 1; **202**, 68; **212**, 249.

Baeyer u. Villiger, B. **37**, 2857, 2870; **38**, 569.
Beckerheim, J.-B. **1870**, 768.
H. Böttinger, B. **12**, 975.
v. Braun, B. **37**, 635.
Brüning, B. ·**6**, 25, 1072.
Bulk, B. **5**, 417.
H. Caro, B. **25**, 939, 2671.
— u. C. Gräbe, B. **11**, 1117, 1350; Ann. **179**, 184, 203.
— u. Wanklyn, Z. f. Ch. (N. F.) **2**, 563; Z. pr. Ch. **100**, 49.
Coupier, B. **6**, 423.
Dale u. Schorlemmer, B. **10**, 1016; Ann. **166**, 279; **196**, 77.
C. Döbner, B. **11**, 1236, 2274; **12**, 1010, 1462; **13**, 610, 2222, 2229; **15**, 234; Ann.
    217, 250.
E. u. H. Erdmann, Ann. **294**, 376.
Erdmann, Ch. Ind. **1900**, Nr. 21.
Fehrmann, B. **20**, 2844.
E. u. O. Fischer, B. **11**, 950, 1081, 2098; **12**, 791, 796, 2348; **13**, 2204; Ann. **194**,
    242, 274, 286, 295; **206**, 130.
O. Fischer, B. **10**, 1625; **11**, 950; **14**, 2521; **44**, 1944.
— u. Germann, B. **16**, 706.
— u. Jennings, B. **26**, 2222.
— u. Körner, B. **16**, 2904.
— u. Römer, B. **42**, 2934.
— u. Ziegler, B. **13**, 672.
P. Friedländer, B. **22**, 588.
L. Gattermann u. Wichmann, B. **22**, 227.
Girard u. de Laire, J. B. **1862**, 696; **1867**, 963, 968; D. p. J. **162** 297 : **170**, 58.
R. Gnehm u. Bänzinger, B. **29**, 875.
M. Gomberg, B. **40**, 1847, 2755; Ann. **370**, 159.
C. Gräbe, B. **20**, 3260; M. sc. **1887**, 600.
A. Hantzsch, B. **52**, 509.
— u. F. Heim, B. **52**, 493.
Herzig, W. M. **29**, 653.
A. W. Hofmann, B. **3**, 761; **6**, 263, 352; 8, 62; **11**, 1455; **12**, 1371, 2216; **18**, 767;
    Ann. **132**, 160; J. pr. Ch. **77**, 190; **87**, 226; Z. f. Ch. **1863**, 393; D. p. J. **172**,
    306; J.-B. **1858**, 351; **1862**, 347, 428; **1863**, 417; Ch. N. **6**, 90; Proc.· R. S.
    13, 9; C. r. **54**, 428; **56**, 945, 1033; **57**, 1113, 1121, 1131.
— u. Girard, B. **2**, 447.
K. A. Hofmann, B. **43**, 178.
E. Jacobsen, B. **13**, 294.
H. Kauffmann, B. **45**, 781; **52**, 1421.
— u. Pannwitz, B. **45**, 766.
A. Käswurm, B. **19**, 742.
F. Kehrmann, B. **34**, 3815; Ann. **372**, 287.
Kern, B. **19**, Ref. 889.
Kolbe u. Schmitt, Ann. **119**, 169.
Lambrecht, B. **40**, 249; **42**, 3591.
Lange, B. **18**, 1918.
Ch. Lauth, J.-B. **12**, 551; Bull. **1861**, 78.
Liebermann, B. **5**, 144; **6**, 951; **9**, 334; **11**, 1435; **16**, 1927.
— u. Schwarzer, B. **9**, 800.
Martius, Ch. Ind. **1879**, 81.
Meldola, Ch. N. v. 23. u. 30. III. 1883.
H. Meyer, B. **40**, 2430.
R. Meyer u. K. Marx, B. **40**, 1437, 3606; **41**, 2446.
— u. J. Pfotenhauer, B. **40**, 1442.
— u. F. Posner, B. **44**, 1954.

V. Meyer, B. **13**, 2343.
Michler, B. **9**, 176.
v. Miller u. Plöchl, B. **24**, 1700.
Mühlhäuser, D. p. J. **263**, 249, 260, 295; **264**, 77; **270**, 179.
Nathanson, Ann. **98**, 297.
— u. Müller, B. **22**, 1888.
Nencki u. Schmitt, J. pr. Ch. (2) **23**, 549.
Nicholson, M. sc. **7**, 5.
Nietzki u. Schröter, B. **28**, 44.
Nölting, B. **24**, 3126.
— u. Collin, B. **17**,.259.
— u. Gerlinger, B. **39**, 204.
— u. Philipp, B. **41**, 579, 3908.
Reichenbach, Schweigers J. f. Ch. **68**, 1.
'Rosenstiehl, Ann. ch. phys. (5) **8**, 192; Bull. (2) **33**, 342; Bull. Mulh. **36**, 264;
    C. r. **116**, 194; **120**, 192, 264, 331, 740; D. p. J. **181**, 389.
Runge, Pogg. Ann. **31**, 65, 512.
W. Schlenk, Ann. **368**, 277.
Schiff, Ann. **140**, 101.
Schmidlin, B. **39**, 4204.
— u. Escher, B. **45**, 889.
Schoop, B. **11**, 1949; D. p. J. **258**, 276; Z. f. a. Ch. **1887**, 215; Ch. Ztg. **11**, 572.
Stock, J. pr. Ch. **47**, 103, 403.
F. Strauß u. R. Bormann, B. **43**, 728.
Usèbe, J. pr. Ch. (1) **92**, 337.
E. Votocek u. J. Jelinek, B. **40**, 406.
Wichelhaus, B. **16**, 2005.
Walter, Bull. Mulh. **1895**, 82.
H. Wieland, B. **52**, 880.
Zincke, Ann. **363**, 246.
Zulkowsky, B. **10**, 1201; **11**, 391; Ann. **179**, 203; **194**, 109 122; **202**, 179.

Auramine.

v. Braun, B. **37**, 2670.
Fehrmann, B. **20**, 2844.
C. Gräbe, B. **20**, 3260; **32**, 1681; **35**, 2615.
E. Grandmougin u. Favre-Ambrunyan, B. **47**, 2127.
— u. A. Lange, B. **42**, 3631.
A. Hantzsch, B. **33**, 297.
L. Semper, Ann. **381**, 143, 234.
Stock, B. **33**, 318; J. pr. Ch. **47**, 401.
Walter, Bull. Mulh. **1895**, 82.

Xanthenfarbstoffe.

A. Baeyer, B. **4**, 457, 558, 662; **8**, 146; Ann. **183**, 2, 28, 46, 53; **202**, 68; **212**, 347;
    372, 80.
A. Bernthsen, Ch. Ztg. **16**, 1056, 1956.
Biehringer, B. **27**, 3299; J. pr. Ch. **54**, 217, 235.
Bindschedler u. Busch, M. sc. **20**, 1171.
v. Braun, B. **51**, 440.
— u. Aust, B. **49**, 989.
Buchka, Ann. **209**, 249, 261, 272.
Bünzly u. H. Decker, B. **37**, 2931.
Döbner, Ann. **217**, 234.
Durand, D. p. J. **229**, 178; M. sc. **1878**, 1322.
E. Fischer, B. **7**, 1211.
O. Fischer u. Hepp, B. **28**, 396.

M. R. Fosse, C. r. **133**, 100.
C. Gräbe, B. **28**, 28.
A. Green u. E. King, B. **39**, 2365; **40**, 3724; **41**, 3434.
A. Hantzsch, B. **52**, 1535.
G. Heller, B. **28**, 312; **42**, 2188.
Herzig, W. M. **13**, 425.
Heumann u. Rey, B. **21**, 3001.
A. W. Hofmann, B. **7**, 1753; **8**, 62.
F. Kehrmann u. Dengler, B. **41**, 3440.
— u. J. Knop, B. **44**, 3505.
— u. L. Löwy, B. **45**, 290.
Köchlin, Bull. Mulh. **46**, 550; D. p. J. **229**, 178.
W. Kropp, B. **42**, 578.
W. Lambrecht, B. **42**, 3591.
H. v. Liebig, J. pr. Ch. **85**, 241.
R. Meyer, B. **24**, 1412, 2600; **28**, 428; **38**, 1329.
— u. Hoffmeyer, B. **25**, 1385, 2118.
— u. K. Meyer, B. **44**, 2678.
— u. Oppelt, B. **21**, 3376.
— u. Saul, B. **25**, 3586.
R. Möhlau u. P. Koch, B. **27**, 2896.
P. Mormet, Bull. **7**, 523.
Mühlhäuser, D. p. J. **263**, 49, 66. 99; **283**, 182, 210; **284**, 21, 46.
R. Nietzki u. Burckhardt, B. **30**, 175.
— u. Schröter, B. **28**, 44.
E. Nölting u. K. Dziewonski, B. **42**, 2744.
F. Ullmann u. v. Glenck, B. **49**, 2487.
L. Wacker, Z. f. Farbenind. **6**, 201.
A. Werner, B. **34**, 3300.

Chinolinfarbstoffe.

Eibner u. Lange, Ann. **315**, 303.
Fischer u. Bedall, B. **15**, 684.
— u. Besthorn, B. **16**, 68.
— u. Rudolf, B. **15**, 1500.
— u. Tauber, B. **17**, 2925.
A. W. Hofmann, B. **20**, 4; Z. f. Ch. **6**, 36; J.-B. **1862**, 351; Proc. R. S. **12**, 410;
　　C. r. **55**, 849.
Hoogewerff u. van Dorp, B. **17**, Ref. 48.
Jacobsen u. Reimer, B. **16**, 513, 1082, 2604.
A. Kaufmann u. P. Strübin, B. **44**, 690.
— u. E. Vonderwahl, B. **45**, 1404.
W. König, J. pr. Ch. **72**, 555; **73**, 100.
Miethe u. Book, B. **37**, 2018; **38**, 3804.
Nadler u. Merz, J.-B. **1867**, 512.
E. Nölting u. E. Witte, B. **39**, 2749.
W. Spalteholz, B. **16**, 1847.
Traub, B. **16**, 297, 878.
E. Vongerichten u. C. Höfchen, B. **41**, 3055.
— u. L. Krantz, B. **43**, 128.
Williams, Ch. N. **2**, 219.
Greville Williams, J. pr. Ch. **83**, 189; J.-B. **1860**, 735.

Akridinfarbstoffe.

R. Anschütz, B. **17**, 433.
C. Bäzner, J. Guerginieff u. A. Gardiol, B. **37**, 3082; **39**, 2438, 2623, 2650.
H. Bünzly u. H. Decker, B. **37**, 575.

H. Decker, B. **35**, 3072.
— u. C. Schenk, B. **39**, 748.
A. Dunstan u. R. Oakley, B. **39**, 977.
O. Fischer u. Körner, B. **17**, 203; Ann. **226**, 175.
— u. E. Schmidt, J. pr. Ch. **82**, 288.
C. Gräbe, B. **16**, 1735.
— u. H. Caro, Ann. **158**, 265.
Grandmougin u. Lange, B. **42**, 3634.
A. Hantzsch u. L. Kalb, B. **35**, 2588.
A. W. Hofmann, B. **2**, 378; J.-B. **1862**, 346.
L. Kalb, B. **43**, 2209.
F. Kehrmann u. A. Stepanoff, B. **41**, 4133.
Kliegel, u. Fehrle, B. **47**, 1629.
R. Meyer, B. **32**, 2352.
F. Ullmann u. H. Ernst, B. **39**, 298.
— u. R. Maag, B. **40**, 2515.
— u. Naef, B. **33**, 2470.

Anthracen.

R. Anschütz, B. **11**, 1216.
K. v. Auwers, B. **53**, 941.
Berthelot, Ann. **142**, 254; **156**, 224; Suppl. **5**, 375; I. B. **1866**, 540; **1867**, 59; Bull. (2) **6**, 272; **7**, 218, 274; **9**, 295; C. r. **63**, 788.
van Dorp, B. **5**, 1070; Ann. **169**, 207; Bull. **20**, 259; M. sc. **1873**, 247; Ch. N. **28**, 292.
— u. A. Behr, B. **6**, 754; **7**, 16, 578.
Dumas, Ann. **5**, 10.
— u. Laurent, Ann. ch. phys. (3) **50**, 187; **60**, 220.
O. Fischer, B. **7**, 1191; **8**, 675.
— u. A. Sapper, J. pr. Ch. **85**, 201.
K. Fries u. E. Engelbertz, Ann. **381**, 312; **407**, 194.
Fritzsche, J. pr. Ch. (a. F.) **73**, 286; **101**, 331; Ann. **109**, 249.
C. Gräbe, B. **6**, 63; Ann. **167**, 162.
— u. C. Liebermann, B. **1**, 104, 186; **2**, 14, 186, 332, 444, 634; Ann. Suppl. **7**, 258, 275, 290; **160**, 121.
Heller u. Schülke, B. **41**, 3627.
Jacobsen, D. p. J. **198**, 356.
E. Kopp, M. sc. **1870**, 723, 753; **1871**, 531, 691; **1872**, 33, 252, 319, 681; Ch. N. **1871**, 120, 241.
F. Kaufler u. W. Suchannek, B. **40**, 518.
Laurent, Ann. **34**, 287; Ann. ch. phys. **66**, 148.
Liebermann, B. **11**, 1605; **12**, 182; Ann. **183**, 163, 169; J. ch. Soc. **1877**, I, 610.
— u. Bendix, B. **47**, 1011.
— u. Böck, B. **9**, 1615; **11**, 1613; J. ch. Soc. **1879**, 257.
E. Linke, J. pr. Ch. (a. F.) **11**, 222.
Luck, B. **6**, 1347.
H. Meyer, Ann. **379**, 37 u. 72.
R. Nietzki, B. **10**, 2014; J. ch. Soc. **1878**, 154.
W. H. Perkin, B. **9**, 1805; Ann. **158**, 319, 322; J. ch. Soc. **1877**, I, 209; Ch. N. **22**, 27; **34**, 145.
Ilie J. Pisovski, B. **41**, 1434.
G. Schultz, B. **10**, 1051.
J. Weiler, B. **7**, 1185.

Anthrachinon.

R. Anschütz, B. **11**, 1213.
A. Baeyer u. H. Caro, B. **7**, 968; **8**, 152; Bull. **23**, 85; **24**, 215.
Böttger u. Petersen, B. **6**, 17; Ann. **160**, 145; **166**, 147, 152; J. pr. Ch. **60**, 130; Ch. N. **1870**, 166.

Claus, Gäss u. Schultz, B. **10**, 925.
Diehl, B. **11**, 181; Bull. **30**, 399; J. ch. Soc. **1878**, II, 429.
H. Dienel, B. **39**, 926.
O. Dimroth, O. Friedemann u. H. Kämmerer, B. **53**, 481.
— u. E. Schultze, Ann. **411**, 345.
van Dorp u. Behr, B. **6**, 754; **7**, 578.
Fittig, B. **6**, 168.
O. Fischer u. H. Klebsamen, B. **47**, 461.
— u. Schweckendiek, B. **47**, 1576.
K. Fleischer u. P. Wolff, B. **53**, 925.
Fries u. Auffenberg, B. **53**, 23.
Fritzsche, J. pr. Ch. (a. F.) **56**, 287, **106**, 288.
C. Gräbe, B. **5**, 15; **6**, 63; Ann. **163**, 363.
— u. C. Liebermann, B. **2**, 233; **3**, 634, 636, 905; Ann. Suppl. **7**, 284, 288, 290;
    160, 125, 132; Bull. **14**, 63.
Haller, B. **10**, 734; Ch. N. **1877**, 145; C. r. **84**, 558.
Haslinger, B. **39**, 3537.
G. Heller, Z. f. a. Ch. **19**, 669.
Kalb, B. **47**, 1724.
Kalischer u. Meyer, B. **49**, 1994.
A. Kekulé u. Franchimont, B. **5**, 15.
A. Kopp, Ch. Ind. **1878**, 405; M. sc. **1878**, 1147.
K. Lagodzinski, B. **39**, 1917.
Lesser, B. **47**, 2526.
C. Liebermann, B. **7**, 805.
— u. Stormann, B. **12**, 589; J. ch. Soc. **1879**, 654.
— u. Topf, B. **9**, 1201; J. ch. Soc. **1877**, I, 86.
E. Linke, J. pr. Ch. (a. F.) **11**, 222.
Fr. Meyer u. W. Kaufmann, B. **53**, 289.
E. Nölting u. Wortmann, B. **39**, 637.
H. v. Pechmann, B. **12**, 2124.
v. Perger, B. **11**, 1566; **12**, 1204; J. pr. Ch. **19** [a. F.) 209; J. ch. Soc. **1879**, II,
    724; **1880**, II, 49.
W. H. Perkin, B. **3**, 807, 940; Ch. N. **1870**, 37.
A. Schaarschmidt, B. **48**, 831, 973; **49**, 381, 2678; **50**, 294; Ann. **407**, 176.
— u. Georgeacopol, B. **51**, 1082.
— u. Herzenberg, B. **51**, 1230.
— u. E. Korten, B. **51**, 1074.
R. Scholl u. Schwinger, B. **44**, 2992.
Schützenberger, B. **5**, 214; Bull. **29**, 49.
F. Ullmann u. Bincer, B. **49**, 1213.
— u. Conzetti, B. **53**, 826.
— u. Eiser, B. **53**, 2154.
— u. P. Kertesz, B. **52**, 545.

Oxyketone und Oxychinone.

Aguiar u. A. Baeyer, B. **4**, 251.
Ciamician u. Silber, B. **28**, 1393.
Gräbe, B. **32**, 2876.
K. Hösch u. Th. Zarzewski, B. **50**, 462.
St. Kostanecki, B. **20**, 3133.
— u. J. Tambor, B. **39**, 4022.
C. Liebermann, Ann. **162**, 330.
Nencki u. Sieber, J. pr. Ch. **23**, 147.
Roussin, J.-B. **1861**, 955; J. pr. Ch. **1861**, 181.
Schunck u. Marchlewski, B. **27**, 3462; Ann. **286**, 27.
Will, B. **28**, 1456, 2234.

Alizarinfarbstoffe.

G. Auerbach, J.-B. **1871**, 796; **1874**, 488; Ch. Ztg. **1879**, 525, 682; **1882**, 910; J. ch. Soc. **1879**, I, 799; Ch. N. **1872**, 106, 666; **1875**, 241, 254; M. sc. **1872**, 368, 686.

G. Auerbach u. Gessert, B. **8**, 1369; Bull. **23**, 572.

A. Baeyer, B. **6**, 511; **9**, 1231; **10**, 1081.

— u. H. Caro, B. **7**, 969, 972, 976; **8**, 152.

Barth u. Sennhofer, Ann. **170**, 100.

O. Baudisch, B. **52**, 146.

— u. Claus, B. **50**, 330.

R. Bohn, B. **23**, 3739; **25**, 1045.

— u. C. Gräbe, B. **20**, 2327.

Bolley, D. p. J. **196**, 585; J.-B. **1870**, 616.

Böttger u. Peters, Ann. **166**, 151.

Bourcart, J.-B. **1834**, 611.

R. Brasch, B. **24**, 1610.

H. Brunck, B. **11**, 522.

— u. C. Gräbe, B. **15**, 1783.

A. Buntrock, R. G. M. Col. **5**, 100.

H. Caro, B. **9**, 632; **10**, 1760; Ann. **201**, 353.

—, C. Gräbe u. C. Liebermann, B. **3**, 359, 363; Bull. **13**, 555; M. sc. **1870**, 444, 447.

A. Claus, B. **8**, 530.

Collin u. Robiquet, Ann. ch. phys. (2) **36**, 225; **63**, 303; Berz. J.-B. **7**, 265.

Dale u. Schorlemmer, B. **3**, 838; D. p. J. **198**, 358.

H. Decker u. L. Laube, B. **39**, 112, 526.

Depierre, M. sc. **1877**, 1302; Ch. Ind. **1878**, 18.

Diehl, B. **10**, 403, 1233; **11**, 187, 190; Bull. **30**, 399; J. ch. Soc. **1878**, 428.

O. Dimroth u. E. Schultze, Ann. **411**, 339.

A. Eichengrün, Ann. **269**, 295.

O. Fischer, B. **8**, 676.

Friedländer u. Schick, Z. f. Farbenind. **1903**, 429; **1904**, 219, 292.

L. Gattermann, Ch. Ztg. **1891**, 150.

Gehrhardt, C. r. **1849**, 222.

G. v. Georgievics, W. M. **32**, 329, 347.

Girard, Bull. Mulh. **1872**, 42, 54.

C. Gräbe, B. **11**, 522, 1646; **12**, 571, 1416; **23**, 3739; Ann. **201**, 333; **349**, 201; Bull. **30**, 423; J. ch. Soc. **1879**, 655; M. sc. **1878**, 1310.

— u. Eichengrün, B. **24**, 967.

— u. C. Liebermann, B. **2**, 14, 332, 505; **3**, 359, 636, 696; **4**, 108; Ann. Suppl. **7** 257, 300; **160**, 121, 144; Bull. **14**, 63; J.-B. d. Ch. **1868**, 479, **1869**, 599; Ch. N. **1871**, 142.

— u. Philipps, B. **24**, 2297; Ann. **276**, 21.

E. Grandmougin, R. G. M. Col. **12**, 37.

G. Heller, B. **41**, 3641.

Herzig u. Epstein, W. M. **29**, 281, 671.

Kekulé, D. p. J. **213**, 262.

Klobukowsky, B. **9**, 1256; **10**, 880; Bull. **27**, 468; J. ch. Soc. **1877**, 84, 618.

Kopp, B. **8**, 195; Ch. Ind. **1878**, 12, 14; M. sc. **1878**, 1147, 1162.

de Lalande, B. **7**, 1545; **9**, 644; D. p. J. **216**, 447; **223**, 539; J.-B. **1874**, 486; Bull. **1874**, 425; C. r. **79**, 669; Ch. N. **30**, 207.

Lepel, B. **9**, 1845; **10**, 159.

Levinstein, J. Soc. ch. I. **1883**, 213, 223.

C. Liebermann, B. **3**, 905; **5**, 868; **11**, 1611; **12**, 186, 1287; **28**, 145; Ann. **162**, 328; **183**, 190; J. ch. Soc. **1879**, II, 260, 538; Bull. **19**, 78.

— u. Böck, B. **11**, 1612, 1616; J. ch. Soc. **1879**, 188.

— u. Dehnst, B. **12**, 1287, 1597; J. ch. Soc. **1879**, II, 942; **1880**, II, 49.

— u. Fischer, B. **8**, 974; Ann. **183**, 151, 208, 215; J. ch. Soc. **1877**, I, 609.

C. Liebermann u. Gießel, B. **8**, 1643; **9**, 329, 332; **12**, 1287; Ann. **183**, 184;
    J. ch. Soc. **1877**, I, 611.
— u. Trotschke, B. **8**, 379; Ann. **183**, 205.
— u. Wense, B. **23**, 3739; Ann. **240**, 301.
Liefschütz, B. **17**, 893.
Martius u. Grieß, Ann. **134**, 375.
Meister Lucius u. Brüning, J.-B. **1873**, 1122.
R. Möhlau, B. **52**, 1780.
Nencki u. Sieber, J. pr. Ch. **23**, 538.
E. Nölting u. Klobukowsky, B. **8**, 931.
H. v. Pechmann, B. **12**, 2127.
H. v. Perger, J.-B. **1878**, 1105; J. ch. Soc. **1879**, 256; J. pr. Ch. (n. F.) **18**, 174, 184.
W. H. Perkin, B. **3**, 251, 807; **5**, 996; **6**, 149; **8**, 780; **9**, 281; Ann. **158**, 315; J. pr.
    Ch. **3**, 320; **1873**, 241; J.-B. **1870**, 608; **1873**, 450; **1874**, 485; **1877**, 586; J. ch.
    Soc. **2**, 578; **23**, 133; **1873**, II, 425; **1878**, 216; Ch. N. **27**, 82; **31**, 257; **33**, 61;
    1870, 138, 283; **1871**, 226; Bull. **13**, 556; M. sc. **1870**, 368.
Plessey u. Schützenberger, J. pr. Ch. (a. F.) **70**, 314.
M. Prud'homme, Bull. (3) **28**, 62; **29**, Nr. 7; **30**, 424; **35**, 71; Bull. Mulh. **28**, 62;
    J.-B. **77**, 924; M. sc. **1878**, 431, 679; J. ch. Soc. **1878**, 78; **1879**, 419.
Reverdin, B. **4**, 402; M. sc. **1871**, 679.
Robiquet, Ann. **20**, 196; Ann. ch. phys. **19**, 204; J. pr. Ch. **5**, 374, **6**, 130; **8**, 123.
— u. Collin, Bull. Mulh. **1**, 146.
Rochleder, Ann. **80**, 323; **82**, 205.
Rosenstiehl, B. **7**, 1546; **9**, 192, 946, 1036, 1132, 1808; **10**, 734, 2166; **12**, 2080;
    D. p. J. **216**, 447; **223**, 539; Bull. (2) **23**, 204; **25**, 53; **27**, 180; **29**, 405; Bull.
    Mulh. **26**, 63; C. r. **79**, 681; **82**, 1455; **83**, 73; **84**, 559, 984; Ann. ch. phys.
    (5) **12**, 519; J. ch. Soc. **1877**, II, 625, 738; **1878**, II 231, 428, 677, 737; **1879**,
    II, 383, 807, 817; Ch. N. **30**, 240.
Römer, B. **14**, 1259.
Roscoe, Ch. N. **1870**, 184; M. sc. **1870**, 442.
Runge, J. pr. Ch. (a. F.) **5**, 362, 374; Berz. J.-B. **16**, 262.
Scheurer, Bull. Mulh. **1884**, 327.
R. E. Schmidt, B. **36** 4194; J. pr. Ch. **43**, 232.
R. E. Schmidt u. L. Gattermann, J. pr. Ch. **43**, 237, 246; **44**, 103.
R. Scholl, B. **52**, 565, 1829.
—, E. Schwinger u. O. Dischendorfer, B. **52**, 2254.
— u. A. Zincke, B. **51**, 1419; **52**, 1142.
Schunck, Ann. **66**, 81, 171; **81**, 344; **87**, 345, 351. J.-B. **55**, 666; **74**, 446.
Schunck u. Marchlewski, B. **27**, 3462.
Schunck u. Römer, B. **6**, 17; **8**, 1628; **9**, 379, 678, 946; **10**, 175, 550, 1226, 1821;
    11, 969, 1176, 1228; **12**, 584, 1008, 2312; **13**, 42; J. ch. Soc. **1877**, I, 670; II,
    624; **1878**, 77, 510; **1879**, 322, 654, 670, 725; Ch. N. **33**, 233; **34**, 131, 173;
    35, 142; **38**, 198; Am. Ch. **7**, 36; Bull. **26**, 316; **27**, 79; M. sc. **1876**, 367, 470.
    941.
Schützenberger u. Paraf, J.-B. d. Ch. **1862**, 496.
— u. Schiffert, D. p. J. **214**, 1485; Bull. **22**, 571; C. r. **79**, 680; Ch. N. **30**, 242.
Seuberlich, B. **10**, 38.
Simpson, Brook u. Royle, B. **10**, 1752, 1907.
Stenhouse, Ann. **130**, 343.
Strobel, Bull. **26**, 127; Bull. Mulh. **1876**, 160; D. p. J. **220**, 287.
Troost, C. r. **89**, 439; J. ch. Soc. **1879**, II, 1039.
Vogel, B. **9**, 1641; **11**, 1371; J. ch. Soc. **1879**, 83.
Widmann, B. **9**, 856.
Will, B. **28**, 1456, 2234.
Willgerodt, B. **8**, 157, 530; M. sc. (3) **5**, 807.
Zincke u. Schmidt, Ann. **286**, 27.

Nitrosofarbstoffe.

Clausius, B. **23**, 521; **27**, 3050.
Fitz, B. **8**, 631.
Fuchs, B. **8**, 625, 1026.
Goldschmidt u. Strauss, B. **20**, 1407.
C. Gräbe, B. **20**, 3134.
E. Grandmougin, R. G. M. Col. **1907**, 191.
Greiff u. Durend, Romens Journ. **1886**, 74.
Henriques u. Iljinski, B. **15**, 1816; **18**, 704.
O. Hoffmann, B. **18**, 46.
F. Kehrmann, B. **48**, 2021; **49**, 1211.
Köhler, B. **16**, 3080.
St. Kostanecki, B. **20**, 3137; **21**, 1405.
C. Liebermann, B. **7**, 247.
R. Nietzki u. Guitermann, B. **21**, 429.
Stenhouse u. Groves, Ann. **189**, 145.

Nitrofarbstoffe.

A. Baeyer, J.-B. **1859**, 458.
Ballo, B. **3**, 288.
Bender, B. **22**, 996.
Darmstädter u. Wichelhaus, B. **2**, 11; Ann. **152**, 289.
Ganahl, Ann. **99**, 240.
R. Gnehm, B. **9**, 1245.
C. Gräbe, B. **18**, 1126.
Hlasiwetz, Ann. **110**, 289.
Ed. Knecht u. Eva Hibbert, B. **37**, 3475.
Laurent, Ann. **43**, 208, 219.
Lauterbach, B. **14**, 2028.
C. Liebermann u. Dittler, Ann. **183**, 249.
Martius, J. pr. Ch. (1) **102**, 442; Z. f. Ch. **1868**, 80.
— u. Wichelhaus, B. **2**, 207.
R. Nietzki u. W. Petri, B. **33**, 1788.
Schmitt u. Glutz, B. **2**, 52.

Azofarbstoffe.

R. Anschütz u. G. Schultz, B. **22**, 583.
K. v. Auwers, B. **48**, 1716.
— u. Michaelis, B. **47**, 1275, 1297.
A. Baeyer u. Jäger, B. **8**, 148.
E. Bamberger, B. **33**, 3188.
Borsche, Ann. **357**, 171.
— u. Ockinge, Ann. **340**, 1432.
Buckney, B. **11**, 1453.
Caro u. Grieß, Z. f. Ch. **10**, 278.
O. Dimroth u. M. Hartmann, B. **40**, 4460; **41**, 4012.
Eger, B. **22**, 847.
A. Eibner u. O. Laue, B. **39**, 2022.
H. Erdmann, Ch. Ind. **1900**, 1.
W. Fuck, J. ch. Soc. **95**, 109.
H. Gorke, E. Köppe u. F. Staiger, B. **41**, 1156.
E. Grandmougin u. H. Freimann, B. **40**, 2662; J. pr. Ch. **78**, 384.
P. Grieß, B. **10**, 388, 528; **11**, 1197, 2192; **12**, 1364; **15**, 2187; Ann. **121**, 262; **137**,
    60; **154**, 211.
P. Grieß u. Martius, Z. f. Ch. **9**, 132.
A. Hantzsch, B. **48**, 167; **52**, 1509.
— u. F. Hilscher, B. **41**, 1171; **42**, 2129.
A. W. Hofmann, B. **10**, 28, 388, 1213, 1378.

Jäger, B. **8**, 1499.
Juillard, Bull. **1905**, 973.
Karrer, B. **48**, 1398.
F. Kehrmann, B. **50**, 856.
A. Kekulé, Z. f. Ch. **1866**, 688.
— u. Hidegh, B. **3**, 234.
Kimmich, B. **8**, 1026.
Ed. Knecht u. Eva Hibbert, B. **36**, 1549.
Liebermann, B. **14**, 1796; **16**, 2858; Ann. **1882**, 61.
— u. Kostanecki, B. **17**, 130, 882.
Lippmann u. Fleißner, B. **15**, 2136; **16**, 1415.
K. H. Meyer, B. **52**, 1468.
—, A. Irschick u. H. Schlösser, B. **47**, 1741.
Mixter, Amer. ch. J. **5**, 282.
Mühlhäuser, D. p. J. **264**, 238.
Müller, B. **13**, 268.
R. Nietzki, B. **10**, 662, 1155; **17**, 345.
E. Nölting, B. **18**, 1143.
— u. Forel, B. **18**, 268.
— u. Witt, B. **12**, 77.
Perkin u. Church, Ann. **129**, 108.
E. Rohner, J. p. Ch. (2) **61**, 228.
Scharwin u. Kaljanow, B. **41**, 2056.
M. Schmidt, J. pr. Ch. **85**, 235.
G. Schultz, B. **17**, 463.
Standel u. Bomer, B. **19**, 1954.
Stebbins, B. **13**, 716.
Wallach, B. **15**, 2825.
— u. Kiepenheuer, B. **14**, 2617.
— u. Schulze, B. **15**, 3020.
Weselsky u. Benedict, B. **13**, 228.
Weinberg, B. **20**, 3171.
Will u. Pukall, B. **20**, 1122.
R. Willstätter u. M. Benz, B. **39**, 3492; **40**, 1578.
— u. Veraguth, B. **40**, 1432.
O. N. Witt, B. **10**, 350, 656; **11**, 2196; **12**, 259; **14**, 3154; **21**, 3479; Ch. Ztg.
    1880, Nr. 26.
Th. Zincke u. Bindewald, B. **17**, 3031.

Disazofarbstoffe.

R. Anschütz, Ann. **294**, 219, 232; **306**, 1.
A. Baeyer u. Duisberg, B. **20**, 1426.
A. Bernthsen, Ch. Ztg. **1895**, 2167; **1898**, 456.
H. Caro u. P. Grieß, Z. f. Ch. (2) **3**, 278.
— u. C. Schraube, B. **10**, 2230.
R. Gnehm u. Benda, Ann. **299**, 127.
E. Grandmougin u. Gerison, R. G. M. Col. **12**, 134.
P. Grieß, B. **9**, 627; **11**, 627; **16**, 2028; Ann. **137**, 60.
P. Grieß u. C. Duisberg, B. **22**, 2459.
Kallab, Ch. Ind. **18**, 215.
— u. Rudolph, Ch. Ztg. **1890**, 1731.
Kertész, Ch. Ztg. **15**, 701.
L. Knorr, B. **21**, 1204.
Krohn, B. **21**, 3241.
Lange, B. **19**, 1697.
Martius, B. **19**, 1755.
R. Meldola, J. ch. Soc. Nov. 1883; März 1884.

K. Meyer u. Maier, B. **36**, 2975.
— u. Schäfer, B. **27**, 3357.
v. Miller, B. **13**, 542, 980.
R. Möhlau u. L. Meyer, B. **30**, 2203.
Möllenhof, B. **25**, 1945.
R. Nietzki, B. **13**, 800, 1838; **17**, 344, 1350.
E. Nölting, Färb. Ztg. **1**, 106.
G. Schultz, B. **17**, 462; **20**, 3160.
Tafel, B. **20**, 244.
Täuber u. Walder, B. **30**, 2111, 2899.
Wallach, B. **15**, 2825.
Weselsky u. Benedict, Ann. **196**, 339.
Weinberg, B. **20**, 2906, 3353.
Witt, B. **10**, 654; **19**, 1719.
Ziegler u. Locher, B. **20**, 834.

Azomethin- und Stilbenfarbstoffe.

F. Bender, B. **28**, 422.
— u. Schultz, B. **19**, 3234.
Calm, B. **16**, 2799.
O. Fischer u. Hepp, B. **26**, 223, 2234, 2283; **28**, 2281; **30**, 2618, 3097; **31**, 354, 1078.
R. Gnehm, B. **40**, 3412; J. pr. Ch. **69**, 161, 223.
A. Green u. P. F. Crosland, J. ch. Soc. **85**, 1424, 1432; **89**, 1610, **91**, 2076; **93**, 1721.
— u. R. Wahl, B. **30**, 3097; **31**, 1078.
C. Liebermann, B. **7**, 247, 1089.
R. Möhlau, B. **16**, 2845, 3081; **19**, 2010.
R. Nietzki, B. **28**, 2980.
Schneider, B. **32**, 609.
Seyewetz, Bull. **3**, 811.
J. Walter, Bull. Mulh. **1887**, 99.
R. Willstätter, B. **37**, 1494, 4605.
O. N. Witt u. G. Schmidt, B. **27**, 2370.

Chinone, Chinonimine u. dergl.

E. Bamberger, B. **23**, 435; **31**, 1523.
O. Dimroth, B. **34**, 222.
Fogli, B. **21**, 890.
E. Grandmougin, B. **39**, 3563.
F. Kehrmann, B. **31**, 979; **44**, 2632.
—, Grandmougin u. Havas, B. **47**, 1881.
Kollrepp, Ann. **234**, 16.
Krause, B. **12**, 47.
C. Liebermann, B. **20**, 1854; Ann. **212**, 3.
W. Madelung, B. **44**, 626.
K. Meyer, B. **36**, 2980.
Meyer, Ann. **379**, 37.
Miller, J. ch. Soc. **39**, 220.
R. Möhlau, B. **19**, 2011.
Paul, Z. f. a. Ch. **17**, 24.
Piccard, B. **44**, 959; Ann. **381**, 351.
Russig, J. pr. Ch. (2) **62**, 32.
R. Willstätter, B. **37**, 1494, 4605.
— u. M. Benz, B. **39**, 3482.
— u. Müller, B. **41**, 2580; **44**, 2171.
— u. Panzer, B. **40**, 1406.
— u. Pfannenstiel, B. **37**, 4605.
— u. Piccard, B. **41**, 1458.
Th. Zincke, B. **14**, 1796; Ann. **286**, 70.

Indamine und Indophenole.

A. Bernthsen, Ann. **230**, 73, 211.
Bindschedler, B. **13**, 207; **16**, 865.
Köchlin, Bull. Mulh. **52**, 532.
R. Möhlau, B. **16**, 2845; **18**, 2913.
R. Nietzki, B. **10**, 1157; **16**, 464.
Schmidt u. Andressen, J. pr. Ch. (2) **24**, 435.
F. Ullmann, B. **41**, 624.
O. N. Witt, B. **12**, 931; Ch. Ind. **1**, 255; Färb.-Ztg. **1**, 2.

Azine.

Andresen, B. **19**, 2212.
Annaheim, B. **20**, 1371.
Barbier u. Sisley, Ann. ch. phys. **1908**, 96.
— u. Vignon, C. r. **105**, 939; Bull. **48**, 338.
A. Bernthsen, B. **19**, 2690; **20**, 179.
— u. Schweitzer, B. **19**, 2604; Ann. **236**, 332, 343.
Bindschedler, B. **13**, 207; **16**, 864.
E. Börnstein, B. **34**, 1269.
Caro u. Dale, D. p. J. **159**, 465.
Dale u. Schorlemmer, J. ch. Soc. **35**, 682.
v. Dechend u. Wichelhans, B. **8**, 1609.
H. Decker u. Würsch, B. **39**, 2653.
O. Fischer, B. **29**, 1870.
— u. E. Hepp, B. **20**, 2479; **21**, 676, 1593, 2617, 2628; **22**, 355; **23**, 832, 845,
    2789; **25**, 2731; **26**, 1194, 1655, 2235; **28**, 293, 2283, 2289; **29**, 361, 1367;
    30, 361, 399; Ann. **256**, 233, 240 ; **262**, 237, 256, 262; **272**, 306, 311, 1325;
    286, 187, 203, 211, 235.
— u. F. Römer, B. **40**, 3407.
Grieß, B. **5**, 202.
— u. Martius, Z. f. Ch. **1866**, 136.
A. Hantzsch, B. **49**, 1865.
Hewitt, Newmann u. Wisswill, J. ch. Soc. **95**, 577.
A. W. Hofmann, B. **2**, 374, 412.
Hofmann u. Geyger, B. **5**, 526, 472.
G. F. Jaubert, B. **28**, 270, 508, 1581; **29**, 414.
P. Julius, B. **19**, 1365.
F. Kehrmann, B. **27**, 3349; **28**, 1543, 1709; **29**, 2316; **49**, 1207; **50**, 554; Ann.
    290, 247.
— u. Messinger, B. **23**, 2447; **24**, 584, 1239, 2167.
— u. Mitarbeiter, B. **40**, 1234; **41**, 42, 472; **44**, 2618, 2622, 2628.
— u. Wetter, B. **31**, 966.
G. Körner u. C. Schraube, Ch. Ztg. **17**, 305.
Mène, Ch. N. **25**, 215.
Miolati, B. **28**, 1697.
Mühlhäuser, Ch. Ztg. **1893**, 497.
R. Nietzki, B. **10**, 668; **16**, 469, 476; **17**, 226; **19**, 3017, 3165 ; **22**, 3039; **28**, 1354,
    2980; **29**, 1442.
R. Nietzki u. Ernst, B. **23**, 1825.
— u. Hasterliok, B. **24**, 1337.
— u. Otto, B. **21**, 1598, 1736.
— u. Simon, B. **28**, 2975.
W. H. Perkin, Ann. **131**, 201; J. pr. Ch. (1) **107**, 61; Proc. R. S. **14**, 235; **35**, 717, 729.
Ris, B. **27**, 3318.
Schlumberger, D. p. J. **164**, 206; Bull. Mulh. **32**, 126.
Seer, W. M. **33**, 33, 535.
Städeler, J. pr. Ch. **1865**, 65; D. p. J. **177**, 395.

Trillat, C. r. **116**, 1382.
E. Ullrich, Ch. Ztg. **1890**, 375.
Wieland, B. **40**, 4262; **41**, 3478.
Willm, Bull. Mulh. **30**, 360.
O. N. Witt, B. **10**, 873; **12**, 931, 939; **17**, 74; **18**, 1119; **19**, 441, 2791; **20**, 1538; **21**, 719, 723.
— u. Thomas, B. **16**, 1102; J. ch. Soc. **1883**, I, 112.
A. Wohl u. M. Lange, B. **43**, 2186.

Oxazine.

W. Borsche u. K. Winder, A. **411**, 38.
Brunner u. Krämer, B. **17**, 1847, 1867, 1875.
G. Fischer, J. pr. Ch. **19**, 317.
R. Gnehm u. Bauer, J. pr. Ch. **77**, 502.
E. Grandmougin u. E. Bodmer, B. **41**, 604; J. pr. Ch. **75**, 199; **77**, 489, 508.
C. Liebermann, B. **7**, 248, 1098.
F. Kehrmann, B. **32**, 2601; **34**, 1623; **39**, 914; **40**, 2071; **50**, 1662; **52**, 2119; Ann. **322**, 1.
— u. W. Gresley, B. **42**, 347.
— u. L. Löwy, B. **44**, 3006.
— u. A. Winkelmann, B. **40**, 613.
Köchlin, M. sc. (3) **13**, 292; Bull. Mulh. **53**, 206.
R. Meldola, B. **12**, 2065.
R. Möhlau, B. **25**, 1055; **31**, 2352.
— u. Klimmer, Z. f. F. T. Ch. **1**, 62, 68.
—, — u. Kahl, Z. f. F. T. Ch. **1**, 62, 68.
— u. Uhlmann, Ann. **289**, 111.
R. Nietzki, B. **24**, 3366.
— u. V. Becker, B. **40**, 3397.
— u. Bossi, B. **25**, 2994, 3002.
—, Dietze u. Mäckler, B. **22**, 3020, 3030.
— u. Mäckler, B. **23**, 78.
— u. Otto, B. **21**, 1590, 1736.
Reverdin u. de la Harpe, B. **25**, 1400; **26**, 1279.
Schlarp, Ch. Ztg. **15**, 1281, 1387.
Seidel, B. **23**, 182.
Weselsky, Ann. **162**, 273.
— u. Benedict, W. M. I, 886.
O. N. Witt, B. **23**, 2247.

Thiazine.

A. Bernthsen, B. **16**, 1025, 2903; **17**, 611, 2854; **39**, 1804; Ann. **230**, 73, 137, 171, 189, 211; **251**, 1.
R. Gnehm u. F. Kaufler, B. **39**, 1016.
— u. W. Schröter, J. pr. Ch. **73**, 1.
— u. E. Walder, B. **39**, 1021; J. pr. Ch. **401**, 471.
Grandmougin u. Walder, Z. f. Farbenind. **5**, 235.
A. Hantzsch, B. **39**, 153.
F. Kehrmann, B. **39**, 153, 1403; **48**, 318; **49**, 54, 1013, 2831.
— u. Zybs, B. **52**, 130.
Koch, B. **12**, 592.
P. Landauer u. H. Weil, B. **34**, 4170; **43**, 198.
Ch. Lauth, B. **9**, 1035.
R. Möhlau, H. Beyschlag u. H. Köhres, B. **45**, 131.
Mühlhäuser, D. p. J. **262**, 371.
Pummerer, Eckert u. Gassner, B. **47**, 1494.
Schönholzer, J. pr. Ch. **76**, 498.
Walder, J. pr. Ch. **76**, 402.

Thiazol- und Schwefelfarbstoffe.

R. Anschütz u. G. Schultz, B. 22, 422, 1064.
Apitzsch u. Kelber, B. 43, 1239.
E. Bauer, Z. f. a. Ch. 1902, 53.
Beilstein u. Kurbatow, Ann. 197, 79.
A. Bernthsen, B. 16, 1025, 2897; 17, 611; 19, 3255; Ann. 211, 1; 230, 73, 173, 184.
Biltz, B. 34, 2490; 38, 2973.
Binz, Ch. Ind. 1906, 296.
— u. Dessauer, Ch. Ind. 1906, 295.
Blanksma, R. tr. ch. 20, 399; Ch. Ztg. 1902, Rep. 76.
Bloch, Hohn u. Bugge, B. 41, 1961; J. pr. Ch. 82, 473.
Böttger u. Petersen, Ann. 166, 150.
Bourgeois, B. 23, 738, Ref. 327; 28, 2319.
Calm, B. 16, 2786.
Deuß, B. 41, 2329.
Edinger, J. pr. Ch. 51, 91.
— u. Arnold, J. pr. Ch. 64, 187.
A. Eibner u. O. Lange, Ann. 315, 303.
Eppendahl, Färb. Ztg. 21, 351.
H. Erdmann, Ann. 362, 133.
F. Fichter, Ch. Ztg. 1906, 835.
— u. J. Fröhlich, Z. f. a. Ch. 1906, 1211.
—, — u. M. Jalon, B. 40, 4420.
G. H. Frank, Proc. ch. Soc. 1910, 218.
Friedländer, Z. f. a. Ch. 1906, 616; Ch. Ztg. 1909, 1284.
— u. Mauthner, Z. f. Farbenind. 3, 333.
K. Fries u. W. Volk, B. 42, 1172.
L. Gattermann, B. 22, 422, 1064.
— u. Gantzert, Ch. Ztg. 1890, 1750.
— u. Neuberg, B. 25, 1081.
— u. Pfitzinger, B. 22, 1063.
Glautz u. Schrank, J. pr. Ch. 2, 233.
R. Gnehm, J. pr. Ch. 68, 171.
— u. Bots, J. pr. Ch. 69, 169.
— u. Kaufler, B. 37, 2618, 3032; 39, 1016.
— u. W. Schröter, J. pr. Ch. 73, 1.
C. Gräbe, B. 7, 51; Ann. 179, 178.
Graff, B. 30, 2389.
A. Green, B. 22, 969 u. Ref. 569; 33, 3155; J. ch. Soc. 55, 227; J. Soc. eh. I. 1888,
     179; The Dyer 7, 101; 8, 54; J. Soc. D. C. 4, 39.
— u. Lawson, J. ch. Soc. 55, 230.
— u. Perkin, J. ch. Soc. 83, 1201.
Haas, Ch. Ztg. Rep. 1909, 15.
Haitinger, W. M. 4, 165.
Hannimann, B. 10, 403; 12, 681.
A. Hantzsch, B. 39, 1365.
Harries, B. 37, 839, 2078; 38, 1195; 41, 673.
R. Henriques, B. 27, 2993.
Hinsberg, B. 22, 862, 2895; 23, 1393; 38, 1131; 39, 2427; 43, 1874.
A. W. Hofmann, B. 12, 2363; 13, 1226; 20, 1798, 2251.
K. A. Hofmann, B. 27, 2807, 3320, 3324.
Holmberg, B. 43, 220; Ann. 359, 81.
E. Holzmann, B. 19, 1570; 20, 1636; 21, 2063.
Hübner u. Bamberger, B. 36, 3822.
Jacobson, B. 19, 1067; 22, 330.
— u. Ney, B. 22, 910.
Kaschau, B. 29, 438.

Kehrmann, B. **32**, 2601; **34**, 4170; **43**, 927.
— u. Bauer, B. **29**, 2363.
— u. Schaposchnikoff, B. **33**, 3291.
A. Kekulé u. Szuh, Z. f. Ch. **1867**, 194.
Kertesz, Färb. Ztg. **1910**, 287; Ch. Ztg. **12**, 923.
Klopfer, B. **31**, 3164.
E. Knecht, J. pr. Ch. **74**, 107.
Kopp, B. **7**, 1746.
Krafft, B. **7**, 385, 1164.
— u. Lyons, B. **29**, 436.
— u. Schönherr, B. **22**, 822.
Kym, B. **21**, 2807; **23**, 2458.
M. Lange, B. **21**, 260.
Laube u. Libkind, B. **43**, 1730.
Ch. Lauth, B. **9**, 1035.
Leo, B. **10**, 2135.
R. Lepetit, Färb. Ztg. **1**, 128.
Limpricht, Ann. **294**, 252.
Lobry de Bruyn u. Blanksma, Ch. Ztg. **1901**, Rep. 176; **1902**, Rep. 39.
Lüttringhaus, Z. f. Farbenind. **1905**, 214.
Merz u. Weith, B. **3**, 978; **4**, 384, 393; **19**, 1570.
Meyenberg u. Levy, R. G. M. Col. **1902**, 212.
A. Michaelis u. K. Luxembourg, B. **28**, 165.
Mitsuga, R. Möhlau u. Beyschlag, B. **43**, 927.
Möhlau, B. **19**, 2013.
— u. Kron, B. **21**, 59.
— u. Seyde, Ch. Ztg. **1907**, 937.
H. A. Müller, Z. f. Farbenind. **1906**, 358.
Nietzki, B. **32**, 2601.
— u. Bothof, B. **27**, 3261; **29**, 2774.
Pollak, Z. f. Farbenind. **3**, 233, 253.
Richardson u. A. Kroyd, J. Soc. ch. I. **1896**, 328; J. Soc. Dyers **1896**, 232.
C. Ris, B. **19**, 2241; **33**, 796; Ch. Ind. **1904**, 36.
E. B. Schmidt, B. **9**, 1050; **11**, 1168.
O. Schmidt, B. **39**, 611.
C. G. Schwalbe, Z. f. a. Ch. **20**, 435; Ch. Ztg. **1908**, 123.
G. Schultz u. Beyschlag, B. **42**, 743, 753.
Roorda Smith, B. **8**, 1445.
Stenhouse, Ann. **149**, 247.
Tassinari, B. **20**, Ref. 210, 324; G. ch. it. **17**, 91.
Truhlar, B. **20**, 664.
Unger, B. **30**, 607.
Vidal, M. sc. **11**, II, 655; **17**, 427; **19**, 25; **59**, I, 430.
Wallach, Ann. **259**, 300.
H. Wichelhaus, B. **40**, 1261; **43**, 2922.
Willgerodt, B. **18**, 331; **20**, 2470.
R. Willstätter, Ch. Ztg. **1906**, 955.
O. N. Witt, B. **7**, 1530, 1746.
W. Zänker, Färb. Ztg. **1913**, 449; **1916**, 273, 289; **1917**, 207; Z. f. a. Ch. **27**, II, 76; **31**, II, 136; **32**, I, 49.
— u. Färber, Färb. Ztg. **1914**, 343, 661; Z. f. a. Ch. **27**, II, 719.
— u. Schnabel, Färb. Ztg. **1918**, 26; Z. f. a. Ch. **31**, II, 227.
— u. Weyrich, Färb. Ztg. **1913**, 479; **1916**, 131; Z. f. a. Ch. **27**, II, 246; **29**, II, 390.
Ziegler, B. **23**, 2473.

Indigoide Küpenfarbstoffe.

A. Albert, B. **48**, 474.
— u. L. Hurtzig, B. **52**, 530.
A. Baeyer, B. **1**, 17; **11**, 1228, 1297; **12**, 457, 1309, 1316, 1600; **13**, 2254, 2259;
   15, 54; **16**, 2204; Ann. **140**, 296; Suppl. **7**, 56.
— u. H. Caro, B. **10**, 1262.
— u. Drewsen, B. **15**, 2856.
— u. Emmerling, B. **3**, 514.
R. Bauer, B. **44**, 2650.
Baumann u. Brieger, B. **12**, 2166.
— u. Tiemann, B. **12**, 1098, 1192, 1908.
Biedermann u. Lepetit, B. **23**, 3289.
Blank, B. **31**, 1812.
R. Bohn, B. **43**, 988.
K. Brass u. O. Papp, B. **53**, 446.
H. Th. Bucherer, B. **37**, 2825; Z. f. Farbenind. (Buntrock) **1**, 70; **2**, 397.
Claasz, B. **45**, 1015.
Claisen u. Shadwell, B. **12**, 350.
Crom, Berzelius u. Dumas, Ann. **22**, 72.
Danaila, C. r. **149**, 1383.
Dimroth, B. **35**, 2853.
Duisberg, B. **18**, 190; **24**, 978, 1346.
Emmerling u. Engler, B. **3**, 885; **12**, 1194.
Engi, Z. f. a. Ch. **27**, 144; Ch. Ztg. **32**, 1179.
Eppendahl, Färb. Ztg. **21**, 350; Z. f. a. Ch. **26**, 162.
Flimm, B. **23**, 57.
Friedländer u. Bedzik, W. M. **29**, 375; **30**, 271, 873.
—, Bruckner u. Deutsch, Ann. **388**, 23.
— u. Chwala, W. M. **28**, 247.
— u. Kielbasinsky, B. **44**, 3104.
— u. Roschdestwensky, B. **48**, 181.
— u. O. Schenck, B. **47**, 3040.
— u. O. Schwenk, B. **43**, 1971.
— u. Woroslizow, Ann. **388**, 1.
Fries, Ann. **405**, 346.
— u. Finck, B. **41**, 4271, 4284.
— u. Hasselbach, B. **44**, 124.
— u. Moskopp, Ann. **372**, 198.
— u. Pfaffendorf, B. **43**, 212; **44**, 114; **45**, 154.
Fritzsche, J. pr. Ch. (a. F.) **16**, 507; **20**, 453; **28**, 193; Ann. **39**, 76.
v. Gallois, Färb. Ztg. **22**, 316.
Gilberts, Ann. **25**, 451; Ann. ch. phys. **66**, 8; **68**, 284.
E. Grandmougin, B. **42**, 4408; **43**, 937, 994.
— u. Dessoulavy, B. **42**, 3641, 4218, 4408.
— u. P. Seyder, B. **47**, 2365.
A. Grob, B. **41**, 3331.
Hassall, J. pr. Ch. (a. F) **60**, 382 Ref.
Herminier, Ann. **8**, 72.
Heumann, B. **23**, 3043, 3431; J. pr. Ch. **42**, 520; **43**, 11.
Juillard, Bull. (3) **7**, 619.
Kalb, B. **42**, 3642, 3653, 3657, 3663; **44**, 1455; **45**, 2141, 2149.
V. Kaufmann, B. **30**, 386.
— u. Strübin, B. **44**, 693.
Kolbe, J. pr. Ch. (n. F.) **27**, 490; **28**, 79; **30**, 124.
Kopp, Färb. Ztg. **8**, 39.
Laubenheimer, B. **13**, 2155.
Laurent, J. pr. Ch. (a. F) **25**, 430 Ref.

Lederer, J. pr. Ch. **42**, 383, 565.
R. Lesser u. K. Weiß, B. **45**, 1835.
C. Liebermann, B. **24**, 4133.
— u. Zsuffa, B. **44**, 852.
Lifschitz u. Lamié, B. **50**, 897.
Ljubawin, B. **15**, 248, 728.
Madelung, Ann. **405**, 58.
— u. Hager, B. **49**, 2039.
Masera, Färb. Ztg. **22**, 388.
E. v. Meyer, J. pr. Ch. (2) **30**, 484.
P. J. Meyer, B. **16**, 2261.
Münch, Z. f. a. Ch. **21**, 2059.
Nencki, B. **8**, 336, 722.
— u. Sieber, B. **10**, 1032.
Oberreit, C. r. **150**, 282.
Ostromisslensky, B. **41**, 3019, 3032.
— u. Pamfilow, B. **43**, 2774.
Perkin, Proc. ch. Soc. **20**, 171; **22**, 199; **23**, 30, 62; **42**, 765, 1060.
— u. Bloxam, Proc. ch. Soc. **23**, 30, 218.
P. Pfeiffer, Ann. **411**, 72.
Posner u. Ackermann, B. **53**, 1925.
Pummerer u. Goettler, B. **43**, 13J6.
A. Reißert, B. **29**, 655; **30**, 1030; **47**, 672.
Sachs u. Öholm, B. **47**, 955.
T. Sandmeyer, Z. f. Farbenind. **2**, 129.
Schiff, Ann. **145**, 45.
Schützenberger, B. **5**, 1059 Ref.
Sommaruga, B. **11**, 253; Ann. **190**, 380; **194**, 85, 102.
Störmer, B. **44**, 127.
Strecker, I.-B. **1868**, 789.
J. Thiele u. O. Dimroth, B. **28**, 1411.
D. Vorländer, B. **27**, 1604; **35**, 1683.
— u. Mumme, B. **34**, 1648.
— u. v. Pfeiffer, B. **52**, 325.
— u. Schubarth, B. **34**, 1860.
— u. Weißbrenner, B. **33**, 55, 556.
Wahl u. Bagard, Bull. (4) **5**, 1039.
A. Werner, Färb. Ztg. **1914**, II, 371.
H. Wichelhaus, B. **26**, 2547; **32**, 1236.

Küpenfarbstoffe der Anthrachinonreihe.

O. Bally, B. **38**, 195.
— u. R. Scholl, B. **44**, 1661.
R. Bohn, B. **36**, 1258; **43**, 987, 999; Z. f. a. Ch. **21**, 2011; Ch. Ztg. **1908**, 809.
K. Elbs, B. **19**, 2209.
L. Gattermann, Ann. **393**, 113.
L. Kalb, B. **47**, 1724.
F. Kaufler, B. **36**, 930, 1721.
Laube u. Libkind, B. **43**, 1730.
C. Liebermann u. Roka, B. **41**, 1423.
H. Meyer, Bondy u. Eckert, W. M. **33**, 1447.
A. Schaarschmidt u. H. Leu, Ann. **407**, 176.
R. Scholl u. Mitarbeiter, B. **36**, 3410, 3437, 3710; **40**, 320, 326, 390; 395, 924, 933, 1691; **41**, 2304; **43**, 346, 1734, 1745; **44**, 1312, 1448, 1661; **51**, 441, 452; Ann. **394**, 126; W. M. **32**, 1035.
Ch. Seer, W. M. **33**, 535.
F. Ullmann u. O. Bally, Ann. **381**, 1.
— u. Dootson, B. **51**, 9.

Anilinschwarz.

Anon, Text. Merc. **61**, 319.
E. Bamberger, B. **31**, 1522.
Bandrowski, B. **27**, 480.
Boboeuf, Fr. P. 68 079 v. 15. VII. 1865.
E. Börnstein, B. **34**, 1269.
E. Böttiger u. G. Petzold, Färb. Ztg. **16**, 227; **17**, 17.
H. Th. Bucherer, B. **40**, 3412; **42**, 2931.
Clark, Am. ch. J. **14**, 555.
Cordillot, F. P. 60 896 v. 2. XII. 1863.
A. Ehrenzweig, Z. f. Farbenind. **14**, 41, 51, 59, 67, 75, 81, 96, 104; **15**, 1.
Erban, Österr. Ch. Ztg. (2) **17**, 33.
E. Erdmann, B. **37**, 2776, 2906.
Fritzsche, J. pr. Ch. **20**, 454; **28**, 203.
Glanzmann, Bull. Rouen **1874**, 121.
Stefan Goldschmidt, B. **53**, 28, 44.
E. Grandmougin, Z. f. Farb. Ind. **1906**, 141, 304; Rev. sc. **51**, 75.
A. Green, M. sc. (4) **24**, I, 235.
— u. W. Johnson, B. **46**, 3769.
— u. S. Wolff, B. **44**, 2570; **46**, 33; Z. f. Farbenind. **12**, 309, 325, 341, 357.
— u. A. Woodhead, B. **45**, 1955; J. ch. Soc. **97**, 2388.
Guyard, Bull. **25**, 58.
A. W. Hofmann, Ann. **43**, 66.
K. A. Hofmann, Fritz Quoos u. Otto Schneider, B. **47**, 1991.
Jentsch, Färb. Ztg. **1920**, 75.
Kertesz, Ch. Ztg. **14**, 179; **15**, 12; Färb. Ztg. **1890/91**, 6, 218.
Kirpitscheff, Z. f. Farbenind. **5**, 41.
E. Kopp, M. sc. **1861**, 75; **1863**, 531.
Kruis, I.-B. **1874**, 1217; D. p. J. **203**, 483; **212**, 347.
H. Lange, Färb. Ztg. **1889/90**, 359.
Ch. Lauth, Bull. **1864**, II, 416; Fr. Patent 85 554 v. 5. V. 1869.
A. Lehne, Färb. Ztg. **1890**, 332.
Lightfoot, I.-B. **1872**, 1076; Bull. Mulh. **1871**, 285; Fr. Pat. 57 192 v. 28. I. 1863.
Riko Majima, B. **44**, 229, 3080.
R. Meyer, B. **9**, 111.
K. K. Montavon, R. G. M. Col. **23**, 28.
A. Müller, Ch. Centr. **1871**, 228.
R. Nietzki, B. **4**, 1168; **6**, 1096; **9**, 616, 1093; **11**, 1093; **17**, 226.
W. Nover, B. **40**, 288, 3389.
Persoz, I.-B. **1872**, 710; Fr. Pat. 77 067 v. 23. VIII. 1867.
Prud'homme, Bull. Mulh. **1890**, 320; R. G. M. Col. **23**, 28.
Rasić lal Datta u. Jogendra Chondhury, J. Amer. ch. Soc. **38**, 1079.
Rettig, Bull. Mulh. **1886**, 174.
Rheineck, D. p. J. **203**, 485.
Rosenstiehl, Bull. Mulh. **1876**, 179.
Runge, M. sc. **1863**, 533.
E. A. Schlumberger, Bull. Mulh. Sitz.-Ber. v. 12. VI. 1889.
H. Schmidt, Färb. Ztg. **1890/91**, 95; I.-B. **1882**, 992; D. p. J. **251**, 13.
Storek u. Strobel, I.-B. **1879**, 1090.
Suida u. Liechti I.-B. **1884**, 546; D. p. J. **254**, 265.
Ed. Weiler, Färb. Ztg. **1889/90**, 162.
R. Willstätter u. C. Cramer, B. **43**, 2976; **44**, 2162.
— u. St. Dorogi, B. **42**, 2147, 4118.
— u. H. Kubli, B. **42**, 4135.
— u. Ch. Moore, B. **40**, 2665.
Witz, J.-B. **1877**, 1239. Bull. Rouen **1874**, 100, 172; **1876**, 310, 334.

Xanthone.

A. Baeyer, Ann. **155**, 257, 297.
Erdmann, J. pr. Ch. **33**, 190; **37**, 385.
C. Gräbe, B. **16**, 862. Ann. **254**, 267, 295.
— u. R. Bohn, B. **20**, 2331.
— u. Ebrard, B. **15**, 1675.
— u. Feer, B. **19**, 2607.
J. Herzig u. K. Klimosch, B. **41**, 3894; W. M. **30**, 527.
St. Kostanecki u. Neßler, B. **19**, 2918; **24**, 3980.
Spiegel, B. **15**, 1964.
Stenhouse, Ann. **51**, 423.
H. Wichelhaus u. Salzmann, B. **10**, 397.

Flavone.

K. v. Auwers, B. **49**, 809; **50**, 221.
— u. Krollpfeiffer, B. **47**, 2585.
— u. Müller, B. **50**, 1149.
Chevreuil, Ann. ch. phys. (2) **82**, 53.
A. Göschke u. J. Tambor, B. **45**, 186.
J. Herzig, B. **29**, 1013; **30**, 656.
Hlasiwetz u. Pfaundler, Ann. **112**, 107.
St. Kostanecki, B. **19**, 2918; **24**, 3983; **26**, 71, 2091; **27**, 1989; **28**, 2302; **33**,
    3410; **40**, 3669.
— u. J. Bloch, B. **33**, 1999.
— u. Emilewicz, B. **31**, 696, 1757.
— u. Lloyd, B. **34**, 2948.
— u. Szabranski, B. **37**, 2634.
— u. Tambor, B. **33**, 330.
L. Ludwinowski u. J. Tambor, B. **39**, 4037.
Moldenhauer, Ann. **100**, 180; J. pr. Ch. **70**, 428.
Perkin, J. ch. Soc. **69**, 207, 799.
Pfeiffer u. H. J. Emmer, B. **53**, 945.
Piccard, B. **6**, 884.
Pistermann u. J. Tambor, B. **45**, 1239.
J. Reidgrodski u. J. Tambor, B. **43**, 1969.
Ruhemann, B. **46**, 2188; **53**, 285.
Schützenberger u. Paraf, J.-B. **1861**, 707.
Simonis u. Elias, B. **49**, 768, 1116.
— u. Lehmann, B. **47**, 692.
— u. Petschek, B. **46**, 2014.
— u. Remmert, B. **47**, 2229.
— u. Rosenberg, B. **47**, 1232.
J. Tambor, B. **41**, 787, 793; **49**, 1704.
— u. E. M. Dubois, B. **51**, 748.

Flavonole.

K. v. Auwers, B. **49**, 809; Ann. **405**, 243.
— u. K. Müller, B. **41**, 4233.
— u. Pohl, B. **48**, 45.
Benedict u. Hazura, W. M. **5**, 165, 667; 8, 606.
Bolley, Ann. **37**, 101; **115**, 54.
Ciamician u. Silber, B. **27**, 1627; **28**, 1393; **30**, 192.
Coquillion, C. r. **81**, 404.
Gelatly, J.-B. **1865**, 473; Edinb. New Phil. Journ. **7**, 252.
Goppelsröder, J.-B. **1876**, 702.
J. Herzig, W. M. **5**, 72; **6**, 863, 889; **9**, 537, 548; **11**, 952; **12**, 172, 177, 190; **14**.
    39, 53; **15**, 39, 688, 697; **16**, 193; **17** 421; B. **28**, Ref. 293.
— u. B. Hoffmann, B. **42**, 155, 726.

Hlasiwetz, Ann. **96**, 123; **112**, 109.
— u. Pfaundler, Ann. **127**, 351; J. pr. Ch. (1) **94**, 65.
Kane, Berz. J.-B. **24**, 505; J. pr. Ch. **29**, 481; Phil. Mag. **23**, 3.
St. Kostanecki, B. **27**, 1994; **28**, 2302; **41**, 783.
— u. P. Bigler, B. **39**, 4034.
—, E. Bonifazi u. J. Tambor, B. **39**, 86.
—, V. Lampe u. J. Tambor, B. **37**, 1402; **39**, 605.
—, — u. S. Triulzi, B. **29**, 92.
— u. Nikowski, B. **38**, 2503.
— u. J. Tambor, B. **28**, 3587.
C. Liebermann u. Burg, B. **9**, 1885.
— u. Hamburger, B. **12**, 1179; **17**, 1680
— u. Hörmann, B. **11**, 952; Ann. **196**, 299, 307.
Löwe, Fresenius Z. **14**, 117.
R. Nietzki, B. **9**, 616, 1168; **11**, 1094; **17**, 223.
A. G. Perkin u. Bablich, J. ch. Soc. **67**, 496, 649.
— u. Pate, J. ch. Soc. **1895**, 647.
Rigaud, Ann. **90**, 283.
Rochleder, J. B. **1859**, 523.
J. Schmidt, B. **19**, 1734.
Schützenberger, Ann. ch. phys. (4) **15**, 108; Bull. **10**, 197.
Sonn, B. **52**, 923.
Wagner, J. p. Ch. **51**, 82.
Wiedemann, B. **17**, 194.
G. Woker, B. **39**, 1649.
Witt u. Thomas, J. ch. Soc. **1883**, 112.
Zwenger u. Droncke, Ann. Suppl. **1**, 267.

Anthocyane, Anthocyanine und Anthocyanidine.

C. Bülow u. C. Schmidt, B. **39**, 214, 850, 2027.
H. Decker u. P. Becker, B. **47**, 2288.
— u. v. Fellenberg, B. **40**, 3815.
W. Dilthey, B. **53**, 252, 261.
R. Willstätter u. Mitarbeiter, B. **51**, 782; Ann. **408**, 1—163; **412**, 113—231
    (s. dort, S. 195 ff., neuere Ansichten über die Konstitution des Myrtillidins).

Brasilin und Hämatoxylin.

Benedikt, Ann. **178**, 100.
Bolley, J. pr. Ch. (1) **53**, 351.
Buchka, B. **17**, 683.
— u. Erk, B. **18**, 1138.
Chevreuil, Ann. ch. phys. (2) **66**, 225; **82**, 53,126.
O. L. Erdmann, Ann. **44**, 292; J. pr. Ch. (1) **26**, 139; **36**, 205; **75**, 318.
E. Erdmann u. G. Schultz, Ann. **216**, 234.
Feuerstein u. Kostanecki, B. **32**, 1024.
J. Herzig, W. M. **16**, 906; **19**, 738; **20**, 461.
— u. J. Pollak, B. **39**, 265.
Hesse, Ann. **109**, 332.
E. Kopp, B. **6**, 447.
St. Kostanecki, B. **41**, 2373.
C. Liebermann u. Burg, B. **9**, 1883.
A. G. Perkin, Gilbody u. Gates, Proc. ch. Soc. **15**, 27; **16**, 107; J. ch. Soc.
    1899, 27; **1900**, 105; **1901**, 1396.
— u. Hummel, B. **15**, 2337, 2344.
— R. Robinson u. W. Engels, J. ch. Soc. **93**, 489, 1116.
P. Pfeiffer u. Grimmer, B. **50**, 911.

Rammelsberg, J.-B. **1857**, 490.
Rein, B. **4**, 329.
Schall u. Dralle, B. **17**, 375; **20**, 3365; **21**, 3009; **22**, 1547; **23**, 1430; **25**, 18;
   27, 524.
Wiedemann, B. **17**, 194.

Cochenille und Kermes.

A. E. Arppe, Ann. **55**, 101.
R. Bohn u. C. Gräbe, B. **20**, 2327.
O. Dimroth, B. **42**, 1611; **43**, 1387.
— u. Fick, Ann. **411**, 318.
— u. Kämmerer, B. **53**, 471.
— u. E. Schultze, Ann. **411**, 339.
Fürth, B. **16**, 2199.
Grabowski, Ann. **142**, 343.
Grießmeyer, Ann. **160**, 25.
Hlasiwetz u. Grabowski, Ann. **141**, 329.
St. Kostanecki u: Niementowski, B. **8**, 250.
Liebermann, B. **18**, 1972; **19**, 328.
— u. van Dorp, Ann. **163**, 97.
—, Höring u. Wiedemann, B. **33**, 149.
C. Liebermann u. J. Landau, B. **34**, 2154.
— u. H. Liebermann, B. **42**, 1922; **47**, 1213.
— u. Voswinkel, B. **30**, 688, 1731; **37**, 3344.
W. v. Miller u. G. Rohde, B. **26**, 2647.
Pelletier u. Caventou, Ann. ch. phys. (2) **8**, 250.
Fr. Preißer, Ann. **52**, 375.
G. Rohde u. G. Dorfmüller, B. **43**, 1363.
R. E. Schmidt, B. **20**, 1285.
Schiff, B. **12**, 155.
Schunck u. Marchlewski, B. **27**, 2980.
Warren de la Rue, Ann. **64**, 1.
Will u. Leymann, B. **18**, 3180.
Wöhler u. Merklin, Ann. **55**, 129.

Verschiedene Anthrachinonabkömmlinge.

C. Gräbe u. C. Liebermann, Ann. Suppl. **7**, 306.
C. Liebermann, B. **8**, 970, 1649; **39**, 2071; **40**, 3570; J. ch. Soc. **1877**, I, 610.
— u. Fischer, B. **2**, 104; **8**, 1102, 115.
— u. Gießel, B. **8**, 1649; Ann. **183**, 158; J. ch. Soc. **1877**, I, 610.
—, — u. Trotschke, Ann. **183**, 213; J. ch. Soc. **1877**, I, 613.
— u. S. Lindenbaum, B. **41**, 1607.
— u. Seidler, B. **11**, 1603; J. ch. Soc. **1879**, II, 326..
— u. M. Waldstein, B. **9**, 1775; Ann. **183**, 188; J. ch. Soc. **1877**, I, 477.
Rochleder, B. **2**, 373; J. pr. Ch. (1) **66**, 246.
— u. Held, Ann. **48**, 12.
— u. Pilz, J. pr. Ch. (1) **84**, 436.
Rosenstiehl, B. **7**, 1547; **9**, 1803; Bull. Mulh. **1876**, 159.
Schunck u. Römer, B. **10**, 792; J. ch. Soc. **1877**, 666, 688, 788; **1878**, 422; Ch. N.
   35, 176, 185; **38**, 270; M. sc. **1877**, 1054.
Schützenberger u. Schiffert, Bull. Mulh. **1864**, 70.
Stenhouse, Ann. **130**, 331.

Catechin.

Berzelius, J.-B. **14**, 235.
Etti, Ann. **186**, 327; W. M. **2**, 547.
Freudenberg, B. **53**, 1416.

St. Kostanecki u. V. Lampe, B. **39**, 4002; **40**, 4910.
—, — u. Ch. Marshalk, B. **40**, 3660.
C. Liebermann u. Tauchert, B. **13**, 694.
Neubauer, A. **96**, 337; **128**, 285; **134**, 118.
Perkin u. Yoshitake, J. ch. Soc. **1902**, 1160.
Wachendorfer u. Svanberg, Ann. pharm. **24**, 215; **31**, 72; **37**, 306, 320, 336.

Verschiedene natürliche Farbstoffe.

Bolley u. Mylius, J. pr. Ch. (1) **93**, 359.
Daube, B. **3**, 609.
K. Dekker, Ch. Ztg. **30**, 18, 705.
Etti, B. **7**, 446; **11**, 164.
Gerhardt u. Laurent, Ann. ch. phys. (3) **24**, 315.
Heiduschka, B. **50**, 546, 1525.
F. Henrich, B. **48**, 483.
K. Hösch u. Th. Zarzewski, B. **50**, 462.
Jackson, B. **14**, 485; J. Am. ch. Soc. **4**, 77, 360.
Iwanoff-Gajewsky, B. **3**, 625; **5**, 1103; **6**, 196.
Kachler, B. **3**, 196.
Kerndt, J.-B. **1849**, 475.
St. Kostanecki u. Maron, B. **31**, 728.
V. Lampe, B. **51**, 1347.
— u. Godlewska, B. **51**, 1355.
Loring, Jackson u. L. Clarke, B. **39**, 2269.
Malin, Ann. **136**, 117.
J. Milobedzka, St. Kostanecki u. V. Lampe, B. **43**, 2163.
Piccard, D. p. J. **162**, 139.
Robiquet, Ann. ch. phys. (2) **47**, 238.
Salveat, Ann. ch. phys. (3) **25**, 337.
Schlieper, Ann. **58**, 357.
Vogel, Ann. **44**, 297.
Zulkowski u. Peters, W. M. **11**, 227.

B. Einzelwerke.

A. v. Baeyers Gesammelte Werke. Braunschweig, Vieweg & Sohn, 1915.
R. Bauer und H. Wieland, Reduktion und Hydrierung organischer Verbindungen. Leipzig, Otto Spamer, 1918.
Hans Th. Bucherer, Die Teerfarbstoffe mit besonderer Berücksichtigung der synthetischen Methoden. Sammlung Göschen, Vereinigung wissenschaftlicher Verleger Walter de Gruyter & Co., Berlin und Leipzig, 1920.
— Die Mineral-, Pflanzen- und Teerfarbstoffe. Leipzig, Veit & Co., 1911.
C. Bülow, Chemische Technologie der Azofarbstoffe. Leipzig, Otto Wiegand.
H. Caro, Über die Entwicklung der Teerfarbenindustrie. Sonderabdruck aus den Berichten der deutschen chemischen Gesellschaft, 1893.
Georg Cohn, Die Carbazolgruppe. Leipzig, Georg Thieme, 1919.
Färberzeitung (Lehnes), Berlin.
H. E. Fierz, Grundlegende Operationen der Farbenchemie, Zürich, Schultheß & Co., 1920.
Ferd. Fischer, Kraftgas, seine Herstellung und Beurteilung. Leipzig, Otto Spamer, 2. Auflage, 1921.
Franz Fischer, Gesammelte Abhandlungen zur Kenntnis der Kohle. Berlin, Gebr. Bornträger, 1917.
J. Formánek, Spektralanalytischer Nachweis künstlicher organischer Farbstoffe. Berlin, Julius Springer, 1900.

P. Friedländer, Fortschritte der Teerfarbenfabrikation. Berlin, Julius Springer.

G. v. Georgievics, Lehrbuch der Farbenchemie. Leipzig & Wien, Franz Deuticke, IV. Auflage, 1913.

Irma Goldberg und H. Friedmann, Die Sulfosäuren des Anthrachinons und seiner Derivate. Sonderabdruck aus der Zeitschrift „Die Chemische Industrie".

C. Graebes Untersuchungen über Chinone. Leipzig, Johann Ambrosius Barth, 1914.

F. Henrich, Theorien der organischen Chemie. Braunschweig, Vieweg & Sohn, III. Auflage, 1919.

K. Heumann, P. Friedländer und G. Schultz, Die Anilinfarben und ihre Fabrikation. Braunschweig, Vieweg & Sohn.

A. F. Holleman, Die direkte Einführung von Substituenten in den Benzolkern, Leipzig 1910.

H. Kauffmann, Die Auxochrome, Bd. XII der Sammlung chemischer und chemisch-technischer Vorträge. Stuttgart, Ferd. Enke, 1907.

— Über den Zusammenhang zwischen Farbe und Konstitution bei chemischen Verbindungen, Band IX der Sammlung chemischer und chemisch-technischer Vorträge, Stuttgart, Ferd. Encke, 1904.

Otto Lange, Die Schwefelfarbstoffe, ihre Herstellung und Verwendung. Leipzig, Otto Spamer, 1912.

— Die Zwischenprodukte der Teerfarbenfabrikation, ein Tabellenwerk für den praktischen Gebrauch. Leipzig, Otto Spamer, 1920.

A. Lehne, Tabellarische Übersicht über die künstlichen organischen Farbstoffe und ihre Verwendung in Färberei und Zeugdruck. Berlin, Julius Springer, 1893; mit 2 Nachträgen 1899 und 1906.

H. Ley, Die Beziehungen zwischen Farbe und Konstitution bei organischen Verbindungen. Leipzig, S. Hirzel, 1911.

G. Lunge und H. Köhler, Die Industrie des Steinkohlenteers und des Ammoniaks. 5. Auflage. Braunschweig, Vieweg & Sohn.

R. Meyer, Die Teerfarbstoffe. Braunschweig, Vieweg & Sohn.

R. Möhlau, Organische Farbstoffe. Dresden, Julius Bloem.

R. Möhlau und Hans Th. Bucherer, Farbenchemisches Praktikum, zugleich Einführung in die Farbenchemie und Färberei-Technik. Berlin und Leipzig, Vereinigung wissenschaftlicher Verleger Walter de Gruyter & Co., 2. Aufl., 1920.

F. Muhlert, Die Industrie der Ammoniak- und Cyan-Verbindungen. Leipzig, Otto Spamer, 1915.

Mühlhäuser, Die Technik der Rosanilinfarbstoffe. Stuttgart, Cottasche Buchhandlung.

R. Nietzki, Chemie der organischen Farbstoffe. Berlin, Julius Springer, 4. Aufl., 1901.

E. Nölting und A. Lehne, Anilinschwarz und seine Anwendung in Färberei und Zeugdruck. Berlin, Julius Springer, 1892.

J. Obermiller, Die orientierenden Einflüsse und der Benzolkern, Leipzig, Joh. Ambr. Barth, 1909.

Wilh. Ostwald, Die Farbenfibel, Leipzig, Unesma, 1917.

R. Pauli, Die Synthese der Azofarbstoffe auf Grund eines symbolischen Systems. Leipzig, Johann Ambrosius Barth, 1904.

Fr. Reverdin, E. Nölting und Fulda, Tabellarische Übersicht der Naphtalinderivate.

H. Rupe, Die Chemie der natürlichen Farbstoffe. Braunschweig, Vieweg & Sohn, 1900 und 1909.

G. Schuchardt, Die technische Gewinnung von Stickstoff, Ammoniak und schwefelsaurem Ammonium, nebst einer Übersicht der deutschen Patente. Stuttgart, Ferd. Enke, 1919.

G. Schultz, Farbstofftabellen. Berlin, Weidmannsche Buchhandlung, 1911 bis 1914.

— Die Chemie des Steinkohlenteers mit besonderer Berücksichtigung der künstlichen organischen Farbstoffe. Braunschweig, Vieweg & Sohn, 2. Aufl., 1886.

Schützenberger, Die Farbstoffe mit besonderer Berücksichtigung ihrer Anwendung.
Carl G. Schwalbe, Benzoltabellen. Berlin, Gebr. Bornträger.
H. Simonis, Die Chromone, Bd. XXIV der Sammlung technischer und chemisch-technischer Vorträge. Stuttgart, Ferd. Enke, 1917.
A. Spilker, Kokerei und Teerprodukte der Steinkohle, Monographien über chemisch-technische Fabrikationsmethoden, Bd. XIII. Halle a. S., Wilh. Knapp, 1908.
K. Stirm, Chemische Technologie der Gespinstfasern. Berlin, Gebr. Bornträger, 1913.
E. Täuber und R. Norman, Derivate des Naphtalins. Berlin, R. Gärtners Verlagsbuchhandlung, 1896.
Hans Truttwin, Enzyklopädie der Küpenfarbstoffe, Berlin, Julius Springer, 1920.
K. Th. Volkmann, Chemische Technologie des Leuchtgases. Leipzig, Otto Spamer, 1915.
Joh. Walther, Die Fabrikation des Safranins und die Erfahrungen eines Betriebs-leiters.
H. Wichelhaus, Sulfurieren, Alkalischmelze der Sulfosäuren usw. Leipzig, Otto Spamer, 1911.
— Organische Farbstoffe. Dresden, Th. Steinkopff, 1909.

Verlag von Otto Spamer in Leipzig-Reudnitz

B e s p r e c h u n g e n

über:

Die Zwischenprodukte der Teerfarbenfabrikation

Von

Dr. Otto Lange

Zeitschrift für angewandte Chemie: Für alle Chemiker, die auf dem Gebiete der Teerfarbstoffe arbeiten, bildet das vorliegende Werk ein höchst nützliches Nachschlagebuch. Die Zwischenprodukte sind geordnet nach dem in Lehrbüchern der organischen Chemie üblichen System; in erster Linie ist regelmäßig Bezug genommen auf das Deutsche Reichspatent oder die Anmeldung. Wir finden jedoch auch die ausländische Patentliteratur sowie die wissenschaftlichen und technischen Zeitschriften eingehend berücksichtigt. Ein ausführliches Sachregister und ein nach den Nummern geordnetes Verzeichnis der deutschen Patente ermöglichen die schnelle Orientierung. Wir sind sicher, daß das Werk in allen Laboratorien unserer Farbenfabriken und technologischen Institute mit Freuden begrüßt und eifrig benutzt werden wird.

Journal of the Franklin Institute: „Admirable" is the adjective to be applied to this work, using the word in both its Shakesperian and modern sense, for examination arouses both wonder and praise . . . The enormous amount of information is made readily accessible by careful classification, largely based on an alphabetical arrangement and supplemented by an extensive index . . . It scarcely needs to be added that the book is a most important and valuable contribution to the field of coal-tar chemistry and will be an indispensable guide to all who are engaged in either the practival or theoretical work.

Naturwissenschaften: . . . Es bringt eine Zusammenstellung der wichtigen Verbindungen, die seit ca. 50 Jahren als Zwischen- und Ausgangsprodukte für die Darstellung von Teerfarbstoffen und pharmazeutischen Produkten benutzt wurden, nebst deren der Patentliteratur entnommenen Darstellungsmethoden und wichtigsten Eigenschaften.
Der Wert eines Werkes wie das vorliegende wird bedingt durch die Vollständigkeit des Materials und vor allem durch dessen übersichtliche Anordnung. Um ein bestimmtes Zwischenprodukt zu finden, ist zwar am Schluß ein in herkömmlicher Weise hergestelltes Namenregister gegeben, aber die Nomenklatur ist nun einmal ein Schmerzenskind der organischen Chemie, und die Benutzung jeden solchen Registers bietet an sich schon Unbequemlichkeiten. Verfasser hat deshalb den neuen, für das Gebiet durchführbaren und auch fast durchweg gelungenen Versuch gemacht, die einzelnen Zwischenprodukte so anzuordnen, daß man sie auch ohne jedes Register leicht und schnell finden kann.
Maßgebend für die Anordnung ist nicht die chemische Bezeichnung, nicht der Name einer chemischen Verbindung, sondern ihr jedem Chemiker geläufiges Formelbild, aus dem man sieht, von welcher Stammsubstanz sich die betreffende Verbindung durch Substitution ableitet. Die verdienstvolle Arbeit bildet jedenfalls eine wertvolle Bereicherung unserer chemisch-technischen Literatur.

Chemische Industrie: Der durch sein Buch über Schwefelfarbstoffe und besonders durch die ganz vorzügliche Zusammenstellung der chemisch-technischen Vorschriften bekanntgewordene Autor hat es unternommen, die in der Patentliteratur beschriebenen Zwischenprodukte der Teerfarbenfabrikation systematisch zu ordnen und in Form eines stattlichen Bandes von über 600 Seiten der Allgemeinheit zugänglich zu machen. Anordnung, Formeln und Druck sind vorzüglich und übersichtlich.

Leipziger Monatsschrift für Textilindustrie: . . . ein lange entbehrtes Nachschlagewerk für den praktischen Chemiker, aus dem er sich schnell und sicher über die Herstellungsmethoden, Literaturangaben und alle näheren Daten der einzelnen Zwischenkörper unterrichten kann. Das hier angewendete neuartige System der Anordnung bietet nicht nur den Vorteil der raschen Auffindbarkeit jeder gewünschten Verbindung, sondern auch einen Überblick über die im Sinne der Zwischenproduktchemie zusammengehörigen Derivate irgendeines Ausgangsmaterials und gewährt damit vielfache Anregung zu neuen Arbeiten.

Farben-Zeitung: . . . Es ist mit wissenschaftlicher Gründlichkeit, tiefer Sachkenntnis und emsigstem Fleiß abgefaßt und wird in der einschlägen Industrie einen Ratgeber von hohem Werte abgeben. Der Fachmann, welcher sich in die vom Verfasser gewählte Zergliederung und Organisation des Stoffes eingearbeitet hat, wird sich schnell in dem weiten Gebiete der behandelten Produkte zurechtzufinden wissen.

Verlag von Otto Spamer in Leipzig-Reudnitz

Die Schwefelfarbstoffe
ihre Herstellung und Verwendung

Von
Dr. O. Lange

Mit 26 Figuren im Text

Geheftet M. 22.—, gebunden M. 32.— (u. 40% Verlags-Teuerungszuschlag)

Inhaltsübersicht

Einleitung. Historischer Überblick. — Die Schwefelung organischer Körper. — Physikalische und chemische Eigenschaften der Schwefelfarbstoffe.

Die Konstitution der Schwefelfarbstoffe. Ringförmig gebundener Schwefel. — Schwefelung in der Seitenkette. — Schwefelfarbstoffe aus Azinen. — Die Cachou de Laval-artigen Schwefelfarbstoffe.

Organische Ausgangsmaterialien. Allgemeine Methoden. — Spezieller Teil. Gruppe I: Benzolderivate. Gruppe II: Naphthalinderivate. Gruppe III: Nitroderivate des Diphenylamins. Gruppe IV: Leukoindophenole und Leukoindamine. Gruppe V: Azine. Gruppe VI und VII: Gemenge und andere Ausgangsmaterialien.

Einfluß der Konstitution des Ausgangsmaterials auf den Farbton des Schwefelfarbstoffes.

Anorganische Ausgangsmaterialien.

Die Schmelze. Die Apparatur. — Allgemeines über die Polysulfidschmelze. — Die Schwefelschmelze. — Die Rückflußkühlerschmelze. — Die alkoholische Schmelze. — Die Schmelze unter Druck. — Besondere Schmelzen. — Zusätze zur Schmelze. — Aufarbeitung und Reinigung der Schmelze; die Veränderung fertiger Schwefelfarbstoffe.

Das Färben der Schwefelfarbstoffe. Wertbestimmung der Schwefelfarbstoffe und ihre Einstellung. — Die Gespinstfasern. — Maschinelle Einrichtungen. — Das Färben mit Schwefelfarbstoffen. A. Baumwolle. B. Seide und Halbseide. C. Wolle und Halbwolle (Kunstwolle, Shoddy). D. Leder. E. Leinen und Halbleinen. F. Jute, Ramie, Hanf, Kokos, Holz, Stroh, Kunstseide.

Gewebedruck mit Schwefelfarbstoffen. Ausführung der Druckverfahren.

Die Schwefelfarbstoff-Patente in tabellarischer Übersicht.

Chemiker-Zeitung: ... Das Buch enthält ein umfangreiches, eifrig gesammeltes und gut geordnetes Material und schildert die Fabrikation der Schwefelfarbstoffe auf Grund praktischer Erfahrung. Dem auf diesem komplizierten Gebiete tätigen Chemiker bietet es ein wertvolles Hilfsmittel bei seiner Arbeit und wird als solches sicher geschätzt werden.

Färber-Zeitung: Diese mit großer Sachkenntnis verfaßte erschöpfende Monographie der Schwefelfarbstoffe kann allen Farben- und Färbereichemikern bestens empfohlen werden. Die zur Herstellung der Farbstoffe und zu ihrer Anwendung in Farben und Druck dienenden maschinellen Einrichtungen sind durch zahlreiche gute Abbildungen veranschaulicht, wie überhaupt Druck und Ausstattung des Werkes seinem trefflichen Inhalt entsprechen.

Zeitschrift für angewandte Chemie: ... Durch seinen reichen Inhalt eignet es sich sehr gut als Nachschlagewerk, da auf die Vollständigkeit der Literaturnachweise besonderer Wert gelegt worden ist. Das Langesche Werk bedeutet eine wertvolle Bereicherung unserer Farbstoffliteratur.